艺境

中文版

3ds Max 三维效果图设计与制作全视频实战228例

孙芳◎编著

清华大学出版社
北京

内 容 简 介

本书是一本全方位、多角度讲解3ds Max效果图设计的案例式教材，注重案例实用性和精美度。全书共设置228个精美实用案例，海量案例按照技术和行业应用进行划分，清晰有序，可以方便零基础的读者由浅入深地学习本书，从而循序渐进地提升3ds Max在效果图设计方面的处理能力。

本书共分为15章，针对基本操作、几何体建模、样条线建模、修改器建模、多边形建模、标准灯光技术、VRay灯光技术、材质与贴图技术、摄影机和环境、Photoshop后期处理等技术进行了超细致的案例讲解和理论解析；在本书最后，还重点设置了5个章节，针对客厅、厨房、休闲室、别墅、卧室等空间的应用进行剖析。本书第1章主要讲解软件入门操作，是最简单、最需要完全掌握的基础章节。第2～5章主要讲解4种常用的建模技术，超实用。第6～10章主要讲解灯光、材质、摄影机、后期处理等技术，超详细。第11～15章是综合项目实例，超震撼。

本书资源内容包括本书的案例文件、素材文件、视频教学，通过扫描二维码可以直接下载视频进行学习，非常方便。

本书针对初、中级专业从业人员，适合各大院校的室内设计、建筑设计、景观园林设计专业学生，同时也适合作为高校教材、社会培训教材使用。

图书在版编目(CIP)数据

中文版3ds Max三维效果图设计与制作全视频实战228例 / 孙芳编著. — 北京：清华大学出版社，2019（2024.3 重印）
（艺境）

ISBN 978-7-302-51000-0

Ⅰ.①中… Ⅱ.①孙… Ⅲ.①三维动画软件 Ⅳ.①TP391.414

中国版本图书馆CIP数据核字（2018）第191903号

责任编辑：韩宜波
封面设计：杨玉兰
责任校对：吴春华
责任印制：杨 艳

出版发行：清华大学出版社
网 址：https://www.tup.com.cn, https://www.wqxuetang.com
地 址：北京清华大学学研大厦 A 座 **邮 编：**100084
社 总 机：010-83470000 **邮 购：**010-62786544
投稿与读者服务：010-62776969，c-service@tup.tsinghua.edu.cn
质 量 反 馈：010-62772015，zhiliang@tup.tsinghua.edu.cn
印 装 者：涿州市般润文化传播有限公司
经 销：全国新华书店
开 本：210mm×260mm **印 张：**20.75 **字 数：**664 千字
版 次：2019 年 1 月第 1 版 **印 次：**2024 年 3 月第 5 次印刷
定 价：89.80 元

产品编号：072594-01

前言

3ds Max是Autodesk公司推出的三维设计软件，广泛应用于室内设计、建筑设计、景观园林设计、广告设计、游戏摄影、动画设计、工业设计、影视设计等。基于3ds Max在效果图设计中的应用度很高，我们编写了本书。书中选择了效果图制作中最为实用的228个案例，基本涵盖了效果图的基础操作和常用技术。

与同类书籍介绍大量软件操作的编写方式相比，本书最大的特点是更加注重以案例为核心，按照技术+行业相结合划分，既讲解了基础入门操作和常用技术，又讲解了大型综合行业案例的制作。

本书共分为15章，具体安排如下。

第1章 3ds Max基本操作，介绍初识3ds Max中的文件操作和对象操作。

第2章 几何体建模，讲解了最简单的建模技巧。

第3章 样条线建模，讲解了使用样条线制作线结构的模型。

第4章 修改器建模，讲解了更灵活有趣的修改器制作模型的方法。

第5章 多边形建模，讲解了最经典的、最重要的建模方式。

第6章 标准灯光技术，讲解了多种标准灯光技术。

第7章 VRay灯光技术，讲解了效果图设计中最重要的灯光类型。

第8章 材质与贴图技术，讲解了材质和贴图表现质感的方法。

第9章 摄影机和环境，讲解了摄影机的操作和环境的设置。

第10章 Photoshop后期处理，讲解了多种后期处理常用操作技巧。

第11～15章为综合项目案例，其中包括客厅、厨房、休闲室、别墅、卧室这5种空间的大型综合项目实例的完整创作流程。

本书特色如下。

内容丰富。除了安排228个精美案例外，还设置了一些“提示”模块，辅助学习。

章节合理。第1章主要讲解软件入门操作——超简单；第2～5章主要讲解四种常用的建模技术——超实用；第6～10章主要讲解灯光、材质、摄影机、后期处理等技术——超详细；第11～15章是综合项目实例——超震撼。

实用性强。精选了228个实用的案例，实用性非常强大，可应对多种行业的设计工作。

流程方便。本书案例采用了操作思路、操作步骤的模块设置，读者在学习案例之前就可以了解案例的制作思路、案例效果等。

本书采用3ds Max 2016、V-Ray Adv 3.00.08版本进行编写，请各位读者使用该版本或更高版本进行练习。如果使用过低的版本，可能会造成源文件无法打开等问题。

本书由孙芳编著，其他参与编写的人员还有齐琦、荆爽、林钰森、王萍、董辅川、杨宗香、孙晓军、李芳等。

由于编者水平有限，书中难免存在错误和不妥之处，敬请广大读者批评和指正。

本书提供了案例的素材文件、源文件以及最终文件，扫一扫下面的二维码，推送到自己的邮箱后下载获取。

第1～7章

第8章

第9～15章

编　者

目录

第1章　3ds Max基本操作

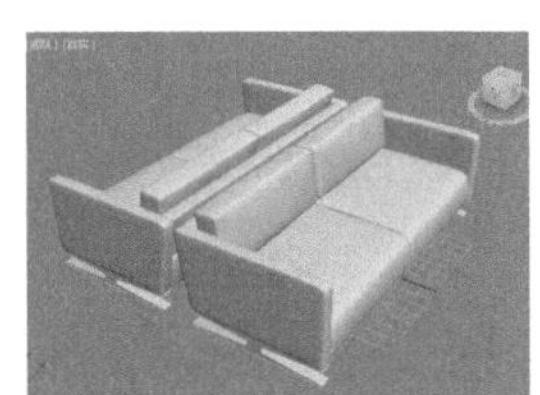

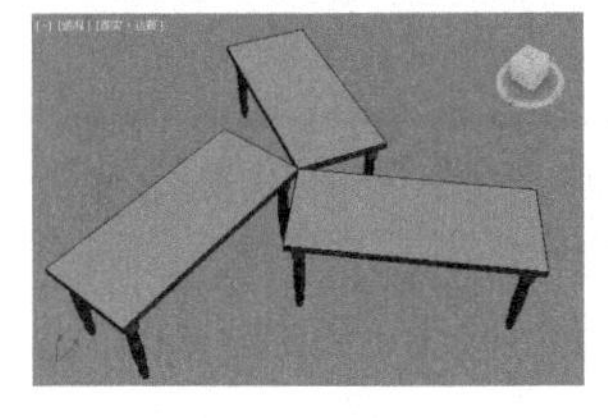

第2章　几何体建模

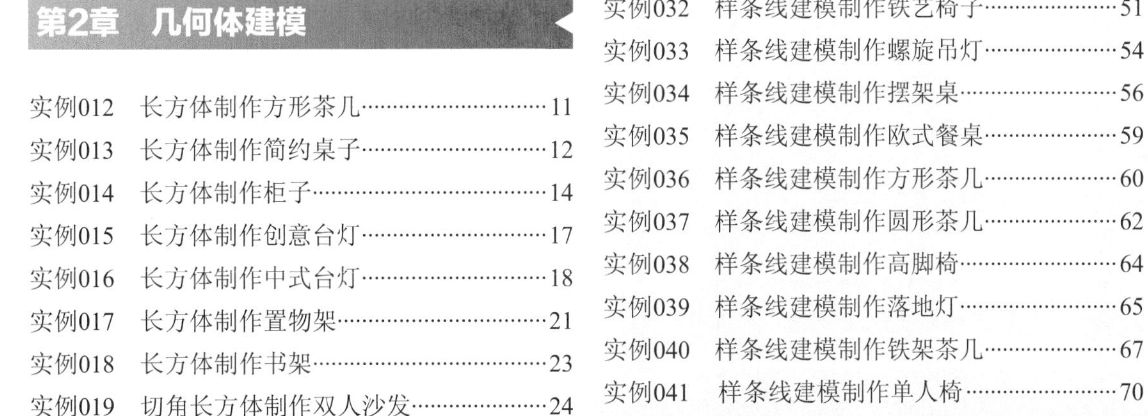

第3章　样条线建模

第4章 修改器建模

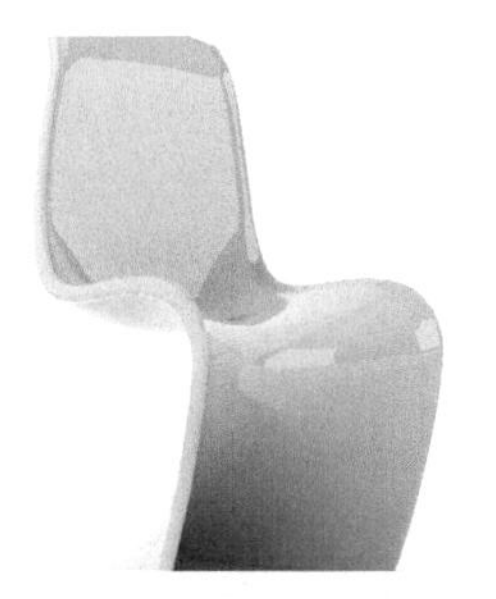
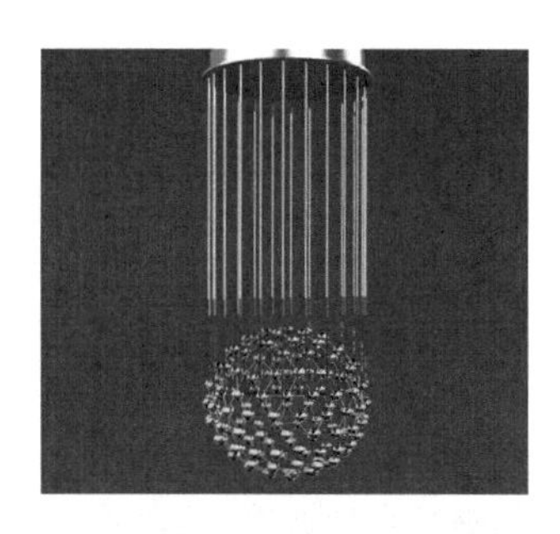

第5章 多边形建模

第6章　标准灯光技术

VRay灯光技术

材质与贴图技术

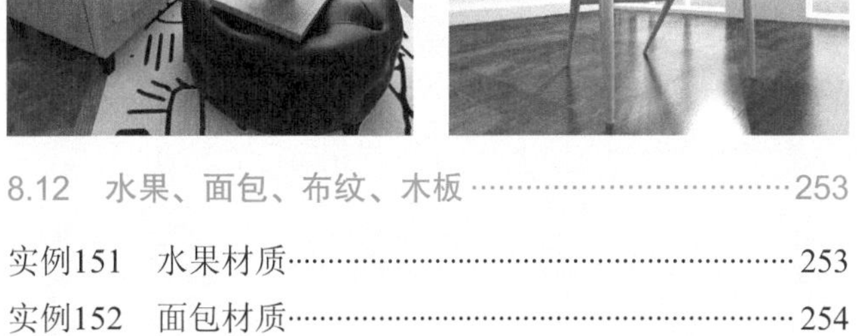

第9章　摄影机和环境

第10章　Photoshop后期处理

第11章　明亮客厅日景表现

第12章　美式风格厨房设计

第13章　现代风格休闲室一角

第14章　别墅客厅设计

第15章 夜晚卧室表现

第1章

3ds Max基本操作

本章概述

本章将以11个常用的案例，详细讲解3ds Max基本操作技巧。这其中包括了3ds Max对象的复制、对齐、归档、冻结、隐藏等，还包括了设置单位、界面等操作。本章是全书的基础，也是必须熟练掌握的内容。

本章重点

- 对3ds Max界面等进行设置
- 对文件的基本操作

/ 佳 / 作 / 欣 / 赏 /

实例001 移动复制多把椅子

文件路径	第 1 章 \ 移动复制多把椅子
难易指数	☆★★★★
技术掌握	移动复制

扫码深度学习

操作思路

本例应用移动复制的方法复制多个模型。

案例效果

案例效果如图1-1所示。

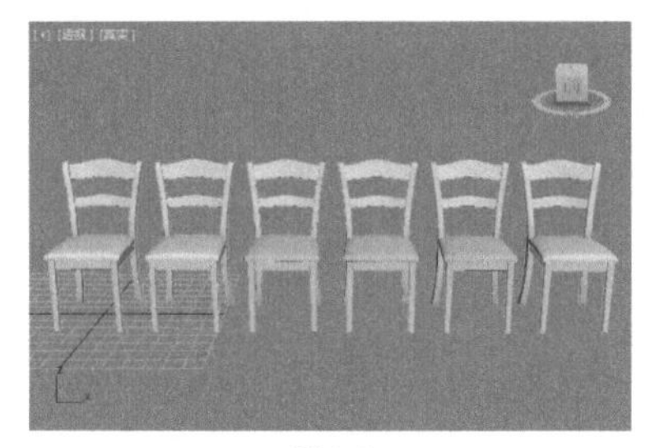

图1-1

操作步骤

01 打开本书配备的“第1章\移动复制多把椅子\001.max”文件，如图1–2所示。

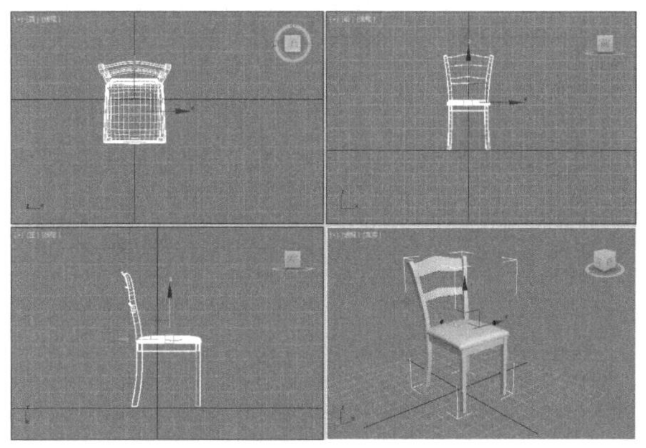

图1-2

02 选择场景中的椅子模型，按住Shift键，沿X轴，用鼠标左键向右侧拖动进行复制。在弹出的对话框中选择【实例】方式，并设置【副本数】为5，如图1–3所示。

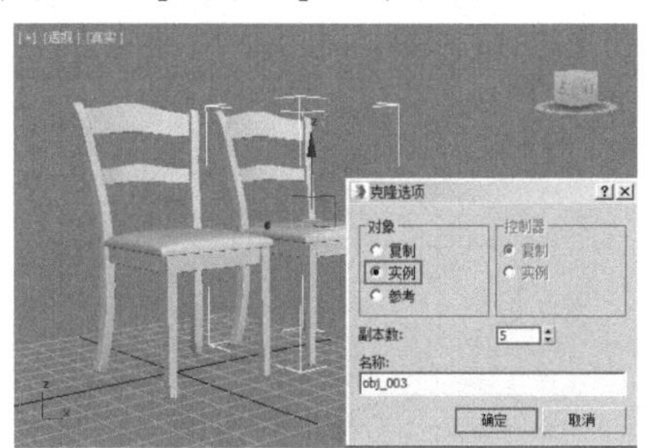

图1-3

03 复制完成的效果如图1–4所示。

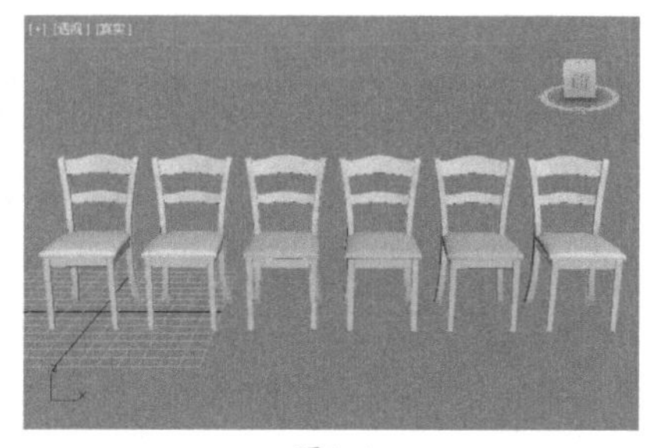

图1-4

实例002 旋转复制桌子

文件路径	第 1 章 \ 旋转复制桌子
难易指数	☆☆★★★
技术掌握	旋转复制

扫码深度学习

操作思路

本例应用修改轴点的方法，使用角度捕捉切换进行旋转复制模型。

案例效果

案例效果如图1-5所示。

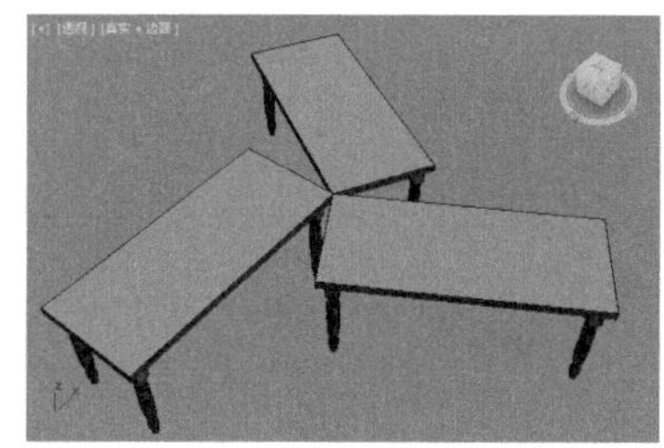

图1-5

操作步骤

01 打开本书配备的“第1章\旋转复制桌子\002.max”文件，如图1–6所示。

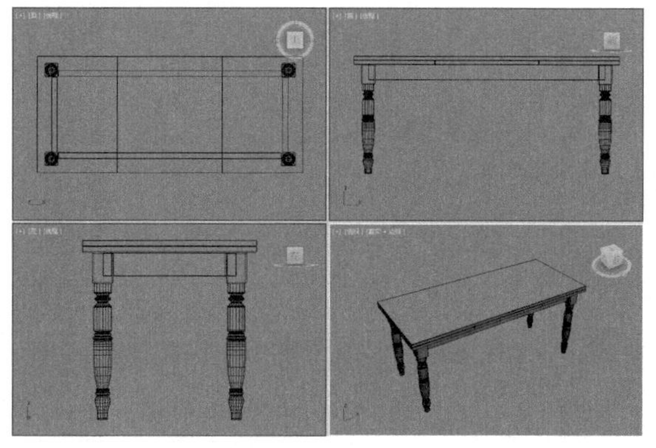

图1-6

02 选择此时场景中的桌子模型，可以发现其轴心在桌子的中心位置，如图1-7所示。

03 单击品（层次）按钮，单击【仅影响轴】按钮，如图1-8所示。

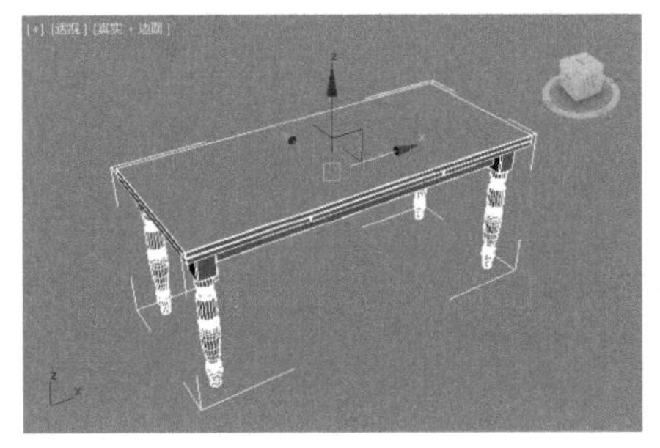

图1-7

图1-8

04 此时出现了可以移动轴位置的标志，如图1-9所示。

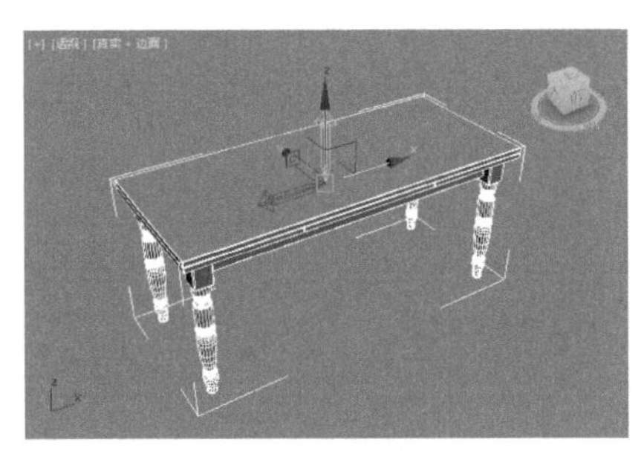

图1-9

05 将轴点位置移动到桌面的右下角位置，如图1-10所示。

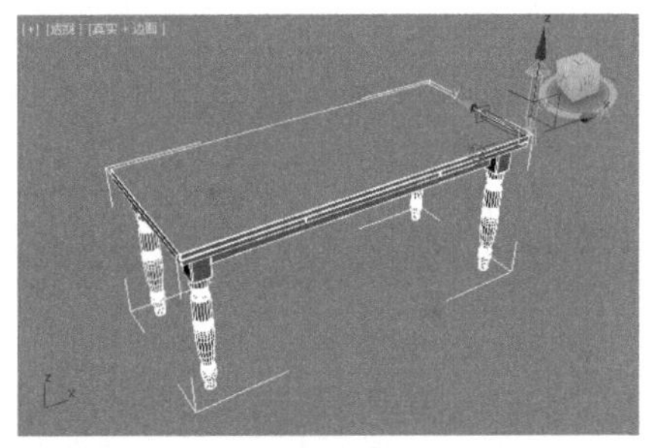

图1-10

06 再次单击 仅影响轴 按钮，完成轴的设置。在主工具栏中激活（选择并旋转）按钮和（角度捕捉切换）按钮。并按住Shift键沿Z轴以120° 进行旋转复制，设置【实例】方式，设置【副本数】为2，如图1-11所示。

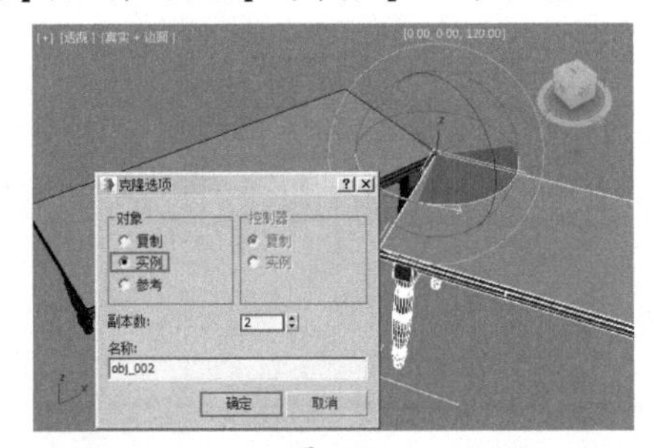

图1-11

07 最终出现了3个桌子效果，如图1-12所示。

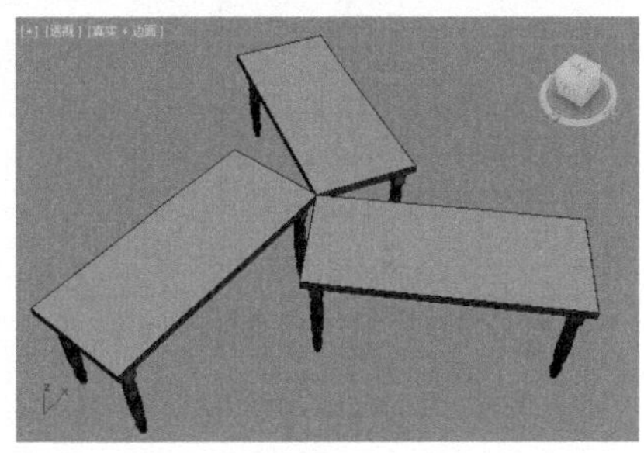

图1-12

实例003 镜像模型

文件路径	第1章\镜像模型
难易指数	★★★★★
技术掌握	镜像

扫码深度学习

操作思路

本例应用镜像工具按照轴向进行模型镜像复制。

案例效果

案例效果如图1-13所示。

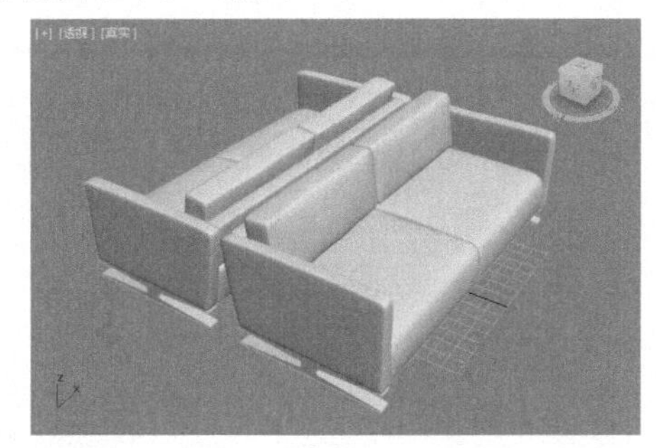

图1-13

操作步骤

01 打开本书配备的“第1章\镜像模型\003.max”文件，如图1-14所示。

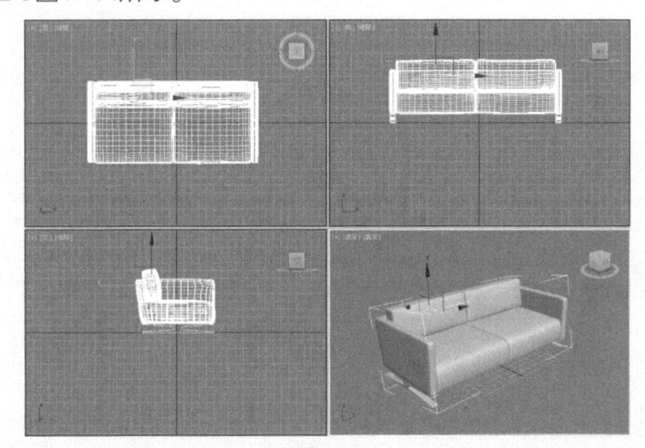

图1-14

02 选择场景中的沙发模型，单击主工具栏中的（镜像）按钮。设置【镜像轴】为Y、【偏移】为500.0 mm、【克隆当前选择】为【复制】，如图1-15所示。

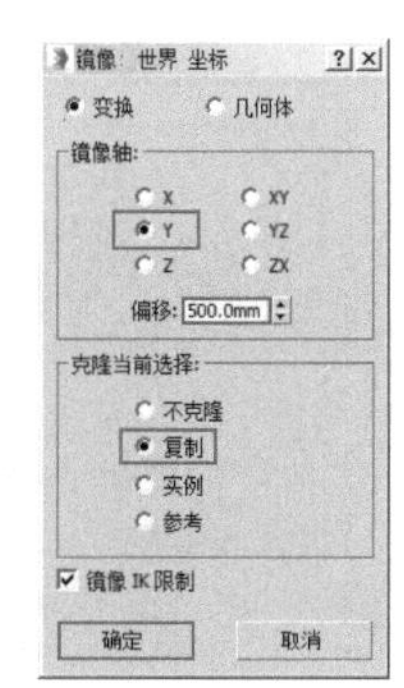
图1-15

03 此时出现了镜像复制的沙发模型，如图1-16所示。

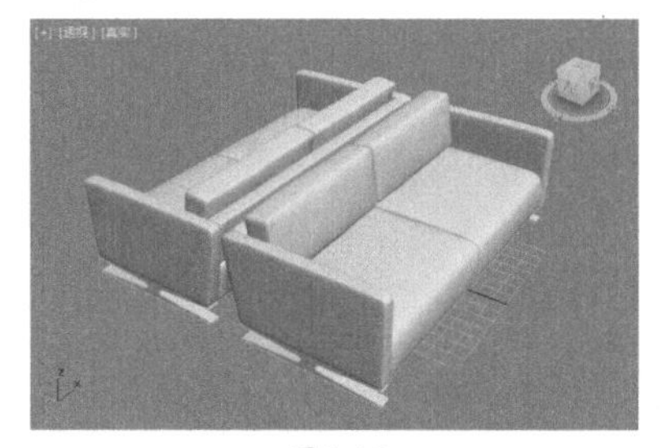
图1-16

实例004 将模型对齐到地面

文件路径	第1章\将模型对齐到地面
难易指数	★★★★★
技术掌握	对齐

扫码深度学习

操作思路

本例通过使用对齐工具将一个模型对齐到另外一个模型表面。

案例效果

案例效果如图1-17所示。

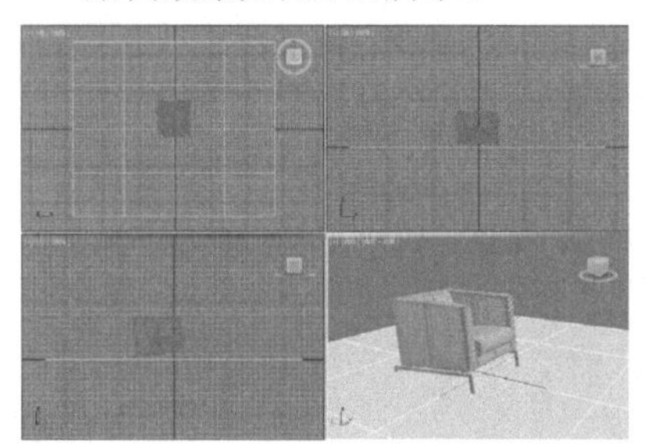
图1-17

操作步骤

01 打开本书配备的“第1章\将模型对齐到地面\004.max”文件，如图1-18所示。

02 选择创建中的沙发模型，然后单击主工具栏中的（对齐）按钮，接着单击地面模型，如图1-19所示。

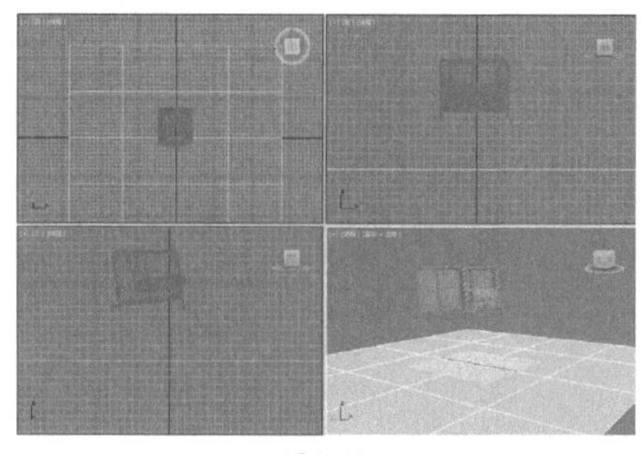
图1-18　图1-19

03 此时在弹出的对话框中设置【对齐位置（世界）】为【Z位置】，【当前对象】为【最小】，【目标对象】为【最大】，如图1-20所示。

04 此时的沙发已经落在了地面上，如图1-21所示。

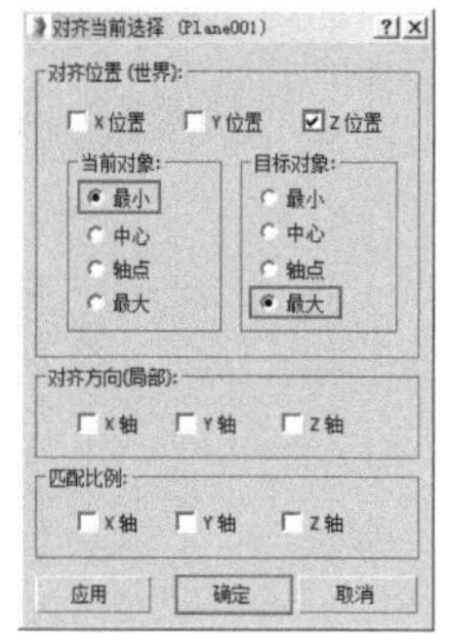
图1-20

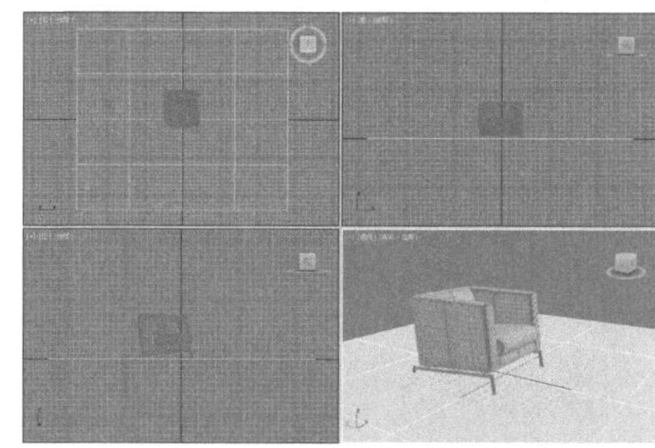
图1-21

实例005 冻结和解冻模型

文件路径	第1章\冻结和解冻模型
难易指数	★★★★★
技术掌握	冻结当前选择

扫码深度学习

操作思路

冻结模型，可以使模型无法被选择，这有助于进行场景编辑、操作。

案例效果

案例效果如图1-22所示。

图1-22

操作步骤

01 打开本书配备的“第1章\冻结和解冻模型\005.max”文件，如图1-23所示。

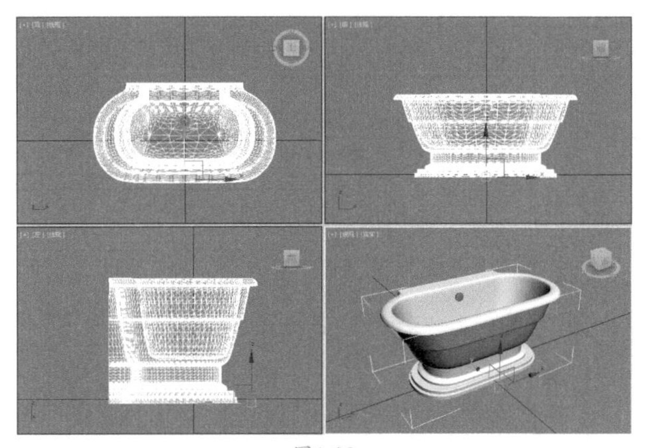

图1-23

02 选择场景中的浴缸模型，单击右键，执行【冻结当前选择】命令，如图1-24所示。

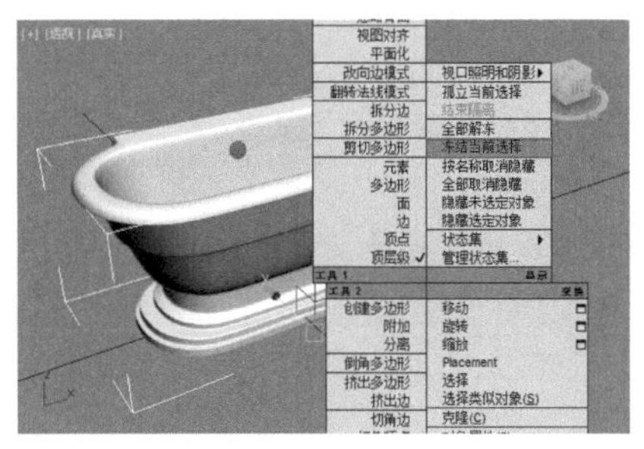

图1-24

03 此时的浴缸已经被冻结，而且无法进行选择，如图1-25所示。

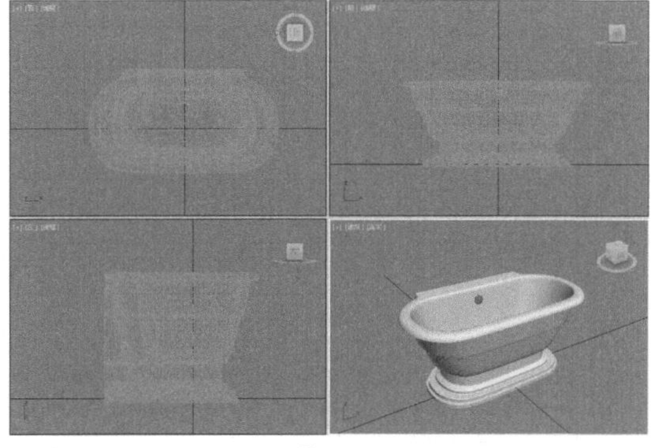

图1-25

04 如果想解冻模型，那么只需要再次单击右键，执行【全部解冻】命令，即可完成解冻，如图1-26所示。

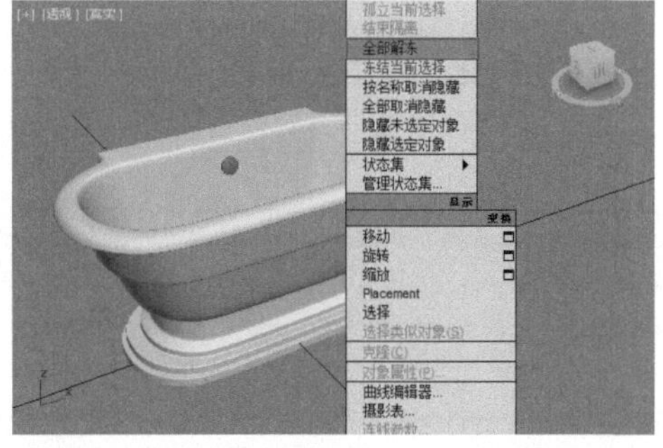

图1-26

05 此时解冻后的模型如图1-27所示。

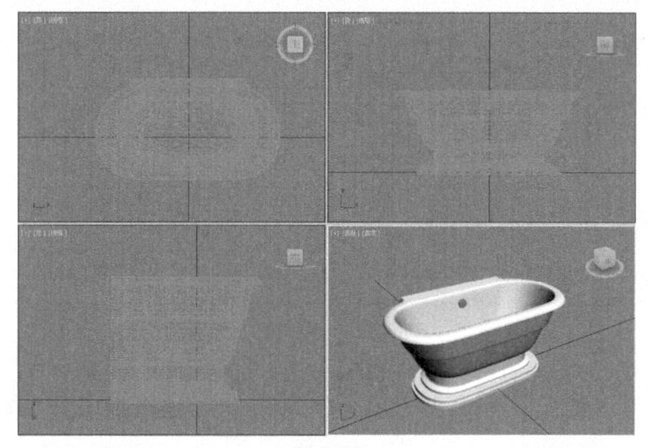

图1-27

实例006 归档整理文件

文件路径	第1章\归档整理文件	扫码深度学习
难易指数	★★★★★	
技术掌握	归档	

操作思路

可以将场景归档为一个压缩包，使当前场景使用到的贴图、灯光文件等都自动打包。

操作步骤

01 打开本书配备的“第1章\归档整理文件\006.max”文件，如图1-28所示。

02 单击按钮，在弹出的选项中单击【另存为】后面的按钮，接着单击【归档】按钮，如图1-29所示。

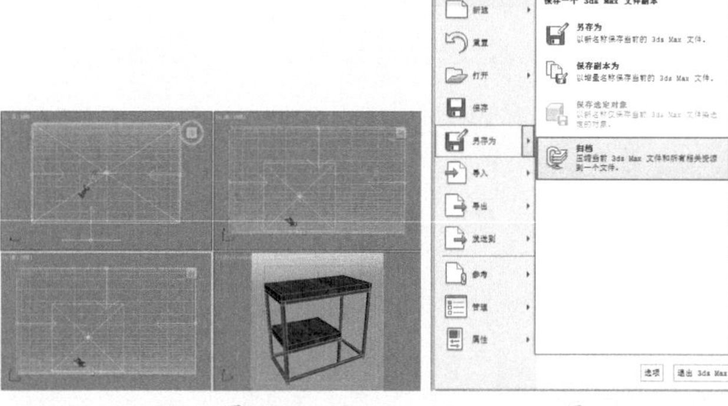

图1-28 图1-29

03 此时在相应的位置设置文件名，并单击【保存】按钮，如图1-30所示。

04 等待一段时间后，文件被整理到了一个.zip格式的压缩包中，非常方便，如图1-31所示。

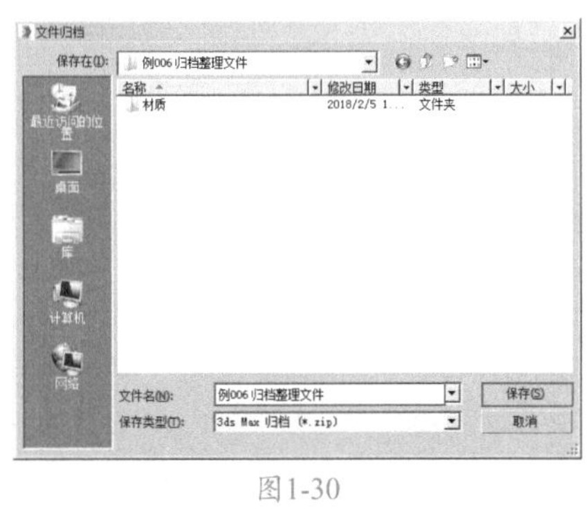

图1-30

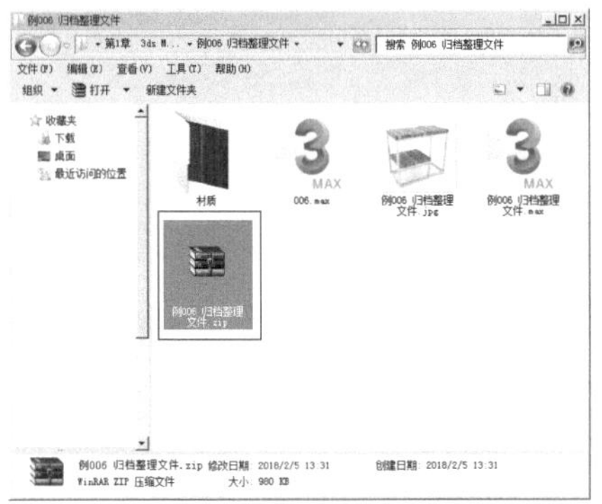

图1-31

实例007　设置系统单位

文件路径	第1章\设置系统单位
难易指数	
技术掌握	单位设置

扫码深度学习

操作思路

本例讲解将cm单位更改为mm单位，在进行建模时建议设置为mm单位更精准。

操作步骤

01 打开本书配备的“第1章\设置系统单位\007.max”文件，如图1-32所示。

02 选择桌子上面的长方体模型，如图1-33所示。

03 单击（修改）按钮，可看到此时的默认系统单位为cm（厘米），如图1-34所示。

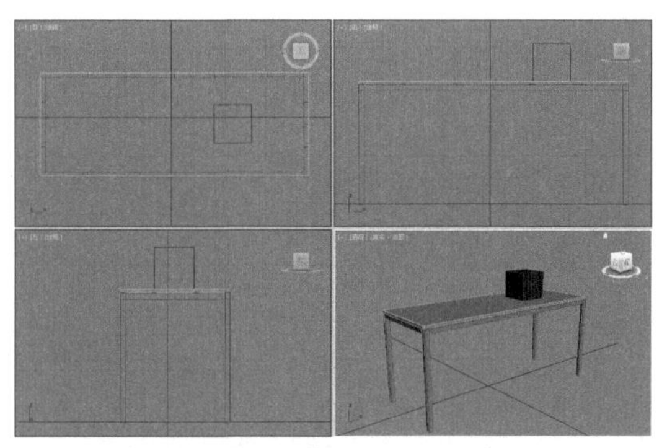

图1-32

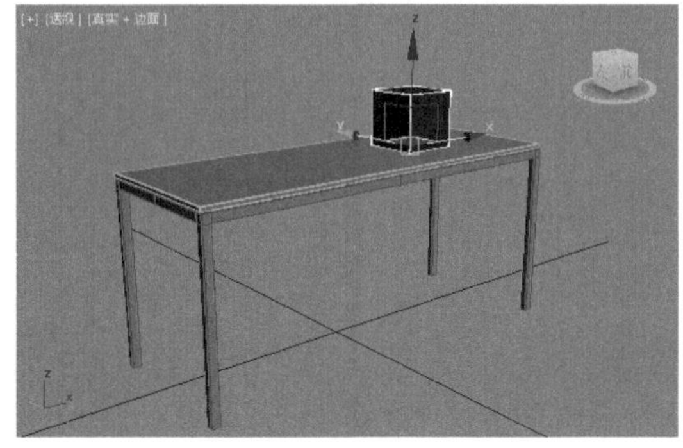

图1-33

图1-34

04 mm（毫米）是效果图制作中最常用的单位，在菜单栏中执行【自定义】|【单位设置】命令，如图1-35所示。

05 在【单位设置】对话框中设置【公制】为【毫米】，单击【系统单位设置】按钮，并设置【单位】为【毫米】，如图1-36所示。

06 再次选择长方体模型，单击（修改）按钮，可以看到单位已经变成了mm（毫米），如图1-37所示。

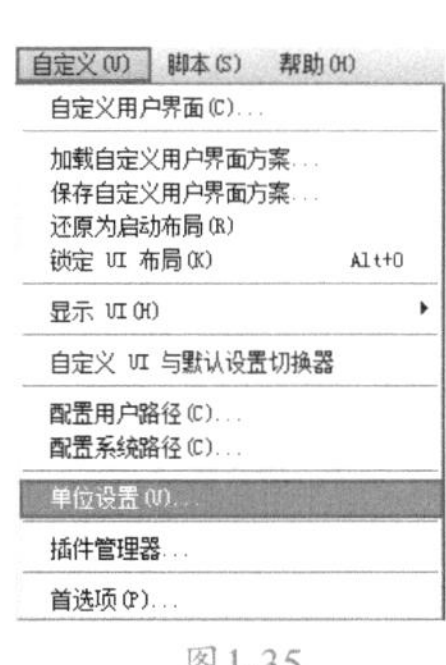

图1-35

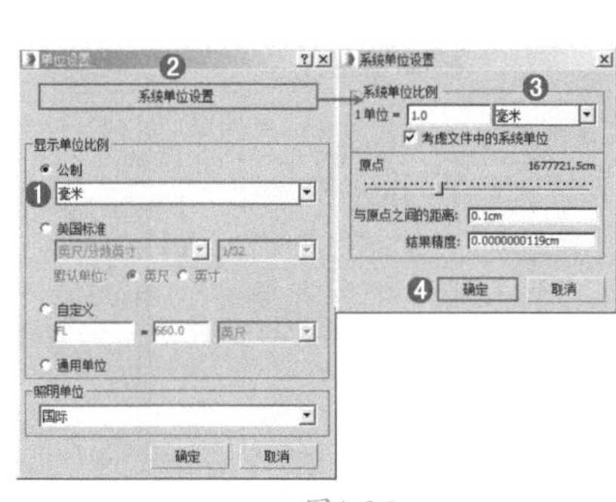

图1-36

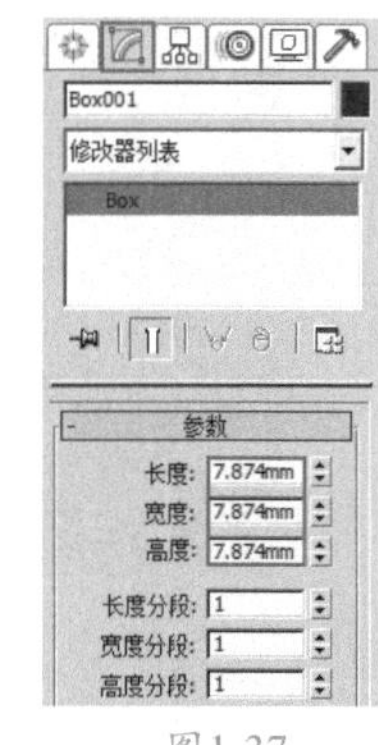

图1-37

实例008　自定义用户界面

文件路径	第1章\自定义用户界面
难易指数	
技术掌握	加载自定义用户界面方案

扫码深度学习

操作思路

本例通过使用【加载自定义用户界面方案】命令，修改3ds Max自带的方案类型，使软件界面颜色发生变化。

案例效果

案例效果如图1-38所示。

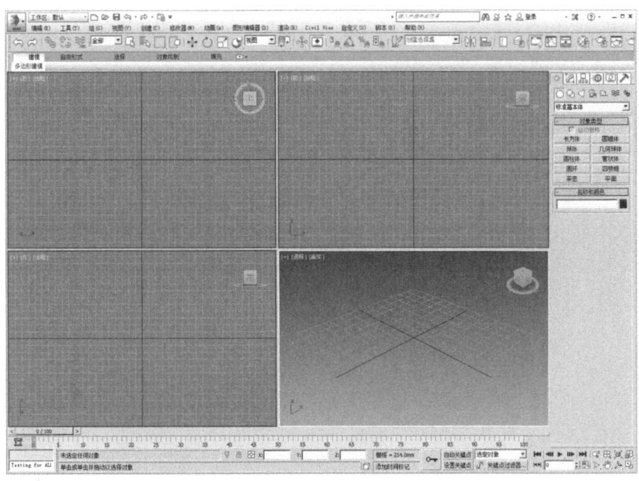

图1-38

操作步骤

01 3ds Max的界面颜色可以更改，如图1-39所示为深色的界面。

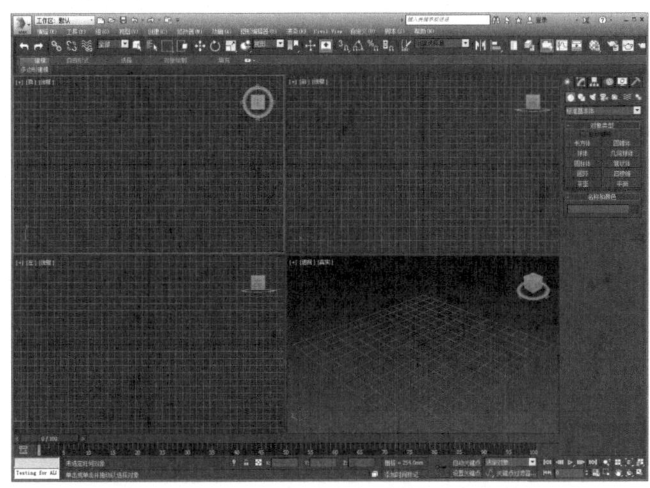

图1-39

02 若想使用浅色的界面，需要在菜单栏中执行【自定义】|【加载自定义用户界面方案】命令，如图1-40所示。

图1-40

03 在弹出的对话框中选择ame-light.ui，并单击【打开】按钮，如图1-41所示。

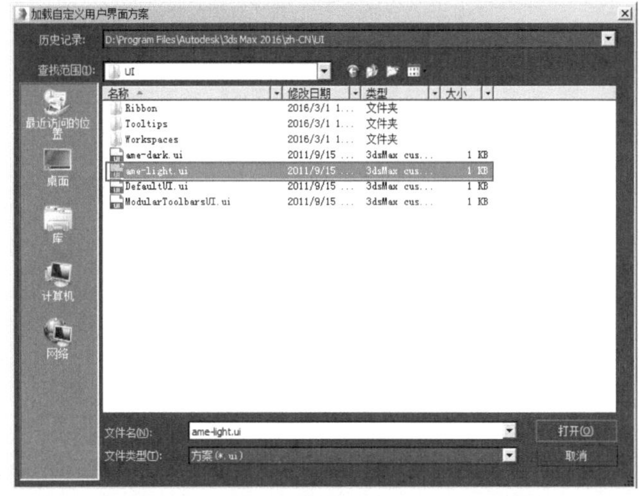

图1-41

04 此时界面被更改为浅色界面，如图1-42所示。

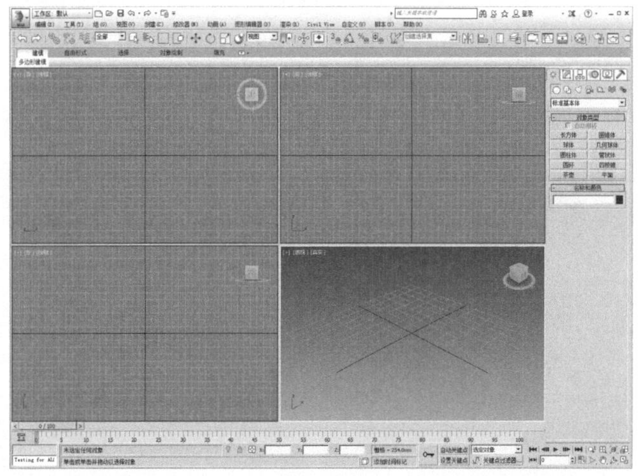

图1-42

实例009 显示和隐藏模型

文件路径	第1章\显示和隐藏模型	扫码深度学习
难易指数	★★★★★	
技术掌握	隐藏选定对象、全部取消隐藏	

操作思路

本例通过应用【隐藏选定对象】、【全部取消隐藏】命令，隐藏和显示场景中的对象。

案例效果

案例效果如图1-43所示。

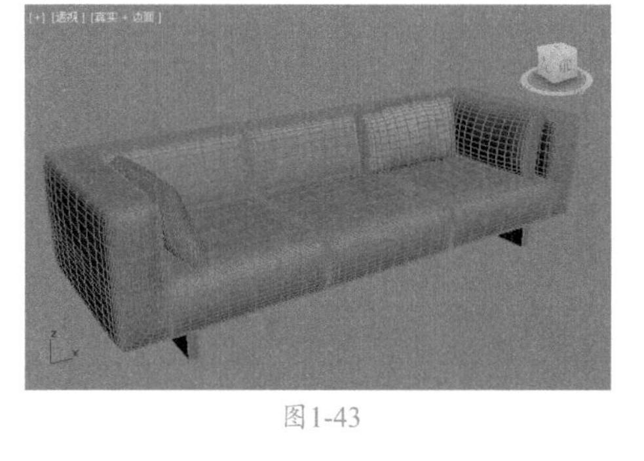

图1-43

操作步骤

01 打开本书配备的“第1章\ 显示和隐藏模型\009.max”文件，如图1-44所示。

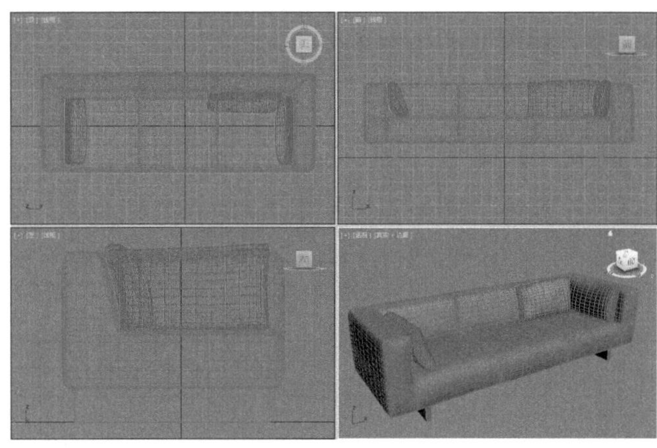

图1-44

02 选择场景中的3个抱枕模型，并单击右键，执行【隐藏选定对象】命令，如图1-45所示。

03 此时3个抱枕模型被完全隐藏了，如图1-46所示。

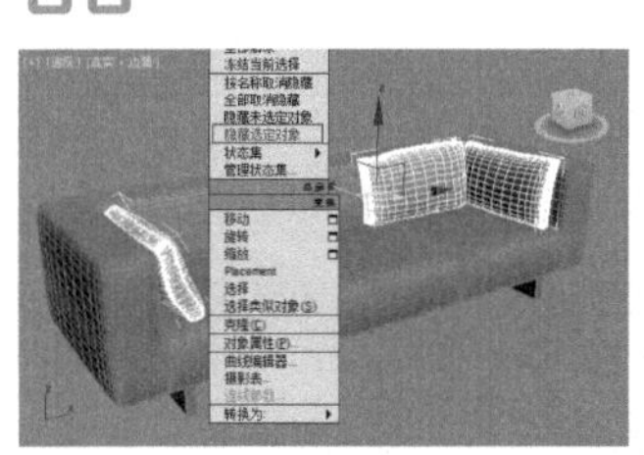

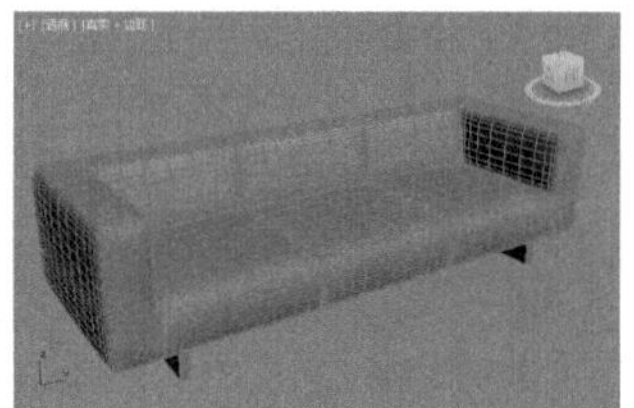

图1-45　图1-46

04 如果想显示之前隐藏过的模型，那么需要再次单击右键，执行【全部取消隐藏】命令，如图1-47所示。

05 此时所有被隐藏的抱枕模型都被显示出来了，如图1-48所示。

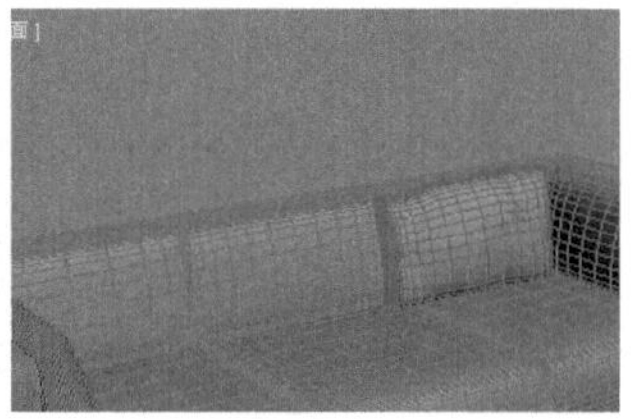

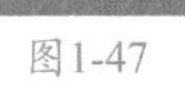

图1-47　图1-48

实例010 将模型显示为外框

文件路径	第1章\将模型显示为外框
难易指数	★★★★★
技术掌握	对象属性

扫码深度学习

操作思路

本例通过修改对象属性中的【显示为外框】，使得复杂的模型显示为外框，有助于节省3ds Max占用的计算机内存，进而使得3ds Max操作起来更加流畅。

案例效果

案例效果如图1-49所示。

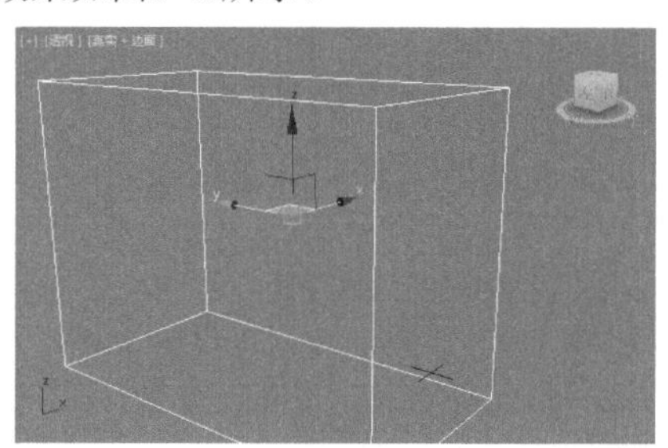

图1-49

操作步骤

01 打开本书配备的“第1章\将模型显示为外框\010.max”文件，如图1-50所示。

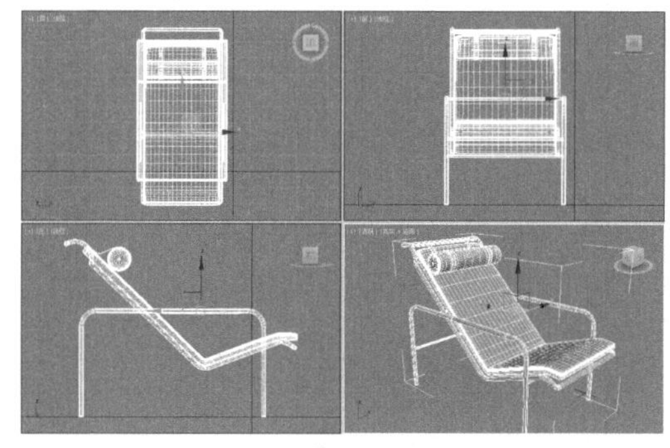

图1-50

02 选择椅子模型，单击右键，执行【对象属性】命令，如图1-51所示。

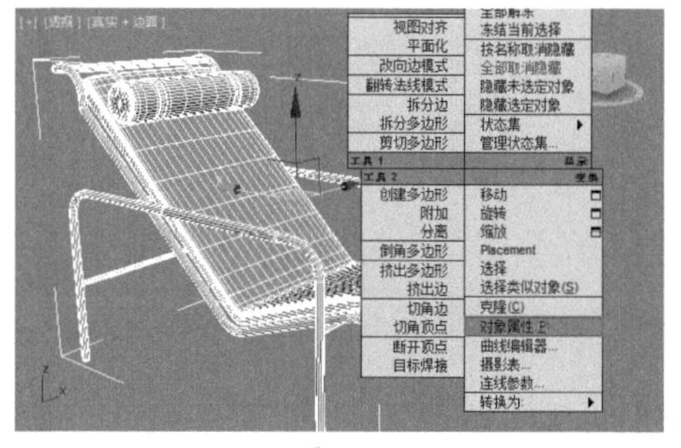

图1-51

03 在弹出的【对象属性】对话框中，勾选【显示为外框】复选框，如图1-52所示。

04 此时复杂的椅子模型在视图中以线框方式显示，如图1-53所示。

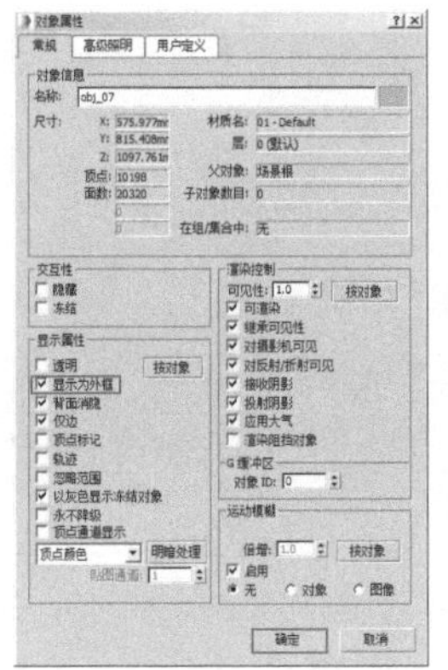
图1-52

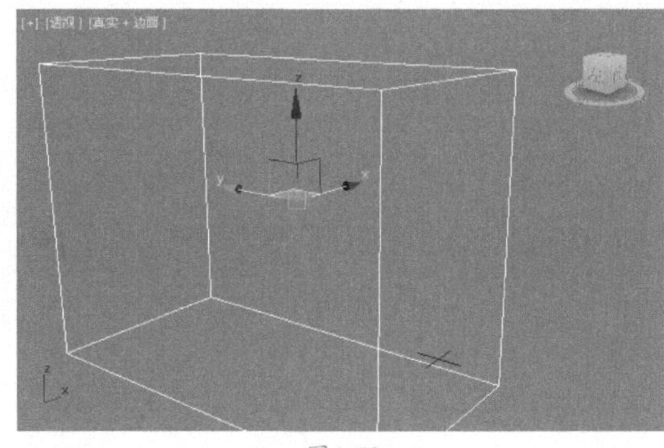
图1-53

实例011 透明显示模型

文件路径	第1章\透明显示模型
难易指数	★★★★★
技术掌握	快捷键 Alt+X

扫码深度学习

操作思路

本例使用Alt+X快捷键将模型透明显示，这样一来，在进行建模时会更加方便，比如观看或选择背面的顶点。

案例效果

案例效果如图1-54所示。

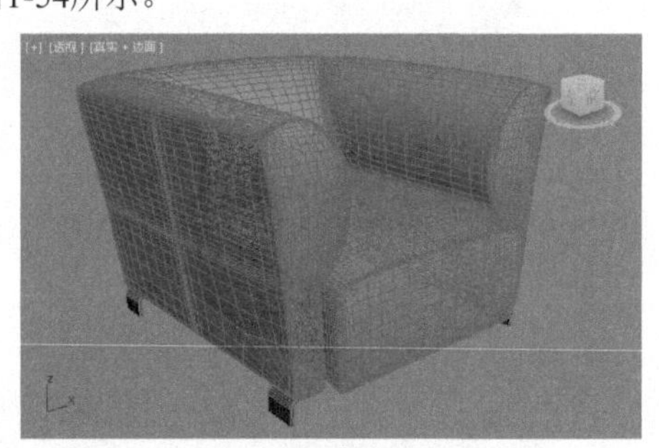
图1-54

操作步骤

01 打开本书配备的“第1章\透明显示模型\011.max”文件，如图1-55所示。

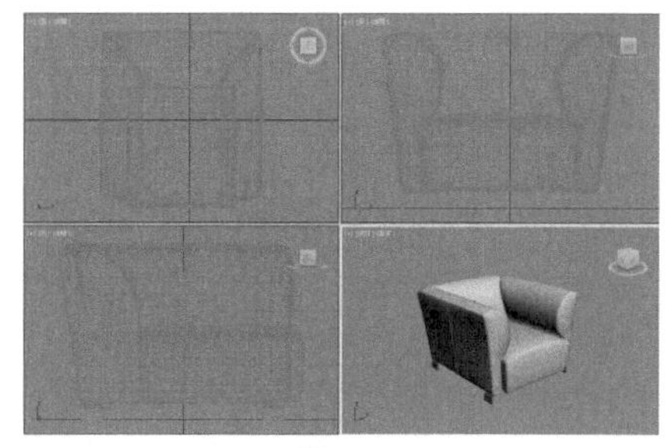
图1-55

02 选择沙发模型，如图1-56所示。

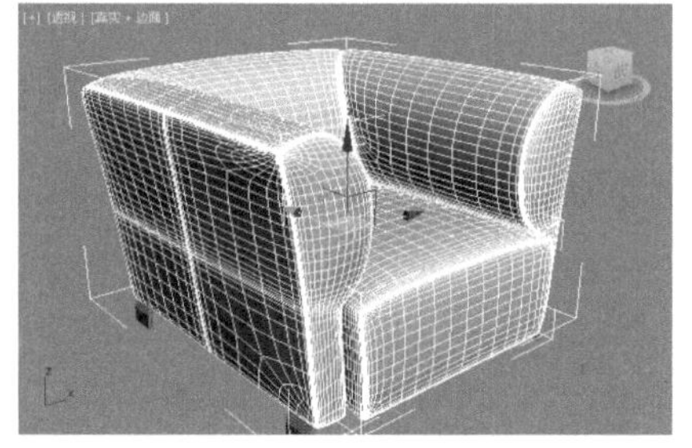
图1-56

03 按Alt+X快捷键，此时模型显示为透明效果，如图1-57所示。

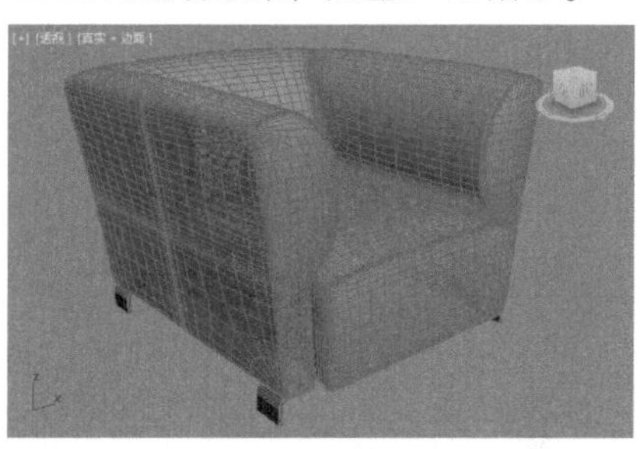
图1-57

第2章 几何体建模

本章概述

几何体建模是3ds Max中最简单、最基础的建模方式之一，在几何体建模中，包含了很多常用的基础模型，如长方体、球体、圆柱体等。在几何基本体下面一共包括14种类型，分别为标准基本体、扩展基本体、复合对象、粒子系统、面片栅格、NURBS曲面、实体对象、门、窗、mental ray、AEC扩展、动力学对象、楼梯、VRay。

本章重点

- 长方体、圆柱体等工具的使用
- 切角长方体、切角圆柱体等工具的使用
- 复制、旋转、移动等辅助建模工具的使用

/ 佳 / 作 / 欣 / 赏 /

实例012 长方体制作方形茶几

文件路径	第 2 章 \ 长方体制作方形茶几
难易指数	★★★★★
技术掌握	● 长方体 ● 复制

扫码深度学习

操作思路

本例应用【长方体】工具，通过移动、旋转、复制等操作制作茶几模型。

案例效果

案例效果如图2-1所示。

图2-1

操作步骤

01 在【顶】视图中创建如图2-2所示的长方体。设置【长度】为1300.0mm、【宽度】为1300.0 mm、【高度】为100.0 mm，如图2-3所示。

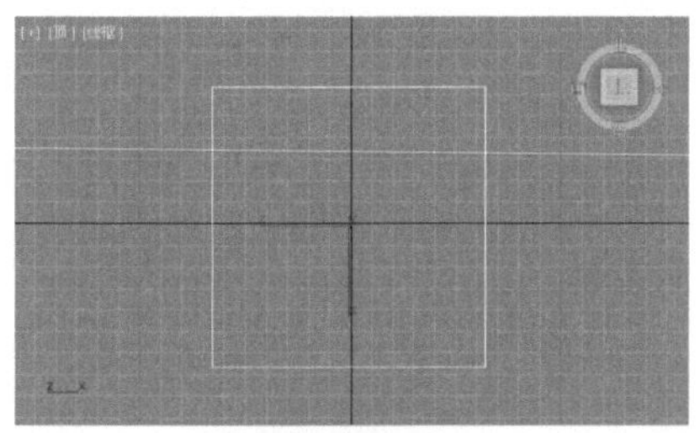

图2-2

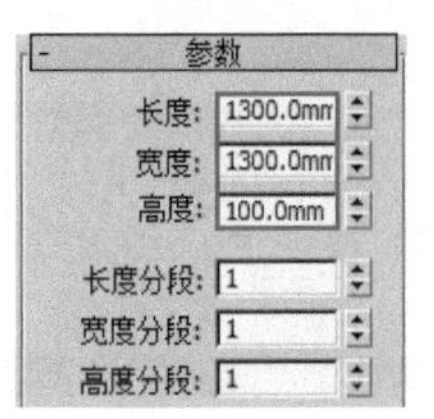

图2-3

> **提示 创建模型的次序**
>
> 3ds Max新手往往对界面较为陌生，创建模型时无从下手，不知道单击哪些按钮。首先要明确要做什么，比如要创建一个长方体，那么就需要按照图2-4中1、2、3、4的次序进行单击，然后再进行创建。
>
> 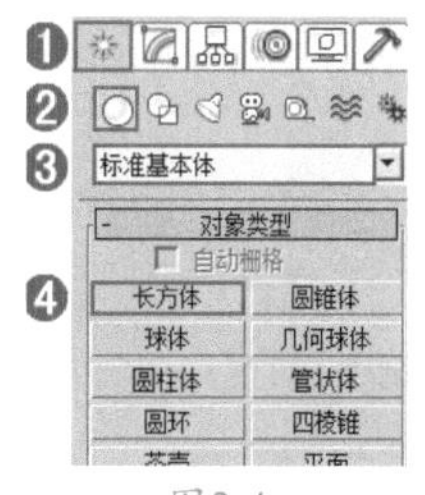
>
>
> 图2-4

02 在【顶】视图中创建如图2-5所示的长方体。设置【长度】为1300.0mm、【宽度】为40.0mm、【高度】为40.0mm，如图2-6所示。并将其移动到合适的位置，如图2-7所示。 在【顶】视图中，按住Shift键沿X轴向右移动复制一个长方体。

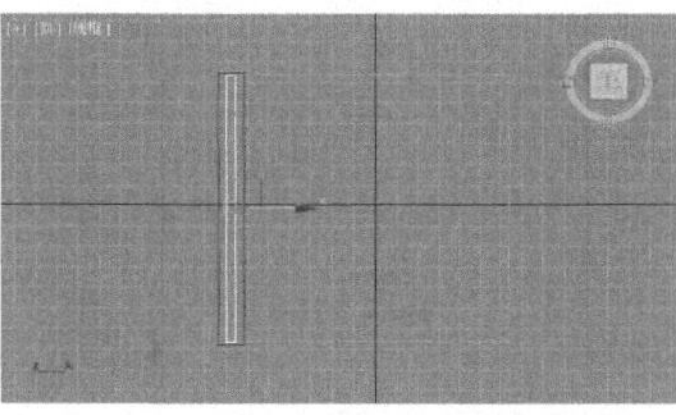

图2-5

图2-6

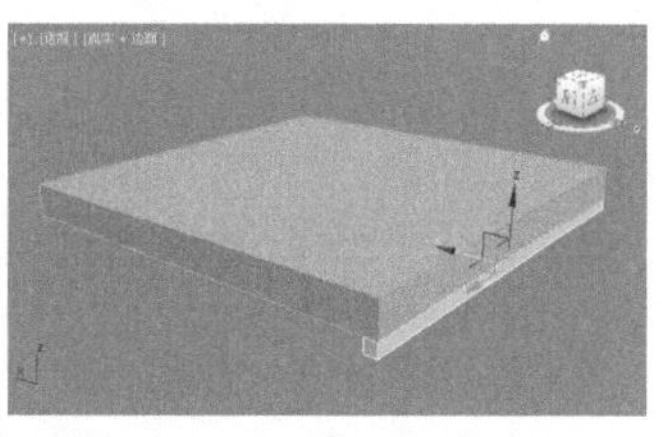

图2-7

03 在【顶】视图中选中复制的长方体，按住Shift键沿Z轴向左旋转复制90°，如图2-8所示。接着在【前】视图中将模型移动到合适的位置，如图2-9所示。效果如图2-10所示。

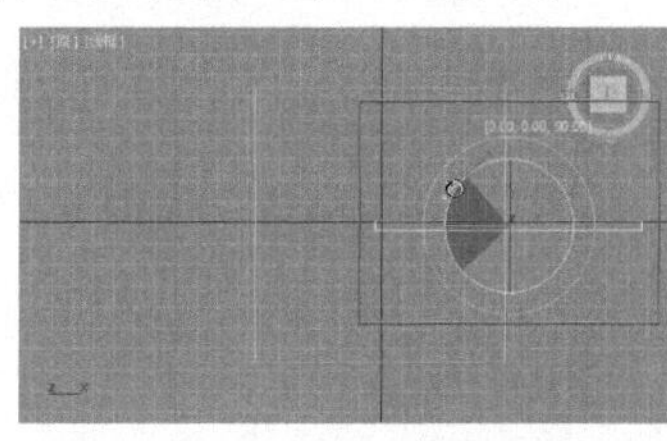

图2-8

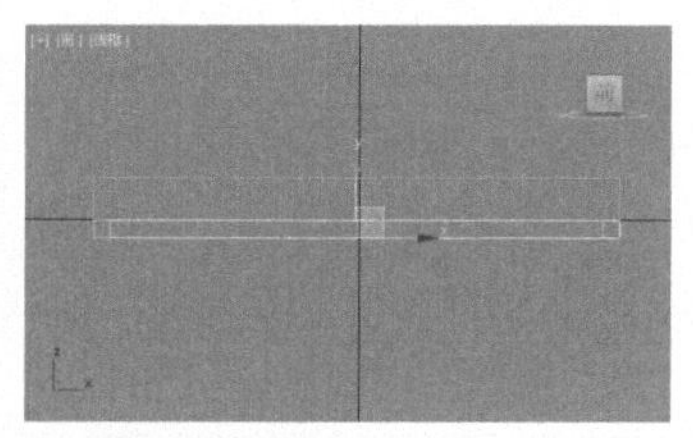

图2-9

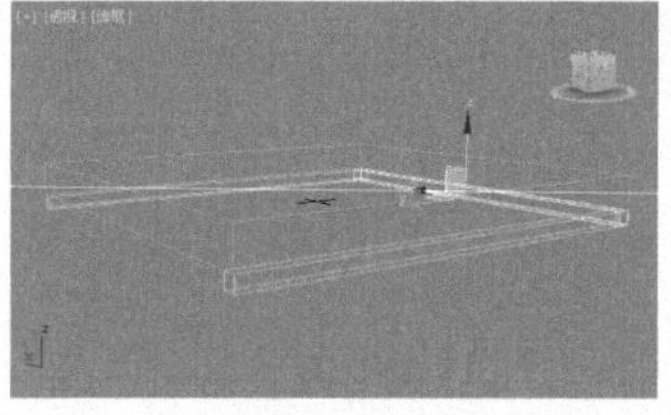

图2-10

04 在【顶】视图中选中旋转复制的模型，按住Shift键沿Y轴向上拖动复制，如图2-11所示。并将其移动到合适的位置，如图2-12所示。

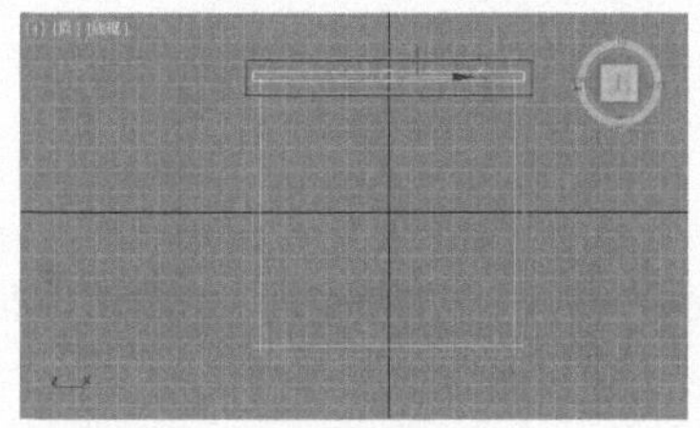

图2-11

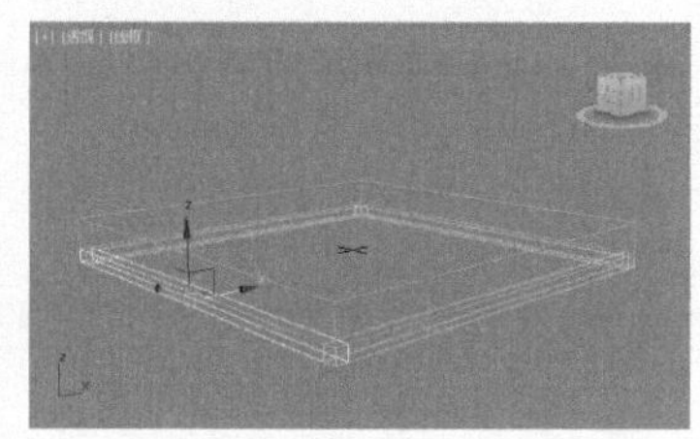

图2-12

05在【顶】视图中创建如图2-13所示的长方体。设置【长度】为40.0mm、【宽度】为40.0mm、【高度】为700.0mm，如图2-14所示。效果如图2-15所示。

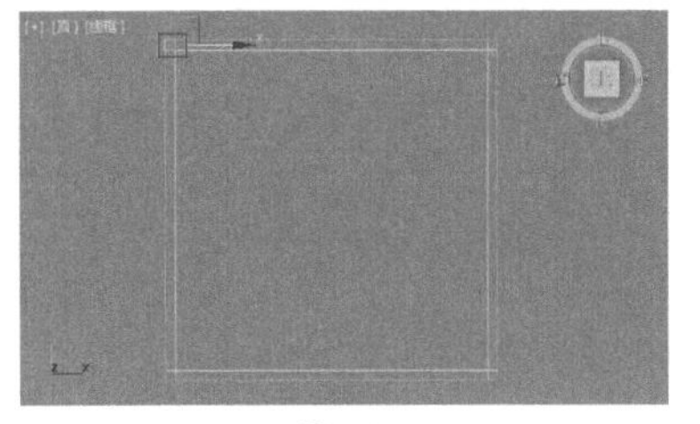

图2-13

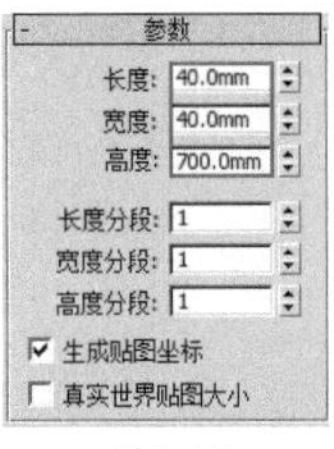

图2-14

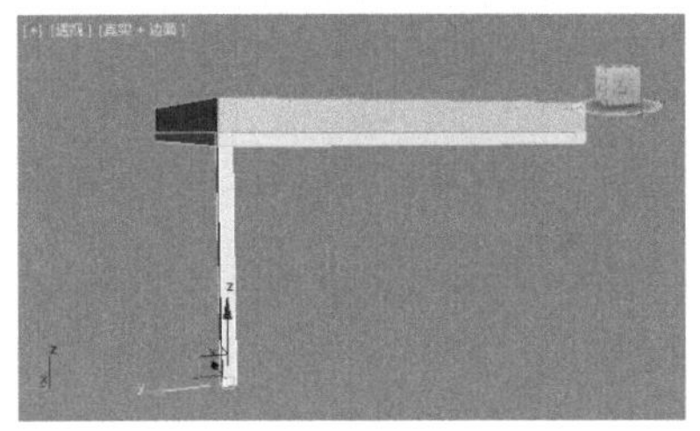

图2-15

06在【透】视图中选中刚刚创建的长方体，按住Shift键再拖动复制出3个长方体，如图2-16所示。接着将复制的长方体移动到合适的位置，如图2-17所示。

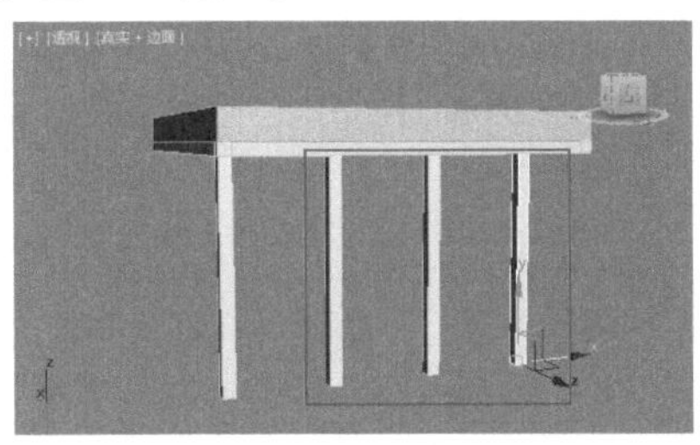

图2-16

图2-17

07在【透】视图中选择如图2-18所示的模型。接着按住Shift键沿Z轴向下拖动复制，如图2-19所示。

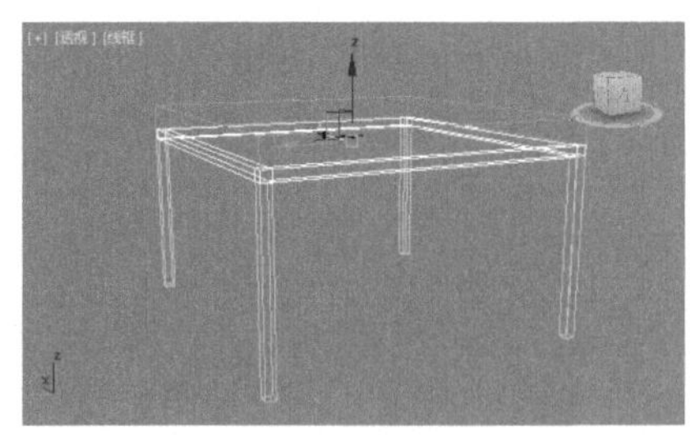

图2-18

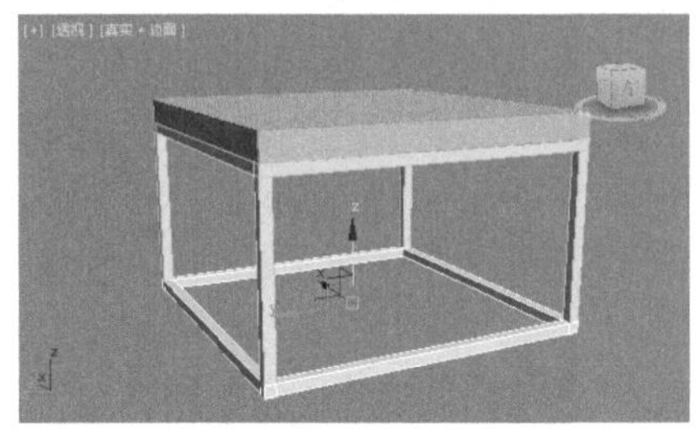

图2-19

08将复制模型移动到合适的位置，如图2-20所示。此时茶几模型已经创建完成。

图2-20

实例013　长方体制作简约桌子

文件路径	第2章\长方体制作简约桌子
难易指数	★★★★★
技术掌握	● 长方体 ● 复制

扫码深度学习

操作思路

本例应用【长方体】工具，通过移动、旋转、复制等操作制作简约桌子模型。

案例效果

案例效果如图2-21所示。

图2-21

操作步骤

01在【顶】视图中创建如图2-22所示的长方体。设置【长度】为1000.0mm、【宽度】为1700.0mm、【高度】为50.0mm，如图2-23所示。

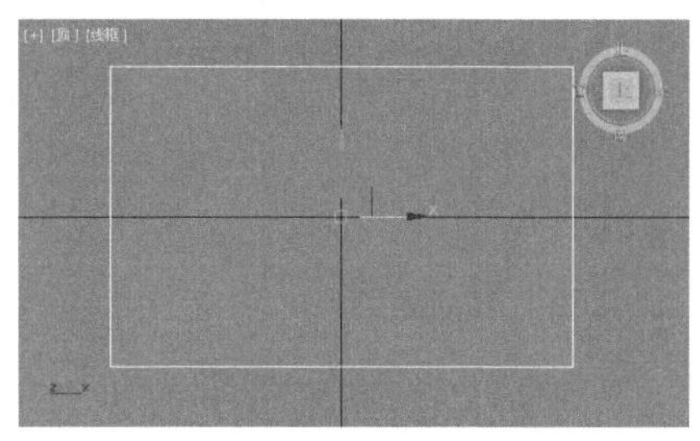

图2-22

图2-23

02在【顶】视图中创建如图2-24所示的长方体。设置【长度】为1000.0mm、【宽度】为50.0mm、【高度】为50.0mm，如图2-25所示。

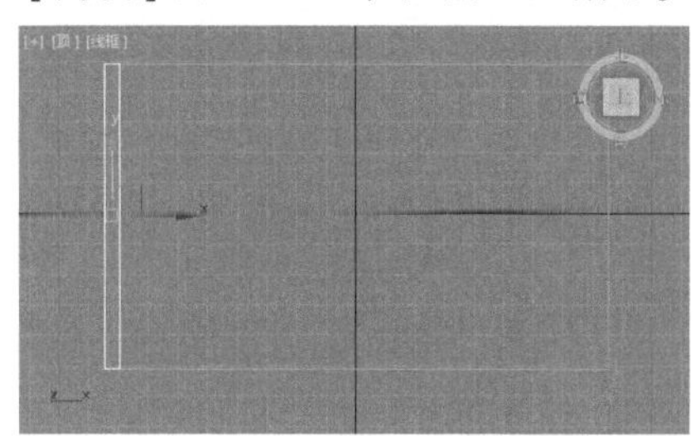

图2-24

图2-25

03 查看效果如图2-26所示。将模型移动到合适的位置，效果如图2-27所示。

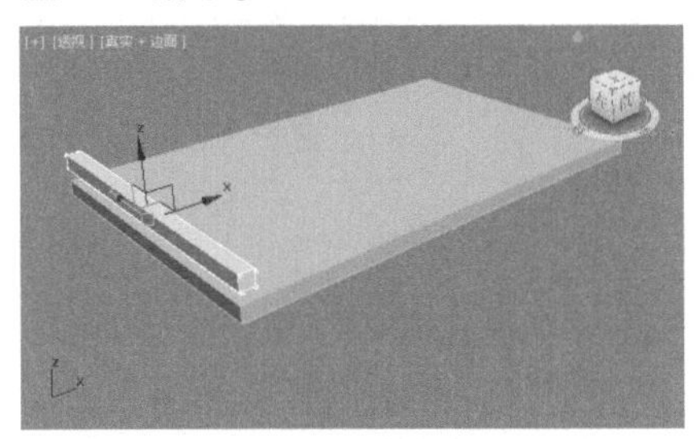

图2-26

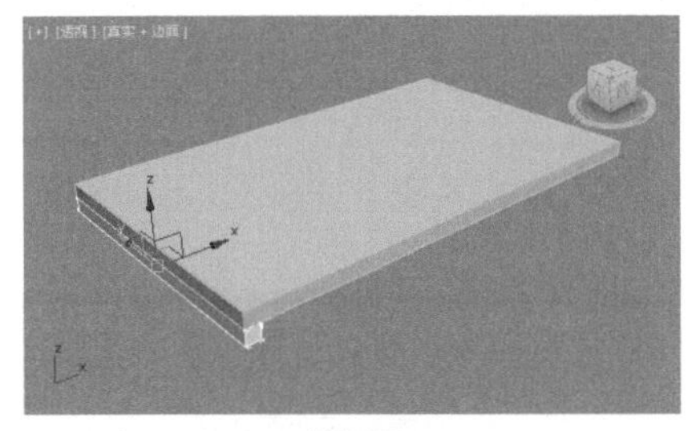

图2-27

04 在【前】视图中选择刚刚创建的模型，如图2-28所示。按住Shift键沿X轴拖动复制，如图2-29所示。

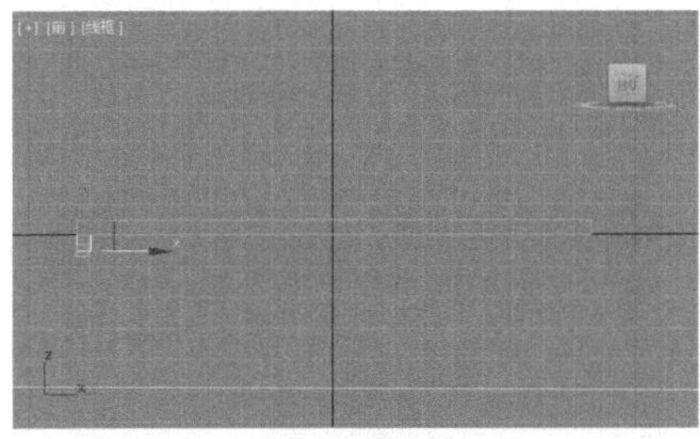

图2-28

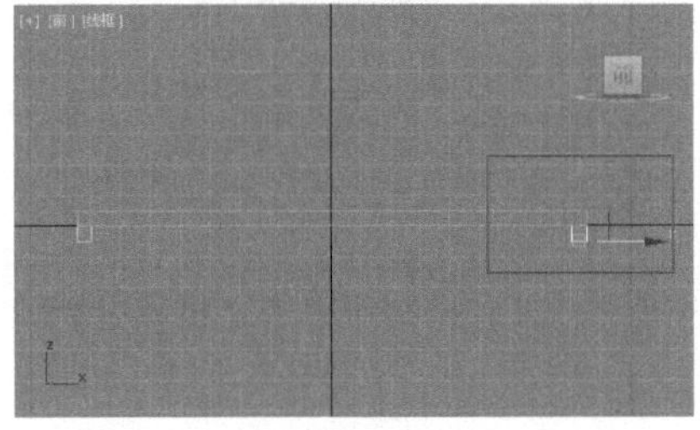

图2-29

05 在【顶】视图中创建如图2-30所示的长方体。设置【长度】为50.0mm、【宽度】为1700.0mm、【高度】为50.0mm，如图2-31所示。

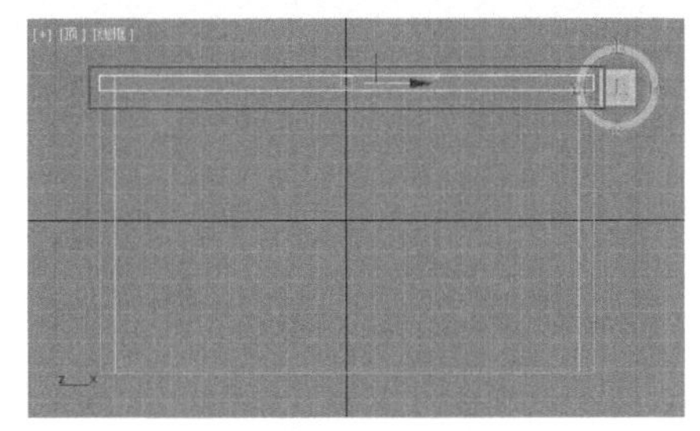

图2-30

图2-31

06 在【左】视图中选择刚刚创建的模型，如图2-32所示。按住Shift键沿X轴向右拖动复制，如图2-33所示。

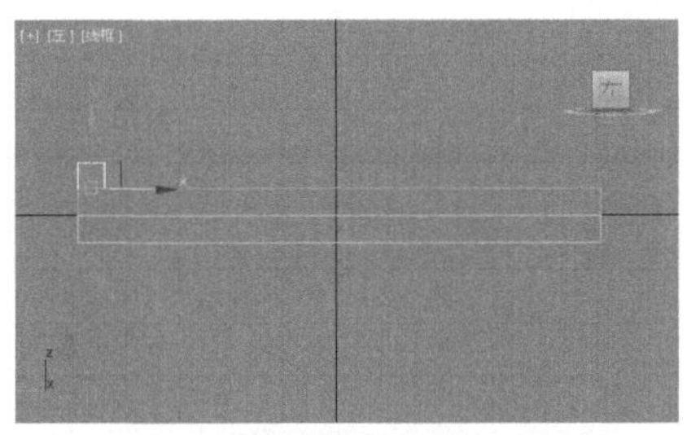

图2-32

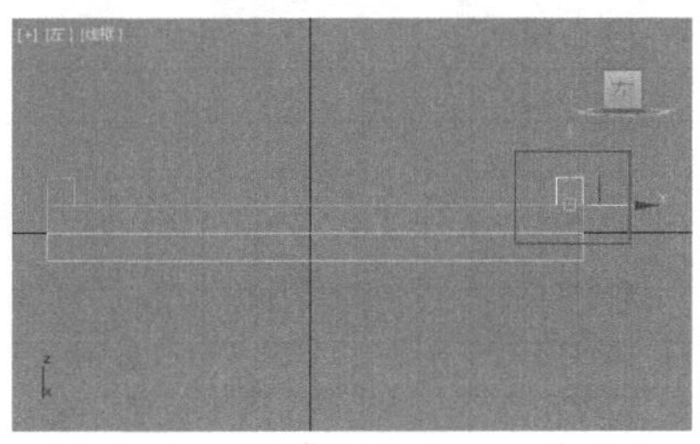

图2-33

07 在【透】视图中选择如图2-34所示的模型。按住Shift键沿Z轴向下拖动复制，如图2-35所示。

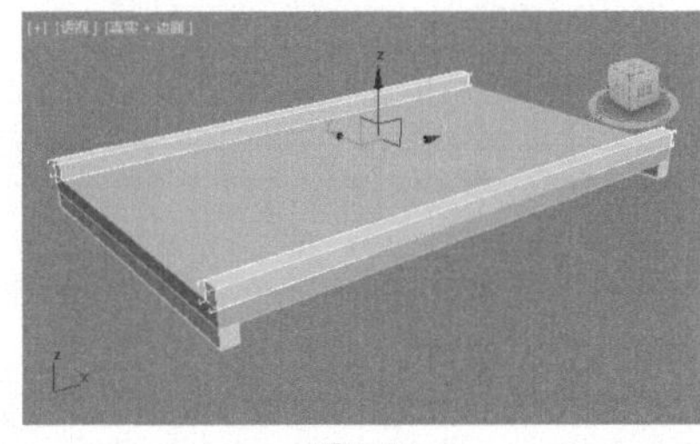

图2-34

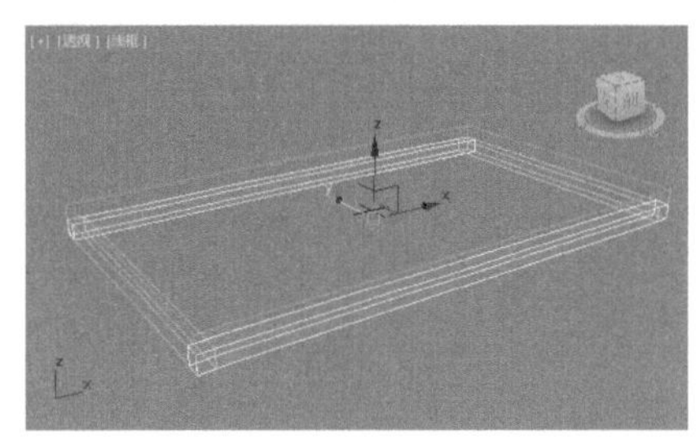

图2-35

08 在【前】视图中创建如图2-36所示的长方体。设置【长度】为1000.0mm、【宽度】为50.0mm、【高度】为50.0mm，如图2-37所示。

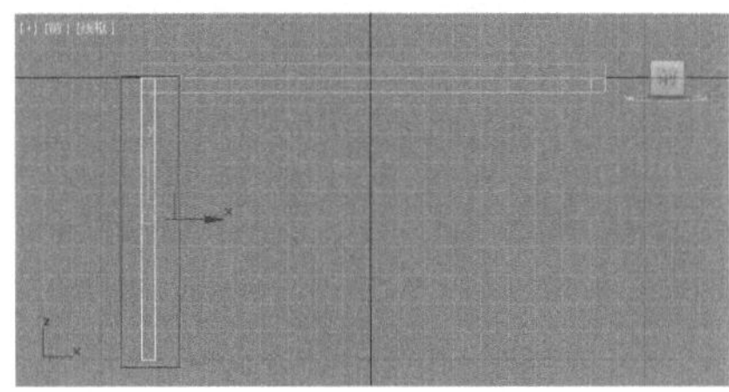

图2-36

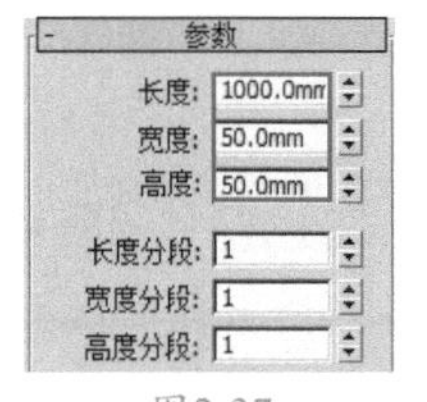

图2-37

09 接着按住Shift键沿X轴向右拖动复制，如图2-38所示。

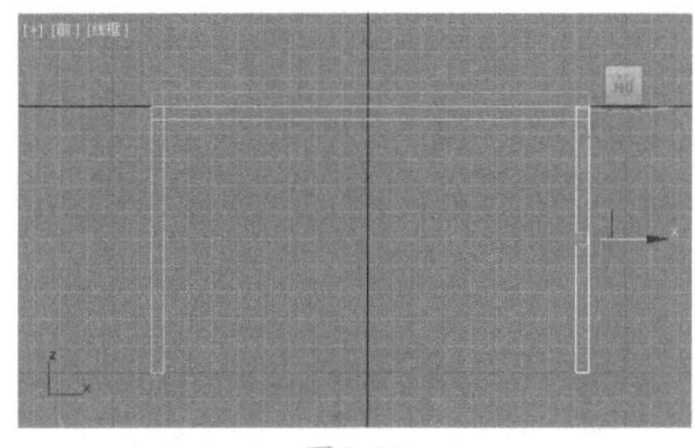

图2-38

10 在【透】视图中选择如图2-39所示的模型。按住Shift键沿Y轴向左拖动复制，如图2-40所示。

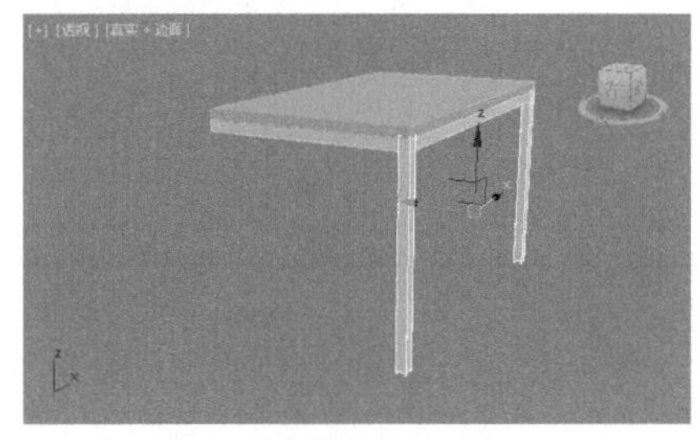

图2-39

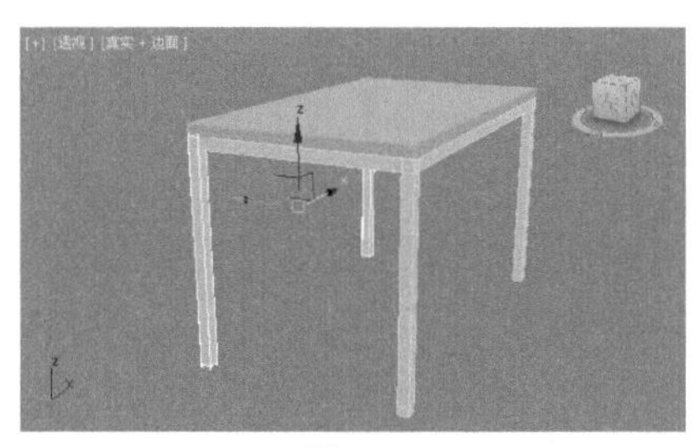

图2-40

11 在【透】视图中选择如图2-41所示的模型。按住Shift键沿Z轴向下拖动复制，如图2-42所示。

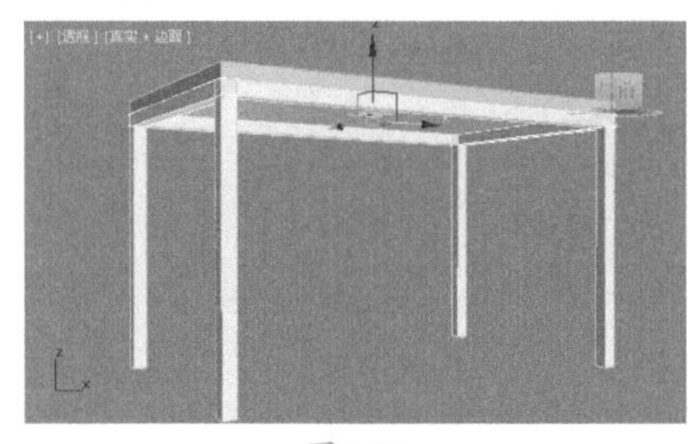

图2-41

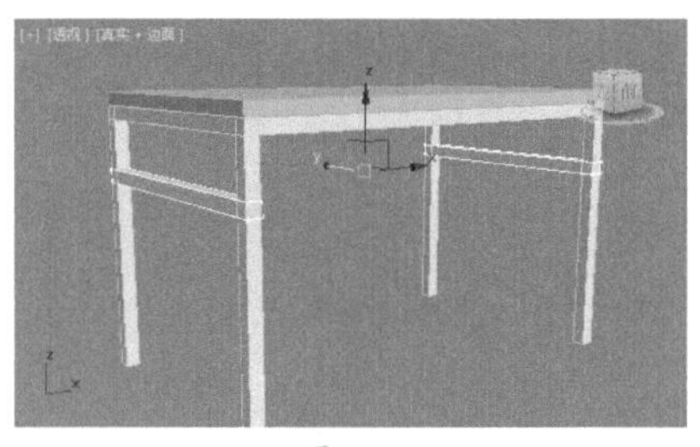

图2-42

12 在【透】视图中选择如图2-43所示的模型。按住Shift键沿Z轴向下拖动复制，如图2-44所示。

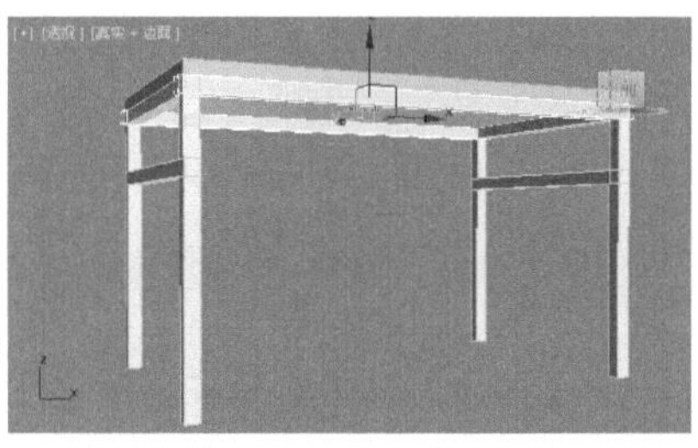

图2-43

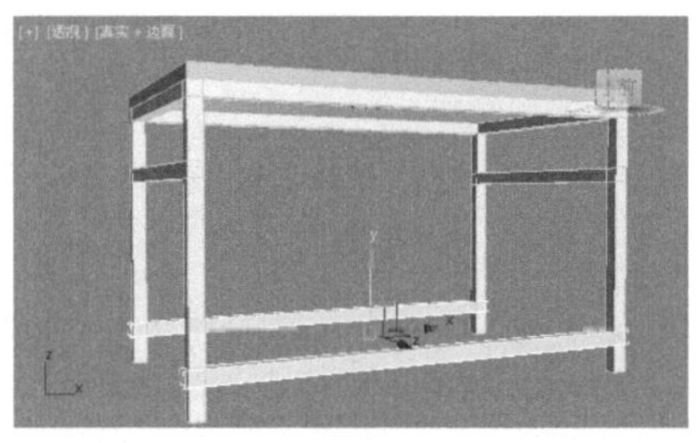

图2-44

13 在【透】视图中选择如图2-45所示的模型。沿Z轴向左旋转30°，如图2-46所示。

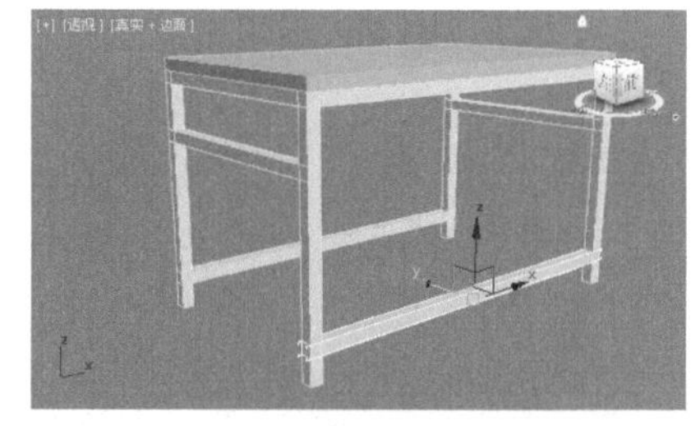

图2-45

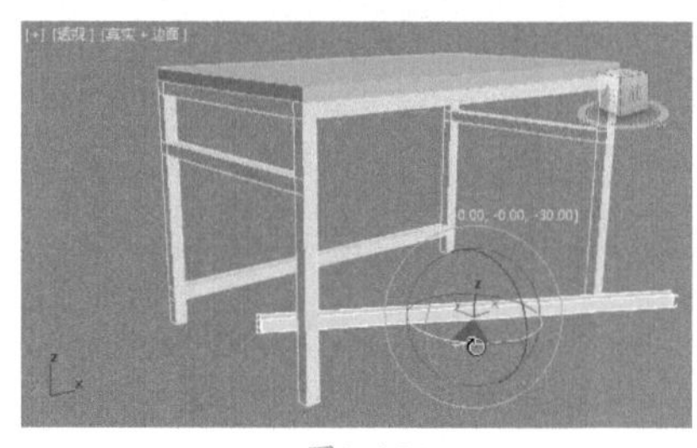

图2-46

14 在【透】视图中选择如图2-47所示的模型。沿Z轴向右旋转30°，如图2-48所示。

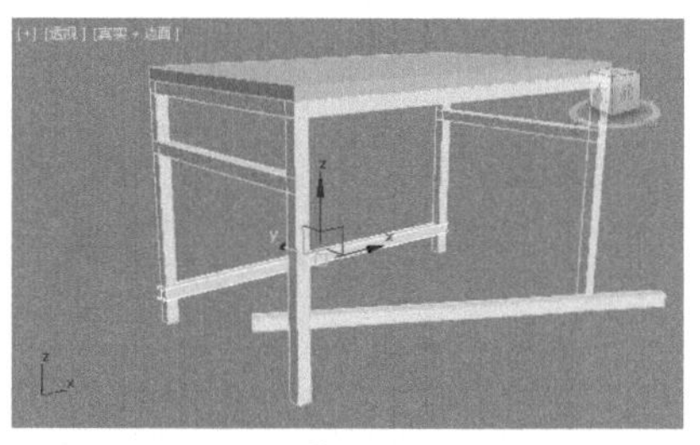

图2-47

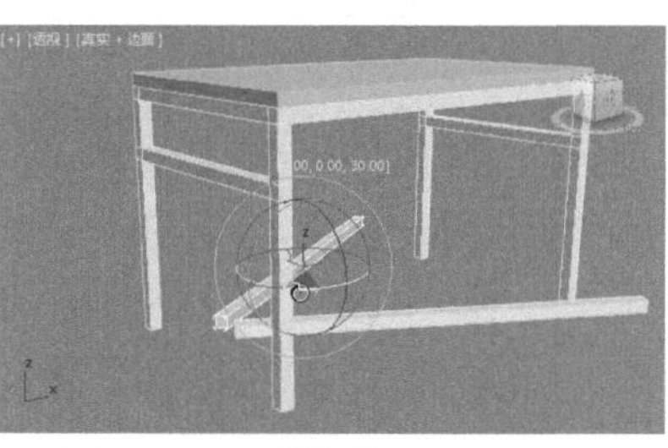

图2-48

15 在【顶】视图中将两个旋转后的模型移动到如图2-49所示的位置。

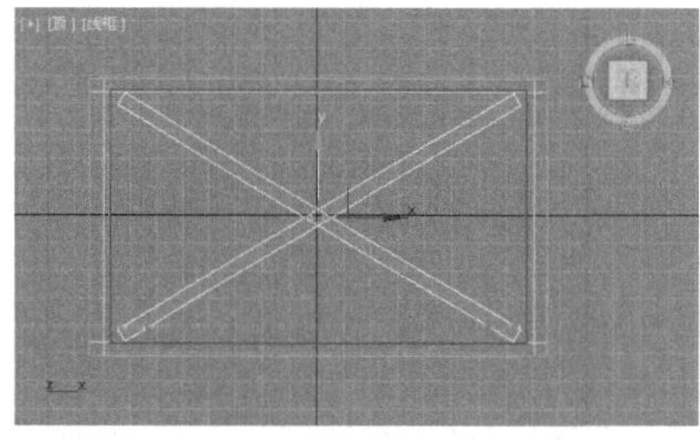

图2-49

16 接着分别设置两个长方体模型的【宽度】为1850.0mm，如图2-50所示。效果如图2-51所示。

图2-50

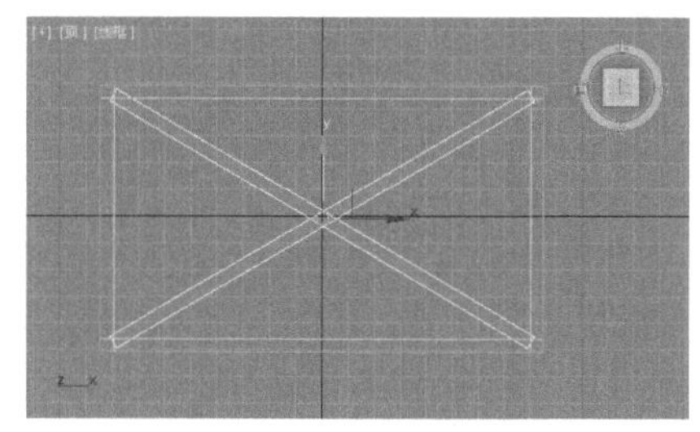

图2-51

17 此时桌子已经创建完成，效果如图2-52所示。

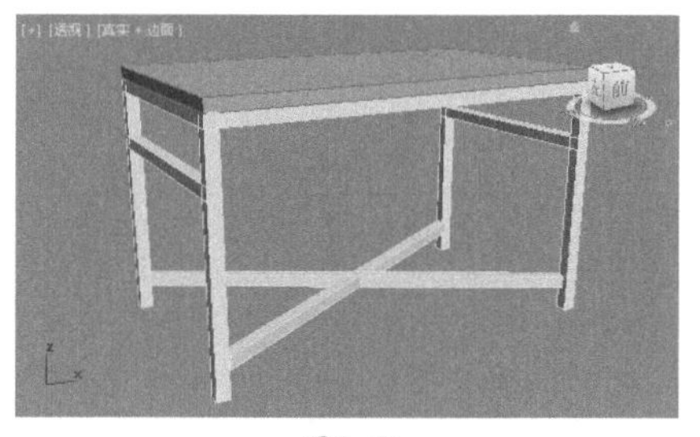

图2-52

实例014 长方体制作柜子

文件路径	第2章\长方体制作柜子
难易指数	★★★★★
技术掌握	● 长方体 ● 镜像 ● 复制
 扫码深度学习	

操作思路

本例应用【长方体】工具，通过移动、旋转、复制、镜像等操作制作柜子模型。

案例效果

案例效果如图2-53所示。

图2-53

操作步骤

01 在【顶】视图中创建如图2-54所示的长方体。设置【长度】为900.0mm、【宽度】为1600.0mm、【高度】为50.0mm，如图2-55所示。

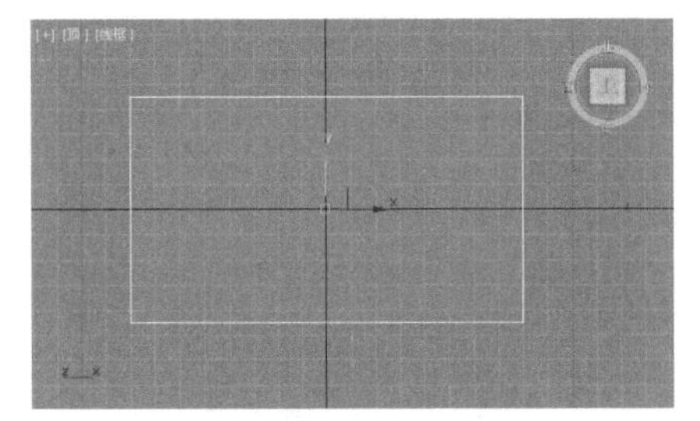

图2-54

图2-55

02 在【前】视图中选择模型，如图2-56所示。按住Shift键沿Z轴向下复制旋转90°，如图2-57所示。

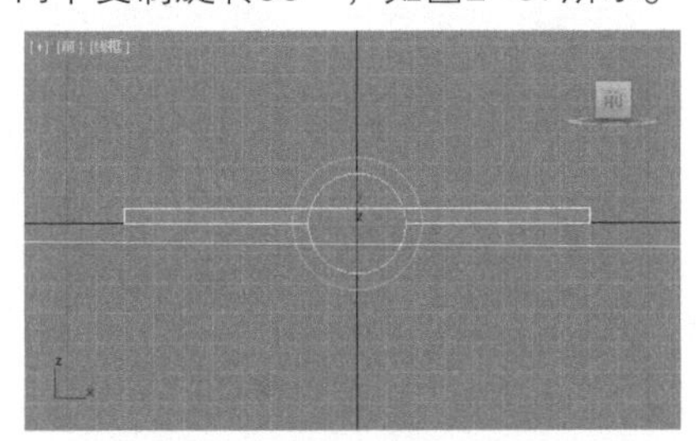

图2-56

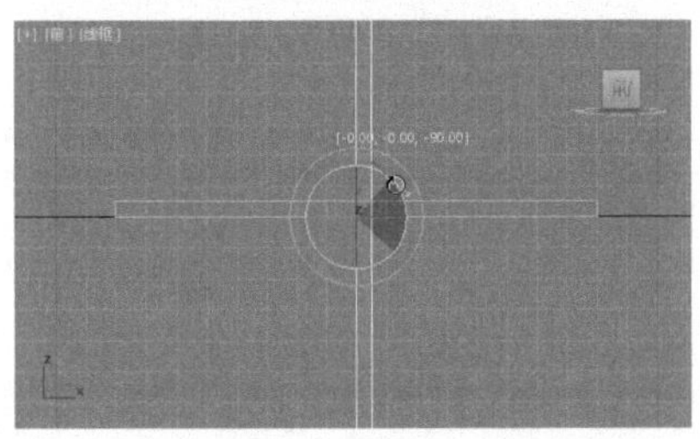

图2-57

03 设置复制模型的【宽度】为800.0mm，如图2-58所示。将其移动到合适的位置，效果如图2-59所示。

参数
长度: 900.0mm
宽度: 800.0mm
高度: 50.0mm
长度分段: 1
宽度分段: 1
高度分段: 1

图2-58

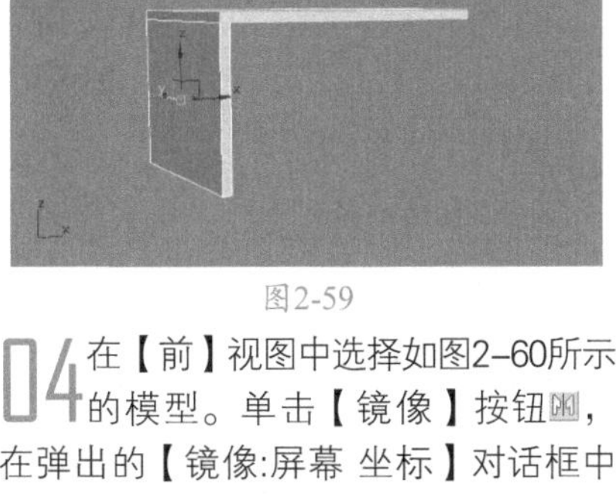

图2-59

04 在【前】视图中选择如图2-60所示的模型。单击【镜像】按钮，在弹出的【镜像:屏幕 坐标】对话框中选择XY轴和【复制】选项，如图2-61所示。效果如图2-62所示。

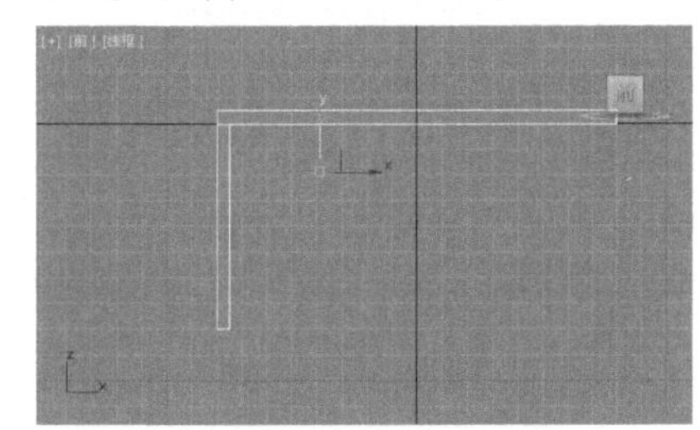

图2-60

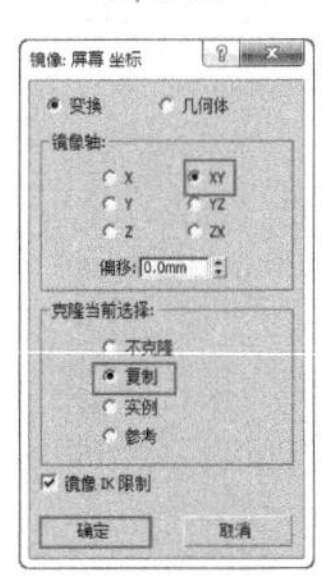

图2-61

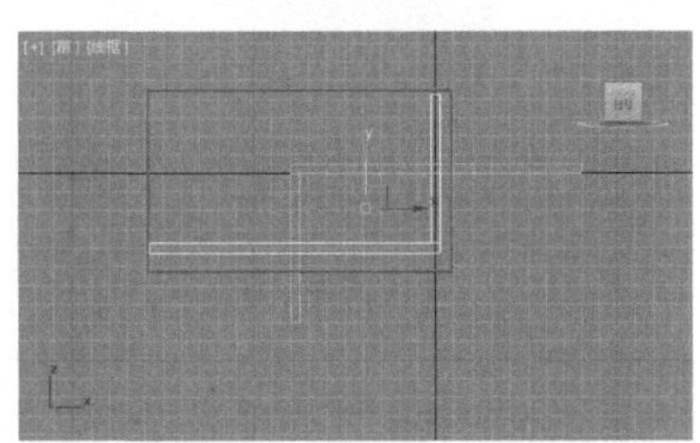

图2-62

05 将模型移动到如图2-63所示的位置。

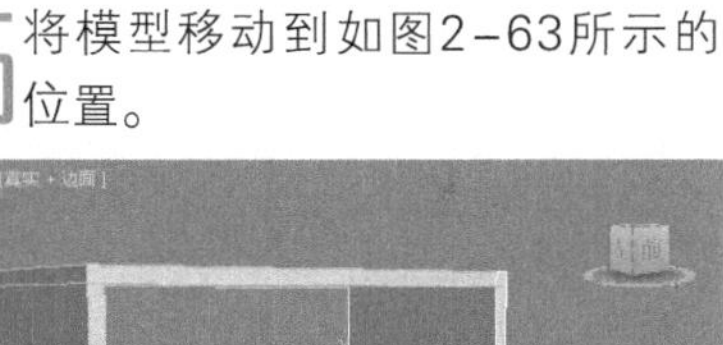

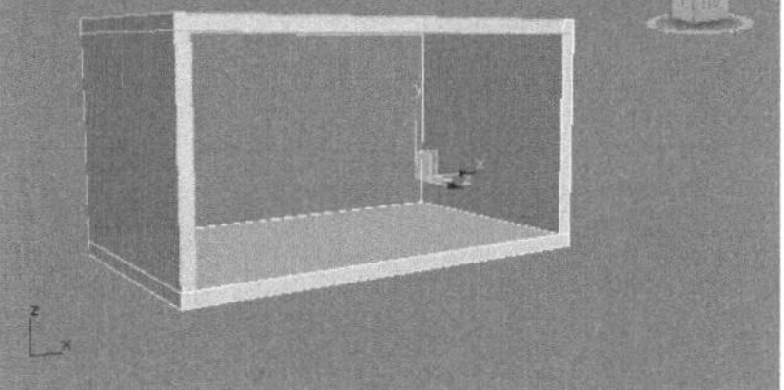

图2-63

06 在【透】视图中选择如图2-64所示的模型。按住Shift键沿Z轴向下拖动复制，如图2-65所示。

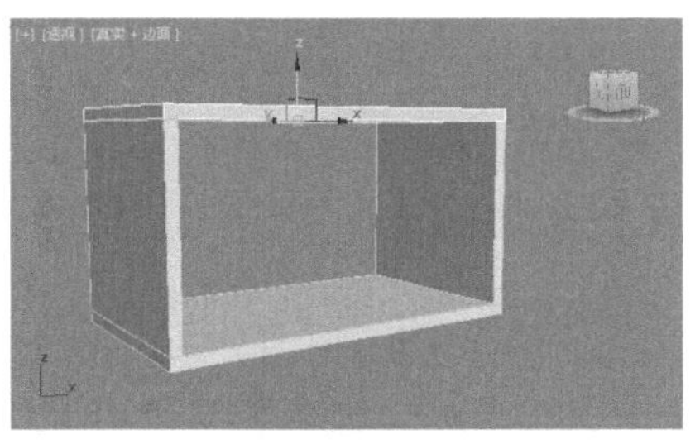

图2-64

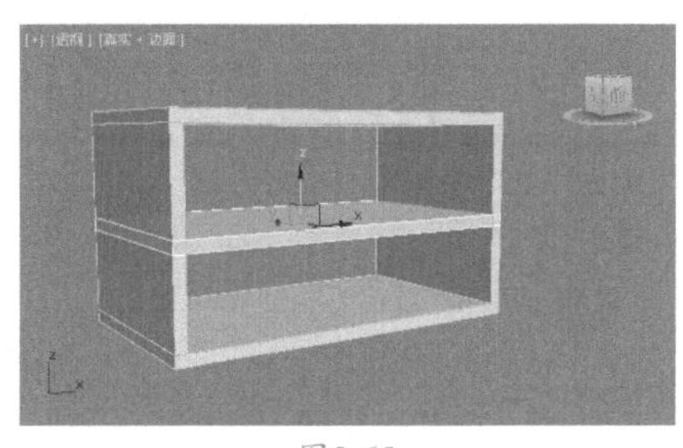

图2-65

07 设置复制模型的【宽度】为1500.0mm，如图2-66所示。效果如图2-67所示。

图2-66

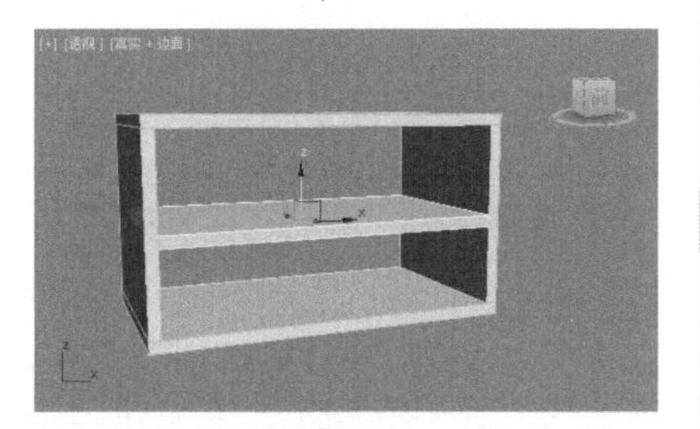

图2-67

08 接着按住Shift键沿Z轴向下拖动复制，如图2-68所示。设置复制模型的【长度】为10.0mm、【高度】为400.0mm，再将模型移动到合适的位置，如图2-69所示。效果如图2-70所示。

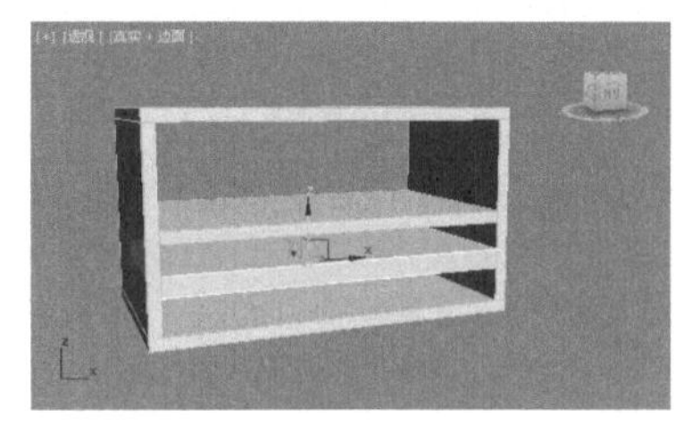

图2-68

图2-69

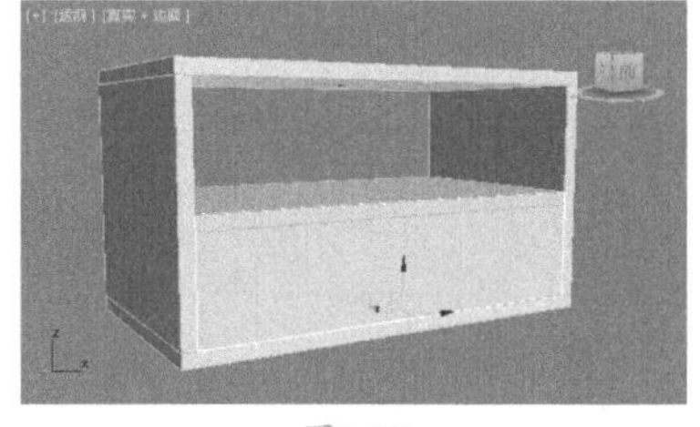

图2-70

09 再次按住Shift键沿Y轴向左拖动复制，如图2-71所示。

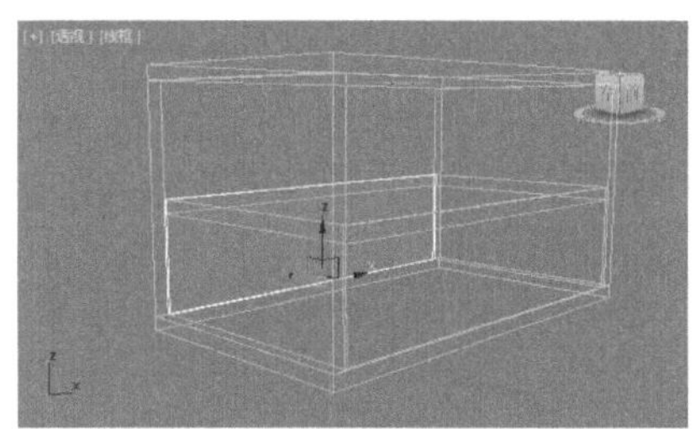

图2-71

10 选择如图2-72所示的模型。再次按住Shift键沿X轴向右拖动复制，如图2-73所示。

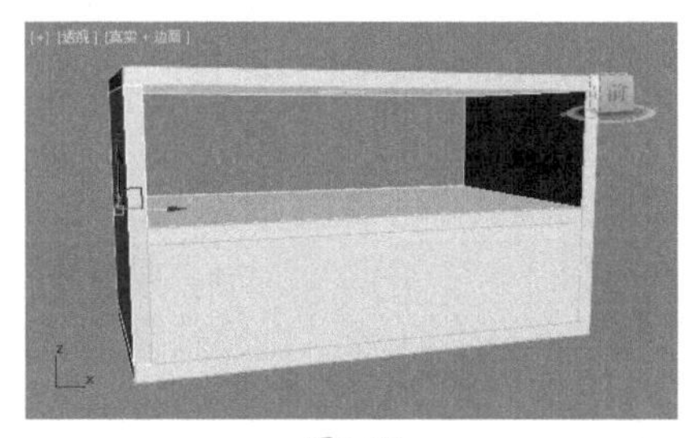

图2-72

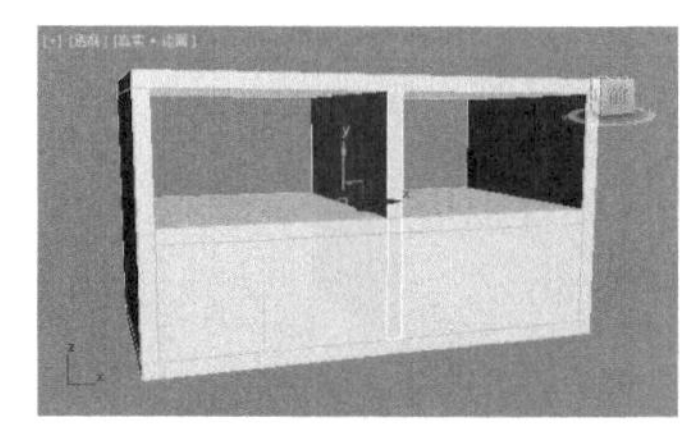

图2-73

11 设置复制模型的【宽度】为400.0mm，如图2-74所示。将模型移到合适的位置，效果如图2-75所示。

图2-74

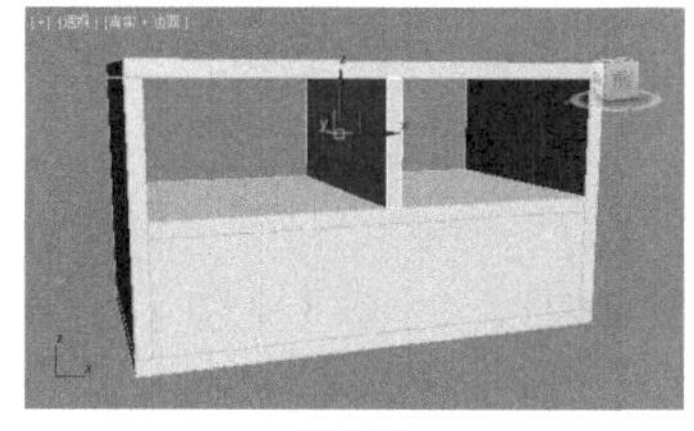

图2-75

12 在【前】视图中创建如图2-76所示的长方体。设置【长度】为35.0mm、【宽度】为200.0mm、【高度】为50.0mm，如图2-77所示。将模型移动到合适的位置，如图2-78所示。

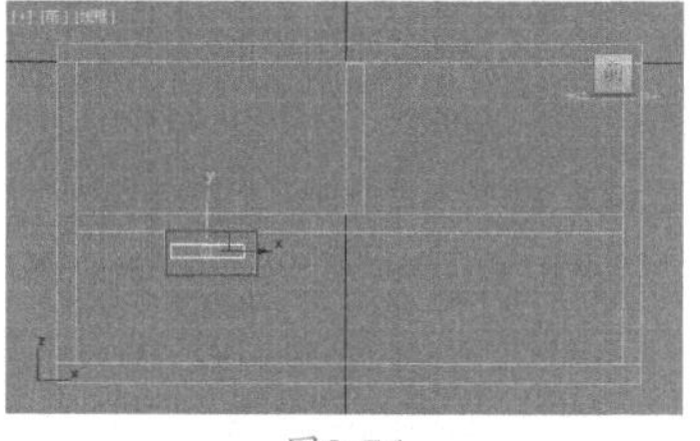

图2-76

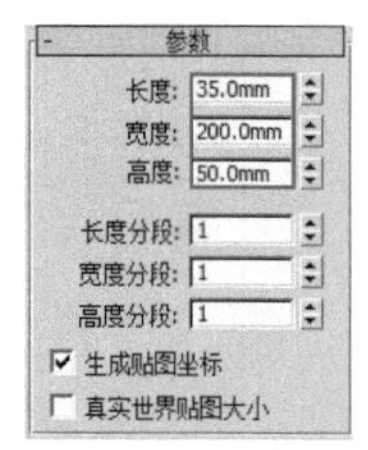

图2-77

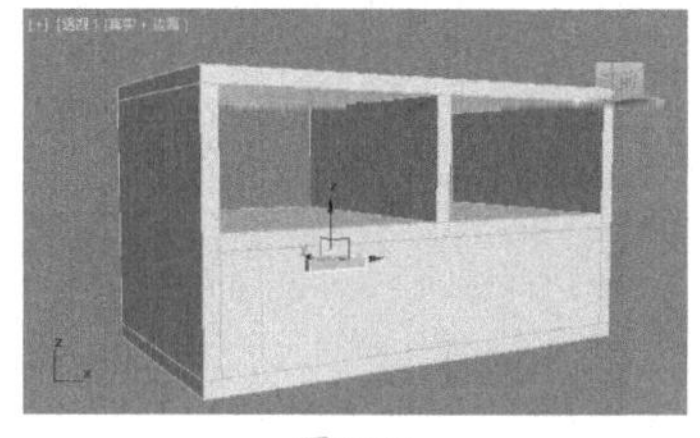

图2-78

13 接着按住Shift键沿X轴向右拖动复制，如图2-79所示。

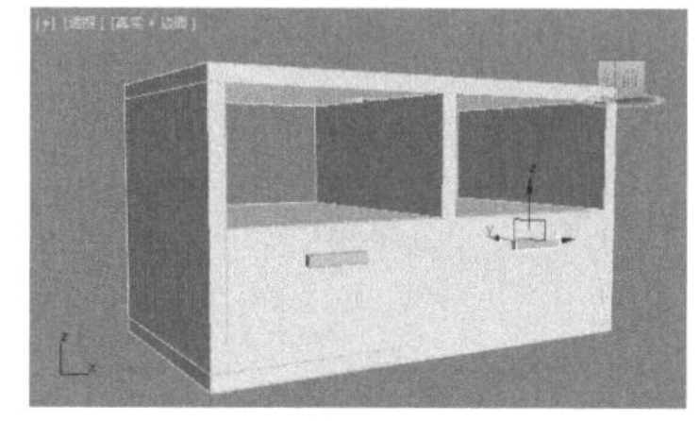

图2-79

14 再次按住Shift键将模型沿Z轴向下拖动复制出4个模型，如图2-80所示。分别设置【长度】为100.0mm、【高度】为100.0mm，如图2-81所示。再分别将其移动到合适的位置，如图2-82所示。

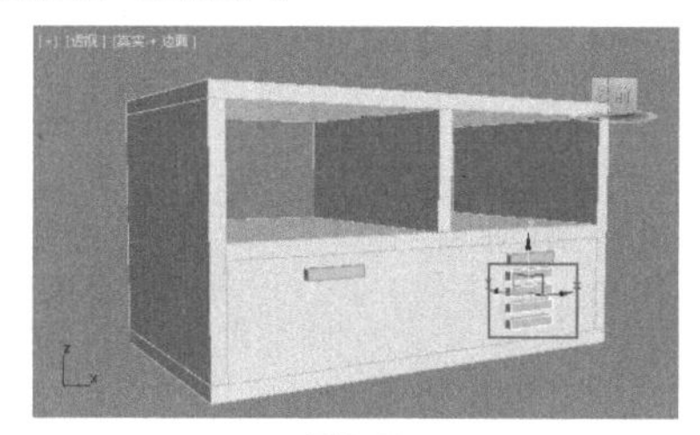

图2-80

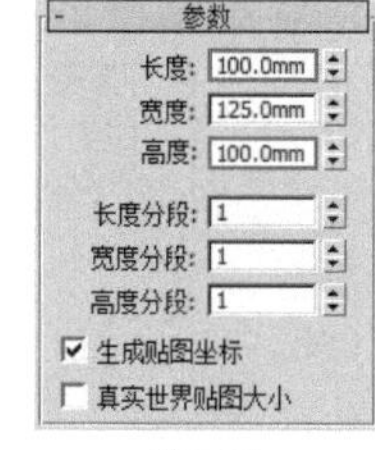

图2-81

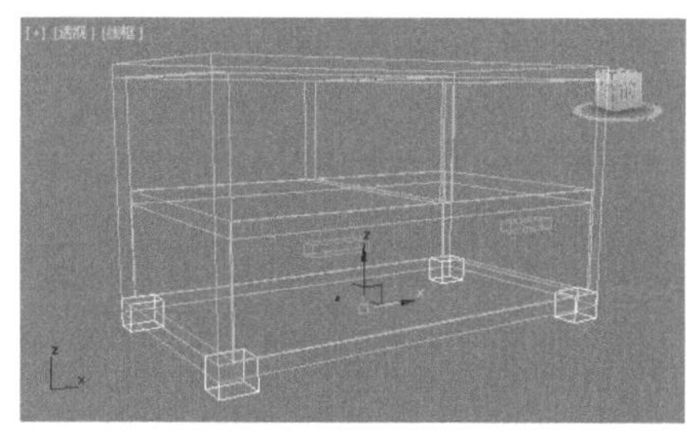

图2-82

15 此时模型已经创建完成，效果如图2-83所示。

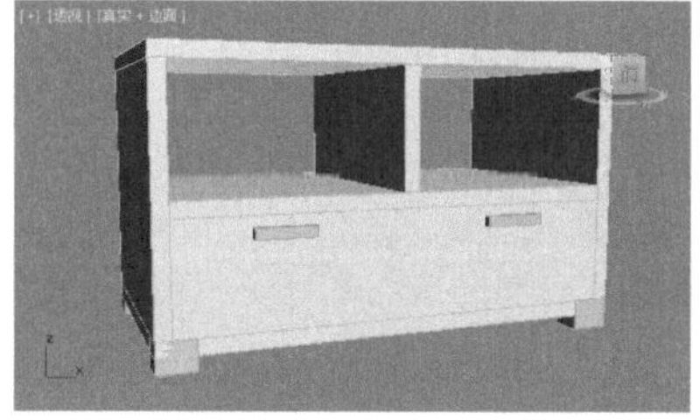

图2-83

实例015 长方体制作创意台灯

文件路径	第2章\长方体制作创意台灯
难易指数	★★★★★
技术掌握	● 长方体 ● 复制

扫码深度学习

操作思路

本例应用【长方体】工具，通过移动、旋转、复制等操作制作创意台灯模型。

案例效果

案例效果如图2-84所示。

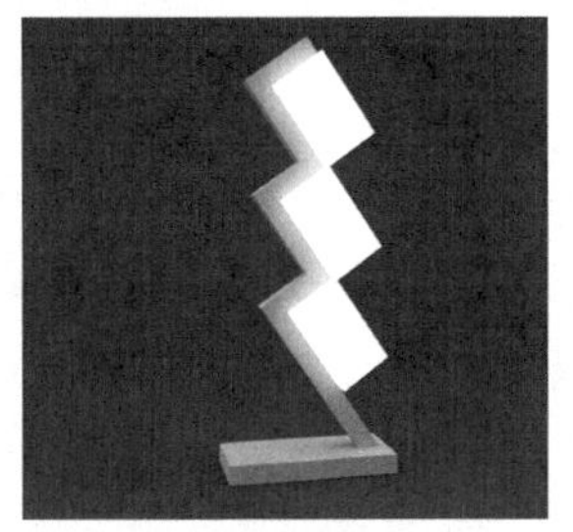

图2-84

操作步骤

01 在【前】视图中创建如图2-85所示的长方体。设置【长度】为50.0mm、【宽度】为200.0mm、【高度】为50.0mm，如图2-86所示。

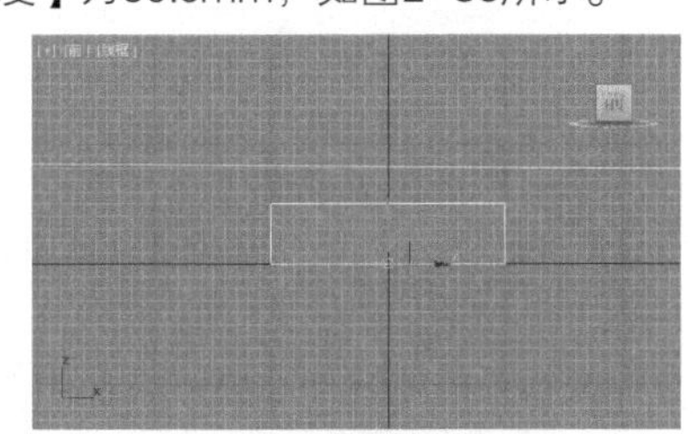

图2-85

参数
长度：50.0mm
宽度：200.0mm
高度：50.0mm
长度分段：1
宽度分段：1
高度分段：1

图2-86

02 在【前】视图中创建如图2-87所示的长方体。设置【长度】为300.0mm、【宽度】为50.0mm、【高度】为50.0mm，如图2-88所示。将模型移动到合适的位置，如图2-89所示。

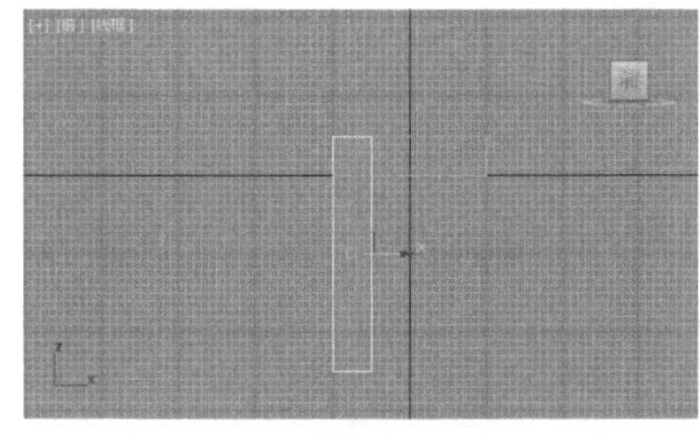

图2-87

图2-88

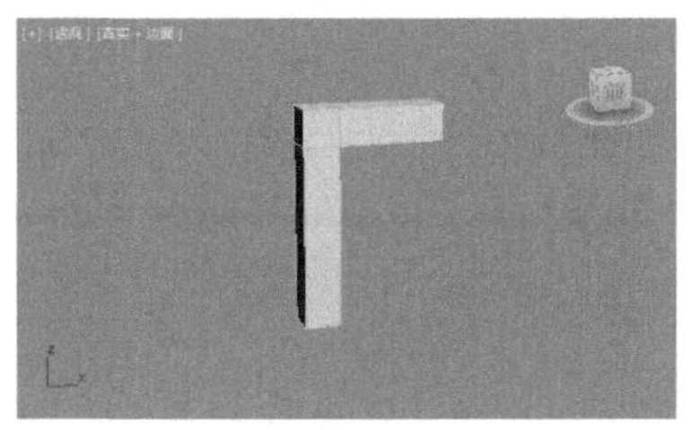

图2-89

03 在【前】视图中创建如图2-90所示的长方体。设置【长度】为150.0mm、【宽度】为150.0mm、【高度】为250.0mm，如图2-91所示。将模型移动到合适的位置，如图2-92所示。

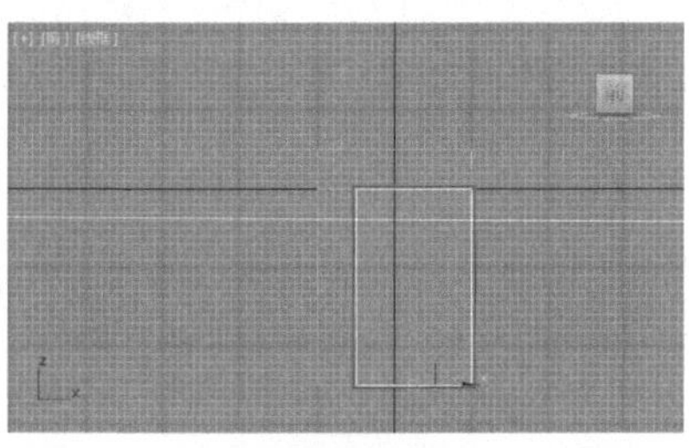

图2-90

参数
长度：150.0mm
宽度：150.0mm
高度：250.0mm
长度分段：1
宽度分段：1
高度分段：1
生成贴图坐标
真实世界贴图大小

图2-91

图2-92

04 在【前】视图中选择所有模型，如图2-93所示。按住Shift键沿Y轴向下拖动复制，并将其移动到合适的位置，如图2-94所示。效果如图2-95所示。

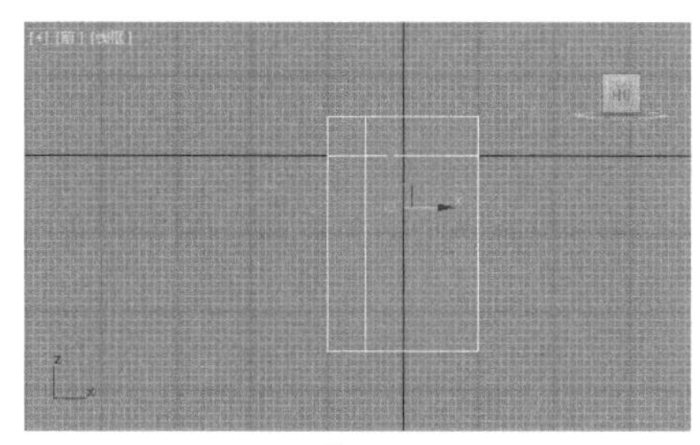

图2-93

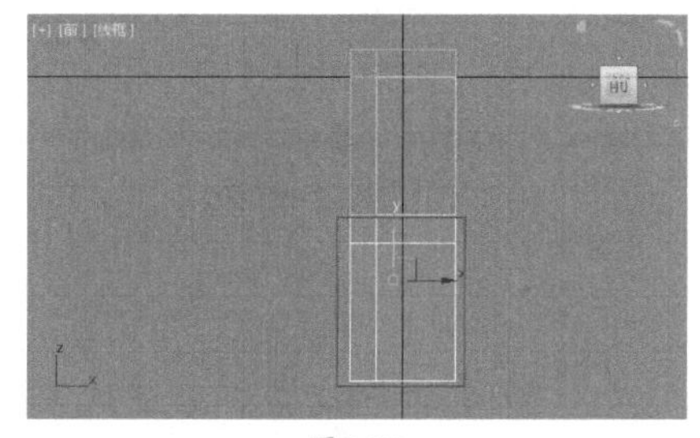

图2-94

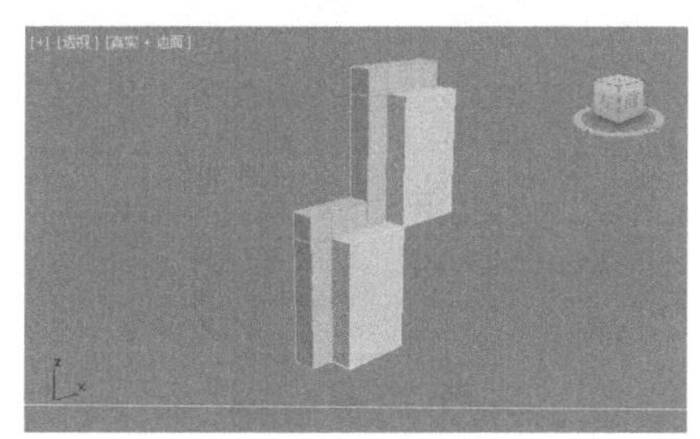

图2-95

05 再次在【前】视图中选择如图2-96所示模型。按住Shift键沿Y轴向下拖动复制，如图2-97所示。

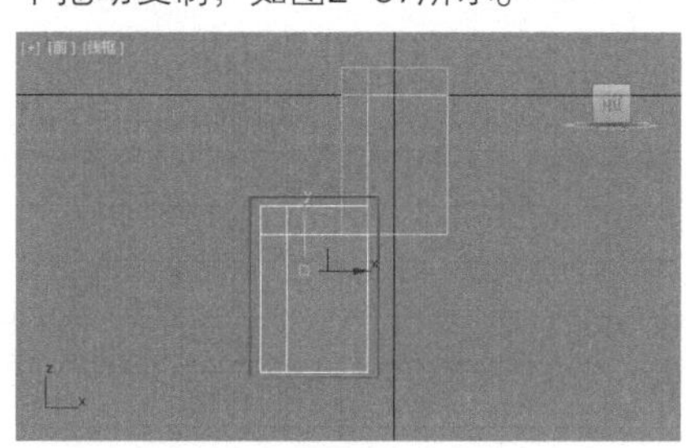

图2-96

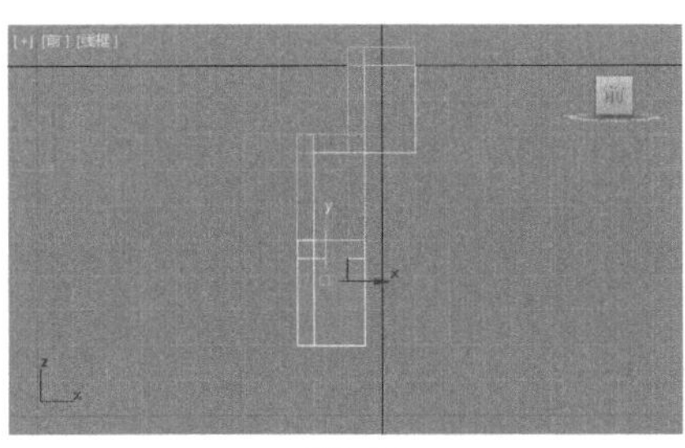
图2-97

06 在【透】视图中选择如图2-98所示的模型。设置【长度】为500.0mm，如图2-99所示。

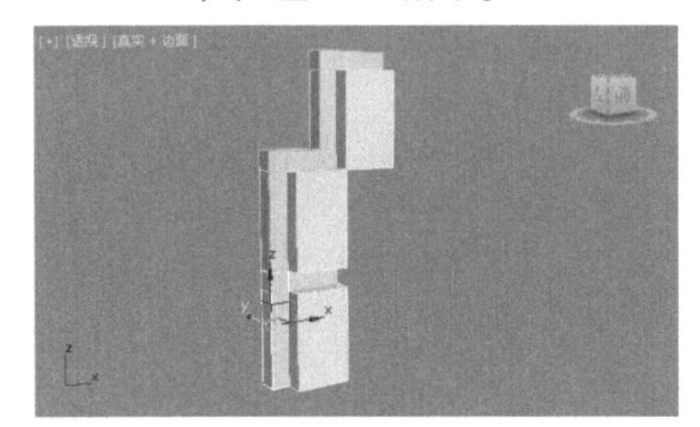
图2-98

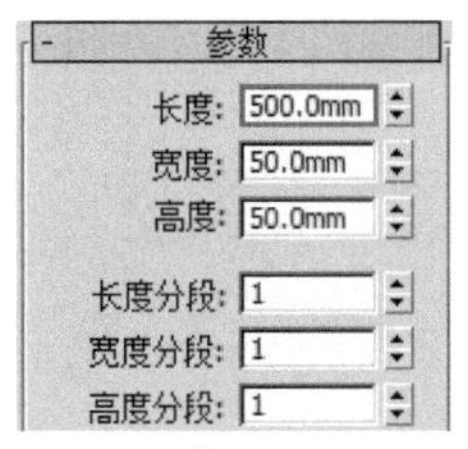

图2-99

07 将模型移动到合适的位置，效果如图2-100所示。

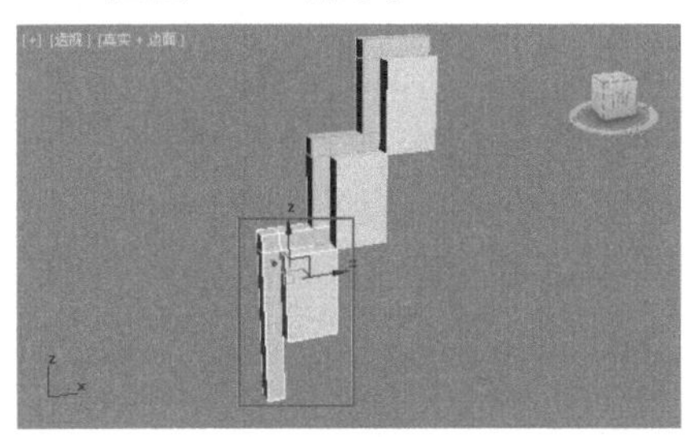
图2-100

08 在【透】视图中选择如图2-101所示的模型。沿Y轴向上旋转35°，如图2-102所示。

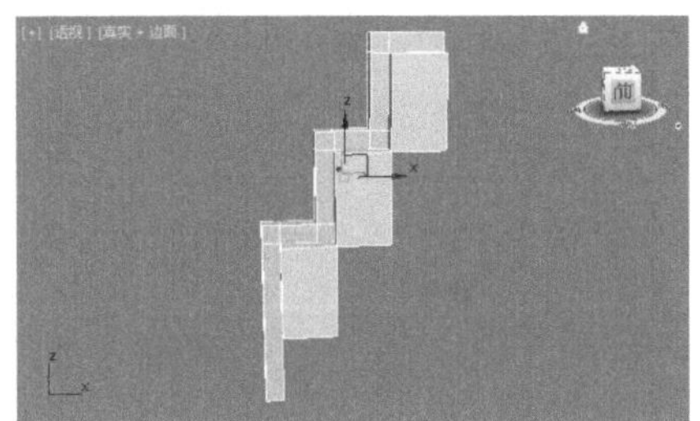
图2-101

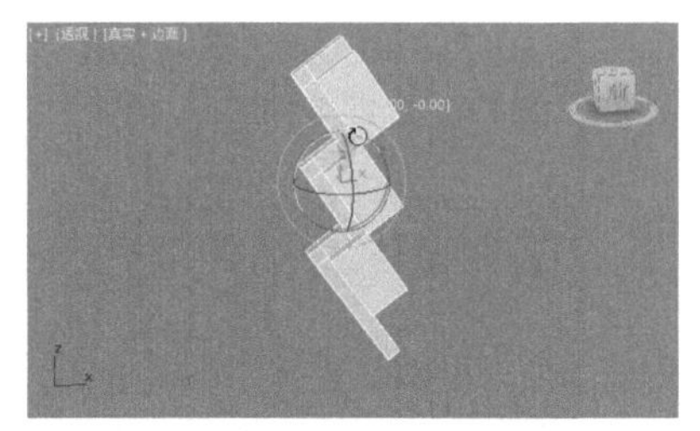
图2-102

09 在【顶】视图中创建如图2-103所示的长方体。设置【长度】为200.0mm、【宽度】为450.0mm、【高度】为50.0mm，如图2-104所示。

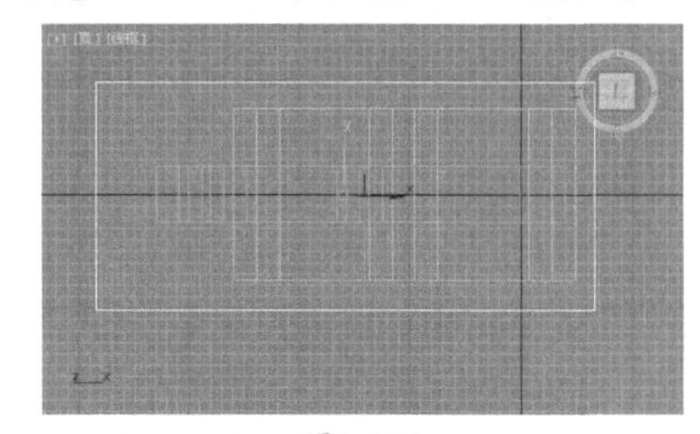
图2-103

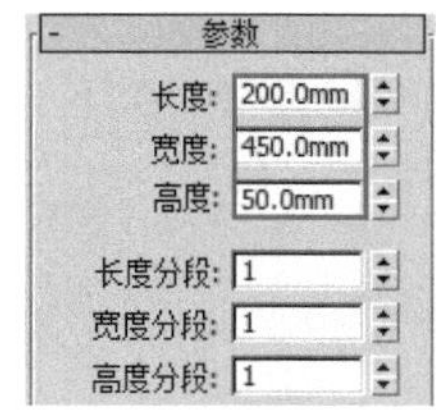

图2-104

10 此时模型已经创建完成，效果如图2-105所示。

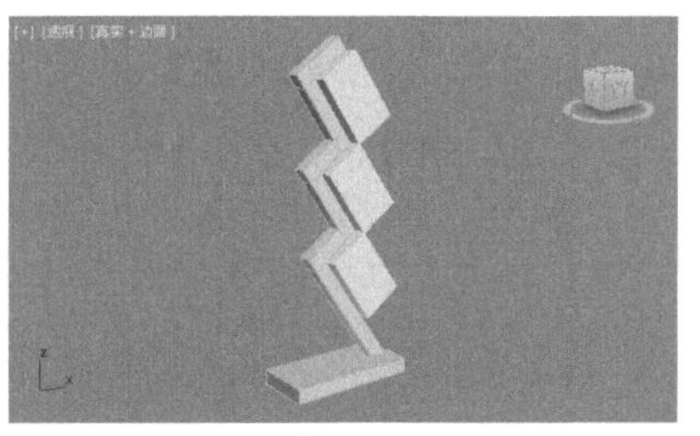
图2-105

实例016 长方体制作中式台灯

文件路径	第2章\长方体制作中式台灯
难易指数	★★★★★
技术掌握	● 长方体 ● 镜像

扫码深度学习

操作思路

本例应用【长方体】工具，通过移动、旋转、复制、镜像等操作制作中式台灯模型。

案例效果

案例效果如图2-106所示。

图2-106

操作步骤

01 在【前】视图中创建如图2-107所示的长方体。设置【长度】为300.0mm、【宽度】为500.0mm、【高度】为5.0mm，如图2-108所示。

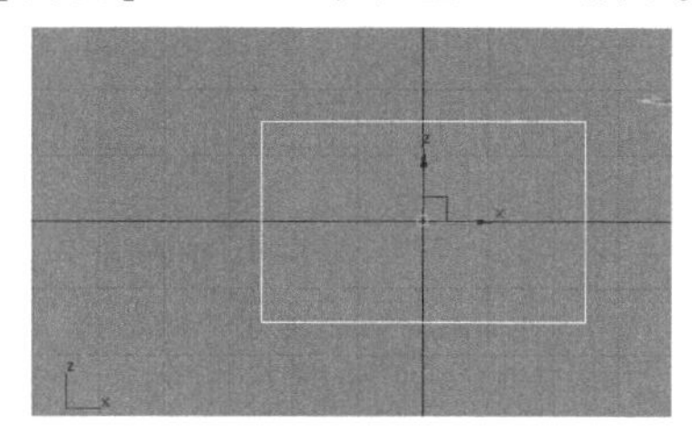
图2-107

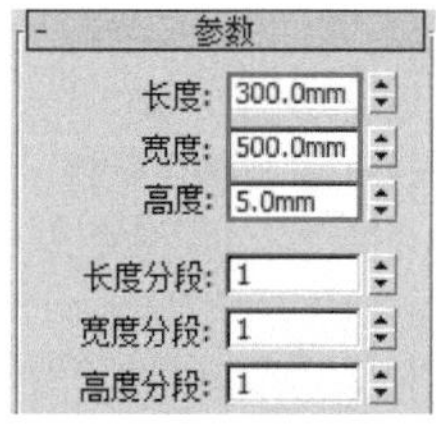

图2-108

02 在【左】视图中创建如图2-109所示的长方体。设置【长度】为300.0mm、【宽度】为350.0mm、【高度】为5.0mm，如图2-110所示。效果如图2-111所示。

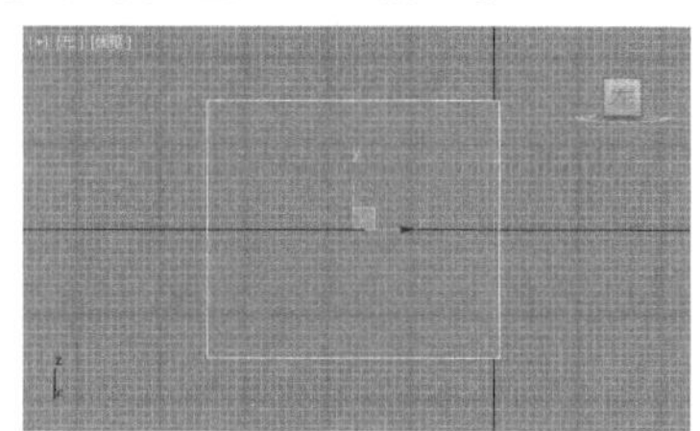
图2-109

图2-110

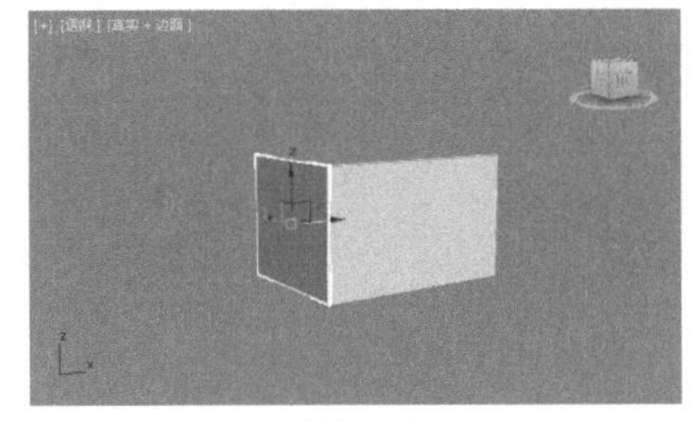

图2-111

03 选择如图2-112所示的模型。单击【镜像】按钮，在弹出的【镜像:世界 坐标】对话框中选择XY轴和【复制】选项，如图2-113所示。效果如图2-114所示。

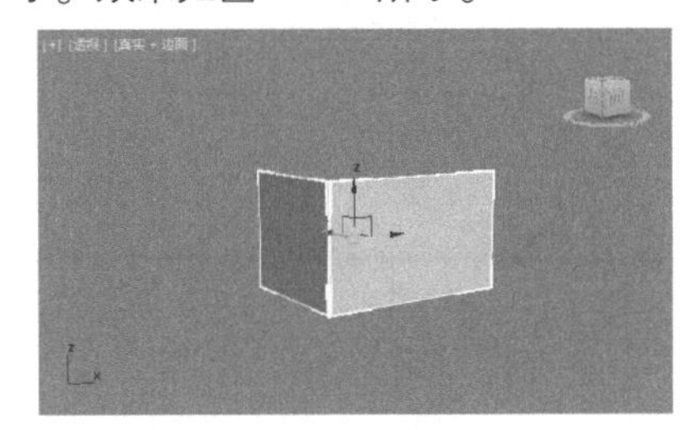

图2-112

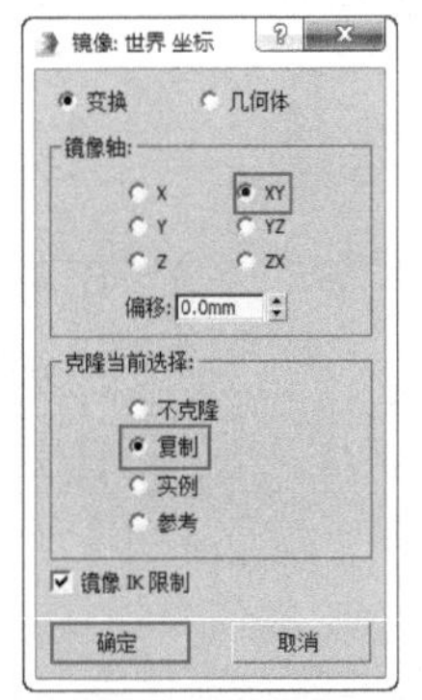

图2-113

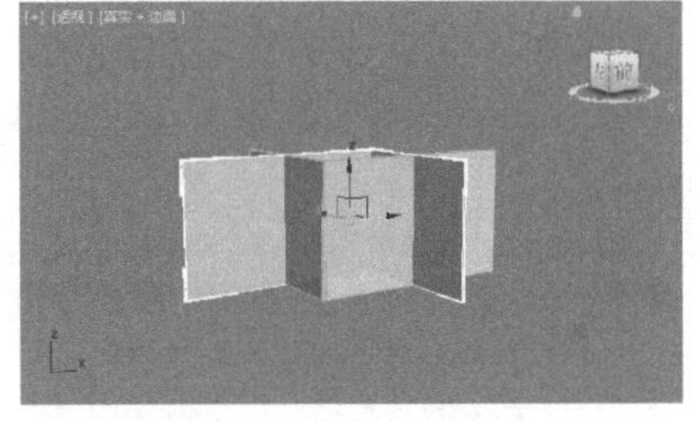

图2-114

04 将复制的模型移动到合适的位置，如图2-115所示。

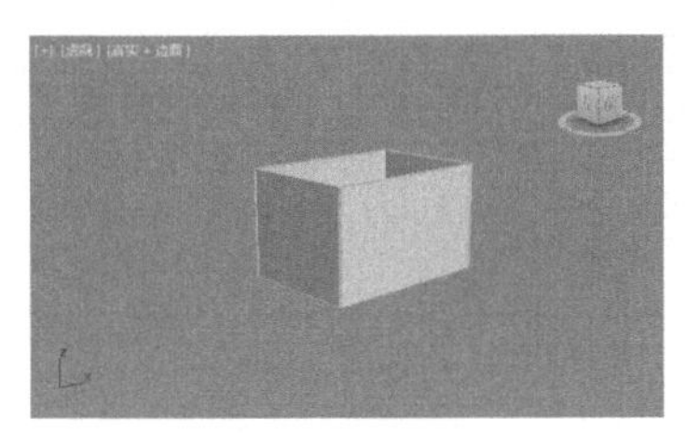

图2-115

05 在【前】视图中创建如图2-116所示的长方体。设置【长度】为300.0mm、【宽度】为40.0mm、【高度】为40.0mm，如图2-117所示。将模型移动到合适的位置，效果如图2-118所示。

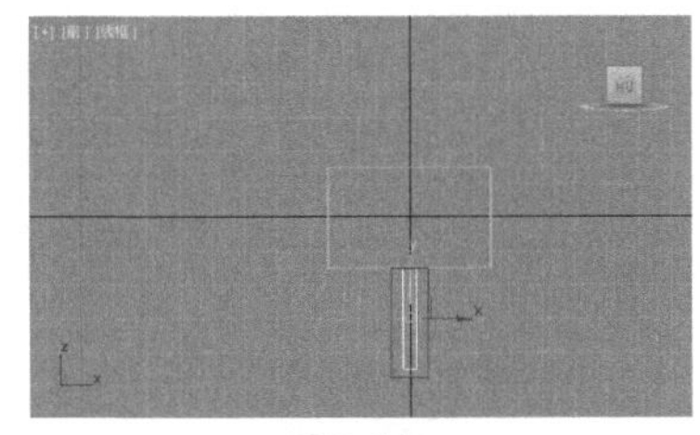

图2-116

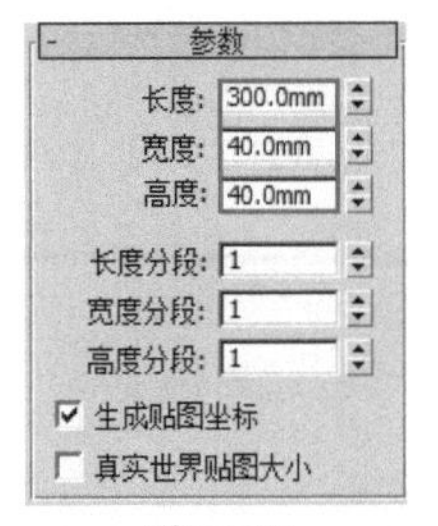

图2-117

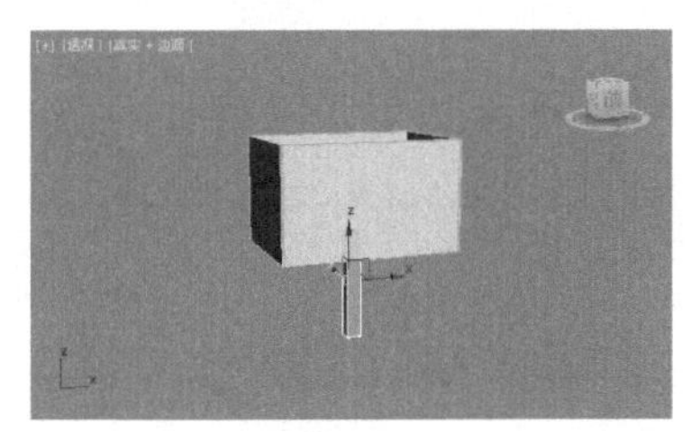

图2-118

06 在【前】视图中创建如图2-119所示的长方体。设置【长度】为40.0mm、【宽度】为450.0mm、【高度】为40.0mm，如图2-120所示。将模型移动到合适的位置，效果如图2-121所示。

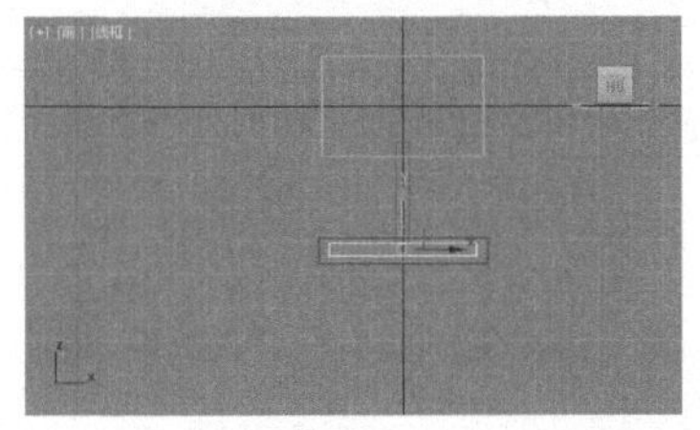

图2-119

图2-120

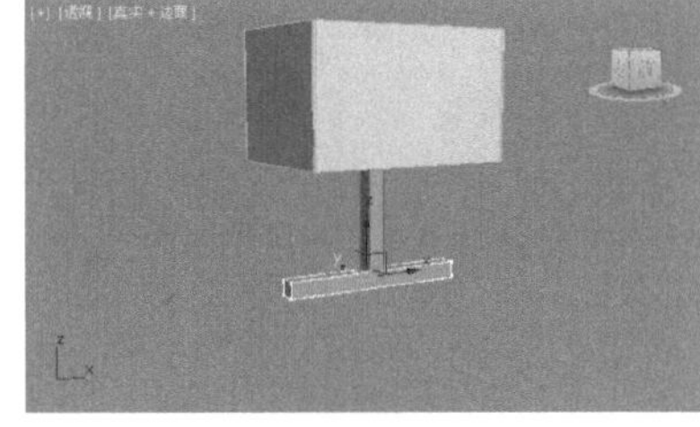

图2-121

07 在【前】视图中选择如图2-122所示的模型。按住Shift键沿Z轴向下复制旋转90°，如图2-123所示。将模型移动到合适的位置，如图2-124所示。

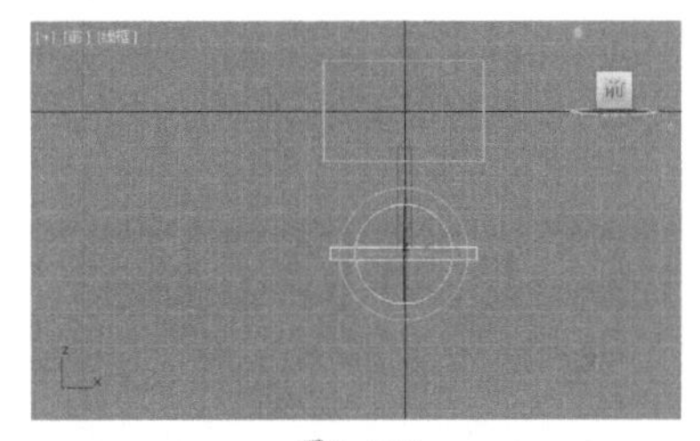

图2-122

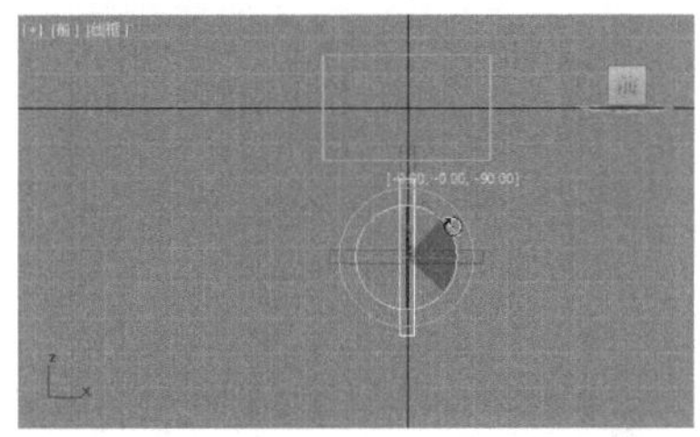

图2-123

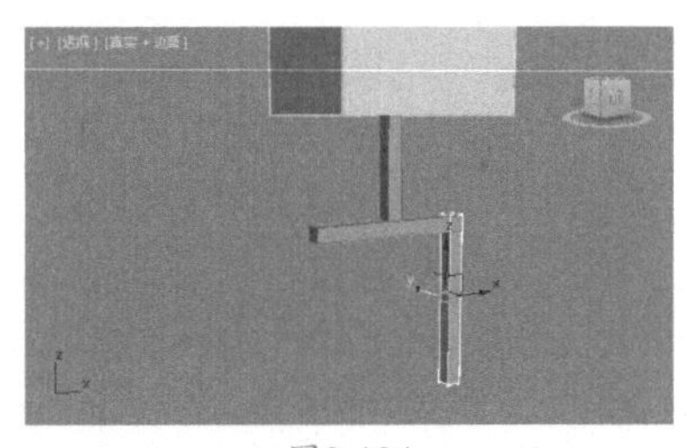

图2-124

08 按住Shift键，在【透】视图中将模型沿X轴向左拖动复制，如图2-125所示。设置【长度】为300.0mm，如图2-126所示。将模型移动到合适的位置，效果如图2-127所示。

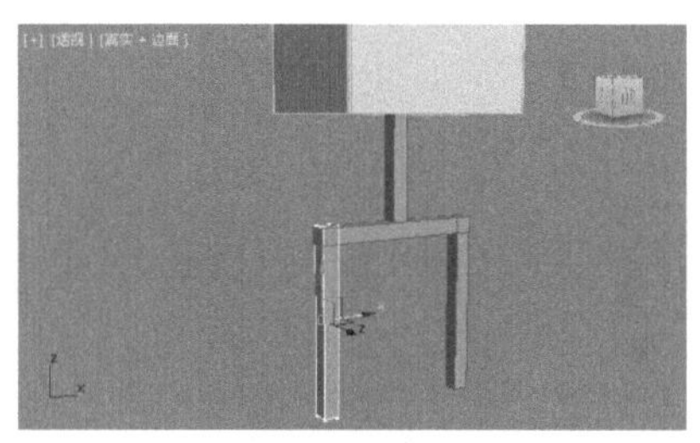

图2-125

参数
长度: 300.0mm
宽度: 40.0mm
高度: 40.0mm
长度分段: 1
宽度分段: 1
高度分段: 1
生成贴图坐标
真实世界贴图大小

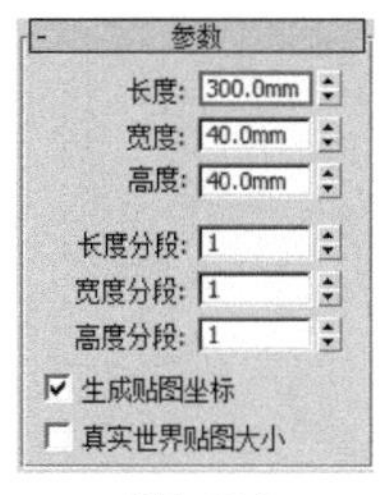

图2-126

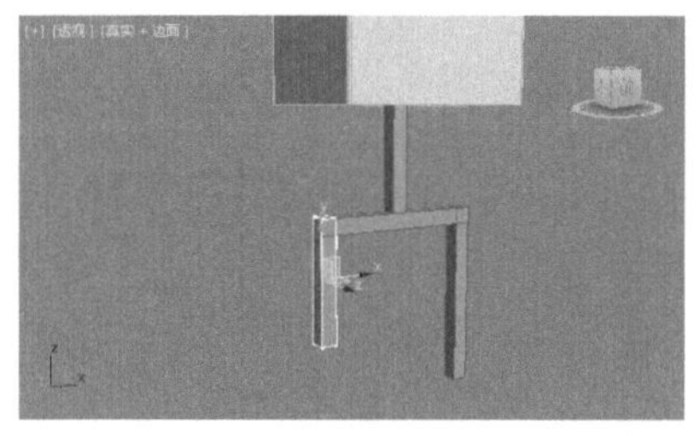

图2-127

09 按住Shift键，将模型沿Y轴向下复制旋转90°，如图2-128所示。将模型移动到合适的位置，如图2-129所示。

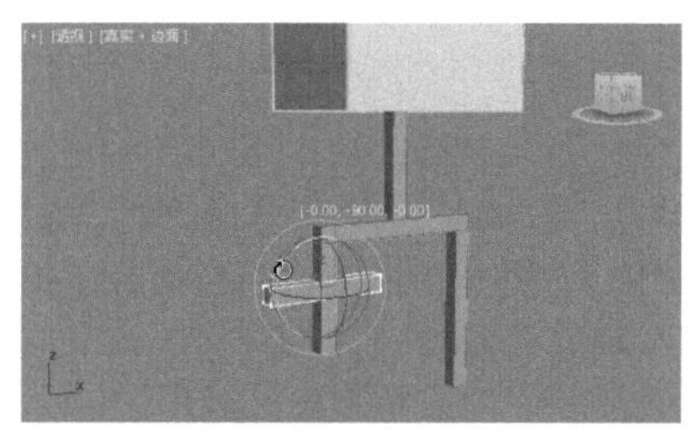

图2-128

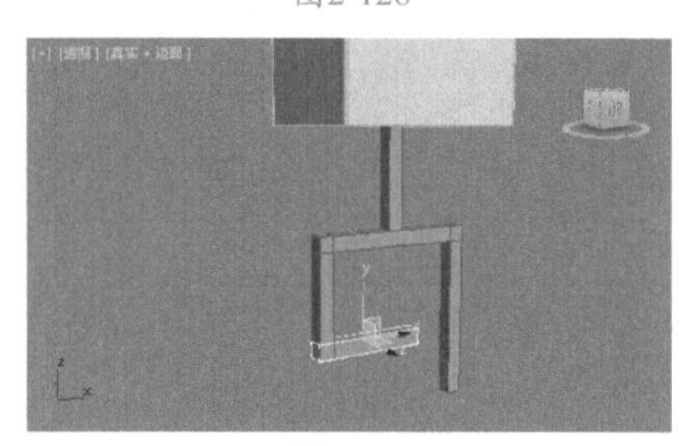

图2-129

10 按住Shift键，将模型沿Y轴向右复制旋转90°，如图2-130所示。设置【长度】为200.0mm，如图2-131所示。将模型移动到合适的位置，如图2-132所示。

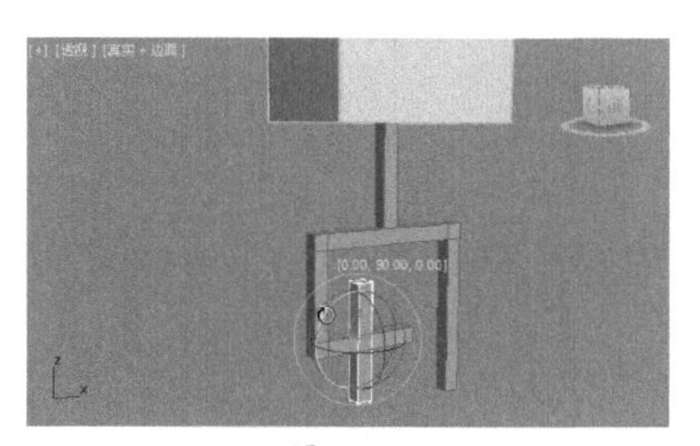

图2-130

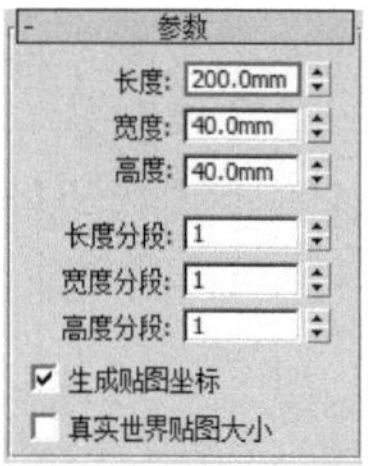

参数
长度: 200.0mm
宽度: 40.0mm
高度: 40.0mm
长度分段: 1
宽度分段: 1
高度分段: 1
生成贴图坐标
真实世界贴图大小

图2-131

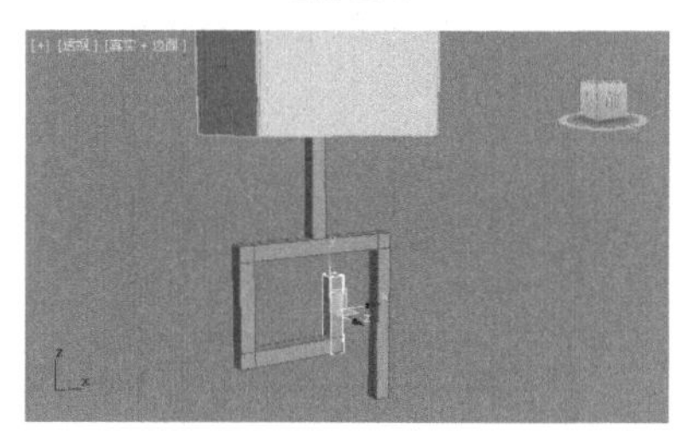

图2-132

11 按住Shift键，将模型沿Y轴向下复制旋转90°，如图2-133所示。将模型移动到合适的位置，如图2-134所示。

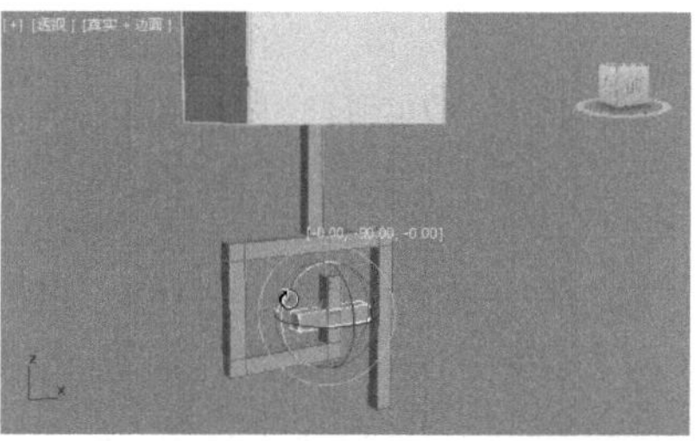

图2-133

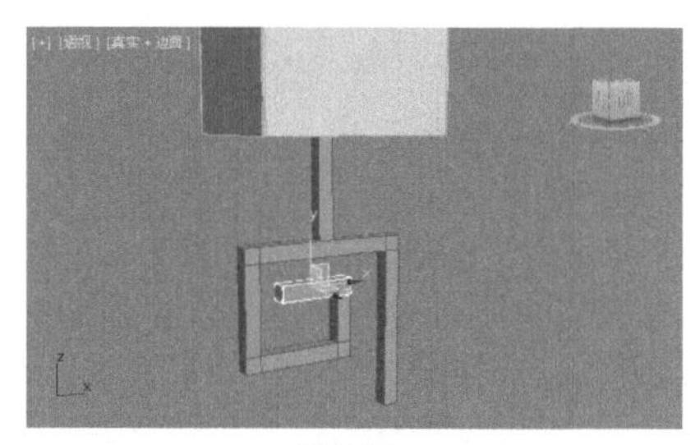

图2-134

12 按住Shift键，将模型沿Y轴向下复制旋转90°，如图2-135所示。设置【长度】为100.0mm，如图2-136所示。将模型移动到合适的位置，如图2-137所示。

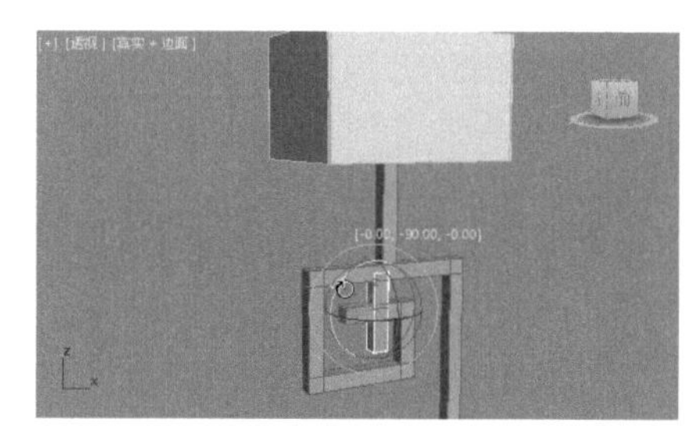

图2-135

参数
长度: 100.0mm
宽度: 40.0mm
高度: 40.0mm
长度分段: 1
宽度分段: 1
高度分段: 1
生成贴图坐标
真实世界贴图大小

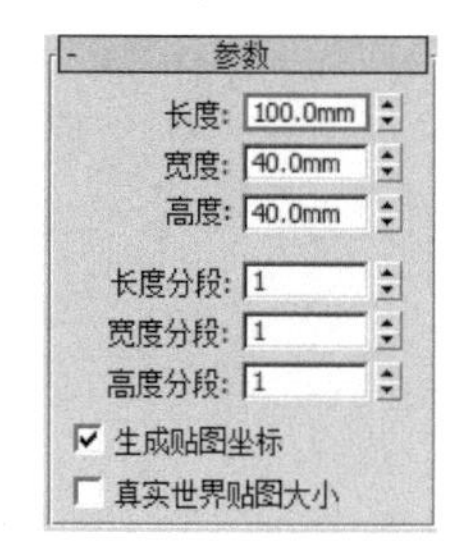

图2-136

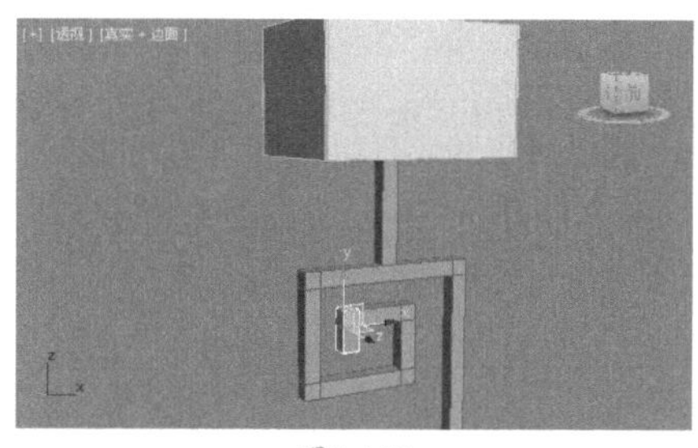

图2-137

13 按住Shift键，将模型沿Y轴向下复制旋转90°，如图2-138所示。将模型移动到合适的位置，如图2-139所示。

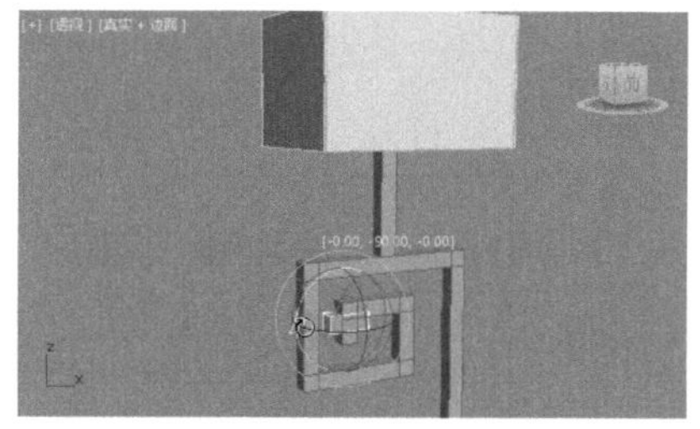

图2-138

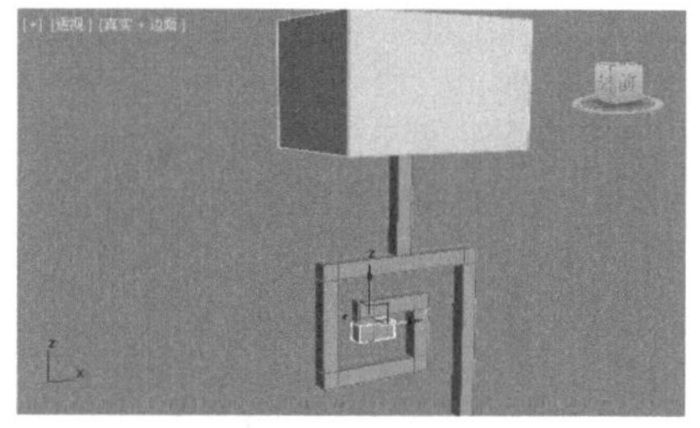

图2-139

14 选择如图2-140所示的模型。按住Shift键，沿Z轴向下拖动复制，如图2-141所示。

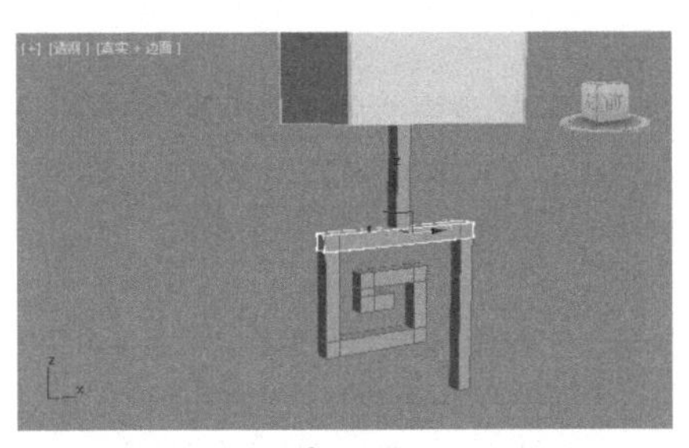

图2-140

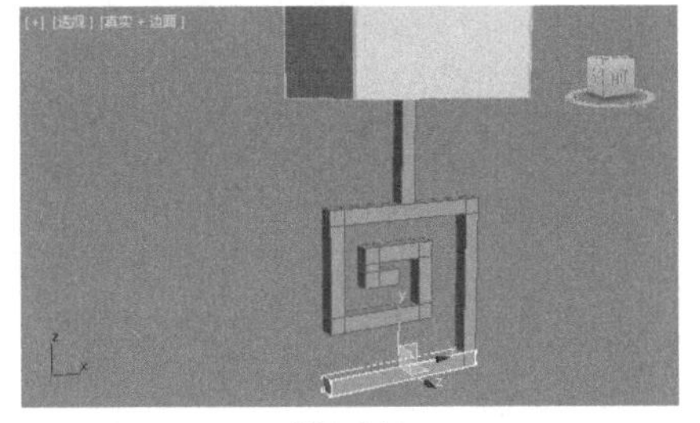

图2-141

15 在【顶】视图中创建如图2-142所示的长方体。设置【长度】为200.0mm、【宽度】为500.0mm、【高度】为50.0mm，如图2-143所示。

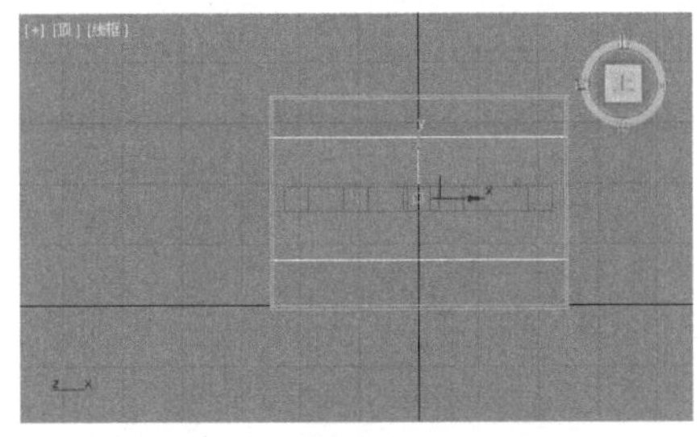

图2-142

参数
长度: 200.0mm
宽度: 500.0mm
高度: 50.0mm
长度分段: 1
宽度分段: 1
高度分段: 1

图2-143

16 将模型移动到合适的位置。此时模型已经创建完成，效果如图2-144所示。

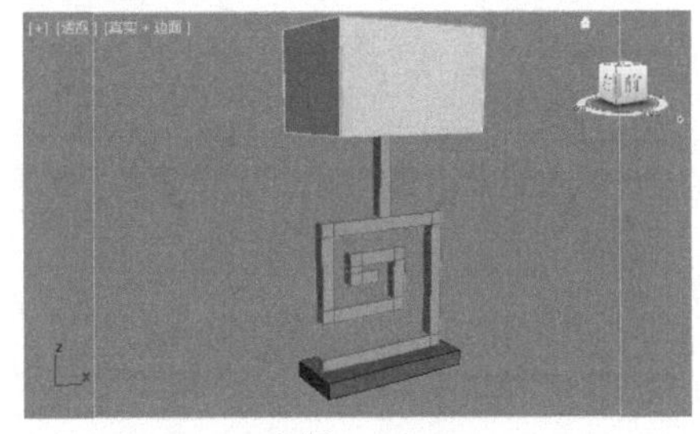

图2-144

实例017 长方体制作置物架

文件路径	第2章\长方体制作置物架
难易指数	★★★★★
技术掌握	● 长方体 ● 复制

扫码深度学习

操作思路

本例应用【长方体】工具，通过移动、旋转、复制等操作制作置物架模型。

案例效果

案例效果如图2-145所示。

图2-145

操作步骤

01 在【顶】视图中创建如图2-146所示的长方体。设置【长度】为300.0mm、【宽度】为1000.0mm、【高度】为50.0mm，如图2-147所示。

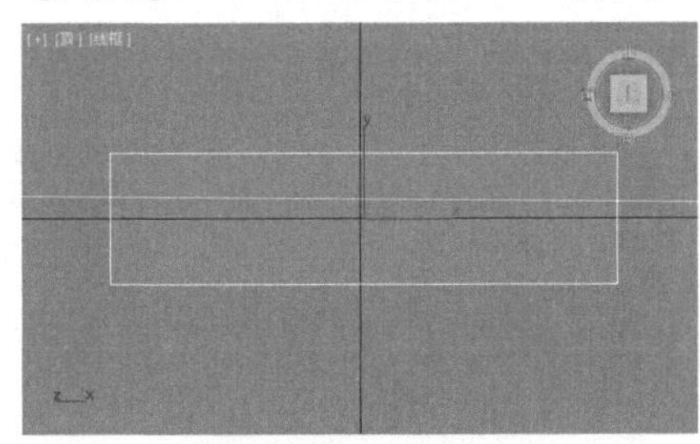

图2-146

参数
长度: 300.0mm
宽度: 1000.0mm
高度: 50.0mm
长度分段: 1
宽度分段: 1
高度分段: 1

图2-147

02 在【前】视图中创建如图2-148所示的长方体。设置【长度】为1100.0mm、【宽度】为100.0mm、【高度】为50.0mm，如图2-149所示。

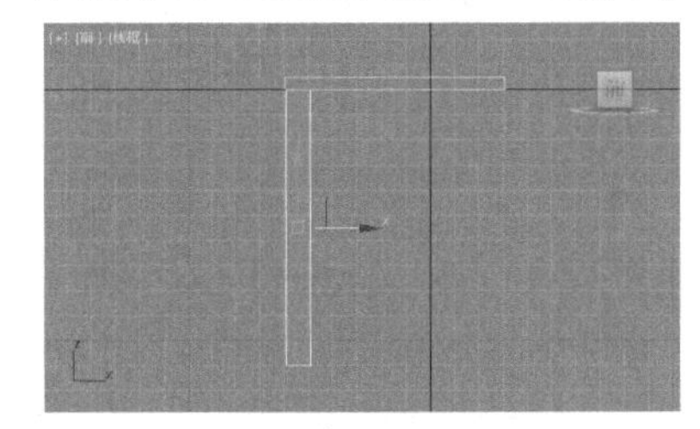

图2-148

图2-149

03 在【透】视图中将模型移动到合适的位置，如图2-150所示。按住Shift键，沿Y轴向左拖动复制，如图2-151所示。

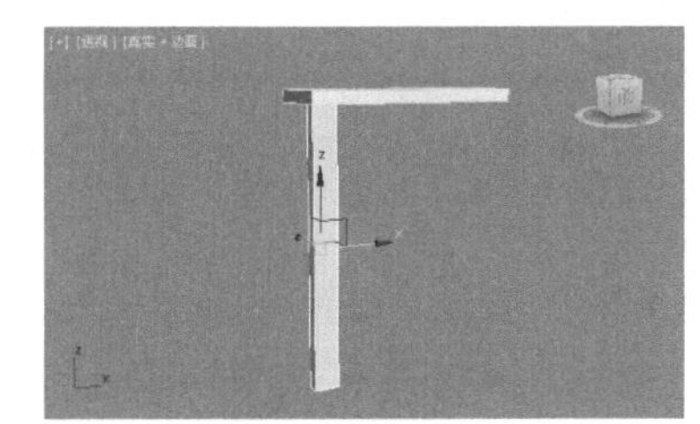

图2-150

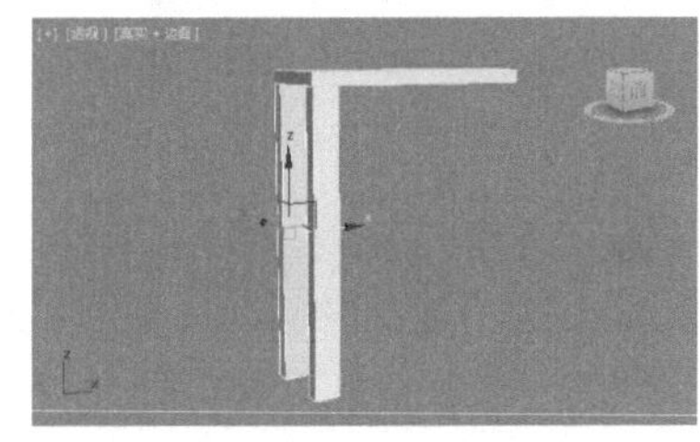

图2-151

04 在【透】视图中选择如图2-152所示的模型。按住Shift键，沿Z轴向下拖动复制，如图2-153所示。

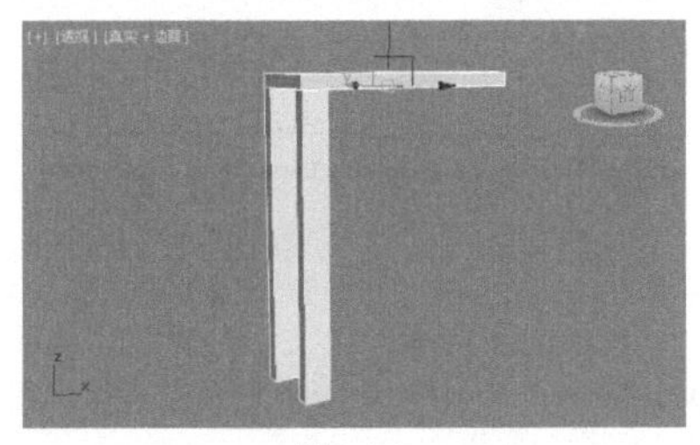

图2-152

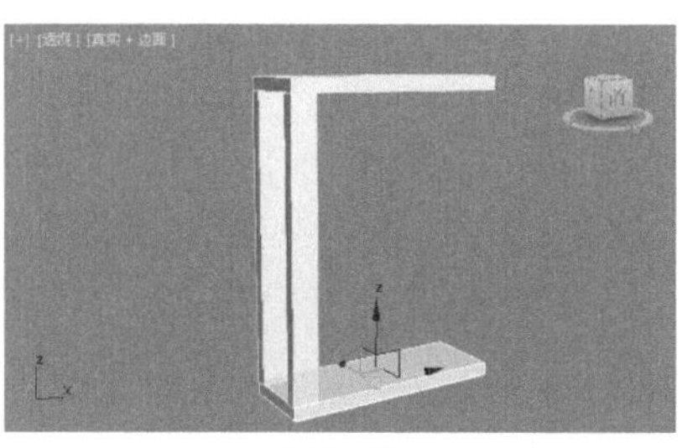

图2-153

05 将复制长方体的【宽度】设置为1500.0mm，如图2-154所示。将模型调整到合适的位置，如图2-155所示。

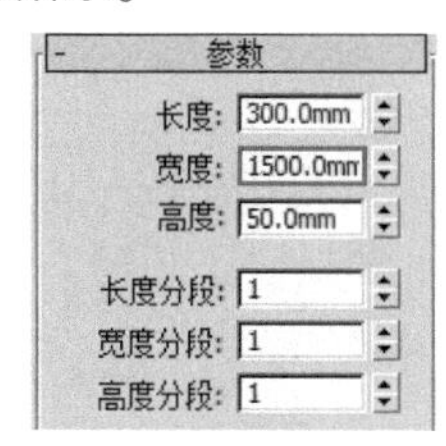

参数	
长度:	300.0mm
宽度:	1500.0mm
高度:	50.0mm
长度分段:	1
宽度分段:	1
高度分段:	1

图2-154

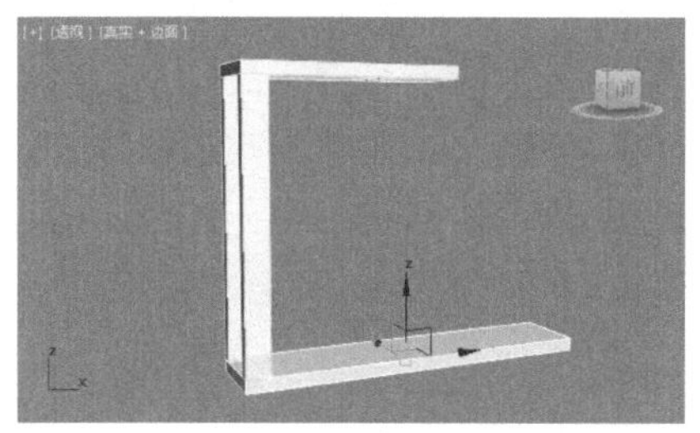

图2-155

06 选择如图2-156所示的模型。按住Shift键，沿X轴向右拖动复制，如图2-157所示。

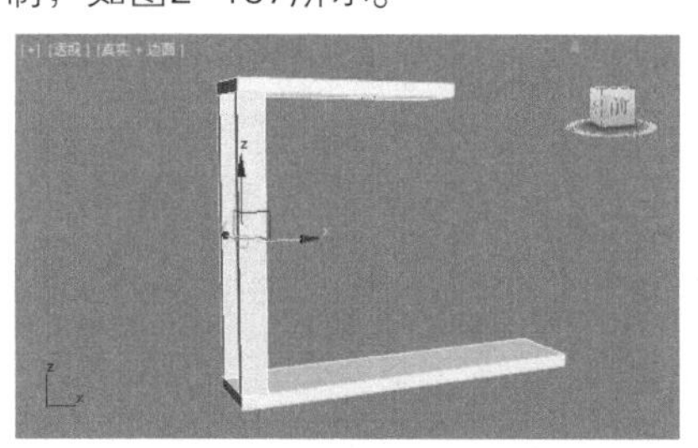

图2-156

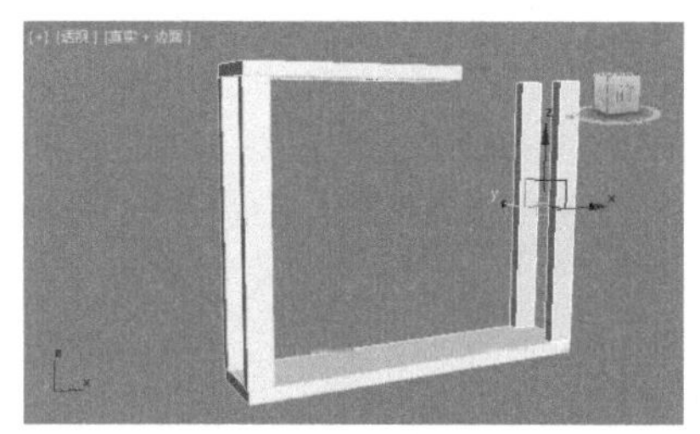

图2-157

07 分别将复制模型的【长度】设置为700.0mm，如图2-158所示。效果如图2-159所示。

参数	
长度:	700.0mm
宽度:	100.0mm
高度:	50.0mm
长度分段:	1
宽度分段:	1
高度分段:	1

图2-158

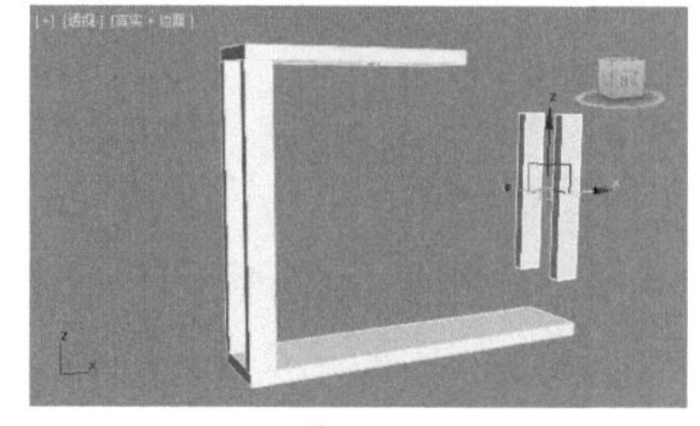

图2-159

08 将模型移动到合适的位置，如图2-160所示。

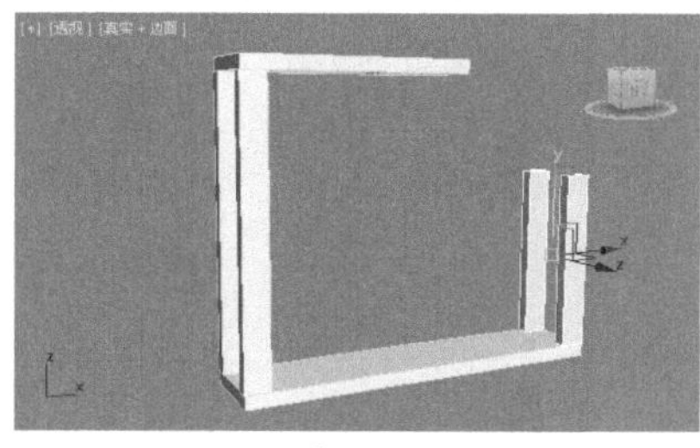

图2-160

09 在【透】视图中选择如图2-161所示的模型。将其移动到合适的位置，如图2-162所示。

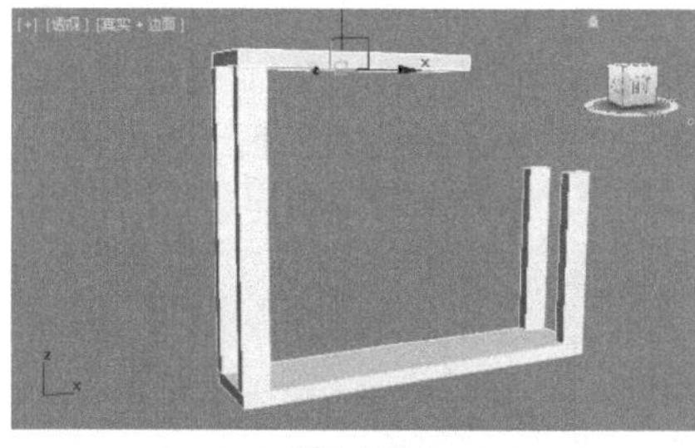

图2-161

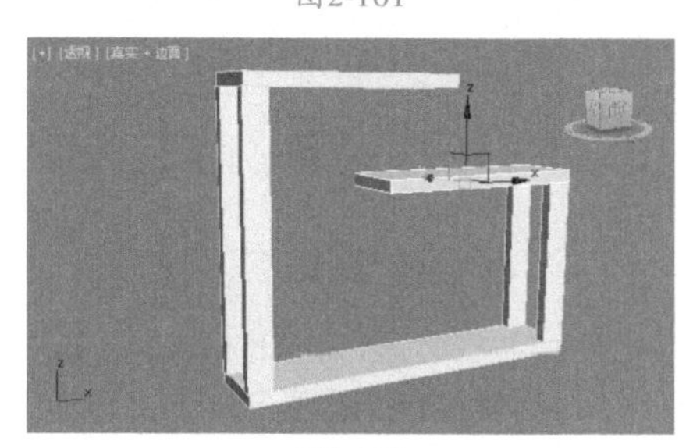

图2-162

10 选择如图2-163所示的模型。按住Shift键，沿X轴向右拖动复制，如图2-164所示。

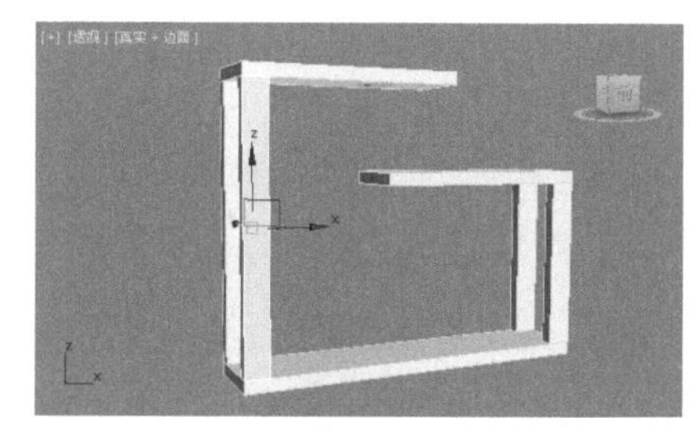

图2-163

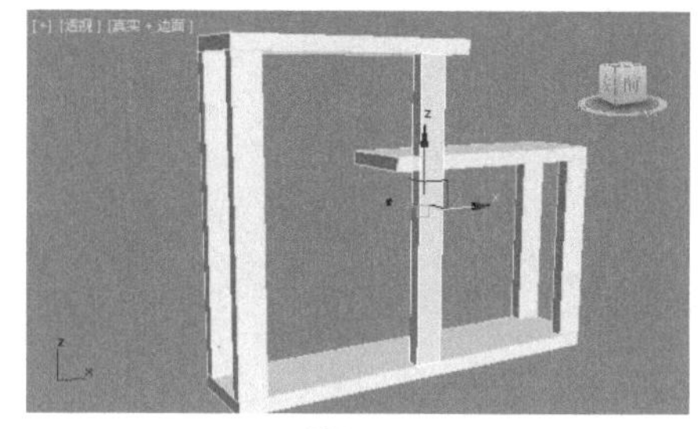

图2-164

11 将复制模型的【宽度】设置为300.0mm，如图2-165所示。效果如图2-166所示。

参数	
长度:	1100.0mm
宽度:	300.0mm
高度:	50.0mm
长度分段:	1
宽度分段:	1
高度分段:	1

图2-165

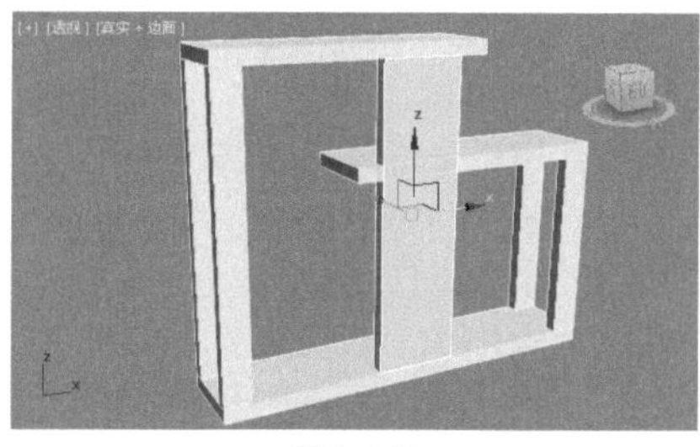

图2-166

12 将模型移动到合适的位置。此时模型已经创建完成，效果如图2-167所示。

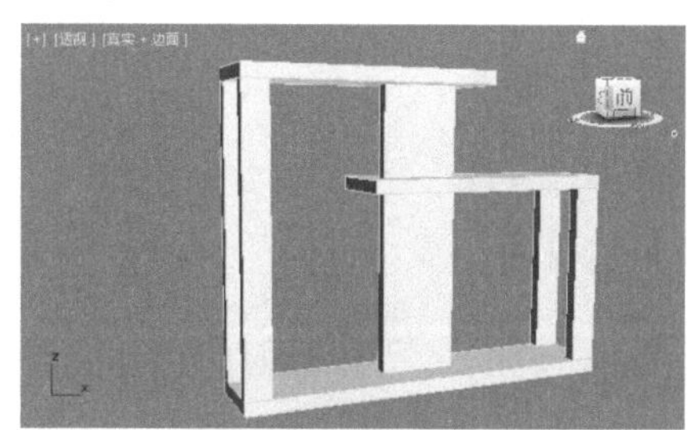

图2-167

实例018 长方体制作书架

文件路径	第 2 章 \ 长方体制作书架
难易指数	★★★★★
技术掌握	● 长方体 ● 复制 ● 镜像

扫码深度学习

操作思路

本例应用【长方体】工具，通过移动、复制、镜像等操作制作书架模型。

案例效果

案例效果如图2-168所示。

图2-168

操作步骤

01 在【透】视图中创建如图2-169所示的长方体。设置【长度】为200.0mm、【宽度】为400.0mm、【高度】为15.0mm，如图2-170所示。

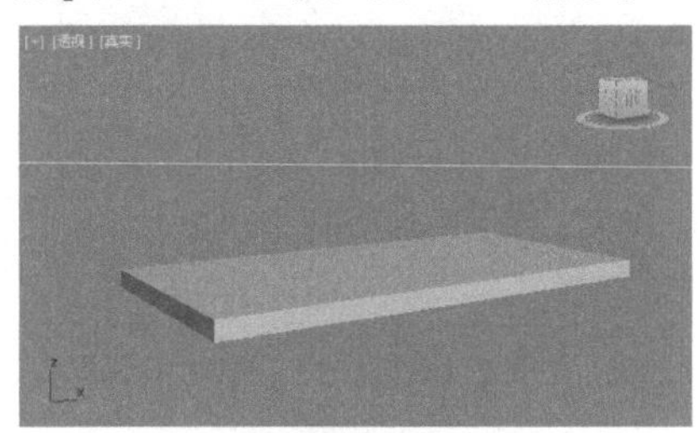

图2-169

参数
长度: 200.0mm
宽度: 400.0mm
高度: 15.0mm
长度分段: 1
宽度分段: 1
高度分段: 1

图2-170

02 在【透】视图中创建如图2-171所示的长方体。设置【长度】为200.0mm、【宽度】为15.0mm、【高度】为200.0mm，如图2-172所示。

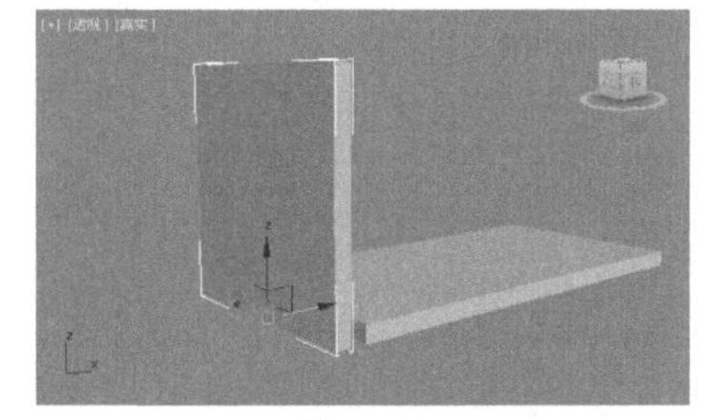

图2-171

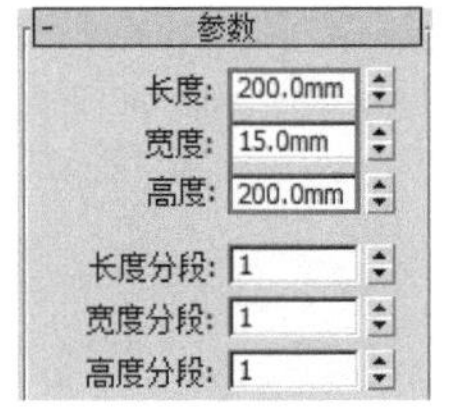

图2-172

03 选中刚刚创建的模型，按住Shift键，沿X轴向右拖动复制出一个模型，如图2–173所示。

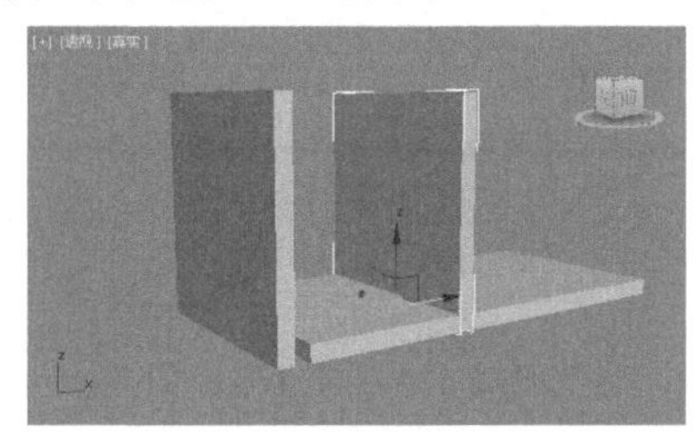

图2-173

04 在【透】视图中选择如图2–174所示的模型。将其移动到合适的位置，如图2–175所示。

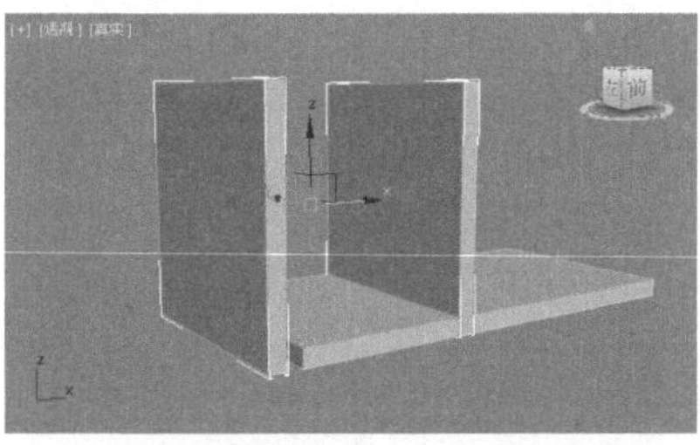

图2-174

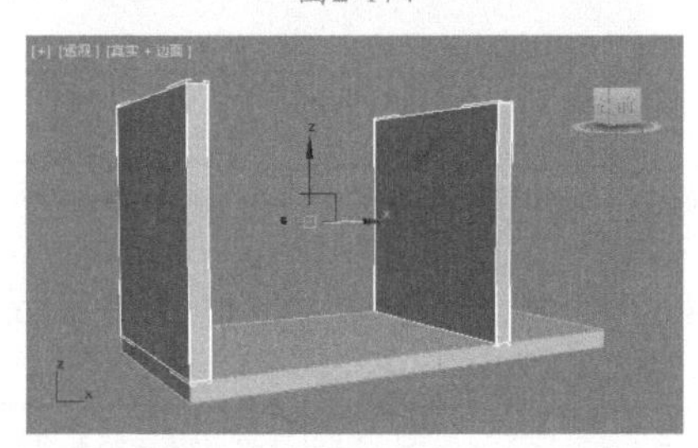

图2-175

05 选择如图2–176所示的模型。单击【镜像】按钮，在弹出的【镜像:世界 坐标】对话框中选择X轴和【复制】选项，如图2–177所示。并将其移动到合适的位置，如图2–178所示。

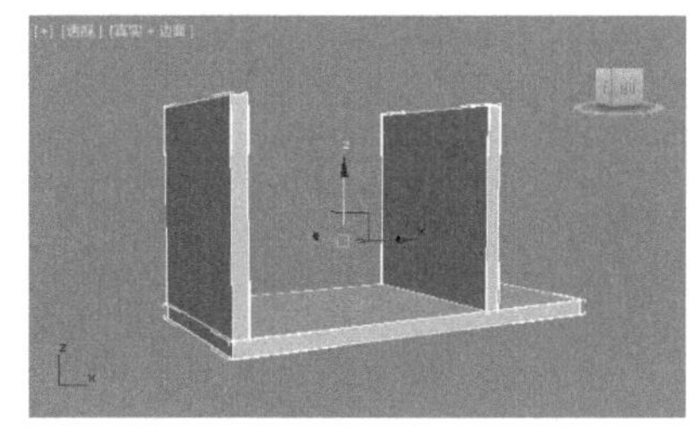

图2-176

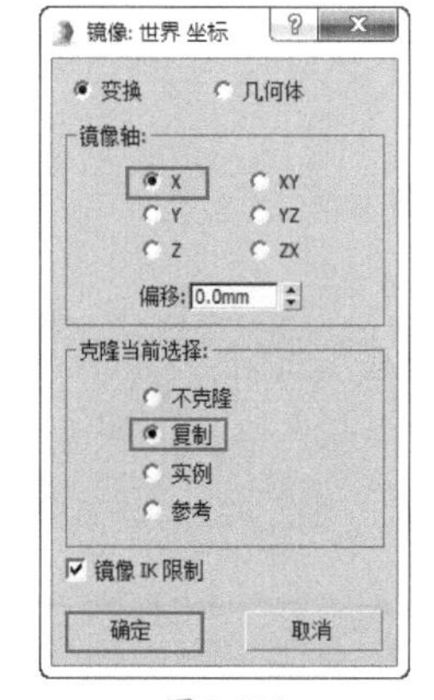

图2-177

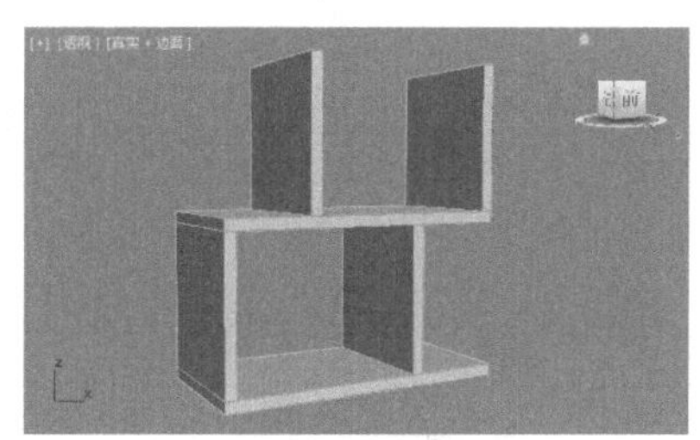

图2-178

06 重复上面的操作，创建出书架，如图2–179所示。

图2-179

07 在【透】视图中选择如图2–180所示的模型。按住Shift键，沿Y轴向上拖动复制，如图2–181所示。

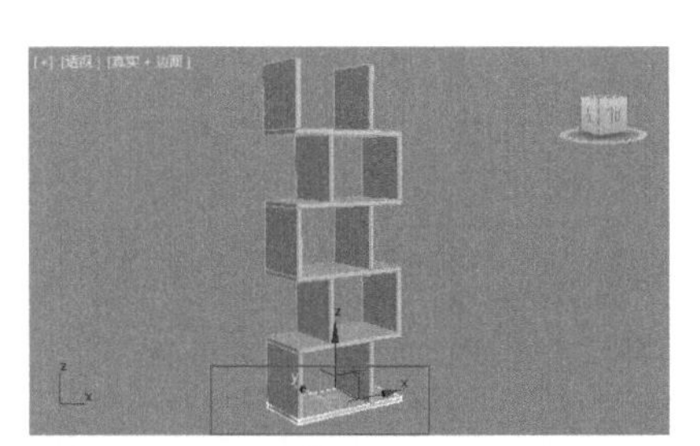

图2-180

图2-181

08 将复制模型移动到合适的位置。此时书架已经创建完成，如图2-182所示。

图2-182

实例019 切角长方体制作双人沙发

文件路径	第2章\切角长方体制作双人沙发
难易指数	★★★★★
技术掌握	● 切角长方体 ● 复制

扫码深度学习

操作思路

本例应用【切角长方体】工具，通过移动、复制、旋转等操作制作双人沙发模型。

案例效果

案例效果如图2-183所示。

图2-183

操作步骤

01 在【顶】视图中创建如图2-184所示的切角长方体。设置【长度】为1000.0mm、【宽度】为2000.0mm、【高度】为300.0mm、【圆角】为30.0mm，如图2-185所示。

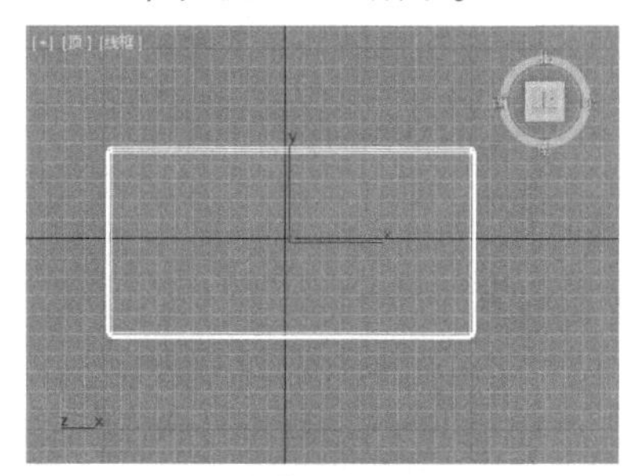

图2-184

图2-185

02 在【顶】视图中创建一个切角长方体，如图2-186所示。设置【长度】为1000.0mm、【宽度】为300.0mm、【高度】为900.0mm，【圆角】为30.0mm，如图2-187所示。

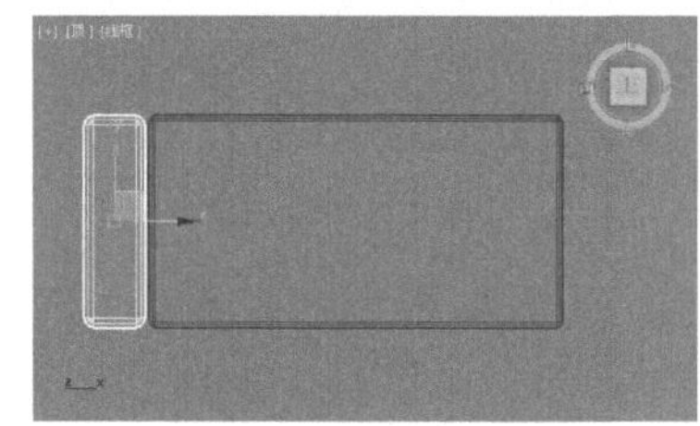

图2-186

03 在【顶】视图中选择刚刚创建的切角长方体，按住Shift键，沿着X轴向右拖动，复制出一个切角长方体，并将两个切角长方体移动到合适的位置，如图2-188所示。

图2-187

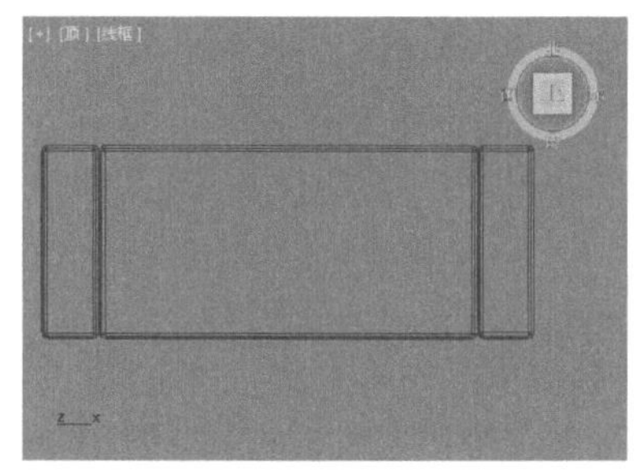

图2-188

04 此时效果如图2-189所示。

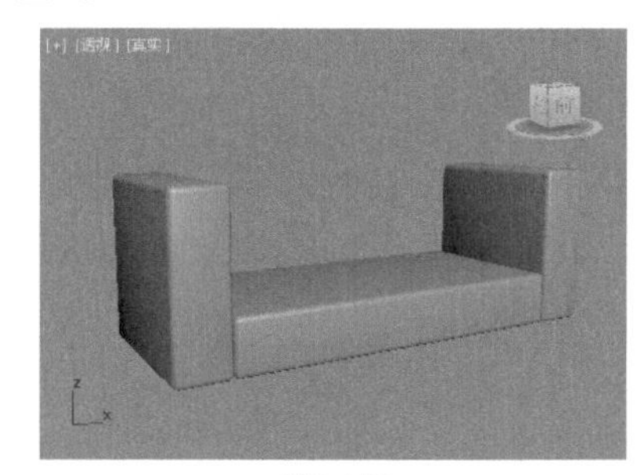

图2-189

05 在【顶】视图中创建一个切角长方体，如图2-190所示。设置【长度】为300.0mm、【宽度】为2600.0mm、【高度】为900.0mm、【圆角】为30.0mm，并移动到合适的位置，如图2-191所示。

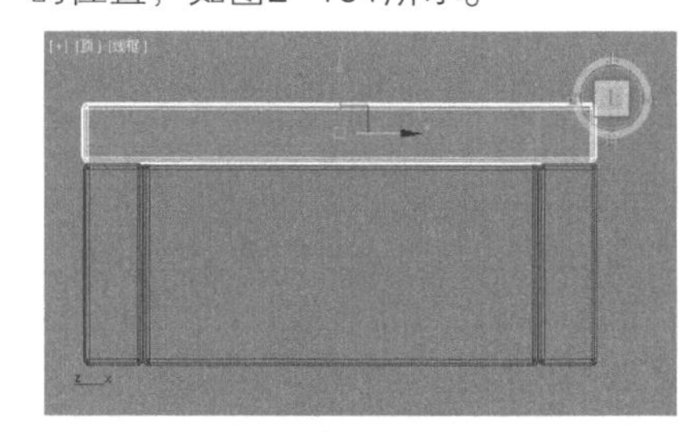

图2-190

参数
长度: 300.0mm
宽度: 2600.0mm
高度: 900.0mm
圆角: 30.0mm
长度分段: 1
宽度分段: 1
高度分段: 1
圆角分段: 3

图2-191

06 在【顶】视图中创建一个切角长方体，如图2-192所示。设置【长度】为1000.0mm、【宽度】为1000.0mm、【高度】为265.0mm，【圆角】为30.0mm，并移动到合适的位置，如图2-193所示。

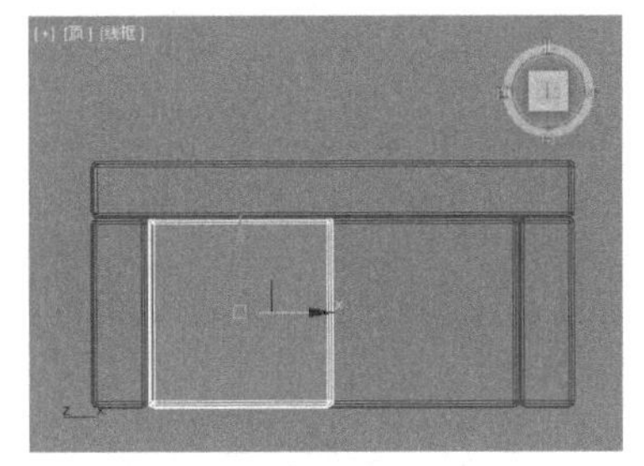

图2-192

图2-193

07 在【顶】视图中选择刚刚创建的切角长方体，按住Shift键，沿X轴向右拖动，复制出一个切角长方体，并将其移动到合适的位置，如图2-194所示。效果如图2-195所示。

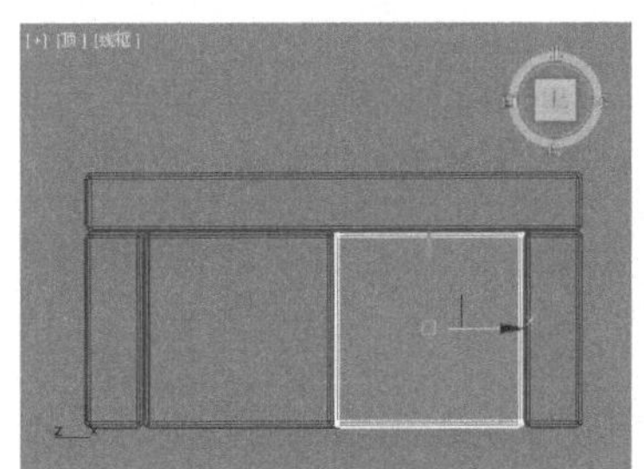

图2-194

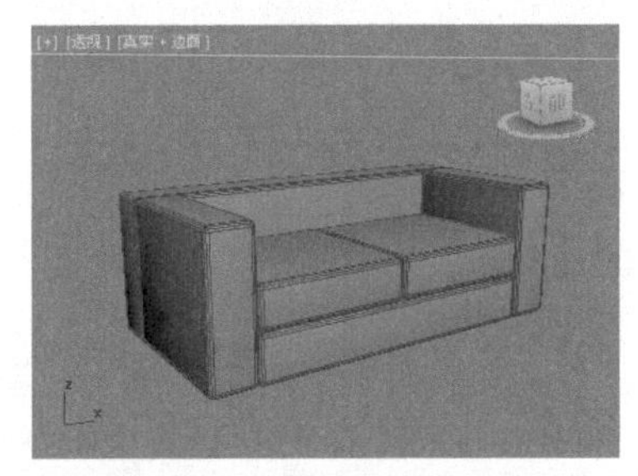

图2-195

08 在【透】视图中选择如图2-196所示的模型。按住Shift键，沿Z轴向上拖动复制，并分别设置两个模型【长度】为600.0mm，如图2-197所示。效果如图2-198所示。

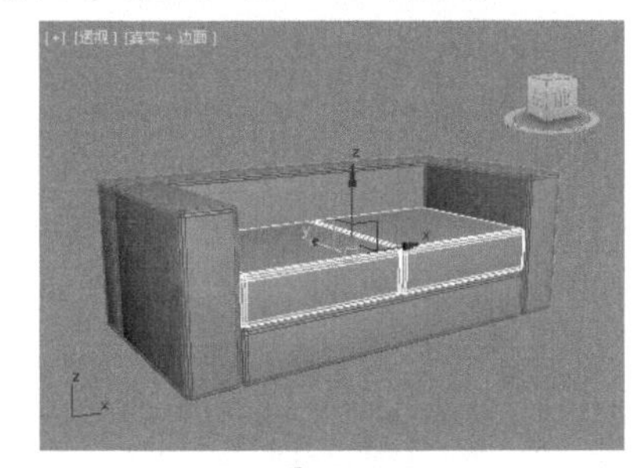

图2-196

图2-197

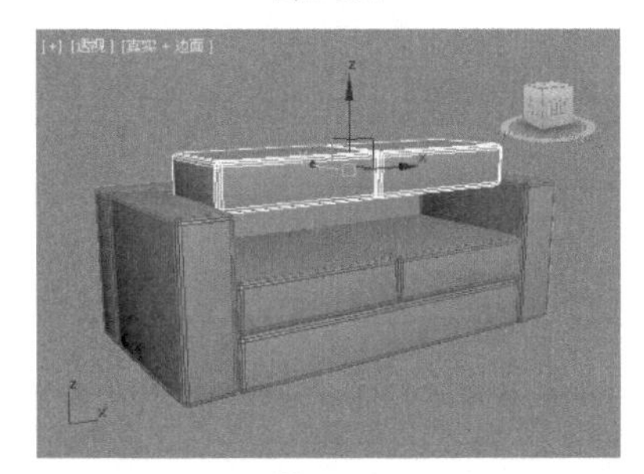

图2-198

09 在【透】视图中选择刚刚复制的两个模型，沿X轴向下旋转60°，如图2-199所示。接着在【左】视图中将模型移动到合适的位置，如图2-200所示。

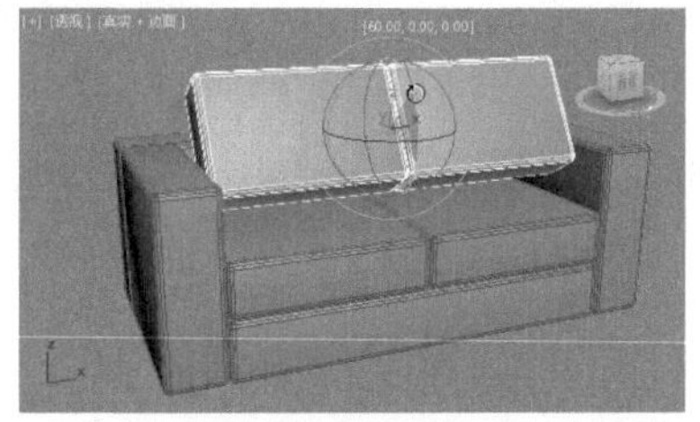

图2-199

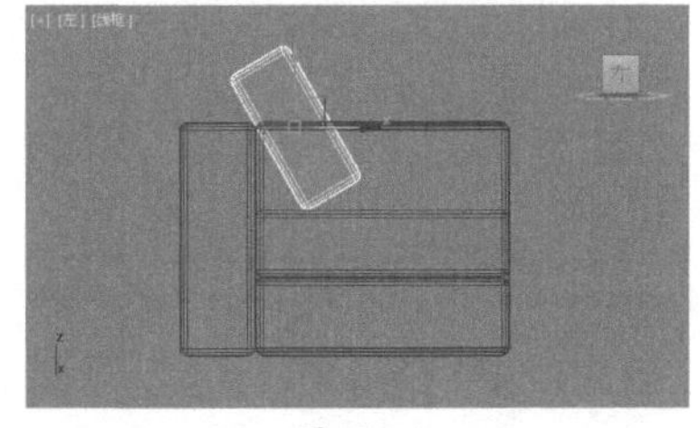

图2-200

10 在【顶】视图中创建一个切角长方体，如图2-201所示。设置【长度】为1300.0mm、【宽度】为2600.0mm、【高度】为100.0mm、【圆角】为20.0mm，如图2-202所示。

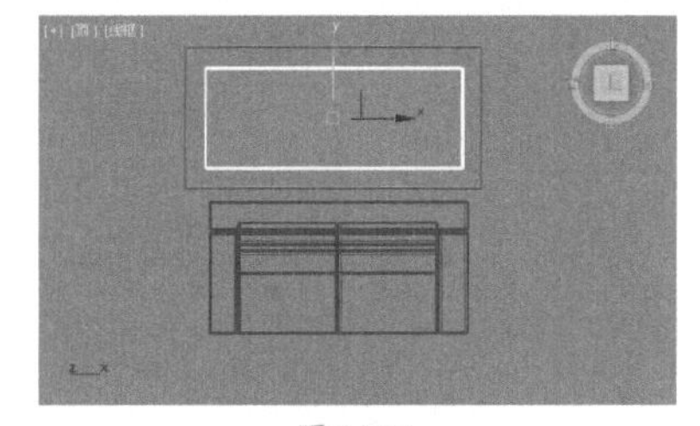

图2-201

图2-202

11 在【透】视图中选择创建的模型，将其移动到合适的位置，如图2-203所示。

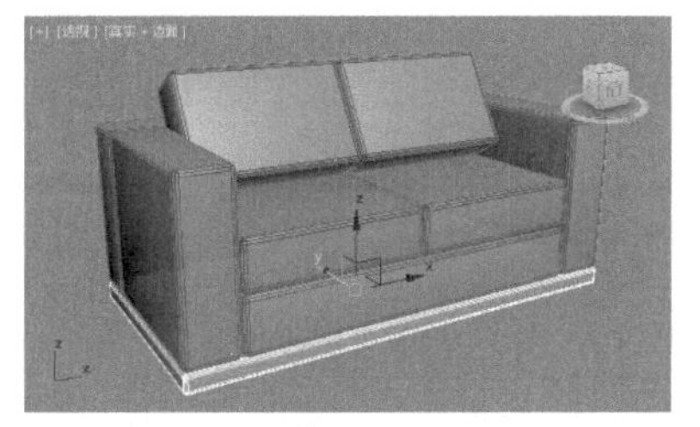

图2-203

12 在【透】视图中创建一个切角长方体，如图2-204所示。设置【长度】为200.0mm、【宽度】为200.0mm、【高度】为200.0mm、【圆角】为25.0mm，如图2-205所示。

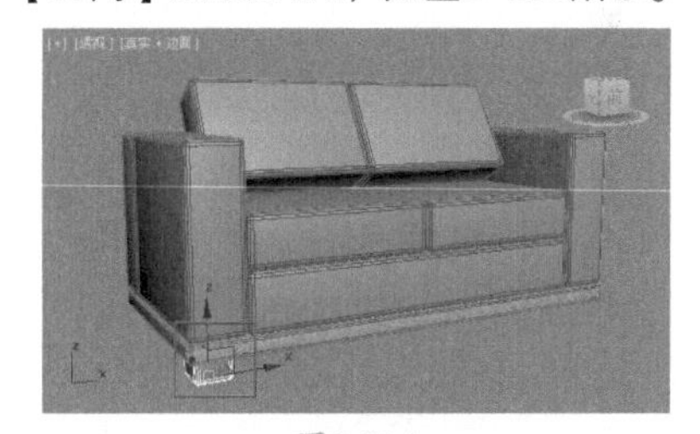

图2-204

参数

长度: 200.0mm
宽度: 200.0mm
高度: 200.0mm
圆角: 25.0mm

长度分段: 1
宽度分段: 1
高度分段: 1
圆角分段: 3

图2-205

13 选中刚刚创建的模型，按住Shift键，拖动复制出3个模型，将模型移动到合适的位置，如图2-206所示。效果如图2-207所示。

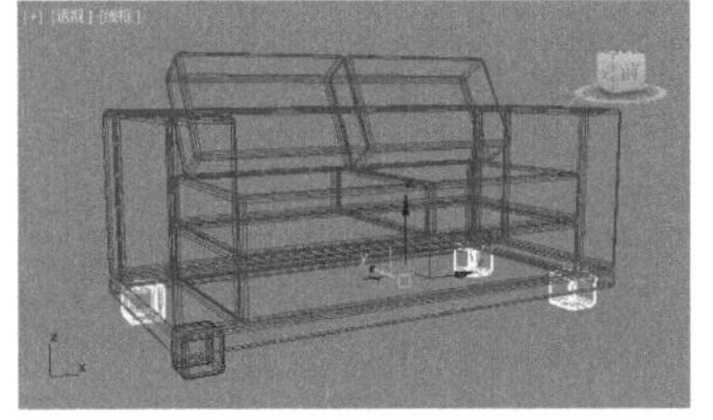

图2-206

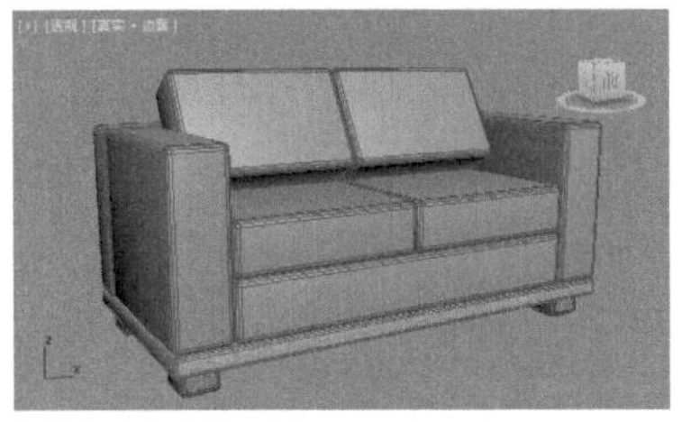

图2-207

实例020 切角圆柱体、圆锥体制作圆几

文件路径	第2章\切角圆柱体、圆锥体制作圆几
难易指数	★★★★★
技术掌握	● 切角圆柱体 ● 圆锥体 ● 复制 ● 阵列

扫码深度学习

操作思路

本例应用【切角圆柱体】和【圆锥体】工具，通过移动、复制、旋转、阵列等操作制作圆几模型。

案例效果

案例效果如图2-208所示。

图2-208

操作步骤

01 在【顶】视图中创建如图2-209所示的切角圆柱体。设置【半径】为500.0mm、【高度】为50.0mm、【圆角】为10.0mm、【圆角分段】为50、【边数】为100，如图2-210所示。

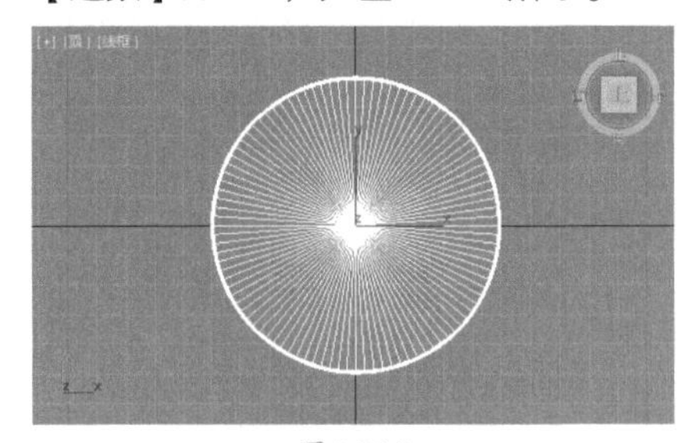

图2-209

图2-210

02 在【顶】视图中创建如图2-211所示的圆锥体。设置【半径1】为20.0mm、【半径2】为27.0mm、【高度】为700.0mm，如图2-212所示。

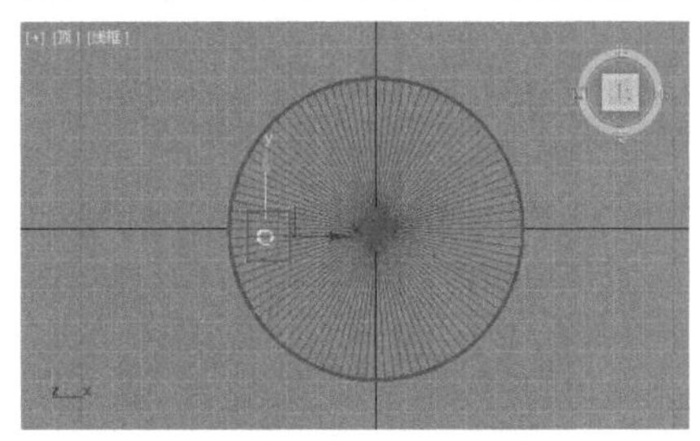

图2-211

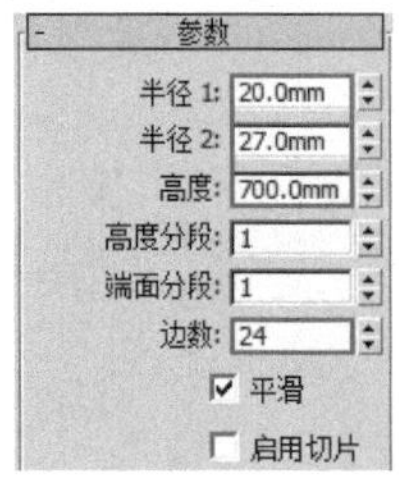

图2-212

03 在【透】视图中选择刚刚创建的圆锥体，如图2-213所示。沿Y轴向右旋转15°，如图2-214所示。

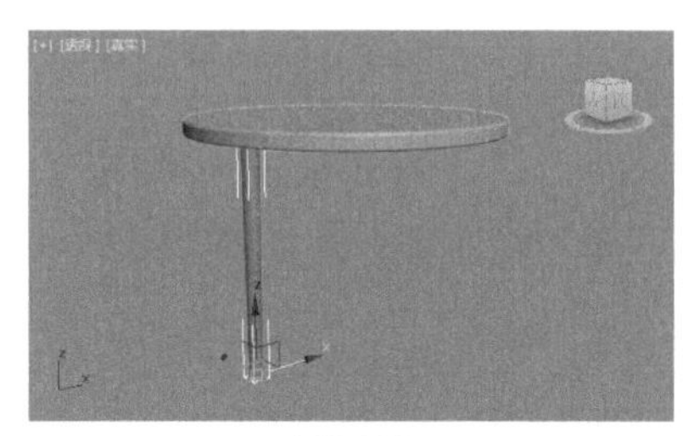

图2-213

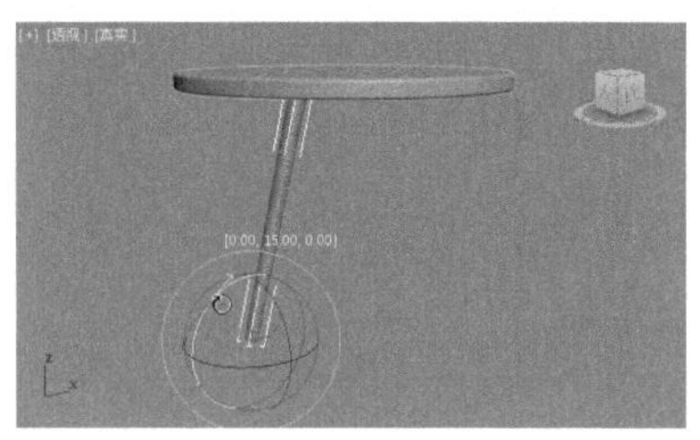

图2-214

04 将模型移动到合适的位置，效果如图2-215所示。

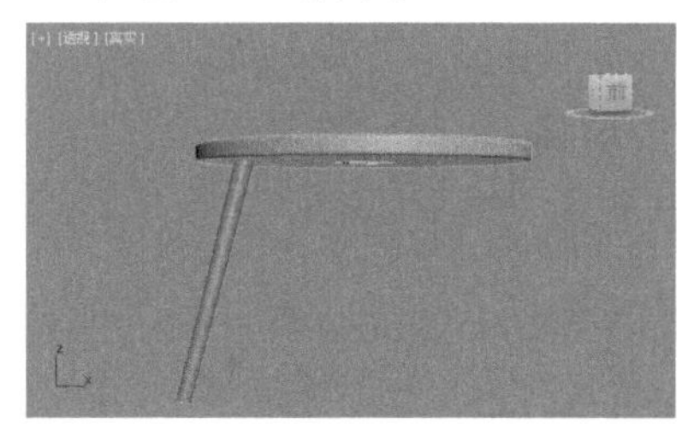

图2-215

05 在【顶】视图中选择如图2-216所示的模型。进入【层次】面板，单击【仅影响轴】按钮 仅影响轴 ，并将轴移动到中心，效果如图2-217所示。

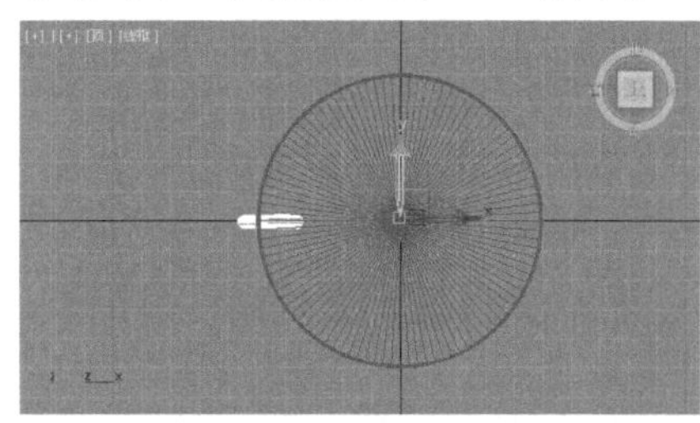

图2-216

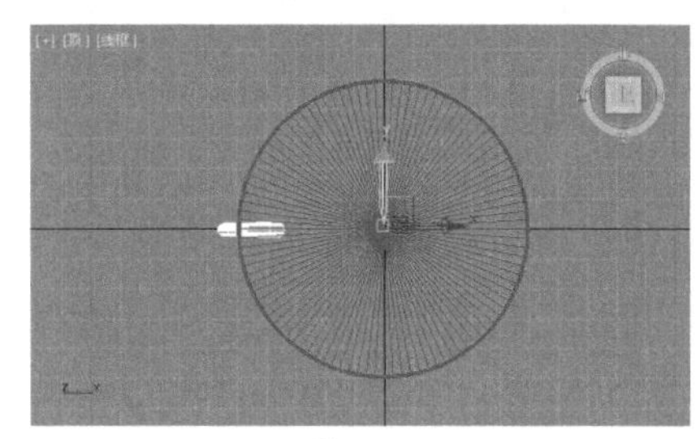

图2-217

06 在菜单栏中执行【工具】|【阵列】命令，如图2-218所示。在弹出的【阵列】对话框中，单击【旋

转】后面的 > 按钮，设置Z轴为360°，设置1D为3，最后单击【确定】按钮，如图2-219所示。

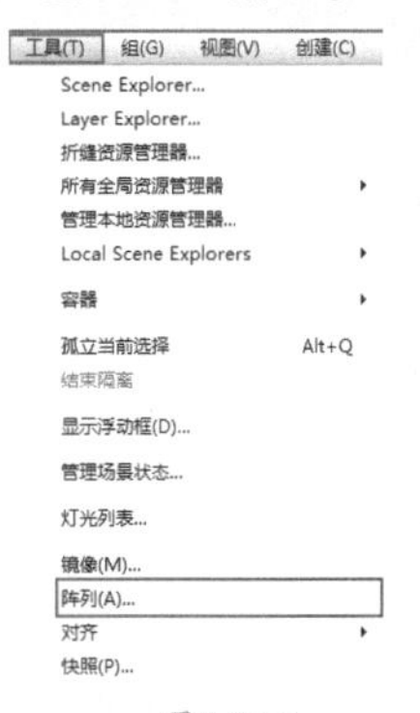

图2-218

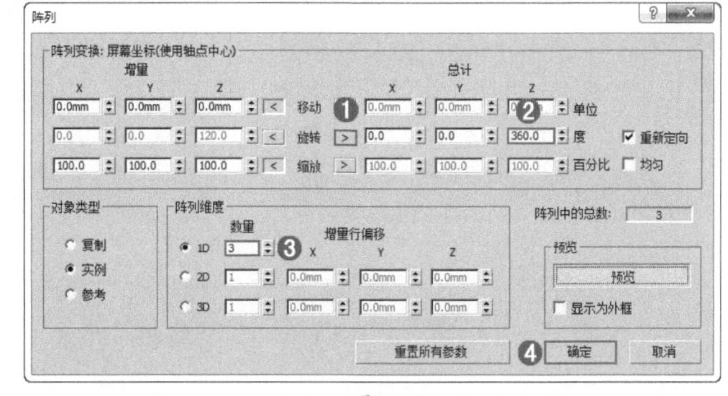

图2-219

07 查看效果，如图2-220所示。此时圆几模型制作完成。

图2-220

实例021 切角长方体、长方体、管状体制作床头柜

文件路径	第2章\切角长方体、长方体、管状体制作床头柜
难易指数	★★★★★
技术掌握	● 切角长方体 ● 长方体 ● 管状体 ● 复制

扫码深度学习

操作思路

本例应用【切角长方体】、【长方体】和【管状体】工具，通过移动、旋转、复制等操作制作床头柜模型。

案例效果

案例效果如图2-221所示。

图2-221

操作步骤

01 在【顶】视图中创建如图2-222所示的切角长方体。设置【长度】为1000.0mm、【宽度】为1000.0mm、【高度】为100.0mm、【圆角】为3.0mm、【圆角分段】为3，如图2-223所示。

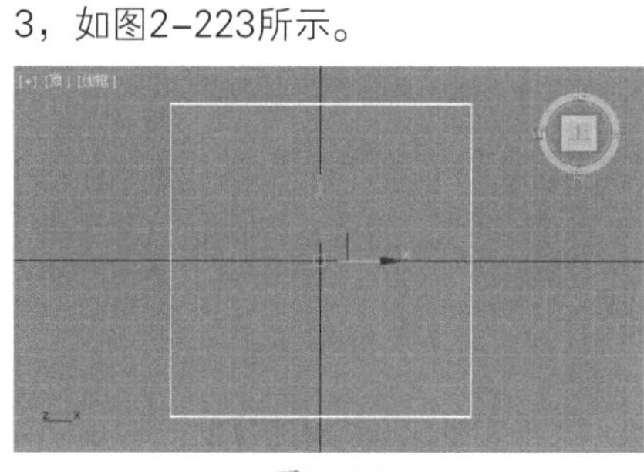

图2-222

图2-223

02 在【前】视图中创建如图2-224所示的切角长方体。设置【长度】为1200.0mm、【宽度】为100.0mm、【高度】为100.0mm、【圆角】为3.0mm，如图2-225所示。

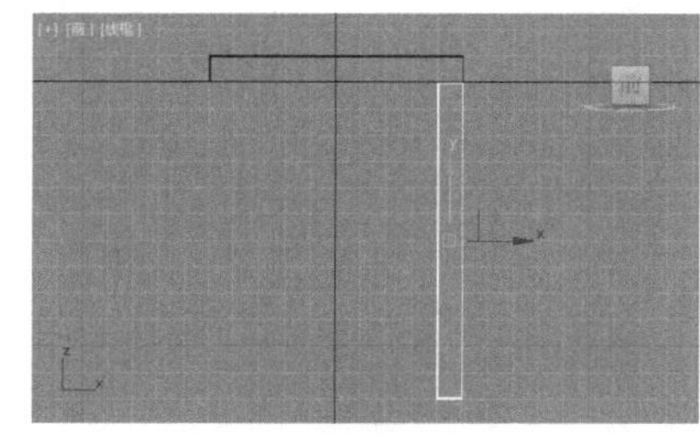

图2-224

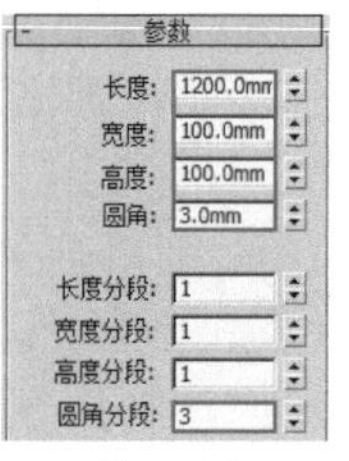

图2-225

03 将模型移动到合适的位置，效果如图2-226所示。接着按住Shift键，拖动复制出3个模型，如图2-227所示。并将其移动到合适的位置，效果如图2-228所示。

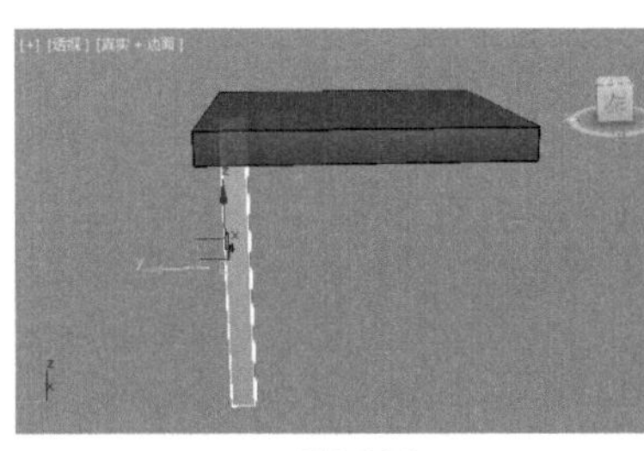

图2-226

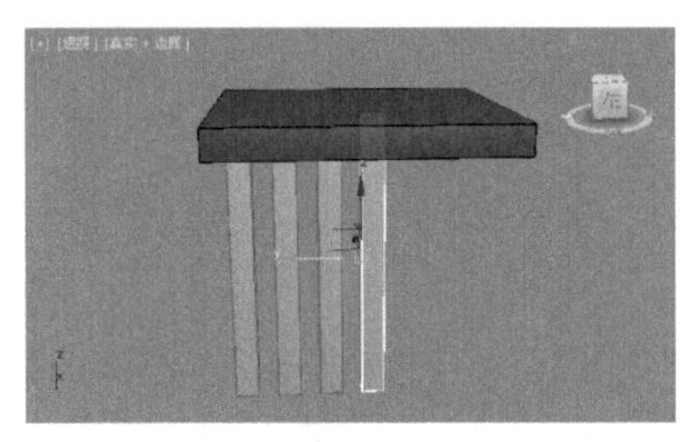

图2-227

图2-228

04 在【左】视图中选择如图2-229所示的模型。设置【长度】为100.0mm、【宽度】为800.0mm、【高度】为100.0mm、【圆角】为3.0mm、【圆角分段】为3，如图2-230所示。

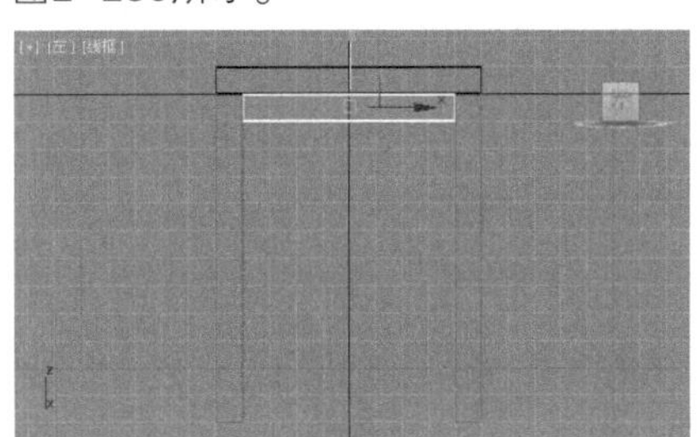

图2-229

图2-230

05 将模型移动到合适的位置，效果如图2-231所示。接着按住Shift键，拖动复制出3个模型，如图2-232所示。并将其移动到合适的位置，效果如图2-233所示。

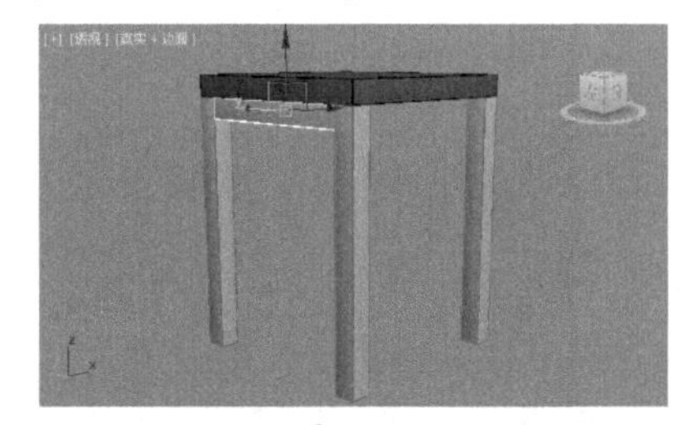

图2-231

图2-232

图2-233

06 在【透】视图中选择如图2-234所示的模型。按住Shift键，沿Z轴向下拖动复制，如图2-235所示。

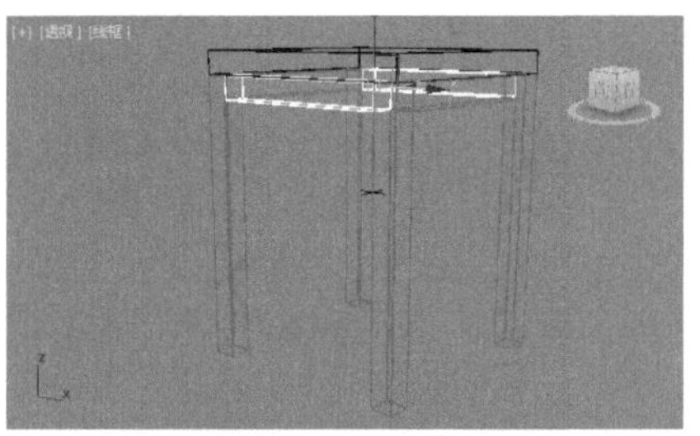

图2-234

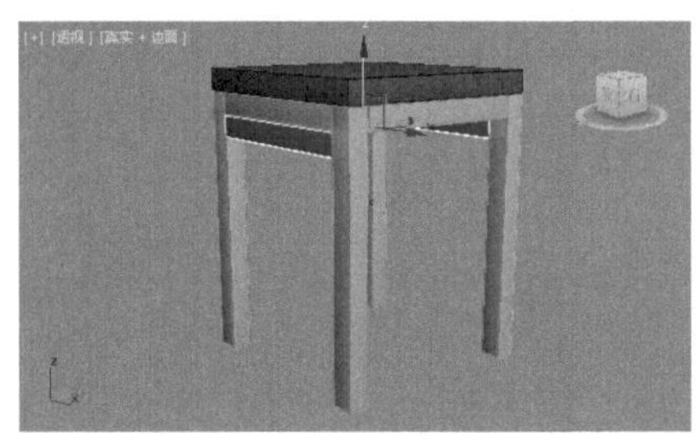

图2-235

07 在【透】视图中选择如图2-236所示的模型。按住Shift键，沿Y轴向下复制旋转90°，如图2-237所示。并将模型移动到合适的位置，效果如图2-238所示。

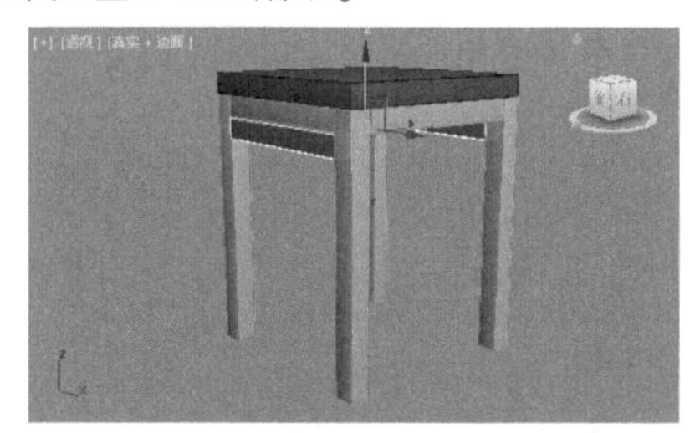

图2-236

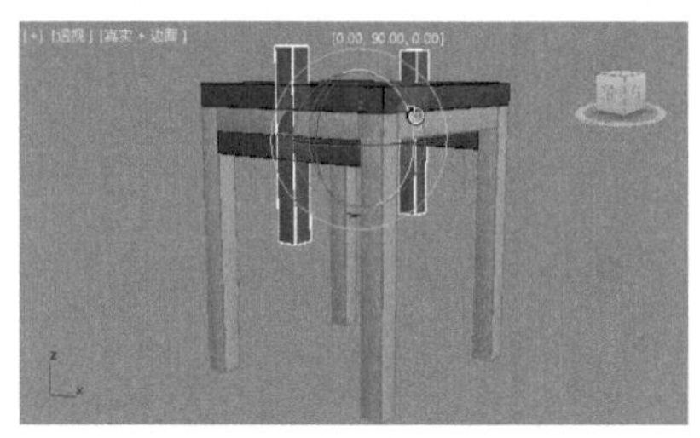

图2-237

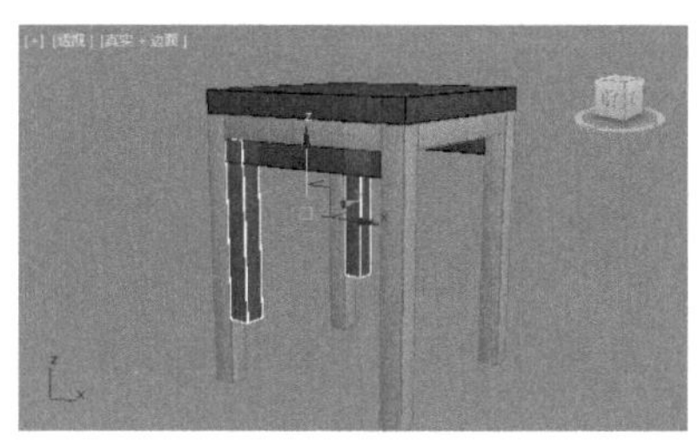

图2-238

08 按住Shift键，将复制模型沿X轴拖动复制，将其移动到合适的位置，如图2-239和图2-240所示。

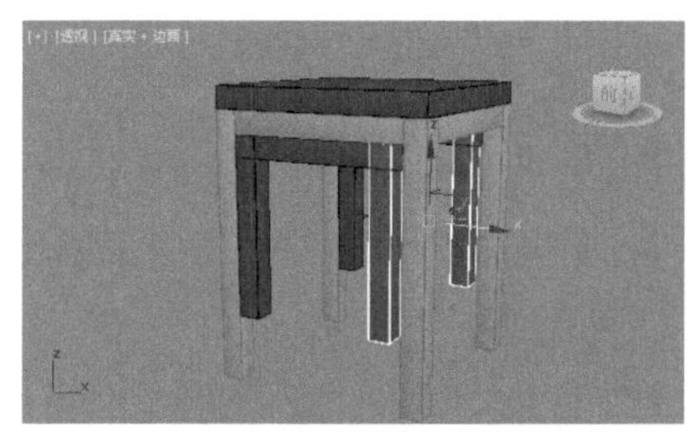

图2-239

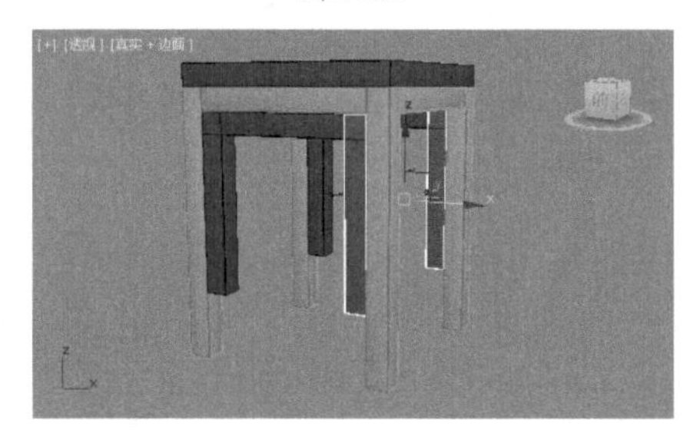

图2-240

09 在【透】视图中选择如图2-241所示的模型。按住Shift键，沿Z轴向下拖动复制，如图2-242所示。

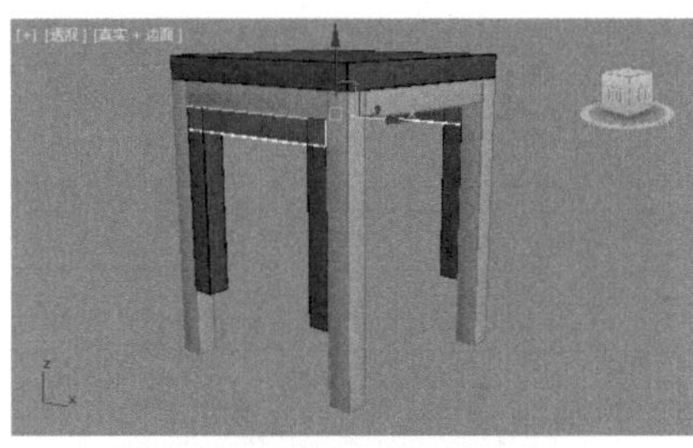
图2-241

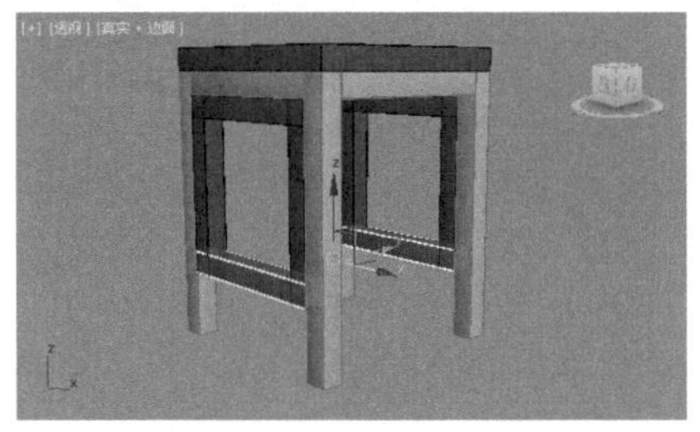
图2-242

10 在【透】视图中选择如图2-243所示的模型。按住Shift键，沿Z轴向下拖动复制，如图2-244所示。

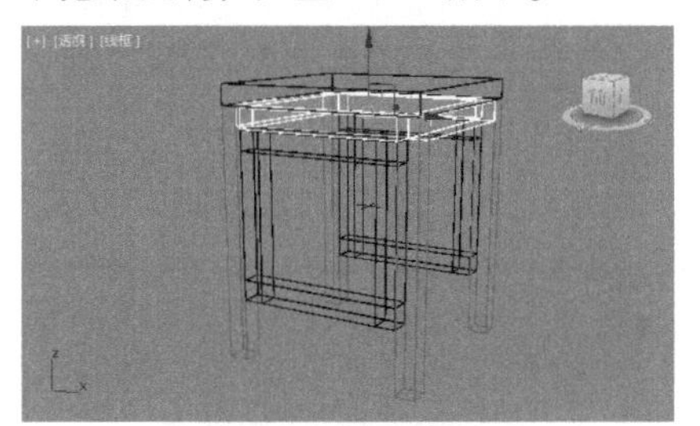
图2-243

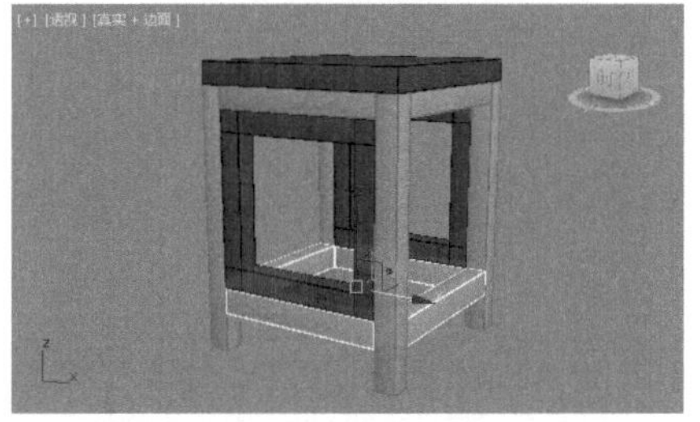
图2-244

11 在【顶】视图中创建如图2-245所示的长方体。设置【长度】为800.0mm、【宽度】为800.0mm、【高度】为120.0mm，如图2-246所示。

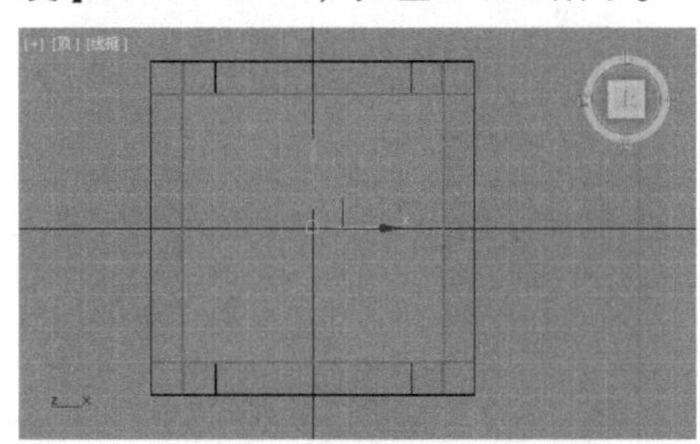
图2-245

图2-246

12 将模型移动到合适的位置，效果如图2-247所示。

图2-247

13 在【前】视图中创建如图2-248所示的管状体。设置【半径1】为270.0mm、【半径2】为145.0mm、【高度】为100.0mm、【边数】为4，如图2-249所示。

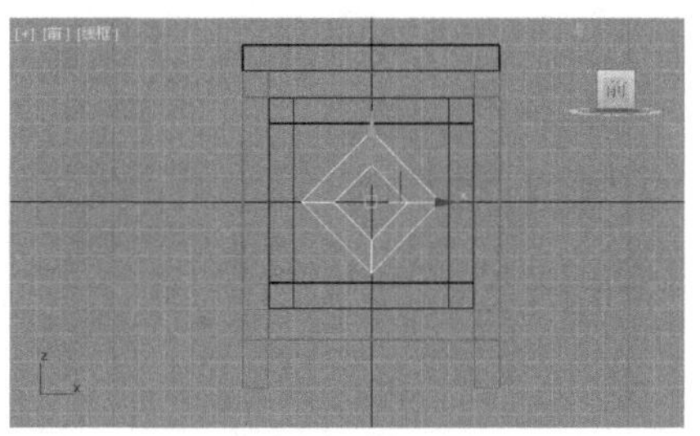
图2-248

图2-249

14 将模型沿Z轴向右旋转45°，如图2-250所示。效果如图2-251所示。

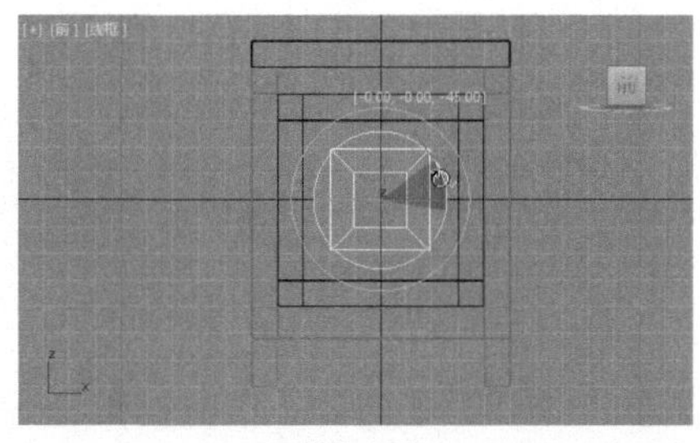
图2-250

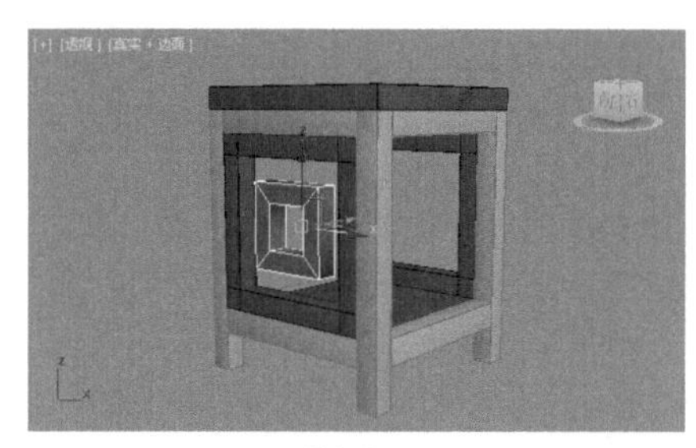
图2-251

15 按住Shift键，将复制模型沿Y轴向右拖动复制，将其移动到合适的位置，效果如图2-252和图2-253所示。

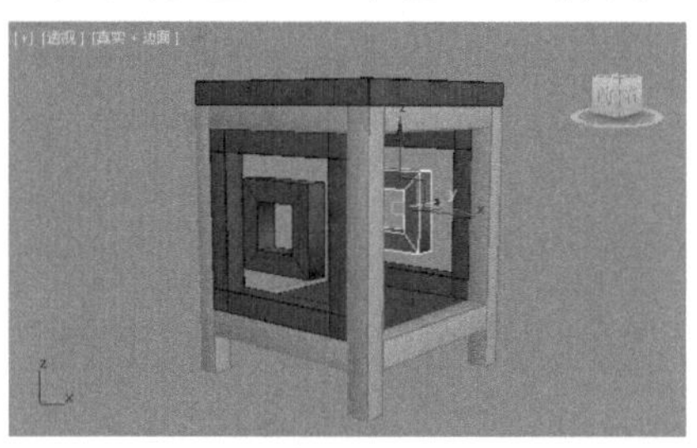
图2-252

图2-253

16 在【前】视图中创建如图2-254所示的长方体。设置【长度】为1000.0mm、【宽度】为100.0mm，【高度】为100.0mm，如图2-255所示。

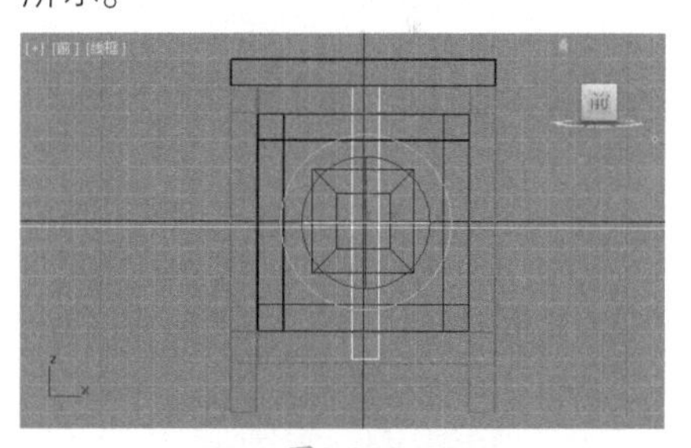
图2-254

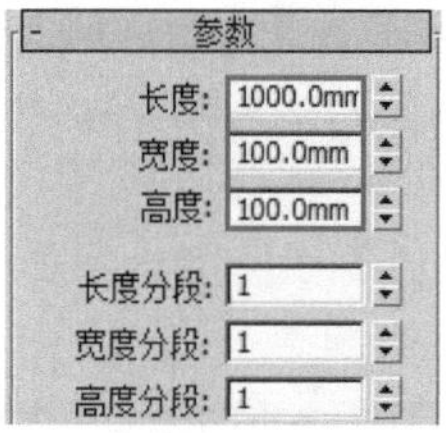

参数
长度: 1000.0mm
宽度: 100.0mm
高度: 100.0mm
长度分段: 1
宽度分段: 1
高度分段: 1

图2-255

17 将长方体沿Z轴向左旋转45°，如图2-256所示。再次按住Shift键，沿Z轴向右旋转90°，如图2-257所示。效果如图2-258所示。

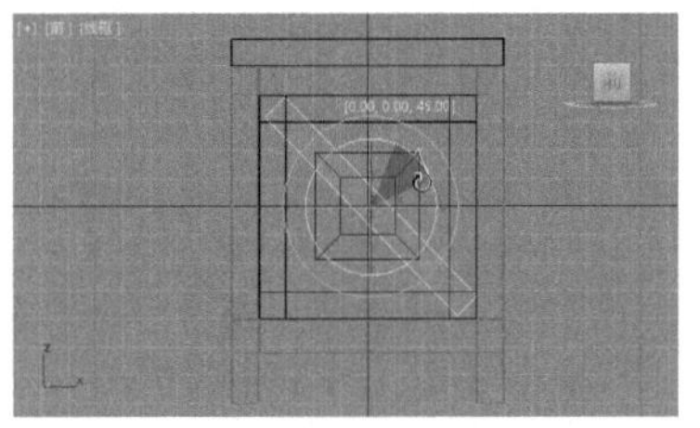
图2-256

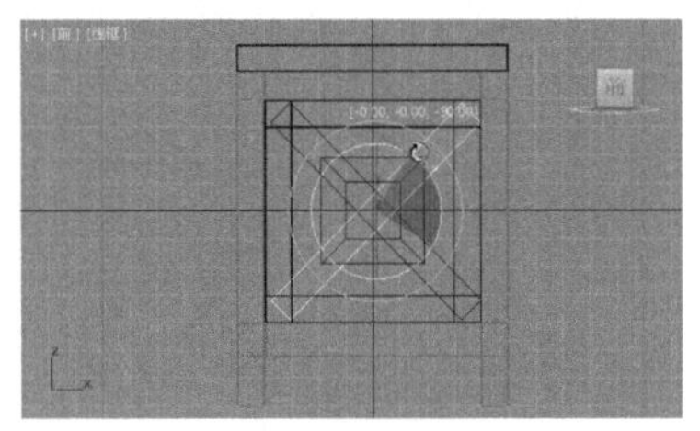
图2-257

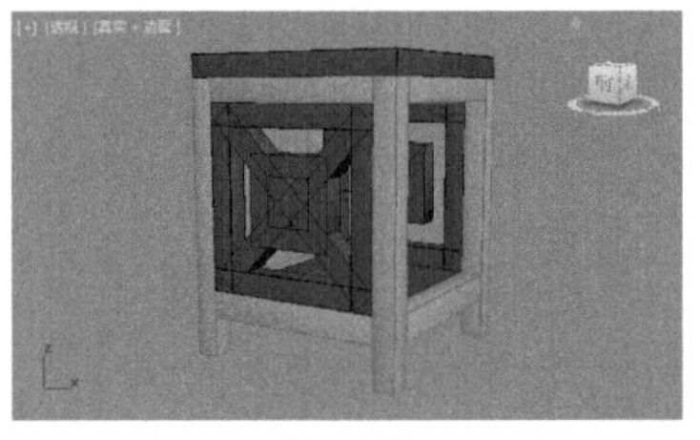
图2-258

18 在【透】视图中选择如图2-259所示的模型。按住Shift键，沿Y轴向右拖动复制，如图2-260所示。

图2-259

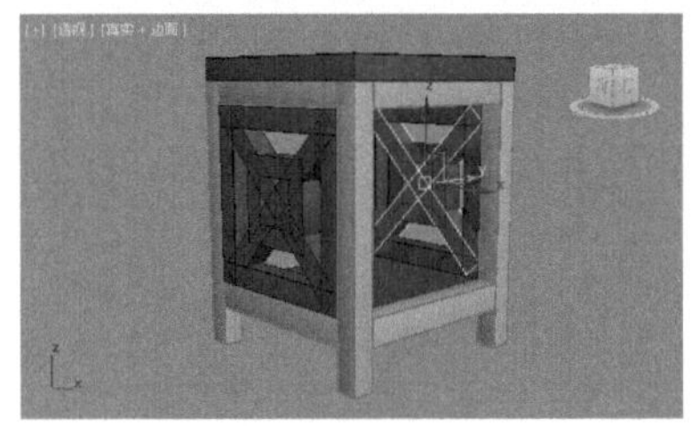
图2-260

19 在【透】视图中选择如图2-261所示的模型。设置【长度】为1100.0mm、【宽度】为1100.0mm、效果如图2-262所示。

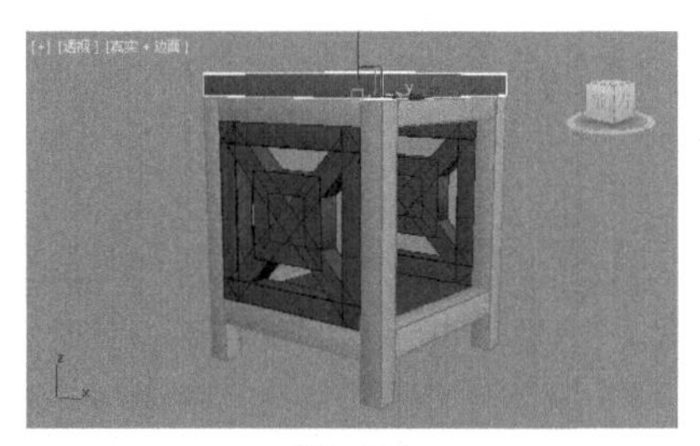
图2-261

图2-262

20 此时模型已经创建完成，效果如图2-263所示。

图2-263

实例022 长方体、管状体制作简约台灯

文件路径	第2章\长方体、管状体制作简约台灯
难易指数	★★★★★
技术掌握	● 长方体 ● 管状体 ● 复制 ● 镜像

扫码深度学习

操作思路

本例应用【长方体】和【管状体】工具，通过移动、缩放、旋转、复制、镜像等操作制作简约台灯模型。

案例效果

案例效果如图2-264所示。

图2-264

操作步骤

01 在【前】视图中创建如图2-265所示的长方体。设置【长度】为300.0mm、【宽度】为500.0mm、【高度】为5.0mm，如图2-266所示。

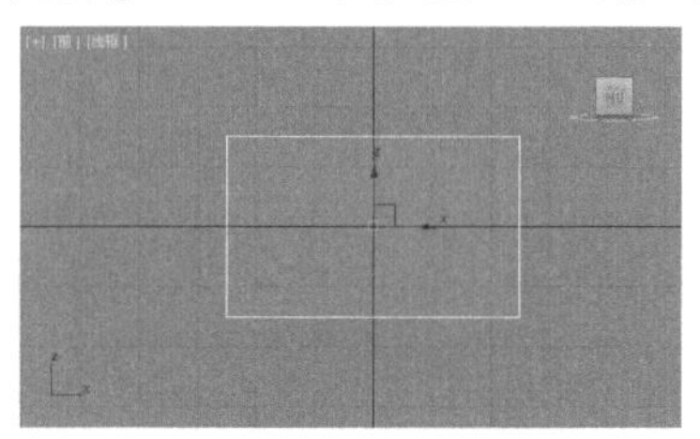
图2-265

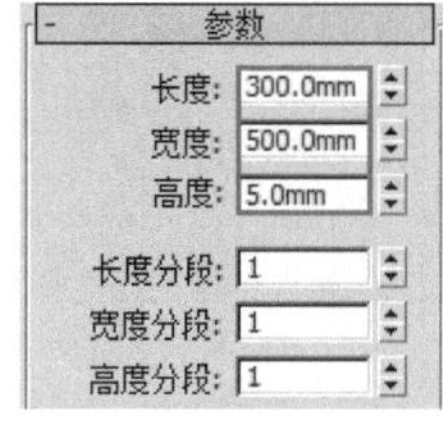

图2-266

02 在【左】视图中创建如图2-267所示的长方体。设置【长度】为300.0mm、【宽度】为350.0mm、【高度】为5.0mm，如图2-268所示。效果如图2-269所示。

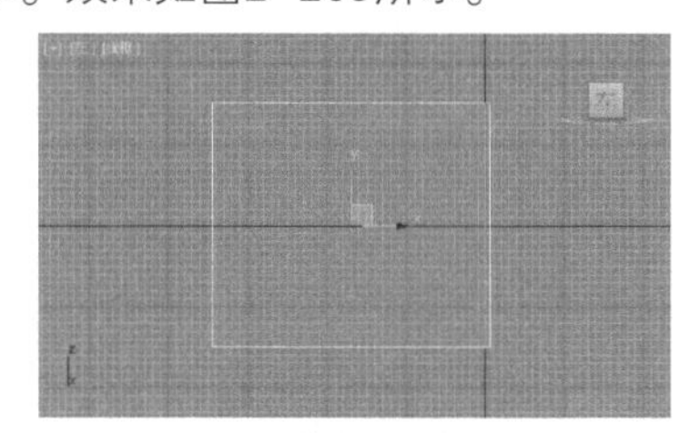
图2-267

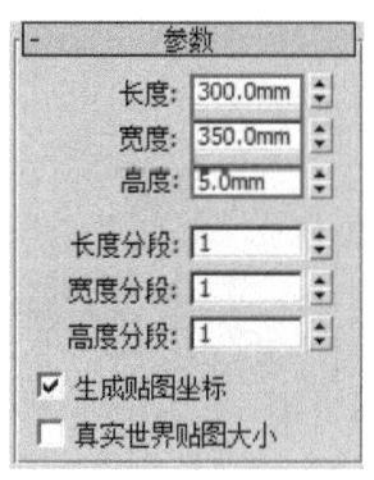

图2-268

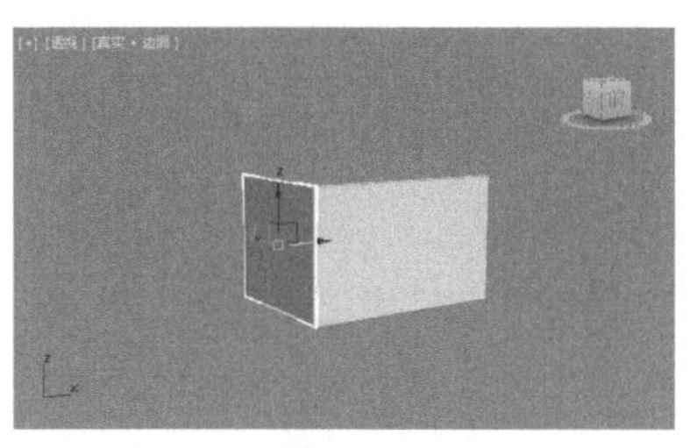

图2-269

03 选择如图2-270所示的模型。单击【镜像】按钮，在弹出的【镜像:世界 坐标】对话框中选择XY轴和【复制】选项，如图2-271所示。效果如图2-272所示。

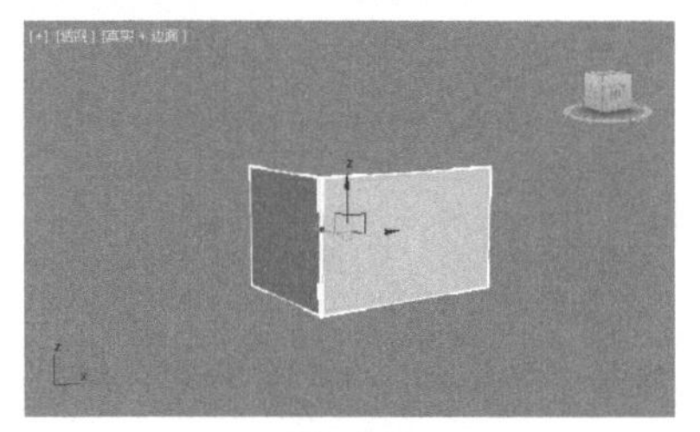

图2-270

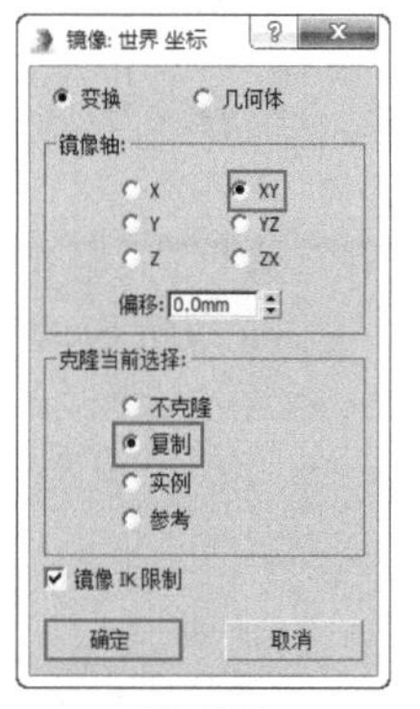

图2-271

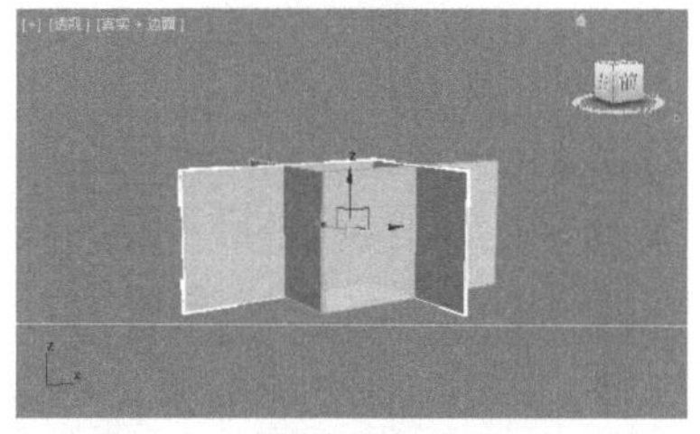

图2-272

04 将复制的模型移动到合适的位置，如图2-273所示。

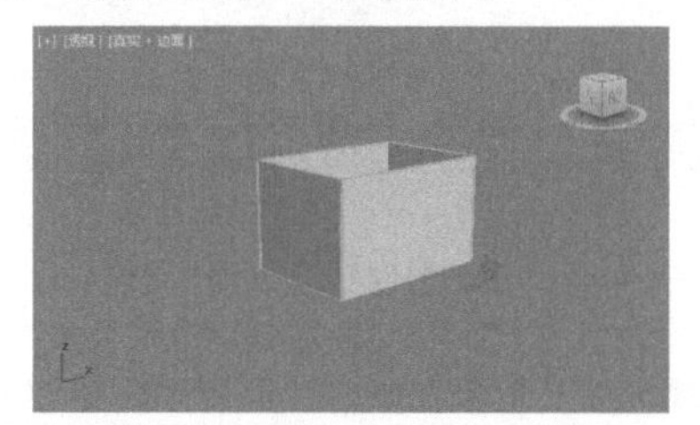

图2-273

05 在【透】视图中选择如图2-274所示的模型。按住Shift键进行等比缩小，如图2-275所示。

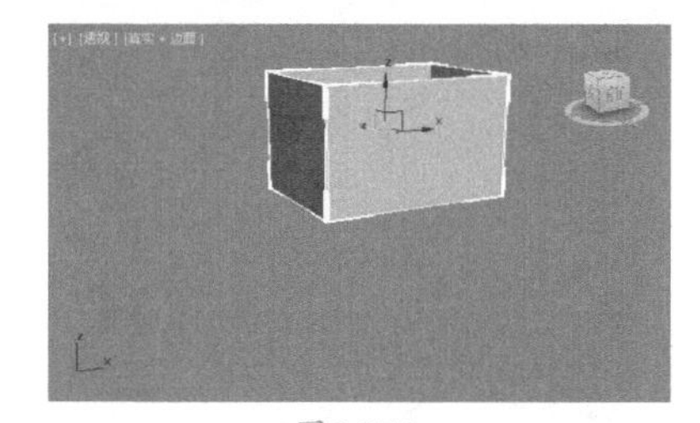

图2-274

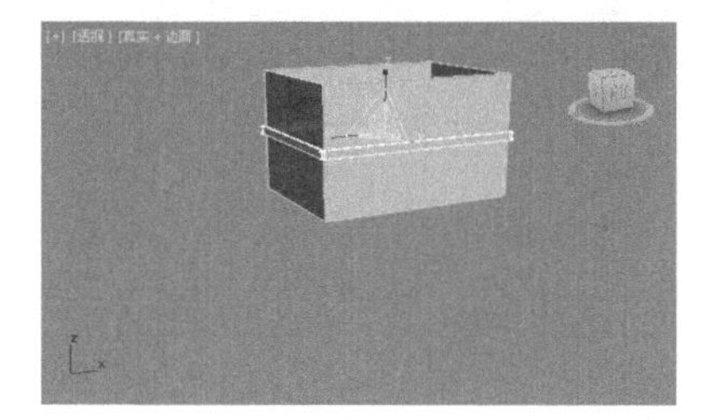

图2-275

06 将模型移动到合适的位置，效果如图2-276所示。按住Shift键，沿Z轴向下拖动复制，如图2-277所示。

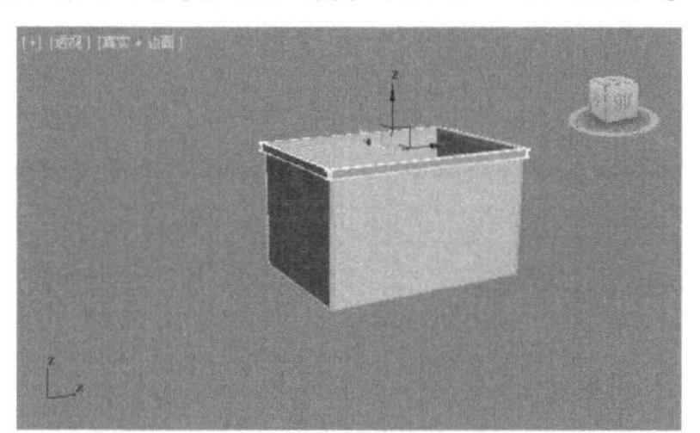

图2-276

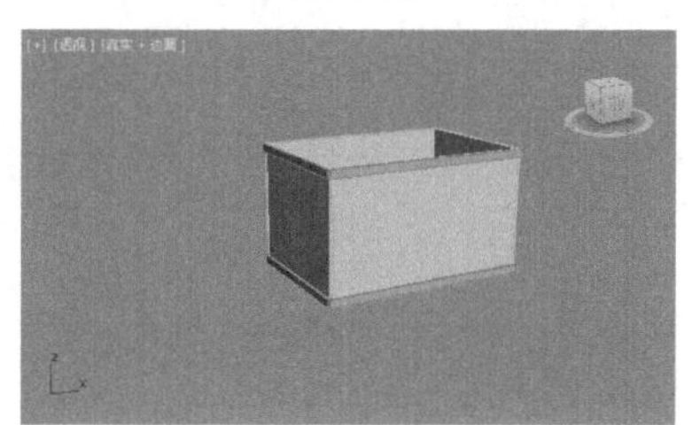

图2-277

07 在【前】视图中选择如图2-278所示的长方体。设置【长度】为230.0mm、【宽度】为35.0mm、【高度】为35.0mm，如图2-279所示。

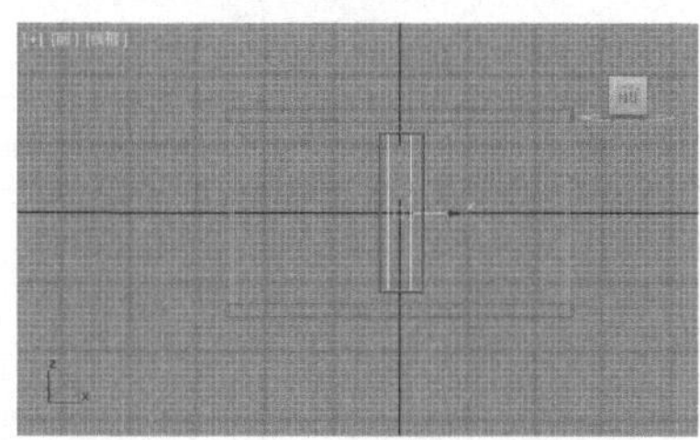

图2-278

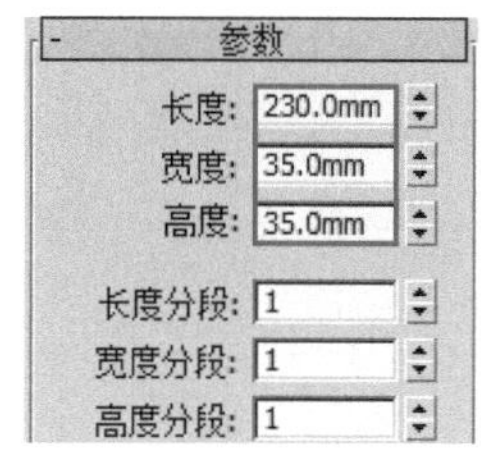

图2-279

08 在【顶】视图中创建如图2-280所示的圆柱体。设置【半径】为10.0mm、【高度】为150.0mm，如图2-281所示。

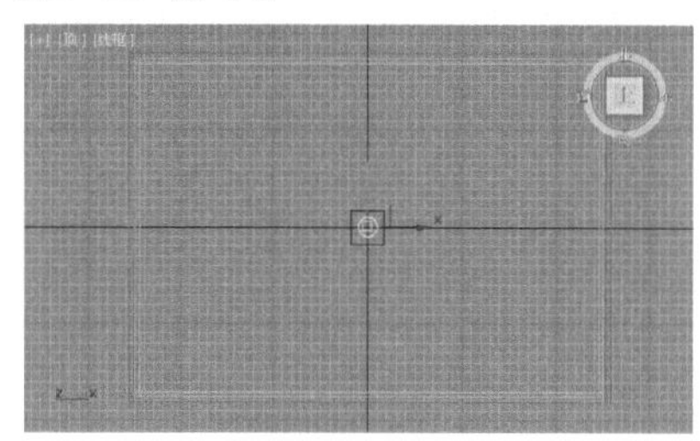

图2-280

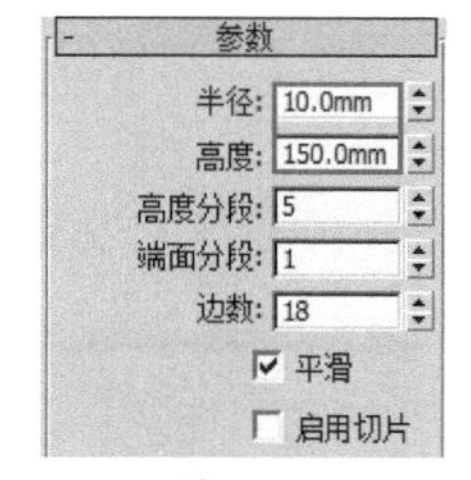

图2-281

09 将模型移动到合适的位置，如图2-282所示。

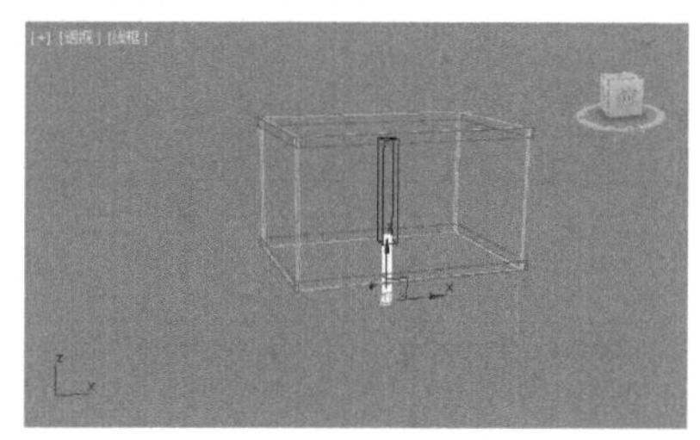

图2-282

10 在【顶】视图中创建如图2-283所示的长方体。设置【长度】为150.0mm、【宽度】为250.0mm、【高度】为400.0mm，如图2-284所示。

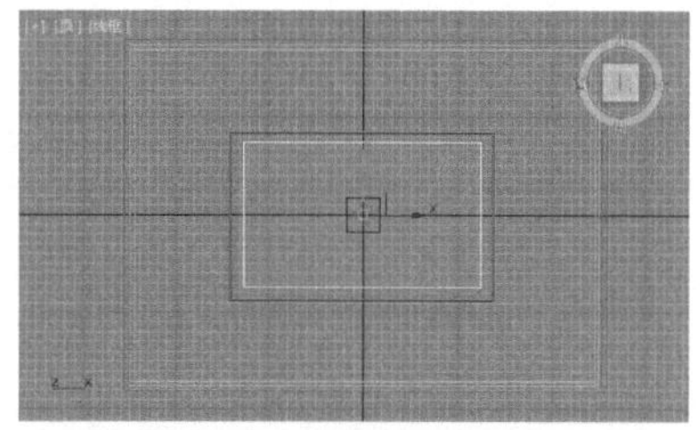

图2-283

图2-284

11 将模型移动到合适的位置，效果如图2-285所示。

图2-285

12 在【前】视图中创建如图2-286所示的管状体。设置【半径1】为106.0mm、【半径2】为90.0mm、【高度】为10.0mm、【边数】为4，如图2-287所示。

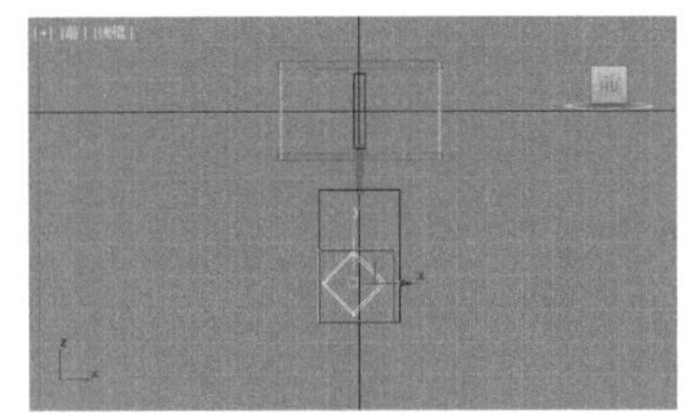
图2-286

图2-287

13 将模型沿Z轴向左旋转45°，如图2-288所示。将模型移动到合适的位置，如图2-289所示。效果如图2-290所示。

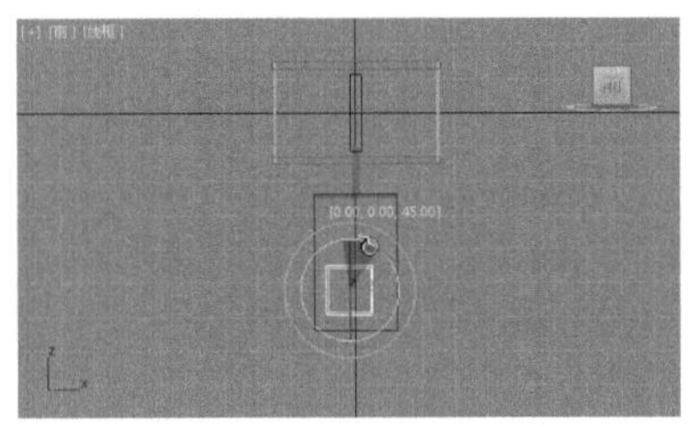
图2-288

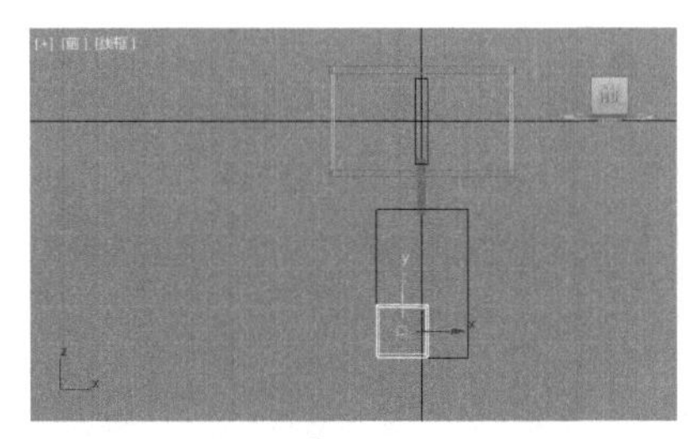
图2-289

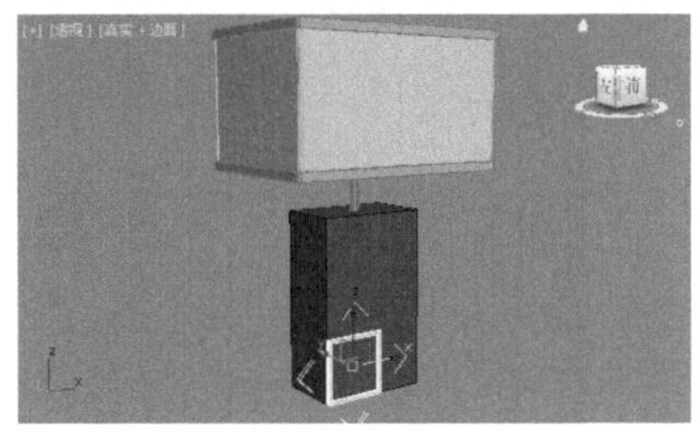
图2-290

14 在【透】视图中选择如图2-291所示的模型。按住Shift键，沿Z轴向左旋转90°，如图2-292所示。将模型移动到合适的位置，效果如图2-293所示。

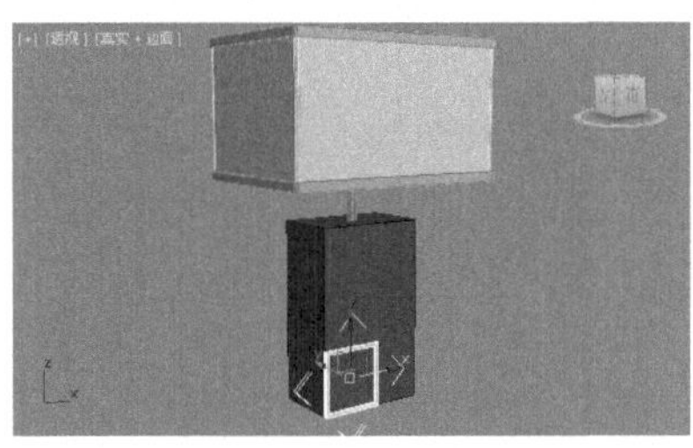
图2-291

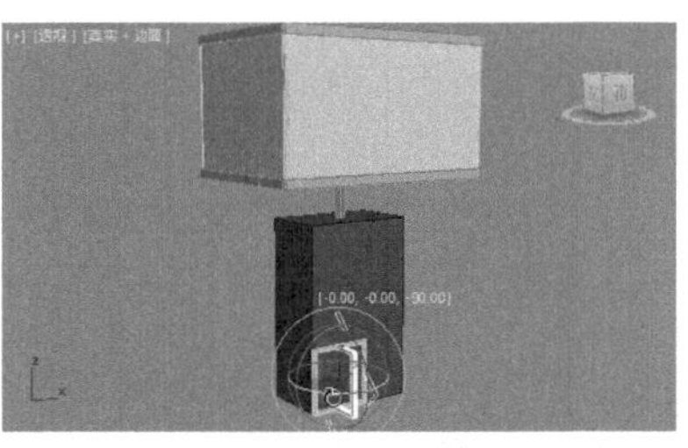
图2-292

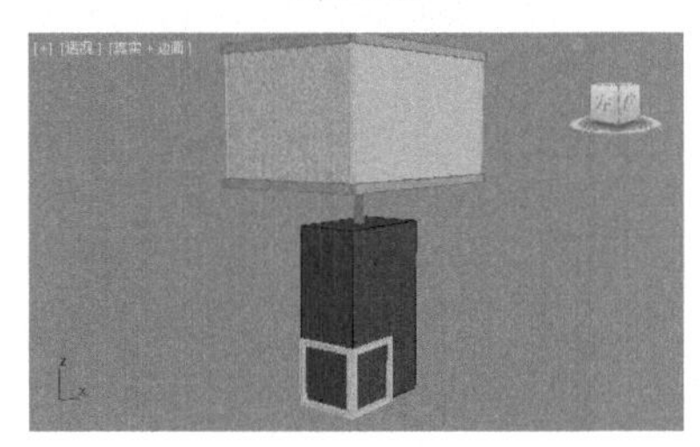
图2-293

15 选择如图2-294所示的模型。按住Shift键，沿X轴拖动复制，如图2-295所示。将其移动到合适的位置，如图2-296所示。

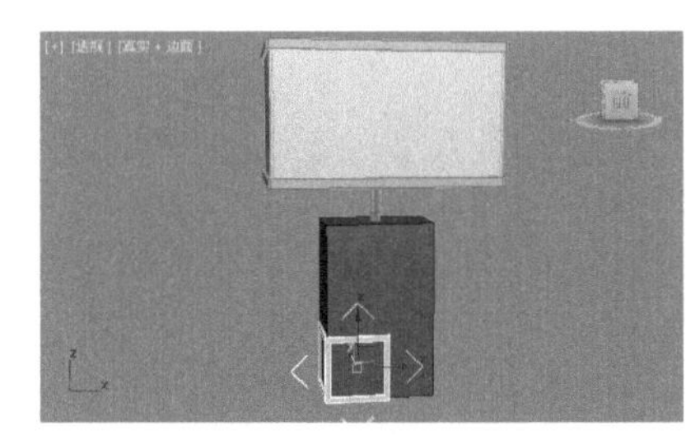
图2-294

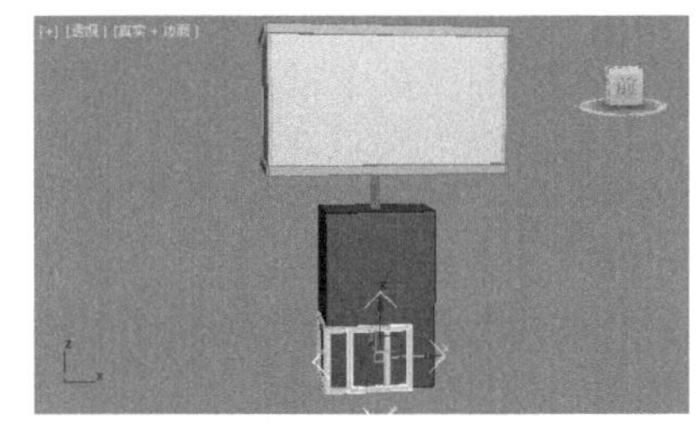
图2-295

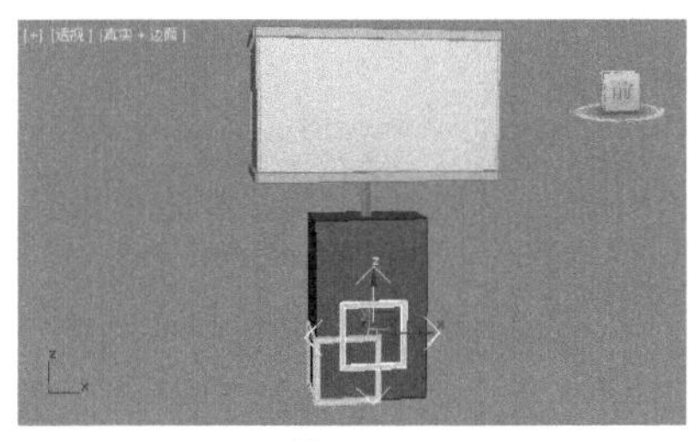
图2-296

16 按住Shift键，沿Z轴向上拖动复制，如图2-297所示。将其移动到合适的位置，如图2-298所示。

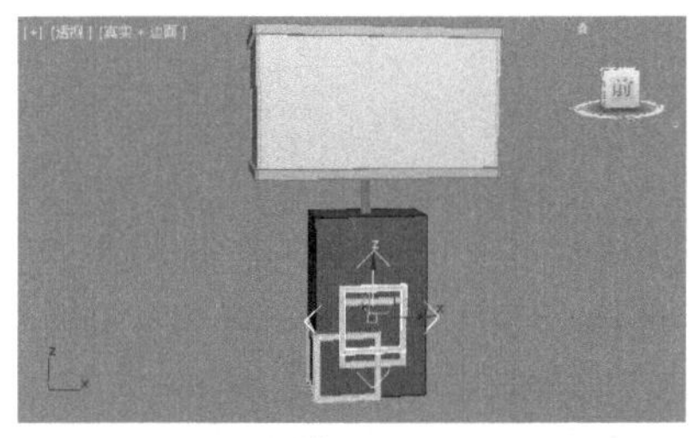
图2-297

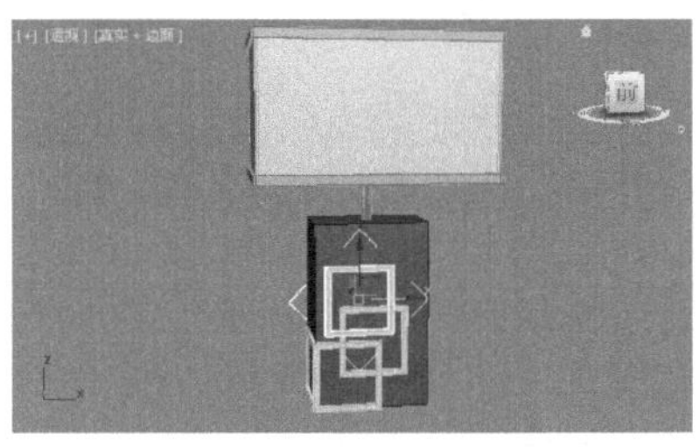
图2-298

17 按住Shift键，沿X轴拖动复制，如图2-299所示。将其移动到合适的位置，如图2-300所示。

18 选择如图2-301所示的模型。单击【镜像】按钮，在弹出的【镜像:世界 坐标】对话框中选择XY轴和

【复制】选项，如图2-302所示。

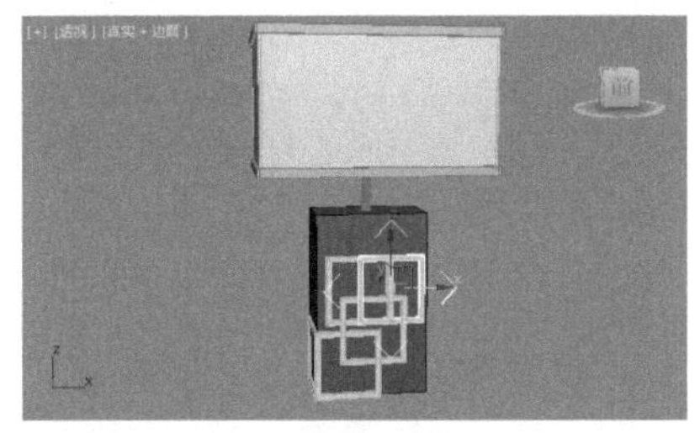

图2-299

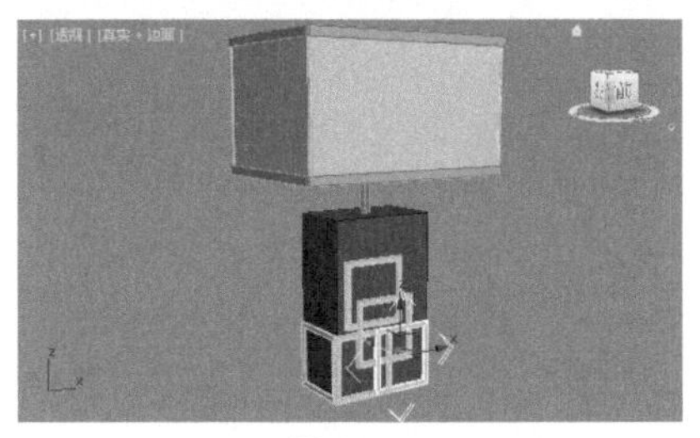

图2-300

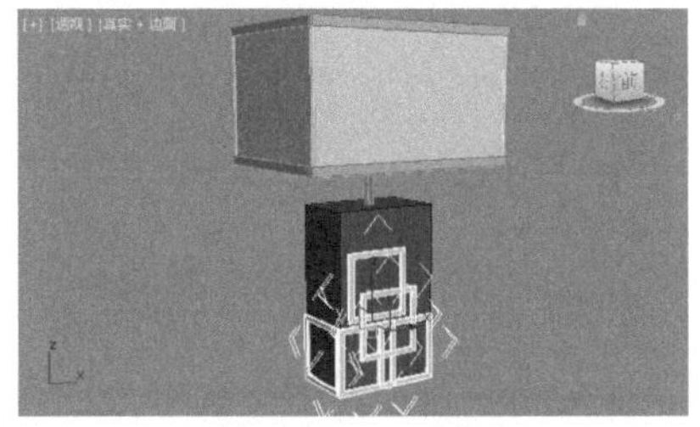

图2-301

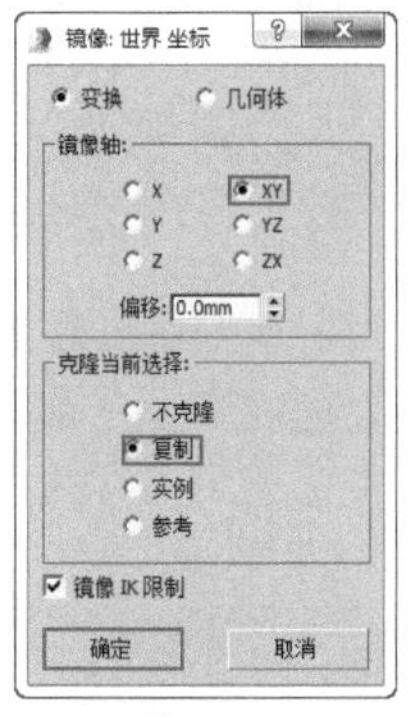

图2-302

19 将模型移动到合适的位置，效果如图2-303所示。此时模型已经创建完成，效果如图2-304所示。

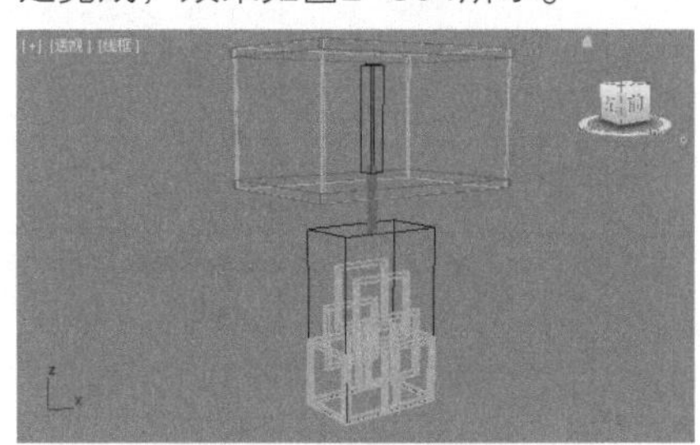

图2-303

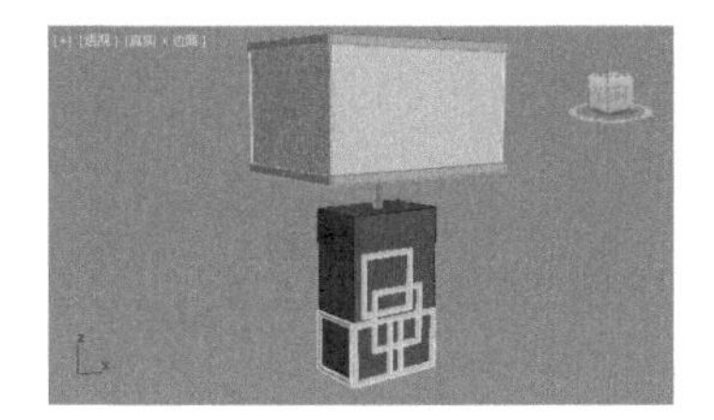

图2-304

实例023　长方体、管状体制作玄关桌

文件路径	第2章\长方体、管状体制作玄关桌
难易指数	★★★★★
技术掌握	● 长方体 ● 管状体 ● 复制

扫码深度学习

操作思路

本例应用【长方体】和【管状体】工具，通过移动、复制等操作制作玄关桌模型。

案例效果

案例效果如图2-305所示。

图2-305

操作步骤

01 在【顶】视图中创建如图2-306所示的长方体。设置【长度】为500.0mm、【宽度】为1500.0mm、高度为100.0mm，如图2-307所示。

图2-306

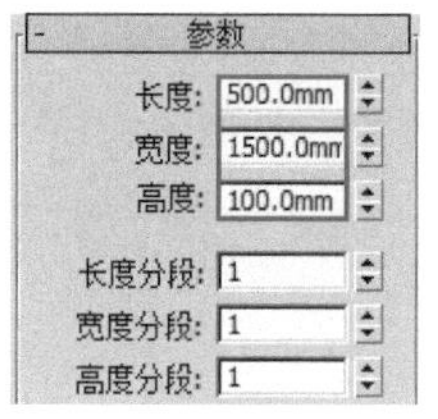

图2-307

02 在【前】视图中创建如图2-308所示的管状体。设置【半径1】为450.0mm、【半径2】为350.0mm、【高度】为300.0mm、【高度分段】为1、【边数】为50，如图2-309所示。

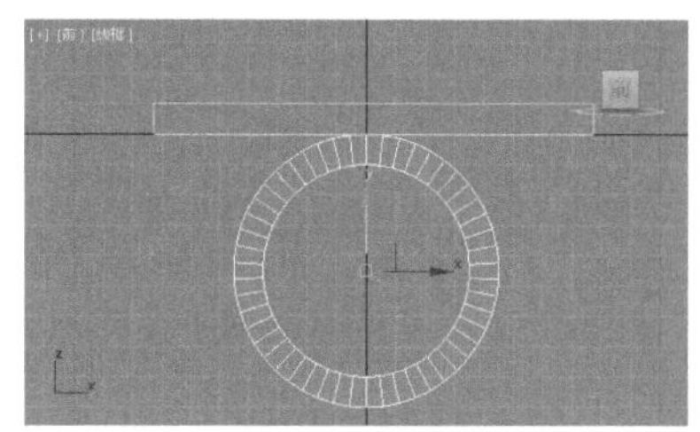

图2-308

图2-309

03 在【前】视图中选择如图2-310所示的模型。按住Shift键，沿Y轴向下拖动复制，如图2-311所示。并设置【宽度】为1300.0mm，如图2-312所示。

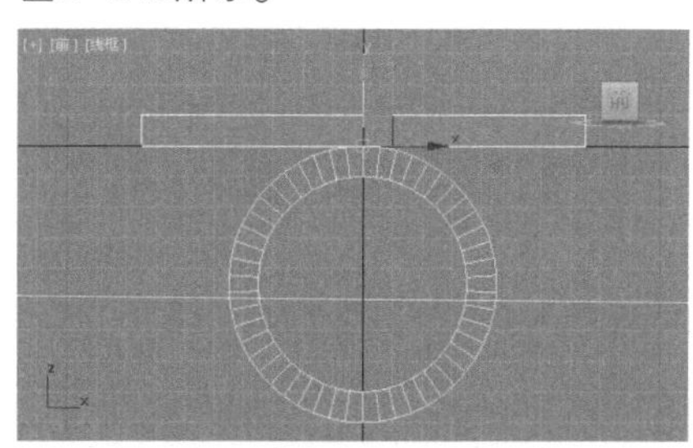

图2-310

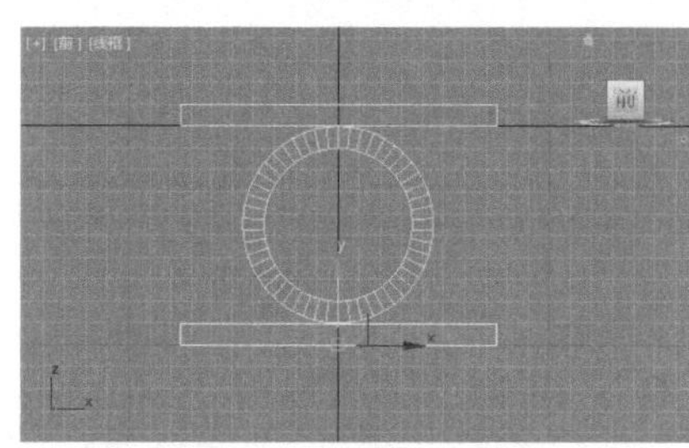

图2-311

图2-312

04 此时模型已经创建完成，效果如图2-313所示。

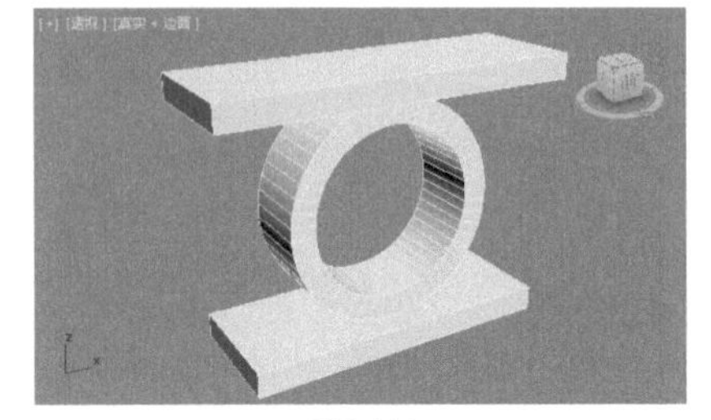

图2-313

实例024　长方体、圆柱体、四棱锥、管状体制作吊灯

文件路径	第2章\长方体、圆柱体、四棱锥、管状体制作吊灯
难易指数	★★★★★
技术掌握	● 长方体 ● 圆柱体 ● 四棱锥 ● 管状体 ● 阵列

扫码深度学习

操作思路

本例应用【长方体】、【圆柱体】、【四棱锥】和【管状体】工具，通过阵列等操作制作吊灯模型。

案例效果

案例效果如图2-314所示。

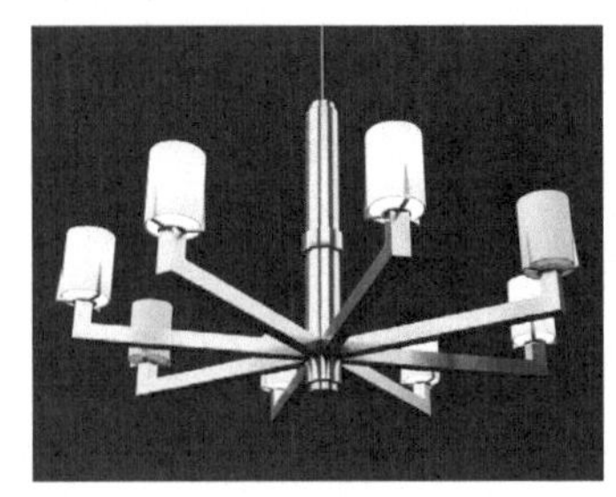

图2-314

操作步骤

01 在【顶】视图中创建如图2-315所示的长方体。设置【长度】为20.0mm、【宽度】为500.0mm、【高度】为20.0mm，如图2-316所示。

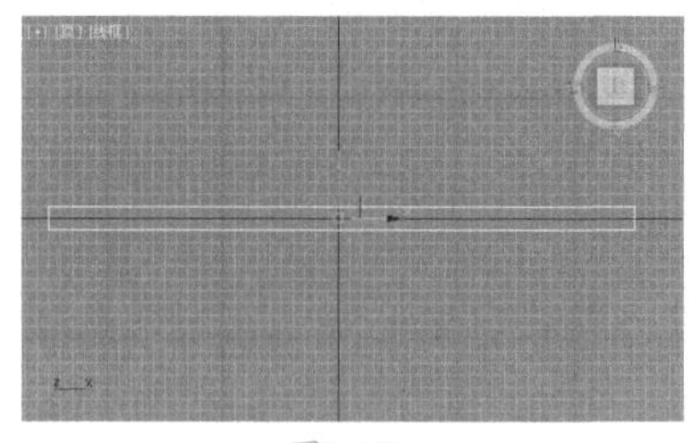

图2-315

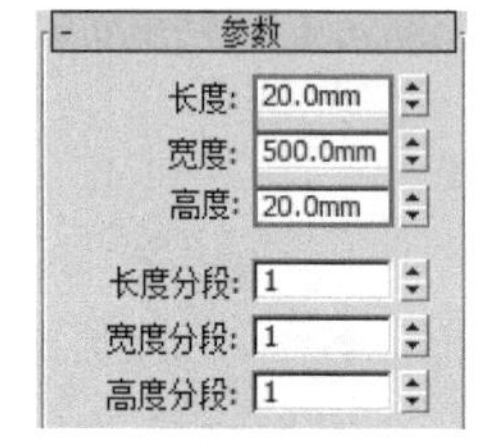

图2-316

02 在【顶】视图中创建如图2-317所示的长方体。设置【长度】为20.0mm、【宽度】为20.0mm、【高度】为50.0mm，如图2-318所示。将模型移到合适的位置，如图2-319所示。

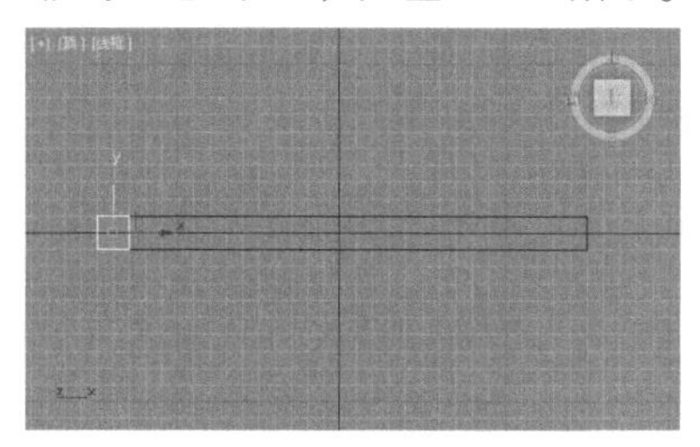

图2-317

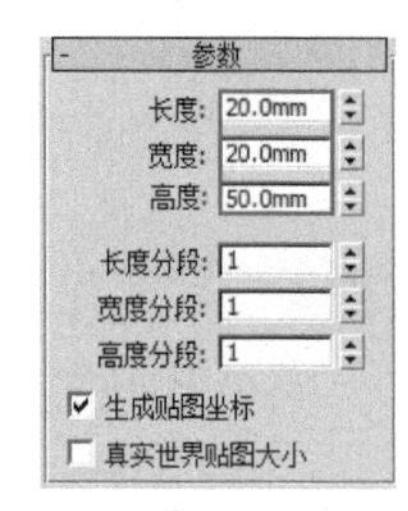

图2-318

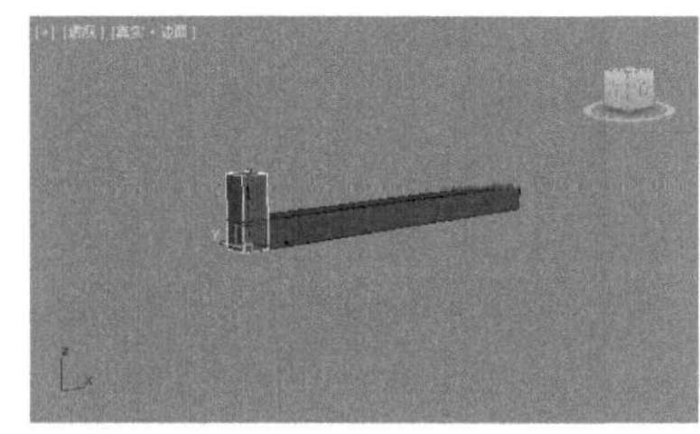

图2-319

03 在【顶】视图中创建如图2-320所示的圆柱体。设置【半径】为15.0mm、【高度】为5.0mm、【边数】为30，如图2-321所示。效果如图2-322所示。

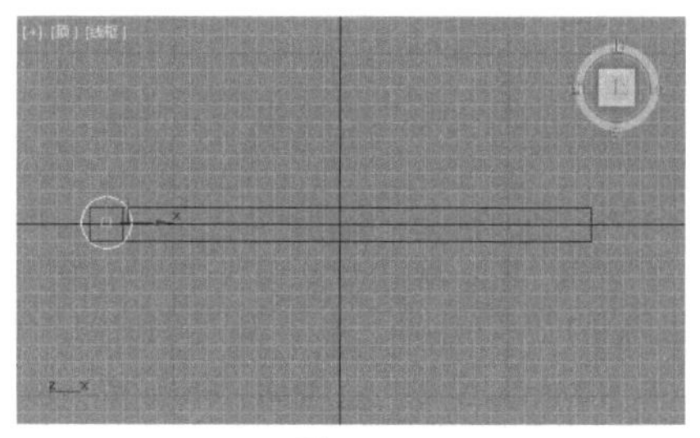

图2-320

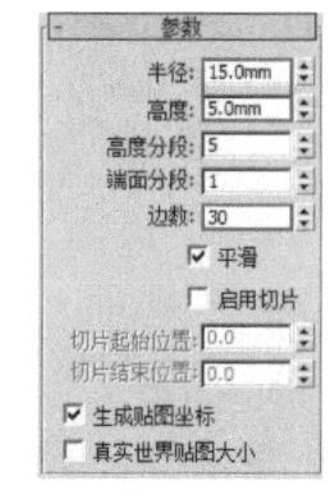

图2-321

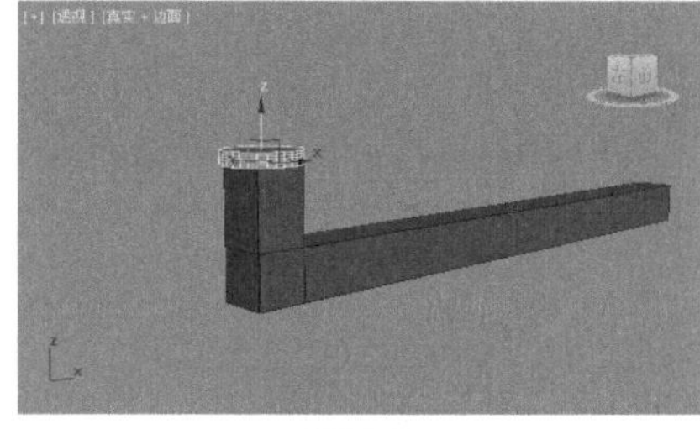

图2-322

04 在【顶】视图中创建如图2-323所示的长方体。设置【长度】为5.0mm、【宽度】为20.0mm、【高度】为5.0mm，如图2-324所示。

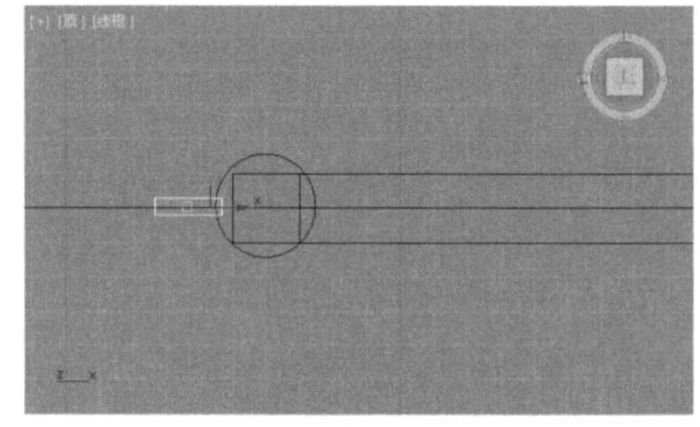

图2-323

参数
长度: 5.0mm
宽度: 20.0mm
高度: 5.0mm
长度分段: 1
宽度分段: 1
高度分段: 1

图2-324

05 在【顶】视图中创建如图2–325所示的四棱锥。设置【宽度】为5.0mm、【深度】为5.0mm、【高度】为40.0mm，如图2–326所示。

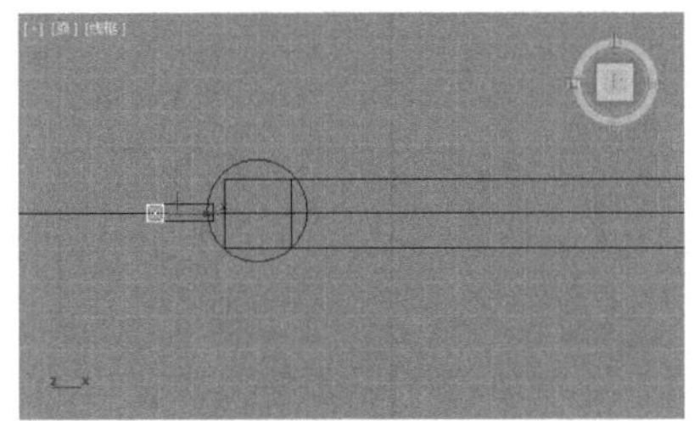

图2-325

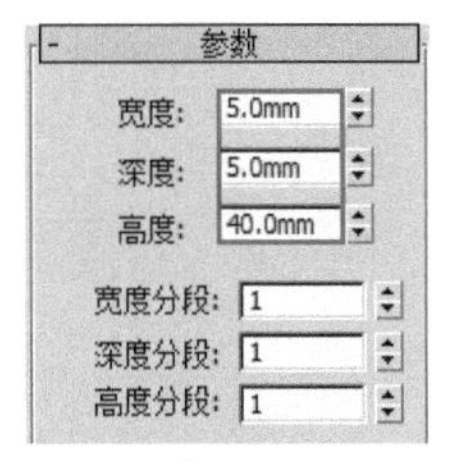

图2-326

06 在【透】视图中选择如图2–327所示的模型。在菜单栏中执行【组】|【组】命令，将模型成组，如图2–328所示。

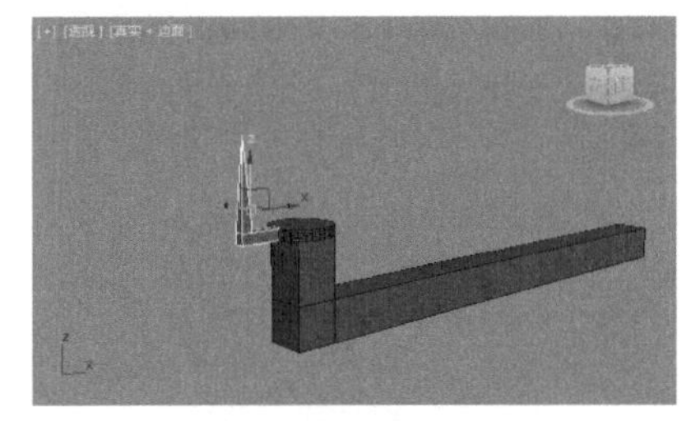

图2-327

图2-328

07 进入【层次】面板，单击【仅影响轴】按钮 仅影响轴 ，并在【顶】视图中将轴移动到如图2–329所示的位置。

08 在菜单栏中执行【工具】|【阵列】命令，如图2–330所示。在弹出的【阵列】对话框中单击【旋转】后面的 > 按钮，并设置Z轴为360°，设置1D为3，最后单击【确定】按钮，如图2–331所示。

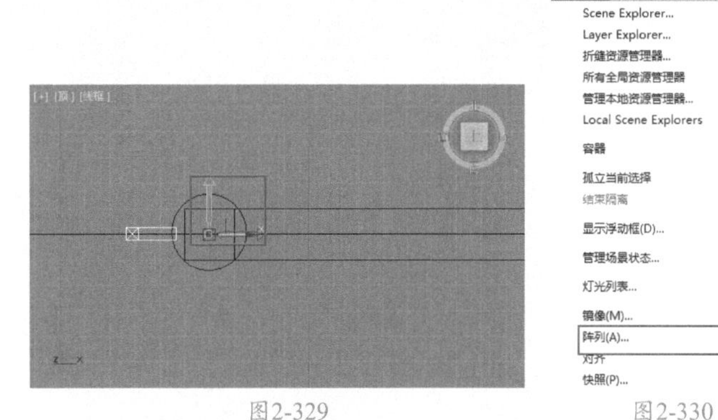

图2-329　　图2-330

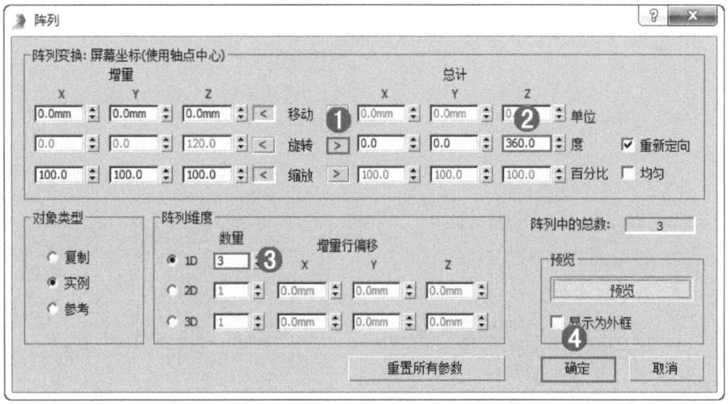

图2-331

09 效果如图2–332所示。

10 在【顶】视图中创建如图2–333所示的管状体。设置【半径1】为28.0mm、【半径2】为30.0mm、【高度】为85.0mm、【边数】为30，如图2–334所示。效果如图2–335所示。

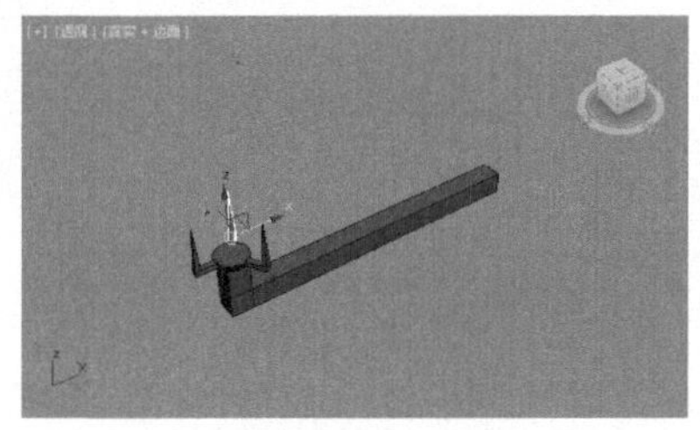

图2-332 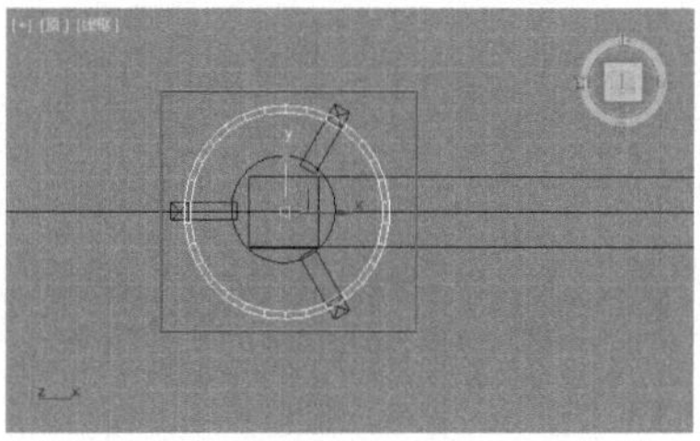　　图2-333

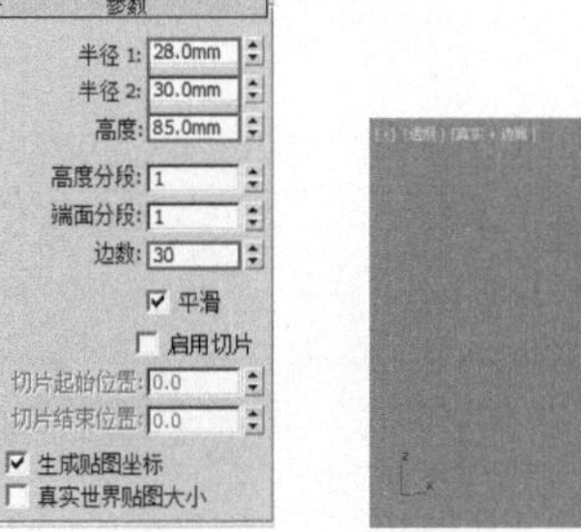

图2-334 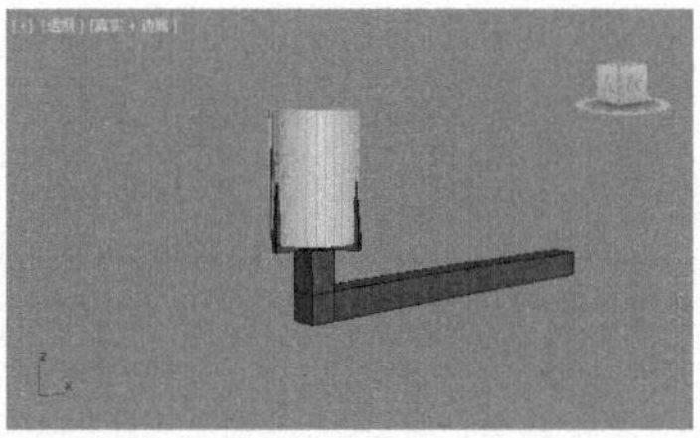　　图2-335

11 在【透】视图中选择如图2–336所示的模型。在菜单栏中执行【组】|【组】命令，将模型成组，如图2–337所示。

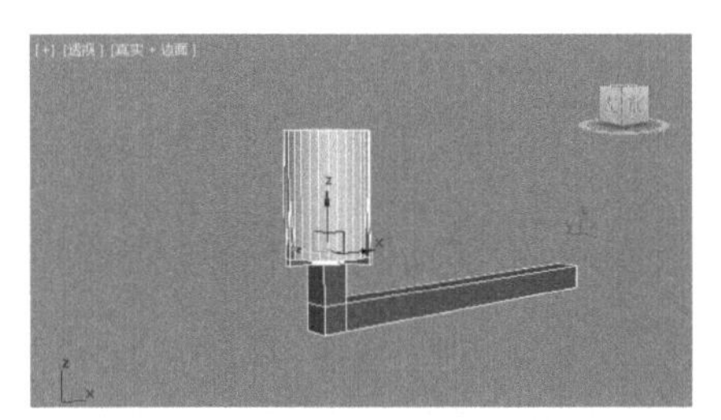

图2-336

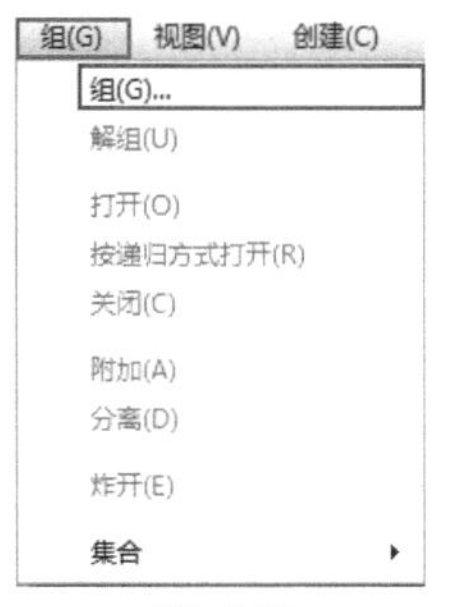

图2-337

12 进入【层次】面板品，单击【仅影响轴】按钮 仅影响轴 ，并在【顶】视图中将轴移动到如图2-338所示的位置。

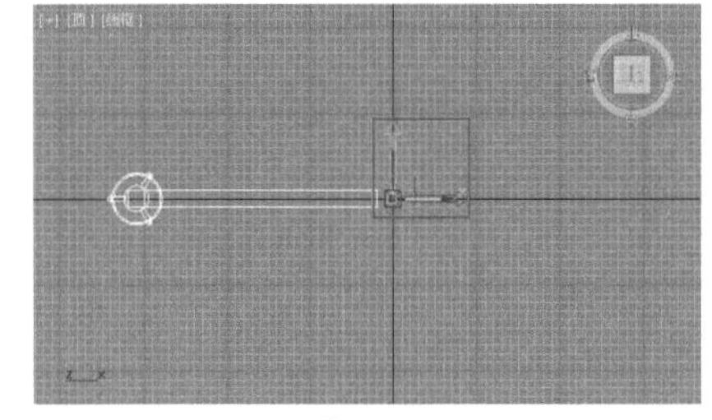

图2-338

13 在菜单栏中执行【工具】|【阵列】命令，如图2-339所示。在弹出的【阵列】对话框中单击【旋转】后面的 > 按钮，并设置Z轴为360°，设置【对象类型】为【复制】，设置1D为8，最后单击【确定】按钮，如图2-340所示。

图2-339

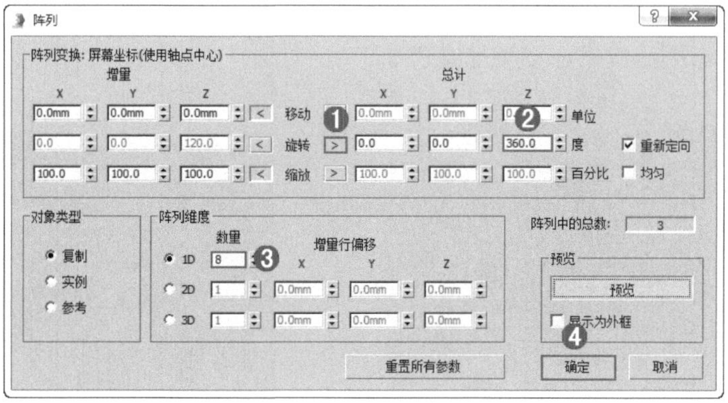

图2-340

14 效果如图2-341所示。

15 在【顶】视图中创建如图2-342所示的管状体。设置【半径】为25.0mm、【高度】为400.0mm、【边数】为8，如图2-343所示。将其移动到合适的位置，如图2-344所示。

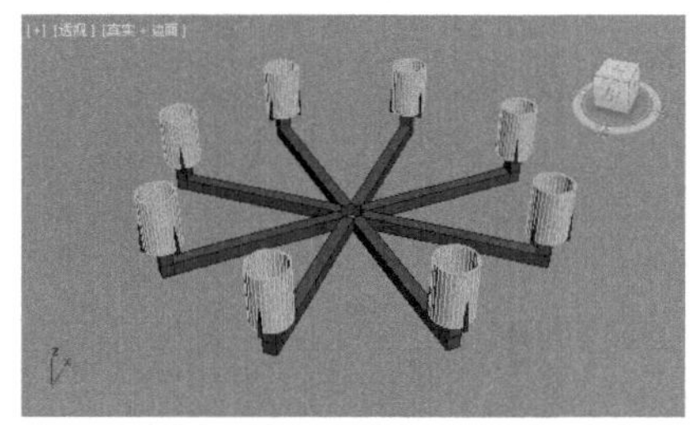

图2-341

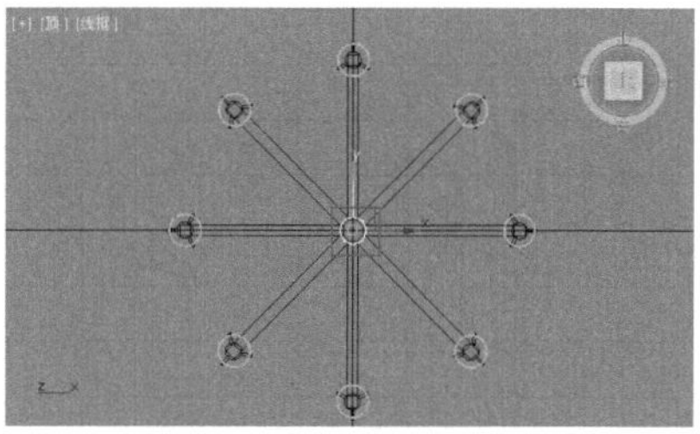

图2-342

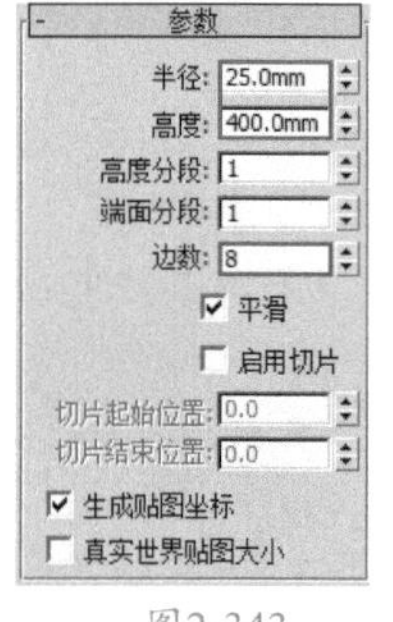

图2-343

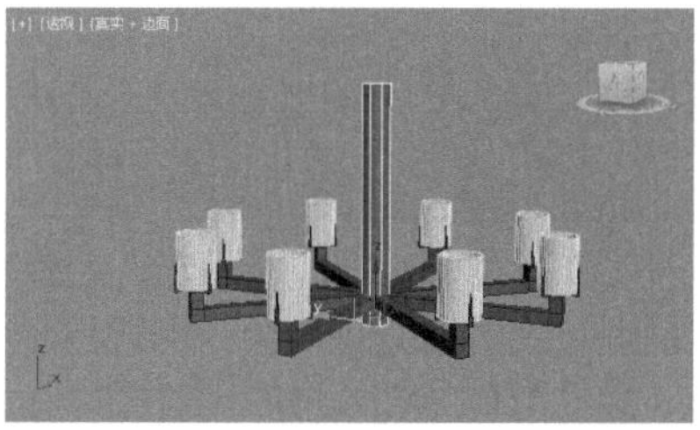

图2-344

16 在【顶】视图中创建如图2-345所示的圆柱体。设置【半径】为30.0mm、【高度】为25.0mm、【边数】为8，如图2-346所示。将其移动到合适的位置，如图2-347所示。

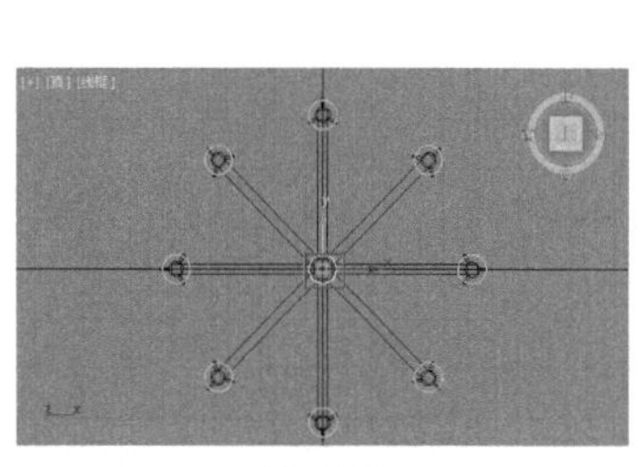

图2-345

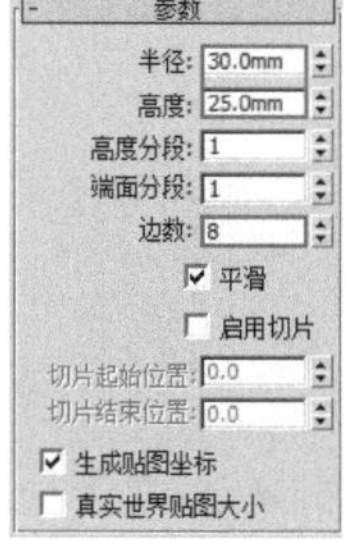

图2-346

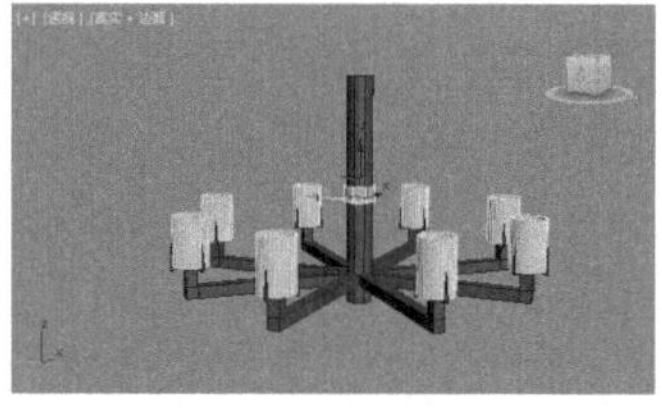

图2-347

17 在【顶】视图中创建如图2-348所示的两个圆柱体。设置【半径】为20.0mm，【高度】为25.0mm，【边数】为8，如图2-349所示。将两个管状体分别移动到合适的位置，如图2–350所示。

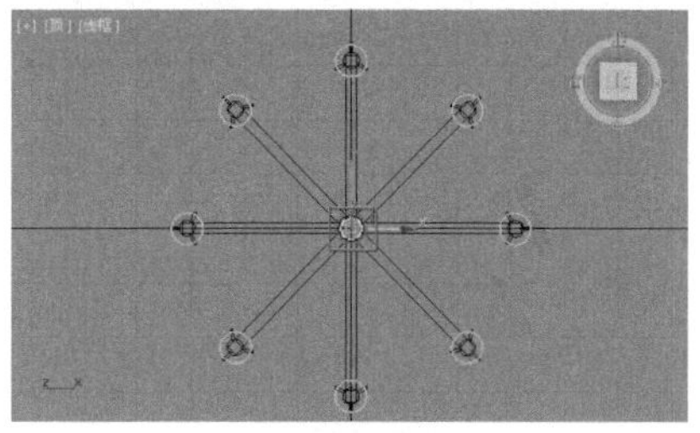

图2-348

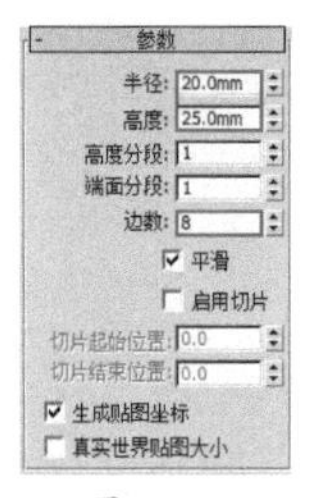

图2-349

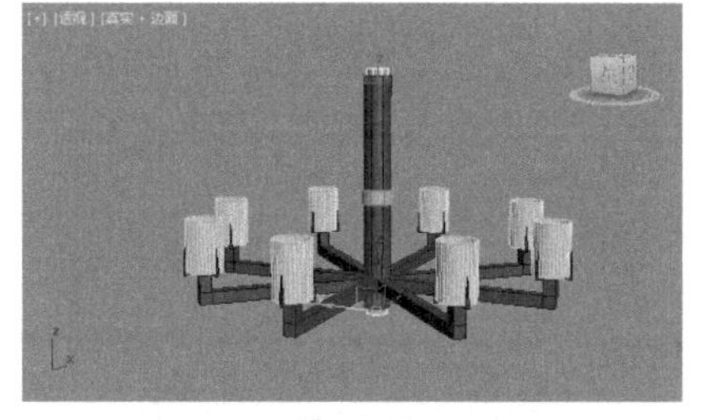

图2-350

18 在【前】视图中创建如图2–351所示的线。展开【渲染】卷展栏，勾选【在渲染中启用】和【在视口中启用】复选框，设置【厚度】为3.0mm，如图2–352所示。

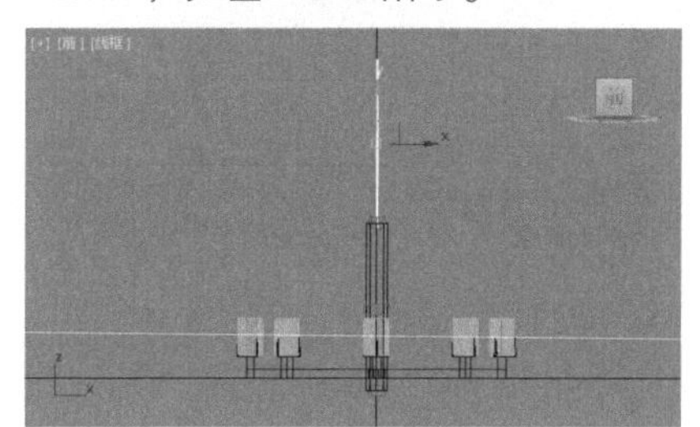

图2-351

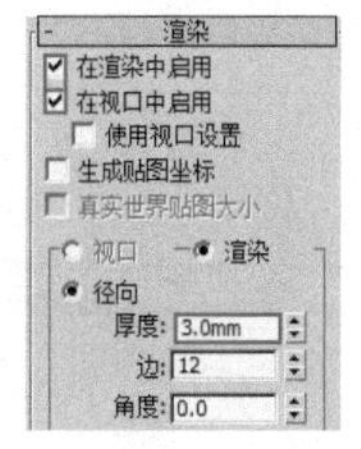

图2-352

19 此时模型已经创建完成，效果如图2–353所示。

图2-353

实例025 切角圆柱体、圆环、圆柱体制作圆形高脚凳

文件路径	第2章\切角圆柱体、圆环、圆柱体制作圆形高脚凳
难易指数	
技术掌握	● 切角圆柱体 ● 圆环 ● 圆柱体 ● 复制
 扫码深度学习	

操作思路

本例应用【切角圆柱体】、【圆环】和【圆柱体】工具，通过旋转、移动、复制等操作制作圆形高脚凳模型。

案例效果

案例效果如图2-354所示。

图2-354

操作步骤

01 在【顶】视图中创建如图2–355所示的切角圆柱体。设置【半径】为260.0mm、【高度】为70.0mm、【圆角】为13.0mm、【圆角分段】为4、【边数】为50，如图2–356所示。

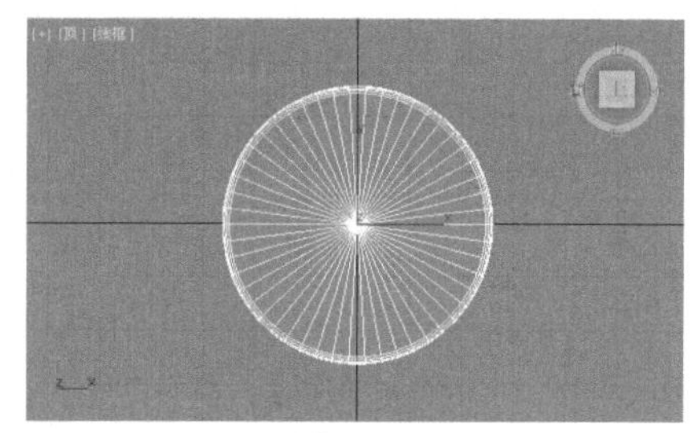

图2-355

图2-356

02 在【顶】视图中创建如图2–357所示的圆环。设置【半径1】为235.0mm、【半径2】为25.0mm、【分段】为50、【边数】为12，如图2–358所示。

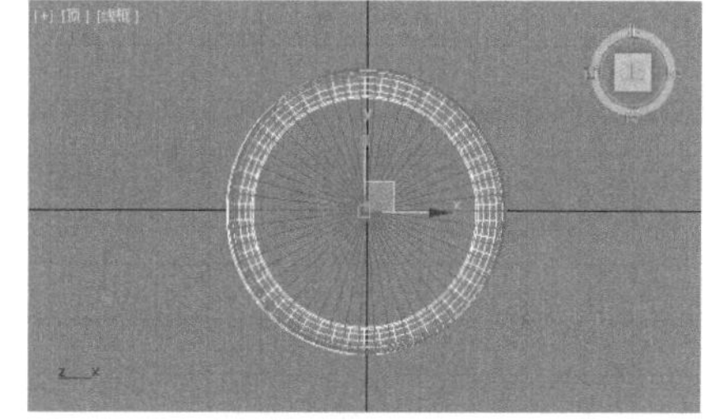

图2-357

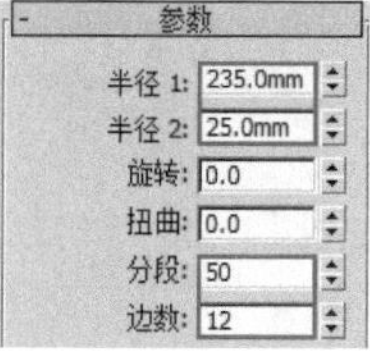

图2-358

03 在【前】视图中创建如图2–359所示的圆柱体。设置【半径】为20.0mm、【高度】为1000.0mm，如图2–360所示。

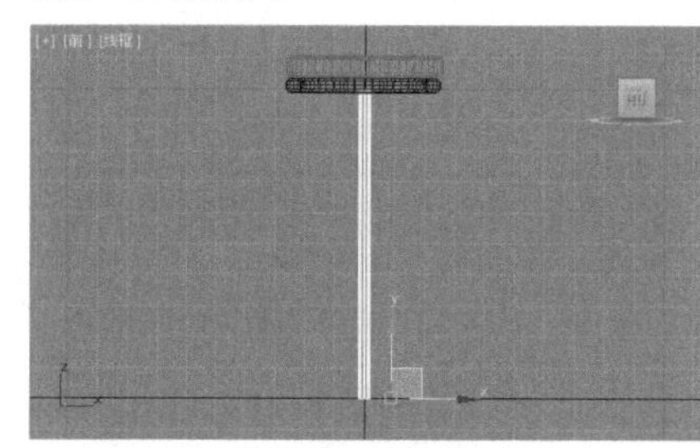

图2-359

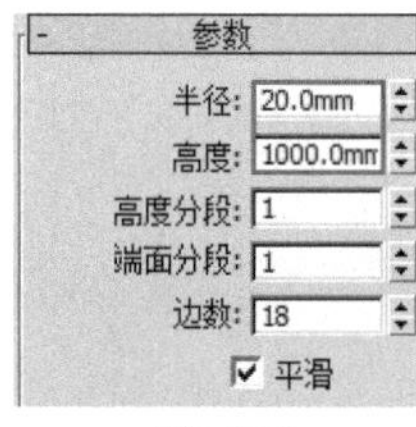

图2-360

04 在【透】视图中将模型沿着X轴向上旋转5°，如图2-361所示。接着按住Shift键再复制出3个模型，并将其移动到合适的位置，如图2-362和图2-363所示。

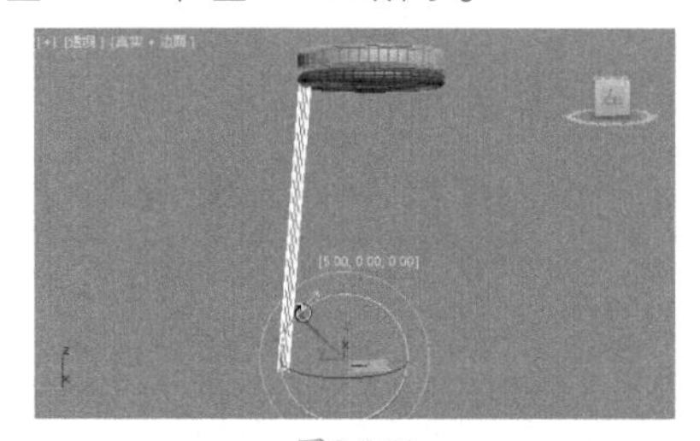
图2-361

图2-362

图2-363

05 在【顶】视图中创建如图2-364所示的圆环。设置【半径1】为250.0mm、【半径2】为25.0mm、【分段】为50，如图2-365所示。并将其移动到合适的位置，如图2-366所示。

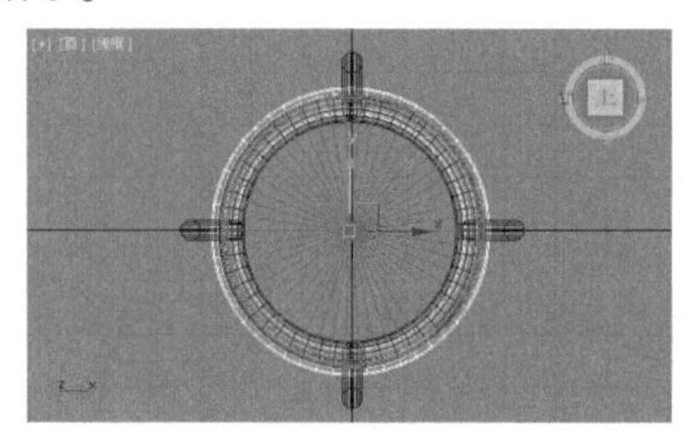
图2-364

图2-365

图2-366

06 在【顶】视图中创建如图2-367所示的圆环。设置【半径1】为321.0mm、【半径2】为25.0mm、【分段】为50，如图2-368所示。将模型移动到合适的位置，如图2-369所示。此时模型已经创建完成。

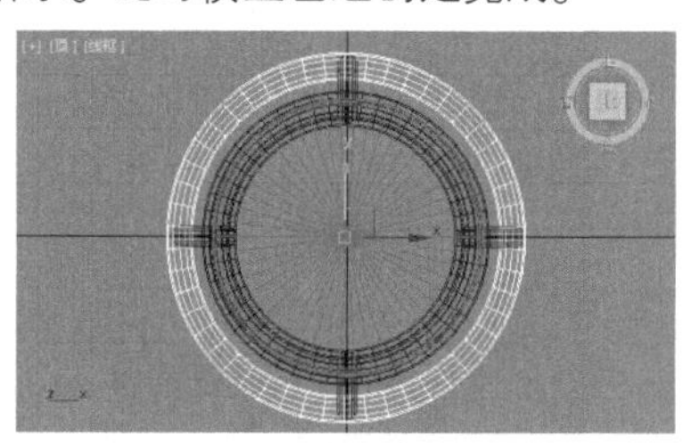
图2-367

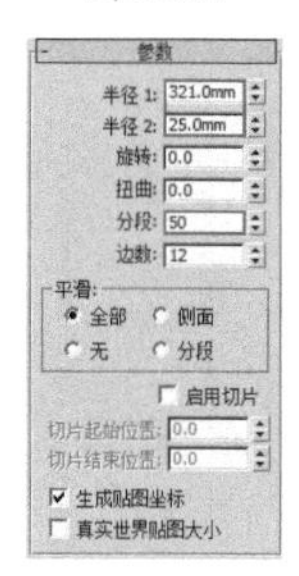

图2-368

图2-369

实例026 长方体、圆柱体、切角圆柱体、管状体制作方形台灯

文件路径	第2章\长方体、圆柱体、切角圆柱体、管状体制作方形台灯
难易指数	
技术掌握	● 切角圆柱体 ● 镜像 ● 复制

扫码深度学习

操作思路

本例应用【长方体】、【圆柱体】、【切角圆柱体】和【管状体】工具，通过镜像、复制等操作制作方形台灯模型。

案例效果

案例效果如图2-370所示。

图2-370

操作步骤

01 在【前】视图中创建如图2-371所示的长方体。设置【长度】为300.0mm，【宽度】为500.0mm、【高度】为5.0mm，如图2-372所示。

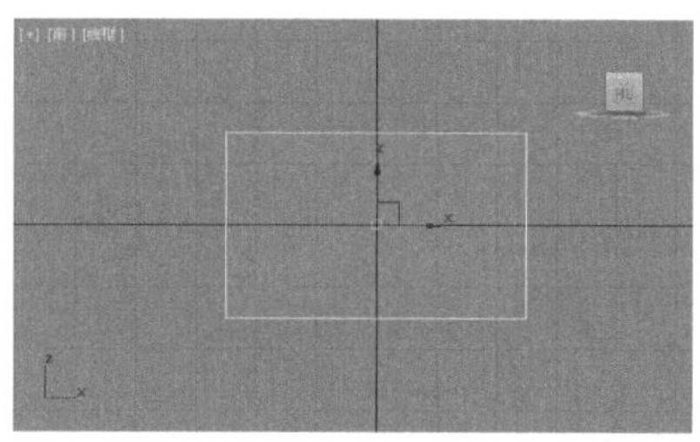
图2-371

图2-372

02 在【左】视图中创建如图2-373所示的长方体。设置【长度】为300.0mm、【宽度】为350.0mm、【高度】为5.0mm，如图2-374所示。效果如图2-375所示。

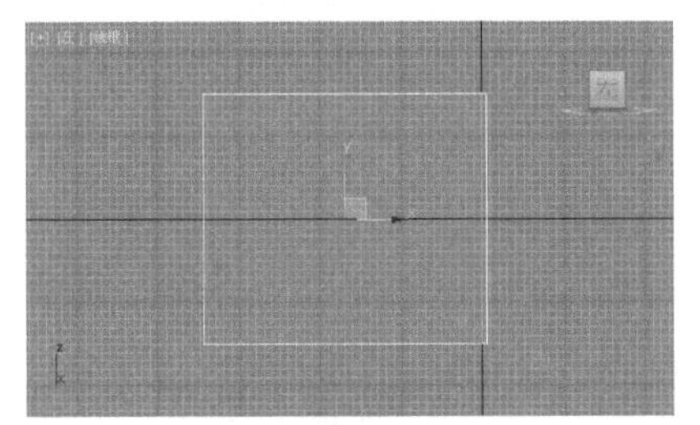

图2-373

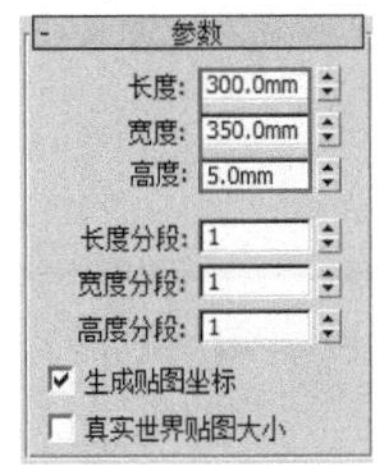

图2-374

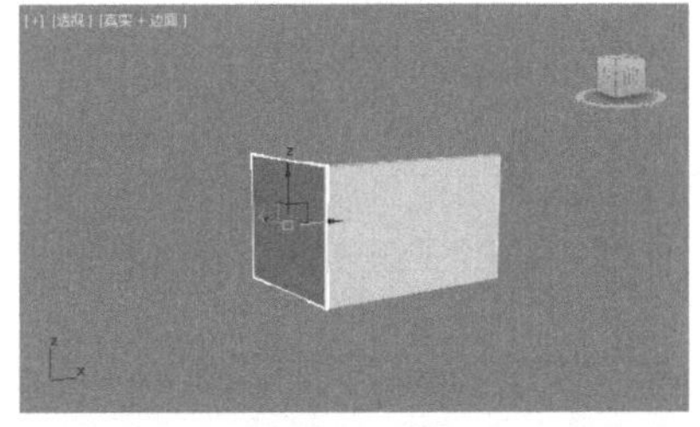

图2-375

03 选择如图2-376所示的模型。单击【镜像】按钮，在弹出的【镜像:世界 坐标】对话框中选择XY轴和【复制】选项，如图2-377所示。效果如图2-378所示。

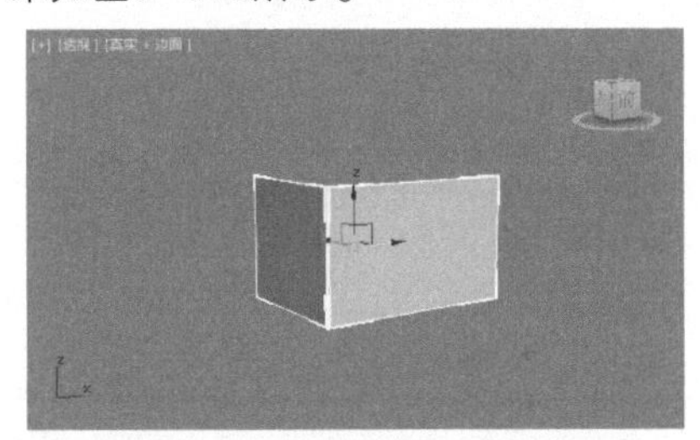

图2-376

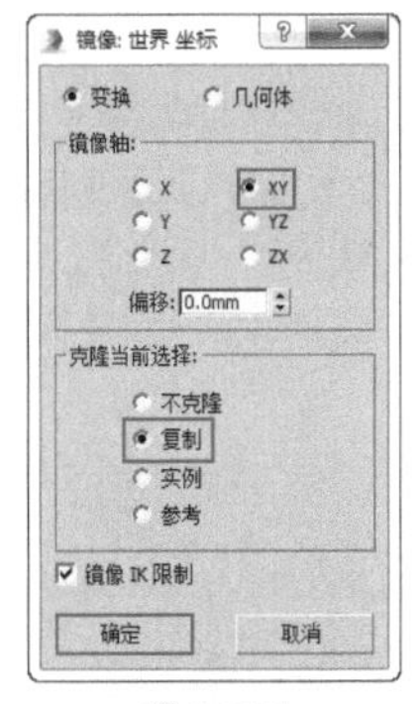

图2-377

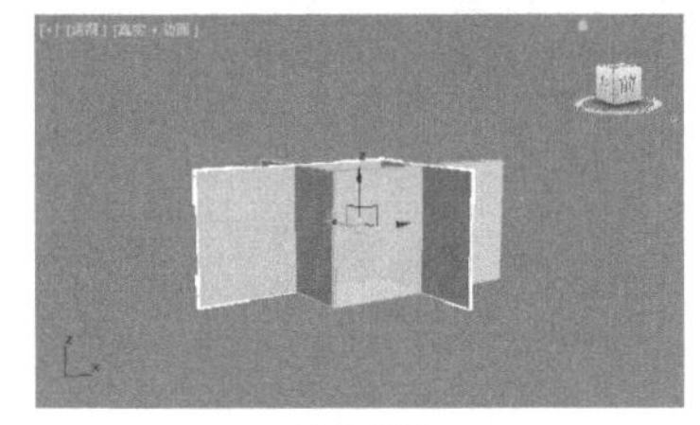

图2-378

04 将复制的模型移动到合适的位置，如图2-379所示。

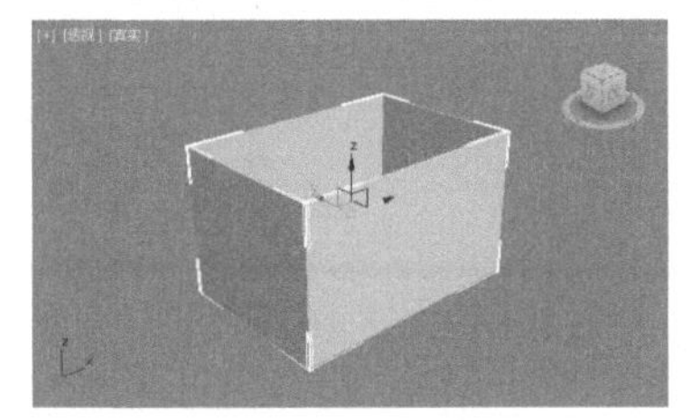

图2-379

05 在【顶】视图中创建如图2-380所示的圆柱体。设置【半径】为15.0mm，【高度】为400.0mm、【边数】为30，如图2-381所示。将模型移动到合适的位置，效果如图2-382所示。

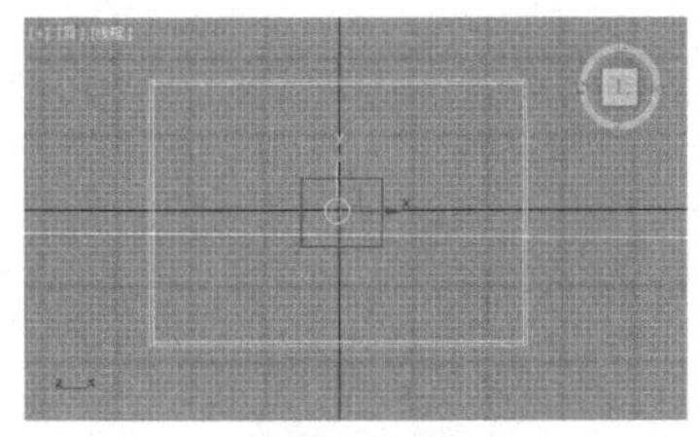

图2-380

图2-381

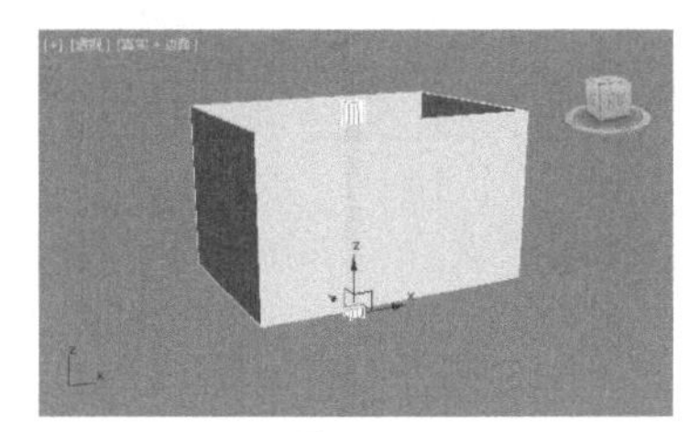

图2-382

06 在【顶】视图中创建如图2-383所示的切角圆柱体。设置【半径】为17.0mm、【高度】为5.0mm，【圆角】为2.5mm，如图2-384所示。将模型移动到合适的位置，效果如图2-385所示。

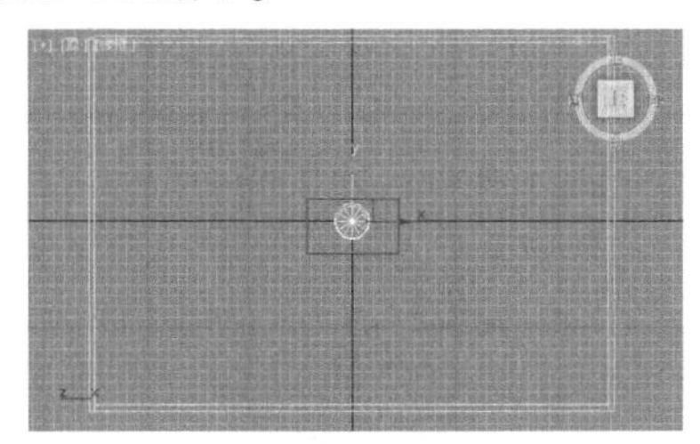

图2-383

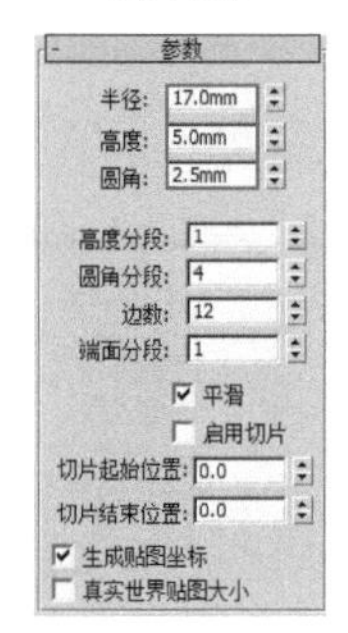

图2-384

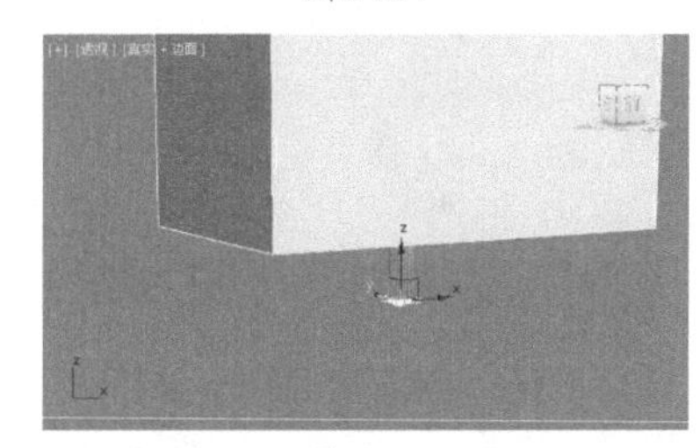

图2-385

07 在【前】视图中按住Shift键，再缩放复制出3个模型，如图2-386所示。

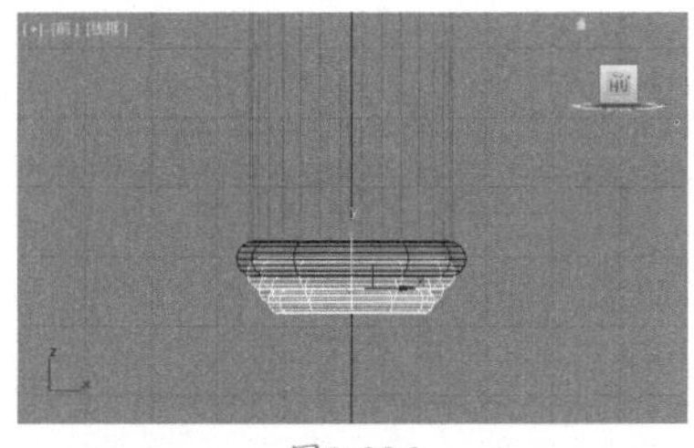

图2-386

08 在【前】视图中创建如图2-387所示的圆柱体。设置【半径】为10.0mm、【高度】为20.0mm、【边数】为30，如图2-388所示。将模型移动到合适的位置，效果如图2-389所示。

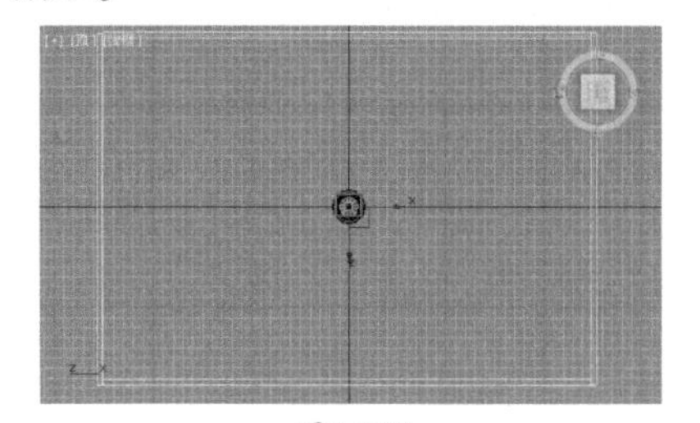

图2-387

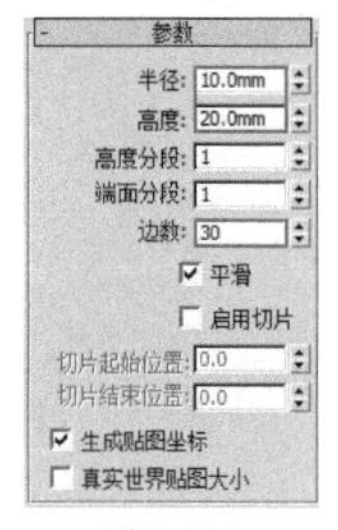

图2-388

图2-389

09 在【顶】视图中创建如图2-390所示的长方体。设置【长度】为100.0mm、【宽度】为250.0mm、【高度】为400.0mm，如图2-391所示。

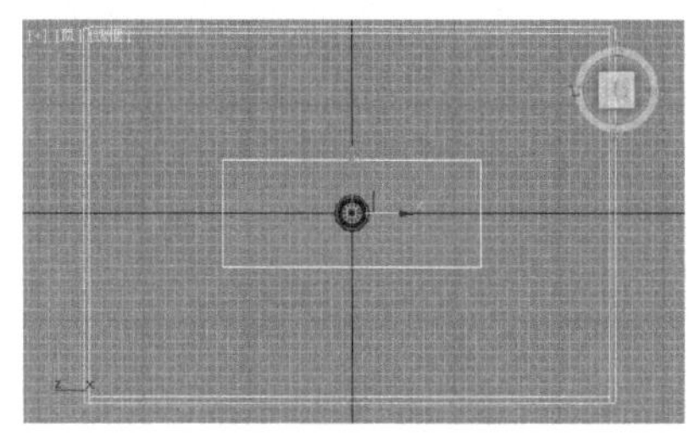

图2-390

图2-391

10 在【前】视图创建如图2-392所示的管状体，设置【半径1】为70.0mm、【半径2】为80.0mm、【高度】为30.0mm、【边数】为4，如图2-393所示。接着将模型沿Y轴向右旋转45°，如图2-394所示。

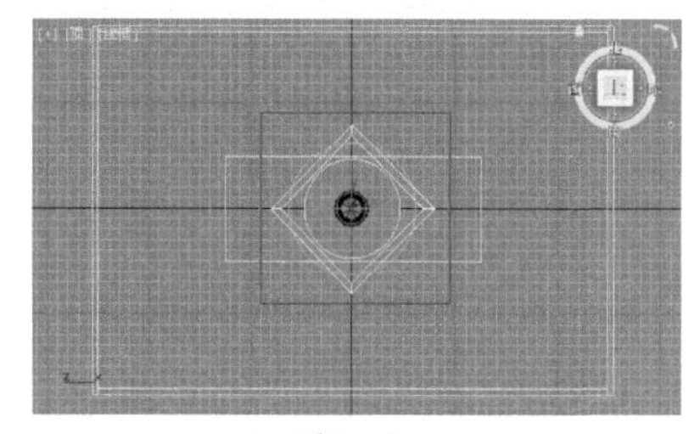

图2-392

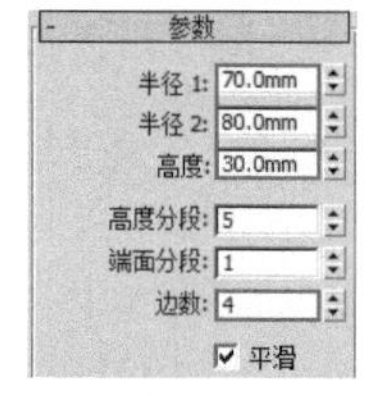

图2-393

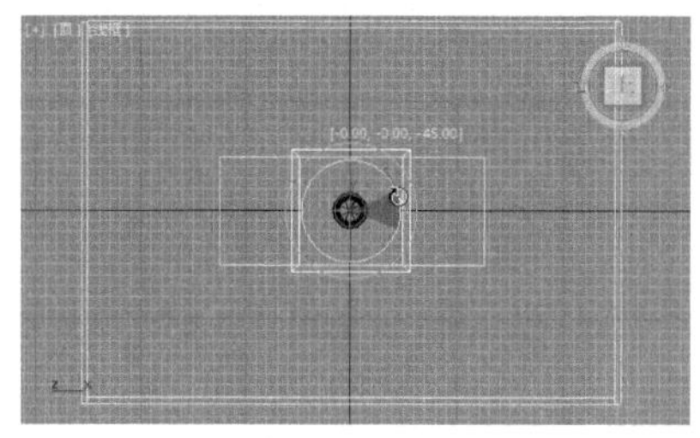

图2-394

11 效果如图2-395所示。再将模型沿Y轴向上旋转90°，如图2-396所示。

图2-395

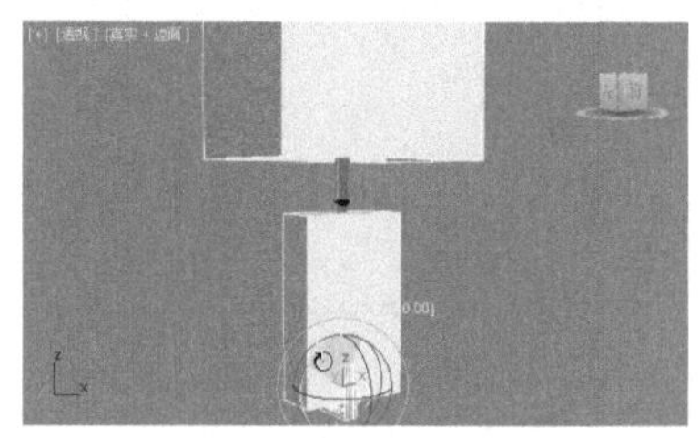

图2-396

12 接着将模型沿Z轴向上缩放，如图2-397所示。

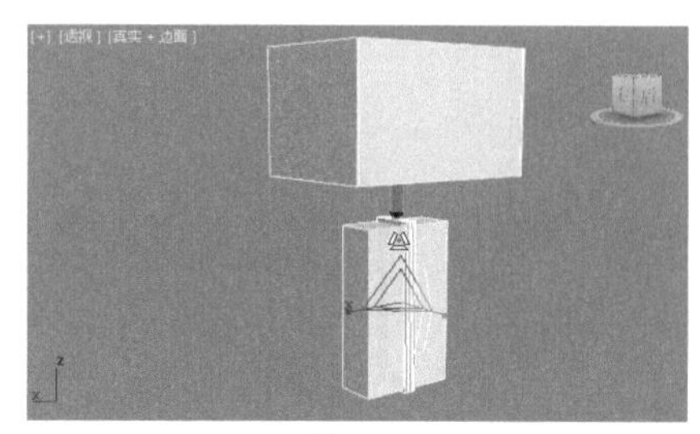

图2-397

13 在【顶】视图中创建如图2-398所示的长方体。设置【长度】为150.0mm、【宽度】为300.0mm、【高度】为35.0mm，如图2-399所示。

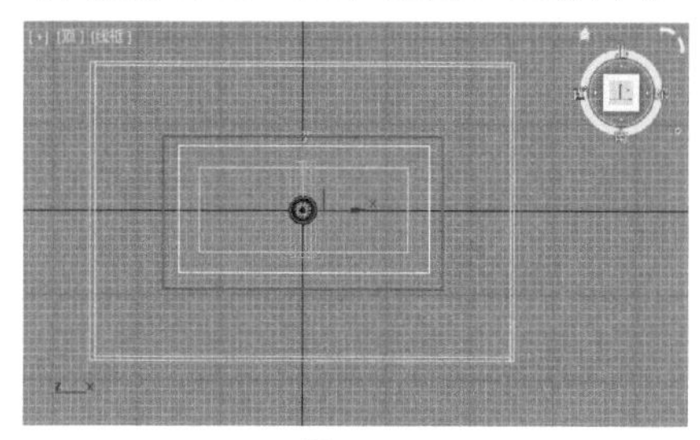

图2-398

图2-399

14 在【顶】视图中创建如图2-400所示的长方体。设置【长度】为200.0mm、【宽度】为350.0mm、【高度】为35.0mm，如图2-401所示。

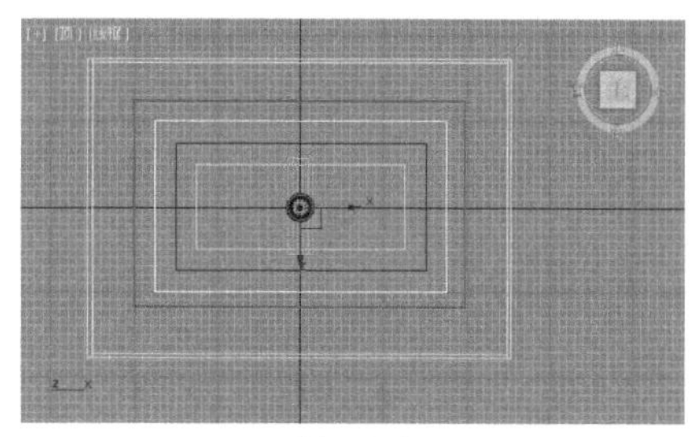

图2-400

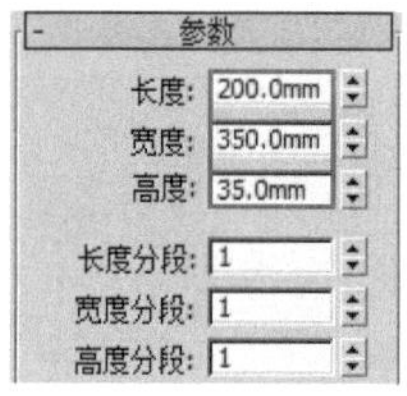

图2-401

15 将模型移动到合适的位置，此时模型已经创建完成，效果如图2-402所示。

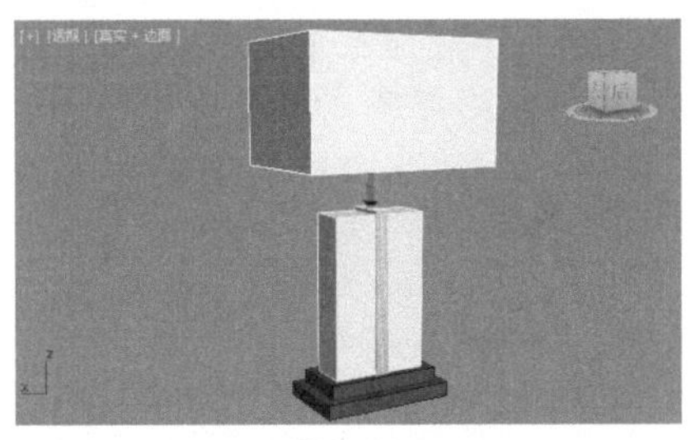

图2-402

实例027　管状体、圆柱体、切角圆柱体、球体、圆环制作时尚台灯

文件路径	第2章\管状体、圆柱体、切角圆柱体、球体、圆环制作时尚台灯
难易指数	★★★★★
技术掌握	● 球体 ● 圆环 ● 复制

扫码深度学习

操作思路

本例应用【管状体】、【圆柱体】、【切角圆柱体】、【球体】和【圆环】工具，通过复制等操作制作时尚台灯模型。

案例效果

案例效果如图2-403所示。

图2-403

操作步骤

01 在【顶】视图中创建如图2-404所示的管状体。设置【半径1】为360.0mm、【半径2】为300.0mm、【高度】为400.0mm，如图2-405所示。

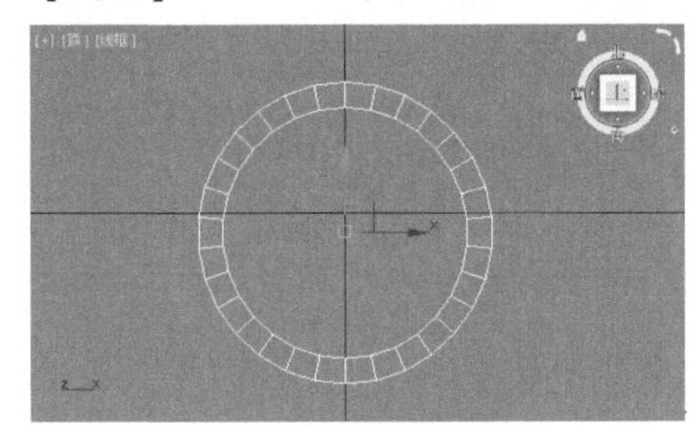

图2-404

图2-405

02 在【顶】视图中创建如图2-406所示的管状体。设置【半径1】为370.0mm、【半径2】为288.0mm、【高度】为33.0mm、【边数】为30，如图2-407所示。

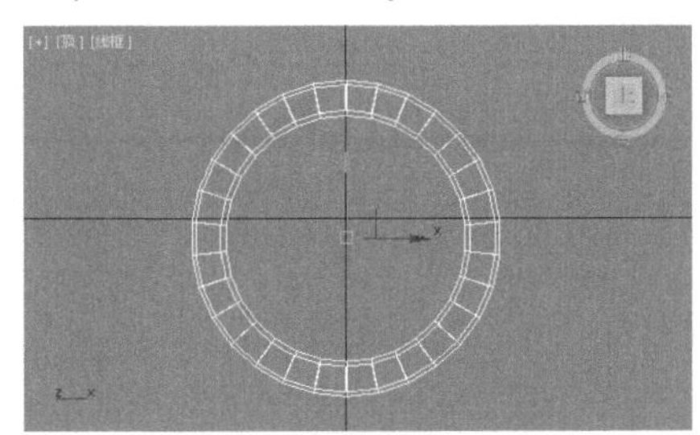

图2-406

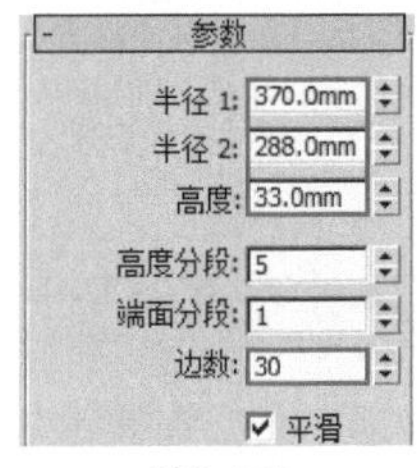

图2-407

03 在【透】视图中选择如图2-408所示的模型。并按住Shift键，沿Y轴向下拖动复制，如图2-409所示。

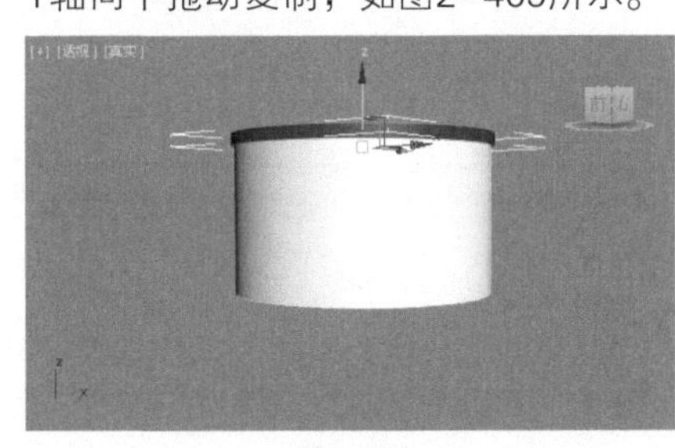

图2-408

图2-409

04 在【顶】视图中创建如图2-410所示的圆柱体。设置【半径】为25.0mm、【高度】为1200.0mm、【边数】为30，如图2-411所示。

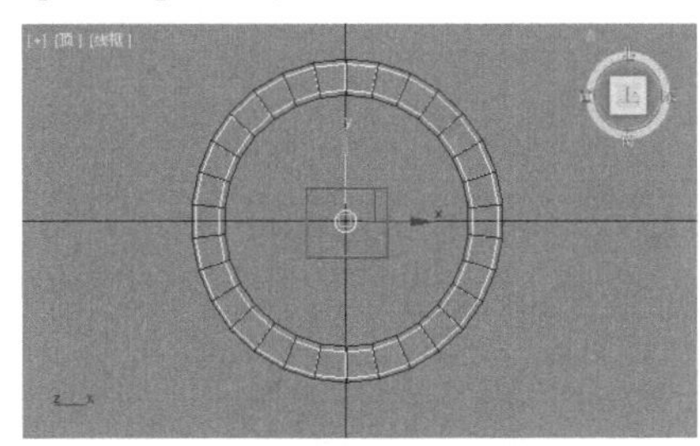

图2-410

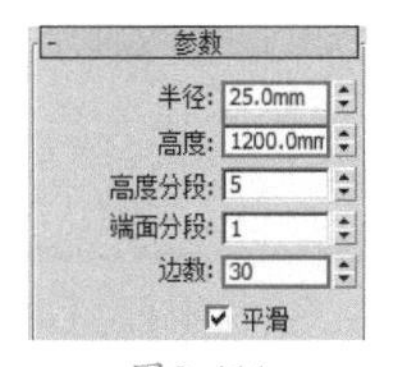

图2-411

05 在【顶】视图中创建如图2-412所示的切角圆柱体。设置【半径】为260.0mm、【高度】为100.0mm、【圆角】为10.0mm、【圆角分段】为30、【边数】为50，如图2-413所示。

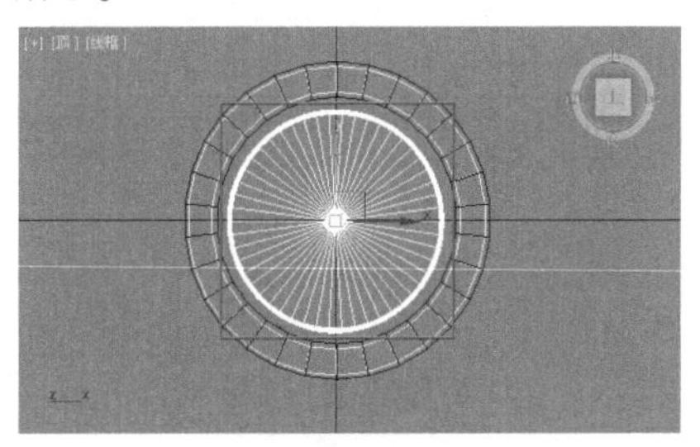

图2-412

参数
半径: 260.0mm
高度: 100.0mm
圆角: 10.0mm
高度分段: 1
圆角分段: 30
边数: 50
端面分段: 1

图2-413

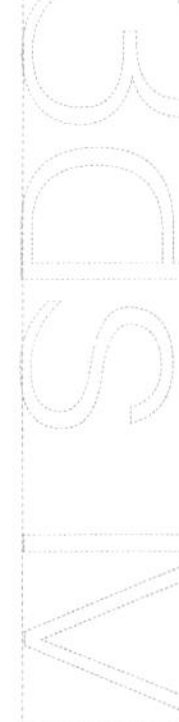

06 此时效果如图2-414所示。

图2-414

07 在【顶】视图中创建两个如图2-415所示的球体。分别设置【半径】为70.0mm和50.0mm，如图2-416所示。

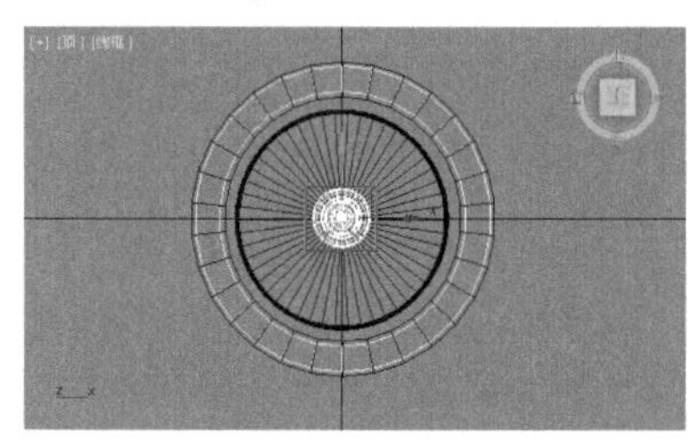
图2-415

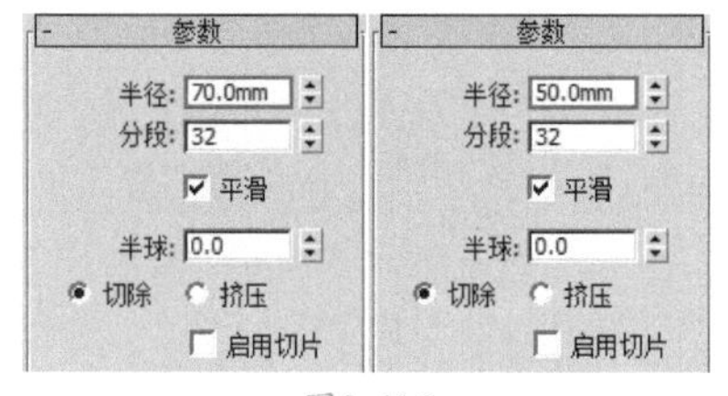

图2-416

08 在【顶】视图中创建两个圆环，并分别设置【半径1】为26.0mm、【半径2】5.0mm，如图2-417所示。

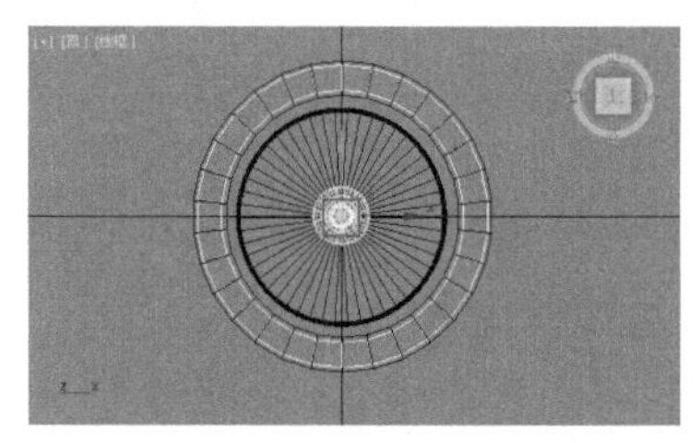
图2-417

09 此时台灯模型已经创建完成，效果如图2-418所示。

图2-418

实例028 圆柱体、球体、管状体制作铁艺吊灯

文件路径	第2章\圆柱体、球体、管状体制作铁艺吊灯
难易指数	★★★★★
技术掌握	● 圆柱体 ● 球体 ● 管状体 ● 阵列

扫码深度学习

操作思路

本例通过使用【圆柱体】、【球体】和【管状体】工具，并应用阵列等操作复制模型，制作出铁艺吊灯模型。

案例效果

案例效果如图2-419所示。

图2-419

操作步骤

01 在【顶】视图中创建如图2-420所示的圆柱体。设置【半径】为100.0mm、【高度】为100.0mm、【边数】为30，如图2-421所示。

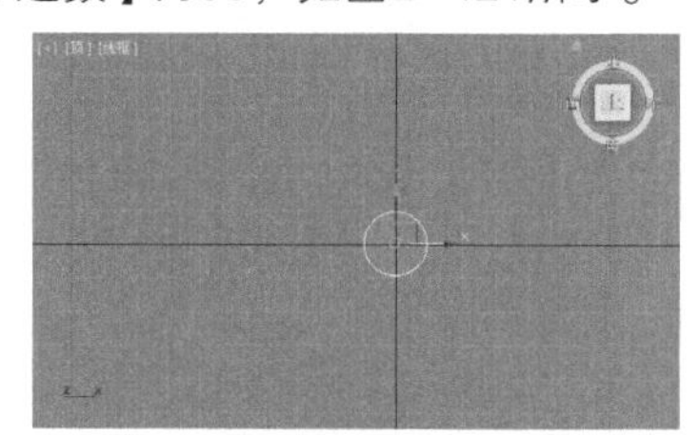
图2-420

图2-421

02 在【顶】视图中创建如图2-422所示的球体。设置【半径】为100.0mm、【分段】为32、【半球】为0.6，如图2-423所示。接着在【透】视图中将模型沿X轴向下旋转180°，如图2-424所示。

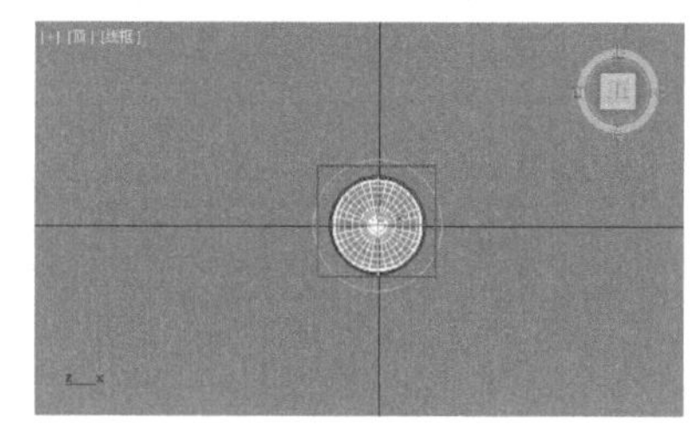
图2-422

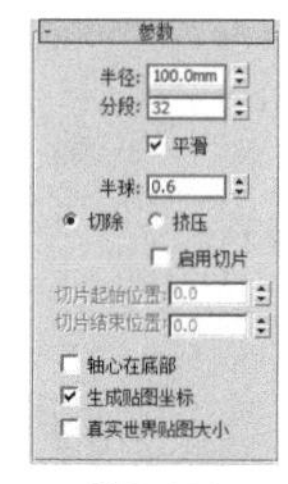

图2-423

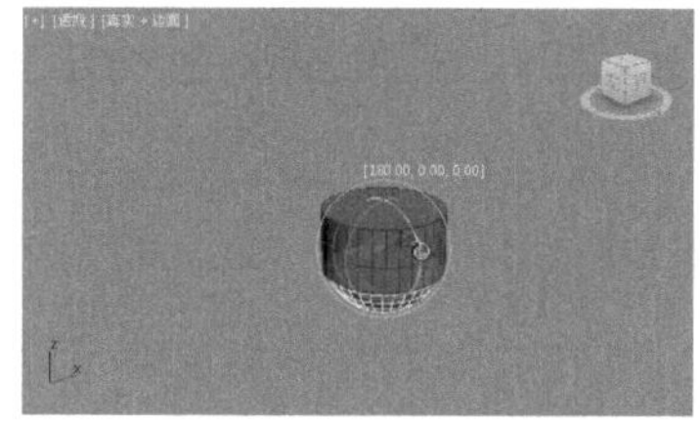
图2-424

03 在【顶】视图中创建如图2-425所示的球体。设置【半径】为20.0mm、【分段】为32，如图2-426所示。将其移动到合适的位置，效果如图2-427所示。

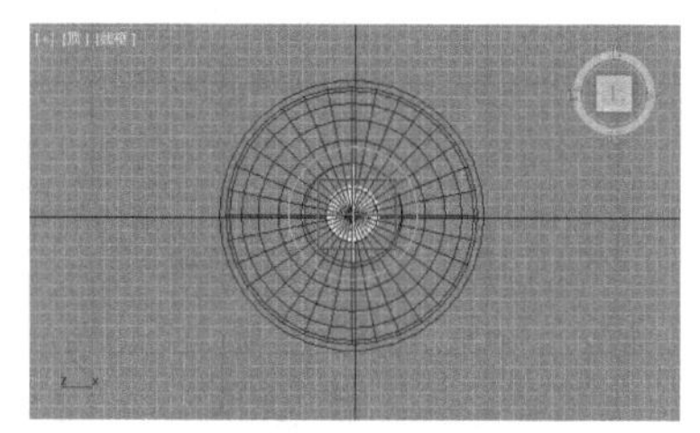
图2-425

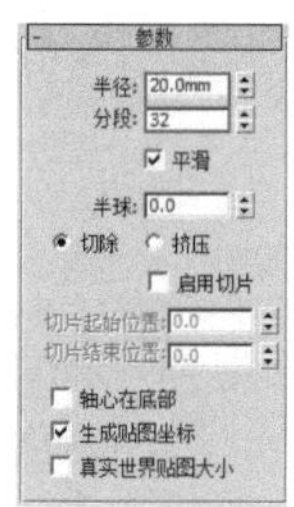

图2-426

图2-427

04 在【左】视图中创建如图2-428所示的圆柱体。设置【半径】为15.0mm、【高度】为200.0mm、【边数】为30，如图2-429所示。

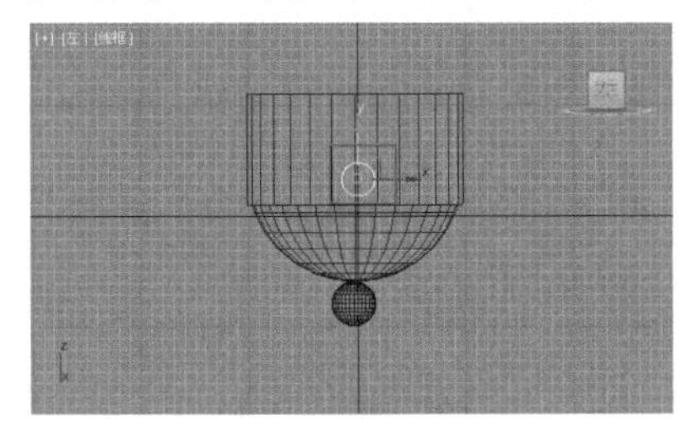

图2-428

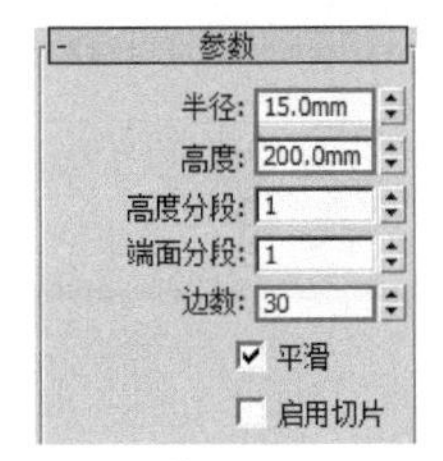

图2-429

05 在【顶】视图中创建如图2-430所示的圆柱体。设置【半径】为15.0mm，【高度】为50.0mm、【边数】为30，如图2-431所示。

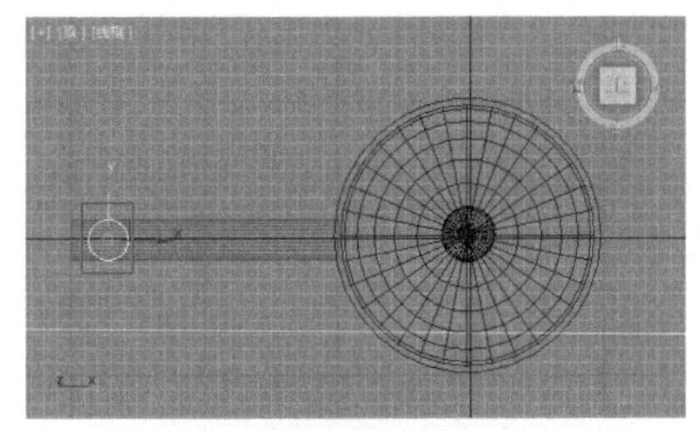

图2-430

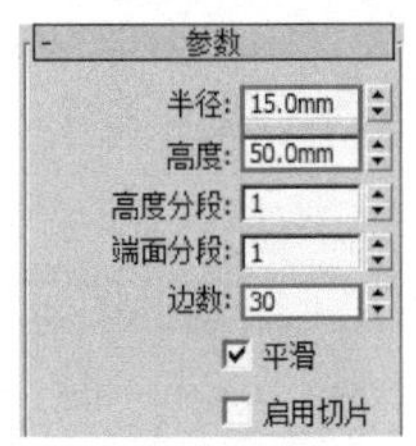

图2-431

06 在【透】视图中选择如图2-432所示的模型。按住Shift键，拖动复制，并设置【半径】为80.0mm，如图2-433和图2-434所示。

图2-432

图2-433

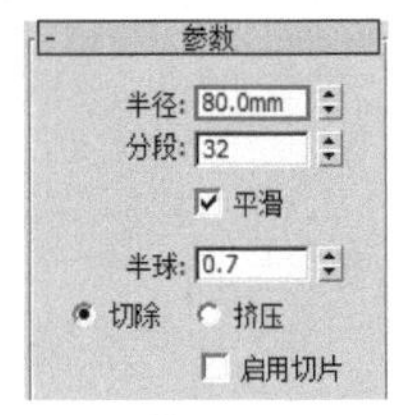

图2-434

07 将模型移动到合适的位置，效果如图2-435所示。

图2-435

08 在【顶】视图中创建如图2-436所示的管状体。设置【半径1】为45.0mm、【半径2】为50.0mm、【高度】为150.0mm、【边数】为30，如图2-437所示。

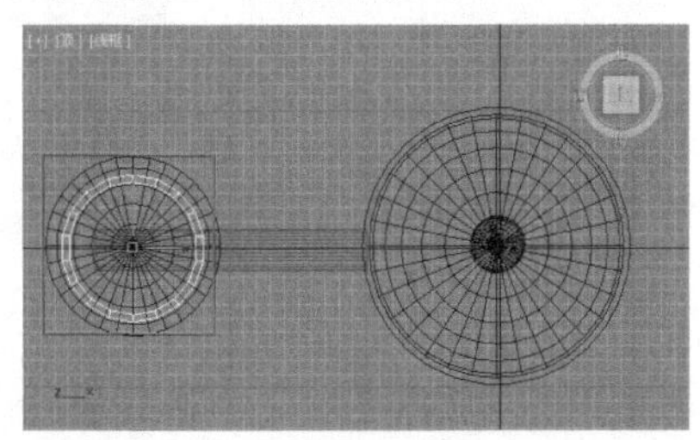

图2-436

图2-437

09 将模型移动到合适的位置，效果如图2-438所示。在【透】视图中选择如图2-439所示的模型。并在菜单栏中执行【组】|【组】命令，将模型成组，如图2-440所示。

图2-438

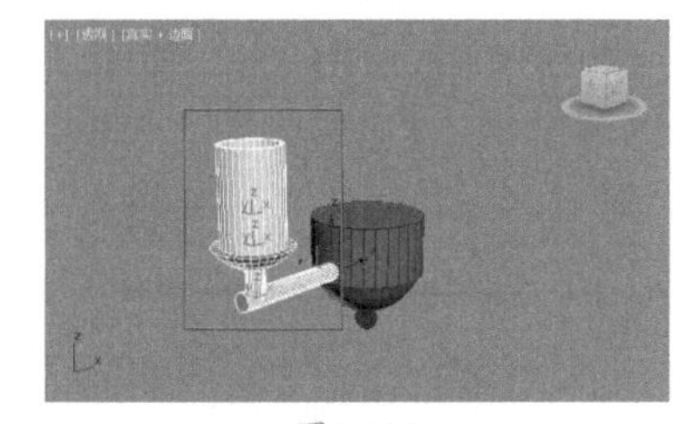

图2-439

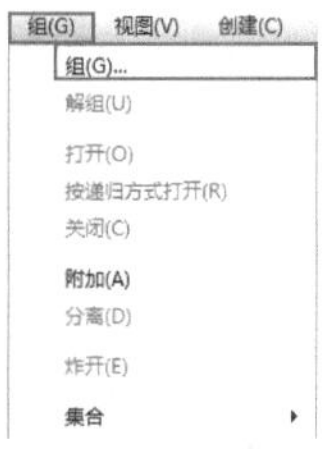

图2-440

10 进入【层次】面板，单击【仅影响轴】按钮 仅影响轴 ，在【顶】视图中将轴移动到如图2-441所示的中心位置，接着再单击【仅影响轴】按钮，完成针对轴心的设置。在菜单栏中执行【工具】|【阵列】命令，如图2-442所示。

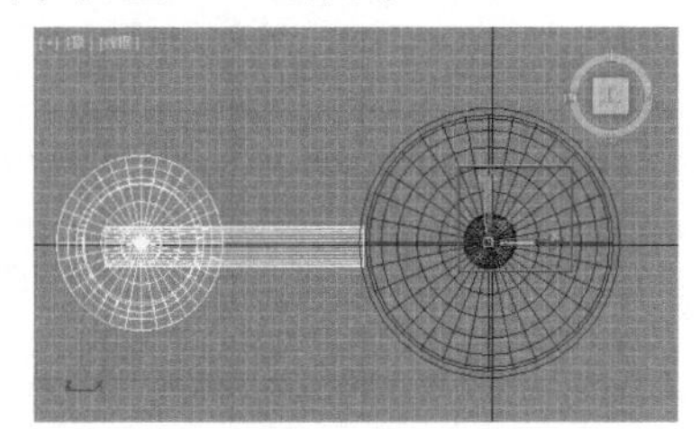

图2-441

图2-442

11 在弹出的【阵列】对话框中单击【旋转】后面的 > 按钮，设置Z轴为360°，设置1D为6，最后单击【确定】按钮，如图2-443所示。效果如图2-444所示。

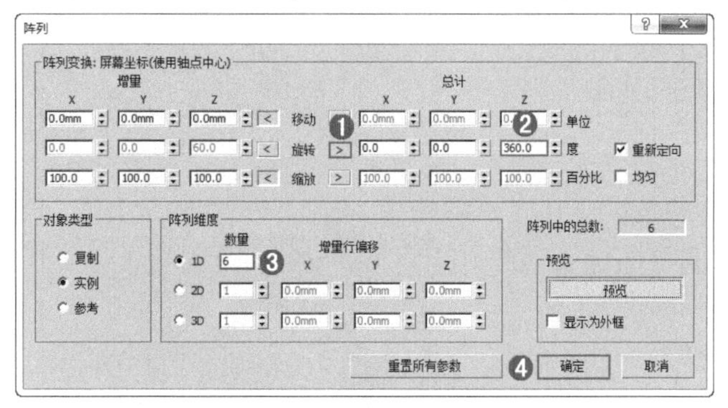

图2-443

图2-444

12 在【顶】视图中创建如图2-445所示的圆柱体。设置【半径】为15.0mm、【高度】为600.0mm、【边数】为30，如图2-446所示。效果如图2-447所示。

13 在【透】视图中选择如图2-448所示的模型。按住Shift键，沿X轴向上复制旋转180°，如图2-449所示。

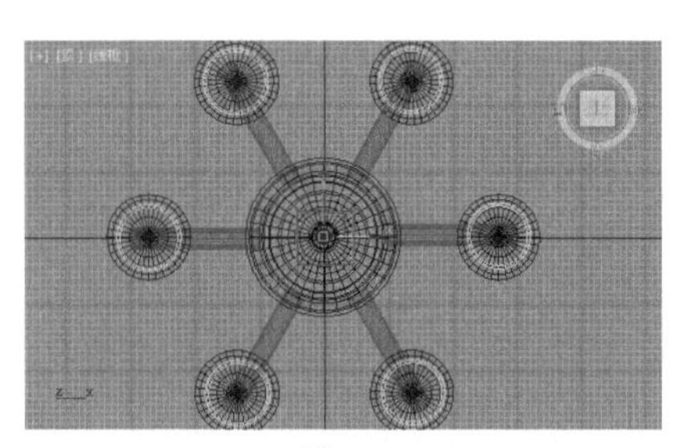

图2-445

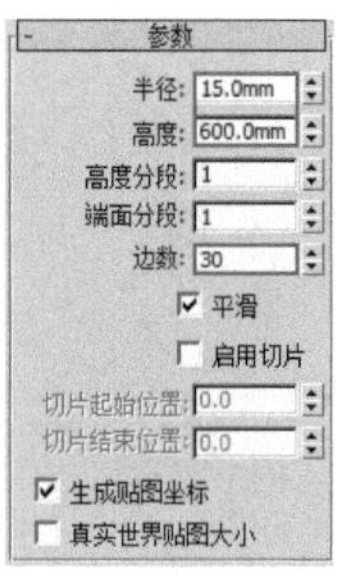

图2-446

图2-447

图2-448

图2-449

14 将其移动到合适的位置，如图2-450所示。设置球体的【半径】为120.0mm、【半球】为0.6；设置圆柱体的【半径】为114.0mm、【高度】为20.0mm，如图2-451和图2-452所示。

图2-450

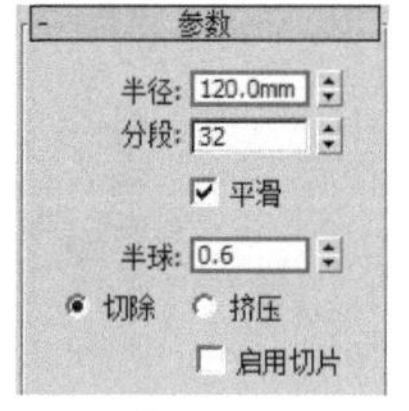

图2-451

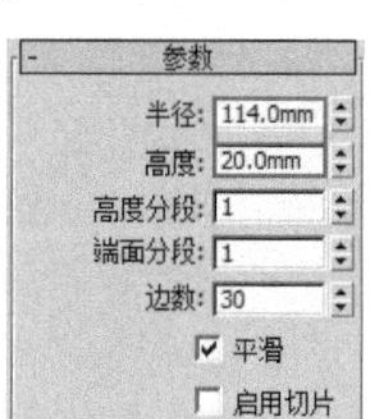

图2-452

15 在【透】视图中选择如图2-453所示的球体。按住Shift键，沿Z轴向上拖动复制，效果如图2-454所示。

图2-453

图2-454

16 在【左】视图中创建如图2-455所示的管状体。设置【半径1】为500.0mm、【半径2】为490.0mm、【高度】为50.0mm，如图2-456所示。

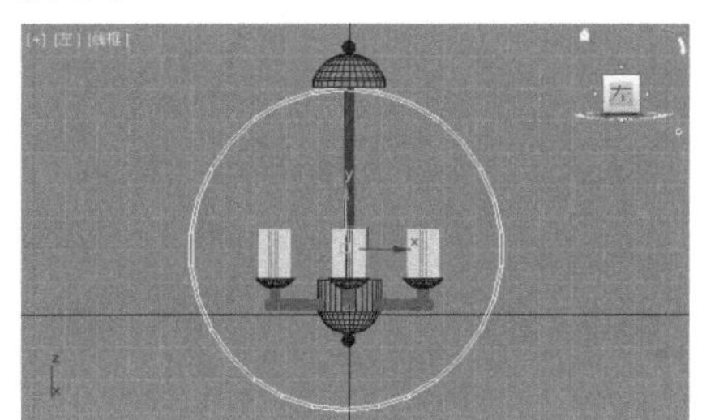

图2-455

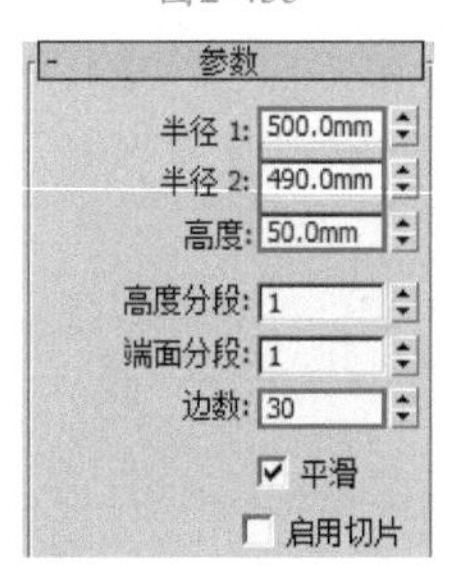

图2-456

17 在【顶】视图中选择如图2-457所示的模型。进入【层次】面板，单击【仅影响轴】按钮 仅影响轴 ，在【透】视图中将轴移到如图2-458所示的位置。

18 在菜单栏中执行【工具】|【阵列】命令，如图2-459所示。在弹出的【阵列】对话框中单击【旋转】后面的 > 按钮，并设置Z轴为360°，设置1D为7，最后单击【确定】按钮，如图2-460所示。

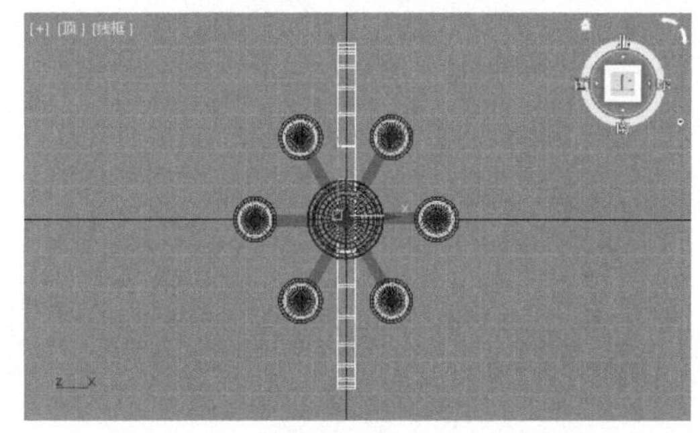

图2-457

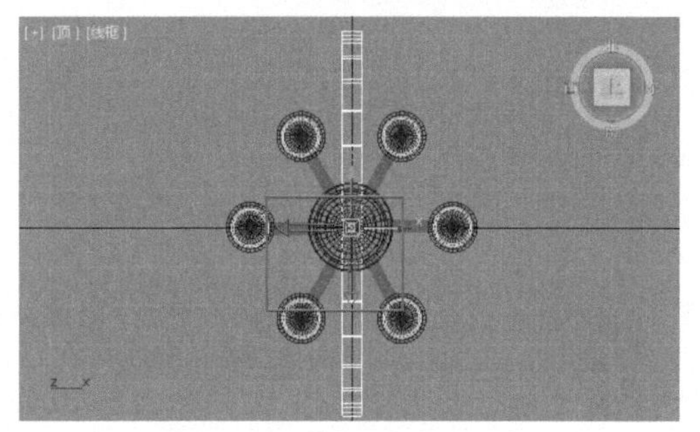

图2-458

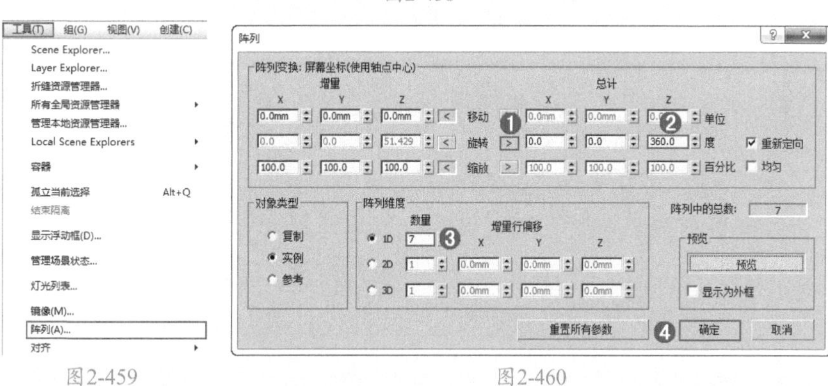

图2-459　图2-460

19 在【顶】视图中创建如图2-461所示的管状体。设置【半径1】为500.0mm、【半径2】为490.0mm、【高度】为50.0mm、【边数】为40，如图2-462所示。

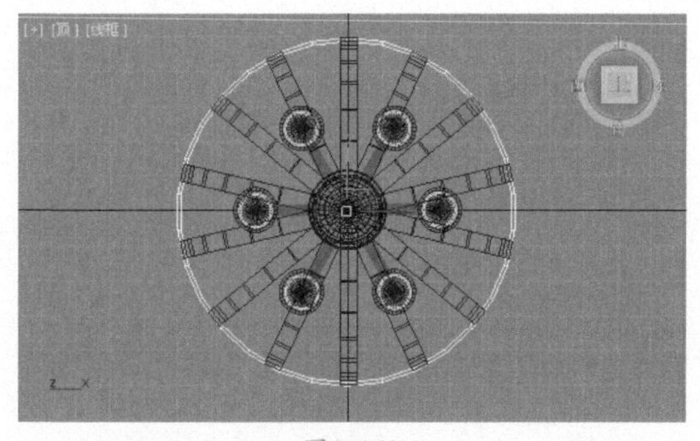

图2-461

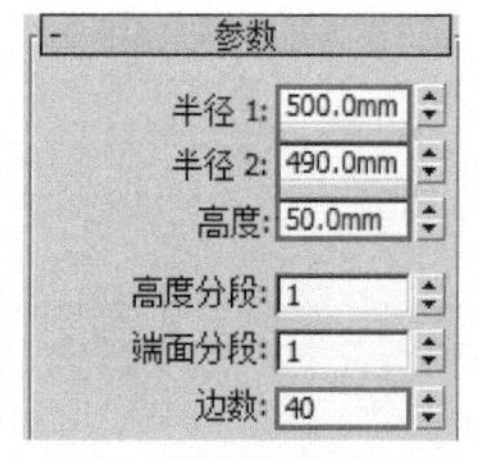

图2-462

20 将模型移动到合适的位置，如图2-463所示。在【透】视图中选择如图2-464所示的模型。

图2-463

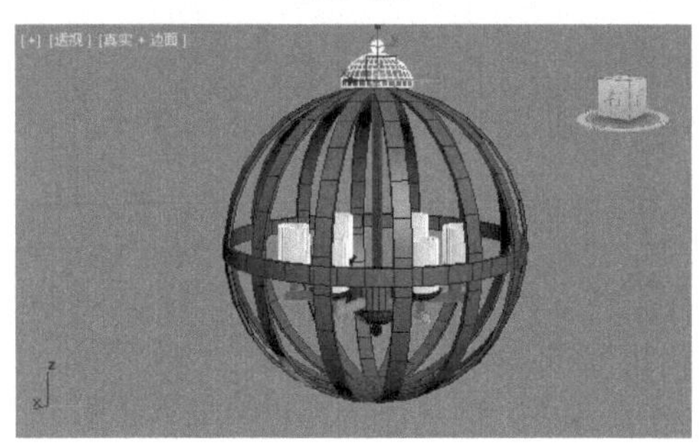

图2-464

21 按住Shift键，沿X轴向下拖动复制旋转180°，如图2-465所示。将模型移动到合适的位置，此时模型已经创建完成，如图2-466所示。

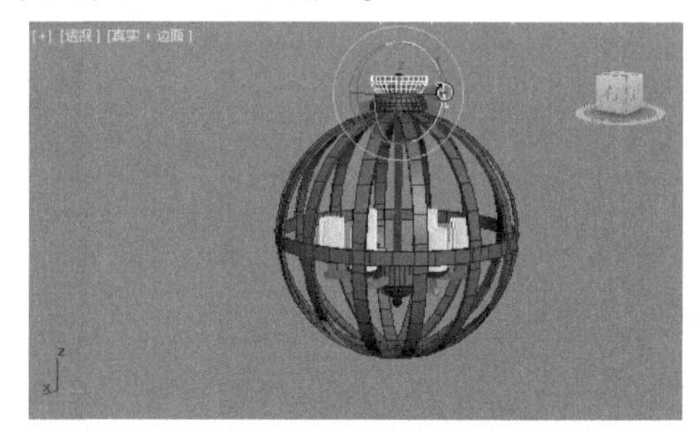

图2-465

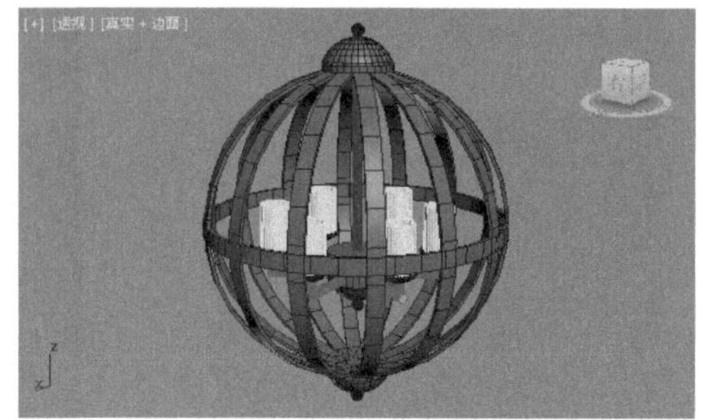

图2-466

第3章

样条线建模

本章概述

样条线建模是一种更为灵活的建模方式。样条线由于其灵活性、快速性，深受用户喜欢。使用样条线，可以创建出很多线性的模型，如凳子、椅子等。在【创建】面板中单击【图形】按钮，然后设置图形类型为【样条线】，这里有12种样条线，分别是【线】、【矩形】、【圆】、【椭圆】、【弧】、【圆环】、【多边形】、【星形】、【文本】、【螺旋线】、【卵形】和【截面】。

本章重点

- 线工具的使用方法
- 线的编辑方法
- 使用样条线进行建模

/ 佳 / 作 / 欣 / 赏 /

实例029 样条线建模制作简约桌子

文件路径	第3章\样条线建模制作简约桌子
难易指数	★★★★★
技术掌握	● 矩形 ● 【挤出】修改器 ● 复制

扫码深度学习

操作思路

本例应用【矩形】工具创建矩形，并为其添加【挤出】修改器制作出三维效果，最后通过复制制作完成。

案例效果

案例效果如图3-1所示。

图3-1

操作步骤

01 在【顶】视图中创建如图3-2所示的矩形。设置【长度】为1000.0mm、【宽度】为1600.0mm、【角半径】为3.0mm，如图3-3所示。

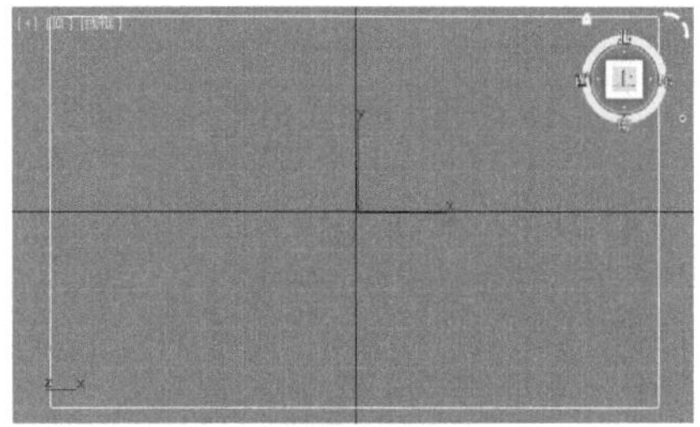

图3-2

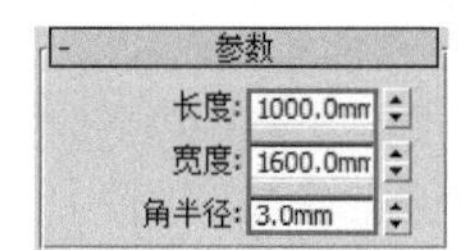

图3-3

02 在【透】视图中选择矩形，如图3-4所示。为其加载【挤出】修改器，设置【数量】为125.0mm，如图3-5所示。

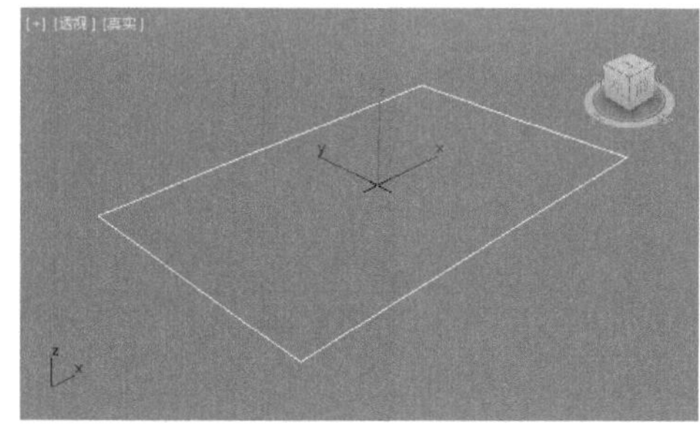

图3-4

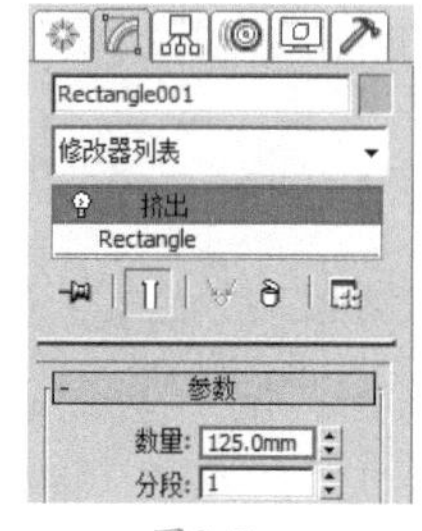

图3-5

03 在【左】视图中创建如图3-6所示的矩形。设置【长度】为400.0mm、【宽度】为800.0mm，如图3-7所示。

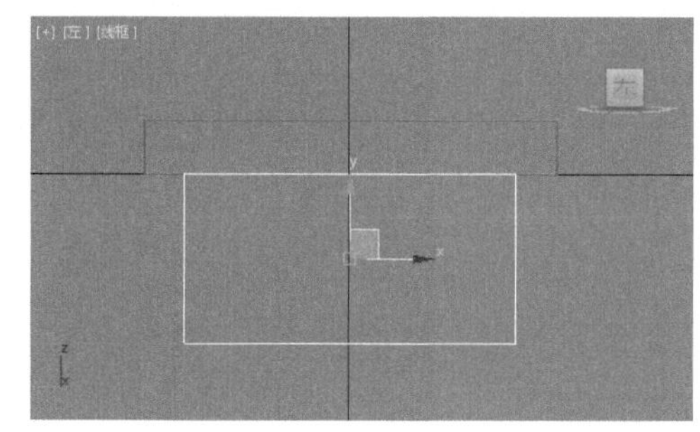

图3-6

参数
长度: 400.0mm
宽度: 800.0mm
角半径: 0.0mm

图3-7

04 展开【渲染】卷展栏，勾选【在渲染中启用】和【在视口中启用】复选框，选中【矩形】单选按钮，设置【长度】为30.0mm、【宽度】为30.0mm，如图3-8所示。将模型移动到合适的位置，效果如图3-9所示。

图3-8

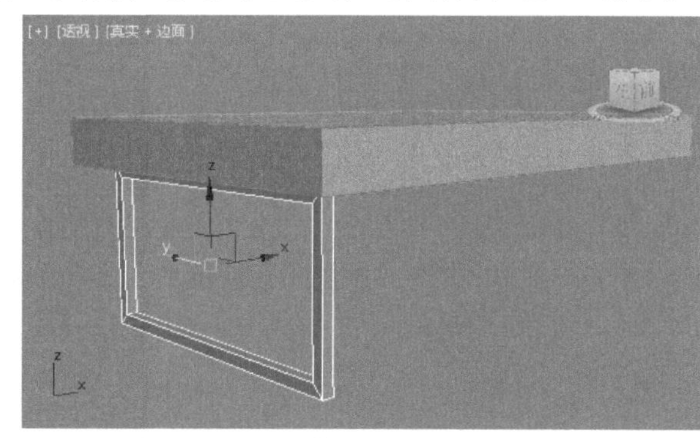

图3-9

05 在【透】视图中选中模型，按住Shift键，沿X轴向右拖动复制，如图3-10所示。

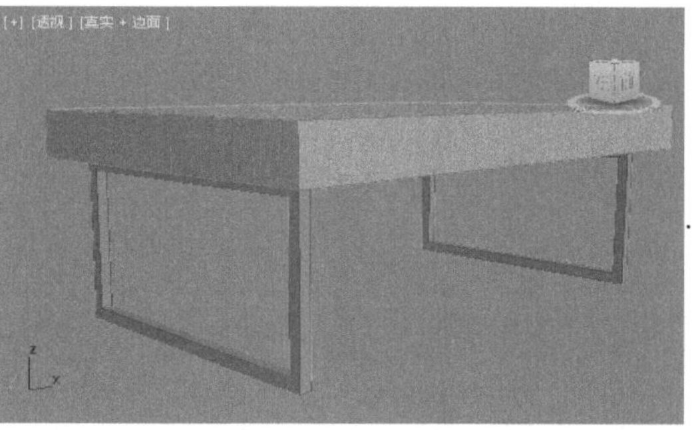

图3-10

实例030　样条线建模制作弧形茶几

文件路径	第3章\样条线建模制作弧形茶几
难易指数	★★★★★
技术掌握	● 线 ● 矩形

扫码深度学习

操作思路

本例应用【线】工具绘制线，并进行编辑线操作。然后使用【矩形】工具制作茶几腿部分。

案例效果

案例效果如图3-11所示。

图3-11

操作步骤

01 在【前】视图中创建如图3-12所示的线。

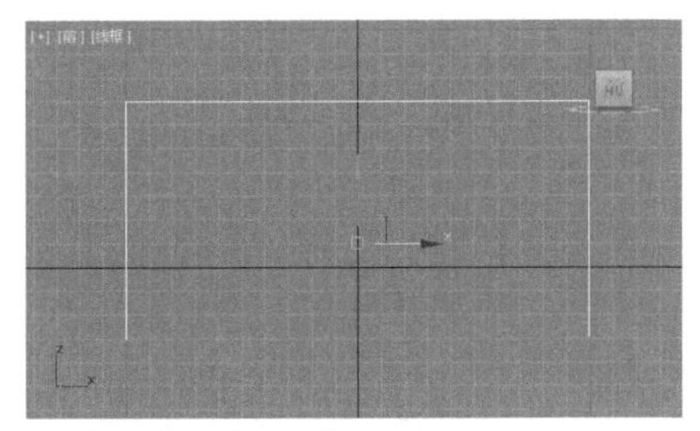

图3-12

> **提示　创建垂直水平的线**
>
> 在创建线时，按住Shift键的同时，单击鼠标左键，可创建垂直水平的线，如图3-13所示。

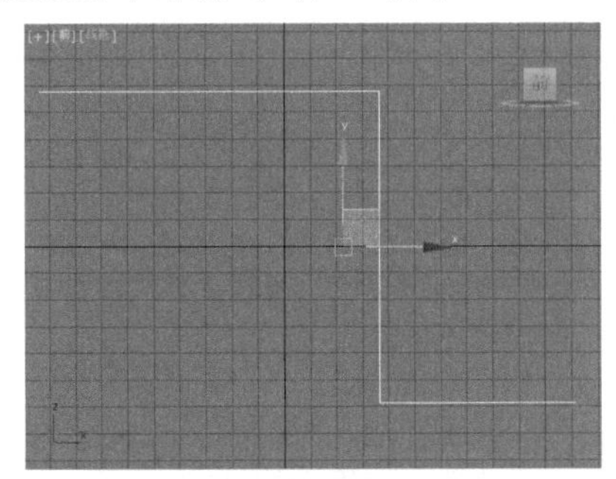

图3-13

02 进入【顶点】级别，选择如图3-14所示的顶点。设置【圆角】为15.0mm，如图3-15所示。效果如图3-16所示。

图3-14

图3-15

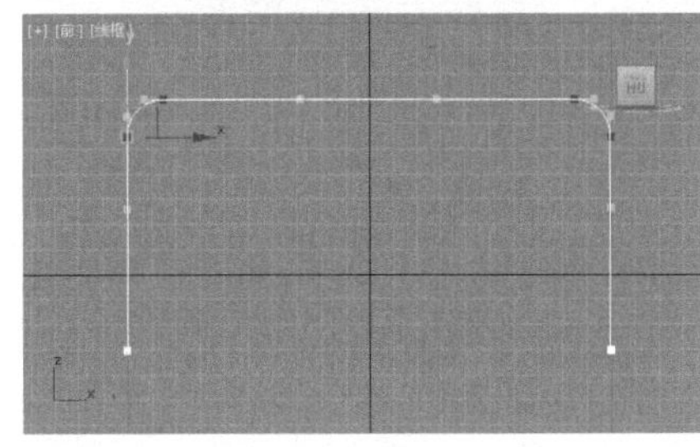

图3-16

03 展开【渲染】卷展栏，勾选【在渲染中启用】和【在视口中启用】复选框，选中【矩形】单选按钮，设置【长度】为120.0mm、【宽度】为5.0mm，如图3-17所示。效果如图3-18所示。

图3-17

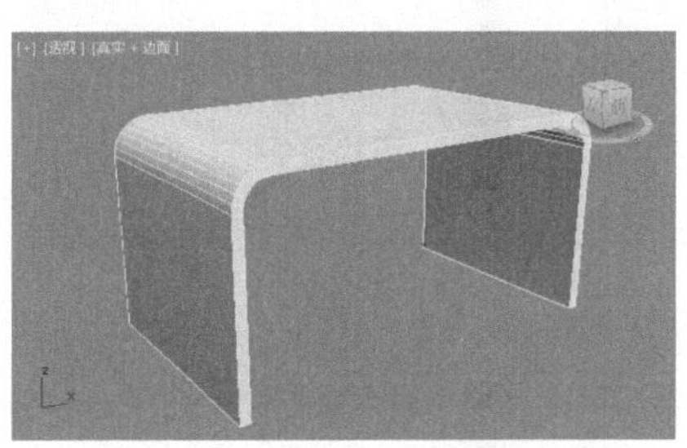

图3-18

04 在【左】视图中创建如图3-19所示的矩形。设置【长度】为5.0mm，【宽度】为10.0mm，如图3-20所示。

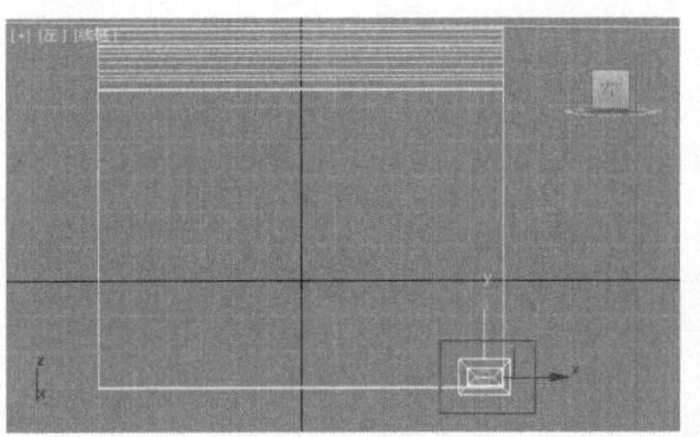

图3-19

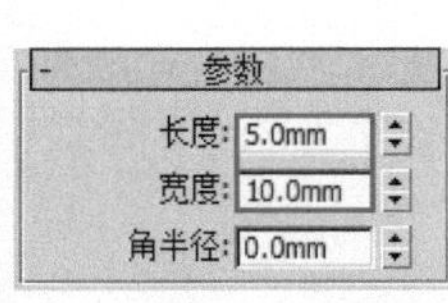

图3-20

05 展开【渲染】卷展栏，勾选【在渲染中启用】和【在视口中启用】复选框，选中【矩形】单选按钮，设置【长度】为8.0mm、【宽度】为5.0mm，如图3-21所示。效果如图3-22所示。

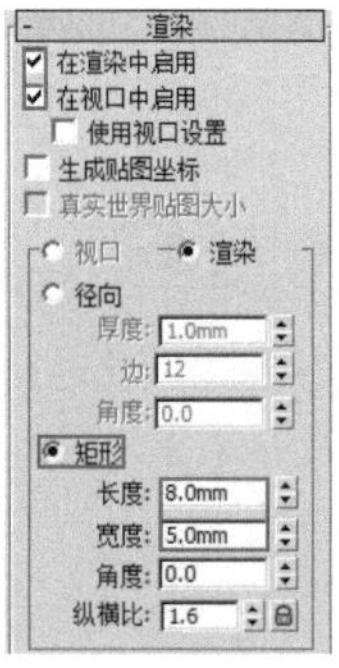

图3-21

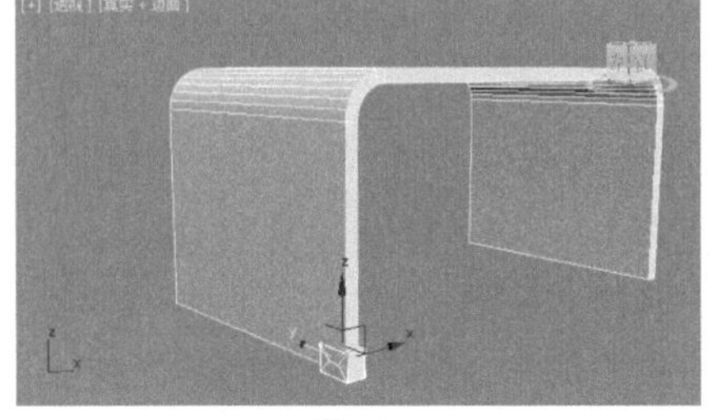

图3-22

06 在【透】视图中选择刚刚创建的模型，按住Shift键，拖动复制出3个模型，如图3-23和图3-24所示。

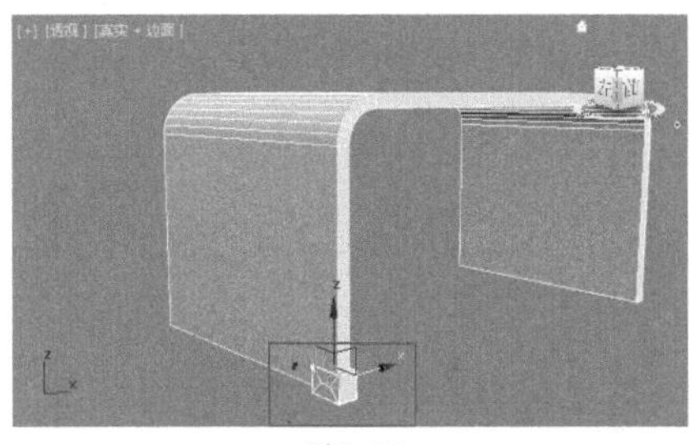

图3-23

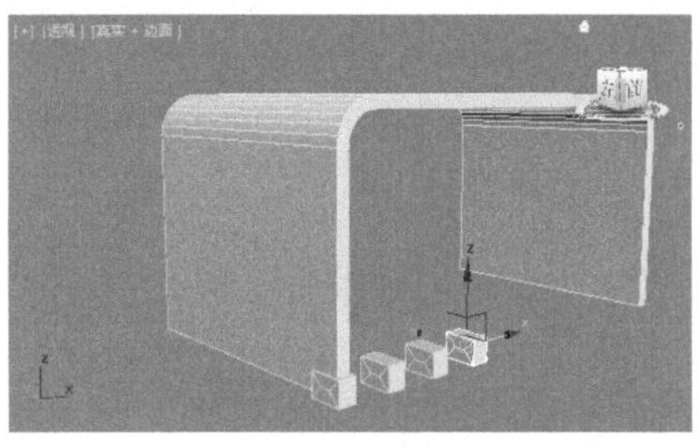

图3-24

07 将复制出的3个模型移动到合适的位置，如图3-25所示。

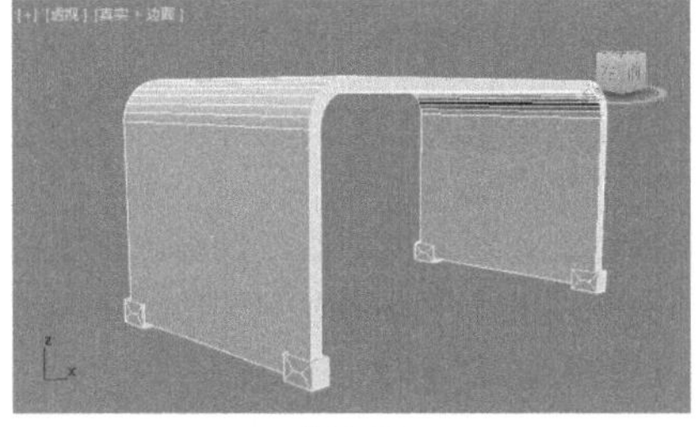

图3-25

实例031　样条线建模制作角几

文件路径	第3章\样条线建模制作角几
难易指数	★★★★★
技术掌握	● 多边形 ● 圆 ● 【倒角】修改器 ● 阵列操作
 扫码深度学习	

操作思路

本例通过使用【多边形】工具绘制多边形并添加【倒角】修改器制作桌面，使用【圆】工具绘制圆并加载【倒角】修改器，最后使用阵列操作复制出角几腿。

案例效果

案例效果如图3-26所示。

图3-26

操作步骤

01 在【顶】视图中创建如图3-27所示的多边形。设置【半径】为500.0mm，如图3-28所示。

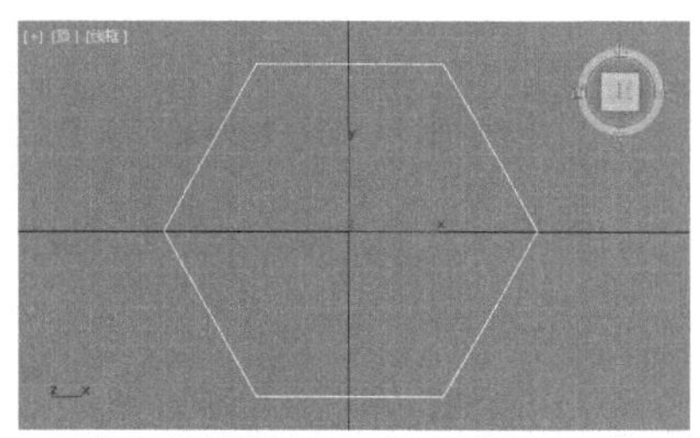

图3-27

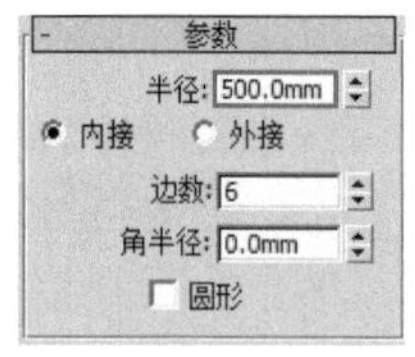

图3-28

02 在【透】视图中选择多边形，为其加载【倒角】修改器，设置【级别1】的【高度】为30.0mm、【轮廓】为25.0mm；勾选【级别2】复选框，设置【高度】为20.0mm、【轮廓】为5.0mm，如图3-29所示。效果如图3-30所示。

图3-29

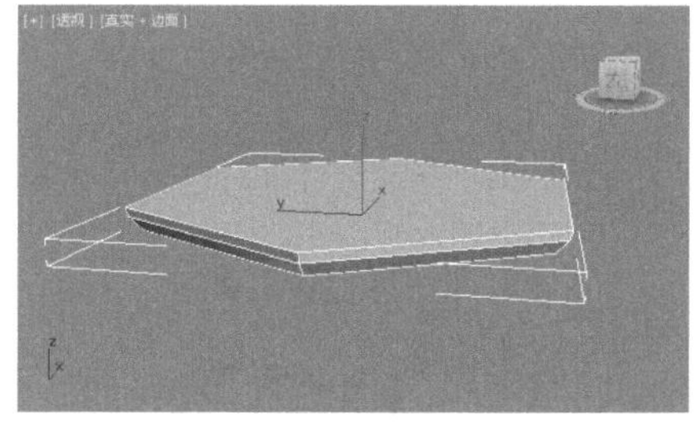

图3-30

03 在【顶】视图中创建如图3-31所示的圆。设置【半径】为60.0mm，如图3-32所示。

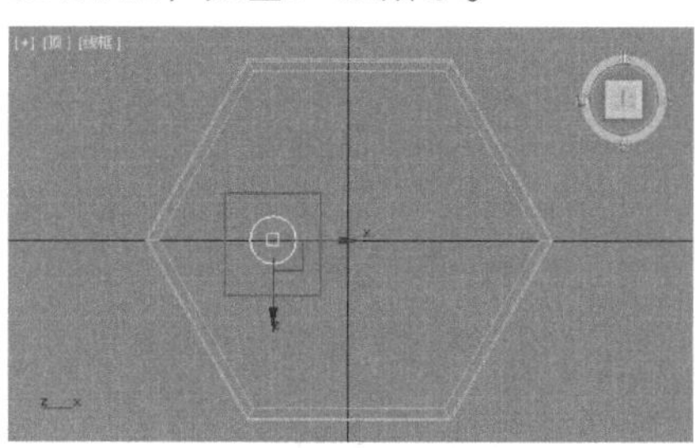

图3-31

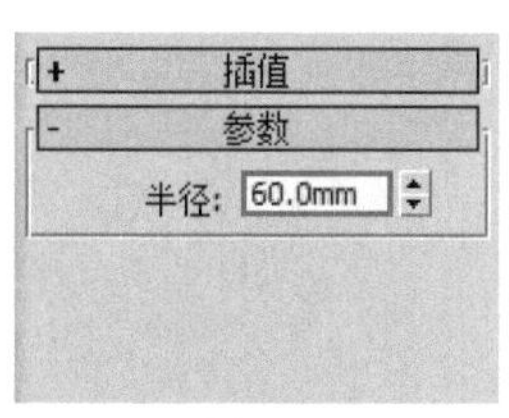

图3-32

04 为圆形加载【倒角】修改器，设置【起始轮廓】为-35.0mm，【级别1】的【高度】为950.0mm、【轮廓】为25.0mm，如图3-33所示。效果如图3-34所示。

图3-33

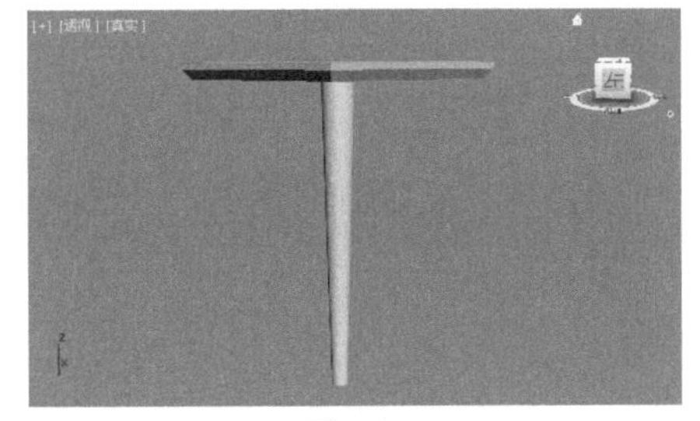

图3-34

05 在【前】视图中选择刚刚创建的模型，并沿Z轴向左旋转-20°，如图3-35所示。

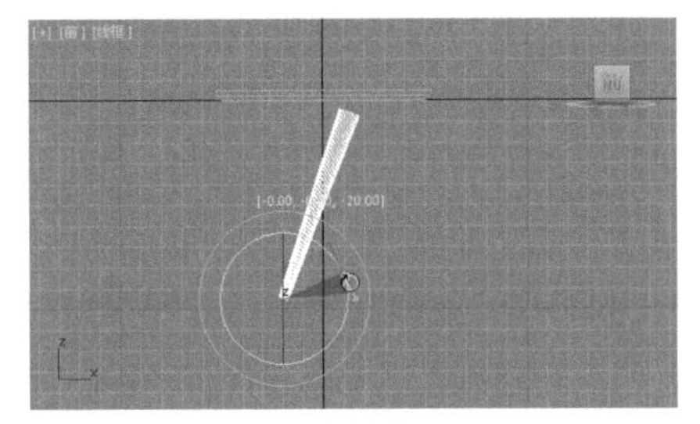

图3-35

06 在【前】视图中选择刚刚创建的模型，如图3-36所示。进入【层次】面板品，单击【仅影响轴】按钮，并在【顶】视图中将轴移动到中心，如图3-37所示。

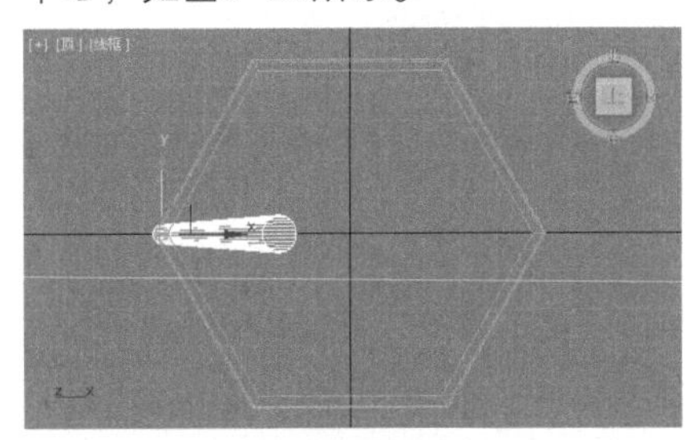

图3-36

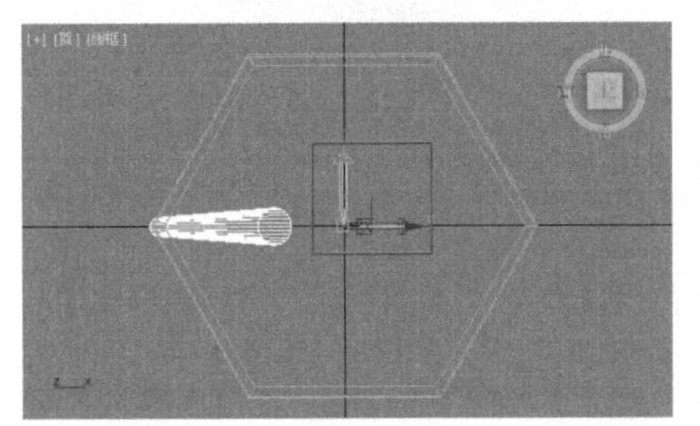

图3-37

07 在菜单栏中执行【工具】|【阵列】命令，如图3-38所示。在弹出的【阵列】对话框中单击【旋转】后面的 > 按钮，设置Z轴为360°，设置1D为3，最后单击【确定】按钮，如图3-39所示。

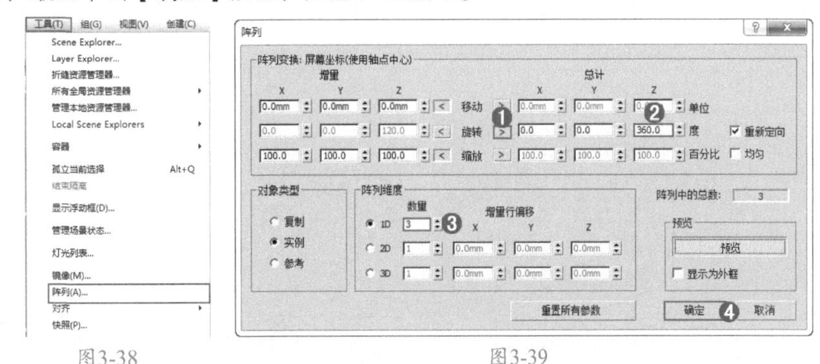

图3-38　　图3-39

08 此时已经将模型创建完成，效果如图3-40所示。

图3-40

实例032　样条线建模制作铁艺椅子

文件路径	第3章\样条线建模制作铁艺椅子
难易指数	★★★★★
技术掌握	● 矩形 ● 可编辑样条线 ● 【挤出】修改器

扫码深度学习

操作思路

本例通过使用【矩形】工具绘制矩形，并将其转换为可编辑样条线进行操作，最后为矩形添加【挤出】修改器制作木纹部分。

案例效果

案例效果如图3-41所示。

图3-41

操作步骤

01 在【前】视图中创建如图3-42所示的矩形。设置【长度】为800.0mm、【宽度】为800.0mm，如图3-43所示。

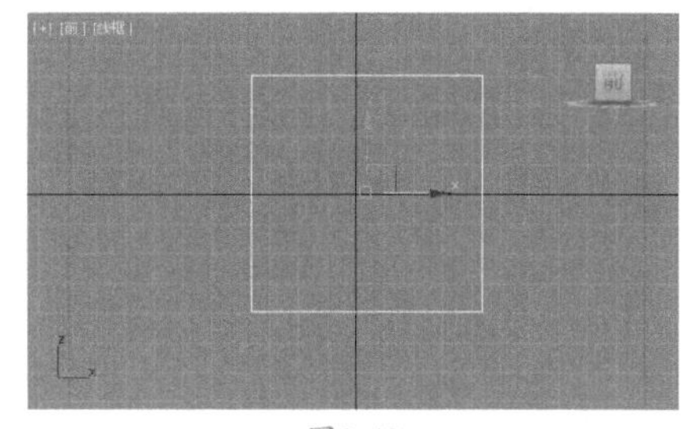

图3-42

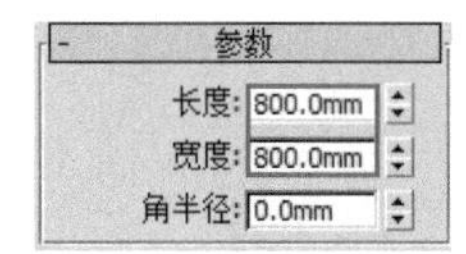

图3-43

02 选中模型，并将模型转换为可编辑样条线，如图3-44所示。

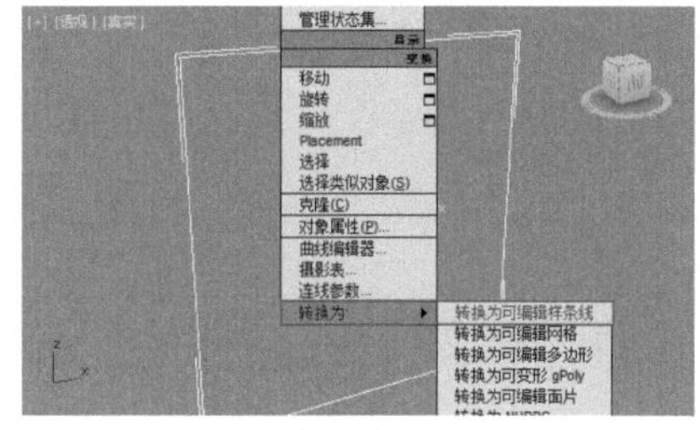

图3-44

03 进入【顶点】级别，在【前】视图中选择如图3-45所示的顶点。设置【圆角】为65.0mm，如图3-46所示。

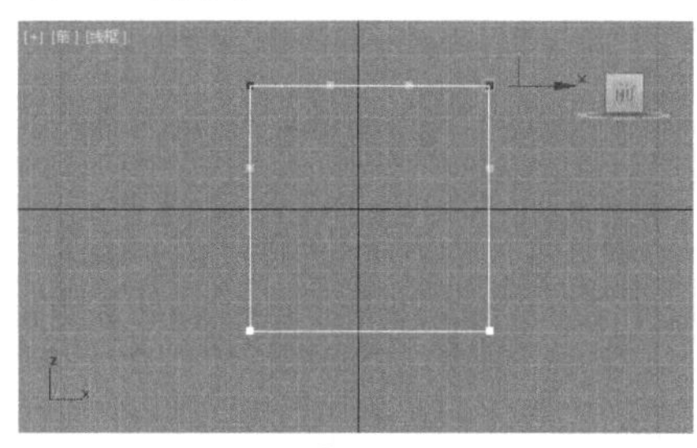

图3-45

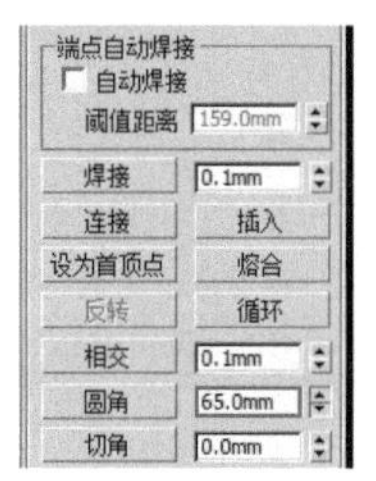

图3-46

04 在【透】视图中选择如图3-47所示的顶点，并沿Y轴向左移动，如图3-48所示。

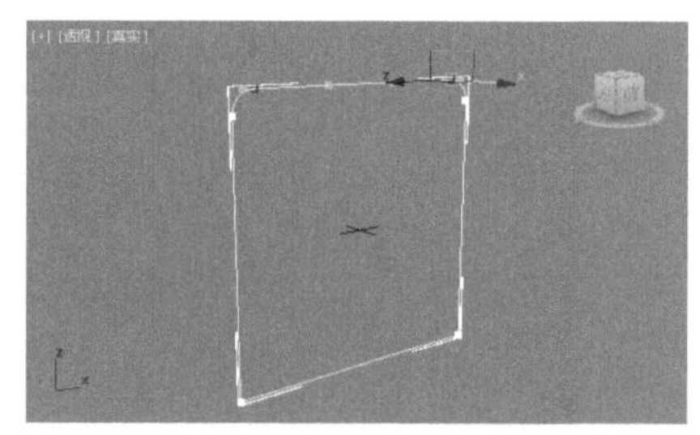

图3-47

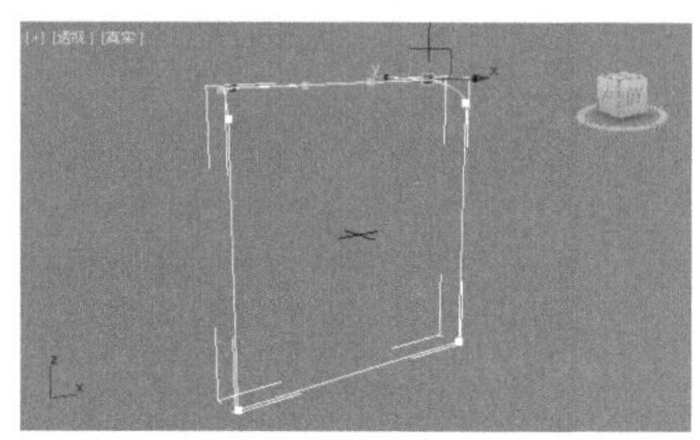

图3-48

05 进入【线段】级别，在【前】视图中选择如图3-49所示的线段。并进行等比缩放，如图3-50所示。

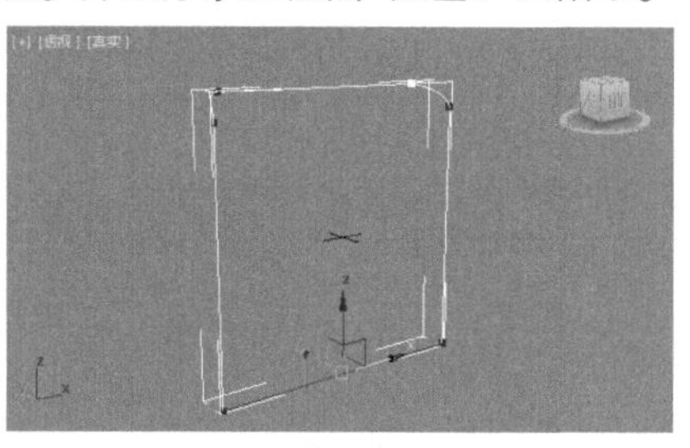

图3-49

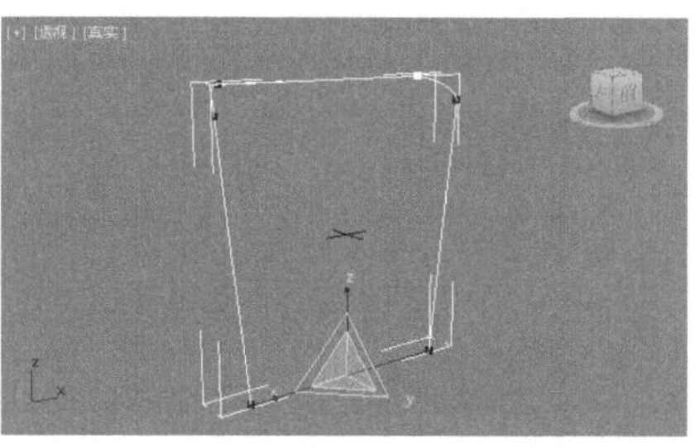

图3-50

06 展开【渲染】卷展栏，勾选【在渲染中启用】和【在视口中启用】复选框，设置【厚度】为25.0mm，如图3-51所示。效果如图3-52所示。

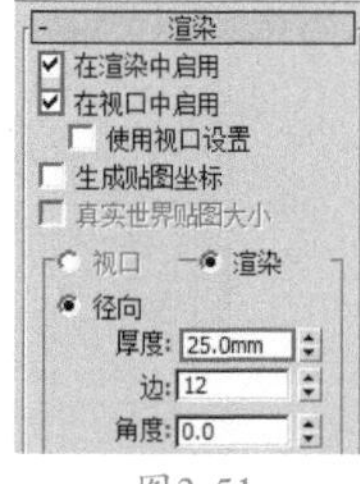

图3-51

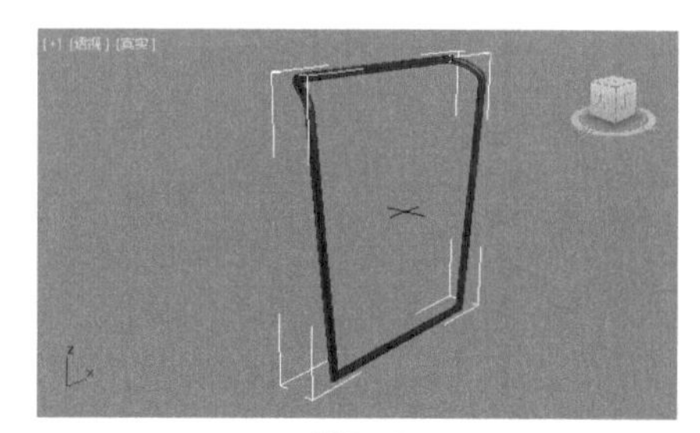

图3-52

07 选择如图3-53所示的顶点，并沿Y轴向上移动，如图3-54所示。

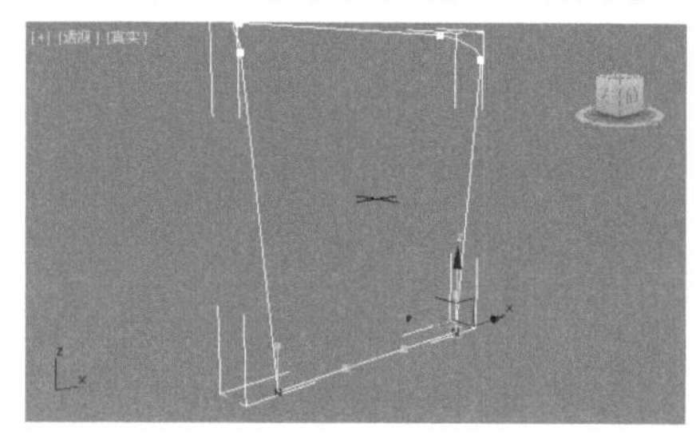

图3-53

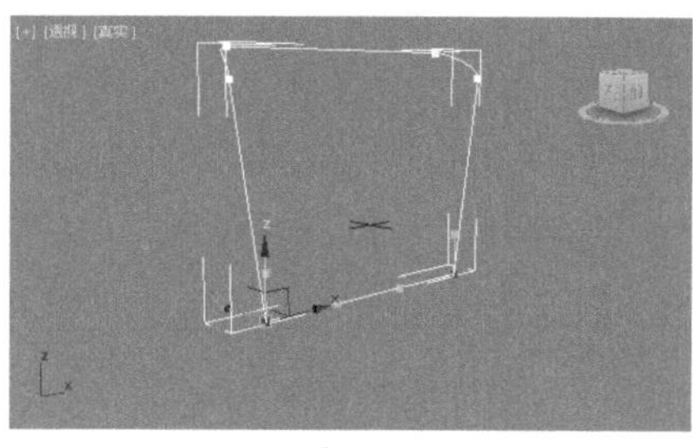

图3-54

08 在【左】视图中创建如图3-55所示的矩形。设置【长度】为900.0mm、【宽度】为800.0mm，如图3-56所示。

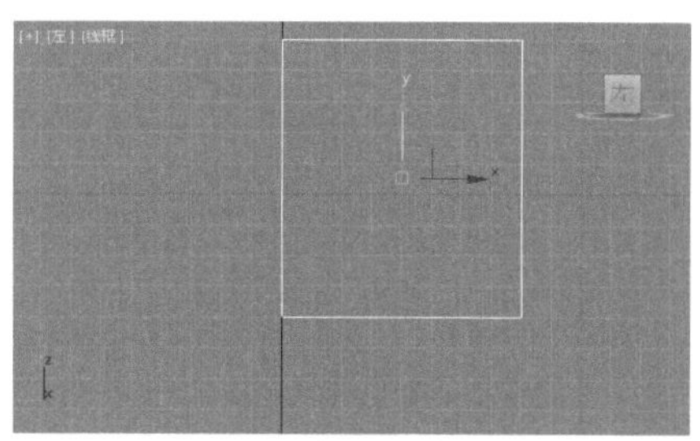

图3-55

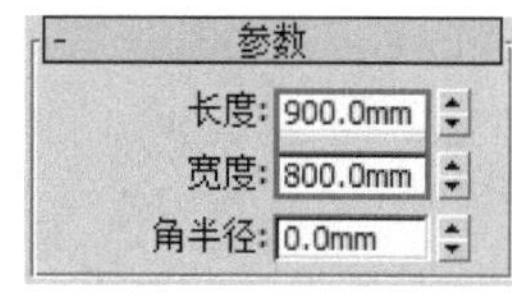

图3-56

09 将矩形转换为可编辑样条线，进入【顶点】级别，在【透】视图中选择如图3-57所示的顶点。设置【圆角】为65.0mm，如图3-58所示。效果如图3-59所示。

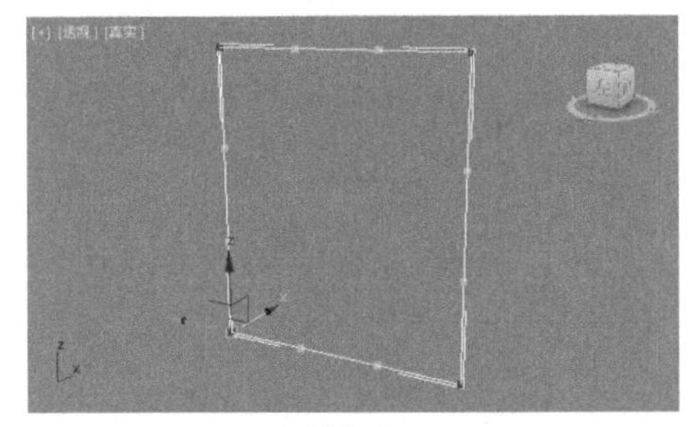

图3-57

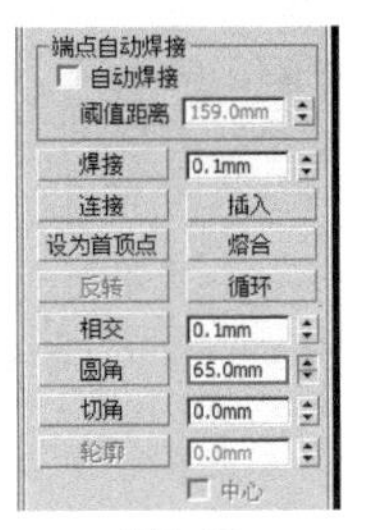

图3-58

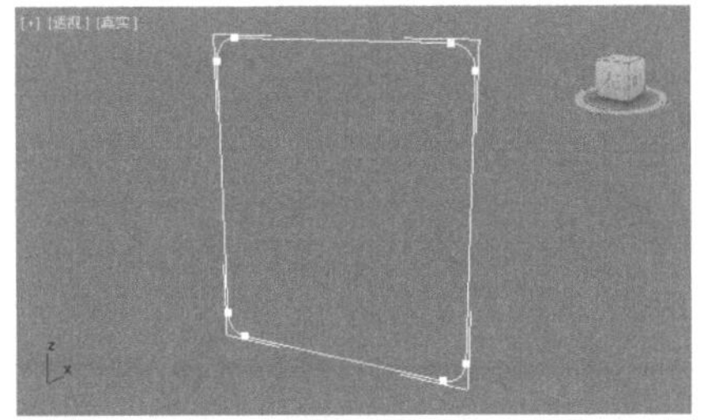

图3-59

10 进入【线段】级别，在【透】视图中选择如图3-60所示的线段。并进行等比缩放，如图3-61所示。

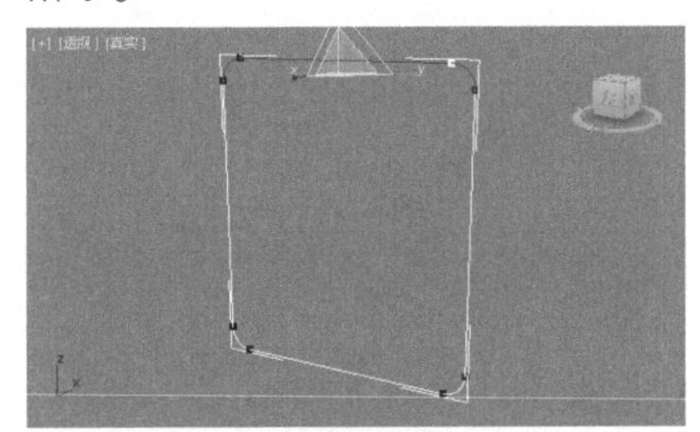

图3-60

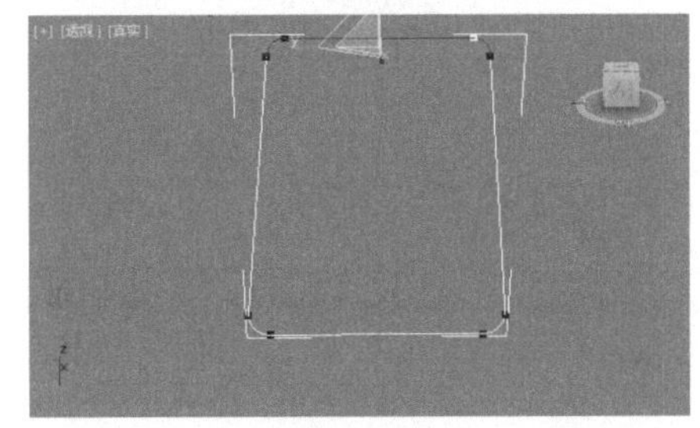

图3-61

11 展开【渲染】卷展栏，勾选【在渲染中启用】和【在视口中启用】复选框，设置【厚度】为25.0mm，如图3-62所示。效果如图3-63所示。

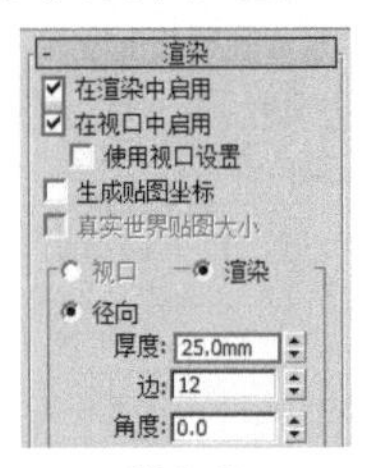

图3-62

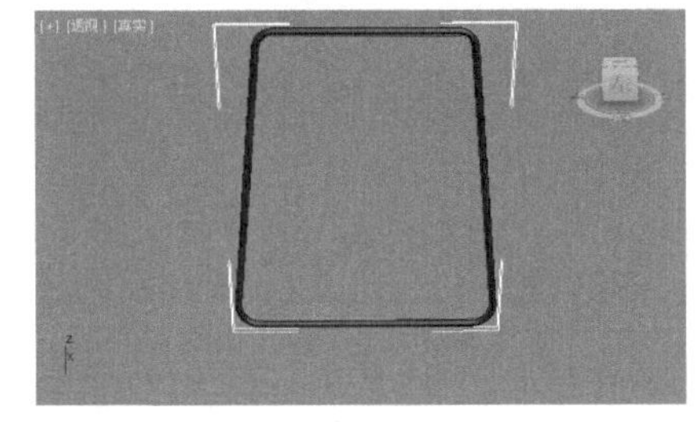

图3-63

12 将模型移动到合适的位置，接着按住Shift键，沿X轴向右拖动复制，如图3-64所示。

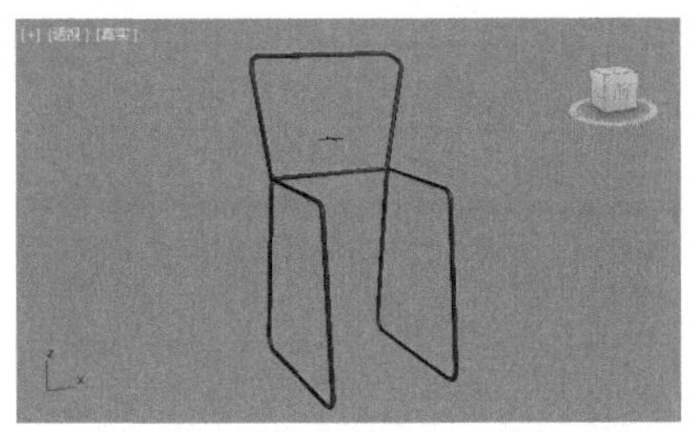

图3-64

13 选择【透】视图中的模型，并按住Shift键，沿Y轴拖动复制，如图3-65所示。

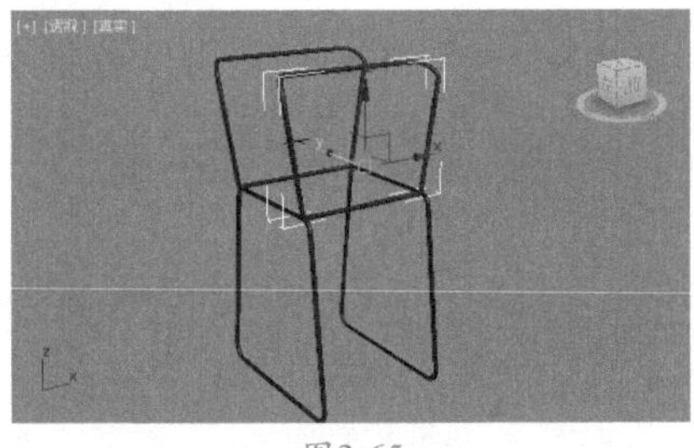

图3-65

14 将模型沿X轴向下旋转90°，如图3-66所示。将模型沿Y轴向上旋转180°，如图3-67所示。

15 将模型移动到合适的位置，如图3-68所示。

16 进入【顶点】级别，并适当调节顶点，如图3-69所示。

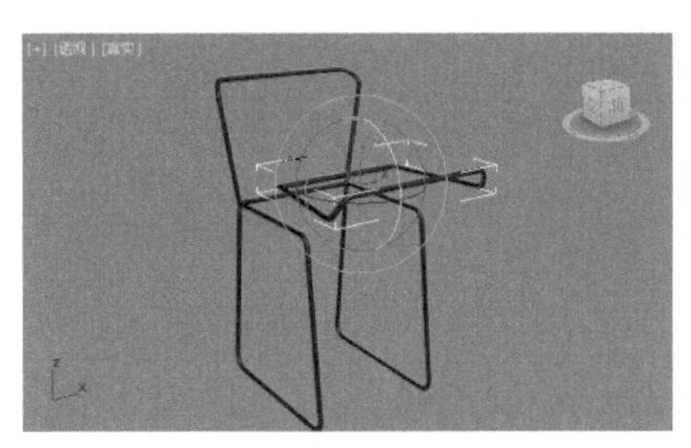

图3-66

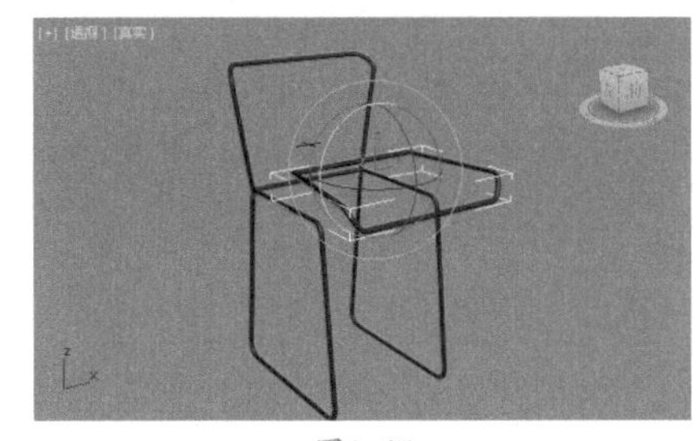

图3-67

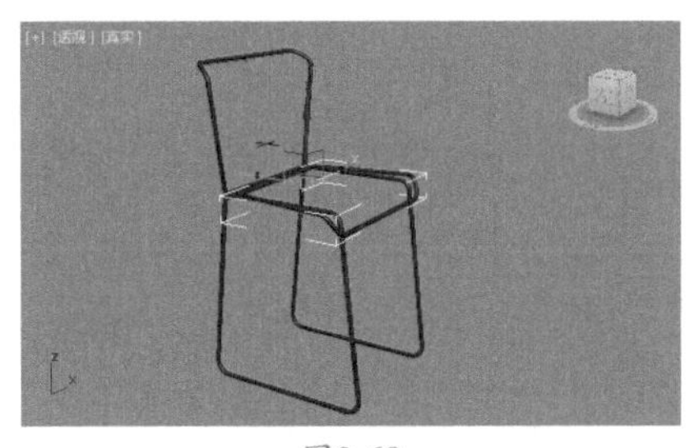

图3-68

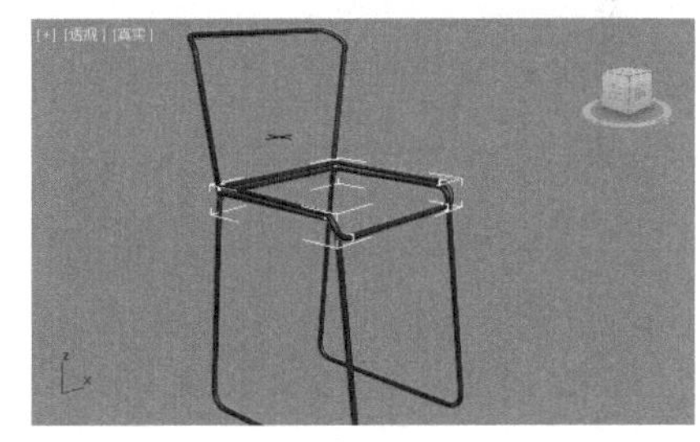

图3-69

17 为模型加载【挤出】修改器，并设置【数量】为30.0mm，如图3-70所示。效果如图3-71所示。

18 在【前】视图中创建一个矩形作为椅背，如图3-72所示。设置【长度】为255.0mm、【宽度】为735.0mm，如图3-73所示。

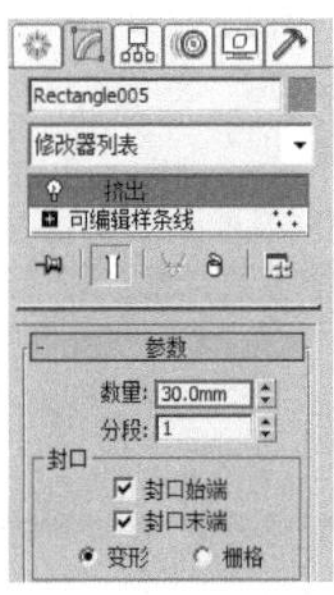

图3-70

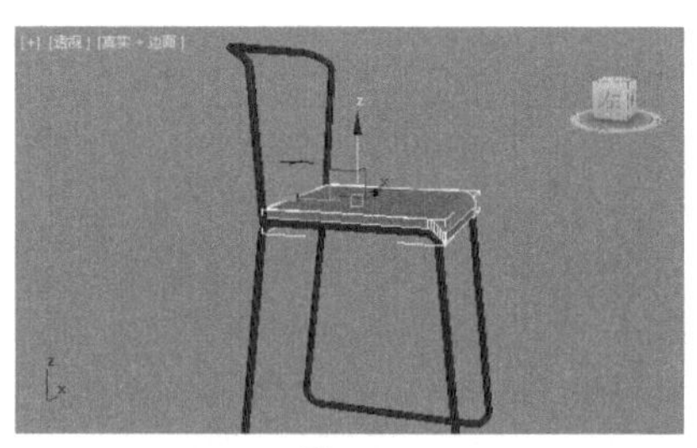

图3-71

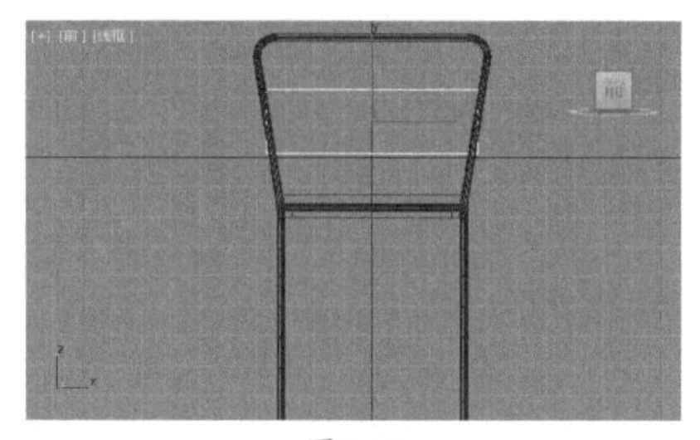

图3-72

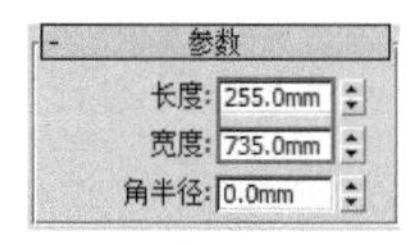

图3-73

19 将矩形转换为可编辑样条线，并进入【顶点】级别，选择如图3-74所示的顶点。设置【圆角】为55.0mm，如图3-75所示。

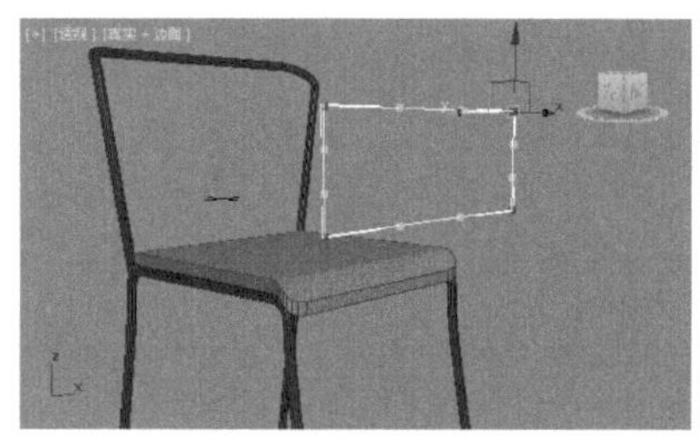

图3-74

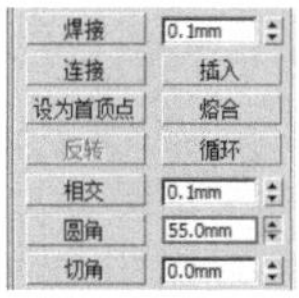

图3-75

20 分别选择如图3-76和图3-77所示的顶点，并沿Z轴旋转，效果如图3-78所示。

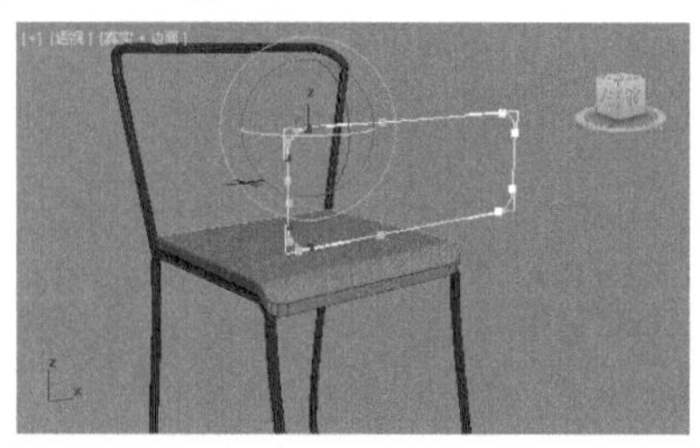

图3-76

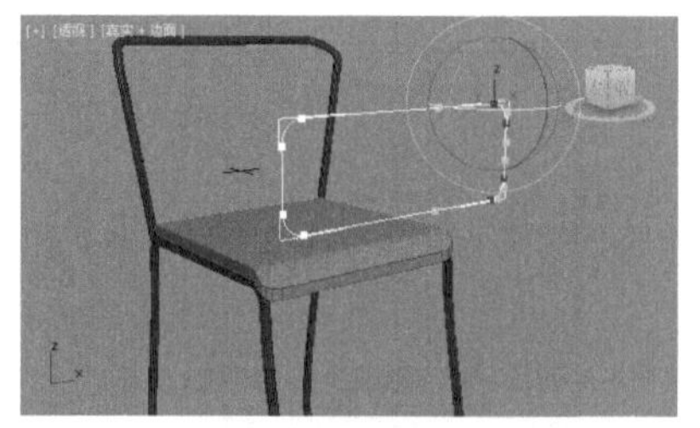

图3-77

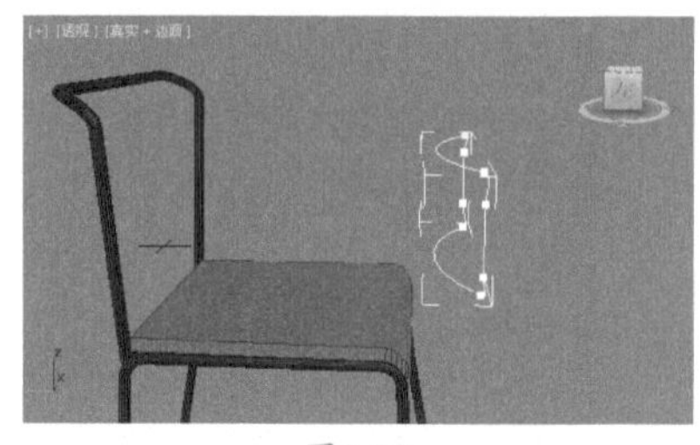

图3-78

21 在【顶】视图中分别选择如图3-79和图3-80所示的顶点。

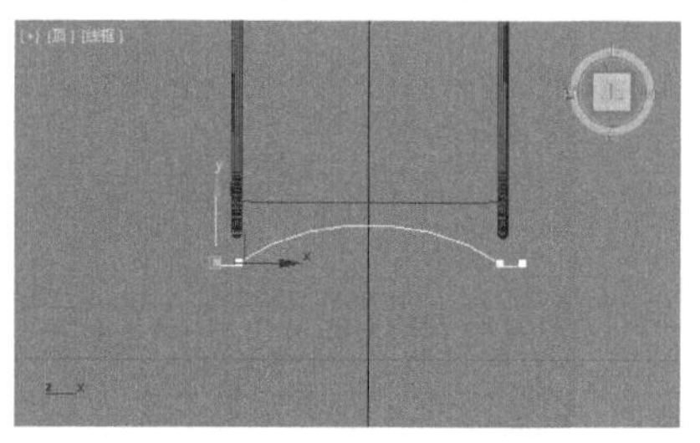

图3-79

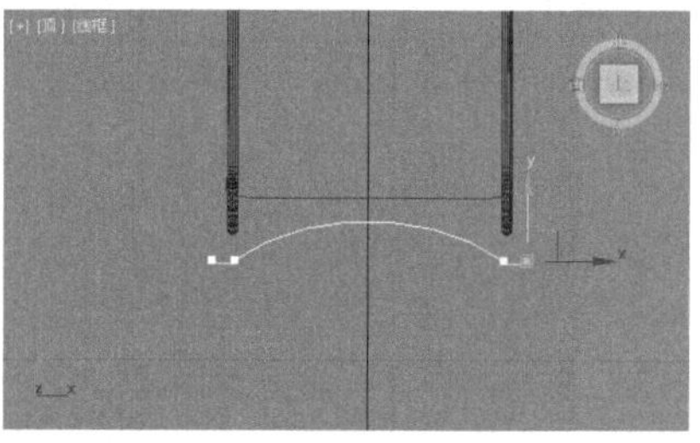

图3-80

22 再分别移动调节到合适的位置，如图3-81所示。

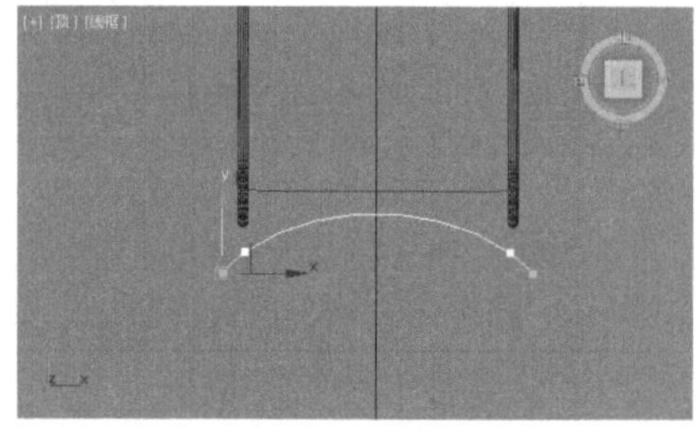

图3-81

23 最后为矩形加载【挤出】修改器，设置【数量】为30.0mm，如图3-82所示。将挤出的矩形移动到合适的位置，效果如图3-83所示。

图3-82

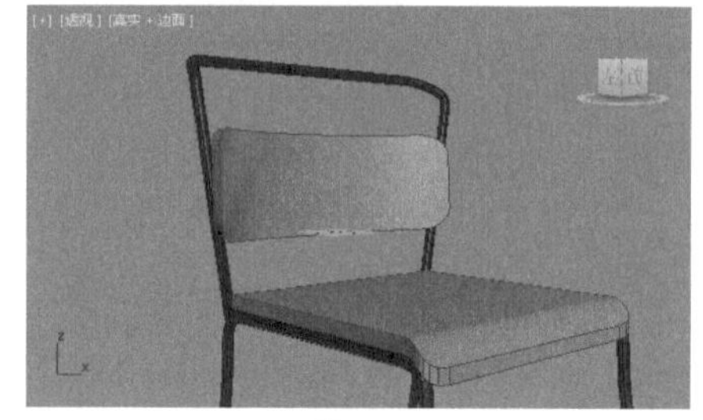

图3-83

24 此时模型已经制作完成，效果如图3-84所示。

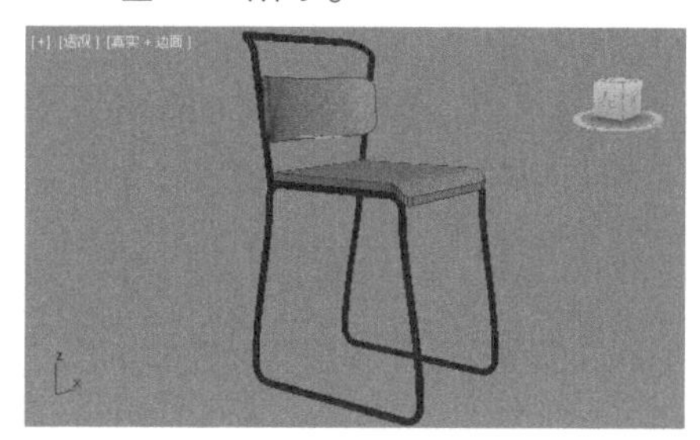

图3-84

实例033 样条线建模制作螺旋吊灯

文件路径	第3章\样条线建模制作螺旋吊灯
难易指数	★★★★★
技术掌握	● 圆 ● 线 ● 阵列

扫码深度学习

操作思路

本例通过使用【圆】工具和【线】工具绘制图形，并应用阵列进行复制，制作出螺旋吊灯。

案例效果

案例效果如图3-85所示。

图3-85

操作步骤

01 在【顶】视图中创建如图3-86所示的圆。设置【半径】为500.0mm、【步数】为30.0mm；展开【渲染】卷展栏，勾选【在渲染中启用】和【在视口中启用】复选框，选中【矩形】单选按钮，设置【长度】为20.0mm、【宽度】为20.0mm，如图3-87所示。

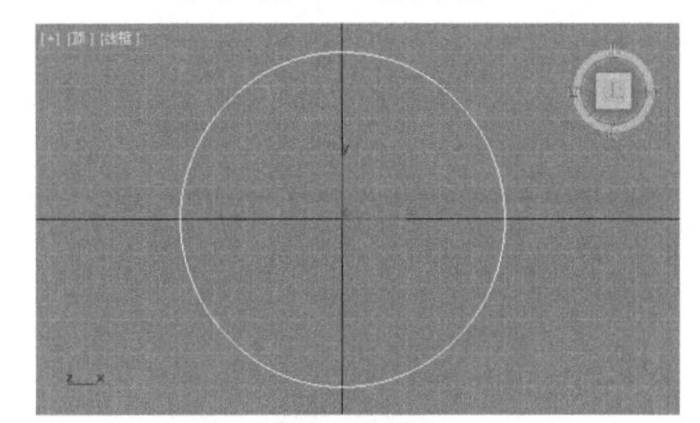

图3-86

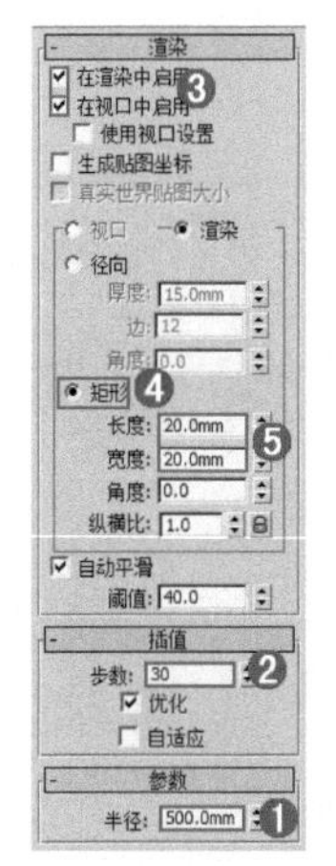

图3-87

02 在【透】视图中选择模型，按住Shift键等比缩放复制两个模型，如图3-88所示。将模型移动到合适的位置，效果如图3-89所示。

03 在【透】视图中选择如图3-90所示的模型。沿Y轴向右旋转10°，如图3-91所示。

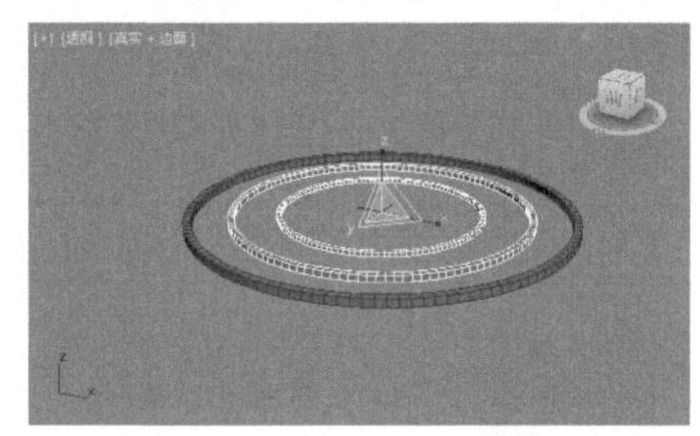

图3-88

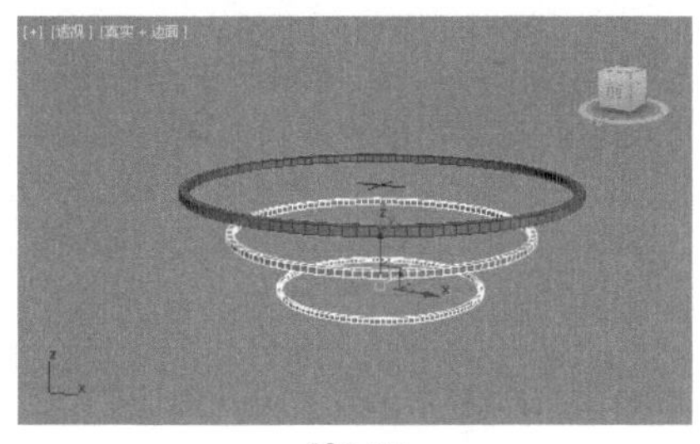

图3-89

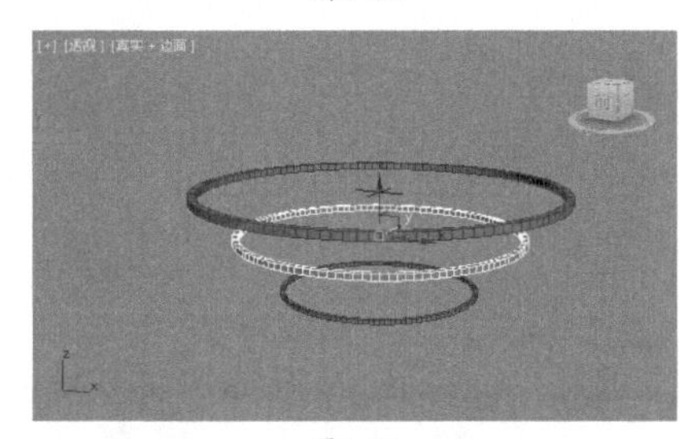

图3-90

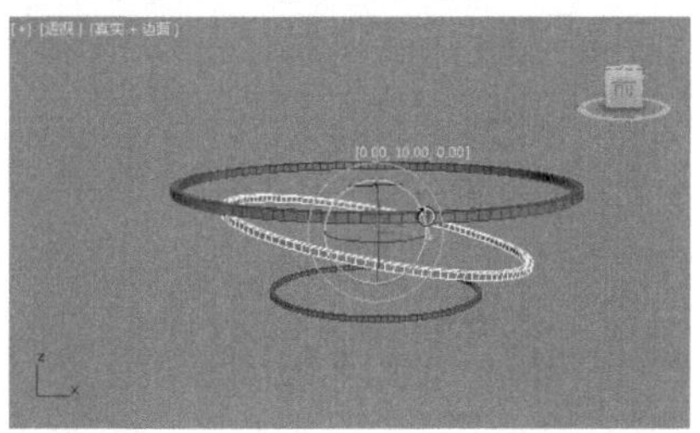

图3-91

04 适当调节3个模型位置，如图3-92所示。

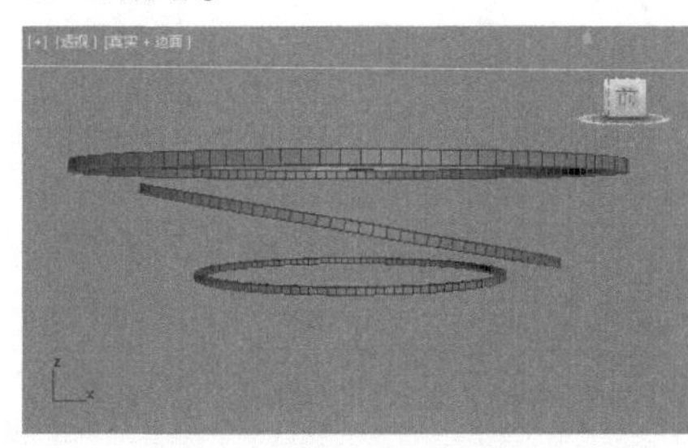

图3-92

05 在【前】视图中创建如图3-93所示的线。接着沿Z轴向右旋转-20°，并移动到合适的位置，如图3-94和图3-95所示。

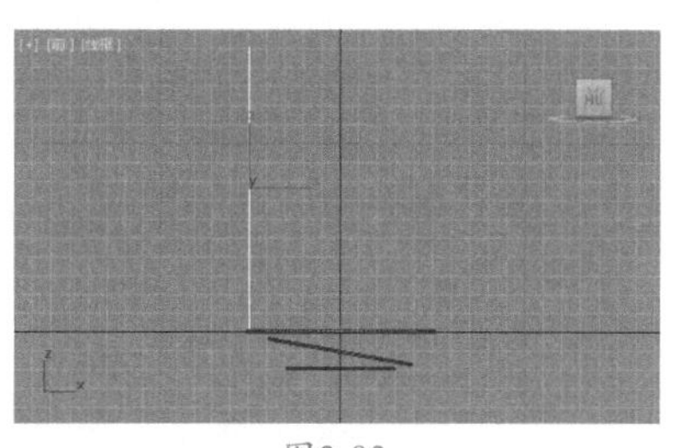

图3-93

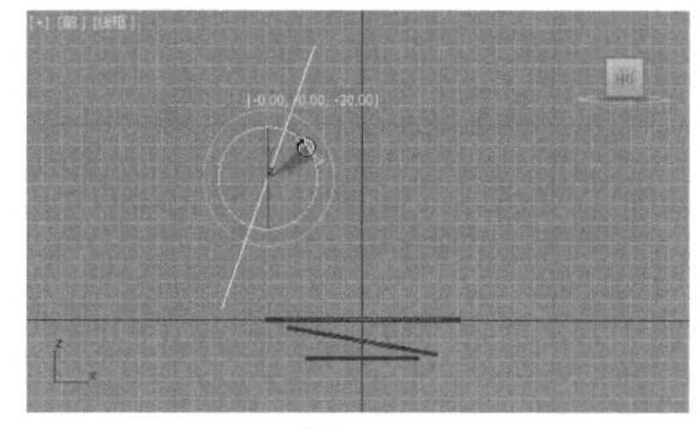

图3-94

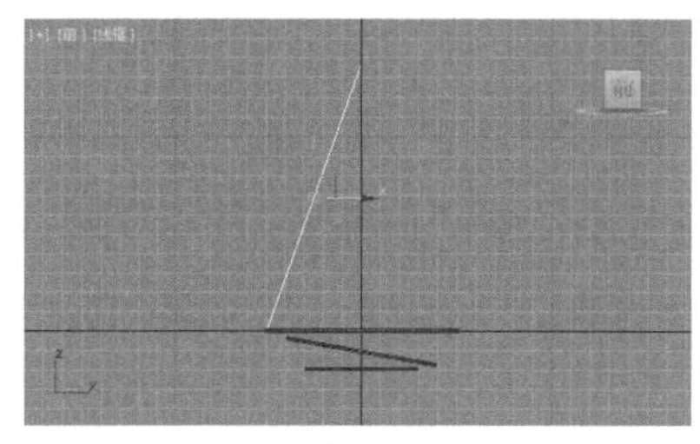

图3-95

06 展开【渲染】卷展栏，勾选【在渲染中启用】和【在视口中启用】复选框，选中【径向】单选按钮，设置【厚度】为5.0mm，如图3-96所示。效果如图3-97所示。

图3-96

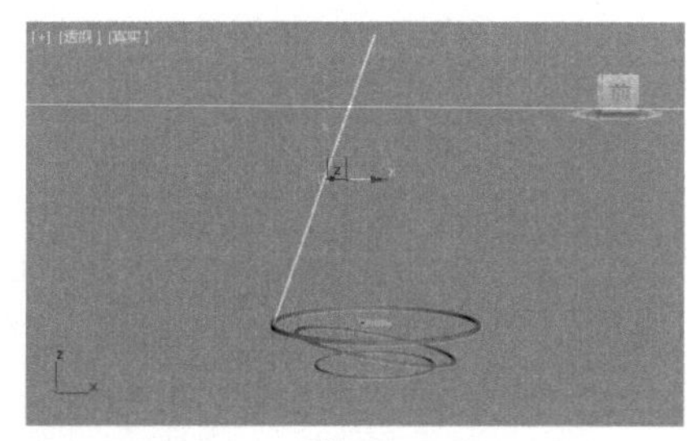

图3-97

07 进入【层次】级别品，单击【仅影响轴】按钮，在【顶】视图中将轴移动到如图3-98所示的位置。在菜单栏中执行【工具】|【阵列】命令，如图3-99所示。

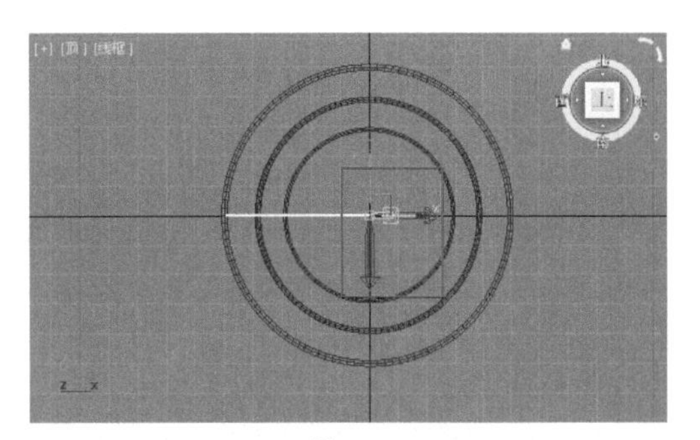

图3-98

图3-99

08 在弹出的【阵列】对话框中单击【旋转】后面的 > 按钮，设置Z轴为360°，设置1D为6，最后单击【确定】按钮，如图3-100所示。效果如图3-101所示。

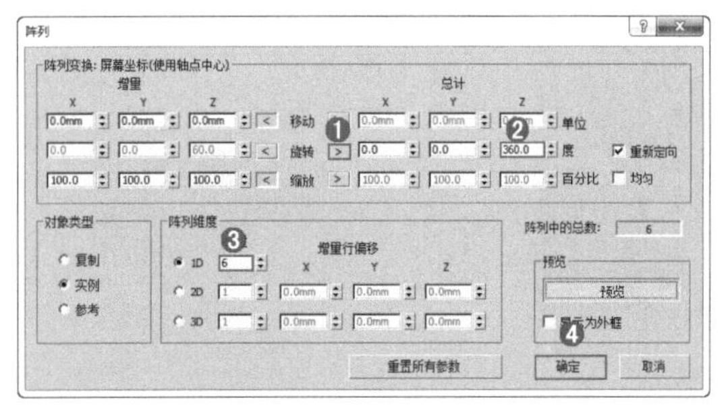

图3-100

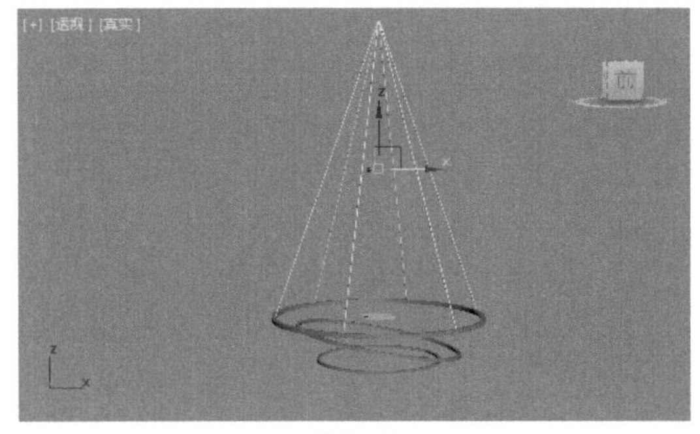

图3-101

09 在【顶】视图中创建如图3-102所示的球体。设置【半径】为200.0mm、【半球】为0.8，如图3-103所示。

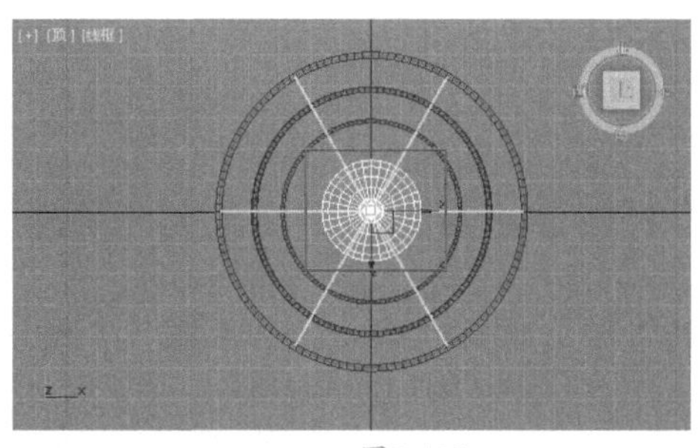

图3-102

图3-103

10 在【透】视图中选择如图3-104所示的模型，沿X轴向右旋转180°，如图3-105所示。

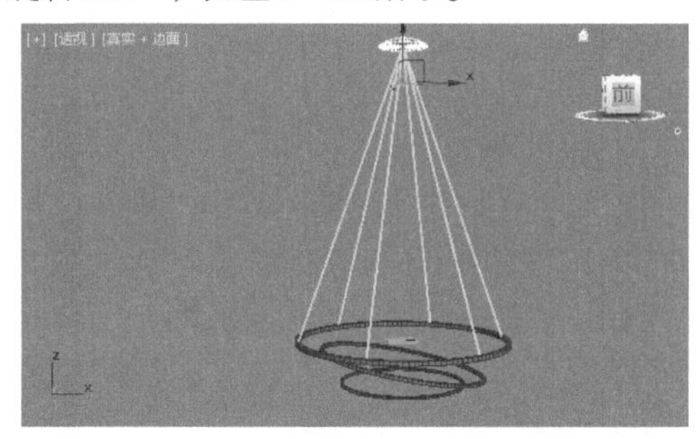

图3-104

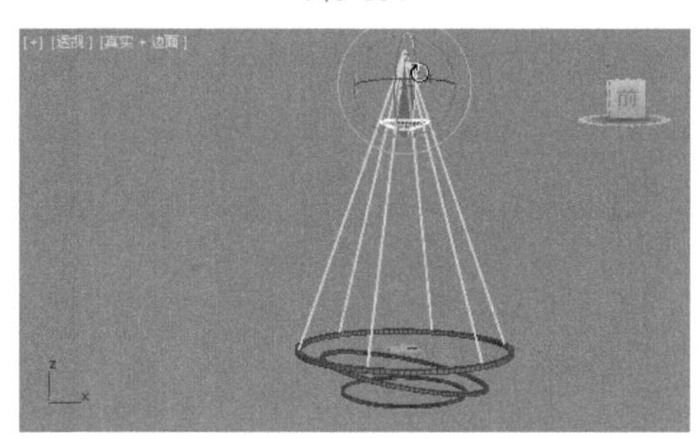

图3-105

11 将模型移动到合适的位置，此时模型已经创建完成，如图3-106所示。

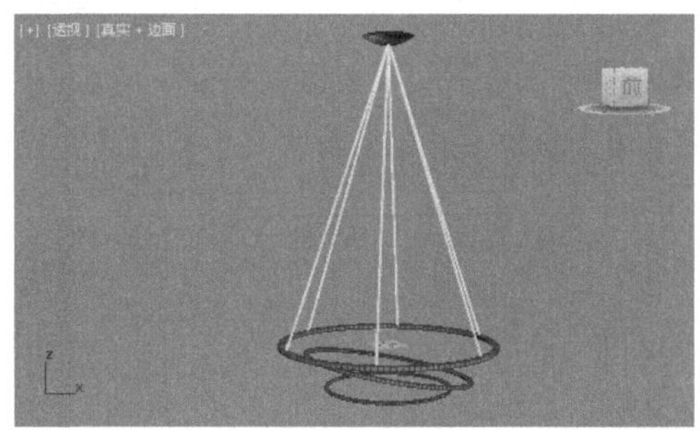

图3-106

实例034 样条线建模制作摆架桌

文件路径	第3章\样条线建模制作摆架桌
难易指数	★★★★★
技术掌握	● 矩形 ● 【挤出】修改器 ● 复制

扫码深度学习

操作思路

本例通过使用【矩形】工具绘制矩形，添加【挤出】修改器制作三维效果，并进行复制操作。

案例效果

案例效果如图3-107所示。

图3-107

操作步骤

01 在【顶】视图中创建如图3-108所示的矩形。设置【长度】为500.0mm，【宽度】为1300.0mm、【角半径】为5.0mm，如图3-109所示。

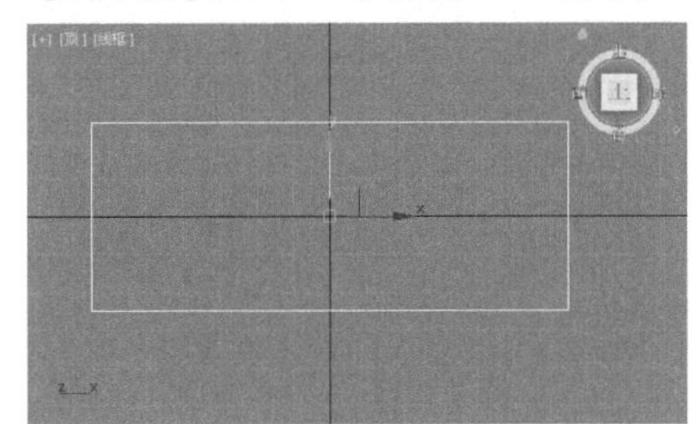

图3-108

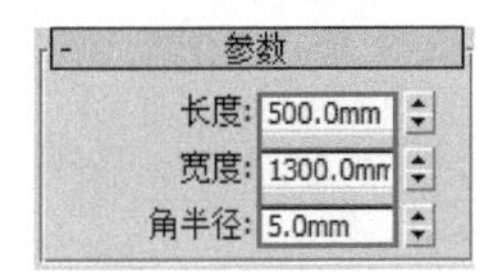

图3-109

02 为模型加载【挤出】修改器，设置【数量】为70.0mm，如图3-110所示。效果如图3-111所示。

图3-110

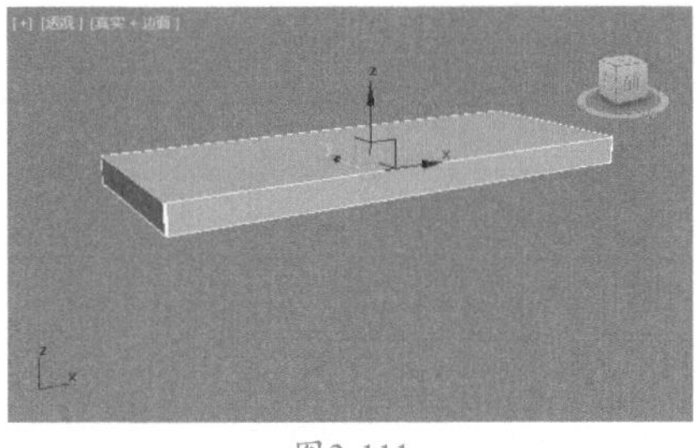

图3-111

03 在【前】视图中创建如图3-112所示的样条线。展开【渲染】卷展栏，勾选【在渲染中启用】和【在视口中启用】复选框，选中【矩形】单选按钮，设置【长度】为500.0mm、【宽度】为1000.0mm、【步数】为30，如图3-113所示。效果如图3-114所示。

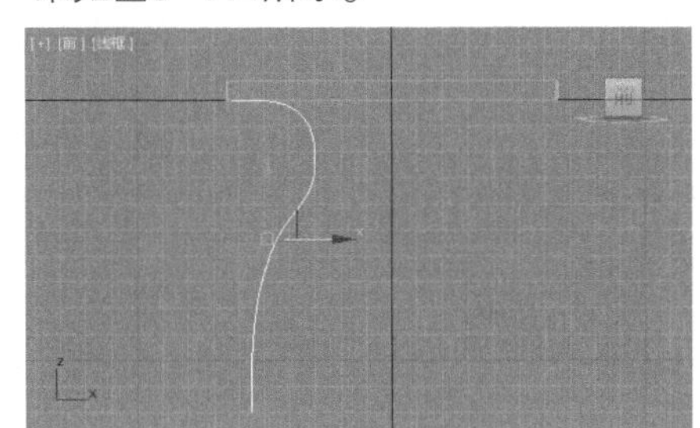

图3-112

图3-113

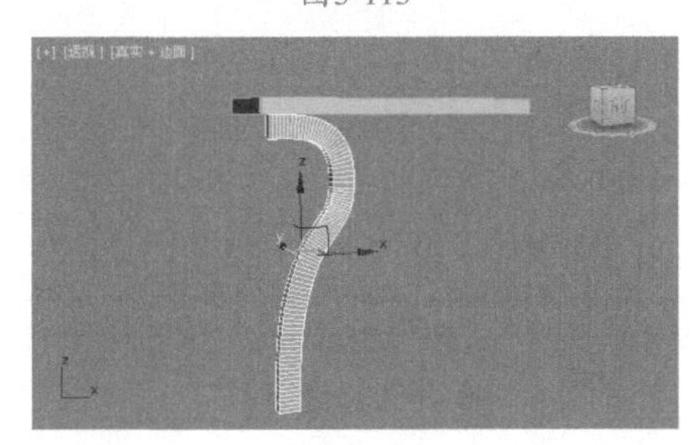

图3-114

04 在【透】视图中选择如图3-115所示的模型。按住Shift键，拖动复制出3个模型，并将其移动到合适的位置，如图3-116和图3-117所示。

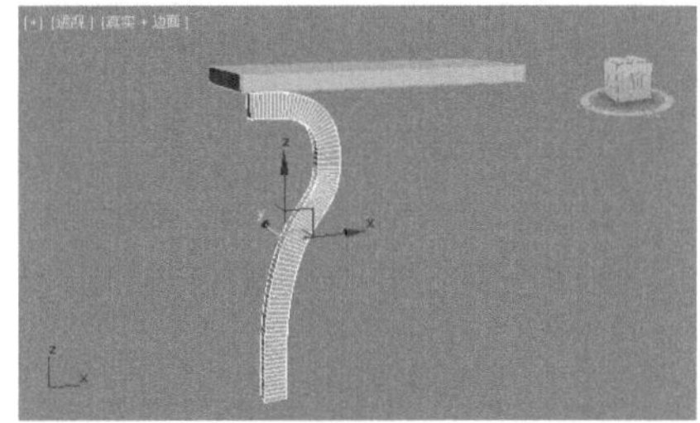

图3-115

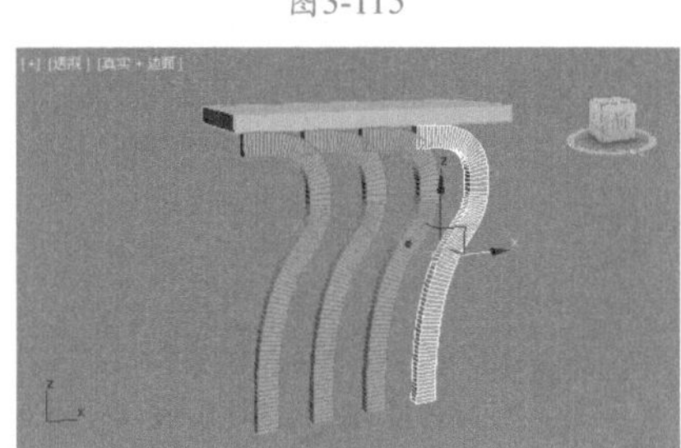

图3-116

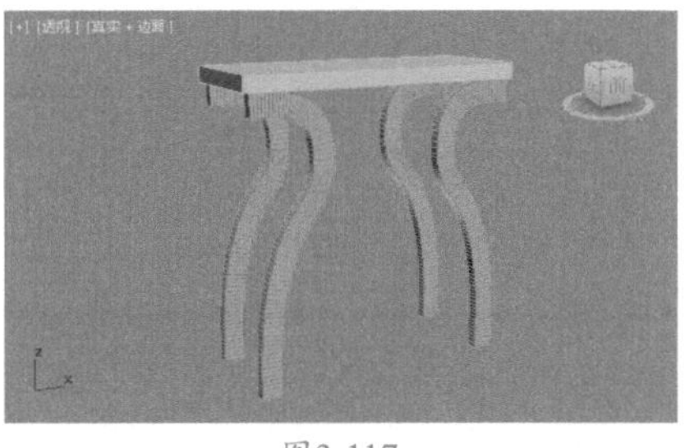

图3-117

05 在【左】视图中创建如图3-118所示的矩形。为其加载【挤出】修改器，并设置【数量】为25.0mm，如图3-119所示。效果如图3-120所示。

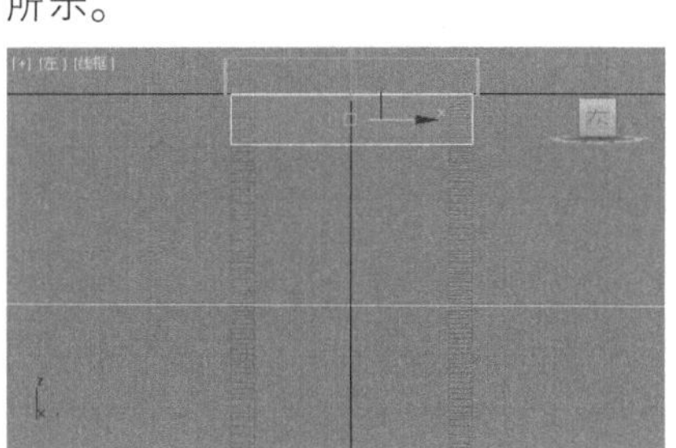

图3-118

图3-119

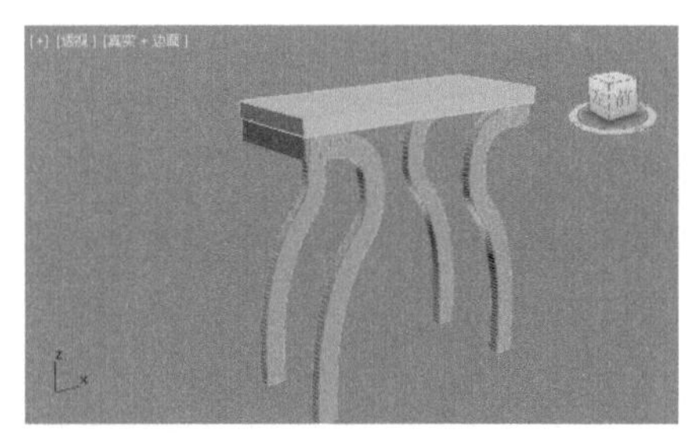

图3-120

06 在【透】视图中选择如图3-121所示的模型。按住Shift键，沿X轴向右拖动复制，如图3-122所示。

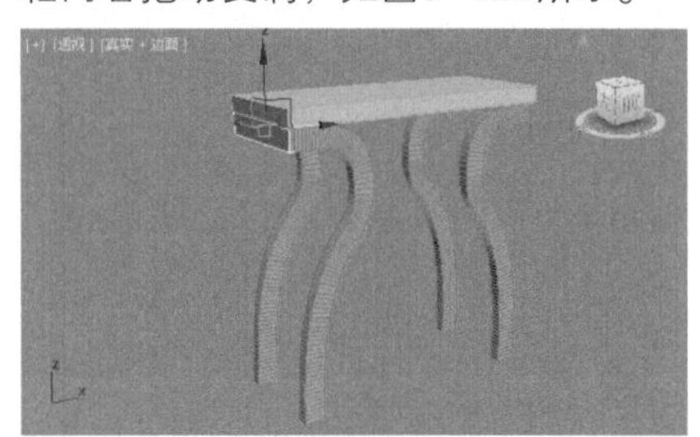

图3-121

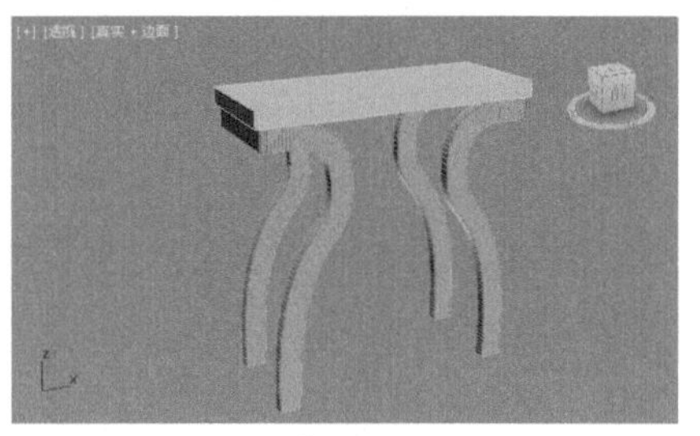

图3-122

07 在【顶】视图中创建如图3-123所示的矩形。设置【长度】为380.0mm、【宽度】为635.0mm，如图3-124所示。

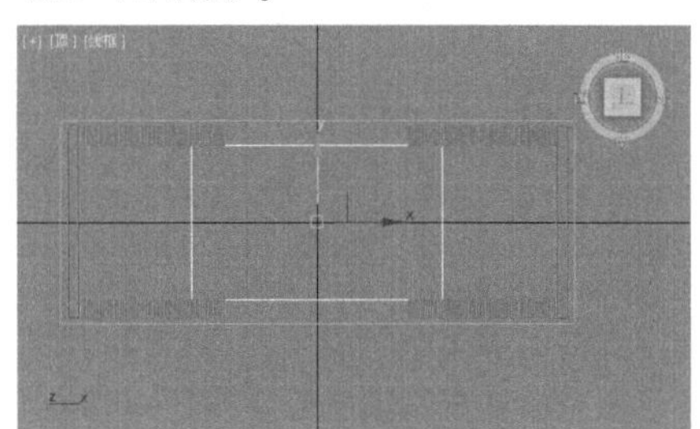

图3-123

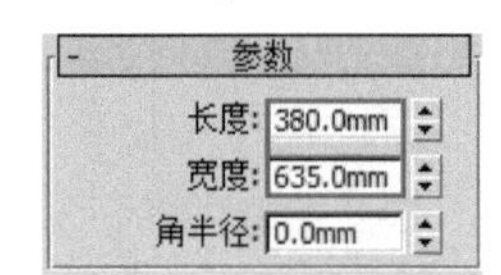

图3-124

08 为模型加载【挤出】修改器，设置【数量】为50.0mm，如图3-125所示。效果如图3-126所示。

图3-125

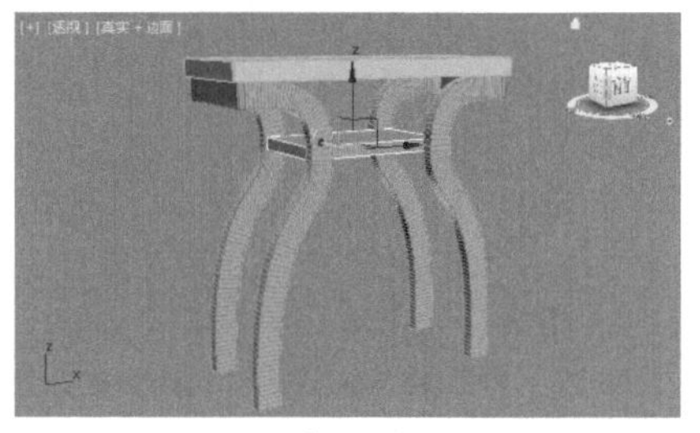

图3-126

09 按住Shift键，沿Z轴向右拖动复制矩形，如图3-127所示。设置【宽度】为1100.0mm，如图3-128所示。效果如图3-129所示。

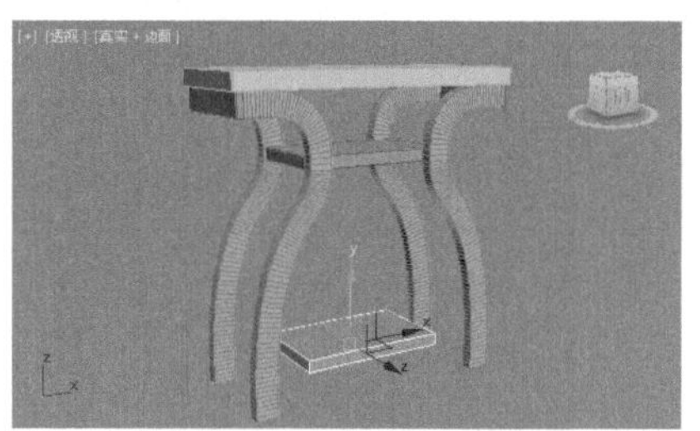

图3-127

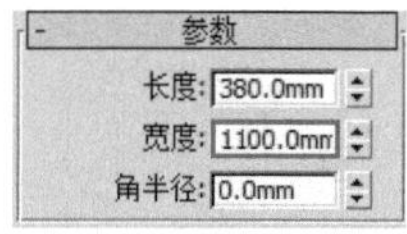

图3-128

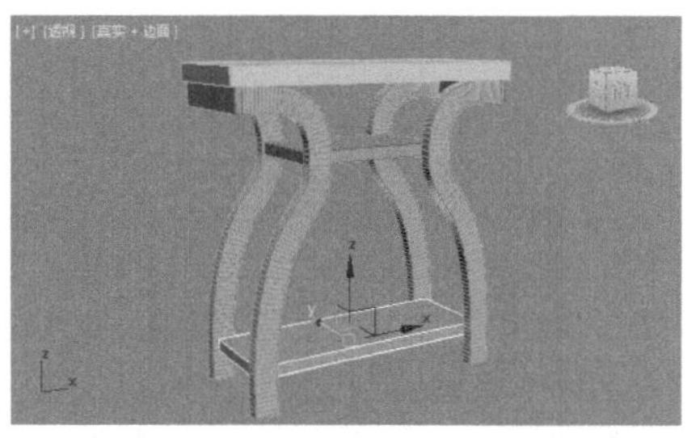

图3-129

10 选择如图3-130所示的模型。按住Shift键，沿Z轴向右拖动复制，如图3-131所示。将模型移动到合适的位置，如图3-132所示。

11 按住Shift键，沿X轴向右拖动复制，如图3-133所示。选择如图3-134所示的模型，并设置【数量】为25.0mm，如图3-135所示。

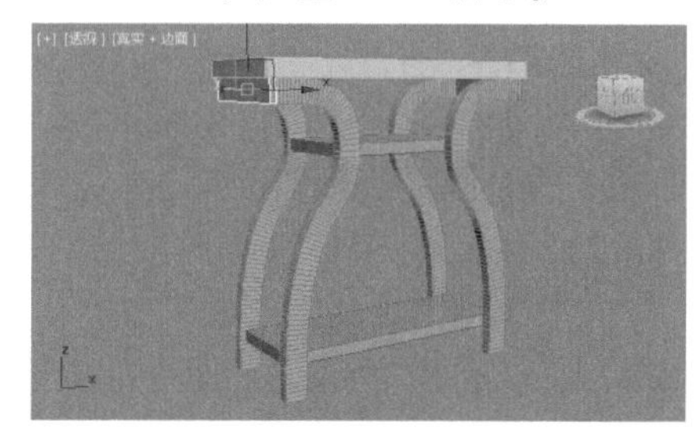

图3-130

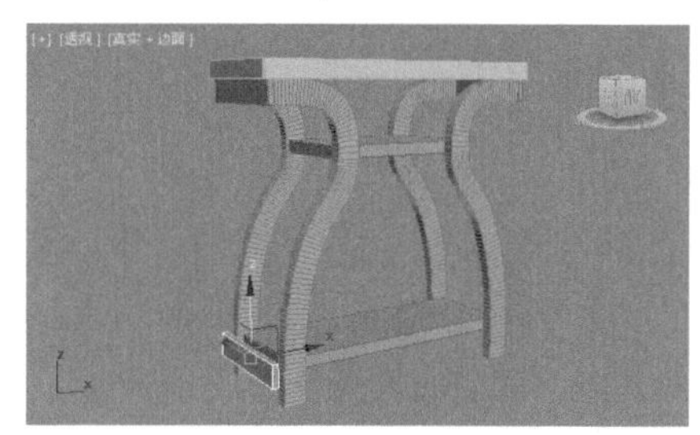

图3-131

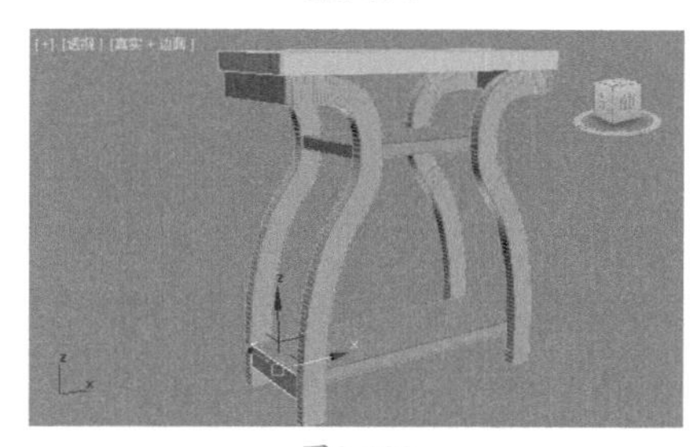

图3-132

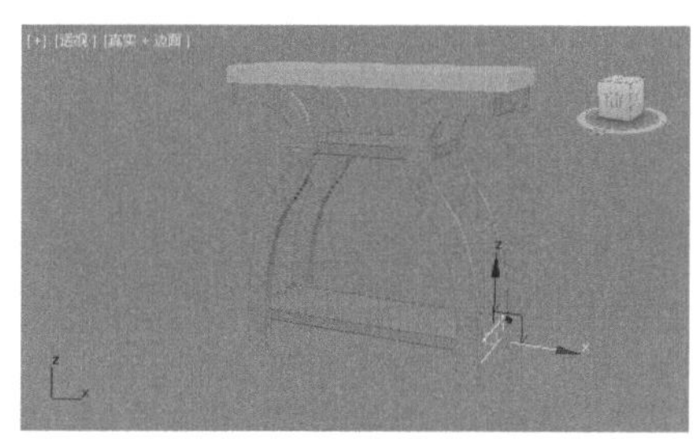

图3-133

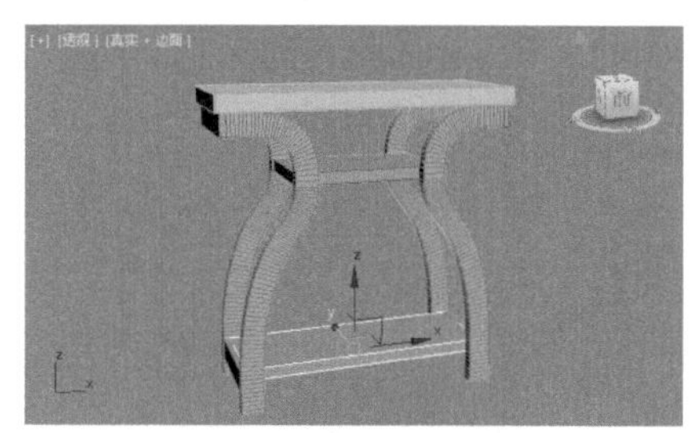

图3-134

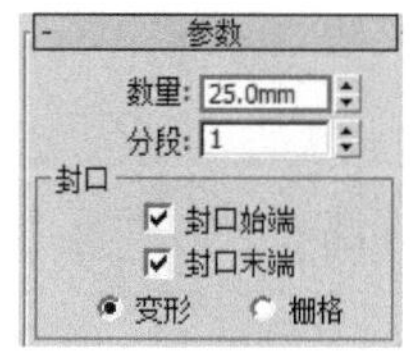

图3-135

12 此时效果如图3-136所示。将模型移动到合适的位置，如图3-137所示。

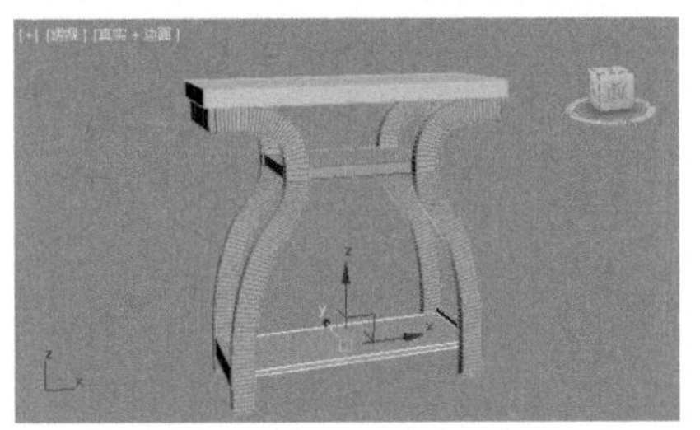

图3-136

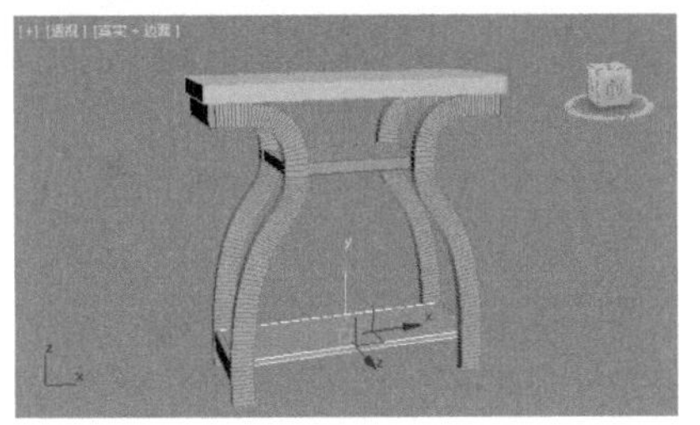

图3-137

13 接着按住Shift键，沿Y轴向下拖动复制模型，如图3-138所示。设置【长度】为25.0mm，设置挤出的【数量】为70.0mm，如图3-139所示。再次按住Shift键，沿Y轴向左拖动复制，如图3-140所示。

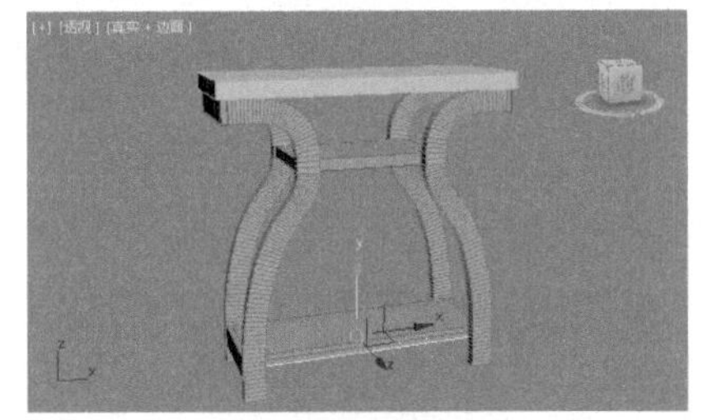

图3-138

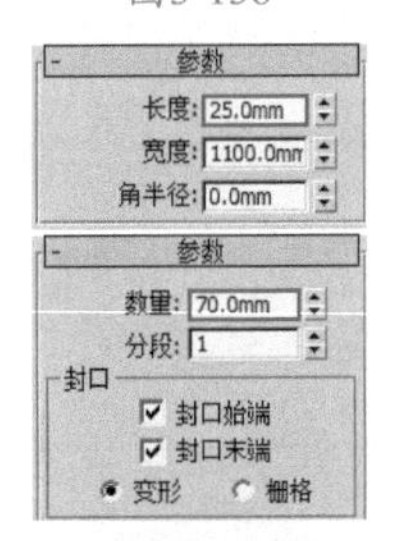

图3-139

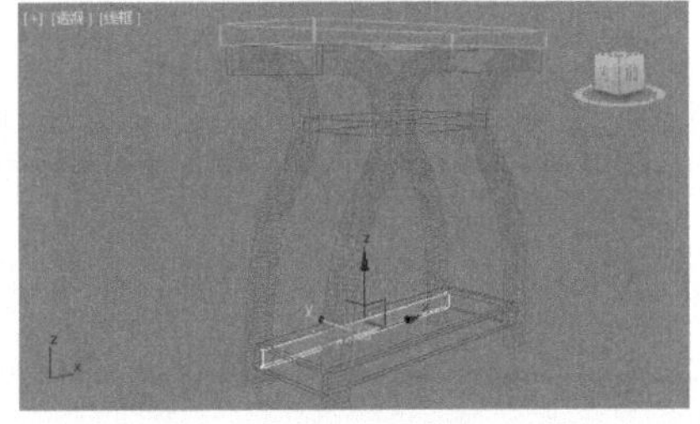

图3-140

14 此时模型已经创建完成，效果如图3-141所示。

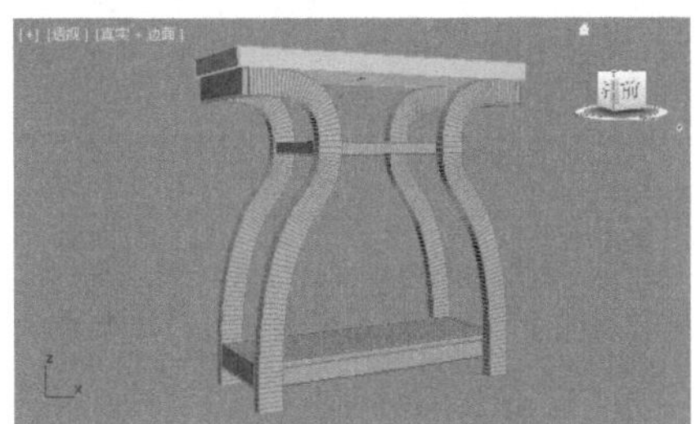

图3-141

实例035 样条线建模制作欧式餐桌

文件路径	第3章\样条线建模制作欧式餐桌
难易指数	★★★★★
技术掌握	● 圆形 ● 【挤出】修改器 ● 【倒角】修改器 ● 【车削】修改器 ● 阵列

扫码深度学习

操作思路

本例通过创建圆形，并应用【挤出】修改器、【倒角】修改器和【车削】修改器、阵列操作制作出欧式餐桌模型。

案例效果

案例效果如图3-142所示。

图3-142

操作步骤

01 在【顶】视图中创建如图3-143所示的圆形。设置【半径】为200.0mm，如图3-144所示。

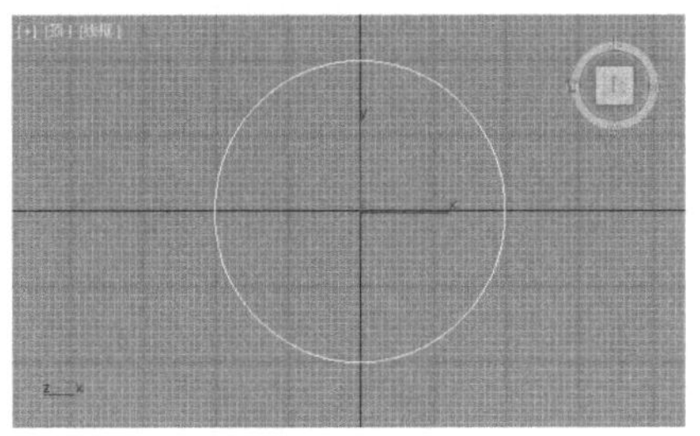

图3-143

图3-144

02 为圆形加载【挤出】修改器，设置【数量】为20.0mm，如图3-145所示。效果如图3-146所示。

图3-145

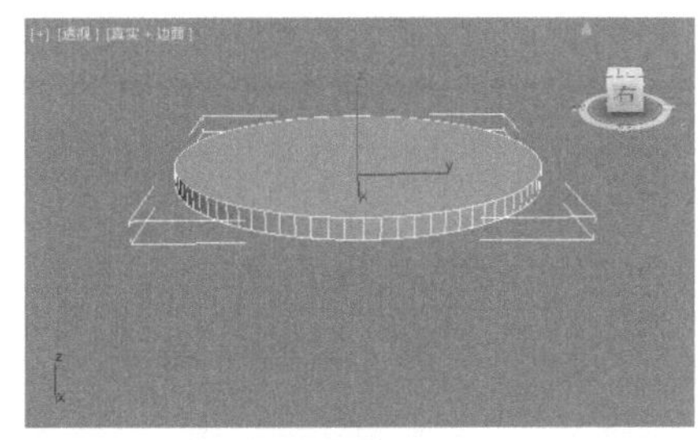

图3-146

03 在【顶】视图中创建如图3-147所示的圆形。设置【半径】为230.0mm，如图3-148所示。

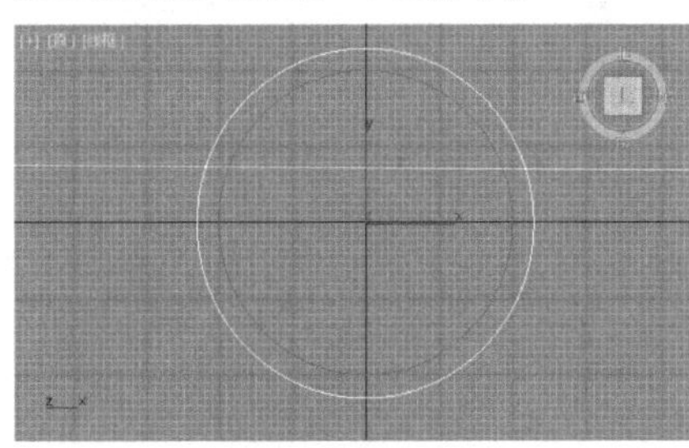

图3-147

图3-148

04 为圆形加载【倒角】修改器，设置【起始轮廓】为-10.0mm，设置【级别1】的【高度】为5.0mm、

【轮廓】为-5.0mm；勾选【级别2】复选框，设置【高度】为2.0mm、【轮廓】为-2.0mm，如图3-149所示。效果如图3-150所示。

图3-149

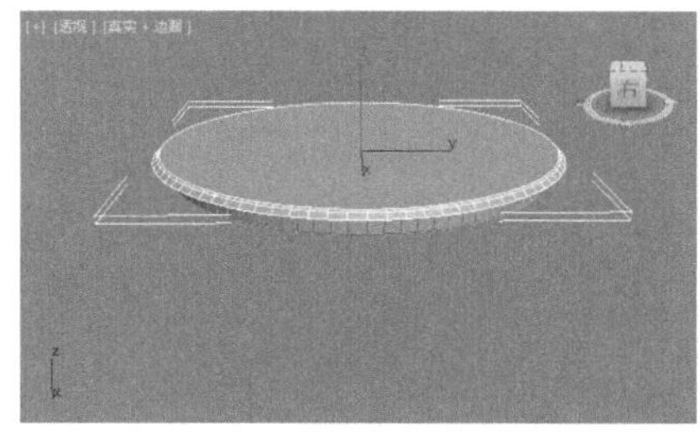

图3-150

05 在【前】视图中创建如图3-151所示的样条线。为其加载【车削】修改器，单击Y按钮和【最大】按钮，如图3-152所示。

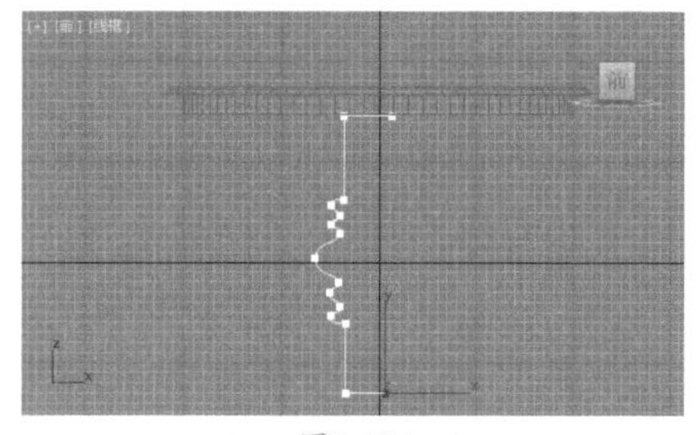

图3-151

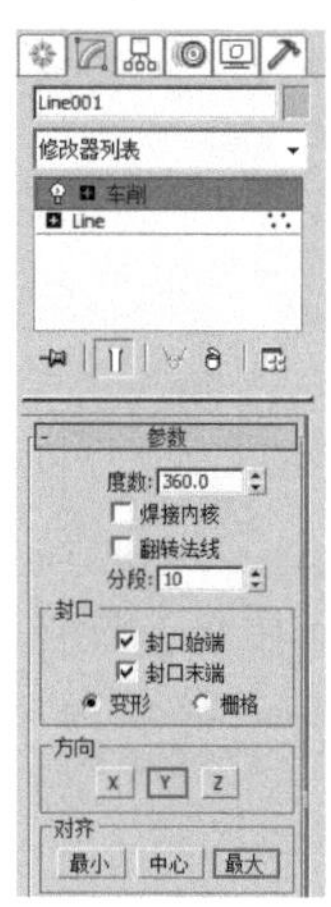

图3-152

06 在【左】视图中创建如图3-153所示的样条线。为其加载【挤出】修改器，设置【数量】为20.0mm，如图3-154所示。

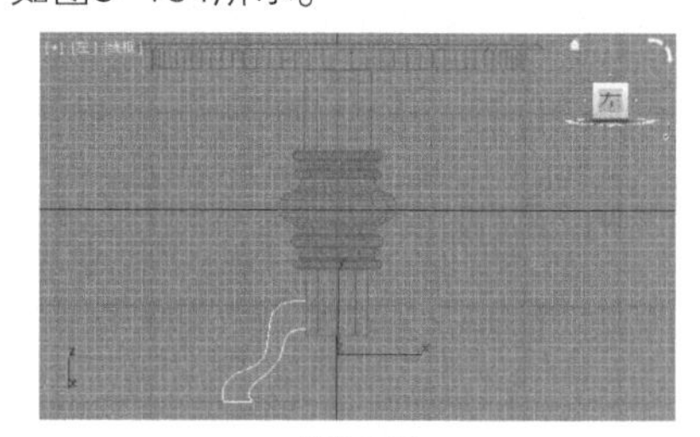

图3-153

图3-154

07 在【顶】视图中选择如图3-155所示的模型。进入【层次】面板品，单击【仅影响轴】按钮 仅影响轴 ，将轴移到中心，设置完成后，再次单击【仅影响轴】按钮，完成针对轴心的设置，如图3-156所示。

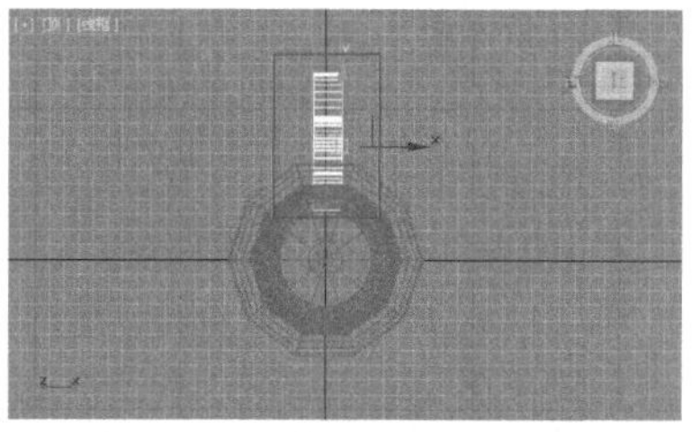

图3-155

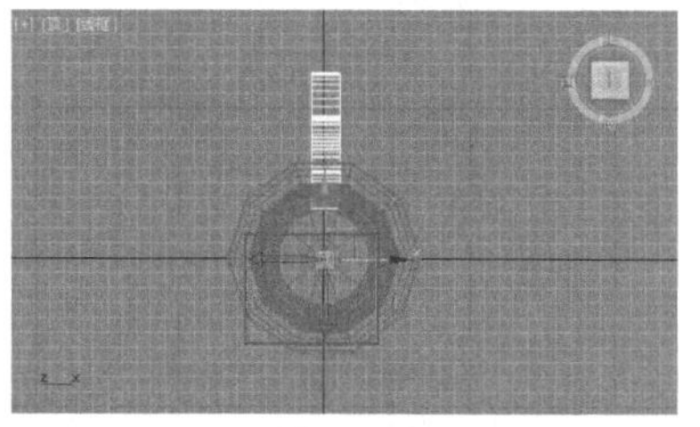

图3-156

08 在菜单栏中执行【工具】|【阵列】命令，如图3-157所示。在弹出的【阵列】对话框中单击【旋转】后面的 > 按钮，并设置Z轴为360°，设置1D为4，最后单击【确定】按钮，如图3-158所示。

图3-157

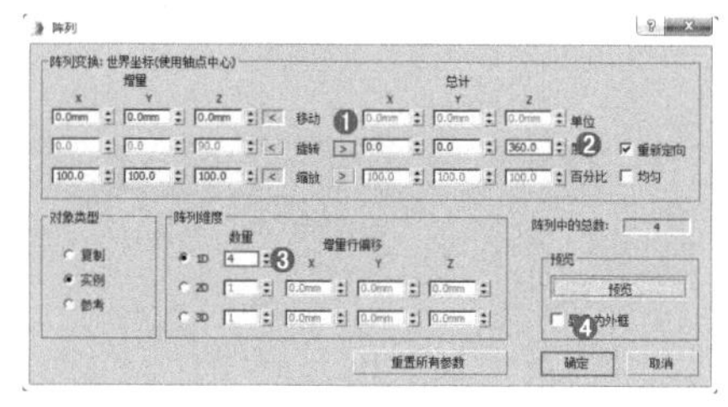

图3-158

09 此时模型已经创建完成，效果如图3-159所示。

图3-159

实例036 样条线建模制作方形茶几

文件路径	第3章\样条线建模制作方形茶几
难易指数	★★★★★
技术掌握	● 矩形 ● 【挤出】修改器 ● 镜像 ● 复制

扫码深度学习

操作思路

本例通过创建矩形，并应用【挤出】修改器、镜像、复制等操作制作出方形茶几模型。

案例效果

案例效果如图3-160所示。

图3-160

操作步骤

01 在【顶】视图中创建如图3-161所示的矩形。设置【长度】为1500.0mm、【宽度】为1000.0mm、【角半径】为10.0mm，如图3-162所示。

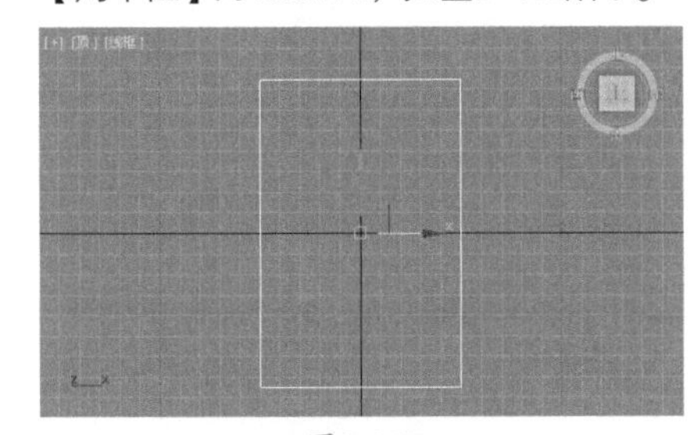

图3-161

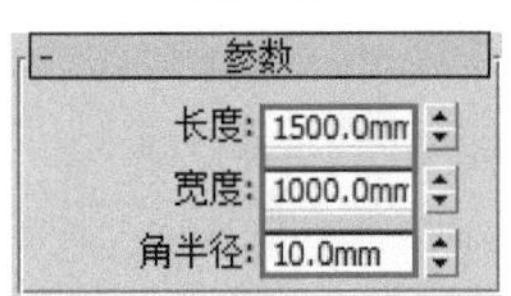

图3-162

02 在【透】视图中选择矩形，如图3-163所示。为其加载【挤出】修改器，设置【数量】为30.0mm，如图3-164所示。

03 在【顶】视图中创建如图3-165所示的矩形。设置【长度】为1500.0mm、【宽度】为30.0mm、【角半径】为1.0mm，如图3-166所示。

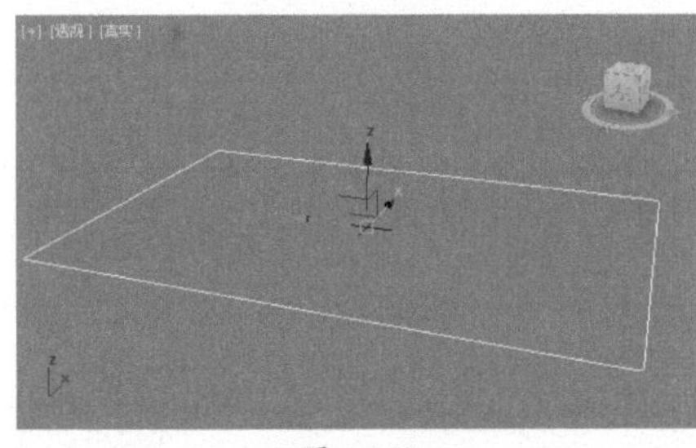

图3-163

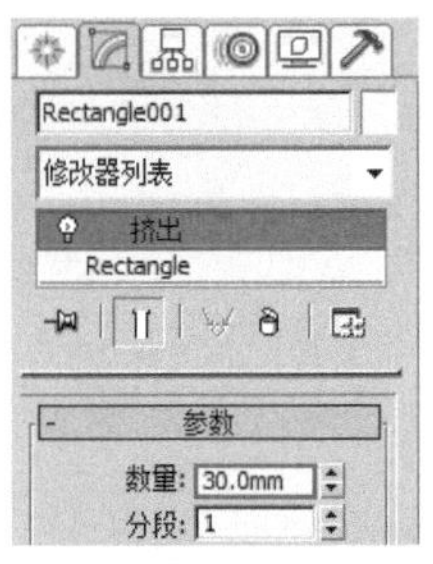

图3-164

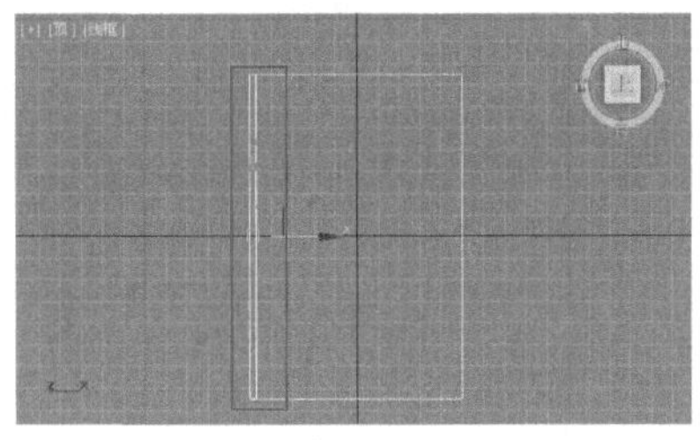

图3-165

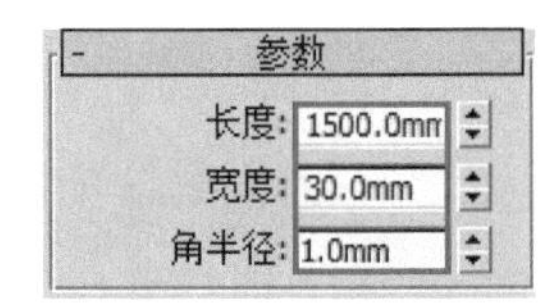

图3-166

04 为其加载【挤出】修改器，设置【数量】为30.0mm，如图3-167和图3-168所示。

图3-167

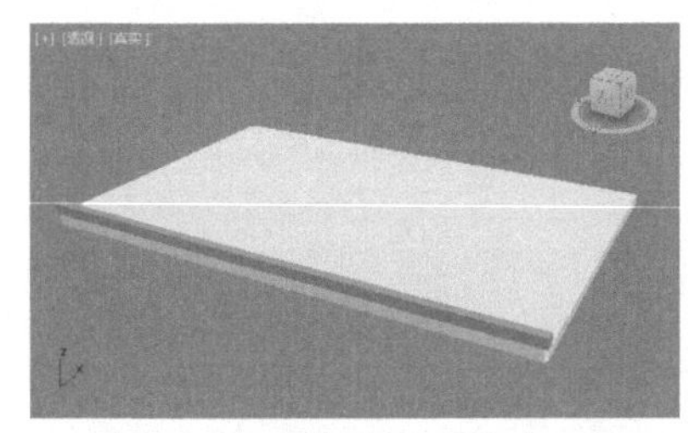

图3-168

05 在【顶】视图中创建如图3-169所示的矩形。设置【长度】为30.0mm、【宽度】为1000.0mm、【角半径】为1.0mm，如图3-170所示。

06 为其加载【挤出】修改器，设置【数量】为30.0mm，如图3-171和图3-172所示。

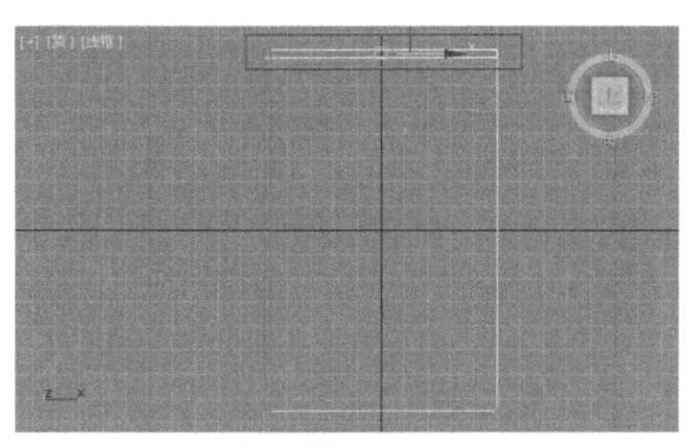

图3-169

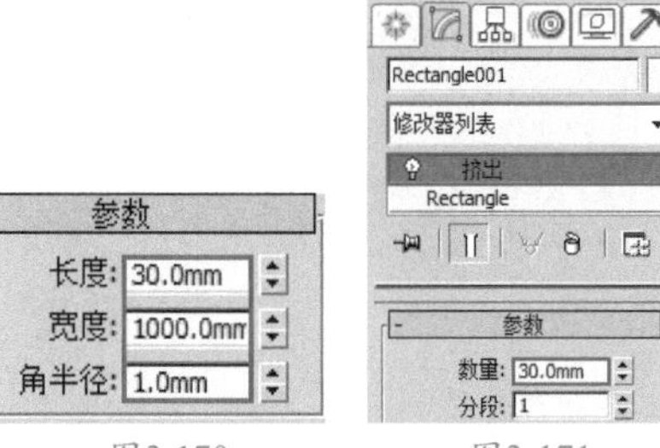

图3-170　图3-171

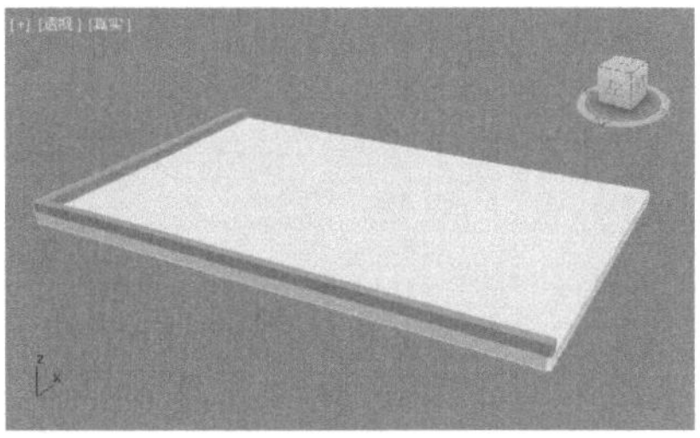

图3-172

07 在【顶】视图中选择如图3-173所示的模型。单击【镜像】按钮，在弹出的【镜像:世界 坐标】对话框中选择XY轴和【复制】选项，最后单击【确定】按钮，如图3-174所示。

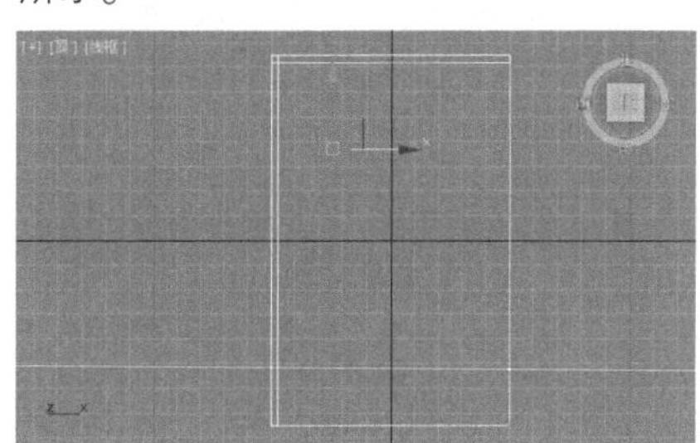

图3-173

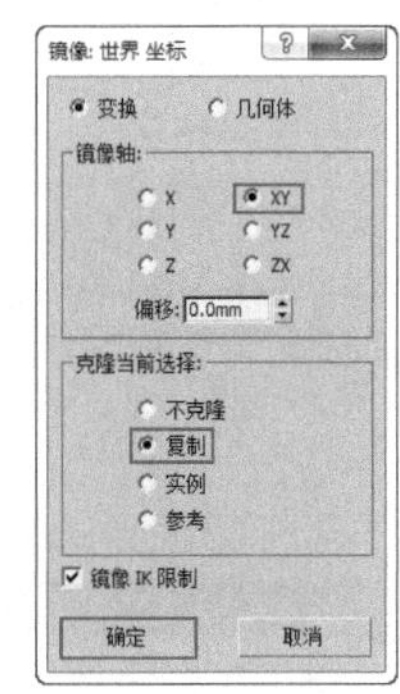

图3-174

08 此时效果如图3-175所示。再将模型移动到合适的位置，如图3-176所示。

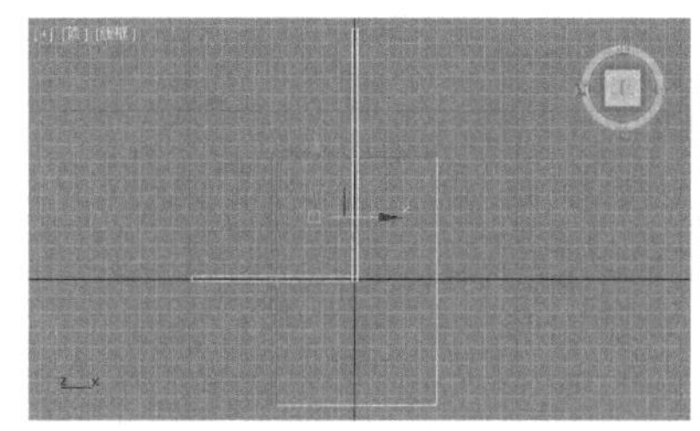
图3-175

图3-176

09 在【透】视图中选择如图3-177所示的模型。将模型移动到合适的位置，如图3-178所示。

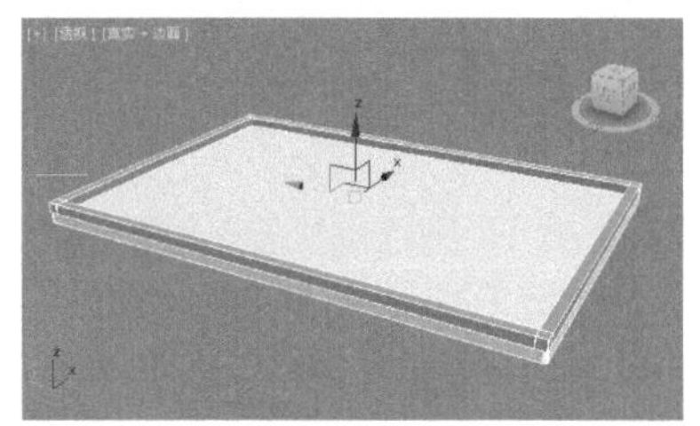
图3-177

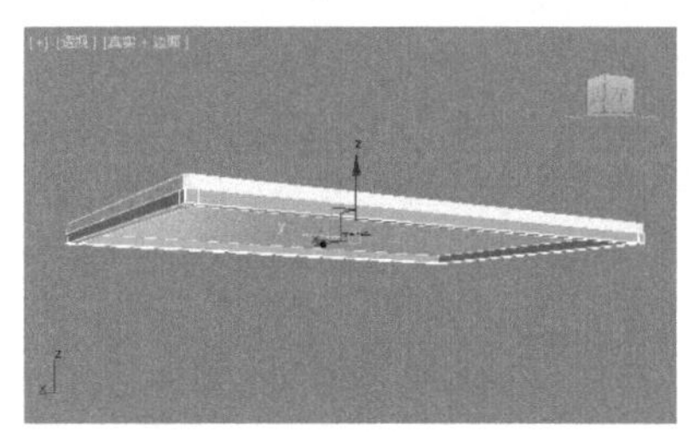
图3-178

10 在【左】视图中创建如图3-179所示的矩形。设置【长度】为600.0mm、【宽度】30.0mm、【角半径】为1.0mm，如图3-180所示。

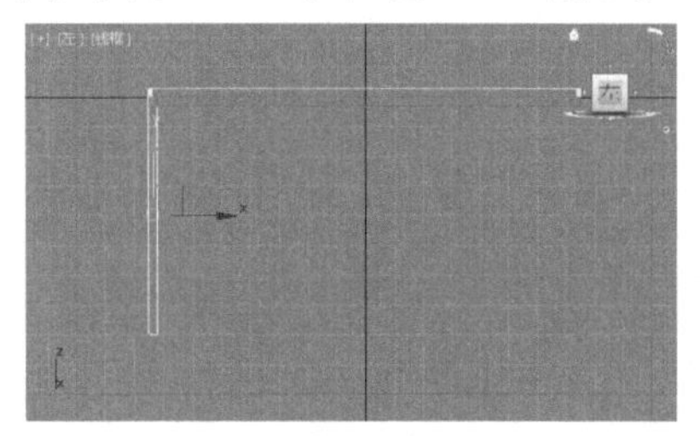
图3-179

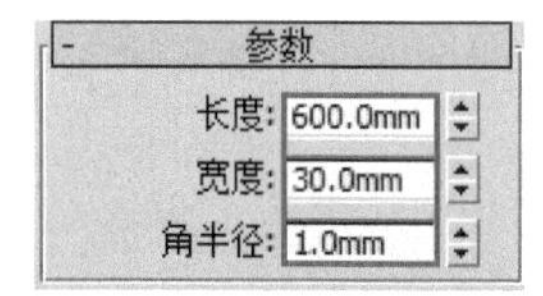

图3-180

11 为其加载【挤出】修改器，设置【数量】为30.0mm，如图3-181所示。效果如图3-182所示。

图3-181

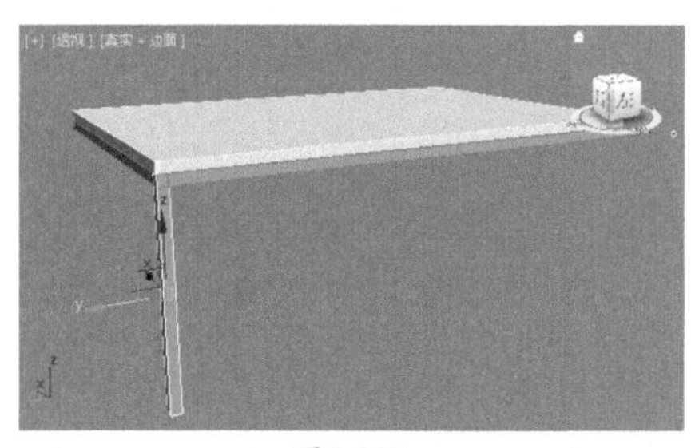
图3-182

12 按住Shift键，再拖动复制出3个模型，如图3-183所示。将模型移动到合适的位置，如图3-184所示。

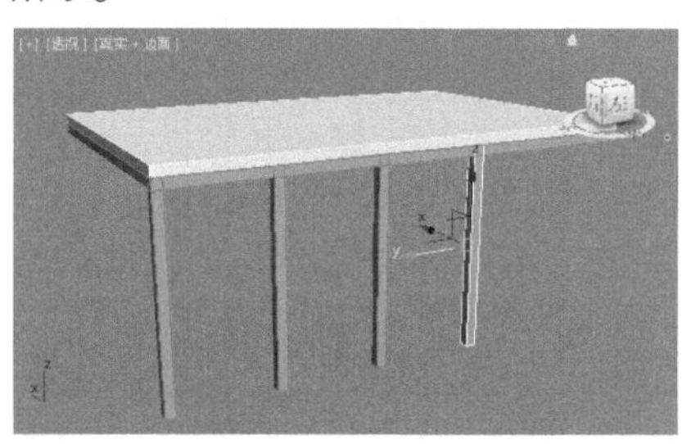
图3-183

图3-184

13 在【透】视图中选择如图3-185所示的模型，按住Shift键，沿Z轴向下拖动复制。

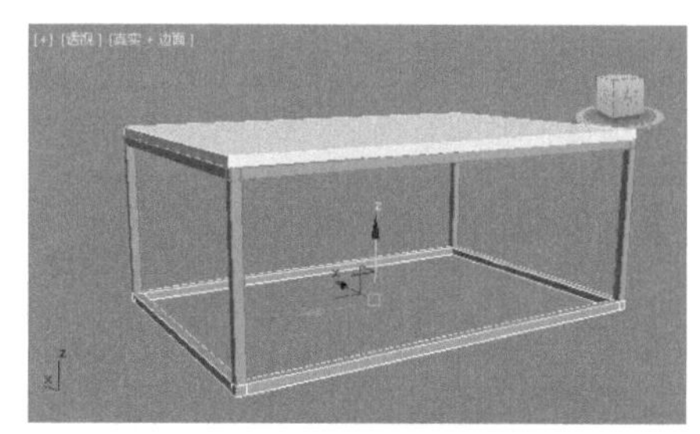
图3-185

实例037 样条线建模制作圆形茶几

文件路径	第3章\样条线建模制作圆形茶几
难易指数	★★★★★
技术掌握	● 圆 ● 星形 ● 【挤出】修改器

扫码深度学习

操作思路

本例通过创建圆、星形，并应用【挤出】修改器、复制操作制作出圆形茶几模型。

案例效果

案例效果如图3-186所示。

图3-186

操作步骤

01 在【顶】视图中创建如图3-187所示的圆。勾选【在渲染中启用】和【在视口中启用】复选框，并设置【厚度】为5.0mm、【步数】为30、【半径】为100.0mm，如图3-188所示。

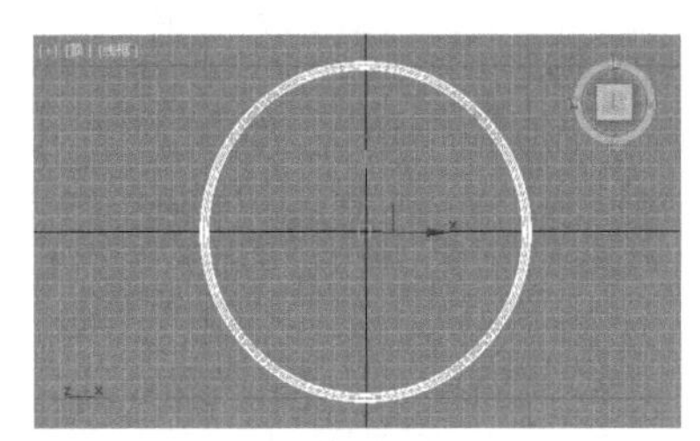

图3-187

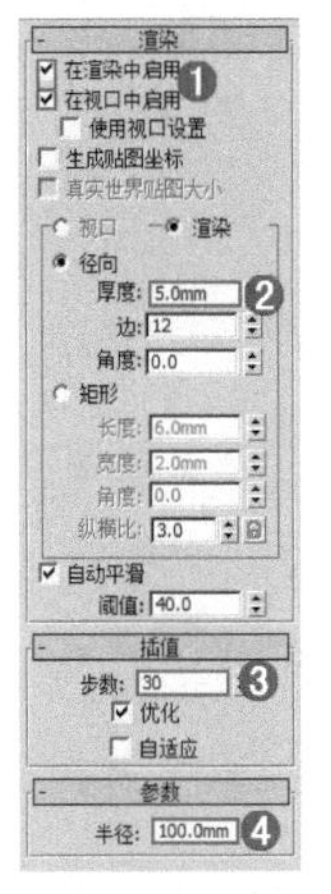

图3-188

02在【顶】视图中创建如图3-189所示的圆。勾选【在渲染中启用】和【在视口中启用】复选框，并设置【厚度】为5.0mm、【步数】为30、【半径】为80.0mm，如图3-190所示。

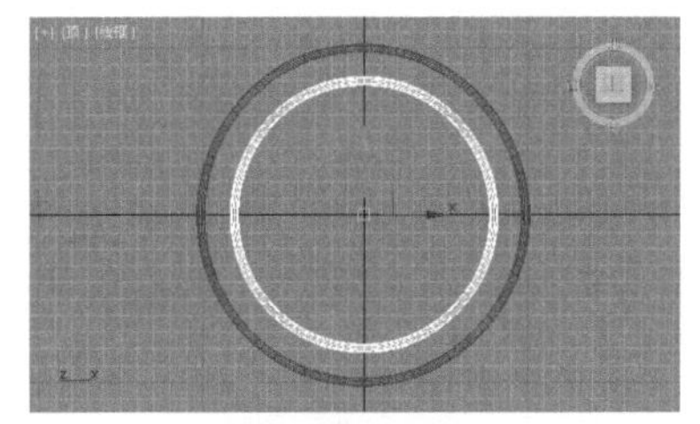

图3-189

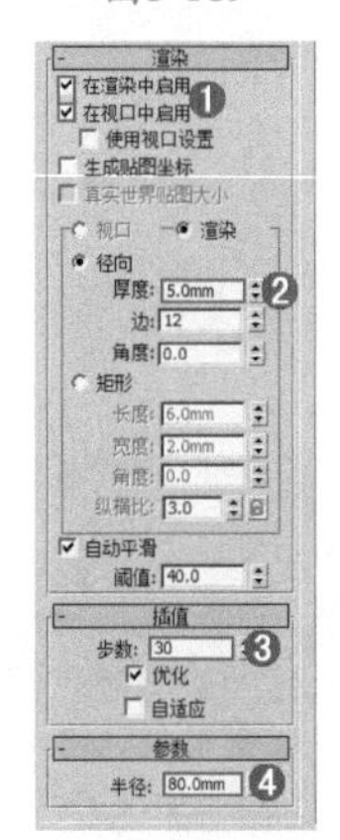

图3-190

03选中刚刚创建的圆形，并在【前】视图中沿Y轴向上移动，如图3-191所示。

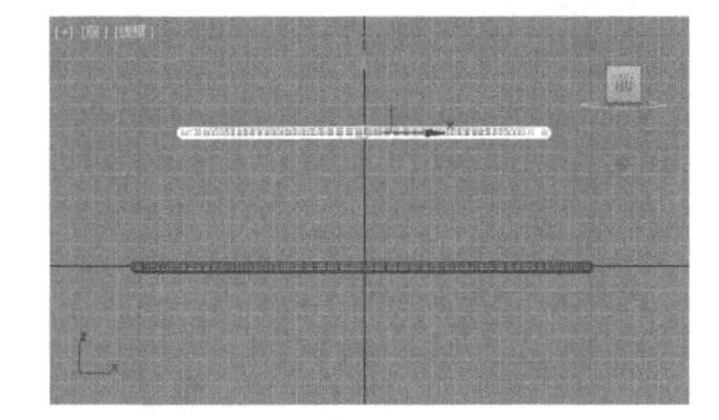

图3-191

04在菜单栏中执行【创建】|【图形】|【星形】命令，在【顶】视图中选择如图3-192所示的星形。设置【半径1】为100.0mm、【半径2】为80.0mm、【点】为12，如图3-193所示。

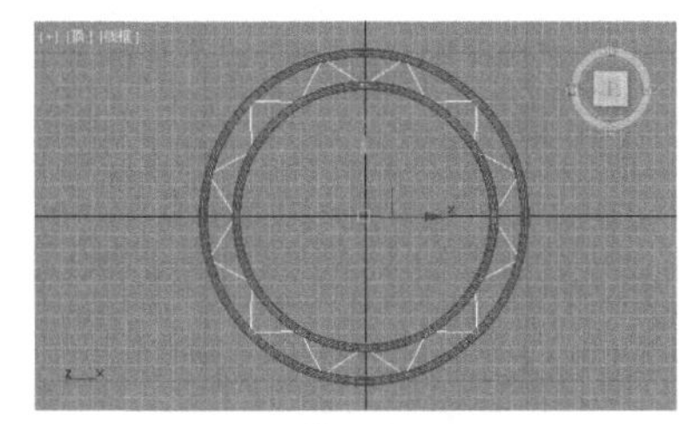

图3-192

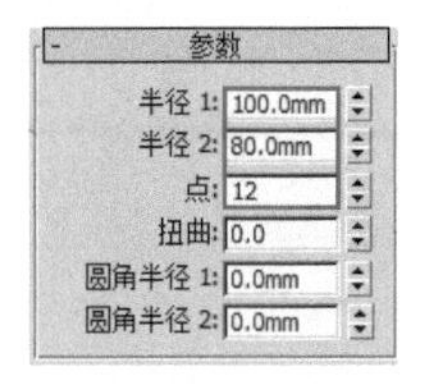

参数	
半径 1:	100.0mm
半径 2:	80.0mm
点:	12
扭曲:	0.0
圆角半径 1:	0.0mm
圆角半径 2:	0.0mm

图3-193

05在【透】视图中将星形转换为可编辑多边形，进入【顶点】级别 ，选择如图3-194所示的顶点，并将顶点沿Y轴移动到如图3-195所示的位置。

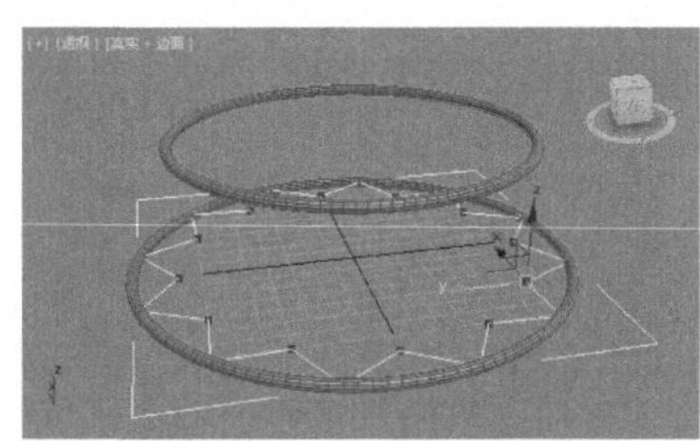

图3-194

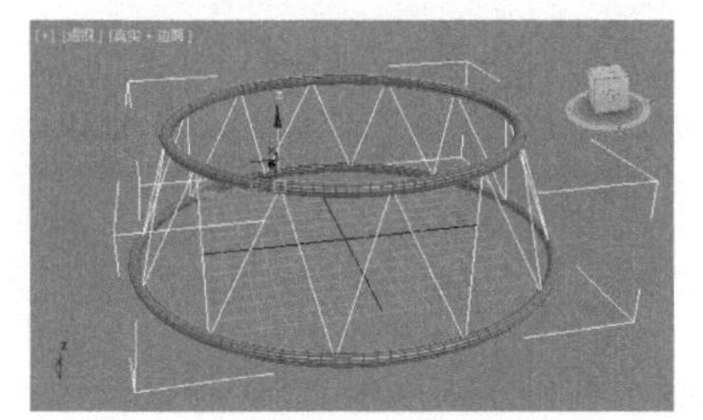

图3-195

06展开【渲染】卷展栏，勾选【在渲染中启用】和【在视口中启用】复选框，设置【厚度】为1.0mm、【边】为15，如图3-196所示。效果如图3-197所示。

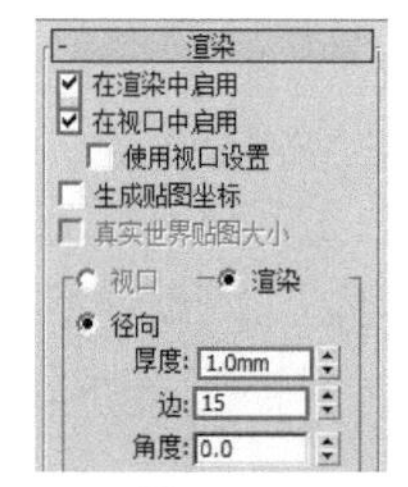

图3-196

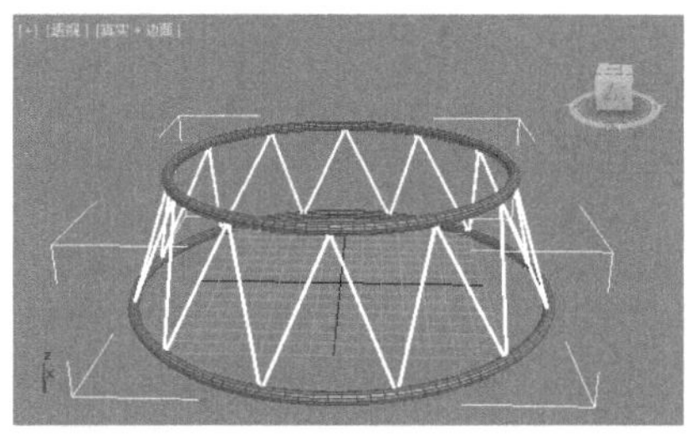

图3-197

07在【透】视图中选择如图3-198所示的模型。按住Shift键，沿Y轴向上拖动复制，如图3-199所示。

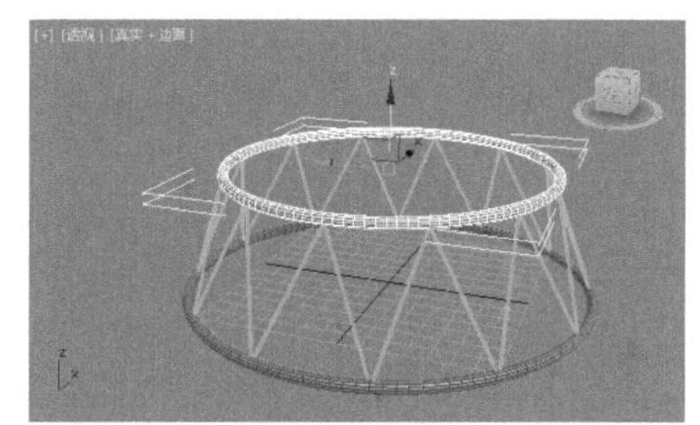

图3-198

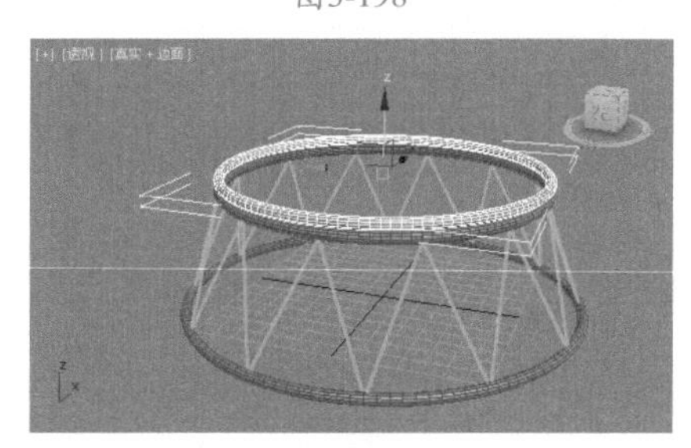

图3-199

08将复制出的模型【半径】设置为83.0mm，如图3-200所示。并为其加载【挤出】修改器，设置【数量】为8.0mm，如图3-201所示。

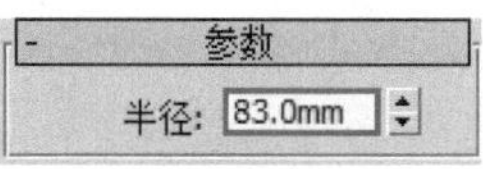

参数	
半径:	83.0mm

图3-200

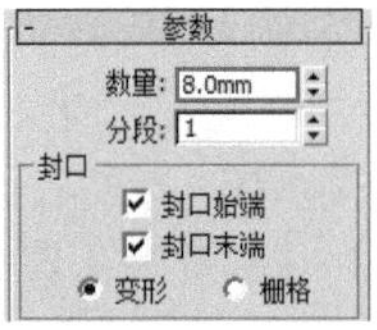

图3-201

09 将模型换成适当的颜色，此时模型已经创建完成，如图3-202所示。

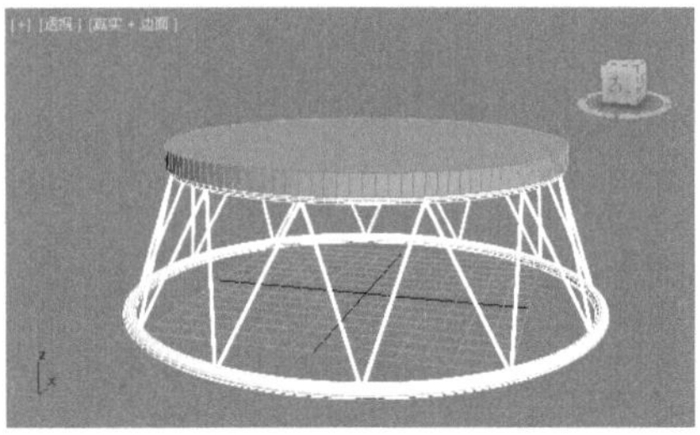

图3-202

实例038 样条线建模制作高脚椅

文件路径	第3章\样条线建模制作高脚椅
难易指数	★★★★★
技术掌握	● 多边形 ● 圆 ●【挤出】修改器

扫码深度学习

操作思路

本例通过创建多边形、圆，并应用【挤出】修改器、复制等操作制作出高脚凳模型。

案例效果

案例效果如图3-203所示。

图3-203

操作步骤

01 在【顶】视图中创建如图3-204所示的多边形。设置【半径】为100.0mm、【边数】为8、【角半径】为25.0mm，如图3-205所示。

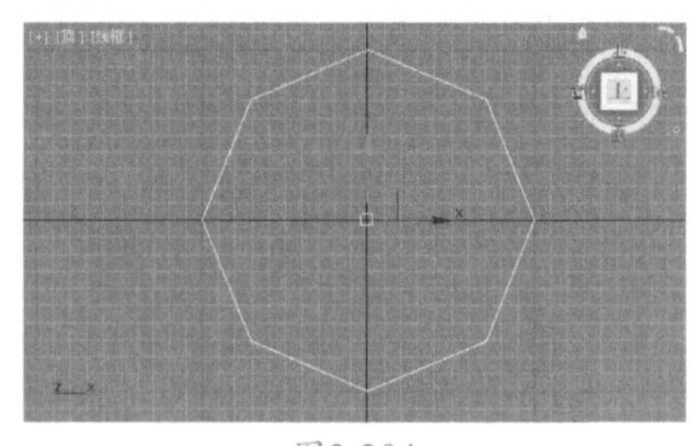

图3-204

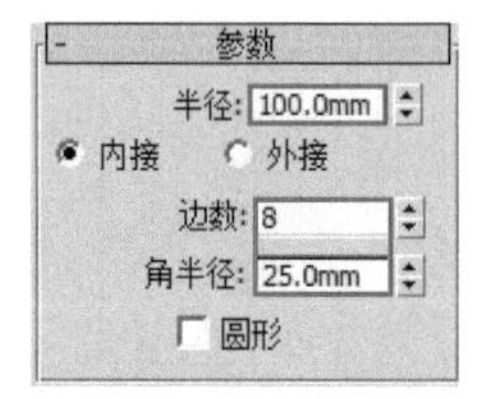

图3-205

02 为多边形加载可编辑样条线，如图3-206所示。

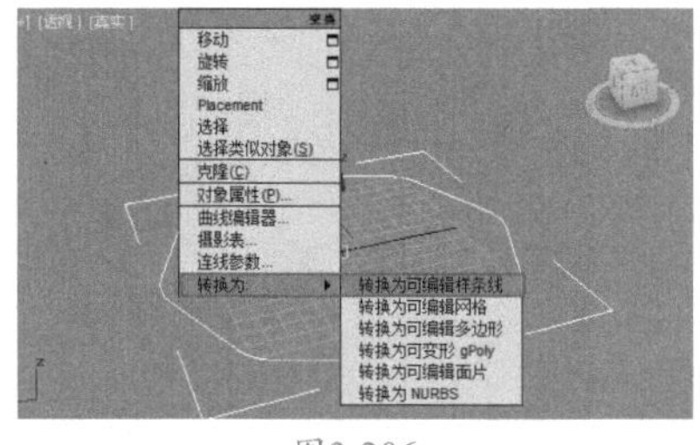

图3-206

03 在【透】视图中选择如图3-207所示的点。接着沿Z轴向上拖动，如图3-208所示。

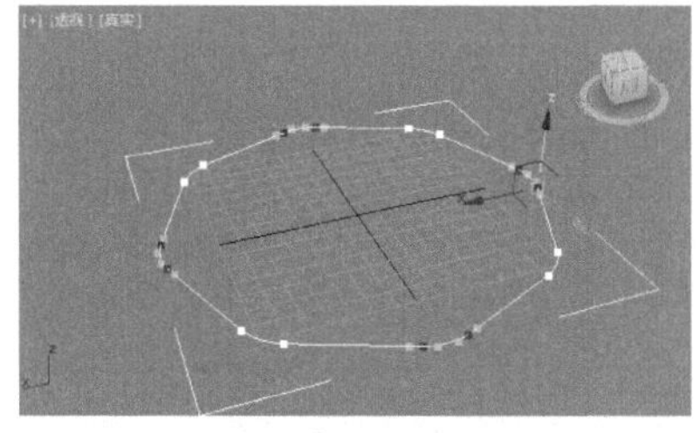

图3-207

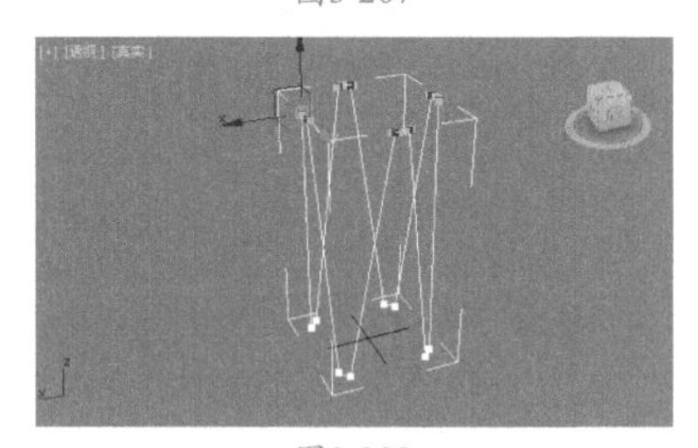

图3-208

04 选择如图3-209所示的点，并将其调节成如图3-210和图3-211所示的效果。

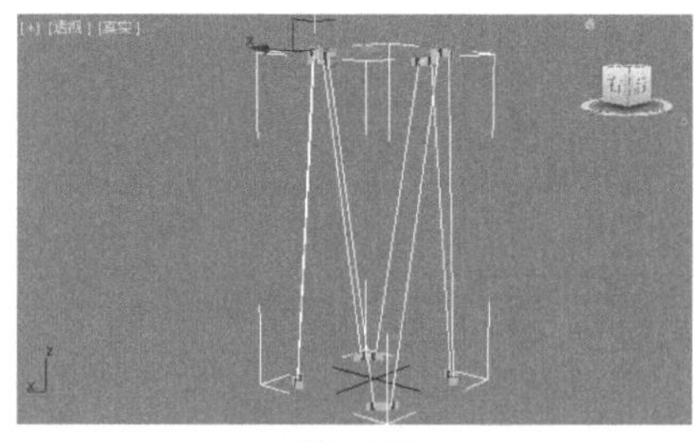

图3-209

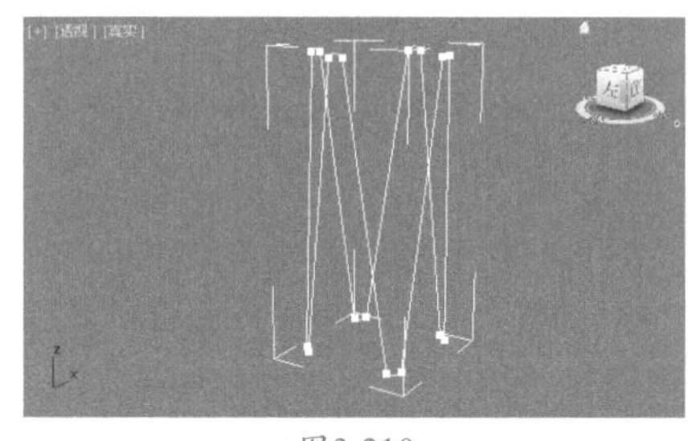

图3-210

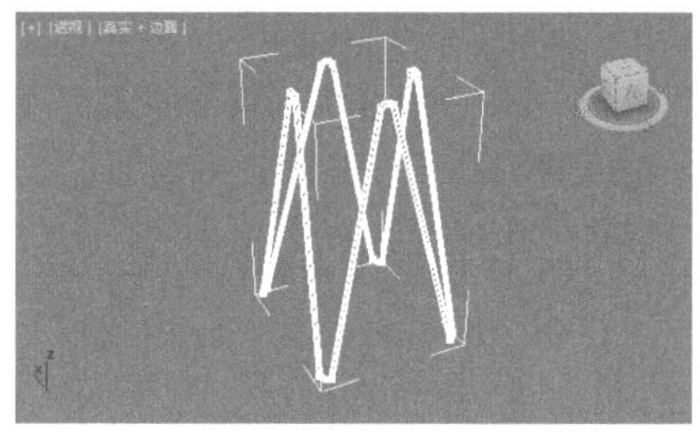

图3-211

05 展开【渲染】卷展栏，勾选【在渲染中启用】和【在视口中启用】复选框，设置【厚度】为8.0mm，如图3-212所示。效果如图3-213所示。

图3-212

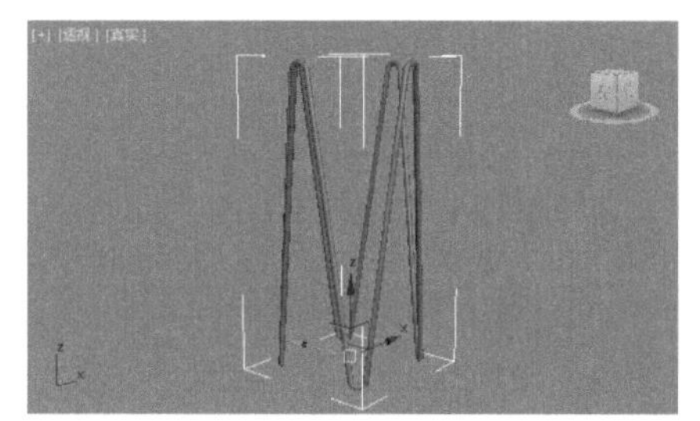

图3-213

06 在【顶】视图中创建如图3-214所示的圆。设置【半径】为110.0mm，如图3-215所示。

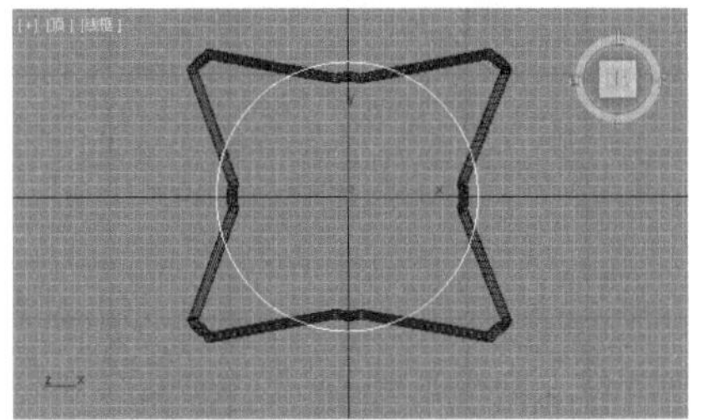

图3-214

图3-215

07 为其加载【挤出】修改器，设置【数量】为20.0mm，如图3-216所示。效果如图3-217所示。

图3-216

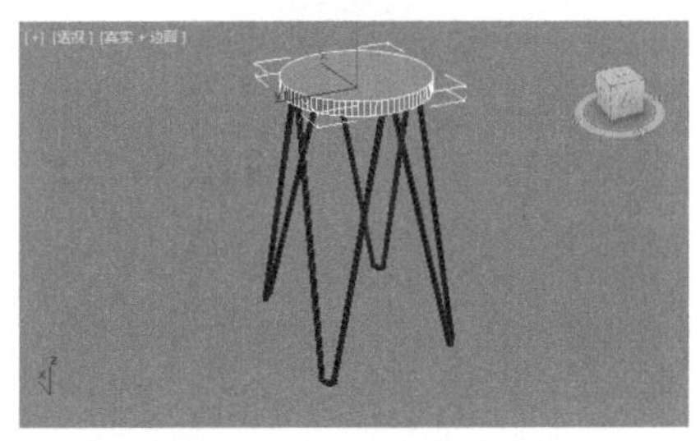

图3-217

08 在【顶】视图中创建如图3-218所示的圆。设置【半径】为135.0mm，如图3-219所示。

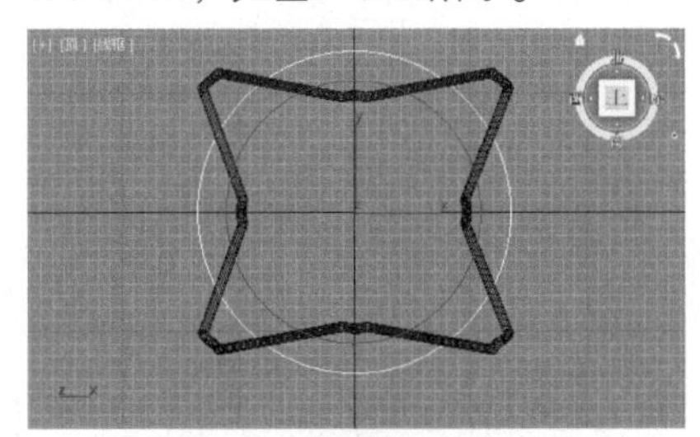

图3-218

图3-219

09 展开【渲染】卷展栏，勾选【在渲染中启用】和【在视口中启用】复选框，设置【厚度】为8.0mm，如图3-220所示。效果如图3-221所示。

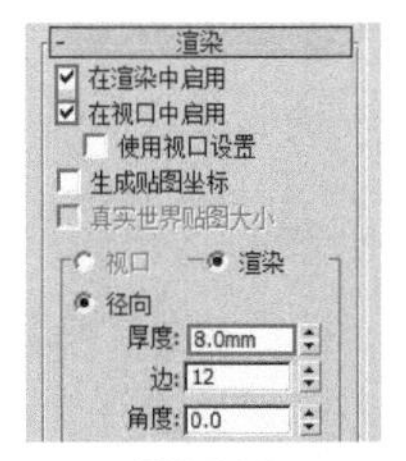

图3-220

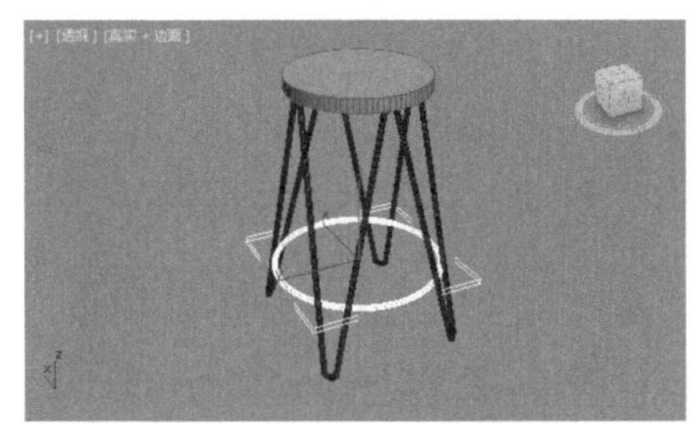

图3-221

10 在【顶】视图中创建如图3-222所示的圆。设置【半径】为5.0mm，如图3-223所示。

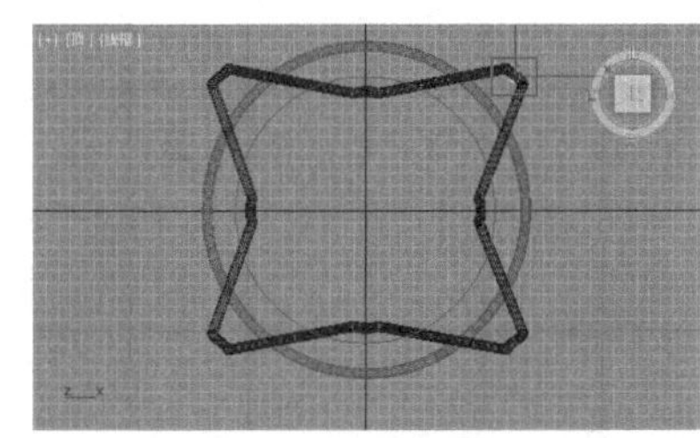

图3-222

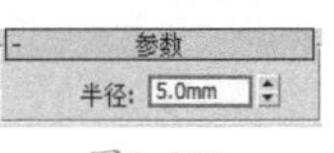

图3-223

11 为其加载【挤出】修改器，设置【数量】为5.0mm，如图3-224所示。效果如图3-225所示。

12 按住Shift键，再将其拖动复制出3个模型，如图3-226所示。将其移动到合适的位置，此时模型已经创建完成，如图3-227所示。

图3-224

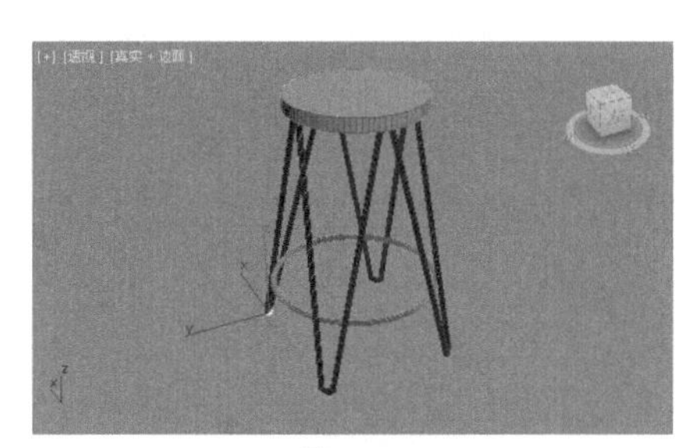

图3-225

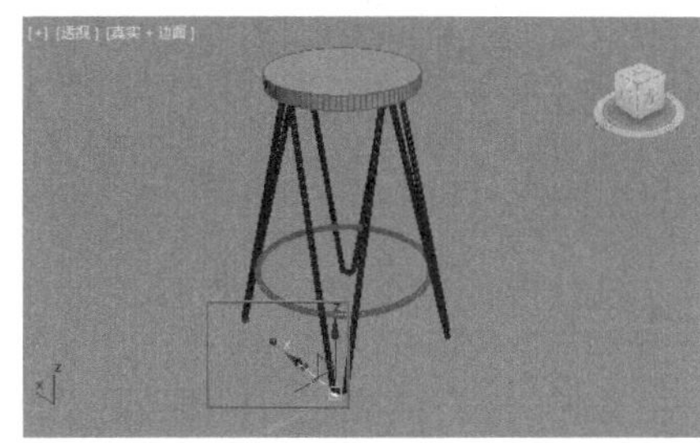

图3-226

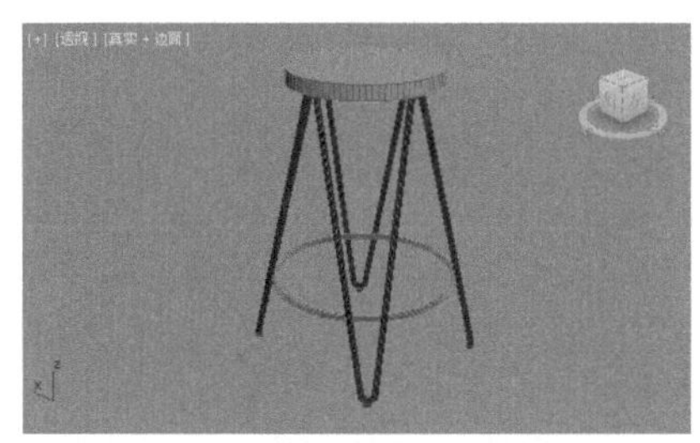

图3-227

实例039 样条线建模制作落地灯

文件路径	第3章\样条线建模制作落地灯
难易指数	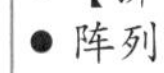
技术掌握	● 圆环 ● 圆 ●【挤出】修改器 ● 阵列

扫码深度学习

操作思路

本例通过创建圆环、圆，并应用【挤出】修改器、阵列操作制作出落地灯模型。

案例效果

案例效果如图3-228所示。

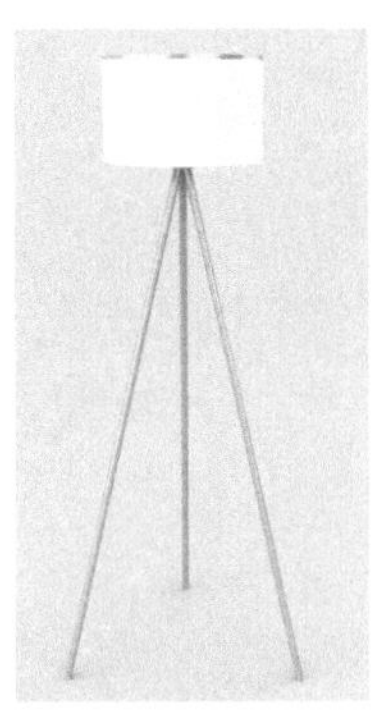

图3-228

操作步骤

01 在【顶】视图中创建如图3-229所示的圆环。设置【半径1】为100.0mm、【半径2】为97.0mm，如图3-230所示。

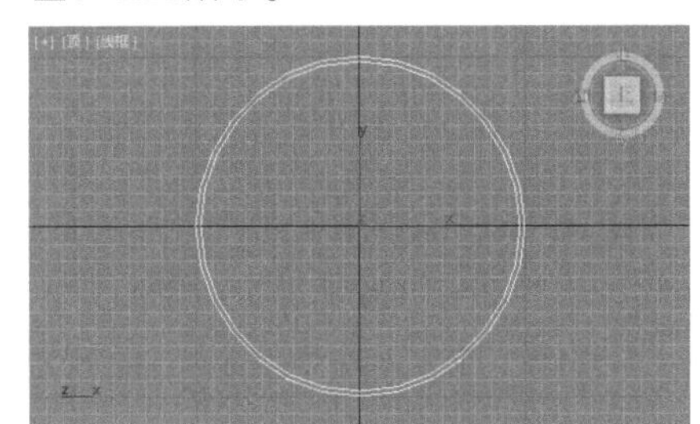

图3-229

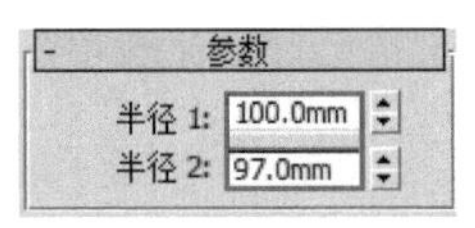

图3-230

02 为圆环加载【挤出】修改器，设置【数量】为120.0mm，如图3-231所示。效果如图3-232所示。

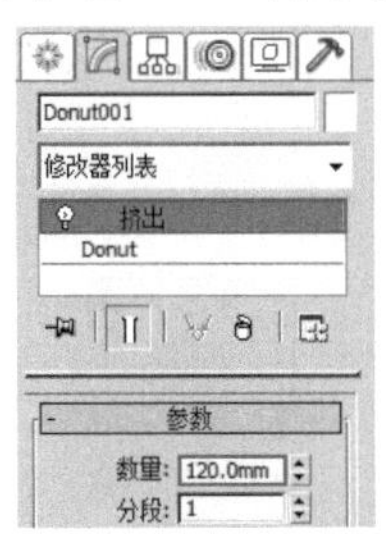

图3-231

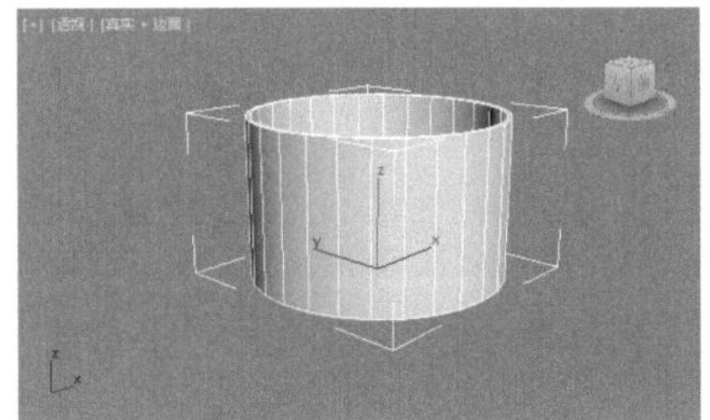

图3-232

03 在【顶】视图中创建如图3-233所示的圆。设置【半径】为100.0mm，如图3-234所示。

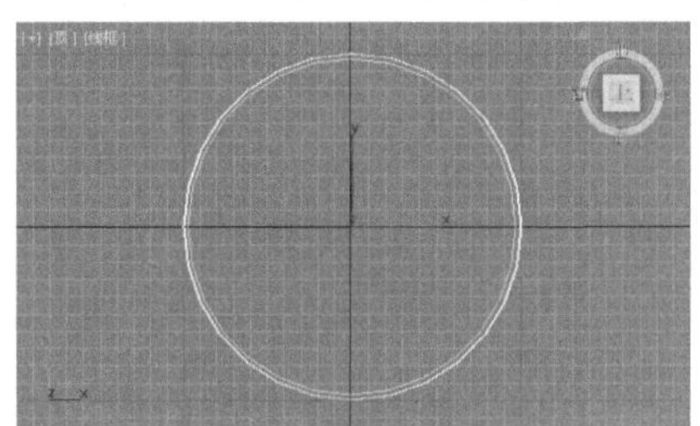

图3-233

图3-234

04 为圆加载【挤出】修改器，设置【数量】为5.0mm，如图3-235所示。效果如图3-236所示。

图3-235

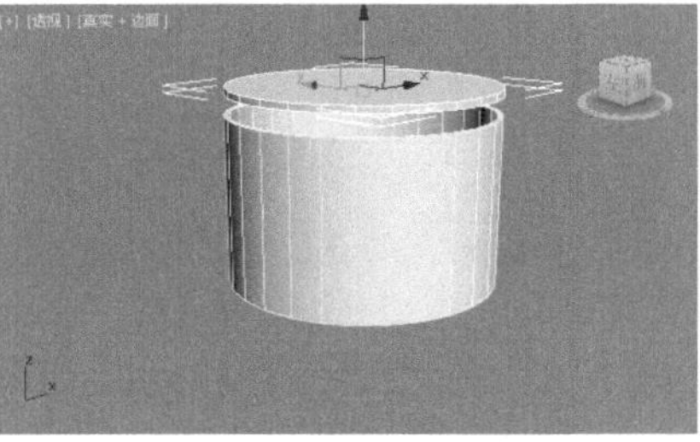

图3-236

05 将模型移动到合适的位置，如图3-237所示。再次在【顶】视图中创建一个圆，设置【半径】为15.00mm，为圆加载【挤出】修改器，设置【数量】为15.0mm，如图3-238所示。效果如图3-239所示。

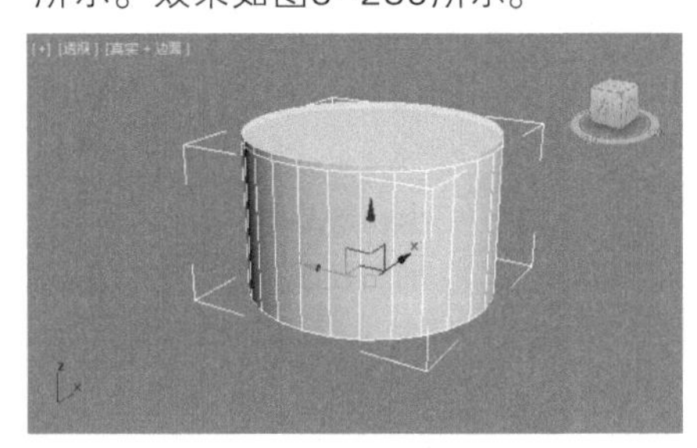

图3-237

图3-238

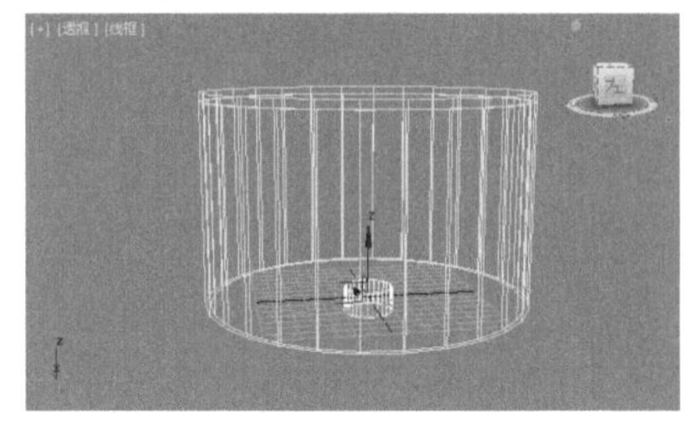

图3-239

06 在【前】视图中选择如图3-240所示的模型。按住Shift键，沿Z轴向上拖动复制，如图3-241所示。

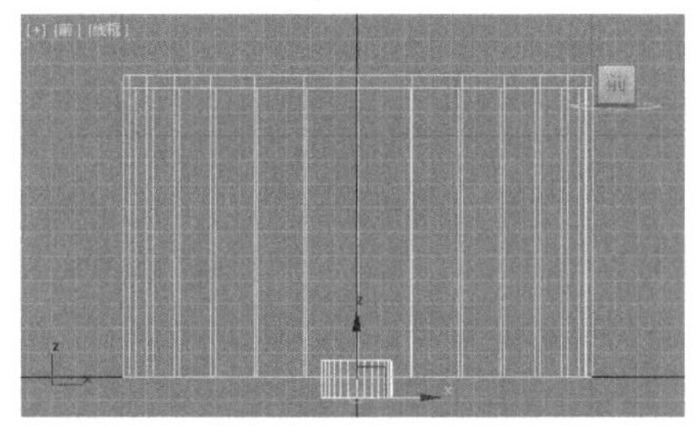

图3-240

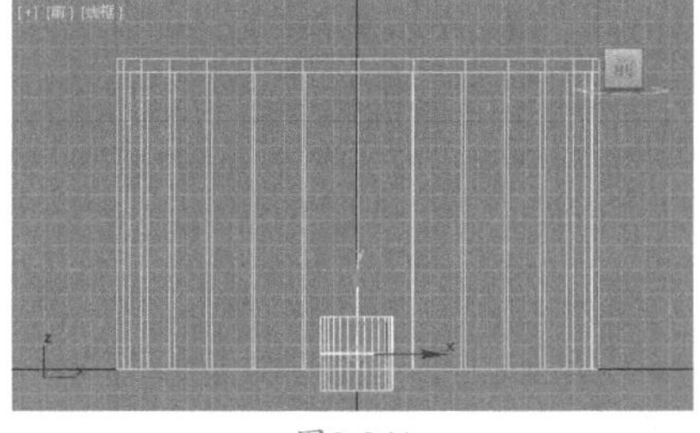

图3-241

07 选择刚刚复制的模型，删除【挤出】修改器，在【渲染】卷展栏中勾选【在渲染中启用】和【在视口中启用】复选框，设置【厚度】为2.0mm、【步数】为30，如图3-242所示。效果如图3-243所示。

08 在【前】视图中创建如图3-244所示的线。在【渲染】卷展栏中勾选【在渲染中启用】和【在视口中启用】复选框，设置【厚度】为10.0mm，如图3-245所示。

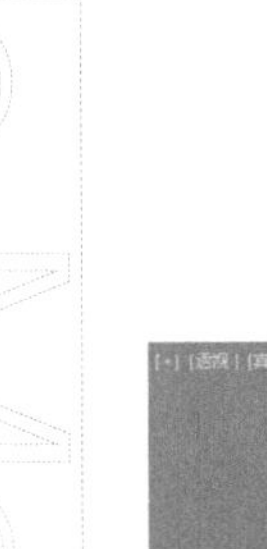

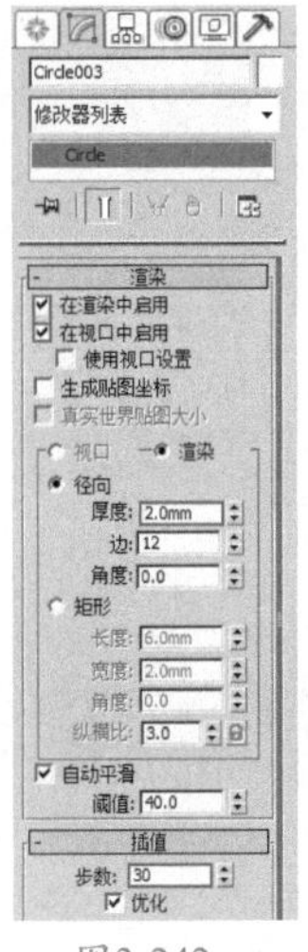

图3-242

图3-243

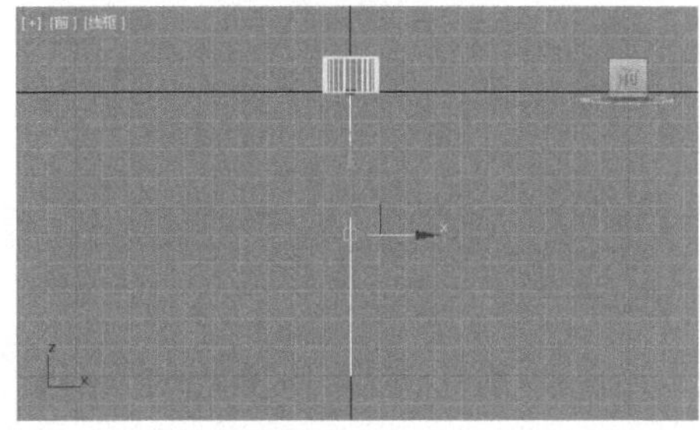
图3-244

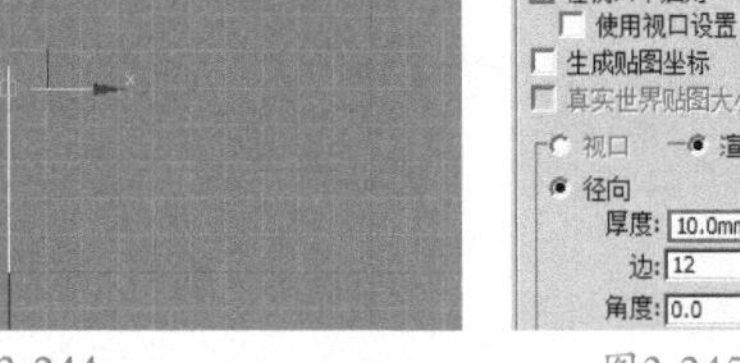

图3-245

09 在【前】视图中将刚刚创建的模型旋转-15°，如图3-246所示。将模型移动到合适的位置，如图3-247所示。

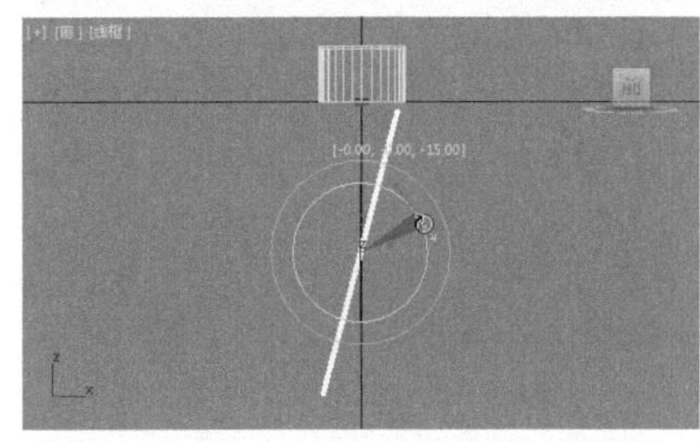
图3-246

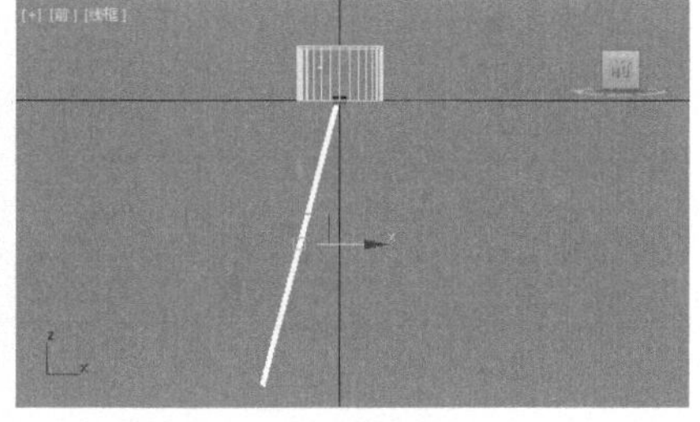
图3-247

10 进入【层级】面板品，单击【仅影响轴】按钮 仅影响轴 ，在【顶】视图中将轴移动到如图3-248所示的位置，再次单击【仅影响轴】按钮，完成针对轴心的设置。在菜单栏中执行【工具】|【阵列】命令，如图3-249所示。

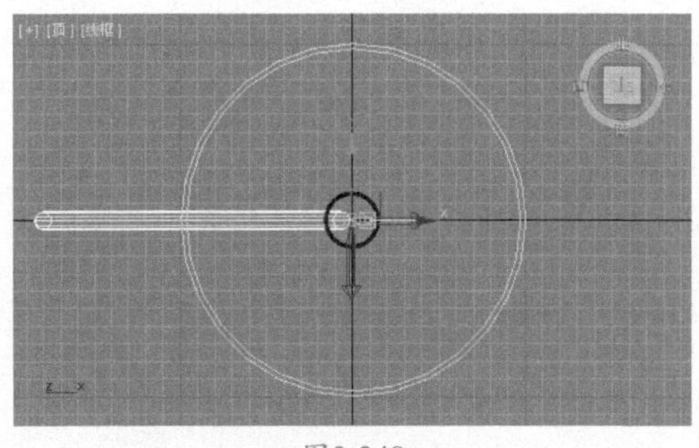
图3-248

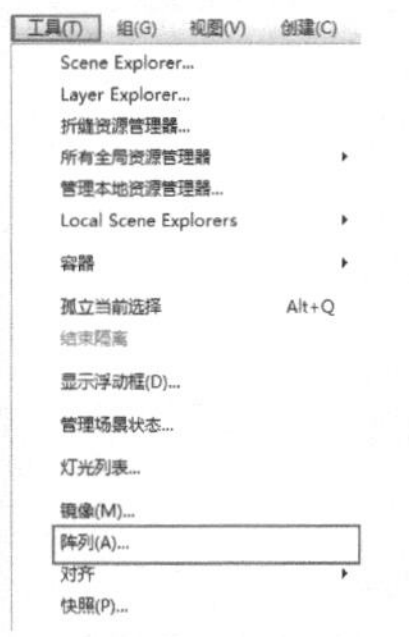

图3-249

11 在弹出的【阵列】对话框中单击【旋转】后面的 > 按钮，设置Z轴为360°，设置1D为3，最后单击【确定】按钮，如图3-250所示。

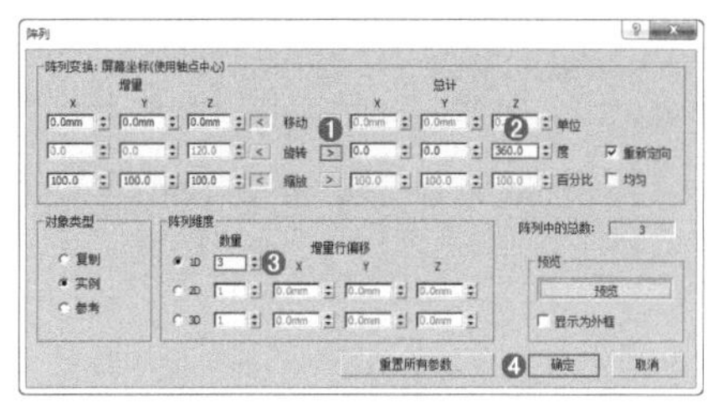
图3-250

12 此时模型已经创建完成，效果如图3-251所示。

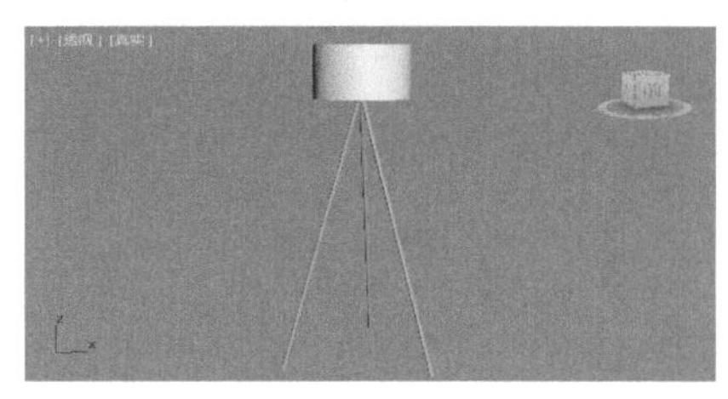
图3-251

实例040 样条线建模制作铁架茶几

文件路径	第3章\样条线建模制作铁架茶几
难易指数	★★★★★
技术掌握	● 多边形 ● 【倒角】修改器 ● 阵列

扫码深度学习

操作思路

本例通过创建多边形，并应用【倒角】修改器制作出茶几面模型，继续创建多边形并进行编辑操作，最后使用【阵列】命令制作出铁架茶几模型。

案例效果

案例效果如图3-252所示。

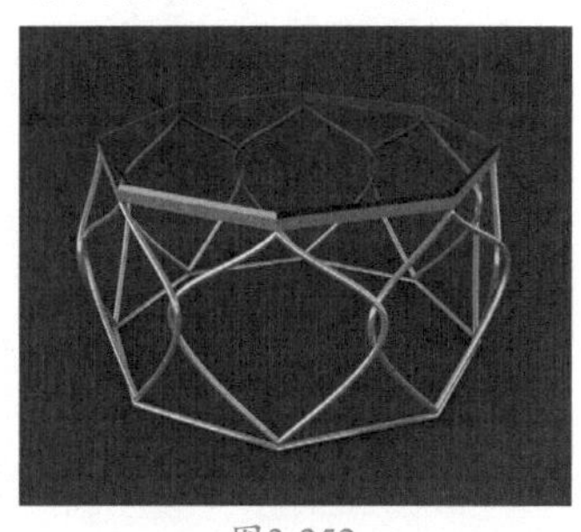
图3-252

操作步骤

01 在【顶】视图中创建如图3-253所示的多边形。设置【半径】为1000.0mm，【边数】为8，如图3-254所示。

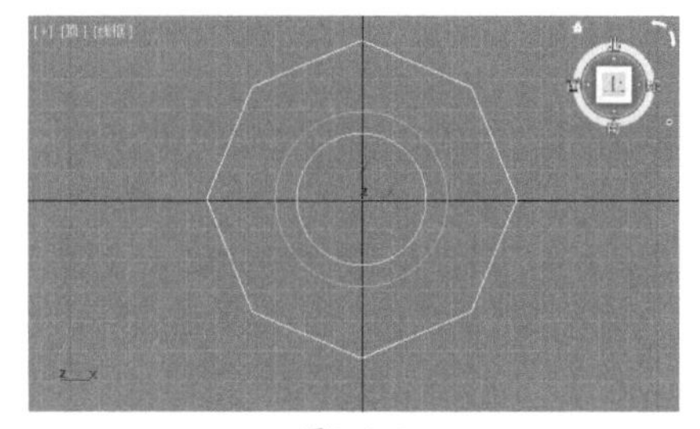

图3-253

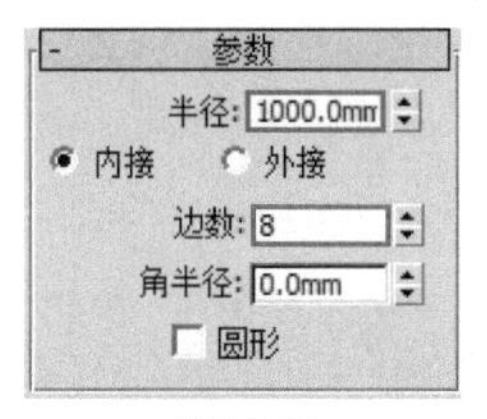

图3-254

02 在【顶】视图中选择模型，沿Z轴向右旋转-22.5°，如图3-255所示。

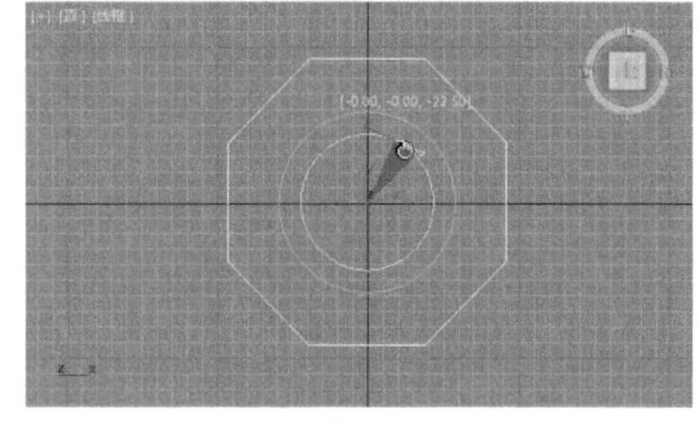

图3-255

03 展开【渲染】卷展栏，勾选【在渲染中启用】和【在视口中启用】复选框，选中【矩形】单选按钮，设置【长度】为50.0mm、【宽度】为20.0mm，如图3-256所示。效果如图3-257所示。

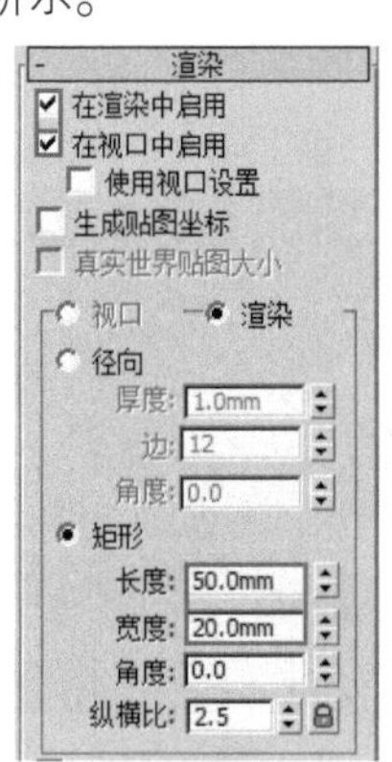

图3-256

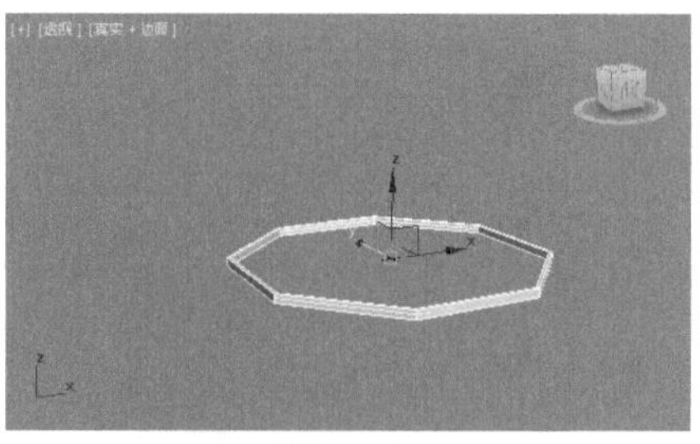

图3-257

04 在【透】视图中选择如图3-258所示的模型，按住Shift键，沿Z轴向上拖动复制，取消勾选【在渲染中启用】和【在视口中启用】复选框，效果如图3-259所示。

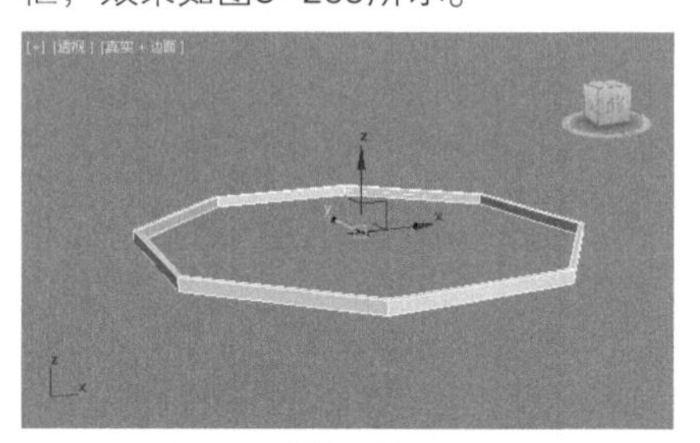

图3-258

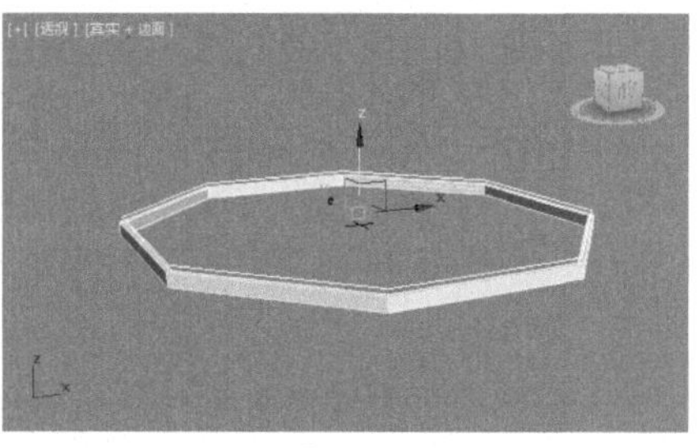

图3-259

05 接着为模型加载【倒角】修改器，设置【级别1】的【高度】为20.0mm、【轮廓】为-15.0mm，如图3-260所示，效果如图3-261所示。将模型适当调节并移动到合适的位置，如图3-262所示。

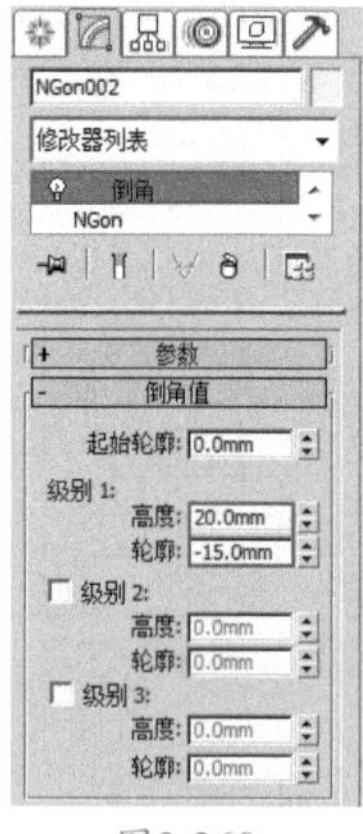

图3-260

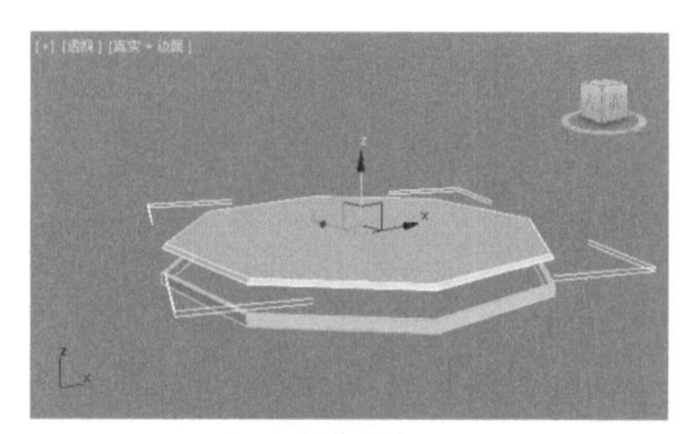

图3-261

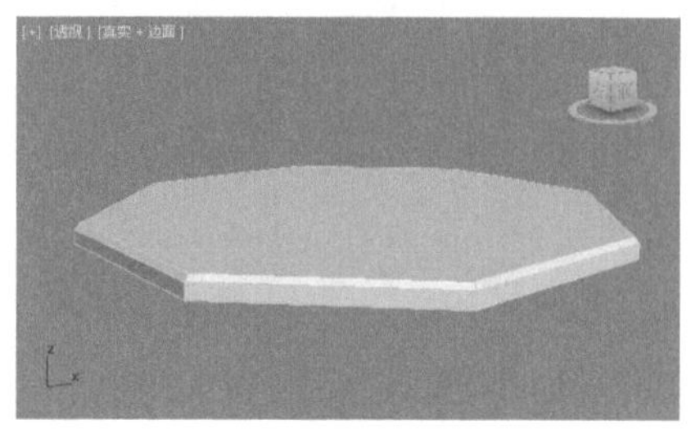

图3-262

06 在【左】视图中创建如图3-263所示的多边形。单击鼠标右键，将其转换为可编辑样条线，如图3-264所示。

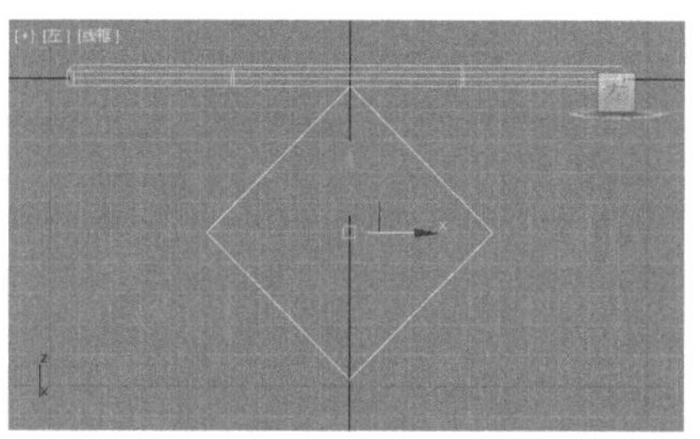

图3-263

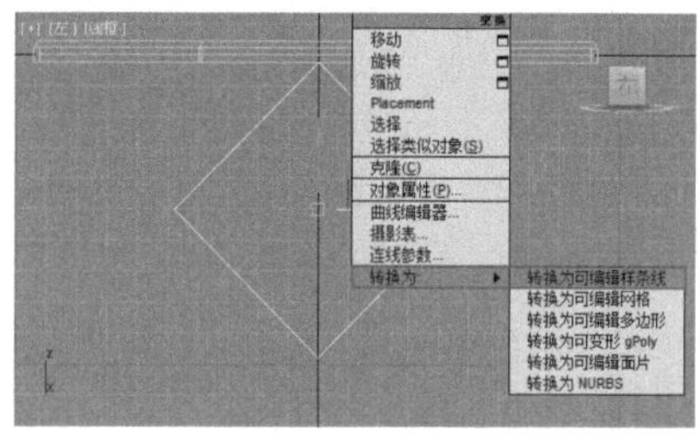

图3-264

07 进入【顶点】级别，选择如图3-265所示的顶点。单击鼠标右键，执行【平滑】命令，如图3-266所示。

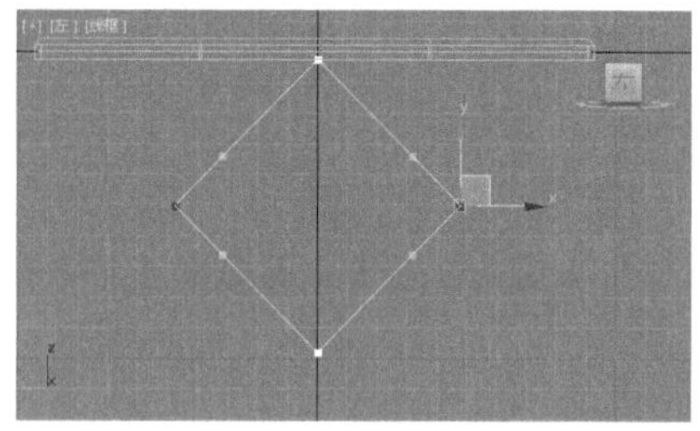

图3-265

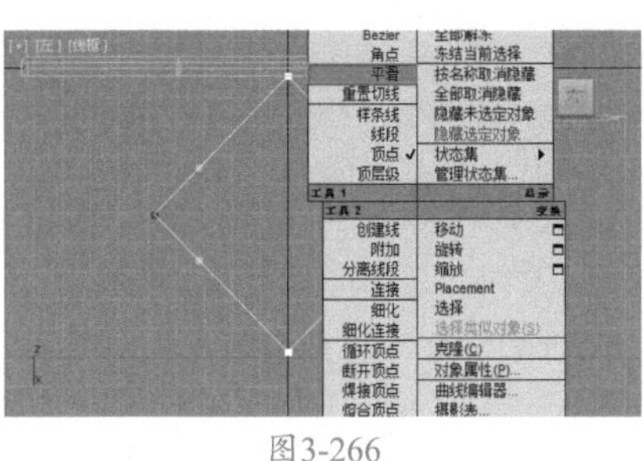

图3-266

08 此时效果如图3-267所示。接着将点沿Y轴向上移动，如图3-268所示。

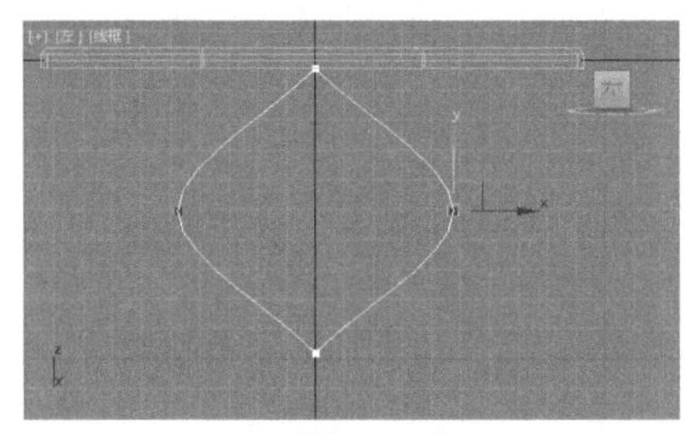

图3-267

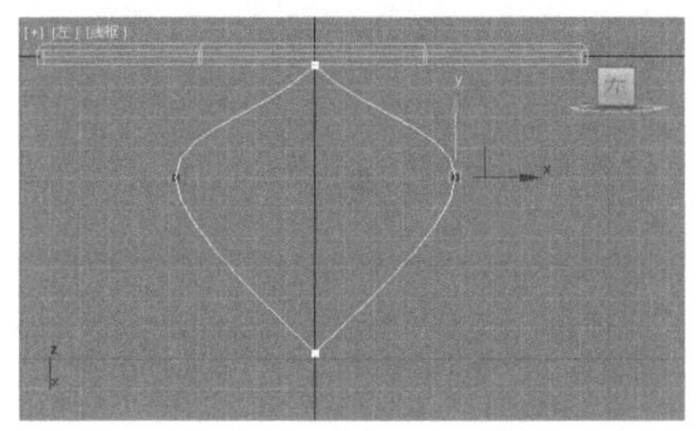

图3-268

09 展开【渲染】卷展栏，勾选【在渲染中启用】和【在视口中启用】复选框，选中【径向】单选按钮，设置【厚度】为30.0mm、【步数】为40，如图3-269所示。将模型移动到合适的位置，效果如图3-270所示。

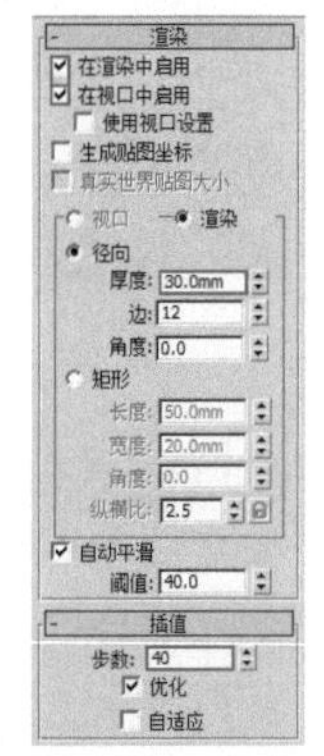

图3-269

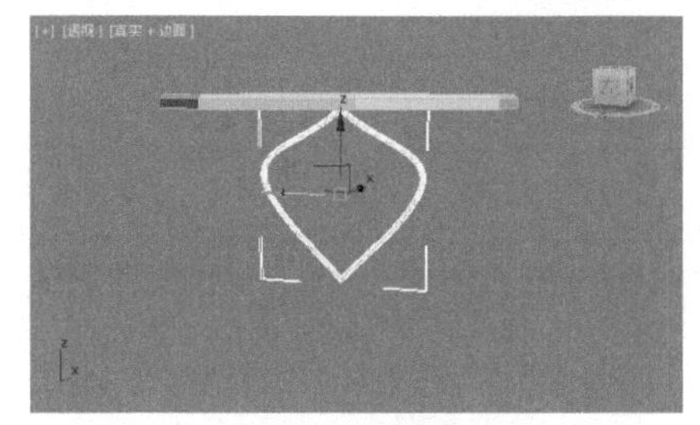

图3-270

10 在【透】视图中将模型沿Z轴旋转-22.5°，如图3-271所示。效果如图3-272所示。

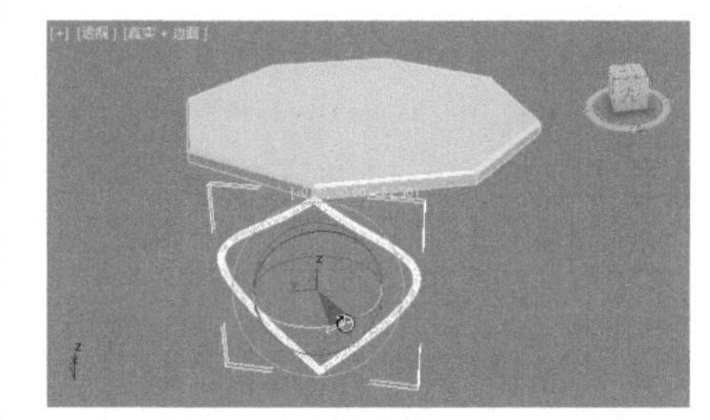

图3-271

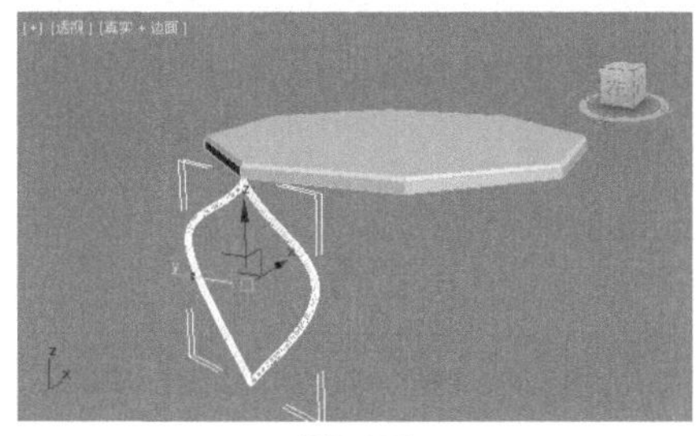

图3-272

11 进入【层次】面板品，单击【仅影响轴】按钮 仅影响轴 ，在【顶】视图中将轴移到如图3-273所示的位置，再次单击【仅影响轴】按钮，完成针对中心的设置。在菜单栏中执行【工具】|【阵列】命令，如图3-274所示。

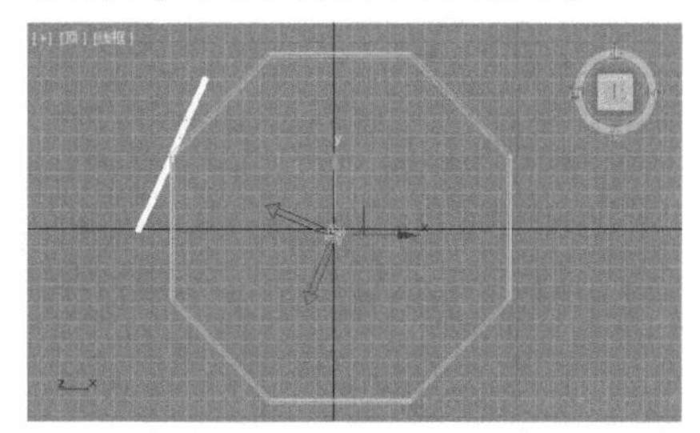

图3-273

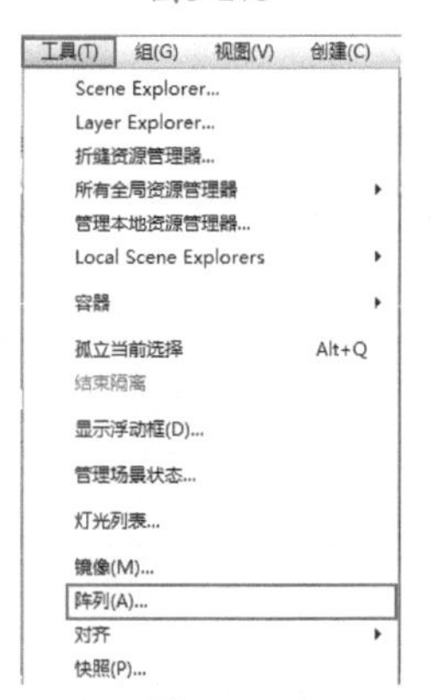

图3-274

12 在弹出的【阵列】对话框中单击【旋转】后面的 > 按钮，设置Z轴为360°，设置【1D】为8，最后单击【确定】按钮，如图3-275所示。效果如图3-276所示。

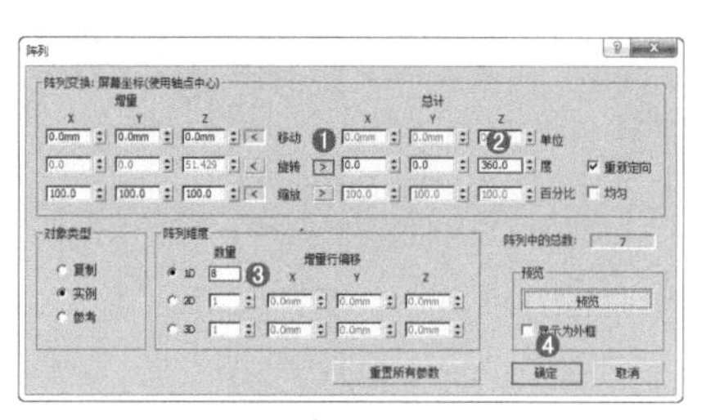

图3-275

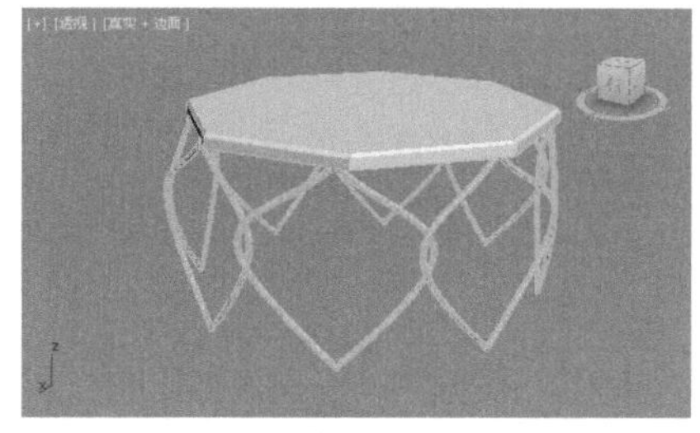

图3-276

13 接着适当调节模型，如图3-277所示。

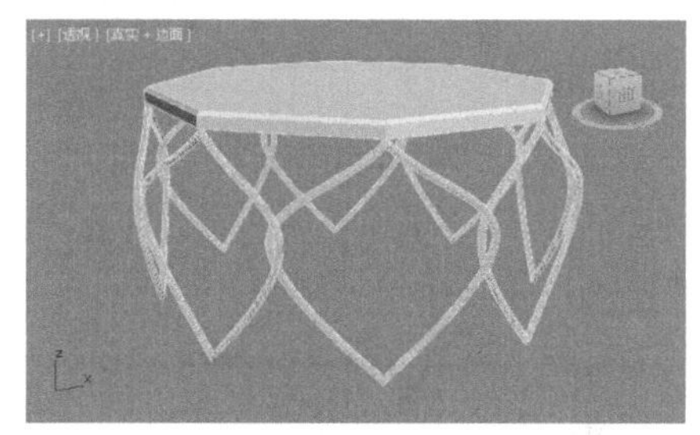

图3-277

14 在【透】视图中选择如图3-278所示的模型，沿Z轴向下拖动复制，如图3-279所示。

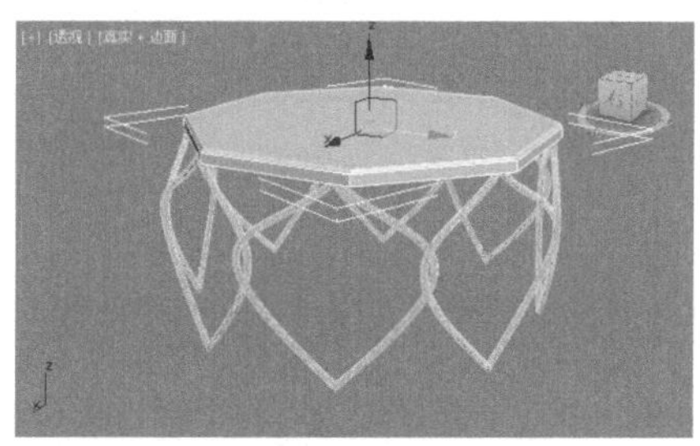

图3-278

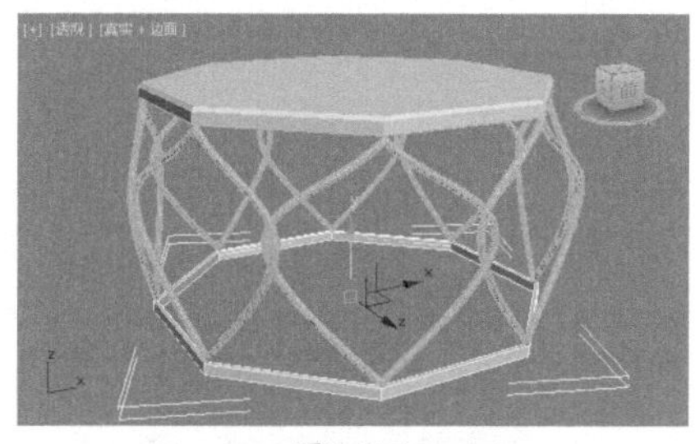

图3-279

15 接着展开【渲染】卷展栏，选中【径向】单选按钮，设置【厚度】为30.0mm，如图3-280所示。将模型移动到合适的位置，效果如图3-281所示。

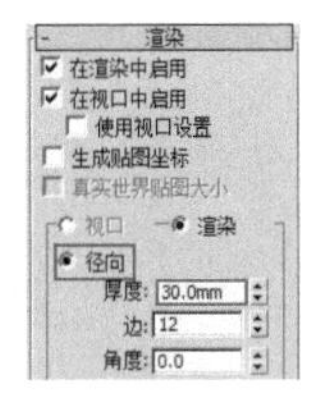

图3-280

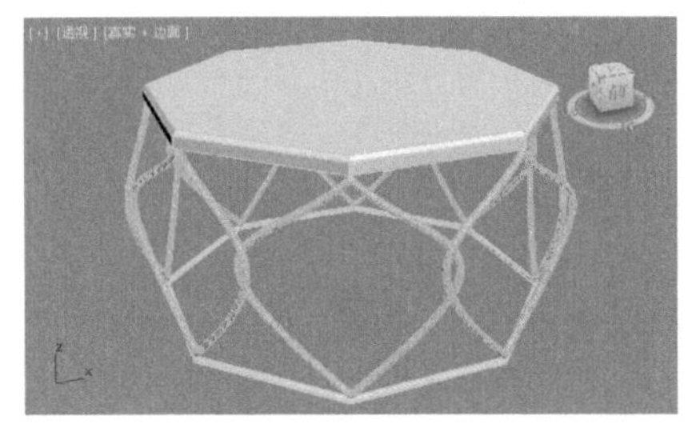
图3-281

实例041　样条线建模制作单人椅

文件路径	第3章\样条线建模制作单人椅
难易指数	★★★★★
技术掌握	● 线 ● 镜像 ● 【挤出】修改器 ● 【网格平滑】修改器 ● 【编辑多边形】修改器

扫码深度学习

操作思路

本例通过创建线，并使用镜像操作、【挤出】修改器、【网格平滑】修改器、【编辑多边形】修改器制作单人椅模型。

案例效果

案例效果如图3-282所示。

图3-282

操作步骤

01 在【前】视图中创建如图3-283所示的线。

02 进入【顶点】级别，单击鼠标右键，执行【细化】命令，在【前】视图中添加如图3-284所示的顶点。

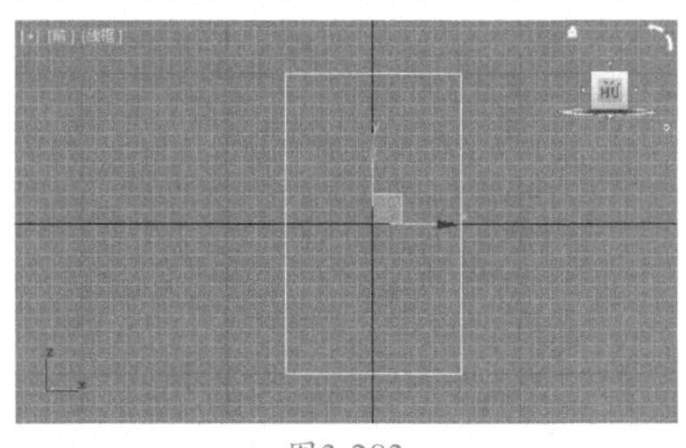
图3-283

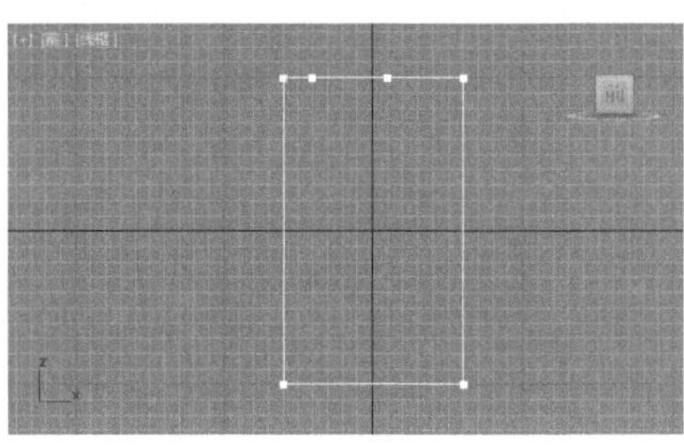
图3-284

03 选择如图3-285所示的顶点。沿Y轴向下移动，如图3-286所示。

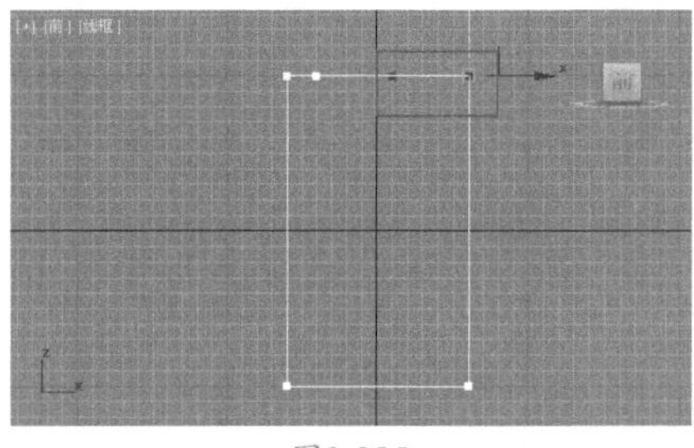
图3-285

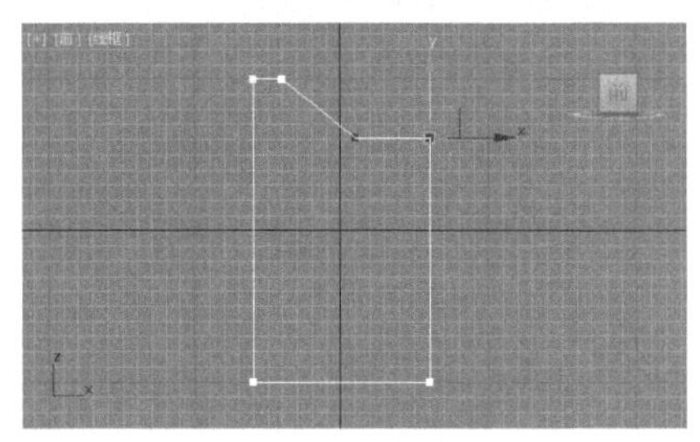
图3-286

04 选择如图3-287所示的顶点。单击鼠标右键，在弹出的快捷菜单中执行Bezier命令，如图3-288所示。

05 此时效果如图3-289所示。然后调节成如图3-290所示效果。

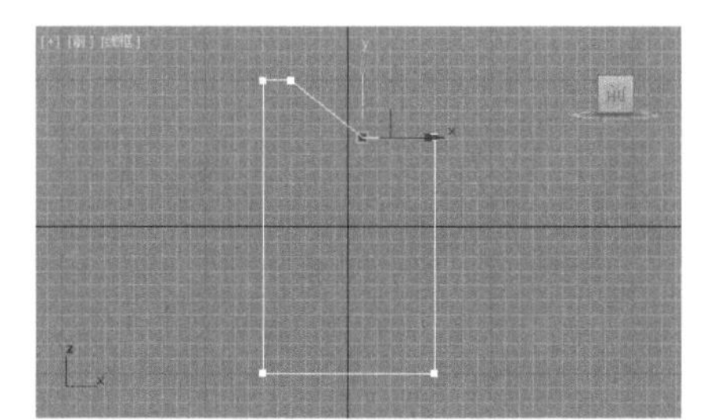
图3-287

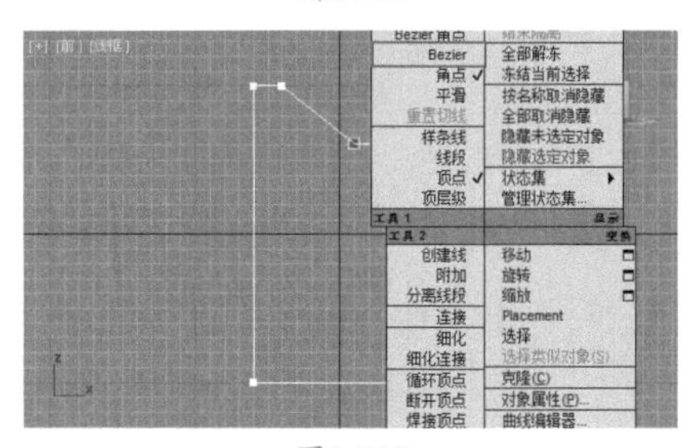
图3-288

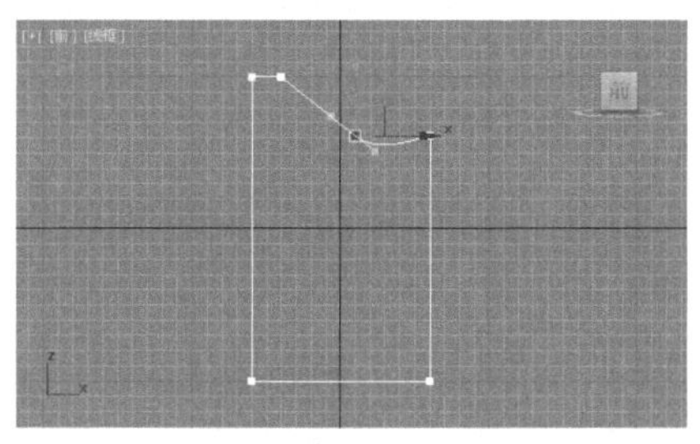
图3-289

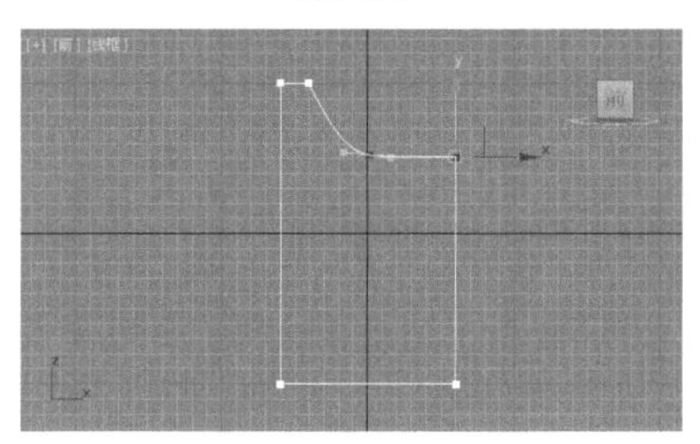
图3-290

06 取消【顶点】级别。展开【渲染】卷展栏，勾选【在渲染中启用】和【在视口中启用】复选框，选中【矩形】单选按钮，设置【长度】为50.0mm，【宽度】为50.0mm，如图3-291所示。效果如图3-292所示。

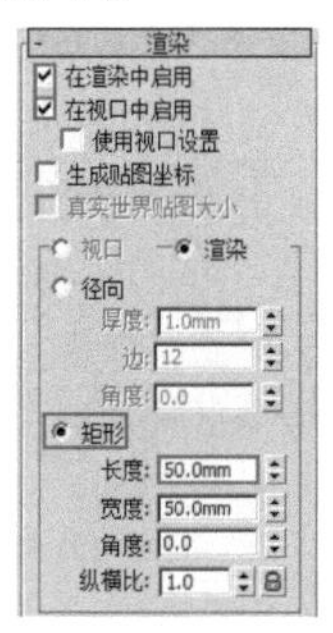

图3-291

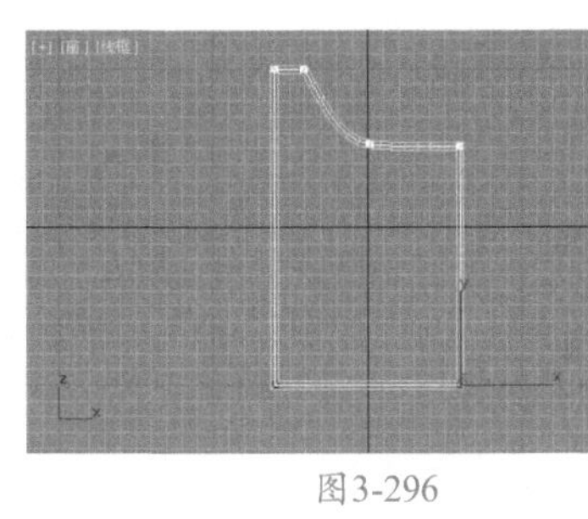

图3-292

07 在【透】视图中选择模型，如图3-293所示。单击【镜像】按钮，在弹出的【镜像:世界 坐标】对话框选择Y轴和【复制】选项，最后单击【确定】按钮，如图3-294所示。

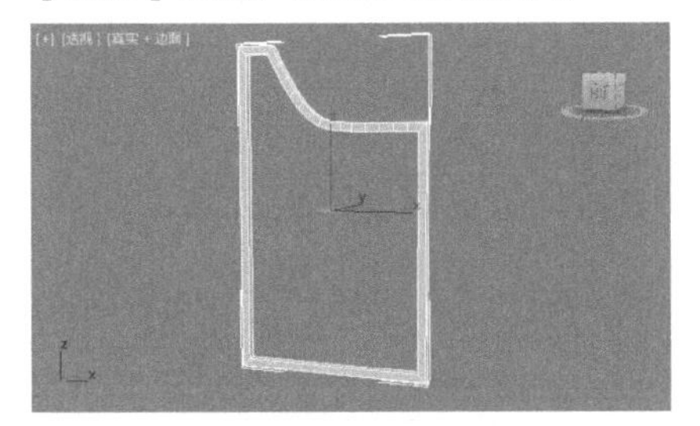

图3-293

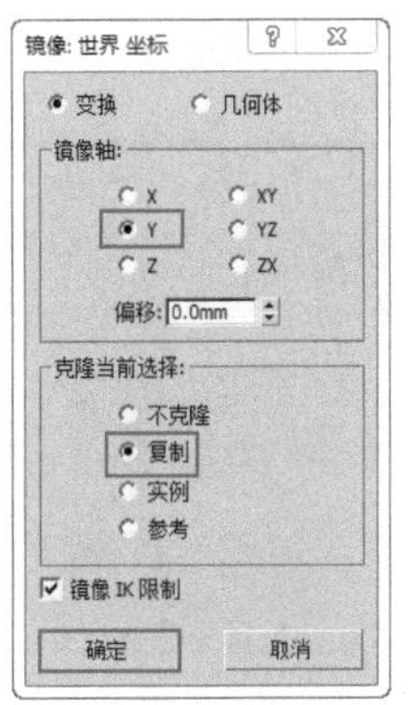

图3-294

08 展开【渲染】卷展栏，取消勾选【在渲染中启用】和【在视口中启用】复选框，如图3-295所示。进入【顶点】级别，在【前】视图中选择如图3-296所示的顶点。

图3-295

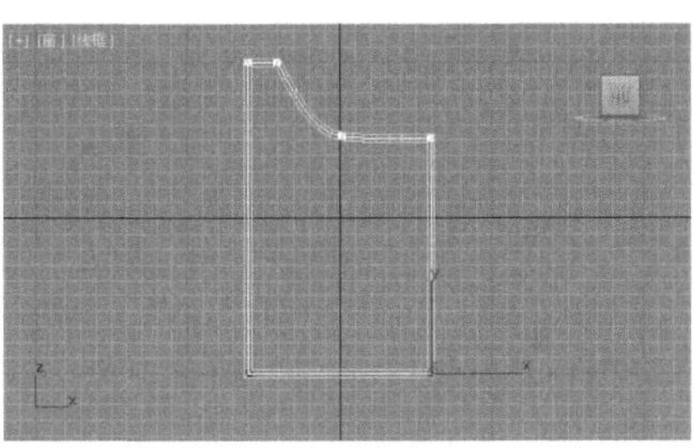

图3-296

09 将顶点移动到合适的位置，如图3-297所示。取消【顶点】级别，为其加载【挤出】修改器，设置【数量】为80.0mm，如图3-298所示。将模型移动到合适的位置，如图3-299所示。

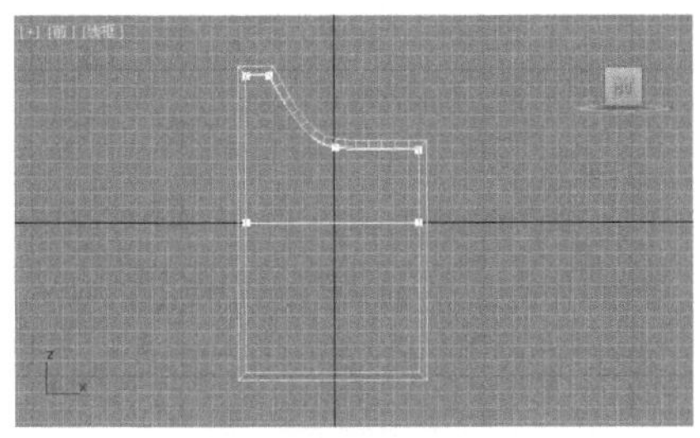

图3-297

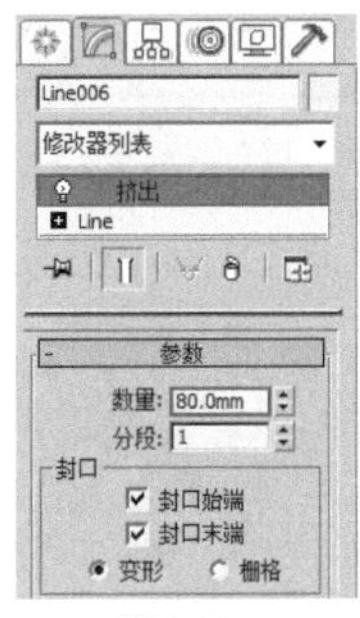

图3-298

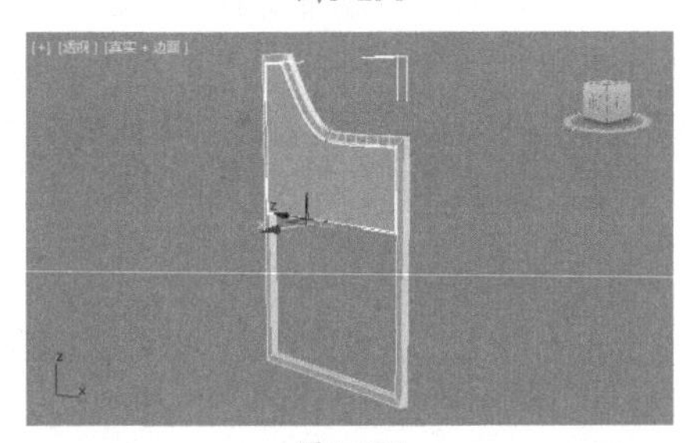

图3-299

10 接着为模型加载【编辑多边形】修改器，进入【边】级别，选择如图3-300所示的边。单击【切角】后面的【设置】按钮，设置【数量】为25.0mm、【分段】为20，如图3-301所示。效果如图3-302所示。

11 在【顶】视图中创建如图3-303所示的矩形。设置【长度】为1200.0mm、【宽度】为1200.0mm，如图3-304所示。

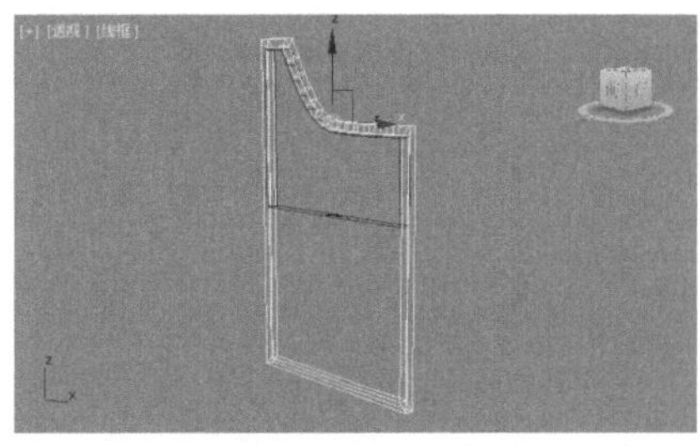

图3-300

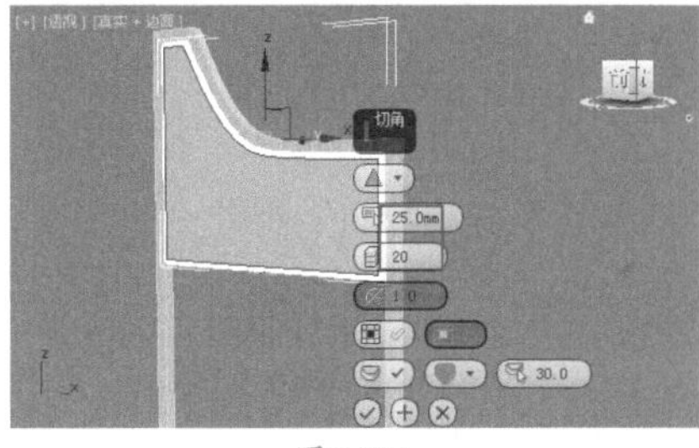

图3-301

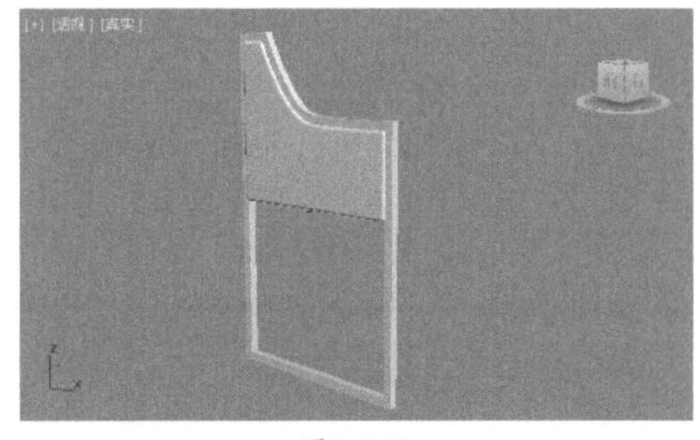

图3-302

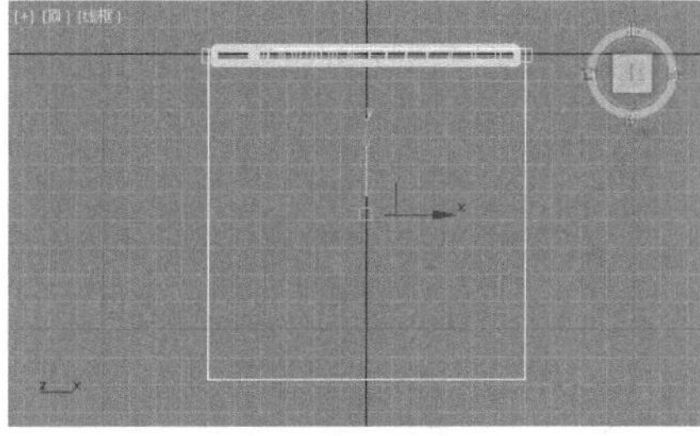

图3-303

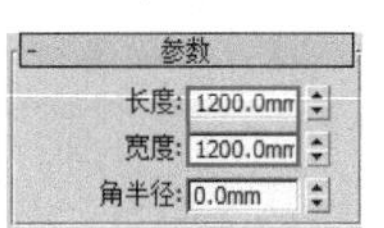

图3-304

12 展开【渲染】卷展栏，勾选【在渲染中启用】和【在视口中启用】复选框，选中【矩形】单选按钮，设置【长度】为50.0mm、【宽度】为50.0mm，如图3-305所示。在【透】视图中将模型移动到合适的位置，如图3-306所示。

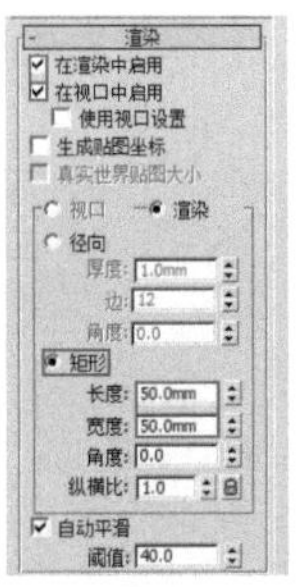

图3-305

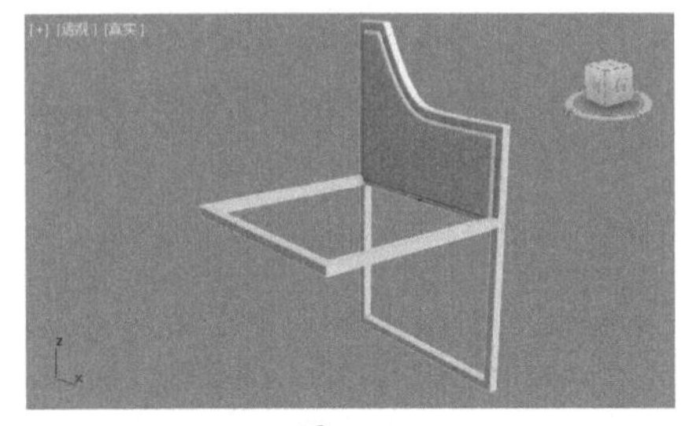

图3-306

13 在【透】视图中选择模型，如图3-307所示。单击【镜像】按钮，在弹出的【镜像:世界 坐标】对话框中选择Y轴和【复制】选项，最后单击【确定】按钮，如图3-308所示。

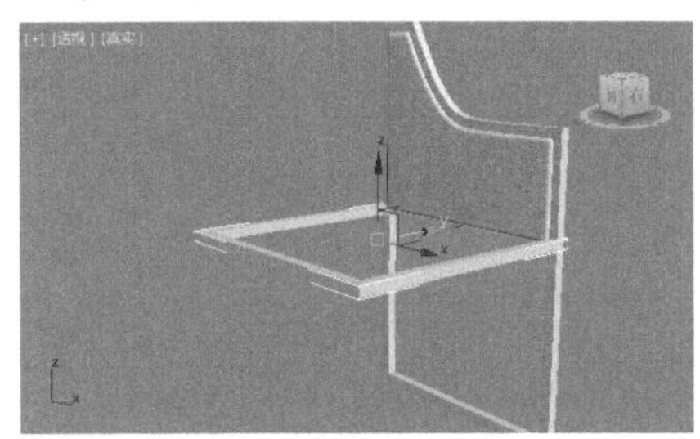

图3-307

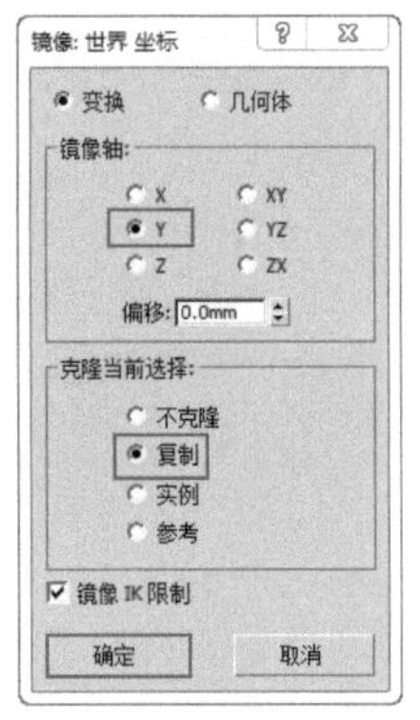

图3-308

14 展开【渲染】卷展栏，取消勾选【在渲染中启用】和【在视口中启用】复选框，如图3-309所示。单击鼠标右键，将线条转换为可编辑样条线，进入【顶点】级别，选择如图3-310所的顶点。

图3-309

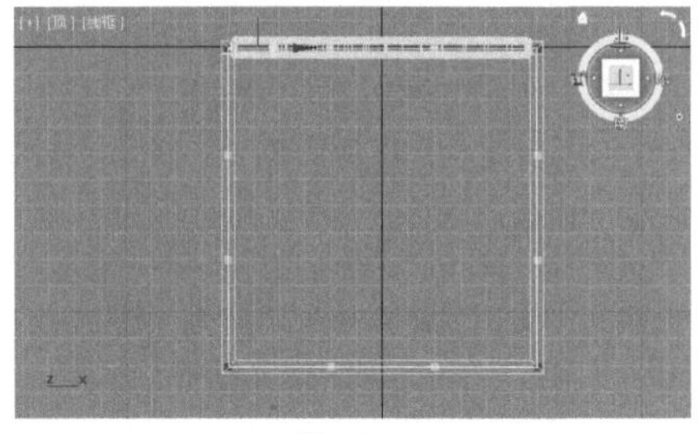

图3-310

15 将顶点移动到合适的位置，如图3-311所示。取消【顶点】级别，为其加载【挤出】修改器，设置【数量】为80.0mm，并将模型移动到合适的位置，如图3-312和图3-313所示。

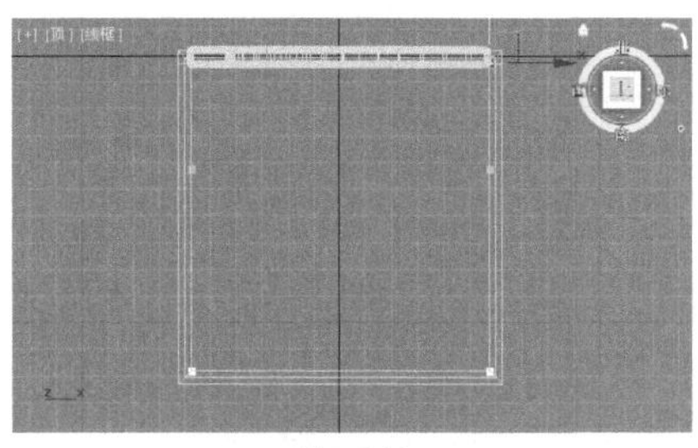

图3-311

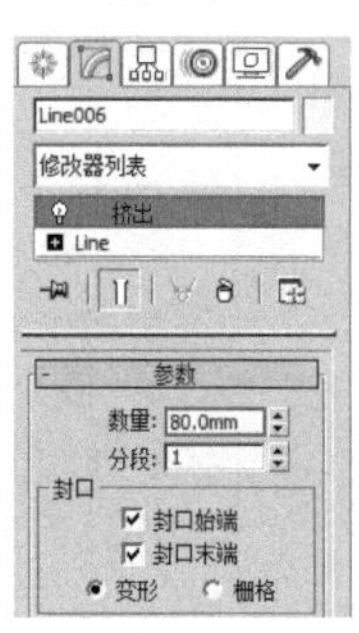

图3-312

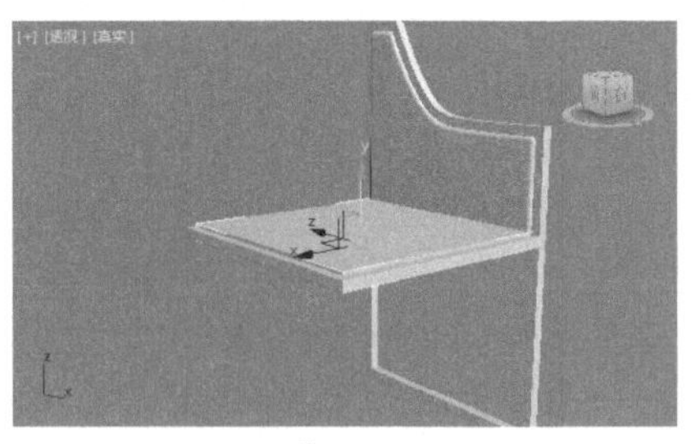

图3-313

16 接着为模型加载【编辑多边形】修改器，进入【边】级别，选择如图3-314所示的边。单击【切角】后面的【设置】按钮，设置【数量】为25.0mm、【分段】为20，如图3-315所示。

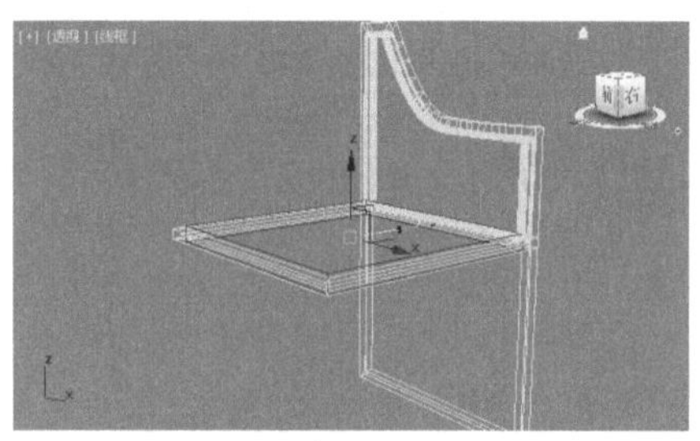

图3-314

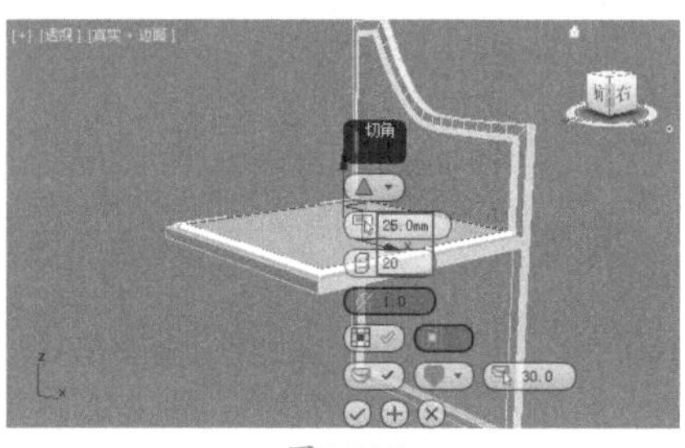

图3-315

17 此时效果如图3-316所示。接着选择如图3-317所示的边。

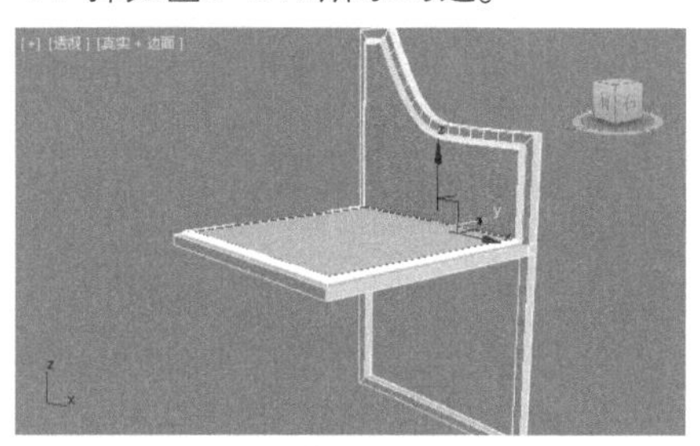

图3-316

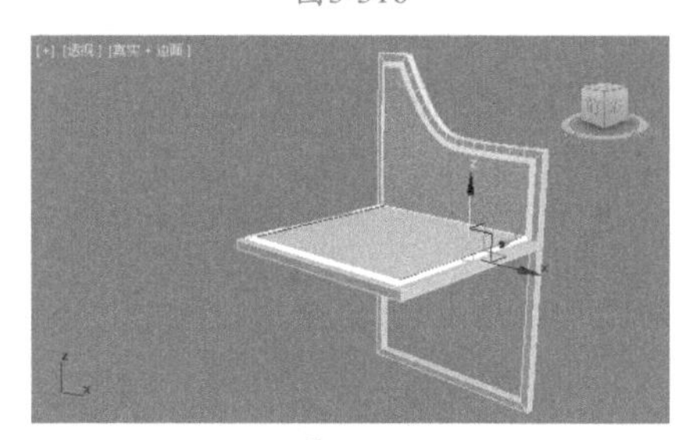

图3-317

18 单击【连接边】后面的【设置】按钮，设置【分段】为6，如图3-318所示。选择如图3-319所示的边。

19 单击【连接边】后面的【设置】按钮，设置【分段】为7、【收缩】为35，如图3-320所示。进入【顶点】级别，选择如图3-321所

示的顶点。

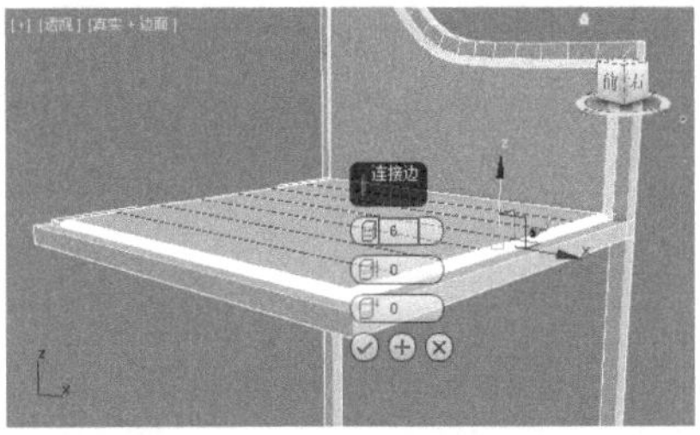

图3-318

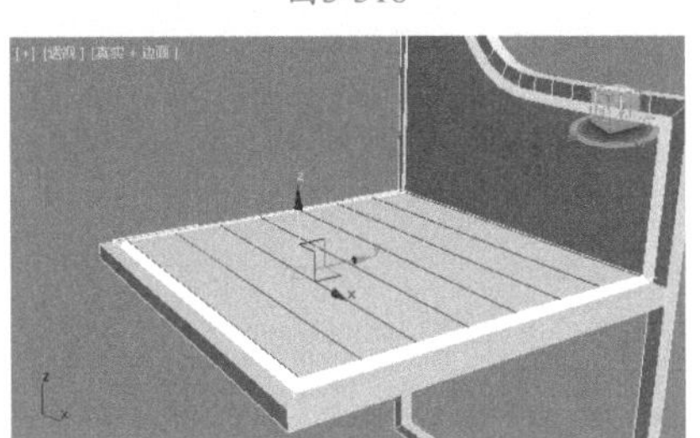

图3-319

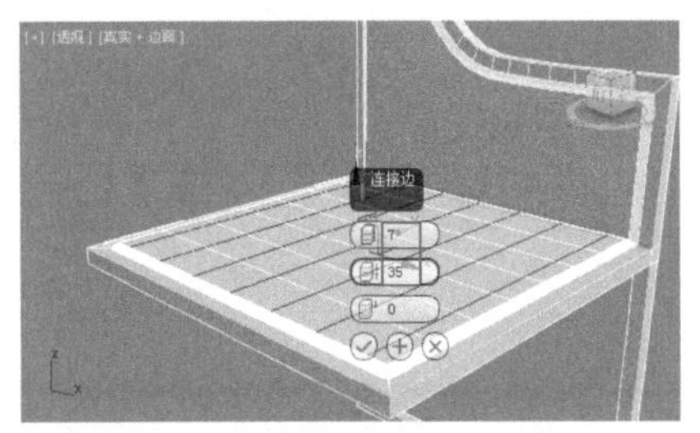

图3-320

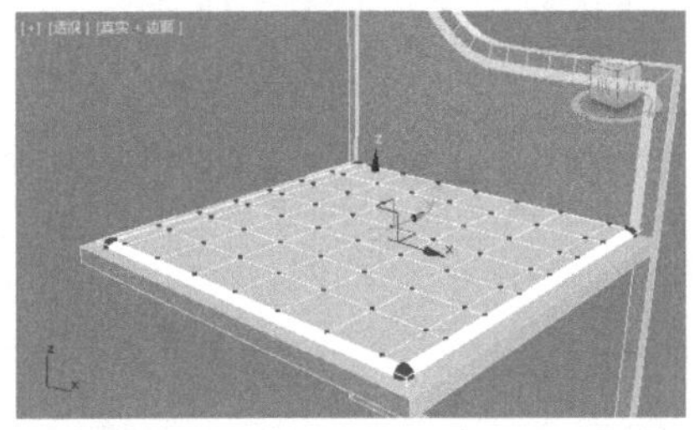

图3-321

20 将顶点沿Z轴向上拖动，如图3-322所示。继续选择如图3-323所示的点，并沿Z轴向上移动，如图3-324所示。

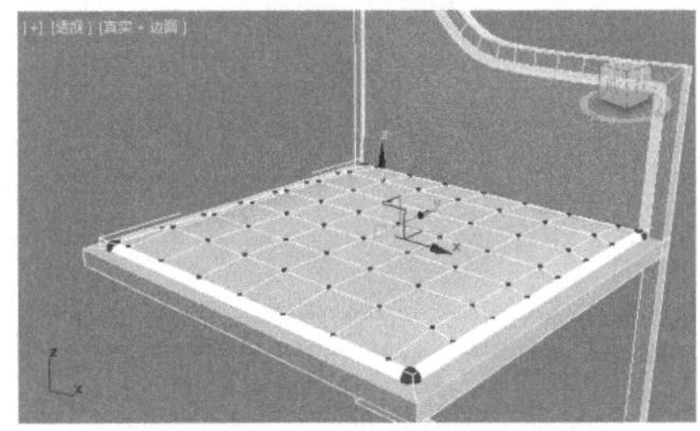

图3-322

21 选择如图3-325所示的点，并沿Z轴向上移动，如图3-326所示。效果如图3-327所示。

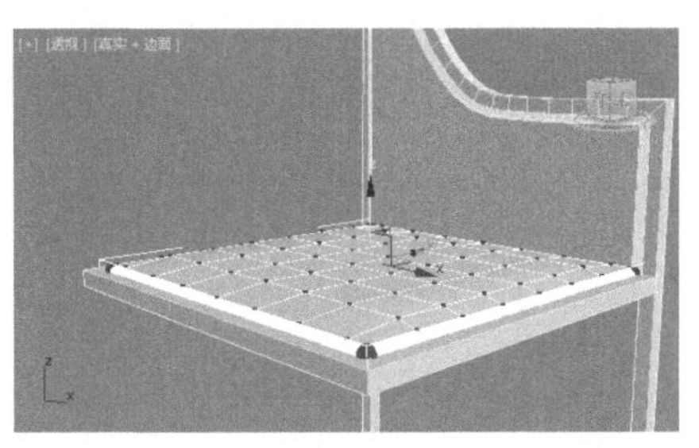

图3-323

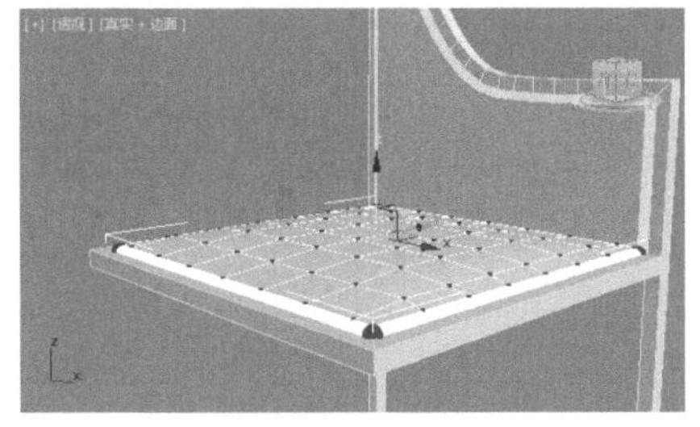

图3-324

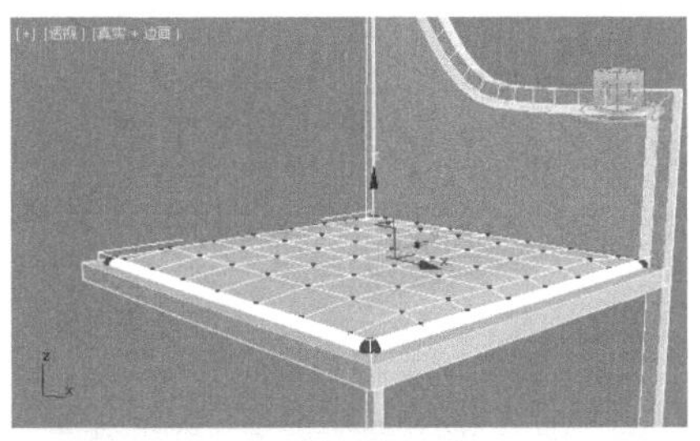

图3-325

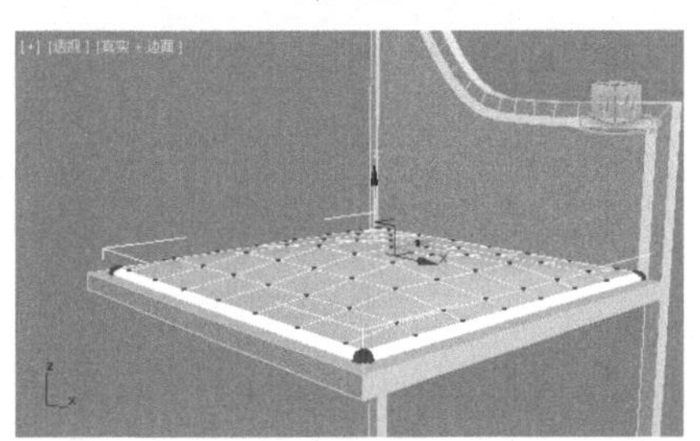

图3-326

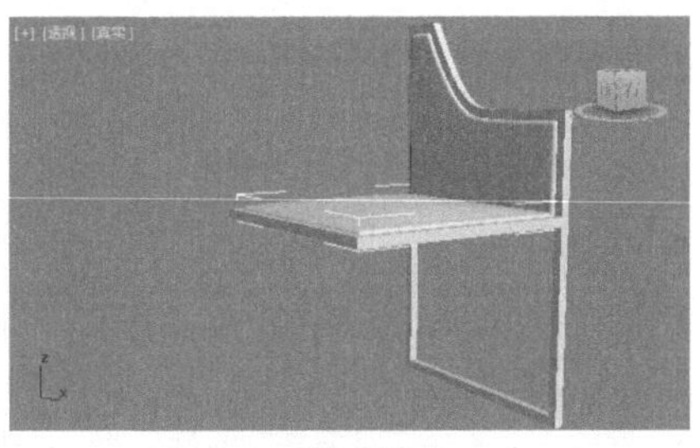

图3-327

22 在【透】视图中选择如图3-328所示的模型，沿Z轴向下复制旋转90°，如图3-329所示。

23 将模型移动到合适的位置，如图3-330所示。沿Y轴向下等比缩放，如图3-331所示。

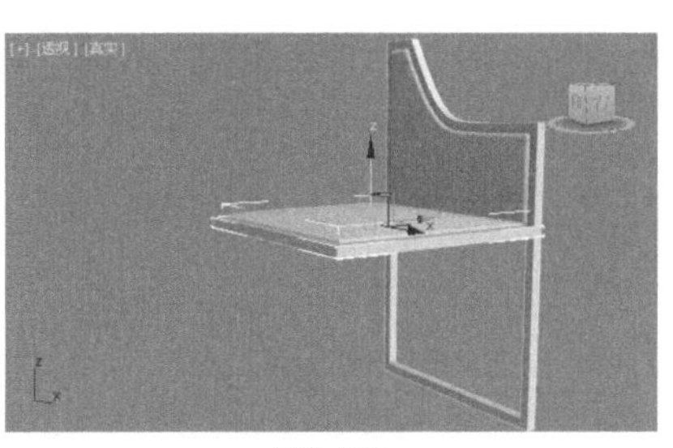

图3-328

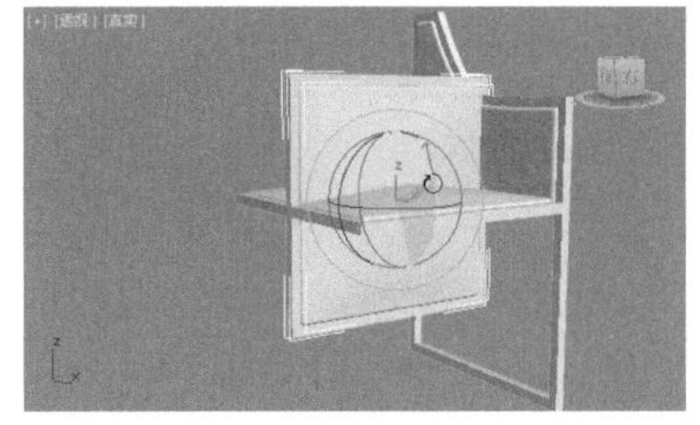

图3-329

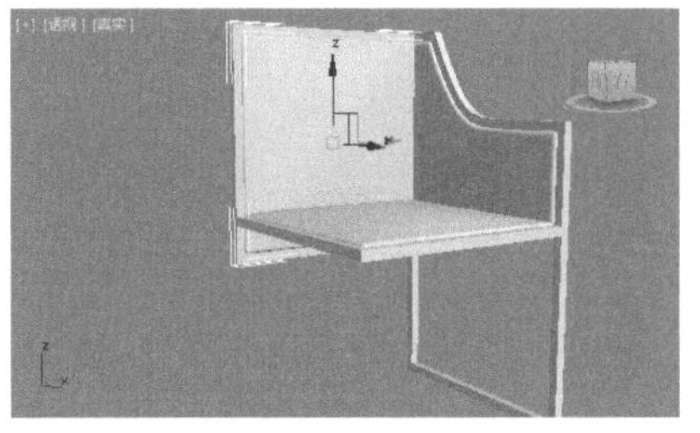

图3-330

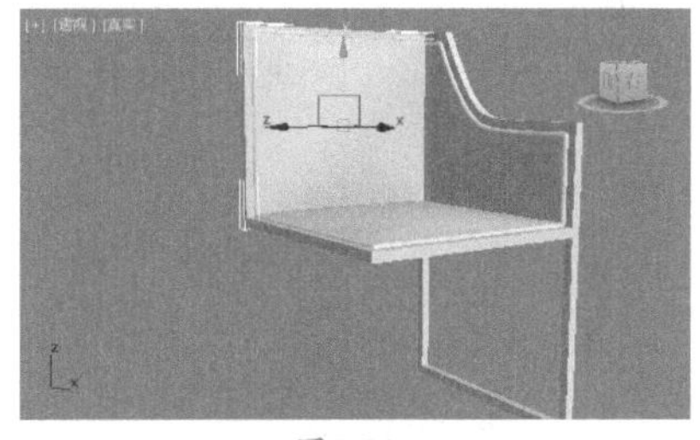

图3-331

24 在【透】视图中选择如图3-332所示的模型。沿Y轴向左拖动复制，如图3-333所示。

25 进入【多边形】级别■，选择如图3-334所示的多边形。单击【倒角】后面的【设置】按钮■，设置【高度】为40.0mm、【轮廓】为-40.0mm，如图3-335所示。

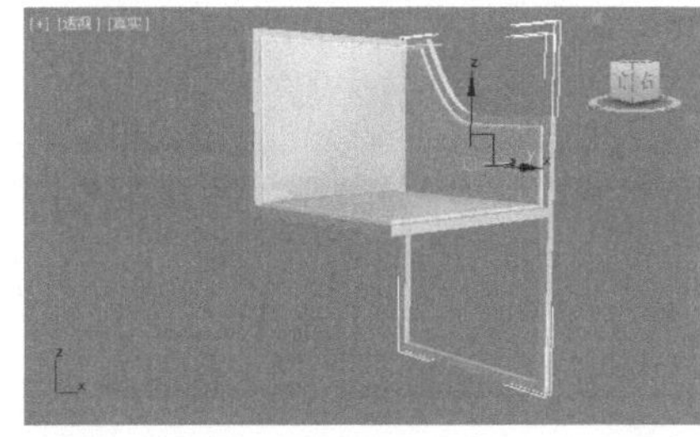

图3-332

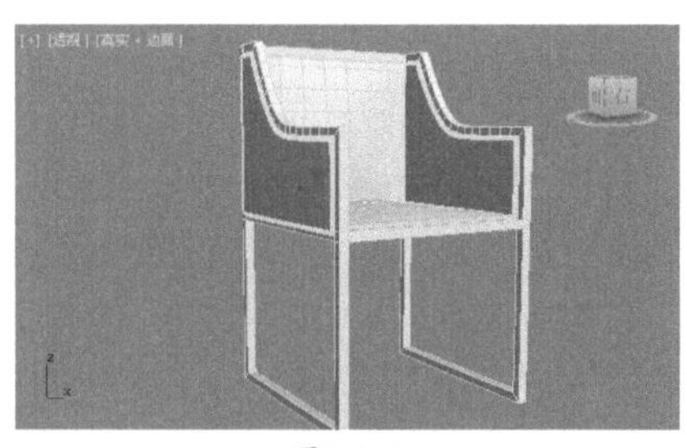
图3-333

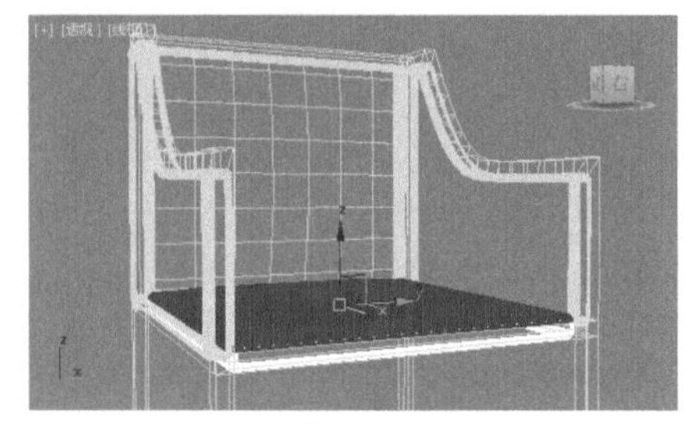
图3-334

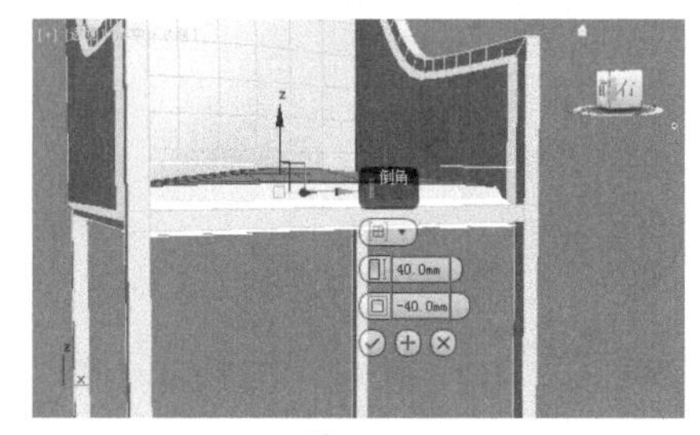
图3-335

26 接着为模型加载【网格平滑】修改器，设置【迭代次数】为3，如图3-336所示。

图3-336

27 在【左】视图中创建如图3-337所示的线。展开【渲染】卷展栏，勾选【在渲染中启用】和【在视口中启用】复选框，选中【矩形】单选按钮，设置【长度】为50.0mm、【宽度】为50.0mm，如图3-338所示。在【透】视图中将模型移动到合适的位置，如图3-339所示。

28 将模型移动到合适的位置，此时模型已经创建完成，如图3-340所示。

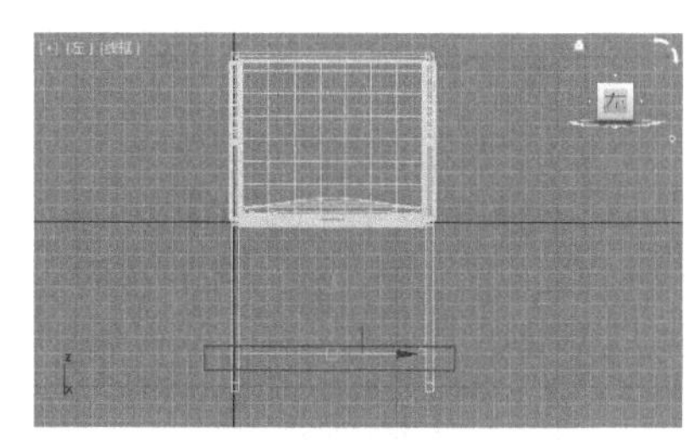
图3-337

图3-338

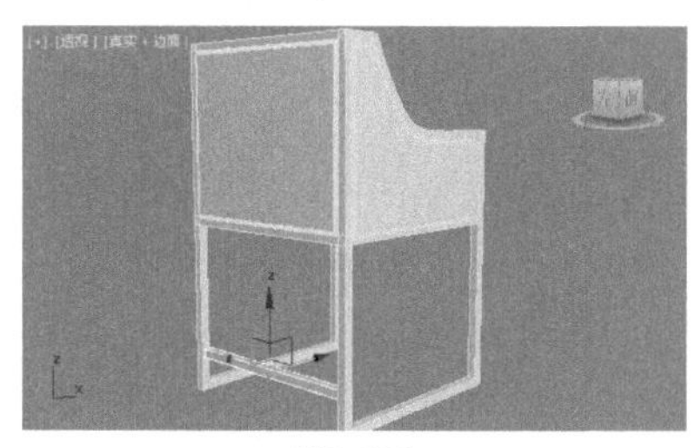
图3-339

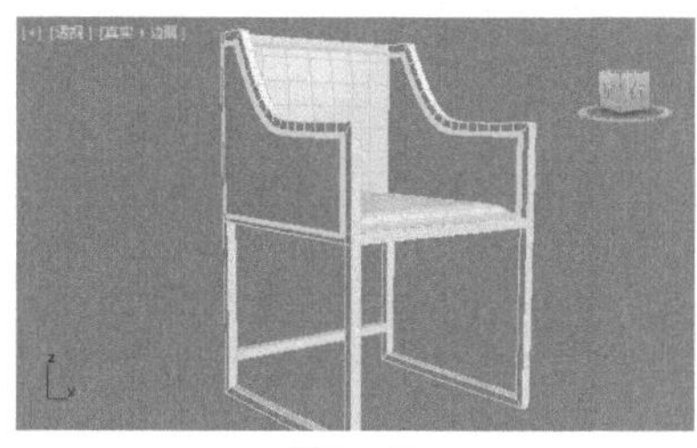
图3-340

实例042 样条线建模制作欧式吊灯

文件路径	第3章\样条线建模制作欧式吊灯
难易指数	★★★★★
技术掌握	● 线 ● 球体 ● 切角长方体 ● 【车削】修改器 ● 阵列

扫码深度学习

操作思路

本例应用线、球体、切角长方体、【车削】修改器、阵列操作制作欧式吊灯模型。

案例效果

案例效果如图3-341所示。

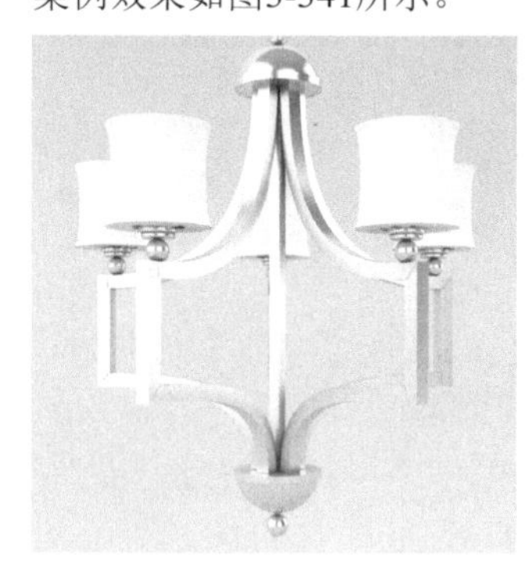
图3-341

操作步骤

01 在【前】视图中创建如图3-342所示的线。展开【渲染】卷展栏，勾选【在渲染中启用】和【在视口中启用】复选框，选中【矩形】单选按钮，设置【长度】为10.0mm、【宽度】为10.0mm、【步数】为50，如图3-343所示。效果如图3-344所示。

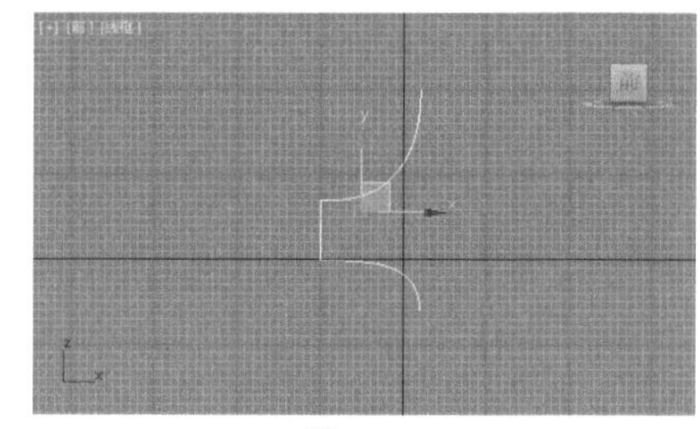
图3-342

图3-343

图3-344

02 在【顶】视图中创建如图3-345所示的球体。设置【半径】为7.0mm，如图3-346所示。

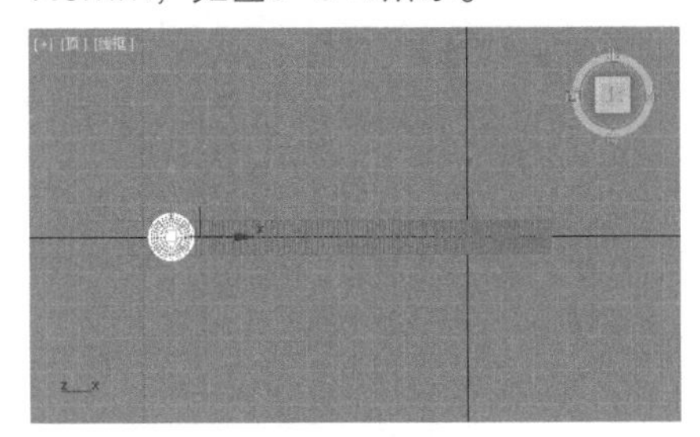

图3-345

图3-346

03 在【顶】视图中创建如图3-347所示的切角圆柱体。设置【半径】为10.0mm、【高度】为3.0mm、【圆角】为1.0mm、【圆角分段】为10、【边数】为30，如图3-348所示。

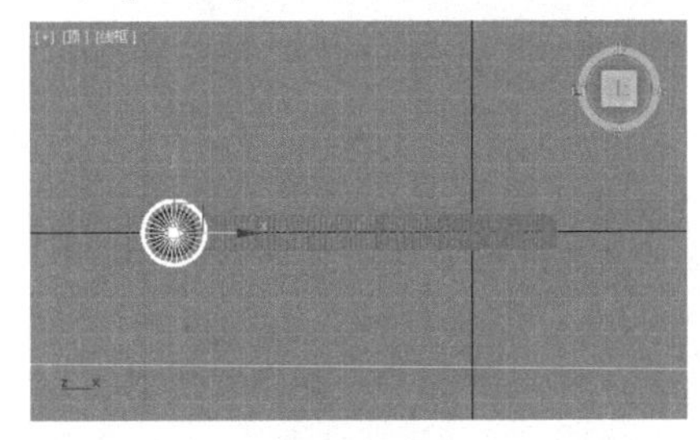

图3-347

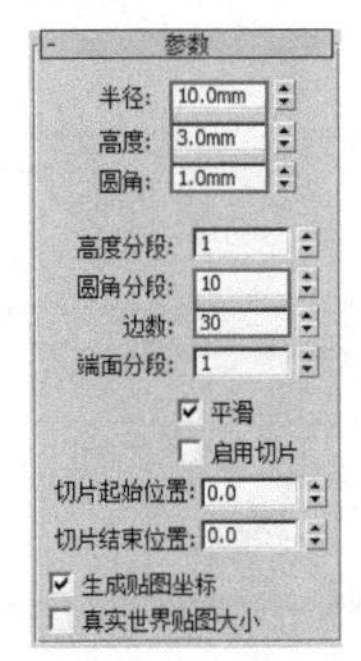

图3-348

04 在【透】视图中选择刚刚创建的切角圆柱体，按住Shift键，沿Z轴向上拖动等比缩放复制，如图3-349所示。

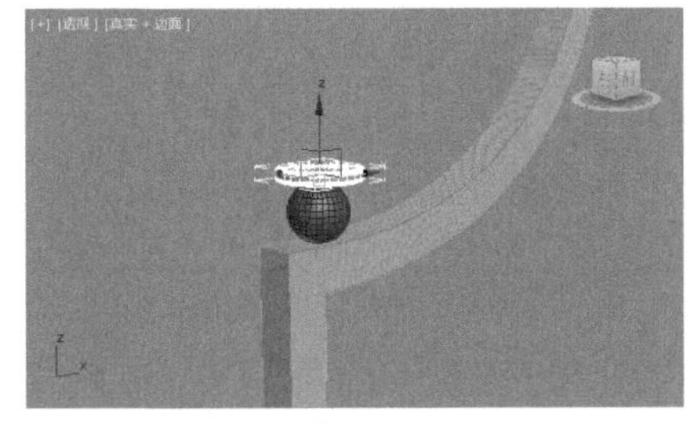

图3-349

05 在【前】视图中创建如图3-350所示的线，为其加载【车削】修改器，单击【最大】按钮，如图3-351所示。

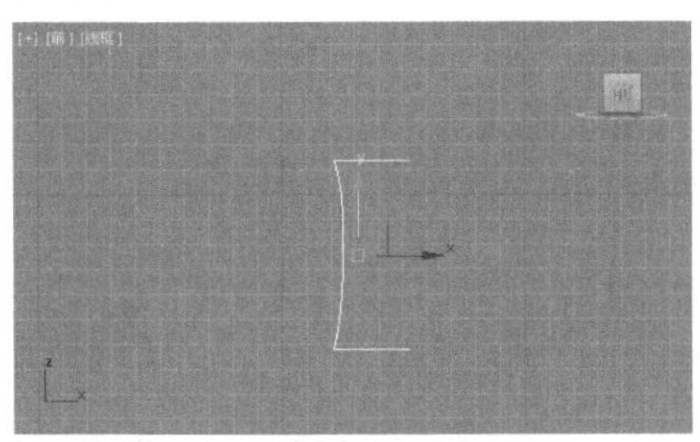

图3-350

图3-351

06 查看效果，如图3-352所示。将模型移动到合适的位置，如图3-353所示。

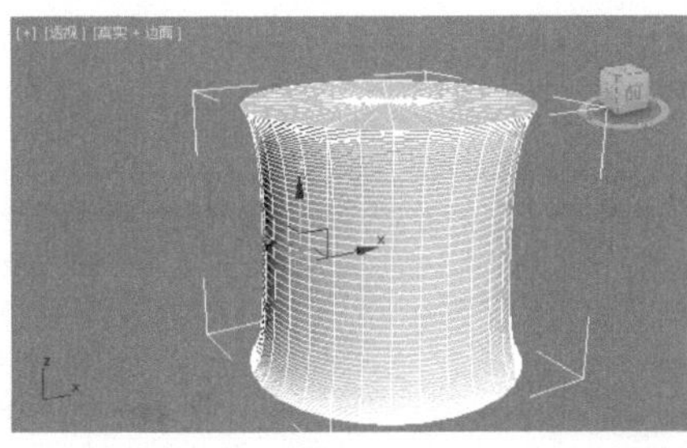

图3-352

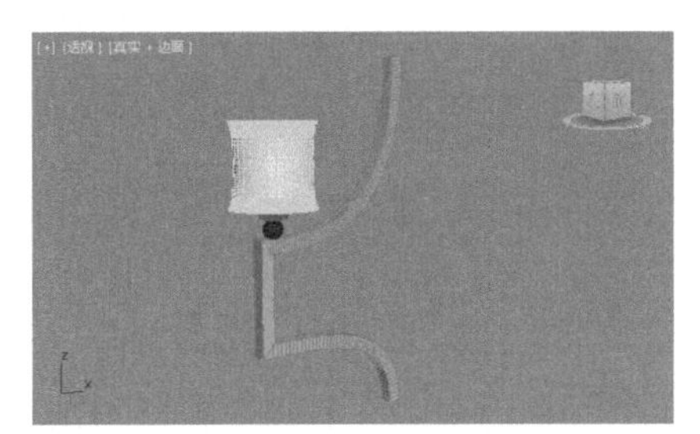

图3-353

07 在【顶】视图中选中所有模型，在菜单栏中执行【组】|【组】命令，在弹出的【组】对话框中设置【组名】为【灯】，如图3-354和图3-355所示。

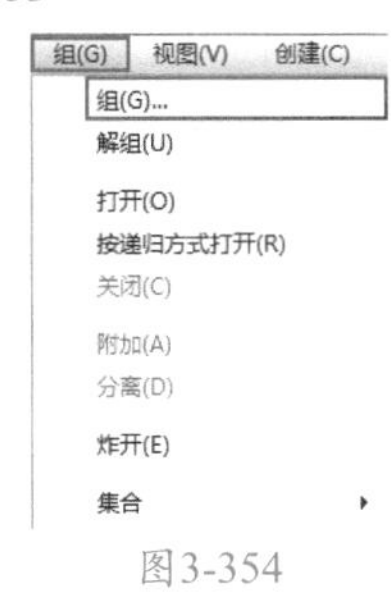

图3-354

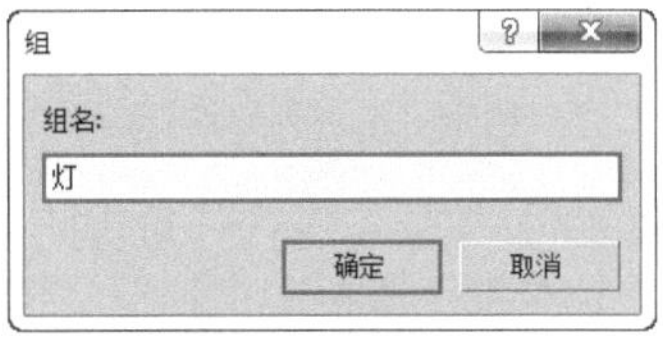

图3-355

08 在【前】视图中选择模型，进入【层级】面板，单击【仅影响轴】按钮 仅影响轴 ，并将轴移到如图3-356所示的位置，再次单击【仅影响轴】按钮，完成针对中心的设置。

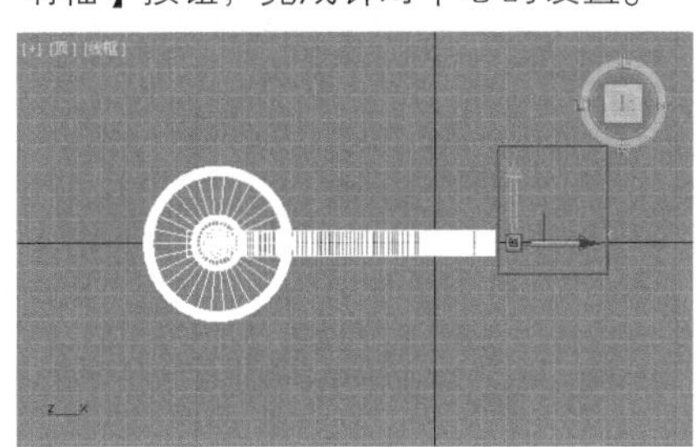

图3-356

09 在菜单栏中执行【工具】|【阵列】命令，如图3-357所示。在弹出的【阵列】对话框中单击【旋转】后面的 > 按钮，并设置Z轴为360°，设置1D为5，最后单击【确定】按钮，如图3-358所示。

图3-357

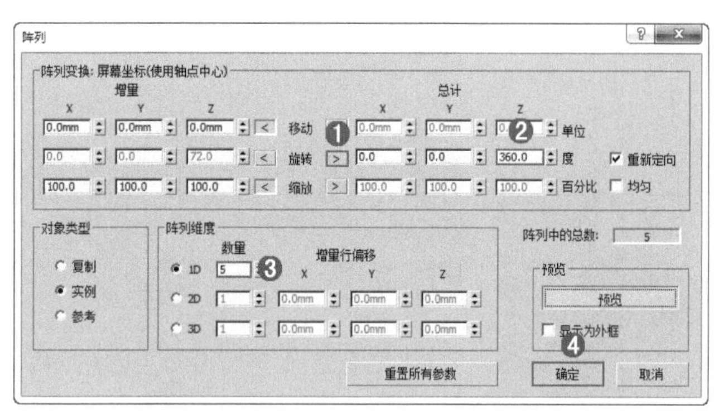

图3-358

10 此时效果如图3-359所示。

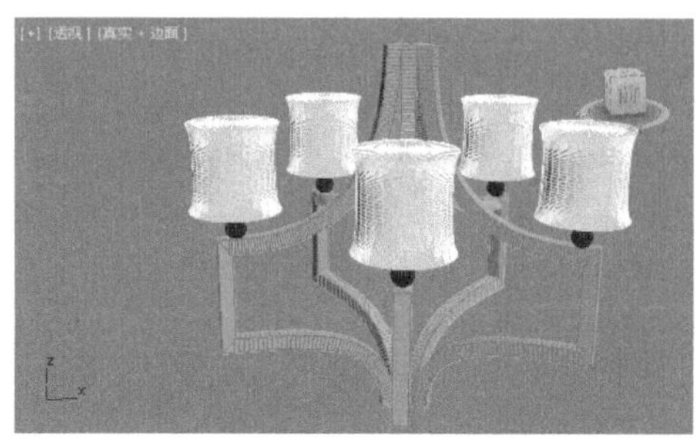

图3-359

11 在【左】视图中创建如图3-360所示的线。展开【渲染】卷展栏，勾选【在渲染中启用】和【在视口中启用】复选框，选中【矩形】单选按钮，设置【长度】为8.0mm、【宽度】为8.0mm、【步数】为50，如图3-361所示。

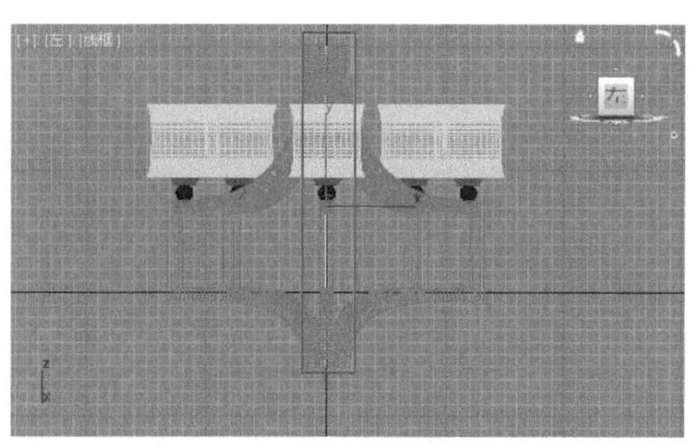

图3-360 图3-361

12 在【顶】视图创建如图3-362所示的球体。设置【半径】为30.0mm、【半球】为0.5，如图3-363所示。

13 将球体移动到合适的位置，如图3-364所示。

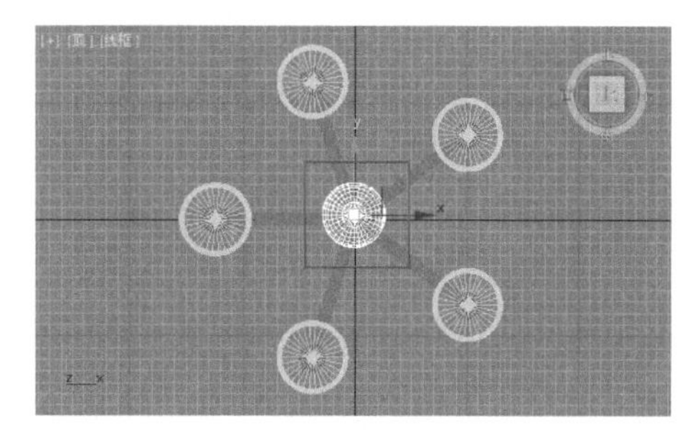

图3-362

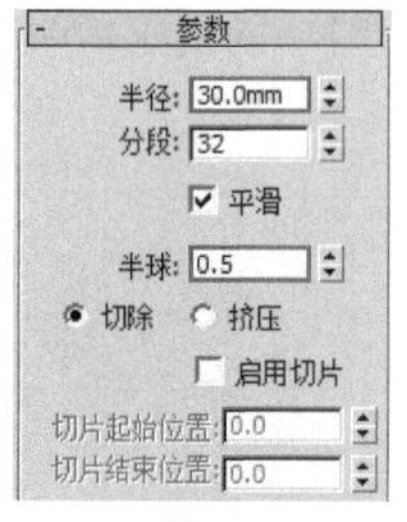

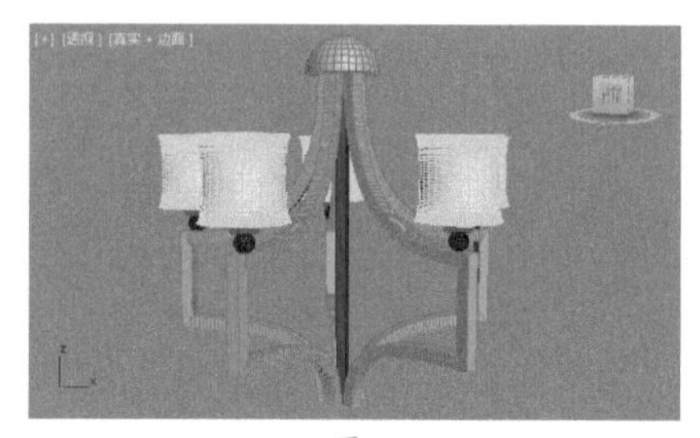

图3-363 图3-364

14 在【顶】视图中创建如图3-365所示的管状体。设置【半径1】为31.0mm、【半径2】为28.0mm、【高度】为5.0mm、【边数】为30，如图3-366所示。

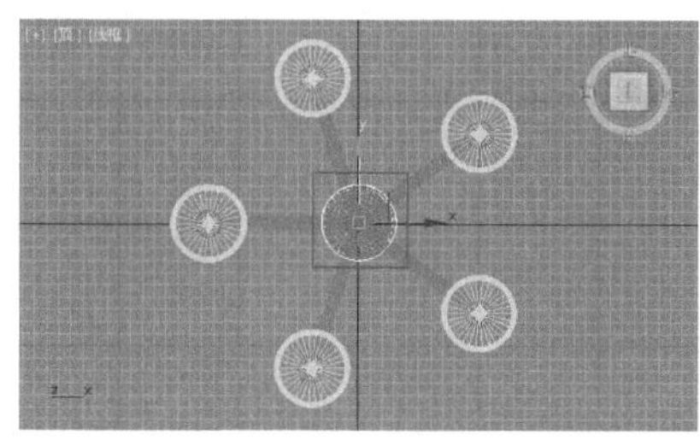

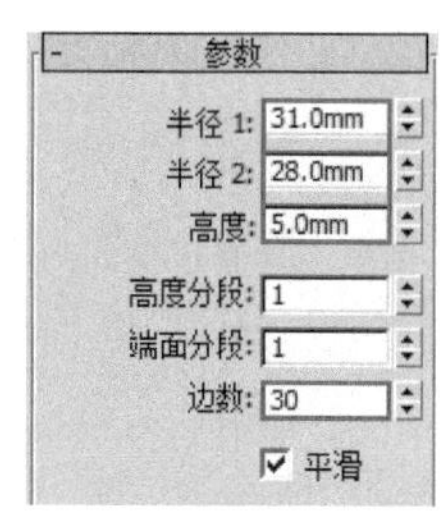

图3-365 图3-366

15 在【透】视图中选择如图3-367所示的模型。按住Shift键，沿Z轴向下拖动复制，如图3-368所示。

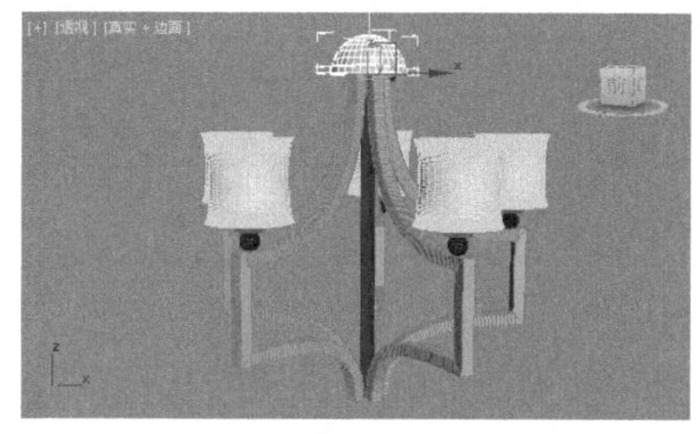

图3-367

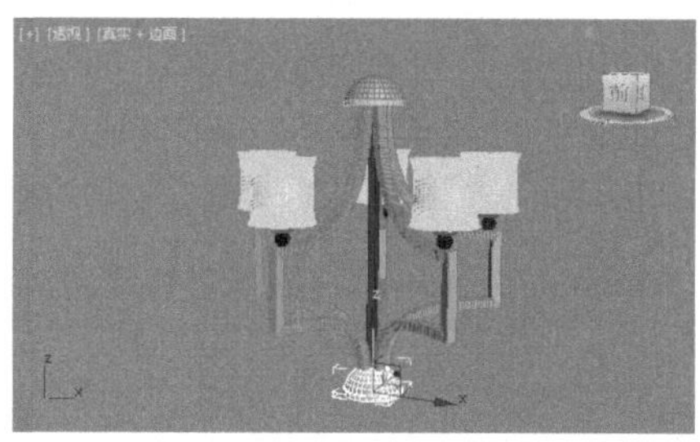

图3-368

16 接着沿X轴向下拖动180°，如图3-369所示。将模型移动到合适的位置，如图3-370所示。

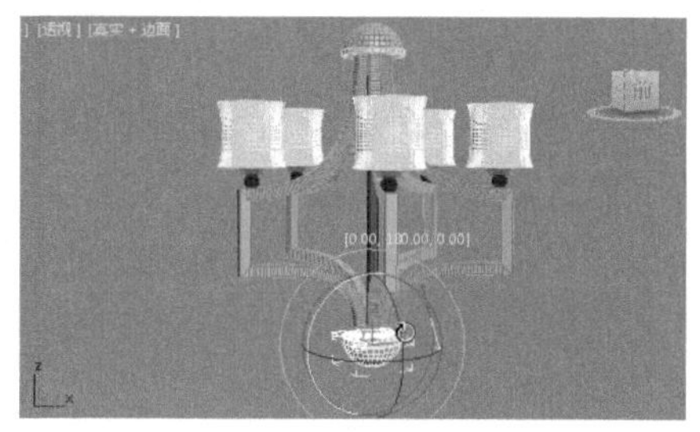

图3-369

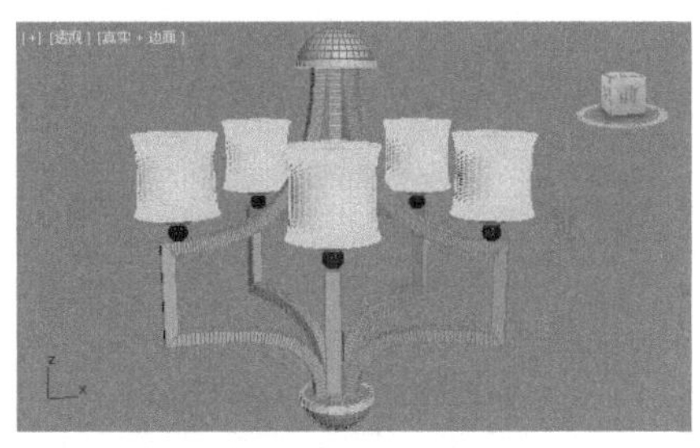

图3-370

17 在【顶】视图中创建如图3-371所示的两个球体。设置【半径】为8.0mm，如图3-372所示。

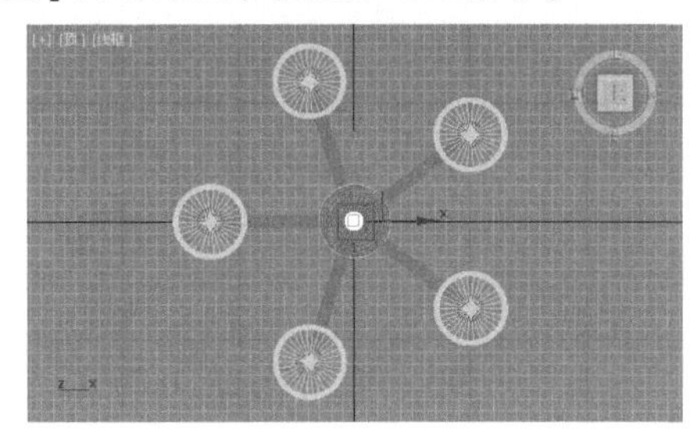

图3-371

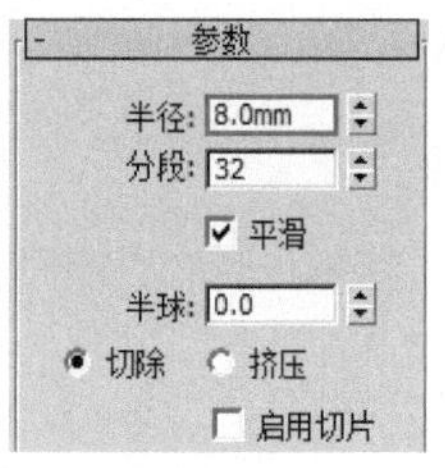

图3-372

18 此时已经将模型创建完成，再适当改变模型颜色，效果如图3-373所示。

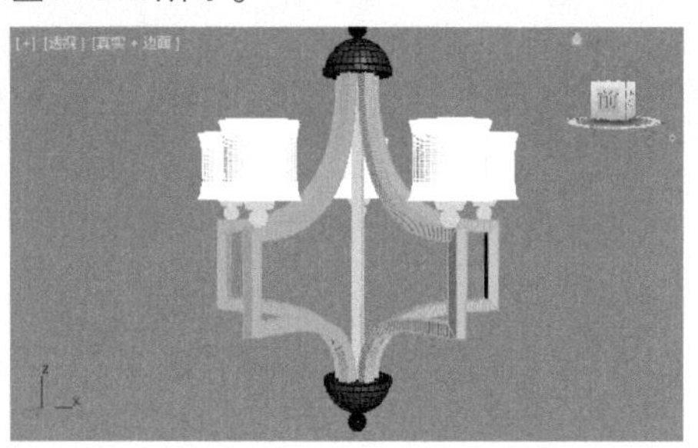

图3-373

第4章 修改器建模

修改器建模是非常特殊的建模方式，可以通过对二维图形或三维模型添加相应的修改器，使二维图形变为三维模型或使三维模型产生特殊的外观变化。本章将重点对常用的几种修改器通过案例进行讲解。

- ◆ 二维图形相应修改器的使用方法
- ◆ 三维模型相应修改器的使用方法

/ 佳 / 作 / 欣 / 赏 /

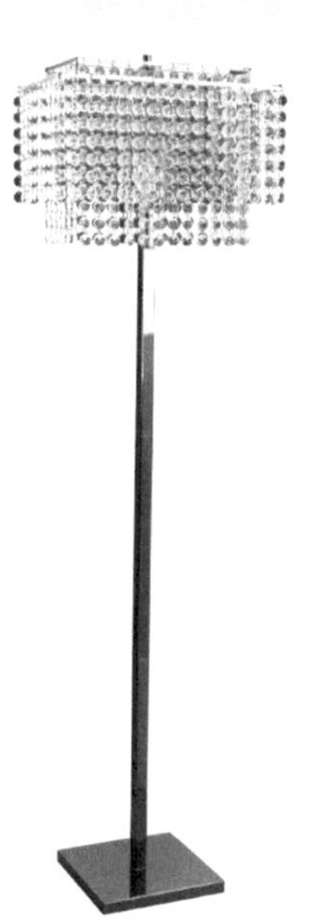

实例043　扭曲修改器制作扭曲花瓶

文件路径	第4章\扭曲修改器制作扭曲花瓶
难易指数	★★★★★
技术掌握	● 线 ● 【车削】修改器 ● 【扭曲】修改器 ● 【网格平滑】修改器

扫码深度学习

操作思路

本例应用【线】工具绘制线，并为其添加【车削】修改器、【扭曲】修改器制作扭曲花瓶模型。

案例效果

案例效果如图4-1所示。

图4-1

操作步骤

01 利用【线】工具 线 在【前】视图中绘制一条线，如图4-2所示。

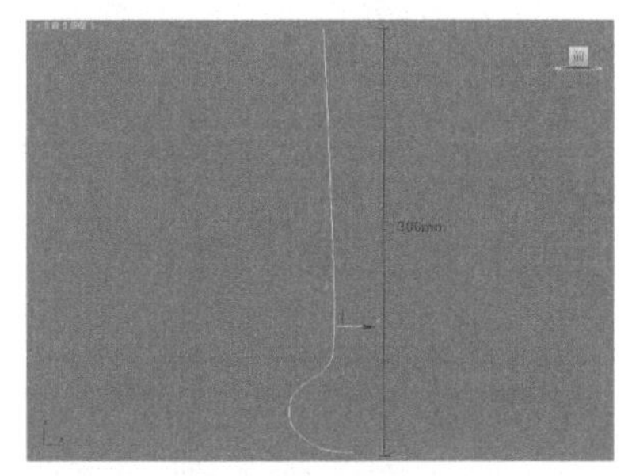

图4-2

02 单击（修改）按钮，进入Line下的【样条线】级别，将【轮廓】设置为3.0mm，并按Enter键结束设置，如图4-3所示。

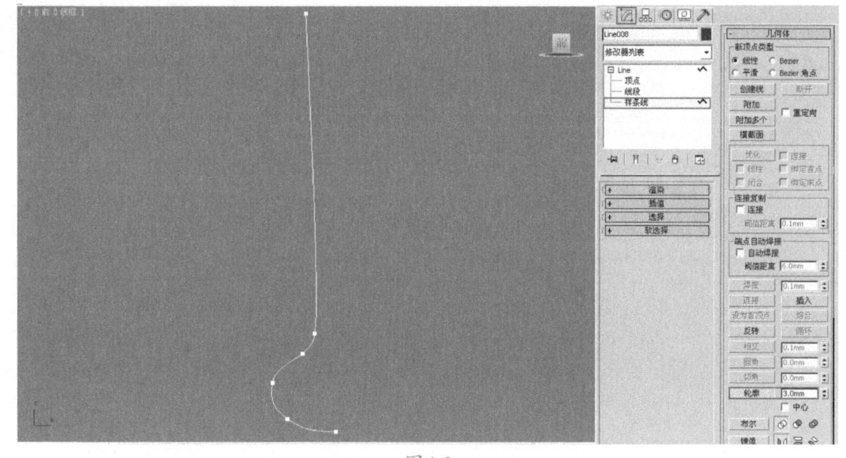

图4-3

03 单击（修改）按钮，进入Line下的【线段】级别，删除如图4-4所示线段。

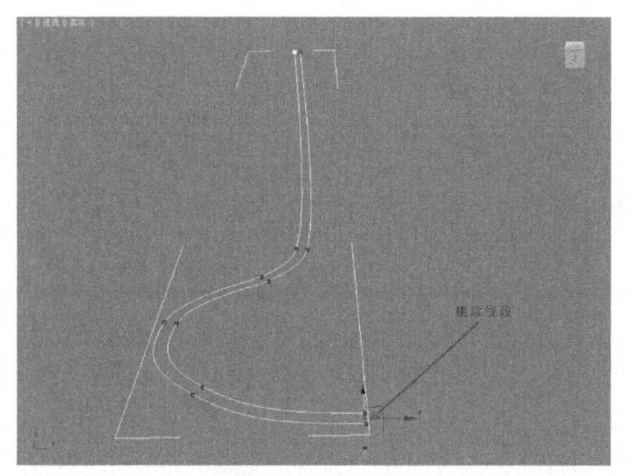

图4-4

04 选择上一步中的样条线，为其加载【车削】修改器，并单击【最大】按钮 最大，设置【分段】为50，如图4-5所示。

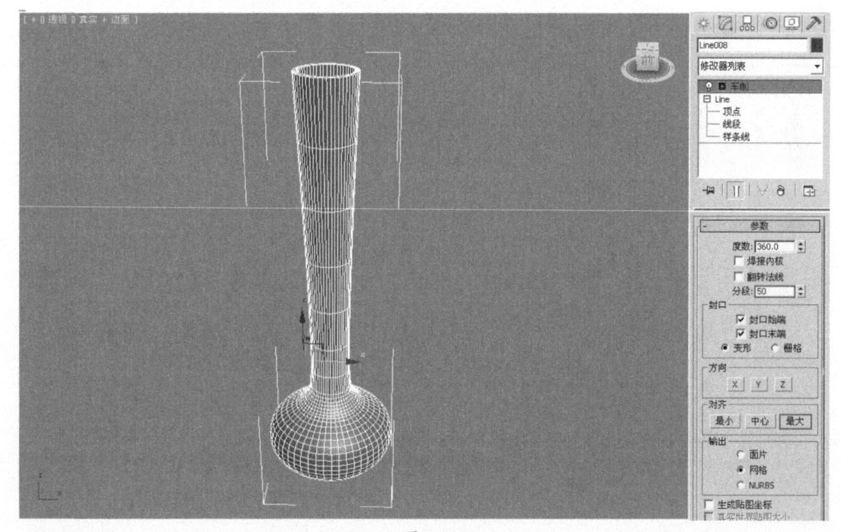

图4-5

05 保持选择上一步中的模型，为其加载【扭曲】修改器，并设置【角度】为800.0、【偏移】为-30.0、【扭曲轴】选择Y，勾选【限制效果】复选框，设置【上限】为200.0mm、【下限】为10.0mm，如图4-6所示。

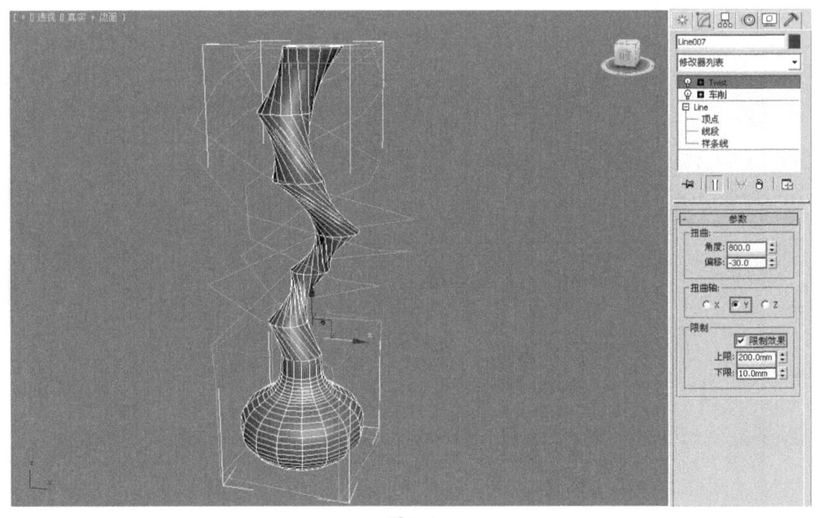

图4-6

06 再为其加载【网格平滑】修改器，并设置【迭代次数】为2，效果如图4-7所示。

07 按照以上方法做出其他花瓶模型，最终模型效果如图4-8所示。

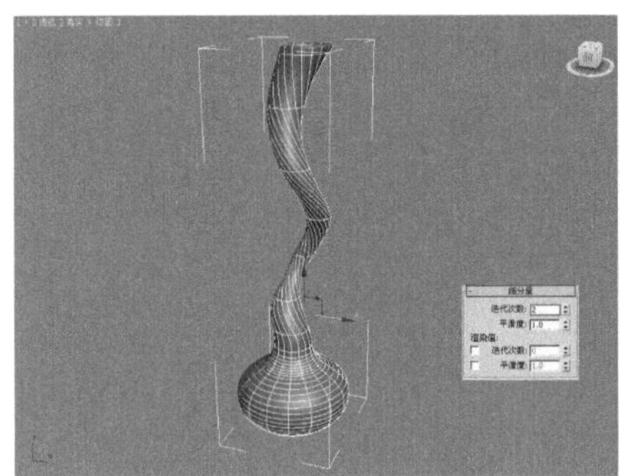

图4-7

图4-8

实例044　FFD修改器制作创意椅子

文件路径	第4章\FFD修改器制作创意椅子
难易指数	★★★★★
技术掌握	● 【挤出】修改器 ● FFD修改器

扫码深度学习

操作思路

本例应用【线】工具绘制线，并为其添加【挤出】修改器制作三维模型，然后添加FFD修改器制作出椅子的凹凸效果。

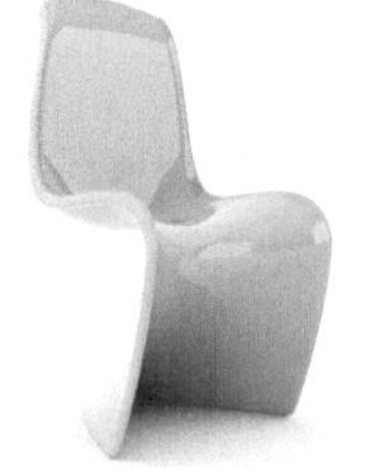

图4-9

案例效果

案例效果如图4-9所示。

操作步骤

01 使用【线】工具在【左】视图中创建一条样条线，如图4-10所示。

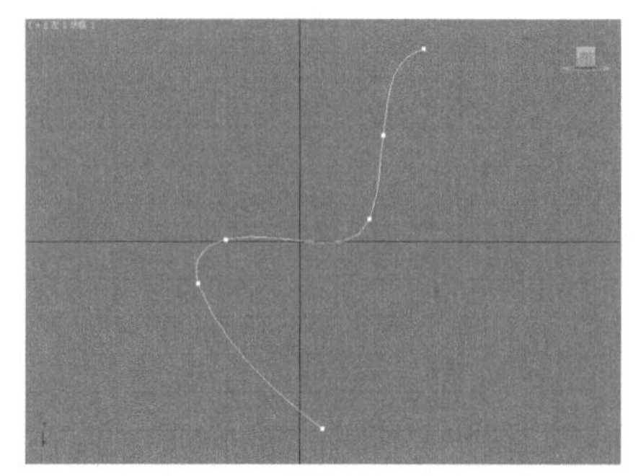

图4-10

02 选择上一步创建的线，并为其添加【挤出】修改器，然后设置【数量】为550.0mm、【分段】为29，如图4-11所示。

图4-11

03 此时的模型效果如图4-12所示。

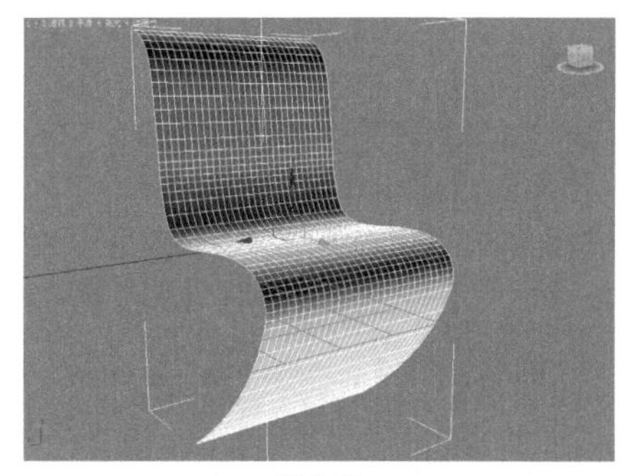

图4-12

04 选择上一步的模型，然后为其加载【FFD4×4×4】修改器，如图4-13所示。

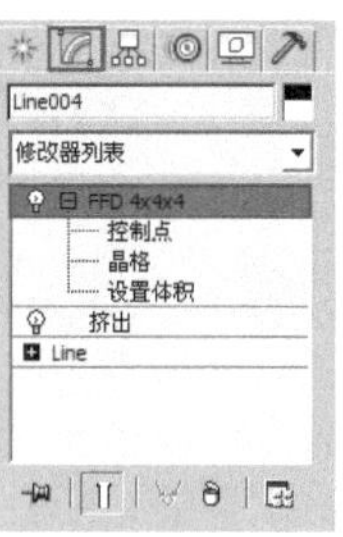

图4-13

05 进入【控制点】级别，并将控制点的位置进行调整，效果如图4-14所示。

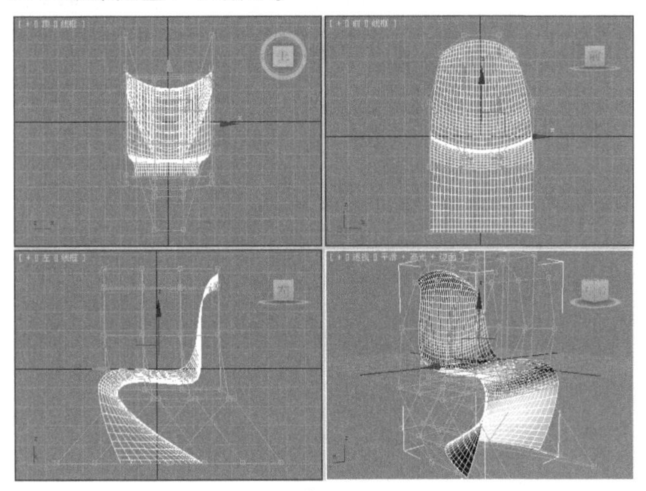

图4-14

06 继续单击【修改】按钮，为其加载【编辑多边形】修改器，如图4-15所示。

07 进入【顶点】级别，如图4-16所示。并将部分顶点进行适当的调整，如图4-17所示。

图4-15　　图4-16

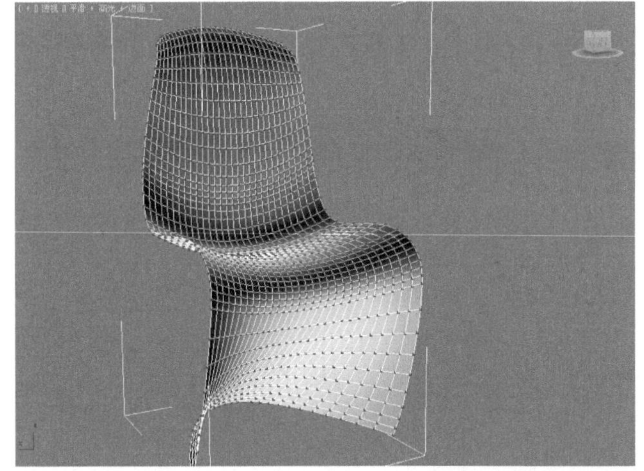

图4-17

08 单击【修改】按钮，并为模型加载【壳】修改器，设置【外部量】为15.0mm，如图4-18所示。

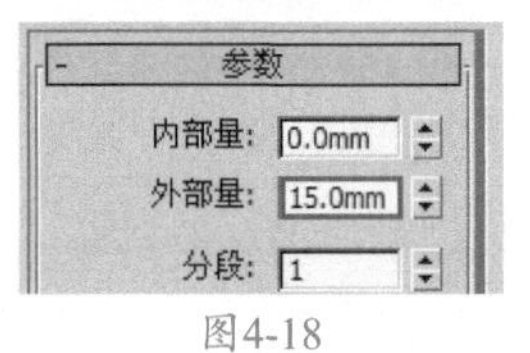

图4-18

09 此时模型效果如图4-19所示。

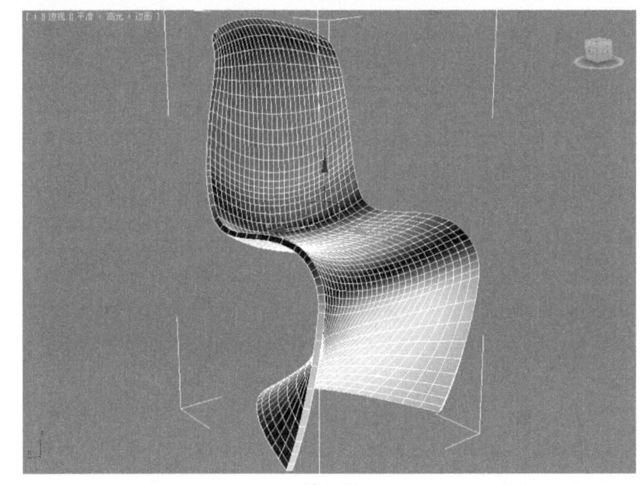

图4-19

10 继续单击【修改】按钮，并为模型加载【编辑多边形】修改器，并进入【顶点】级别下，如图4-20所示。

图4-20

11 将顶点的位置进行适当的调整，如图4-21所示。

12 继续单击【修改】按钮，并为模型加载【网格平滑】修改器，设置【迭代次数】为2，如图4-22所示。

13 此时模型效果如图4-23所示。

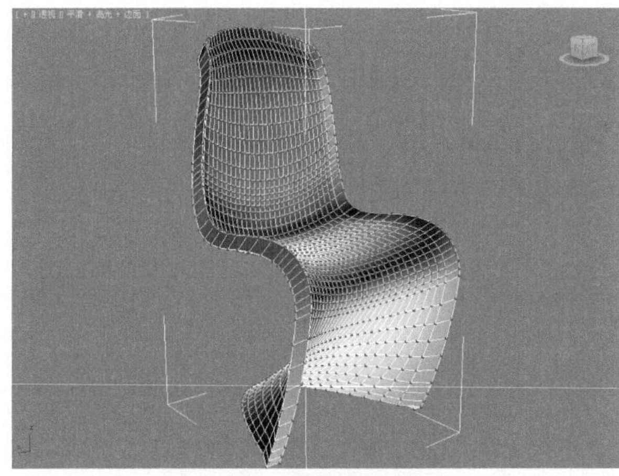

图4-21

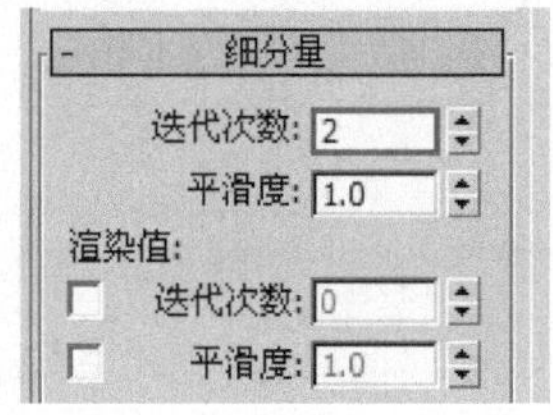

图4-22

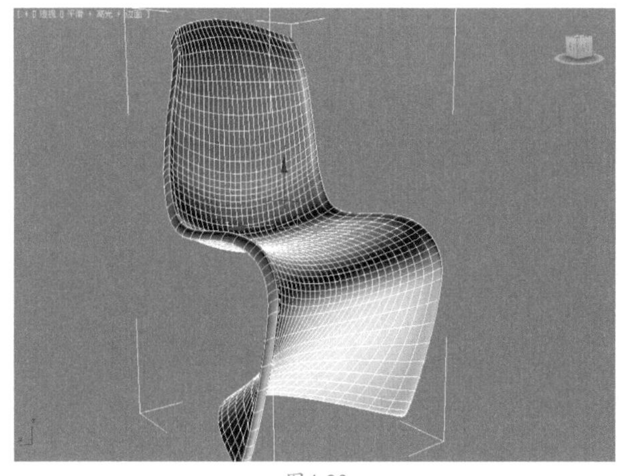

图4-23

14 继续单击【修改】按钮，进入【顶点】级别∵下，如图4-24所示。

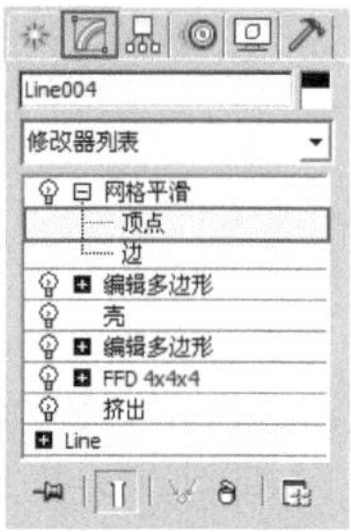

15 此时将部分顶点进行位置的调整，如图4-25所示。

16 最终模型效果如图4-26所示。

图4-24

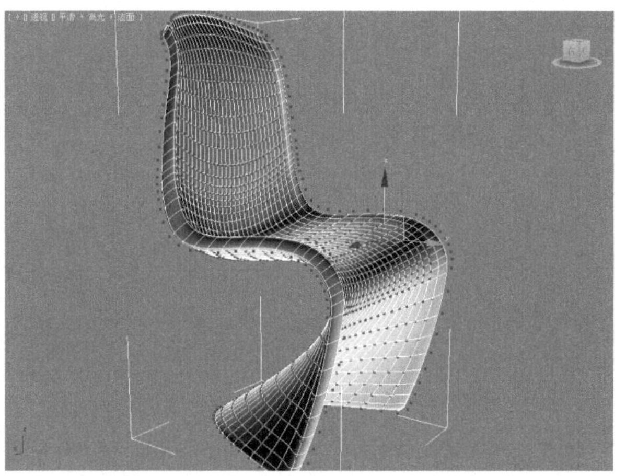

图4-25

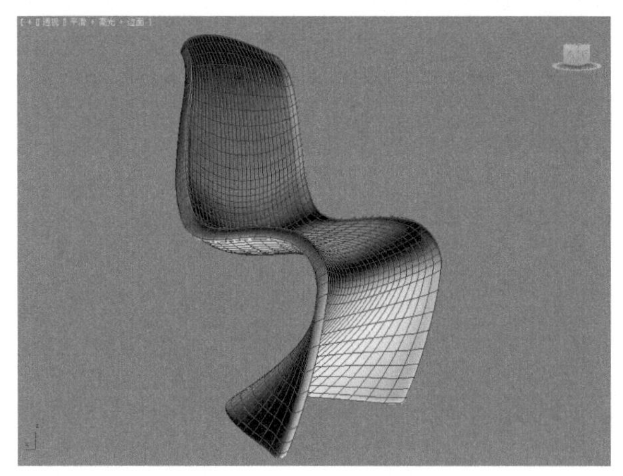

图4-26

实例045　晶格修改器制作水晶灯

文件路径	第4章\晶格修改器制作水晶灯
难易指数	★★★★★
技术掌握	● 切角圆柱体 ● 【晶格】修改器

扫码深度学习

操作思路

本例为三维模型添加【晶格】修改器，制作出晶格效果的水晶灯模型。

案例效果

案例效果如图4-27所示。

图4-27

操作步骤

01 在【透】视图中创建一个切角圆柱体，设置【半径】为255.0mm、【高度】为80.0mm、【圆角】为1.0mm、【圆角分段】为6、【边数】为40，如图4-28所示。

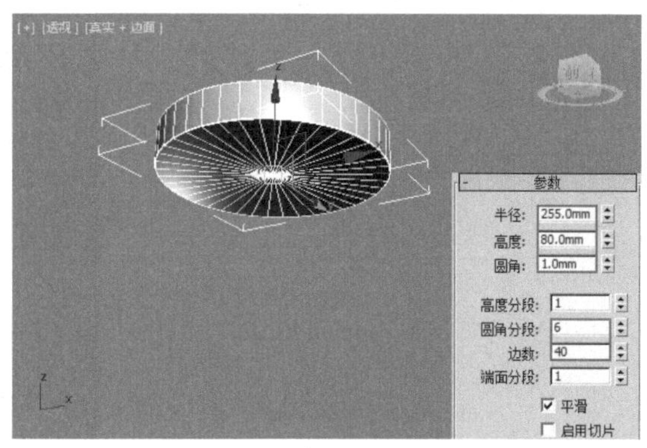

图4-28

02 继续在【透】视图中创建一个切角圆柱体，设置【半径】为280.0mm、【高度】为10.0mm，【圆角】为1.0mm、【圆角分段】为6、【边数】为40，如图4-29所示。

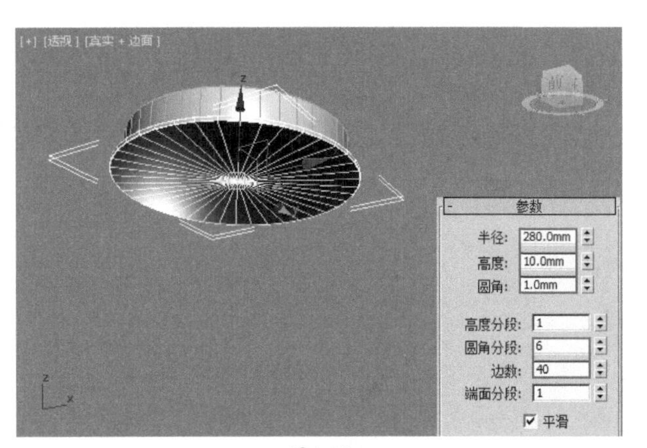

图4-29

03 在【透】视图中创建一个圆柱体，设置【半径】为260.0mm，【高度】为1100.0mm、【边数】为24，如图4-30所示。

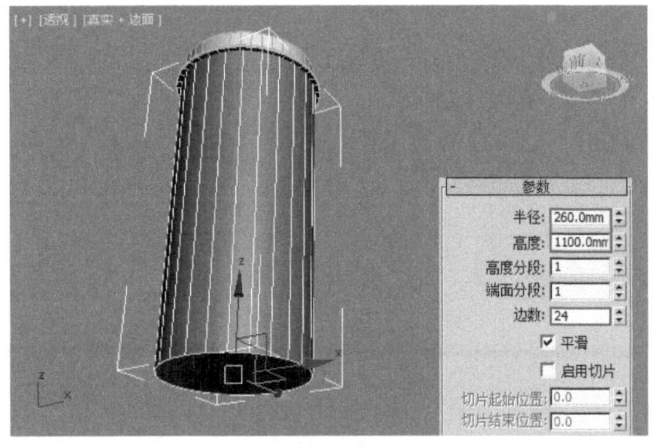

图4-30

04 为该圆柱体添加【晶格】修改器，并设置【支柱】的【半径】为3.0mm、【边数】为4；设置【节点】的【基点面类型】为【八面体】、【半径】为5.0mm，如图4-31所示。

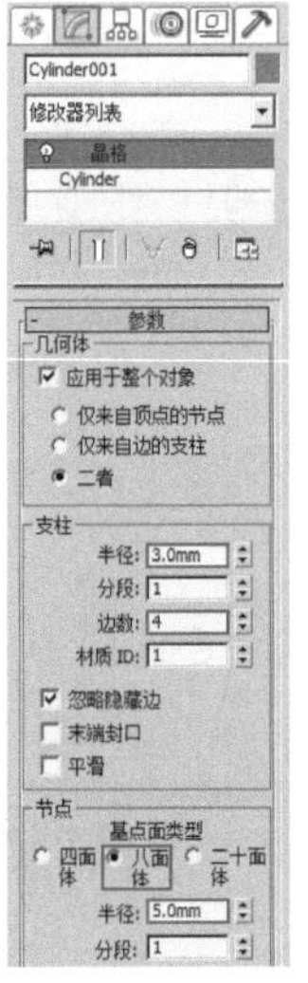

图4-31

05 此时添加【晶格】修改器后的模型如图4-32所示。

图4-32

06 在模型下方创建一个几何球体，设置【半径】为260.0mm、【分段】为4，【基点面类型】为【二十面体】，如图4-33所示。

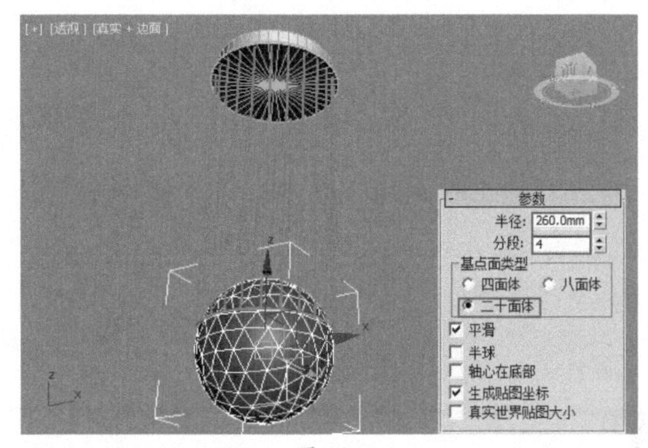

图4-33

07 为刚刚创建的几何球体添加【晶格】修改器，并设置【支柱】的【半径】为1.0mm、【边数】为4；设置【节点】的【基点面类型】为【八面体】、【半径】为20.0mm、【分段】为2，如图4-34所示。

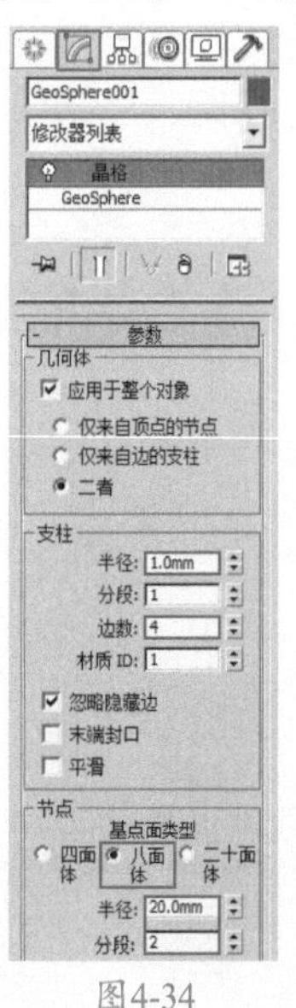

图4-34

08 此时添加【晶格】修改器后的模型如图4-35所示。

图4-35

09 最终模型效果如图4-36所示。

图4-36

实例046　车削修改器制作高脚杯

文件路径	第 4 章 \ 车削修改器制作高脚杯
难易指数	★★★★★
技术掌握	● 线 ●【车削】修改器

扫码深度学习

操作思路

本例通过为线添加【车削】修改器制作出高脚杯模型。

案例效果

案例效果如图4-37所示。

图4-37

操作步骤

01 使用【线】工具在【前】视图中绘制一条线，如图4-38所示。

02 选中两个顶点，如图4-39所示。

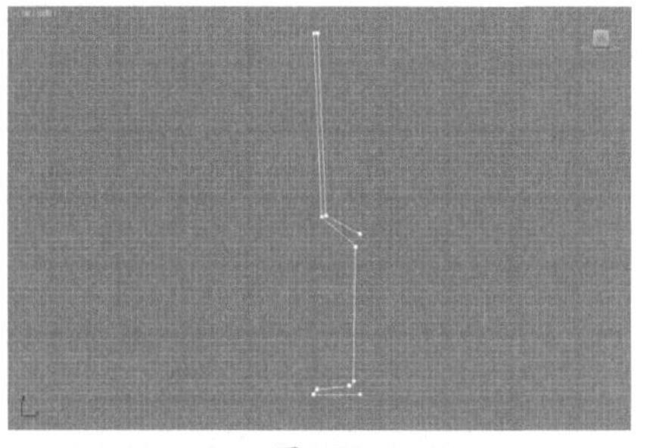

图4-38

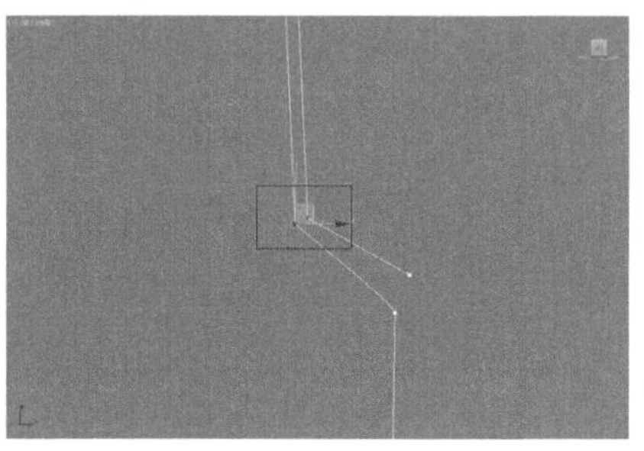

图4-39

03 单击【修改】按钮，并将【圆角】设置为200.0mm，按Enter键完成设置，如图4-40所示。

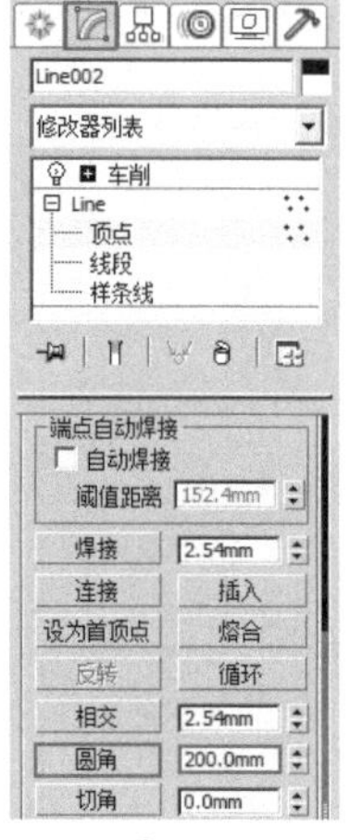

图4-40

04 完成后的部分变得更圆润了，如图4-41所示。

05 单击【修改】按钮，为当前的线添加【车削】修改器，设置【分段】为50，【对齐】为【最大】，如图4-42所示。

06 最终模型效果如图4-43所示。

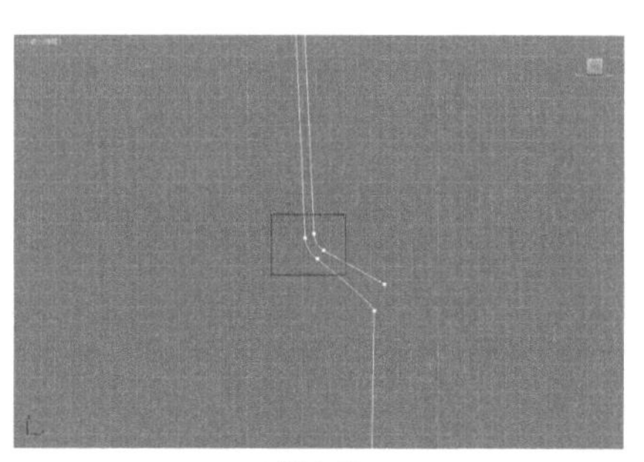

图4-41

图4-42

图4-43

实例047　弯曲修改器制作弯曲沙发

文件路径	第 4 章 \ 弯曲修改器制作弯曲沙发
难易指数	★★★★★
技术掌握	●【挤出】修改器 ●【弯曲】修改器 ● 镜像

扫码深度学习

操作思路

本例为线添加【挤出】修改器制作三维沙发，使用【弯曲】修改器制作弯曲效果，最后使用镜像操作制作出两组弯曲沙发模型。

案例效果

案例效果如图4-44所示。

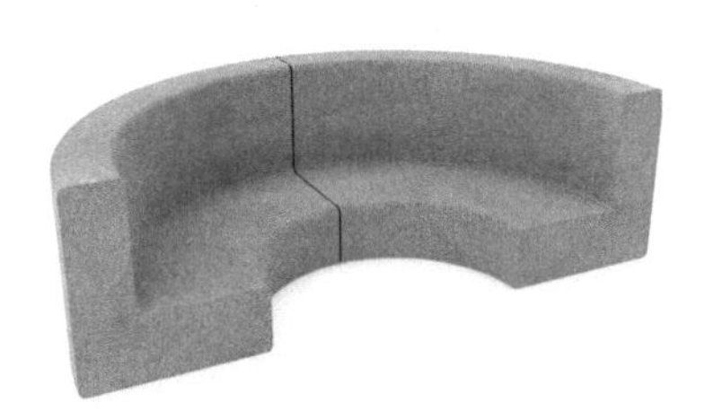

图4-44

操作步骤

01 使用【线】工具在【前】视图中绘制一条闭合的线，如图4-45所示。

02 选择所有的6个顶点，如图4-46所示。

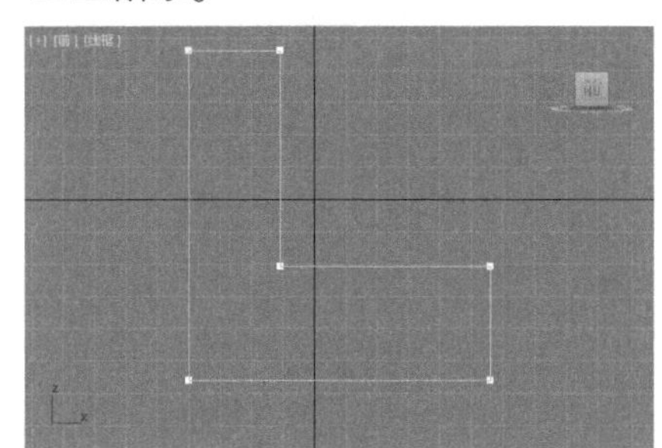

图4-45

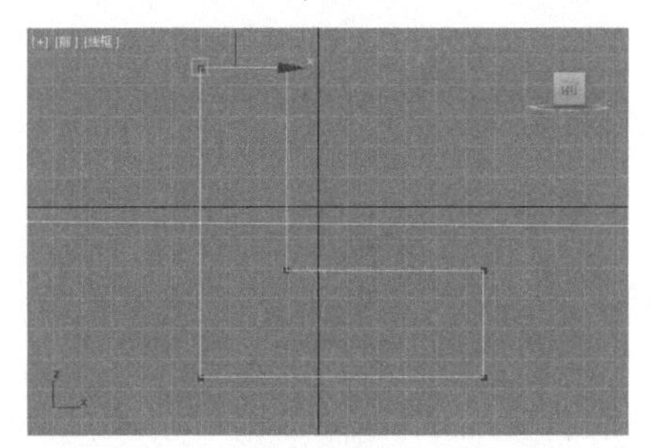

图4-46

03 单击【修改】按钮，设置【圆角】为100.0mm，并按Enter键完成设置，如图4-47所示。

04 完成后的线变得更圆润了，如图4-48所示。

05 选择线，单击【修改】按钮为其添加【挤出】修改器，设置【数量】为5000.0mm、【分段】为50，如图4-49所示。

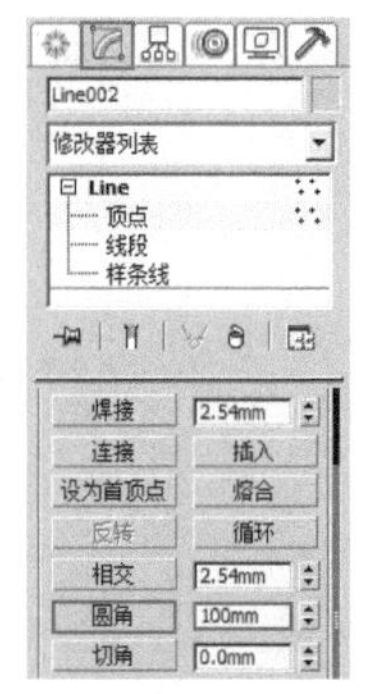

图4-47

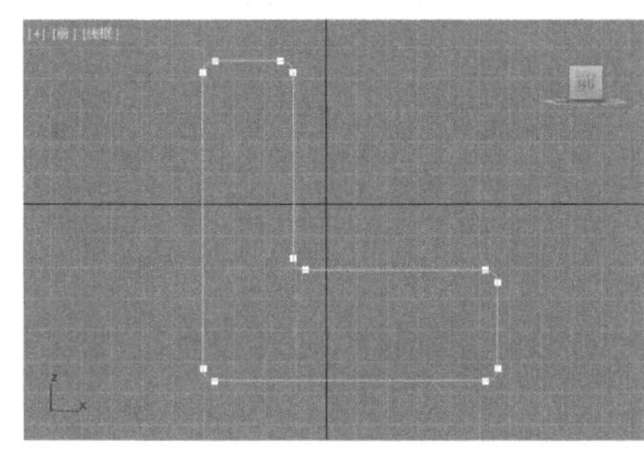

图4-48

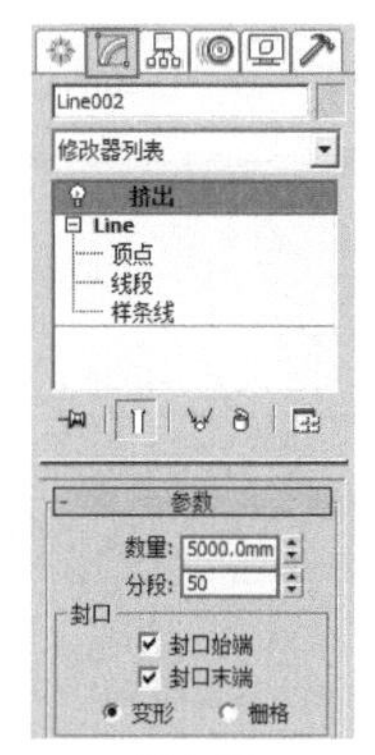

图4-49

06 此时模型效果如图4-50所示。

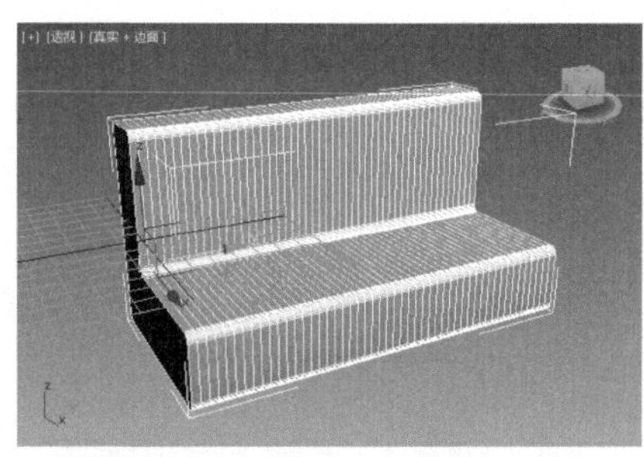

图4-50

07 接着为线添加【弯曲】修改器，设置【角度】为90.0、【弯曲轴】为Z轴，如图4-51所示。

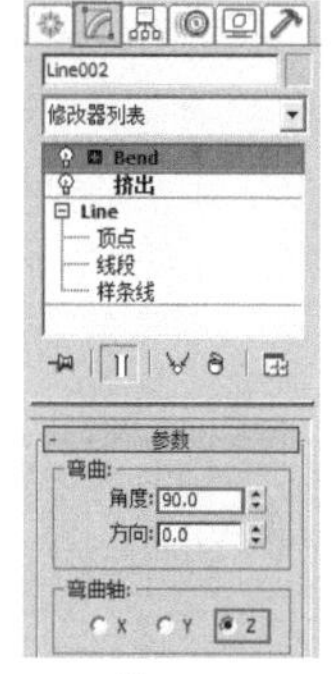

图4-51

08 此时弯曲模型效果如图4-52所示。

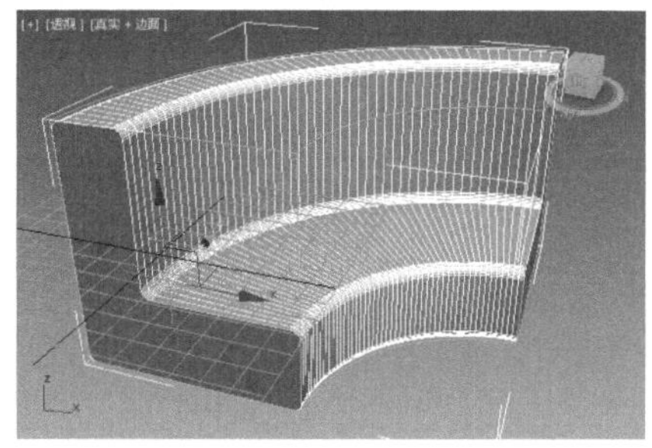

图4-52

09 选择此时的模型，单击主工具栏中的镜像（镜像）按钮，并设置【镜像轴】为Y轴、【偏移】为-35.0mm、【克隆当前选择】为【实例】选项，如图4-53所示。

10 最终沙发模型效果如图4-54所示。

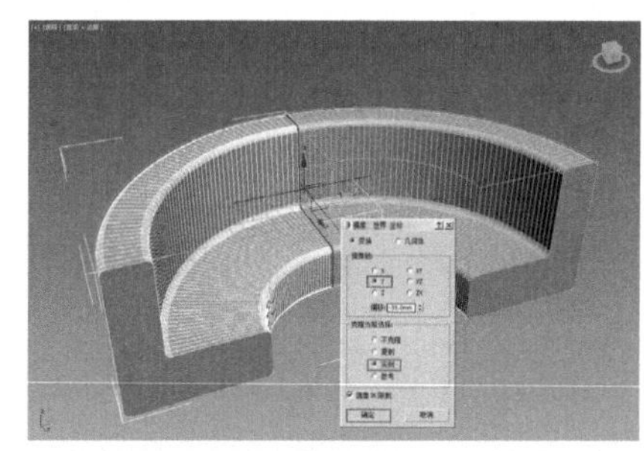

图4-53

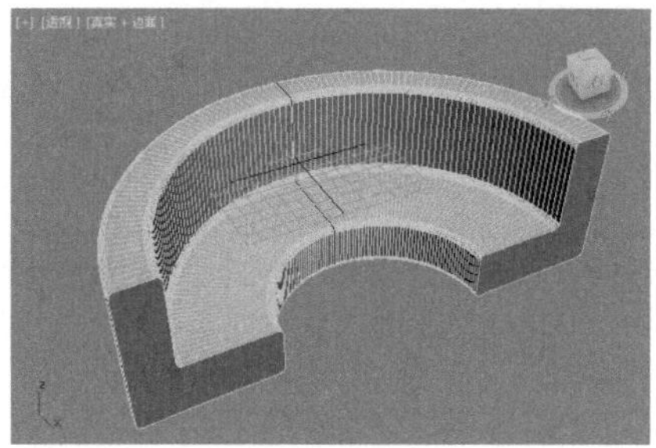

图4-54

提示 技巧提示：有时加载了FFD修改器，并调整控制点，但是效果不正确

【FFD修改器】、【弯曲修改器】、【扭曲修改器】有一个共同的特点，那就是【分段】参数的设置比较重要。默认创建模型时，【分段】的参数若为1，那么加载这些修改器后，可能发生问题，比如为长方体加载【弯曲】修改器，如图4-55所示。当设置【高度分段】为1时，弯曲后的效果可能不是我们需要的，如图4-56所示。

图4-55

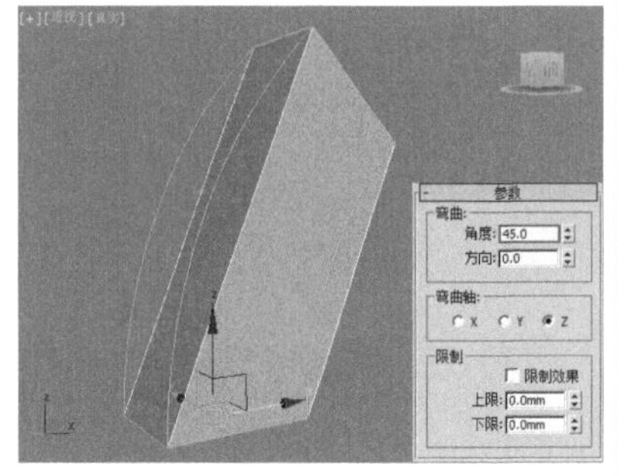

图4-56

当设置【高度分段】为10时，弯曲后的效果就正确了，如图4-57所示。

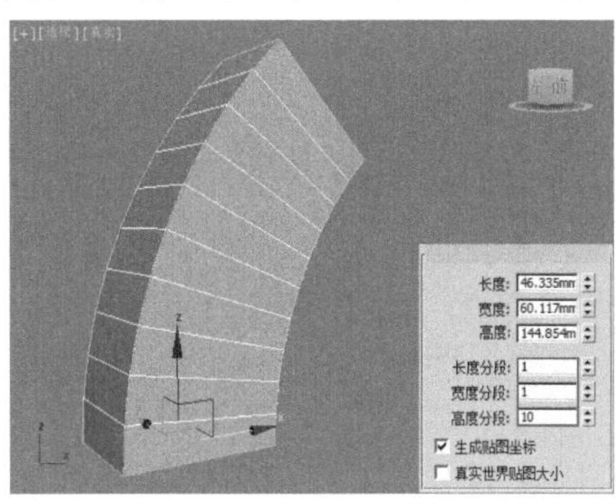

图4-57

实例048 倒角剖面修改器制作三维文字

文件路径	第4章\倒角剖面修改器制作三维文字	扫码深度学习
难易指数	★★★★★	
技术掌握	● 文本 ● 【倒角剖面】修改器	

操作思路

本例为文本添加【倒角剖面】修改器，最后拾取线，制作出三维文字效果。

案例效果

案例效果如图4-58所示。

图4-58

操作步骤

01 使用【文本】工具在【前】视图中创建一组文字，如图4-59所示。

02 单击【修改】按钮，输入"Logo"，设置合适的字体类型，并设置字体【大小】为2540.0mm，如图4-60所示。

图4-59

图4-60

03 使用【线】工具在【左】视图中绘制一条闭合的线，如图4-61所示。

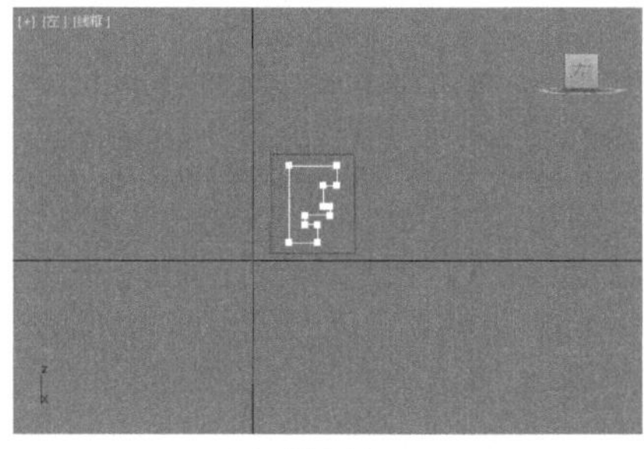

图4-61

04 选择文本，并单击【修改】按钮，添加【倒角剖面】修改器，然后添加【拾取剖面】修改器，最后单击刚才闭合的线，如图4-62所示。

05 最终模型效果如图4-63所示。

图4-62

图4-63

实例049　FFD修改器制作吊灯

文件路径	第 4 章 \ FFD 修改器制作吊灯
难易指数	★★★★★
技术掌握	● 阵列 ● FFD 修改器

扫码深度学习

操作思路

本例绘制线，并使用阵列操作、为模型添加FFD修改器制作吊灯模型。

案例效果

案例效果如图4-64所示。

图4-64

操作步骤

01 单击（创建）|（图形）| 样条线 | 线 按钮，在【前】视图中创建如图4-65所示的样条线。

图4-65

02 接着在【修改】面板下展开【渲染】卷展栏，勾选【在渲染中启用】和【在视口中启用】复选框，并选中【矩形】单选按钮，设置【长度】为8.0mm、【宽度】为20.0mm，如图4-66所示。

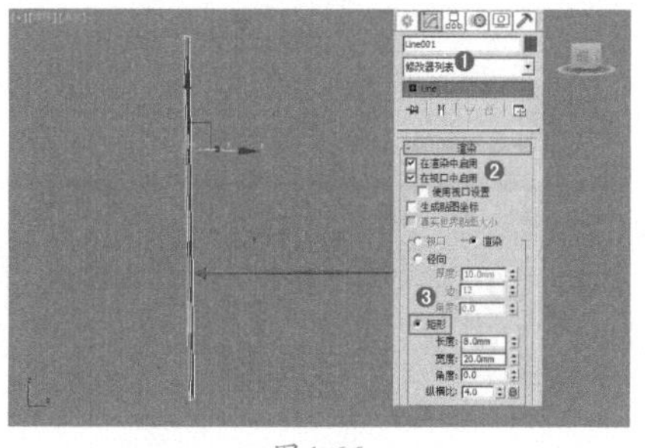
图4-66

03 选择模型并单击右键，在弹出的快捷菜单中选择【转换为】|【转换为可编辑多边形】命令，如图4-67所示。

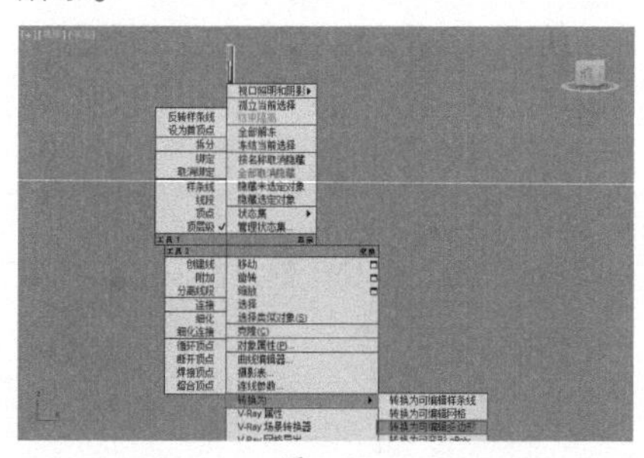
图4-67

04 选择模型，进入【边】级别，选择如图4-68所示的边。然后单击 连接 按钮后面的【设置】按钮，并设置【分段】为40，如图4-69所示。

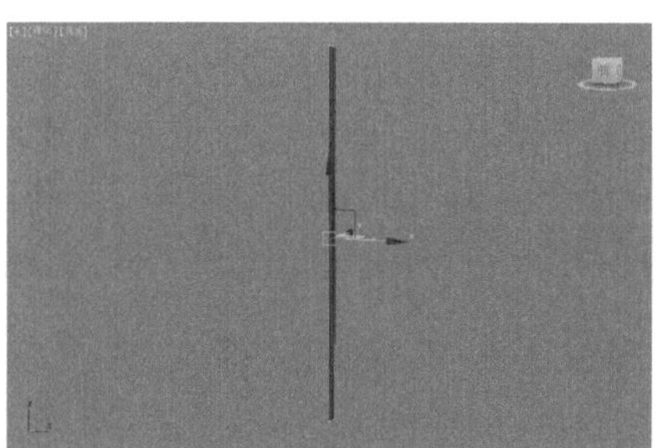

图4-68

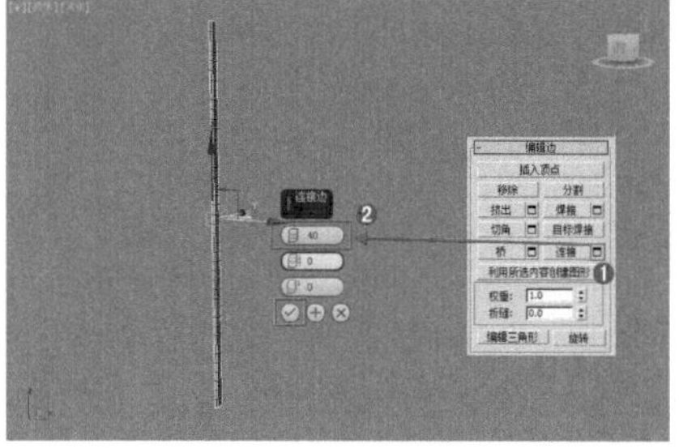

图4-69

05 单击品（层次）| 仅影响轴 按钮，将坐标移到如图4-70所示的位置。

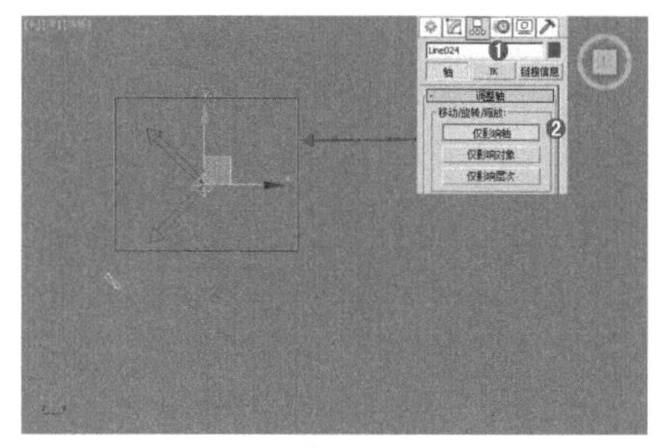

图4-70

06 选择菜单栏的【工具】|【阵列】命令，如图4-71所示。

图4-71

07 在打开的【阵列】对话框中单击【预览】按钮，然后单击【旋转】后面的 > 按钮，设置Z轴为360度，设置ID为34，最后单击【确定】按钮，如图4-72所示。效果如图4-73所示。

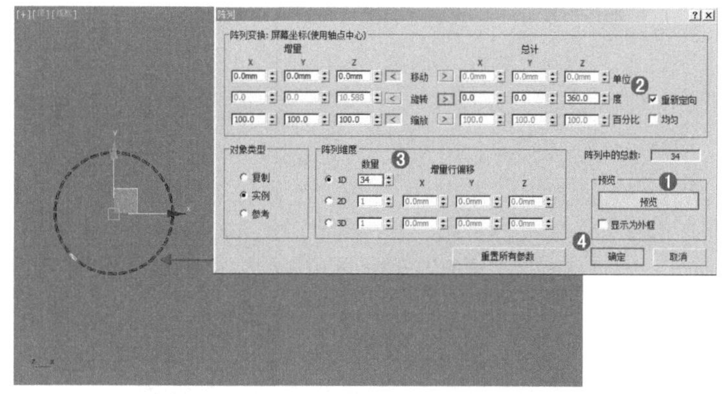

图4-72

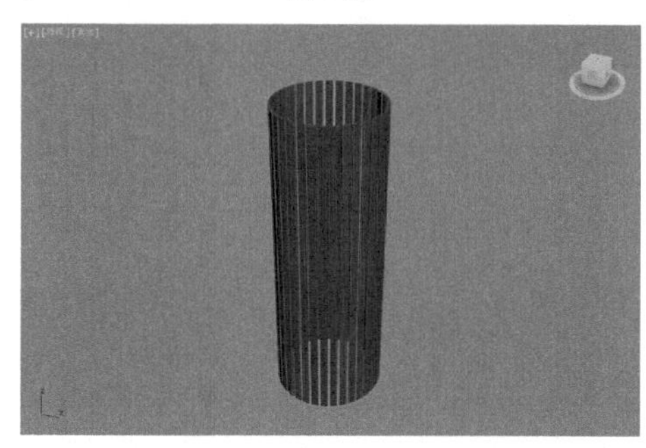

图4-73

08 选择所有的模型，为其加载【FFD（圆柱体）】修改器。在【FFD参数】卷展栏下单击【设置点数】按钮，并设置【侧面】为6、【径向】为4、【高度】为7；接着进入【控制点】级别，调整点的位置，如图4-74所示。

09 单击（创建）|（几何体）| 圆柱体 按钮，在【顶】视图中创建一个圆柱体，接着在【修改】面板下设置【半径】为3.0mm、【高度】为200.0mm，如图4-75所示。

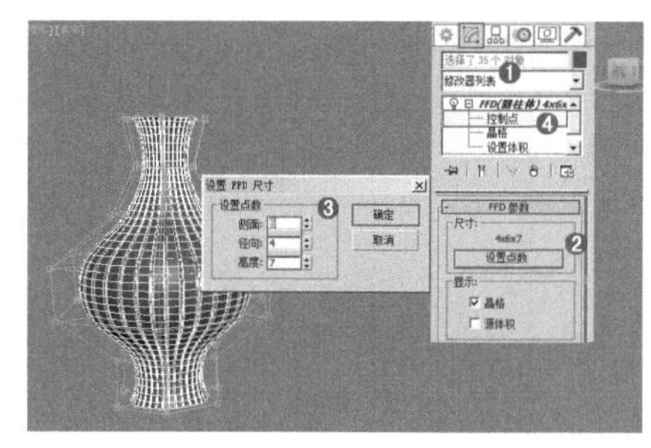

图4-74

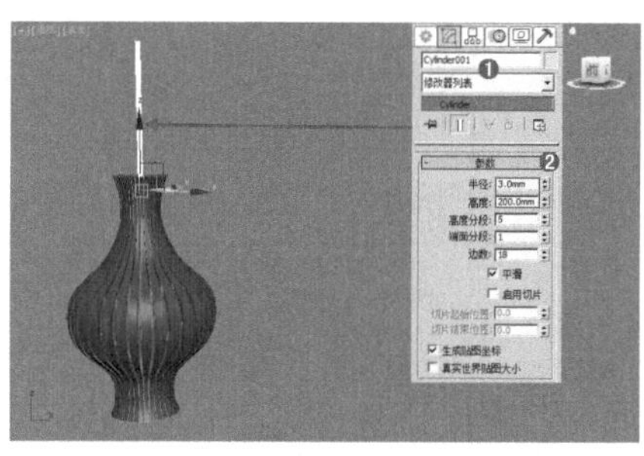

图4-75

10 最终模型效果如图4-76所示。

图4-76

第5章

多边形建模

本章概述

多边形建模是3ds Max中最复杂的建模方式之一，其强大的功能深受用户喜爱。将模型转换为可编辑多边形，并对顶点、边、多边形、边界、几何体等元素进行编辑操作，可将模型更改得更细致。多边形建模常应用室内外设计中模型的制作，如建筑、家具、灯具、墙体、饰品等模型。

本章重点

- 将模型转换为可编辑多边形
- 多边形建模中工具的应用
- 应用多边形建模制作多种模型

/ 佳 / 作 / 欣 / 赏 /

实例050 多边形建模制作简易桌子

文件路径	第5章\多边形建模制作简易桌子
难易指数	★★★★★
技术掌握	多边形建模

扫码深度学习

操作思路

本例通过将切角长方体转换为可编辑多边形，并进行编辑操作制作出桌腿，再结合几何体模型制作完成桌子。

案例效果

案例效果如图5-1所示。

图5-1

操作步骤

01 在【顶】视图中创建如图5-2所示的切角长方体。设置【长度】为1000.0mm、【宽度】为2000.0mm、【高度】为100.0mm、【圆角】为3.0mm、【圆角分段】为15，如图5-3所示。

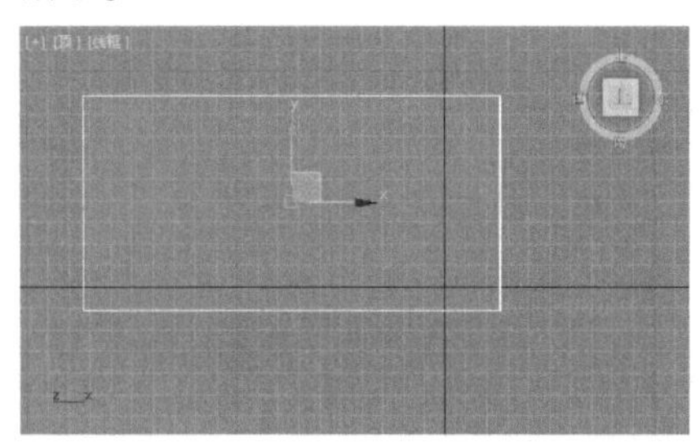

图5-2

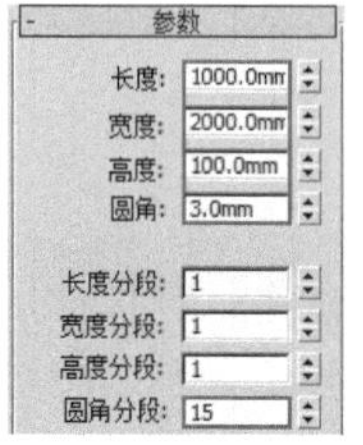

图5-3

02 在【顶】视图中创建如图5-4所示的切角长方体。设置【长度】为950.0mm、【宽度】为1950.0mm、【高度】为50.0mm、【圆角】为3.0mm、【圆角分段】为15，如图5-5所示。

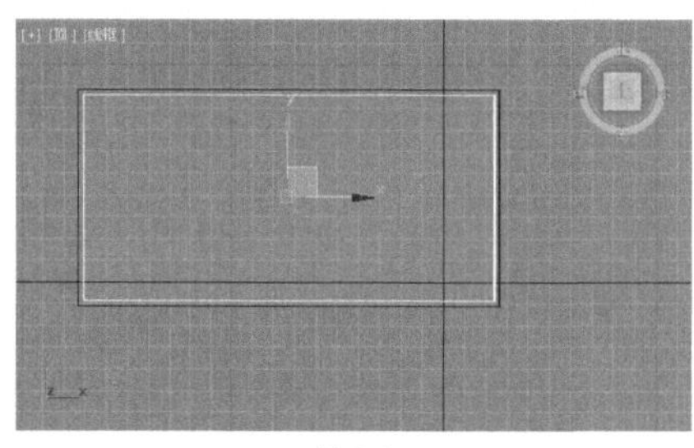

图5-4

图5-5

03 在【前】视图中创建如图5-6所示的长方体。设置【长度】为1500.0mm、【宽度】为50.0mm、【高度】为50.0mm，如图5-7所示。

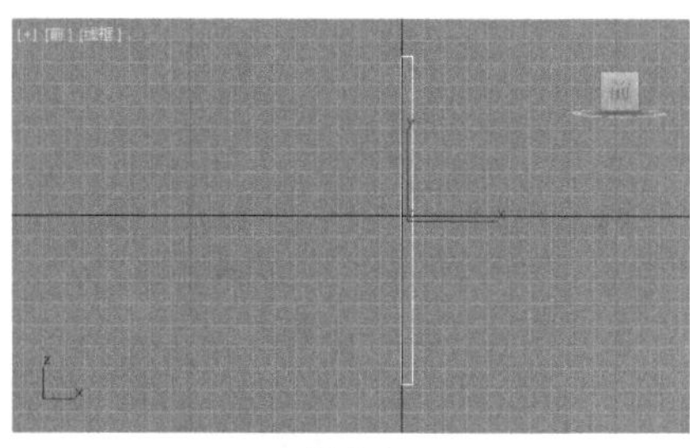

图5-6

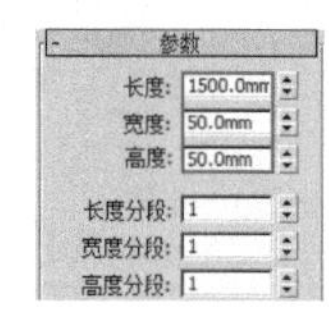

图5-7

04 选中模型，并将模型转换为可编辑多边形，如图5-8所示。

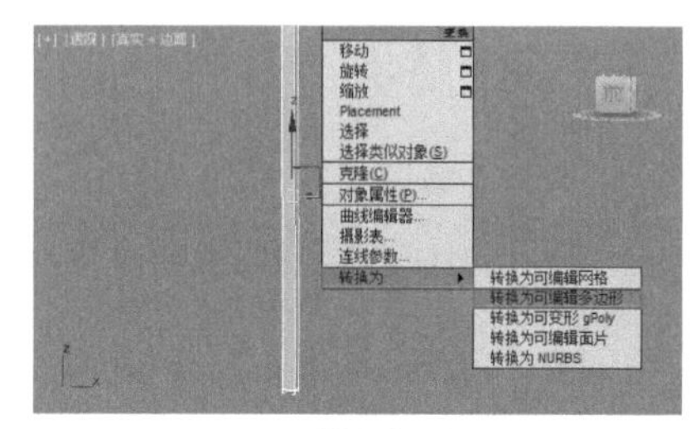

图5-8

05 进入【边】级别，选择如图5-9所示的边。单击【连接】后面的【设置】按钮，设置【分段】为1、【滑块】为-95，如图5-10所示。

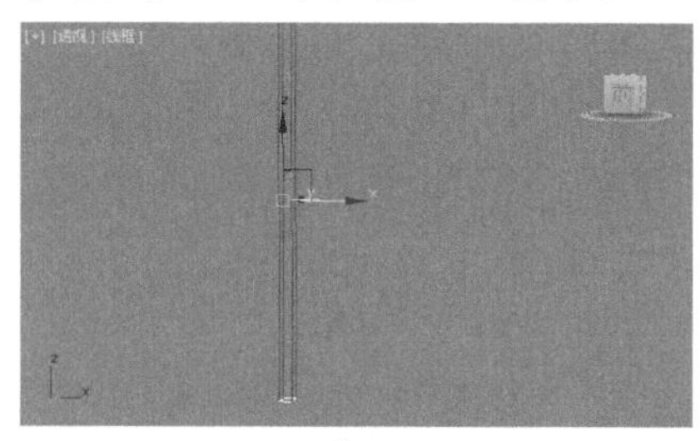

图5-9

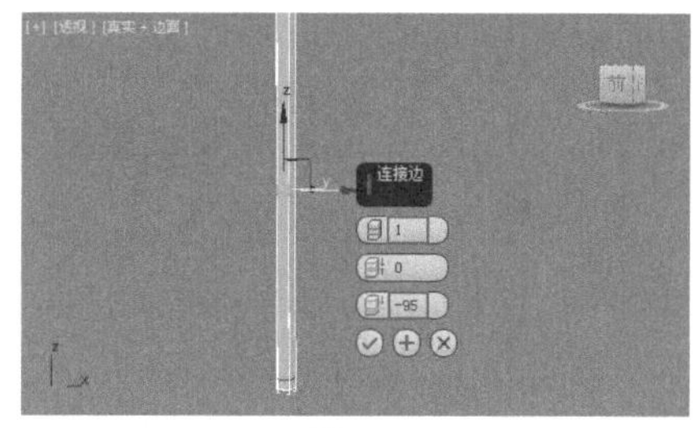

图5-10

06 进入【多边形】级别，选择如图5-11所示的多边形。单击【挤出】后面的【设置】按钮，设置【高度】为160.0mm，如图5-12所示。

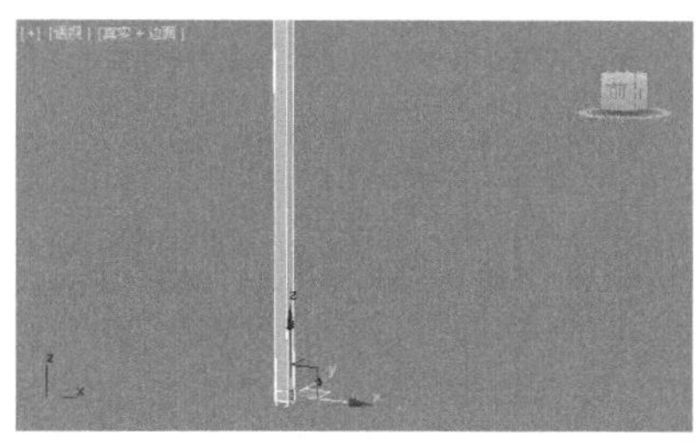

图5-11

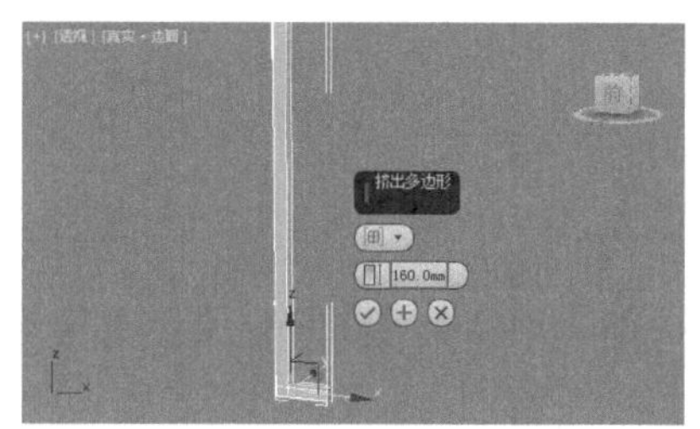

图5-12

07 进入【边】级别，选择如图5-13所示的边。单击【连接】后面的【设置】按钮，设置【分段】为1、【滑块】为55，如图5-14所示。

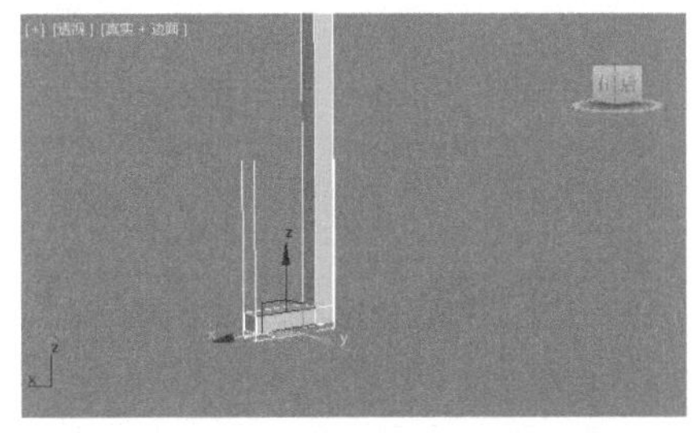

图5-13

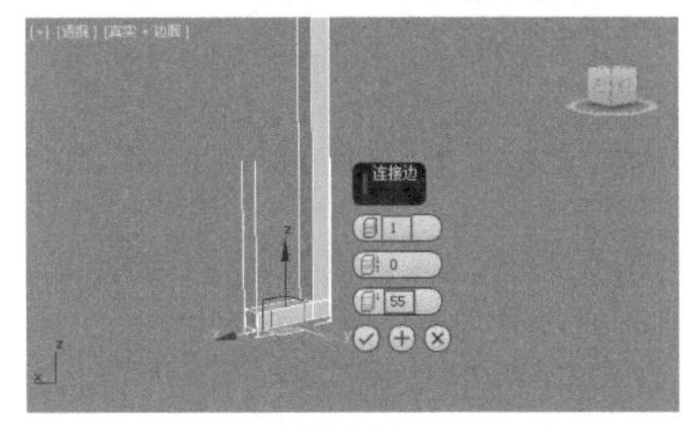

图5-14

08 进入【多边形】级别，选择多边形，单击【挤出】后面的【设置】按钮，设置【高度】为160.0mm，如图5-15所示。

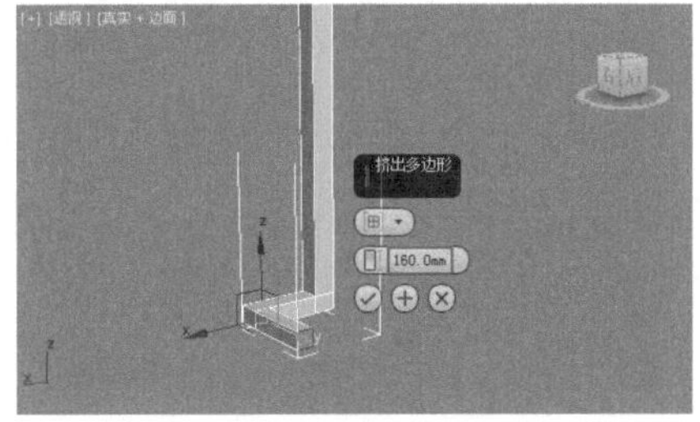

图5-15

09 进入【边】级别，选择如图5-16所示的边。单击【连接】后面的【设置】按钮，设置【分段】为1、【滑块】为40，如图5-17所示。

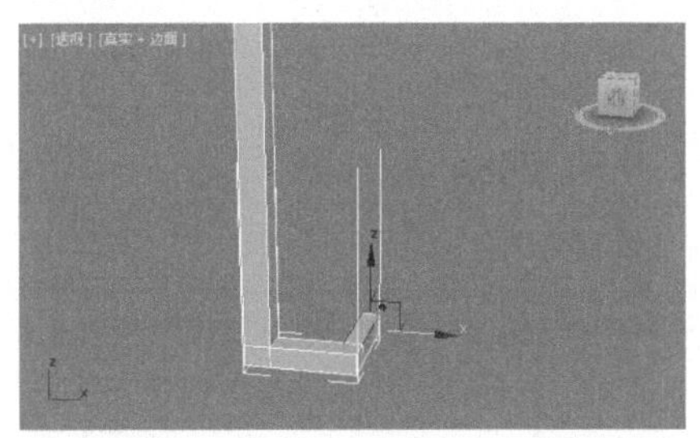

图5-16

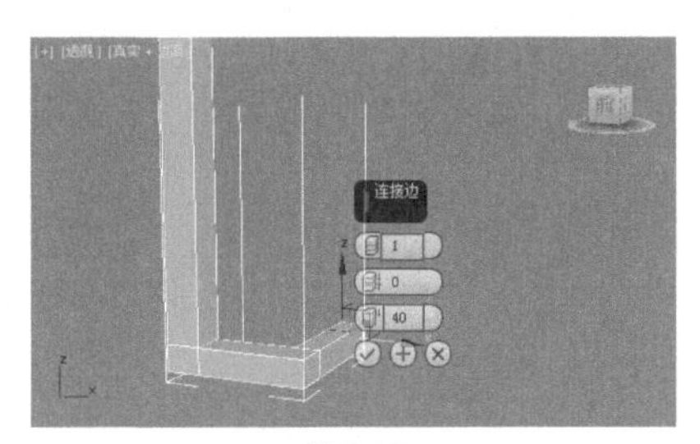

图5-17

10 进入【多边形】级别，选择如图5-18所示的多边形。单击【挤出】后面的【设置】按钮，设置【高度】为1462.5mm，如图5-19所示。

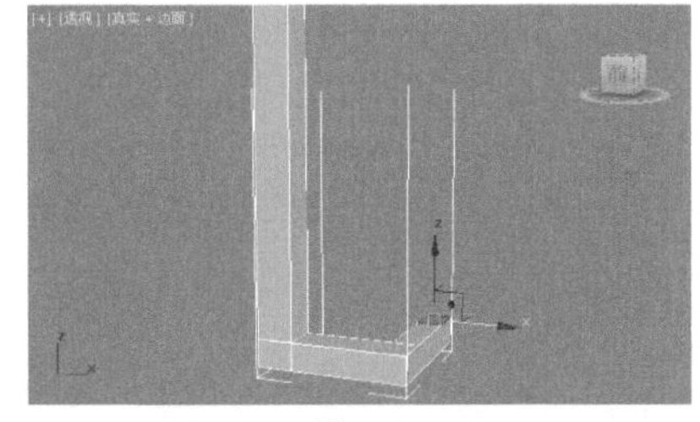

图5-18

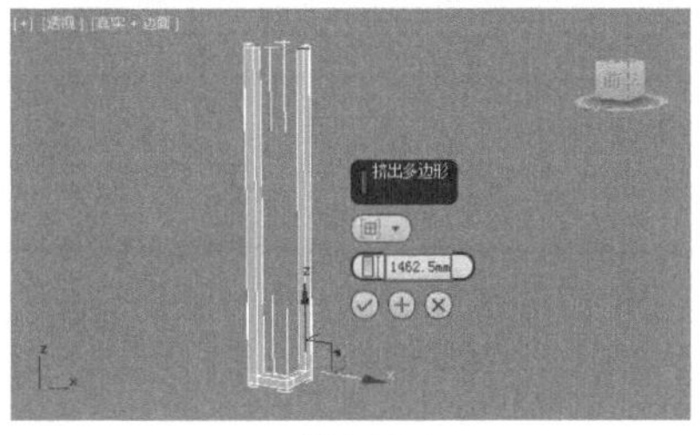

图5-19

11 将模型移动到合适的位置，如图5-20所示。按住Shift键，再将其复制出3个模型，将其适当地调节后移动到合适的位置，如图5-21和图5-22所示。

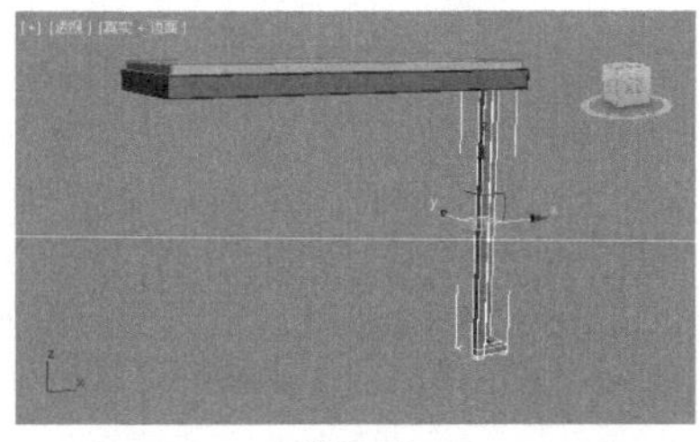

图5-20

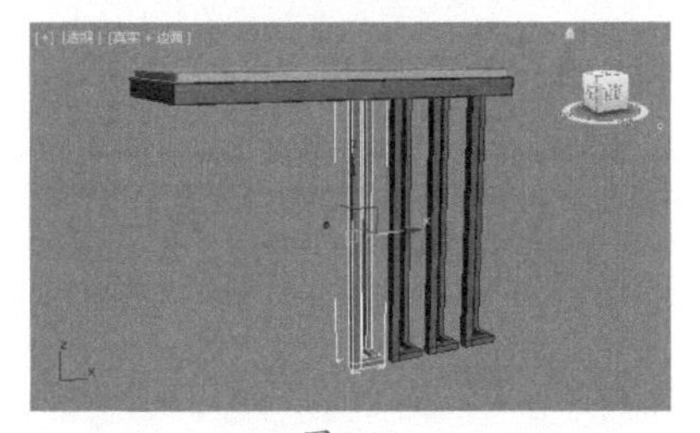

图5-21

图5-22

12 在【左】视图中创建如图5-23所示的长方体。设置【长度】为50.0mm，【宽度】为815.0mm、【高度】为50.0mm，如图5-24所示。

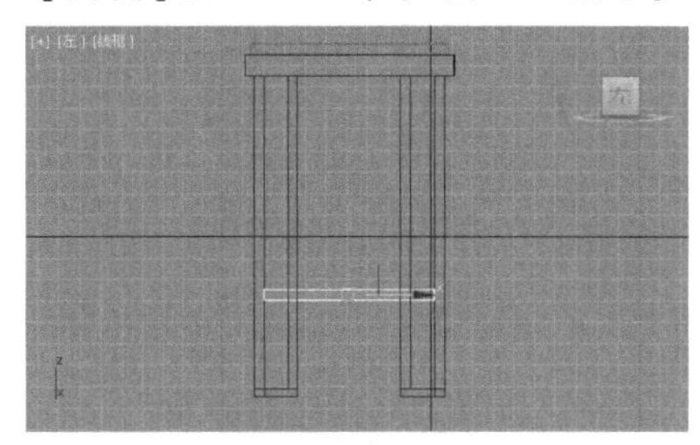

图5-23

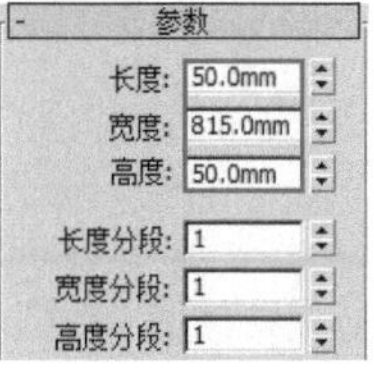

图5-24

13 在【顶】视图中选择如图5-25所示的模型，按住Shift键，拖动复制到如图5-26所示效果。

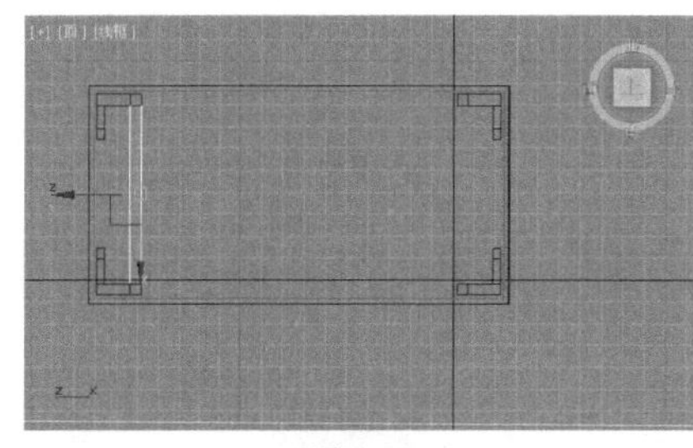

图5-25

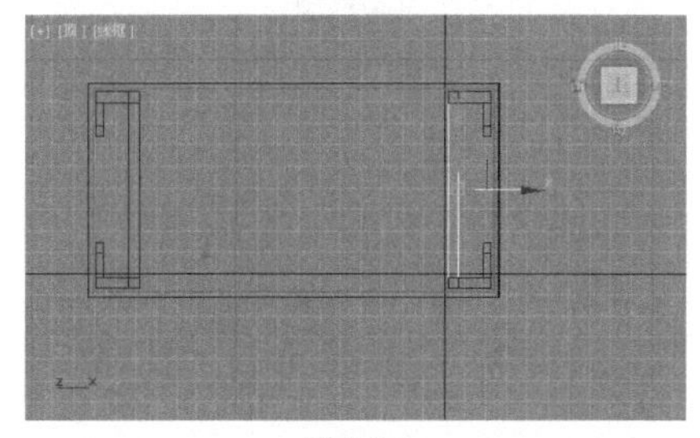

图5-26

14 在【顶】视图中选择如图5-27所示的模型。设置【长度】为

50.0mm、【宽度】为1505.0mm、【高度】为50.0mm，如图5-28所示。

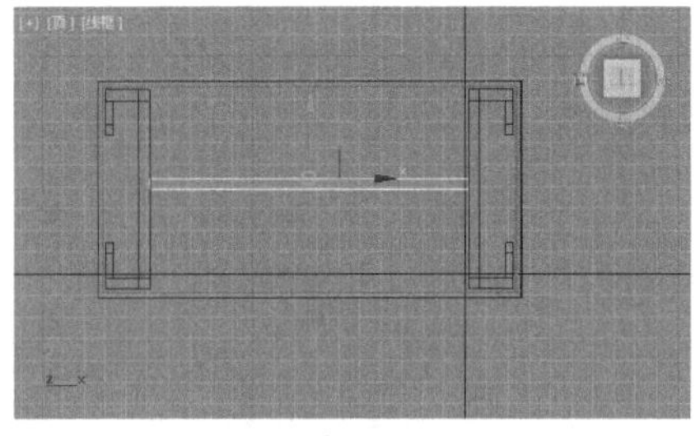
图5-27

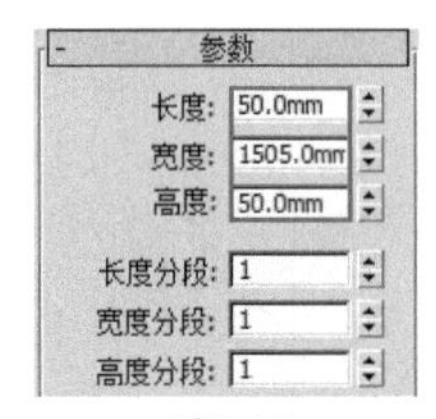

图5-28

15 此时模型已经创建完成，效果如图5-29所示。

图5-29

实例051 多边形建模制作方形茶几

文件路径	第5章\多边形建模制作方形茶几
难易指数	★★★★★
技术掌握	多边形建模

扫码深度学习

操作思路

本例通过将模型转换为可编辑多边形，并进行编辑操作制作出方形茶几模型。

案例效果

案例效果如图5-30所示。

图5-30

操作步骤

01 在【顶】视图中创建如图5-31所示的长方体。设置【长度】为800.0mm、【宽度】为1300.0mm、【高度】为100mm，如图5-32所示。

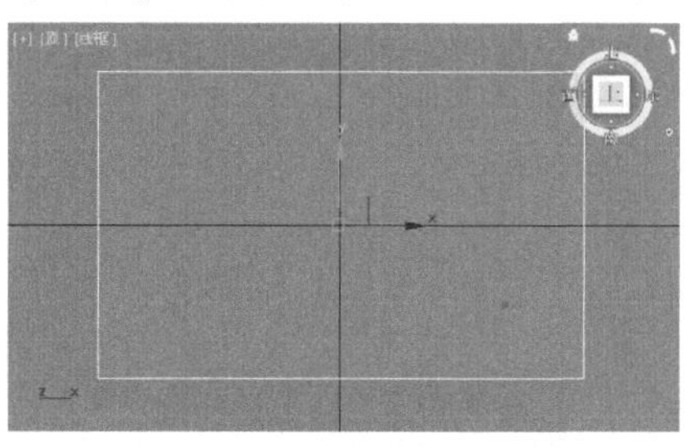
图5-31

图5-32

02 在【前】视图中选择长方体，按住Shift键，沿Y轴向下拖动复制，如图5-33所示。设置【高度】为35.0mm，如图5-34所示。

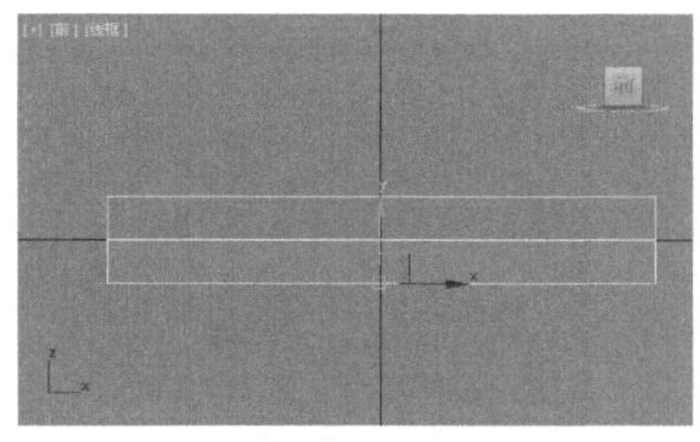
图5-33

图5-34

03 将刚刚复制的模型移动到合适位置，如图5-35所示。将模型转换为可编辑多边形，如图5-36所示。

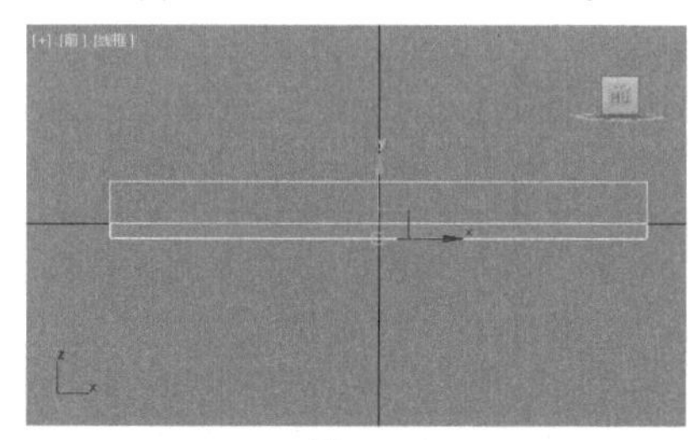
图5-35

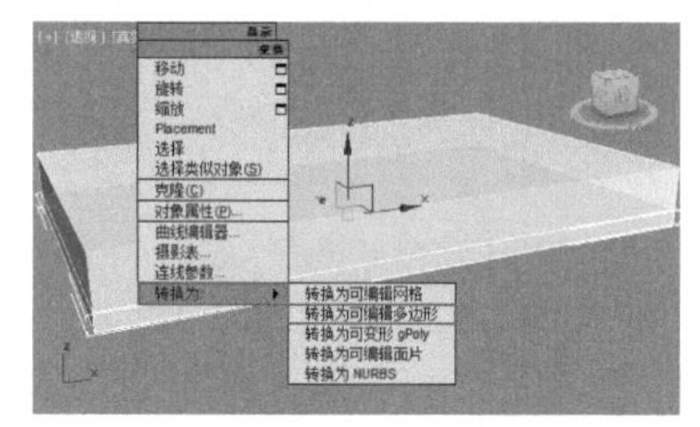
图5-36

04 进入【边】级别，选择如图5-37所示的边。单击【连接】后面的【设置】按钮，设置【分段】为2、【收缩】为85，如图5-38所示。

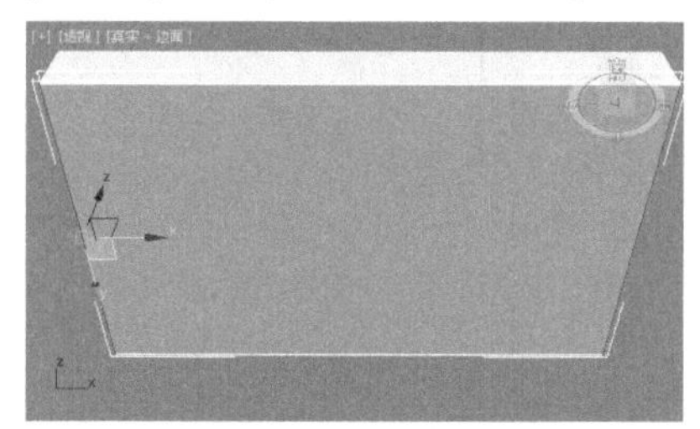
图5-37

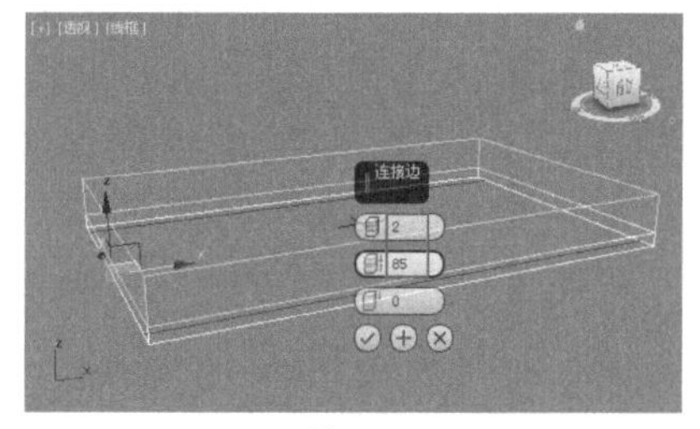

图5-38

05 选择如图5-39所示的边。单击【连接】后面的【设置】按钮，设置【分段】为2、【收缩】为90，如图5-40所示。

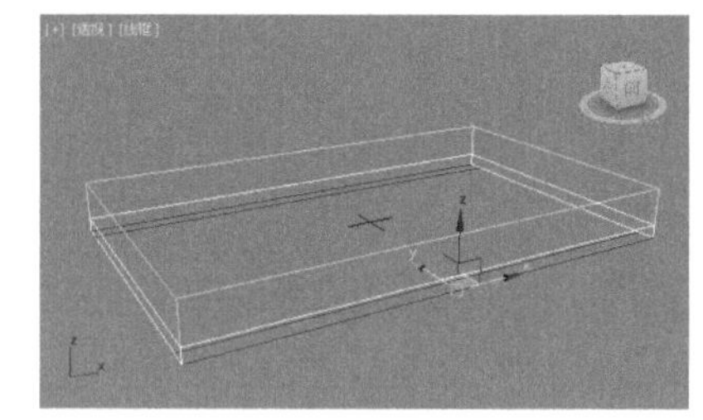
图5-39

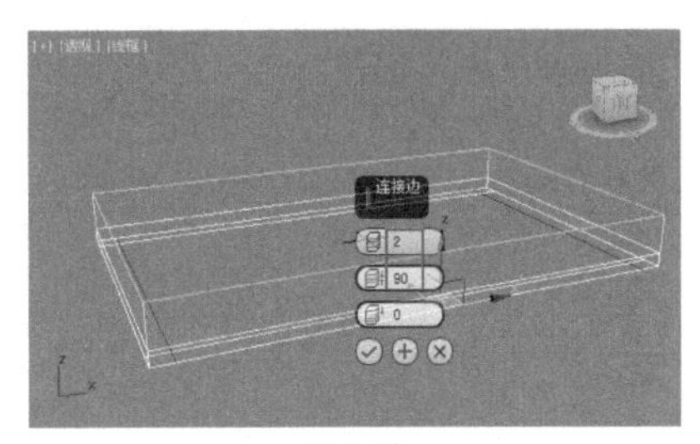

图5-40

06 进入【多边形】■级别，选择如图5-41所示的多边形。单击【挤出】后面的【设置】按钮■，设置【高度】为450.0mm，如图5-42所示。

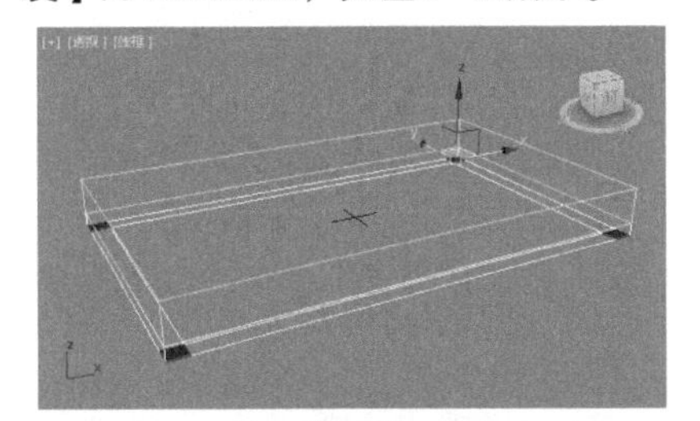

图5-41

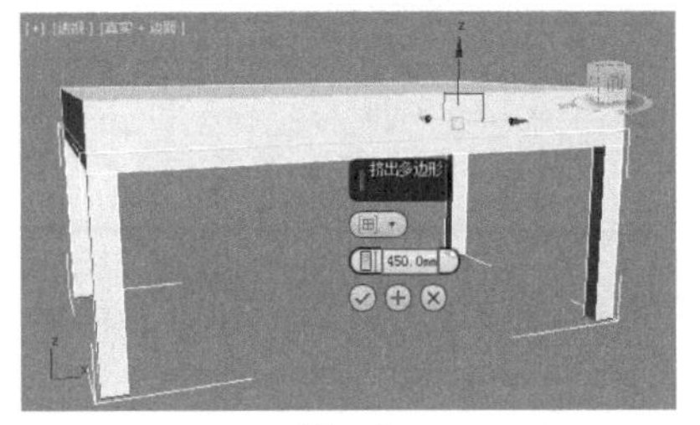

图5-42

07 进入【边】级别◁，选择如图5-43所示的边。单击【连接】后面的【设置】按钮■，设置【分段】为1、【滑块】为80，如图5-44所示。

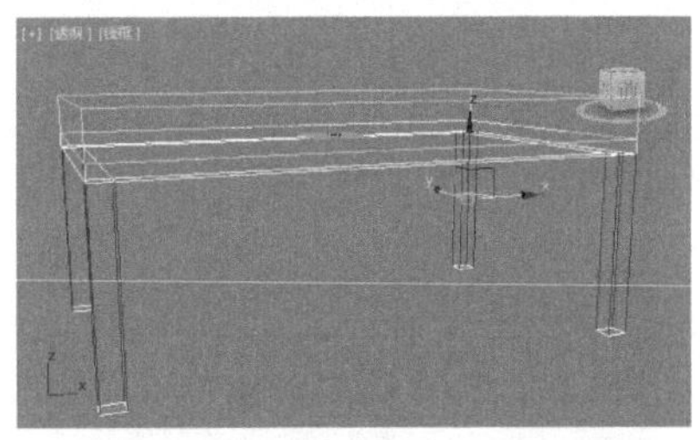

图5-43

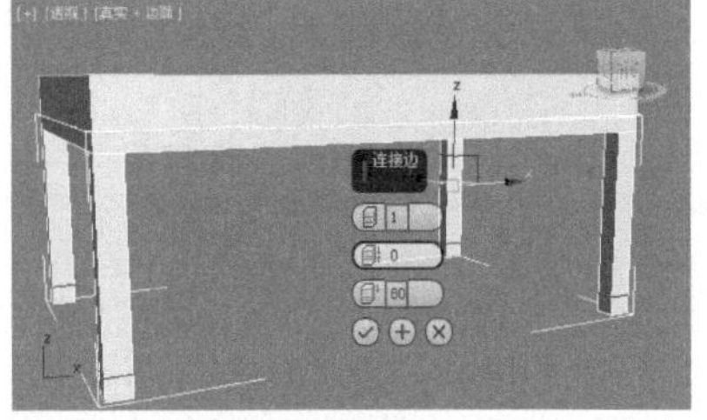

图5-44

08 进入【多边形】级别■，选择如图5-45所示的多边形。单击【挤出】后面的【设置】按钮■，设置【高度】为1195.0mm，如图5-46所示。

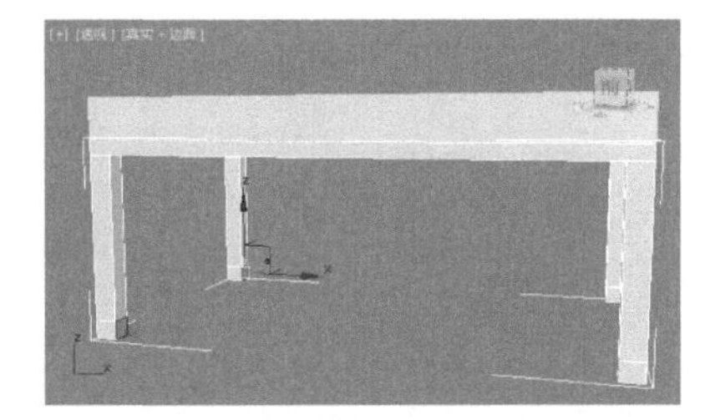

图5-45

图5-46

09 选择如图5-47所示的多边形。单击【挤出】后面的【设置】按钮■，设置【高度】为703.0mm，如图5-48所示。

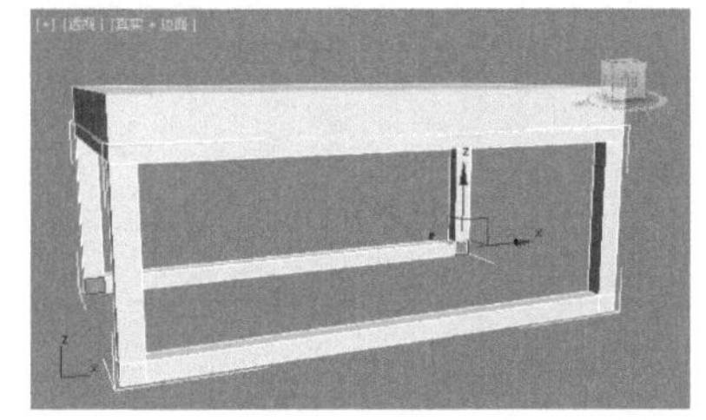

图5-47

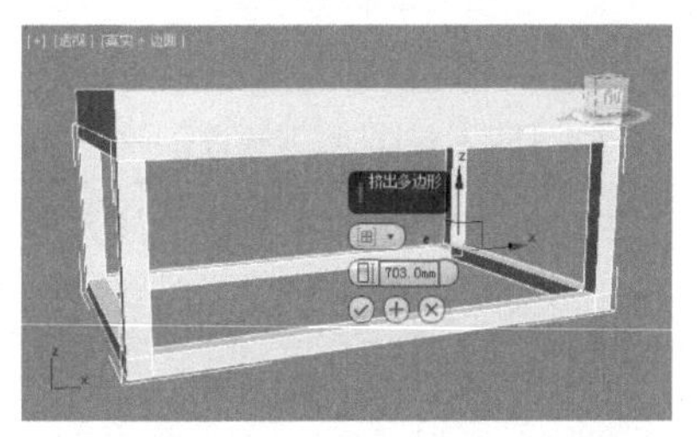

图5-48

10 此时模型已经创建完成，效果如图5-49所示。

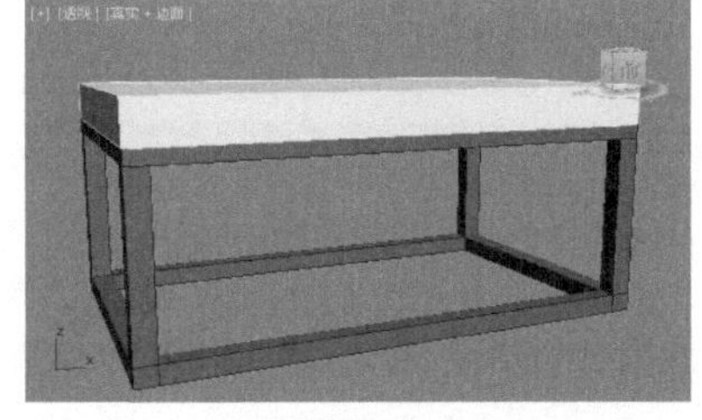

图5-49

实例052 多边形建模制作双层茶几

文件路径	第5章\多边形建模制作双层茶几
难易指数	★★★★★
技术掌握	多边形建模

扫码深度学习

操作思路

本例通过将模型转换为可编辑多边形，并进行编辑操作制作出双层茶几模型。

案例效果

案例效果如图5-50所示。

图5-50

操作步骤

01 在【顶】视图中创建如图5-51所示的长方体。设置【长度】为800.0mm、【宽度】为1500.0mm、【高度】为80.0mm，如图5-52所示。

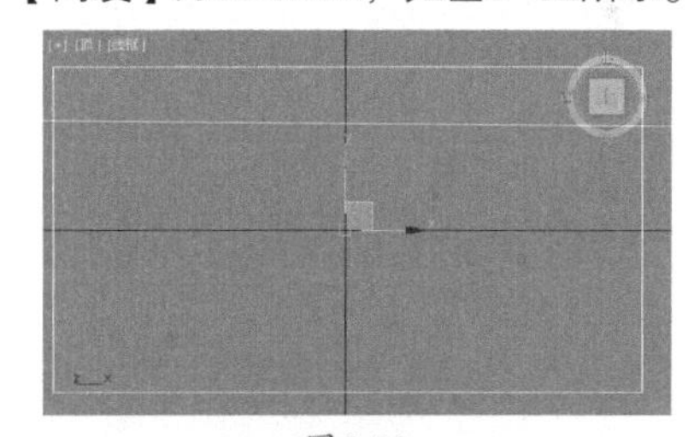

图5-51

参数	
长度:	800.0mm
宽度:	1500.0mm
高度:	80.0mm
长度分段:	1
宽度分段:	1
高度分段:	1

图5-52

02在【前】视图中创建如图5-53所示的长方体。设置【长度】为50.0mm、【宽度】为1500.0mm、【高度】为50.0mm，如图5-54所示。效果如图5-55所示。

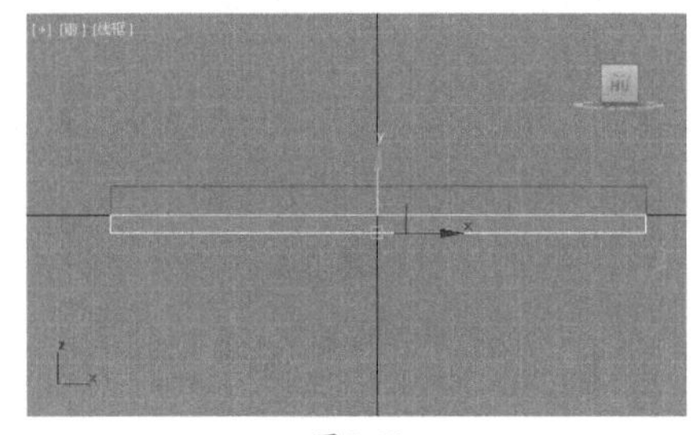

图5-53

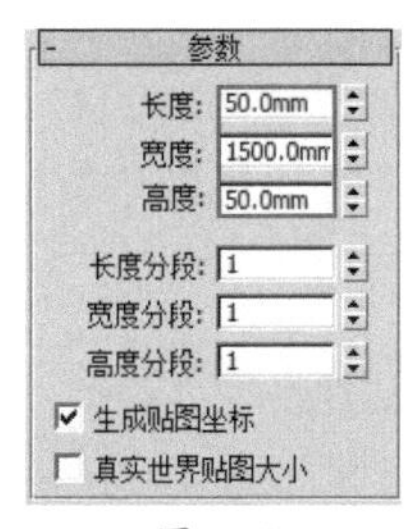

图5-54

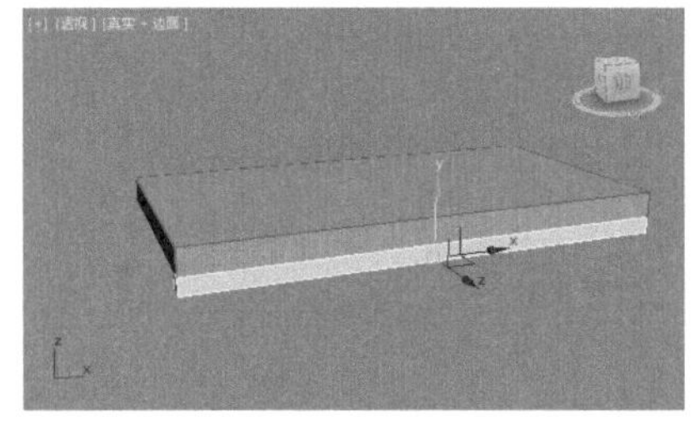

图5-55

03将模型转换为可编辑多边形，如图5-56所示。进入【边】级别，选择如图5-57所示的边。

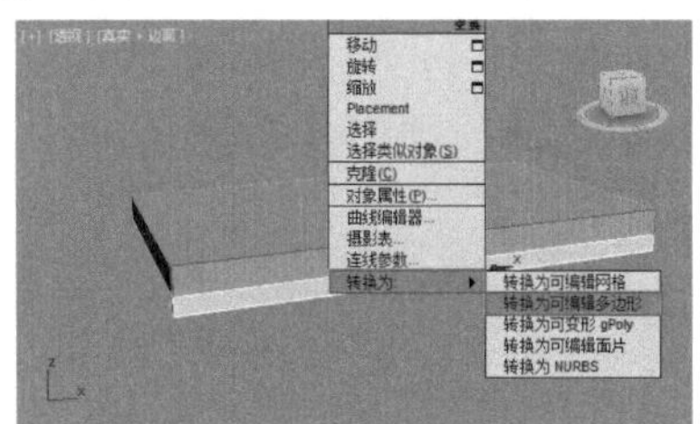

图5-56

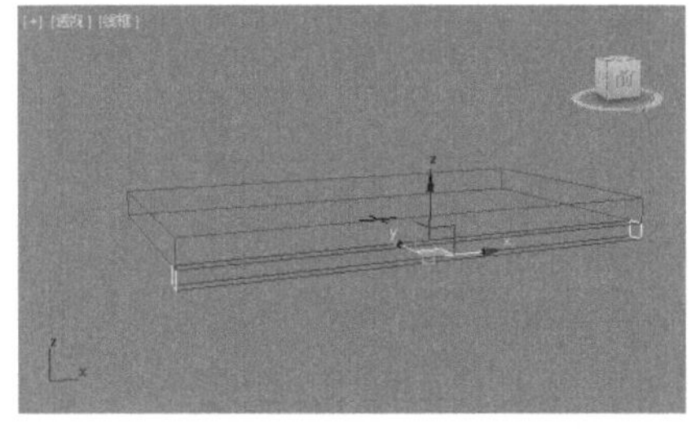

图5-57

04接着单击【连接】后面的【设置】按钮，设置【分段】为2、【收缩】为92，如图5-58所示。

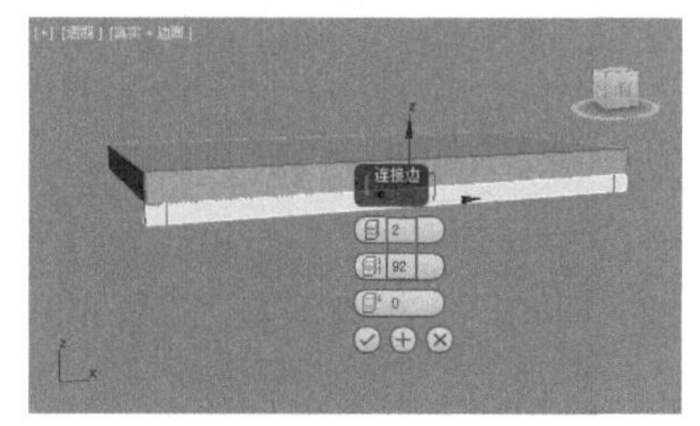

图5-58

05进入【多边形】级别，选择如图5-59所示的多边形。单击【挤出】后面的【设置】按钮，设置【高度】为750.0mm，如图5-60所示。

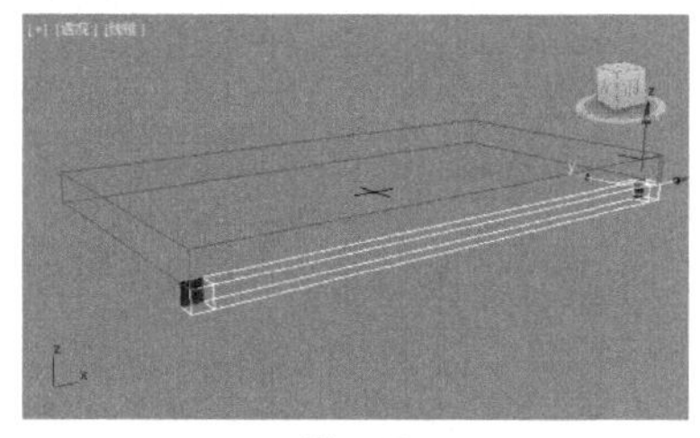

图5-59

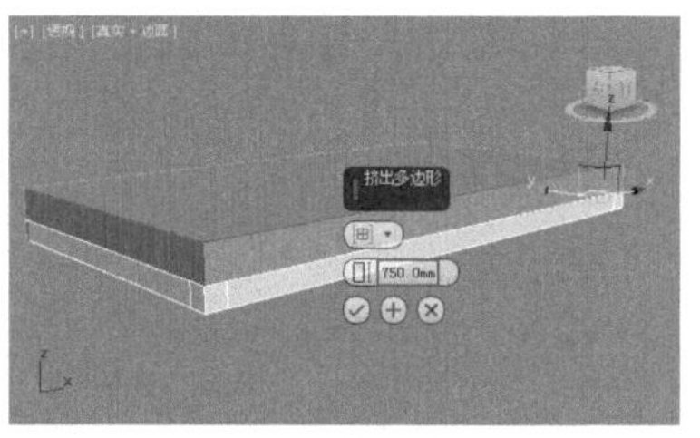

图5-60

06进入【边】级别，选择如图5-61所示的边。单击【连接】后面的【设置】按钮，设置【分段】为1、【滑块】为87，如图5-62所示。

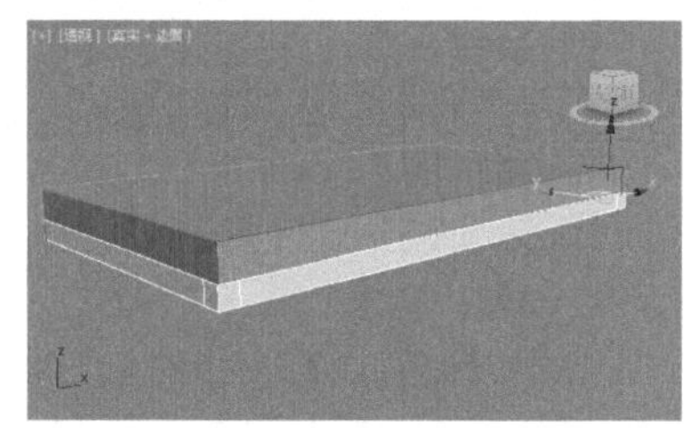

图5-61

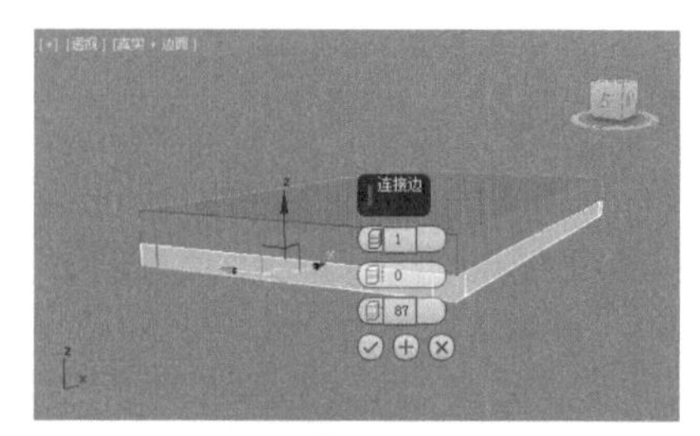

图5-62

07进入【多边形】级别，选择如图5-63所示的多边形。单击【挤出】后面的【设置】按钮，设置【高度】为1402.0mm，如图5-64所示。

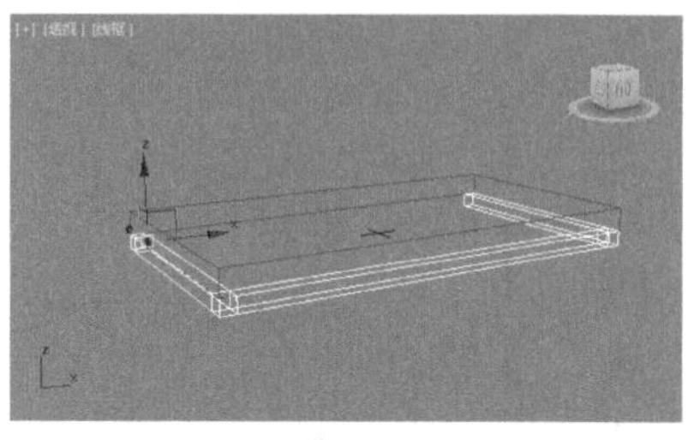

图5-63

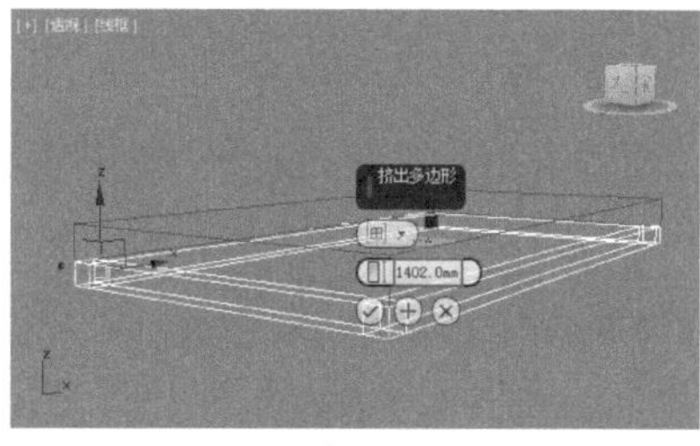

图5-64

08选择如图5-65所示的多边形。单击【挤出】后面的【设置】按钮，设置【高度】为1200.0mm，如图5-66所示。

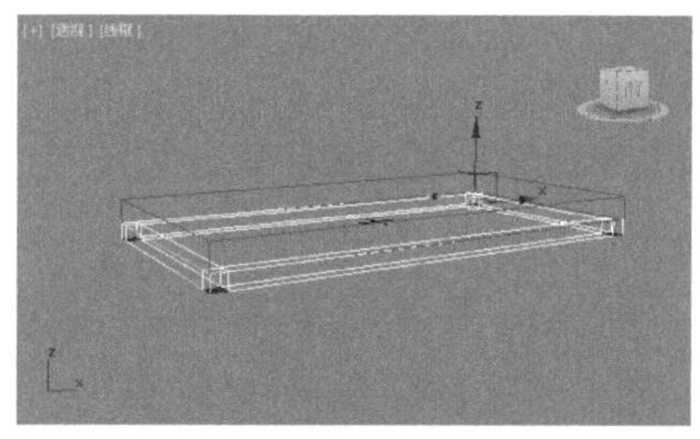

图5-65

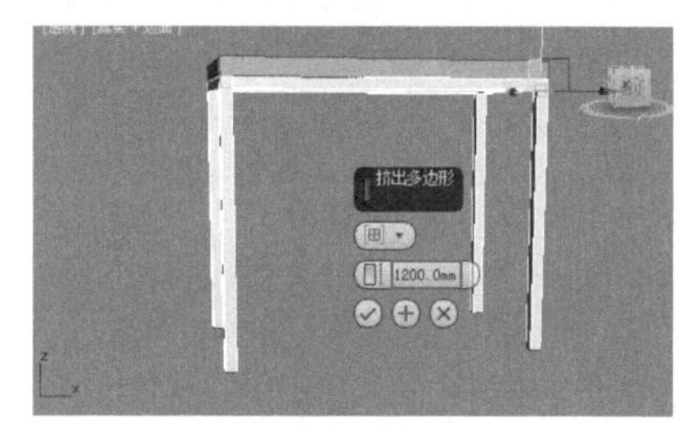

图5-66

09进入【边】级别，选择如图5-67所示的边。单击【连接】后面的【设置】按钮，设置【分段】为2、【收缩】为-80、【滑块】

为1138，如图5-68所示。

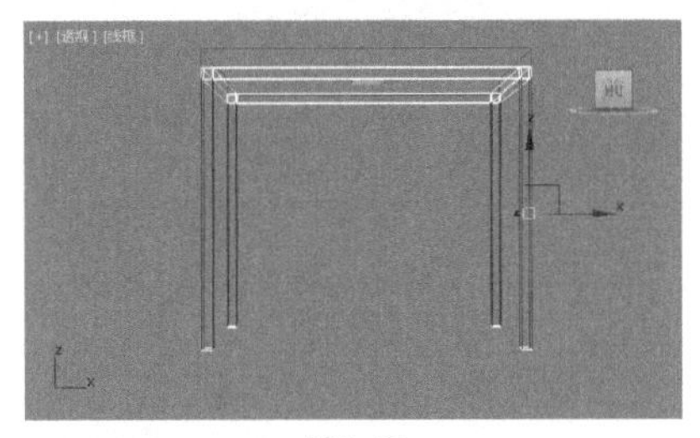

图5-67

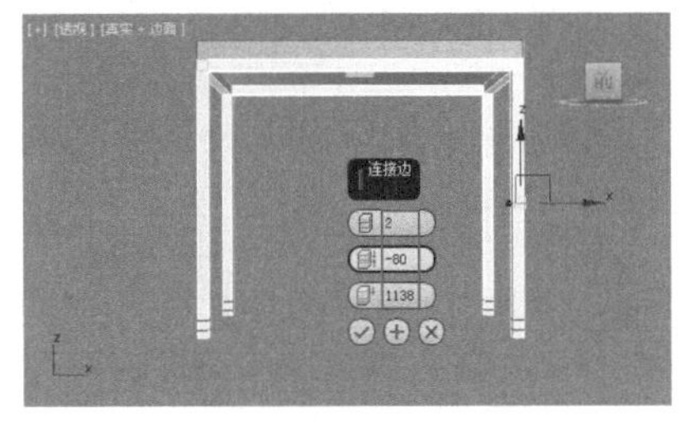

图5-68

10 选择如图5-69所示的边。单击【连接】后面的【设置】按钮，设置【分段】为2、【收缩】为-78、【滑块】为245，如图5-70所示。

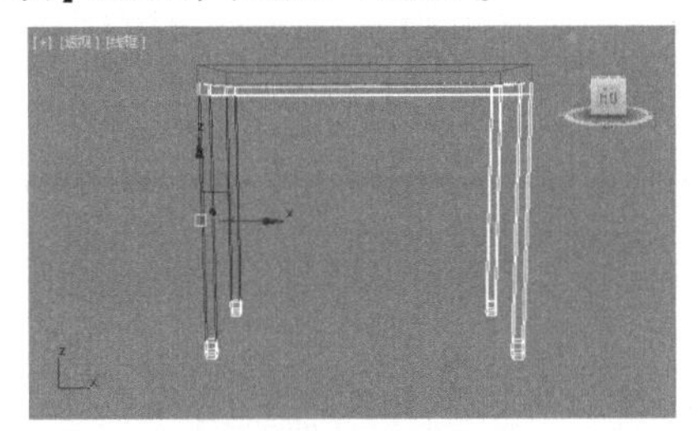

图5-69

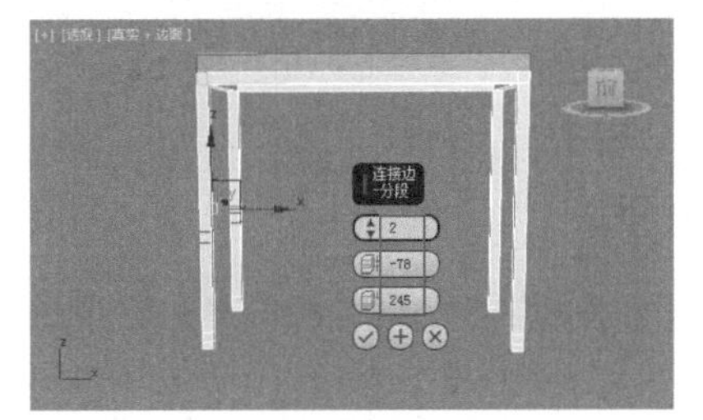

图5-70

11 进入【多边形】级别，选择如图5-71所示的多边形。单击【挤出】后面的【设置】按钮，设置【高度】为750.0mm，如图5-72所示。

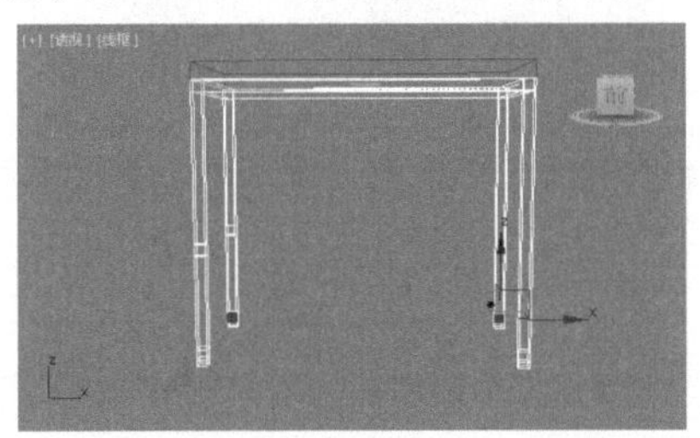

图5-71

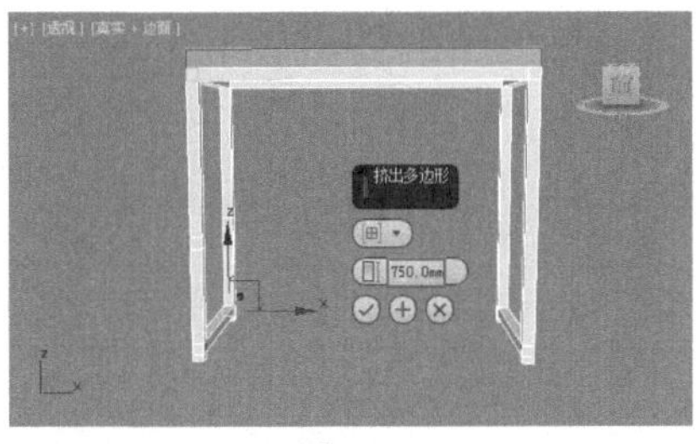

图5-72

12 选择如图5-73所示的多边形。单击【挤出】后面的【设置】按钮，设置【高度】为1400.0mm，如图5-74所示。

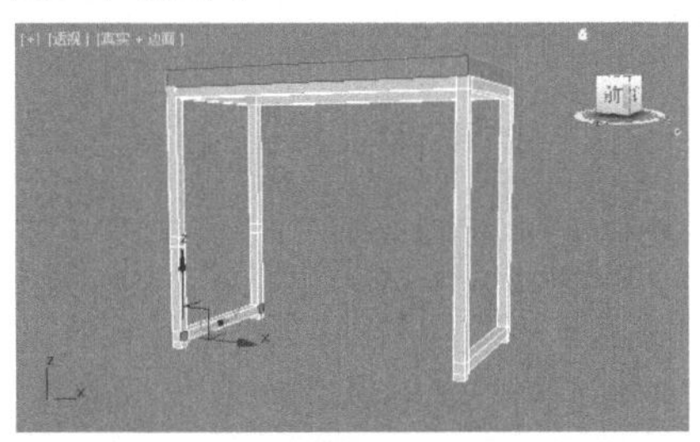

图5-73

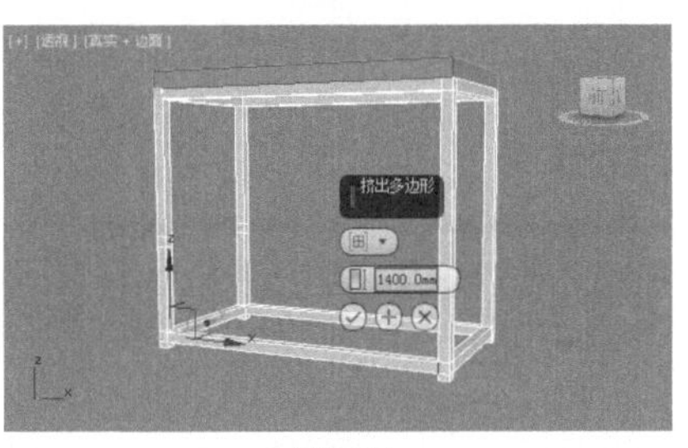

图5-74

13 选择如图5-75所示的多边形。单击【挤出】后面的【设置】按钮，设置【高度】为900.0mm，如图5-76所示。

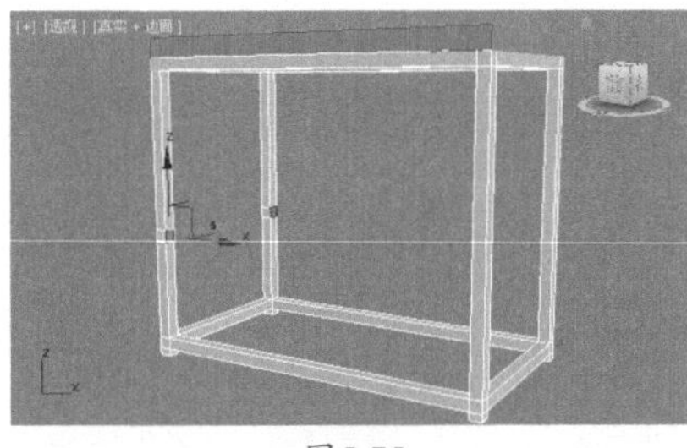

图5-75

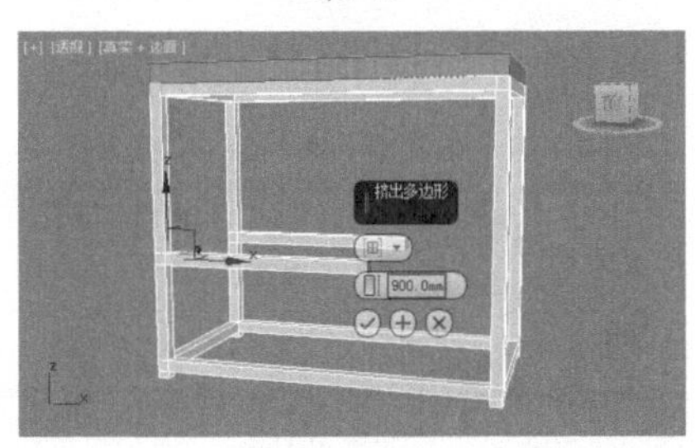

图5-76

14 进入【边】级别，选择如图5-77所示的边。单击【连接】后面的【设置】按钮，设置【分段】为1、【滑块】为89，如图5-78所示。

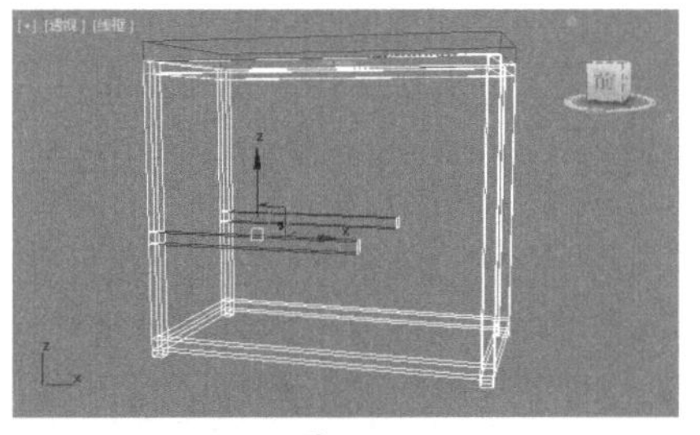

图5-77

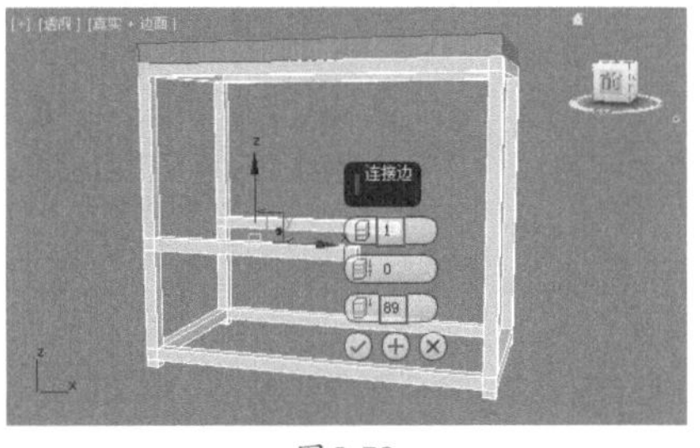

图5-78

15 进入【多边形】级别，选择如图5-79所示的多边形。单击【挤出】后面的【设置】按钮，设置【高度】为413.1mm，如图5-80所示。

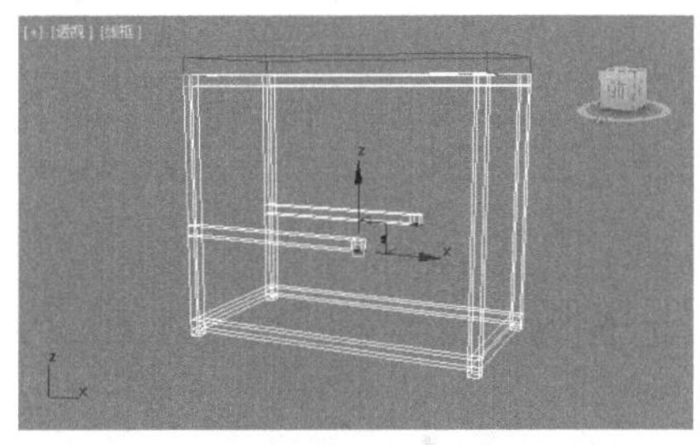

图5-79

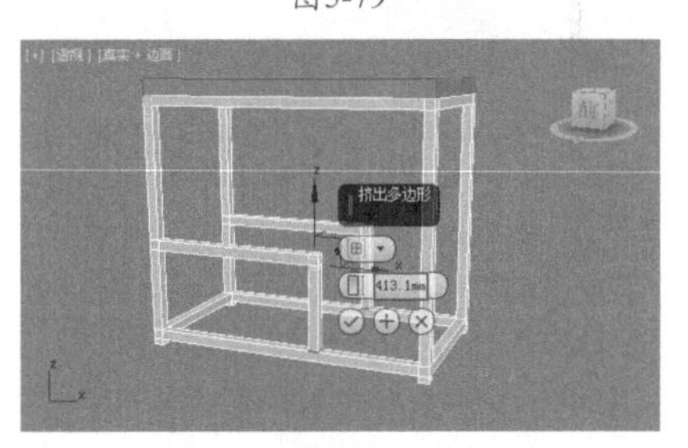

图5-80

16 进入【边】级别，选择如图5-81所示的边。单击【连接】后面的【设置】按钮，设置【分段】为1、【滑块】为-88，如图5-82所示。

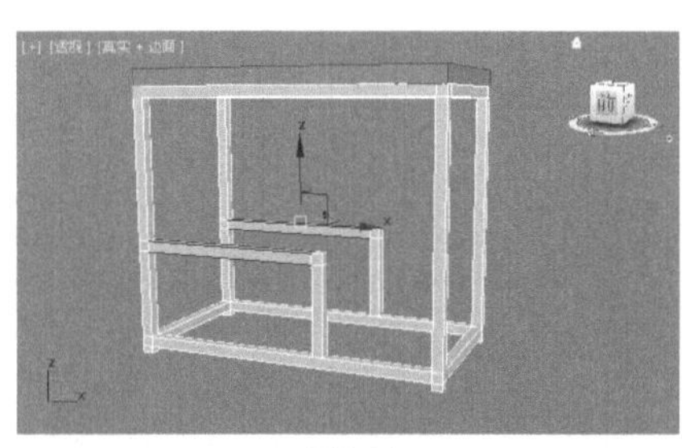

图5-81

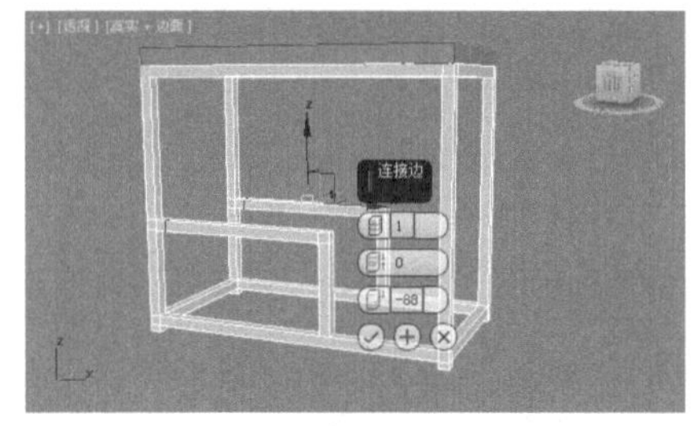

图5-82

17 进入【多边形】级别■，选择如图5-83所示的多边形。单击【挤出】后面的【设置】按钮□，设置【高度】为750.0mm，如图5-84所示。

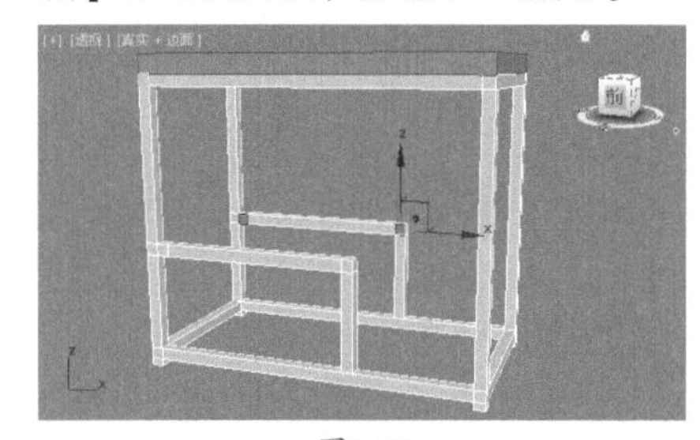

图5-83

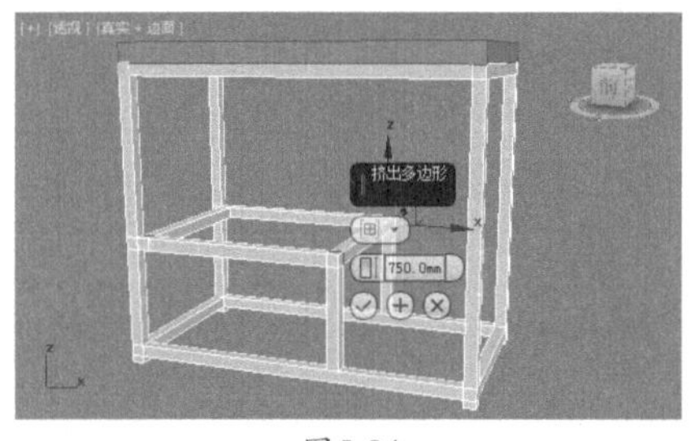

图5-84

18 选择如图5-85所示的模型，按住Shift键，沿Z轴向下拖动复制，如图5-86所示。

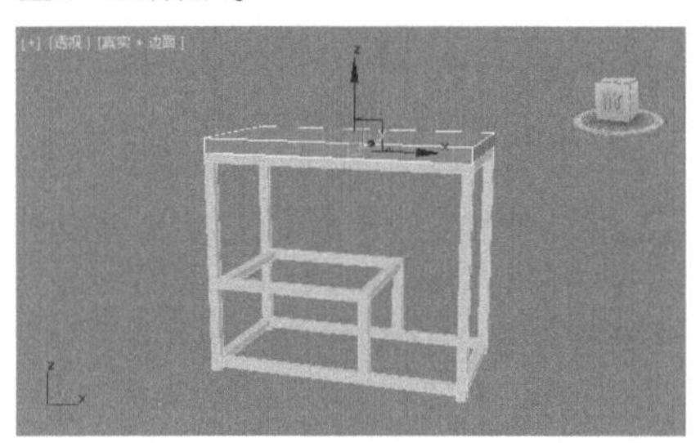

图5-85

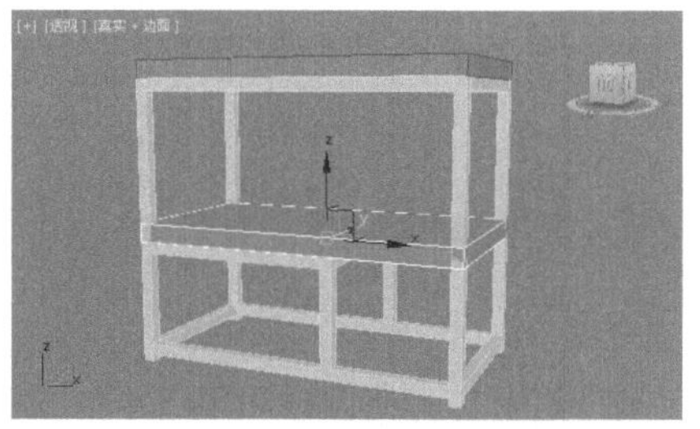

图5-86

19 设置模型的【宽度】为900.0mm，如图5-87所示。将模型移动到合适的位置，此时模型已经创建完成，如图5-88所示。

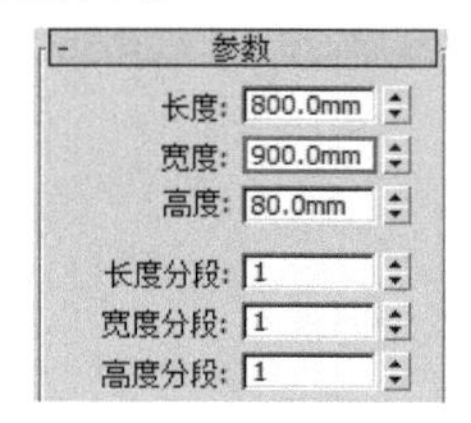

图5-87

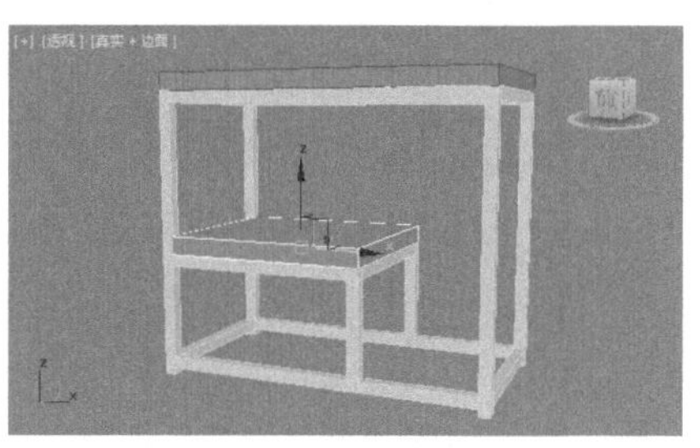

图5-88

实例053 多边形建模制作四角柜子

文件路径	第5章\多边形建模制作四角柜子
难易指数	★★★★★
技术掌握	多边形建模

扫码深度学习

操作思路

本例通过将模型转换为可编辑多边形，并进行编辑操作制作出四角柜子模型。

案例效果

案例效果如图5-89所示。

图5-89

操作步骤

01 在【顶】视图中创建如图5-90所示的长方体。设置【长度】为800.0mm、【宽度】为1500.0mm、【高度】为900.0mm，如图5-91所示。

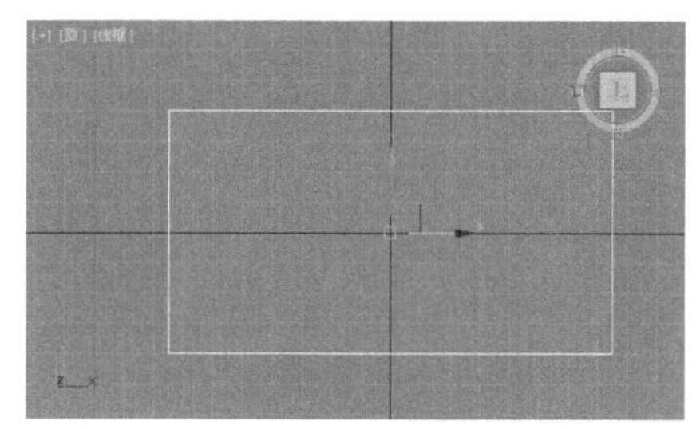

图5-90

参数
长度: 800.0mm
宽度: 1500.0mm
高度: 900.0mm
长度分段: 1
宽度分段: 1
高度分段: 1

图5-91

02 选择模型，并将模型转换为可编辑多边形，如图5-92所示。

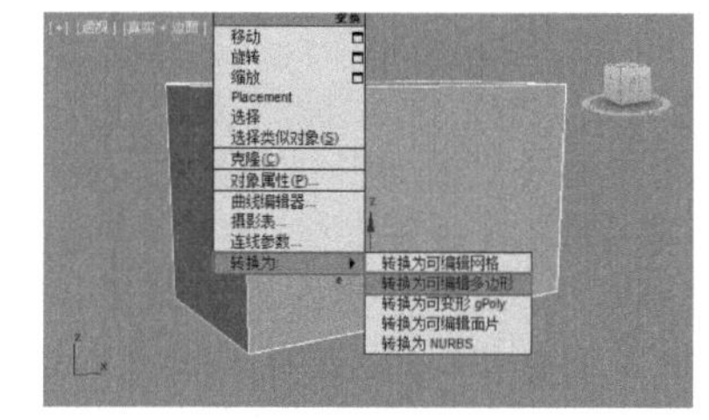

图5-92

03 进入【多边形】级别■，选择如图5-93所示的多边形。单击【插入】后面的【设置】按钮□，设置【数量】为50.0mm，如图5-94所示。

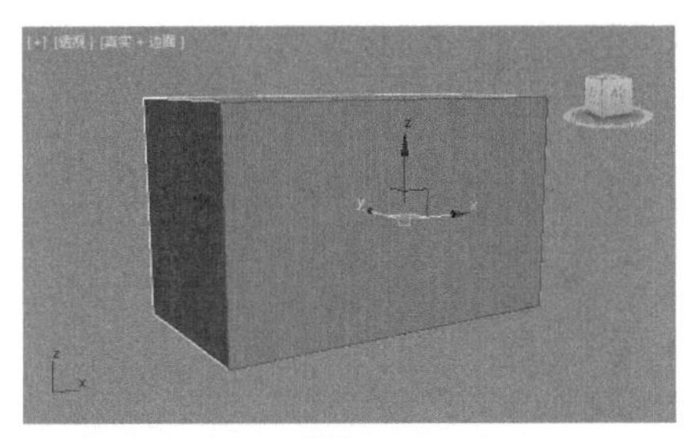

图5-93

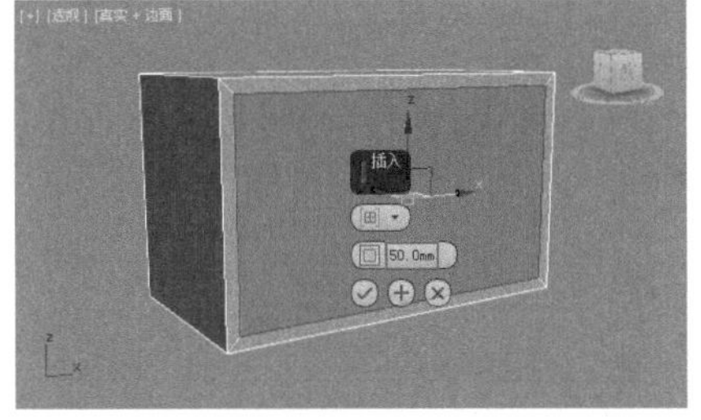

图5-94

04 接着单击【挤出】后面的【设置】按钮▣，设置【高度】为-745.0mm，如图5-95所示。

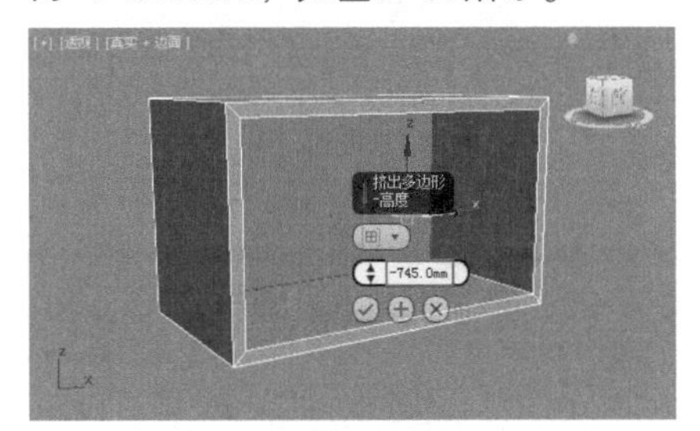

图5-95

05 选择如图5-96所示的多边形。单击【插入】后面的【设置】按钮▣，设置【数量】为155.0mm，如图5-97所示。

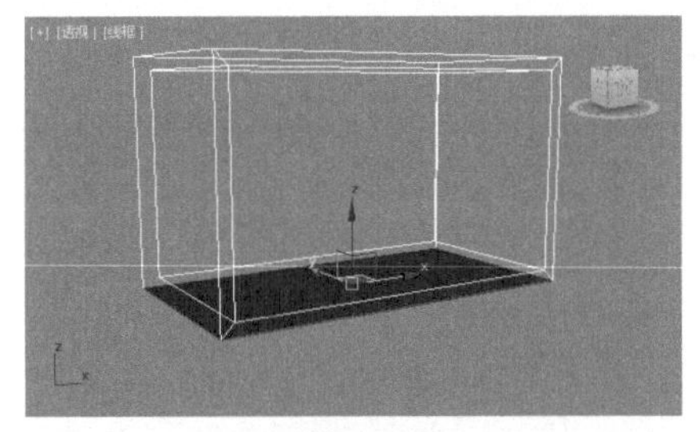

图5-96

图5-97

06 单击【倒角】后面的【设置】按钮▣，设置【高度】为160.0mm、【轮廓】为25.0mm，如图5-98所示。

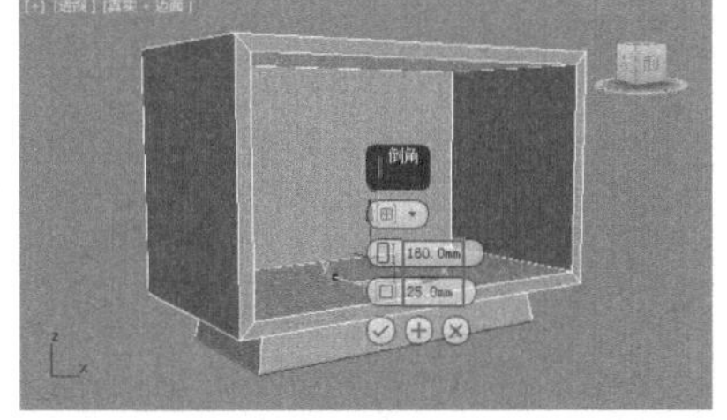

图5-98

07 在【顶】视图中创建如图5-99所示的圆柱体。设置【半径】为40.0mm、【高度】为900.0mm，如图5-100所示。

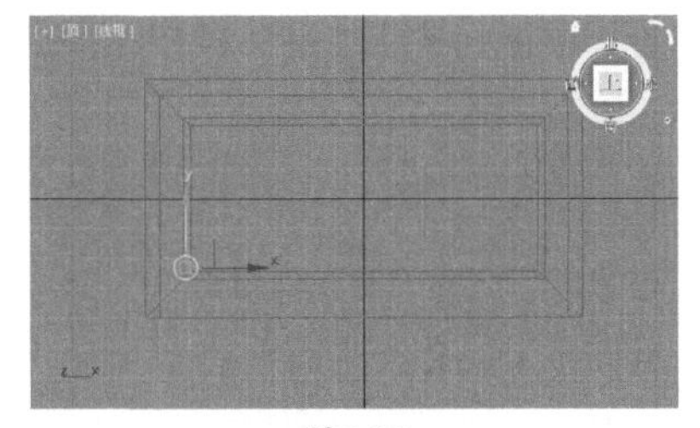

图5-99

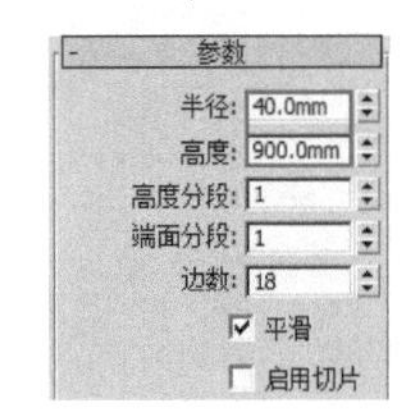

图5-100

08 在【前】视图中选择如图5-101所示的圆柱体，沿Z轴向右旋转-10°，如图5-102和图5-103所示。

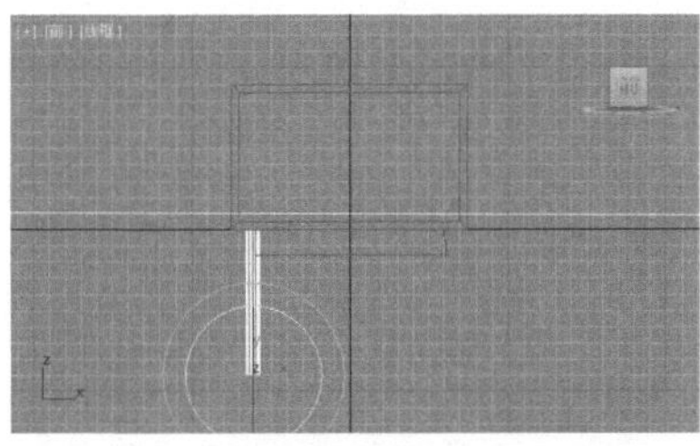

图5-101

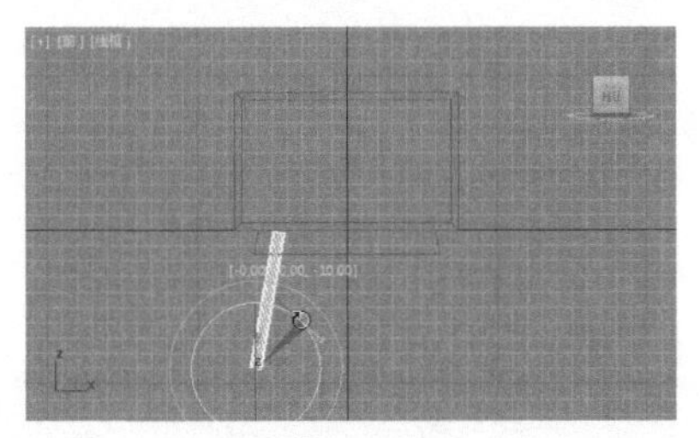

图5-102

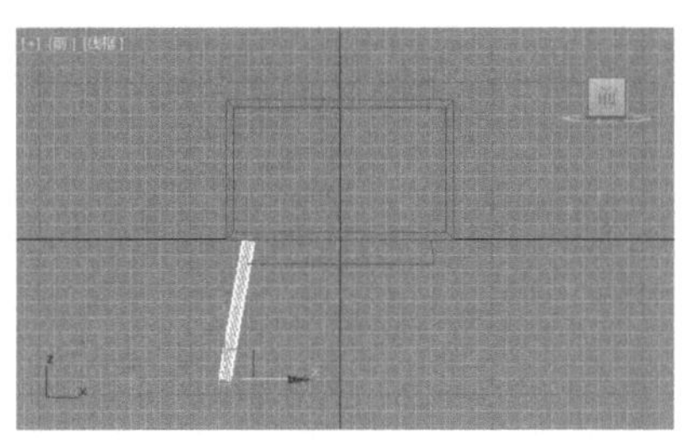

图5-103

09 将圆柱体转换为可编辑多边形，进入【顶点】级别⁚，选择如图5-104所示的顶点。并沿Y轴向下进行等比缩放，如图5-105所示。

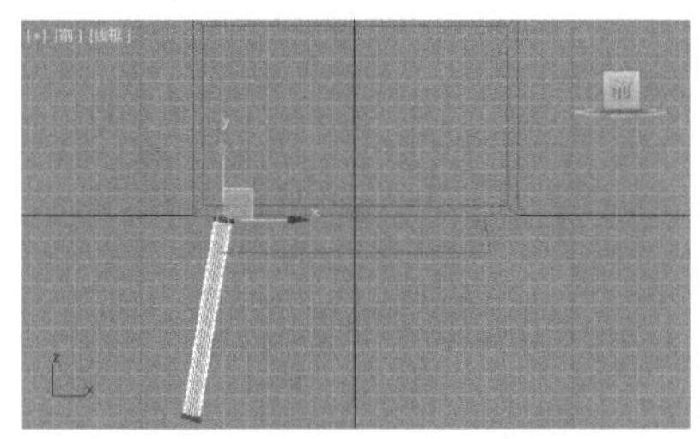

图5-104

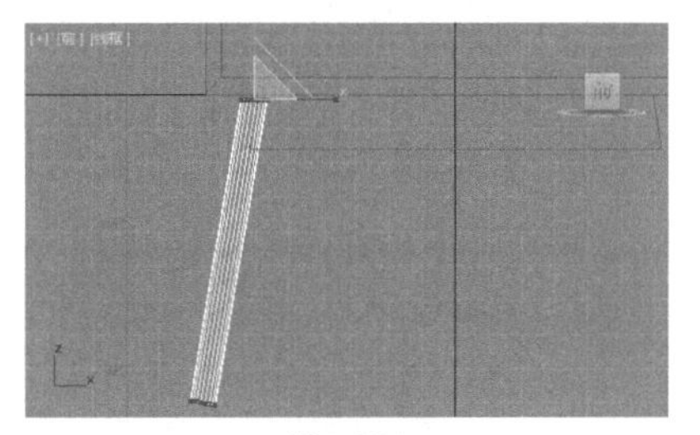

图5-105

10 选择如图5-106所示的顶点。沿Y轴向下进行等比缩放，如图5-107所示。效果如图5-108所示。

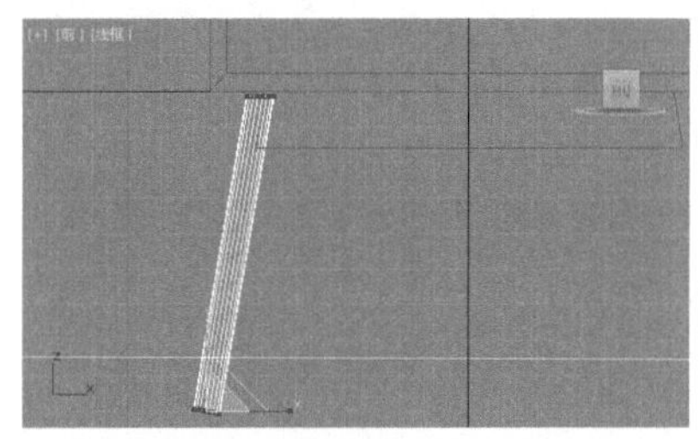

图5-106

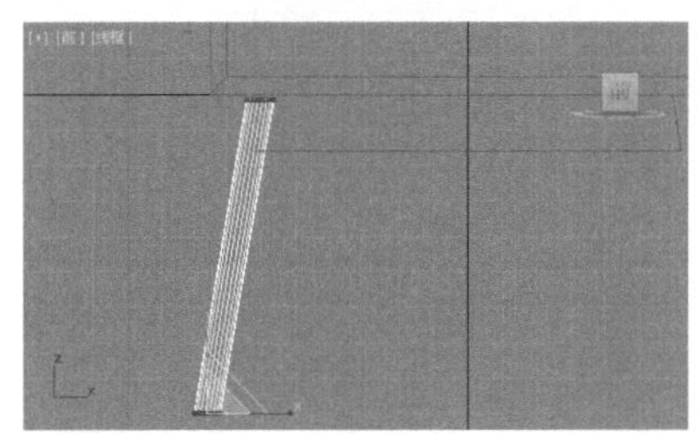

图5-107

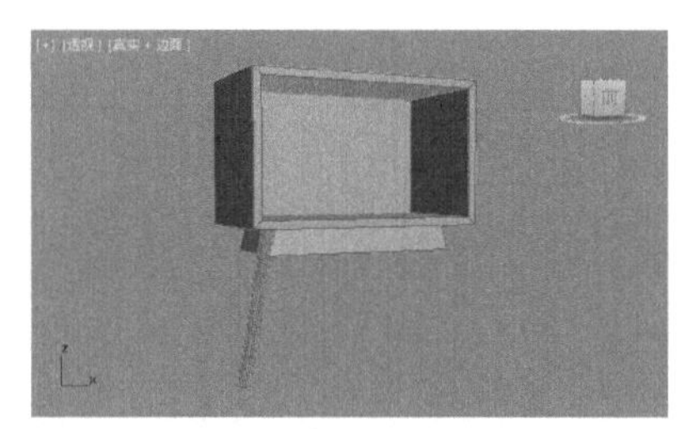

图5-108

11 按住Shift键，再拖动复制出3个模型，将其移动到合适的位置，如图5-109和图5-110所示。

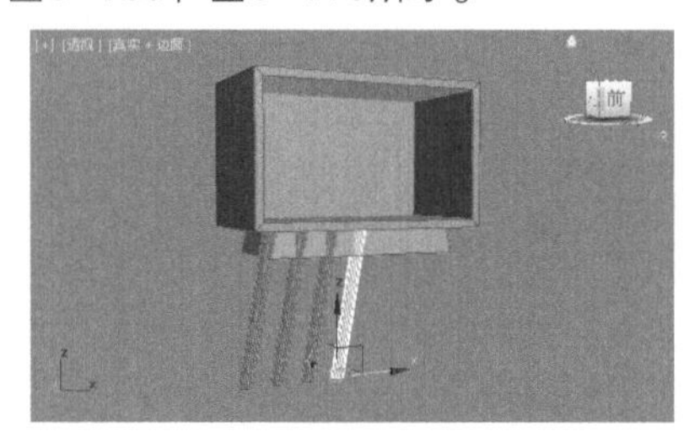

图5-109

图5-110

12 在【前】视图中创建如图5-111所示的长方体。设置【长度】为800.0mm、【宽度】为700.0mm、【高度】为100.0mm，如图5-112所示。

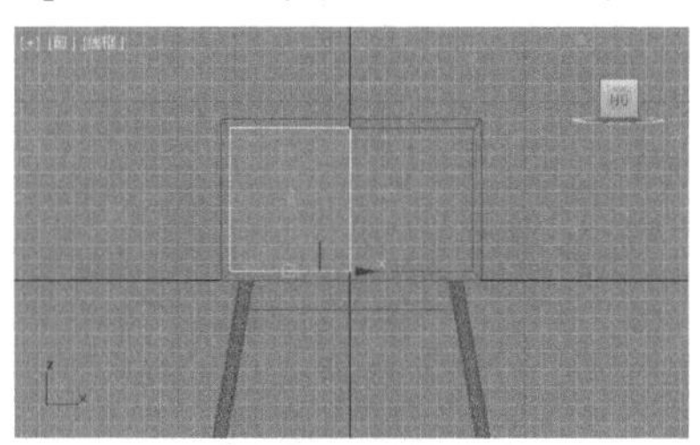

图5-111

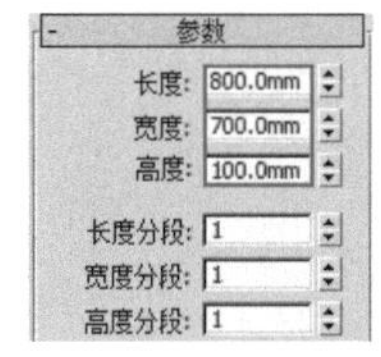

图5-112

13 将模型转换为可编辑多边形，进入【边】级别，选择如图5-113所示的边。单击【切角】后面的【设置】按钮，设置【边切角量】为3mm，【连接边分段】为5，如图5-114所示。

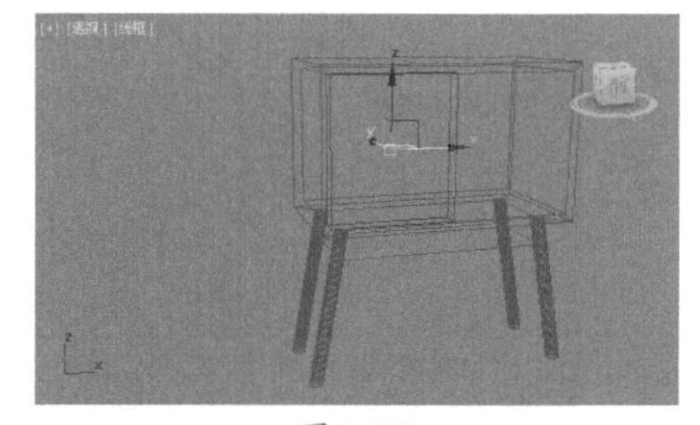

图5-113

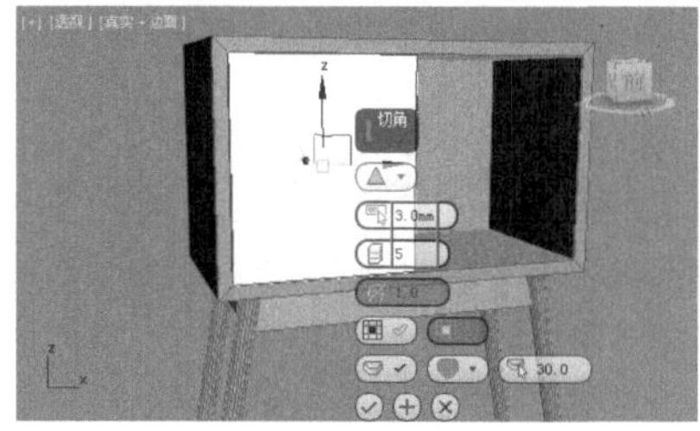

图5-114

14 在【前】视图中创建如图5-115所示的长方体。设置【长度】为250.0mm、【宽度】为50.0mm、【高度】为100.0mm，如图5-116所示。

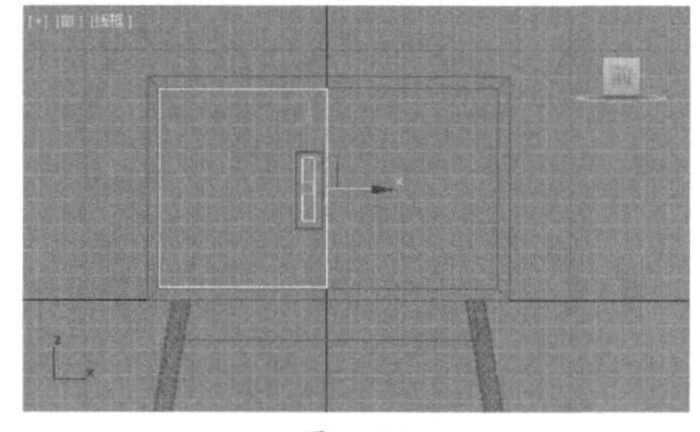

图5-115

图5-116

15 在【透】视图中选择如图5-117所示的模型，单击【镜像】按钮，并在弹出的【镜像:世界 坐标】对话框中选择XY轴和【复制】选项，效果如图5-118所示。

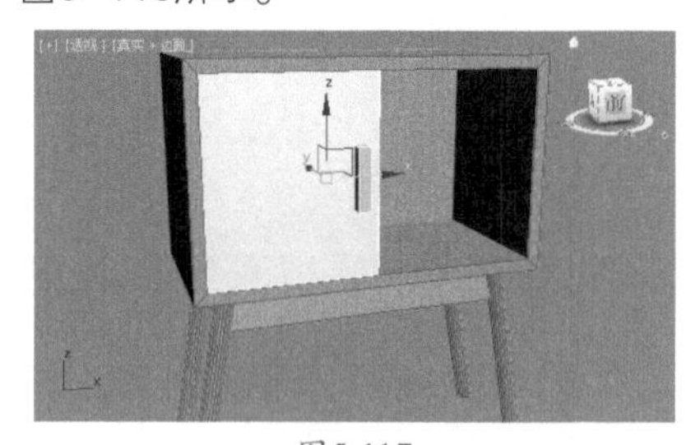

图5-117

图5-118

16 将模型移动到合适位置。此时模型创建完成，效果如图5-119所示。

图5-119

实例054 多边形建模制作中式落地灯

文件路径	第5章\多边形建模制作中式落地灯
难易指数	★★★★★
技术掌握	多边形建模

扫码深度学习

操作思路

本例通过为线添加多种修改器制作三维模型，然后将模型转换为可编辑多边形，并进行编辑操作，制作出中式落地灯模型。

案例效果

案例效果如图5-120所示。

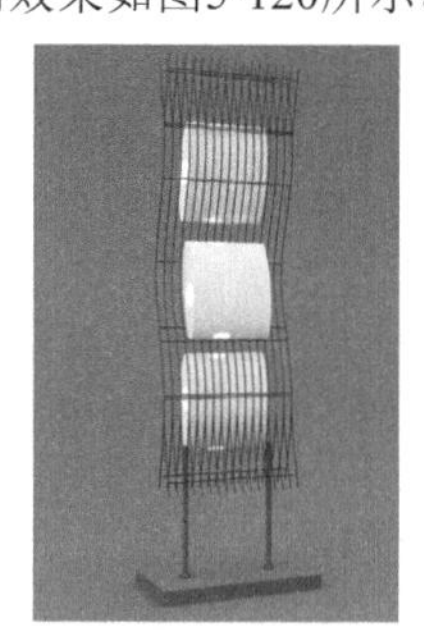

图5-120

操作步骤

01 在【前】视图中创建如图5-121所示的平面。设置【长度】为1500.0mm、【宽度】为500.0mm、【长度分段】为4、【宽度分段】2，如图5-122所示。

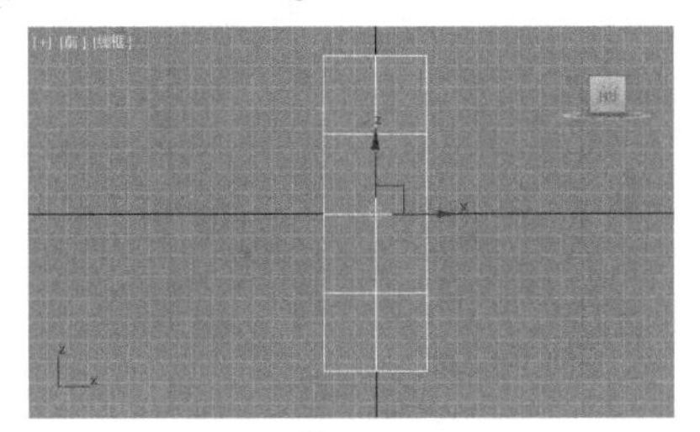
图5-121

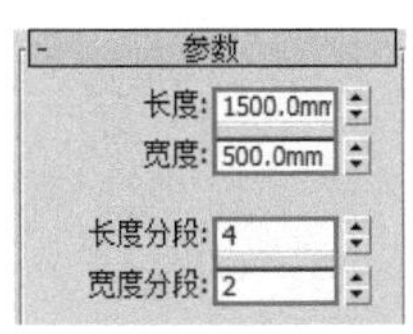

图5-122

02 选择模型，并将模型转换为可编辑多边形，如图5-123所示。

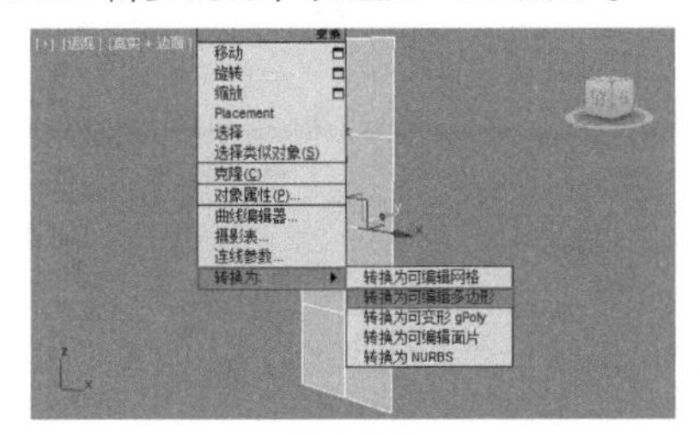
图5-123

03 进入【顶点】级别，在【左】视图中选择如图5-124所示的顶点。沿X轴向右拖动，如图5-125所示。

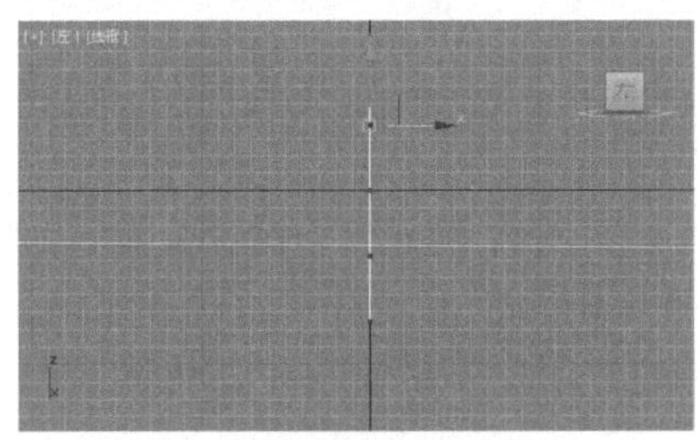
图5-124

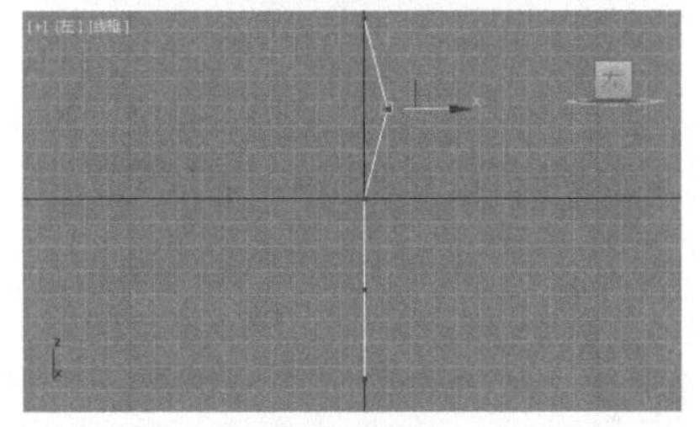
图5-125

04 选择如图5-126所示的顶点。沿X轴向左拖动，如图5-127所示。

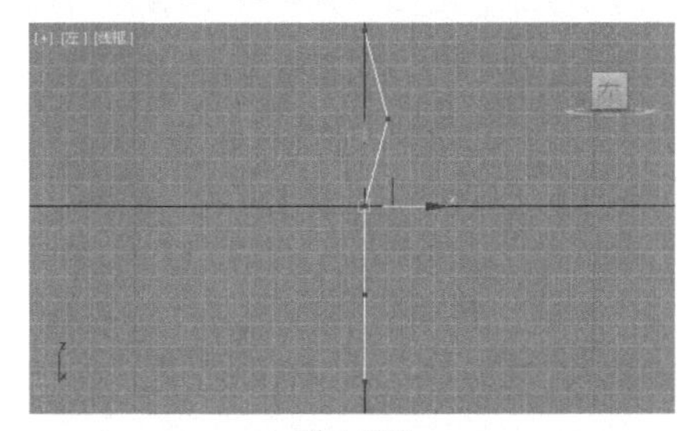
图5-126

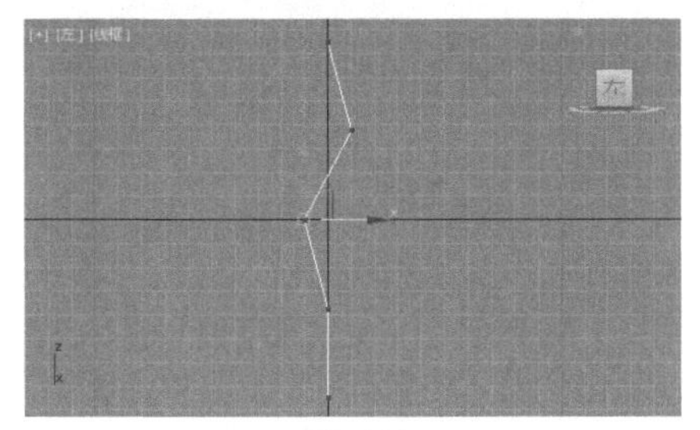
图5-127

05 选择如图5-128所示的顶点。沿X轴向右拖动，如图5-129所示。

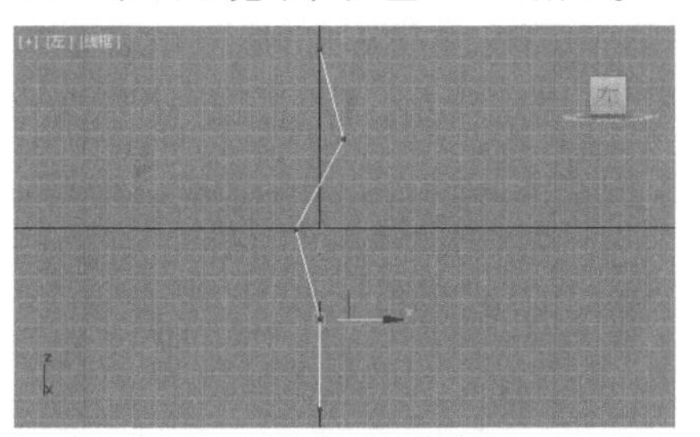
图5-128

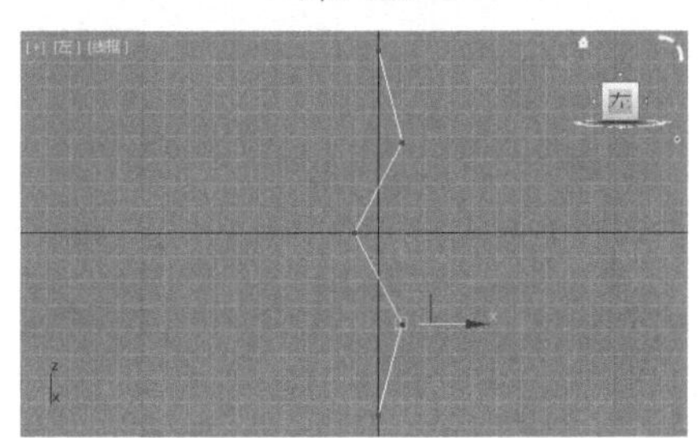
图5-129

06 接着为模型加载【网格平滑】修改器，设置【迭代次数】为3，如图5-130所示。效果如图5-131所示。

图5-130

07 接着为模型加载【晶格】修改器，选中【仅来自边的支柱】单选按钮，设置【半径】为2.0mm、【边数】为20，如图5-132所示。效果如图5-133所示。

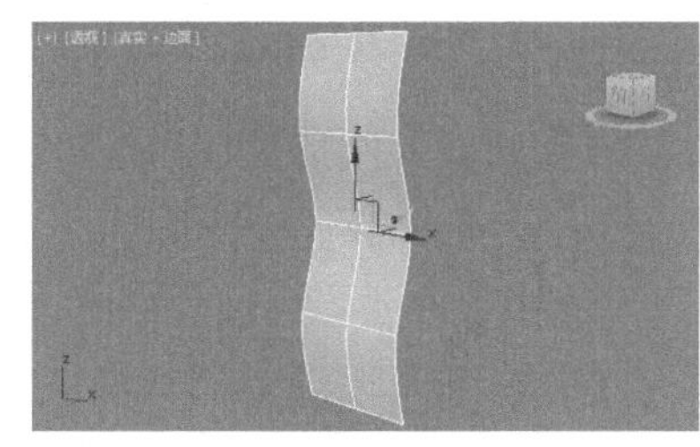
图5-131

图5-132

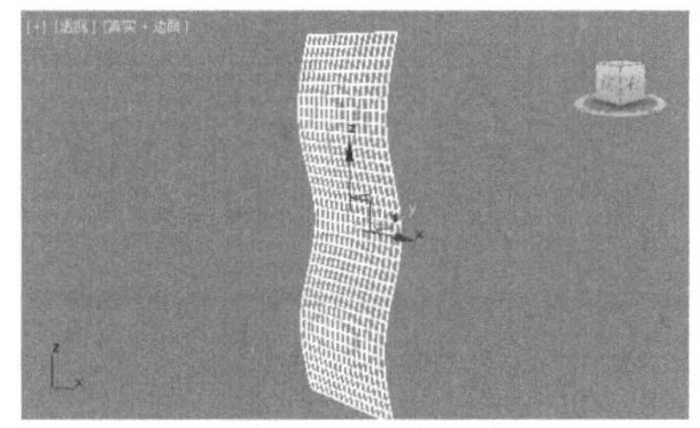
图5-133

08 为模型加载【编辑多边形】修改器，进入【边】级别，选择如图5-134所示的边。按Delete键将其删除，效果如图5-135所示。

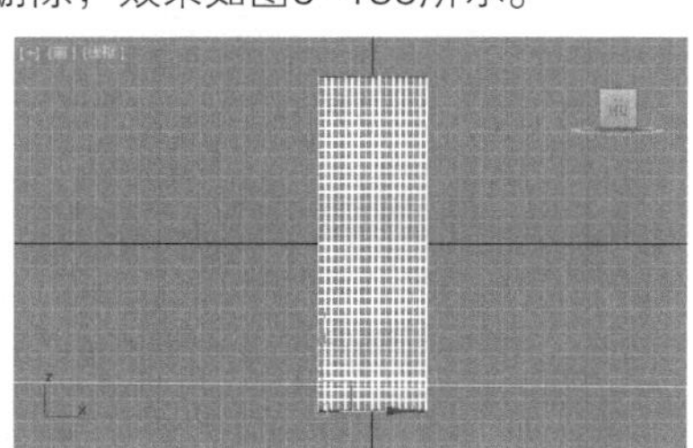
图5-134

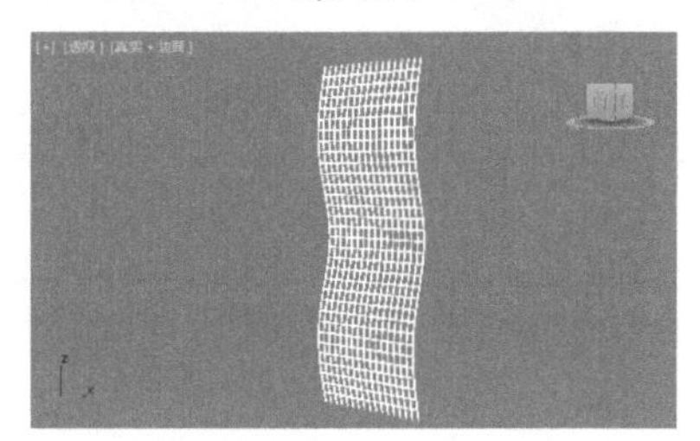
图5-135

09 选择如图5-136所示的边。按Delete键将其删除，效果如

图5-137所示。

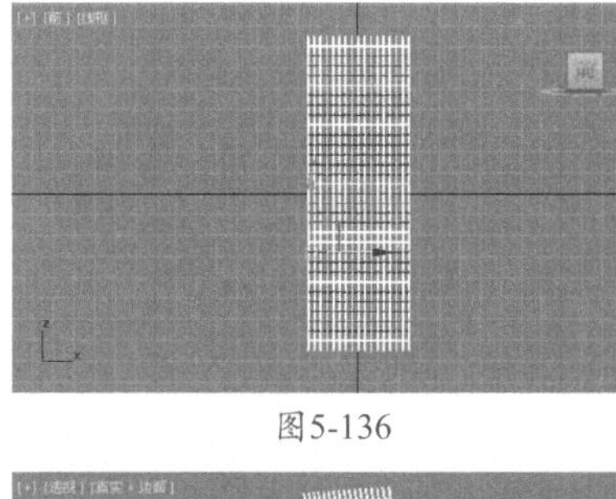

图5-136

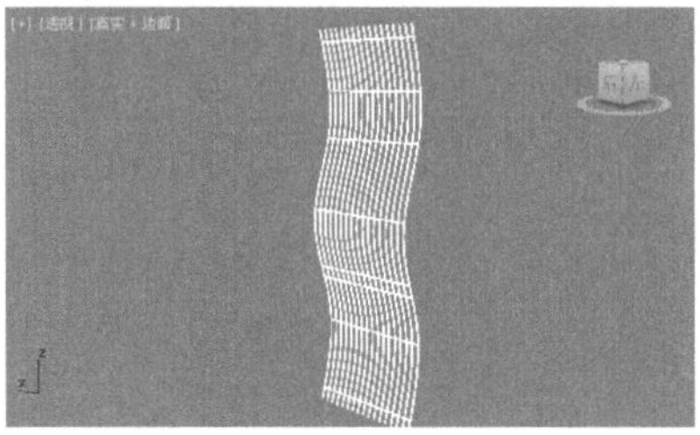

图5-137

10 在【透】视图中选择模型，单击【镜像】按钮，在弹出的【镜像:世界 坐标】对话框中选择XY轴和【复制】选项，最后单击【确定】按钮，效果如图5-138所示。接着沿Y轴向右移动到合适的位置，如图5-139所示。

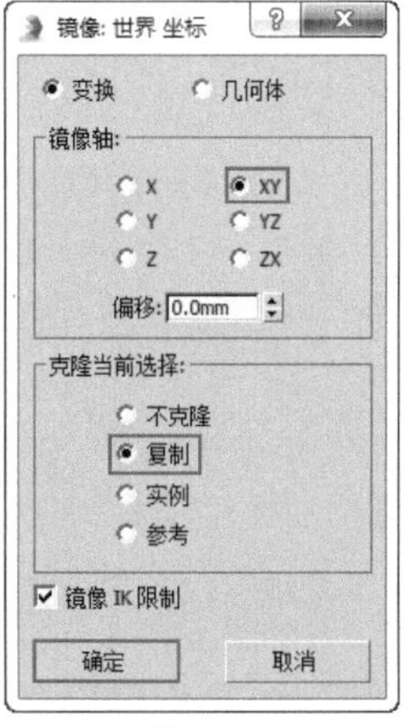

图5-138

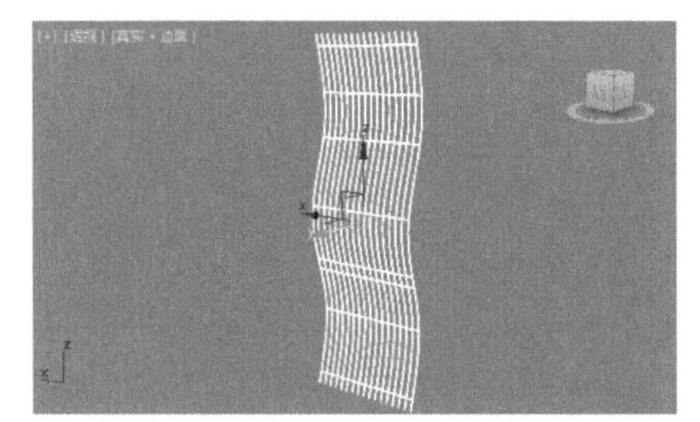

图5-139

11 进入【边】级别，选择如图5-140所示的边。按Delete键将其删除，效果如图5-141所示。

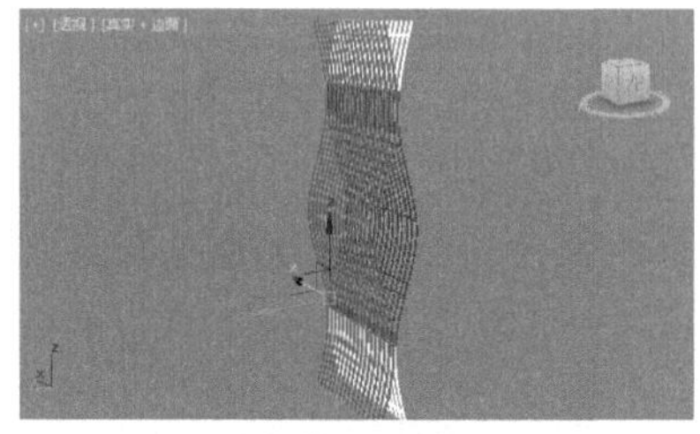

图5-140

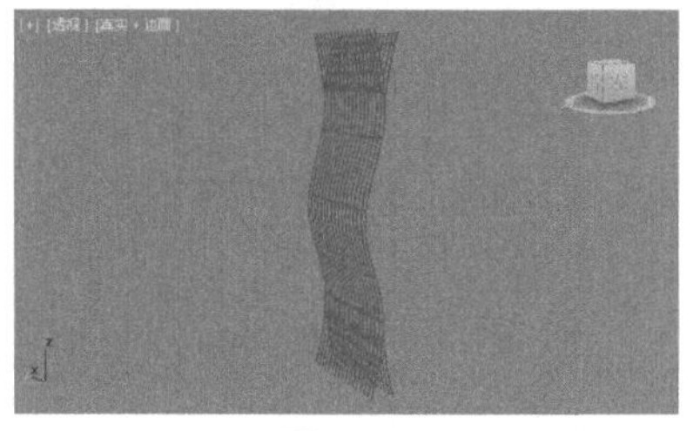

图5-141

12 在【左】视图中创建如图5-142所示的椭圆。设置【长度】为350.0mm、【宽度】为110.0mm，如图5-143所示。

13 接着为其加载【挤出】修改器，设置【数量】为300.0mm，如图5-144所示。效果如图5-145所示。

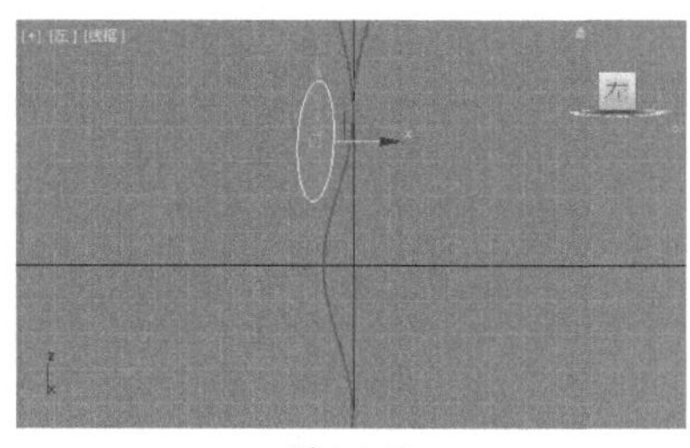

图5-142

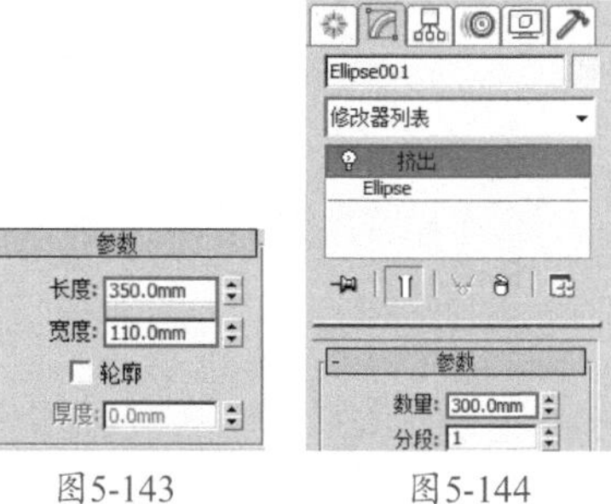

图5-143　图5-144

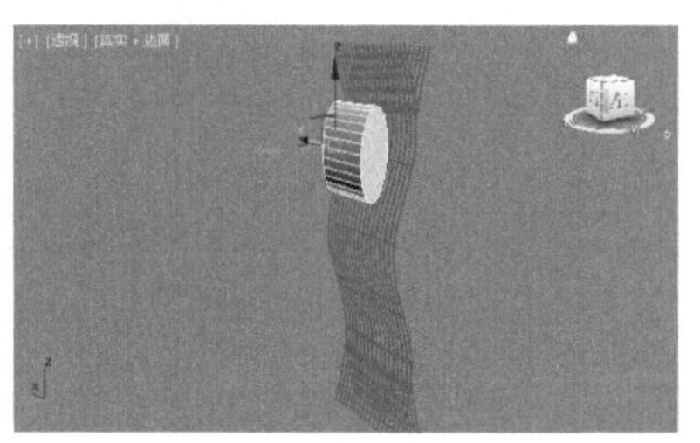

图5-145

14 接着将模型进行适当旋转，移动到合适的位置，效果如图5-146所示。

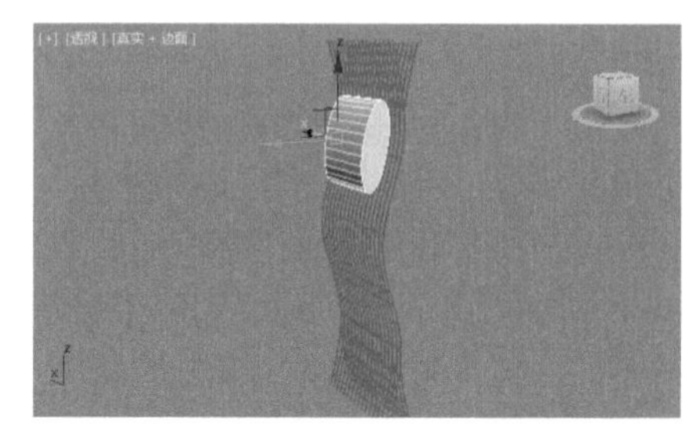

图5-146

15 按住Shift键，再复制出两个模型，将其移动到合适的位置，如图5-147和图5-148所示。

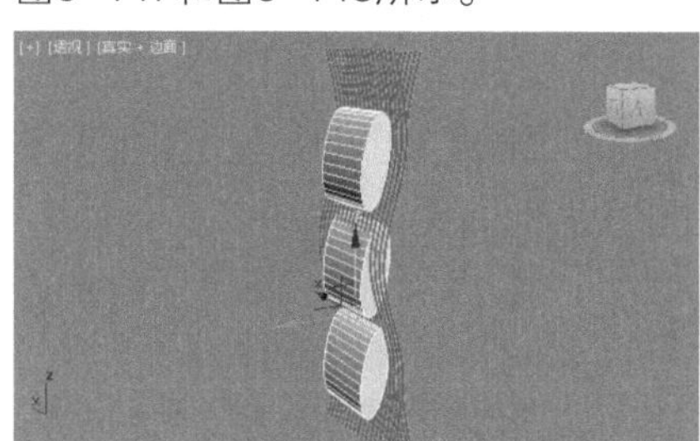

图5-147

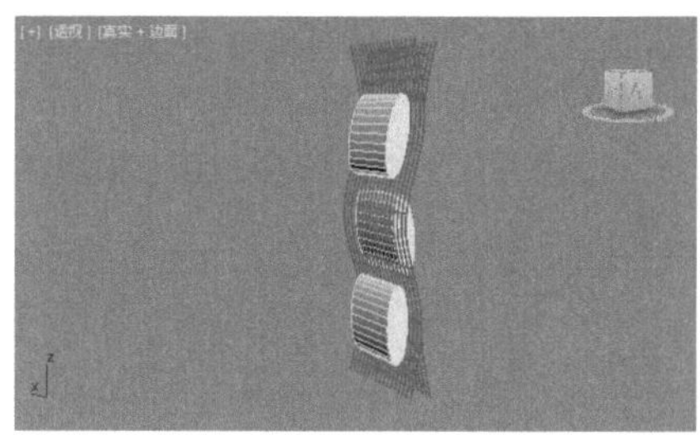

图5-148

16 在【顶】视图中创建如图5-149所示的圆柱体。设置【半径】为10.0mm、【高度】为500.0mm、【边数】为30，如图5-150所示。

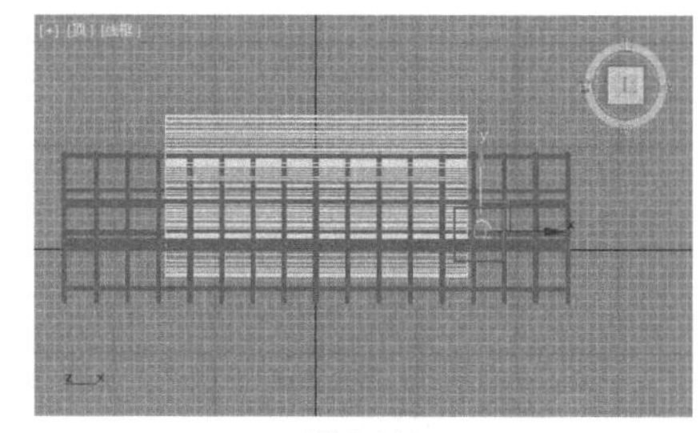

图5-149

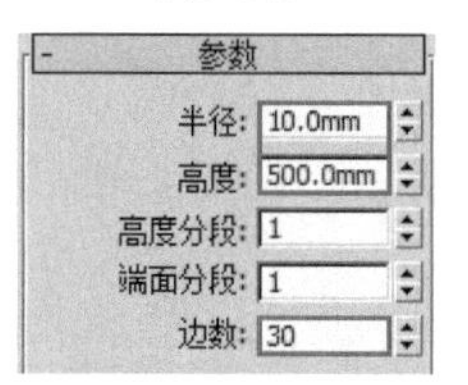

图5-150

17 在【前】视图中选择模型，按住Shift键，沿X轴向左拖动复制，如

图5-151和图5-152所示。

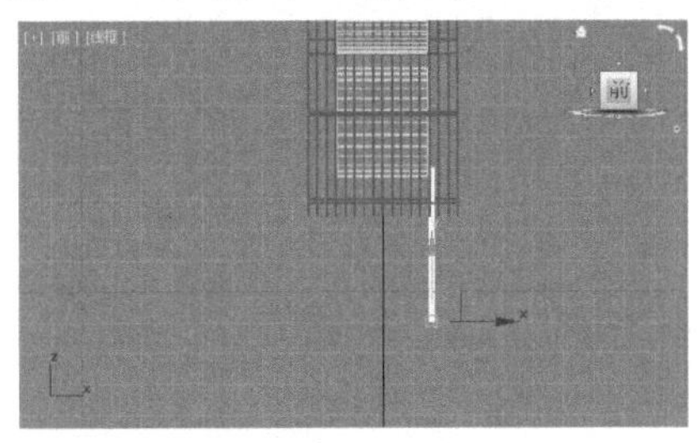

图5-151

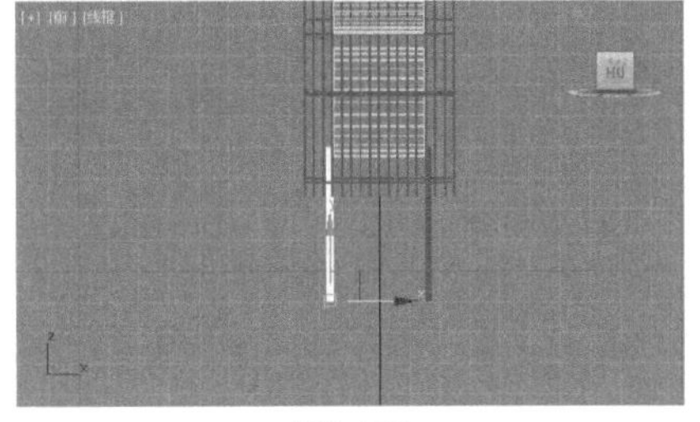

图5-152

18 在【顶】视图中创建如图5-153所示的长方体。设置【长度】为300.0mm、【宽度】为600.0mm、【高度】为50.0mm，如图5-154所示。

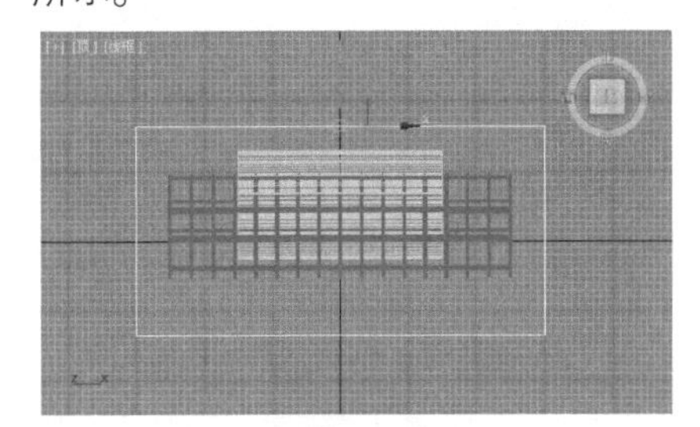

图5-153

图5-154

19 效果如图5-155所示。按住Shift键，沿X轴将其向右拖动复制，如图5-156所示。

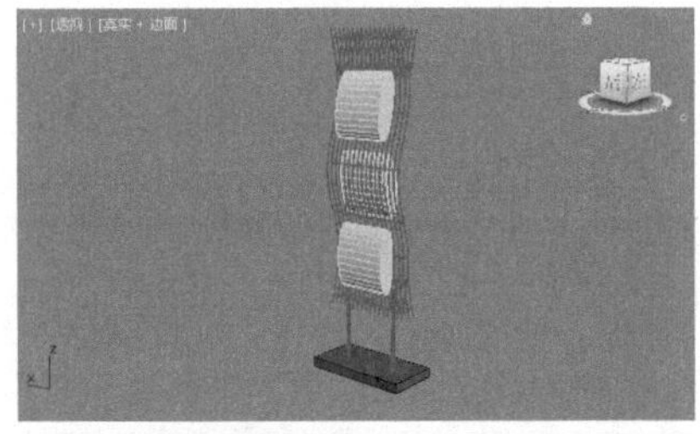

图5-155

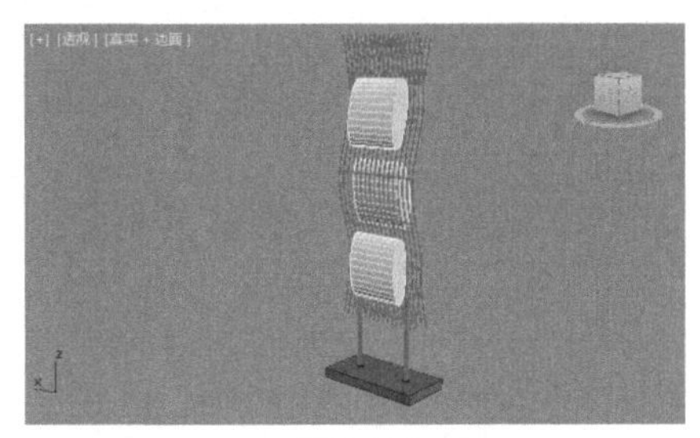

图5-156

20 在【顶】视图中创建如图5-157所示的圆环。设置【半径1】为15.0mm、【半径2】为5.0mm，如图5-158所示。

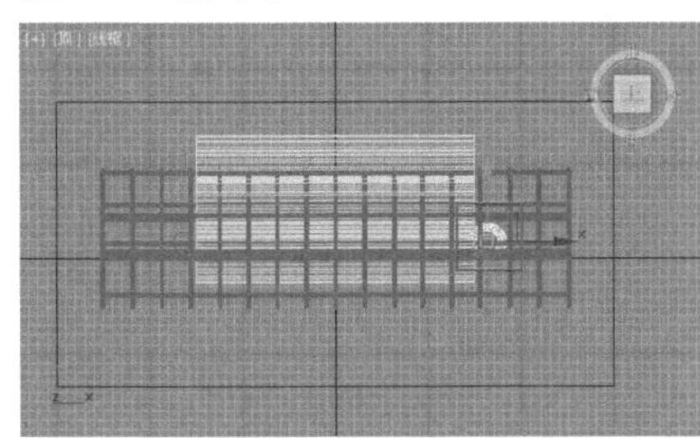

图5-157

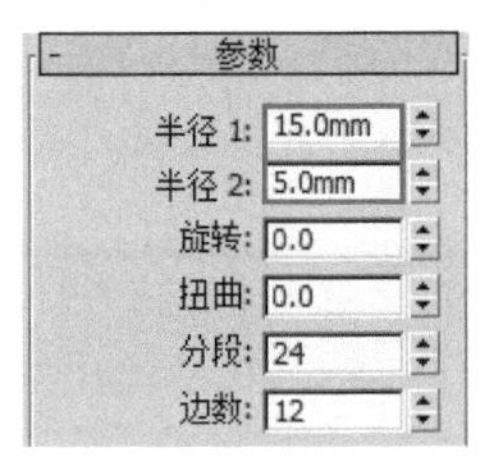

图5-158

21 将模型移动到合适的位置，效果如图5-159所示。此时模型已经创建完成，如图5-160所示。

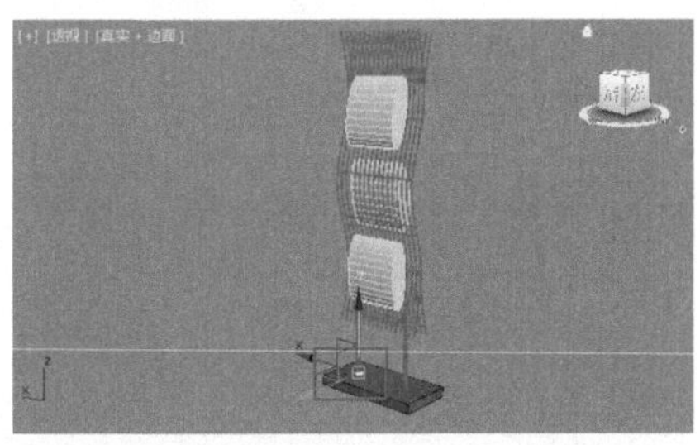

图5-159

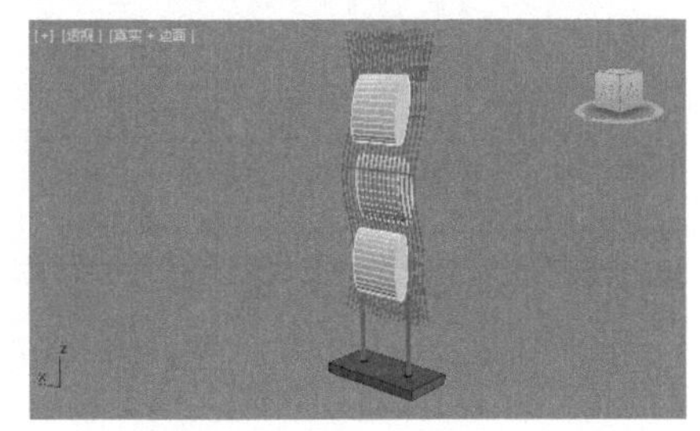

图5-160

实例055 多边形建模制作螺旋茶几

文件路径	第5章\多边形建模制作螺旋茶几
难易指数	
技术掌握	多边形建模

扫码深度学习

操作思路

本例通过将模型转换为可编辑多边形，并进行编辑操作，制作出螺旋茶几模型。

案例效果

案例效果如图5-161所示。

图5-161

操作步骤

01 在【前】视图中创建如图5-162所示的长方体。设置【长度】为50.0mm、【宽度】为1100.0mm、【高度】为1000.0mm，如图5-163所示。

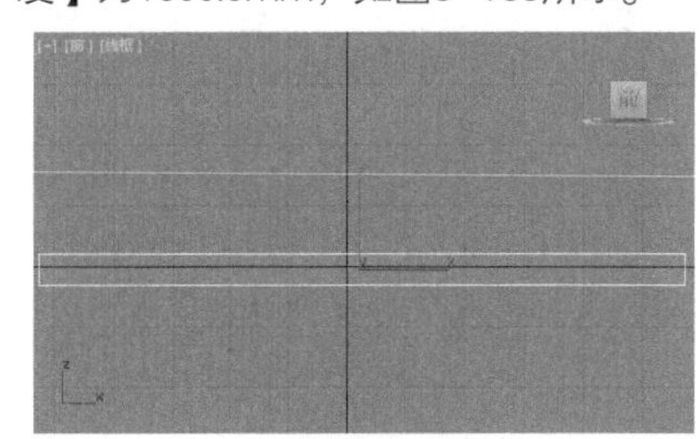

图5-162

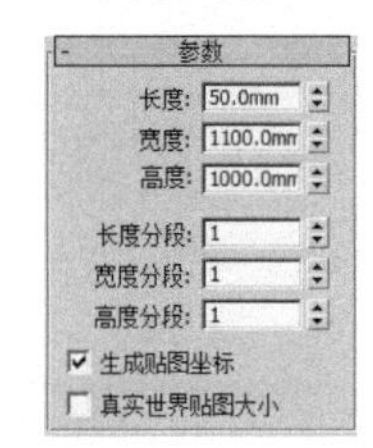

图5-163

02 选择模型，并将模型转换为可编辑多边形，如图5-164所示。

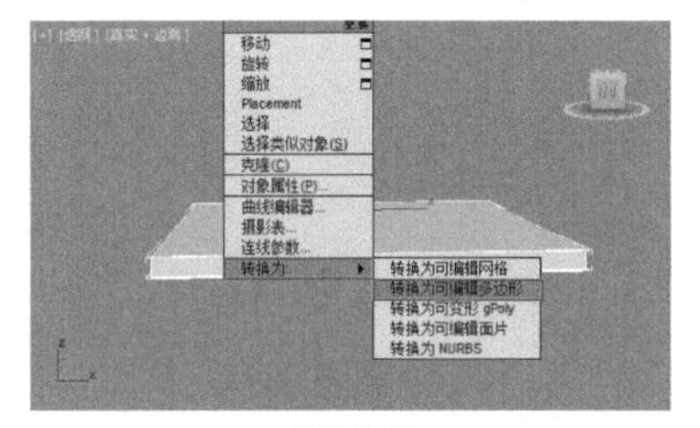

图5-164

03 进入【多边形】级别□，选择如图5-165所示的多边形。单击【挤出】后面的【设置】按钮□，设置【高度】为50.0mm，如图5-166所示。

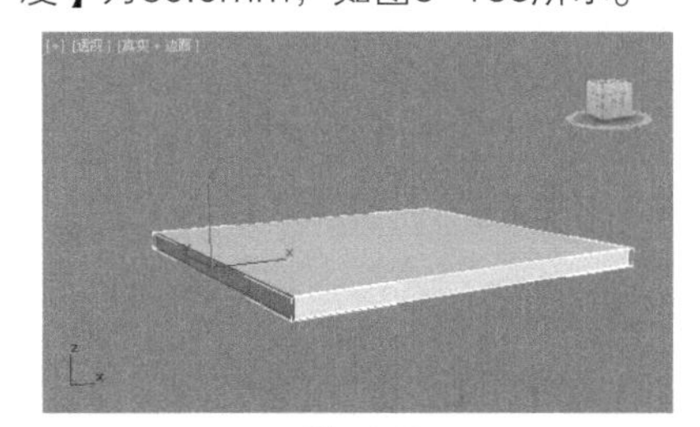

图5-165

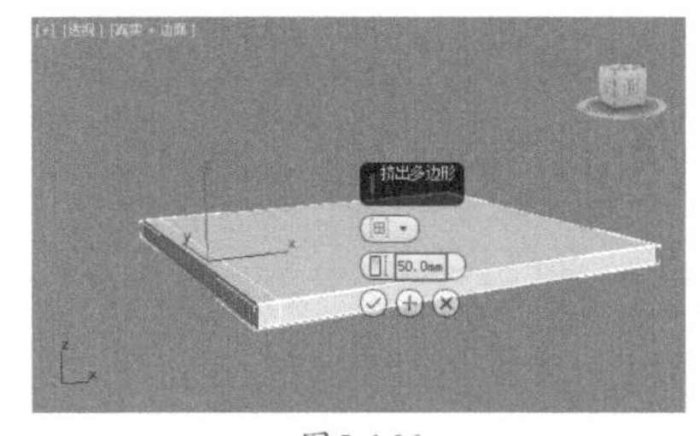

图5-166

04 选择如图5-167所示的多边形。单击【挤出】后面的【设置】按钮□，设置【高度】为300.0mm，如图5-168所示。

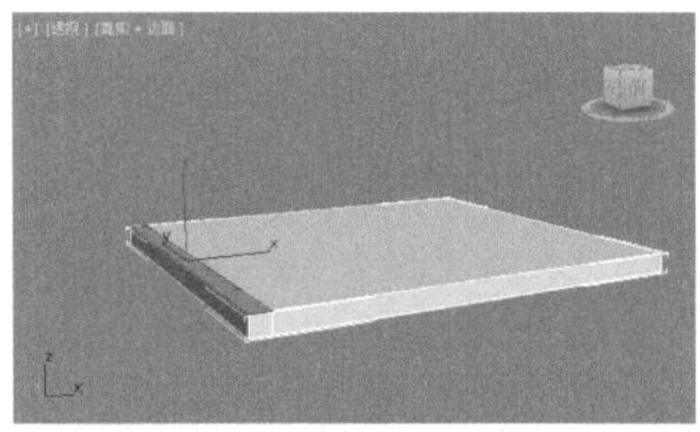

图5-167

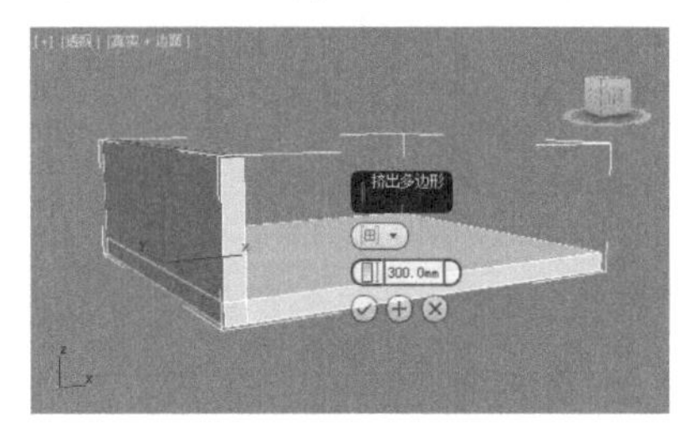

图5-168

05 再次单击【挤出】后面的【设置】按钮□，设置【高度】为50.0mm，如图5-169所示。

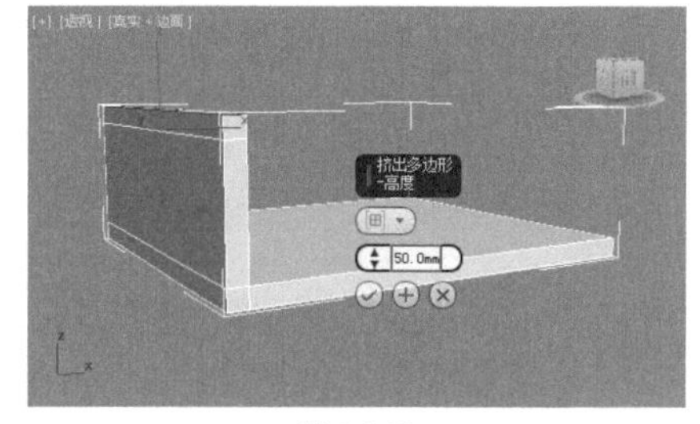

图5-169

06 选择如图5-170所示的多边形。单击【挤出】后面的【设置】按钮□，设置【高度】为1500.0mm，如图5-171所示。

图5-170

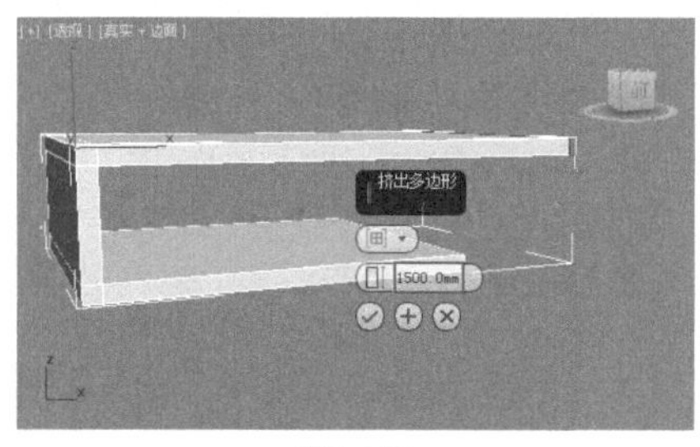

图5-171

07 再次单击【挤出】后面的【设置】按钮□，设置【高度】为50.0mm，如图5-172所示。

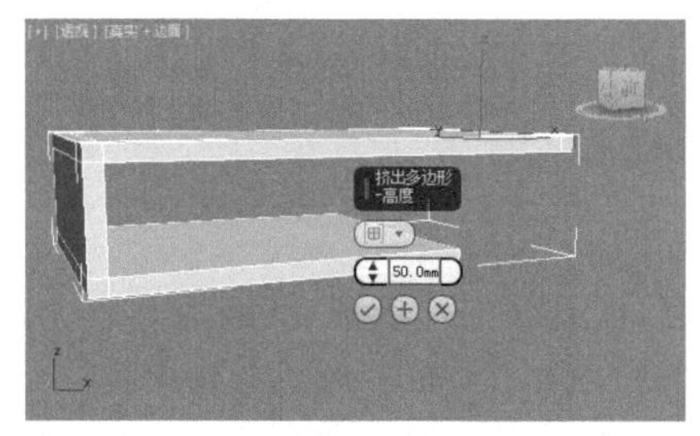

图5-172

08 选择如图5-173所示的多边形。单击【挤出】后面的【设置】按钮□，设置【高度】为650.0mm，如图5-174所示。

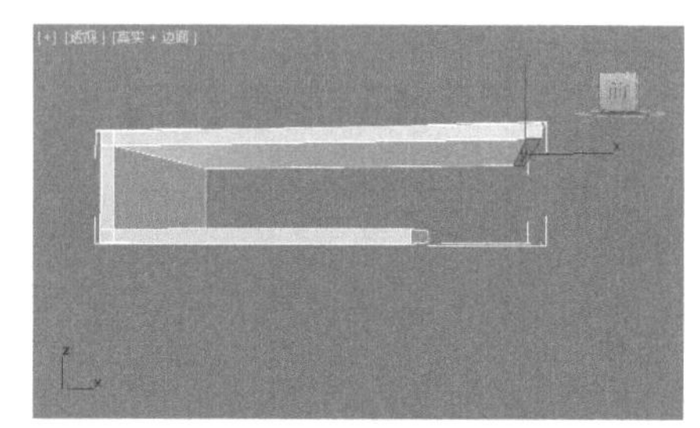

图5-173

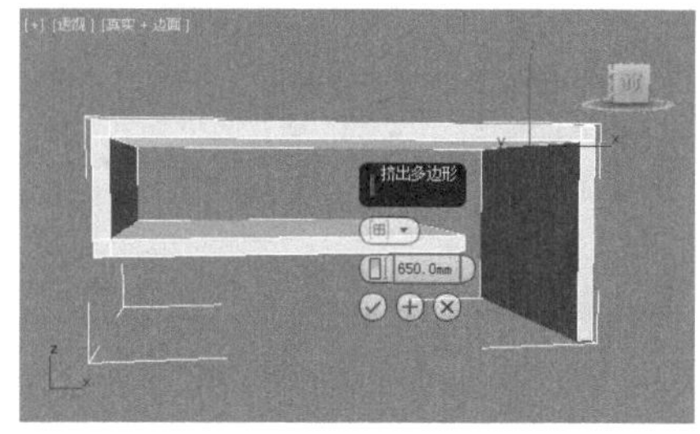

图5-174

09 再次单击【挤出】后面的【设置】按钮□，设置【高度】为50.0mm，如图5-175所示。

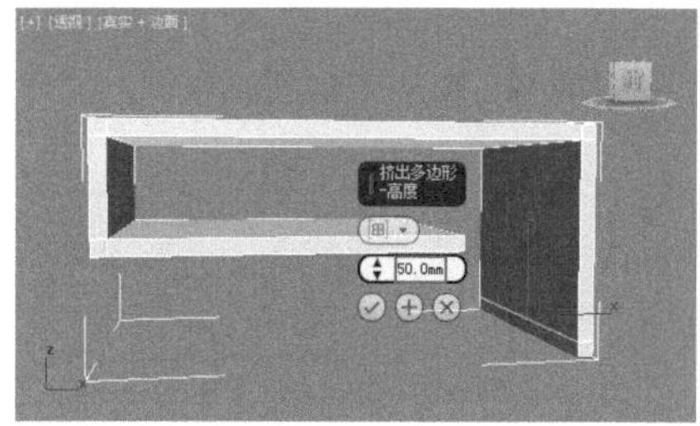

图5-175

10 选择如图5-176所示的多边形。单击【挤出】后面的【设置】按钮□，设置【高度】为1550.0mm，如图5-177所示。

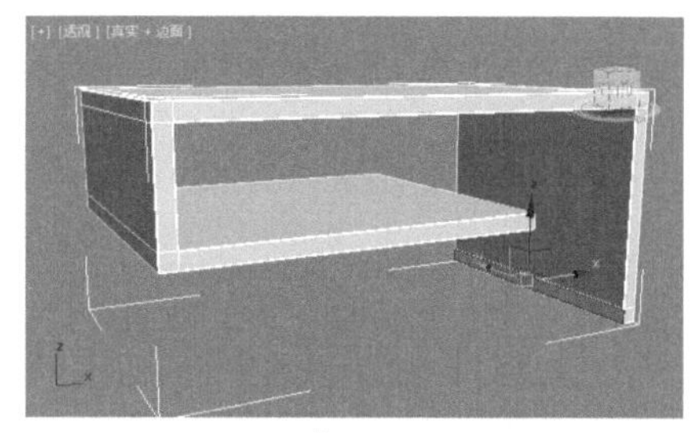

图5-176

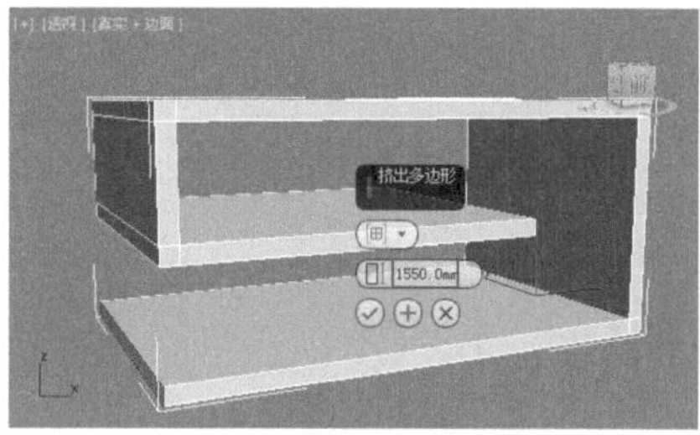

图5-177

11 进入【边】级别◁，选择如图5-178所示的边。单击【切角】后面的【设置】按钮■，设置【边切角量】为2.0mm，如图5-179所示。

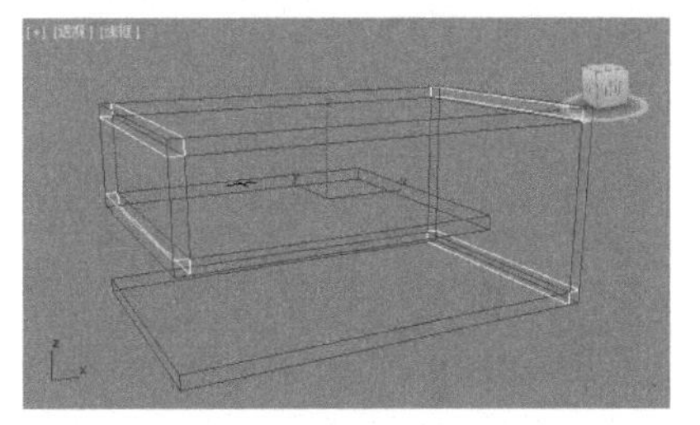
图5-178

图5-179

12 接着为其加载【网格平滑】修改器，设置【迭代次数】为3，如图5-180所示。效果如图5-181所示。

图5-180

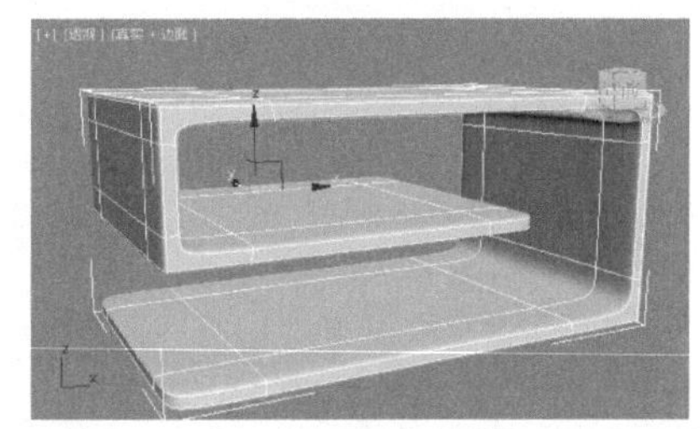
图5-181

13 在【顶】视图中创建如图5-182所示的管状体。设置【半径1】为70.0mm、【半径2】为50.0mm、【高度】为650mm、【高度分段】为1，如图5-183所示。

14 在【顶】视图中创建如图5-184所示的圆环。设置【半径1】为70.0mm、【半径2】为5.0mm、【分段】为40，如图5-185所示。将模型移动到合适的位置，如图5-186所示。

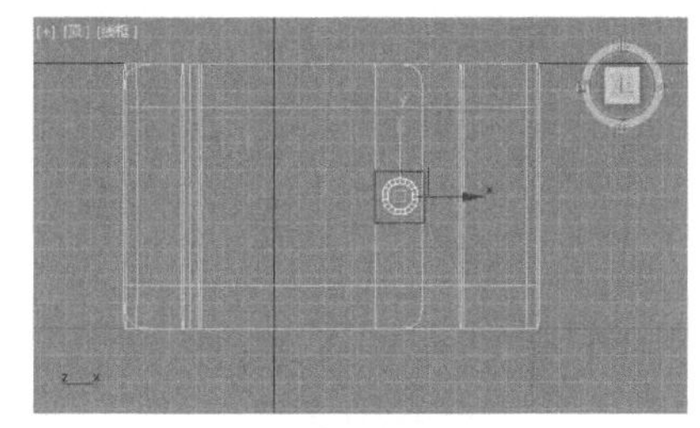
图5-182

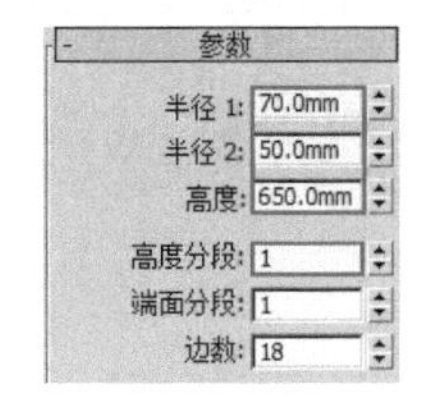

图5-183

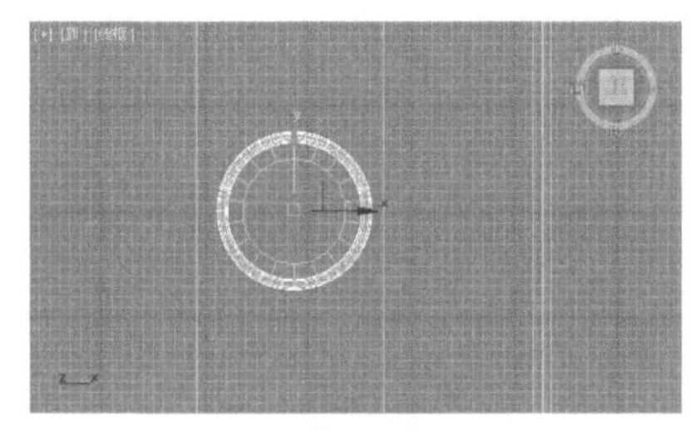
图5-184

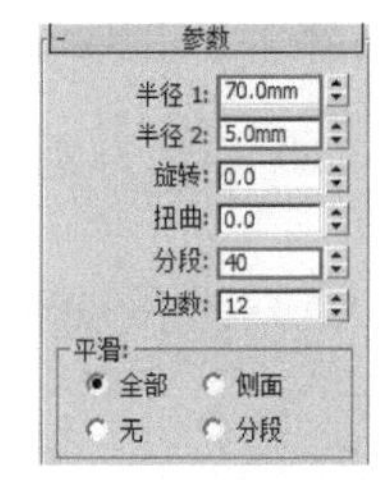

图5-185

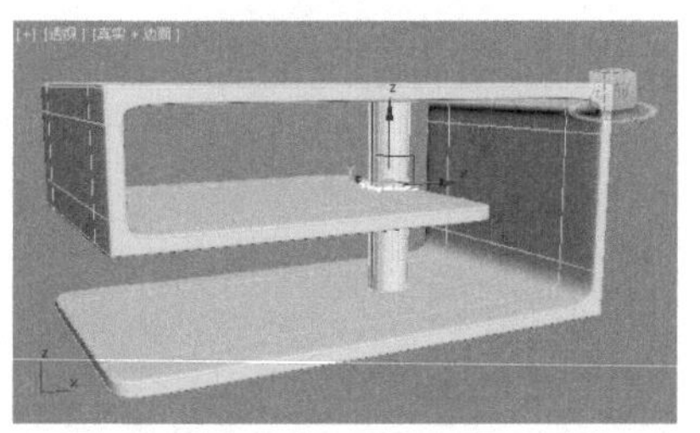
图5-186

15 接着按住Shift键，沿Z轴向下拖动复制，如图5-187所示。

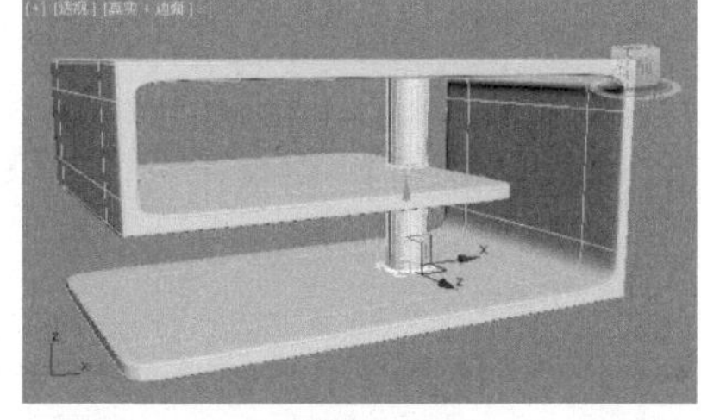
图5-187

16 在【透】视图中选择如图5-188所示的模型。按住Shift键，沿X轴向左拖动复制出如图5-189所示效果，并设置管状体的【高度】为300.0mm，如图5-190所示。

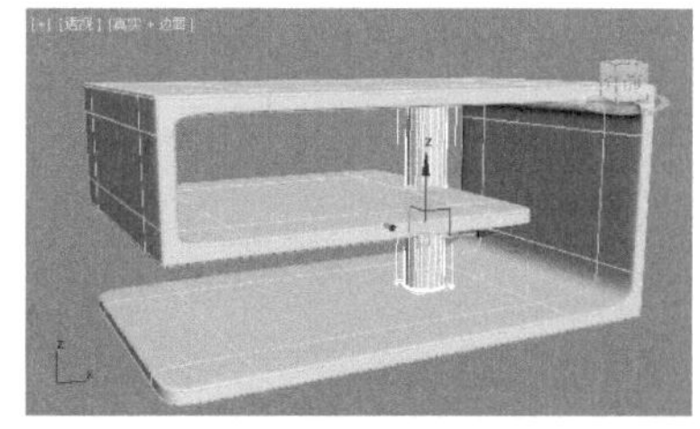
图5-188

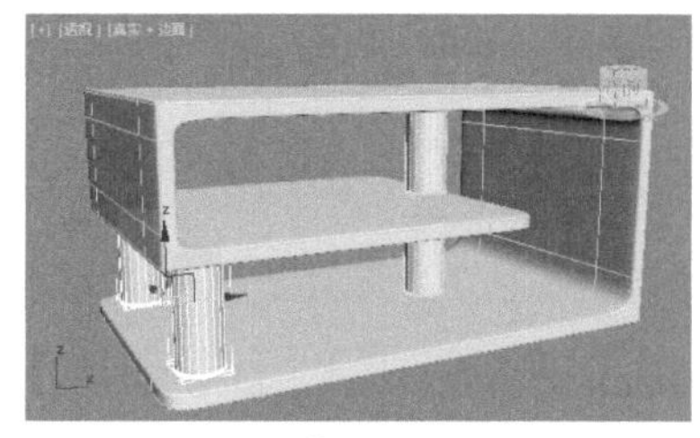
图5-189

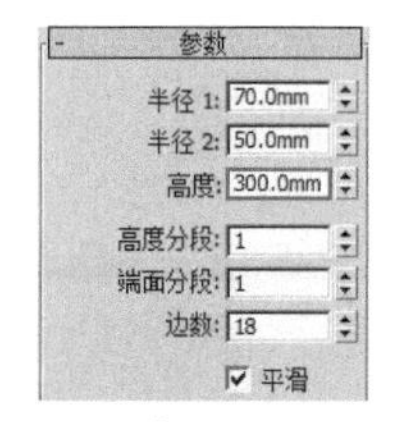

图5-190

17 此时模型已经创建完成，如图5-191所示。

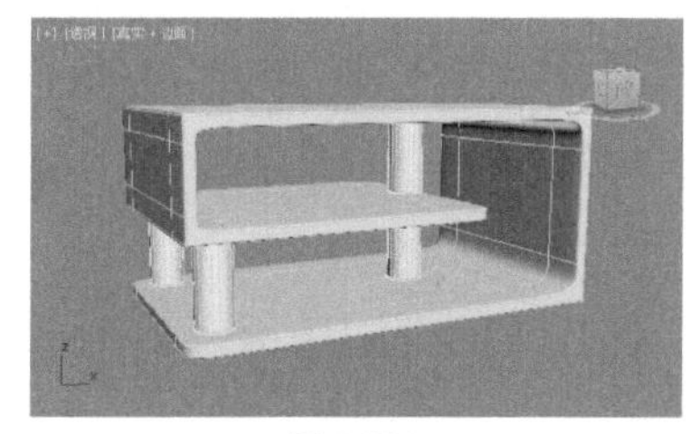
图5-191

实例056 多边形建模制作花架

文件路径	第5章\多边形建模制作花架
难易指数	★★★★★
技术掌握	多边形建模

扫码深度学习

操作思路

本例通过将模型转换为可编辑多边形，并进行编辑操作，制作出花架模型。

案例效果

案例效果如图5-192所示。

图5-192

操作步骤

01 在【顶】视图中创建如图5-193所示的长方体。设置【长度】为700.0mm、【宽度】为700.0mm、【高度】为100.0mm，如图5-194所示。

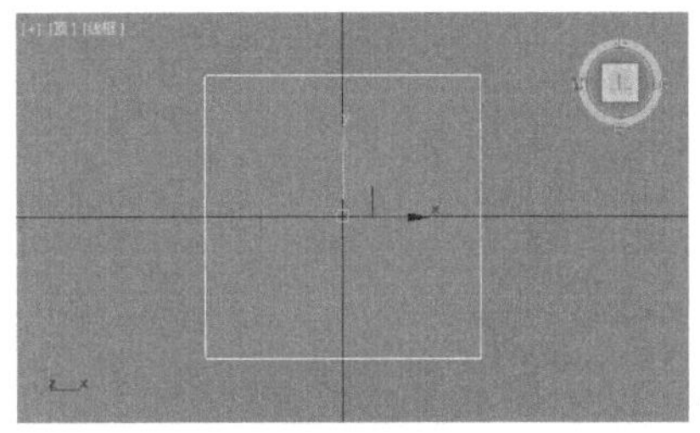

图5-193

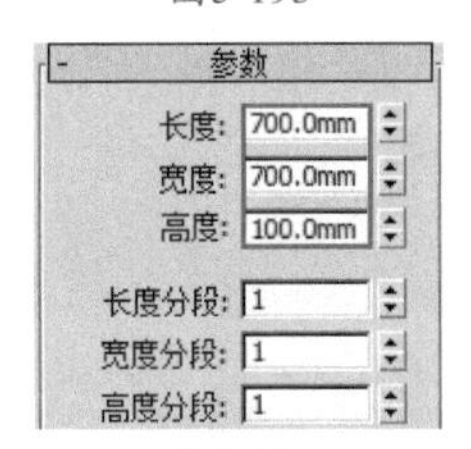

图5-194

02 选择模型，并将模型转换为可编辑多边形，如图5-195所示。

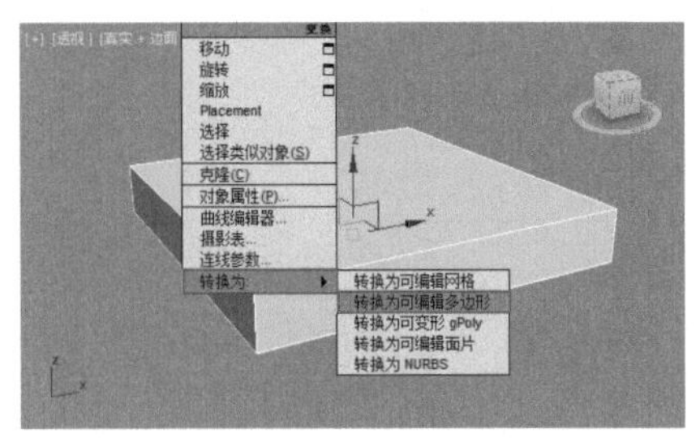

图5-195

03 进入【多边形】级别■，选择如图5-196所示多边形。单击【倒角】后面的【设置】按钮■，选择【按多边形】田，设置【高度】为-5.0mm，【轮廓】为-15.0mm，如图5-197所示。

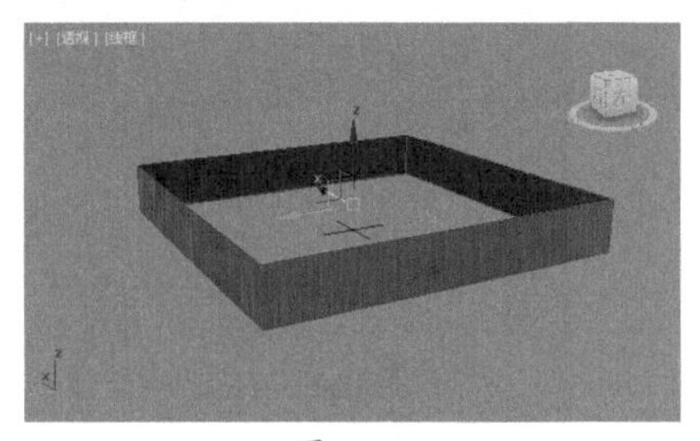

图5-196

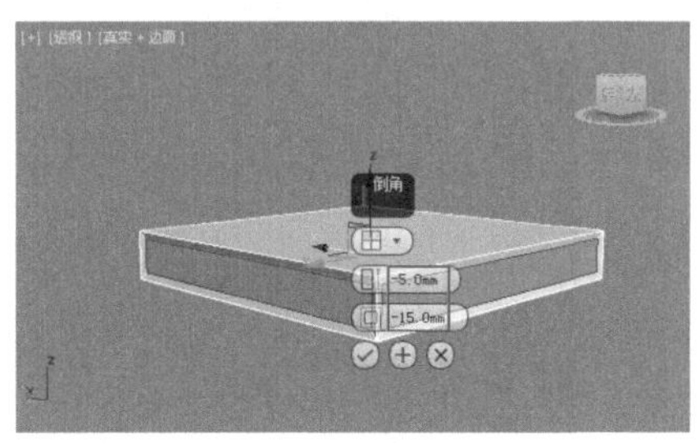

图5-197

04 选择如图5-198所示的多边形。单击【插入】后面的【设置】按钮■，设置【数量】为135.0mm，如图5-199所示。

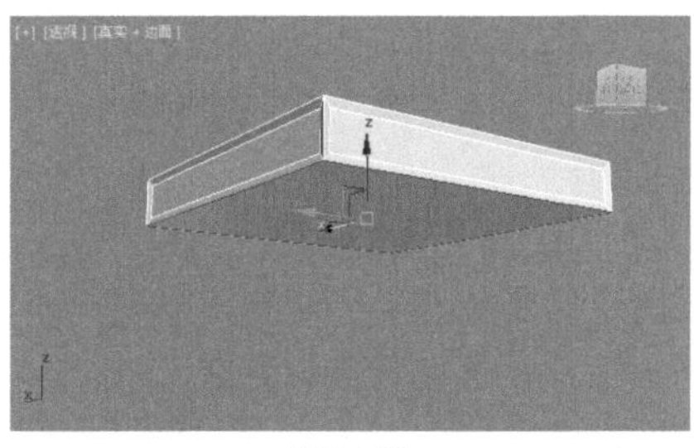

图5-198

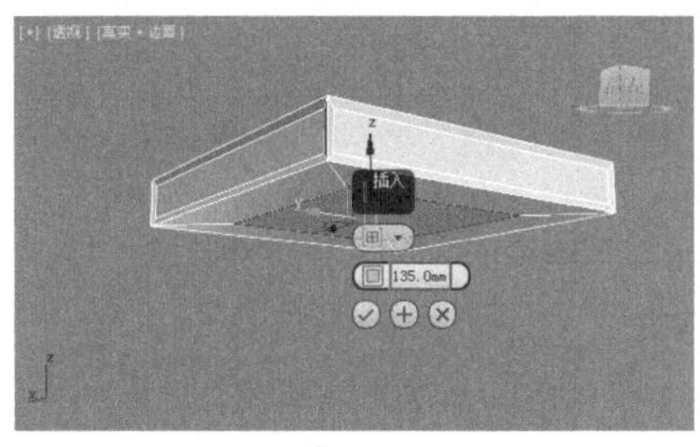

图5-199

05 单击【挤出】后面的【设置】按钮■，设置【数量】为100.0mm，如图5-200所示。

06 选择如图5-201所示的多边形。单击【倒角】后面的【设置】按钮■，选择【按多边形】田，设置【高度】为-5.0mm、【轮廓】为-15.0mm，如图5-202所示。

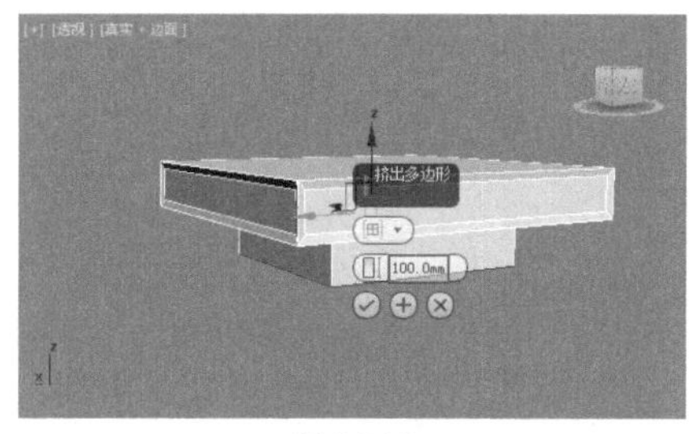

图5-200

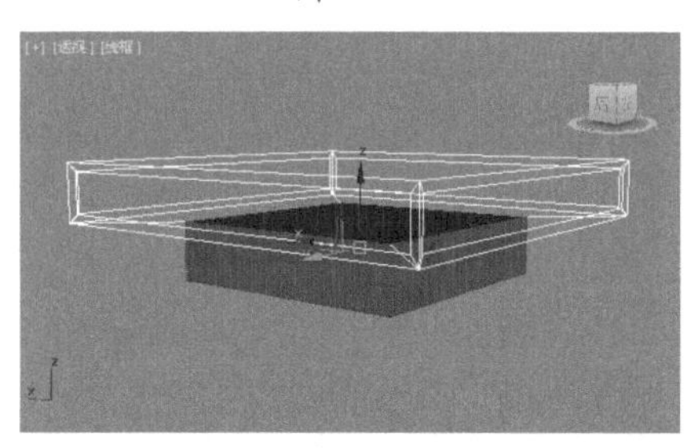

图5-201

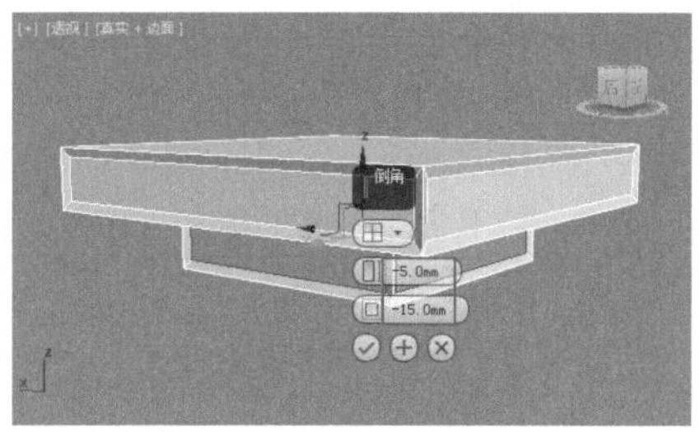

图5-202

07 选择如图5-203所示的多边形。单击【倒角】后面的【设置】按钮■，设置【高度】为0.0mm、【轮廓】为135.0mm，如图5-204所示。

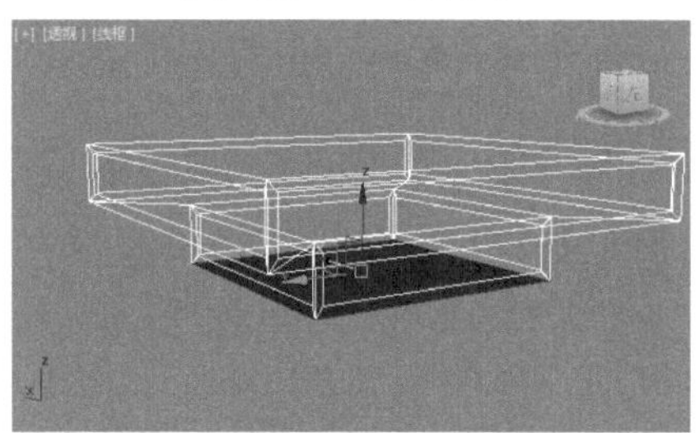

图5-203

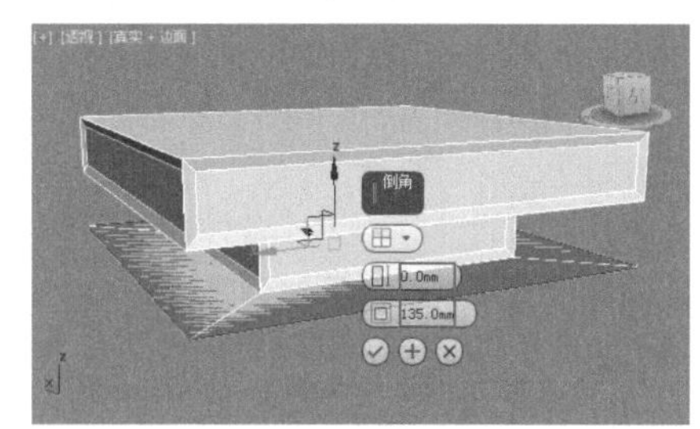

图5-204

08 接着单击【挤出】后面的【设置】按钮，设置【高度】为100.0mm，如图5-205所示。

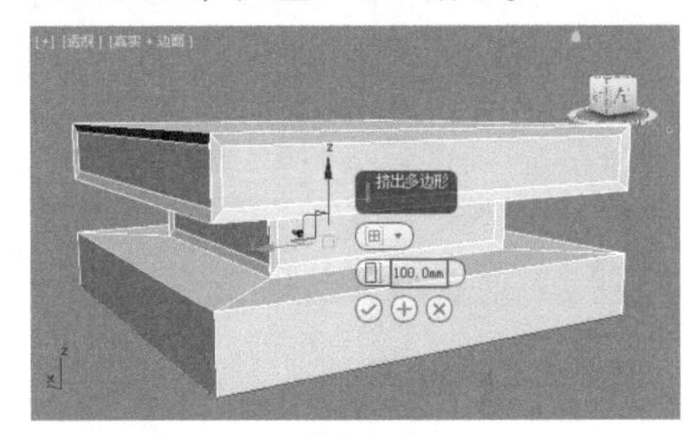

图5-205

09 进入【边】级别，并选择如图5-206所示的边。单击【连接】后面的【设置】按钮，设置【分段】为2、【收缩】为65，如图5-207所示。

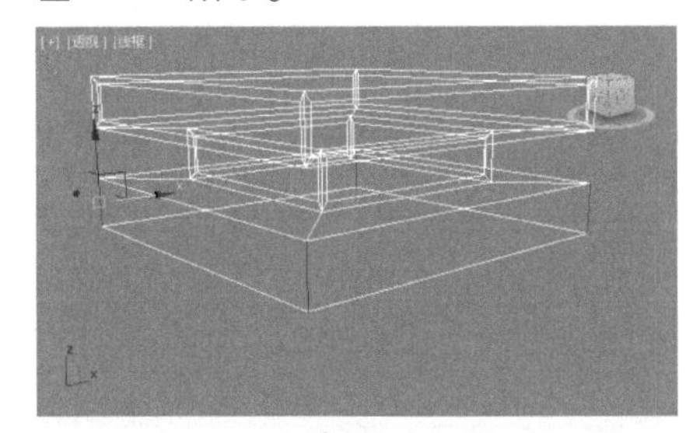

图5-206

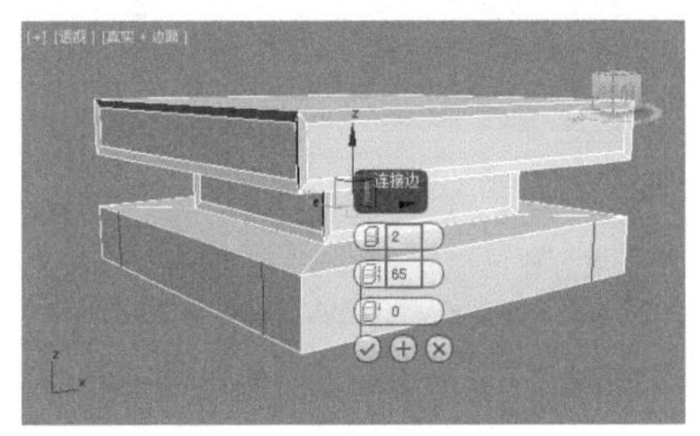

图5-207

10 进入【多边形】级别，选择如图5-208所示多边形。单击【倒角】后面的【设置】按钮，选择【按多边形】，设置【高度】为-5.0mm、【轮廓】为-15.0mm，如图5-209所示。

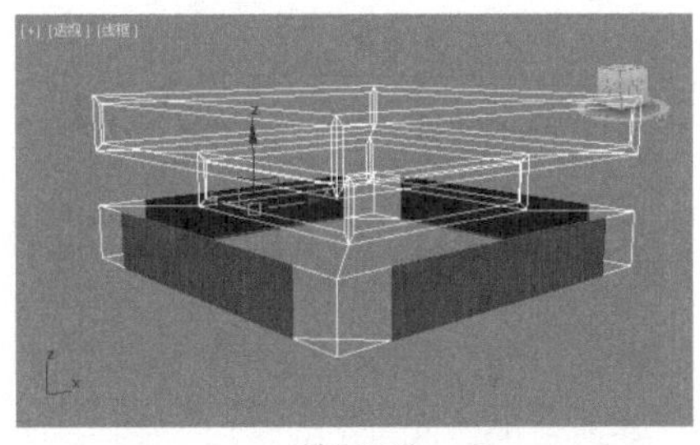

图5-208

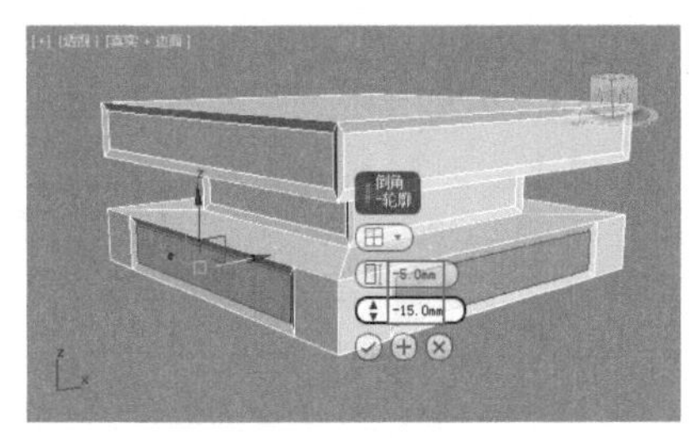

图5-209

11 在【顶】视图中创建如图5-210所示的长方体。设置【长度】为700.0mm、【宽度】为700.0mm、【高度】为100.0mm，如图5-211所示。

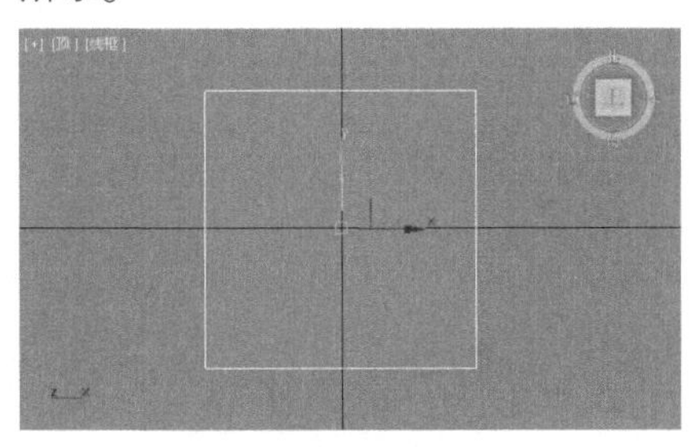

图5-210

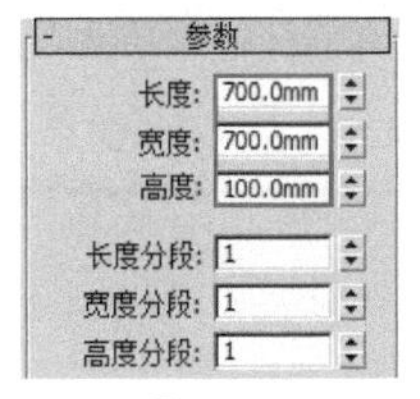

图5-211

12 将模型转换为可编辑多边形，进入【边】级别，选择如图5-212所示的边。单击【连接】后面的【设置】按钮，设置【分段】为2、【收缩】为65，如图5-213所示。

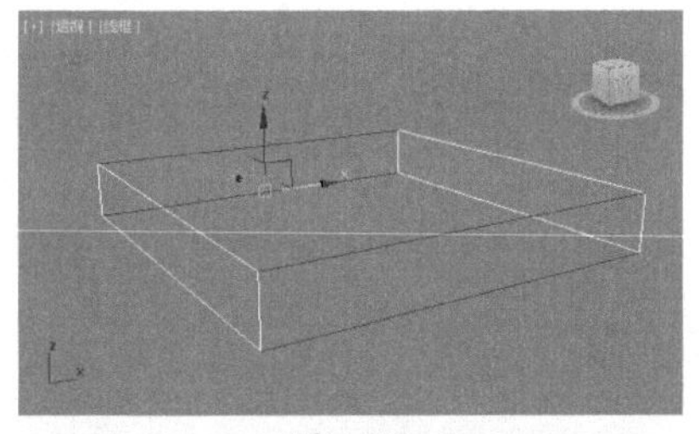

图5-212

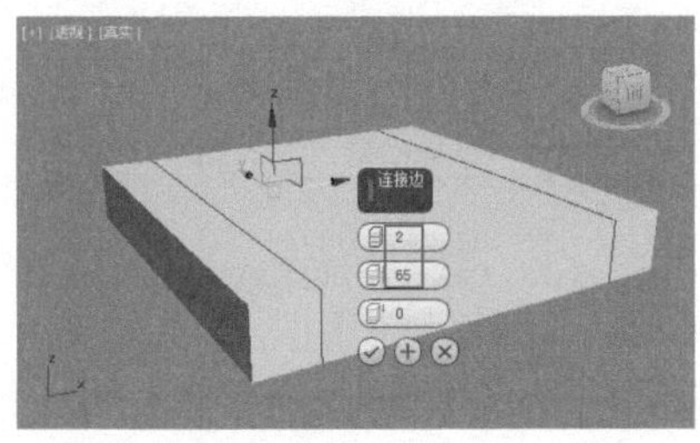

图5-213

13 选择如图5-214所示的边。单击【连接】后面的【设置】按钮，设置【分段】为2、【收缩】为65，如图5-215所示。

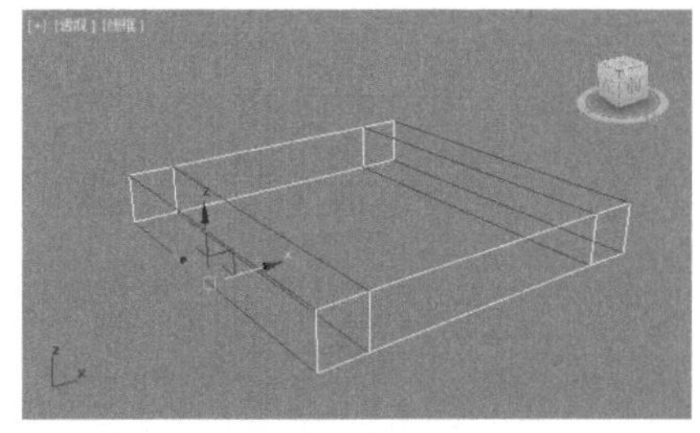

图5-214

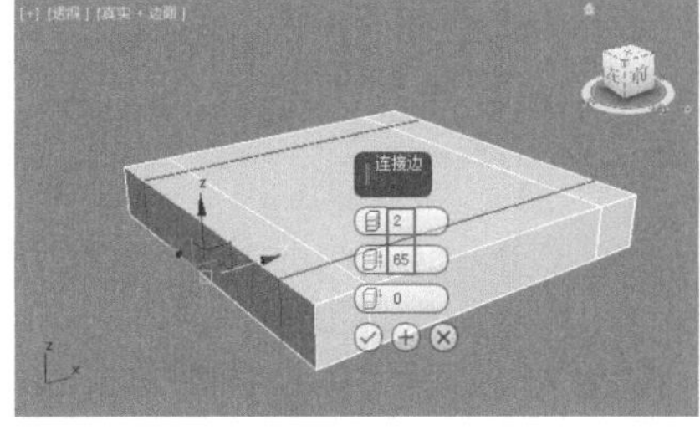

图5-215

14 进入【多边形】级别，选择如图5-216所示的多边形。单击【倒角】后面的【设置】按钮，选择【按多边形】，设置【高度】为-5.0mm、【轮廓】为-15.0mm，如图5-217所示。

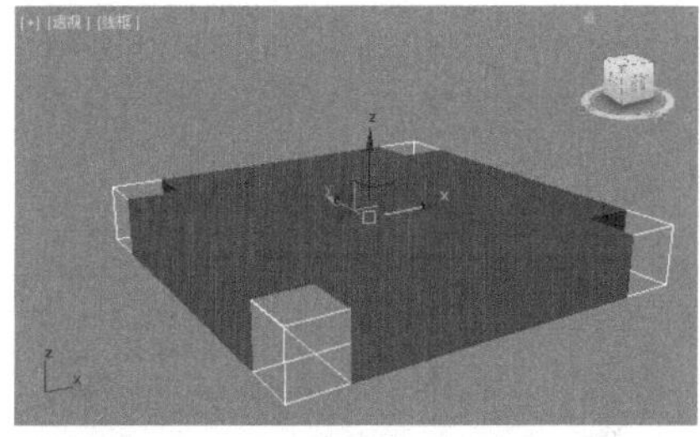

图5-216

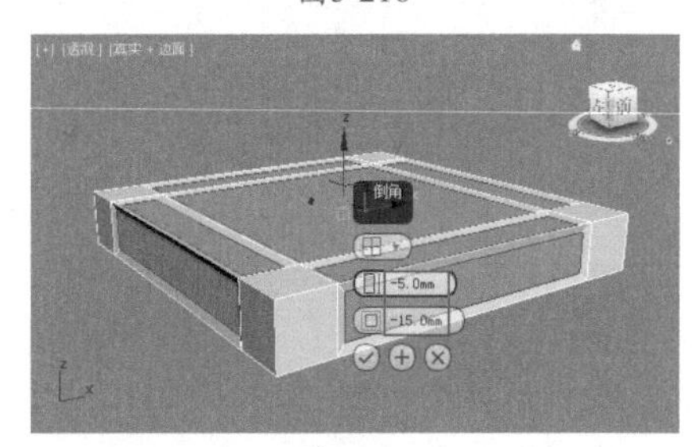

图5-217

15 选择如图5-218所示的多边形。单击【挤出】后面的【设置】按钮，设置【高度】为1200.0mm，如图5-219所示。

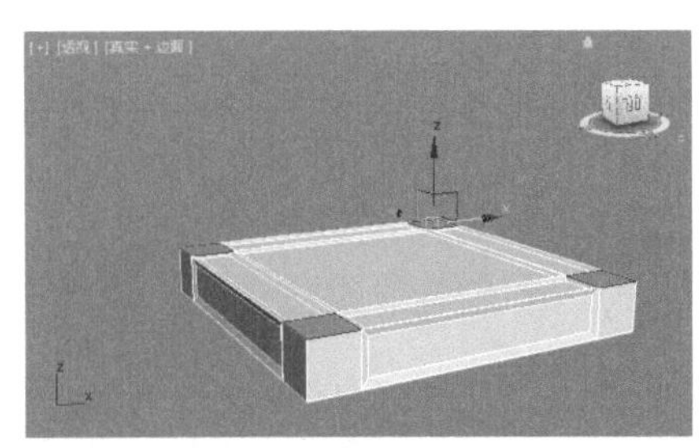

图5-218

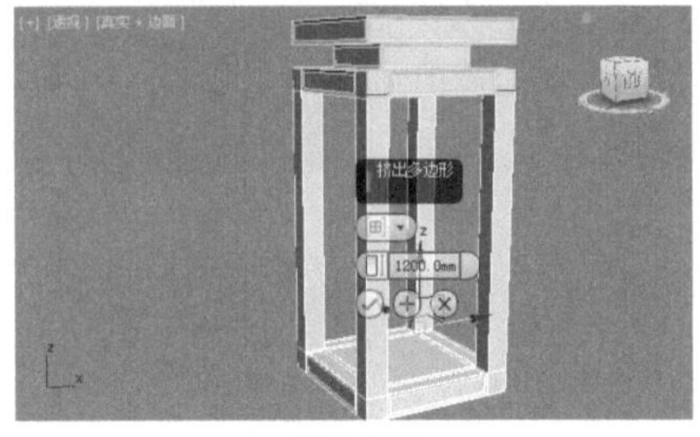

图5-219

16 将模型移动到合适的位置，如图5-220所示。在【透】视图中选择如图5-221所示的模型，并单击【附加】按钮 附加 ，并在【透】视图中拾取另一个模型，效果如图5-222所示。

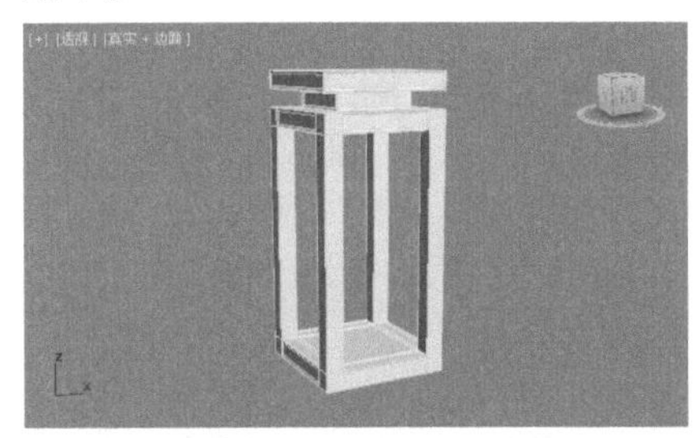

图5-220

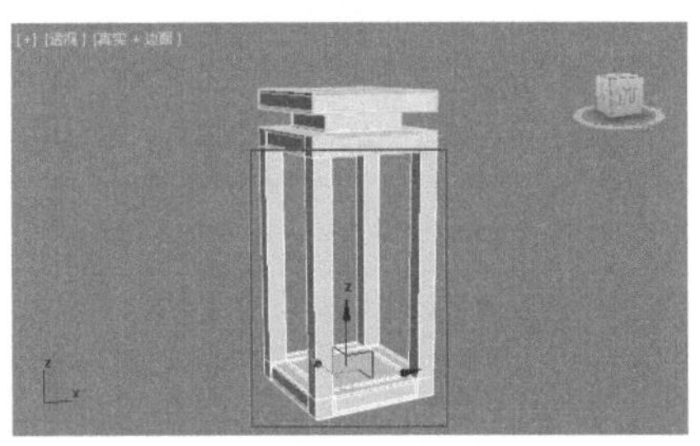

图5-221

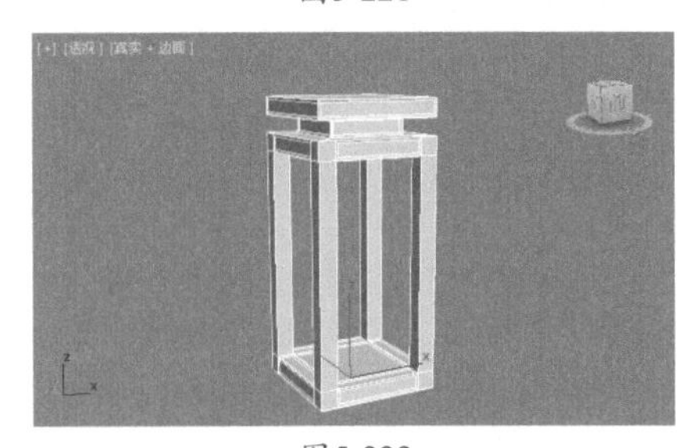

图5-222

17 进入【多边形】级别▣，选择如图5-223所示多边形。单击【倒角】后面的【设置】按钮▣，选择【按多边形】田，设置【高度】为-5.0mm、【轮廓】为-15.0mm，如图5-224所示。

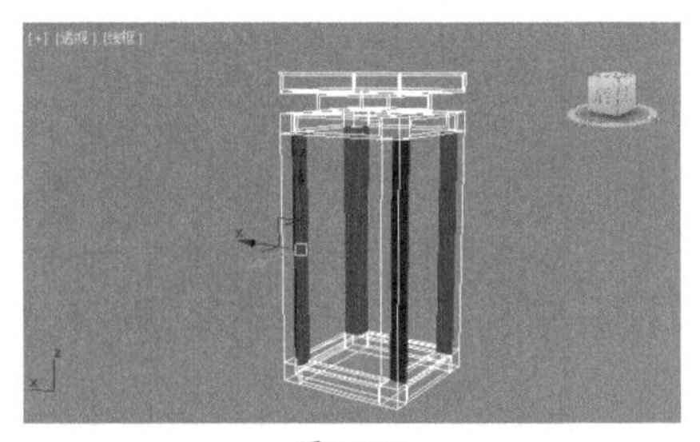

图5-223

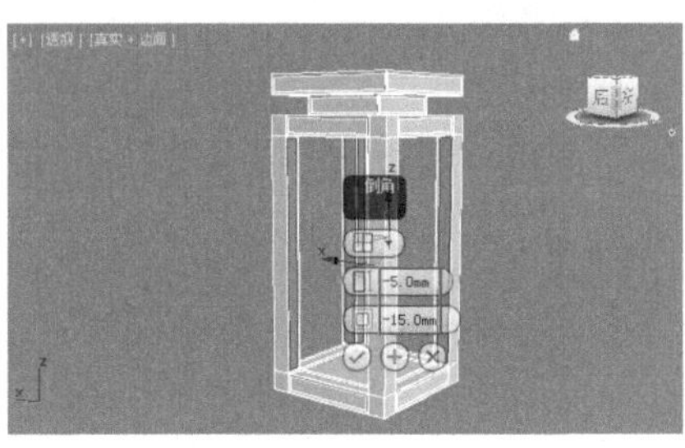

图5-224

18 选择如图5-225所示的多边形。单击【倒角】后面的【设置】按钮▣，选择【组】▣，设置【高度】为-5.0mm、【轮廓】为-15.0mm，如图5-226所示。

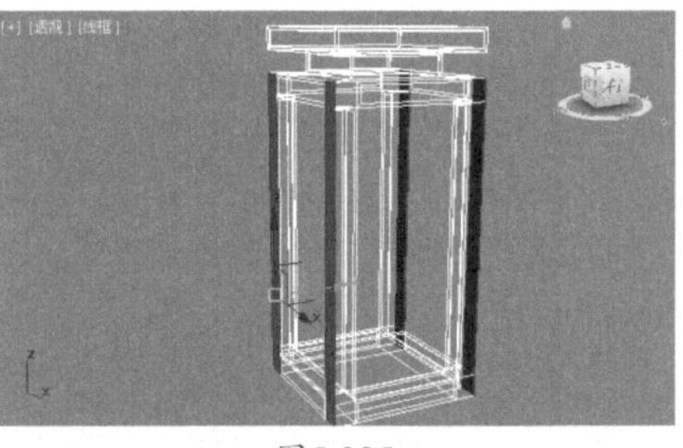

图5-225

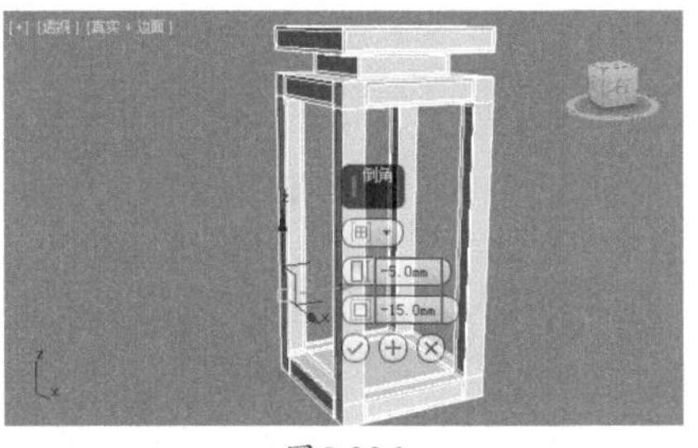

图5-226

19 选择如图5-227所示多边形。单击【倒角】后面的【设置】按钮▣，选择【组】▣，设置【高度】为-5.0mm、【轮廓】为-15.0mm，如图5-228所示。

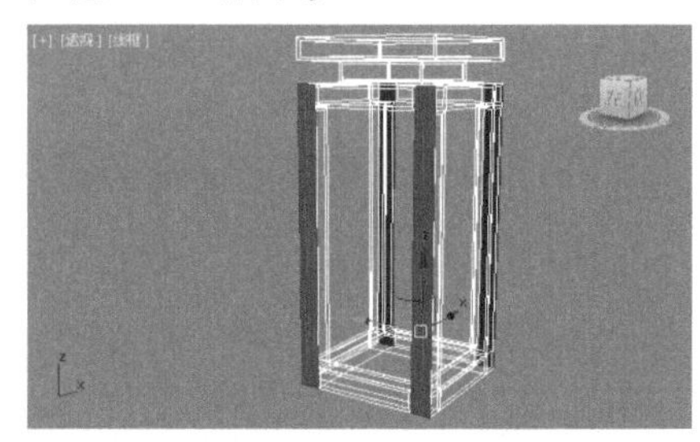

图5-227

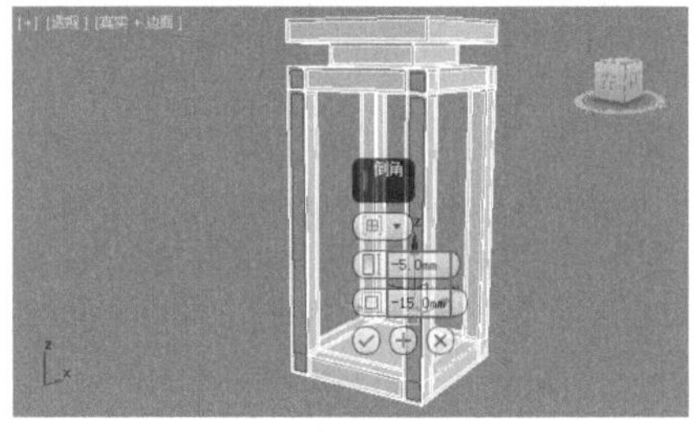

图5-228

20 此时模型已经创建完成，效果如图5-229所示。

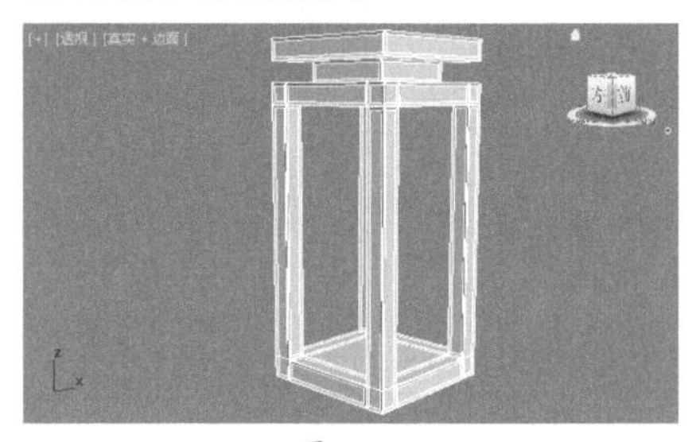

图5-229

实例057 多边形建模制作角几

文件路径	第5章\多边形建模制作角几
难易指数	★★★★★
技术掌握	多边形建模

扫码深度学习

操作思路

本例通过将模型转换为可编辑多边形，并进行编辑操作，制作出角几模型。

案例效果

案例效果如图5-230所示。

图5-230

操作步骤

01 在【顶】视图创建如图5-231所示的长方体。设置【长度】为700.0mm、【宽度】为1100.0mm、【高度】为70.0mm，如图5-232所示。

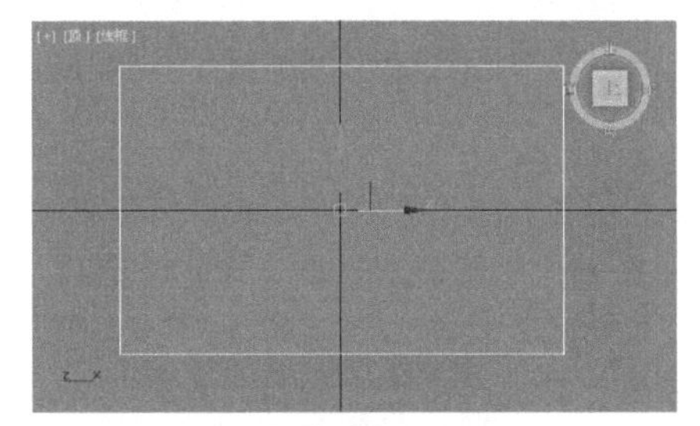

图5-231

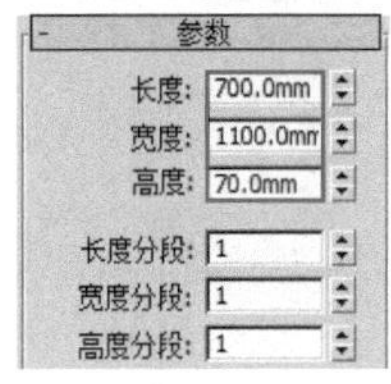

图5-232

02 在【前】视图中选择长方体，按住Shift键沿Y轴向下拖动复制，如图5-233所示。设置【高度】为35mm，如图5-234所示。

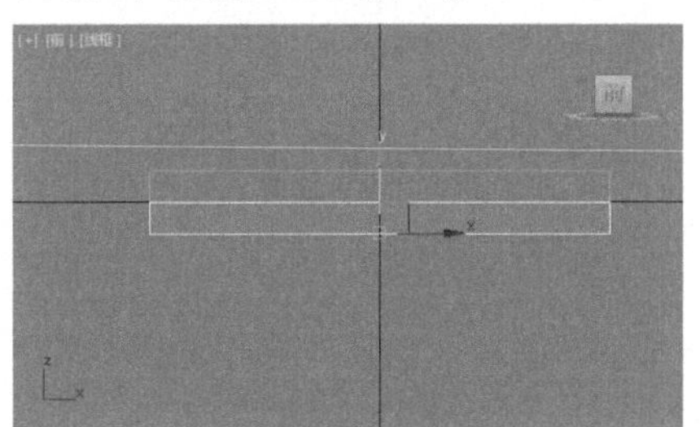

图5-233

图5-234

03 将刚刚复制的模型移动到合适位置，如图5-235所示。将模型转换为可编辑多边形，如图5-236所示。

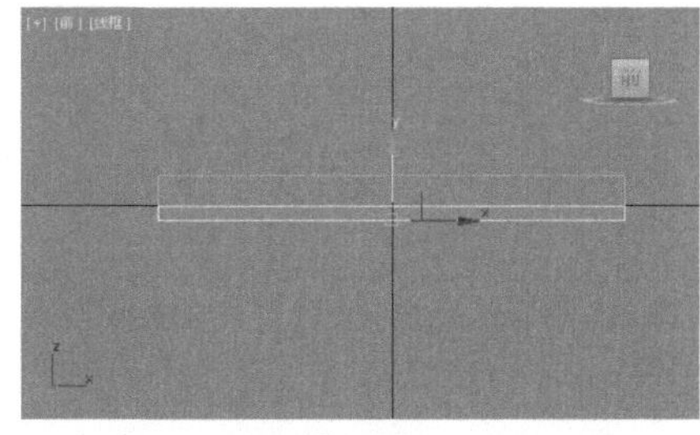

图5-235

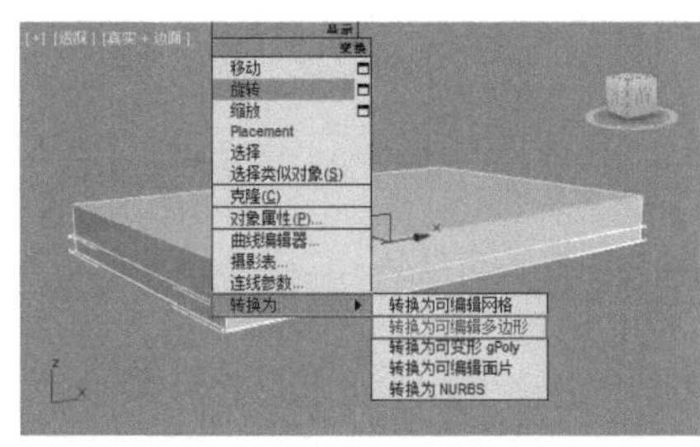

图5-236

04 进入【边】级别，选择如图5-237所示的边。单击【连接】后面的【设置】按钮，设置【分段】为2、【收缩】为-20、【滑块】为-145，如图5-238所示。

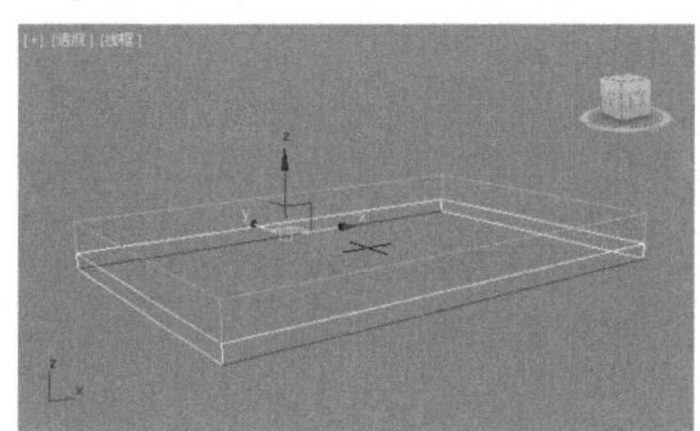

图5-237

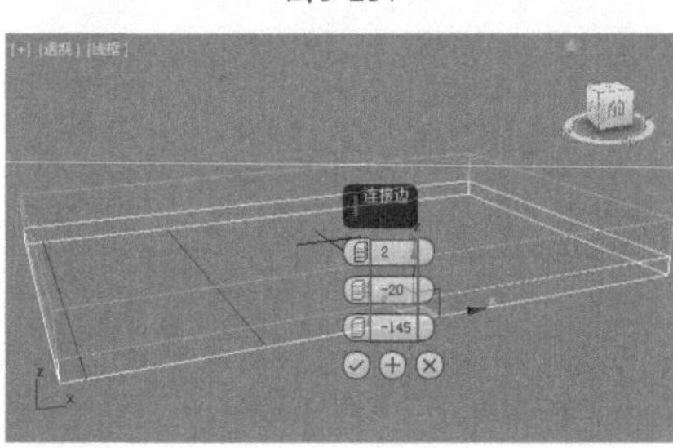

图5-238

05 选择如图5-239所示的边。单击【连接】后面的【设置】按钮，设置【分段】为1、【滑块】为91，如图5-240所示。

06 选择如图5-241所示的边。单击【连接】后面的【设置】按钮，设置【分段】为2、【收缩】为90，如图5-242所示。

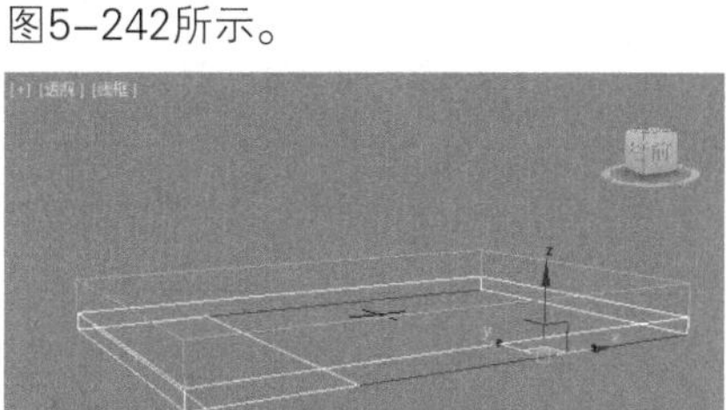

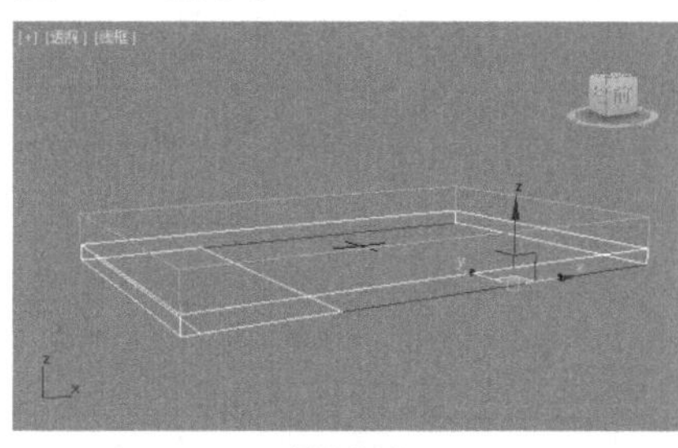

图5-239

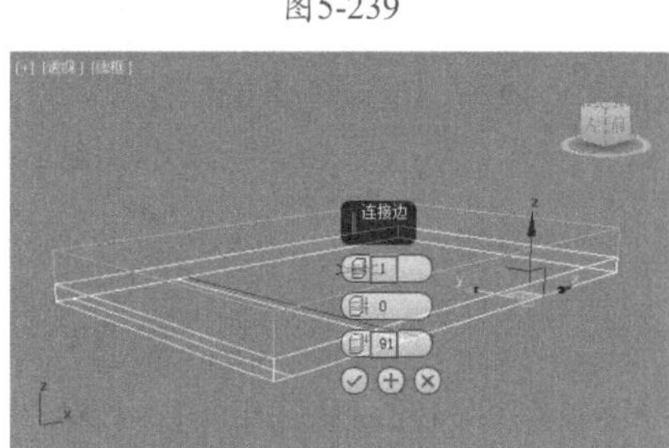

图5-240

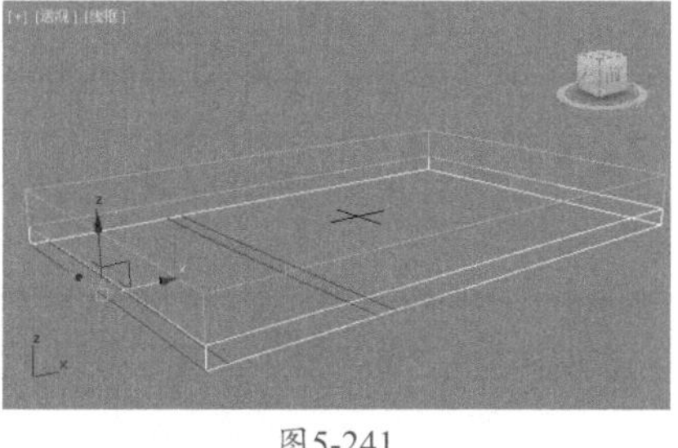

图5-241

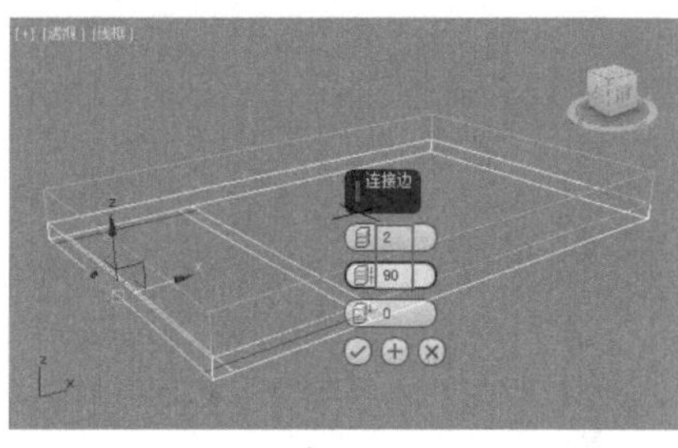

图5-242

07 进入【多边形】级别，选择如图5-243所示的多边形。单击【挤出】后面的【设置】按钮，设置【高度】为1500.0mm，如图5-244所示。

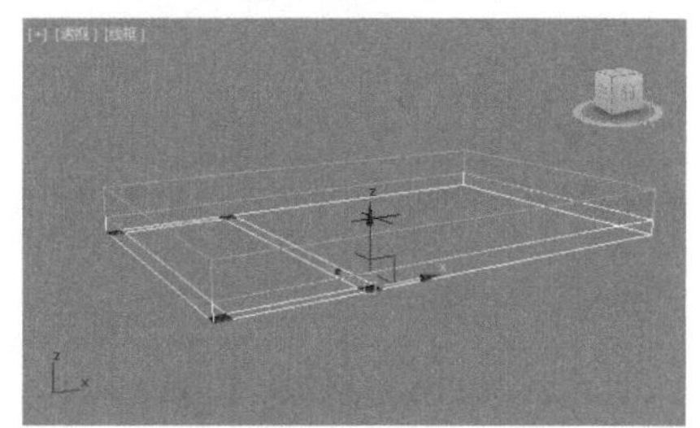

图5-243

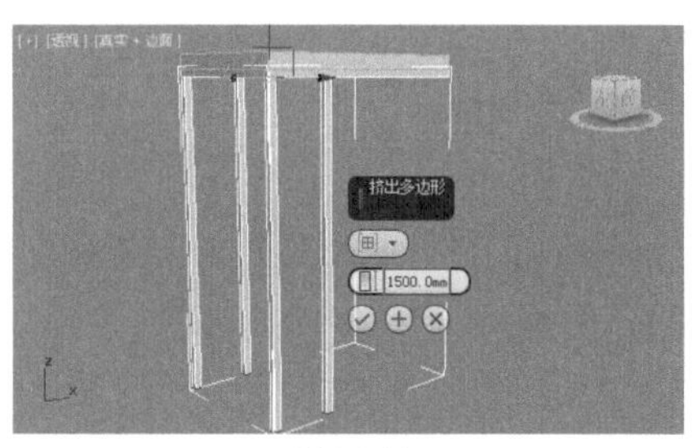

图5-244

08 进入【边】级别，选择如图5-245所示的边。单击【连接】后面的【设置】按钮，设置【分段】为1、【滑块】为95，如图5-246所示。

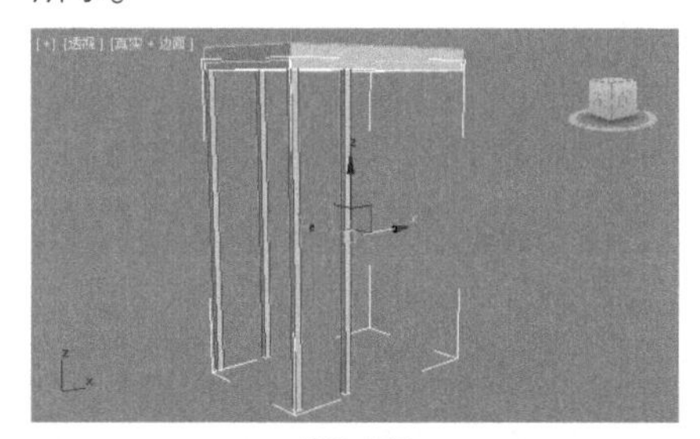
图5-245

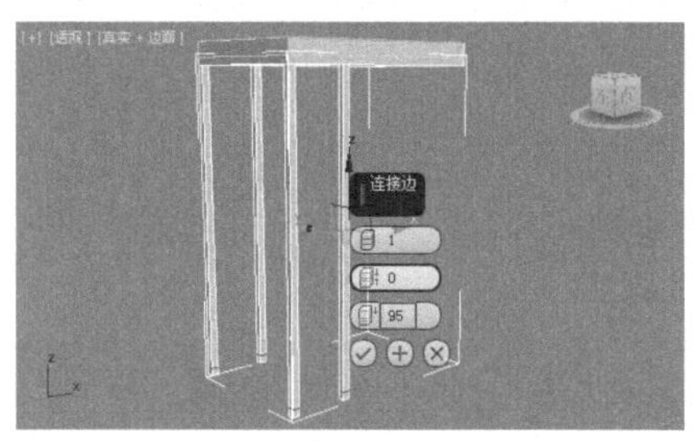

图5-246

09 进入【多边形】级别，选择如图5-247所示的多边形。单击【挤出】后面的【设置】按钮，设置【高度】为643.0mm，如图5-248所示。

10 选择如图5-249所示的【多边形】。单击【挤出】后面的【设置】按钮，设置【高度】为1064.8mm，如图5-250所示。

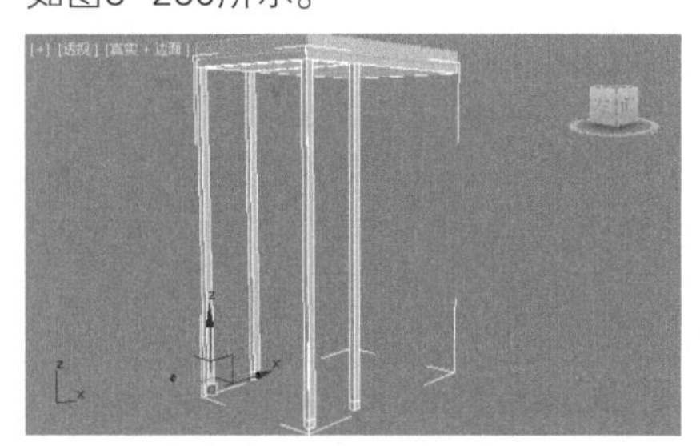
图5-247

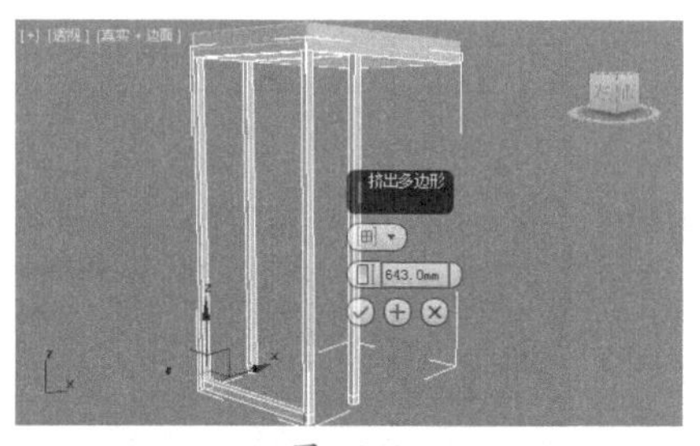

图5-248

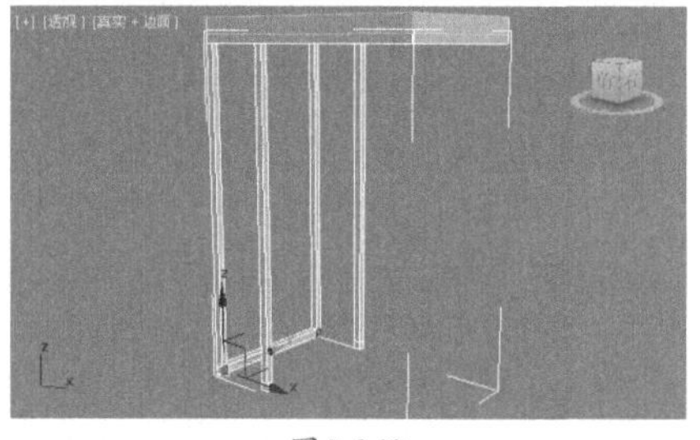
图5-249

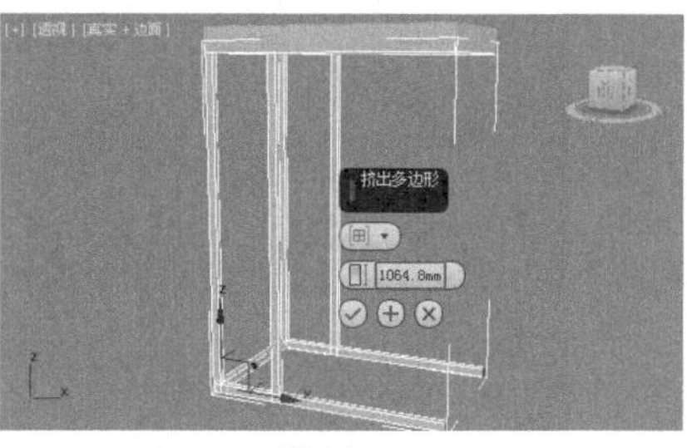

图5-250

11 进入【边】级别，选择如图5-251所示的边。单击【连接】后面的【设置】按钮，设置【分段】为1、【滑块】为93，如图5-252所示。

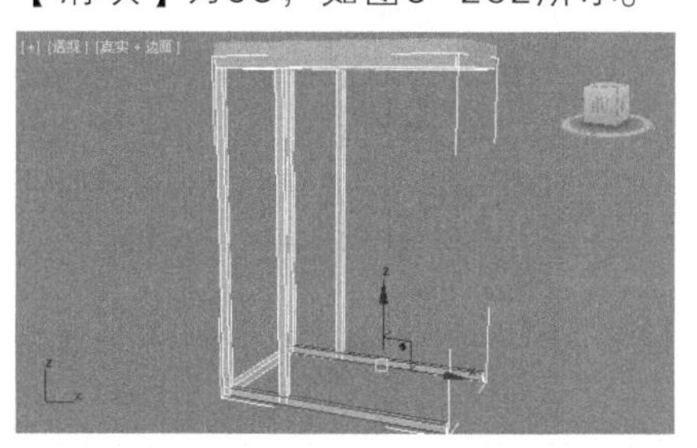
图5-251

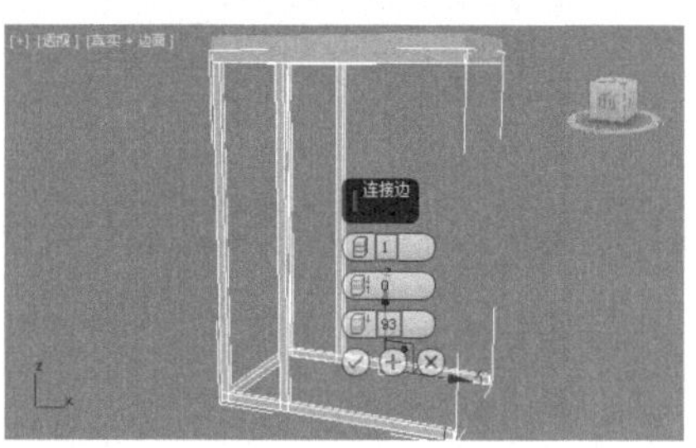

图5-252

12 进入【多边形】级别，选择如图5-253所示的多边形。单击【挤出】后面的【设置】按钮，设置【高度】为643.0mm，如图5-254所示。

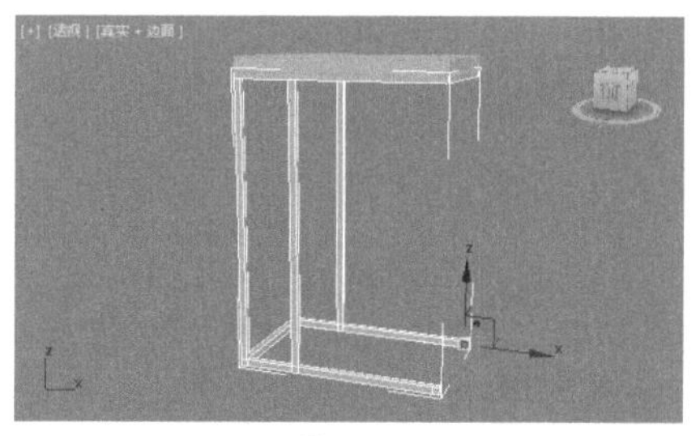
图5-253

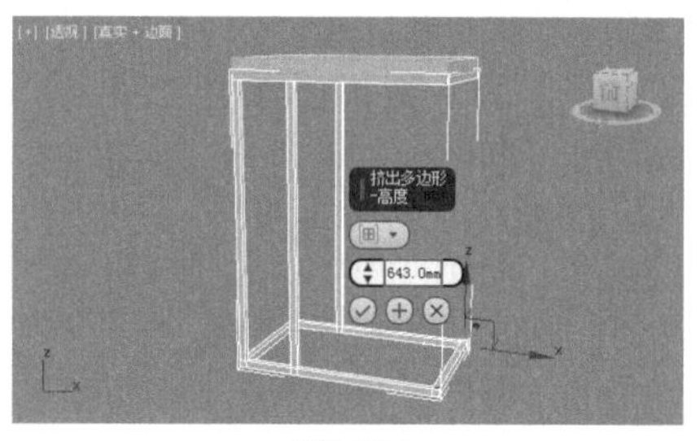

图5-254

13 此时模型已经创建完成，效果如图5-255所示。

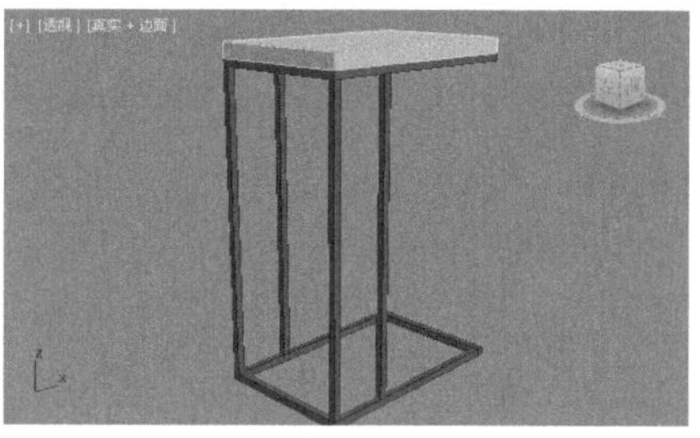
图5-255

提示

按住Shift键拖动鼠标左键可将边延伸出来

（1）未闭合的三维模型，可以单击鼠标右键，执行【转换为/转换为可编辑多边形】命令，如图5-256所示。

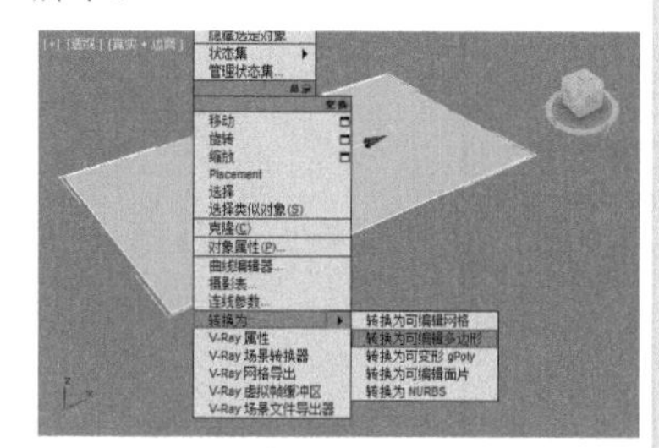
图5-256

（2）进入【边】级别，选择一条边，如图5-257所示。

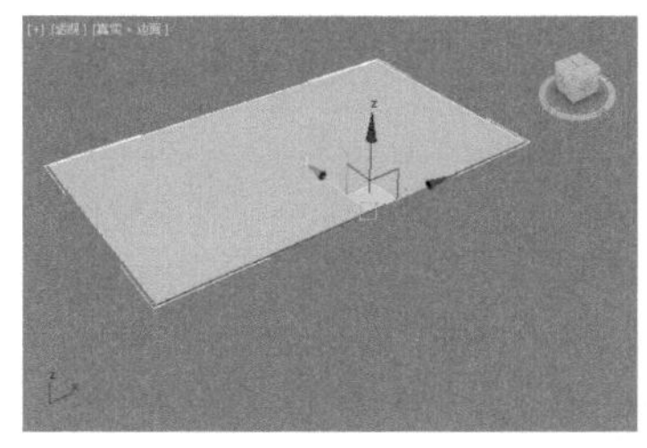

图5-257

（3）按住Shift键，拖动鼠标左键，即可拖出一个面，如图5-258所示。

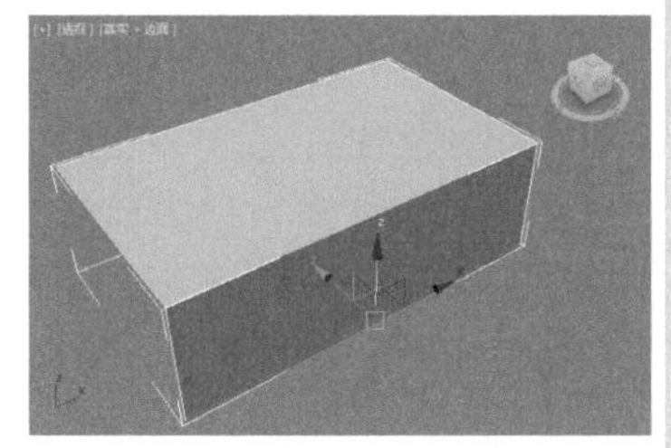

图5-258

（4）但是需要特别注意，并不是所有的模型都可以这样操作，若选择的边的位置处于模型的闭合位置，则无法拖曳出面，如图5-259所示。

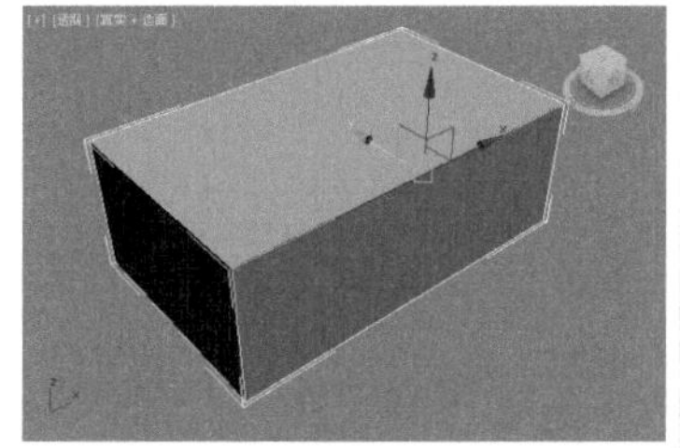

图5-259

实例058 多边形建模制作镂空吊灯

文件路径	第5章\多边形建模制作镂空吊灯
难易指数	★★★★★
技术掌握	多边形建模

扫码深度学习

操作思路

本例通过将模型转换为可编辑多边形，并进行编辑操作，制作出镂空吊灯模型。

案例效果

案例效果如图5-260所示。

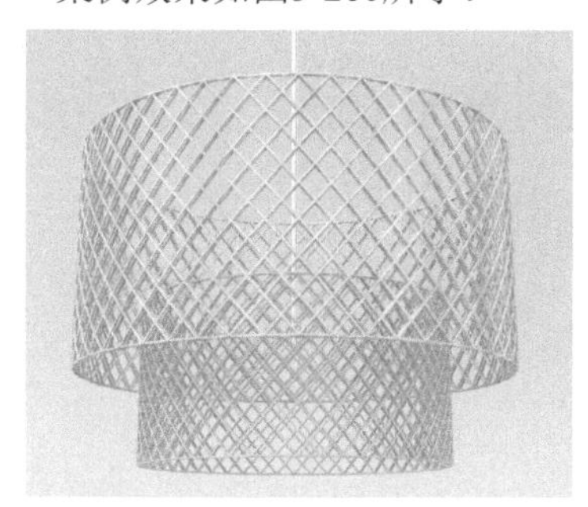

图5-260

操作步骤

01 在【顶】视图中创建如图5-261所示的管状体。设置【半径1】为500.0mm、【半径2】为490.0mm、【高度】为500.0mm、【高度分段】为7、【边数】为50，如图5-262所示。

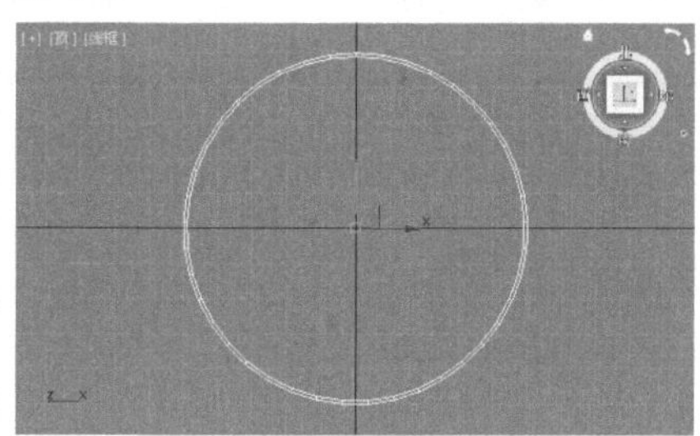

图5-261

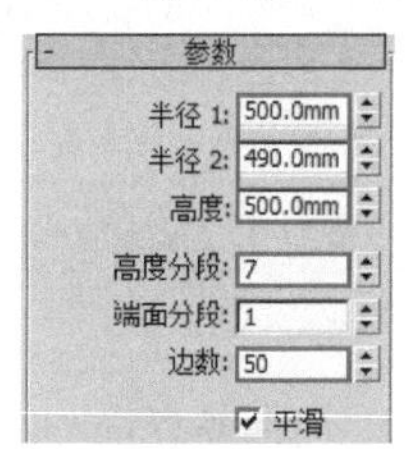

图5-262

02 选择模型，并将模型转换为可编辑多边形，如图5-263所示。

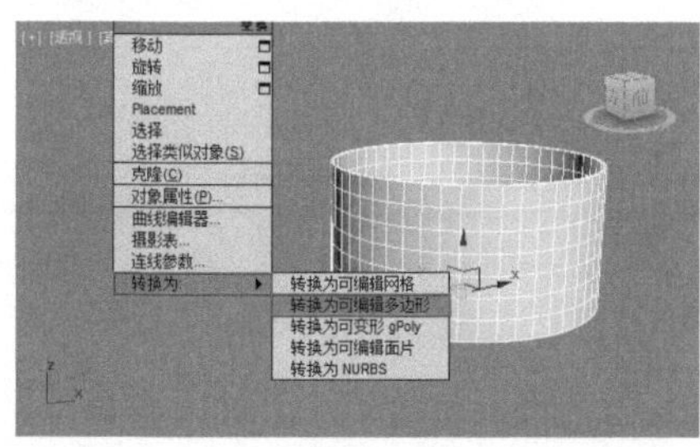

图5-263

03 进入【边】级别，选择如图5-264所示的边。单击【连接】按钮 连接 ，效果如图5-265所示。

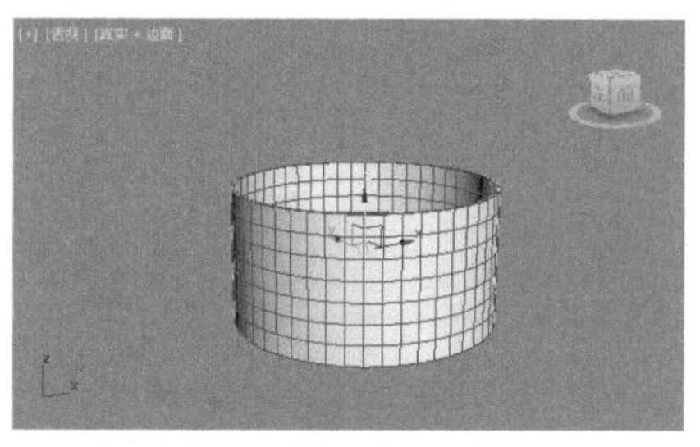

图5-264

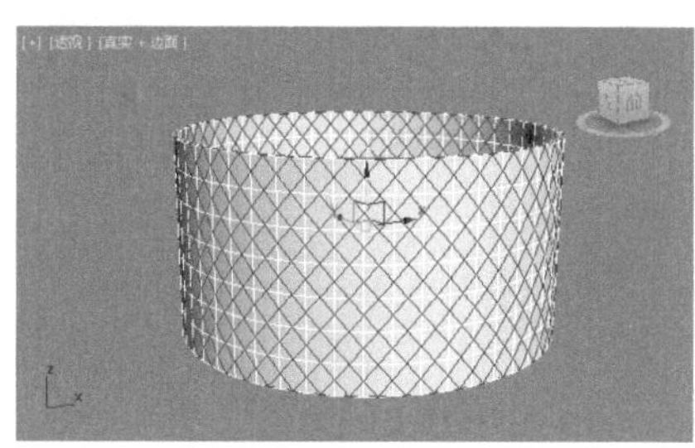

图5-265

04 接着按Ctrl+I（反选）快捷键，效果如图5-266所示。再次单击【移除】按钮 移除 ，效果如图5-267所示。

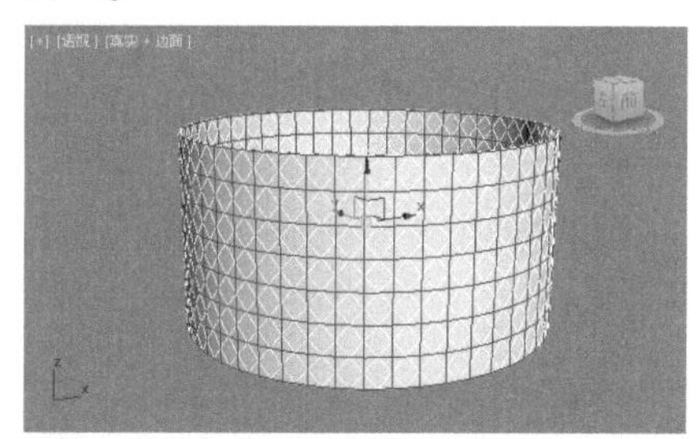

图5-266

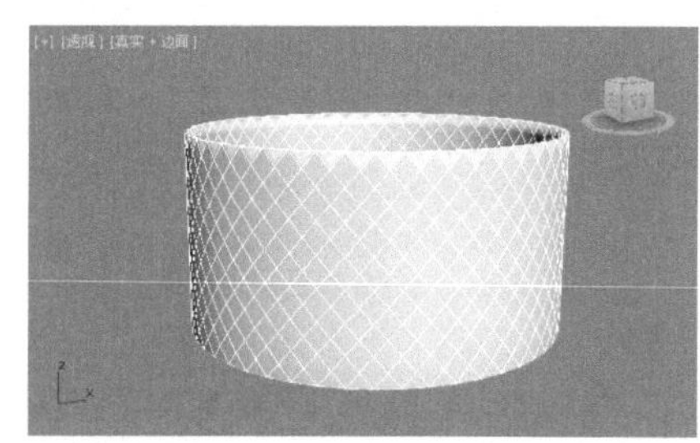

图5-267

05 为模型加载【晶格】修改器，选中【仅来自边的支柱】单选按钮，设置【半径】为3.0mm、【边数】为50，如图5-268所示。效果如图5-269所示。

06 在【透】视图中选择模型，如图5-270所示。按住Shift键进行等比缩放复制，如图5-271所示。

图5-268

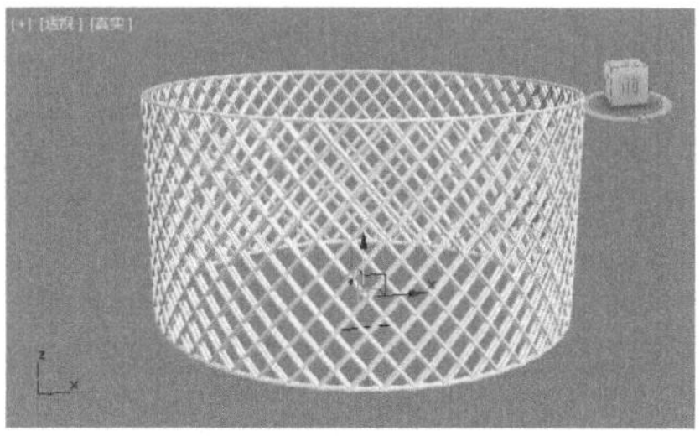

图5-269

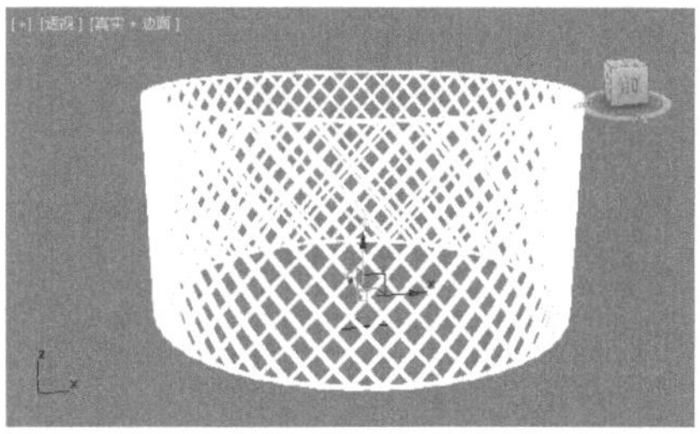

图5-270

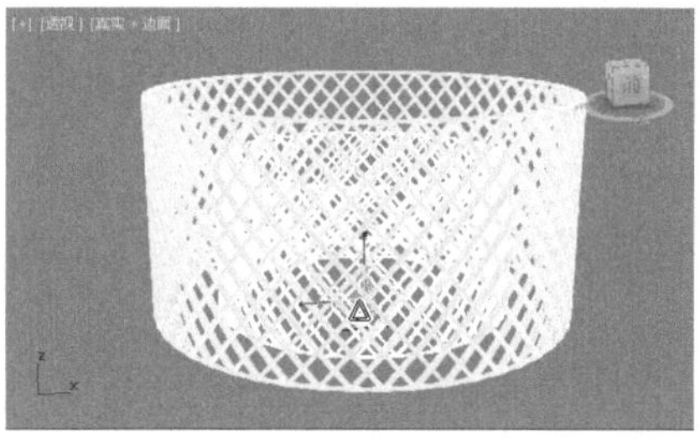

图5-271

07 将模型移动到合适的位置，效果如图5-272所示。在【前】视图中创建如图5-273所示的线。

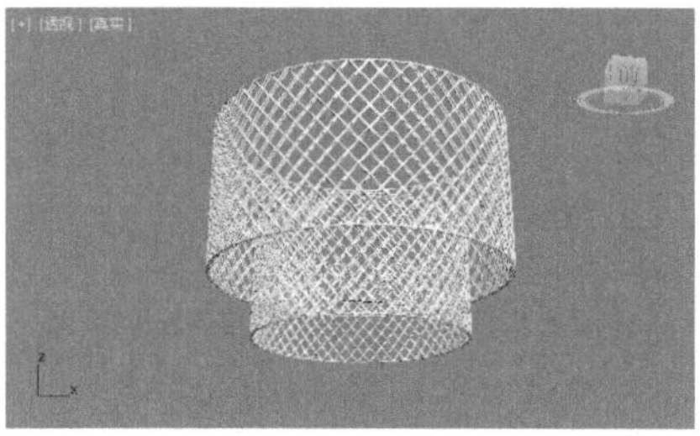

图5-272

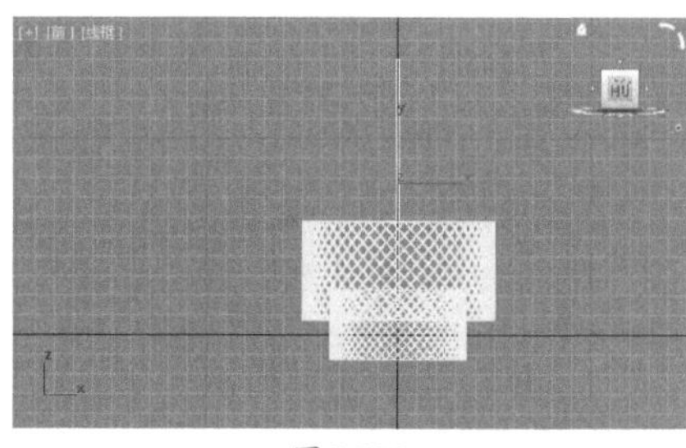

图5-273

08 展开【渲染】卷展栏，勾选【在渲染中启用】和【在视口中启用】复选框，设置【厚度】为15.0mm，如图5-274所示。此模型创建完成，效果如图5-275所示。

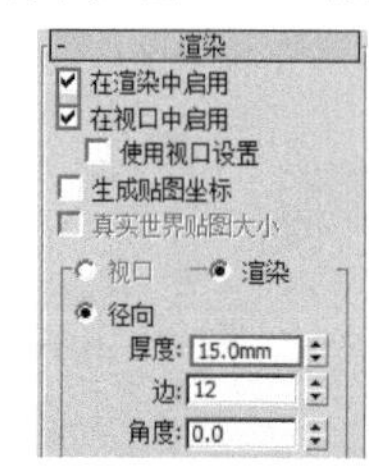

图5-274

图5-275

实例059 多边形建模制作床头柜

文件路径	第5章\多边形建模制作床头柜
难易指数	★★★★★
技术掌握	多边形建模

扫码深度学习

操作思路

本例通过将模型转换为可编辑多边形，并进行编辑操作，制作出床头柜模型。

案例效果

案例效果如图5-276所示。

图5-276

操作步骤

01 在【顶】视图中创建如图5-277所示的长方体。设置【长度】为800.0mm、【宽度】为1200.0mm、【高度】为50.0mm，如图5-278所示。

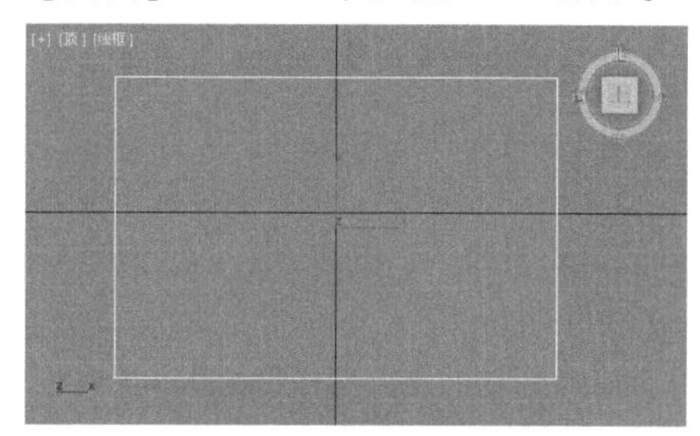

图5-277

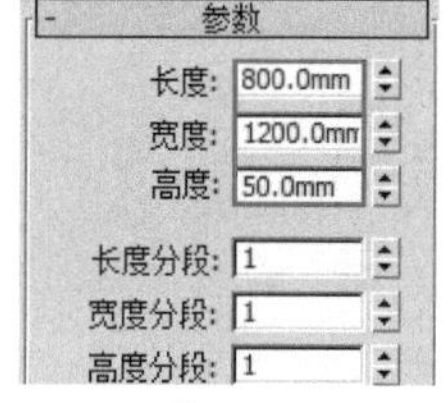

图5-278

02 选择模型，并将模型转换为可编辑多边形，如图5-279所示。

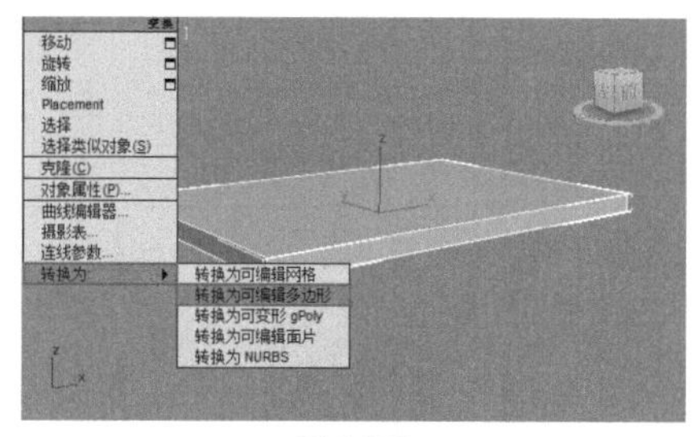

图5-279

03 在【透】视图中选择模型，按住Shift键将其复制，如图5-280所示。接着单击鼠标右键，在弹出的快捷菜单中执行【隐藏选定对象】命令，将其备用，如图5-281所示。

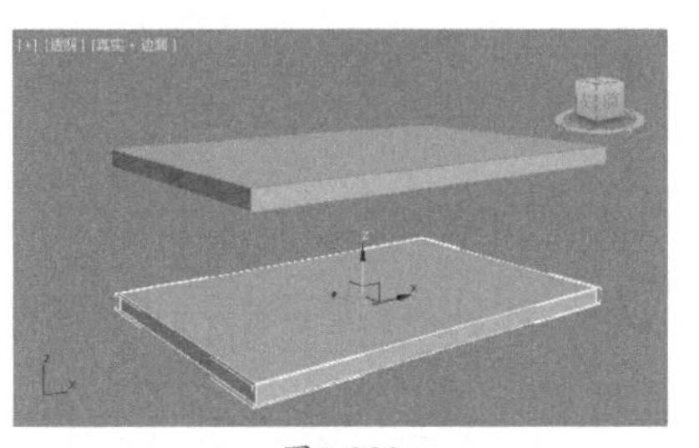

图5-280

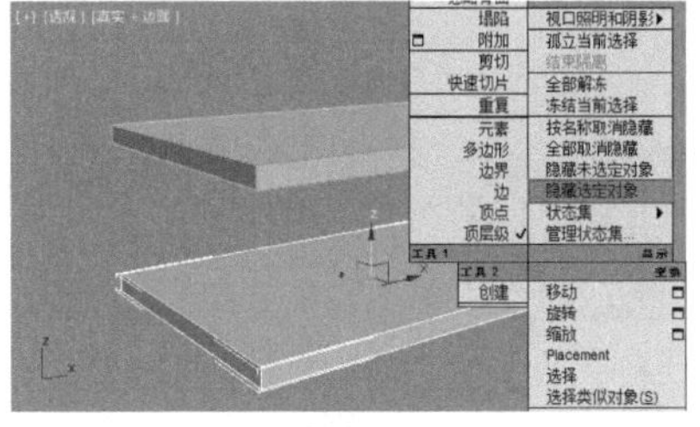

图5-281

04 进入【边】级别，选择如图5-282所示的边。单击【连接】后面的【设置】按钮，设置【分段】为1、【滑块】为88，如图5-283所示。

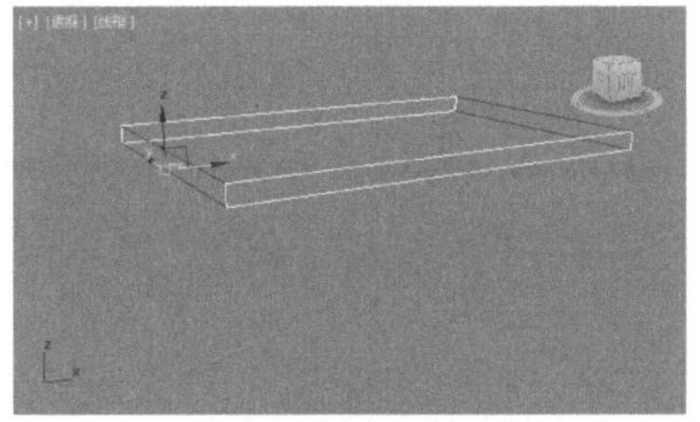

图5-282

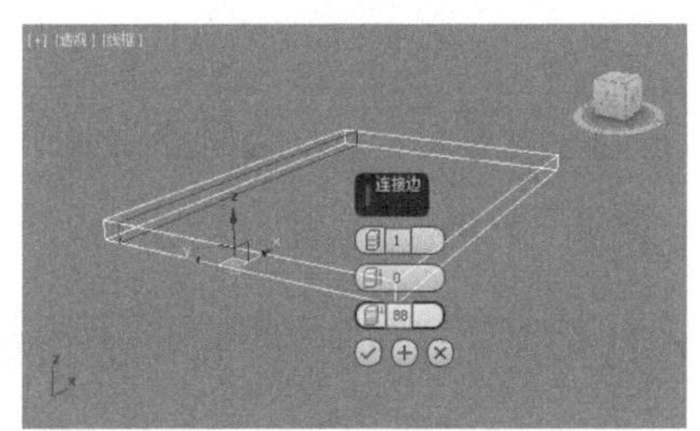

图5-283

05 选择如图5-284所示的边。单击【连接】后面的【设置】按钮，设置【分段】为2、【收缩】为90，如图5-285所示。

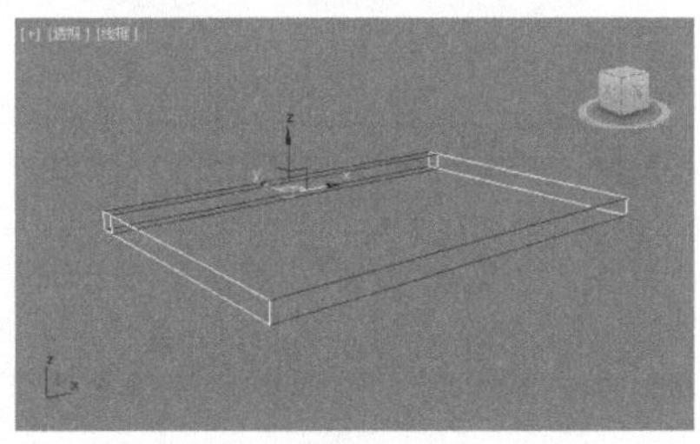

图5-284

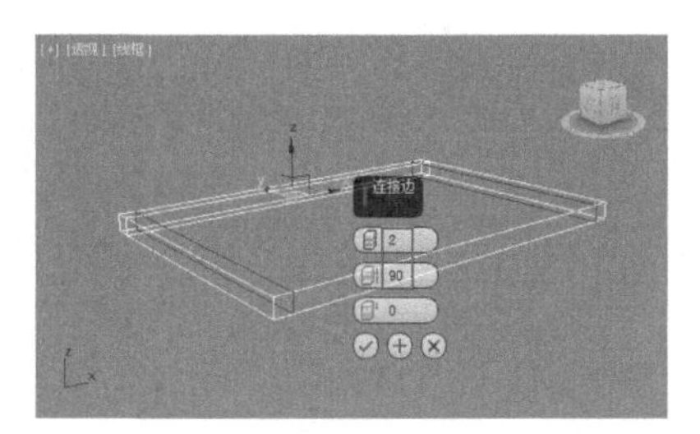

图5-285

06 进入【多边形】级别，选择如图5-286所示的多边形。单击【挤出】后面的【设置】按钮，设置【高度】为800.0mm，如图5-287所示。

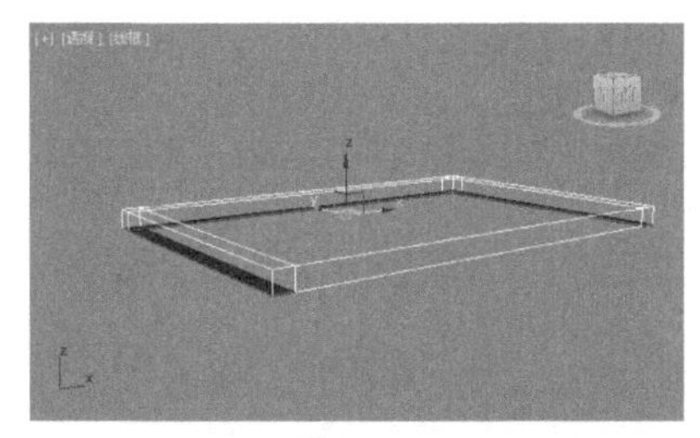

图5-286

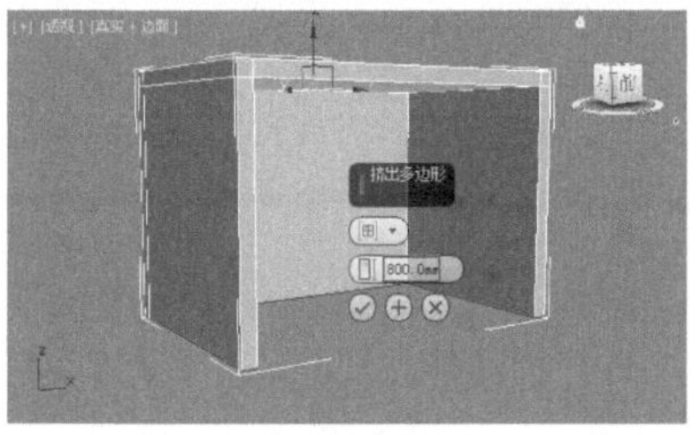

图5-287

07 进入【边】级别，选择如图5-288所示的边。单击【连接】后面的【设置】按钮，设置【分段】为2、【收缩】为-72，如图5-289所示。

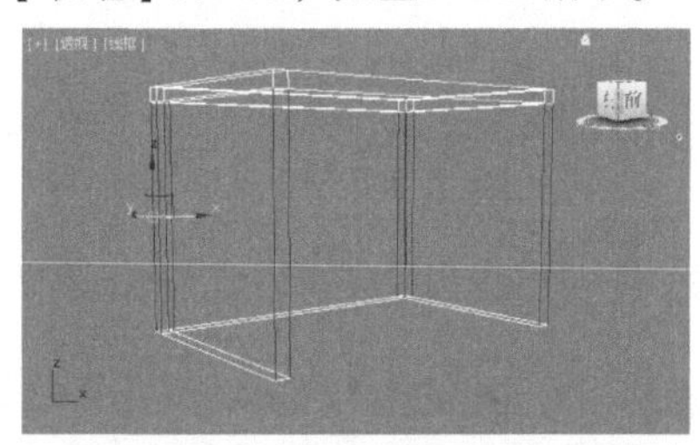

图5-288

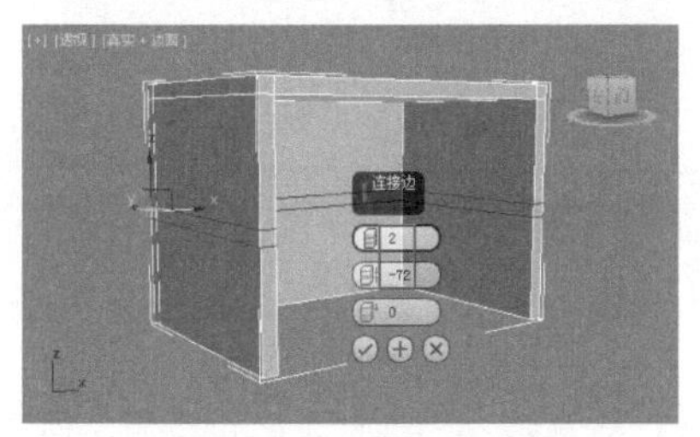

图5-289

08 进入【多边形】级别，选择如图5-290所示的多边形。单击【挤出】后面的【设置】按钮，设置【高度】为1102.0mm，如图5-291所示。

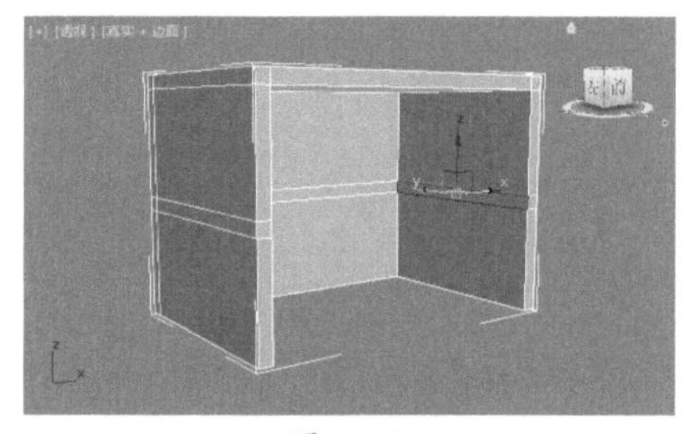

图5-290

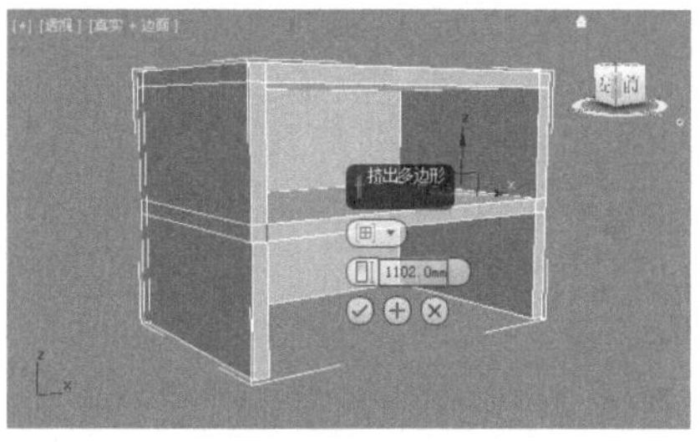

图5-291

09 在【透】视图空白处单击鼠标右键，在弹出的快捷菜单中执行【全部取消隐藏】命令，将模型移动到合适的位置，如图5-292和图5-293所示。

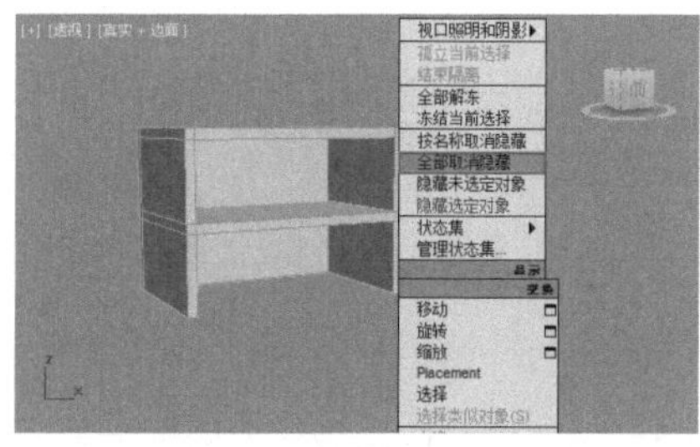

图5-292

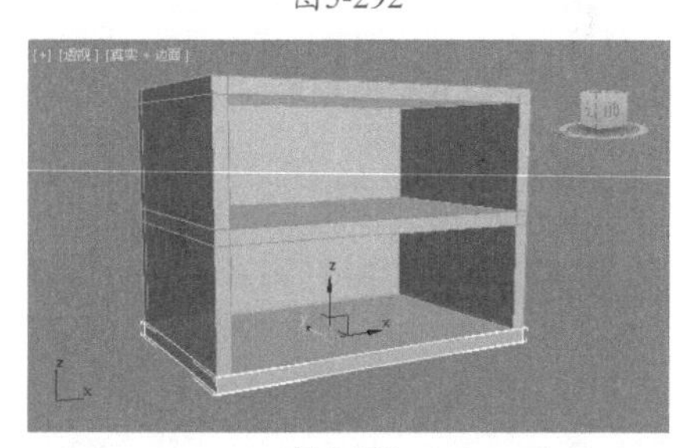

图5-293

10 在【前】视图中创建如图5-294所示的长方体。设置【长度】为376.0mm、【宽度】为1102.0mm、【高度】为30.0mm，如图5-295所示。

11 将模型转换为可编辑多边形，进入【边】级别，选择如图5-296所示的边。单击【连接】后面的【设置】按钮，设置【分段】为5、【收缩】为-70、【滑块】为330，如图5-297所示。

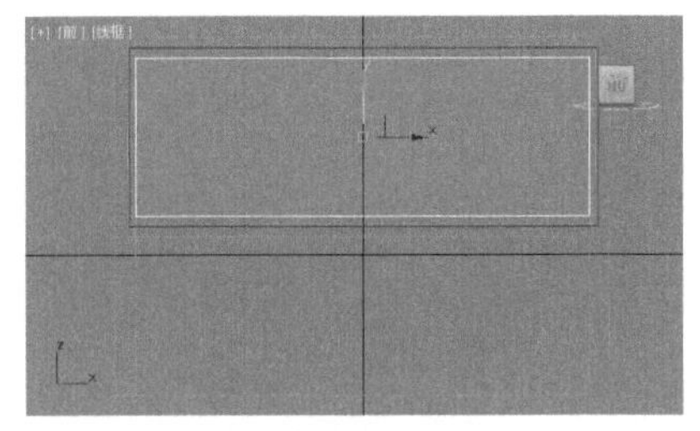

图5-294

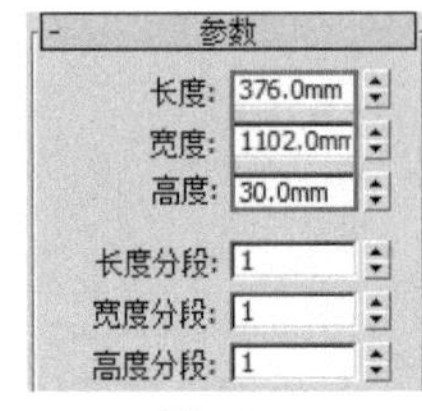

图5-295

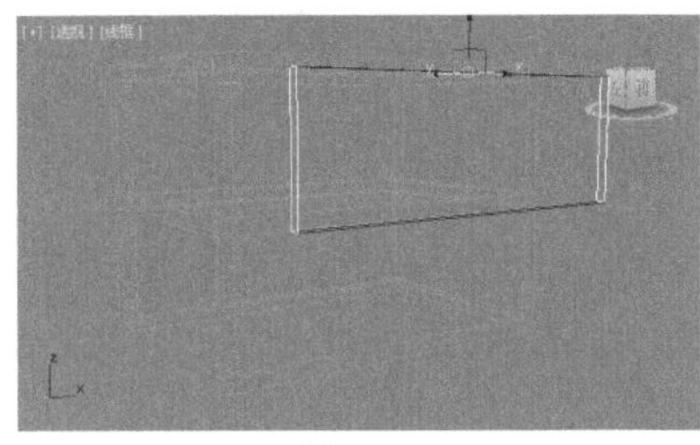

图5-296

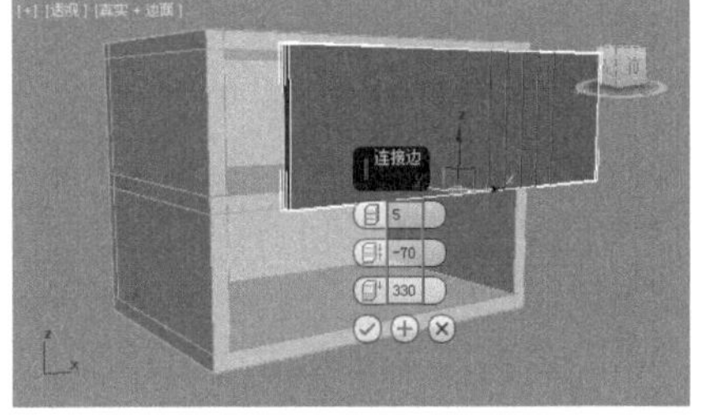

图5-297

12 进入【顶点】级别，选择如图5-298所示的顶点。沿Z轴向下拖动，如图5-299所示。

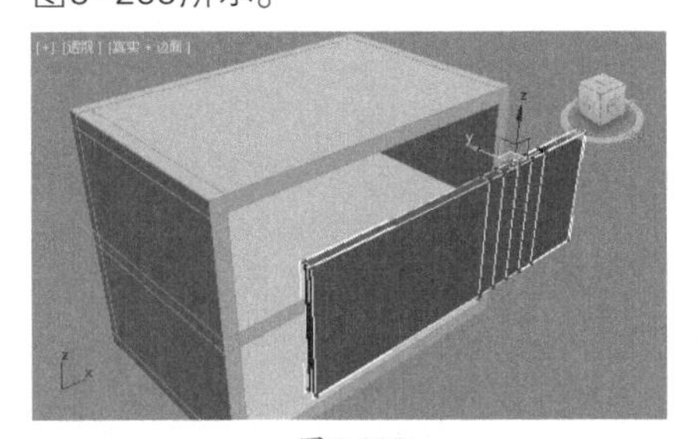

图5-298

13 选择如图5-300所示的顶点。沿Z轴向下拖动，如图5-301所示。

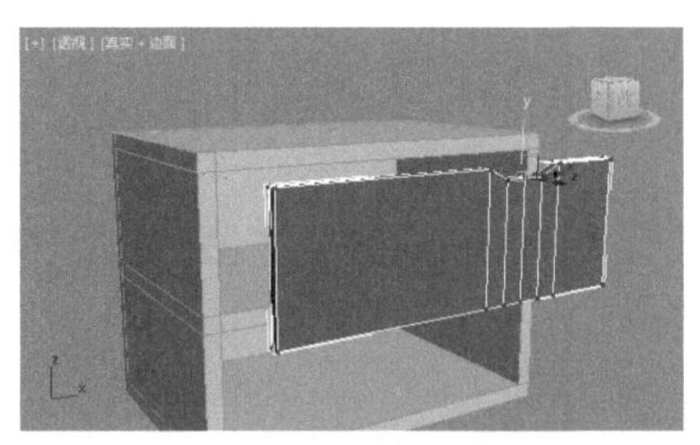

图5-299

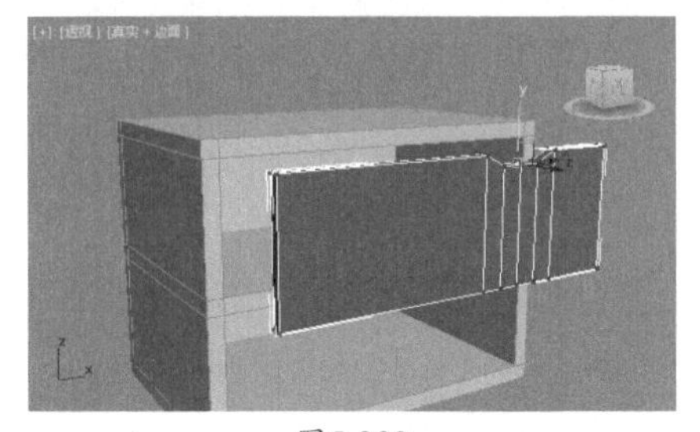

图5-300

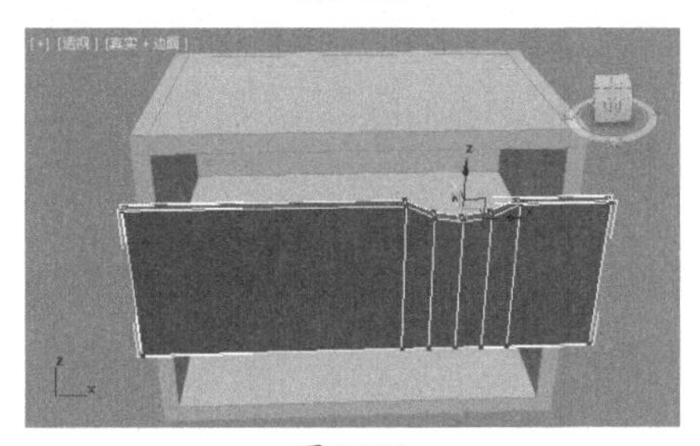

图5-301

14 进入【边】级别，选择如图5-302所示的边。单击【切角】后面的【设置】按钮，设置【边切角量】为1.0mm、【连接边分段】为2，如图5-303所示。

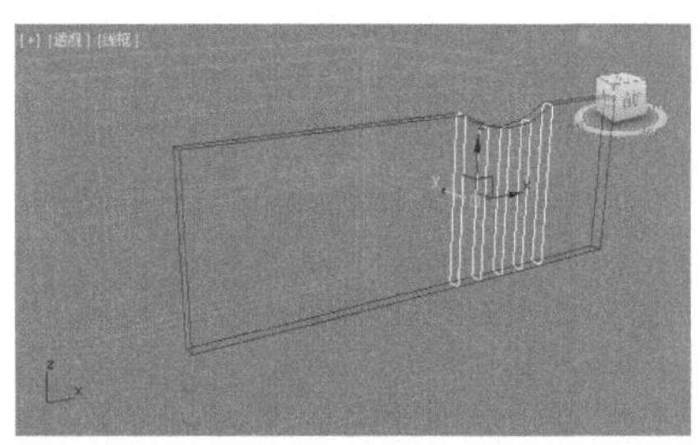

图5-302

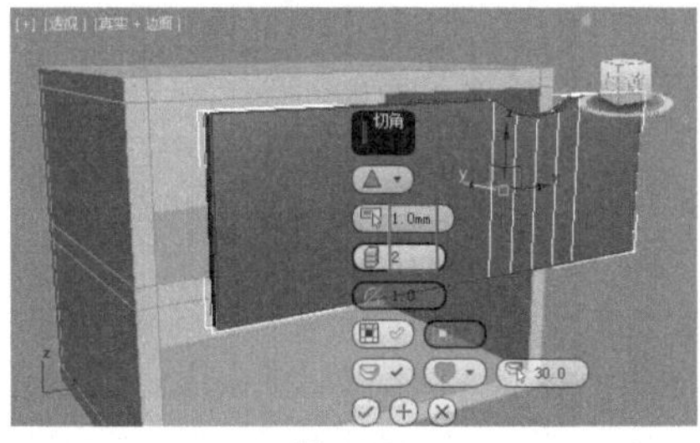

图5-303

15 接着为模型加载【网格平滑】修改器，并设置【迭代次数】为2，如图5-304所示。此时效果如图5-305所示。

图5-304

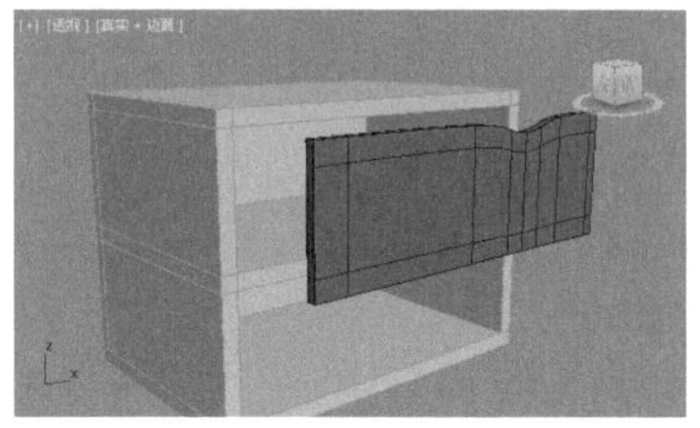

图5-305

16 将模型移动到合适的位置，如图5-306所示。

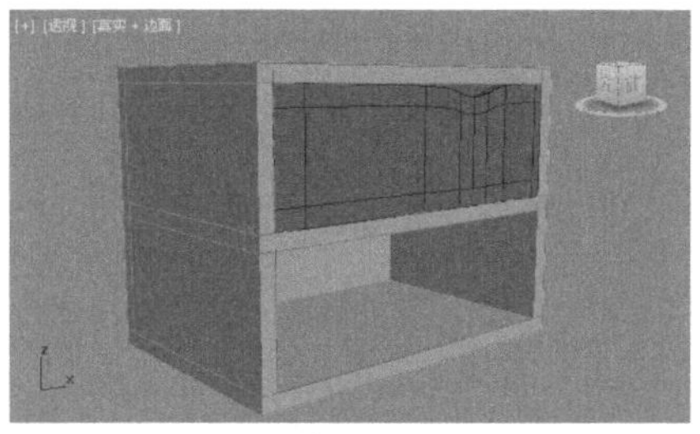

图5-306

17 在【顶】视图中创建如图5-307所示的圆柱体。设置【半径】为35.0mm、【高度】为500.0mm、【边数】为30，如图5-308所示。效果如图5-309所示。

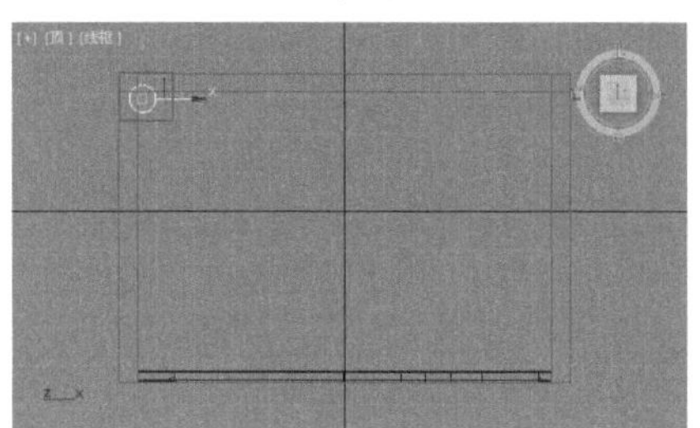

图5-307

图5-308

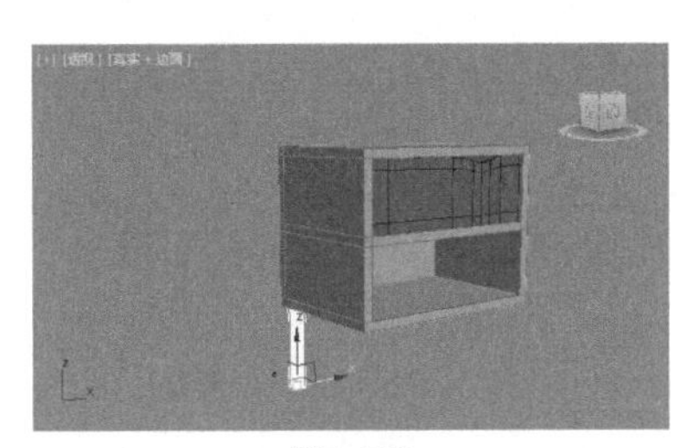

图5-309

18 在【透】视图中将模型沿Y轴向右旋转10°，如图5-310所示。将模型移动到合适的位置，如图5-311所示。

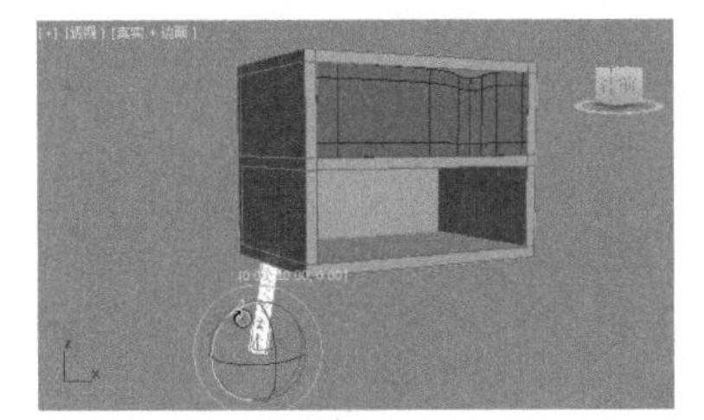

图5-310

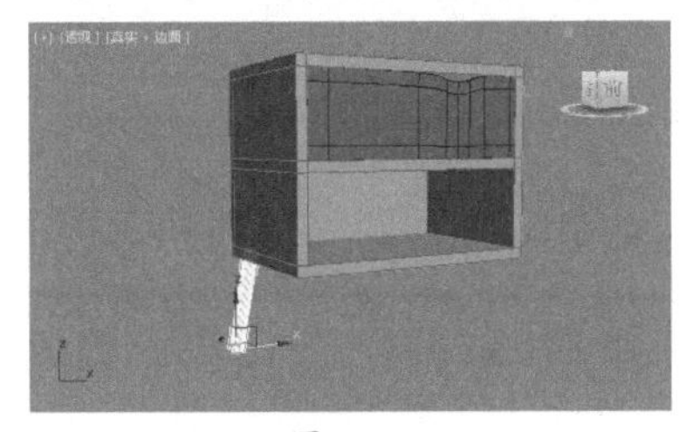

图5-311

19 按住Shift键，拖动复制出3个模型，如图5-312所示。将复制模型适当旋转、调整，将其移动到合适的位置，如图5-313所示。

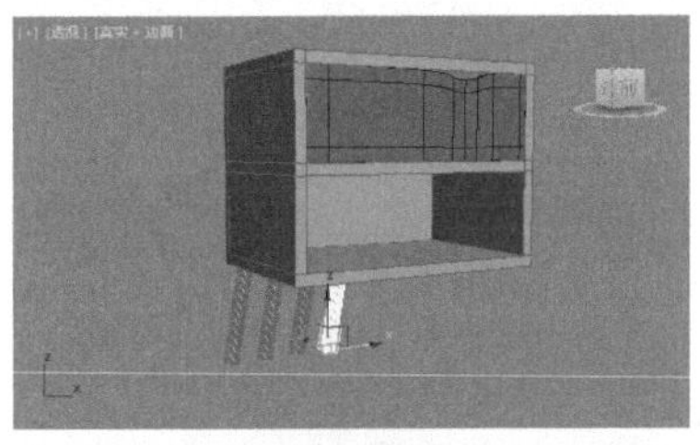

图5-312

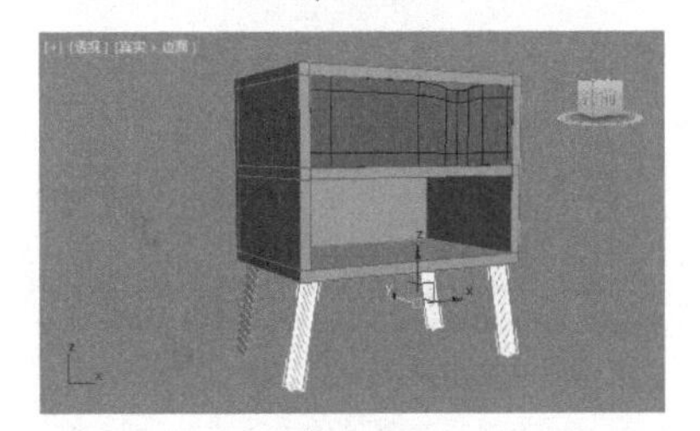

图5-313

20 此时模型已经创建完成，效果如图5-314所示。

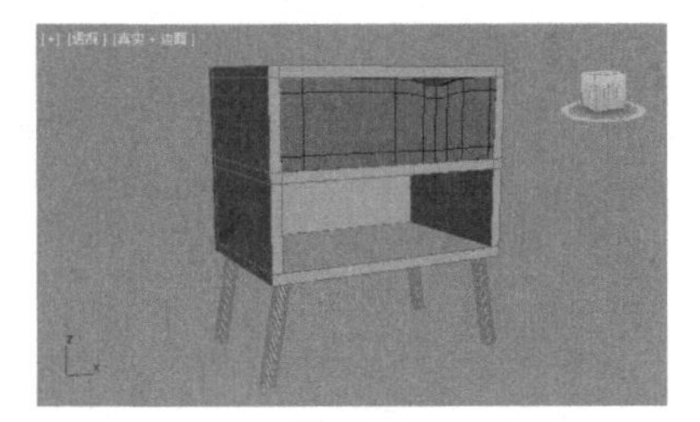

图5-314

实例060　多边形建模制作脚凳

文件路径	第5章\多边形建模制作脚凳
难易指数	★★★★★
技术掌握	多边形建模

扫码深度学习

操作思路

本例通过将模型转换为可编辑多边形，并进行编辑操作，制作出脚凳模型。

案例效果

案例效果如图5-315所示。

图5-315

操作步骤

01 在【顶】视图中创建如图5-316所示的长方体。设置【长度】为800.0mm、【宽度】为2000.0mm、【高度】为200.0mm、【长度分段】为3、【宽度分段】为6，如图5-317所示。

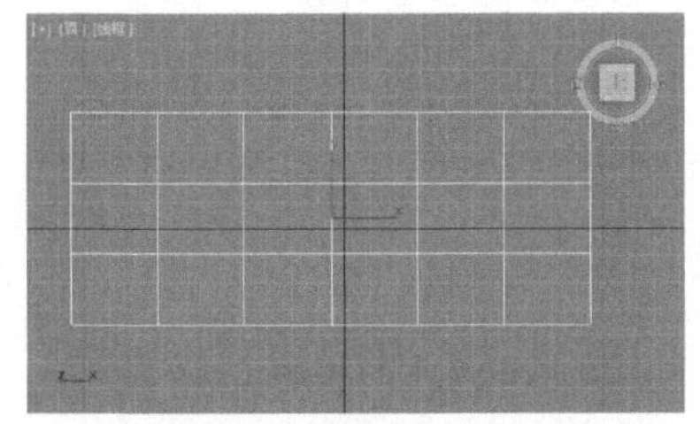

图5-316

图5-317

02 选择模型，并将模型转换为可编辑多边形，如图5-318所示。

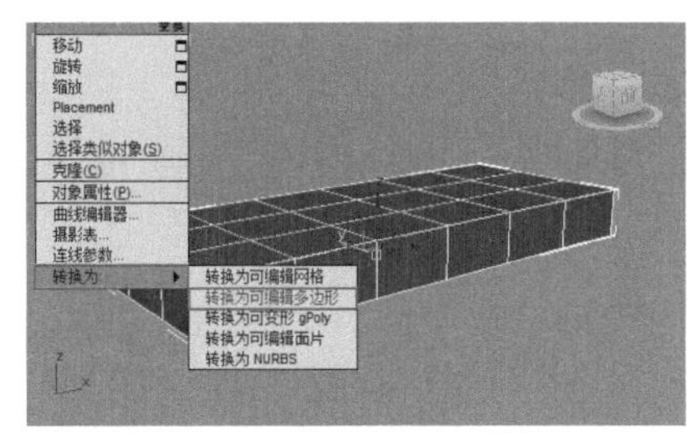

图5-318

03 进入【边】级别，选择如图5-319所示的边。单击【切角】后面的【设置】按钮，设置【边切角量】为3.0mm、【连接边分段】2，如图5-320所示。

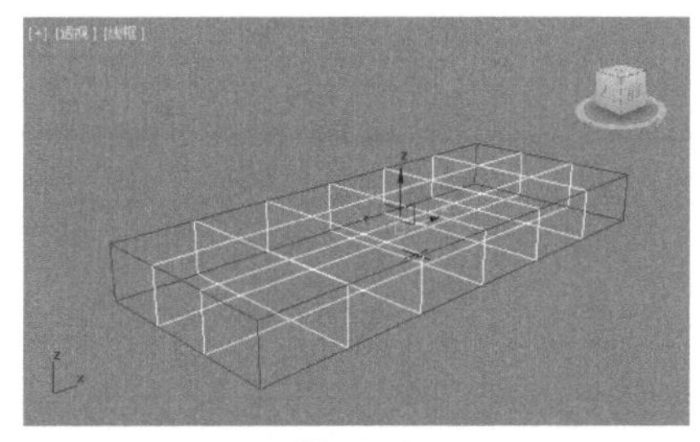

图5-319

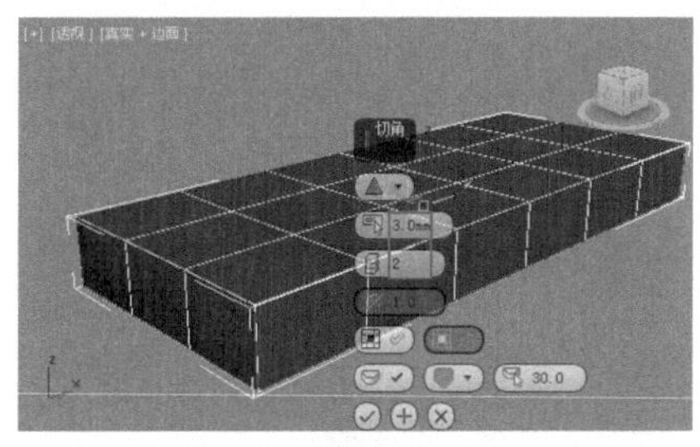

图5-320

04 选择如图5-321所示的边。单击【利用所选内容创建图形】按钮 利用所选内容创建图形 ，在弹出的【创建图形】对话框中选择【线性】选项，如图5-322所示。

05 选择刚刚创建的图形，如图5-323所示。在【渲染】卷展栏中勾选【在渲染中启用】和【在视口中启用】复选框，设置【厚度】为10.0mm，如图5-324所示。

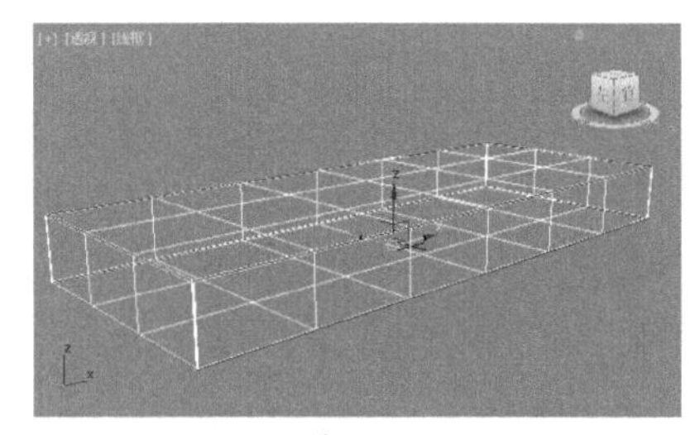

图5-321

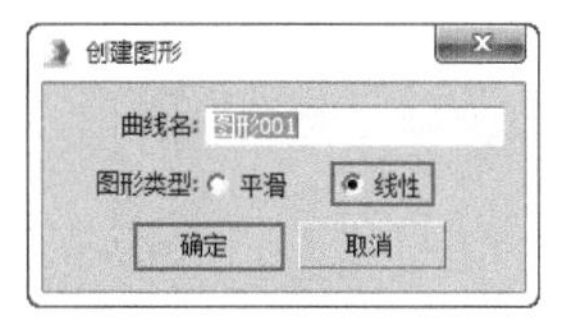

图5-322

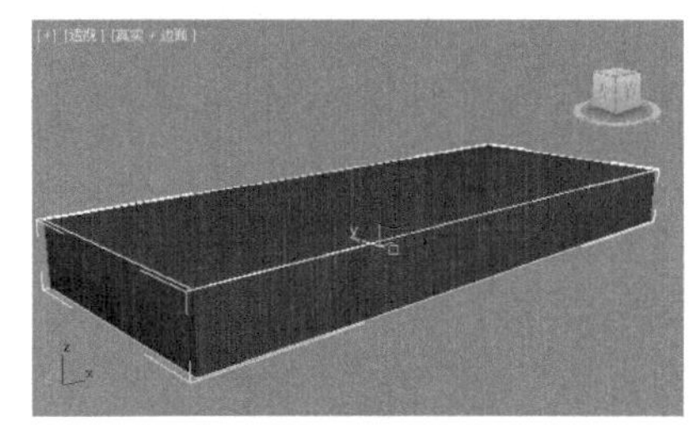

图5-323

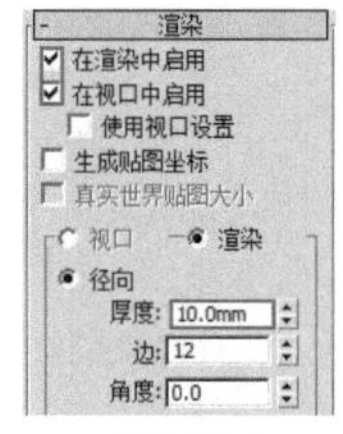

图5-324

06 选择如图5-325所示的模型，为其加载【网格平滑】修改器，设置【迭代次数】为3，如图5-326所示。效果如图5-327所示。

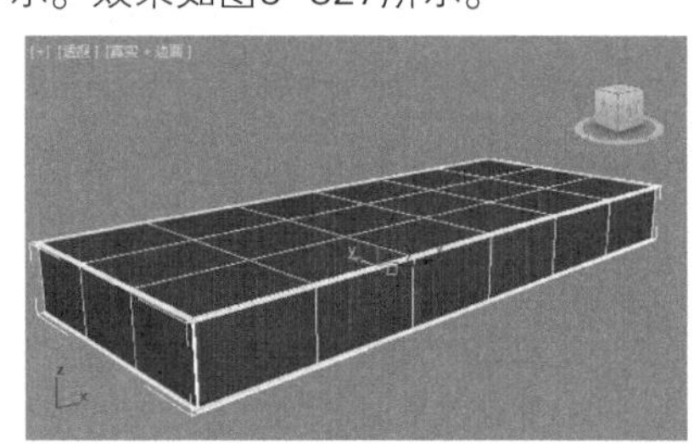

图5-325

图5-326

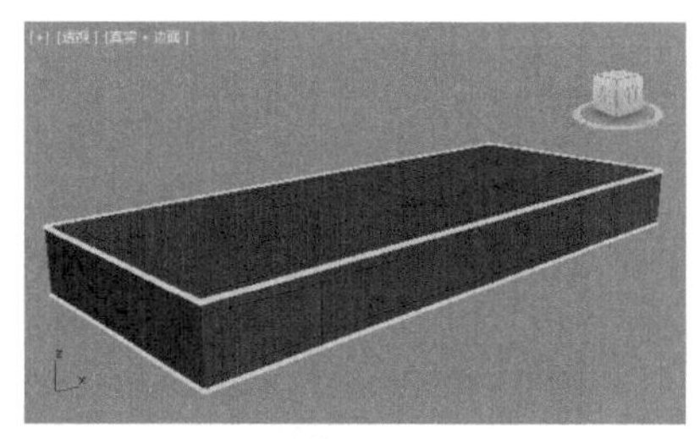

图5-327

07 进入【顶点】级别，选择如图5-328所示的顶点。单击【挤出】后面的【设置】按钮，设置【高度】为-70.0mm、【宽度】为45.0mm，如图5-329所示。

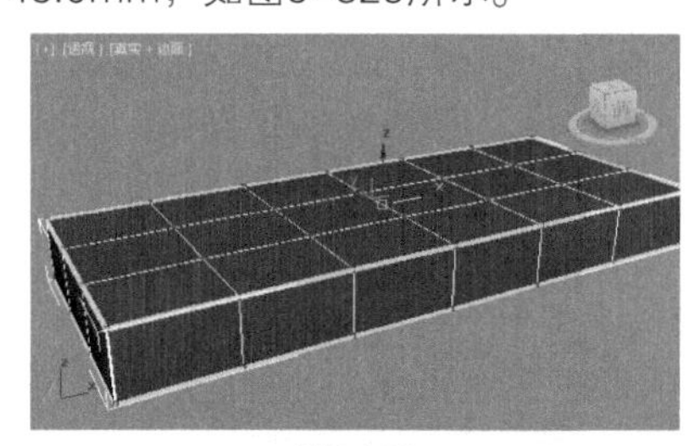

图5-328

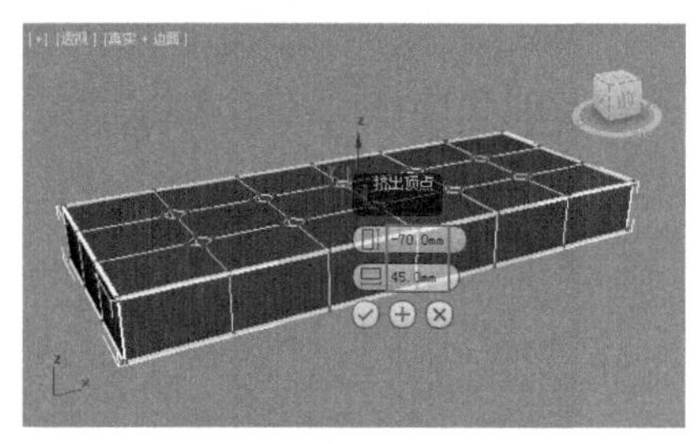

图5-329

08 此时的模型效果如图5-330所示。

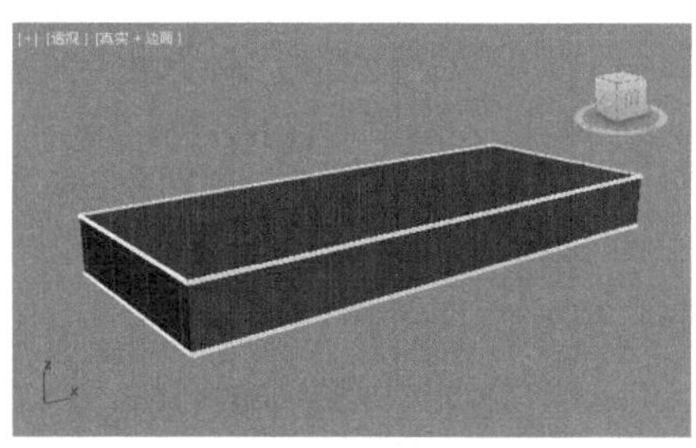

图5-330

09 在【顶】视图中创建如图5-331所示的切角长方体。设置【长度】为810.0mm、【宽度】为2017.0mm、【高度】为80.0mm、【圆角】为3.0mm，如图5-332所示。效果如图5-333所示。

10 在【顶】视图中创建如图5-334所示的切角长方体。设置【长度】为50.0mm、【宽度】为100.0mm、【高度】为1000.0mm、【圆角】为10.0mm、【圆角分段】为5，如图5-335所示。效果如图5-336所示。

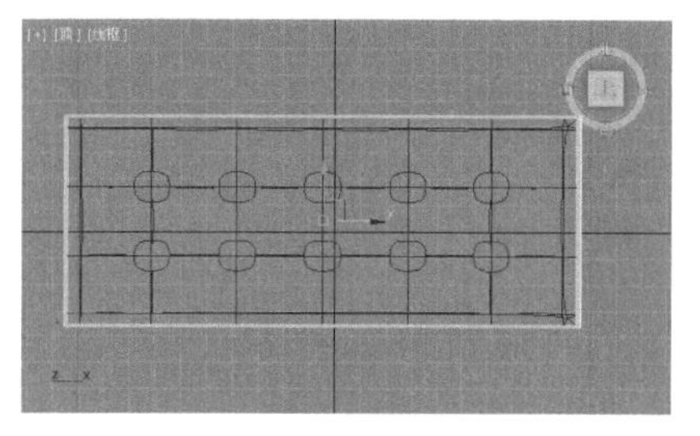

图5-331

图5-332

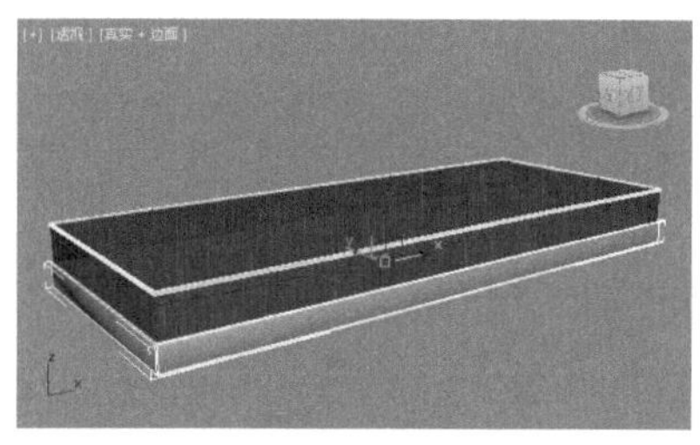

图5-333

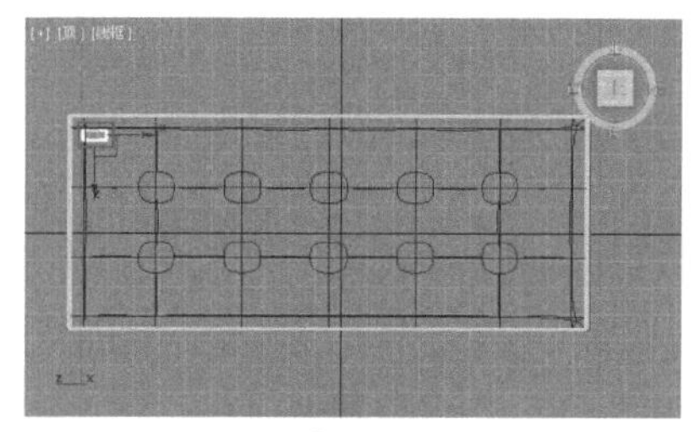

图5-334

图5-335

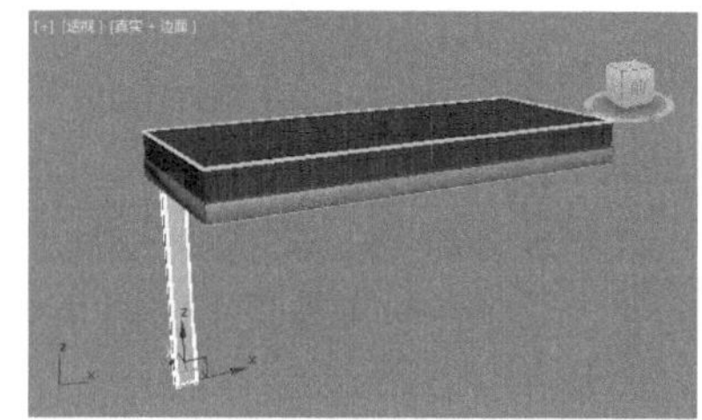

图5-336

11 将模型转换为可编辑多边形，进入【顶点】级别，选择如图5-337所示的边。接着将模型向内进行等比缩放，如图5-338所示。

图5-337

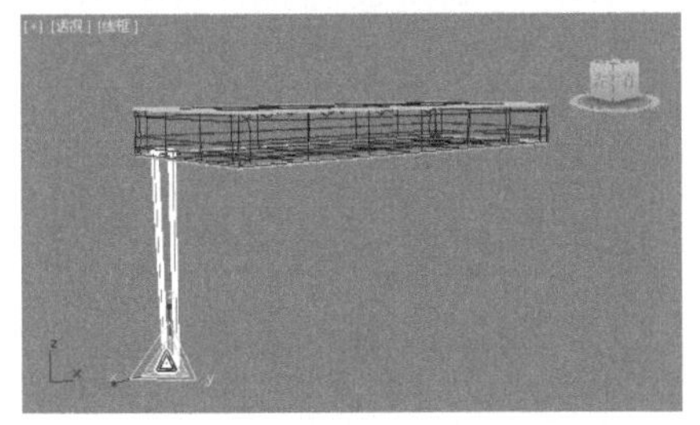

图5-338

12 取消【顶点】级别，将模型沿Y轴旋转30°，如图5-339所示。将模型移动到合适的位置，如图5-340所示。

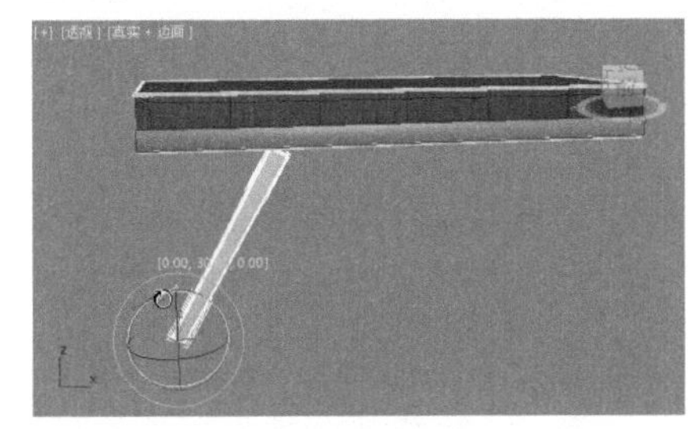

图5-339

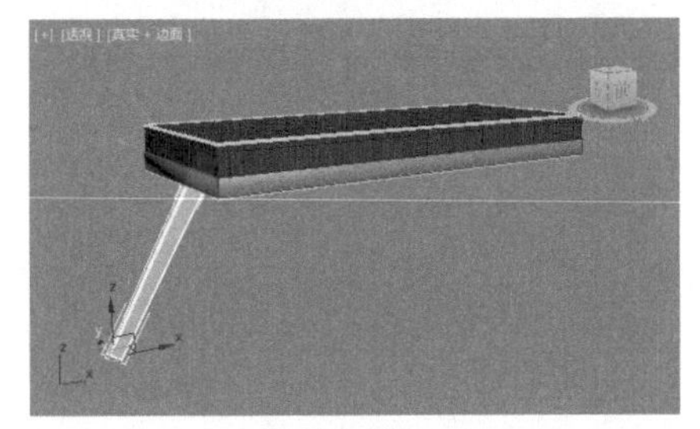

图5-340

13 按住Shift键，再拖动复制出3个模型，如图5-341所示。将复制的模型适当地移动旋转到合适的位置，此时模型已经创建完成，效果如图5-342所示。

图5-341

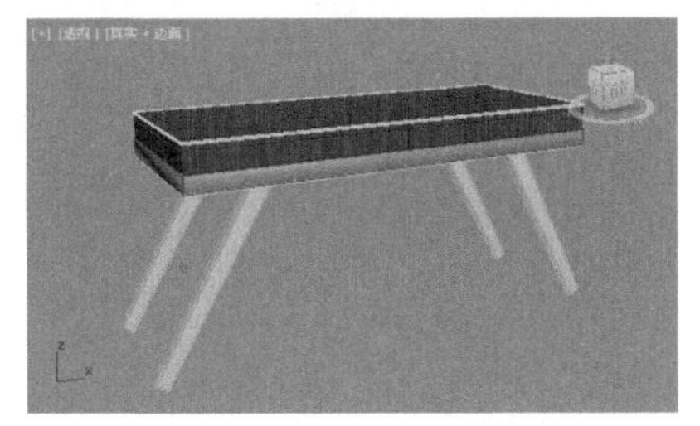

图5-342

实例061 多边形建模制作矮桌

文件路径	第5章\多边形建模制作矮桌
难易指数	★★★★★
技术掌握	多边形建模

扫码深度学习

操作思路

本例通过将模型转换为可编辑多边形，并进行编辑操作，制作出矮桌模型。

案例效果

案例效果如图5-343所示。

图5-343

操作步骤

01 在【前】视图中创建如图5-344所示的长方体。设置【长度】为600.0mm、【宽度】为1000.0mm、【高度】为500.0mm，如图5-345所示。

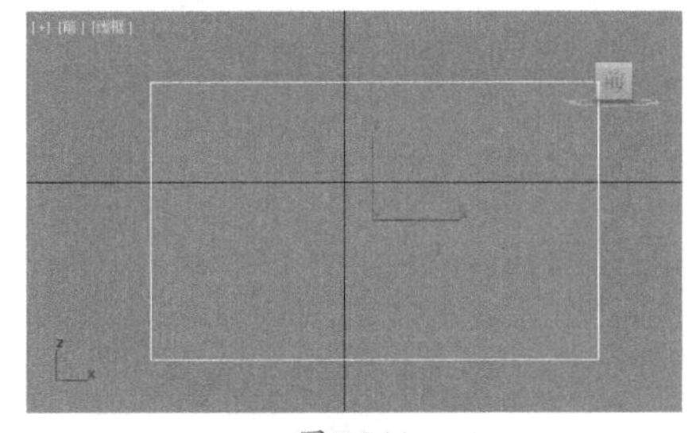

图5-344

图5-345

02 选择模型，并将模型转换为可编辑多边形，如图5-346所示。

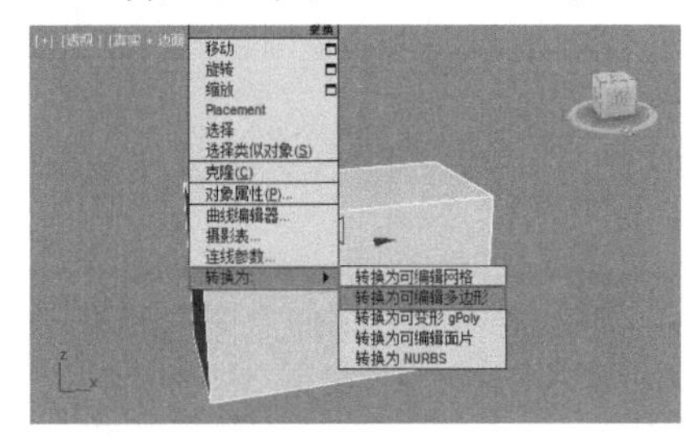

图5-346

03 进入【多边形】级别，选择如图5-347所示的多边形。单击【插入】后面的【设置】按钮，设置【数量】为50.0mm，如图5-348所示。

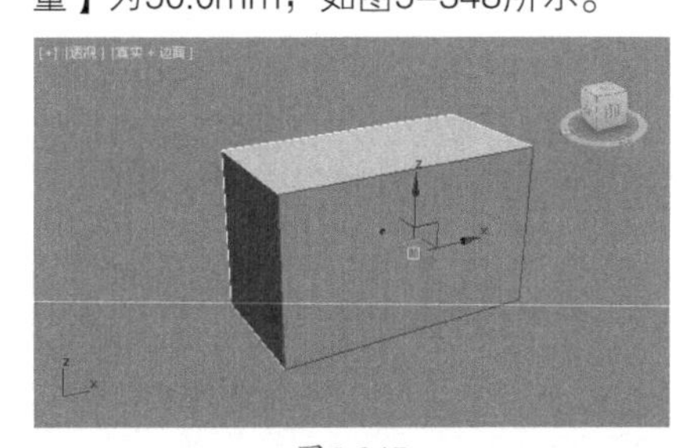

图5-347

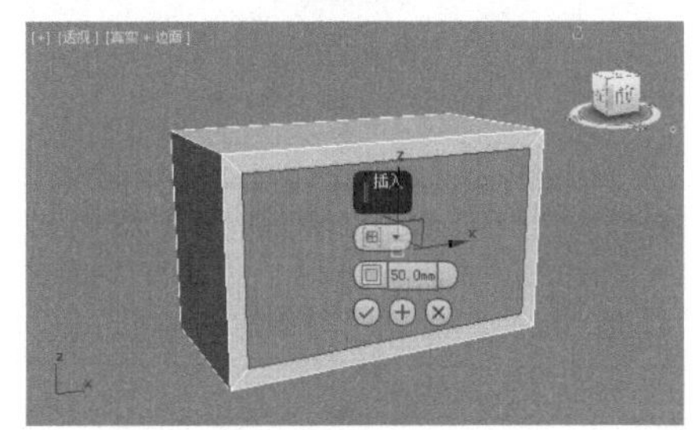

图5-348

04 接着单击【挤出】后面的【设置】按钮▣，设置【高度】为-450.0mm，如图5-349所示。

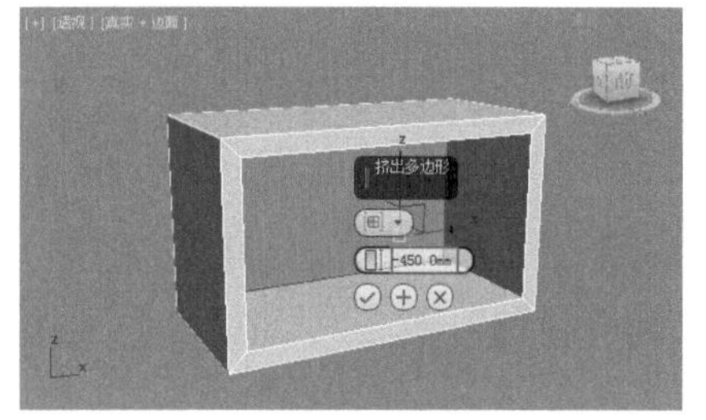

图5-349

05 进入【边】级别◁，选择如图5-350所示的边。单击【连接】后面的【设置】按钮▣，设置【分段】为2、【收缩】为88，如图5-351所示。

图5-350

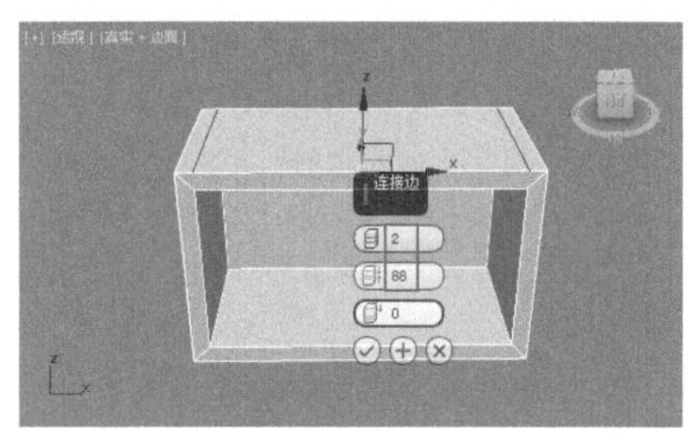

图5-351

06 进入【多边形】级别■，选择如图5-352所示的多边形。单击【挤出】后面的【设置】按钮▣，设置【高度】为600.0mm，如图5-353所示。

07 再次单击【挤出】后面的【设置】按钮▣，设置【高度】为50.0mm，如图5-354所示。

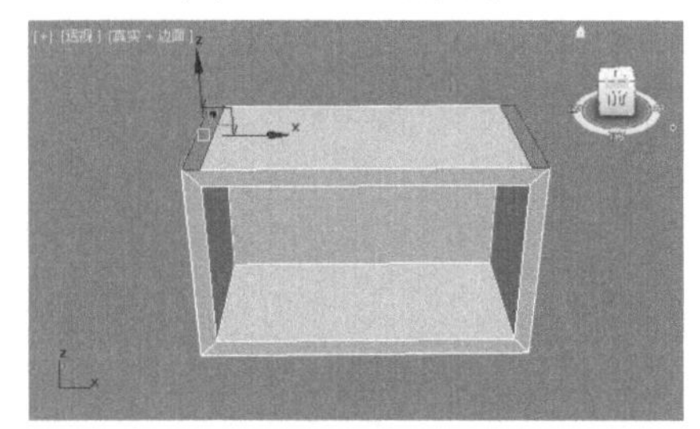

图5-352

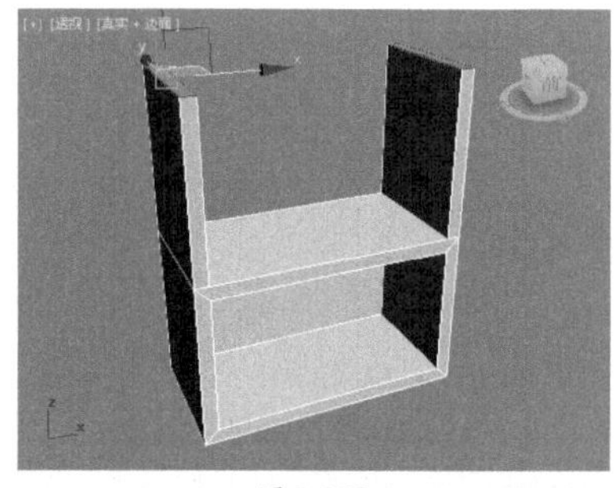

图5-353

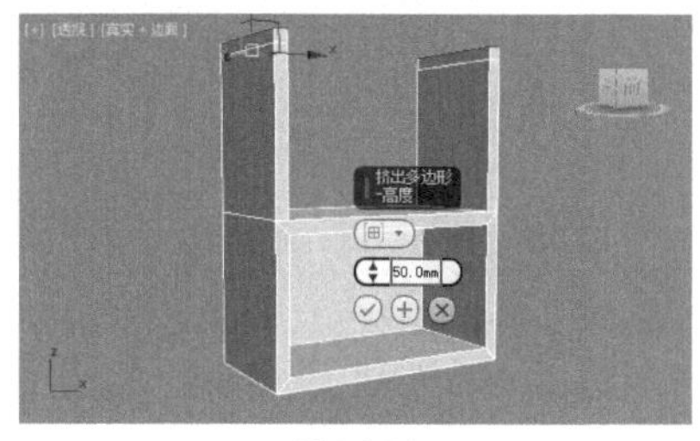

图5-354

08 进入【多边形】级别■，选择如图5-355所示的多边形。单击【挤出】后面的【设置】按钮▣，设置【高度】为902.4mm，如图5-356所示。

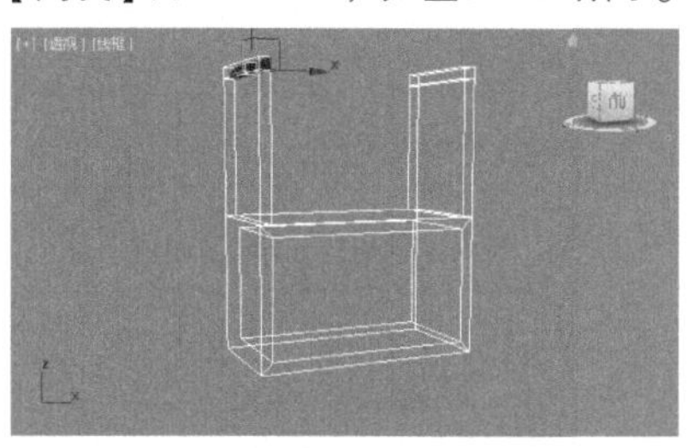

图5-355

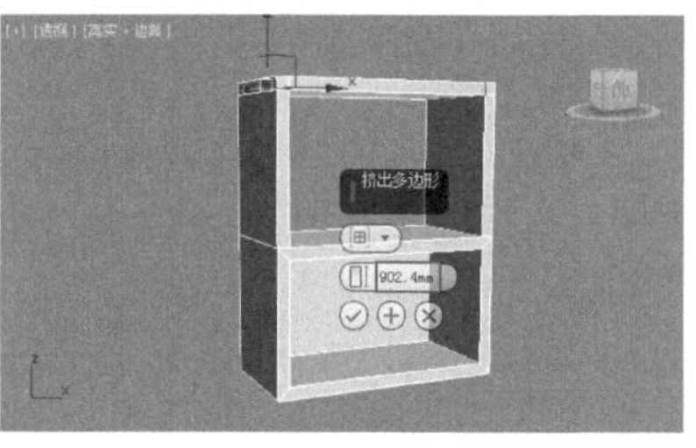

图5-356

09 选择如图5-357所示的多边形。单击【插入】后面的【设置】按钮▣，设置【数量】为100.0mm，如图5-358所示。

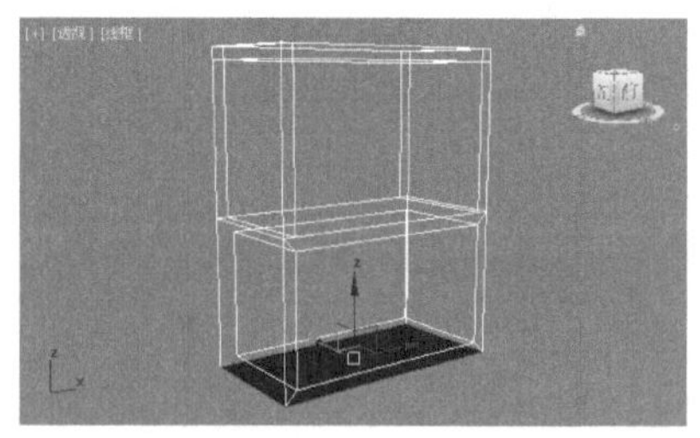

图5-357

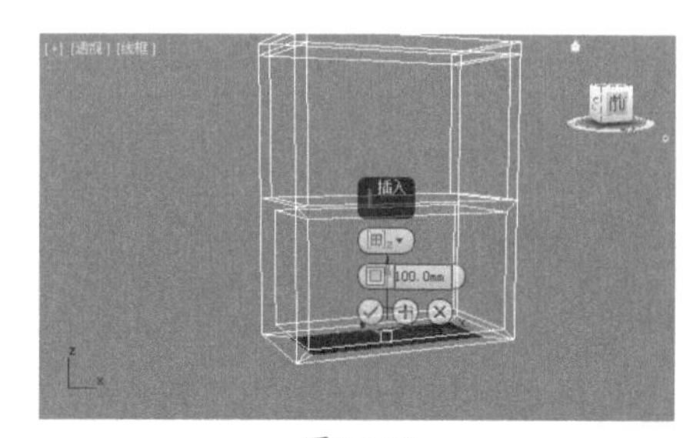

图5-358

10 接着单击【挤出】后面的【设置】按钮▣，设置【高度】为100.0mm，如图5-359所示。

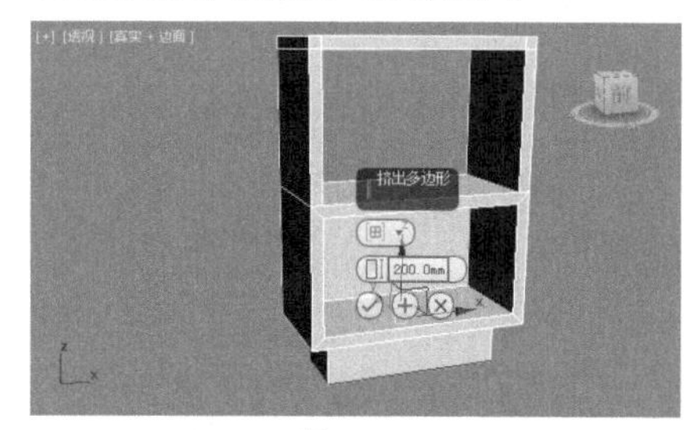

图5-359

11 进入【边】级别◁，选择如图5-360所示的边。单击【连接】后面的【设置】按钮▣，设置【分段】为2、【收缩】为85，如图5-361所示。

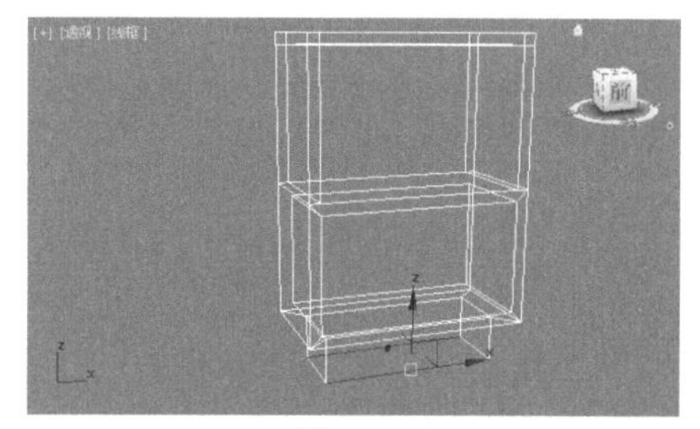

图5-360

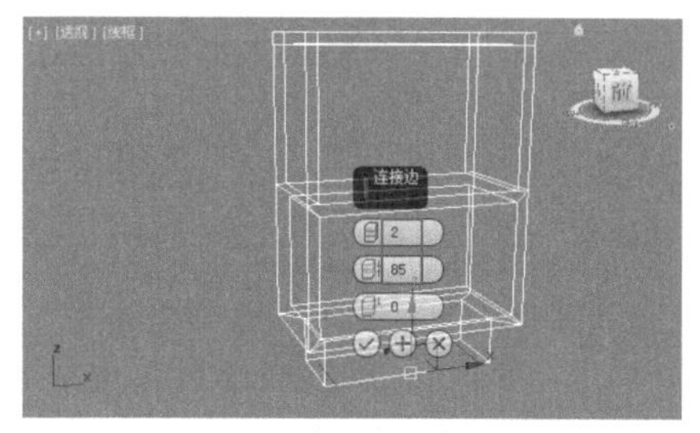

图5-361

12 进入【多边形】级别■，选择如图5-362所示的多边形。单击【挤出】后面的【设置】按钮▣，设置【高度】为100.0mm，如图5-363所示。

13 进入【边】级别◁，选择如图5-364所示的边。单击【连接】后面的【设置】按钮▣，设置【分段】为2、【收缩】为65，如图5-365所示。

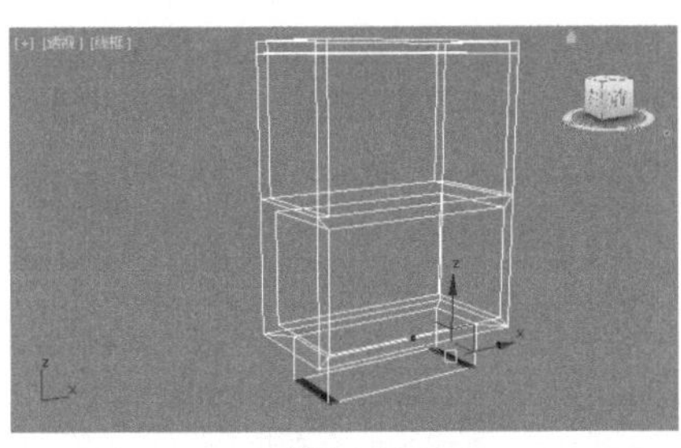
图5-362

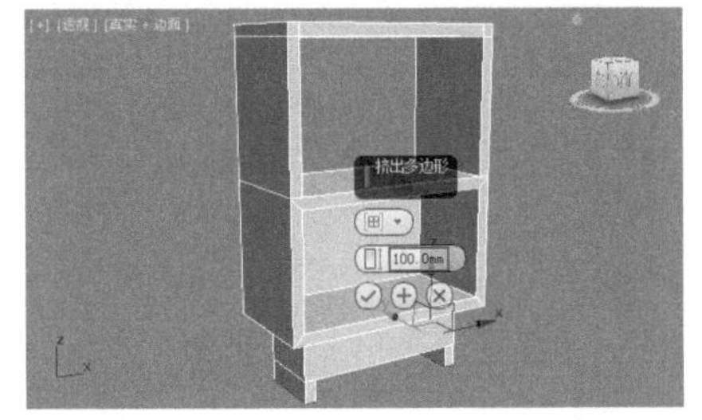

图5-363

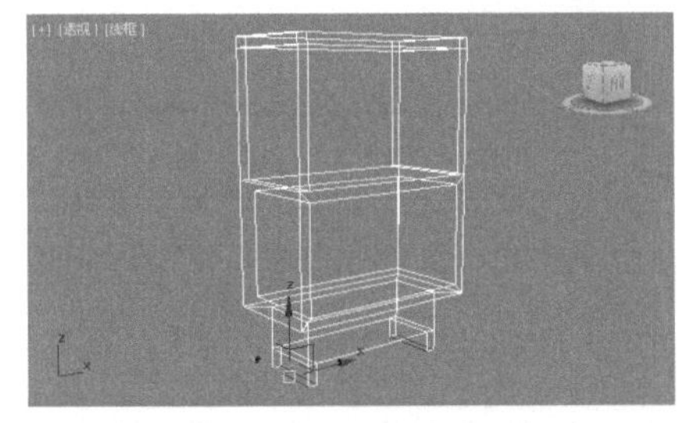
图5-364

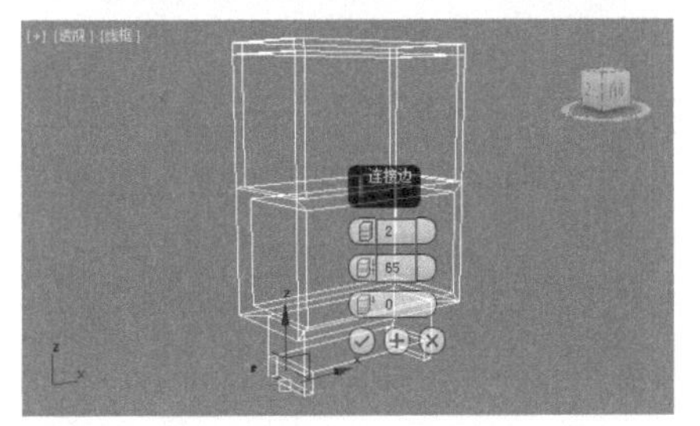

图5-365

14 进入【多边形】级别■，选择如图5-366所示的多边形。单击【挤出】后面的【设置】按钮■，设置【高度】为50.0mm，如图5-367所示。

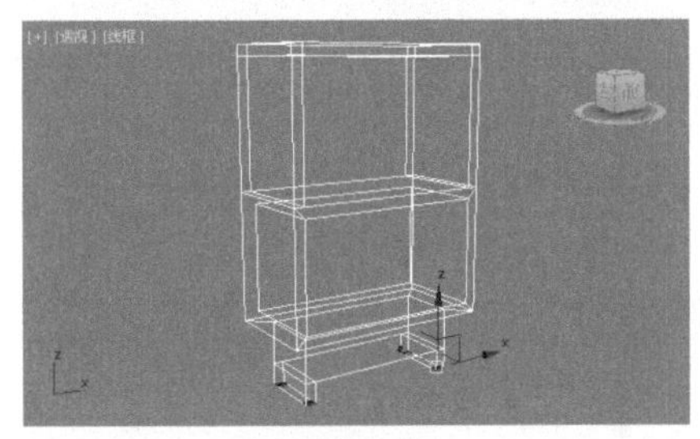
图5-366

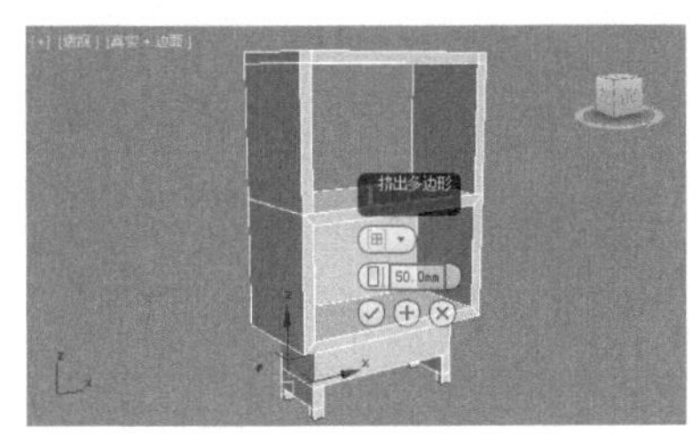

图5-367

15 进入【顶点】级别■，在【透】视图选择如图5-368所示的顶点。在【左】视图中，沿X轴向左等比缩放，如图5-369所示。效果如图5-370所示。

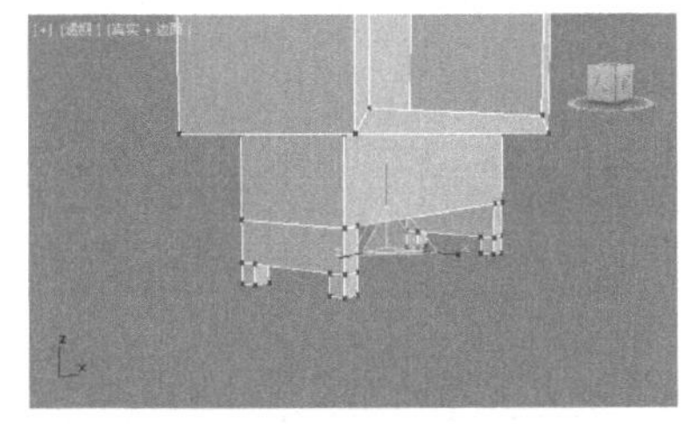
图5-368

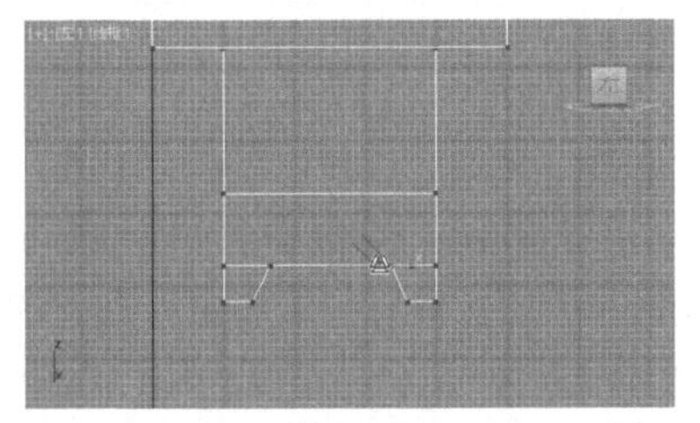
图5-369

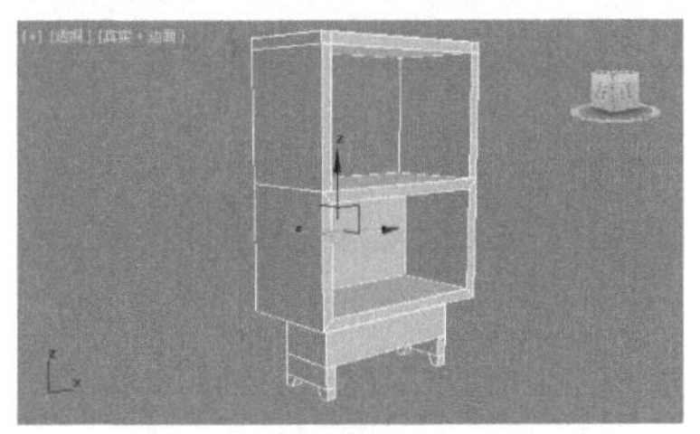
图5-370

16 在【前】视图中创建如图5-371所示的长方体。设置【长度】为500.0mm、【宽度】为900.0mm、【高度】为50.0mm，如图5-372所示。将模型移动到合适的位置，效果如图5-373所示。

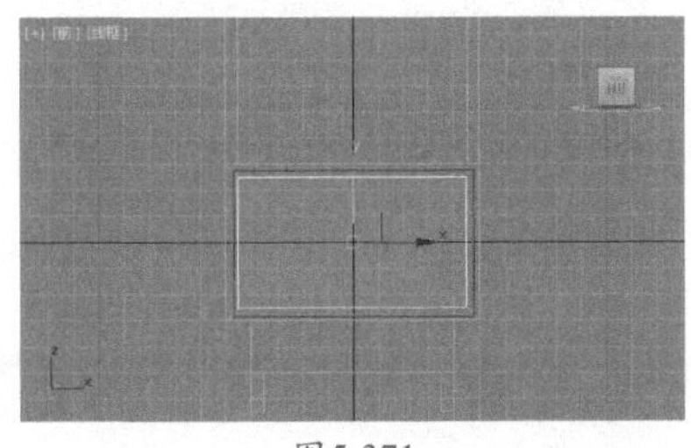
图5-371

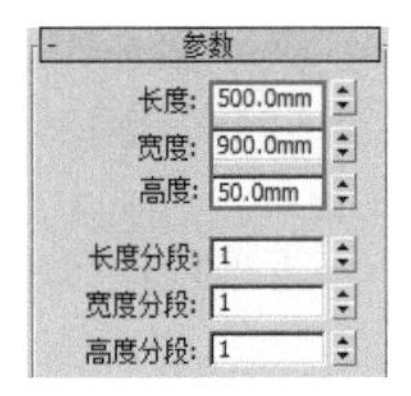

图5-372

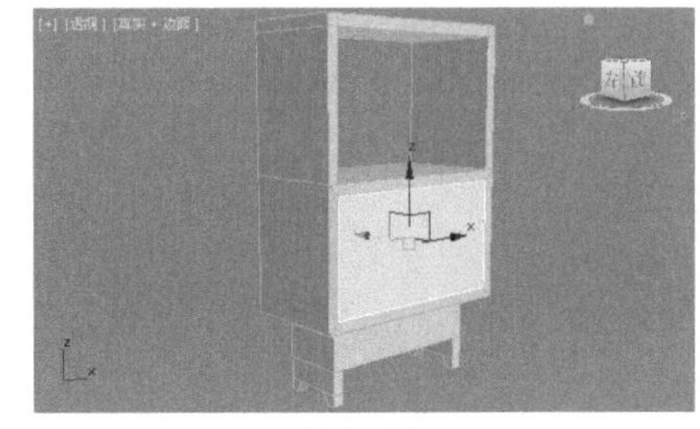
图5-373

17 将模型转换为可编辑多边形，进入【多边形】级别■，选择如图5-374所示的多边形。单击【插入】后面的【设置】按钮■，设置【数量】为230.0mm，如图5-375所示。

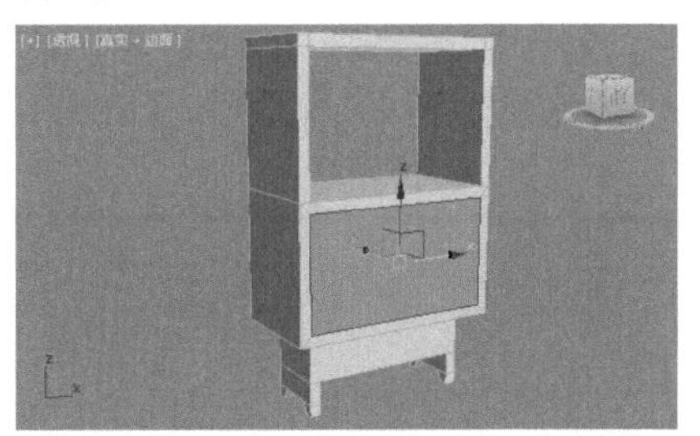
图5-374

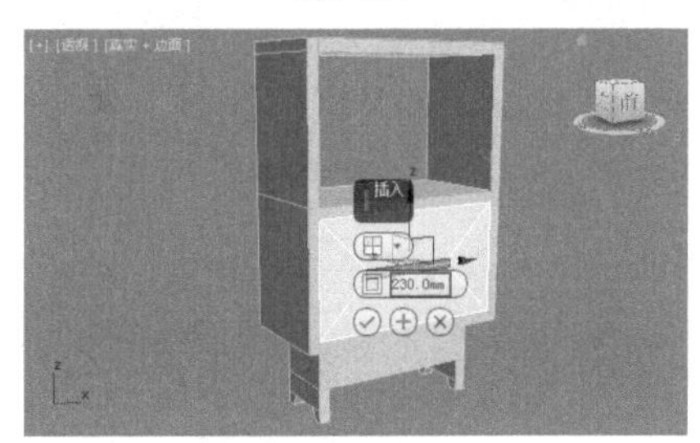

图5-375

18 接着单击【挤出】后面的【设置】按钮■，设置【高度】为50.0mm，如图5-376所示。

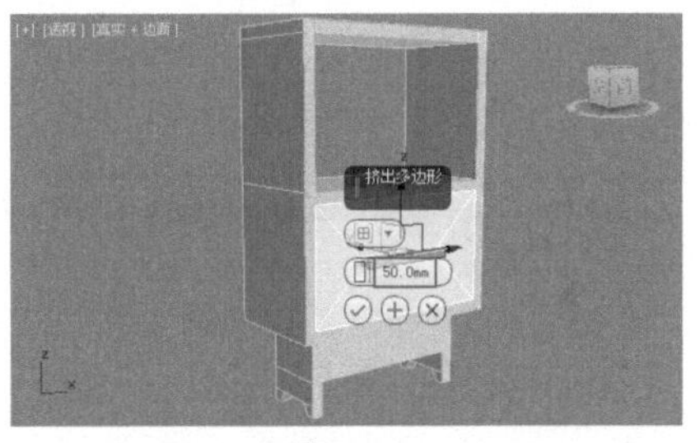

图5-376

19 进入【边】级别，选择如图5-377所示的边。单击【切角】后面的【设置】按钮，设置【边切角量】为15.0mm、【连接边分段】为10，如图5-378所示。

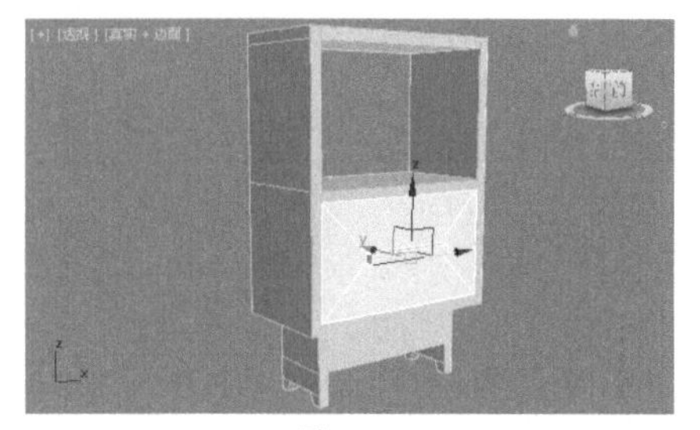

图5-377

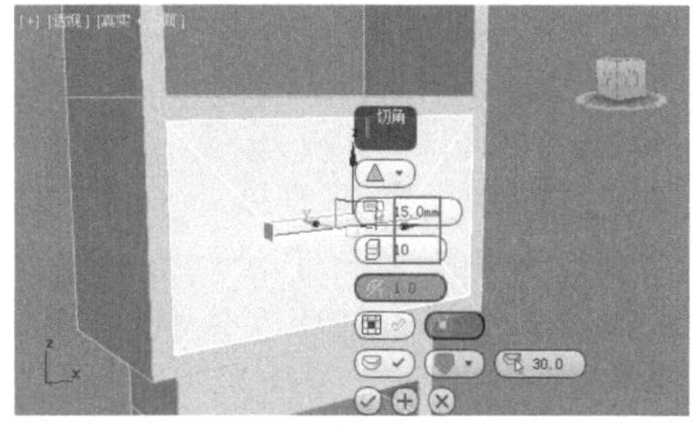

图5-378

20 此时模型已经创建完成，效果如图5-379所示。

图5-379

实例062 多边形建模制作中式酒柜

文件路径	第5章\多边形建模制作中式酒柜
难易指数	★★★★★
技术掌握	多边形建模

扫码深度学习

操作思路

本例通过将模型转换为可编辑多边形，并进行编辑操作，制作出中式酒柜模型。

案例效果

案例效果如图5-380所示。

图5-380

操作步骤

01 在【顶】视图中创建如图5-381所示的长方体。设置【长度】为800.0mm、【宽度】为1500.0mm、【高度】为50.0mm，如图5-382所示。

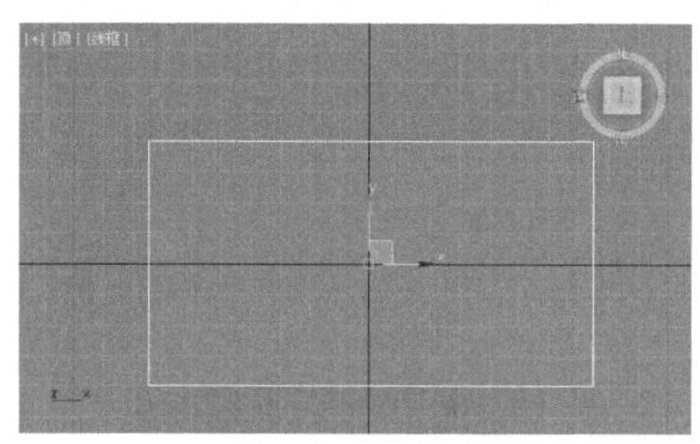

图5-381

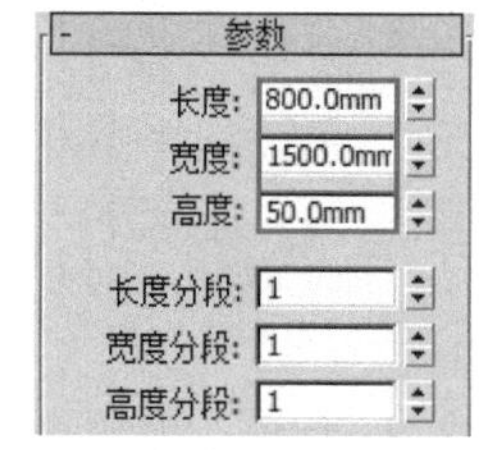

图5-382

02 选择模型，并将模型转换为可编辑多边形，如图5-383所示。

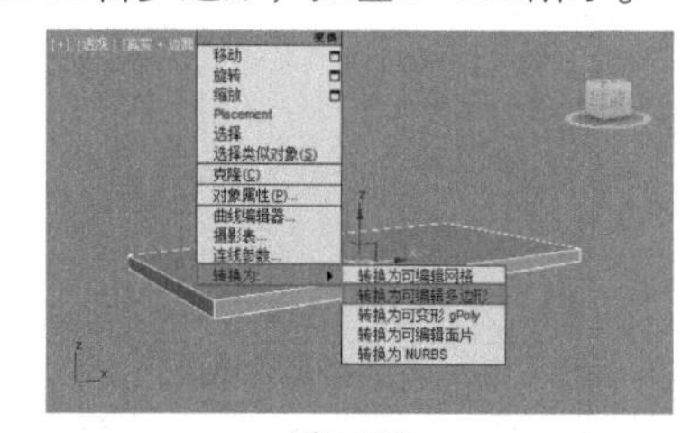

图5-383

03 进入【多边形】级别，选择如图5-384所示的多边形。单击【挤出】后面的【设置】按钮，设置【高度】为1000.0mm，如图5-385所示。

图5-384

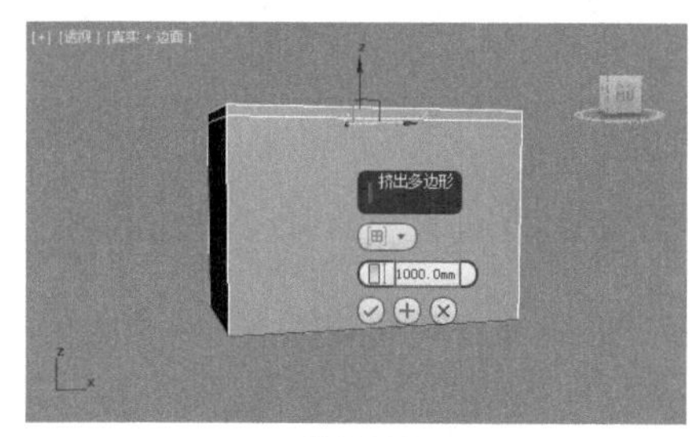

图5-385

04 进入【边】级别，选择如图5-386所示的边。单击【连接】后面的【设置】按钮，设置【分段】为2、【收缩】为92，如图5-387所示。

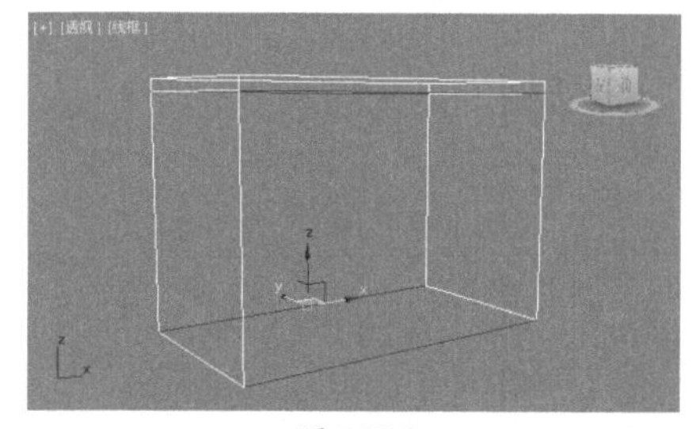

图5-386

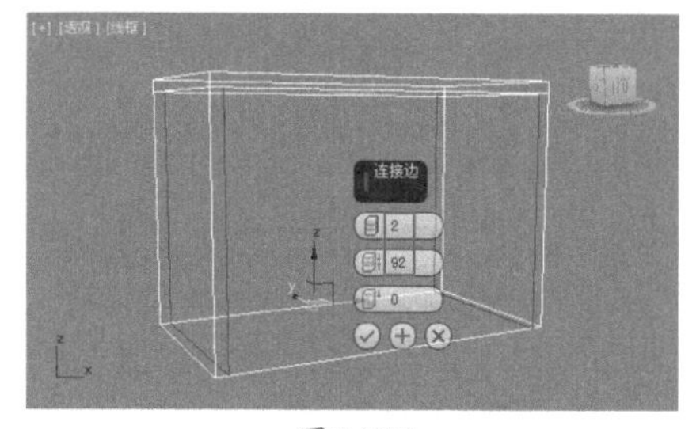

图5-387

05 选择如图5-388所示的边。单击【连接】后面的【设置】按钮，设置【分段】为1，如图5-389所示。

06 进入【多边形】级别，选择如图5-390所示的多边形。单击【挤出】后面的【设置】按钮，设置【高度】为-725.0mm，如

图5-391所示。

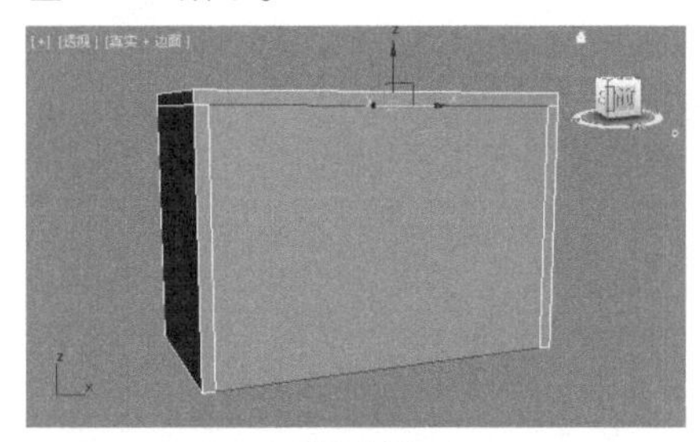

图5-388

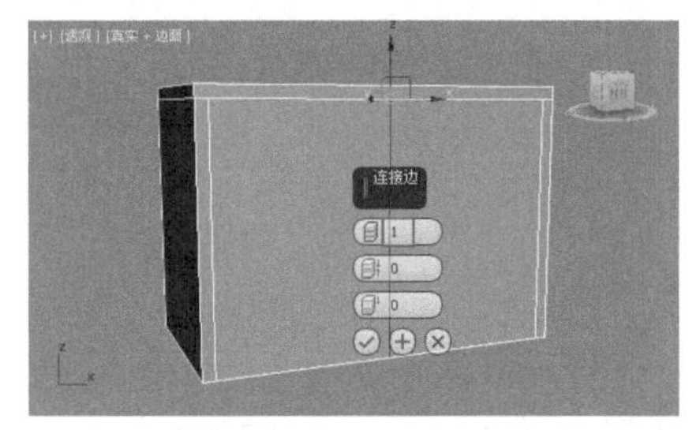

图5-389

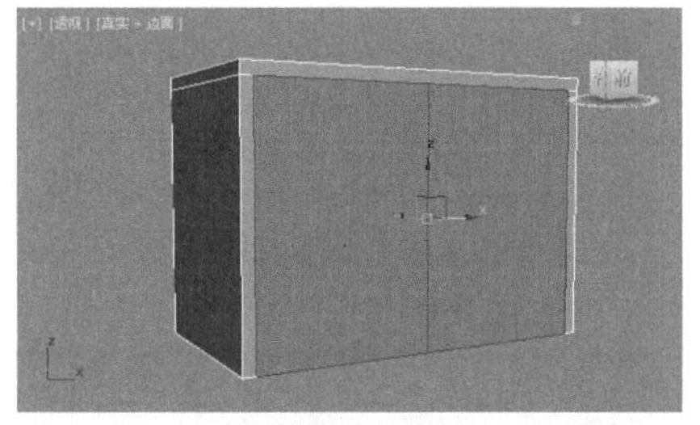

图5-390

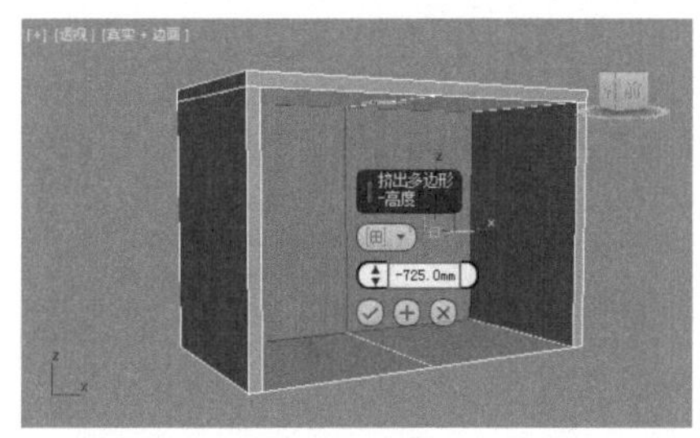

图5-391

07 选择如图5-392所示的多边形。单击【挤出】后面的【设置】按钮▣，设置【高度】为50.0mm，如图5-393所示。

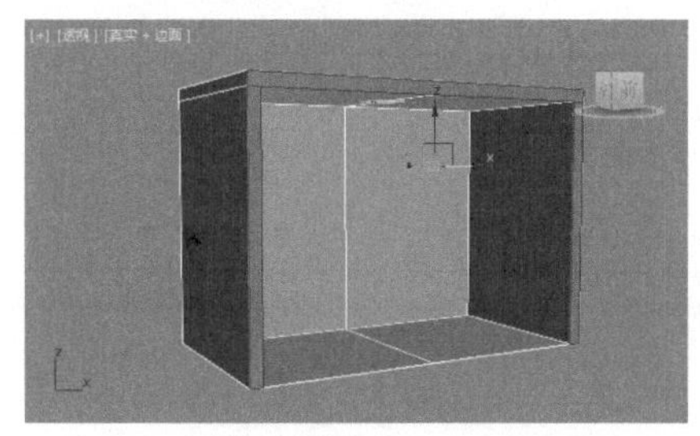

图5-392

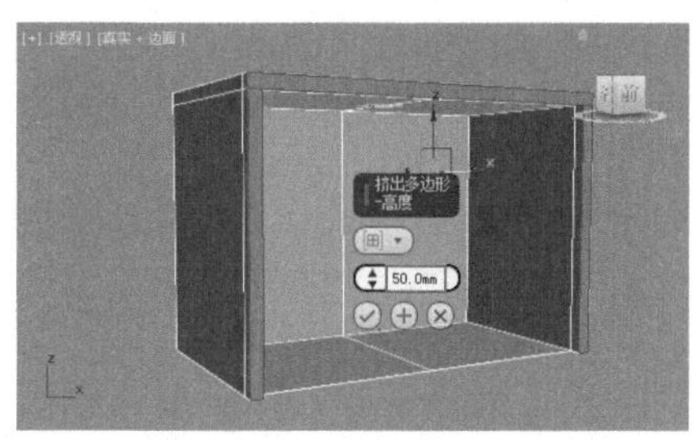

图5-393

08 选择如图5-394所示的多边形。单击【挤出】后面的【设置】按钮▣，设置【高度】为50.0mm，如图5-395所示。然后再挤出一次50.0mm，如图5-396所示。

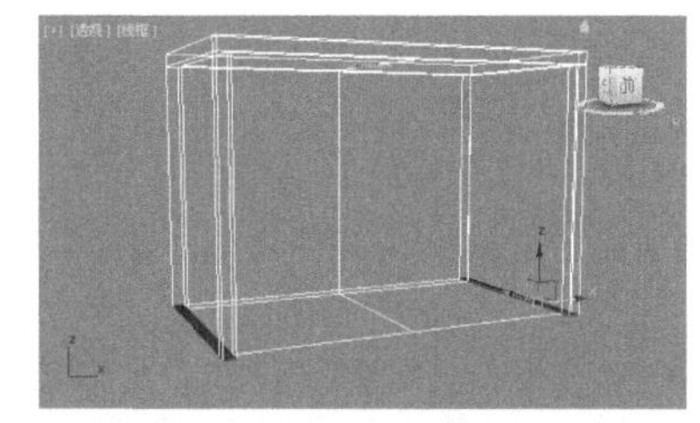

图5-394

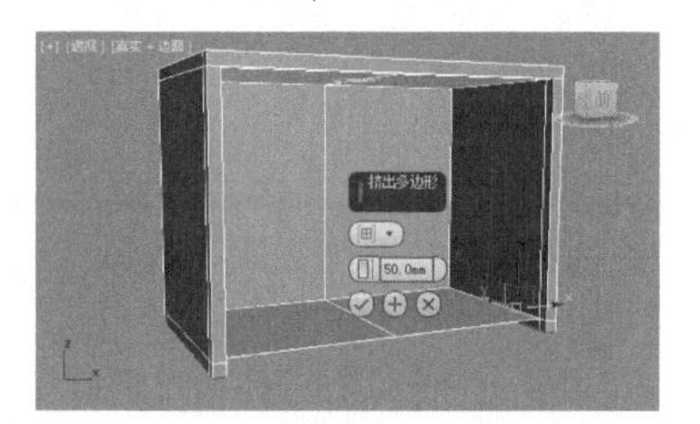

图5-395

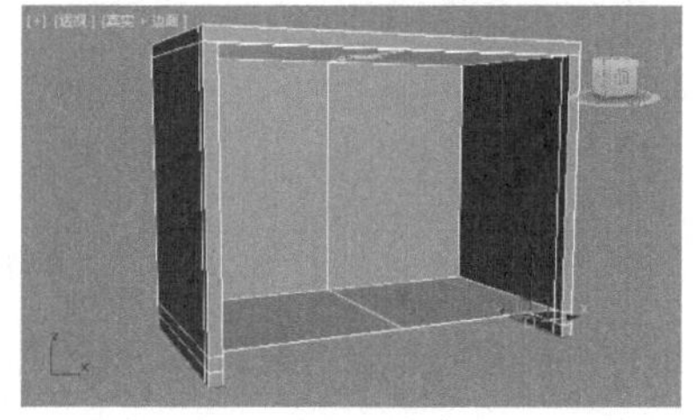

图5-396

09 选择如图5-397所示的多边形。进行两次【挤出】操作，分别设置挤出的【高度】为50.0mm，如图5-398所示。

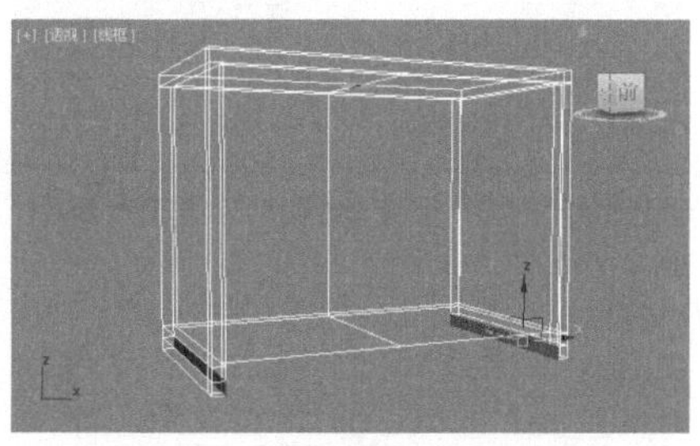

图5-397

图5-398

10 选择如图5-399所示的多边形。单击【挤出】后面的【设置】按钮▣，设置【高度】为50mm，如图5-400所示。

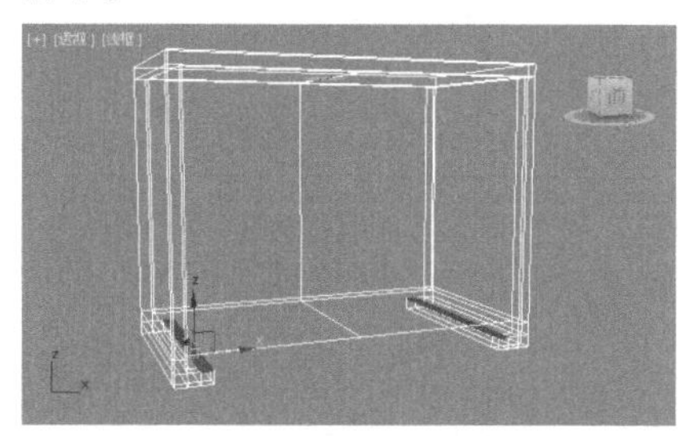

图5-399

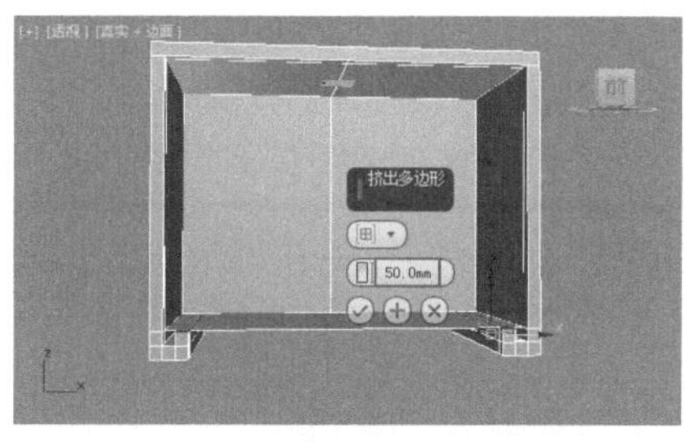

图5-400

11 在【前】视图中创建如图5-401所示的长方体。设置【长度】为1000.0mm、【宽度】为700.8mm、【高度】为20.0mm，如图5-402所示。

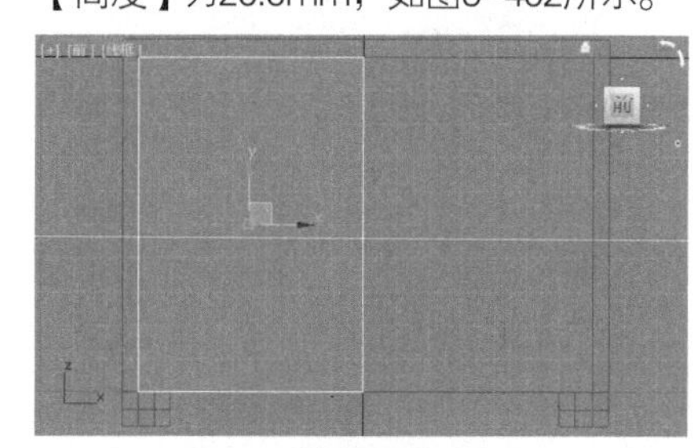

图5-401

参数	
长度:	1000.0mm
宽度:	700.8mm
高度:	20.0mm
长度分段:	1
宽度分段:	1
高度分段:	1

图5-402

12 接着按住Shift键，沿X轴拖动复制，如图5-403所示。效果如图5-404所示。

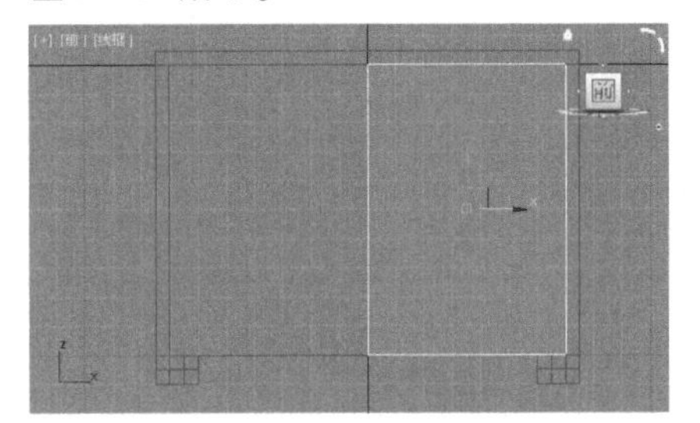
图5-403

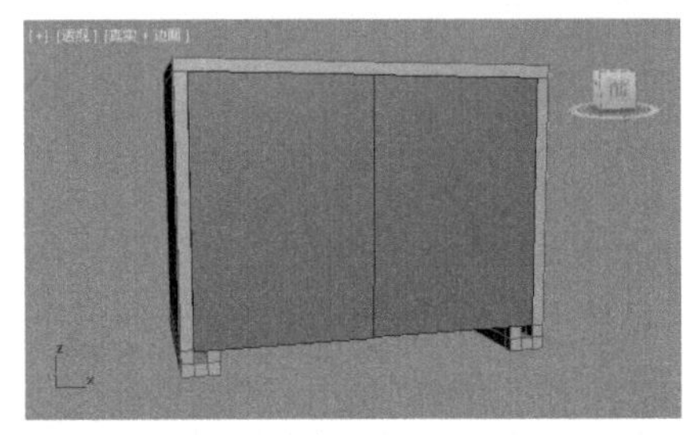
图5-404

13 在【透】视图中选择如图5-405所示的模型。将其移动到合适的位置，如图5-406所示。

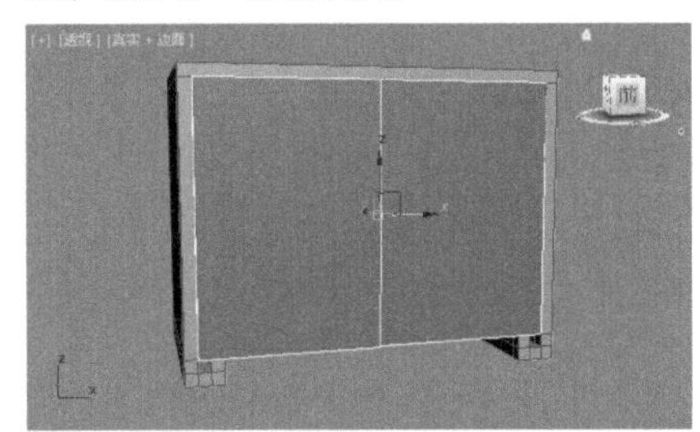
图5-405

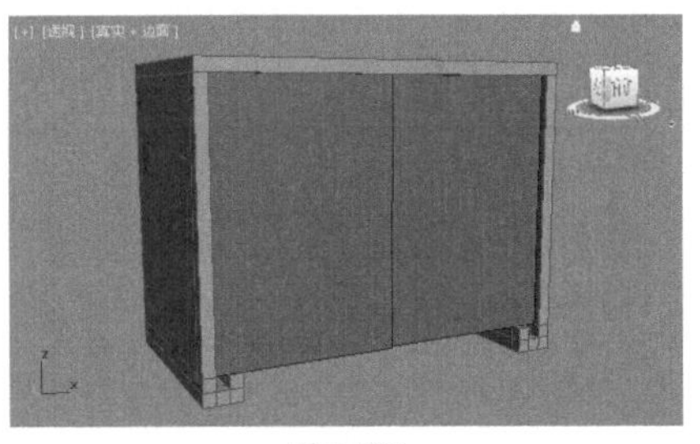
图5-406

14 在【前】视图中创建如图5-407所示的圆柱体。设置【半径】为120.0mm、【高度】为35.0mm、【边数】为30，勾选【启用切片】复选框，设置【切片起始位置】为90、【切片结束位置】为270，如图5-408所示。效果如图5-409所示。

15 将模型转换为可编辑多边形，进入【多边形】级别■，选择如图5-410所示的多边形。单击【插入】后面的【设置】按钮■，设置【数量】为10.0mm，如图5-411所示。

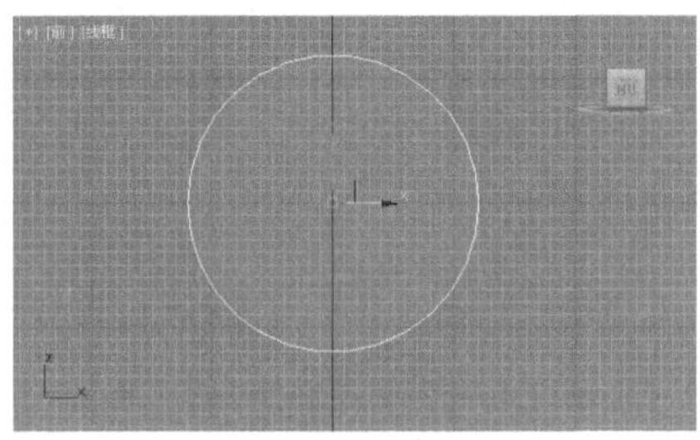
图5-407

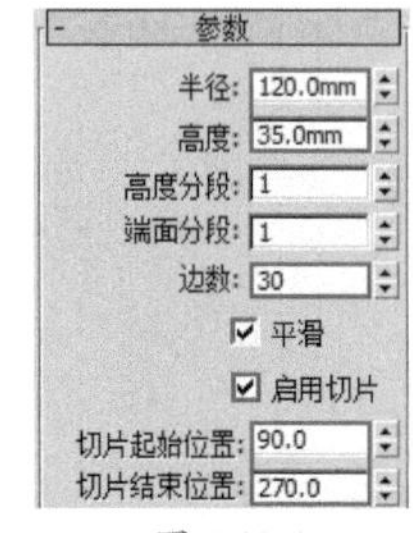

图5-408

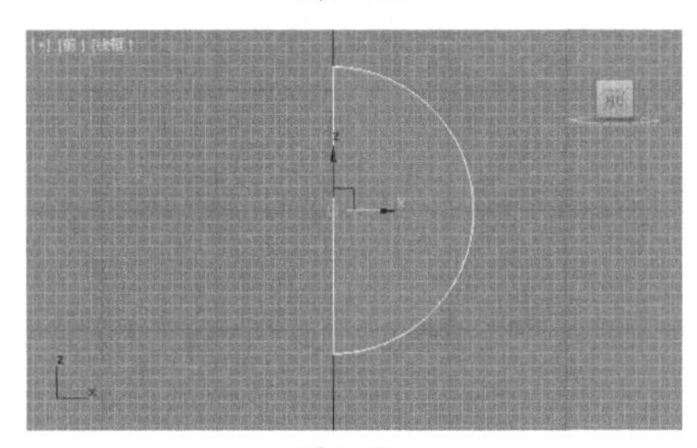
图5-409

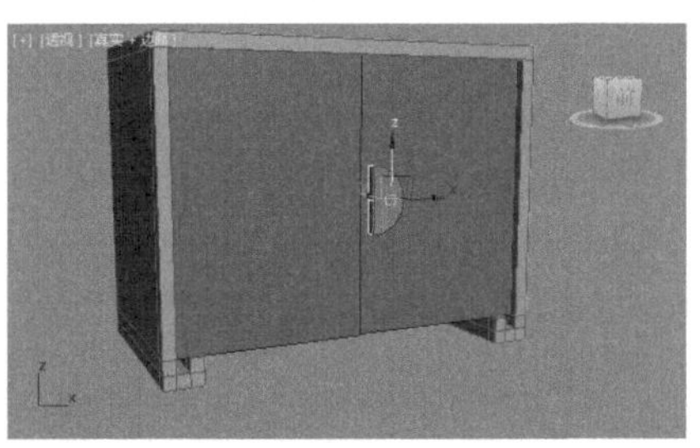
图5-410

图5-411

16 接着单击【挤出】后面的【设置】按钮■，设置【高度】为-5.0mm，如图5-412所示。将模型移动到合适的位置，效果如图5-413所示。

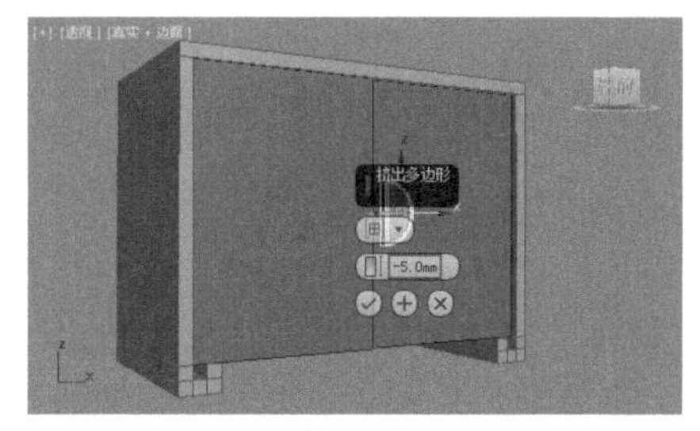

图5-412

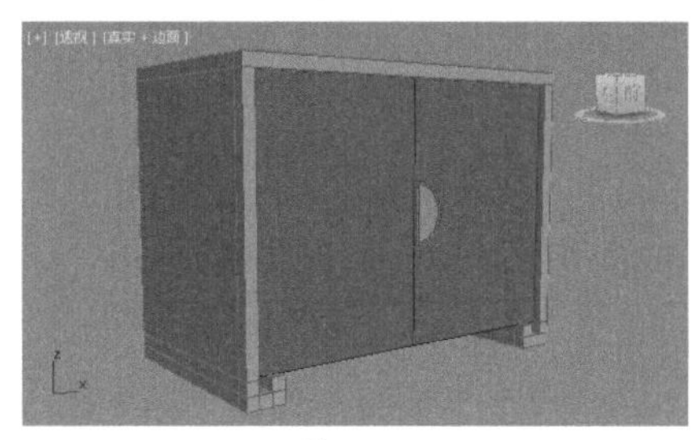
图5-413

17 在【前】视图中选择刚刚创建的模型，如图5-414所示。单击【镜像】按钮，在弹出的【镜像：屏幕坐标】对话框中选择X轴和【复制】选项，如图5-415所示。效果如图5-416所示。

18 此时模型已经创建完成，效果如图5-417所示。

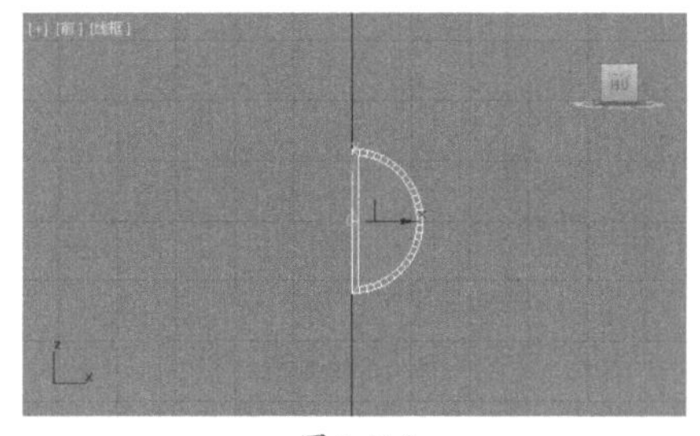
图5-414

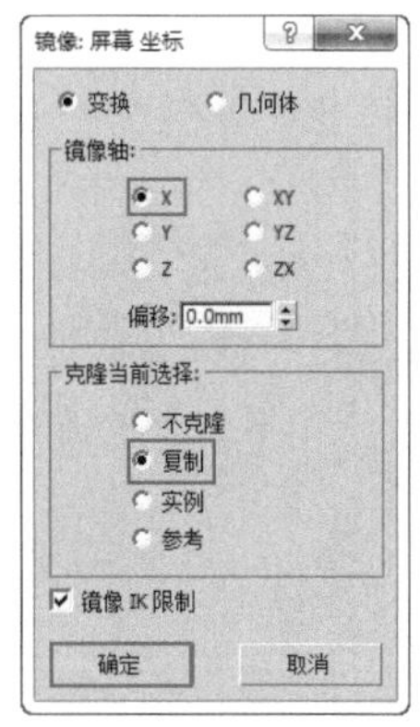

图5-415

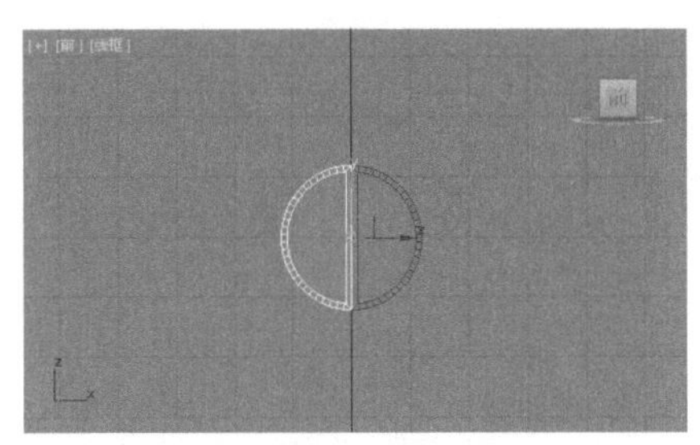

图5-416

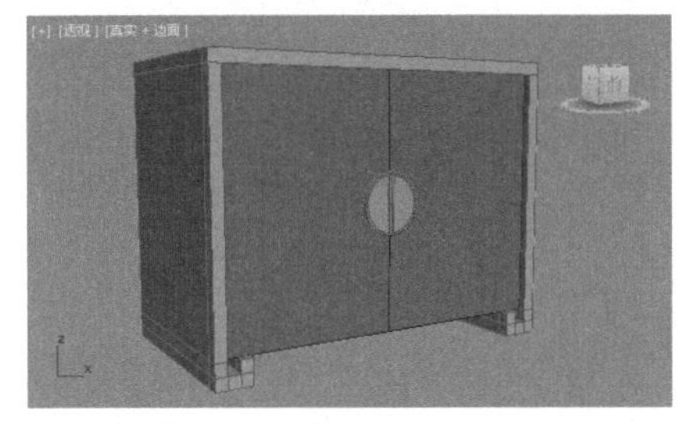

图5-417

实例063　多边形建模制作圆形柜子

文件路径	第5章\多边形建模制作圆形柜子
难易指数	★★★★★
技术掌握	多边形建模

扫码深度学习

操作思路

本例通过将模型转换为可编辑多边形，并进行编辑操作，制作出圆形柜子模型。

案例效果

案例效果如图5-418所示。

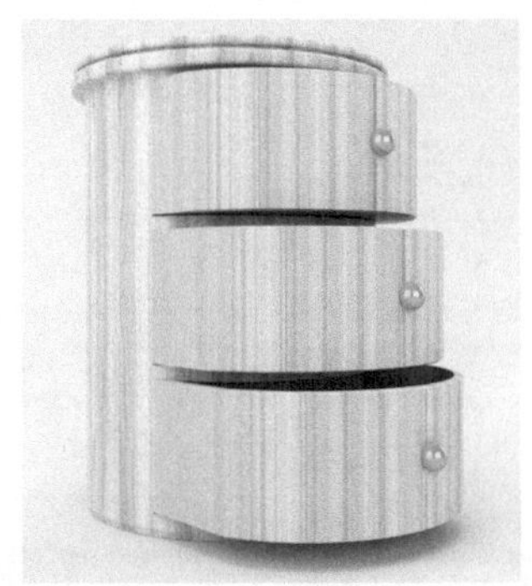

图5-418

操作步骤

01 在【透】视图中创建如图5-419所示的【圆柱体】。设置【半径】为500.0mm、【高度】为1300.0mm、【高度分段】为6、【边数】为50，如图5-420所示。

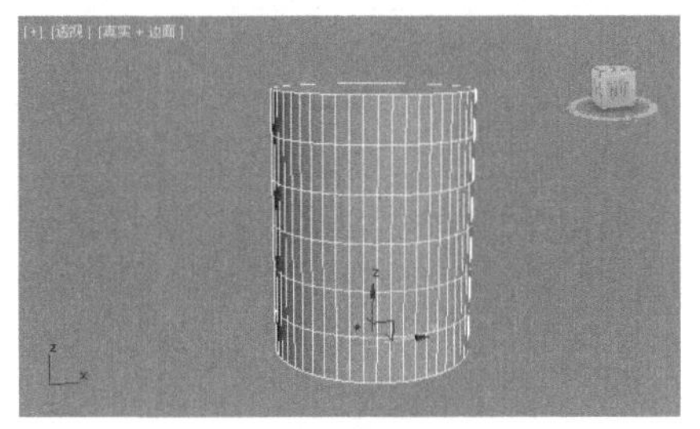

图5-419

图5-420

02 选择模型，并将模型转换为可编辑多边形，如图5-421所示。

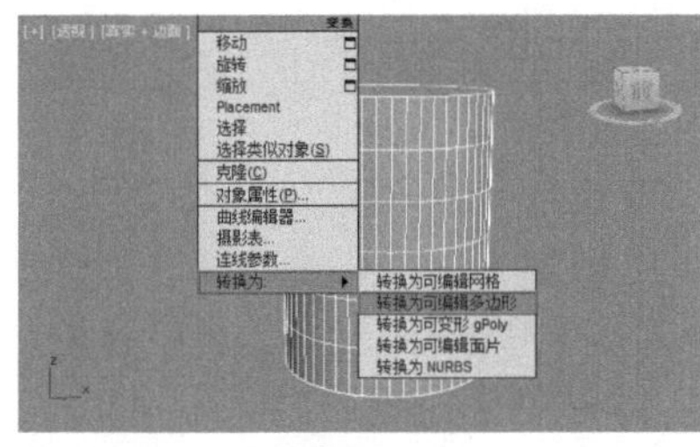

图5-421

03 进入【边】级别，选择如图5-422所示的边。将其移动到合适的位置，如图5-423所示。

04 进入【多边形】级别，选择如图5-424所示的多边形。单击【挤出】后面的【设置】按钮，设置【高度】为-550.0mm，如图5-425所示。

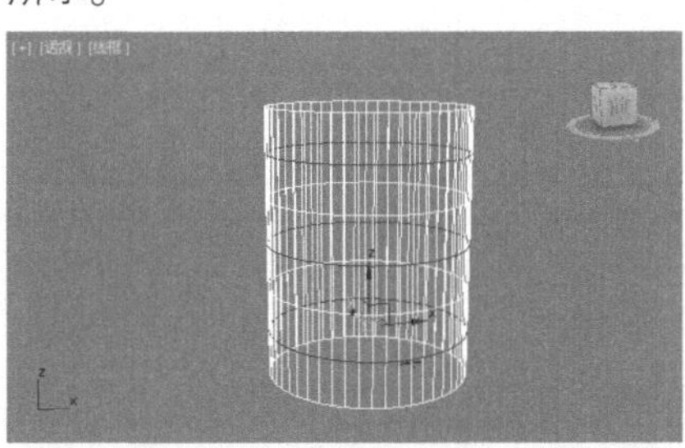

图5-422

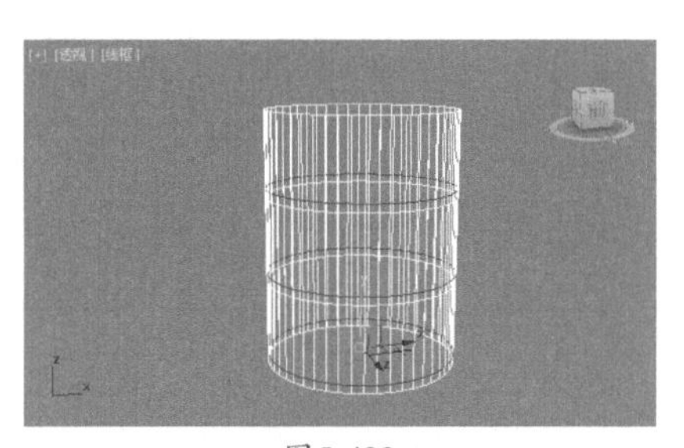

图5-423

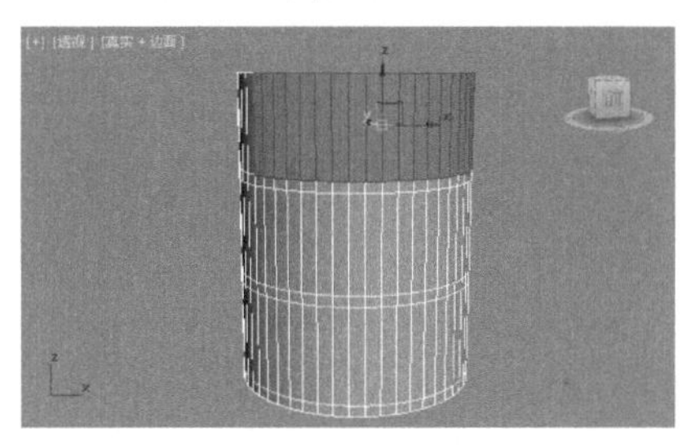

图5-424

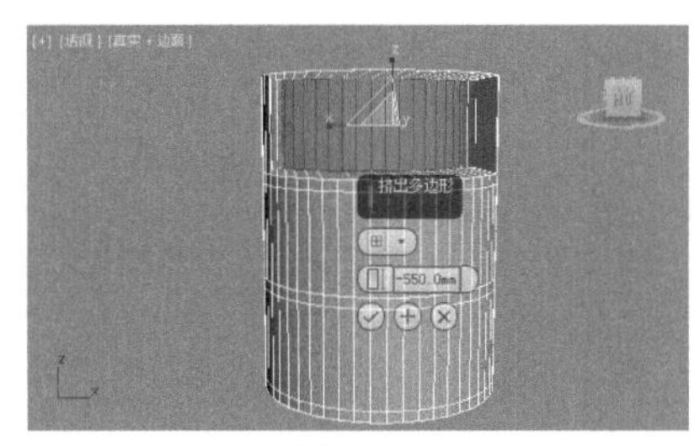

图5-425

05 进入【顶点】级别，选择如图5-426所示的顶点。沿Y轴向下进行等比缩放，如图5-427所示。

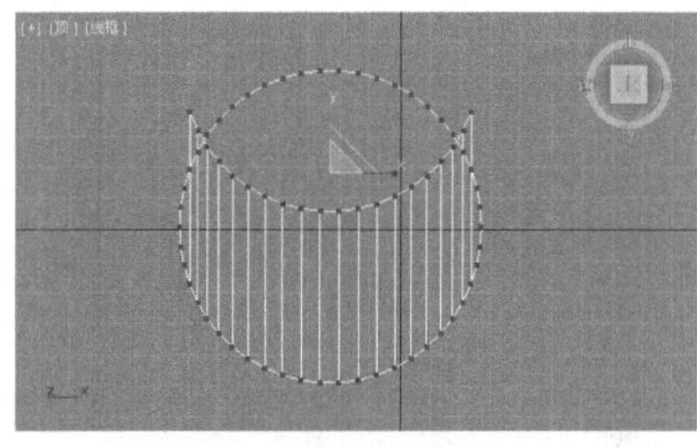

图5-426

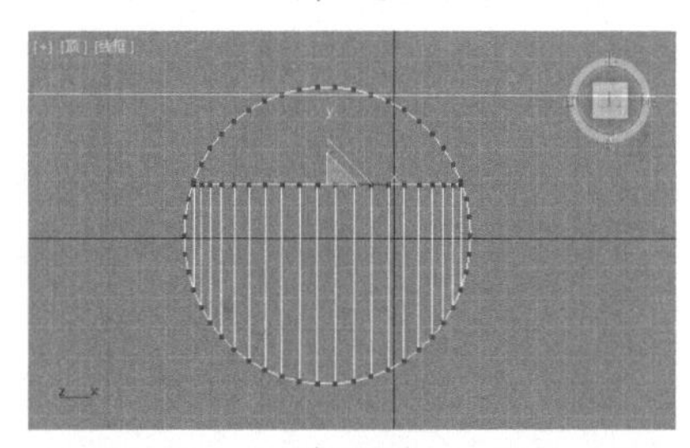

图5-427

06 进入【多边形】级别，选择如图5-428所示的多边形。单击【挤出】后面的【设置】按钮，设置【高度】为-550.0mm，如图5-429所示。

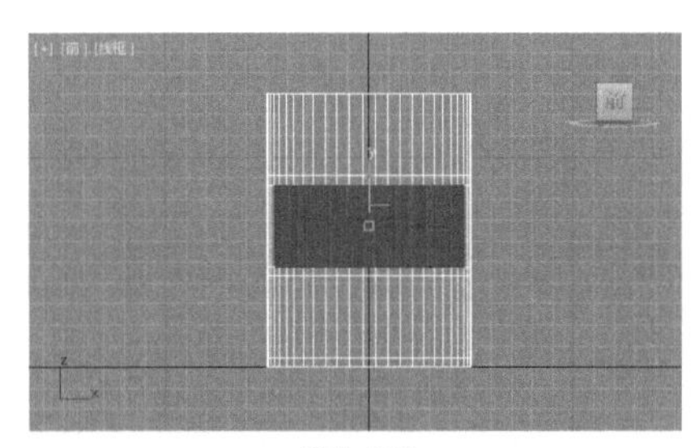
图5-428

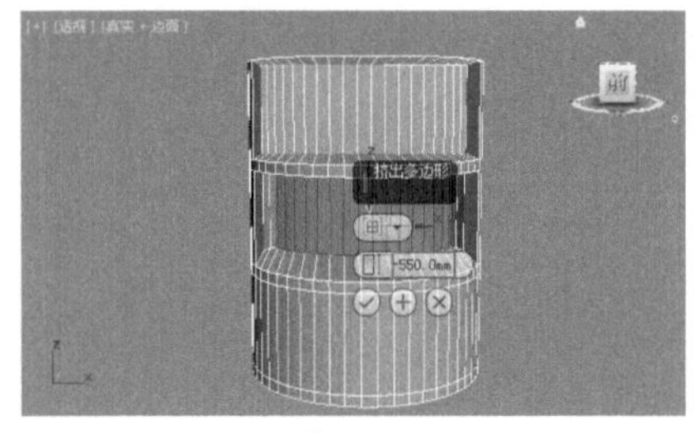

图5-429

07 进入【顶点】级别，选择如图5-430所示的顶点。沿Y轴向下进行等比缩放，如图5-431所示。

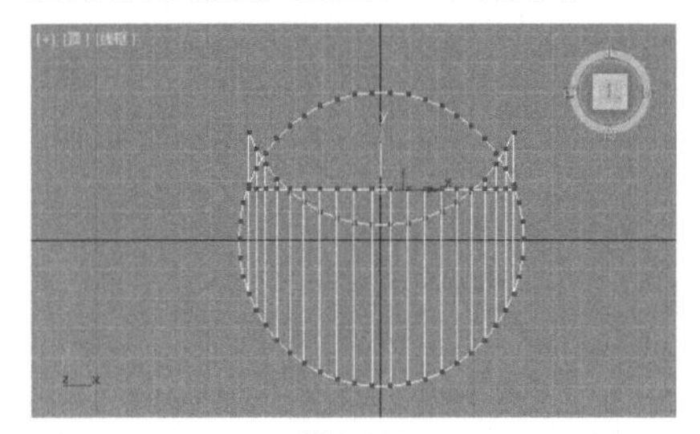
图5-430

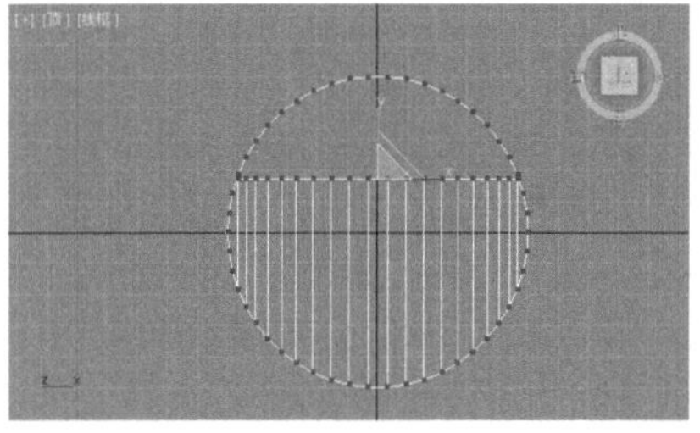
图5-431

08 进入【多边形】级别，选择如图5-432所示的多边形。单击【挤出】后面的【设置】按钮，设置【高度】为-550.0mm，如图5-433所示。

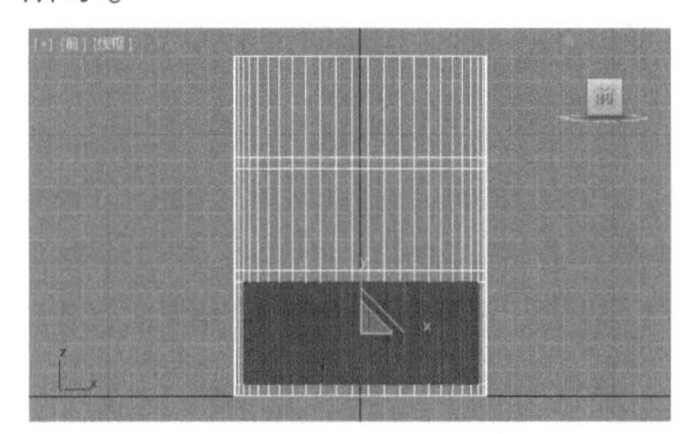
图5-432

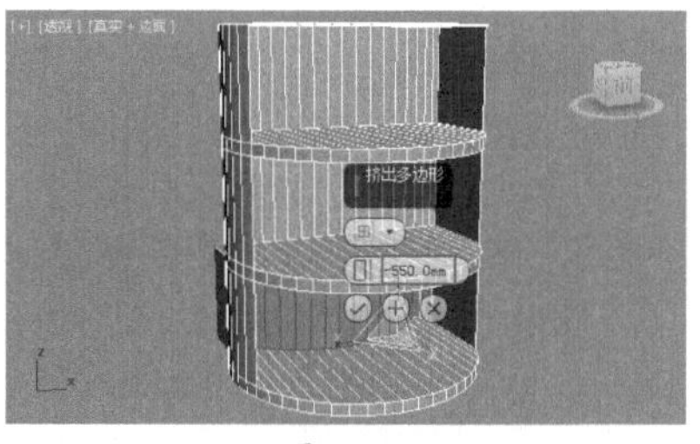

图5-433

09 进入【顶点】级别，选择如图5-434所示的顶点。沿Y轴向下进行等比缩放，如图5-435所示。

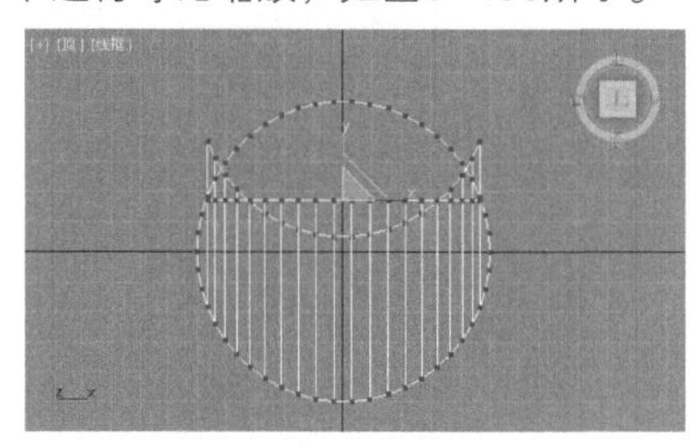
图5-434

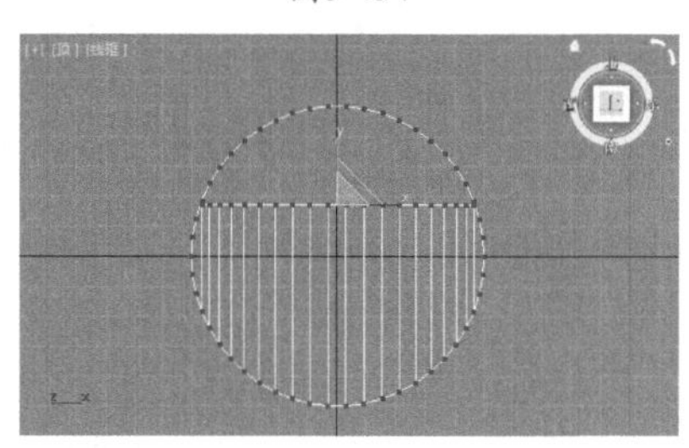
图5-435

10 此时模型的效果如图5-436所示。

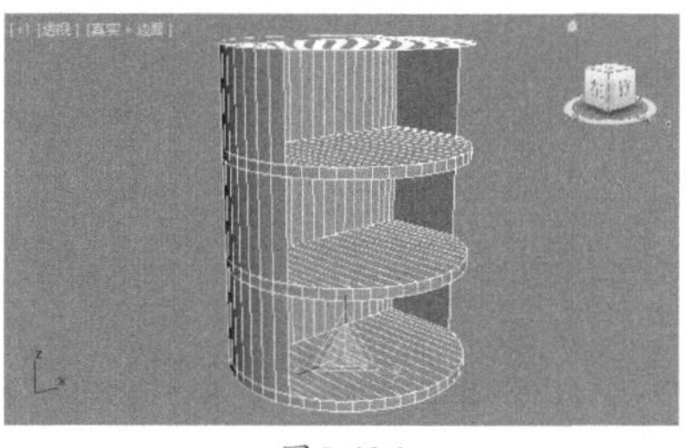
图5-436

11 进入【多边形】级别，选择如图5-437所示的多边形。单击【挤出】后面的【设置】按钮，设置【高度】为30.0mm，如图5-438所示。

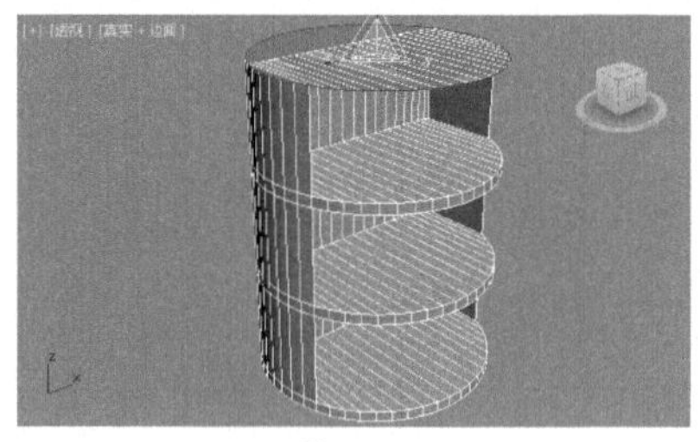
图5-437

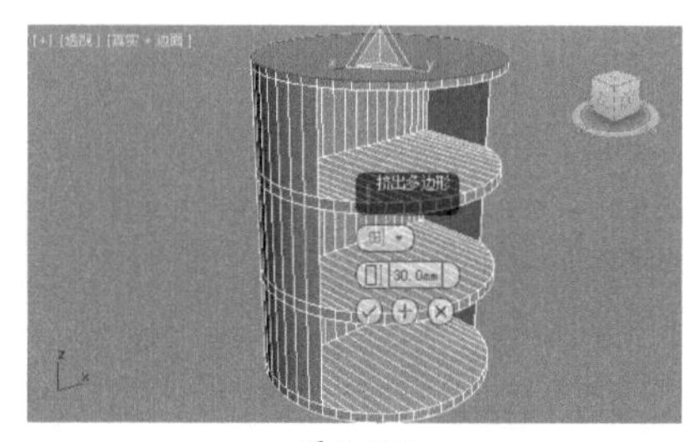

图5-438

12 单击【倒角】后面的【设置】按钮，设置【高度】为0.0mm，【轮廓】为50.0mm，如图5-439所示。再次单击【挤出】后面的【设置】按钮，设置【高度】为50.0mm，如图5-440所示。

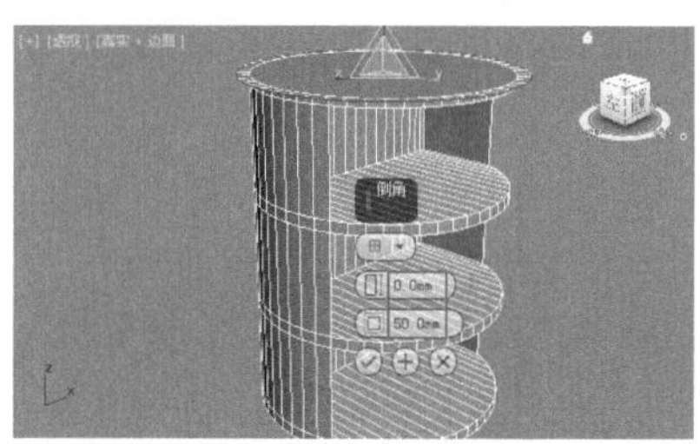

图5-439

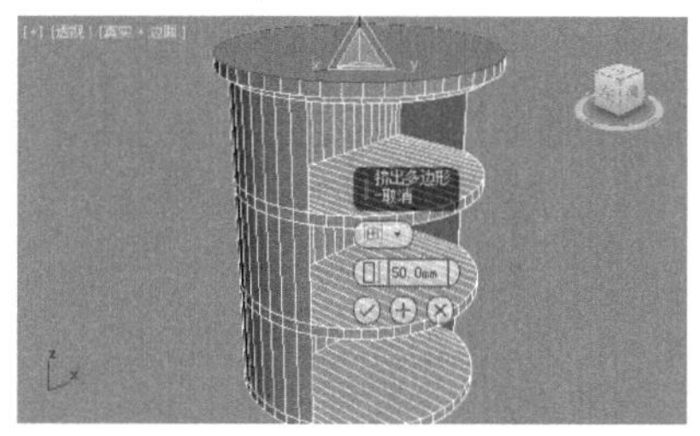

图5-440

13 单击【插入】后面的【设置】按钮，设置【数量】为30mm，如图5-441所示。再次单击【挤出】后面的【设置】按钮，设置【高度】为10.0mm，如图5-442所示。

14 单击【倒角】后面的【设置】按钮，设置【高度】为0.0mm、【轮廓】为20.0mm，如图5-443所示。再次单击【挤出】后面的【设置】按钮，设置【高度】为30.0mm，如图5-444所示。

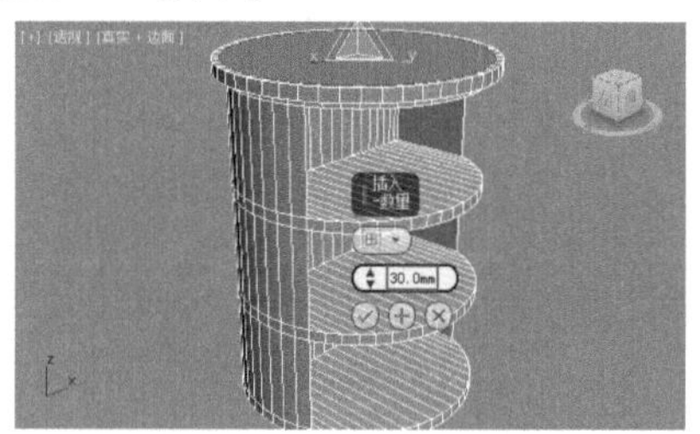

图5-441

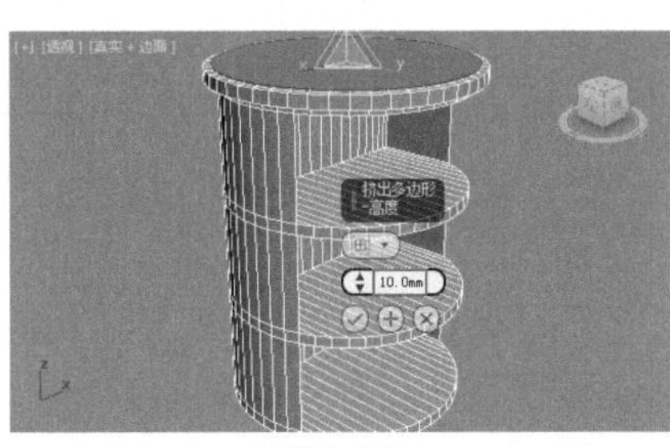

图5-442

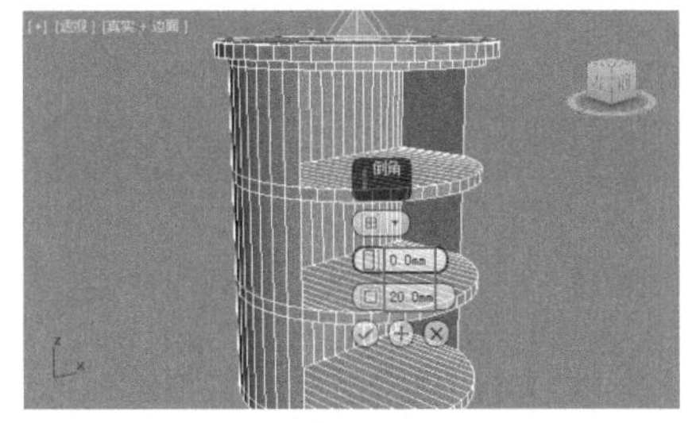

图5-443

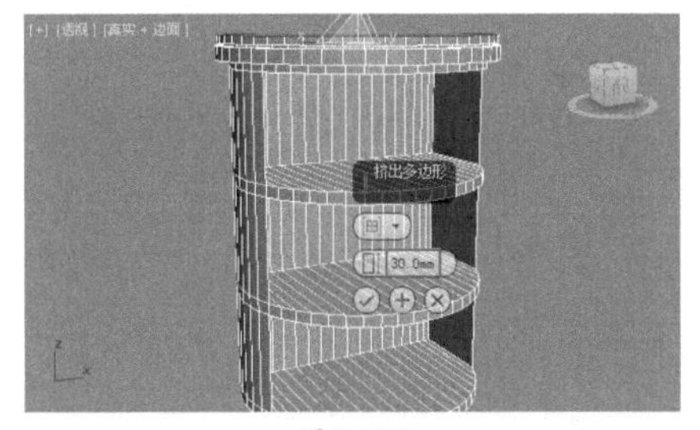

图5-444

15 进入【边】级别，选择如图5-445所示的边。单击【切角】后面的【设置】按钮，并设置【边切角量】为15.0mm、【连接边分段】为5，如图5-446所示。

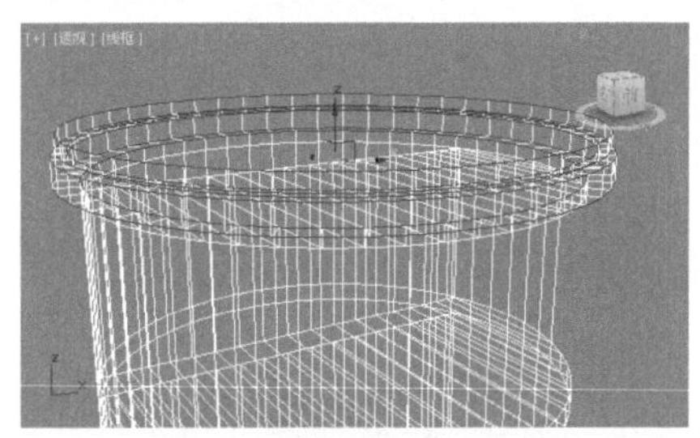
图5-445

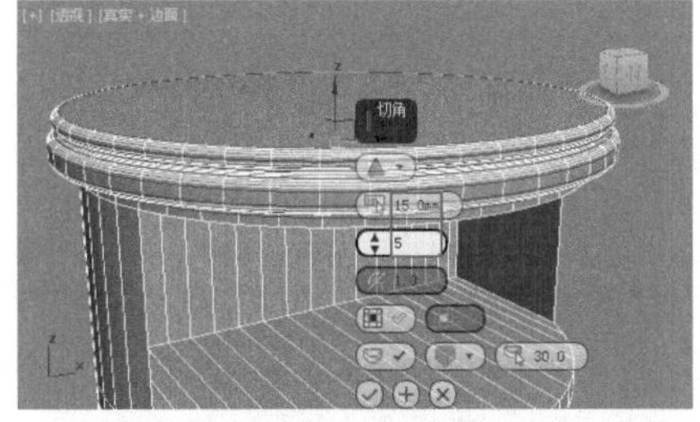

图5-446

16 进入【多边形】级别，选择如图5-447所示的多边形。单击【倒角】后面的【设置】按钮，设置【高度】为25.0mm、【轮廓】为-10.0mm，如图5-448所示。

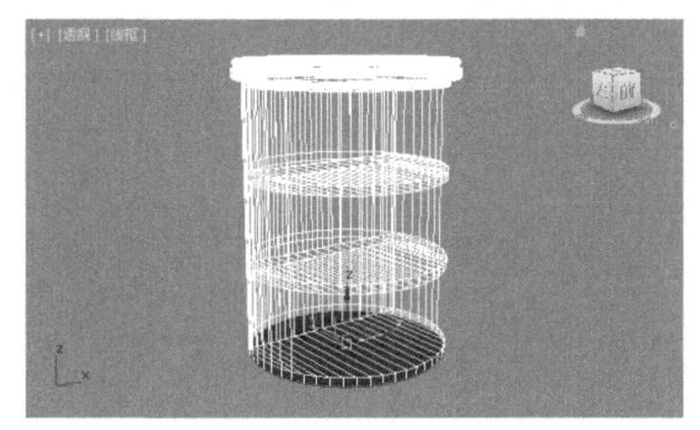
图5-447

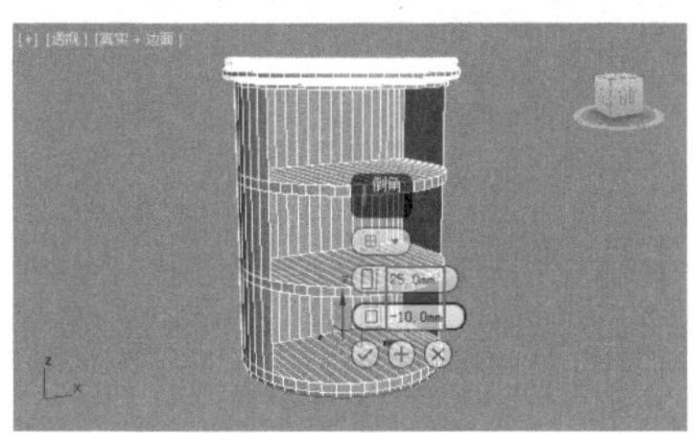

图5-448

17 在【顶】视图中创建如图5-449所示的圆柱体。设置【半径】为500.0mm、【高度】为390.0mm、【高度分段】为6、【端面分段】为6、【边数】为50，如图5-450所示。

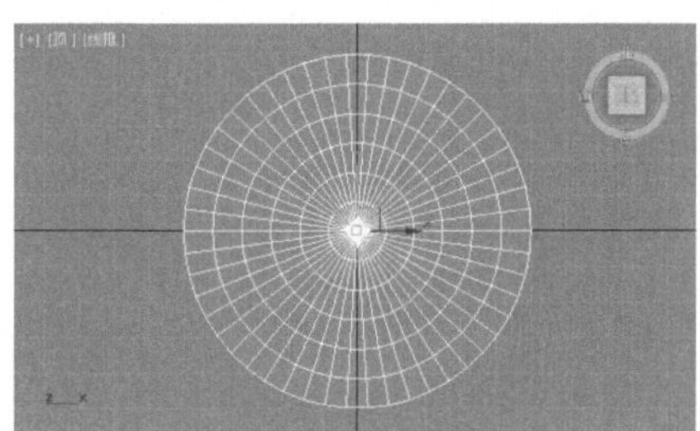
图5-449

图5-450

18 将模型转换为可编辑多边形，进入【多边形】级别，选择如图5-451所示的多边形。单击【分离】按钮，效果如图5-452所示。

19 选择如图5-453所示的模型，并将其删除。

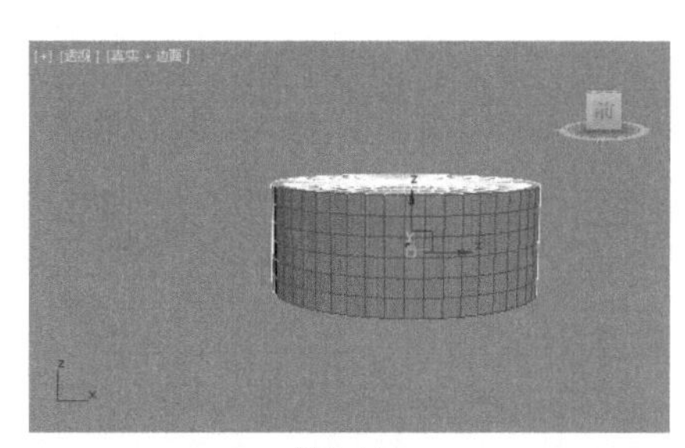
图5-451

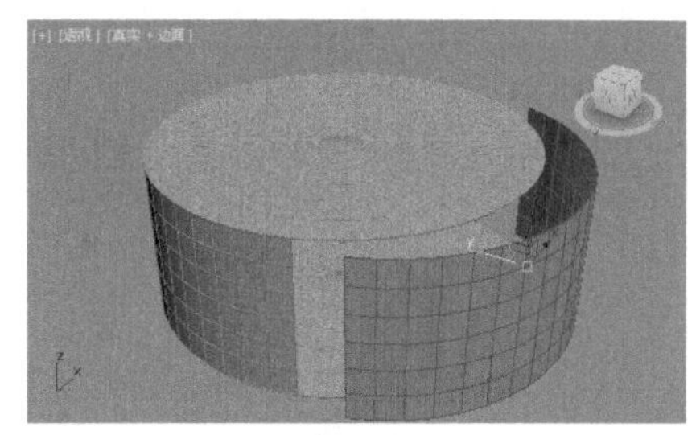
图5-452

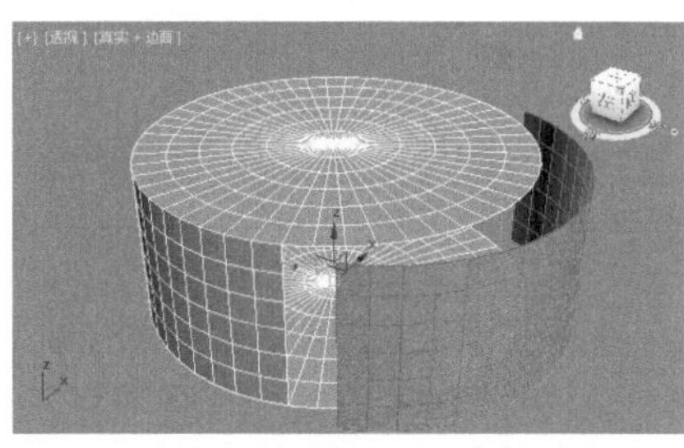
图5-453

20 选择分离出的模型，进入【多边形】级别，选择如图5-454所示的多边形。单击【挤出】按钮，设置【高度】为550.0mm，效果如图5-455所示。

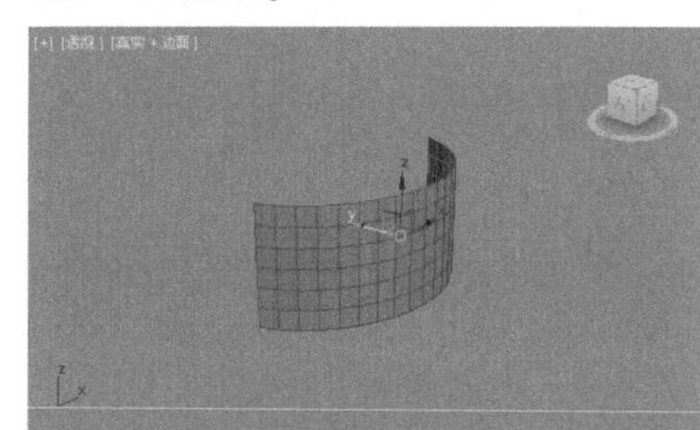
图5-454

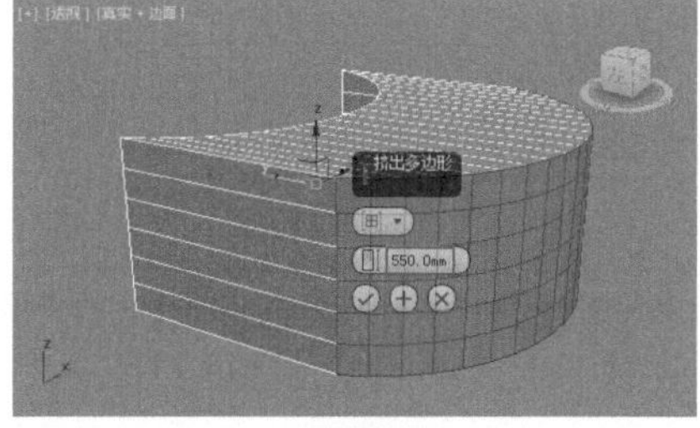

图5-455

21 进入【顶点】级别，在【顶】视图中选择如图5-456所示的顶点。

沿Y轴向下进行等比缩放，如图5-457所示。

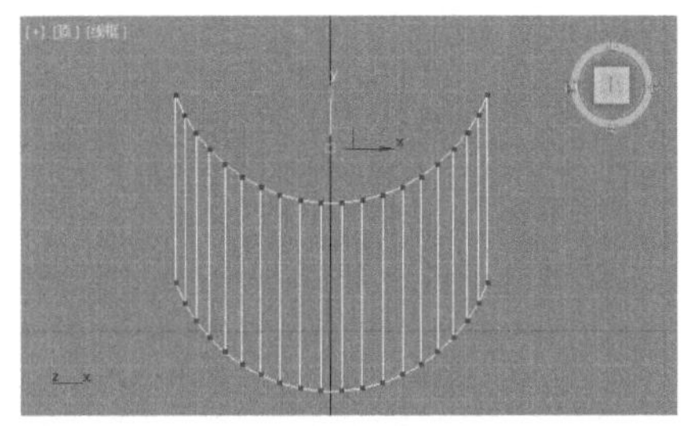
图5-456

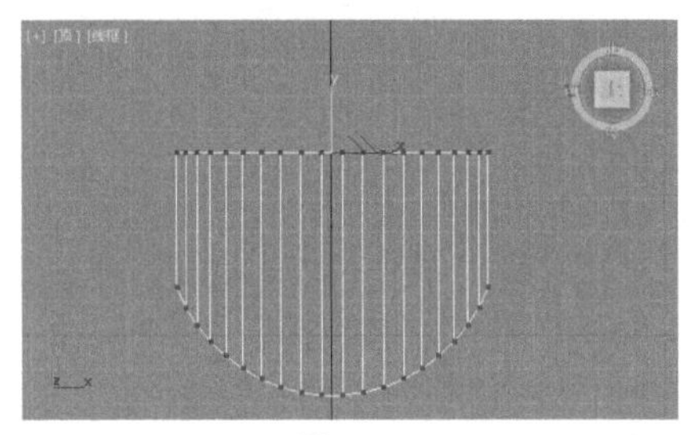
图5-457

22 进入【多边形】级别■，选择如图5-458所示的多边形。单击【插入】按钮，设置【数量】为20.0mm，效果如图5-459所示。

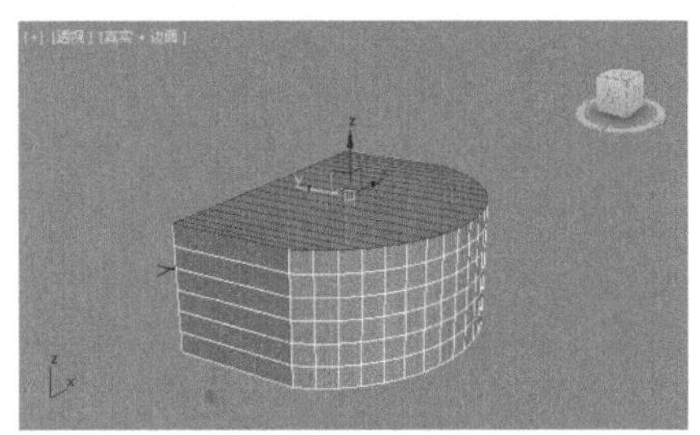
图5-458

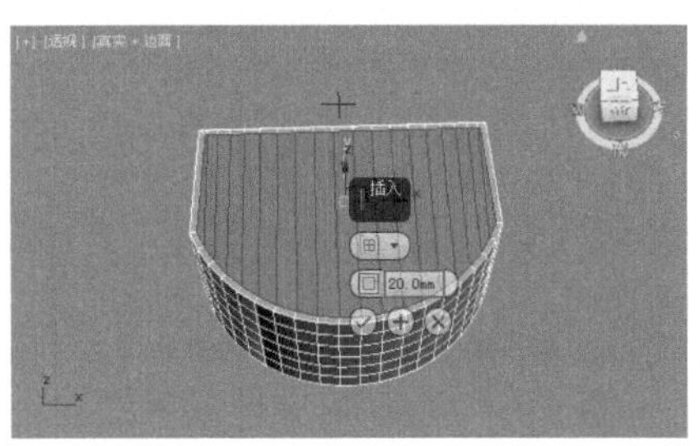

图5-459

23 接着单击【挤出】后面的【设置】按钮■，设置【高度】为-370.0mm，如图5-460所示。选择如图5-461所示的多边形，单击【倒角】后面的【设置】按钮■，设置【高度】为10.0mm、【轮廓】为-5.0mm。

24 在【前】视图中创建一个半径为40mm的球体，将其移动到合适的位置，如图5-462和图5-463所示。

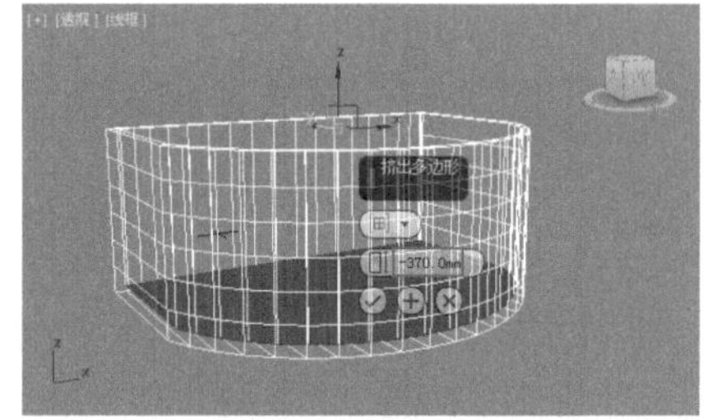

图5-460

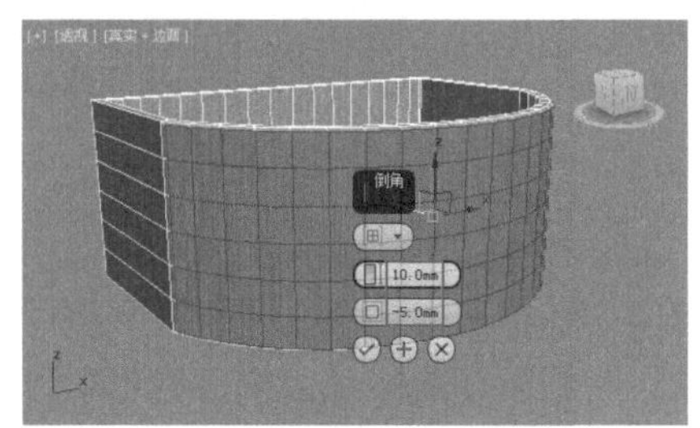

图5-461

图5-462

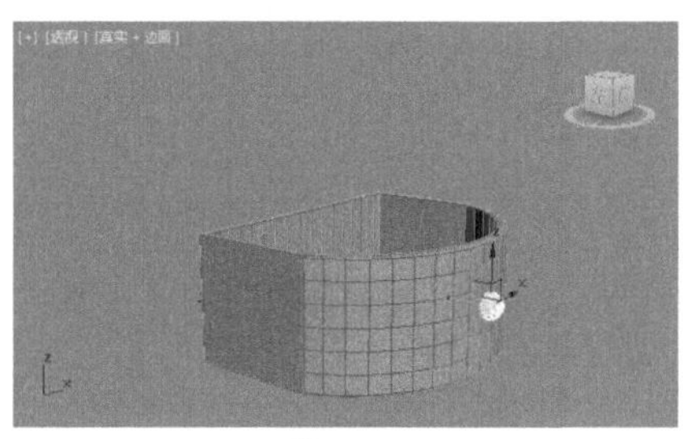
图5-463

25 在【透】视图中选择如图5-464所示的模型。按住Shift键，沿Y轴向下拖动复制出两个模型，效果如图5-465所示。

26 将模型移动到合适的位置，此时模型已经创建完成，如图5-466所示。

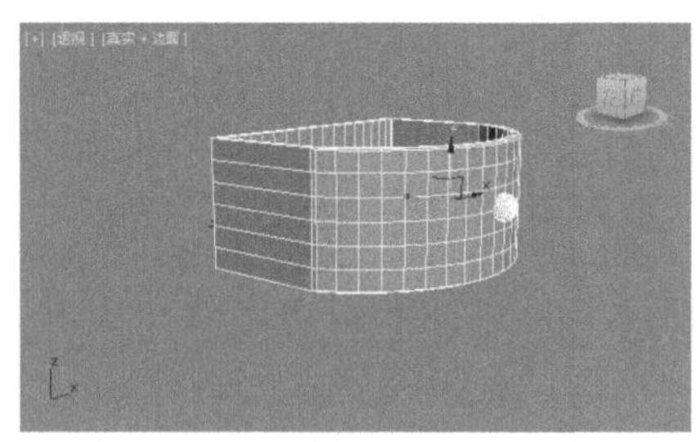
图5-464

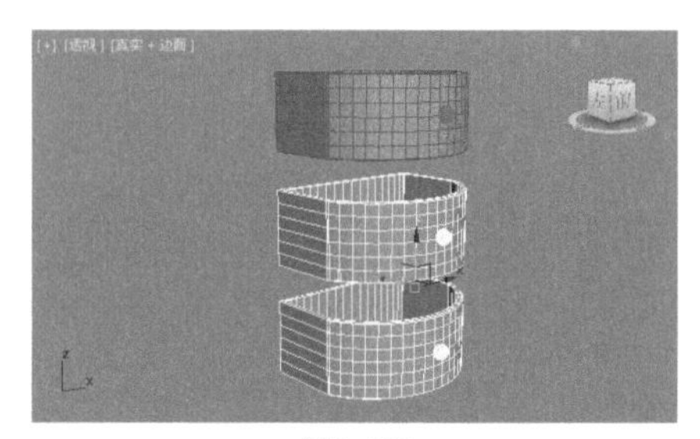
图5-465

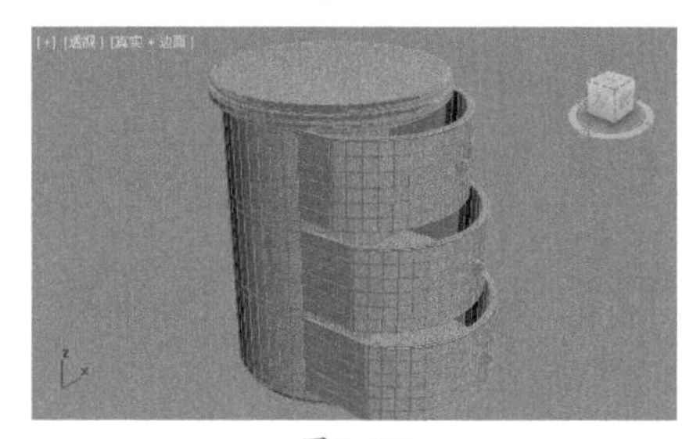
图5-466

实例064　多边形建模制作圆形铁艺凳

文件路径	第5章\多边形建模制作圆形铁艺凳
难易指数	★★★★★
技术掌握	多边形建模

扫码深度学习

操作思路

本例通过将模型转换为可编辑多边形，并进行编辑操作，制作出圆形铁艺凳模型。

案例效果

案例效果如图5-467所示。

图5-467

操作步骤

01 在【顶】视图中创建如图5-468所示的球体。设置【半径】为100.0mm、【分段】为50，如图5-469所示。

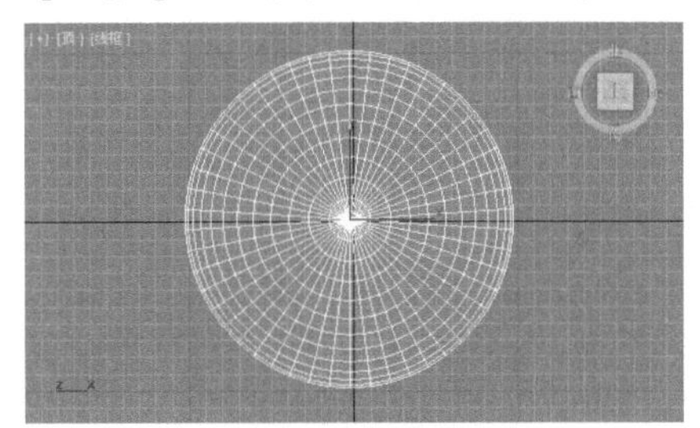

图5-468

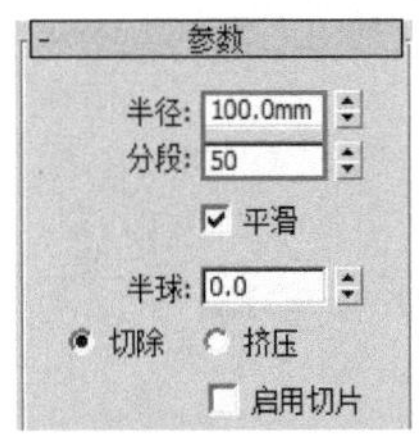

图5-469

02 选择模型，并将模型转换为可编辑多边形，如图5-470所示。

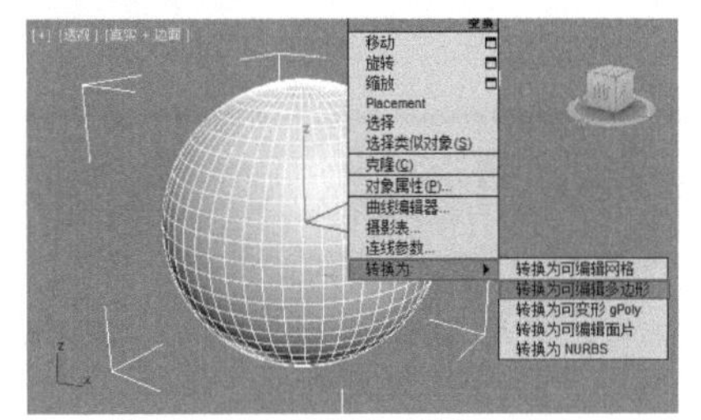

图5-470

03 进入【多边形】级别，在【左】视图中选择如图5-471所示的多边形并将其删除，如图5-472所示。

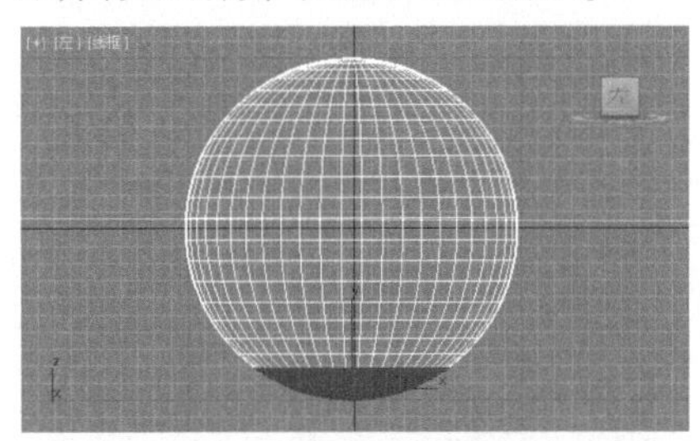

图5-471

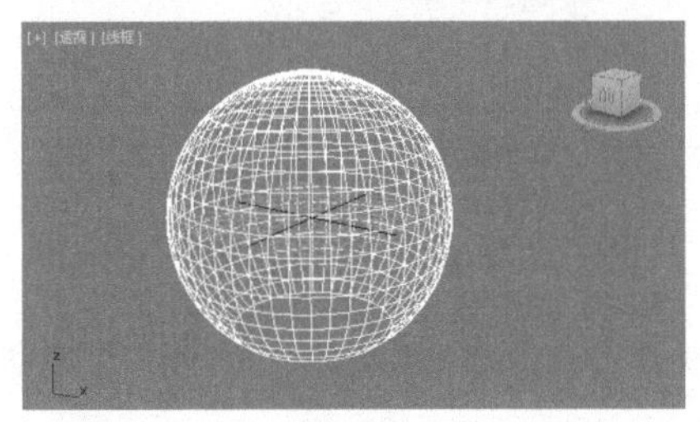

图5-472

04 选择如图5-473所示的多边形并将其删除，如图5-474所示。

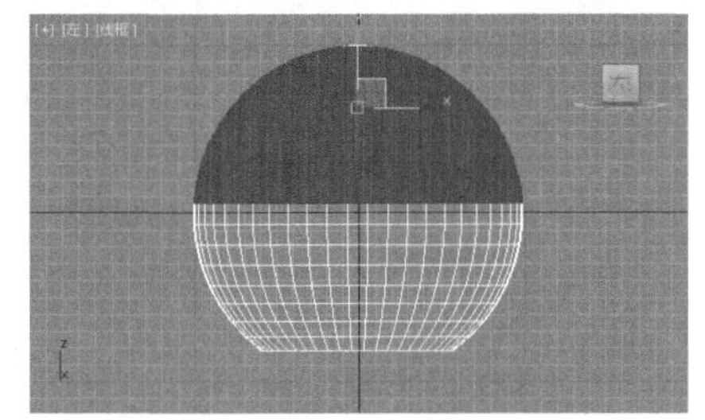

图5-473

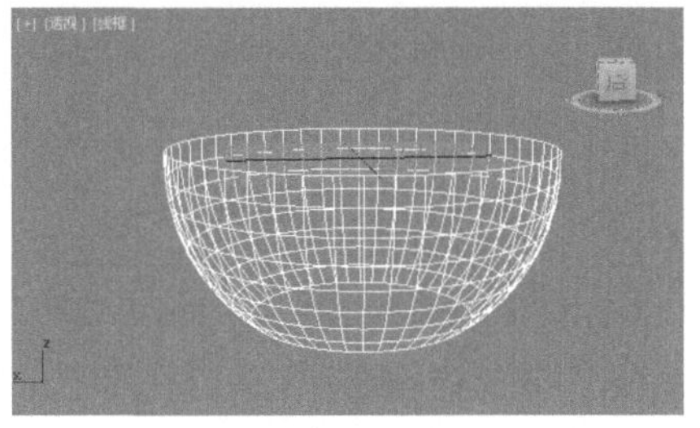

图5-474

05 进入【边】级别，选择如图5-475所示的边。单击【循环】按钮 循环 ，如图5-476所示。

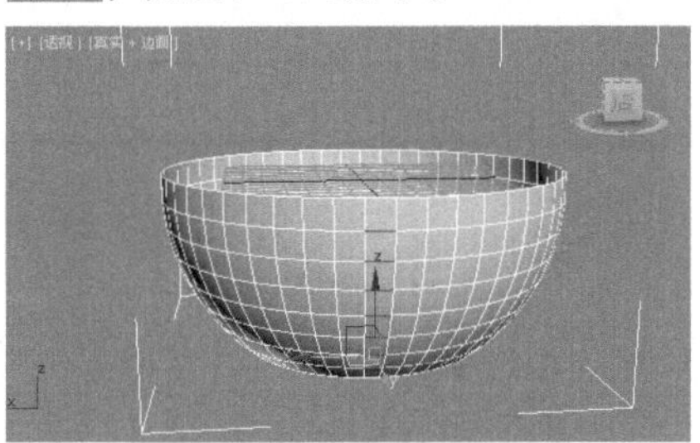

图5-475

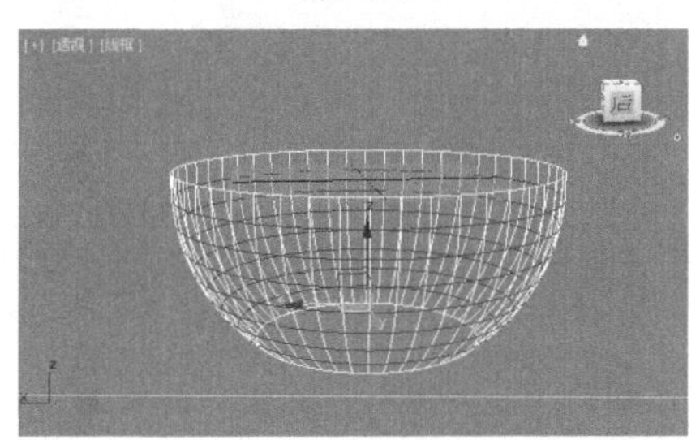

图5-476

06 单击【移除】按钮 移除 ，效果如图5-477所示。接着为模型加载【晶格】修改器，勾选【仅来自边的支柱】复选框，设置【半径】为2.0mm、【分段】为20、【边数】为20，勾选【末端封口】复选框，如图5-478所示。效果如图5-479所示。

07 在【顶】视图中创建如图5-480所示的管状体。设置【半径1】为100.0mm、【半径2】为102.5mm、【高度】为10.0mm、【边数】为40，如图5-481所示。

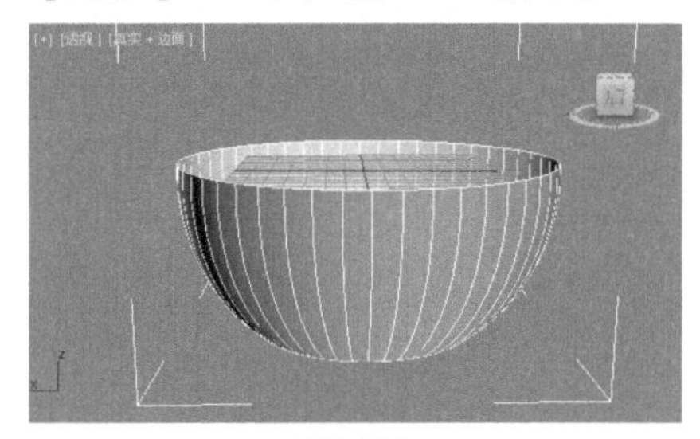

图5-477

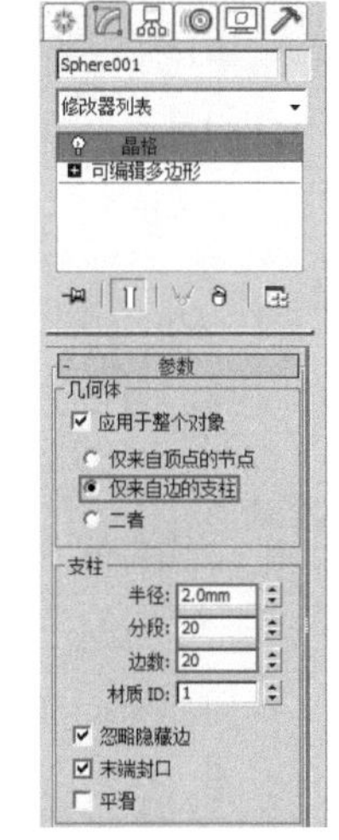

图5-478

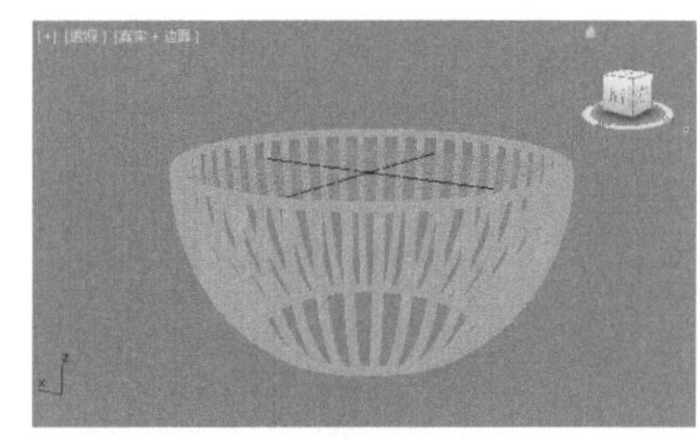

图5-479

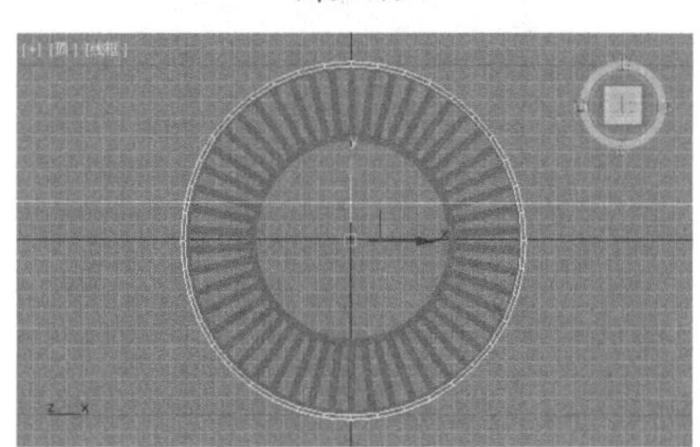

图5-480

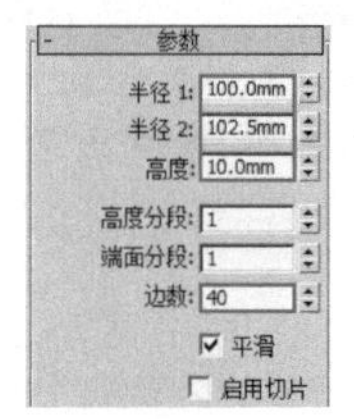

图5-481

08 将模型转换为可编辑多边形，进入【边】级别，选择如图5-482所示的边。单击【切角】后面的【设置】按钮，设置【边切角量】为1.0mm、【连接边分段】为3，如图5-483所示。

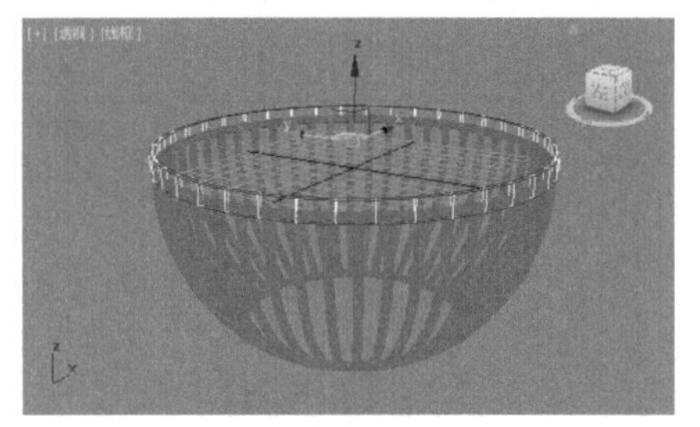
图5-482

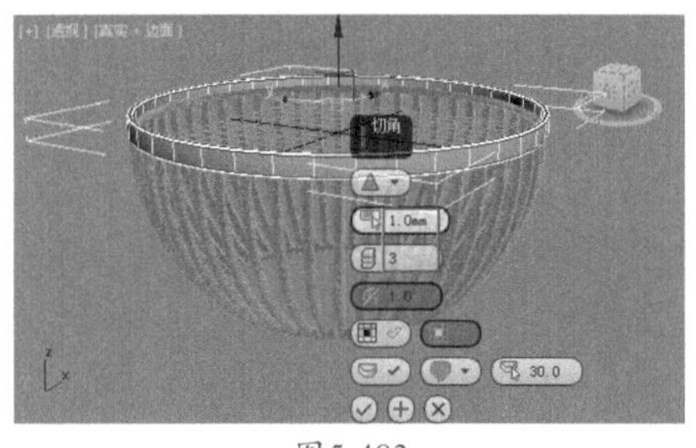

图5-483

09 接着为模型加载【网格平滑】修改器，设置【迭代次数】为3，如图5-484所示。效果如图5-485所示。

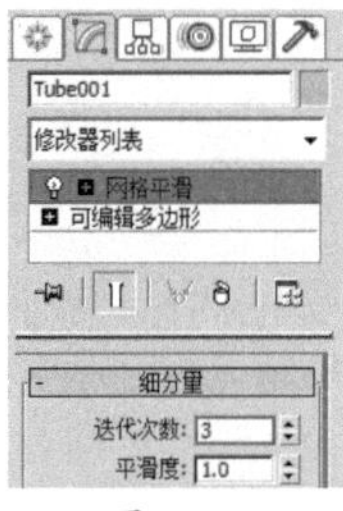

图5-484

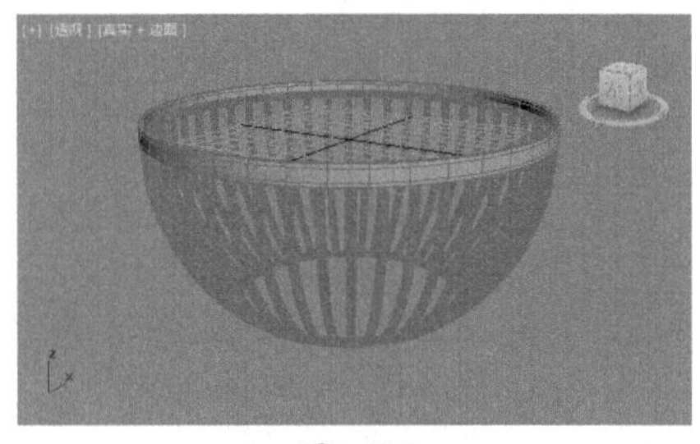
图5-485

10 在【顶】视图中创建如图5-486所示的圆柱体。设置【半径】为100.0mm、【高度】为15.0mm、【边数】为40，如图5-487所示。

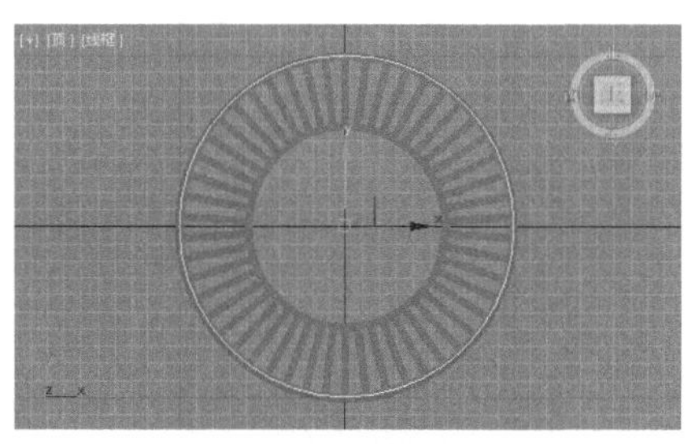
图5-486

图5-487

11 效果如图5-488所示。将模型转换为可编辑多边形，进入【边】级别，选择如图5-489所示的边。

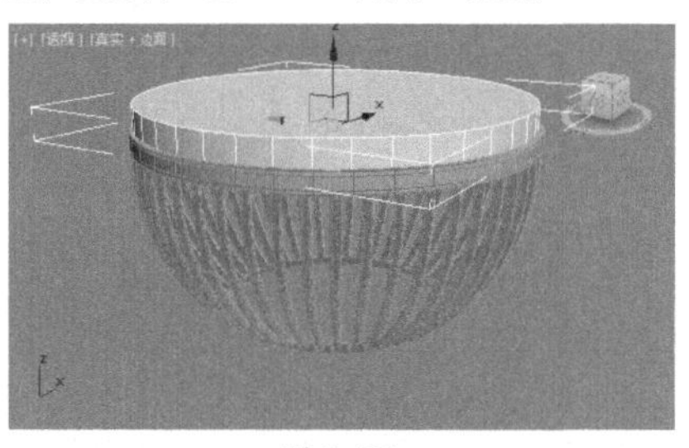
图5-488

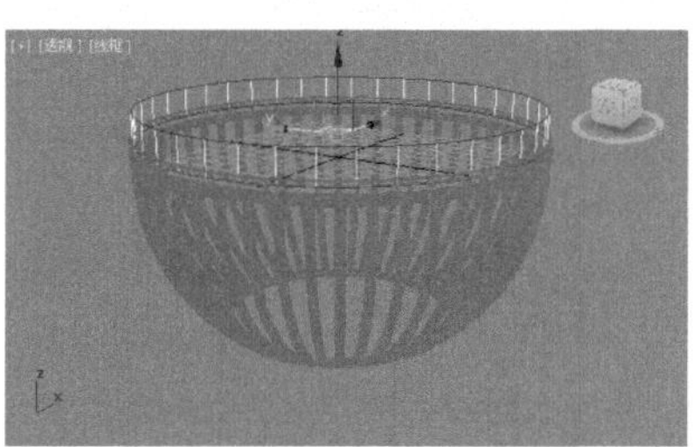
图5-489

12 单击【切角】后面的【设置】按钮，设置【边切角量】为1.0mm、【连接边分段】为1.0，如图5-490所示。接着为模型加载【网格平滑】修改器，设置【迭代次数】为3，如图5-491所示。

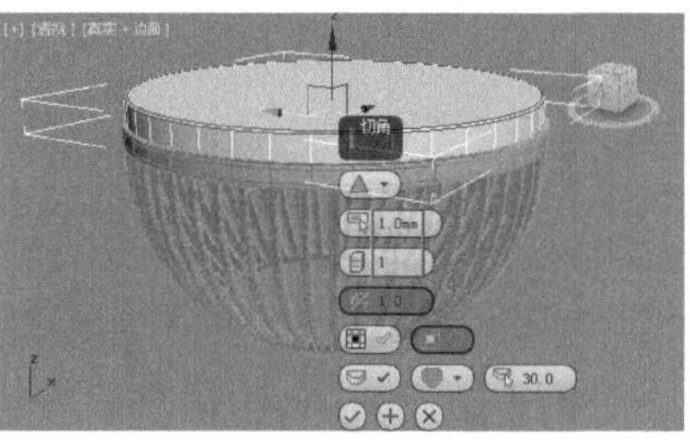

图5-490

图5-491

13 进入【多边形】级别，选择如图5-492所示的多边形。沿Z轴向上拖动，如图5-493所示。

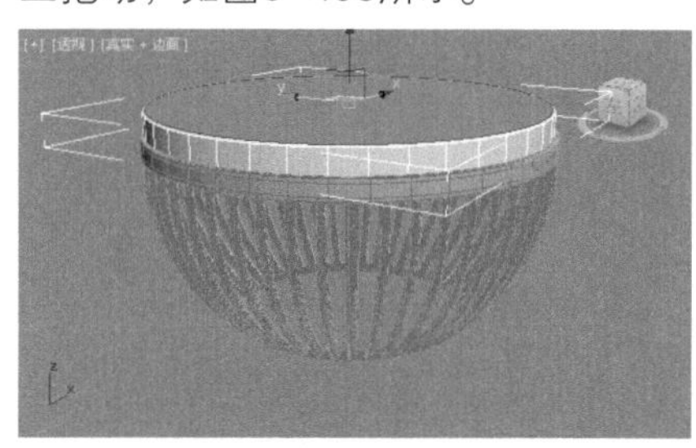
图5-492

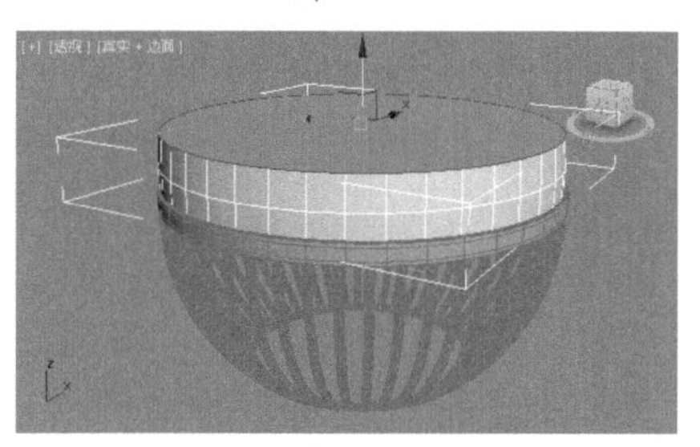
图5-493

14 效果如图5-494所示。将模型移动到合适的位置，此时模型已经创建完成，效果如图5-495所示。

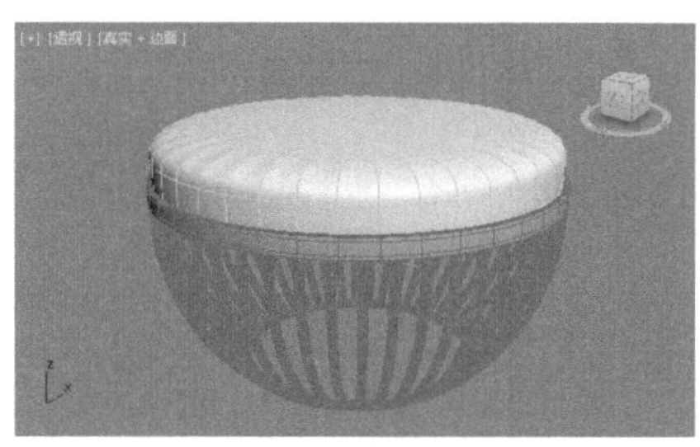
图5-494

图5-495

实例065 多边形建模制作矮柜

文件路径	第 5 章 \ 多边形建模制作矮柜
难易指数	★★★★★
技术掌握	多边形建模

扫码深度学习

操作思路

本例通过将模型转换为可编辑多边形，并进行编辑操作，制作出矮柜模型。

案例效果

案例效果如图5-496所示。

图5-496

操作步骤

01 在【顶】视图中创建如图5-497所示的长方体。设置【长度】为800.0mm、【宽度】为1500.0mm、【高度】为1200.0mm，如图5-498所示。

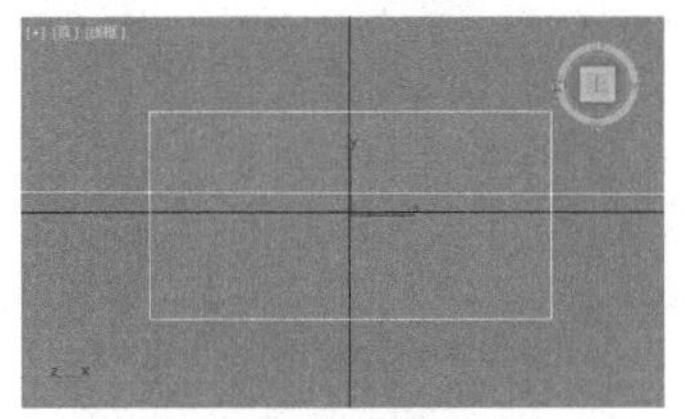

图5-497

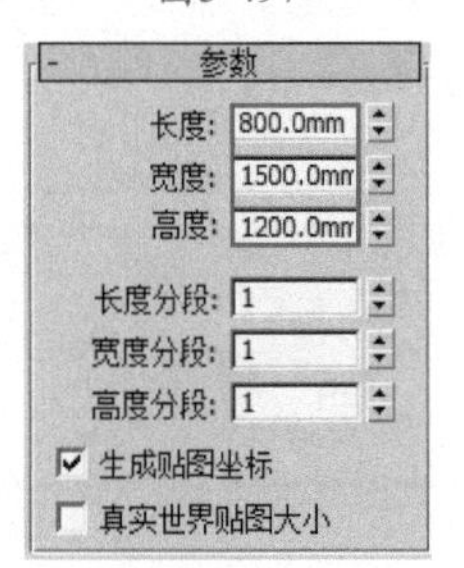

图5-498

02 选择模型，并将模型转换为可编辑多边形，如图5-499所示。

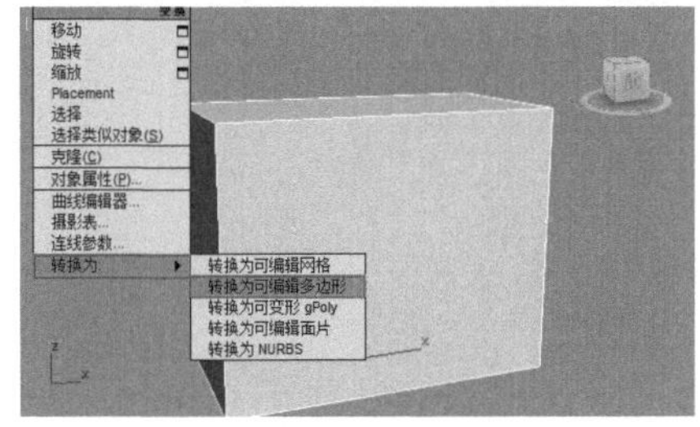

图5-499

03 进入【多边形】级别■，选择如图5-500所示的多边形。单击【挤出】后面的【设置】按钮■，设置【高度】为50.0mm，如图5-501所示。

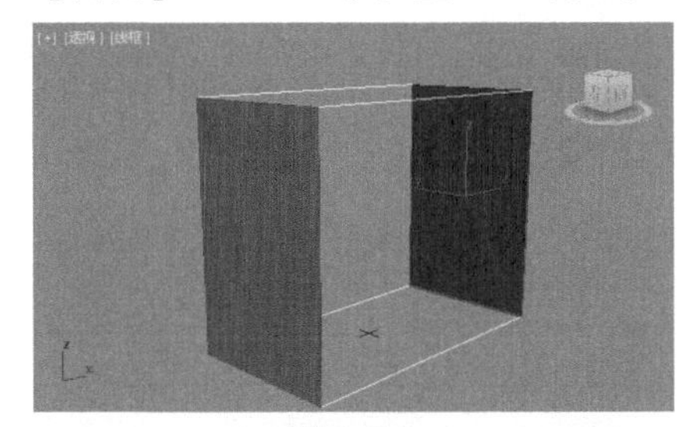

图5-500

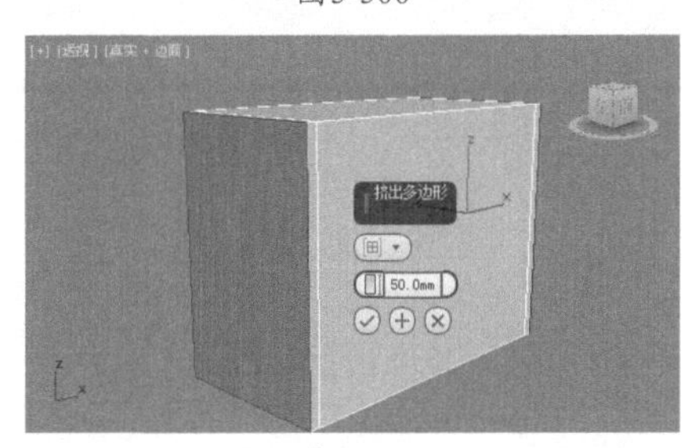

图5-501

04 进入【边】级别◁，选择如图5-502所示的边。单击【连接】后面的【设置】按钮■，设置【分段】为1，【滑块】为-87，如图5-503所示。

05 进入【多边形】级别■，选择如图5-504所示的多边形。单击【挤出】后面的【设置】按钮■、设置【高度】为100.0mm，如图5-505所示。

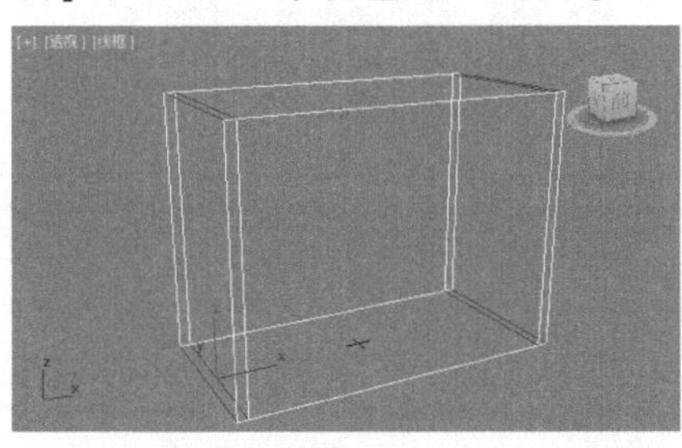

图5-502

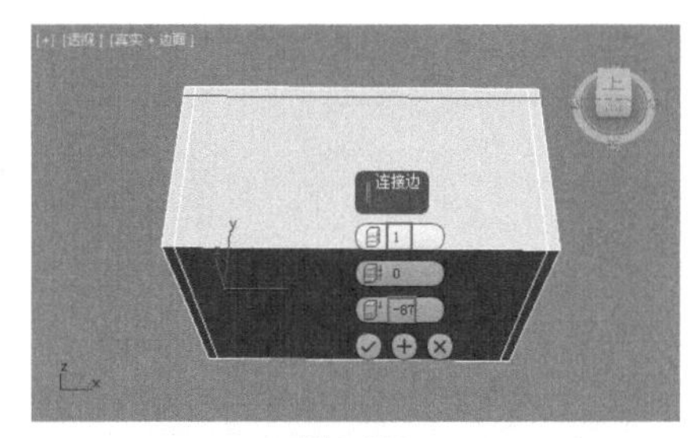

图5-503

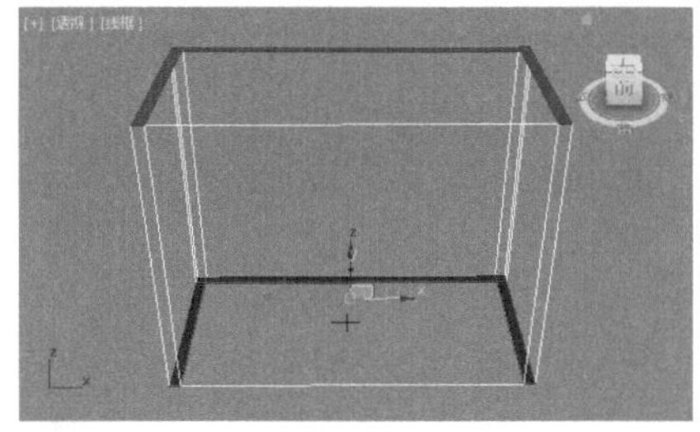

图5-504

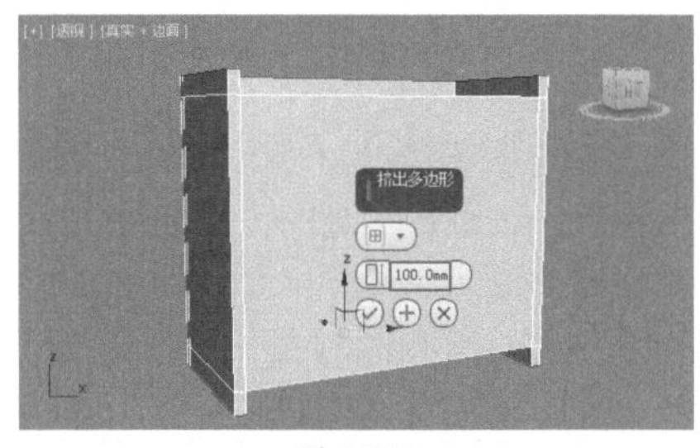

图5-505

06 进入【边】级别◁，选择如图5-506所示的边。单击【连接】后面的【设置】按钮■，设置【分段】为1、【滑块】为80，如图5-507所示。

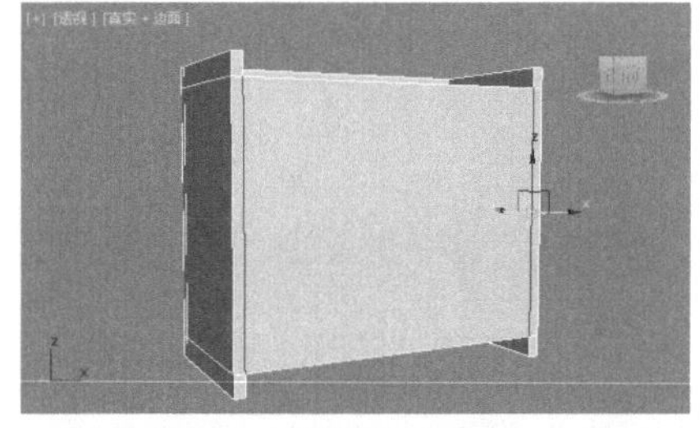

图5-506

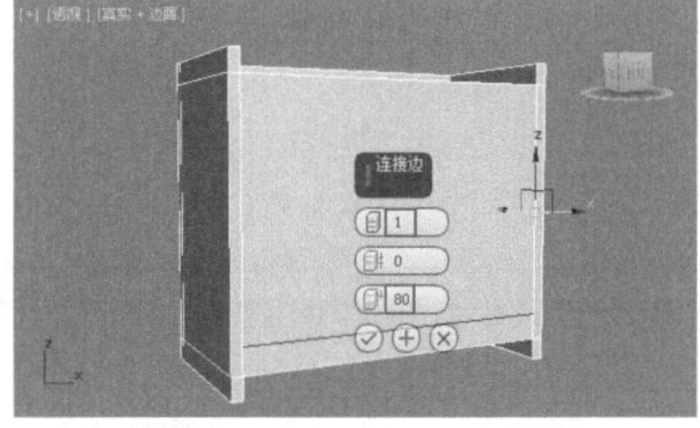

图5-507

07 选择如图5-508所示的边。单击【连接】后面的【设置】按钮，设置【分段】为2、【收缩】为89，如图5-509所示。

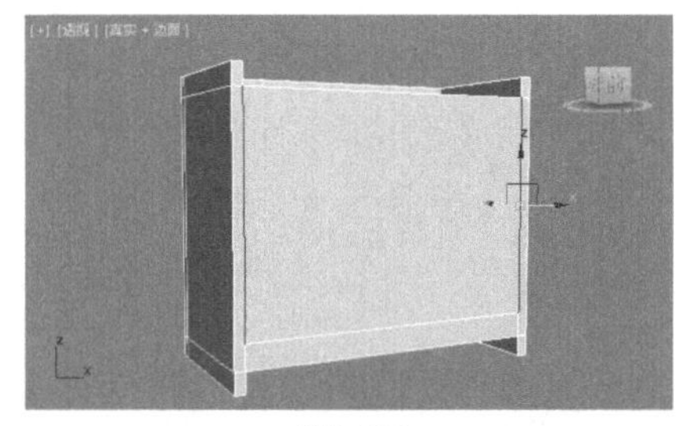

图5-508

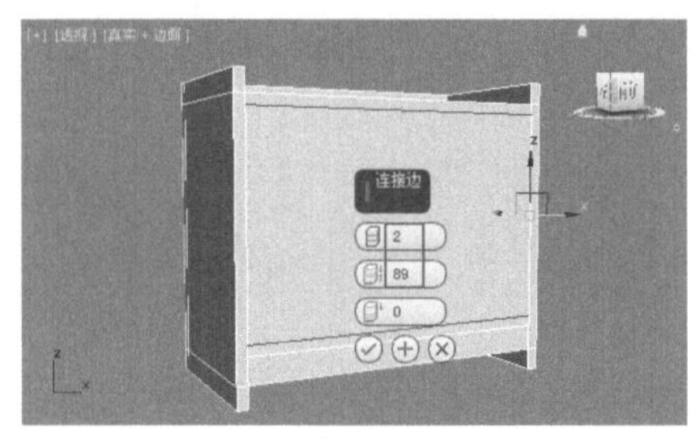

图5-509

08 选择如图5-510所示的边。单击【连接】后面的【设置】按钮，设置【分段】为2，如图5-511所示。

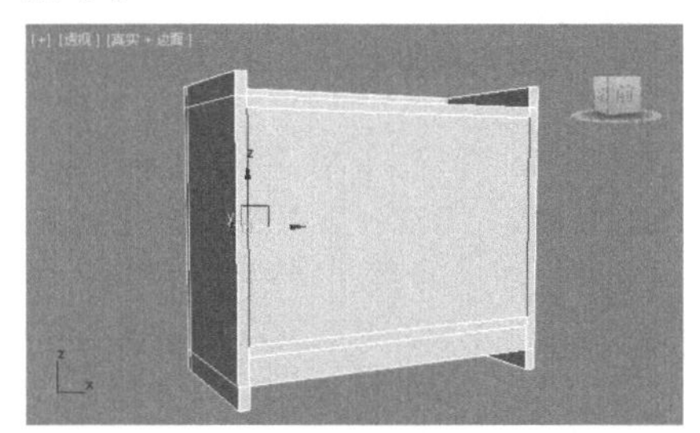

图5-510

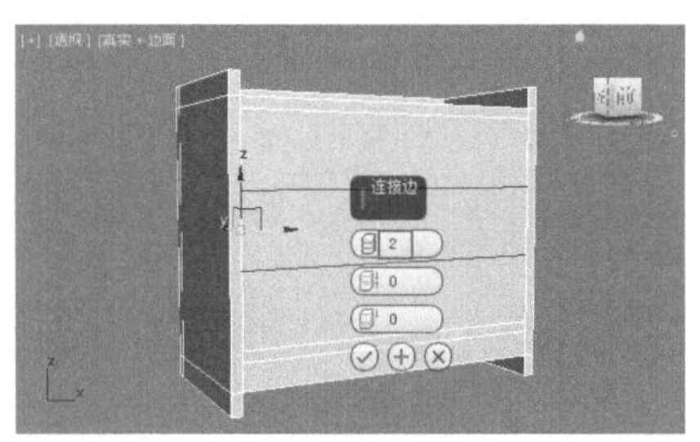

图5-511

09 选择如图5-512所示的边。单击【连接】后面的【设置】按钮，设置【分段】为2、【收缩】为-83，如图5-513所示。

10 进入【多边形】级别，选择如图5-514所示的多边形。单击【倒角】后面的【设置】按钮，选择【按多边形】田，设置【高度】为0.0mm、【轮廓】为-5.0mm，如图5-515所示。

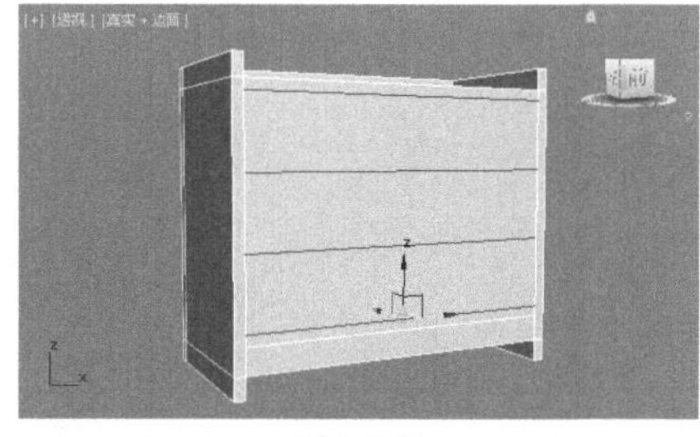

图5-512

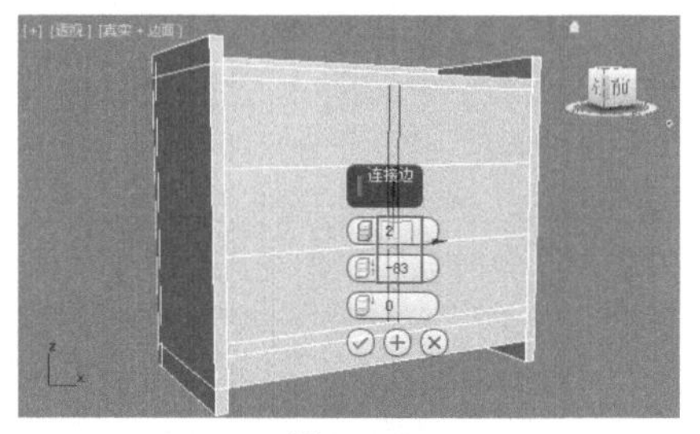

图5-513

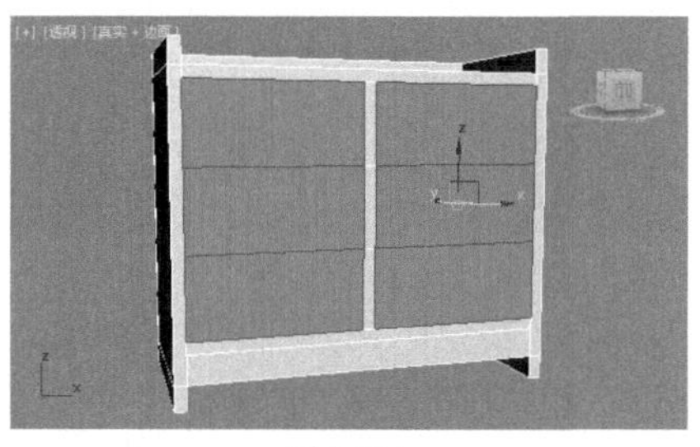

图5-514

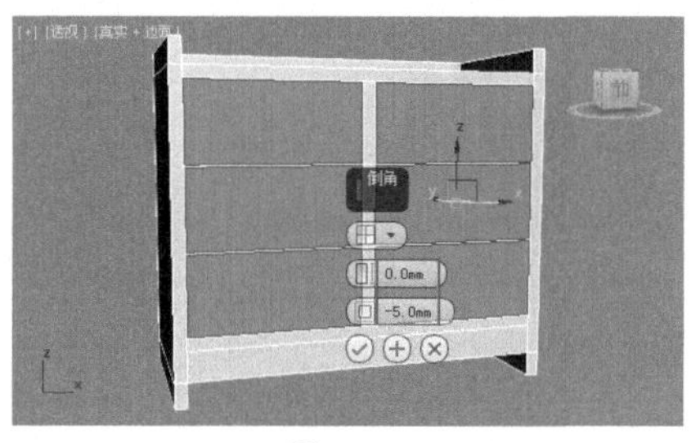

图5-515

11 接着单击【挤出】后面的【设置】按钮，设置【高度】为-700.0mm，如图5-516所示。

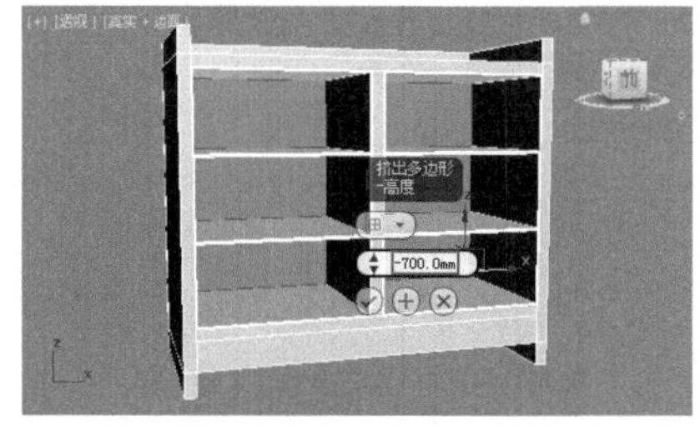

图5-516

12 在【前】视图中创建如图5-517所示的长方体。设置【长度】为317.0mm、【宽度】为715.0mm、【高度】为700.0mm，如图5-518和图5-519所示。

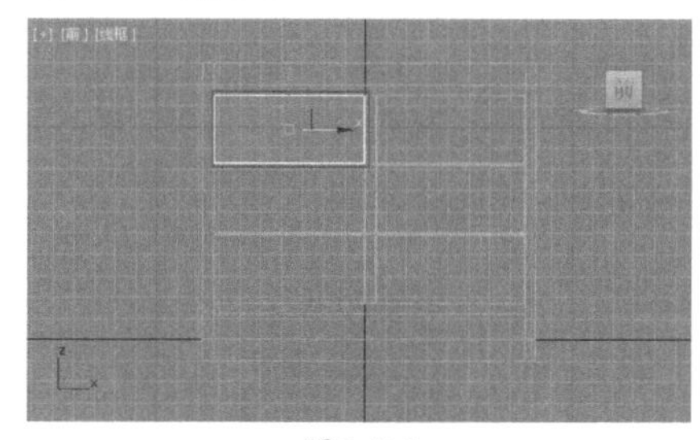

图5-517

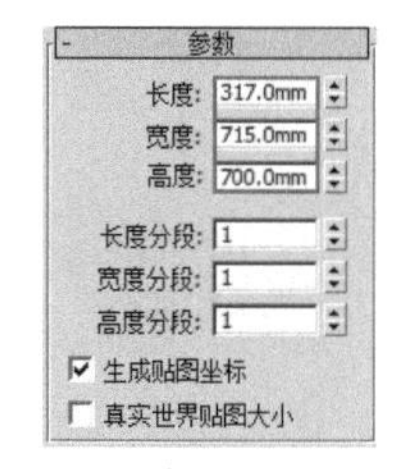

图5-518

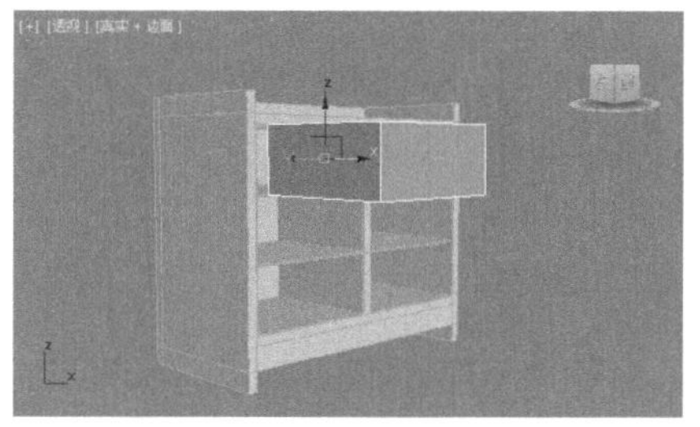

图5-519

13 将模型转换为可编辑多边形，进入【多边形】级别，选择如图5-520所示的多边形。单击【插入】后面的【设置】按钮，设置【数量】为10.0mm，如图5-521所示。

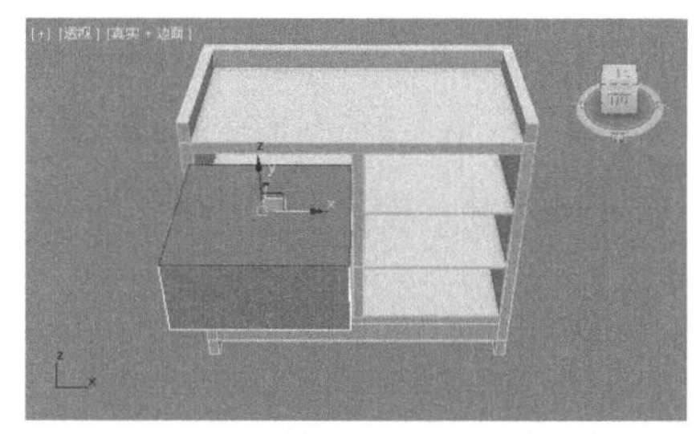

图5-520

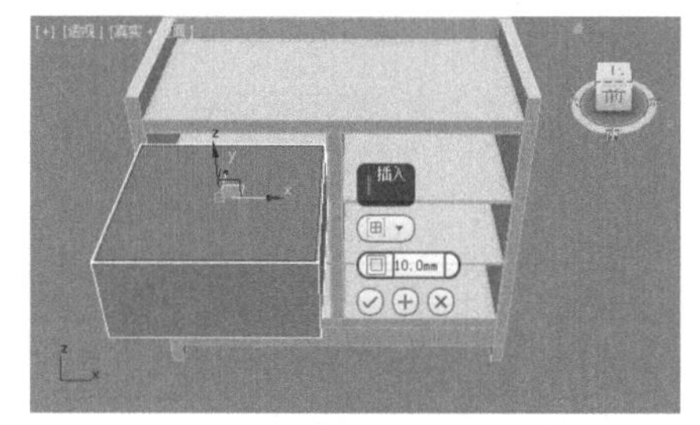

图5-521

14 接着单击【挤出】后面的【设置】按钮▣，设置【高度】为-300.0mm，如图5-522所示。将创建完的抽屉模型移动到合适的位置，如图5-523所示。

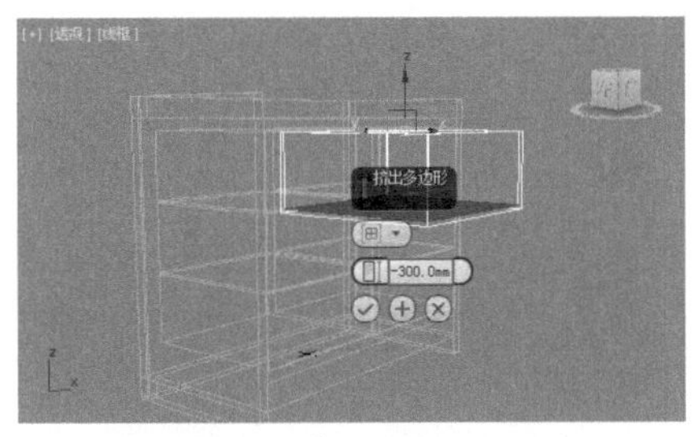

图5-522

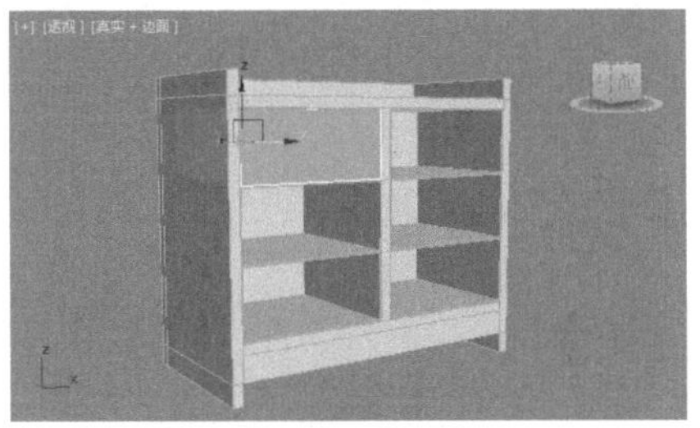

图5-523

15 在【前】视图中创建如图5-524所示的切角长方体。设置【长度】为15.0mm、【宽度】为100.0mm、【高度】为50.0mm、【圆角】为1.0mm、【圆角分段】为4，如图5-525所示。

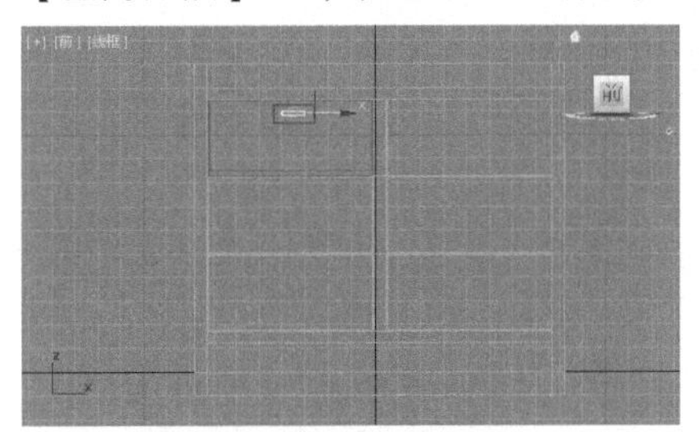

图5-524

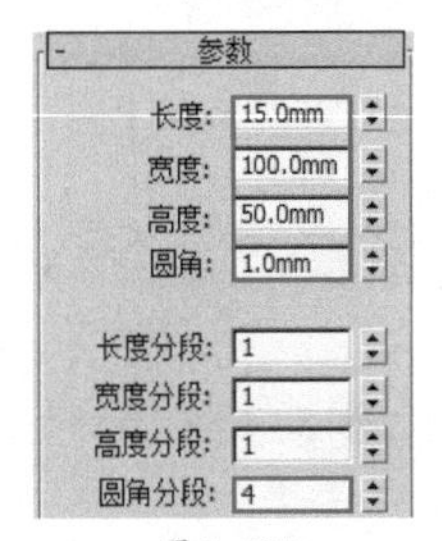

图5-525

16 在【透】视图中选择如图5-526所示的模型。在菜单栏中执行【组】|【组】命令，将两个模型成组，如图5-527所示。

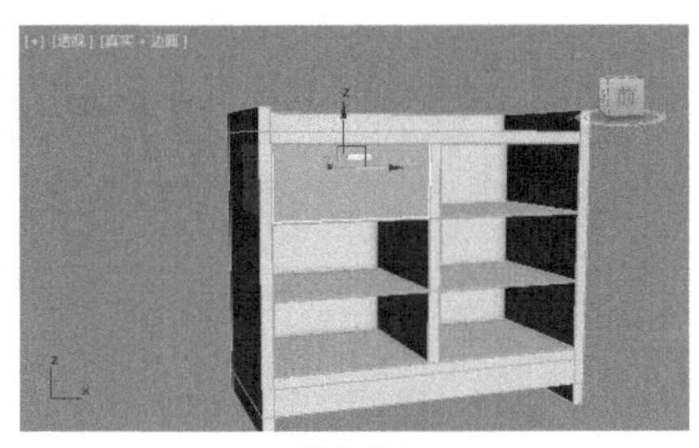

图5-526

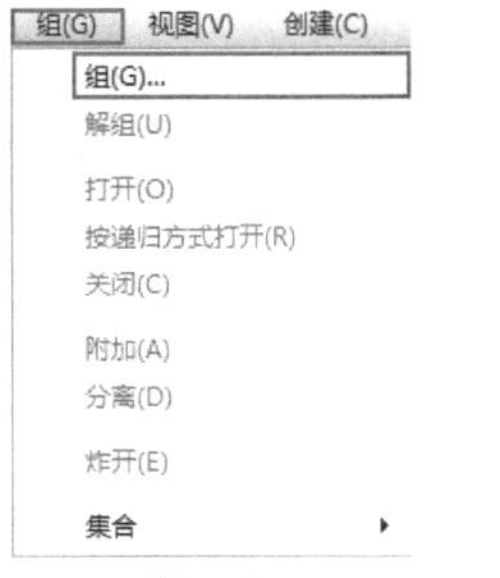

图5-527

17 接着按住Shift键，将成组模型再拖动复制出5个模型，将模型移动到合适的位置，如图5-528和图5-529所示。

图5-528

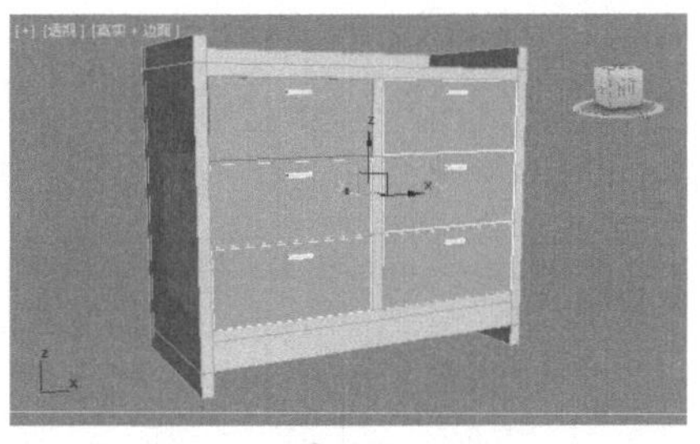

图5-529

18 此时模型已经创建完成，效果如图5-530所示。

图5-530

实例066 多边形建模制作多人沙发

文件路径	第5章\多边形建模制作多人沙发
难易指数	★★★★★
技术掌握	多边形建模

扫码深度学习

操作思路

本例通过将模型转换为可编辑多边形，并进行编辑操作，制作出多人沙发模型。

案例效果

案例效果如图5-531所示。

图5-531

操作步骤

01 在【顶】视图中创建如图5-532所示的长方体。设置【长度】为1000.0mm、【宽度】为1600.0mm、【高度】为100.0mm，如图5-533所示。

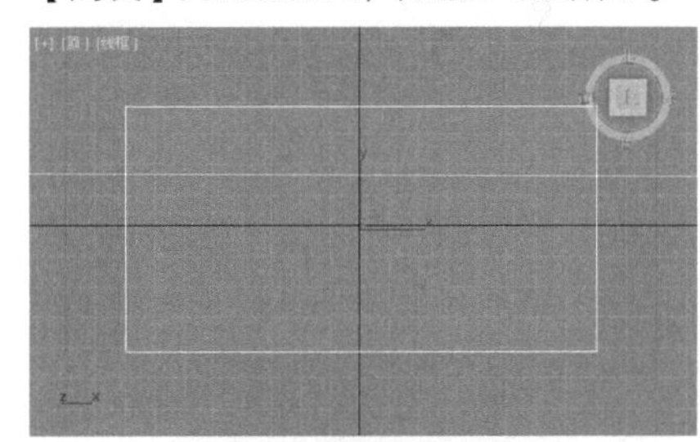

图5-532

参数

长度: 1000.0mm
宽度: 1600.0mm
高度: 100.0mm
长度分段: 1
宽度分段: 1
高度分段: 1

图5-533

02 选中模型，并将模型转换为可编辑多边形，如图5-534所示。

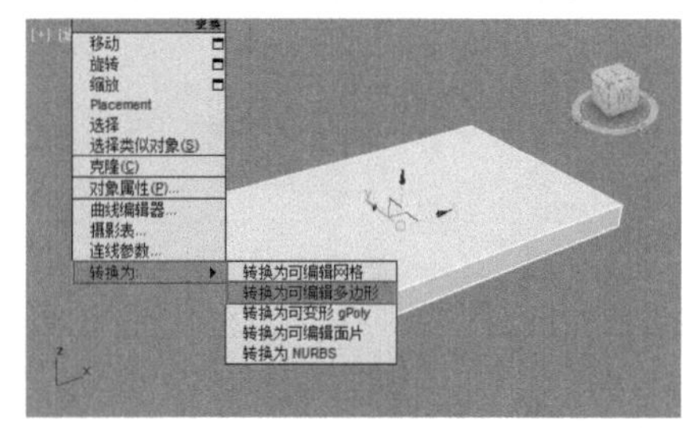

图5-534

03 进入【边】级别，选择如图5-535所示的边。单击【连接】后面的【设置】按钮，设置【分段】为2、【收缩】为84，如图5-536所示。

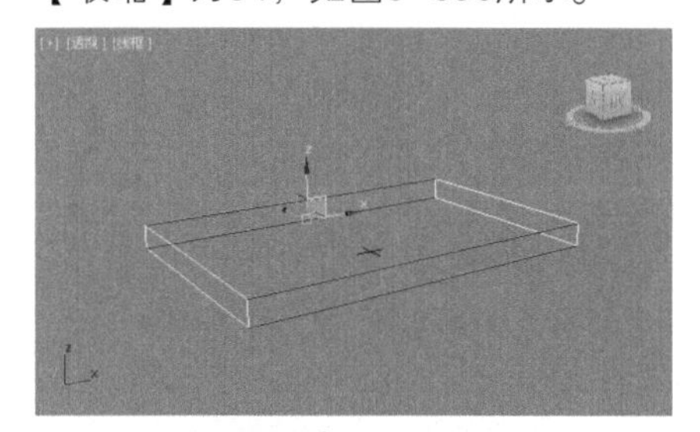

图5-535

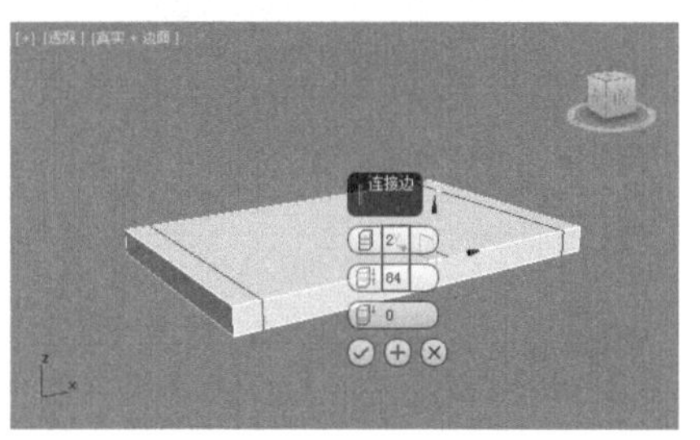

图5-536

04 进入【边】级别，选择如图5-537所示的边。单击【连接】后面的【设置】按钮，设置【分段】为2、【收缩】为75，如图5-538所示。

05 进入【多边形】级别，选择如图5-539所示的多边形。单击【挤出】后面的【设置】按钮，设置【高度】为500.0mm，如图5-540所示。

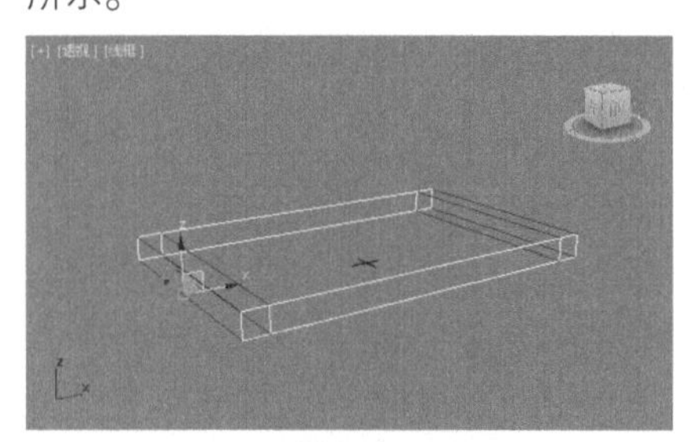

图5-537

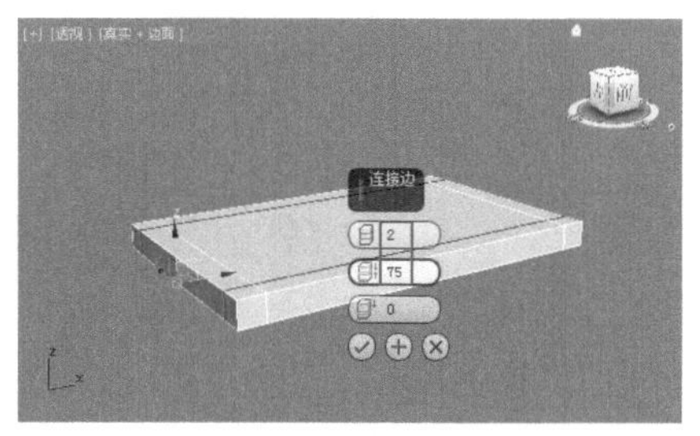

图5-538

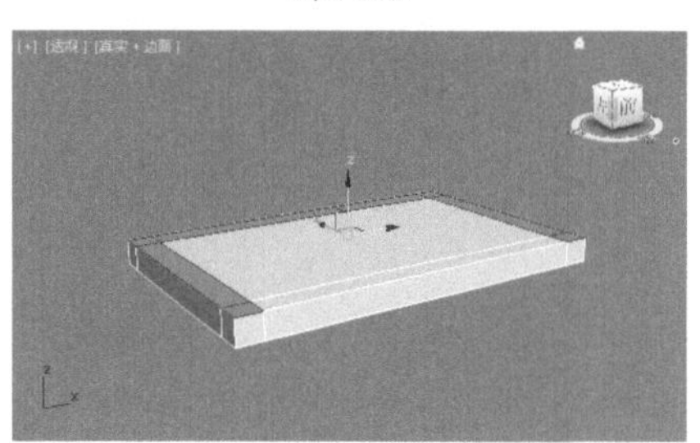

图5-539

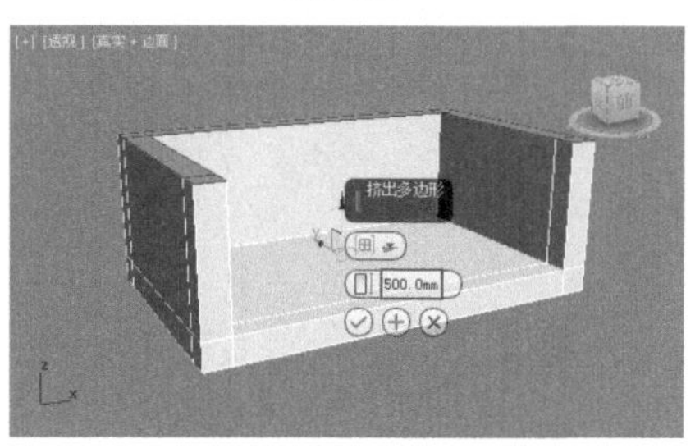

图5-540

06 进入【边】级别，选择如图5-541所示的边。单击【切角】后面的【设置】按钮，设置【边切角量】为3.0mm、【连接边分段】为3，如图5-542所示。

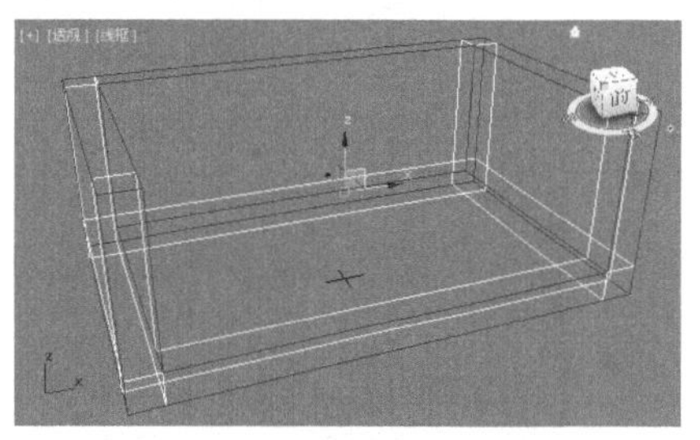

图5-541

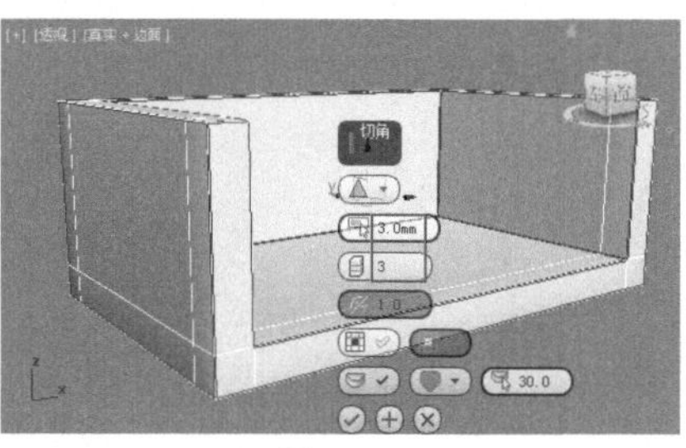

图5-542

07 为模型加载【网格平滑】修改器，并设置【迭代次数】为3，如图5-543所示。效果如图5-544所示。

图5-543

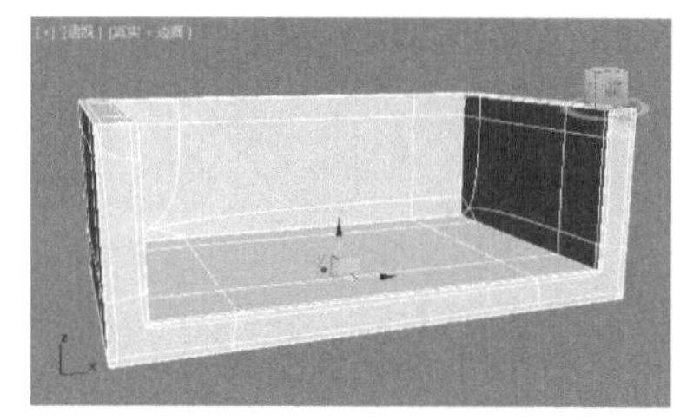

图5-544

08 在【透】视图中选择模型，并进行等比缩放复制，如图5-545所示。

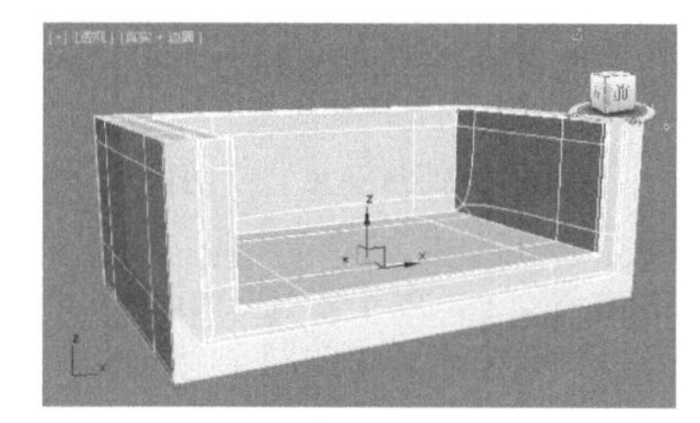

图5-545

09 进入【多边形】级别，选择如图5-546所示的多边形。沿Z轴向上拖动，如图5-547所示。

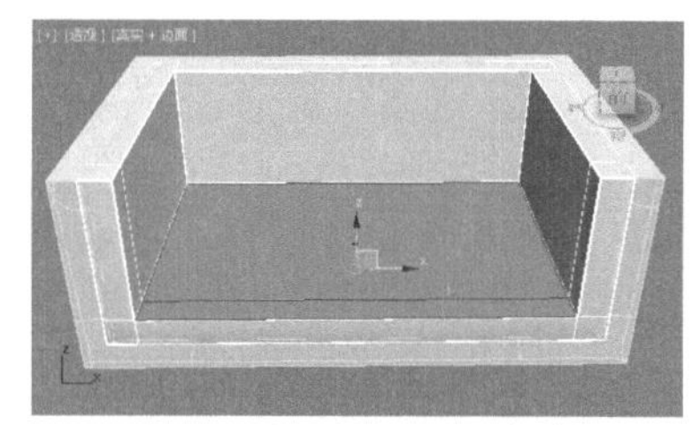

图5-546

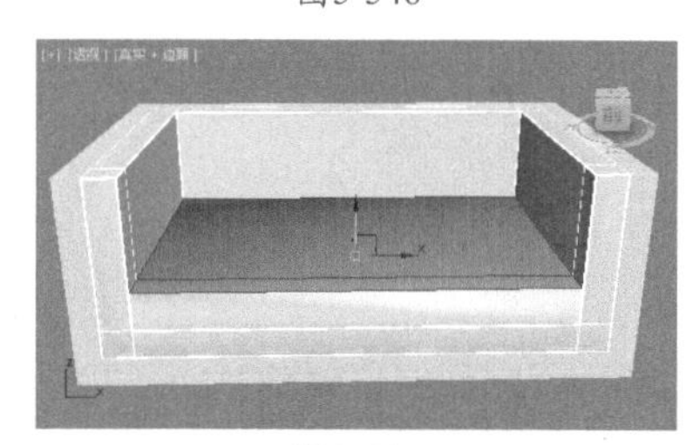

图5-547

10 进入【多边形】级别，选择如图5-548所示的多边形。沿Y轴拖动，如图5-549所示。

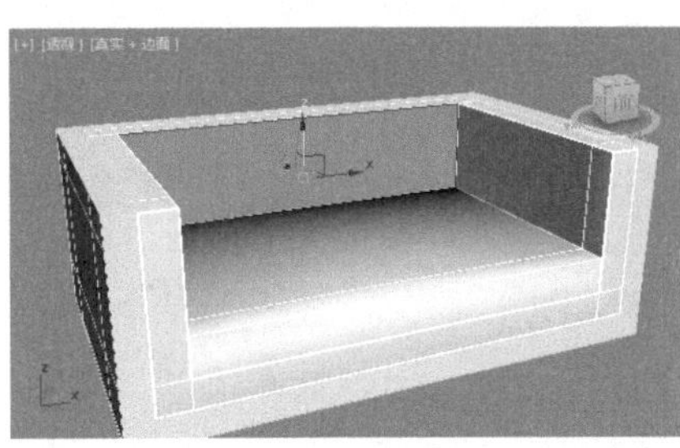

图5-548

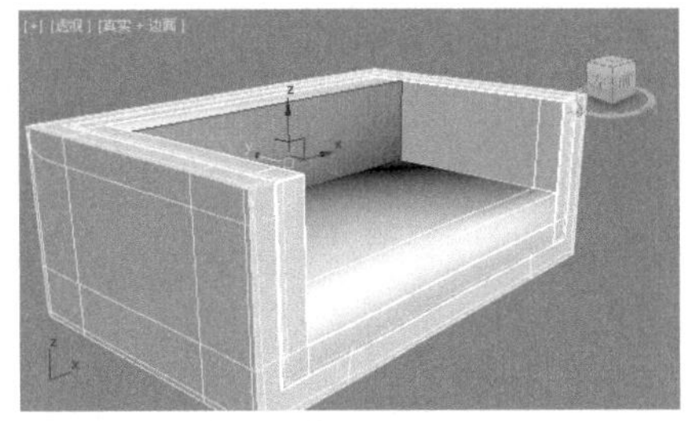

图5-549

11 进入【多边形】级别■，选择如图5-550所示的多边形。沿X轴拖动，如图5-551所示。

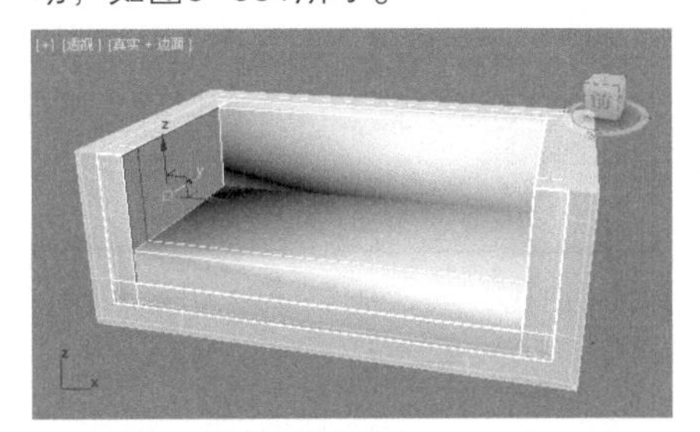

图5-550

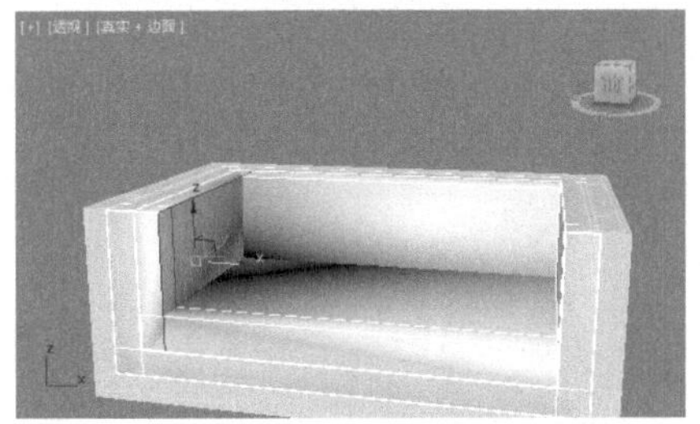

图5-551

12 进入【多边形】级别■，选择如图5-552所示的多边形。沿X轴拖动，如图5-553所示。

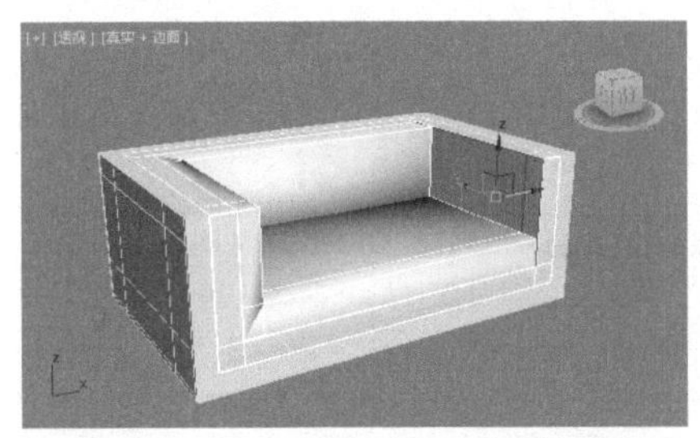

图5-552

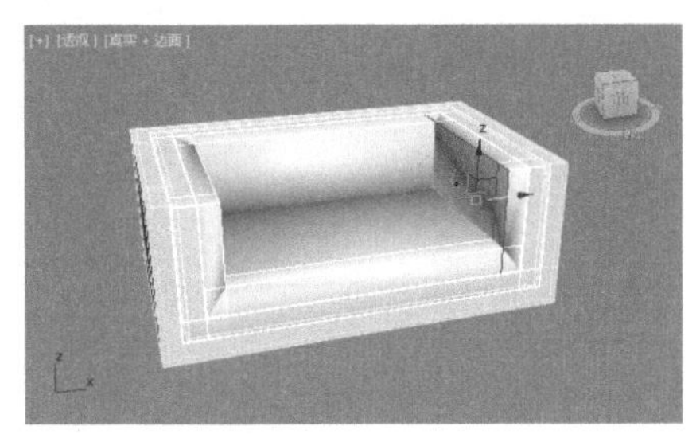

图5-553

13 此时查看效果，如图5-554所示。

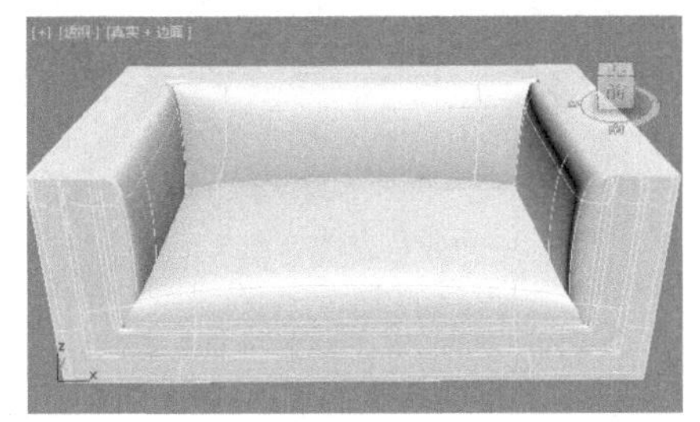

图5-554

14 在【顶】视图中创建如图5-555所示的4个圆柱体。设置【半径】为30.0mm、【高度】为250.0mm、【边数】为30，如图5-556所示。

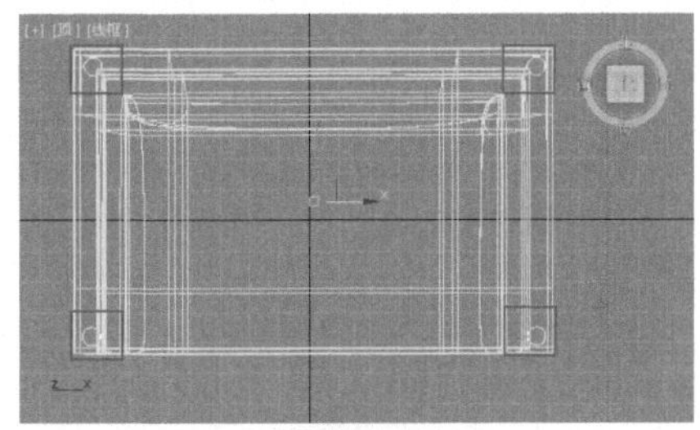

图5-555

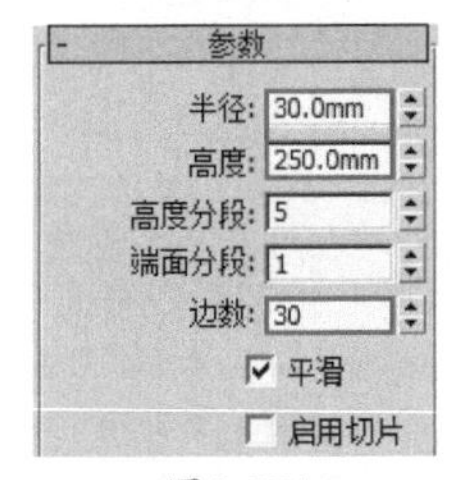

图5-556

15 此时模型已经创建完成，效果如图5-557所示。

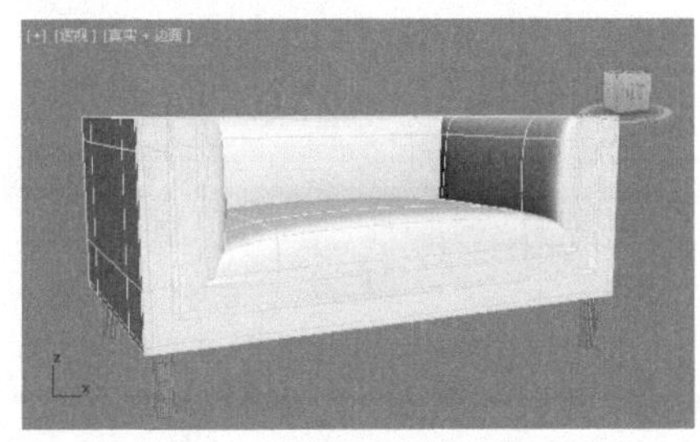

图5-557

实例067 多边形建模制作新古典沙发

文件路径	第5章\多边形建模制作新古典沙发
难易指数	★★★★★
技术掌握	多边形建模

扫码深度学习

操作思路

本例通过将模型转换为可编辑多边形，并进行编辑操作，制作出新古典沙发模型。

案例效果

案例效果如图5-558所示。

图5-558

操作步骤

01 在【顶】视图中创建如图5-559所示的长方体。设置【长度】为700.0mm、【宽度】为1500.0mm、【高度】为100.0mm，如图5-560所示。

图5-559

参数

长度: 700.0mm
宽度: 1500.0mm
高度: 100.0mm
长度分段: 1
宽度分段: 1
高度分段: 1

图5-560

02 选择模型，并将模型转换为可编辑多边形，如图5-561所示。

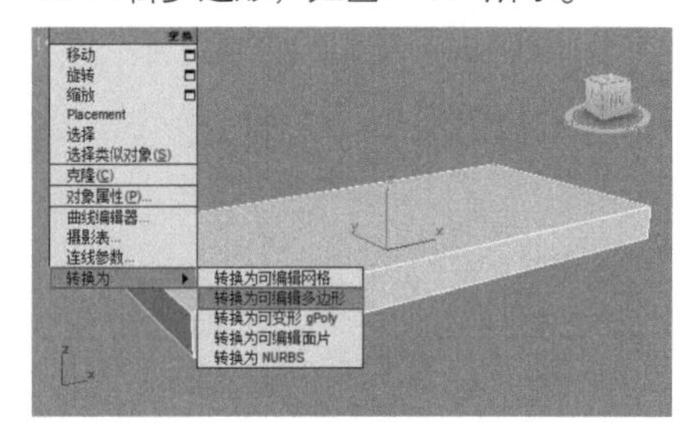

图5-561

03 进入【边】级别，选择如图5-562所示的边。单击【连接】后面的【设置】按钮，设置【分段】为2、【收缩】为84，如图5-563所示。

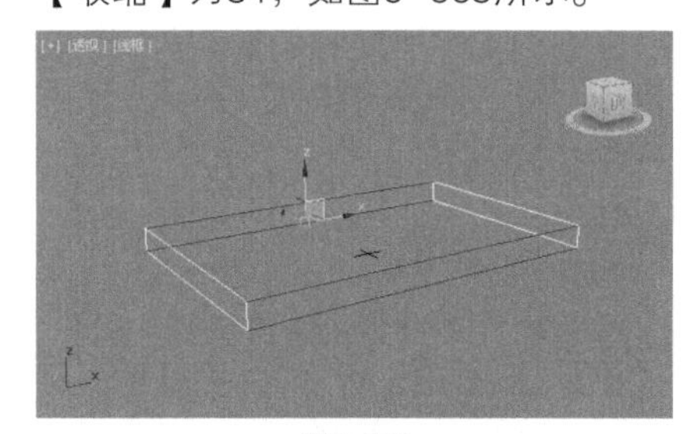
图5-562

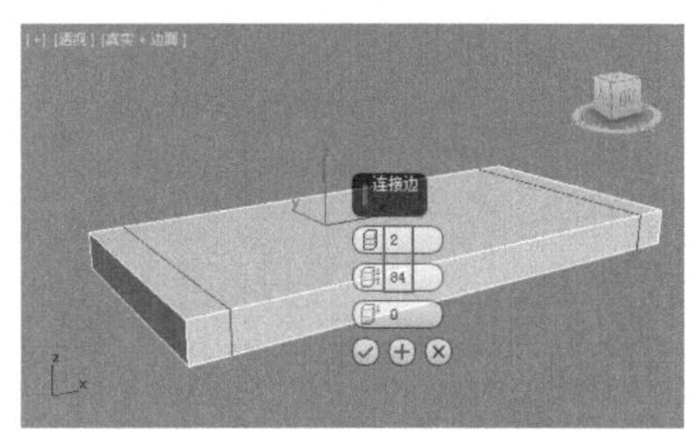

图5-563

04 进入【边】级别，选择如图5-564所示的边。单击【连接】后面的【设置】按钮，设置【分段】为1、【滑块】为75，如图5-565所示。

05 进入【多边形】级别，选择如图5-566所示的多边形。单击【挤出】后面的【设置】按钮，设置【高度】为500.0mm，如图5-567所示。

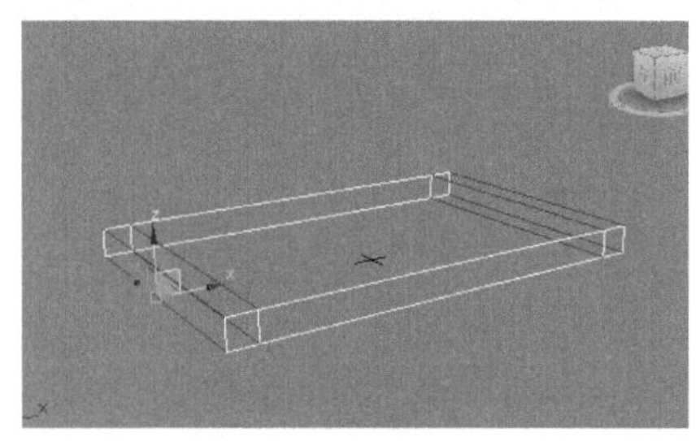
图5-564

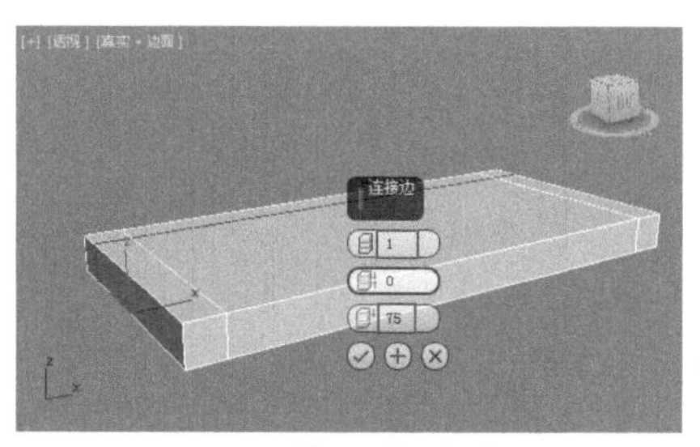

图5-565

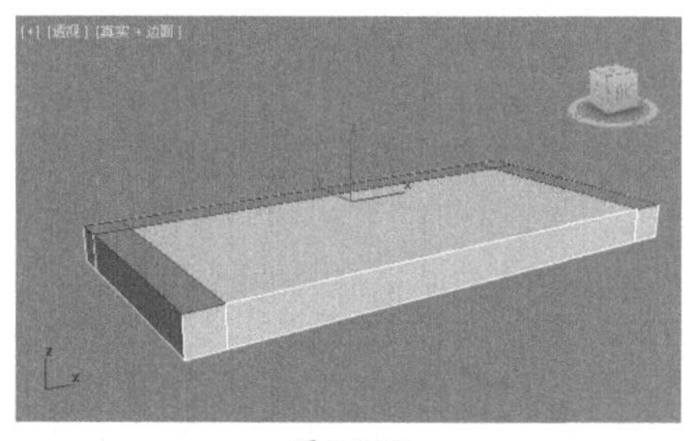
图5-566

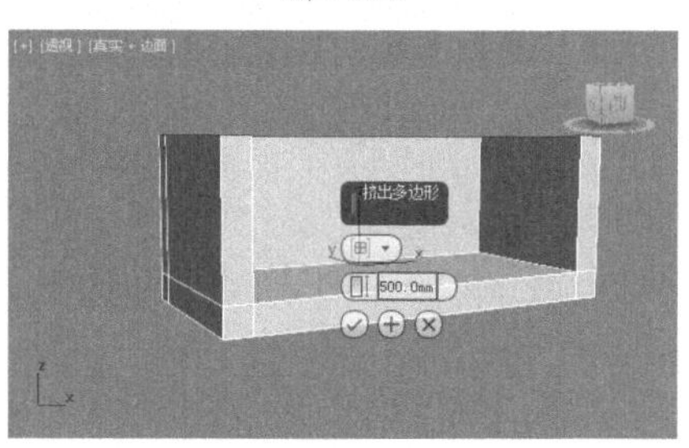

图5-567

06 进入【边】级别，选择如图5-568所示的边。单击【连接】后面的【设置】按钮，设置【分段】为3，如图5-569所示。

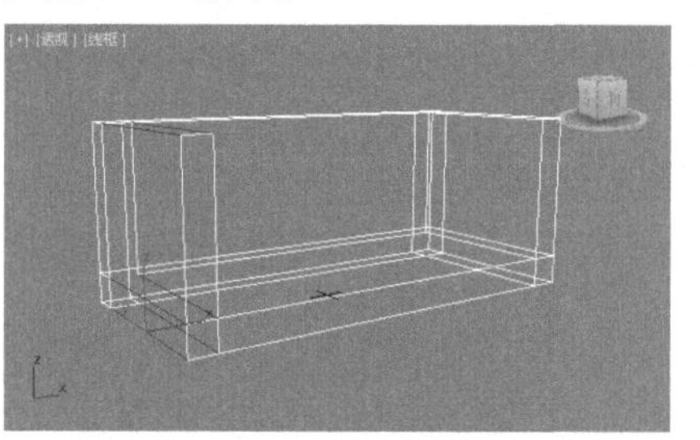
图5-568

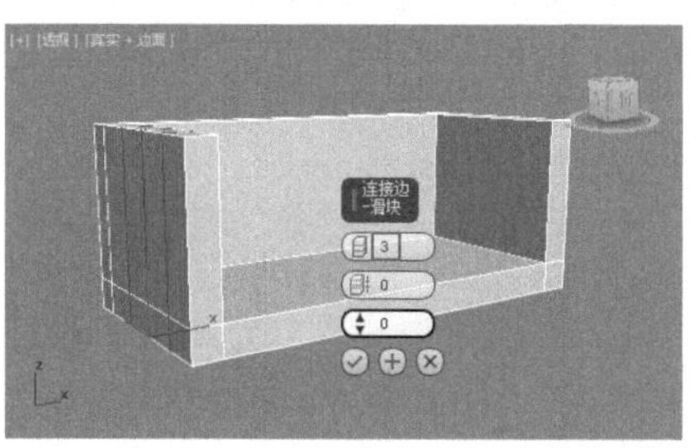

图5-569

07 进入【边】级别，选择如图5-570所示的边。单击【连接】后面的【设置】按钮，设置【分段】为3，如图5-571所示。

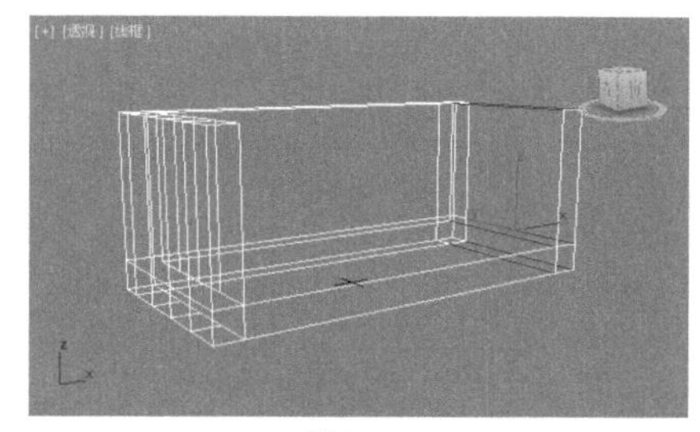
图5-570

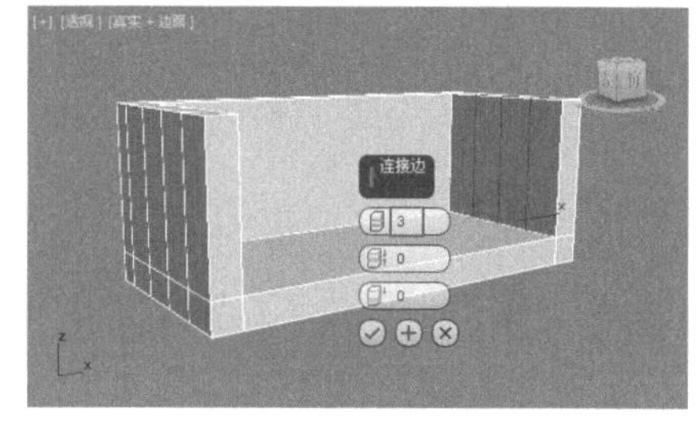

图5-571

08 进入【顶点】级别，选择如图5-572所示的顶点。沿Z轴向下拖动，如图5-573所示。

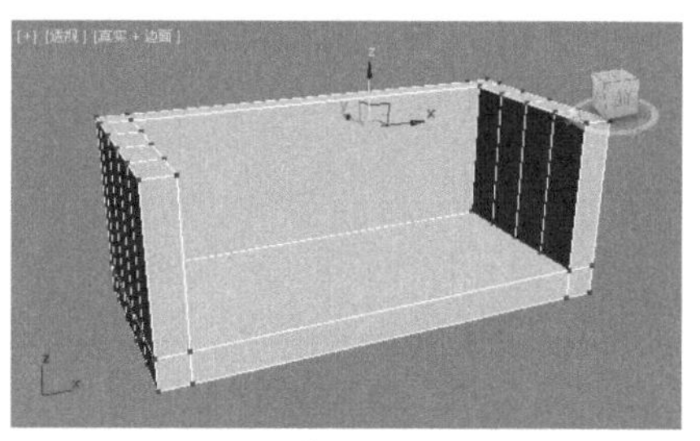
图5-572

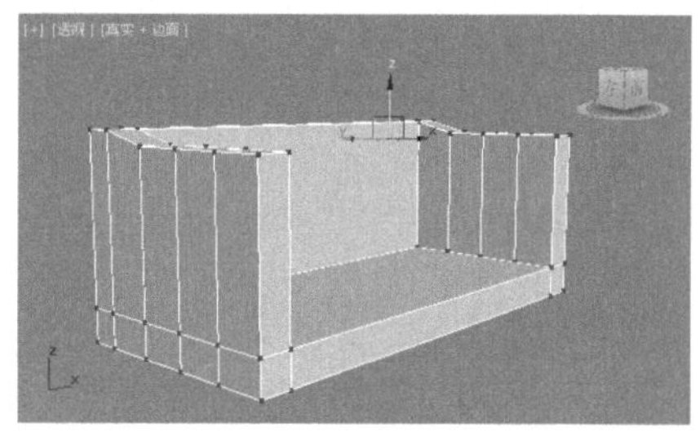
图5-573

09 进入【顶点】级别，选择如图5-574所示的顶点。沿Z轴向下拖动，如图5-575所示。

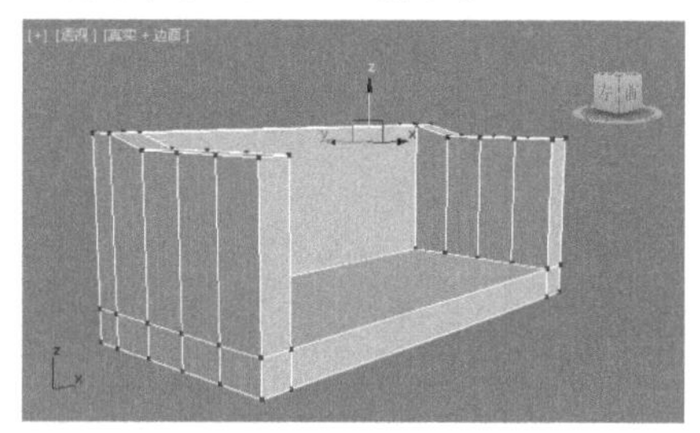
图5-574

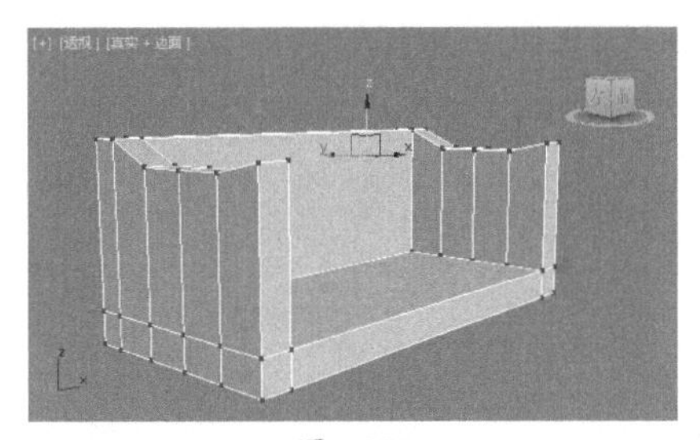
图5-575

10 进入【顶点】级别 ，选择如图5-576所示的顶点。沿Z轴向下拖动，如图5-577所示。

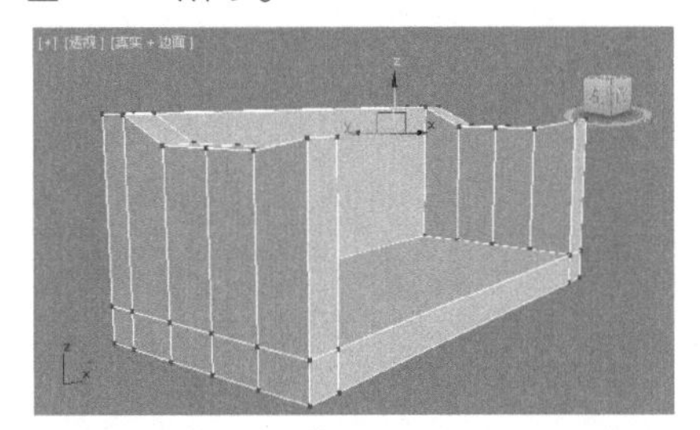
图5-576

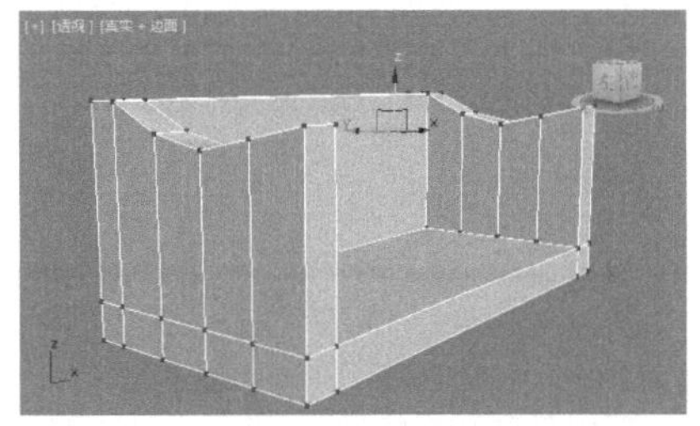
图5-577

11 进入【边】级别 ，选择如图5-578所示的边。单击【切角】后面的【设置】按钮 ，设置【边切角量】为3.0mm、【连接边分段】3，如图5-579所示。

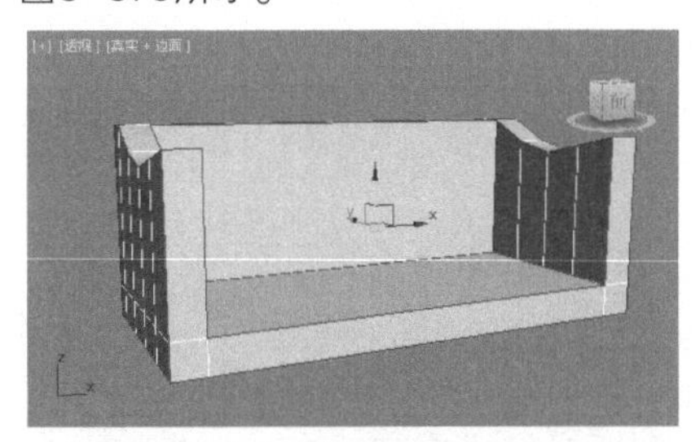
图5-578

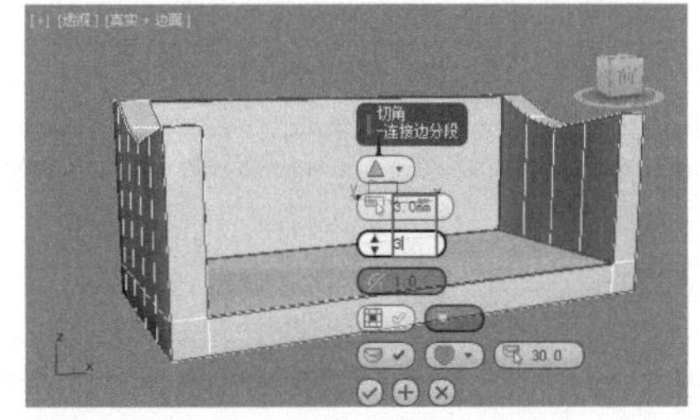
图5-579

12 为模型加载【网格平滑】修改器，设置【迭代次数】为3，如图5-580所示。效果如图5-581所示。

图5-580

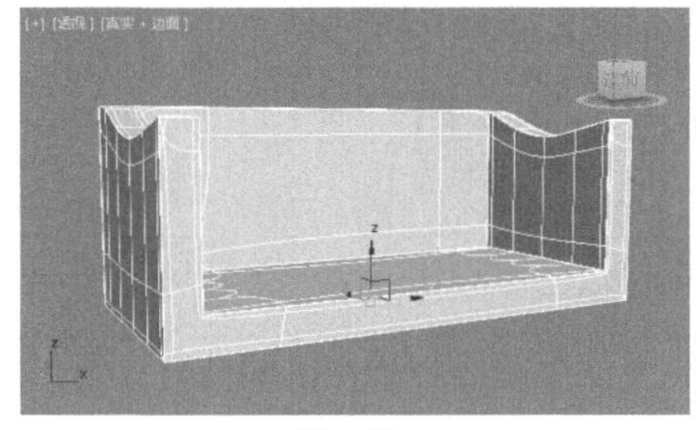
图5-581

13 在【顶】视图中创建如图5-582所示的长方体。设置【长度】为605.0mm、【宽度】为1300.0mm、【高度】为100.0mm，如图5-583所示。

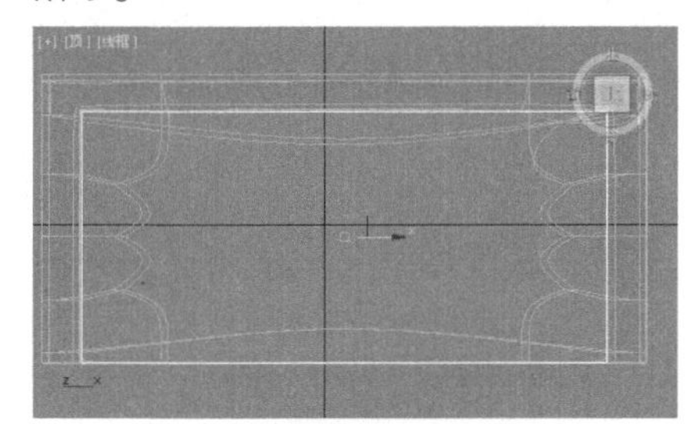
图5-582

图5-583

14 将模型转换为可编辑多边形，进入【边】级别 ，选择如图5-584所示的边。单击【切角】后面的【设置】按钮 ，设置【边切角量】为5.0mm、【连接边分段】为3，如图5-585所示。

15 选择如图5-586所示的边。单击【利用所选内容创建图形】按钮 利用所选内容创建图形 ，并在弹出的【创建图形】对话框中选择【线性】复选框，如图5-587所示。

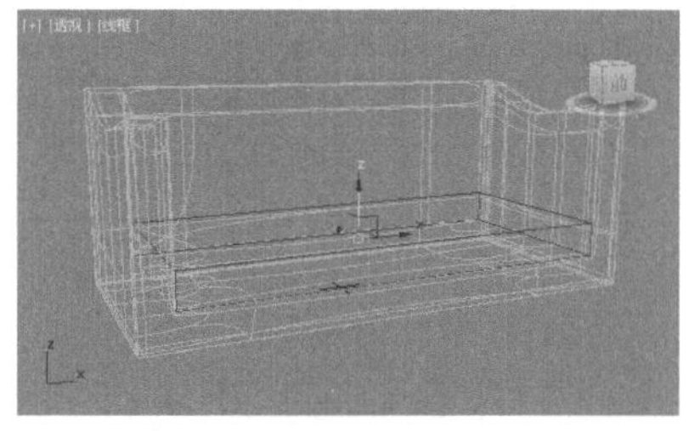
图5-584

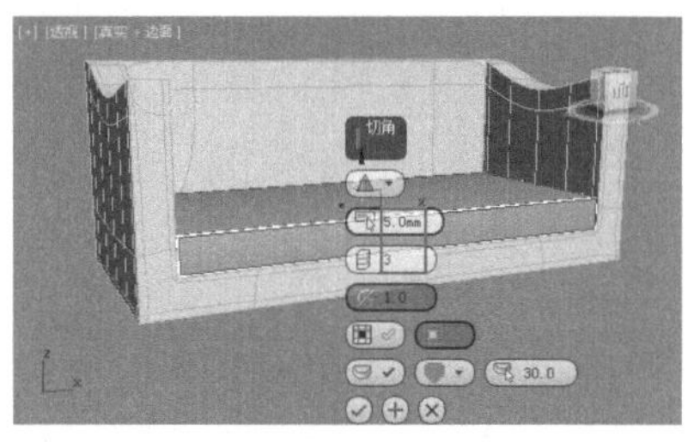
图5-585

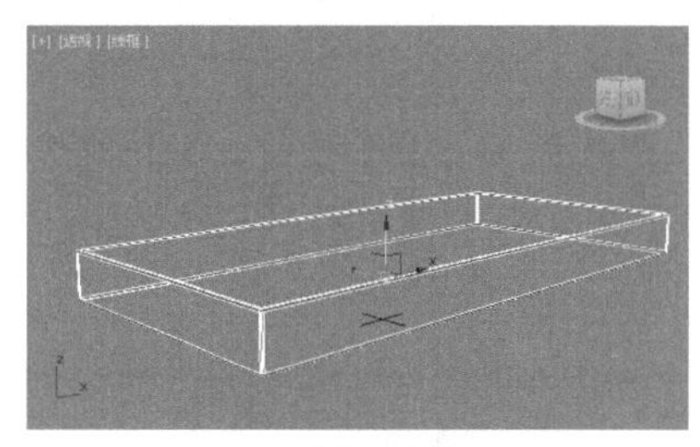
图5-586

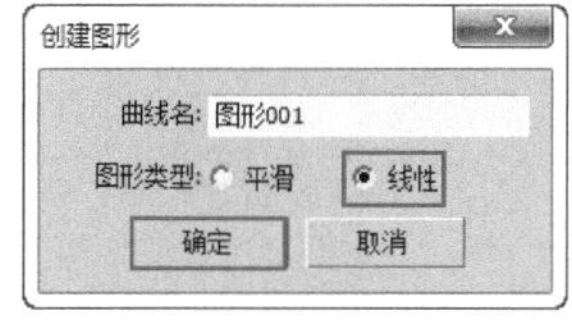

图5-587

16 选择刚刚创建的图形，如图5-588所示。在【渲染】卷展栏中勾选【在渲染中启用】和【在视口中启用】复选框，设置【厚度】为5.0mm，如图5-589所示。效果如图5-590所示。

17 选择如图5-591所示的模型。为其加载【网格平滑】修改器，设置【迭代次数】为3，如图5-592所示。效果如图5-593所示。

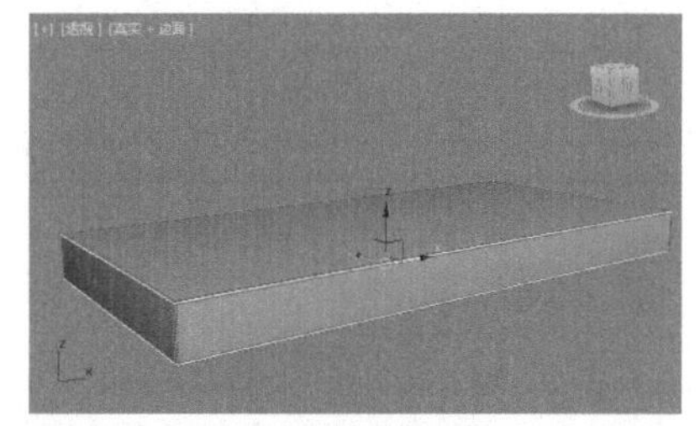
图5-588

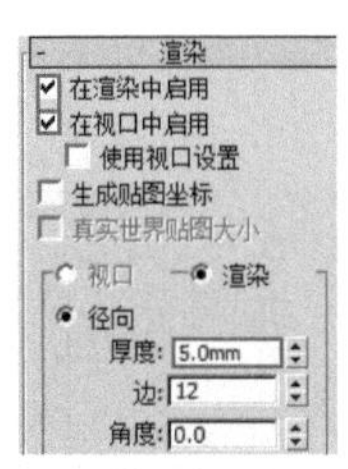

图5-589

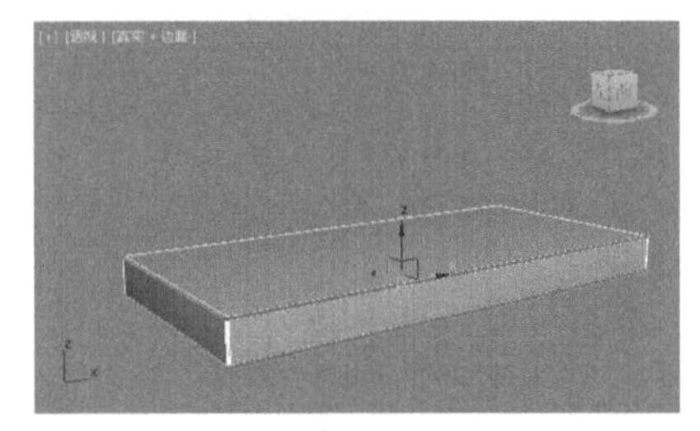
图5-590

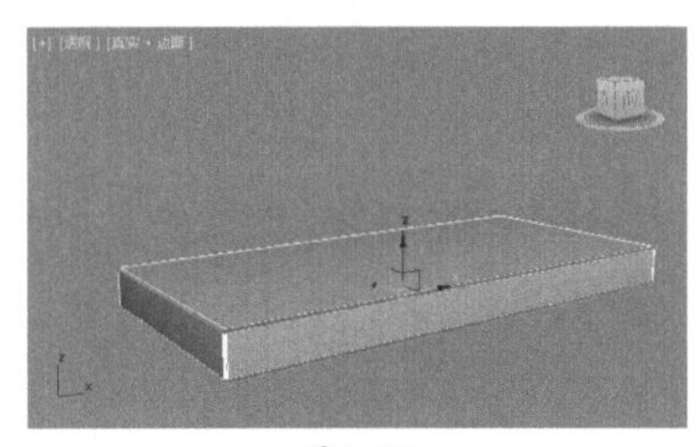
图5-591

图5-592

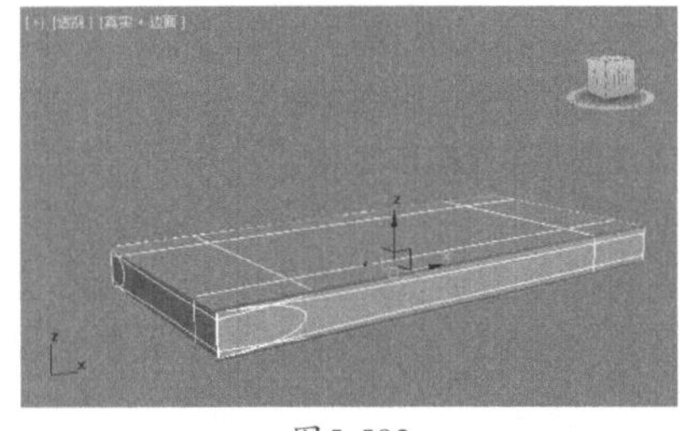
图5-593

18 进入【多边形】级别■，选择如图5-594所示的多边形。沿Z轴向上拖动，如图5-595所示。

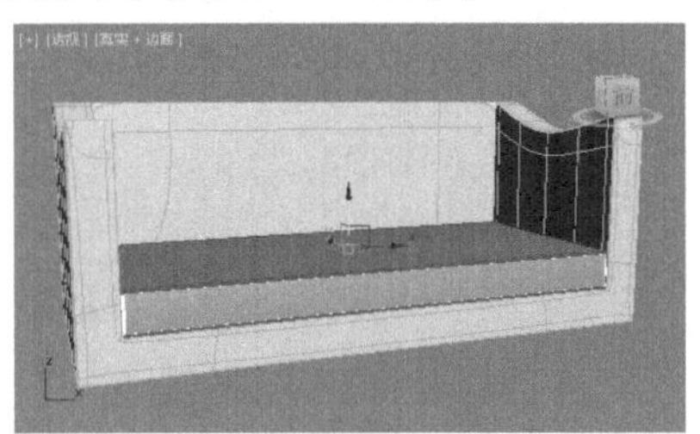
图5-594

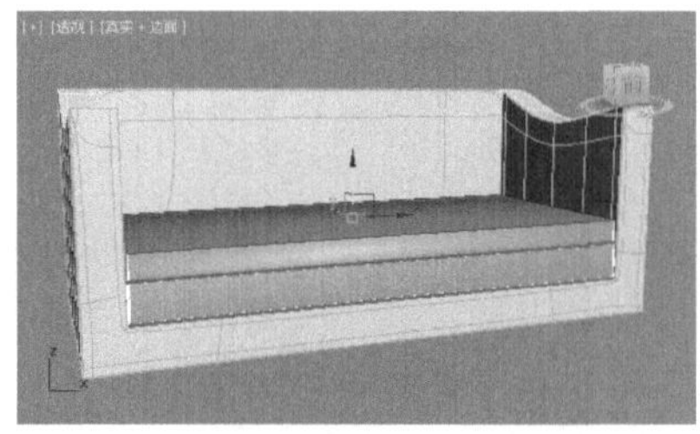
图5-595

19 此时模型的效果如图5-596所示。

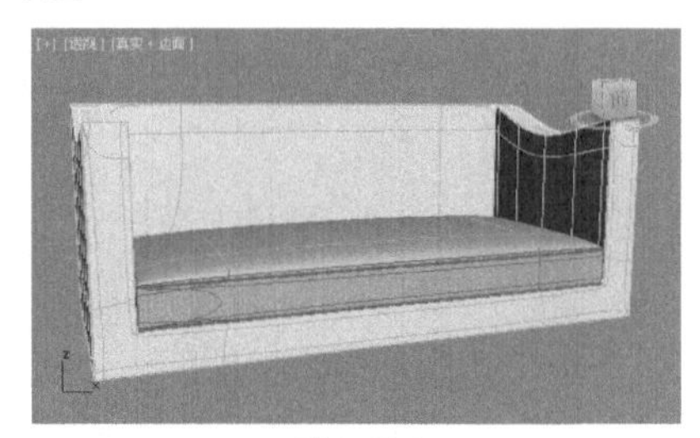
图5-596

20 在【顶】视图中创建如图5-597所示的长方体。设置【长度】为70.0mm、【宽度】为70.0mm、【高度】为300.0mm，如图5-598所示。

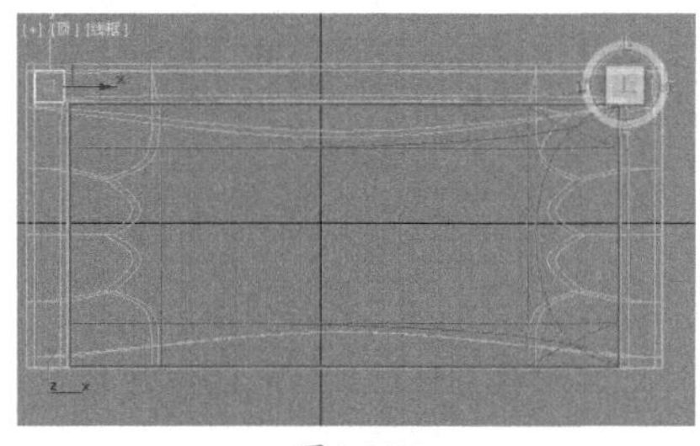
图5-597

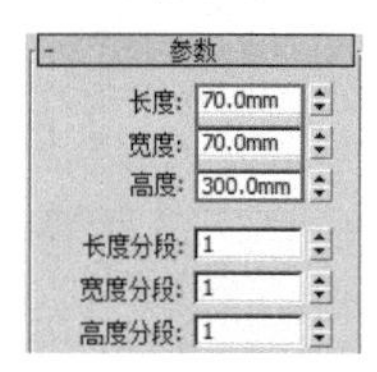

图5-598

21 将模型转换为可编辑多边形，进入【多边形】级别■，并在【透】视图中选择如图5-599所示的多边形。接着将多边形向内进行等比缩放，如图5-600所示。

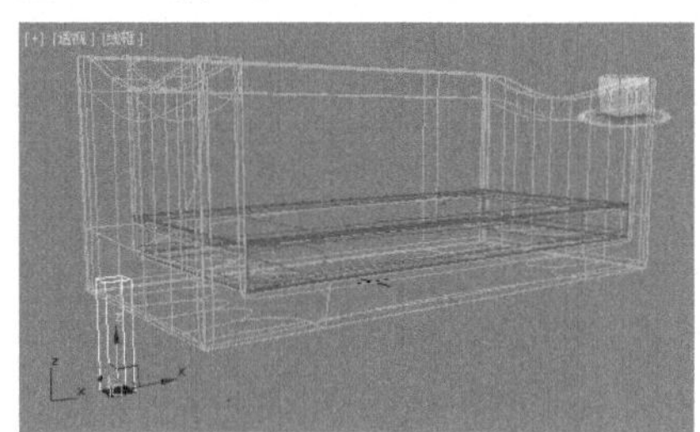
图5-599

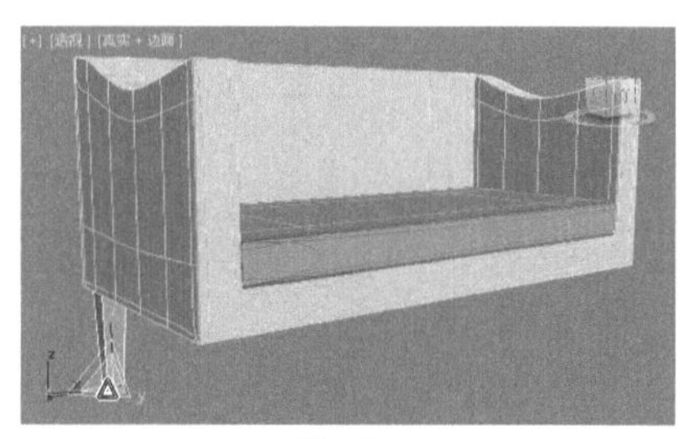
图5-600

22 按住Shift键，再次将模型复制出3个模型，如图5-601所示。将复制的3个模型移动到合适的位置，如图5-602所示。

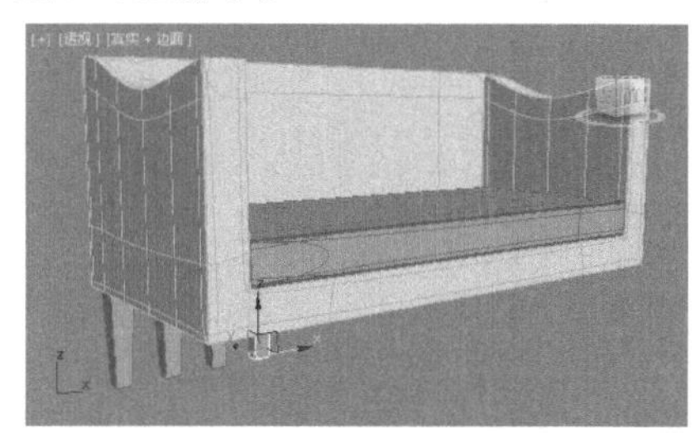
图5-601

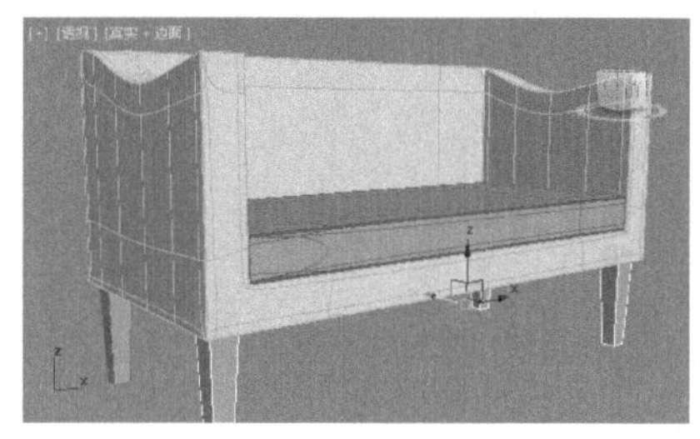
图5-602

23 在【前】视图中创建如图5-603所示的球体。设置【半径】为33.0mm、【半球】为0.5，如图5-604所示。将模型移动到合适的位置，如图5-605所示。

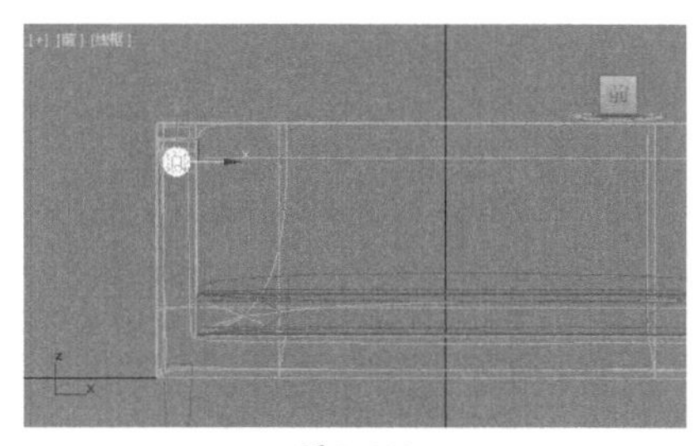
图5-603

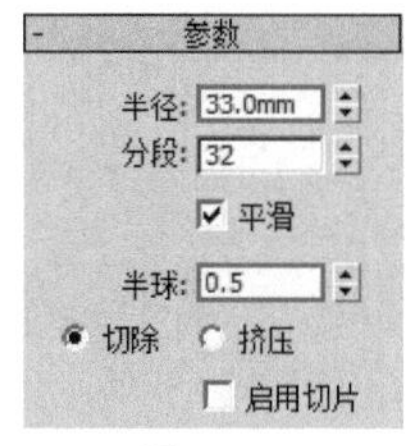

图5-604

图5-605

24 按住Shift键，将模型沿Z轴向下拖动，再复制出5个模型，如图5-606所示。选择如图5-607所示的模型，按住Shift键，将其拖动复制到合适的位置，如图5-608所示。

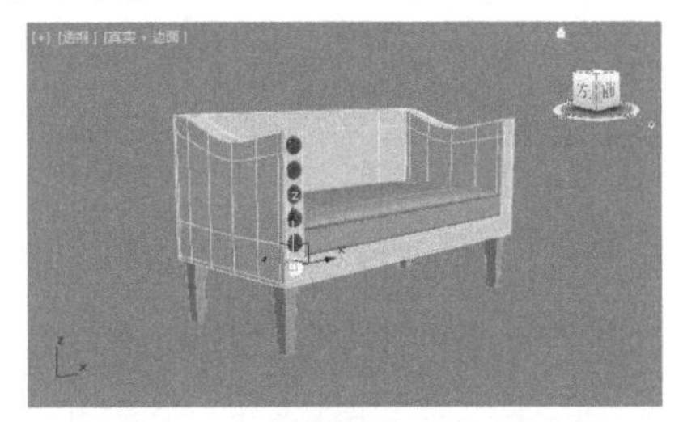

图5-606

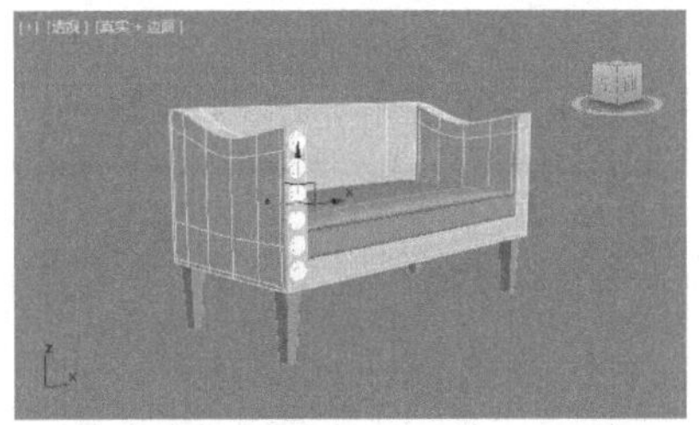

图5-607

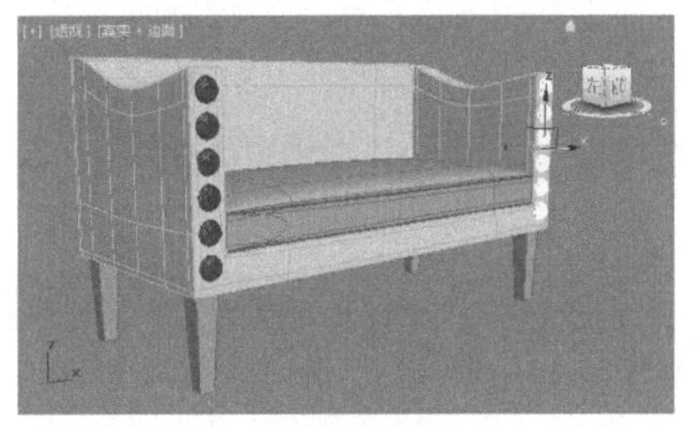

图5-608

25 选择如图5-609所示的模型。按住Shift键，将模型沿X轴复制旋转90°，如图5-610所示。将其移动到合适的位置，如图5-611所示。

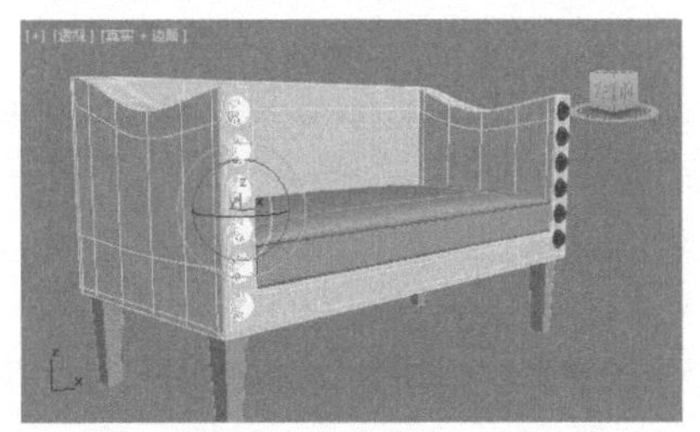

图5-609

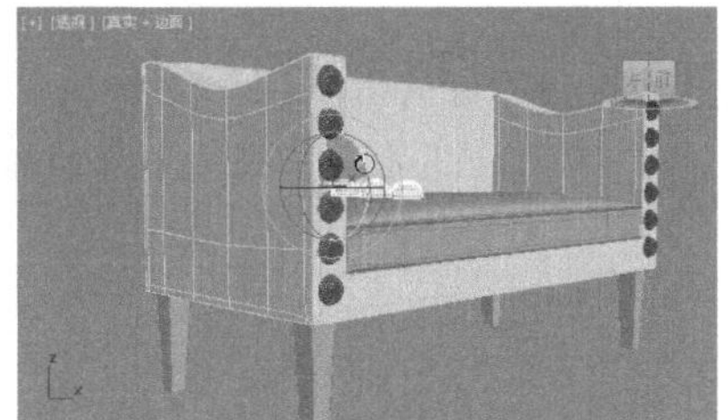

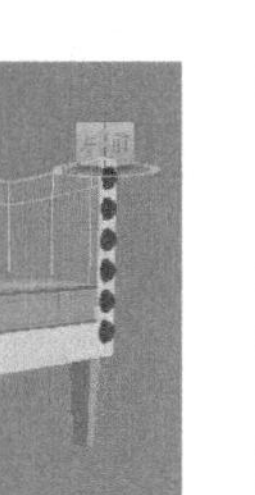

图5-610

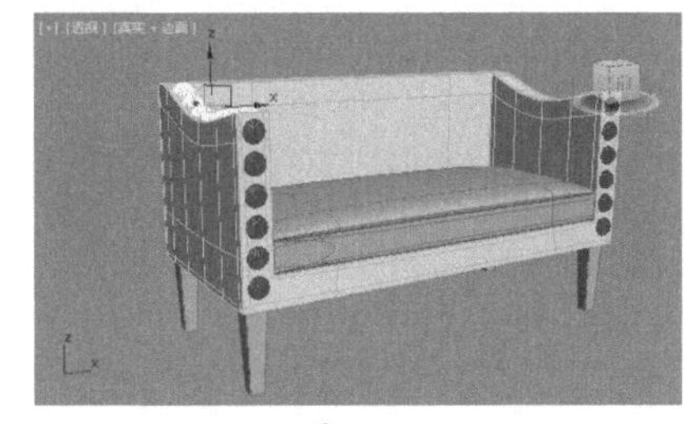

图5-611

26 继续复制一些球体，将复制的球体移动到其他边缘位置，如图5-612所示。此时模型已经创建完成，效果如图5-613所示。

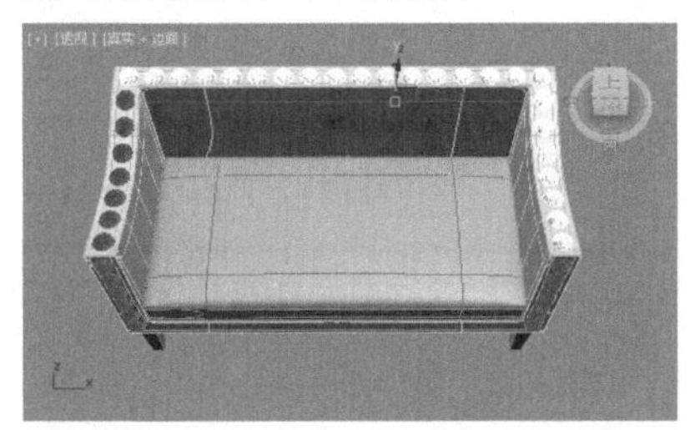

图5-612

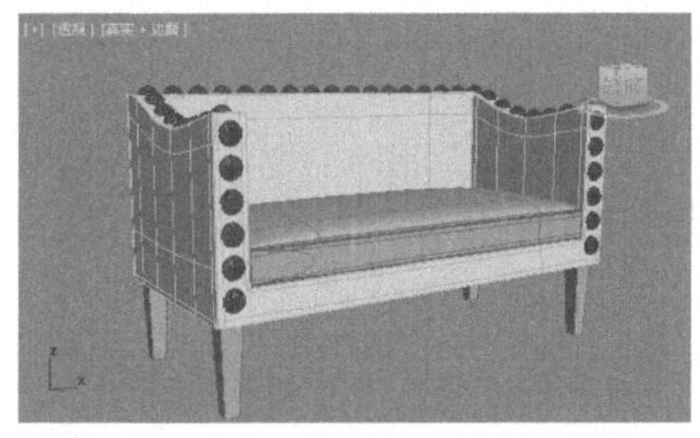

图5-613

实例068　多边形建模制作简易落地灯

文件路径	第5章\多边形建模制作简易落地灯
难易指数	★★★★★
技术掌握	多边形建模

扫码深度学习

操作思路

本例通过将模型转换为可编辑多边形，并进行编辑操作，制作出简易落地灯模型。

案例效果

案例效果如图5-614所示。

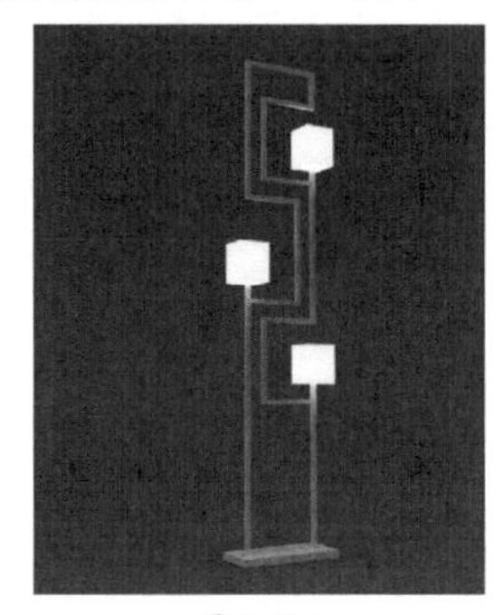

图5-614

操作步骤

01 在【前】视图中创建如图5-615所示的长方体。设置【长度】为30.0mm、【宽度】为500.0mm、【高度】为30.0mm，如图5-616所示。

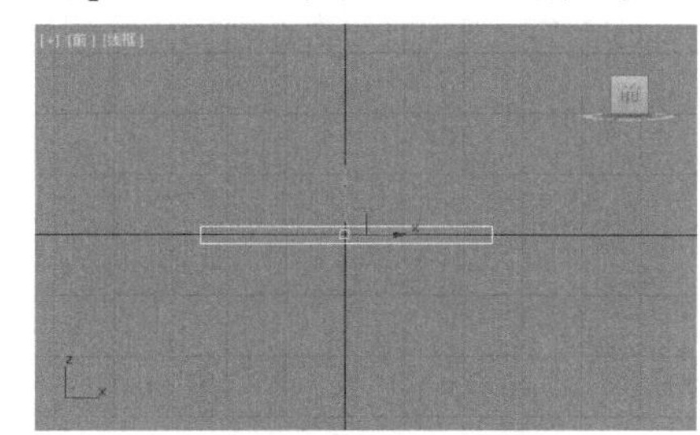

图5-615

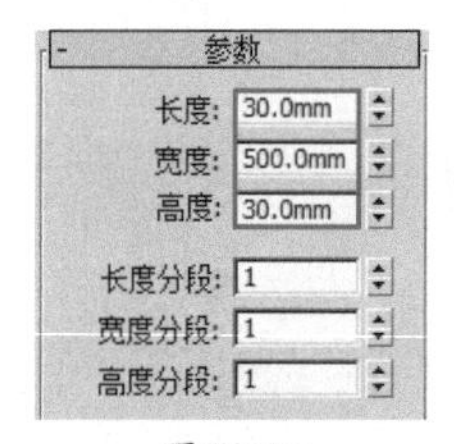

图5-616

02 选择模型，并将模型转换为可编辑多边形，如图5-617所示。

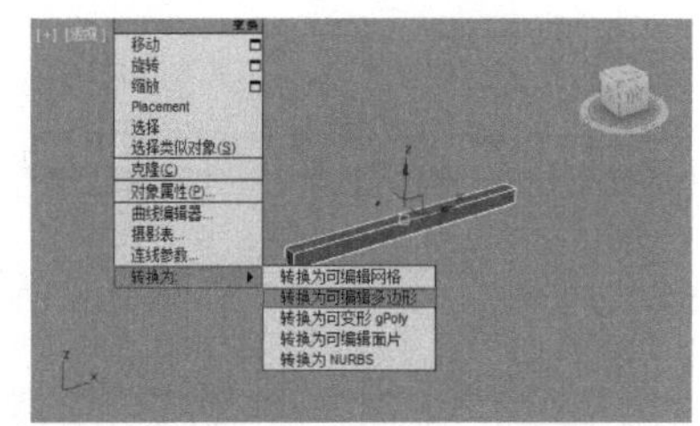

图5-617

03 进入【多边形】级别■，选择如图5-618所示的多边形。单击【挤出】后面的【设置】按钮□，设置【高度】为30.0mm，如图5-619所示。

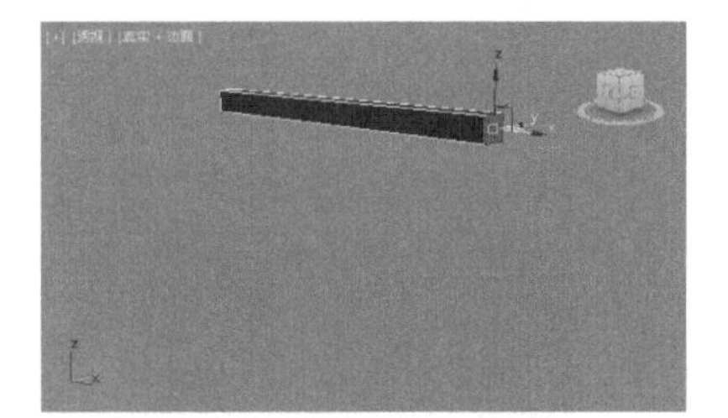

图5-618

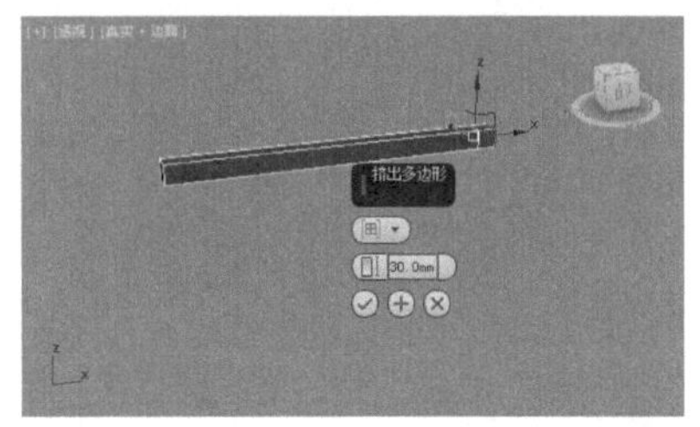

图5-619

04 选择如图5-620所示的多边形。单击【挤出】后面的【设置】按钮□，设置【高度】为200.0mm，如图5-621所示。再次单击【挤出】后面的【设置】按钮□，设置【高度】为30.0mm，如图5-622所示。

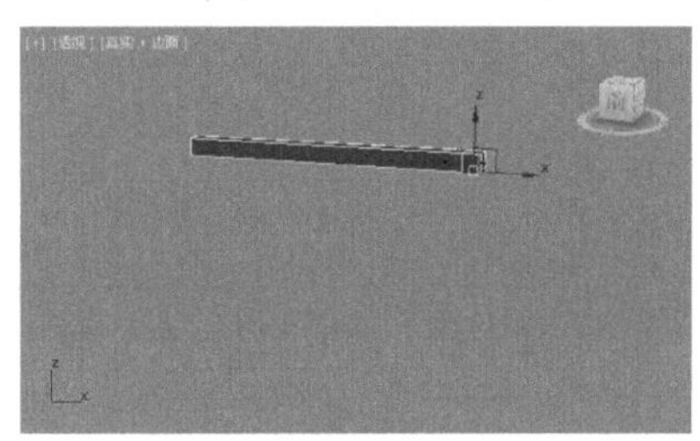

图5-620

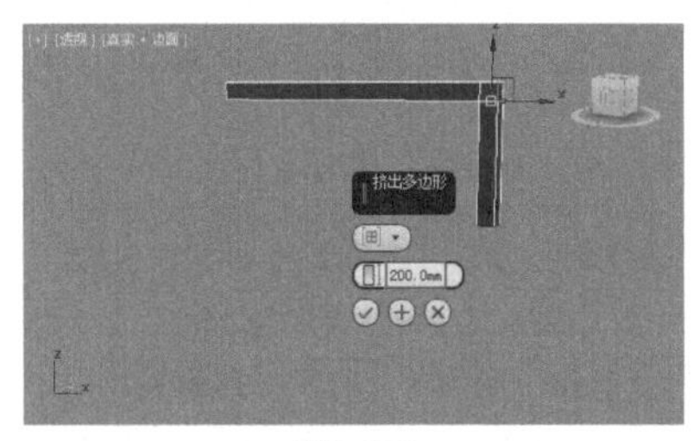

图5-621

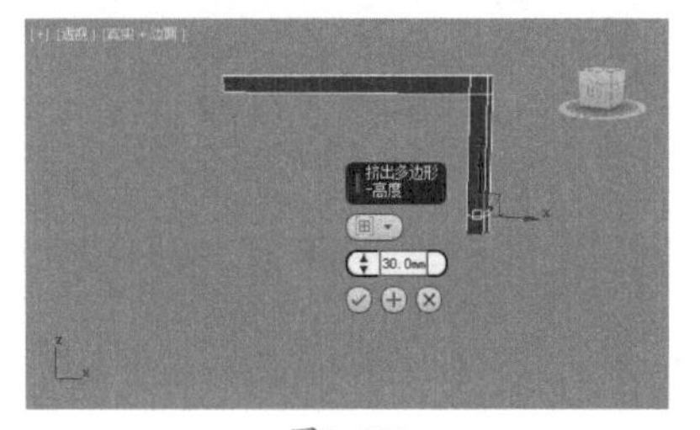

图5-622

05 选择如图5-623所示的多边形。单击【挤出】后面的【设置】按钮□，设置【高度】为350.0mm，如图5-624所示。再次单击【挤出】后面的【设置】按钮□，设置【高度】为30.0mm，如图5-625所示。

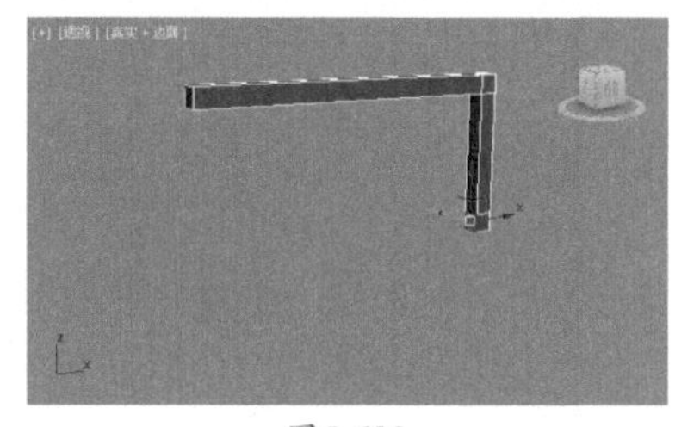

图5-623

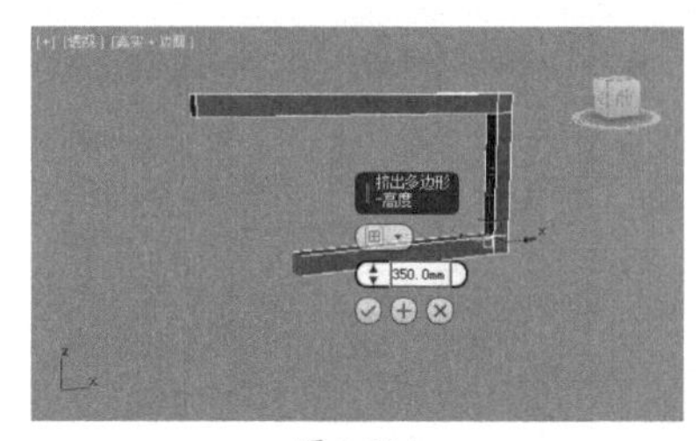

图5-624

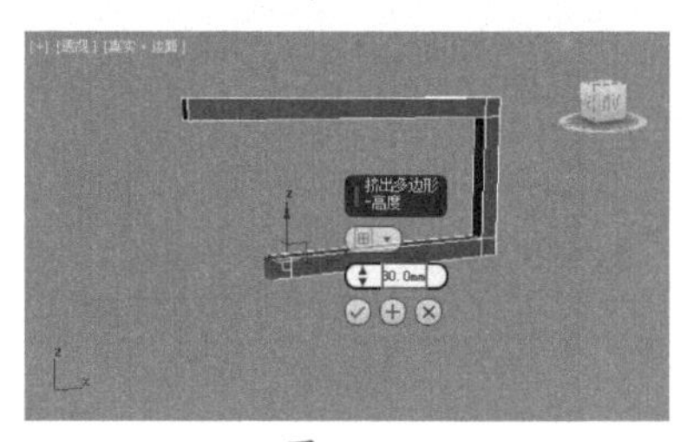

图5-625

06 选择如图5-626所示的多边形。单击【挤出】后面的【设置】按钮□，设置【高度】为500.0mm，如图5-627所示。再次单击【挤出】后面的【设置】按钮□，设置【高度】为30.0mm，如图5-628所示。

07 选择如图5-629所示的多边形。单击【挤出】后面的【设置】按钮□，设置【高度】为350.0mm，如图5-630所示。再次单击【挤出】后面的【设置】按钮□，设置【高度】为30.0mm，如图5-631所示。

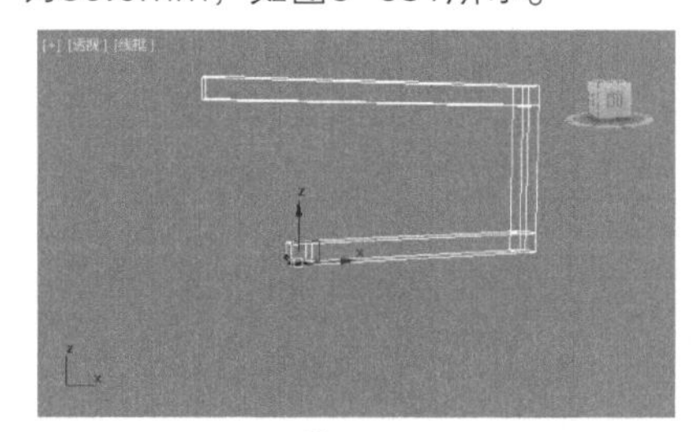

图5-626

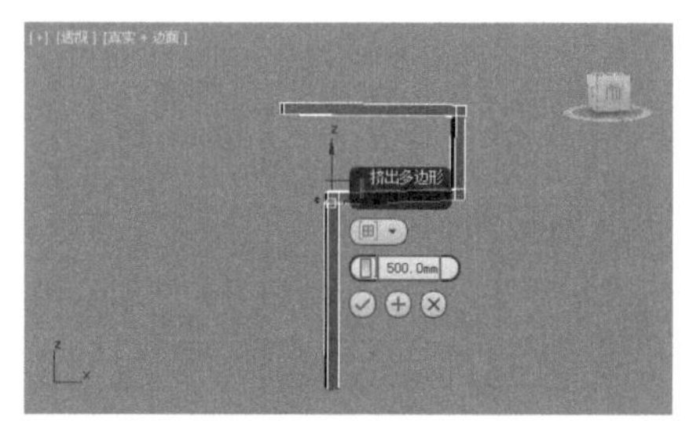

图5-627

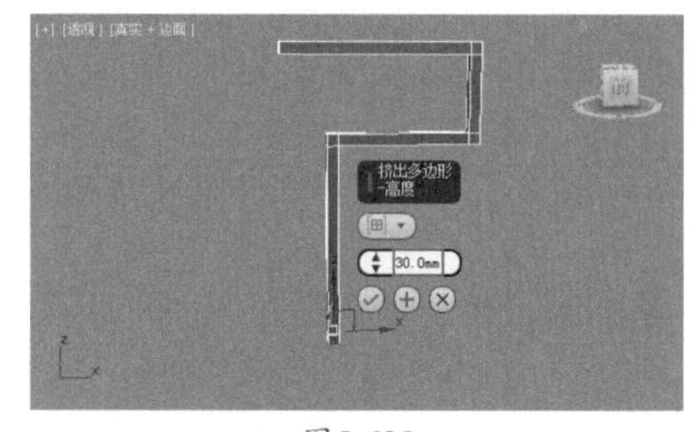

图5-628

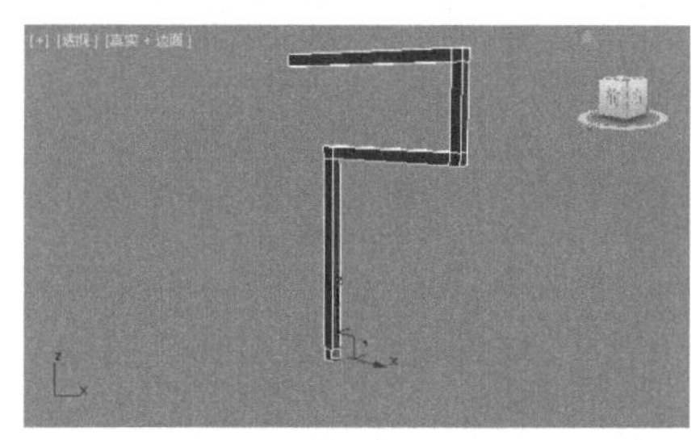

图5-629

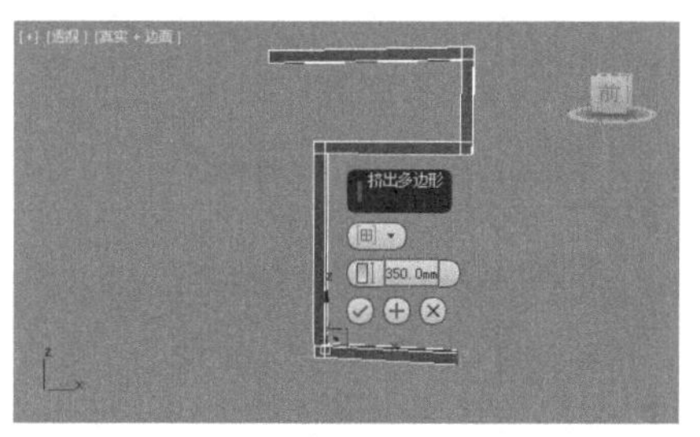

图5-630

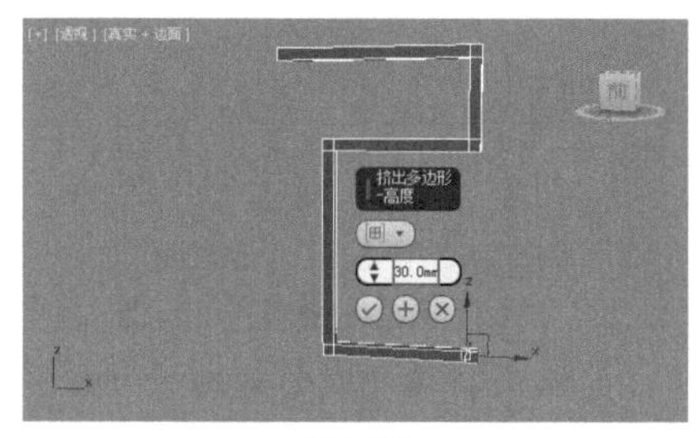

图5-631

08 选择如图5-632所示的多边形。单击【挤出】后面的【设置】按钮□，设置【高度】为900.0mm，如图5-633所示。再次单击【挤出】后面的【设置】按钮□，设置【高度】为30.0mm，如图5-634所示。

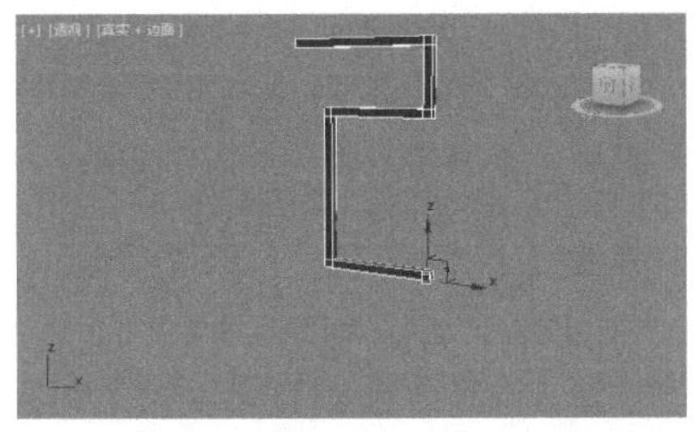

图5-632

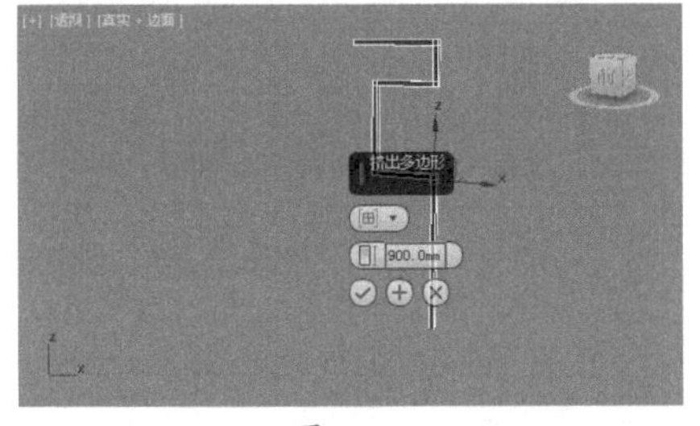

图5-633

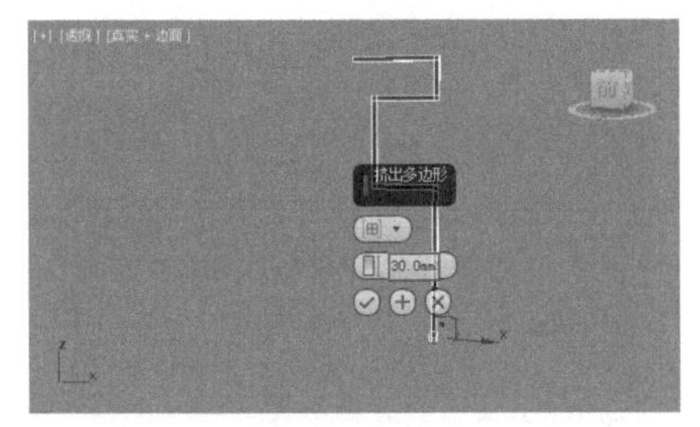

图5-634

09 选择如图5-635所示的多边形。单击【挤出】后面的【设置】按钮▣，设置【高度】为350.0mm，如图5-636所示。再次单击【挤出】后面的【设置】按钮▣，设置【高度】为30.0mm，如图5-637所示。

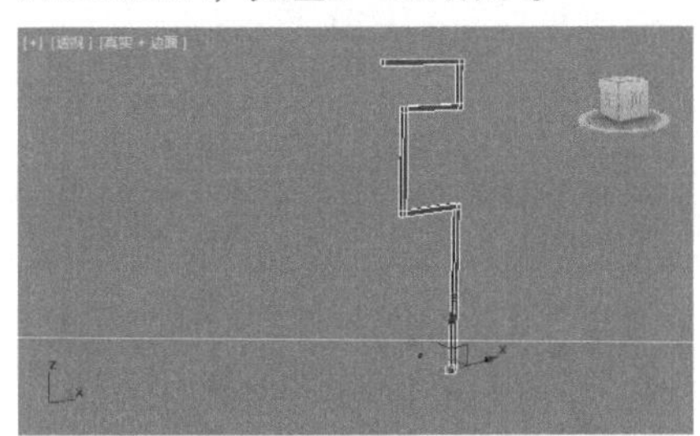

图5-635

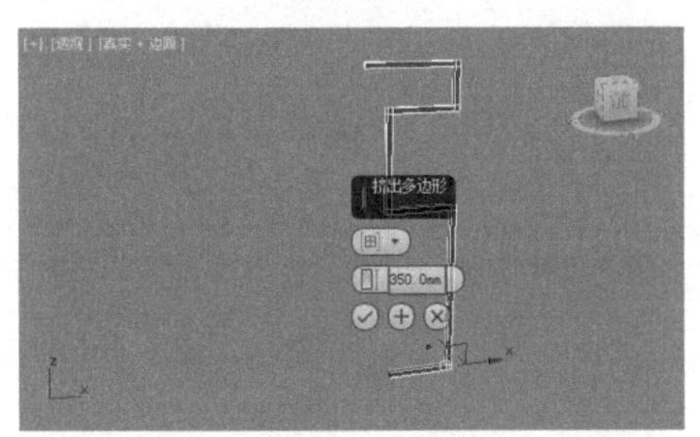

图5-636

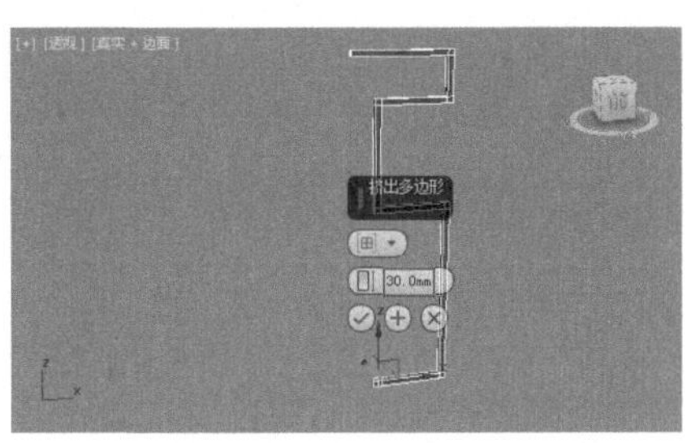

图5-637

10 选择如图5-638所示的多边形。单击【挤出】后面的【设置】按钮▣，设置【高度】为500.0mm，如图5-639所示。再次单击【挤出】后面的【设置】按钮▣，设置【高度】为30.0mm，如图5-640所示。

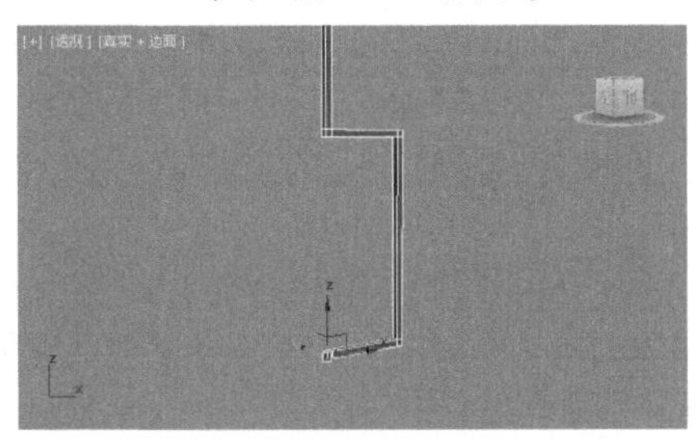

图5-638

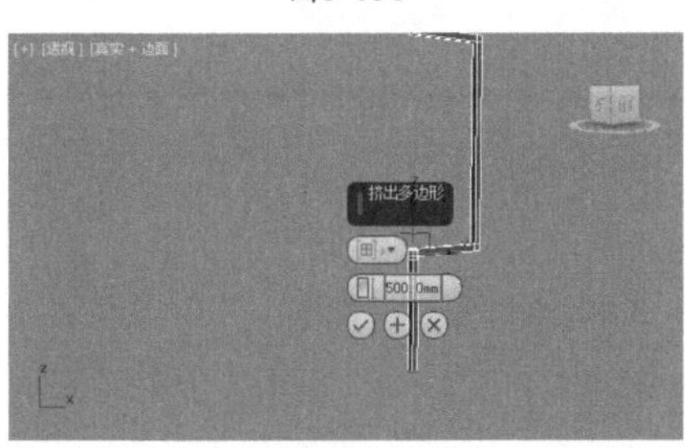

图5-639

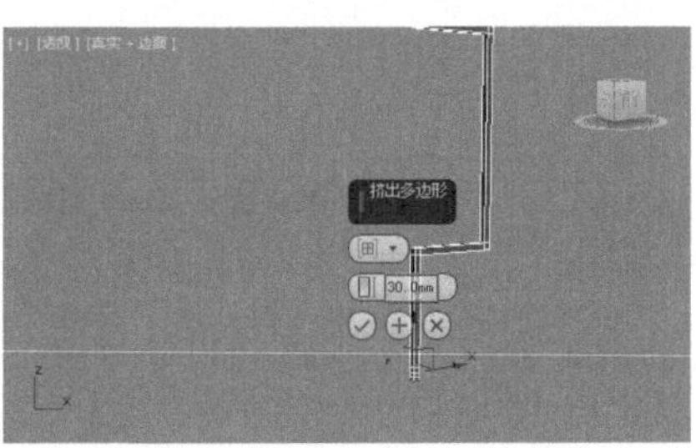

图5-640

11 选择如图5-641所示的多边形。单击【挤出】后面的【设置】按钮▣，设置【高度】为350.0mm，如图5-642所示。再次单击【挤出】后面的【设置】按钮▣，设置【高度】为30.0mm，如图5-643所示。

12 选择如图5-644所示的多边形。单击【挤出】后面的【设置】按钮▣，设置【高度】为900.0mm，如图5-645所示。再次单击【挤出】后面的【设置】按钮▣，设置【高度】为30.0mm，如图5-646所示。

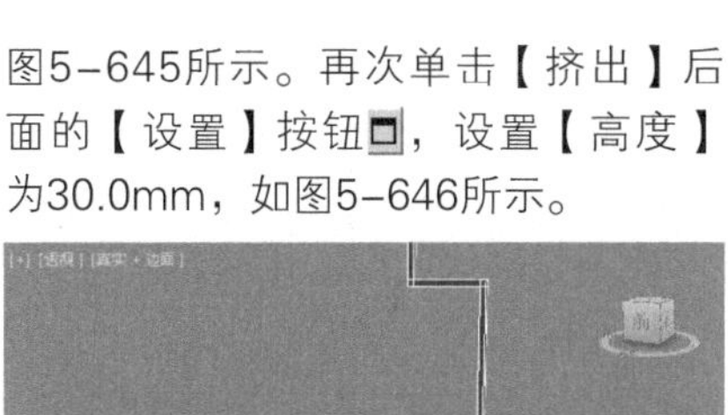

图5-641

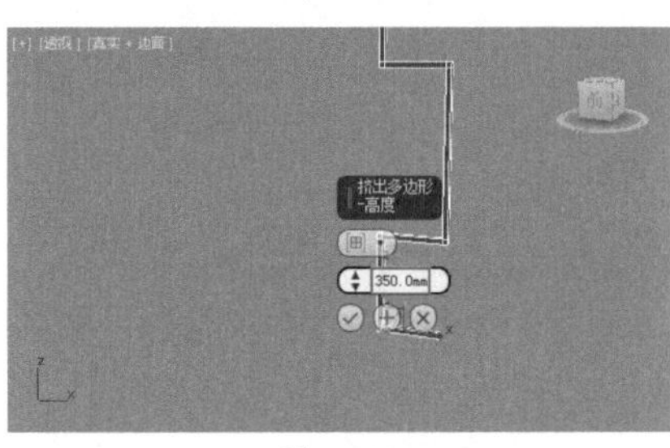

图5-642

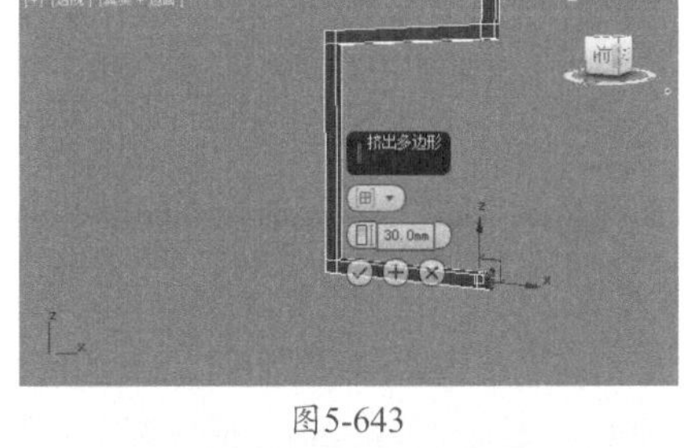

图5-643

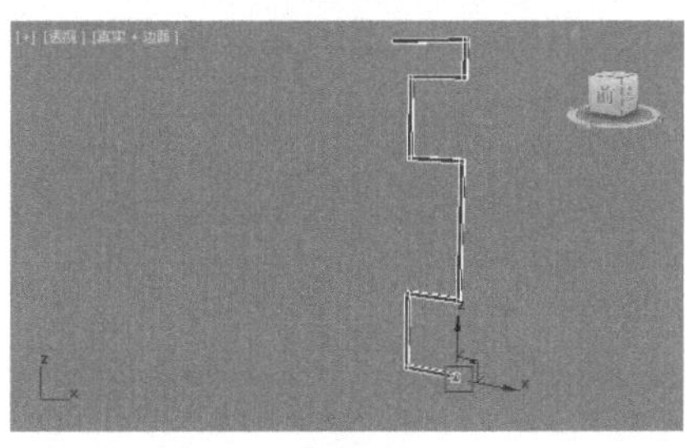

图5-644

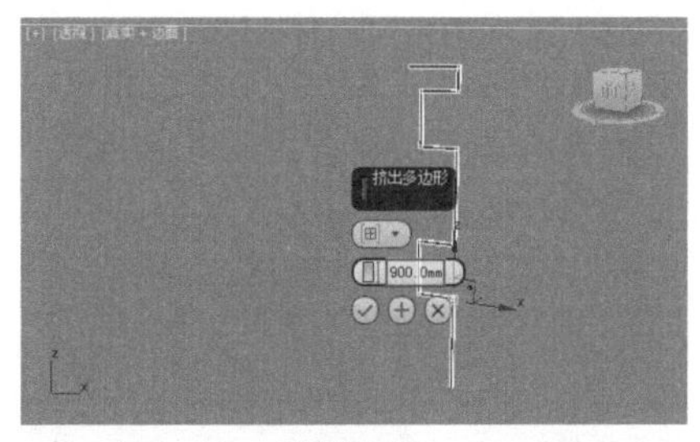

图5-645

13 选择如图5-647所示的多边形。单击【挤出】后面的【设置】按钮▣，设置【高度】为470.0mm，如图5-648所示。再次单击【挤出】后面的【

面的【设置】按钮，设置【高度】为30.0mm，如图5-649所示。

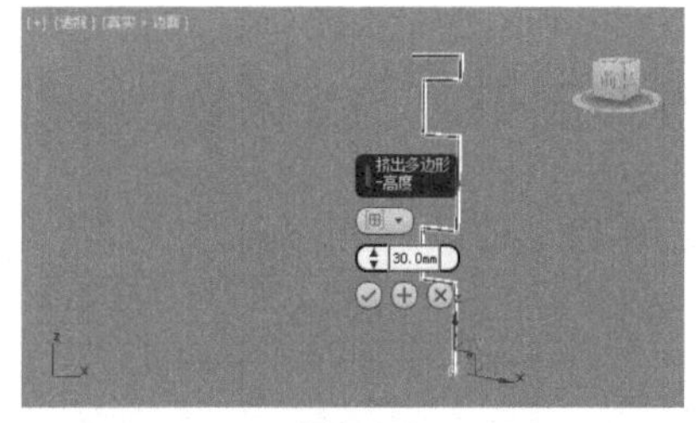

图5-646

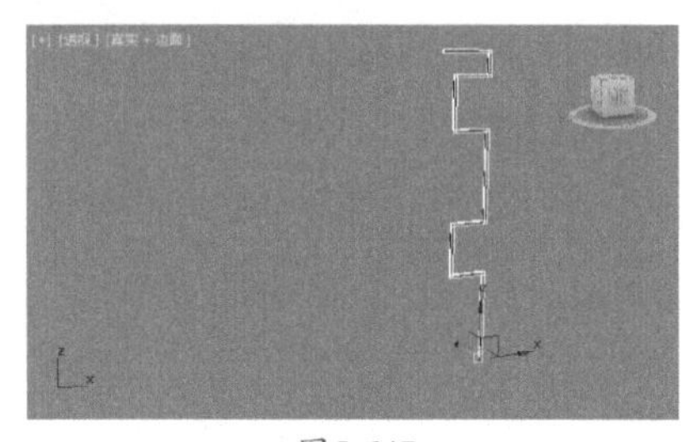

图5-647

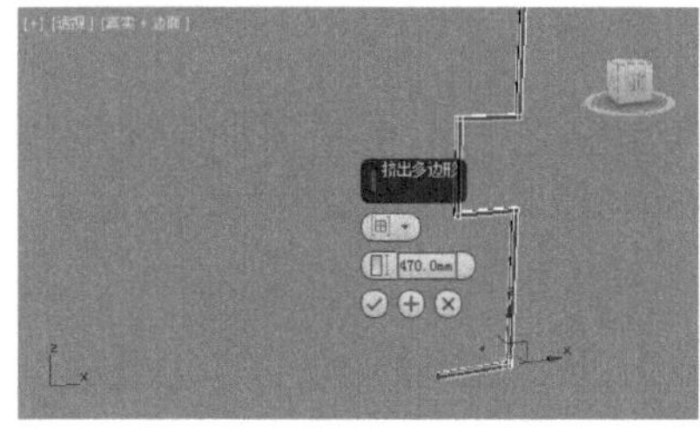

图5-648

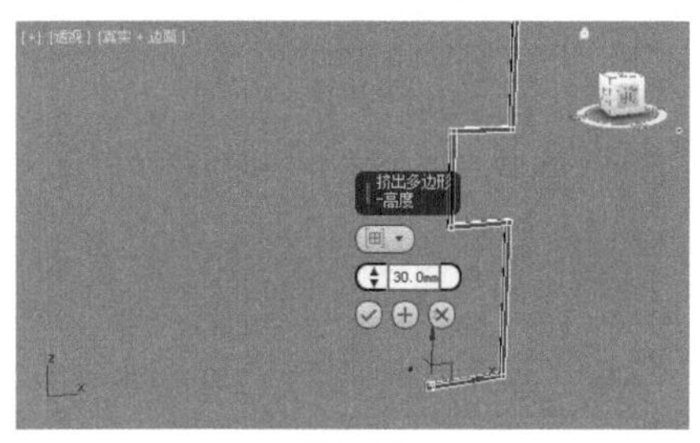

图5-649

14 选择如图5-650所示的多边形。单击【挤出】后面的【设置】按钮，设置【高度】为1550.0mm，如图5-651所示。再次单击【挤出】后面的【设置】按钮，设置【高度】为30.0mm，如图5-652所示。

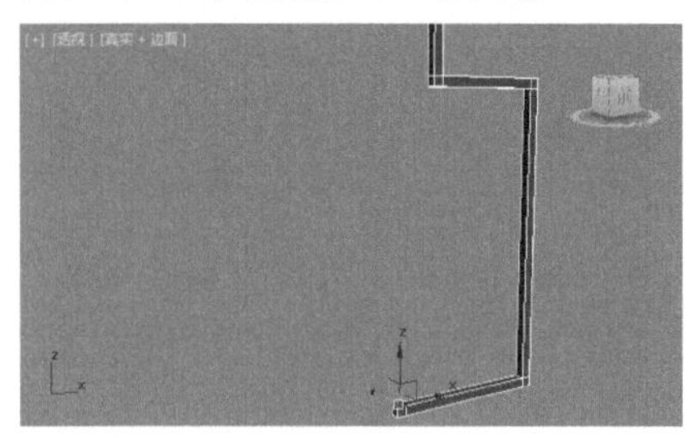

图5-650

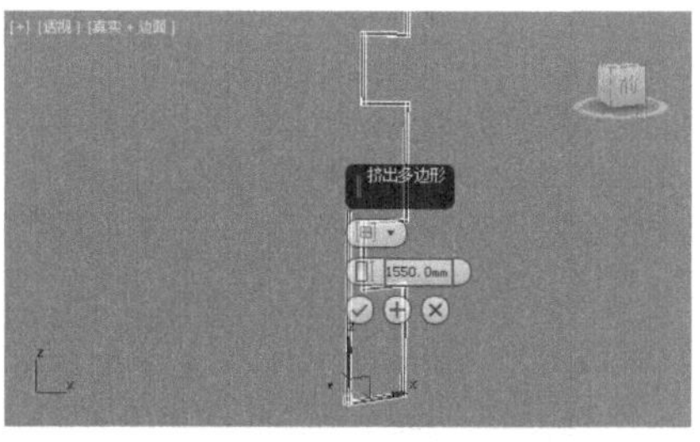

图5-651

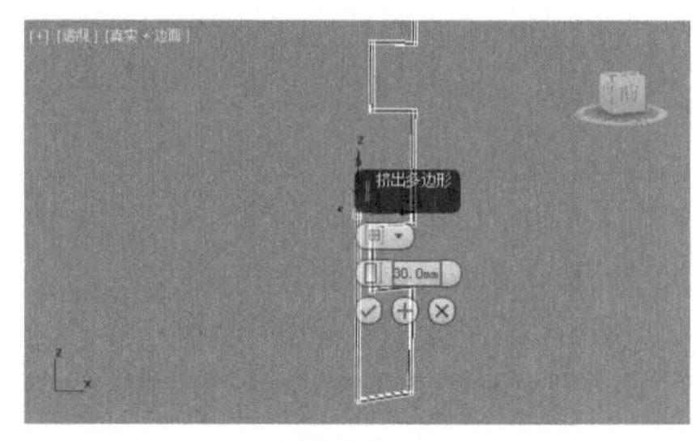

图5-652

15 选择如图5-653所示的多边形。单击【挤出】后面的【设置】按钮，设置【高度】为350.0mm，如图5-654所示。再次单击【挤出】后面的【设置】按钮，设置【高度】为30.0mm，如图5-655所示。

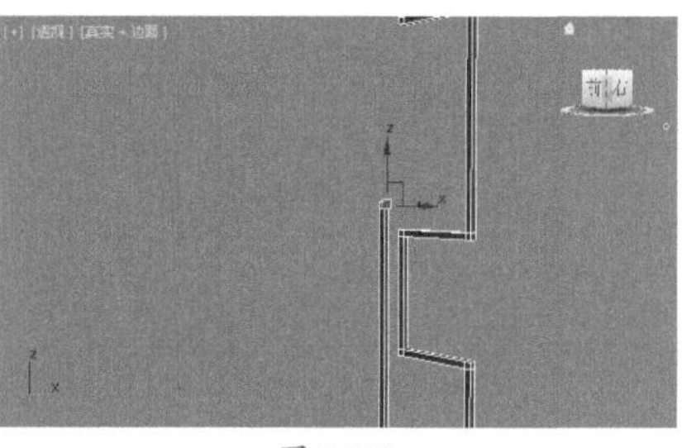

图5-653

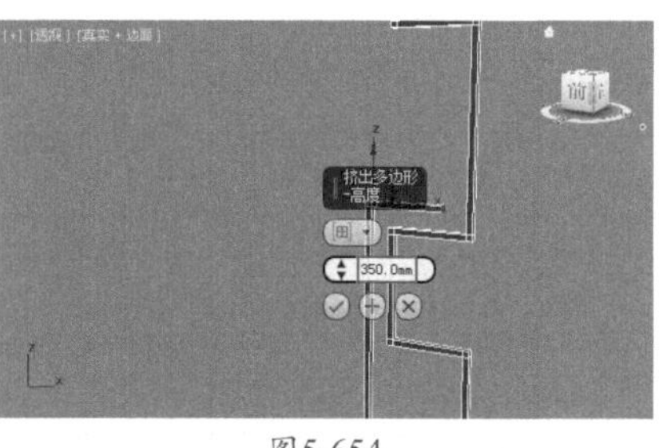

图5-654

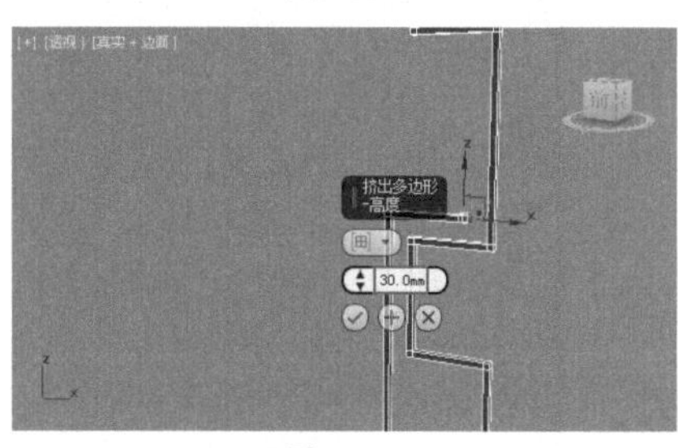

图5-655

16 选择如图5-656所示的多边形。单击【挤出】后面的【设置】按钮，设置【高度】为650.0mm，如图5-657所示。再次单击【挤出】后面的【设置】按钮，设置【高度】为30.0mm，如图5-658所示。

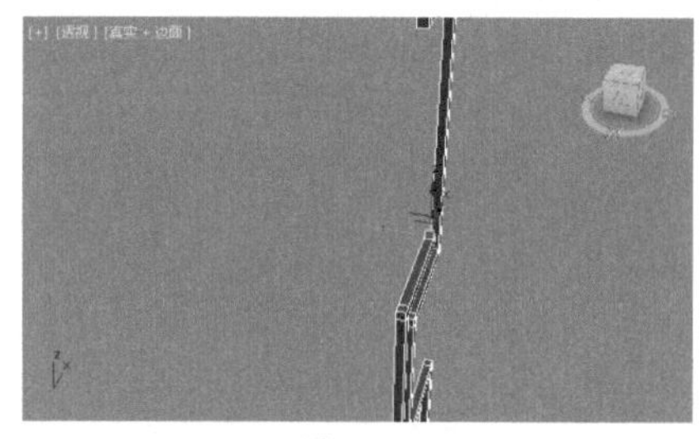

图5-656

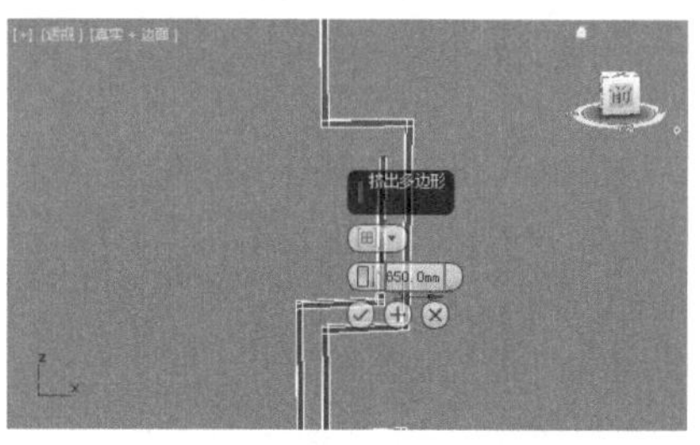

图5-657

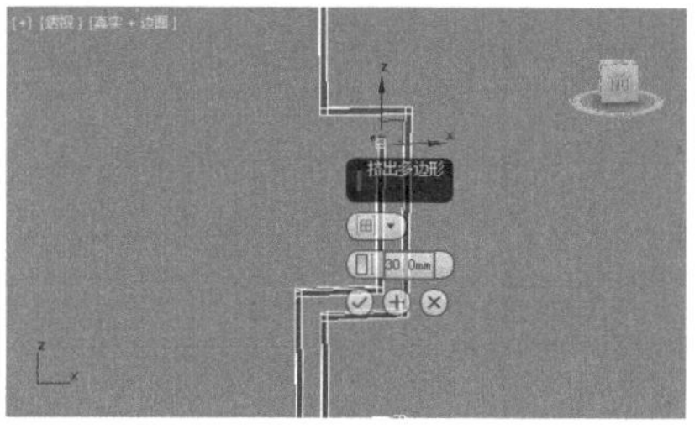

图5-658

17 选择如图5-659所示的多边形。单击【挤出】后面的【设置】按钮，设置【高度】为350.0mm，如图5-660所示。再次单击【挤出】后面的【设置】按钮，设置【高度】为30.0mm，如图5-661所示。

18 选择如图5-662所示的多边形。单击【挤出】后面的【设置】按钮，设置【高度】为890.0mm，如图5-663所示。

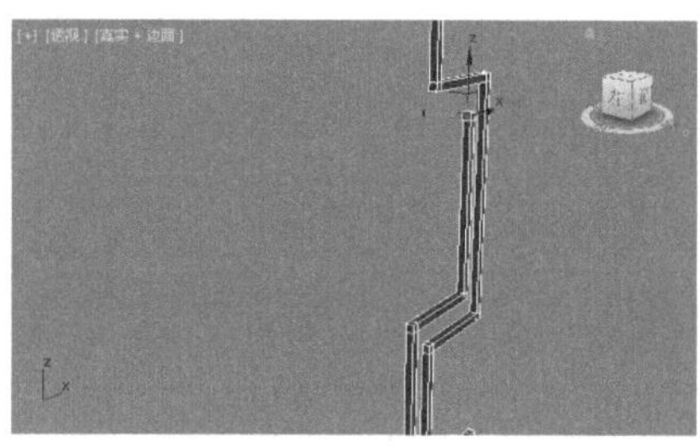

图5-659

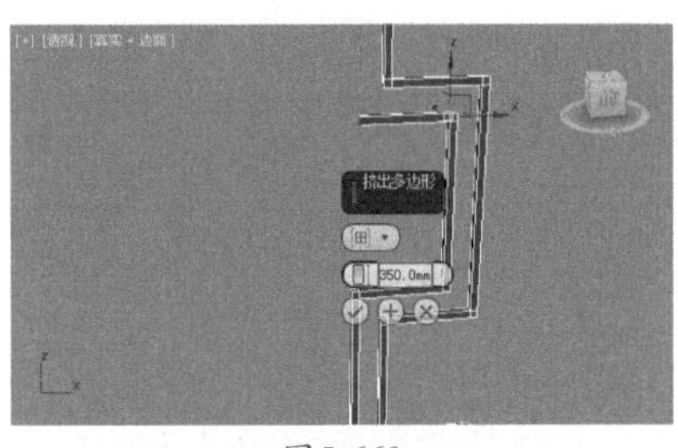

图5-660

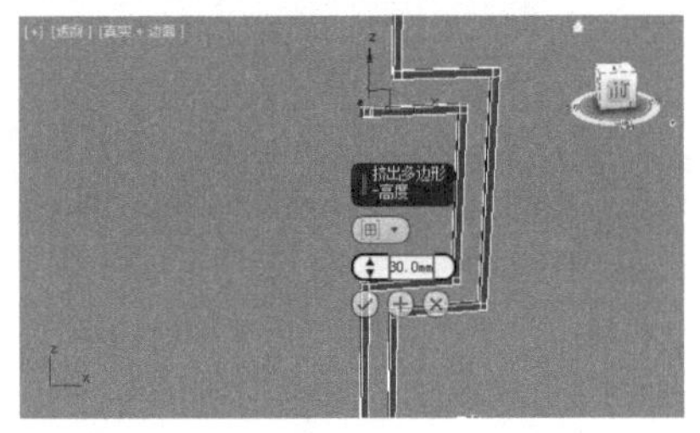

图5-661

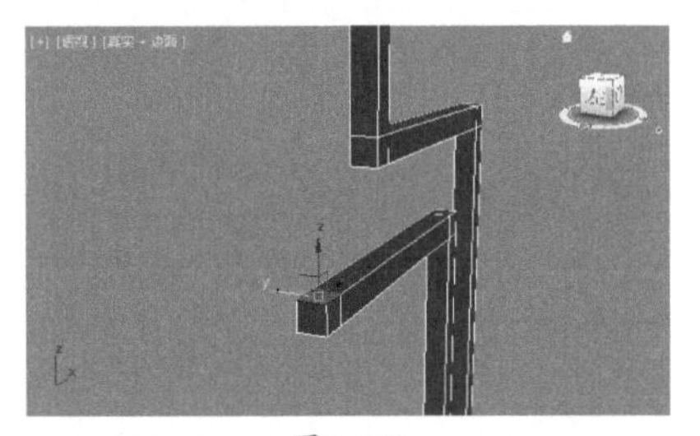

图5-662

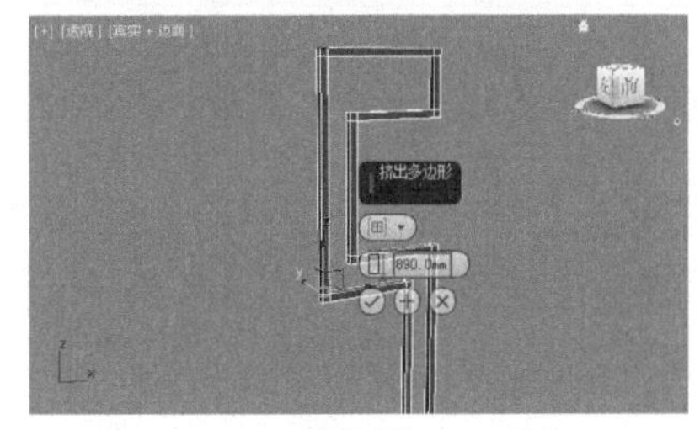

图5-663

19 选择如图5-664所示的多边形。单击【挤出】后面的【设置】按钮▢，设置【高度】为100.0mm，如图5-665所示。

20 在【顶】视图中创建如图5-666所示的【管状体】。设置【半径1】为140.0mm、【半径2】为150.0mm、【高度】为260.0mm、【边数】为4，如图5-667和图5-668所示。

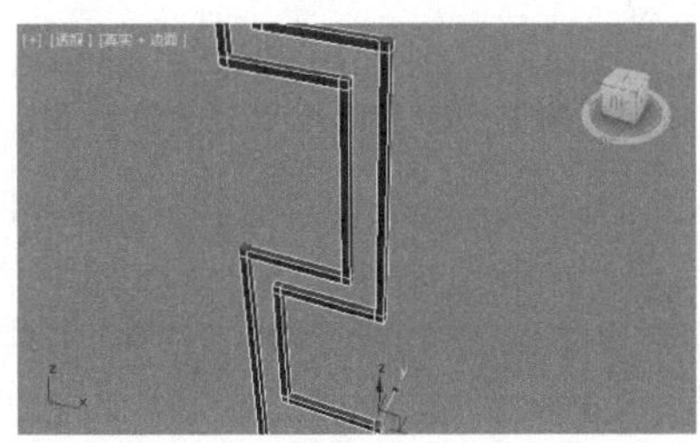

图5-664

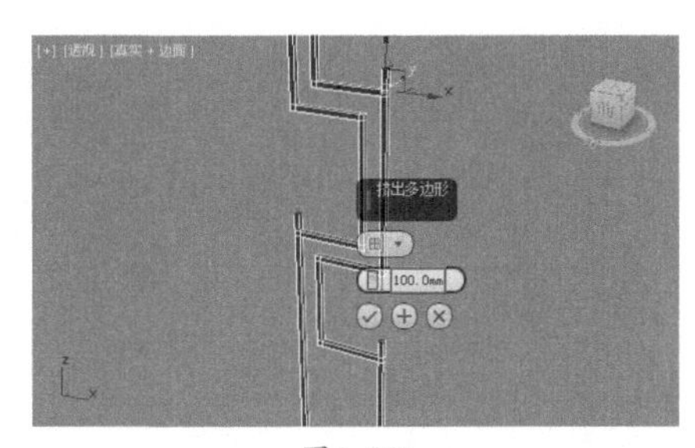

图5-665

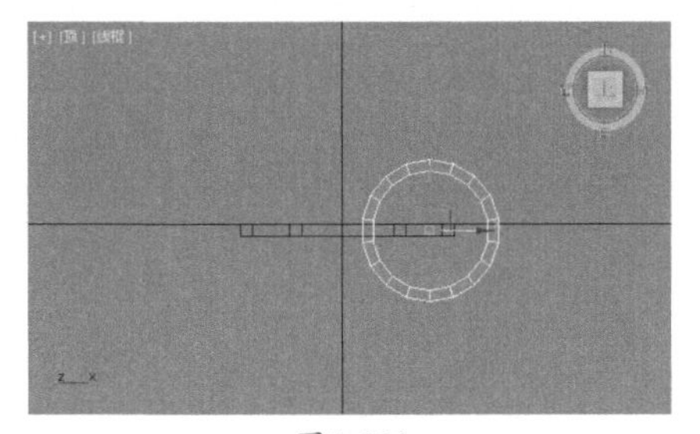

图5-666

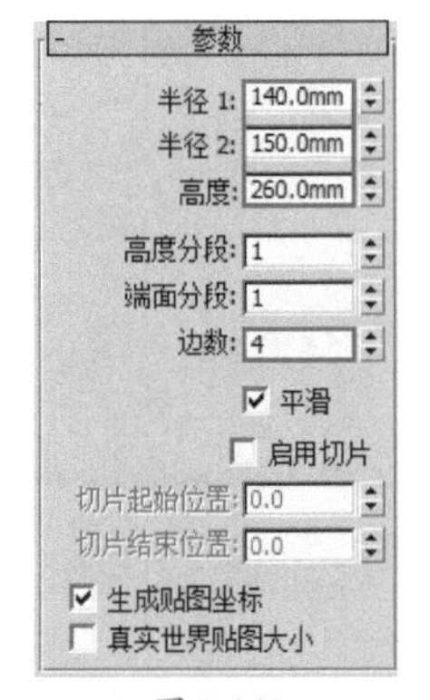

图5-667

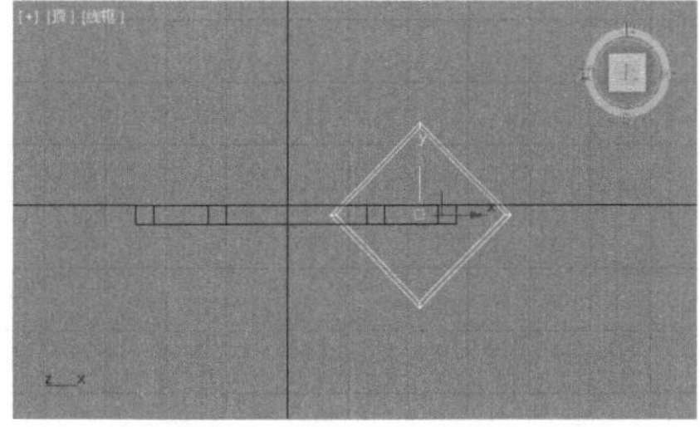

图5-668

21 在【透】视图中选择模型，将其沿Z轴旋转45°，如图5-669所示。将模型移动到合适的位置，如图5-670所示。

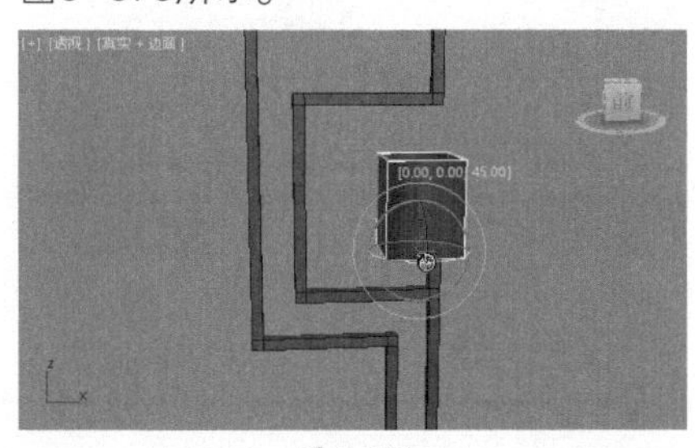

图5-669

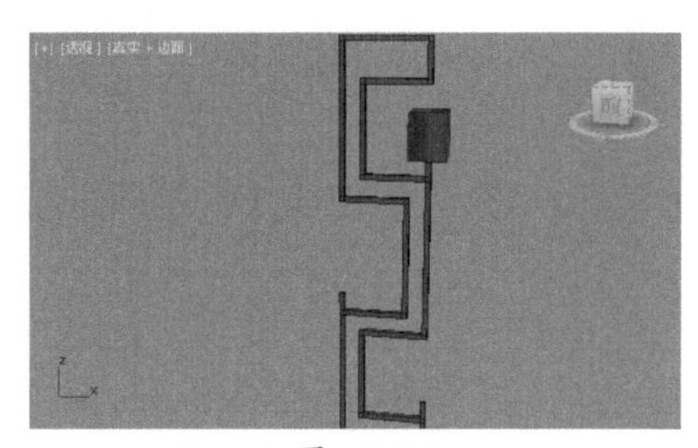

图5-670

22 按住Shift键，再复制出两个模型，如图5-671所示。将模型移动到合适的位置，效果如图5-672所示。

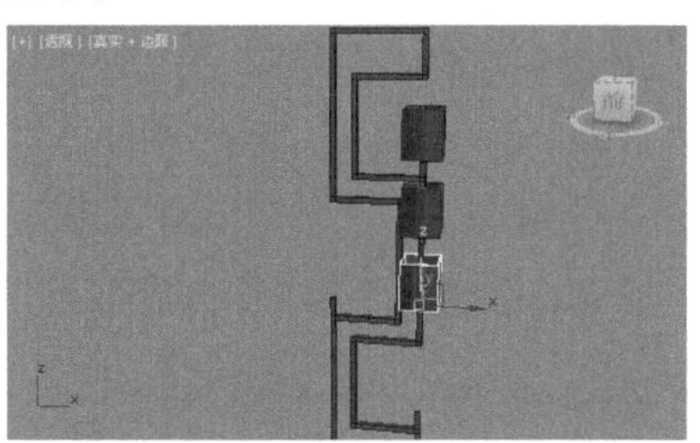

图5-671

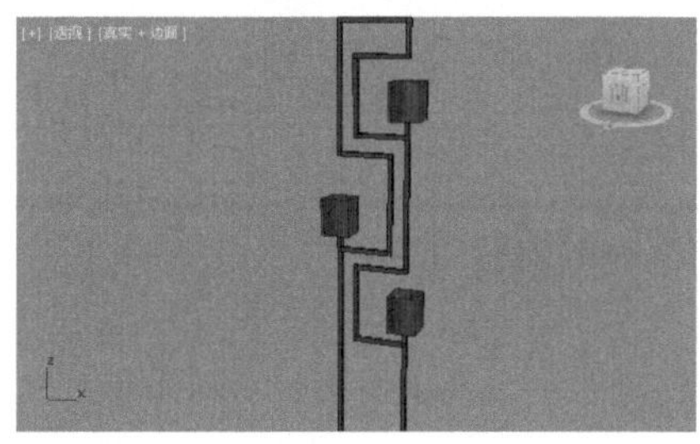

图5-672

23 在【顶】视图中创建如图5-673所示的长方体。设置【长度】为300.0mm、【宽度】为700.0mm、【高度】为50.0mm，如图5-674所示。

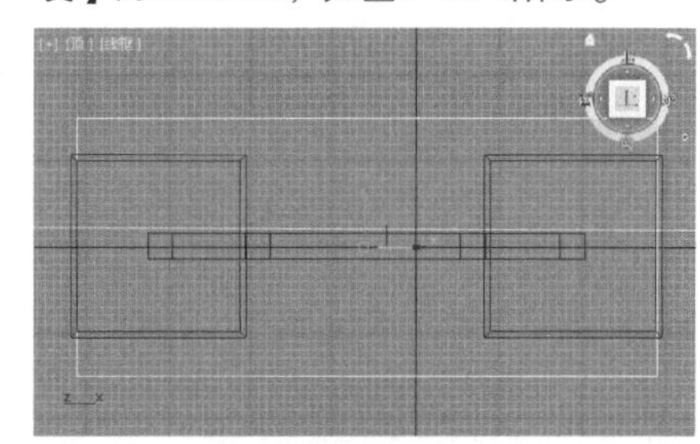

图5-673

图5-674

24 此时模型已经创建完成，效果如图5-675所示。

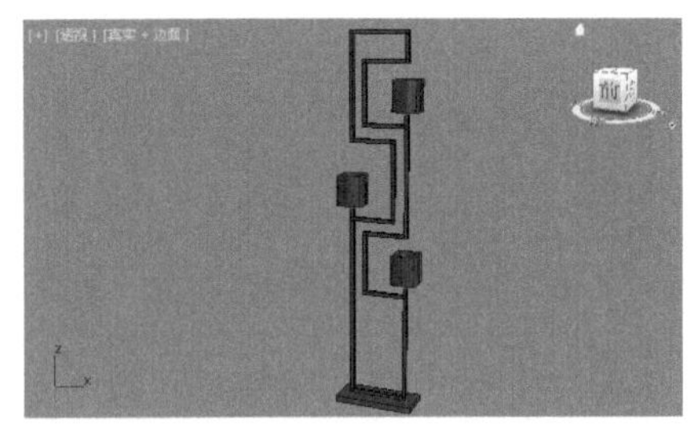

图5-675

实例069 多边形建模制作新中式茶几

文件路径	第5章\多边形建模制作新中式茶几
难易指数	★★★★★
技术掌握	多边形建模

扫码深度学习

操作思路

本例通过将模型转换为可编辑多边形，并进行编辑操作，制作出新中式茶几模型。

案例效果

案例效果如图5-676所示。

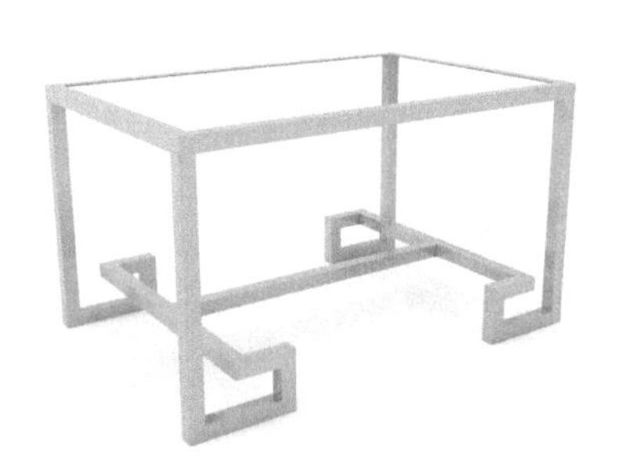

图5-676

操作步骤

01 在【前】视图中创建如图5-677所示的长方体。设置【长度】为1000.0mm、【宽度】为1500.0mm、【高度】为50.0mm，如图5-678所示。

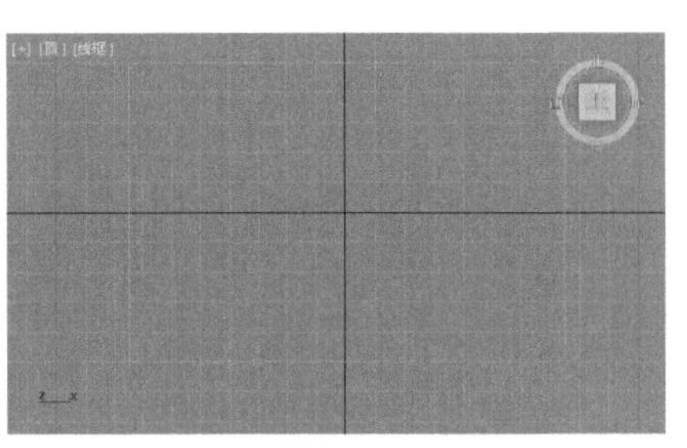

图5-677

图5-678

02 选择模型，并将模型转换为可编辑多边形，如图5-679所示。

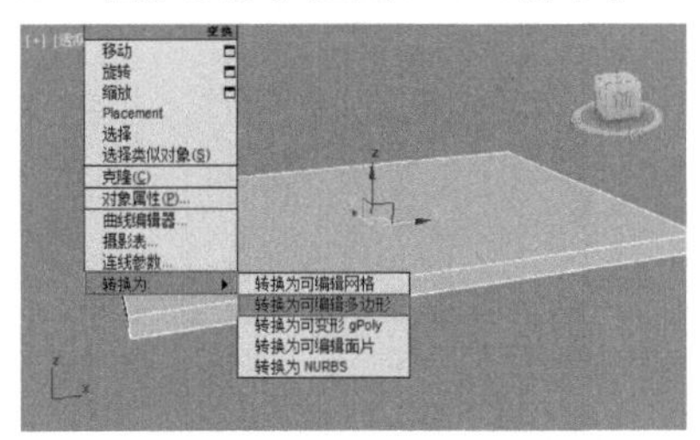

图5-679

03 进入【边】级别，选择如图5-680所示的边。单击【连接】后面的【设置】按钮，设置【分段】为2、【收缩】为92，如图5-681所示。

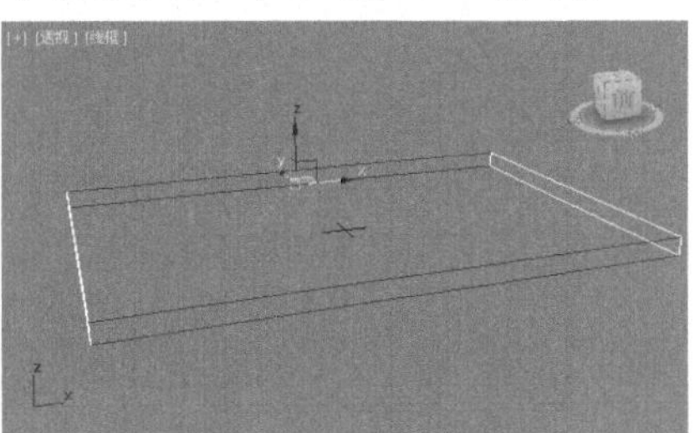

图5-680

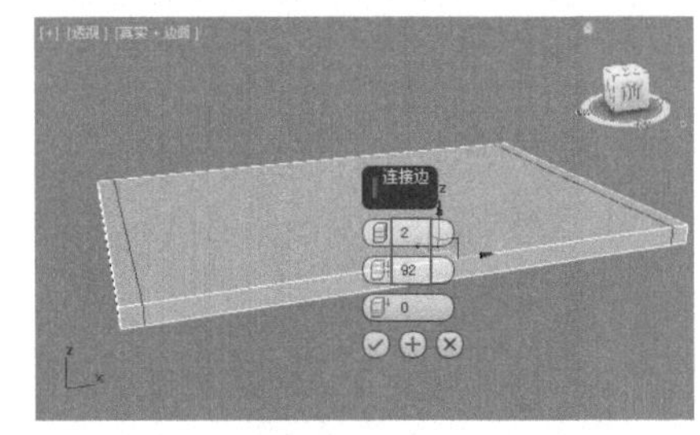

图5-681

04 选择如图5-682所示的边。单击【连接】后面的【设置】按钮，设置【分段】为2、【收缩】为88，如图5-683所示。

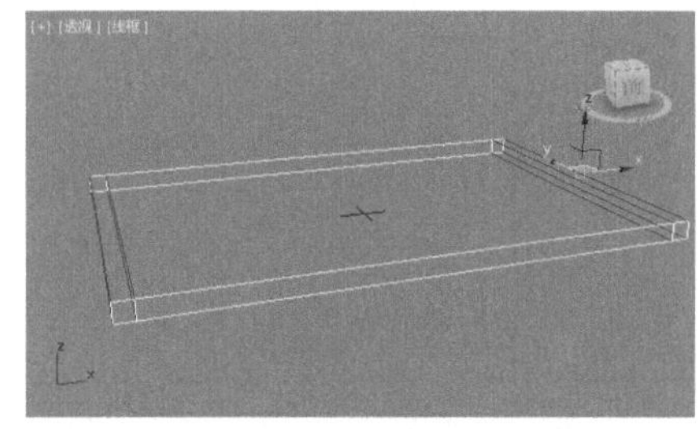

图5-682

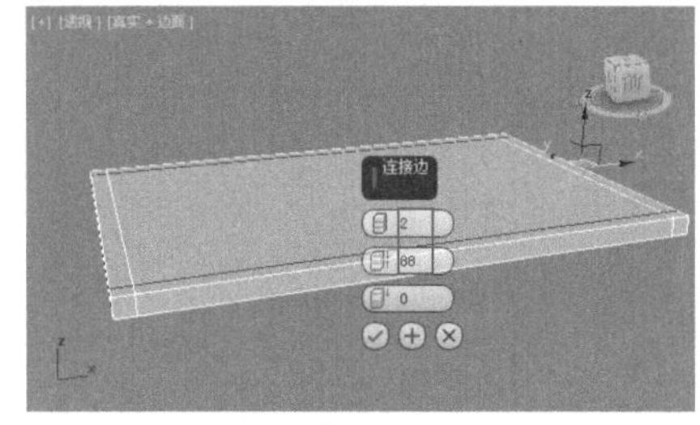

图5-683

05 进入【多边形】级别，选择如图5-684所示的多边形。单击【挤出】后面的【设置】按钮，设置【高度】为800.0mm，如图5-685所示。

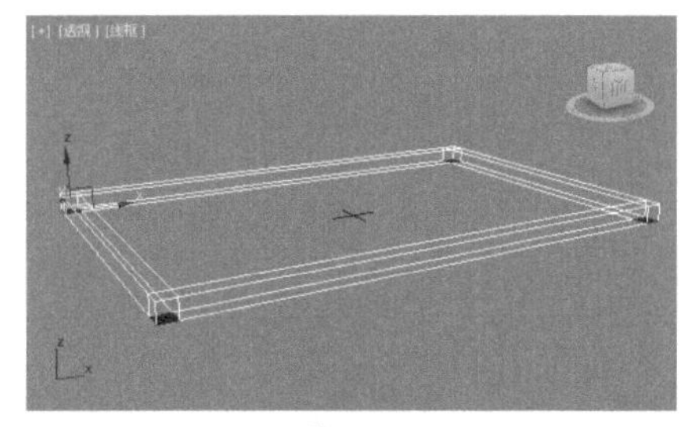

图5-684

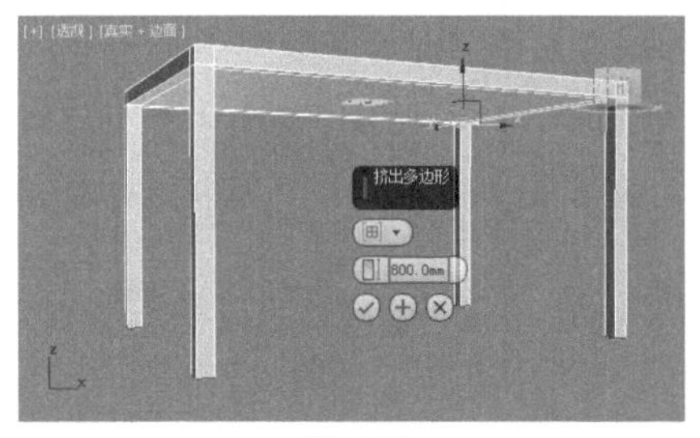

图5-685

06 进入【边】级别，选择如图5-686所示的边。单击【连接】后面的【设置】按钮，设置【分段】为1、【滑块】为88，如图5-687所示。

07 进入【多边形】级别，选择如图5-688所示的多边形。单击【挤出】后面的【设置】按钮，设置【高度】为300.0mm，如图5-689所示。

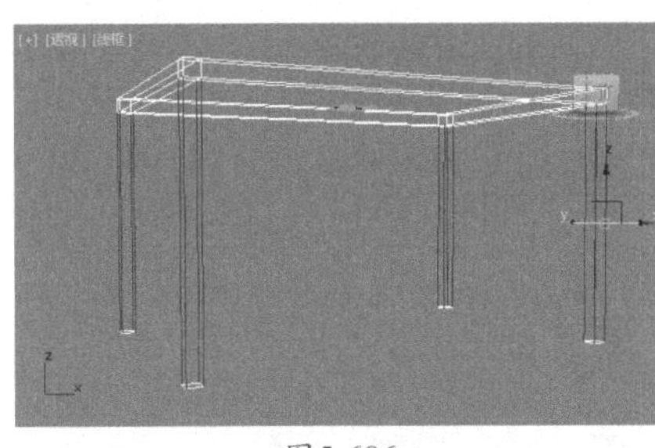

图5-686

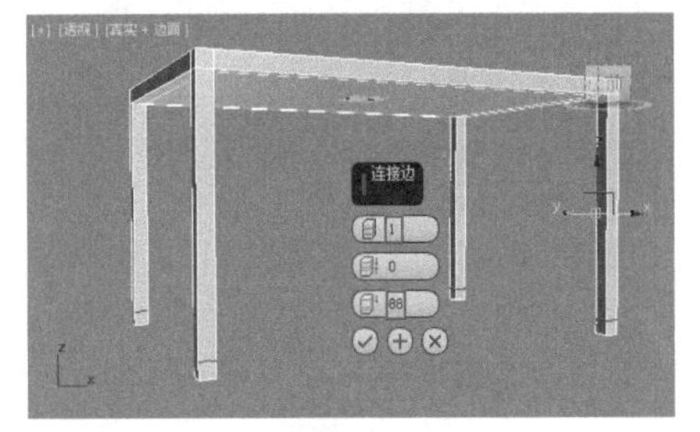

图5-687

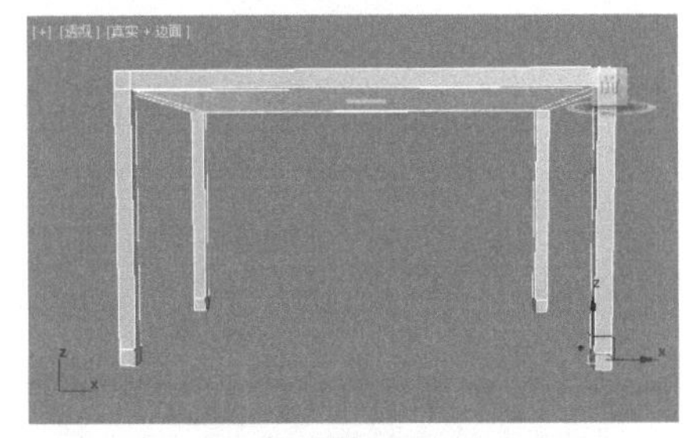

图5-688

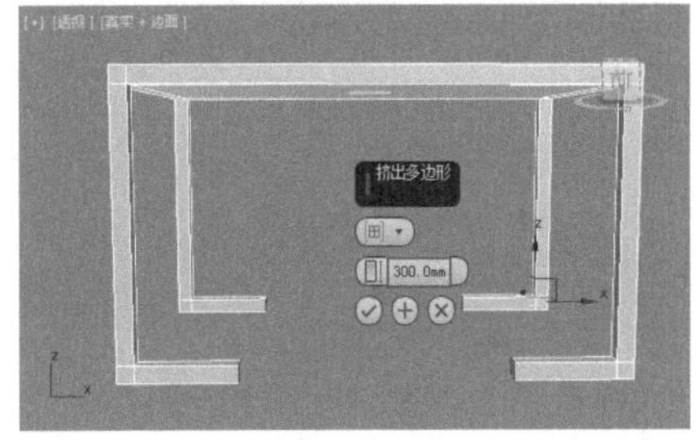

图5-689

08 进入【边】级别，选择如图5-690所示的边。单击【连接】后面的【设置】按钮，设置【分段】为1、【滑块】为67，如图5-691所示。

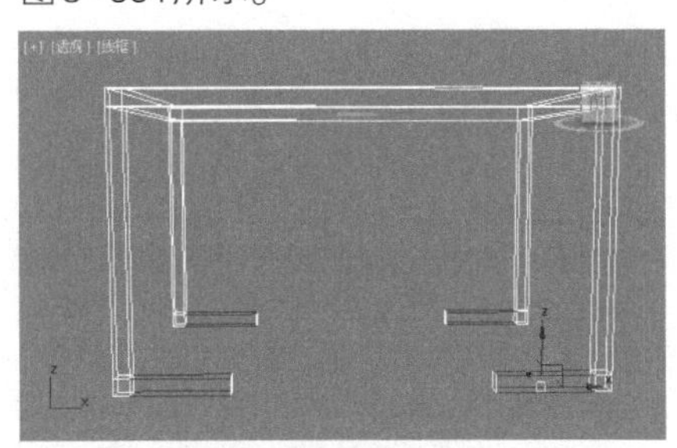

图5-690

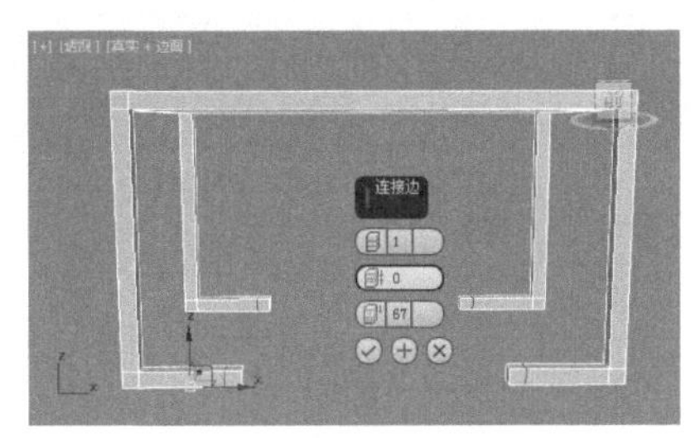

图5-691

09 进入【多边形】级别，选择如图5-692所示的多边形。单击【挤出】后面的【设置】按钮，设置【高度】为150.0mm，如图5-693所示。

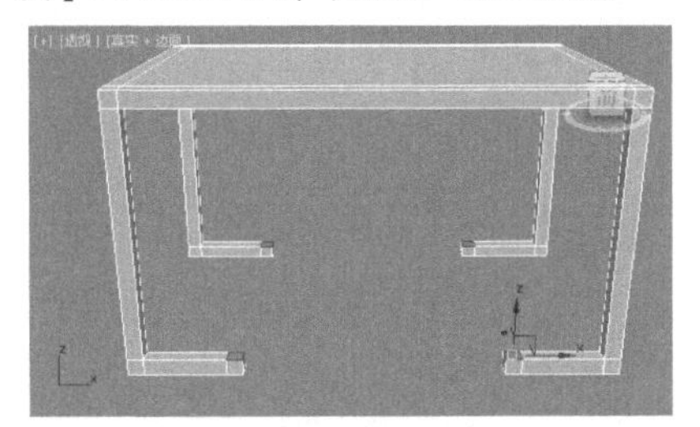

图5-692

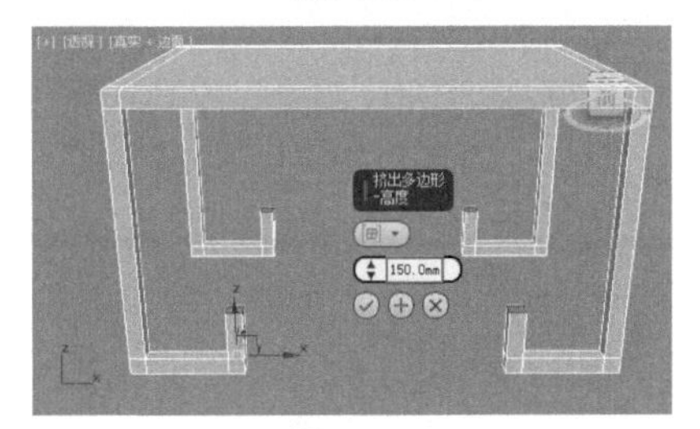

图5-693

10 进入【边】级别，选择如图5-694所示的边。单击【连接】后面的【设置】按钮，设置【分段】为1、【滑块】为36，如图5-695所示。

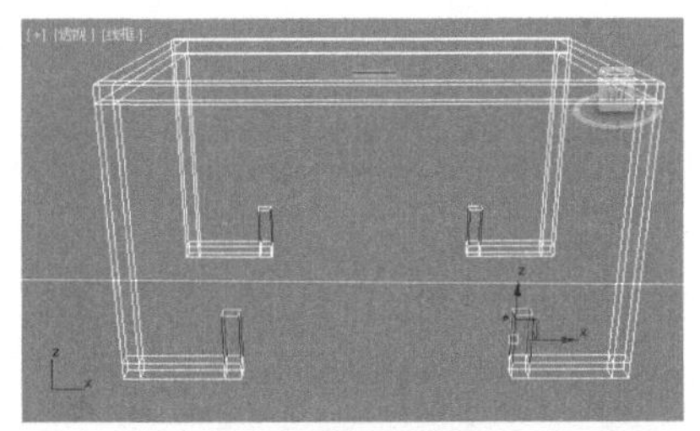

图5-694

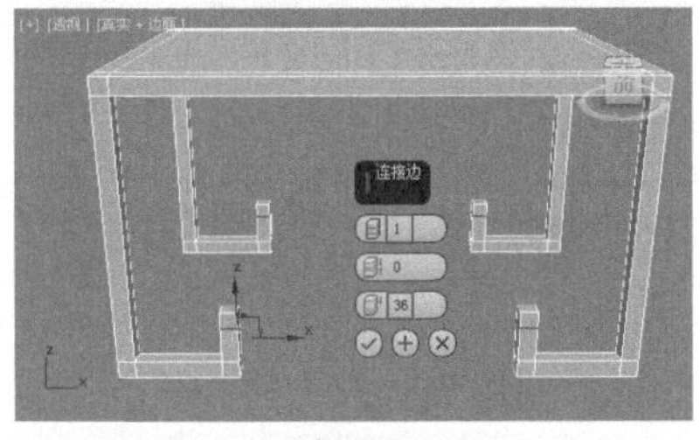

图5-695

11 进入【多边形】级别，选择如图5-696所示的多边形。单击【挤出】后面的【设置】按钮，设置【高度】为150.0mm，如图5-697所示。

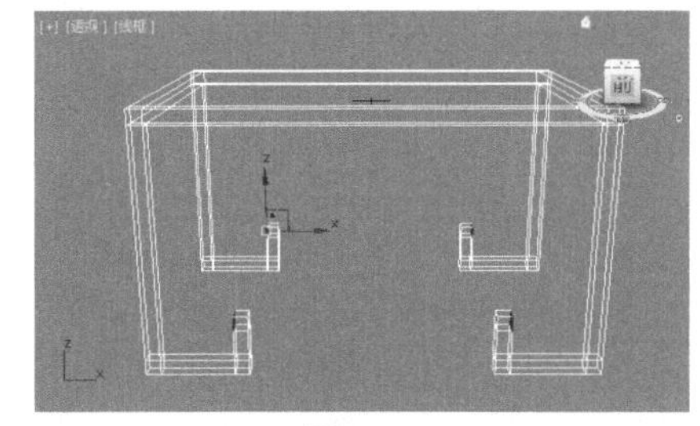

图5-696

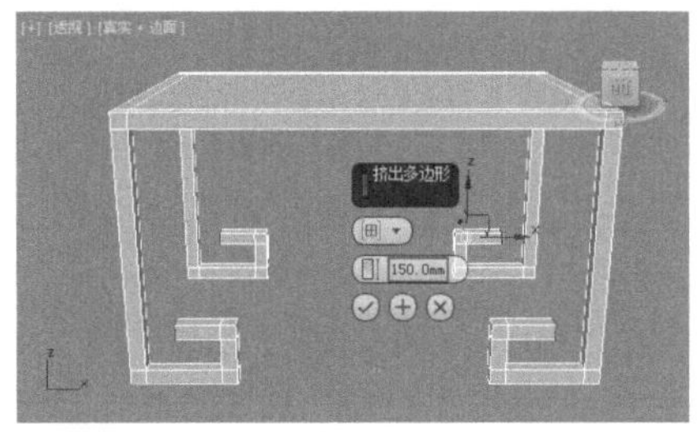

图5-697

12 进入【边】级别，选择如图5-698所示的边。单击【连接】后面的【设置】按钮，设置【分段】为1、【滑块】为33，如图5-699所示。

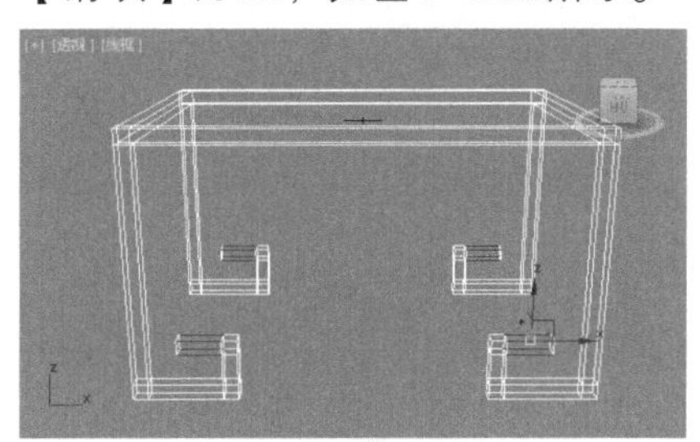

图5-698

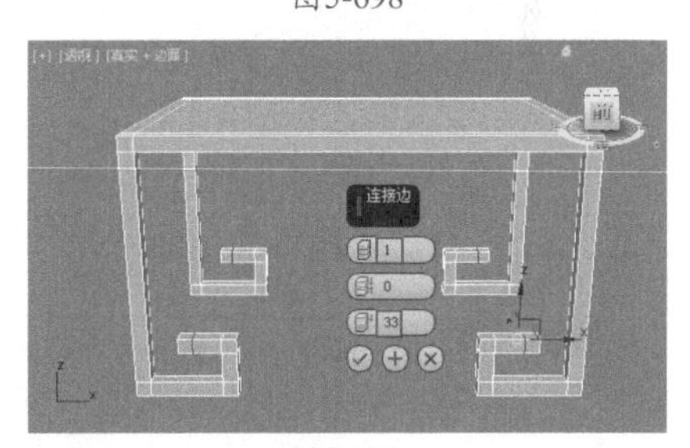

图5-699

13 进入【多边形】级别，选择如图5-700所示的多边形。单击【挤出】后面的【设置】按钮，设置【高度】为902.5mm，如图5-701所示。

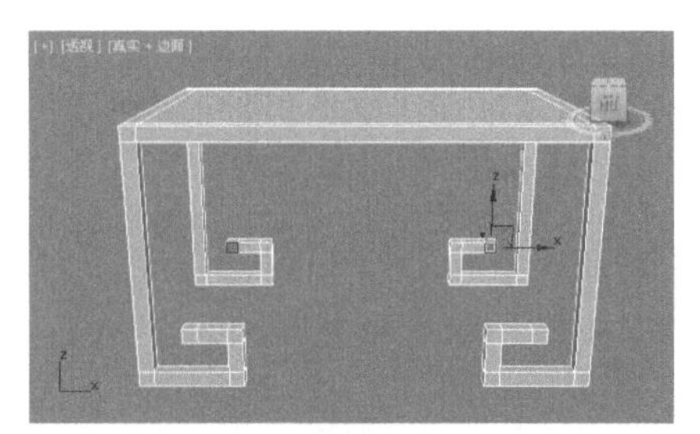

图5-700

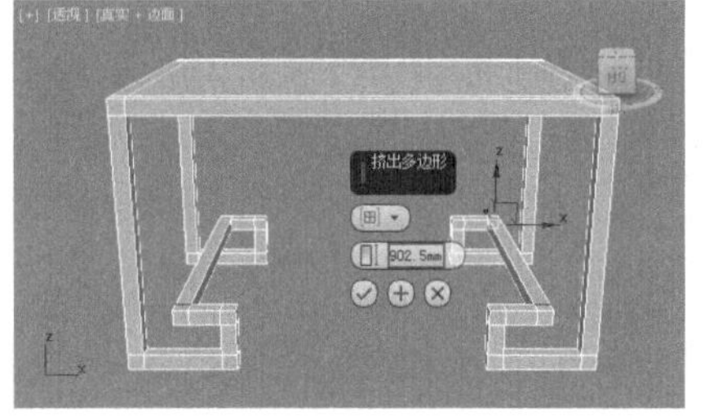

图5-701

14 在【顶】视图中创建如图5-702所示的长方体。设置【长度】为50.0mm、【宽度】为1100.0mm、【高度】为48.0mm，如图5-703所示。

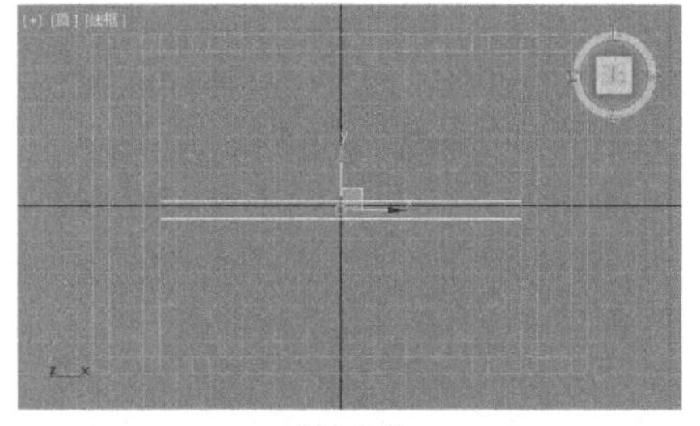

图5-702

图5-703

15 此时模型已经创建完成，效果如图5-704所示。

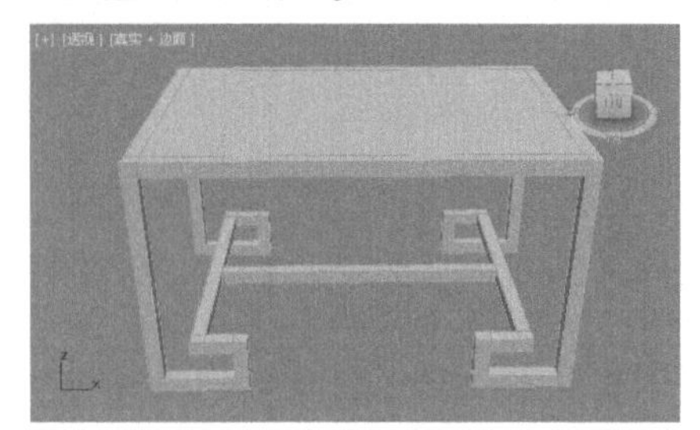

图5-704

实例070　多边形建模制作单人沙发

文件路径	第5章\多边形建模制作单人沙发
难易指数	★★★★★
技术掌握	多边形建模

扫码深度学习

操作思路

本例通过将模型转换为可编辑多边形，并进行编辑操作，制作出单人沙发模型。

案例效果

案例效果如图5-705所示。

图5-705

操作步骤

01 在【顶】视图中创建如图5-706所示的长方体。设置【长度】为1550.0mm、【宽度】为1200.0mm、【高度】为350.0mm，如图5-707所示。

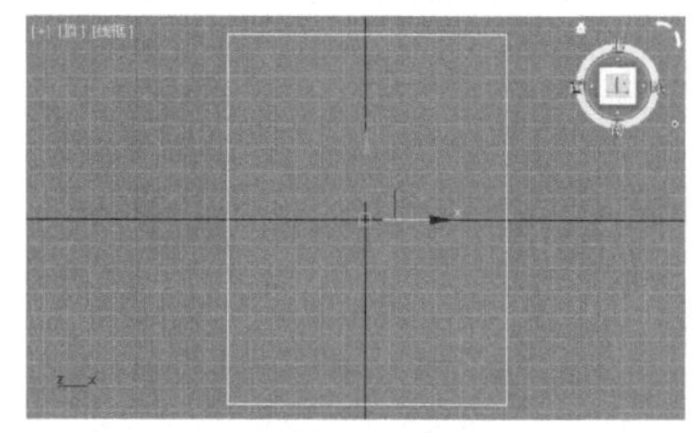

图5-706

图5-707

02 选择模型，并将模型装换为可编辑多边形，如图5-708所示。

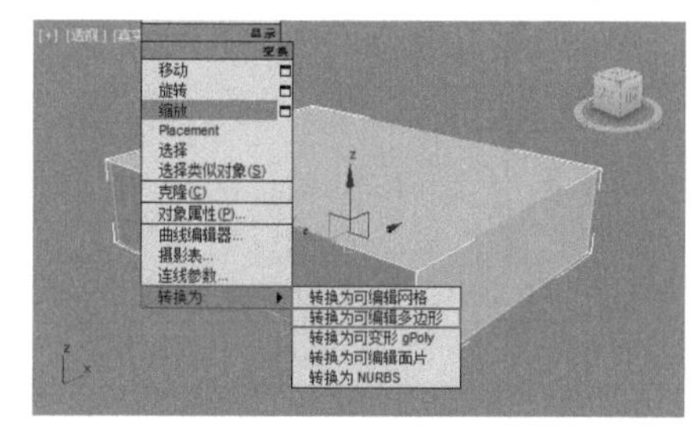

图5-708

03 进入【边】级别，选择如图5-709所示的边。单击【切角】后面的【设置】按钮，设置【边切角量】为15.0mm、【连接边分段】为4，如图5-710所示。

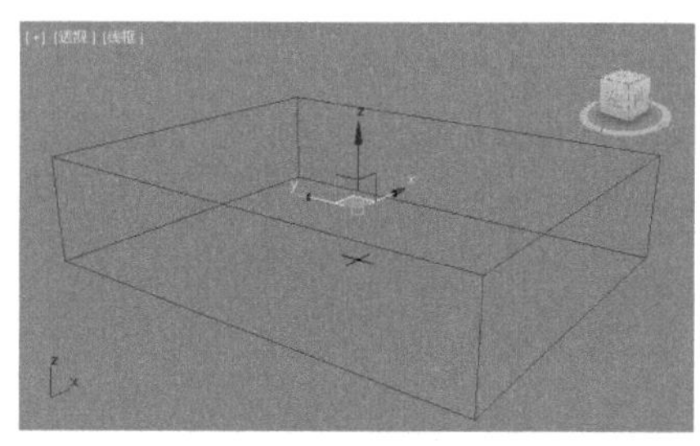

图5-709

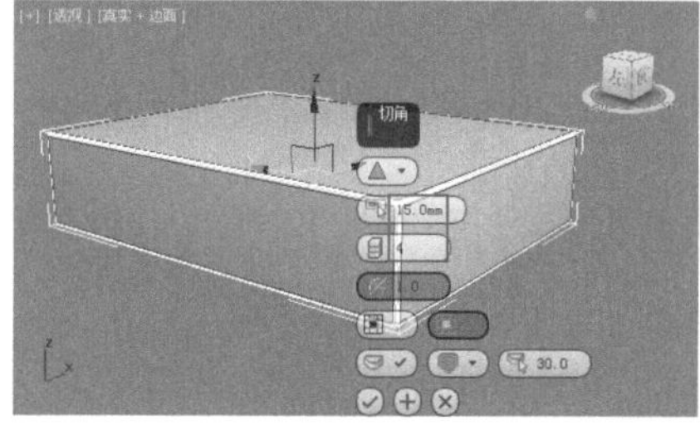

图5-710

04 选择如图5-711所示的边。单击【利用所选内容创建图形】按钮 利用所选内容创建图形 ，并在弹出的【创建图形】对话框中设置【曲线名】为01，选中【线性】单选按钮，最后单击【确定】按钮，如图5-712所示。

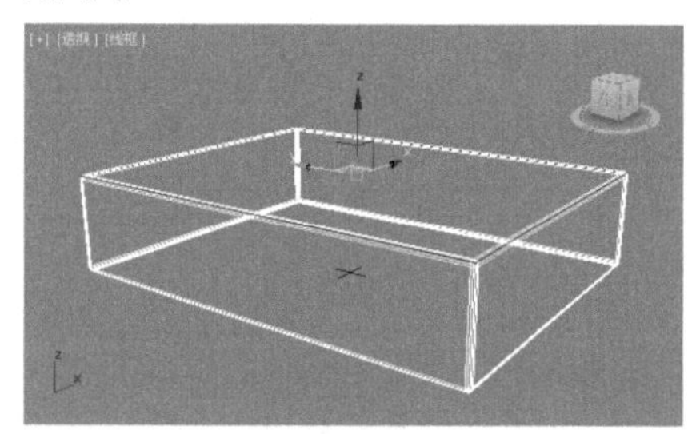

图5-711

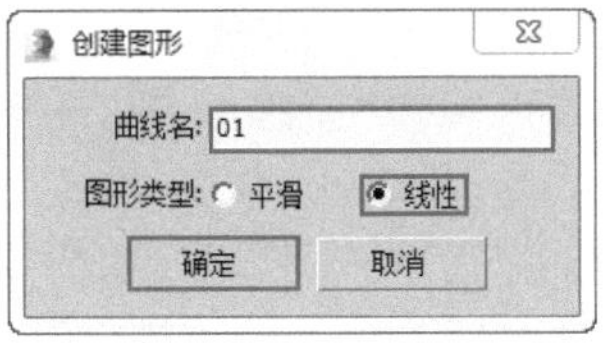

图5-712

05 选择如图5-713所示的线。展开【渲染】卷展栏，勾选【在渲染中启用】和【在视口中启用】复选框，设置【厚度】为10.0mm，如图5-714所示。

06 接着为模型加载【网格平滑】修改器，并设置【迭代次数】为3，如图5-715所示。

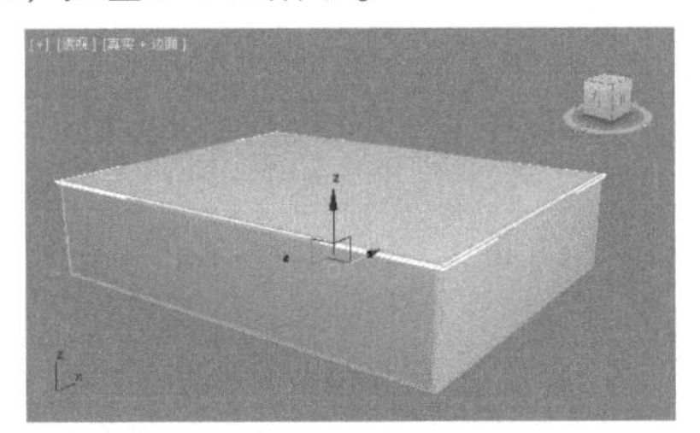
图5-713

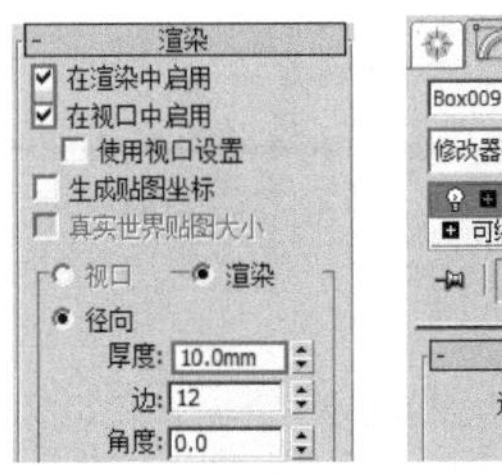

图5-714

图5-715

07 效果如图5-716所示。进入【多边形】级别■，选择如图5-717所示的多边形，并沿Z轴向上拖动，效果如图5-718所示。

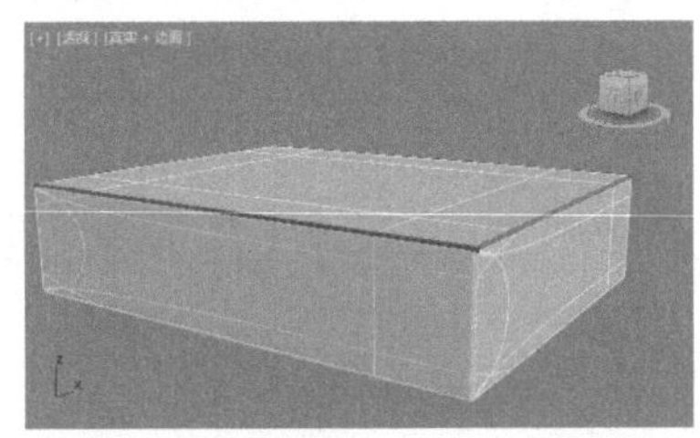
图5-716

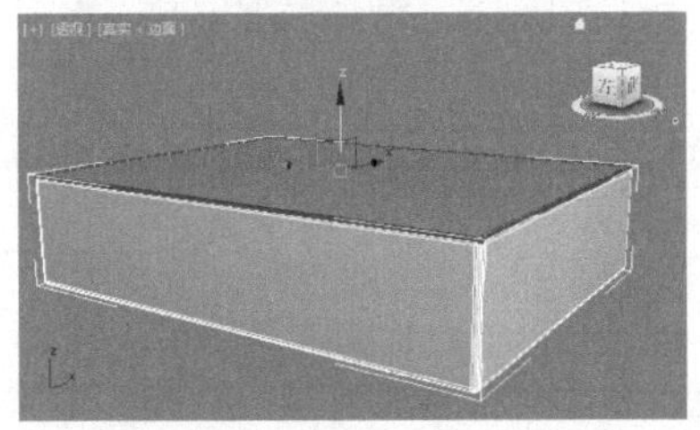
图5-717

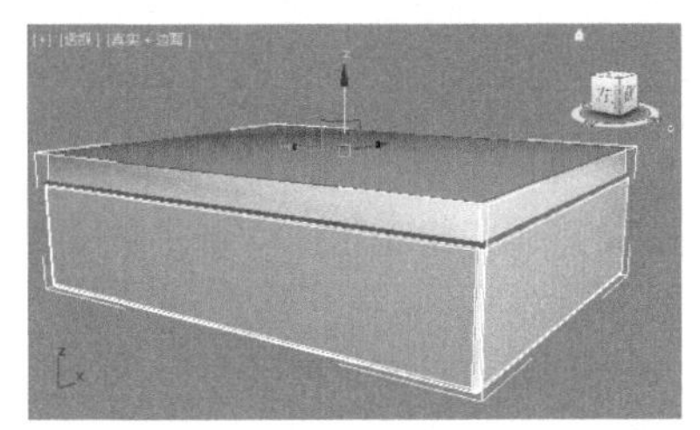
图5-718

08 此时模型的效果如图5-719所示。

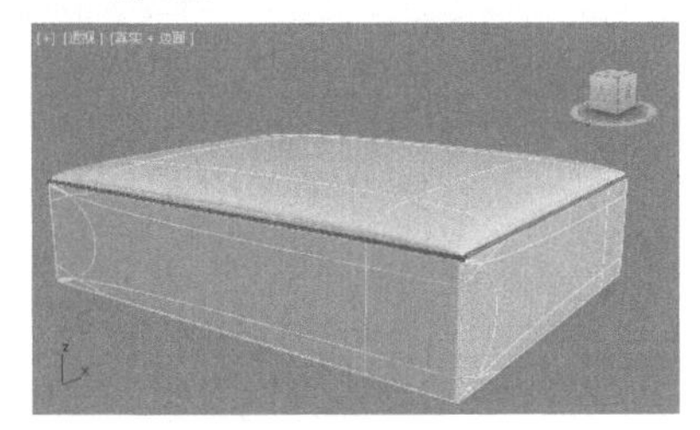
图5-719

09 在【前】视图中创建如图5-720所示的长方体，移动到合适的位置。设置【长度】为1200.0mm、【宽度】为1200.0mm、【高度】为350.0mm，如图5-721所示。

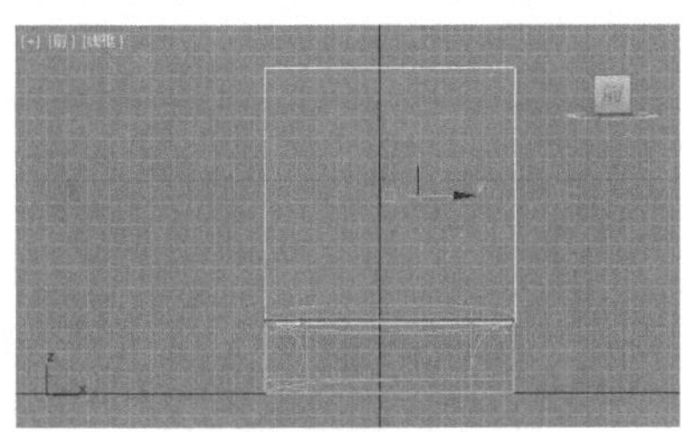
图5-720

图5-721

10 创建出的模型如图5-722所示。

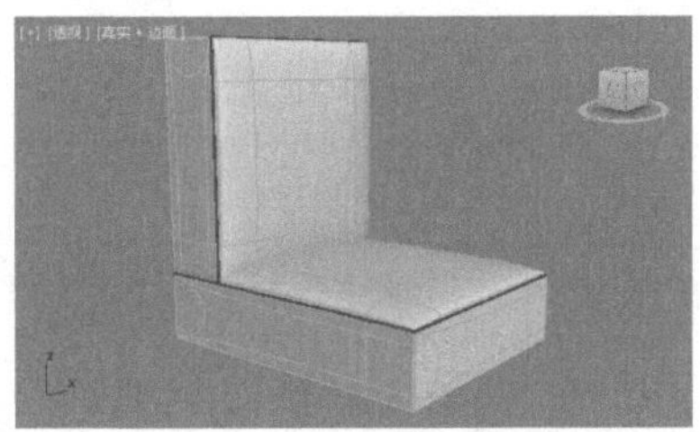
图5-722

11 在【透】视图中选择模型，如图5-723所示。沿X轴向左旋转-10°，如图5-724所示。

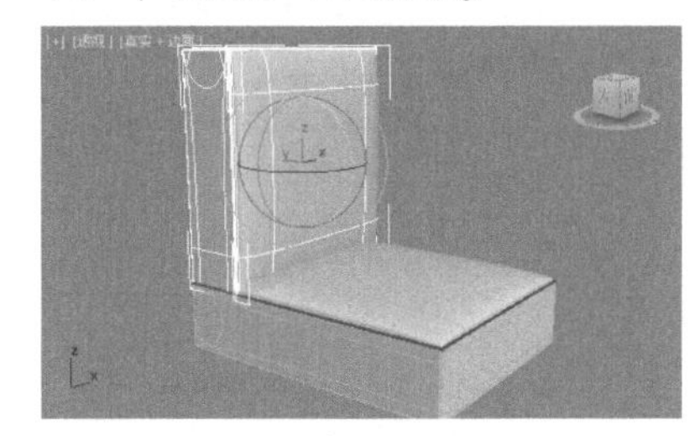
图5-723

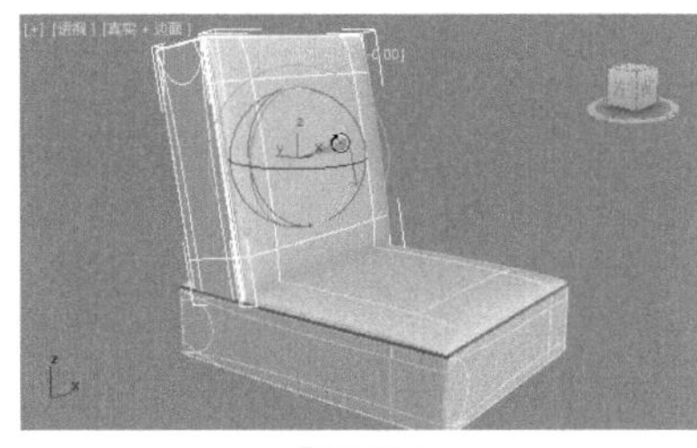
图5-724

12 将模型移动到合适的位置，如图5-725所示。

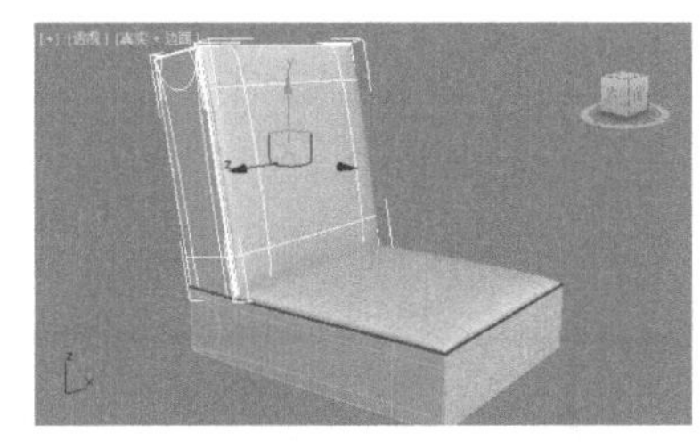
图5-725

13 在【左】视图中创建如图5-726所示的长方体，移动到合适的位置。设置【长度】为1000.0mm、【宽度】为1550.0mm、【高度】为350.0mm，如图5-727所示。

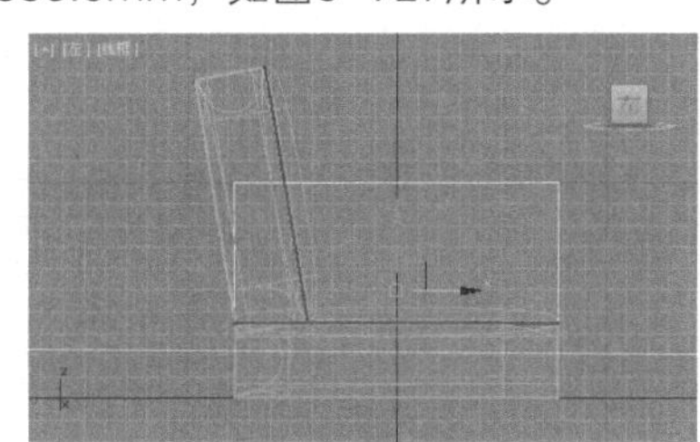
图5-726

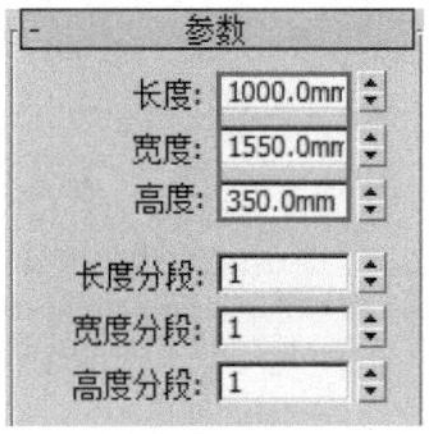

图5-727

14 创建出的模型如图5-728所示。

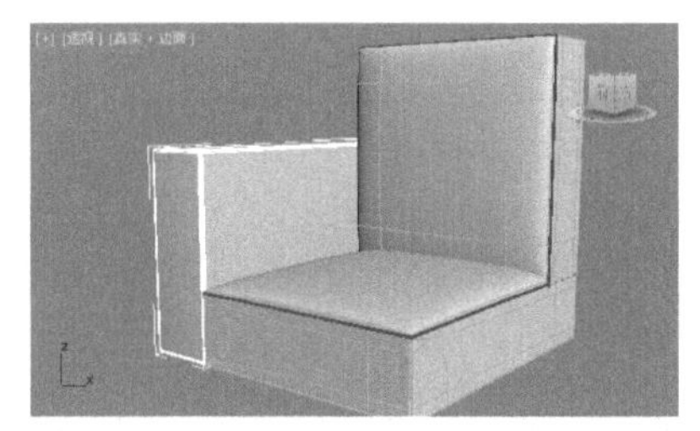
图5-728

15 进入【顶点】级别，选择如图5-729所示的顶点。沿X轴向右移动，如图5-730所示。

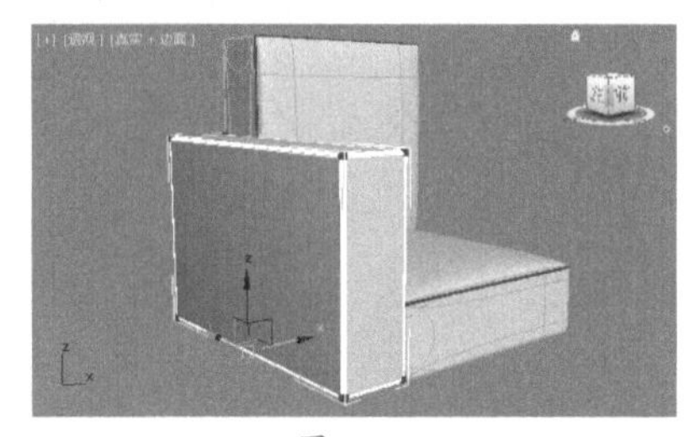
图5-729

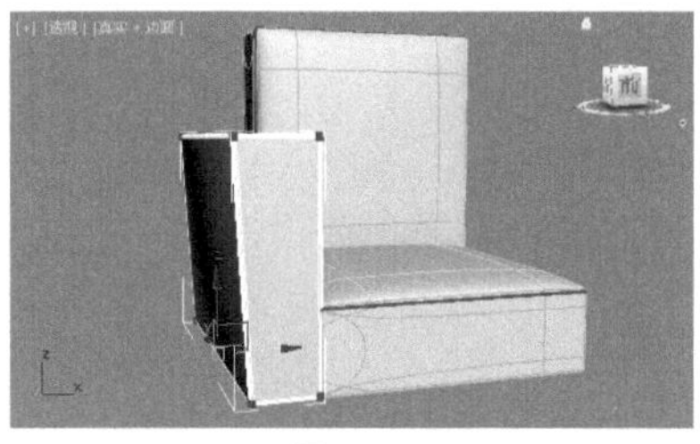
图5-730

16 进入【边】级别，选择如图5-731所示的边。单击【利用所选内容创建图形】按钮 利用所选内容创建图形 ，在弹出的【创建图形】对话框中设置【曲线名】为03，选中【线性】单选按钮，最后单击【确定】按钮，如图5-732所示。

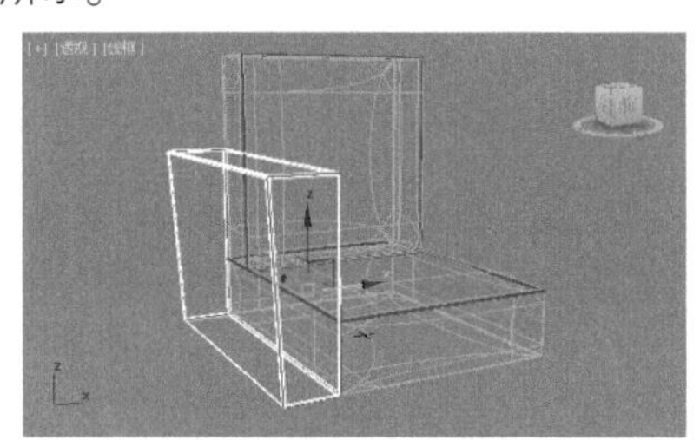
图5-731

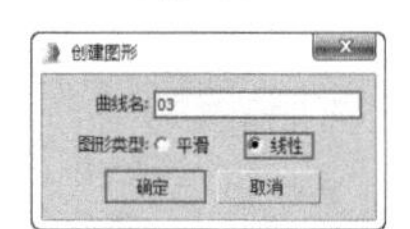

图5-732

17 选择如图5-733所示的线。展开【渲染】卷展栏，勾选【在渲染中启用】和【在视口中启用】复选框，设置【厚度】为10.0mm，如图5-734所示。

18 接着为模型加载【网格平滑】修改器，设置【迭代次数】为3，如图5-735所示。

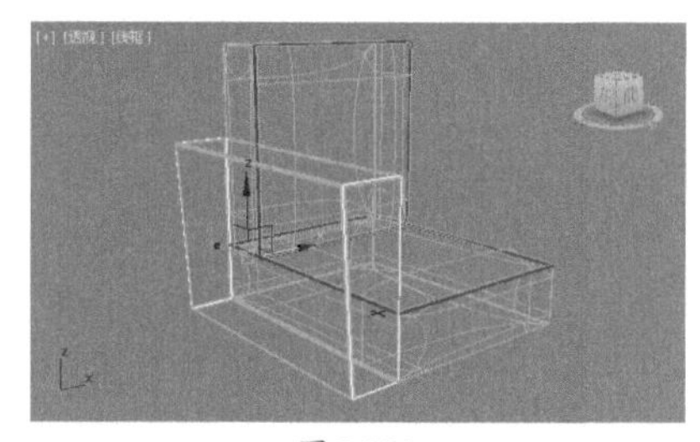
图5-733

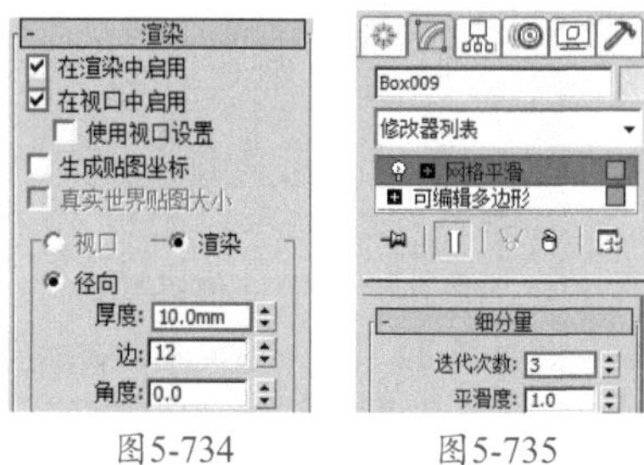

图5-734　　图5-735

19 效果如图5-736所示。进入【多边形】级别，选择如图5-737所示的多边形，并沿X轴向右拖动，效果如图5-738所示。

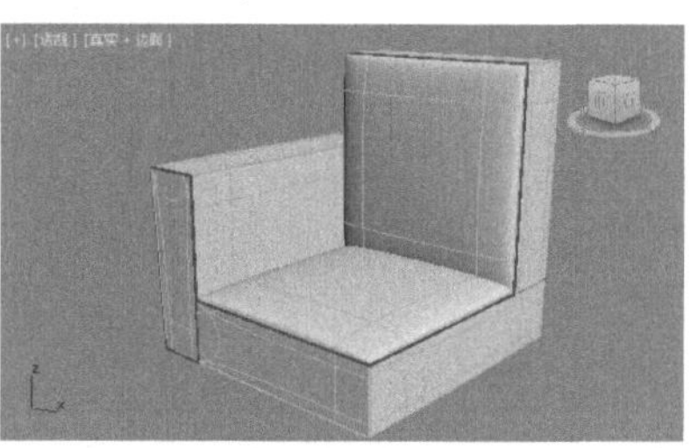
图5-736

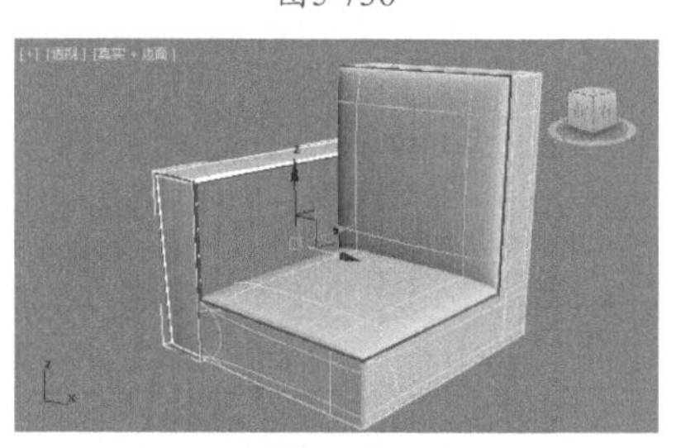
图5-737

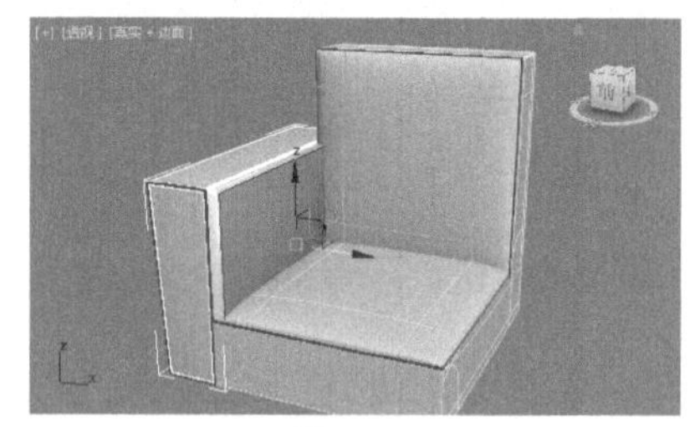
图5-738

20 选择如图5-739所示的多边形，沿X轴向左拖动，效果如图5-740所示。

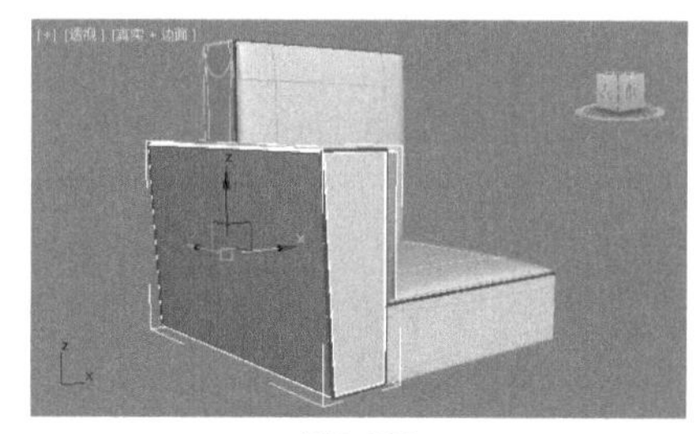
图5-739

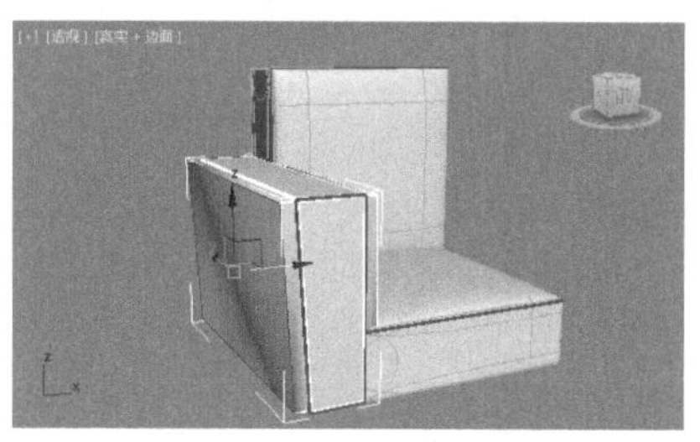
图5-740

21 选择如图5-741所示的多边形，沿Y轴向右拖动，效果如图5-742所示。

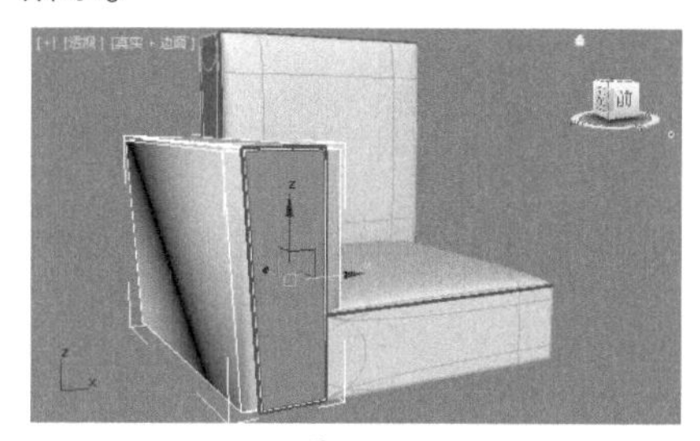
图5-741

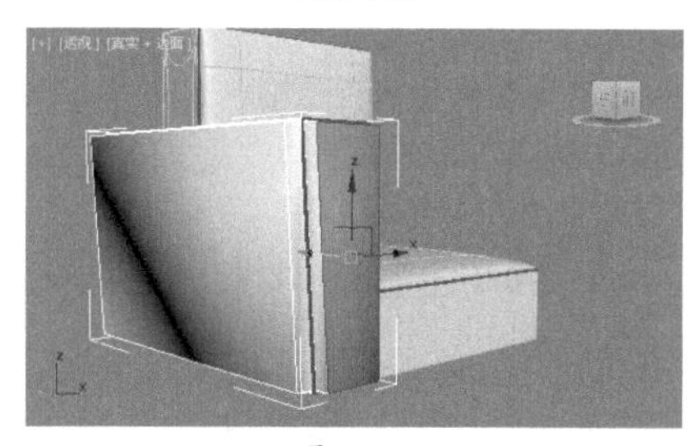
图5-742

22 此时模型的效果如图5-743所示。

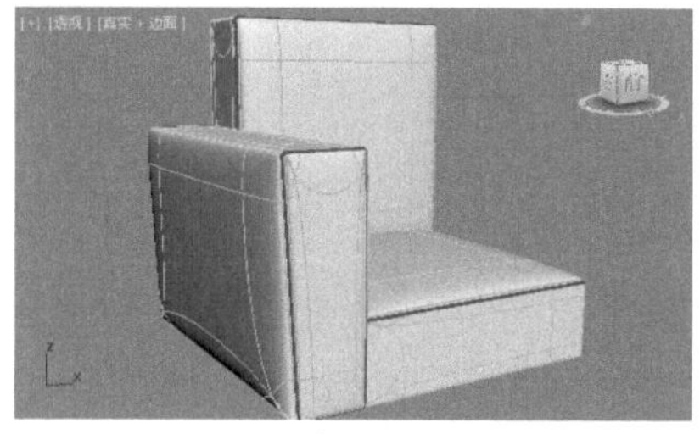
图5-743

23 在【透】视图中选择如图5-744所示的模型。按住Shift键，沿X轴向右拖动复制，如图5-745所示。

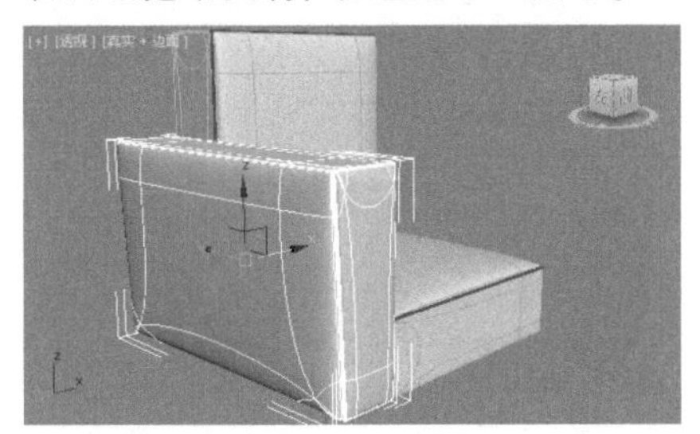

图5-744

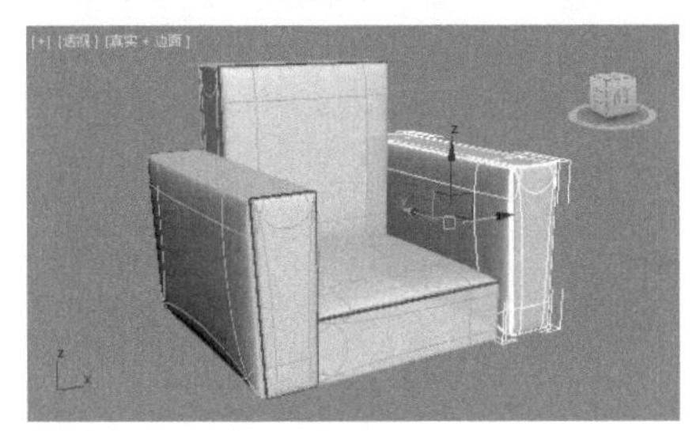

图5-745

24 单击【镜像】按钮，在弹出的【镜像:世界 坐标】对话框中选择X轴和【实例】选项，如图5-746所示。效果如图5-747所示。

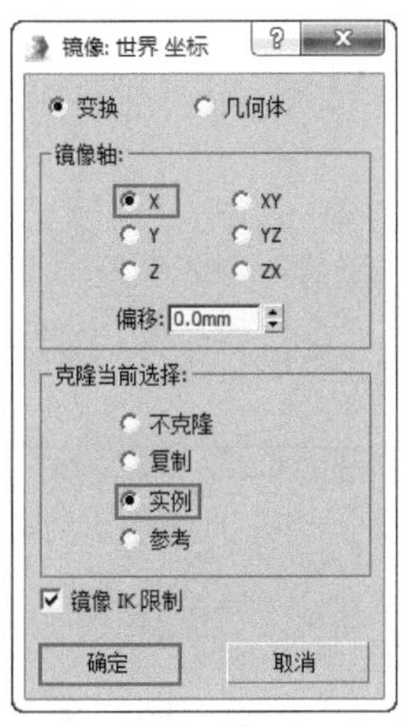

图5-746

图5-747

25 在【顶】视图中创建如图5-748所示的圆锥体。设置【半径1】为50.0mm、【半径2】为90.0mm、【高度】为450.0mm、【边数】为30，如图5-749所示。

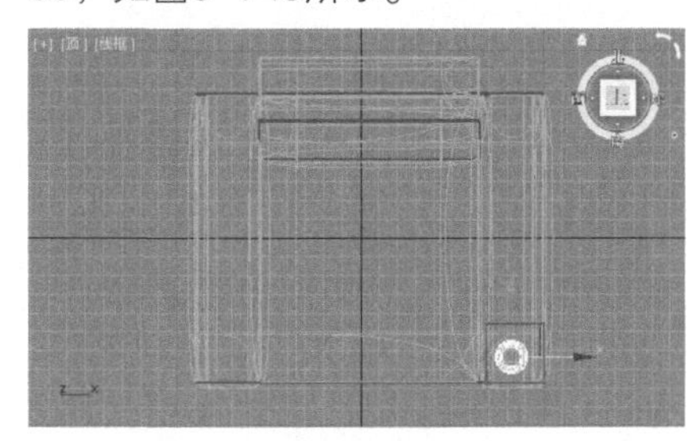

图5-748

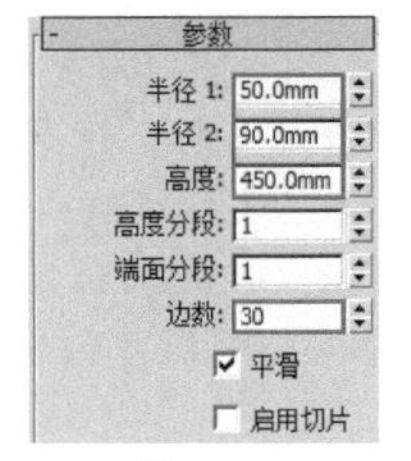

图5-749

26 在【透】视图中选择刚刚创建的模型，如图5-750所示。按住Shift键，拖动复制出3个模型，如图5-751所示。

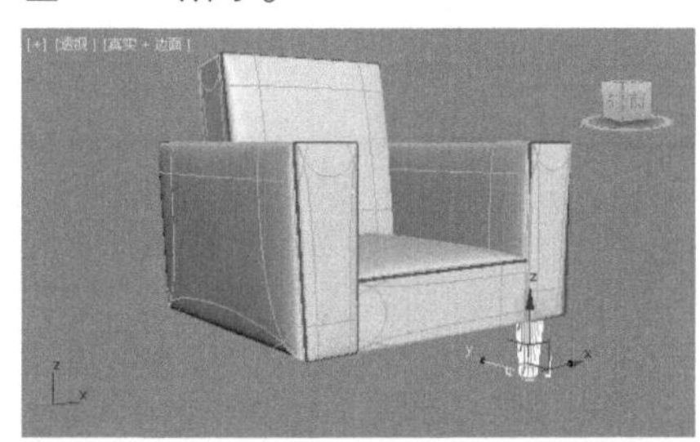

图5-750

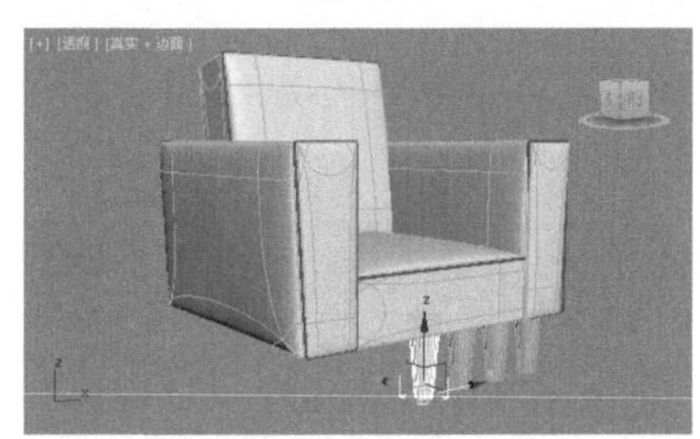

图5-751

27 将复制的3个模型移动到合适位置，效果如图5-752所示。

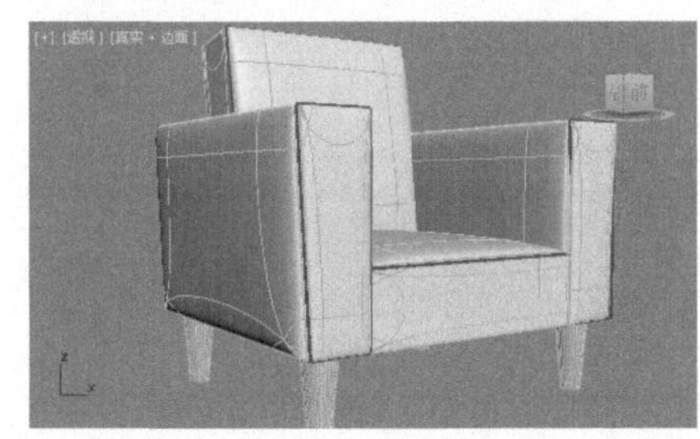

图5-752

实例071 多边形建模制作书桌

文件路径	第5章\多边形建模制作书桌
难易指数	★★★★★
技术掌握	多边形建模

扫码深度学习

操作思路

本例通过将模型转换为可编辑多边形，并进行编辑操作，制作出书桌模型。

案例效果

案例效果如图5-753所示。

图5-753

操作步骤

01 在【透】视图中创建如图5-754所示的长方体。设置【长度】为1200.0mm、【宽度】为800.0mm、【高度】为30.0mm，如图5-755所示。

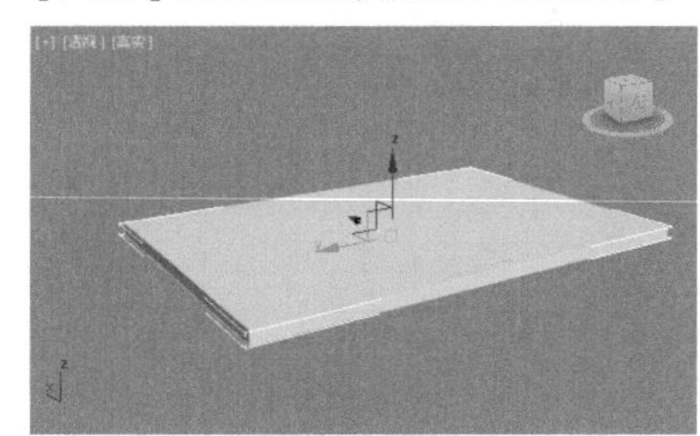

图5-754

图5-755

02 选择模型，并将长方体转换为可编辑多边形，如图5-756所示。

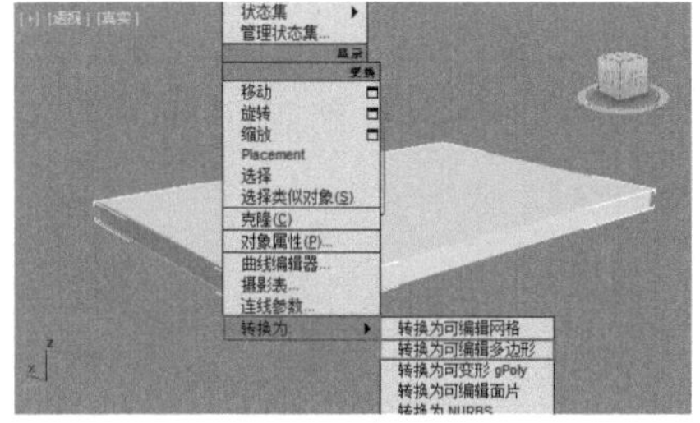

图5-756

03 进入【多边形】级别■，选择如图5-757所示的多边形。单击【倒角】后面的【设置】按钮■，设置【高度】为15.0mm、【轮廓】为-15.0mm，如图5-758所示。

图5-757

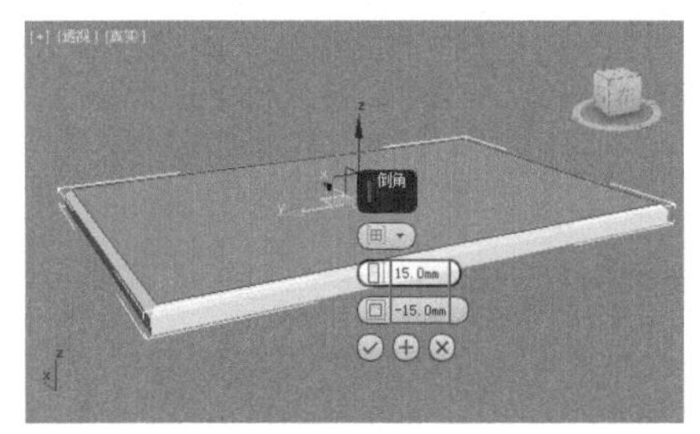

图5-758

04 单击【挤出】后面的【设置】按钮■，设置【高度】为5.0mm，如图5-759所示。效果如图5-760所示。

05 在【顶】视图中创建如图5-761所示的长方体。设置【长度】为1130.0mm、【宽度】为730.0mm、【高度】为190.0mm，如图5-762所示。

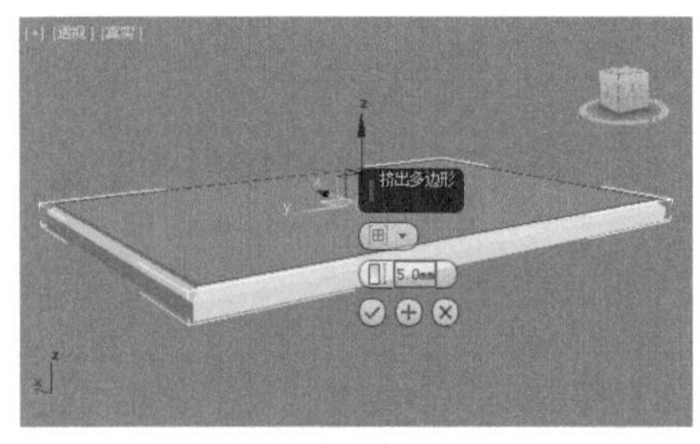

图5-759

图5-760

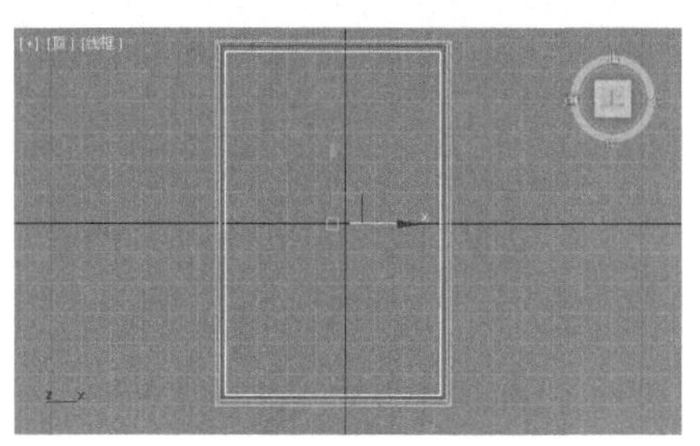

图5-761

图5-762

06 将模型转换为可编辑多边形，进入【边】级别◁，选择如图5-763所示的边。单击【连接】后面的【设置】按钮■，设置【分段】为2、【收缩】为65，如图5-764所示。

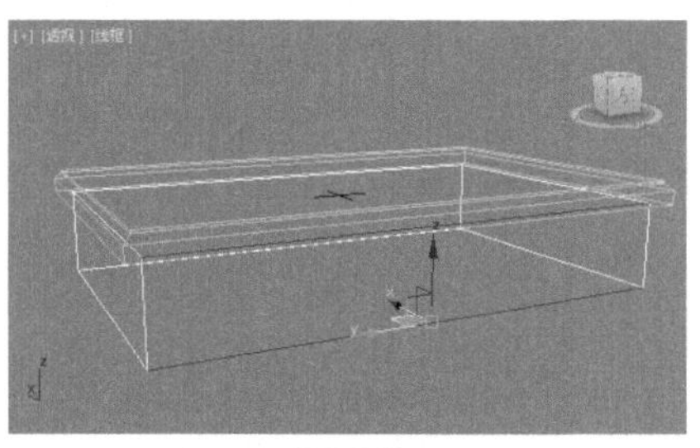

图5-763

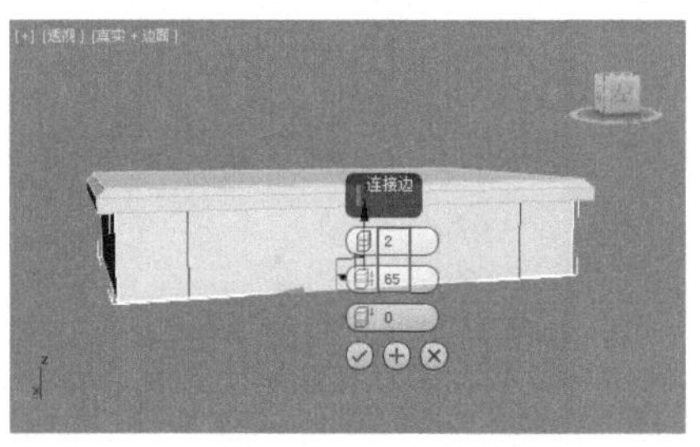

图5-764

07 选择如图5-765所示的边。单击【连接】后面的【设置】按钮■，设置【分段】为2，【收缩】为-60，如图5-766所示。

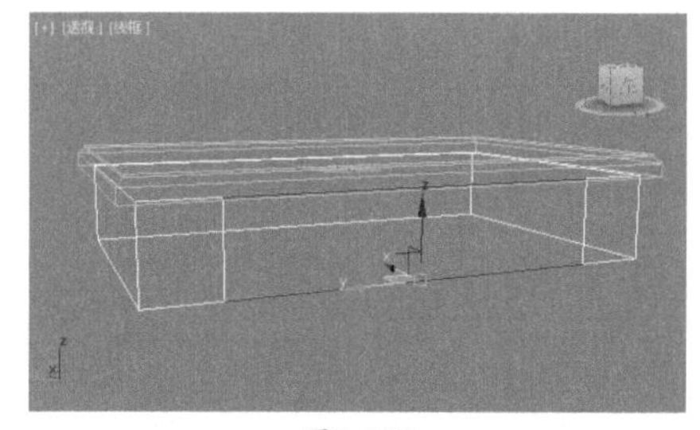

图5-765

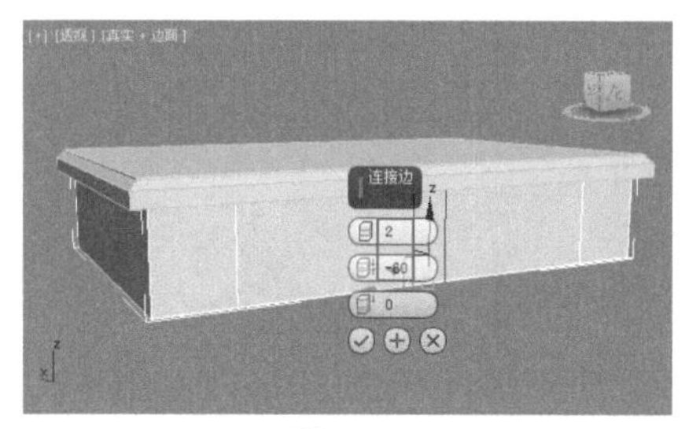

图5-766

08 选择如图5-767所示的边。单击【连接】后面的【设置】按钮■，设置【分段】为2、【收缩】为55，如图5-768所示。

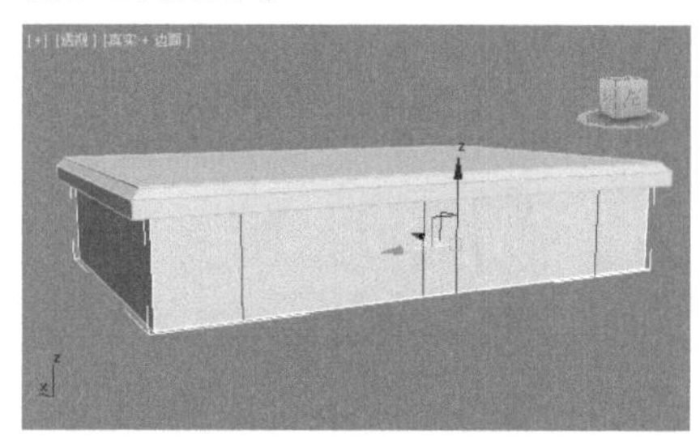

图5-767

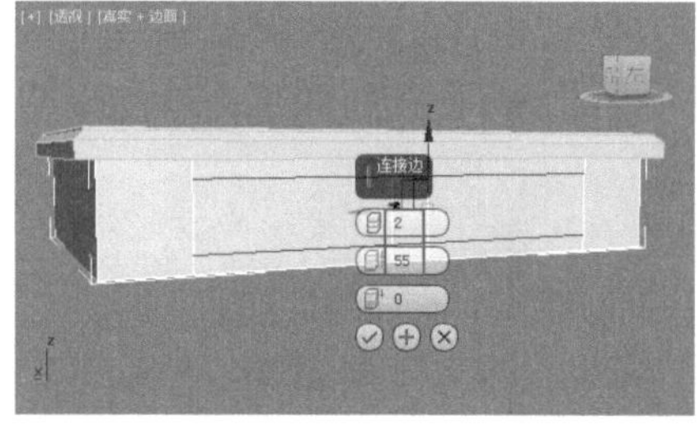

图5-768

09 进入【多边形】级别■，选择如图5-769所示的多边形。单击【挤出】后面的【设置】按钮■，设置【高度】为-700.0mm，如图5-770所示。

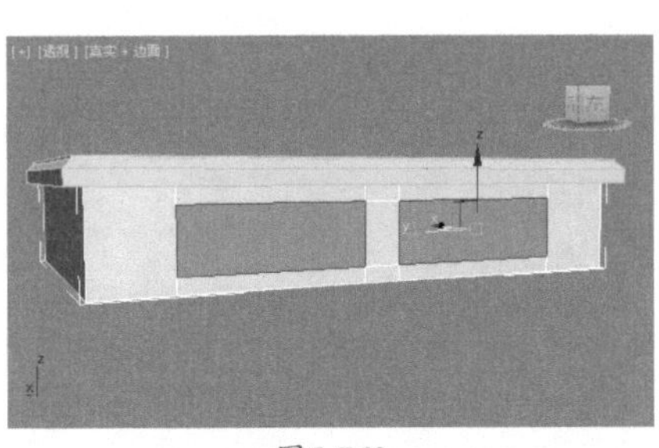
图5-769

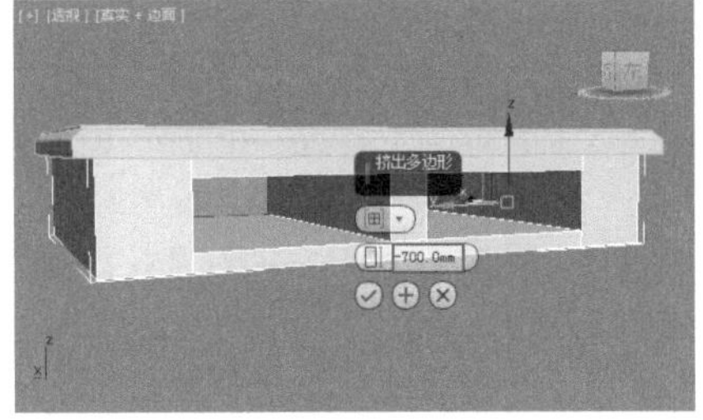

图5-770

10 在【左】视图中创建如图5-771所示的长方体。设置【长度】为125.0mm、【宽度】为373.0mm、【高度】为700.0mm，如图5-772所示。

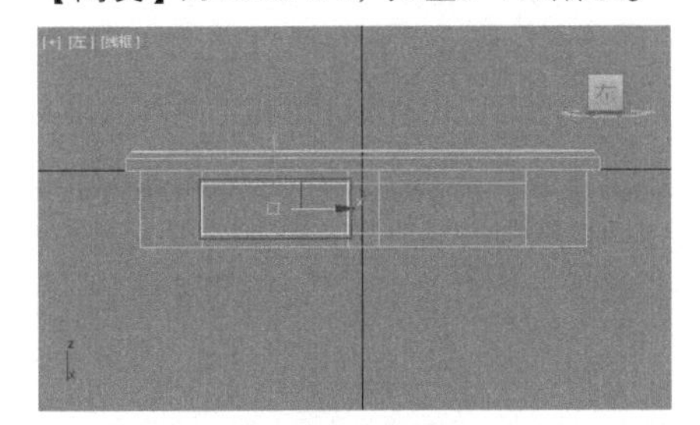
图5-771

图5-772

11 在【透】视图中选择模型，将其转换为可编辑多边形，并进入【多边形】级别■，选择如图5-773所示的多边形。

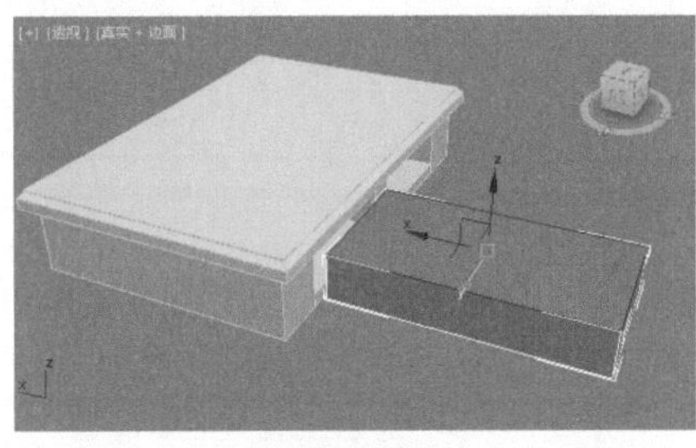
图5-773

12 单击【插入】后面的【设置】按钮■，设置【数量】为20.0mm，如图5-774所示。接着单击【挤出】后面的【设置】按钮■，设置【高度】为-105.0mm，如图5-775所示。

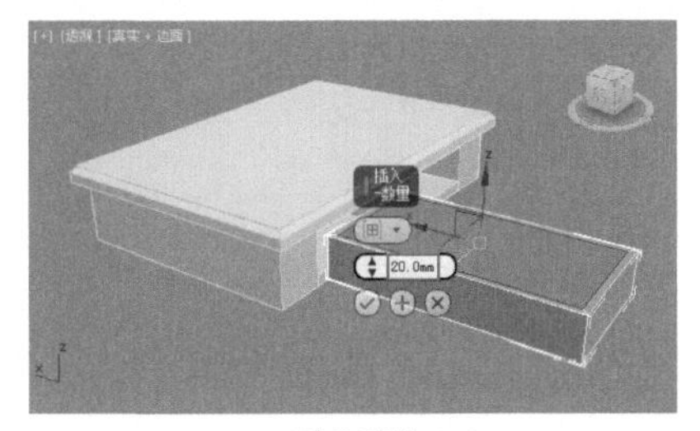

图5-774

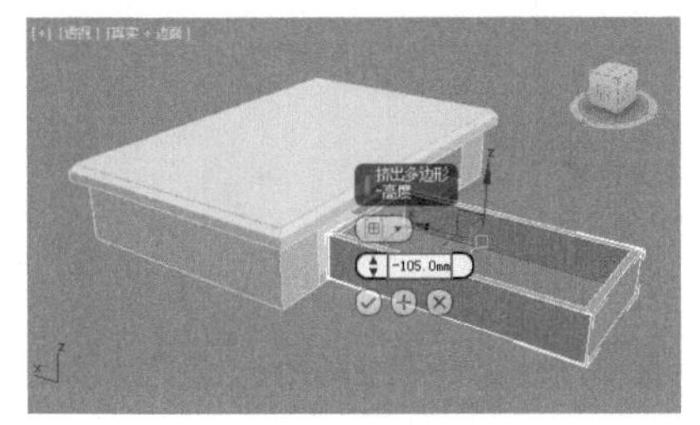

图5-775

13 在【透】视图中选择如图5-776所示的多边形。单击【插入】后面的【设置】按钮■，设置【数量】为25.0mm，如图5-777所示。

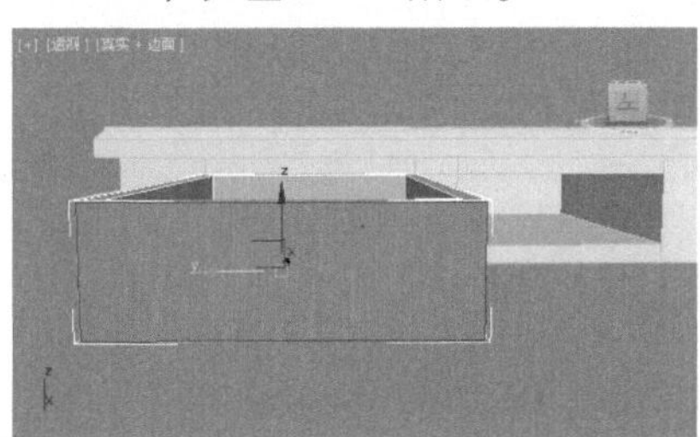
图5-776

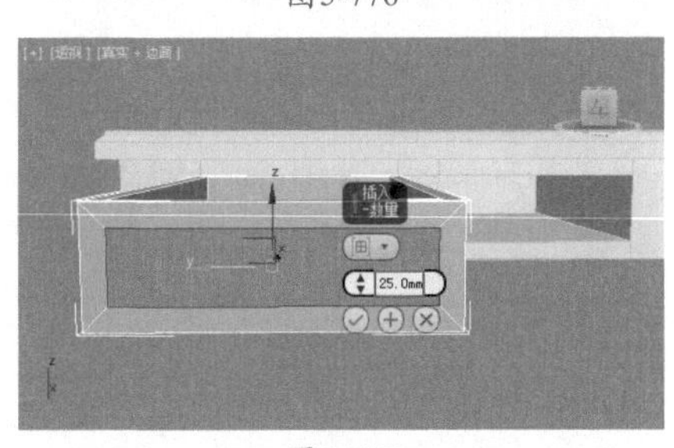

图5-777

14 接着单击【倒角】后面的【设置】按钮■，设置【高度】为-1.0mm、【轮廓】为-2.0mm，如图5-778所示。再次单击【倒角】后面的【设置】按钮■，设置【高度】为-5.0mm、【轮廓】为-8.0mm，如图5-779所示。

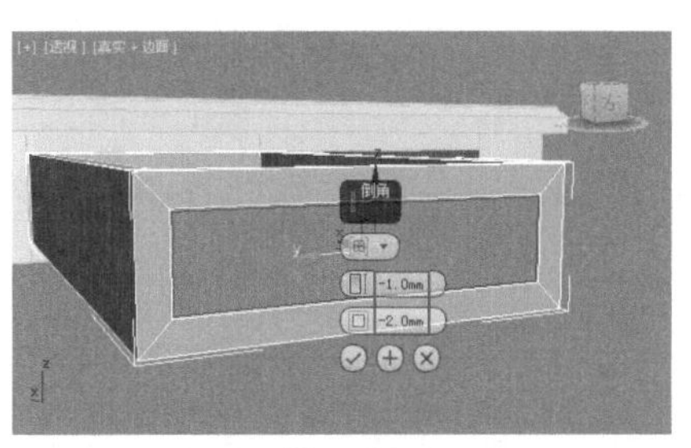

图5-778

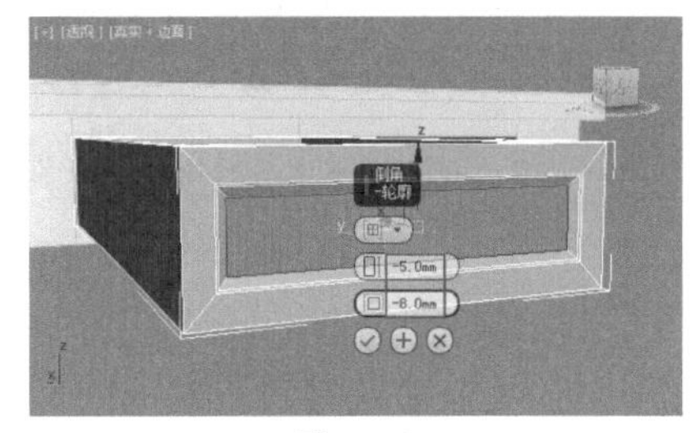

图5-779

15 在【左】视图中创建如图5-780所示的切角圆柱体。设置【半径】为18.0mm、【高度】为8.0mm、【圆角】为2.0mm、【圆角分段】为9、【边数】为30，如图5-781所示。

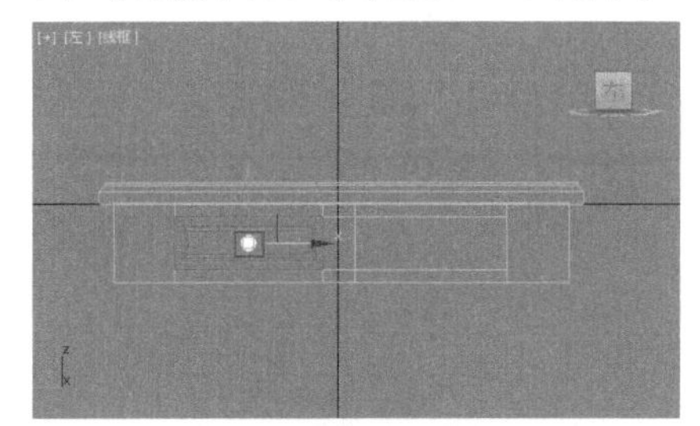
图5-780

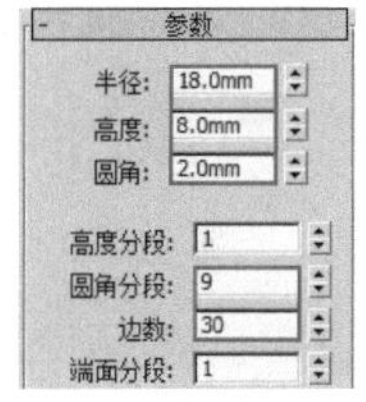

图5-781

16 在【透】视图中选择刚刚创建的切角圆柱体，按住Shift键进行等比缩放复制，并适当调整位置，如图5-782所示。

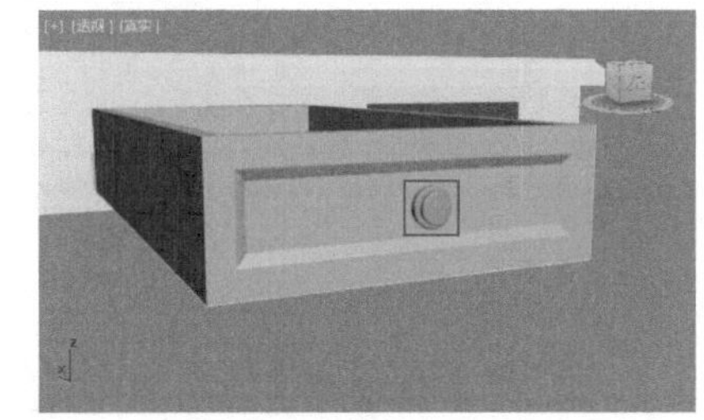
图5-782

17 在【左】视图中创建如图5-783所示的圆柱体。设置【半径】为5.0mm、【高度】为20.0mm、【边数】为20，如图5-784所示。

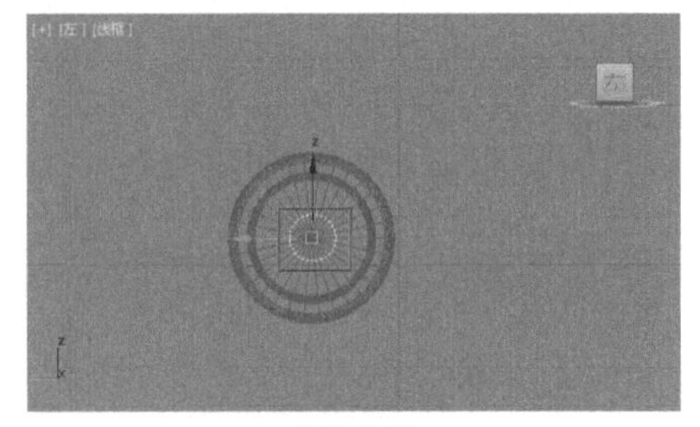

图5-783

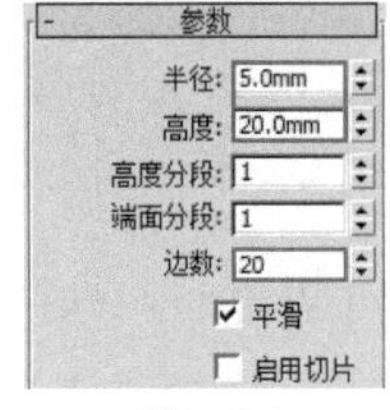

图5-784

18 在【左】视图中创建如图5-785所示的球体。设置【半径】为5.0mm，如图5-786所示。

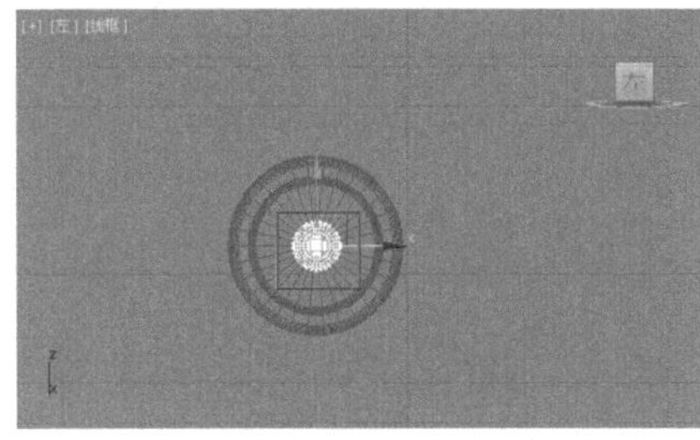

图5-785

图5-786

19 在【透】视图中选择如图5-787所示的模型。将模型移动到合适的位置，查看效果，如图5-788所示。

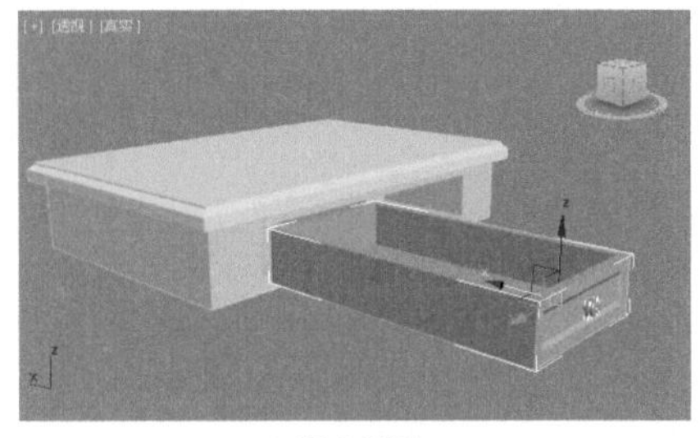

图5-787

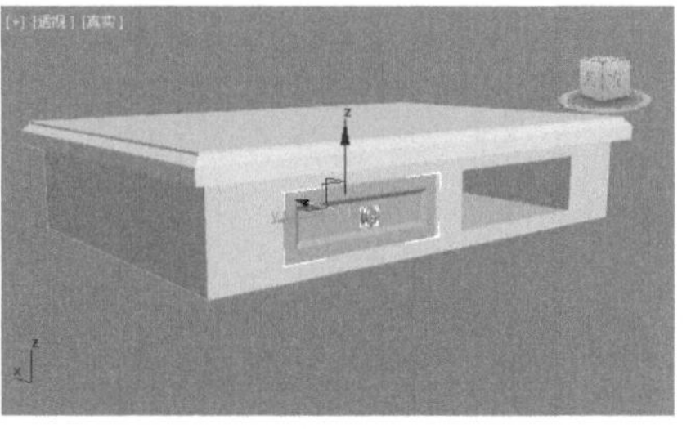

图5-788

20 在【顶】视图中选中如图5-789所示的模型。按住Shift键沿Y轴向下拖动复制，查看效果，如图5-790所示。

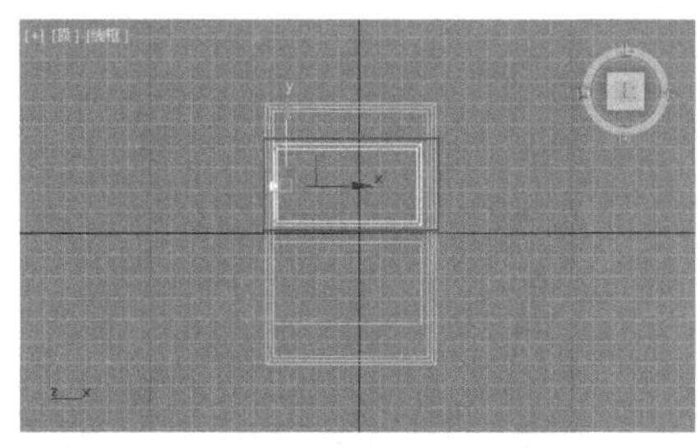

图5-789

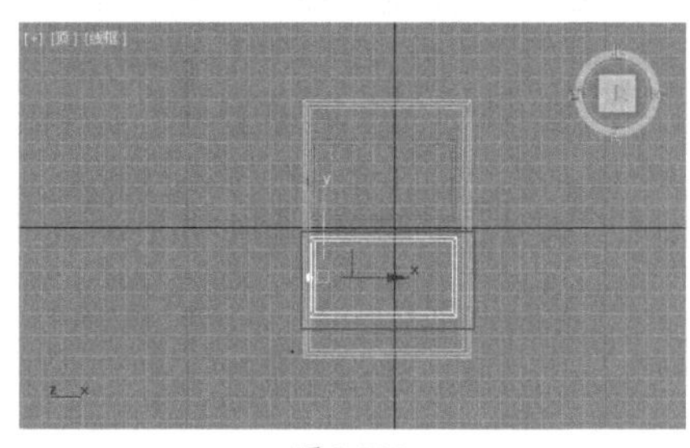

图5-790

21 此时查看模型的效果，如图5-791所示。

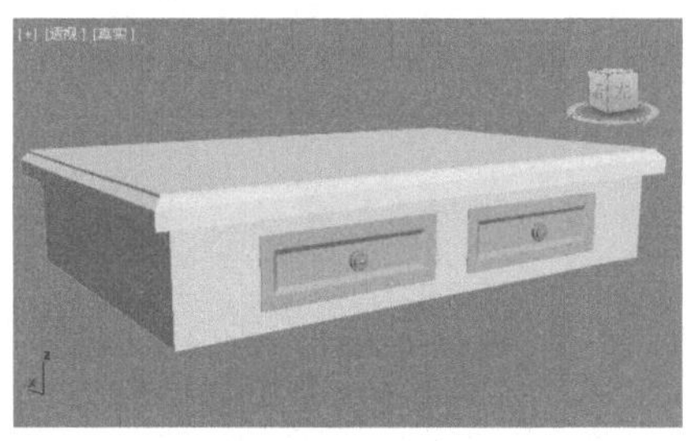

图5-791

22 在【顶】视图中创建如图5-792所示的长方体。设置【长度】为50.0mm、【宽度】为50.0mm、【高度】为1200.0mm，如图5-793所示。

23 在【顶】视图中选择刚创建的模型，按住Shift键，再次拖动复制出3个模型，如图5-794所示。接着将复制模型移动到合适的位置，如图5-795所示。

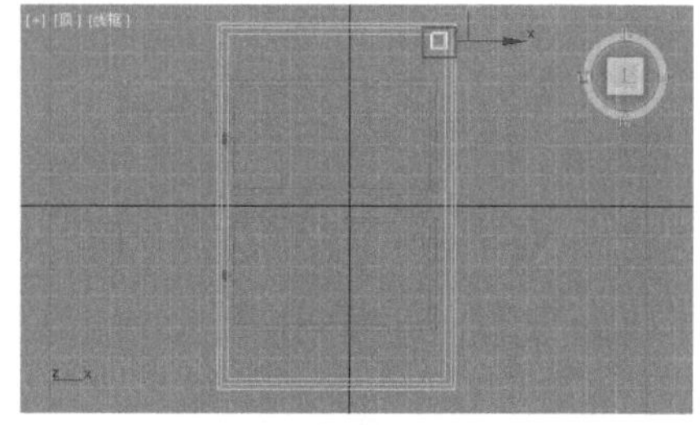

图5-792

图5-793

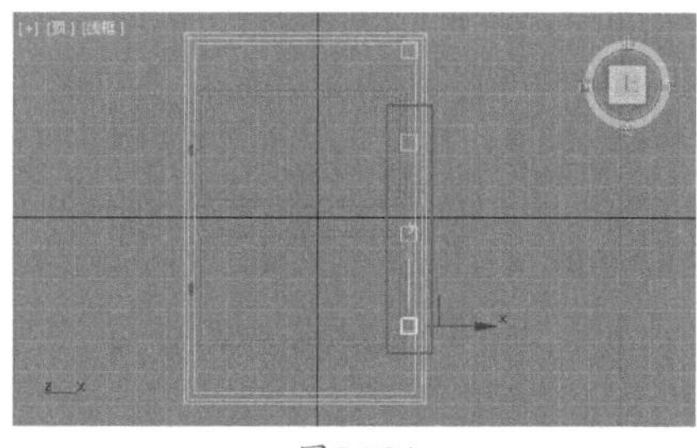

图5-794

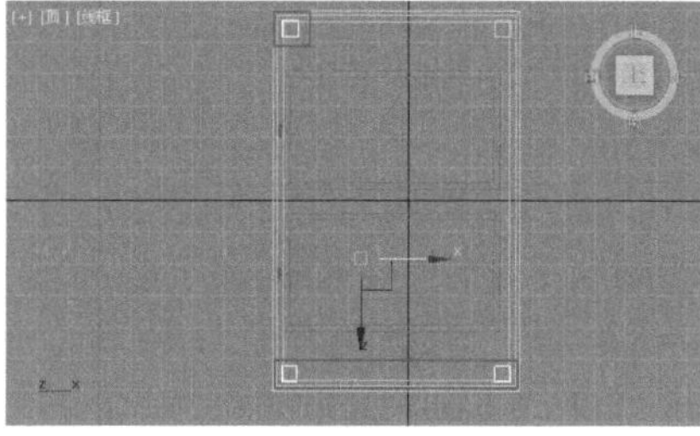

图5-795

24 此时查看模型的效果，如图5-796所示。书桌模型创建完成。

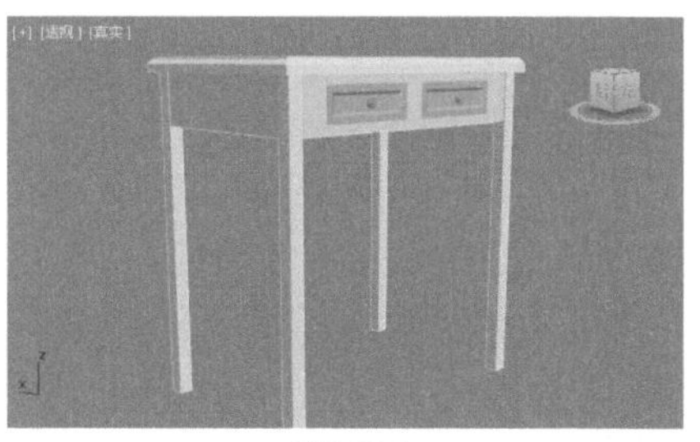

图5-796

实例072 多边形建模制作弯曲台灯

文件路径	第5章\多边形建模制作弯曲台灯
难易指数	★★★★★
技术掌握	多边形建模

扫码深度学习

操作思路

本例通过将模型转换为可编辑多边形，并进行编辑操作，制作出弯曲台灯模型。

案例效果

案例效果如图5-797所示。

图5-797

操作步骤

01 在【顶】视图中创建如图5-798所示的圆锥体。设置【半径1】为300.0mm、【半径2】为0.0mm、【高度】为300mm、【边数】为30，如图5-799所示。

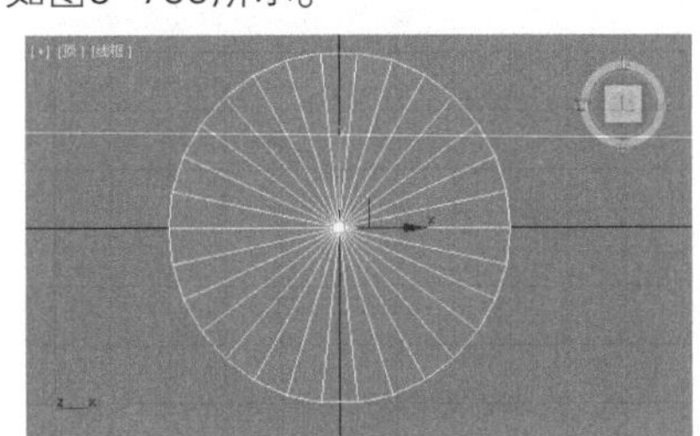

图5-798

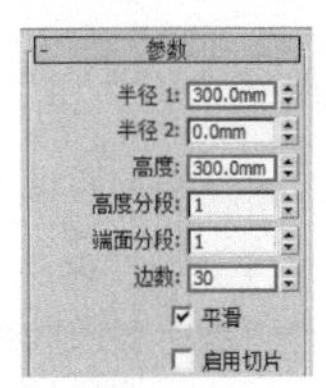

图5-799

02 选择模型，并将模型转换为可编辑多边形，如图5-800所示。

图5-800

03 进入【多边形】级别■，在【透】视图中选择如图5-801所示的多边形。单击【倒角】后面的【设置】按钮■，设置【高度】为-290.0mm、【轮廓】为-295.0mm，如图5-802所示。

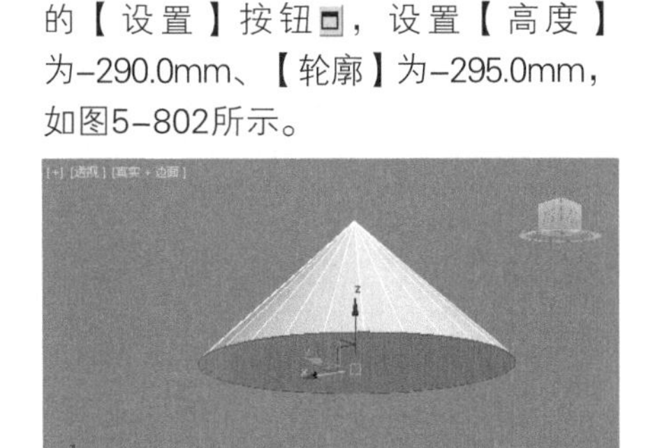

图5-801

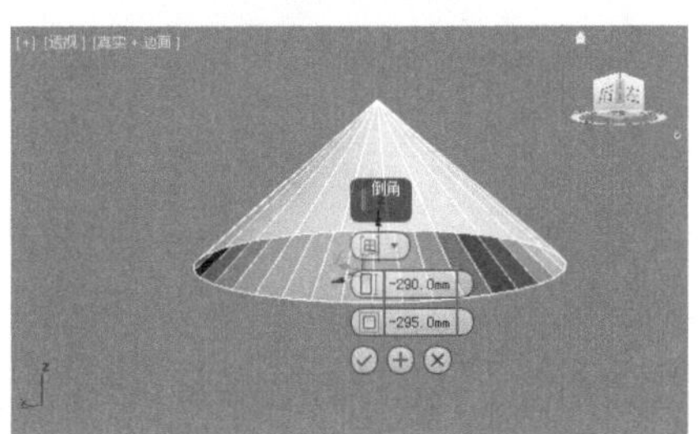

图5-802

04 在【顶】视图中创建如图5-803所示的切角圆柱体。设置【半径】为40.0mm、【高度】为30.0mm、【圆角】为5.0mm、【圆角分段】为10、【边数】为30，如图5-804所示。

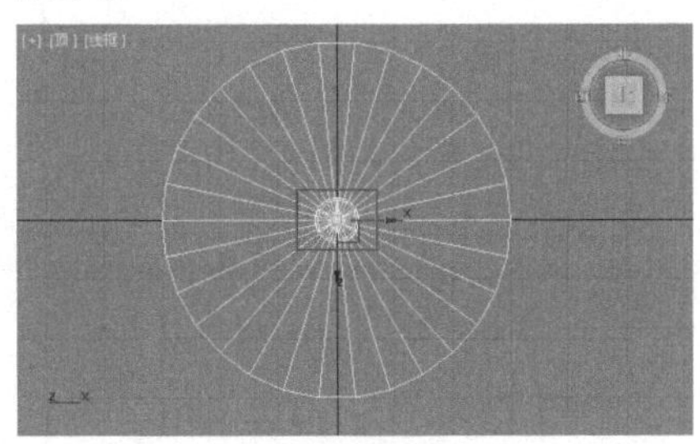

图5-803

图5-804

05 在【顶】视图中创建如图5-805所示的圆柱体。设置【半径】为10.0mm、【高度】为1200.0mm、【高度分段】为20、【边数】为30，如图5-806所示。

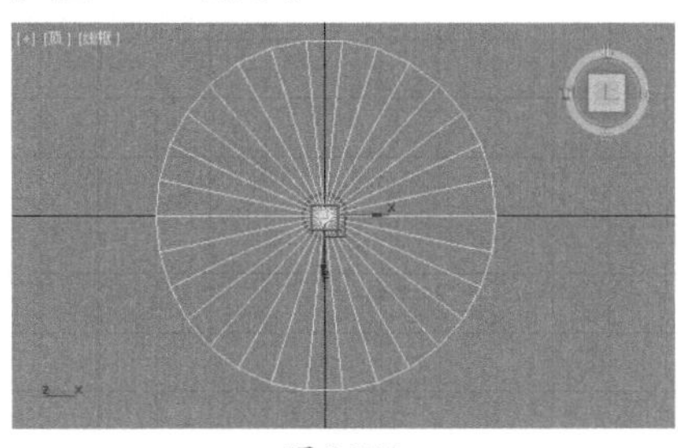

图5-805

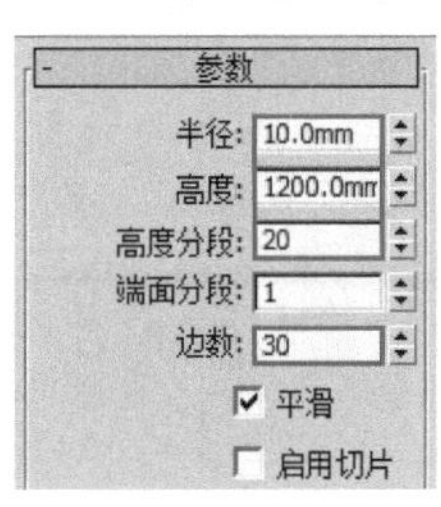

图5-806

06 将模型转换为可编辑多边形，进入【顶点】级别⁚，并选择如图5-807所示的顶点。

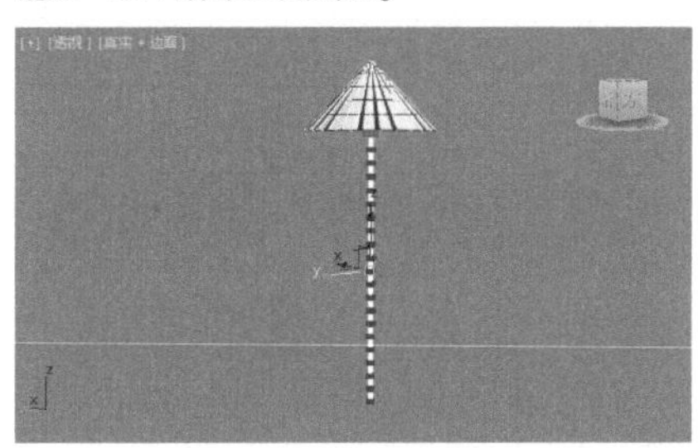

图5-807

07 接着为模型加载FFD4x4x4修改器，选择【控制点】选项，如图5-808所示。在【左】视图中选择控制点，并沿Y轴向右拖动，如图5-809所示。

图5-808

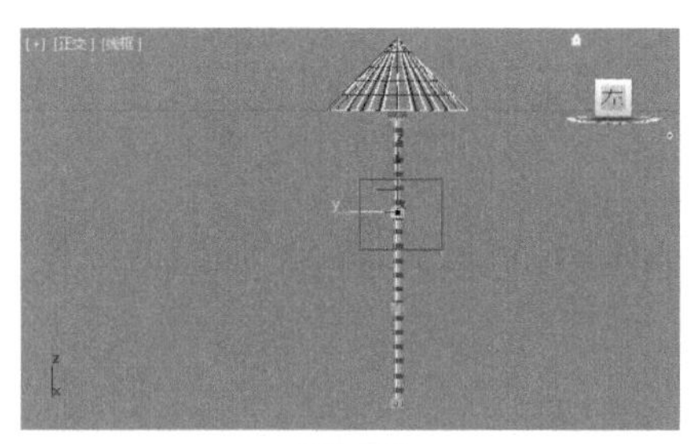

图5-809

08 选择如图5-810所示的控制点。沿Y轴向左移动，如图5-811所示。

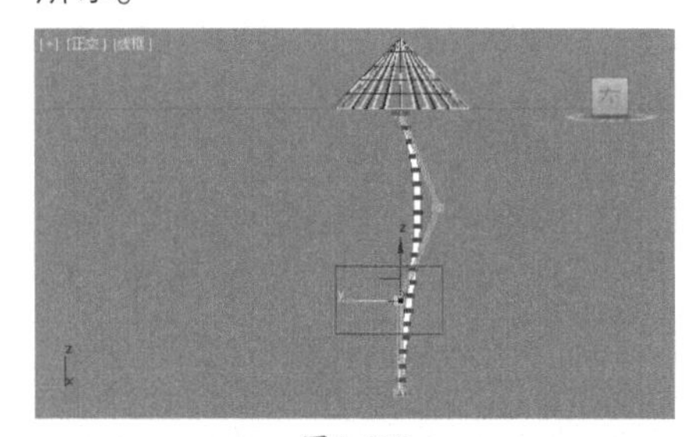

图5-810

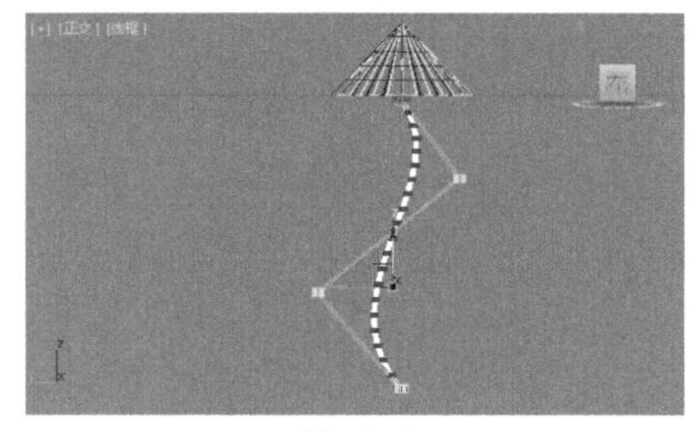

图5-811

09 选择如图5-812所示的控制点。沿Y轴向下进行等比缩放，如图5-813所示。

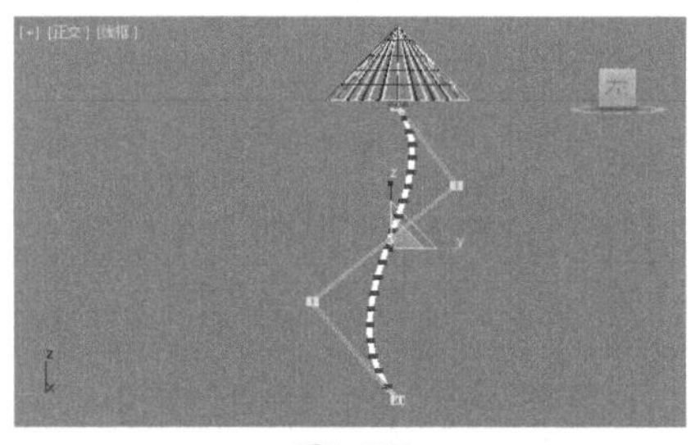

图5-812

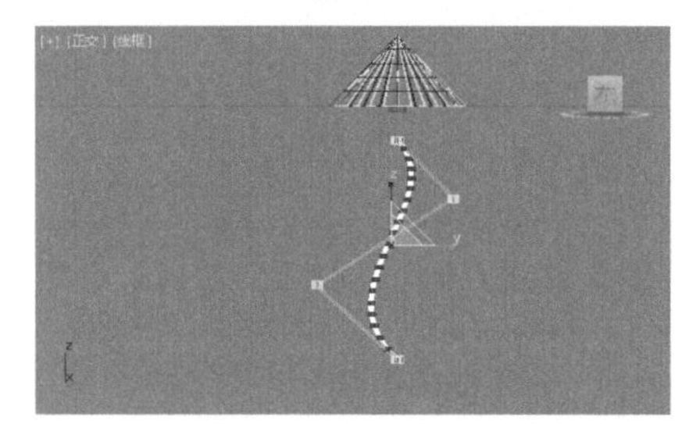

图5-813

10 接着将模型移动到合适的位置，如图5-814所示。

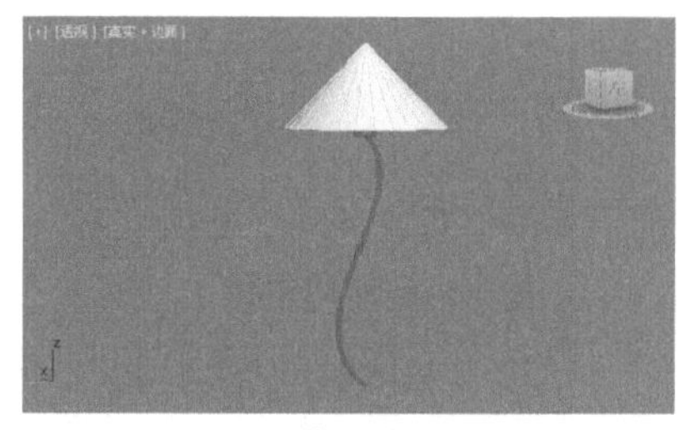

图5-814

11 在【顶】视图中创建如图5-815所示的球体。设置【半径】为315.0mm、【分段】为70、【半球】为0.75，如图5-816所示。

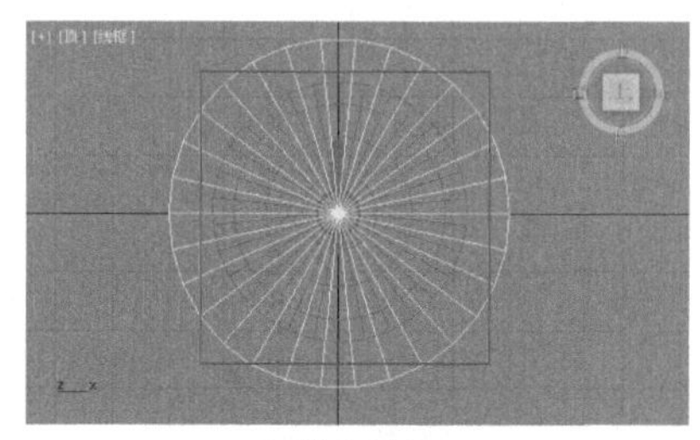

图5-815

图5-816

12 在【顶】视图中创建如图5-817所示的圆柱体。设置【半径】为224.0mm、【高度】为15.0mm、【边数】为30，如图5-818所示。

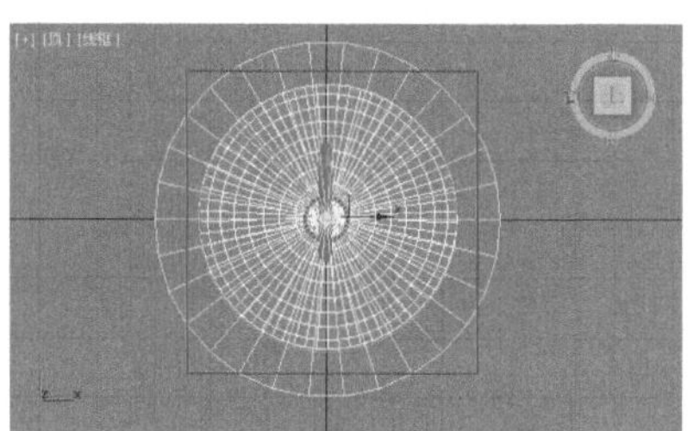

图5-817

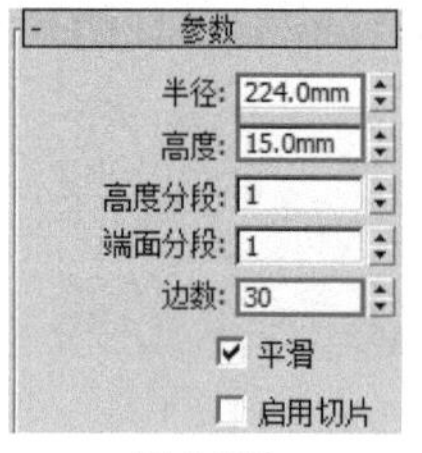

图5-818

13 此时模型已经创建完成，效果如图5-819所示。

图5-819

实例073 多边形建模制作圆桌

文件路径	第5章\多边形建模制作圆桌
难易指数	★★★★★
技术掌握	多边形建模

扫码深度学习

操作思路

本例通过将模型转换为可编辑多边形，并进行编辑操作，制作出圆桌模型。

案例效果

案例效果如图5-820所示。

图5-820

操作步骤

01 在【前】视图中创建如图5-821所示的长方体。设置【长度】为1500.0mm、【宽度】为55.0mm、【高度】为100.0mm，如图5-822所示。

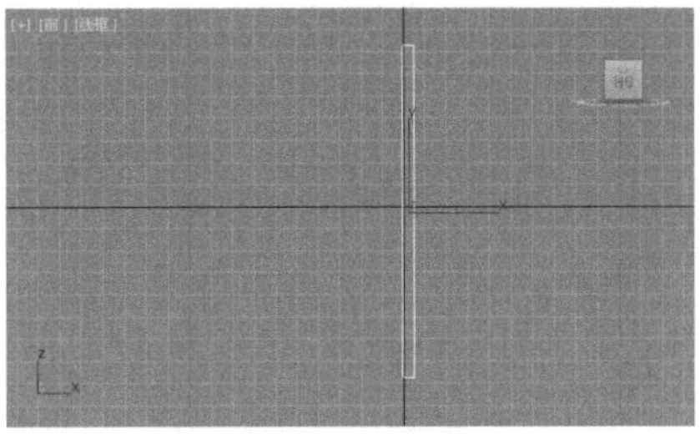

图5-821

图5-822

02 选择模型，并将模型转换为可编辑多边形，如图5-823所示。

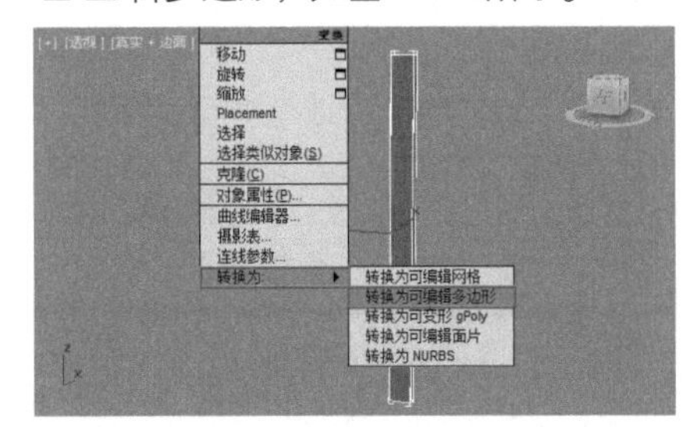

图5-823

03 进入【边】级别，选择如图5-824所示的边。单击【连接】后面的【设置】按钮，设置【分段】为1、【滑块】为35，如图5-825所示。

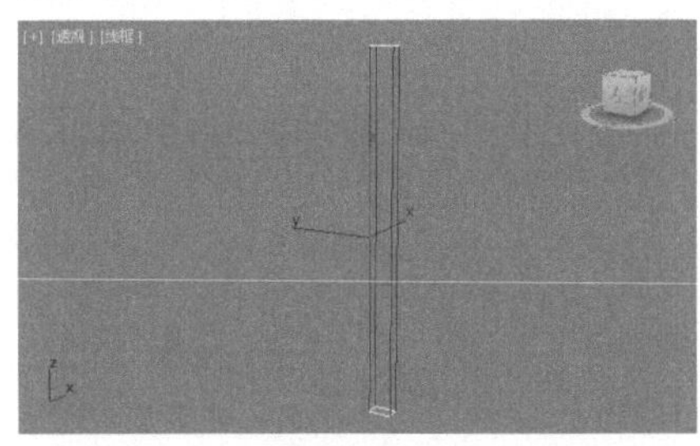

图5-824

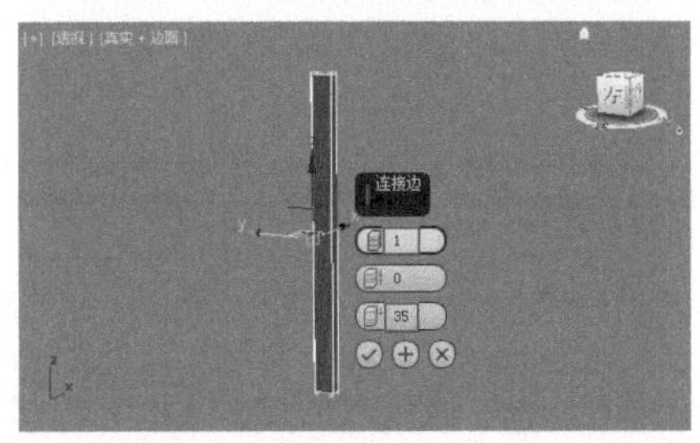

图5-825

04 进入【顶点】级别，选择如图5-826所示的顶点。沿Y轴向左移动，如图5-827所示。

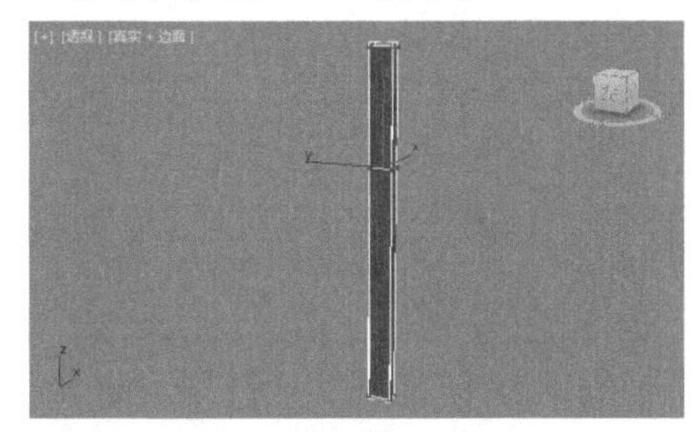

图5-826

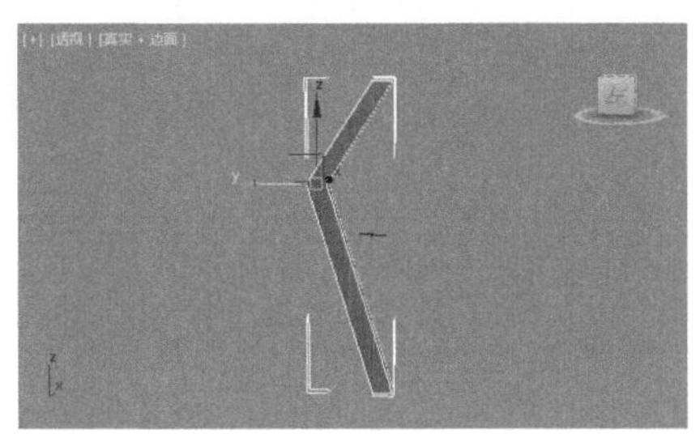

图5-827

05 选择如图5-828所示的顶点。沿Y轴向左移动，如图5-829所示。

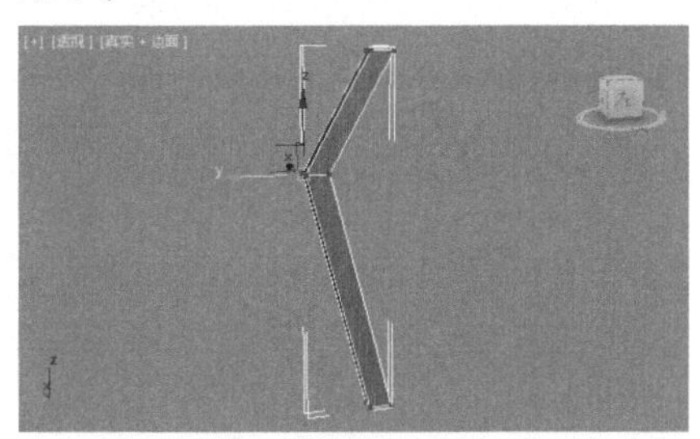

图5-828

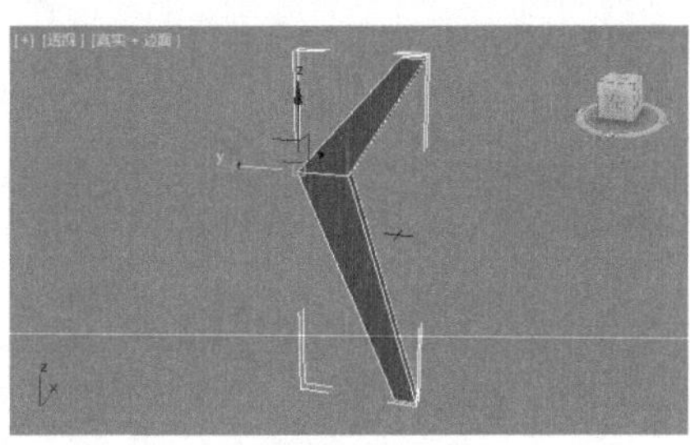

图5-829

06 进入【边】级别，选择如图5-830所示的边。单击【切角】后面的【设置】按钮，设置【边切角量】为3.0mm，如图5-831所示。

07 接着为模型加载【网格平滑】修改器，设置【迭代次数】为3，如图5-832所示。效果如图5-833所示。

图5-830

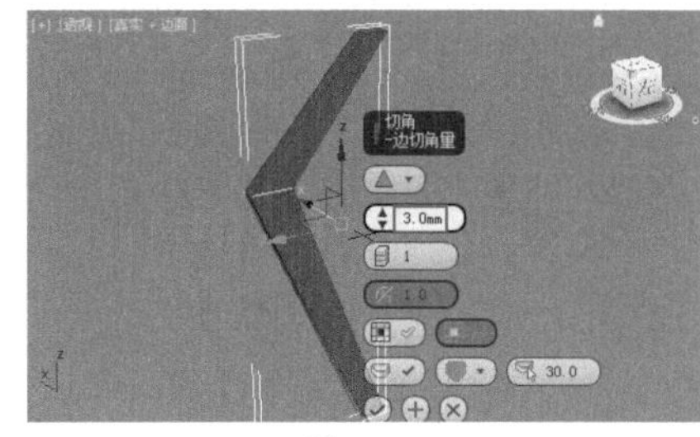

图5-831

图5-832

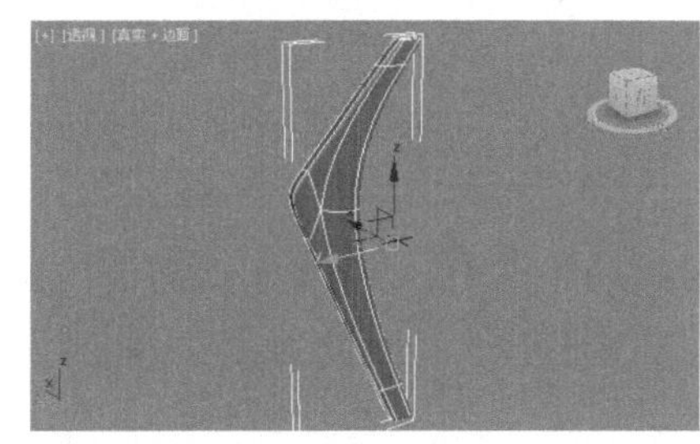

图5-833

08 在【顶】视图中创建如图5-834所示的切角圆柱体。设置【半径】为1000.0mm、【高度】为50.0mm、【圆角】为16.62mm、【圆角分段】为10、【边数】为40，如图5-835所示。效果如图5-836所示。

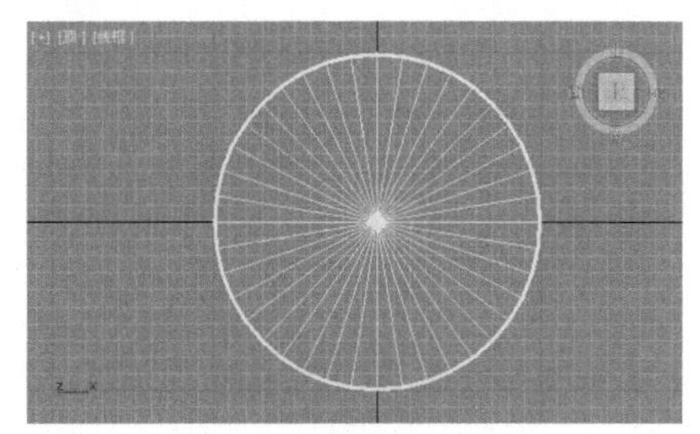

图5-834

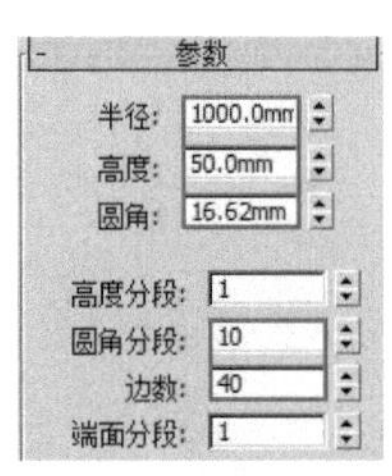

图5-835

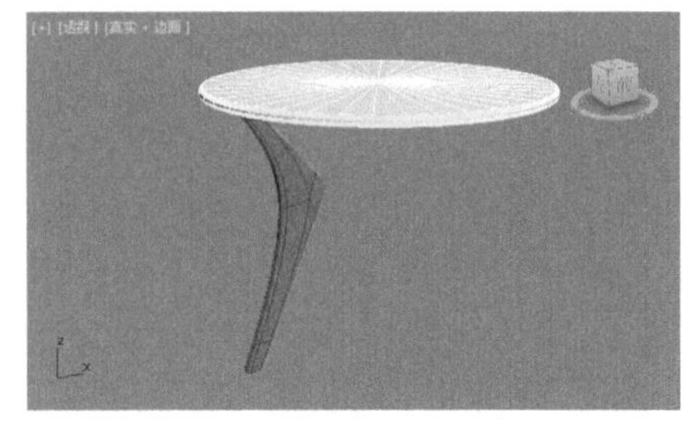

图5-836

09 在【顶】视图中选择如图5-837所示的模型。进入【层次】面板品，单击【仅影响轴】按钮 仅影响轴 ，并将轴移动到中心，如图5-838所示。

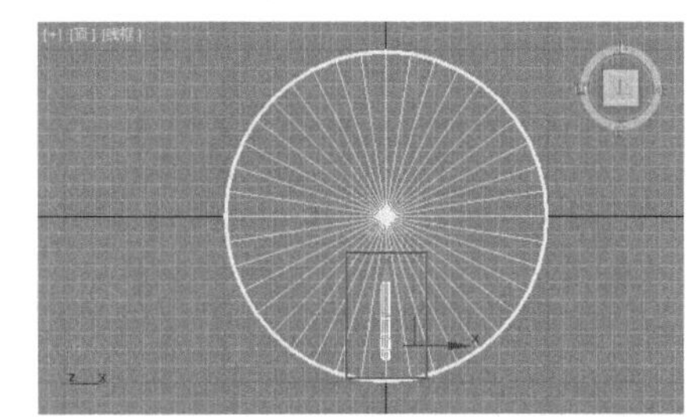

图5-837

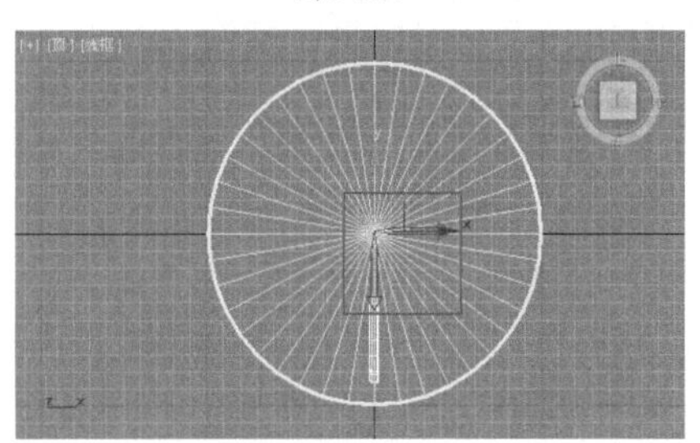

图5-838

10 在菜单栏中执行【工具】|【阵列】命令，如图5-839所示。在弹出的【阵列】对话框中，单击【旋转】后面的 > 按钮，设置Z轴为360°、1D为4，最后单击【确定】按钮，如图5-840所示。

11 效果如图5-841所示。在【顶】视图中创建如图5-842所示的长方体。设置【长度】为900.0mm、【宽度】为900.0mm、【高度】为180.0mm，如图5-843所示。

图5-839

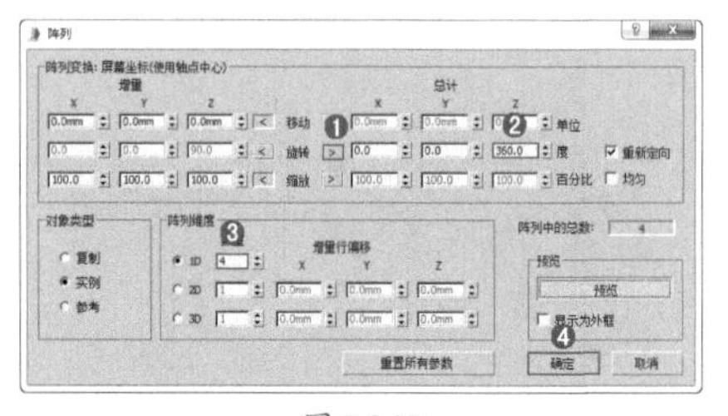

图5-840

图5-841

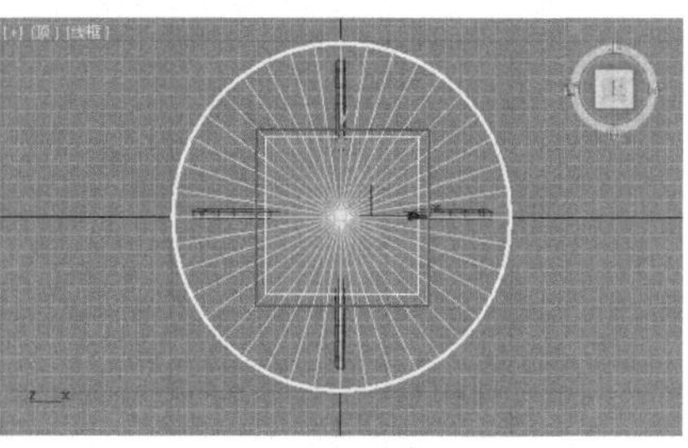

图5-842

图5-843

12 将模型转换为可编辑多边形，进入【边】级别，选择如图5-844所示的边。单击【切角】后面的【设置】按钮，并设置【边切角量】为2.0mm，如图5-845所示。

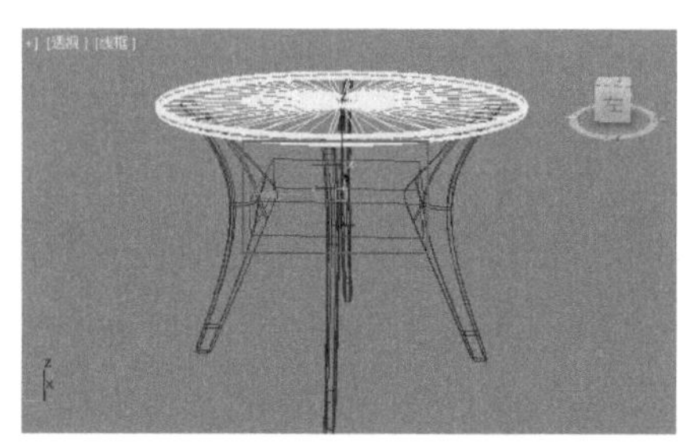

图5-844

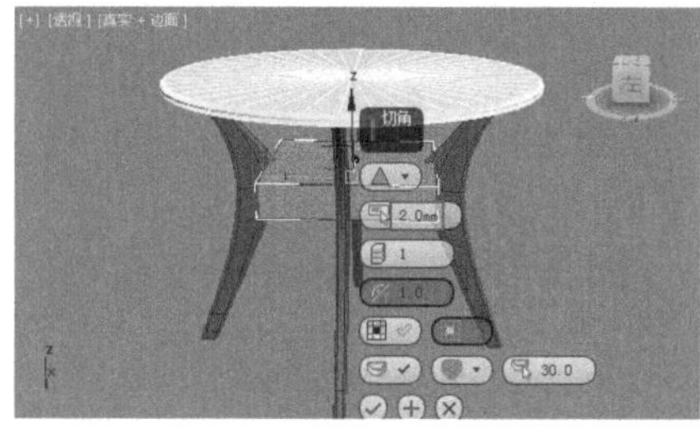

图5-845

13 进入【多边形】级别，选择如图5-846所示的多边形。单击【插入】后面的【设置】按钮，设置【数量】为20.0mm，如图5-847所示。

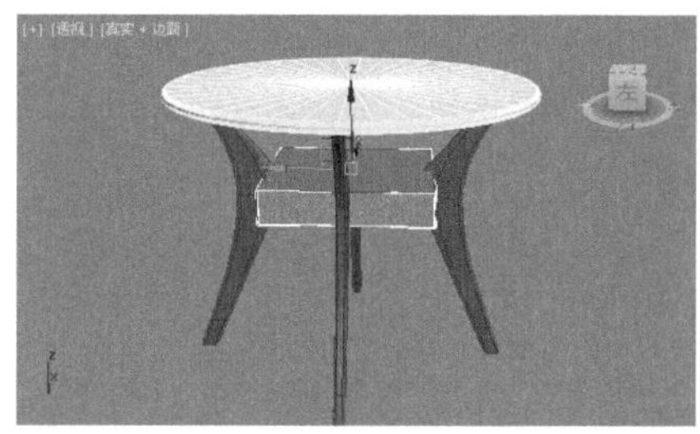

图5-846

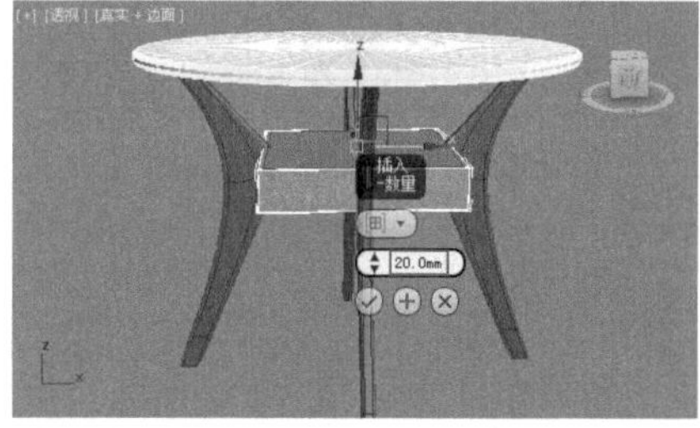

图5-847

14 单击【挤出】后面的【设置】按钮，设置【数量】为-10.0mm，如图5-848所示。

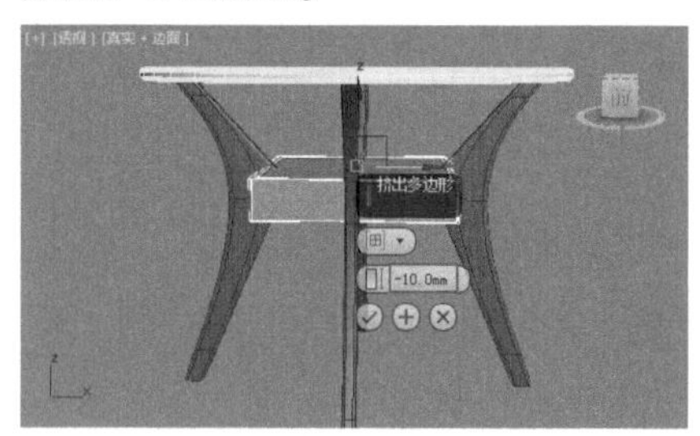

图5-848

15 此时模型已经创建完成，效果如图5-849所示。

图5-849

> **提示**
> **模型的半透明显示**
>
> 在制作模型时，由于模型是三维的，所以很多时候观看起来不方便，因此可以把模型半透明显示。选择模型，按Alt+X快捷键，模型变为半透明显示，如图5-850所示。
>
> 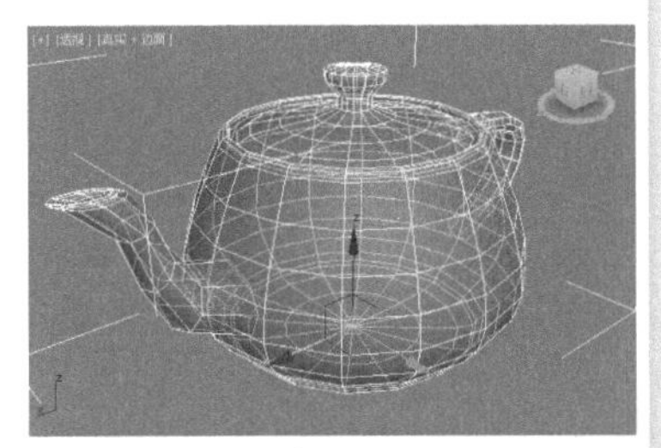
>
> 图5-850
>
> 再次选择模型，按Alt+X快捷键，模型重新变为实体显示，如图5-851所示。
>
> 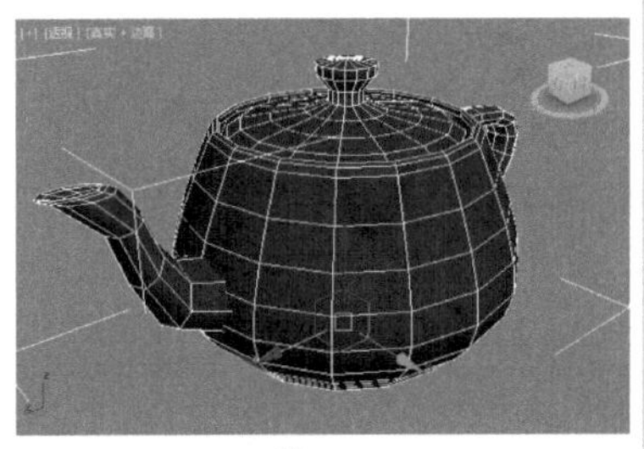
>
> 图5-851

实例074 多边形建模制作艺术花瓶

文件路径	第5章\多边形建模制作艺术花瓶
难易指数	★★★★★
技术掌握	多边形建模

扫码深度学习

操作思路

本例通过将模型转换为可编辑多边形，并进行编辑操作，制作出艺术花瓶模型。

案例效果

案例效果如图5-852所示。

图5-852

操作步骤

01 利用【圆柱体】工具在【顶】视图中创建一个圆柱体，并设置【半径】为50.0mm、【高度】为170.0mm、【高度分段】为12、【边数】为30，如图5-853和图5-854所示。

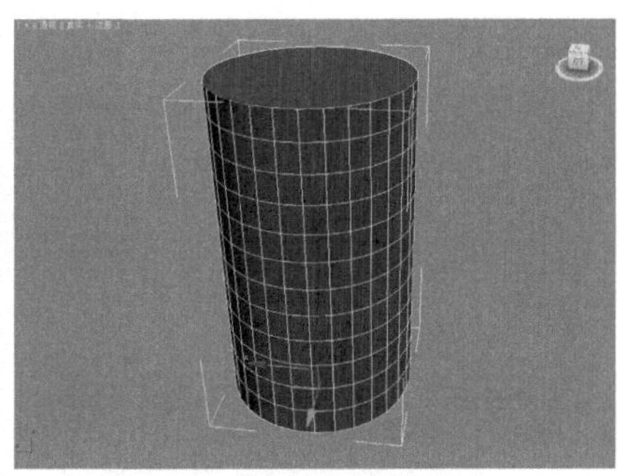

图5-853

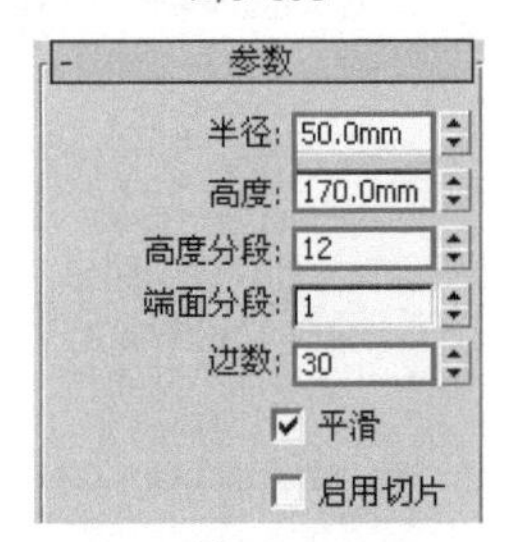

图5-854

02 为其加载【编辑多边形】修改器，接着在【顶点】级别下，使用（选择并均匀缩放）工具调节顶点的位置，如图5-855所示。

图5-855

03 再为其加载【FDD3×3×3】修改器，在【控制点】级别下，调整点的位置，如图5-856所示。

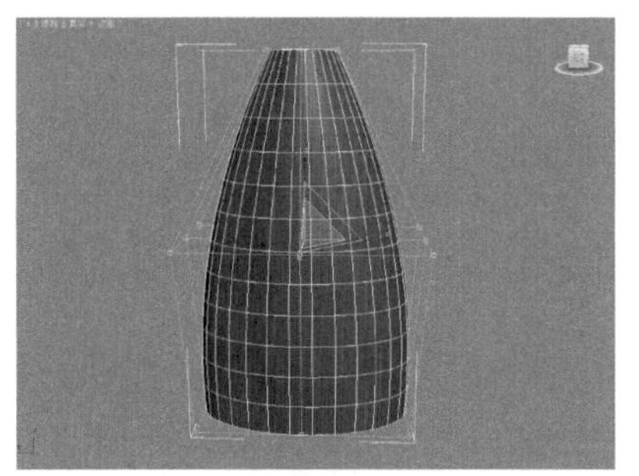

图5-856

04 选择上一步创建的模型，为其加载【编辑多边形】修改器，在【顶点】级别下，单击【切割】按钮 切割 ，对模型进行切割，如图5-857所示。

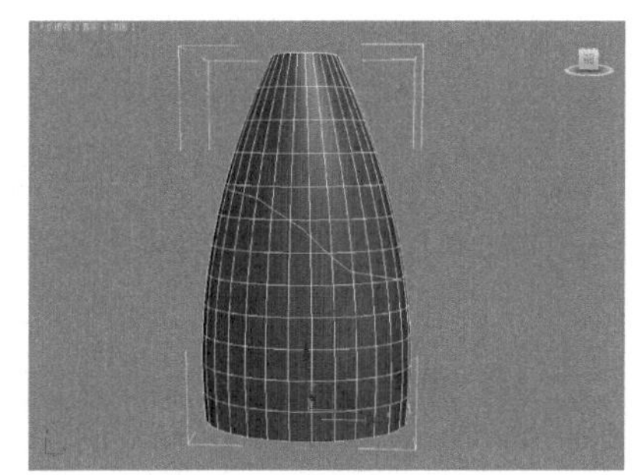

图5-857

05 在【多边形】级别下，选择如图5-858所示的多边形，按Delete键删除，如图5-859所示。

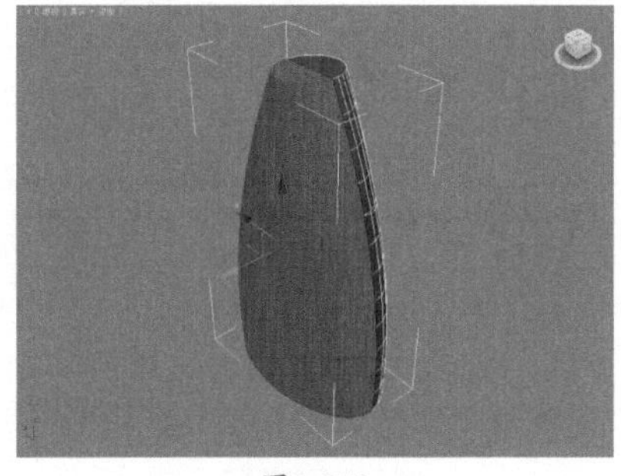

图5-858

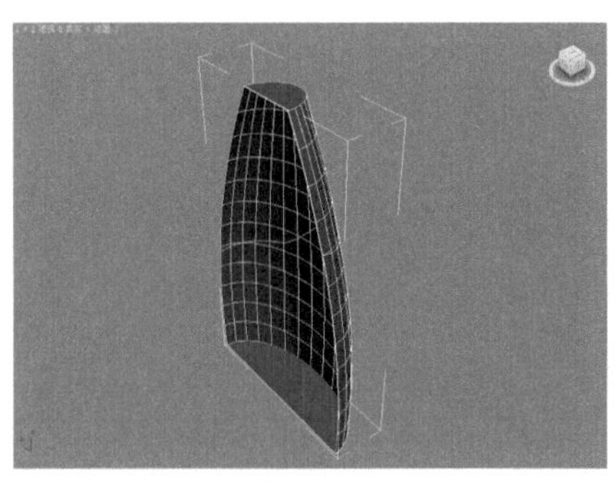

图5-859

06 为其加载【对称】修改器，设置【镜像轴】为Y轴，取消勾选【沿镜像轴切片】复选框，效果如图5-860所示。

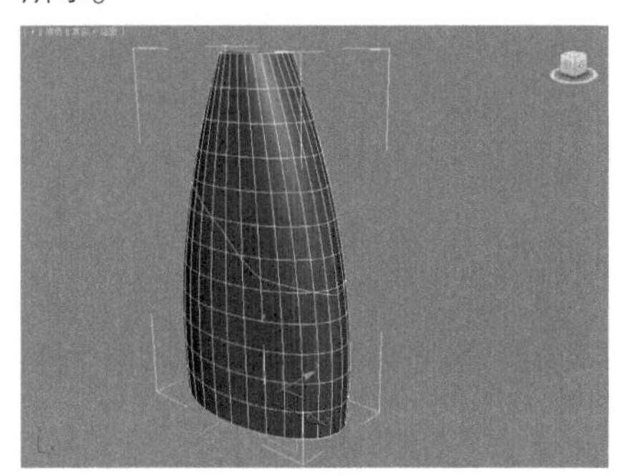

图5-860

07 再为其加载【编辑多边形】修改器，在【多边形】级别■下，选择如图5-861所示的多边形，按Delete键删除，如图5-862所示。

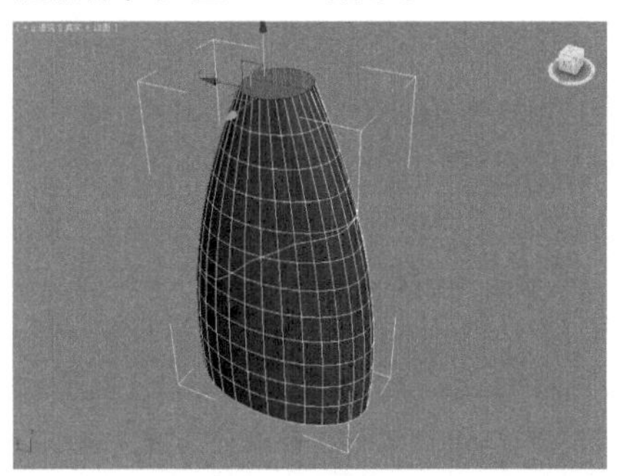

图5-861

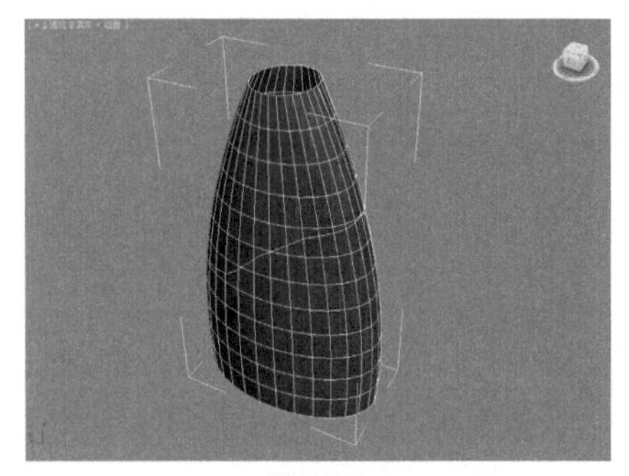

图5-862

08 选择如图5-863所示的多边形，单击【分离】按钮后面的【设置】按钮▣，取消勾选【分离到元素】复选框，如图5-864所示。

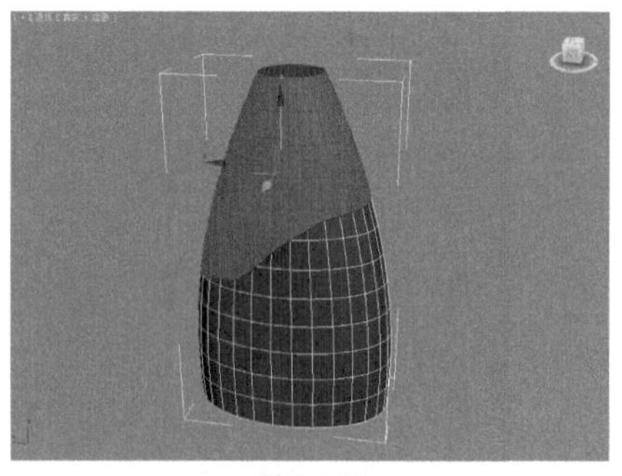

图5-863

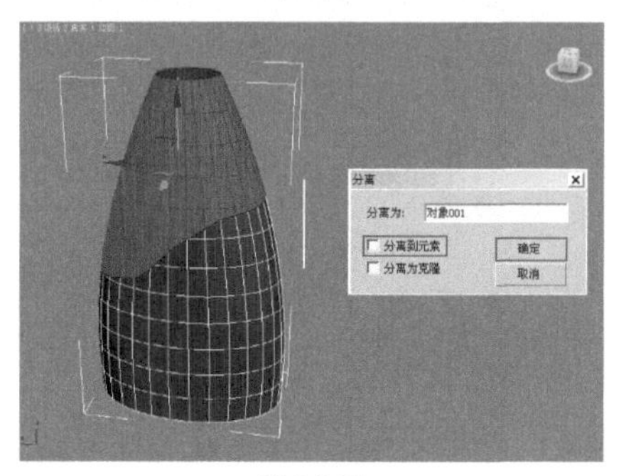

图5-864

09 选择分离出来的模型，如图5-865所示。为其加载【细化】修改器，设置【迭代次数】为2，如图5-866所示。

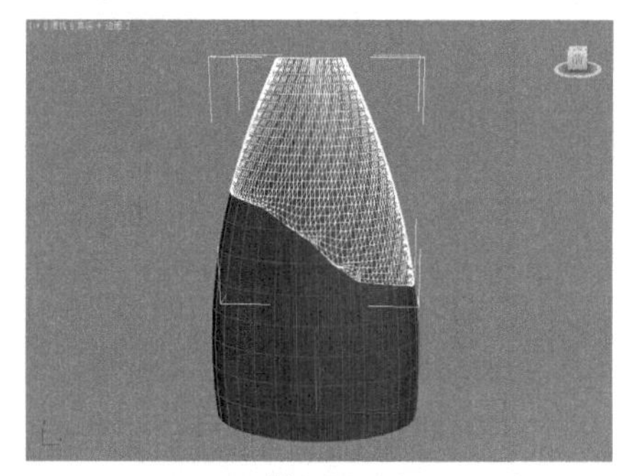

图5-865

图5-866

10 为其加载【噪波】修改器，设置【比例】为20.0、X为3.0mm、Y为3.0mm、Z为3.0mm，如图5-867和图5-868所示。

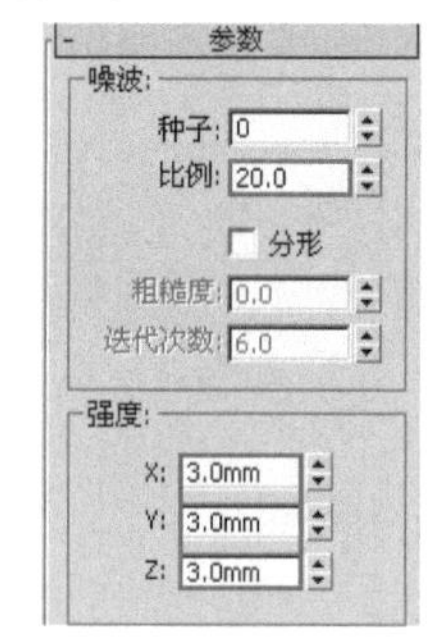

图5-867

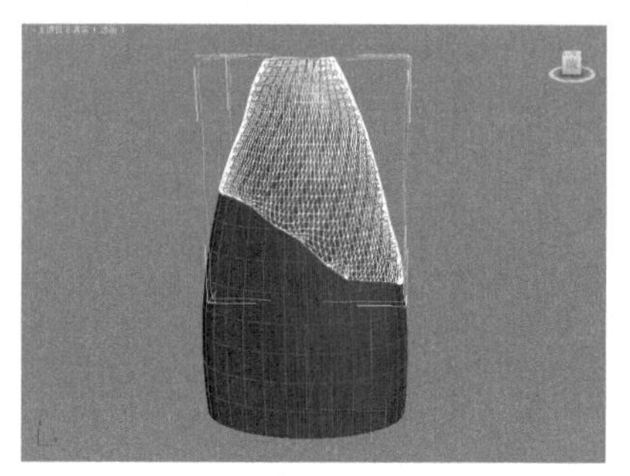

图5-868

11 为其加载【优化】修改器，设置【面阈值】为4.0、【偏移】为0.03，如图5-869和图5-870所示。

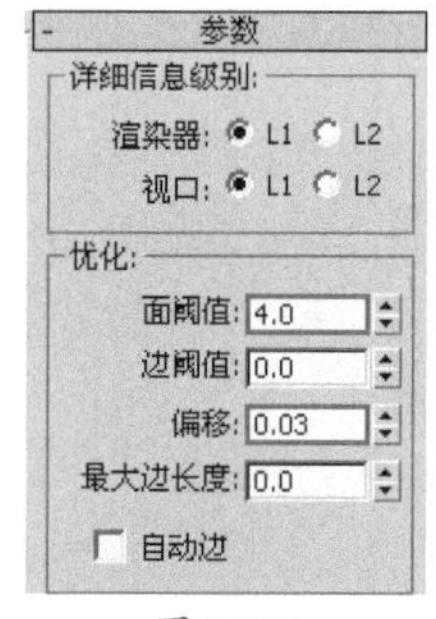

图5-869

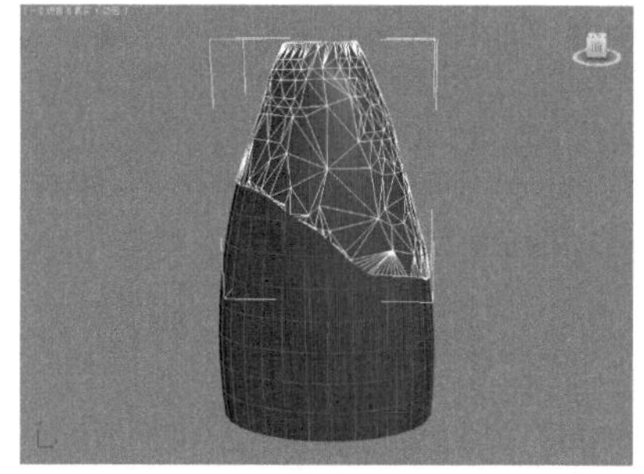

图5-870

12 选择上一步创建的模型，为其加载【编辑多边形】修改器，在【边】级别◁下，选择如图5-871所示的边，单击【创建图形】按钮后面的【设置】按钮，设置【图形类型】为【平滑】，如图5-872所示。

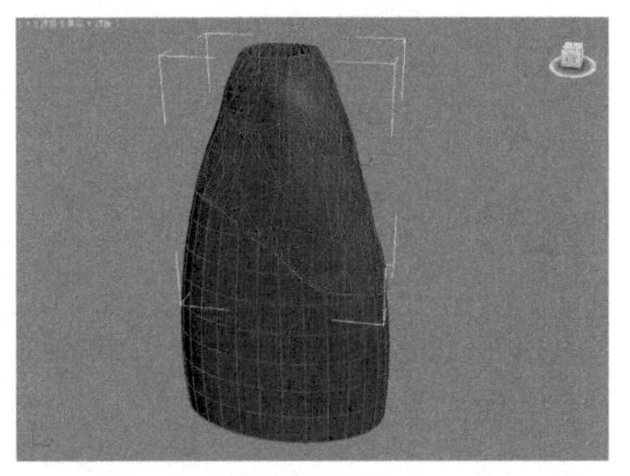
图5-871

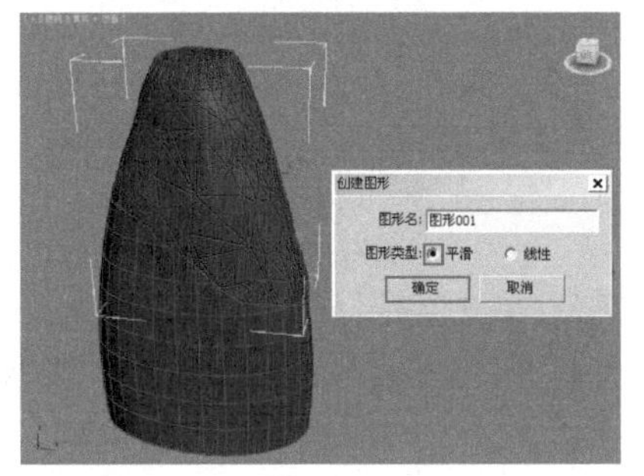
图5-872

13 选择上一步中创建的线，进入【修改】面板，然后在【渲染】卷展栏下勾选【在渲染中启用】和【在视口中启用】复选框，接着勾选【径向】复选框，设置【厚度】为2mm、【边】为12，效果如图5-873所示。删除多余模型，效果如图5-874所示。

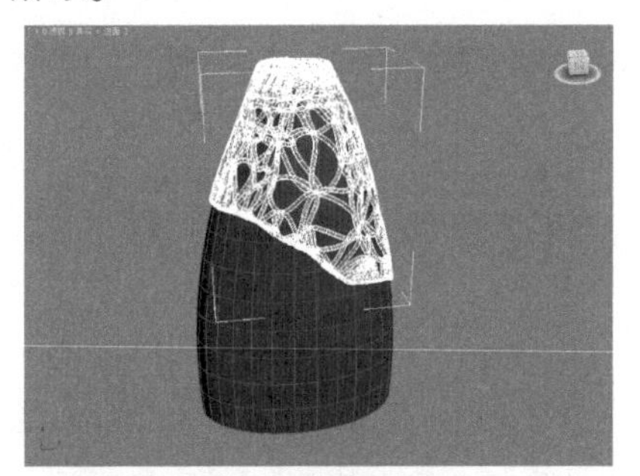
图5-873

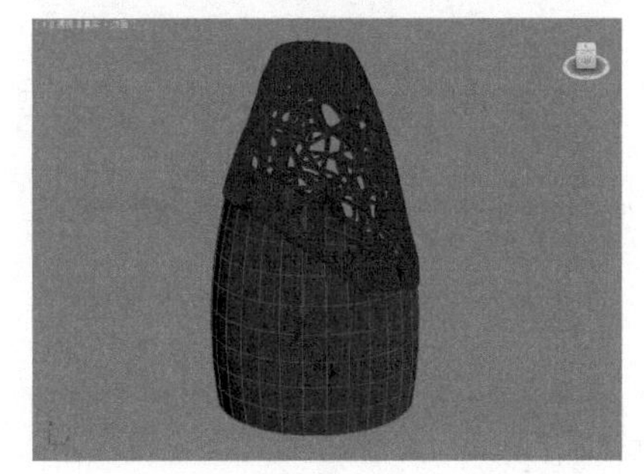
图5-874

14 最终模型的效果如图5-875所示。

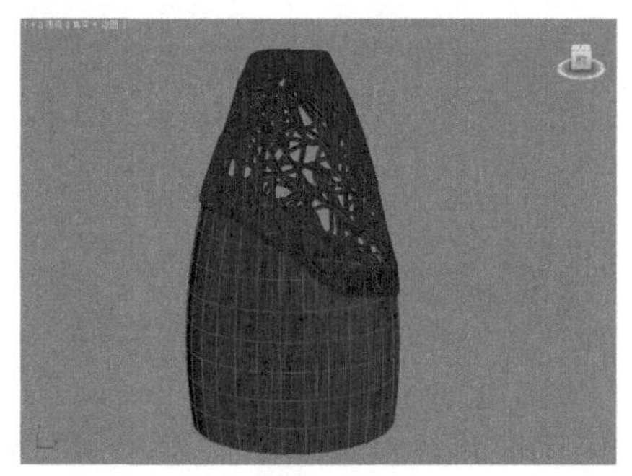
图5-875

实例075 多边形建模制作组合柜子

文件路径	第5章\多边形建模制作组合柜子
难易指数	★★★★★
技术掌握	多边形建模

扫码深度学习

操作思路

本例通过将模型转换为可编辑多边形，并进行编辑操作，制作出组合柜子模型。

案例效果

案例效果如图5-876所示。

图5-876

操作步骤

01 利用【长方体】工具在【前】视图中创建一个长方体，如图5-877所示。设置【长度】为1000.0mm、【宽度】为1000.0mm、【高度】为300.0mm、【长度分段】为2、【宽度分段】为2，如图5-878所示。

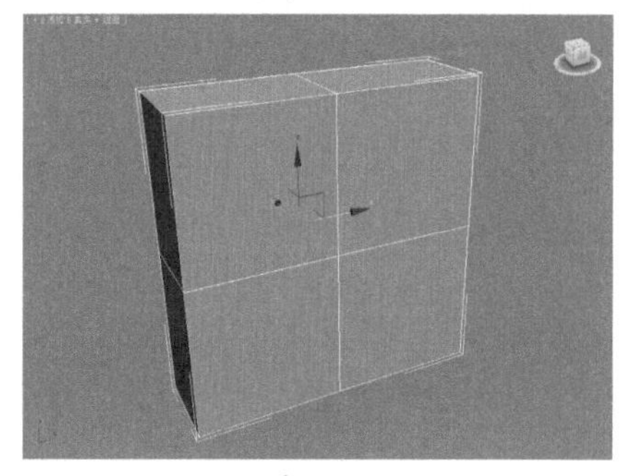
图5-877

图5-878

02 为其加载【编辑多边形】修改器，进入【多边形】级别下，选择如图5-879所示的多边形，单击【插入】按钮后面的【设置】按钮，设置为【按多边形】，【数量】为15.0mm。

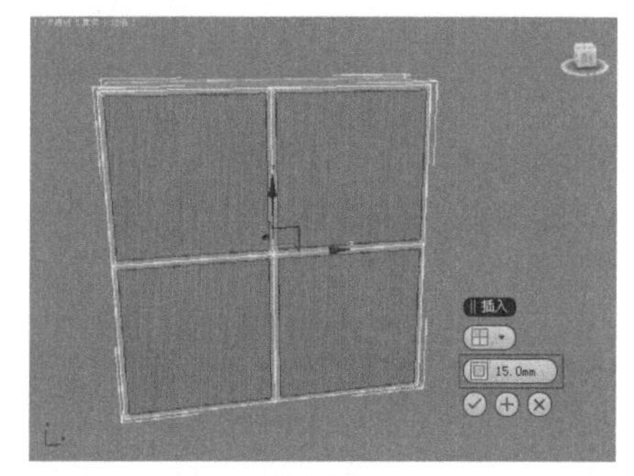
图5-879

03 进入【边】级别下，选择左上方两条边和右下方的两条边，单击【连接】按钮后面的【设置】按钮，设置【分段】为1，如图5-880所示。

04 单击【切角】按钮后面的【设置】按钮，设置【边切角量】为15.0mm，如图5-881所示。

05 选择如图5-882所示的边。

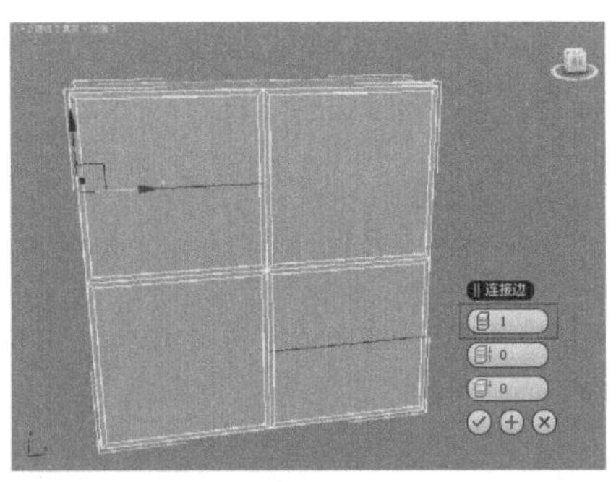

图5-880

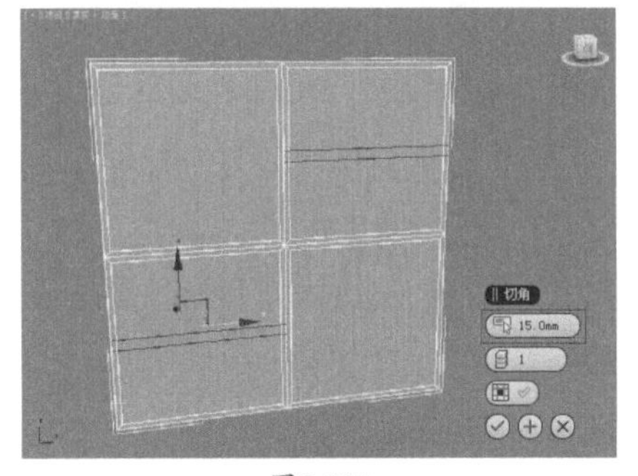

图5-881

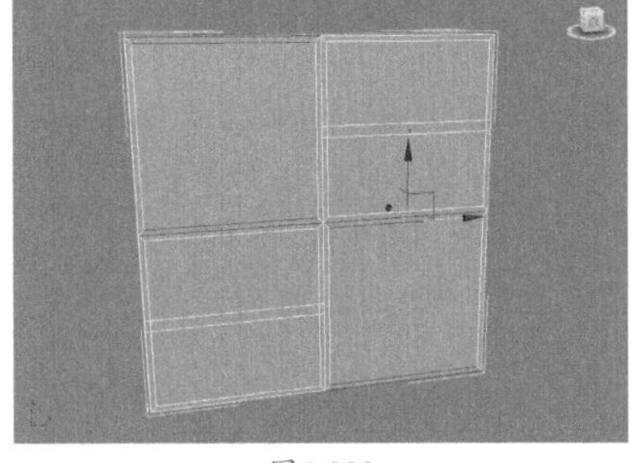

图5-882

06 单击【连接】按钮后面的【设置】按钮，设置【分段】为1，如图5-883所示。

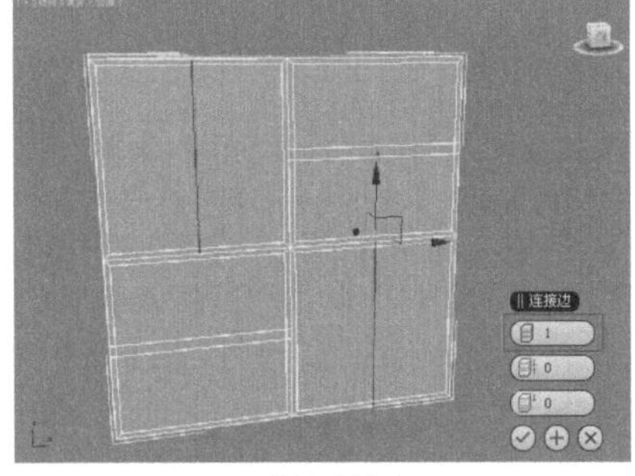

图5-883

07 单击【切角】按钮后面的【设置】按钮，设置【边切角量】为15.0mm，如图5-884所示。

08 进入【多边形】级别下，选择如图5-885所示的多边形。

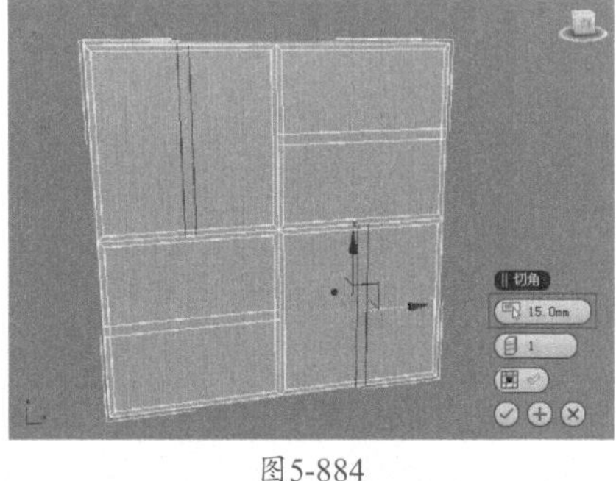

图5-884

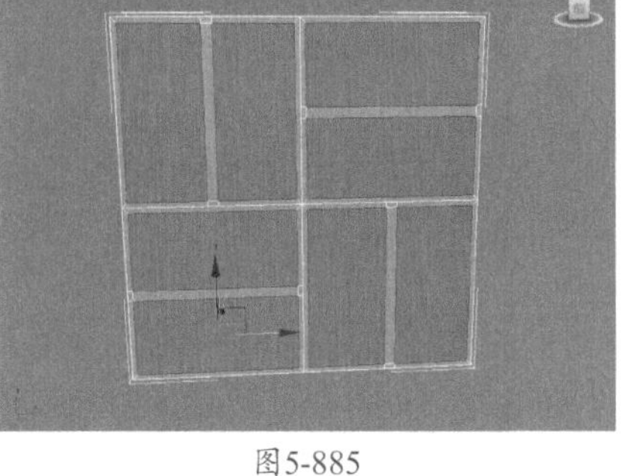

图5-885

09 单击【挤出】按钮后面的【设置】按钮，设置【高度】为-280.0mm，如图5-886所示。

图5-886

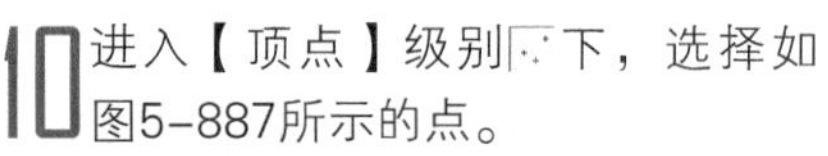

10 进入【顶点】级别下，选择如图5-887所示的点。

图5-887

11 使用【选择并均匀缩放】工具沿Z轴缩放，如图5-888所示。

12 进入【顶点】级别下，选择如图5-889所示的点，使用【选择并均匀缩放】工具沿X轴缩放。

图5-888

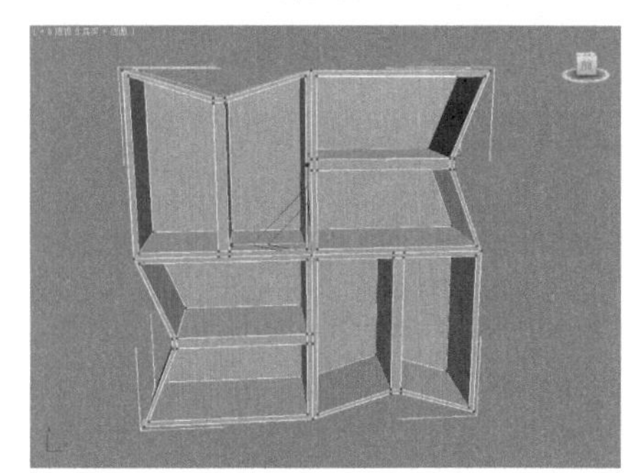

图5-889

13 进入【边】级别下，选择如图5-890所示的边。

图5-890

14 单击【切角】按钮后面的【设置】按钮，设置【边切角量】为2.0mm，【分段】为3，如图5-891所示。

图5-891

15 最终模型的效果如图5-892所示。

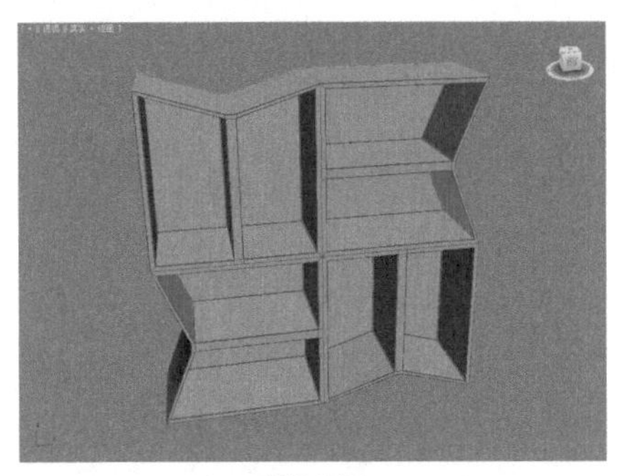

图5-892

实例076　多边形建模制作斗柜

文件路径	第5章\多边形建模制作斗柜
难易指数	★★★★★
技术掌握	多边形建模

扫码深度学习

操作思路

本例通过将模型转换为可编辑多边形，并进行编辑操作，制作出斗柜模型。

案例效果

案例效果如图5-893所示。

图5-893

操作步骤

01 单击（创建）|（几何体）| 标准基本体 | 长方体 按钮，在【顶】视图中创建一个长方体，进入【修改】面板修改参数，设置【长度】为450.0mm、【宽度】为700.0mm、【高度】为780.0mm、【长度分段】为1、【宽度分段】为1、【高度分段】为1，如图5-894所示。

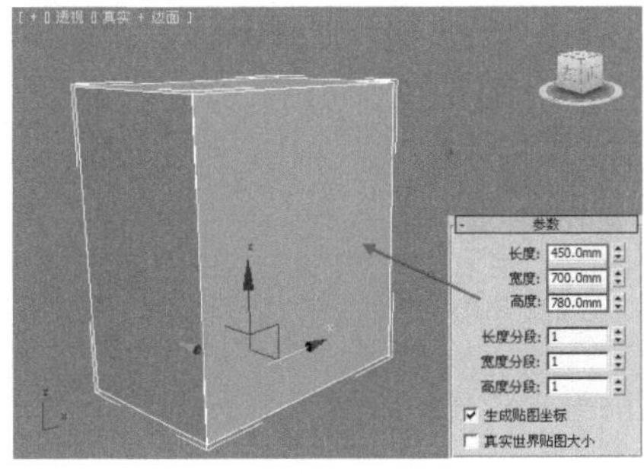

图5-894

02 选择刚创建的长方体，将其转换为可编辑多边形，接着在【边】级别下选择如图5-895所示的边，然后单击【连接】按钮后面的【设置】按钮，并设置【连接分段】为3，如图5-896所示。

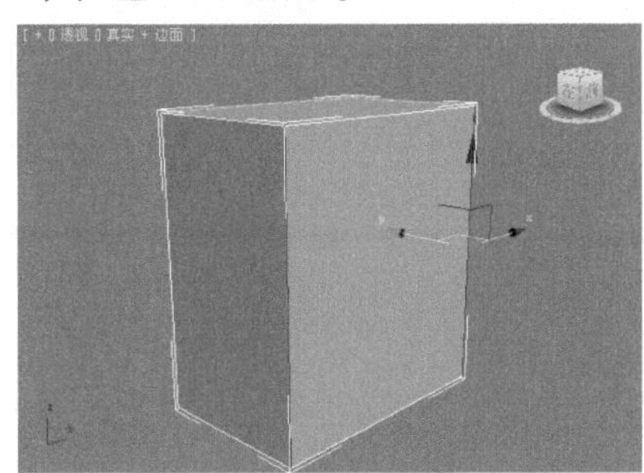

图5-895

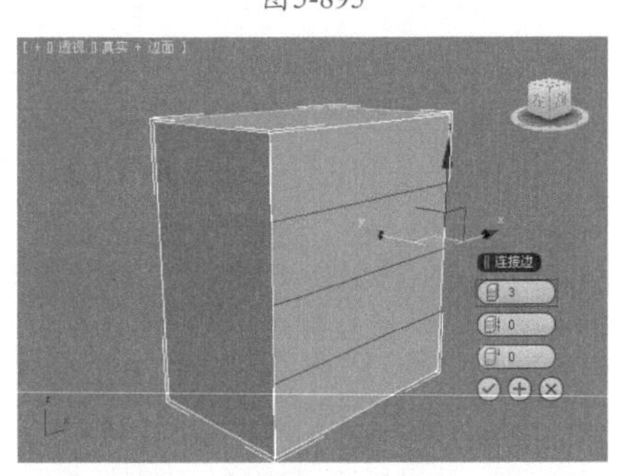

图5-896

03 接着在【多边形】级别下选择如图5-897所示的多边形，然后单击【插入】按钮后面的【设置】按钮，并设置【插入方式】为【按多边形】，设置【数量】为40.0mm，如图5-898所示。

04 保持选择的多边形不变，然后单击【倒角】按钮后面的【设置】按钮，并设置【高度】为-5.0mm，【轮廓】为-3.0mm，如图5-899所示。

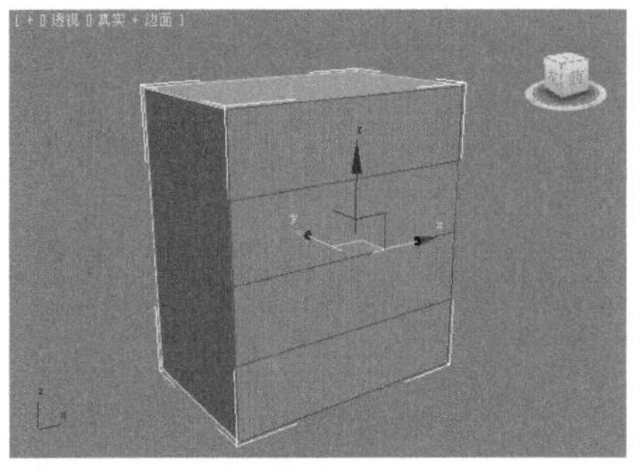

图5-897

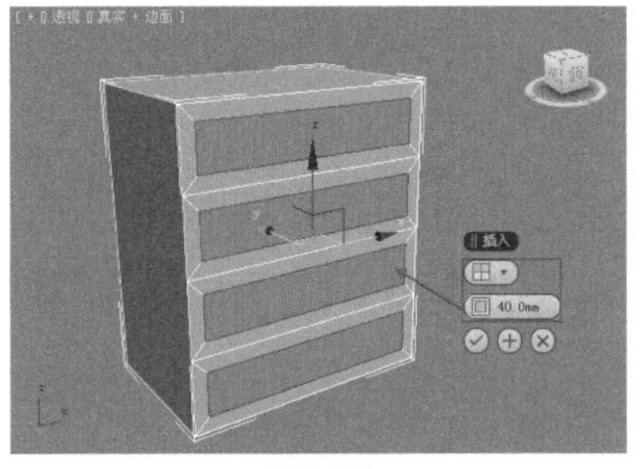

图5-898

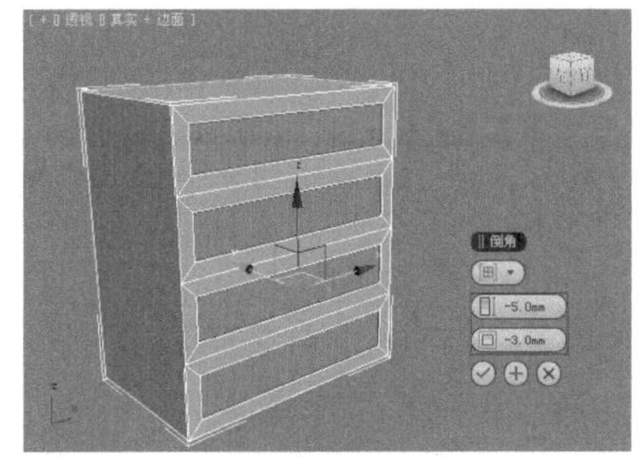

图5-899

05 再次单击【倒角】按钮后面的【设置】按钮，并设置【高度】为-5.0mm，【轮廓】为1.0mm，如图5-900所示。

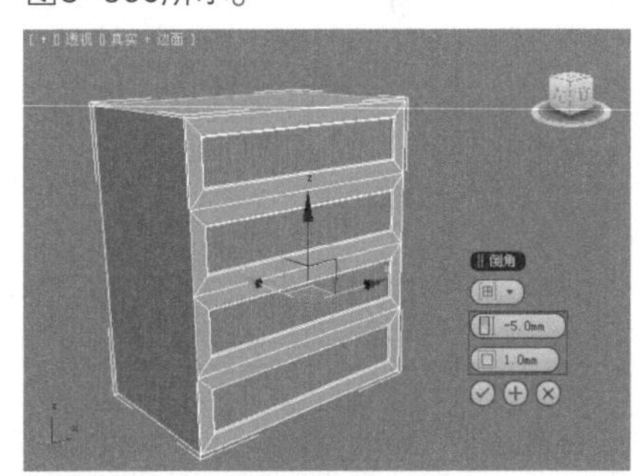

图5-900

06 再次单击【倒角】按钮后面的【设置】按钮，并设置【高度】为-1.5mm，【轮廓】为-3.0mm，如图5-901所示。

07 执行三次倒角之后的模型效果如图5-902所示。

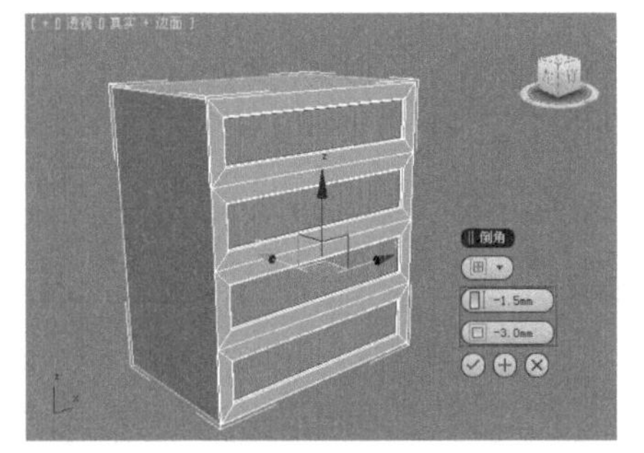

图5-901

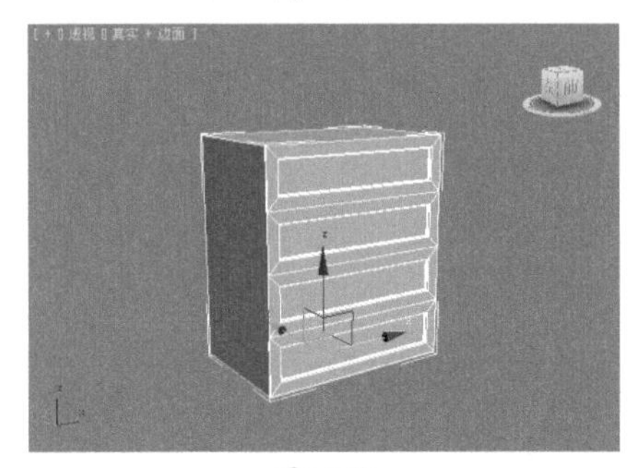

图5-902

08 接着在【边】级别下选择如图5-903所示的边，然后单击【切角】按钮后面的【设置】按钮，并设置【边切角量】为2.0mm、【分段】为3，如图5-904所示。

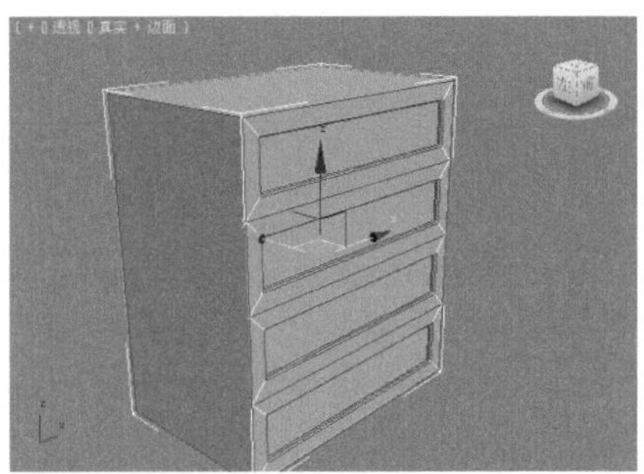

图5-903

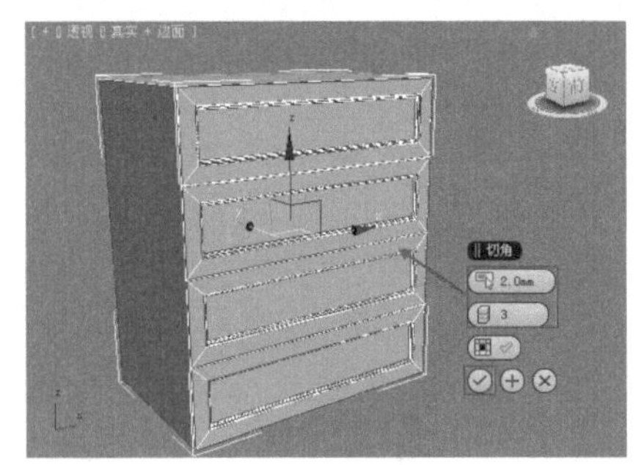

图5-904

09 在长方体上方再创建一个长方体，进入【修改】面板，设置【长度】为480.0mm、【宽度】为720.0mm、【高度】为5.0mm，如图5-905所示。

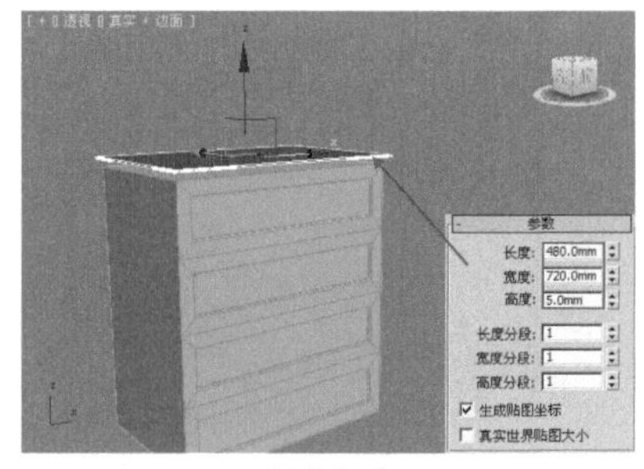

图5-905

10 选择刚刚创建的长方体，然后将其转换为可编辑多边形，接着在【多边形】级别下选择如图5-906所示的多边形。

图5-906

11 单击【倒角】按钮后面的【设置】按钮，并设置【高度】为15.0mm、【轮廓】为-10.0mm，如图5-907所示。继续单击【设置】按钮，并设置【高度】为5.0mm、【轮廓】为-0.5mm，如图5-908所示。

图5-907

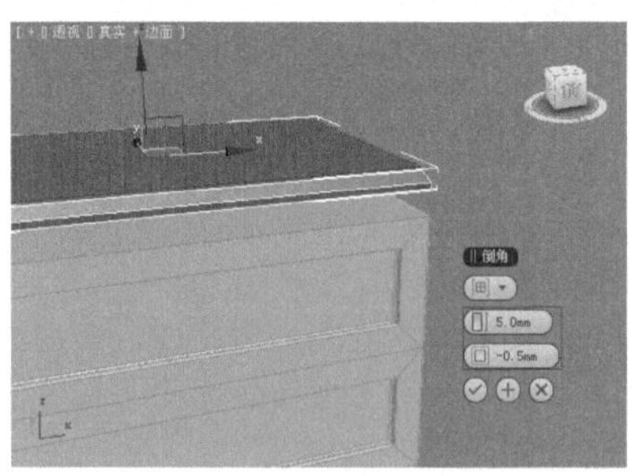

图5-908

12 再次单击【倒角】按钮后面的【设置】按钮，并设置【高度】为2.0mm、【轮廓】为-1.5mm，如图5-909所示。

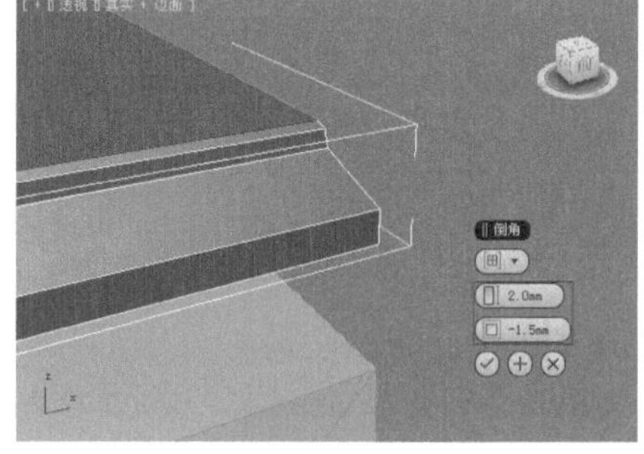

图5-909

13 选择如图5-910所示的多边形。

图5-910

14 再次执行与上面方法相同的3次倒角操作，制作出如图5-911所示的模型。

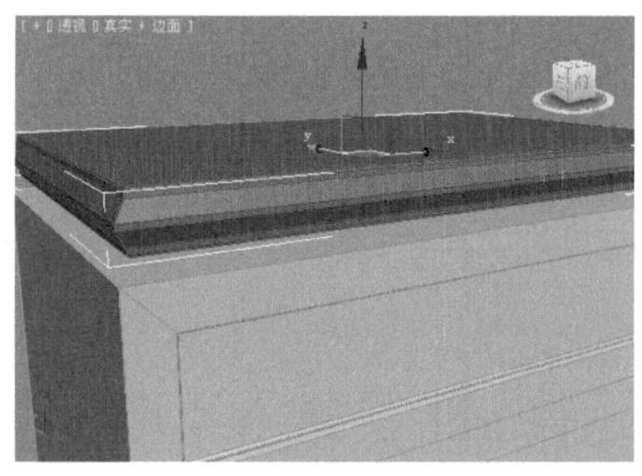

图5-911

15 接着在【边】级别下选择如图5-912所示的边，然后单击【切角】按钮后面的【设置】按钮，并设置【边切角量】为1.5mm、【分段】为3。

16 选择制作好的长方体，使用【选择并移动】工具复制到柜子下方，如图5-913所示。并将其进行缩放，如图5-914所示。

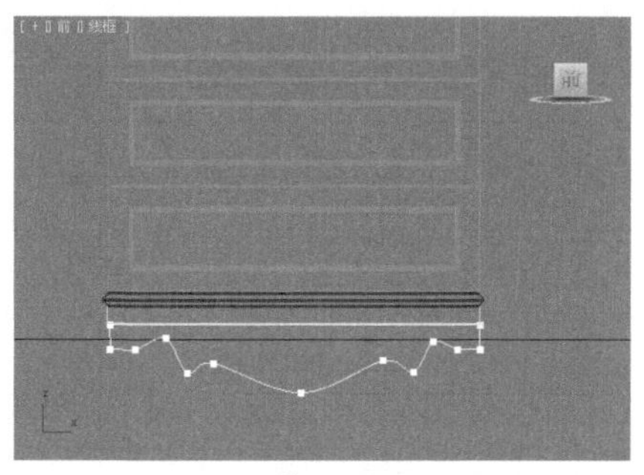

图5-912

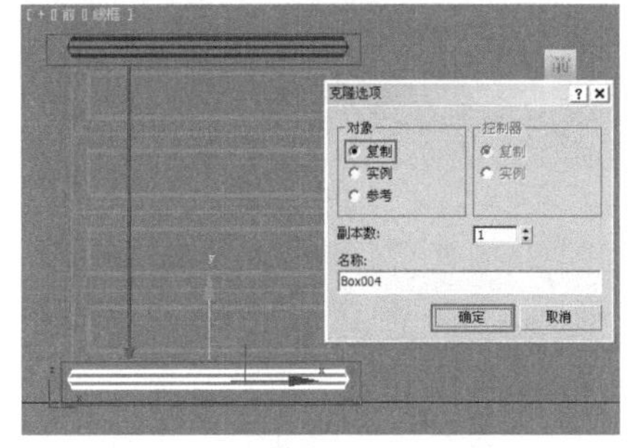

图5-913

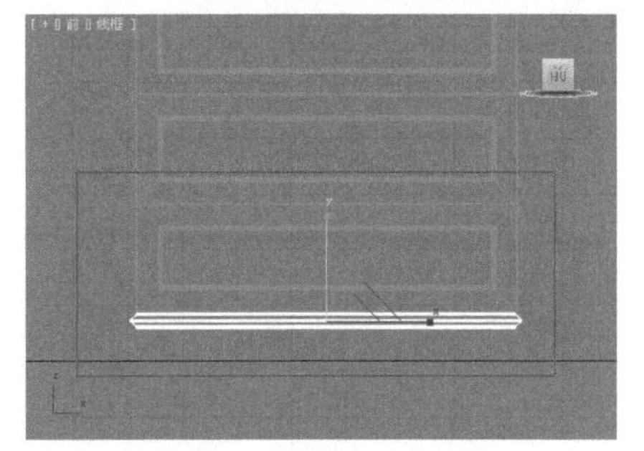

图5-914

17 继续创建一个长方体，设置【长度】为450.0mm、【宽度】为700.0mm、【高度】为30.0mm，如图5-915所示。

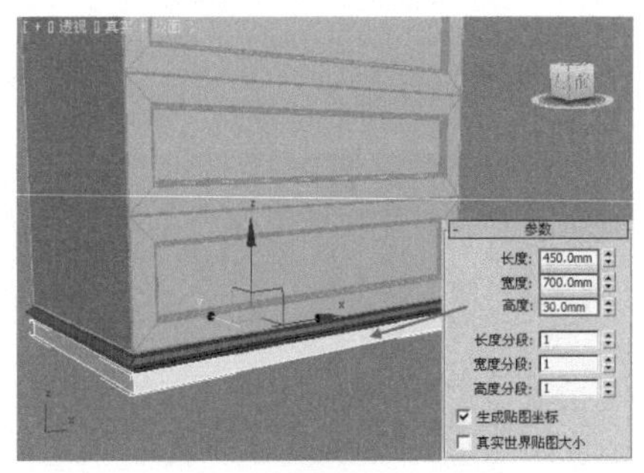

图5-915

18 使用【样条线】下的【线】工具在【前】视图中绘制如图5-916所示的形状。

19 为上一步创建的图形加载【挤出】修改器，设置挤出【数量】为10.0mm，如图5-917所示。

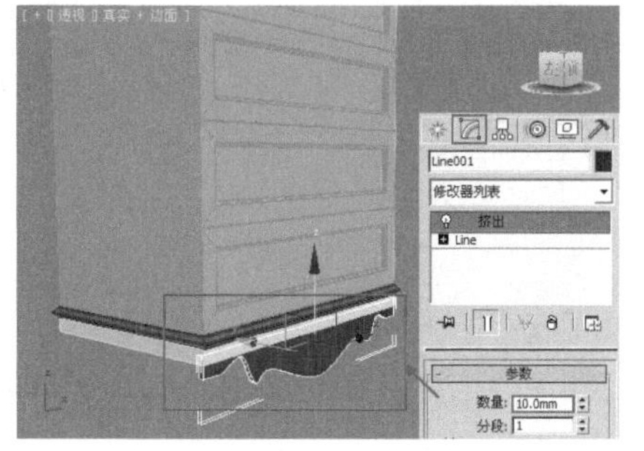

图5-916

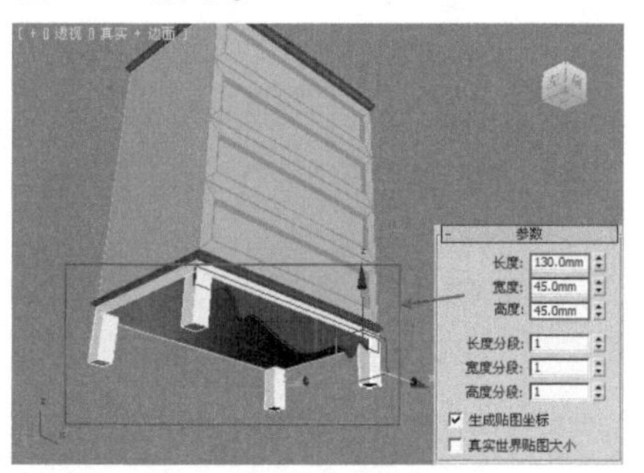

图5-917

20 下面制作柜子腿。创建一个长方体，设置【长度】为130.0mm、【宽度】为45.0mm、【高度】为45.0mm。使用【选择并移动】工具复制3个柜子腿放置在柜子的下面，如图5-918所示。

图5-918

21 最终建模的效果如图5-919所示。

图5-919

5.1 多边形建模制作创意茶几

文件路径	第5章\多边形建模制作创意茶几
难易指数	★★★★★
技术掌握	多边形建模

扫码深度学习

操作思路

本例通过将模型转换为可编辑多边形，并进行编辑操作，制作出创意茶几模型。

案例效果

案例效果如图5-920所示。

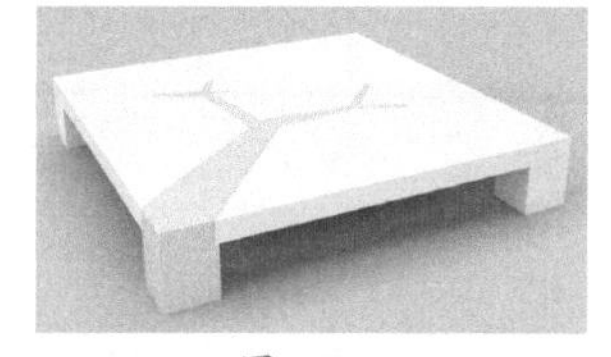

图5-920

操作步骤

实例077 多边形建模制作茶几模型

01 单击（创建）|（几何体）|长方体按钮，在【顶】视图中拖动并创建一个长方体，接着在【修改】面板下设置【长度】为2000.0mm、【宽度】为2000.0mm、【高度】为100.0mm，如图5-921所示。

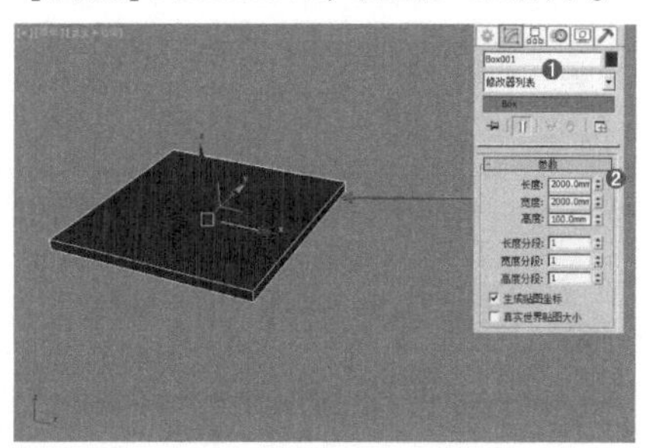

图5-921

02 选择模型，单击右键，在弹出的快捷菜单中选择【转换为】|【转换为可编辑多边形】命令，如图5-922所示。

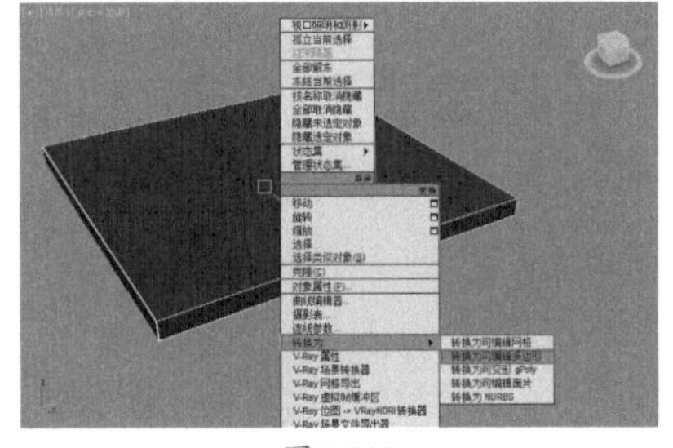

图5-922

03 在【边】级别下，选择如图5-923所示的边。单击 连接 按钮后面的【设置】按钮，并设置【分段】为2、【收缩】为70，如图5-924所示。

图5-923

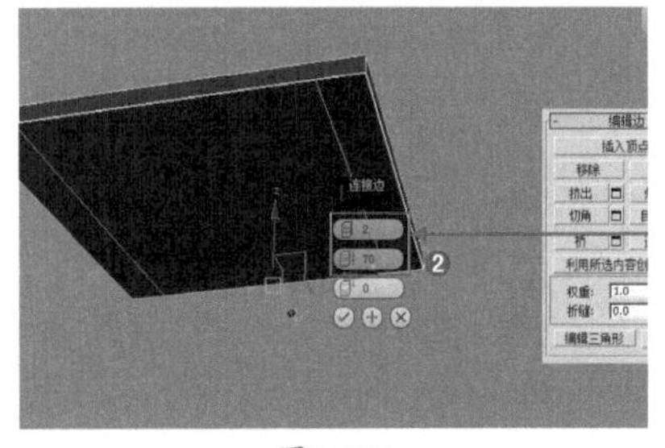

图5-924

04 在【边】级别下，选择如图5-925所示的边。单击 连接 按钮后面的【设置】按钮，并设置【分段】为2、【收缩】为70，如图5-926所示。

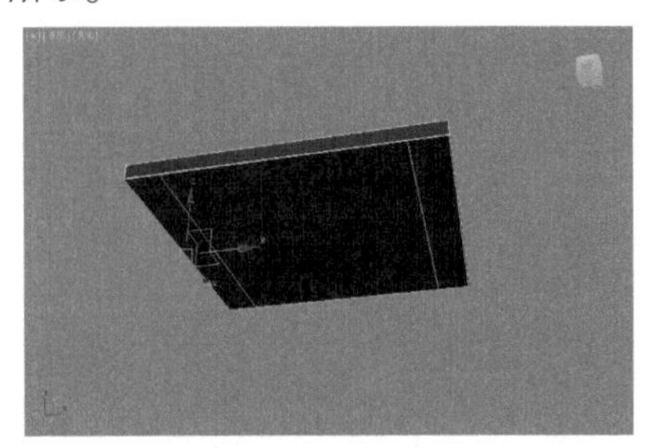

图5-925

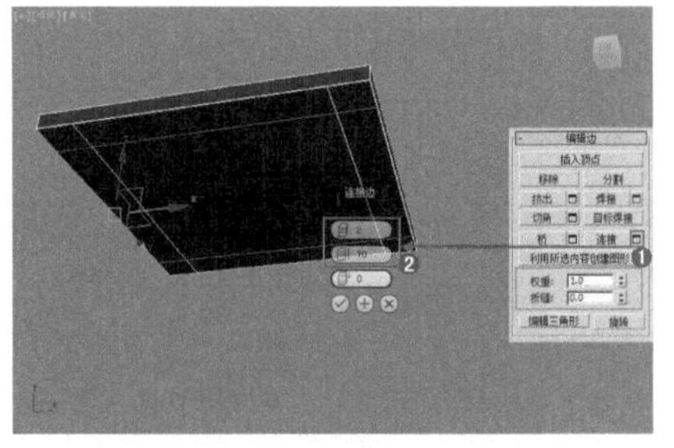

图5-926

05 进入【多边形】级别，在【透】视图中选择如图5-927所示的多边形，然后单击 挤出 按钮后面的【设置】按钮，并设置【高度】为240.0mm，如图5-928所示。

图5-927

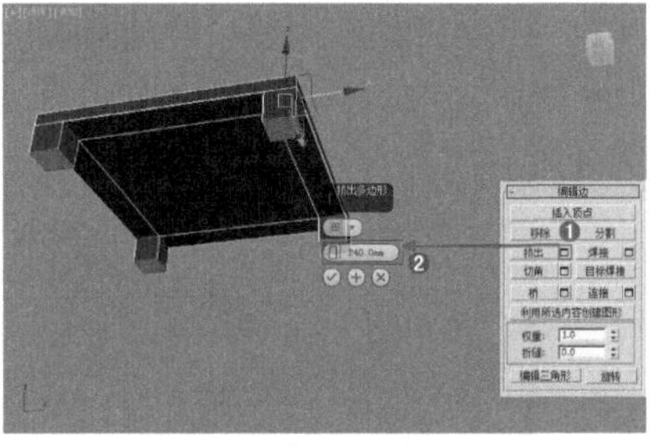

图5-928

实例078 多边形建模制作树枝造型

01 在【修改】面板下，展开【编辑几何体】卷展栏，单击【切割】按钮，并在模型上描绘如图5-929所示的图形。

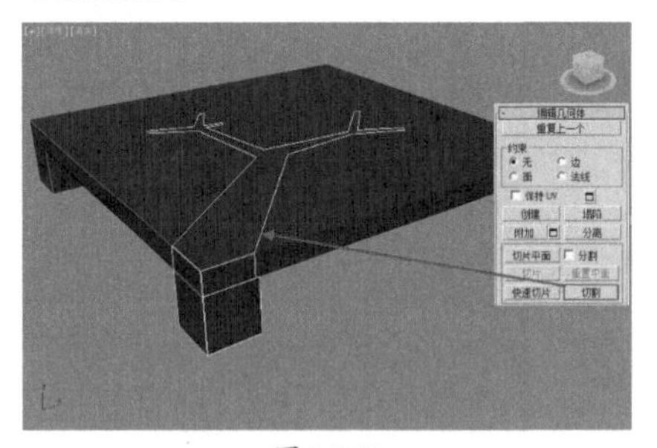

图5-929

02 进入【多边形】级别，在【透】视图中选择如图5-930所示的多边形，然后单击【分离】按钮，并勾选【以克隆对象分离】复选框，如图5-931所示。

图5-930

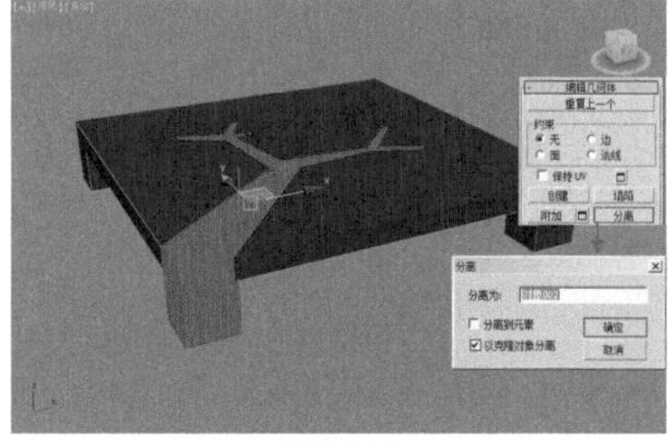

图5-931

03 最终模型的效果如图5-932所示。

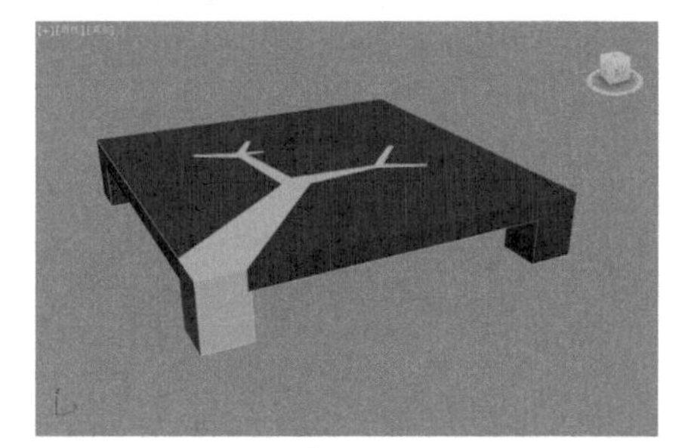

图5-932

5.2 多边形建模制作方形脚凳

文件路径	第5章\多边形建模制作方形脚凳
难易指数	★★★★★
技术掌握	多边形建模

扫码深度学习

操作思路

本例通过将模型转换为可编辑多边形，并进行编辑操作，制作出方形脚凳模型。

案例效果

案例效果如图5-933所示。

图5-933

操作步骤

实例079 多边形建模制作坐垫

01 单击（创建）|（几何体）|长方体按钮，在顶视图中拖动并创建一个长方体，接着在【修改】面板下设置【长度】为2000.0mm、【宽度】为2000.0mm、【高度】为280.0mm、【长度分段】为1、【宽度分段】为1、【高度分段】为1，如图5-934所示。

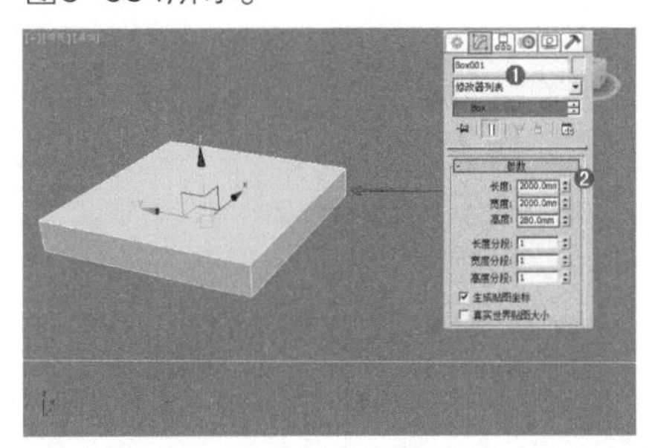

图5-934

02 选择长方体，并在列表中加载【编辑多边形】修改器，在【边】级别下，选择如图5-935所示的边。单击连接按钮后面的【设置】按钮，并设置【分段】为2，如图5-936所示。

03 在【边】级别下，选择如图5-937所示的边。单击连接按钮后面的【设置】按钮，并设置【分段】为2，如图5-938所示。

图5-935

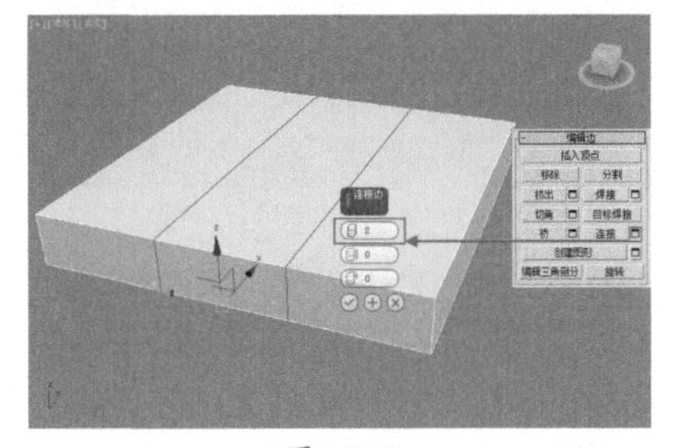

图5-936

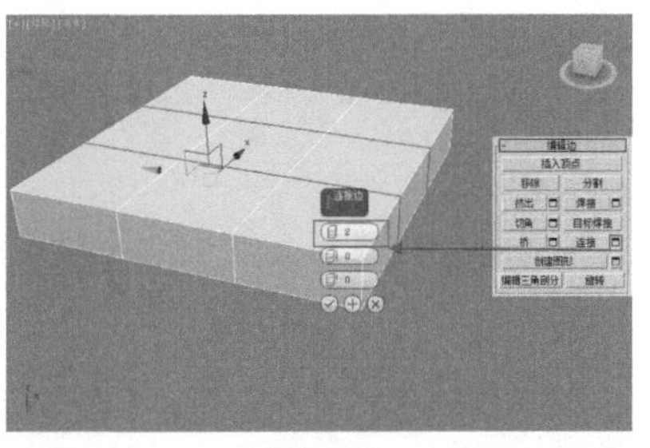

图5-937

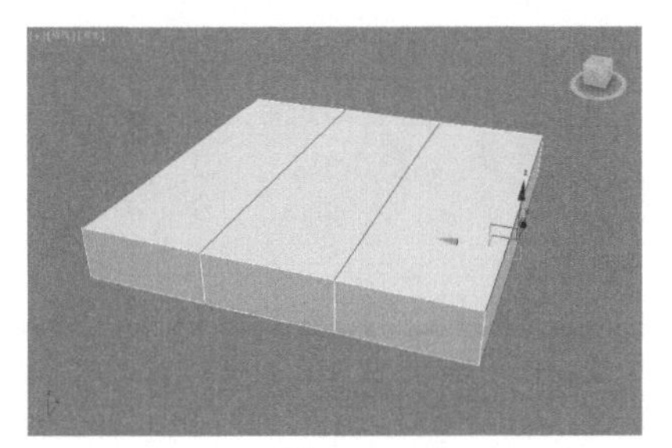

图5-938

04 在【边】级别下，选择如图5-939所示的边。单击连接按钮后面的【设置】按钮，并设置【分段】为2、【收缩】为68，如图5-940所示。

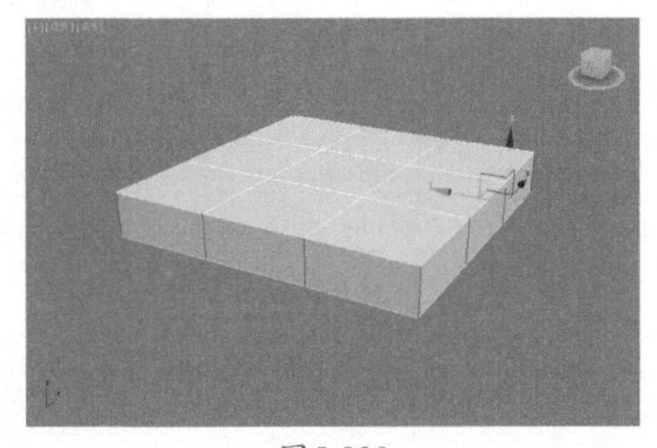

图5-939

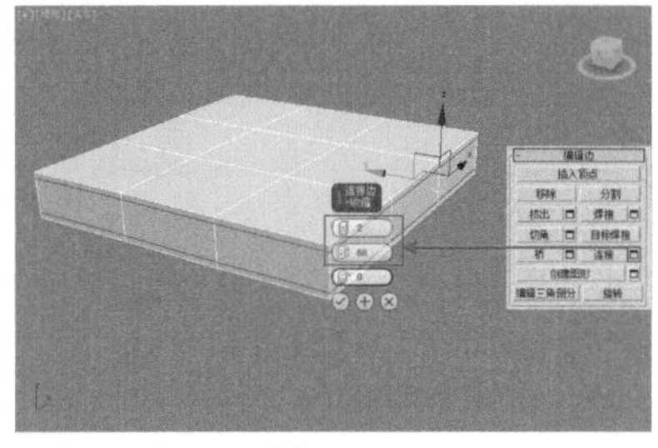

图5-940

05 在【边】级别下，选择如图5-941所示的边。单击连接按钮后面的【设置】按钮，并设置【分段】为1、【滑块】为-70，如图5-942所示。

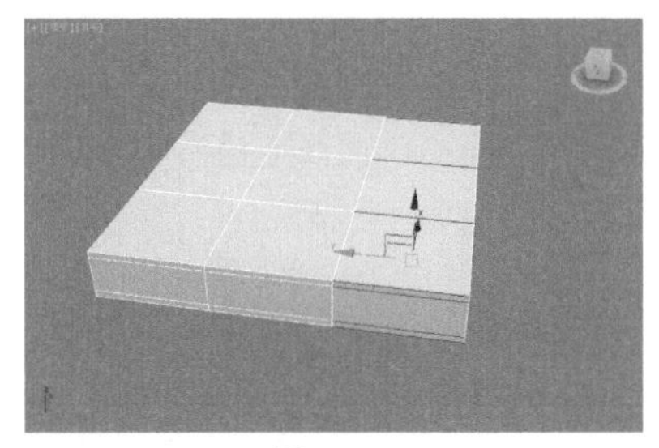

图5-941

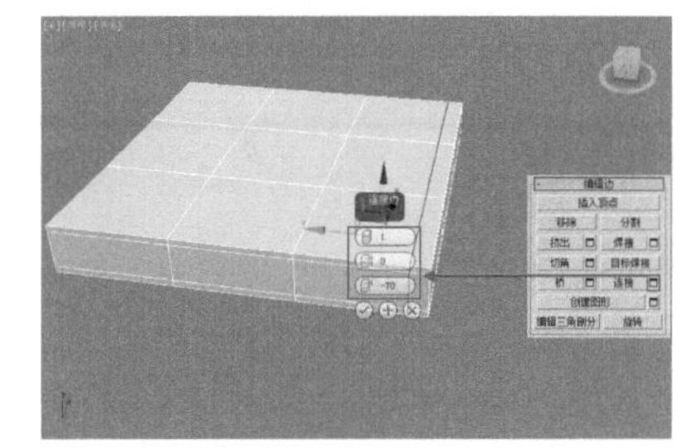

图5-942

06 在【边】级别下，选择如图5-943所示的边。单击连接按钮后面的【设置】按钮，并设置【分段】为1、【滑块】为-70，如图5-944所示。

07 在【边】级别下，选择如图5-945所示的边。单击连接按钮后面的【设置】按钮，并设置【分段】为1、【滑块】为-70，如图5-946所示。

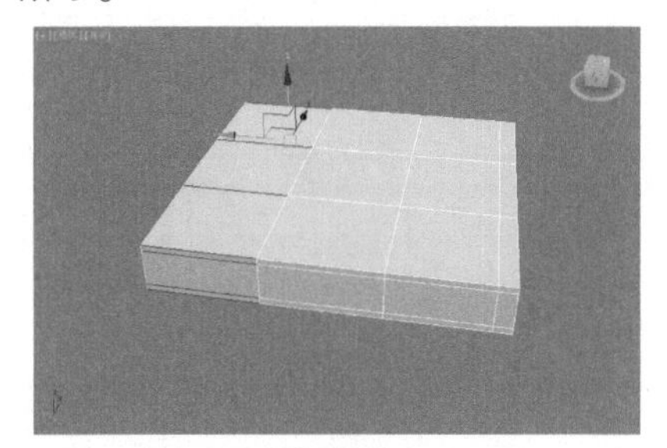

图5-943

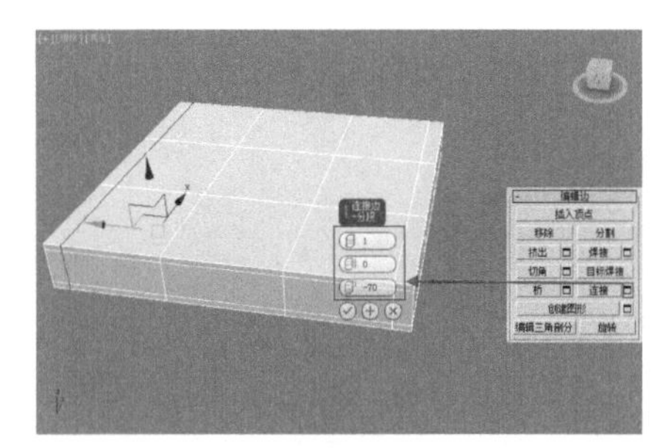
图5-944

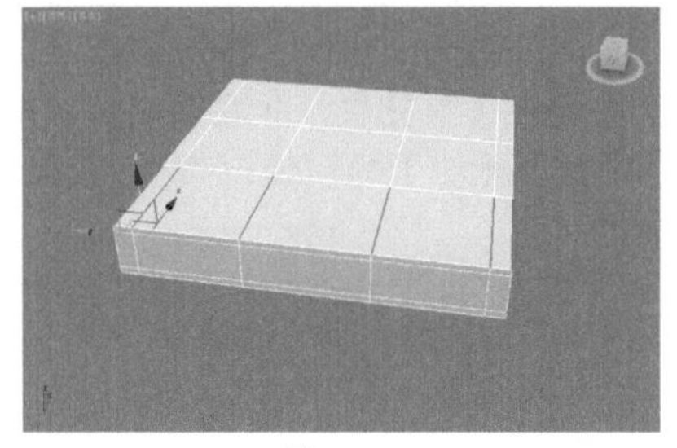
图5-945

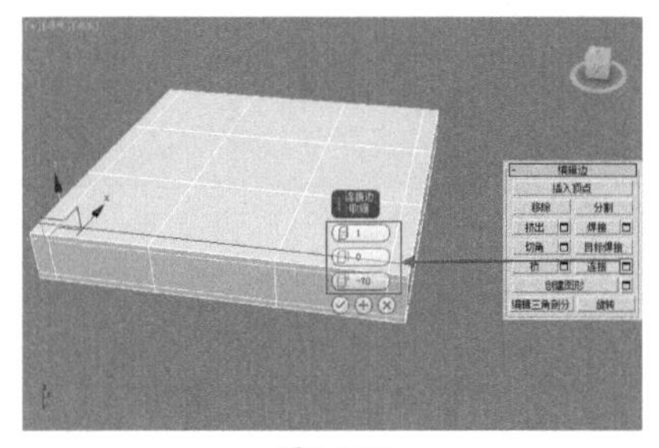
图5-946

08 在【边】级别下，选择如图5-947所示的边。单击 连接 按钮后面的【设置】按钮，并设置【分段】为1、【滑块】为-70，如图5-948所示。

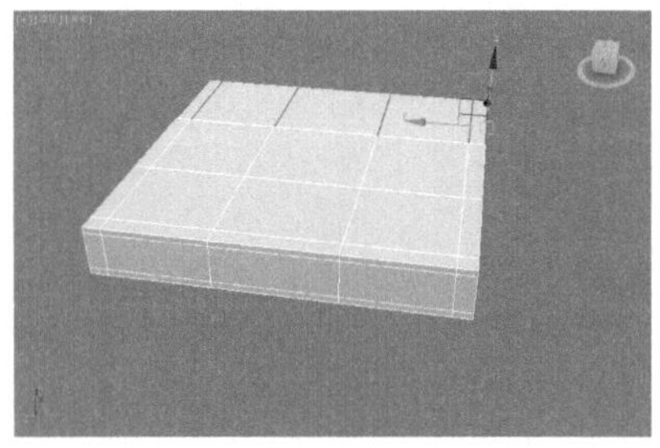
图5-947

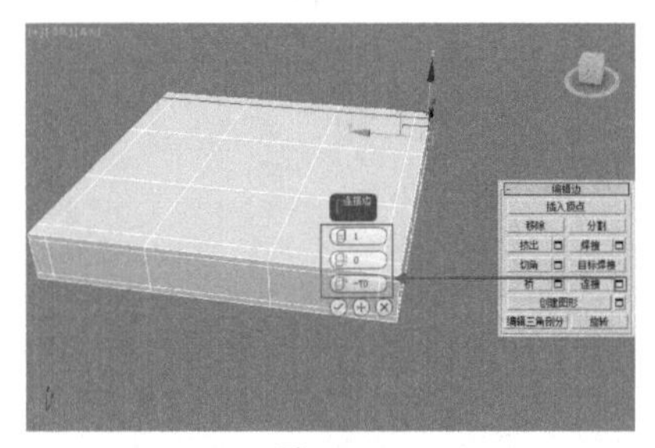
图5-948

09 在【边】级别下，选择如图5-949所示的边。单击 连接 按钮后面的【设置】按钮，并设置【分段】为1、【滑块】为-70，如图5-950所示。

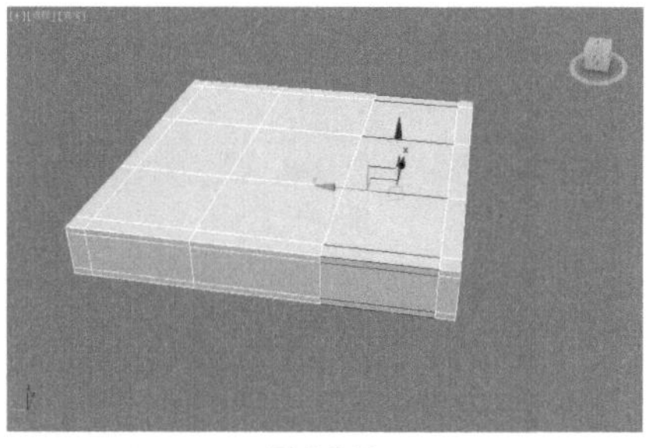
图5-949

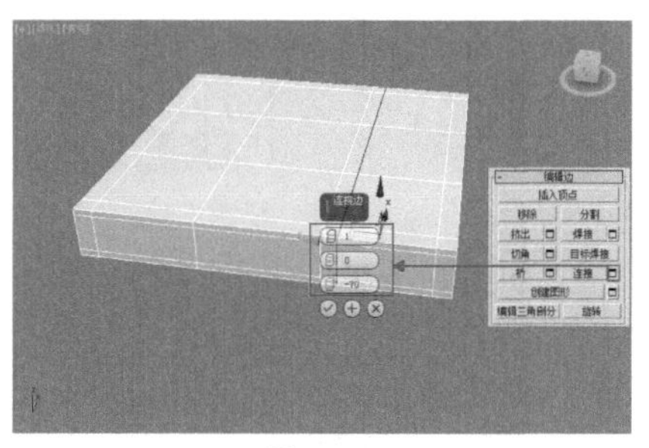
图5-950

10 在【边】级别下，选择如图5-951所示的边。单击 连接 按钮后面的【设置】按钮，并设置【分段】为1、【滑块】为-70，如图5-952所示。

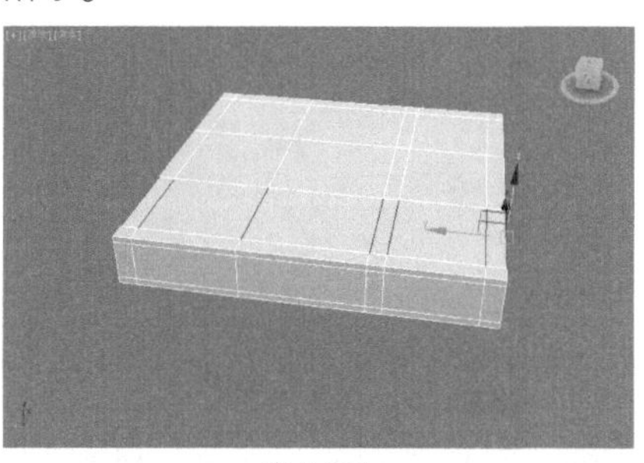
图5-951

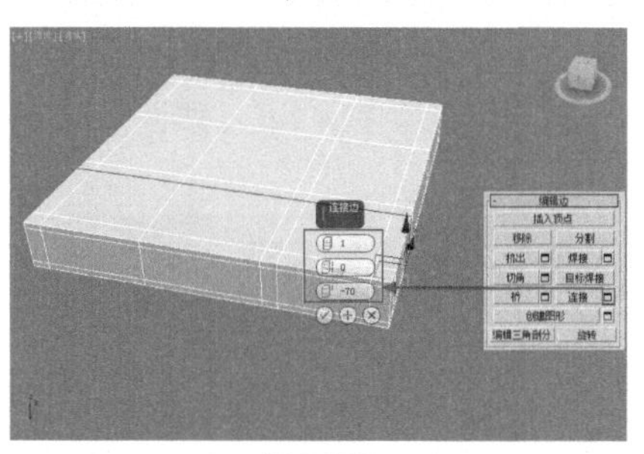
图5-952

11 在【边】级别下，选择如图5-953所示的边。单击 连接 按钮后面的【设置】按钮，并设置【分段】为1、【滑块】为-70，如图5-954所示。

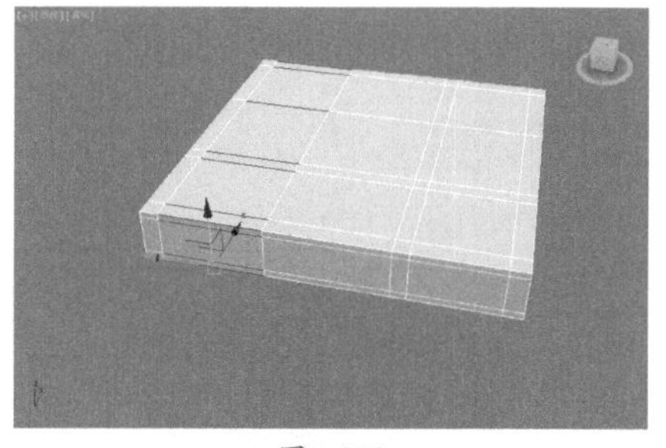
图5-953

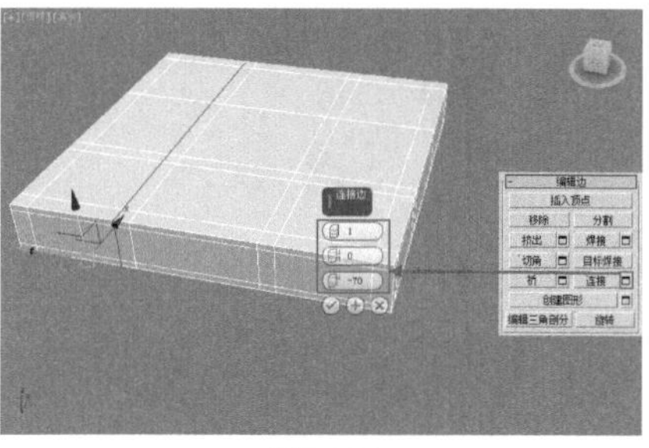
图5-954

12 在【边】级别下，选择如图5-955所示的边。单击 连接 按钮后面的【设置】按钮，并设置【分段】为1、【滑块】为-70，如图5-956所示。

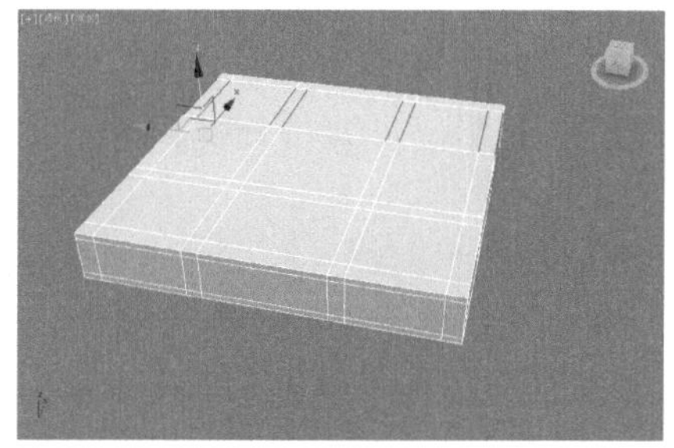
图5-955

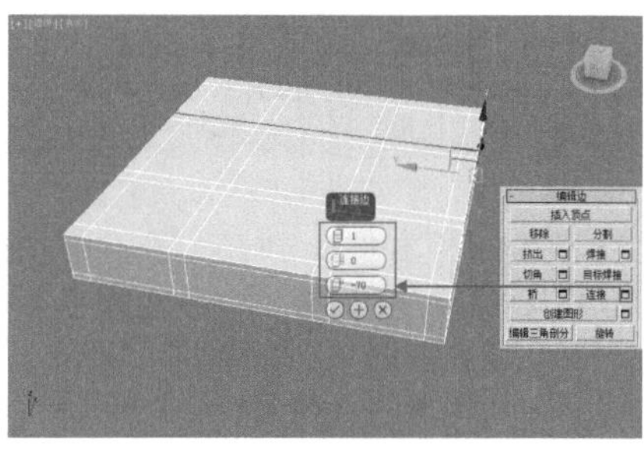
图5-956

13 在【边】级别下，选择如图5-957所示的边。单击 连接 按钮后面的【设置】按钮，并设置【分段】为1、【滑块】为-70，如图5-958

所示。

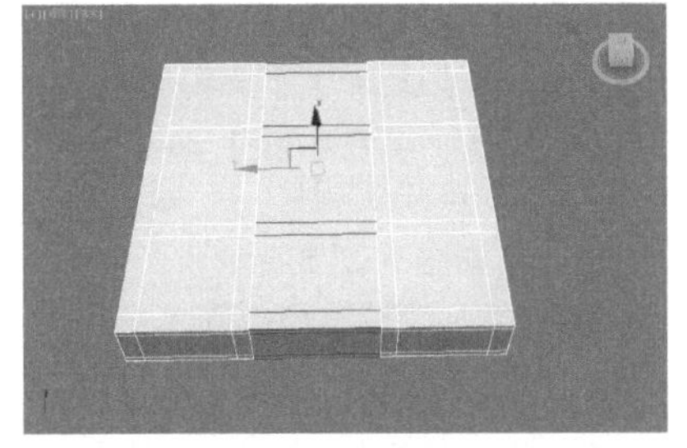

图5-957

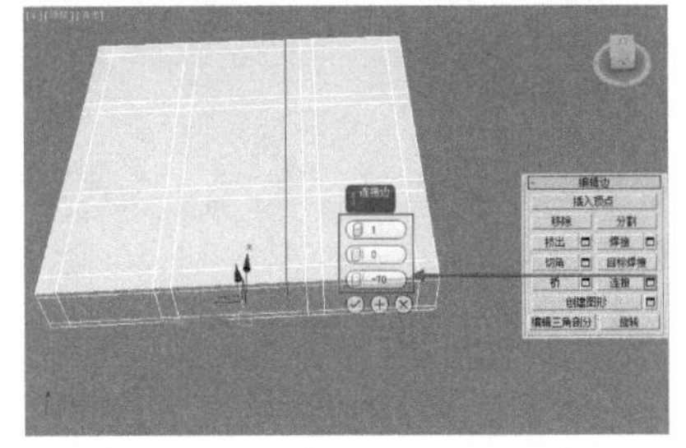

图5-958

14 在【边】级别下，选择如图5-959所示的边。单击 连接 按钮后面的【设置】按钮，并设置【分段】为1、【滑块】为-70，如图5-960所示。

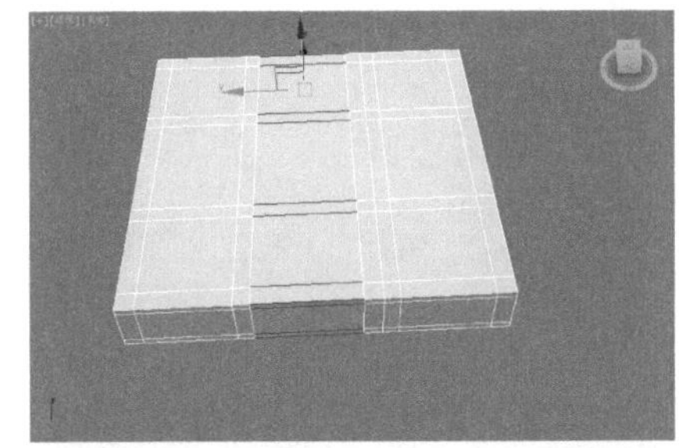

图5-959

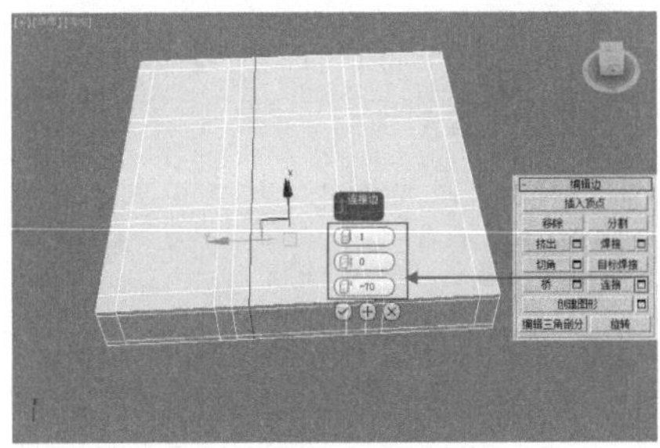

图5-960

15 在【边】级别下，选择如图5-961所示的边。单击 连接 按钮后面的【设置】按钮，并设置【分段】为1、【滑块】为-70、如图5-962所示。

16 在【边】级别下，选择如图5-963所示的边。单击 连接 按钮后面的【设置】按钮，并设置【分段】为1、【滑块】为-70，如图5-964所示。

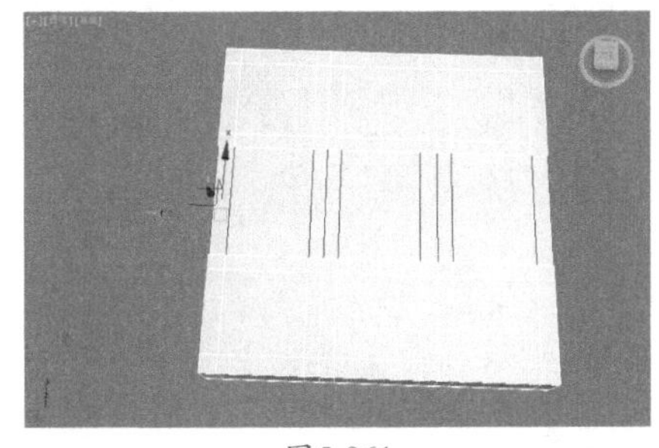

图5-961

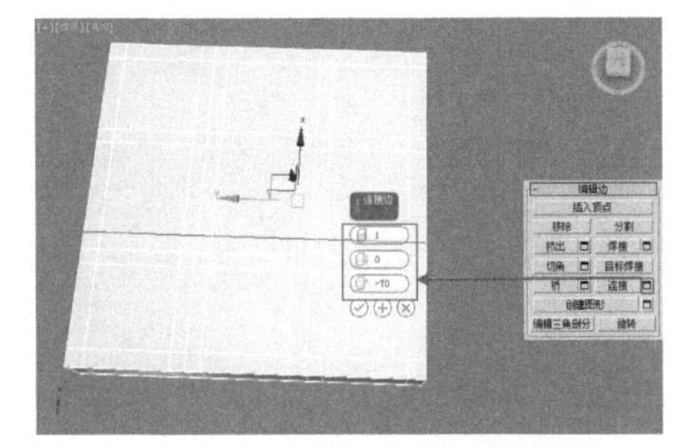

图5-962

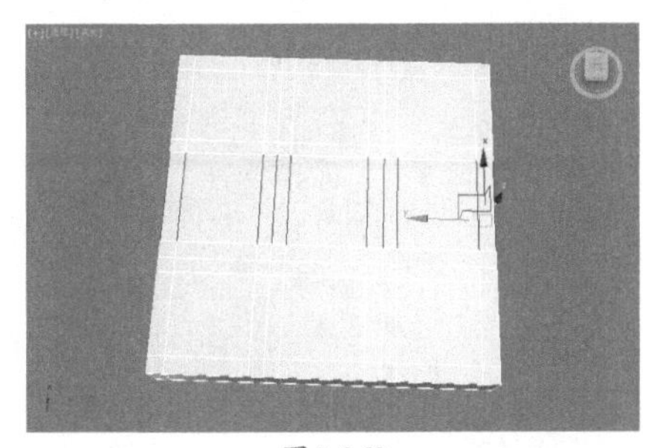

图5-963

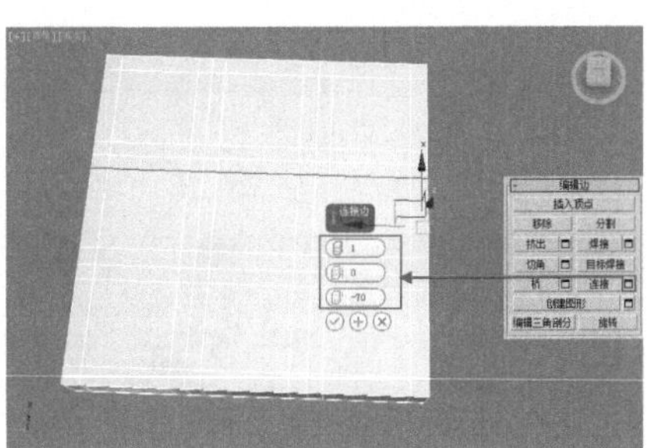

图5-964

17 在【顶点】级别下，选择如图5-965所示的顶点。单击 切角 按钮后面的【设置】按钮，并设置【边切角量】为35.0mm，如图5-966所示。

18 进入【多边形】级别，在【透】视图中选择如图5-967所示的多边形，然后单击 挤出 按钮后面的【设置】按钮，并设置【高度】为-100.0mm，如图5-968所示。

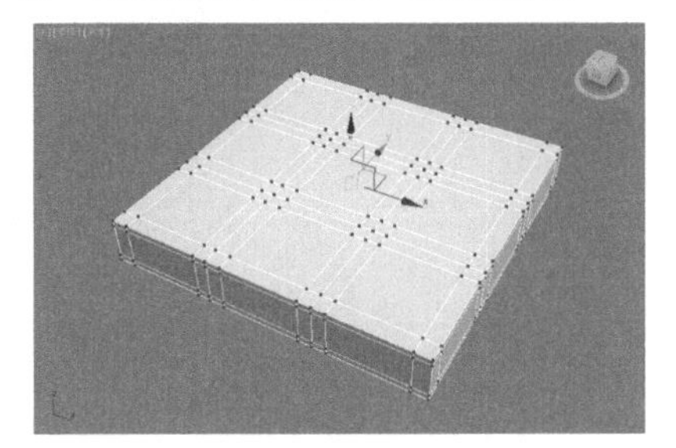

图5-965

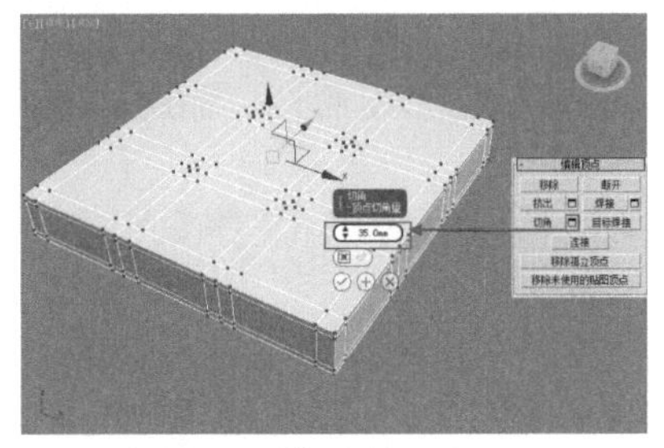

图5-966

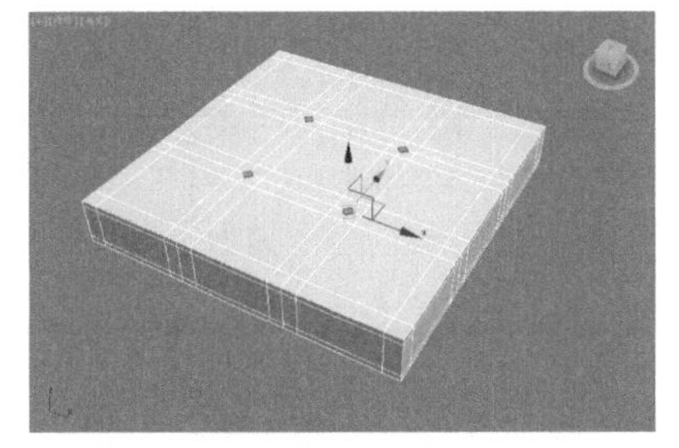

图5-967

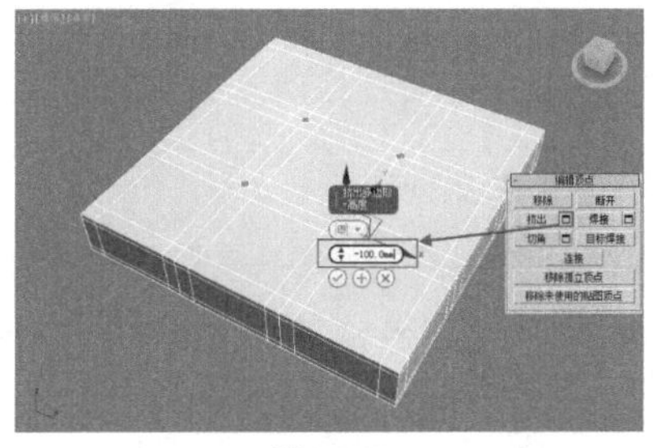

图5-968

19 在【顶点】级别下，选择如图5-969所示的顶点。使用（选择并移动）工具调整点的位置，如图5-970所示。

图5-969

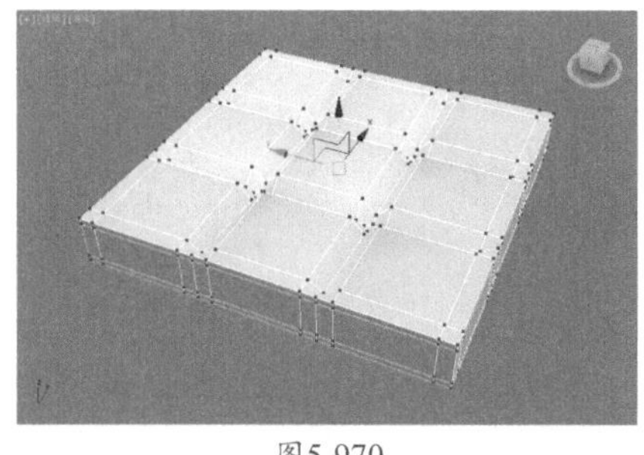
图5-970

20 选择上一步创建的样条线，单击右键，选择【转换为】|【转换为可编辑多边形】命令，如图5-971所示。

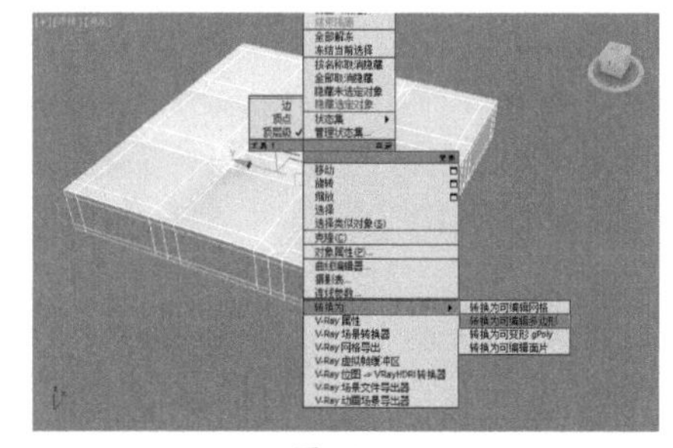
图5-971

21 选择上一步创建的模型，为其加载【网格平滑】修改器，设置【迭代次数】为3，如图5-972所示。

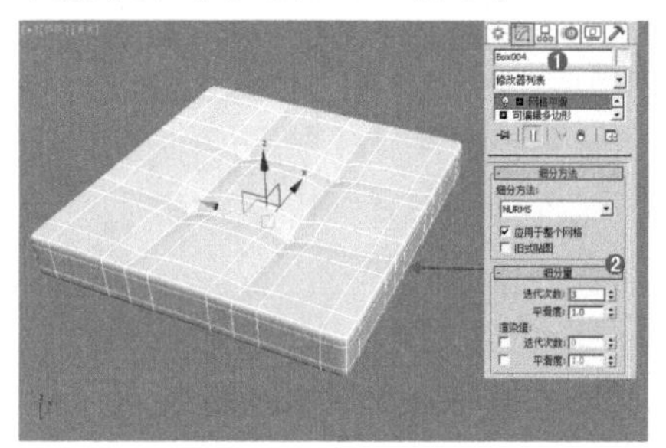
图5-972

22 在【边】级别◁下，选择如图5-973所示的边。单击 利用所选内容创建图形 按钮，并设置【图形类型】为【线性】，如图5-974所示。

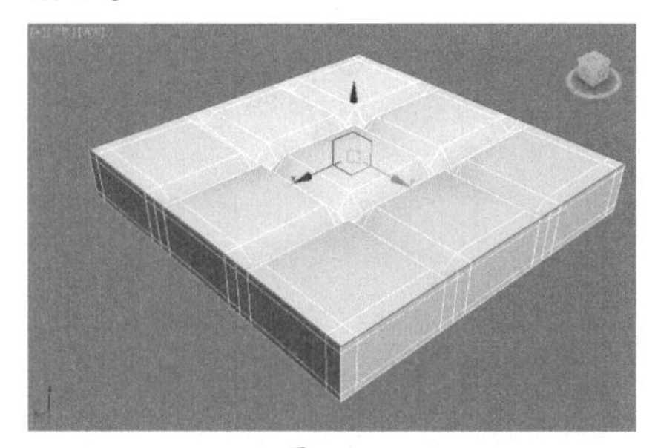
图5-973

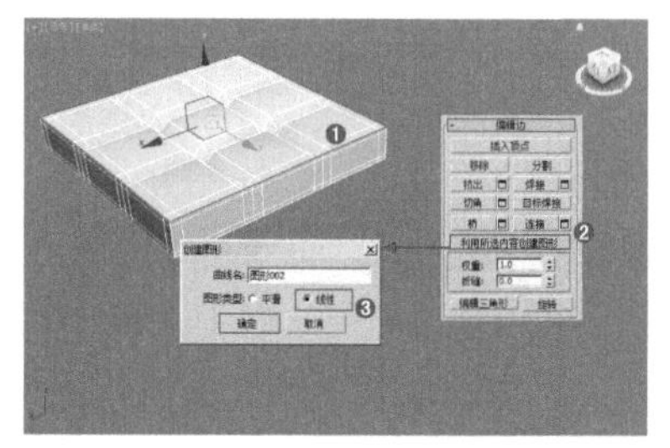
图5-974

23 选择上一步选择的线，如图5-975所示。在【渲染】选项组下分别勾选【在渲染中启用】和【在视口中启用】复选框，激活【径向】选项组，设置【厚度】为30.0mm，如图5-976所示。

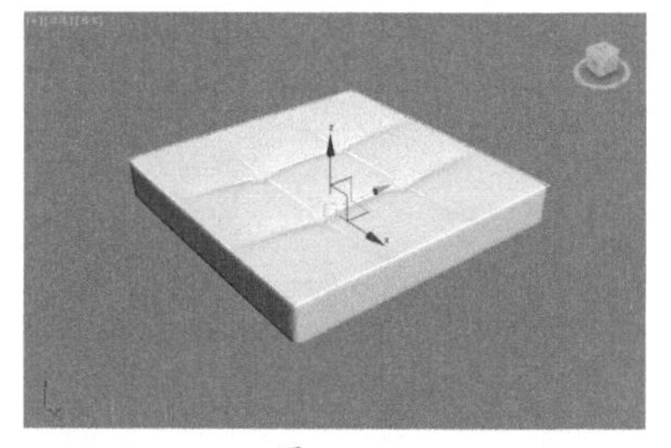
图5-975

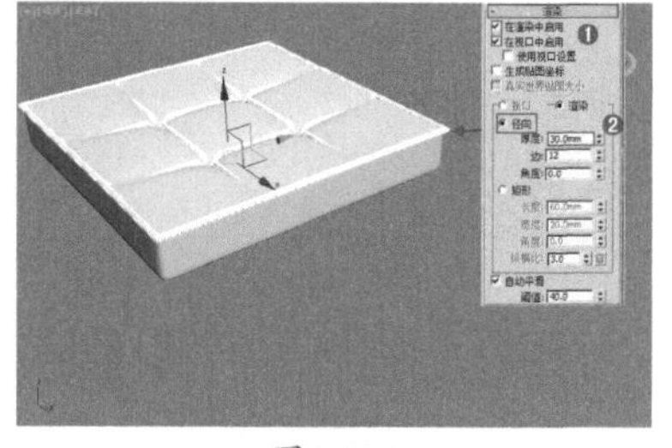
图5-976

24 选择上一步创建的模型，为其加载【网格平滑】修改器，设置【迭代次数】为3，如图5-977所示。

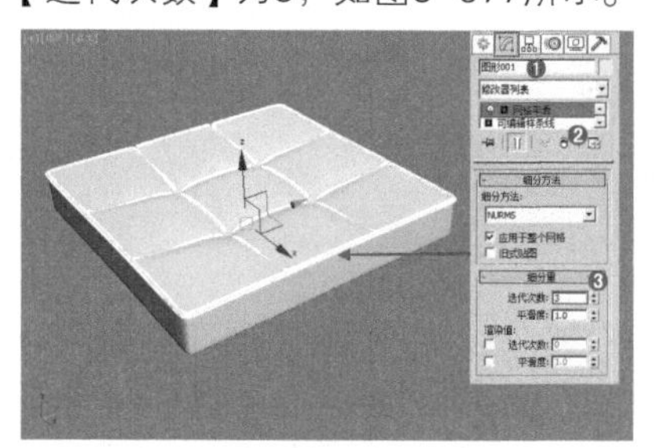
图5-977

实例080 多边形建模制作方形模型

01 单击（创建）|（几何体）| 长方体 按钮，在【顶】视图中拖动并创建一个长方体，接着在【修改】面板下设置【长度】为2000.0mm、【宽度】为2000mm、【高度】为1800mm、【长度分段】为1、【宽度分段】为1、【高度分段】为1，如图5-978所示。

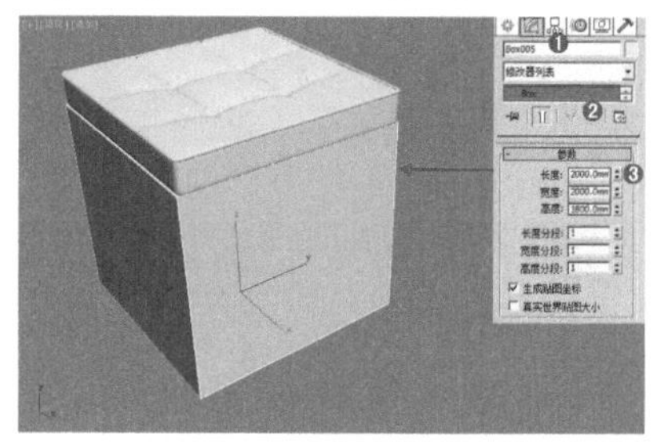
图5-978

02 选择长方体，并在修改器列表中加载【编辑多边形】修改器，在【边】级别◁下，选择如图5-979所示的边。单击 连接 按钮后面的【设置】按钮，并设置【分段】为2、【收缩】为90，其余的3个面分别连接，如图5-980所示。

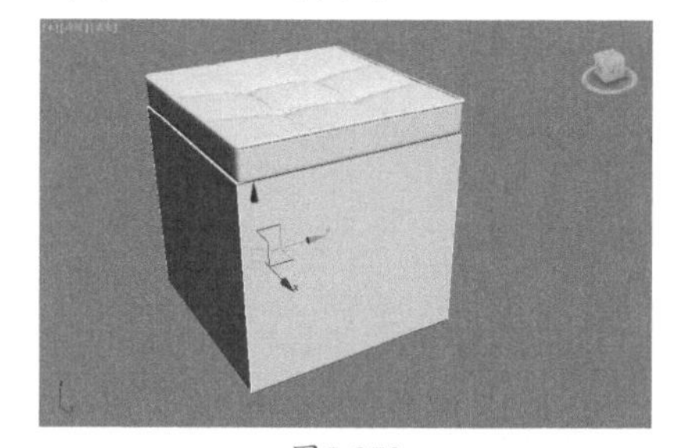
图5-979

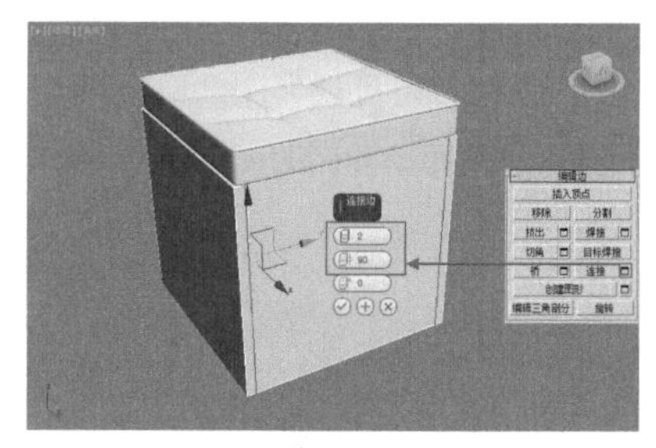
图5-980

03 在【边】级别◁下，选择如图5-981所示的边。单击 连接 按钮后面的【设置】按钮，并设置【分段】为2、【收缩】为90，如图5-982所示。

04 选择上一步的模型，为其加载【网格平滑】修改器，设置【迭代次数】为3，如图5-983所示。

05 最终模型的效果如图5-984所示。

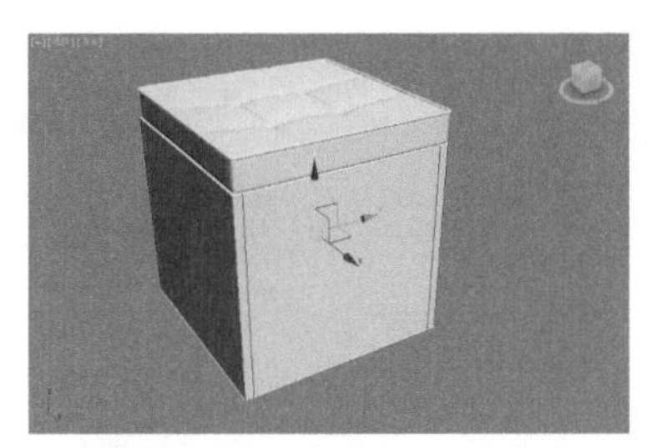

图5-981

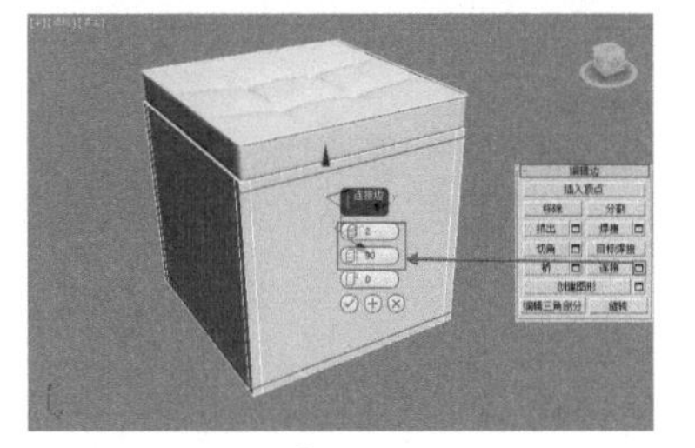

图5-982

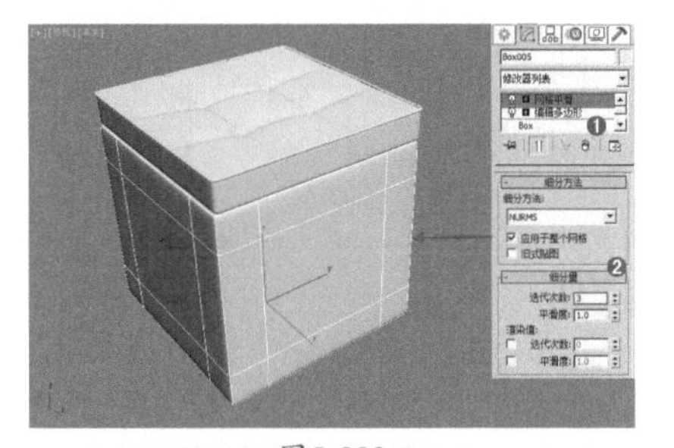

图5-983

图5-984

5.3 多边形建模制作中式桌椅

文件路径	第5章\多边形建模制作中式桌椅
难易指数	★★★★★
技术掌握	多边形建模
 扫码深度学习	

操作思路

本例通过将模型转换为可编辑多边形，并进行编辑操作，制作出中式桌椅模型。

案例效果

案例效果如图5-985所示。

图5-985

操作步骤

实例081 多边形建模制作中式桌子

01 利用【长方体】工具在【顶】视图中创建一个长方体，如图5-986所示。并设置【长度】为450.0mm、【宽度】为300.0mm、【高度】为20.0mm、【高度分段】为3，如图5-987所示。

图5-986

图5-987

02 选择上一步创建的长方体，为其加载【编辑多边形】修改器，在【边】级别下，选择如图5-988所示的边，使用（选择并均匀缩放命令）工具对其进行均匀缩放，如图5-989所示。

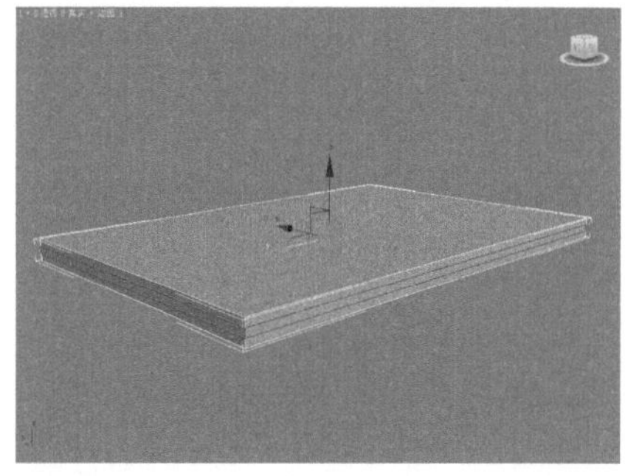

图5-988

图5-989

03 选择所有的边，单击【切角】按钮后面的【设置】按钮，设置【边切角量】为3.0mm、【分段】为10，如图5-990所示。

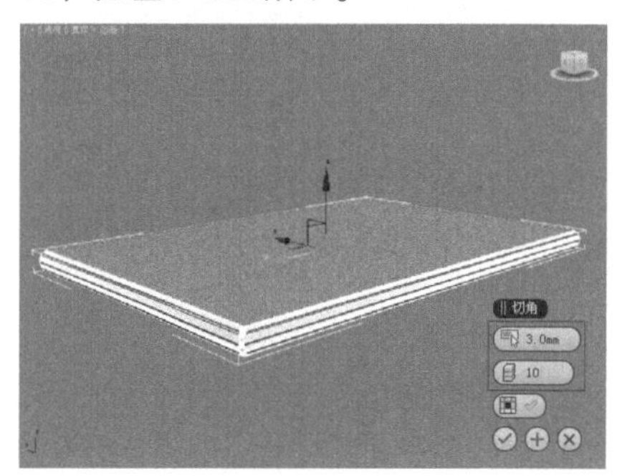

图5-990

04 选择上一步创建的模型，为其加载【编辑多边形】修改器，在【多边形】级别下，选择如图5-991所示的多边形。单击【插入】按钮后面的【设置】按钮，设置【数量】为20.0mm，如图5-992所示。

05 保持选择上一步的多边形，单击【挤出】按钮后面的【设置】按钮，设置【高度】为15.0mm，如图5-993所示。

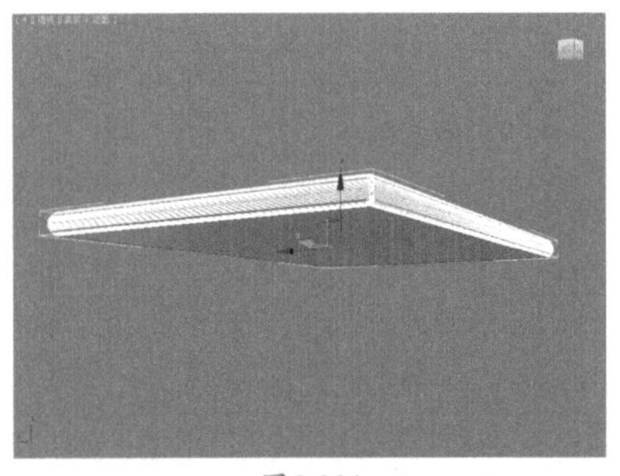

图5-991

图5-992

图5-993

06 在【边】级别下，选择如图5-994所示的边，单击【切角】按钮后面的【设置】按钮，设置【边切角量】为2.0mm、【分段】为10，如图5-995所示。

07 再次创建一个长方体，如图5-996所示。并设置【长度】为420.0mm、【宽度】为270.0mm、【高度】为10.0mm，如图5-997所示。

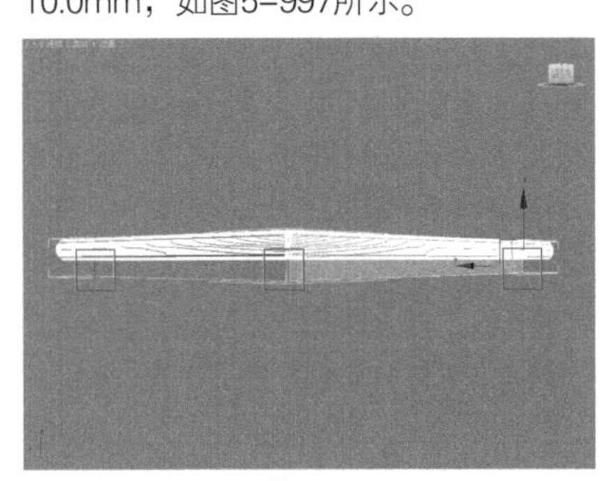

图5-994

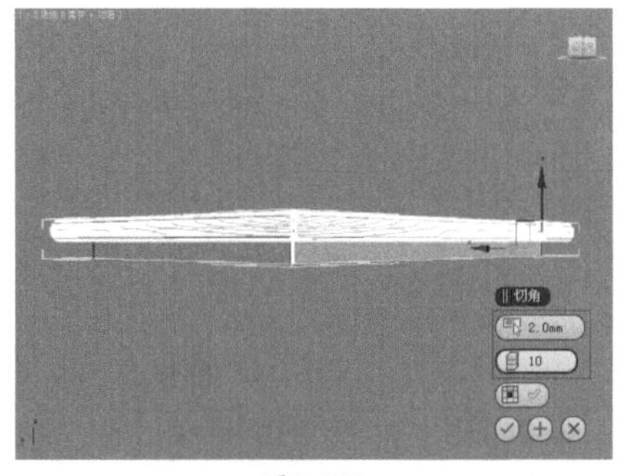

图5-995

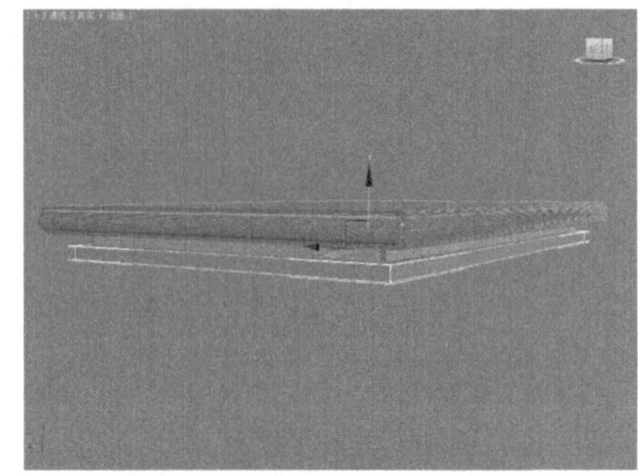

图5-996

图5-997

08 选择上一步创建的模型，为其加载【编辑多边形】修改器，在【多边形】级别下，选择如图5-998所示的多边形，单击【挤出】按钮后面的【设置】按钮，设置【高度】为10.0mm，如图5-999所示。

09 再次单击【挤出】按钮后面的【设置】按钮，设置【高度】为10.0mm，如图5-1000所示。

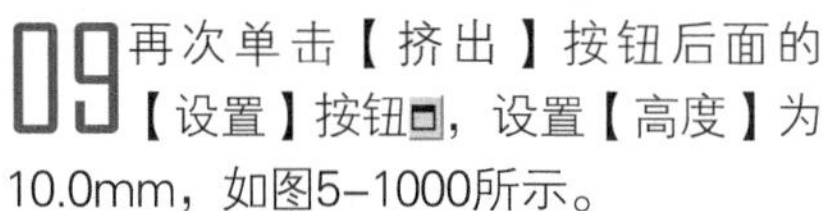

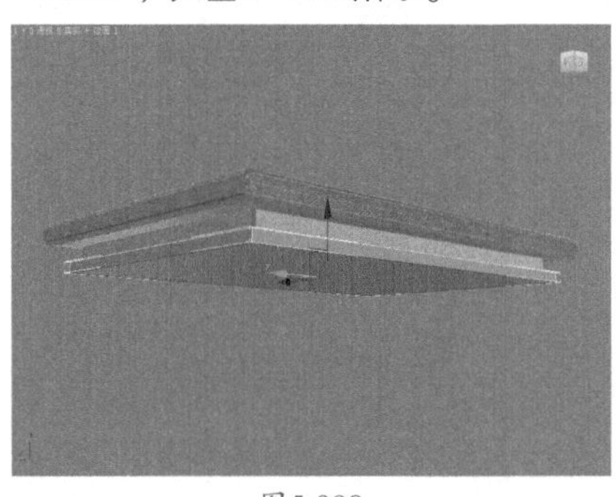

图5-998

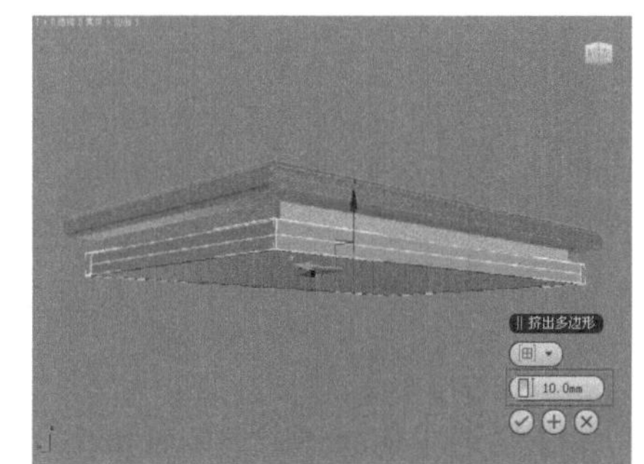

图5-999

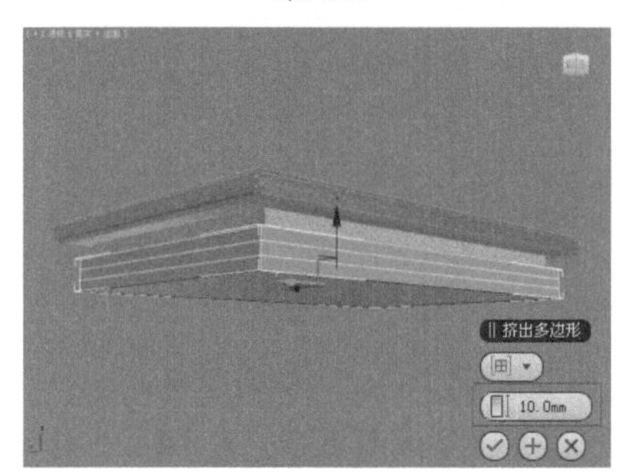

图5-1000

10 在【边】级别下，选择如图5-1001所示的边，单击【连接】按钮后面的【设置】按钮，设置【分段】为2、【收缩】为85，如图5-1002所示。

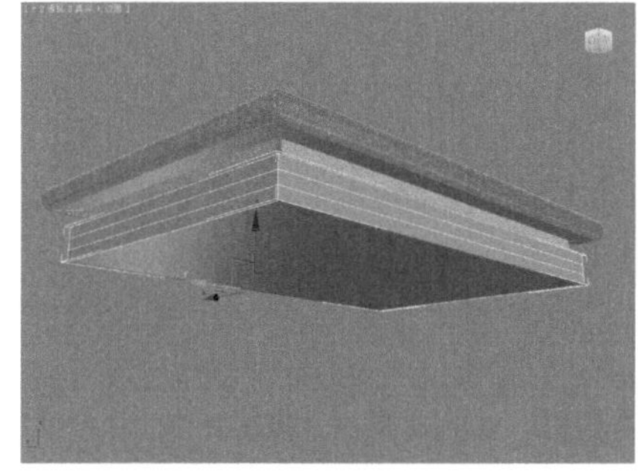

图5-1001

图5-1002

11 选择如图5-1003所示的边，再次单击【连接】按钮后面的【设置】按钮，设置【分段】为2、【收缩】为

80，如图5-1004所示。

图5-1003

图5-1004

12 进入【多边形】级别■下，选择如图5-1005所示的多边形，单击【挤出】按钮后面的【设置】按钮□，设置【高度】为20.0mm，如图5-1006所示。

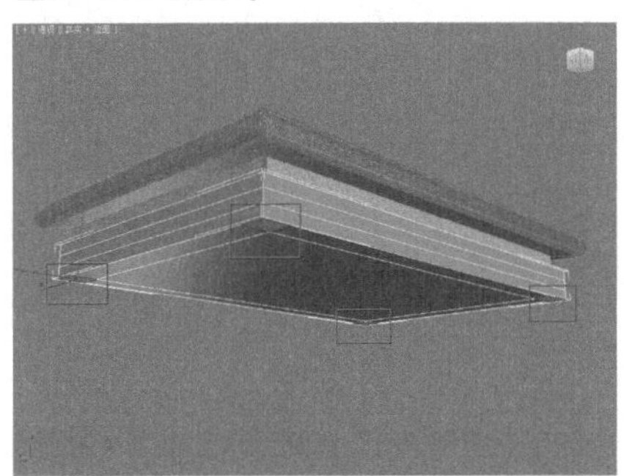

图5-1005

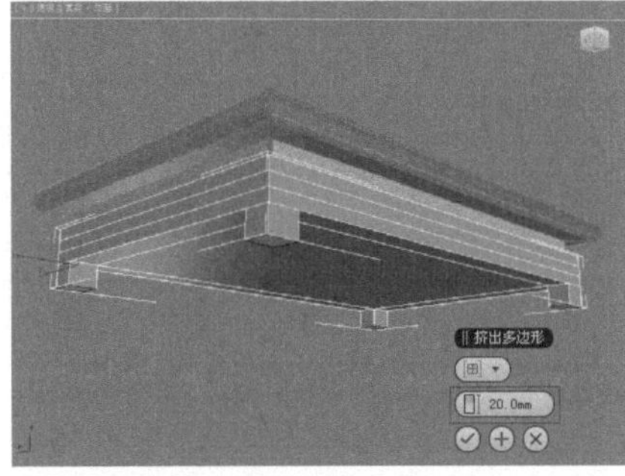

图5-1006

13 继续单击【挤出】按钮后面的【设置】按钮□四次，分别设置【高度】为20.0mm、240.0mm、20.0mm、20.0mm，最终效果如图5-1007所示。

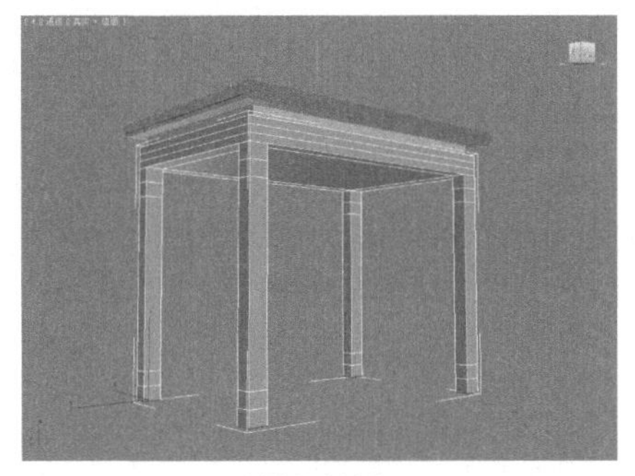

图5-1007

14 进入【点】级别∴下，分别在【前】视图和【左】视图调整点的位置，如图5-1008所示。

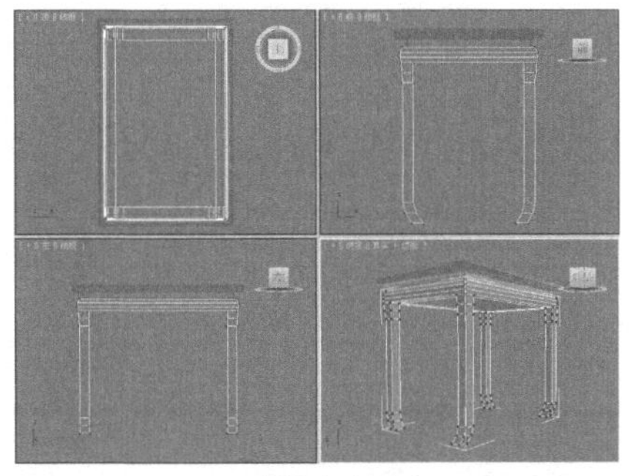

图5-1008

15 进入【边】级别◁下，选择所有的边，单击【切角】按钮后面的【设置】按钮□，设置【边切角量】为1.0mm、【分段】为1，如图5-1009所示。

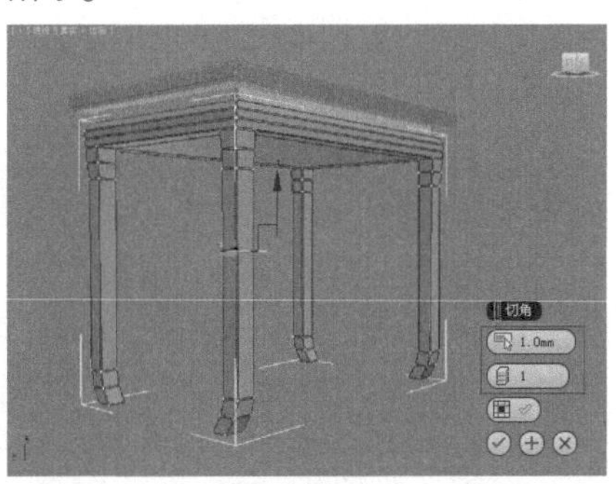

图5-1009

16 选择上一步创建的长方体，如图5-1010所示。再为其加载【网格平滑】修改器，设置【迭代次数】为1，如图5-1011所示。

17 利用【长方体】工具在【前】视图创建一个长方体，如图5-1012所示。分别设置【长度】为15.0mm、【宽度】为250.0mm、【高度】为25.0mm，如图5-1013所示。

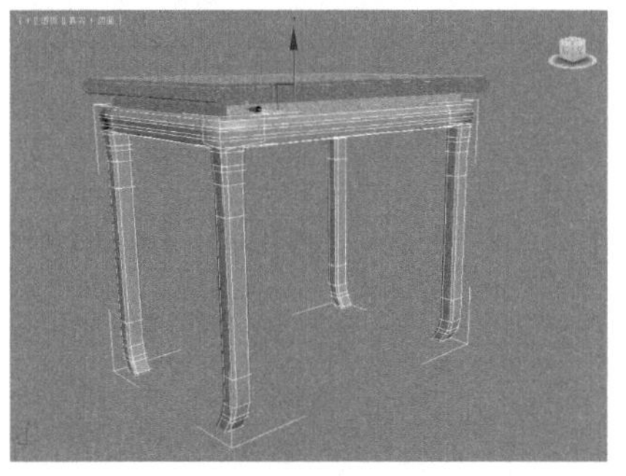

图5-1010

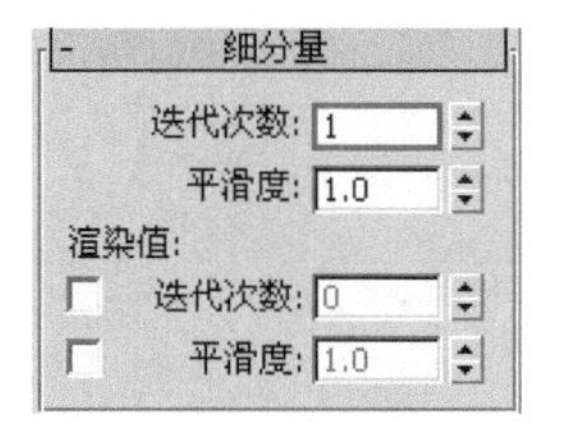

图5-1011

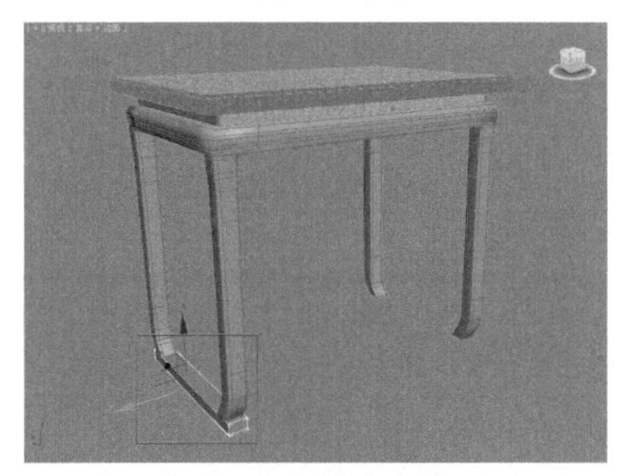

图5-1012

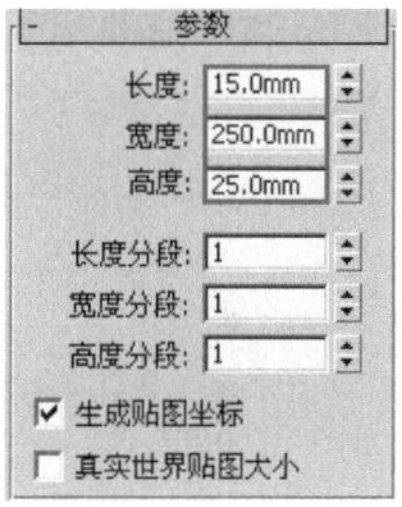

参数

长度: 15.0mm
宽度: 250.0mm
高度: 25.0mm
长度分段: 1
宽度分段: 1
高度分段: 1
☑ 生成贴图坐标
☐ 真实世界贴图大小

图5-1013

18 为其加载【编辑多边形】修改器，进入【边】级别◁，选择如图5-1014所示的边。单击【连接】按钮后面的【设置】按钮□，设置【分段】为2、【收缩】为80，如图5-1015所示。

19 进入【多边形】级别■，选择如图5-1016所示的多边形，单击【挤出】按钮后面的【设置】按钮□，设置【高度】为395.0mm，如图5-1017所示。

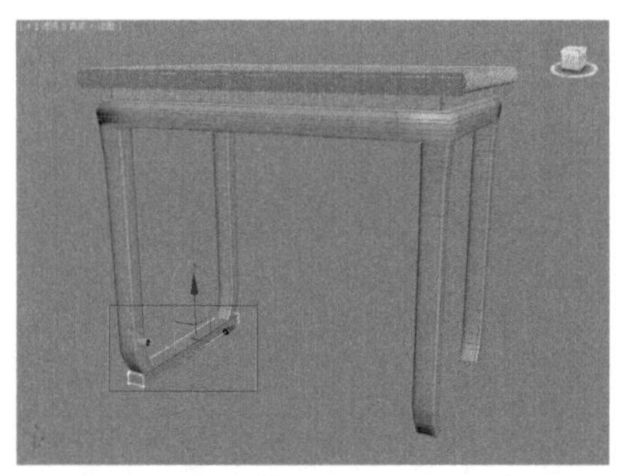

图5-1014

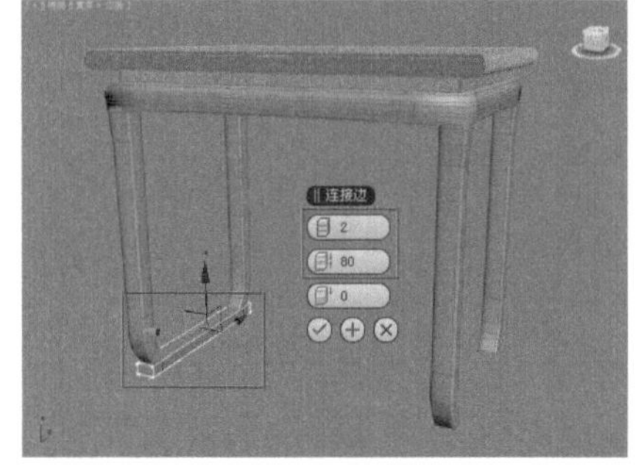

图5-1015

图5-1016

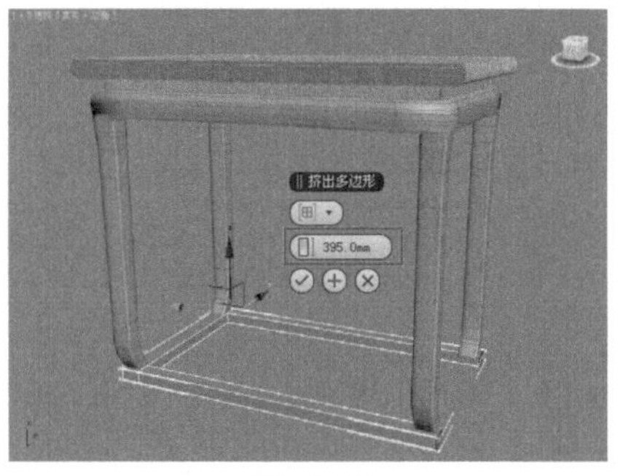

图5-1017

20 再次进入【边】级别，选择如图5-1018所示的边。单击【连接】按钮后面的【设置】按钮，设置【分段】为1、【滑块】为88，如图5-1019所示。

21 进入【多边形】级别，选择如图5-1020所示的多边形，单击【挤出】按钮后面的【设置】按钮，设置【高度】为100.0mm，如图5-1021所示。

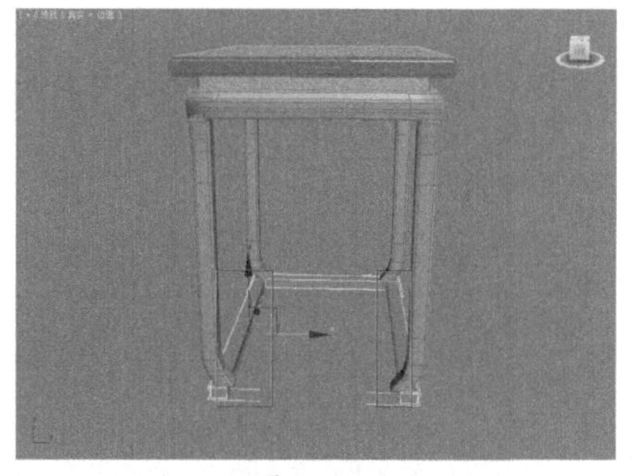

图5-1018

图5-1019

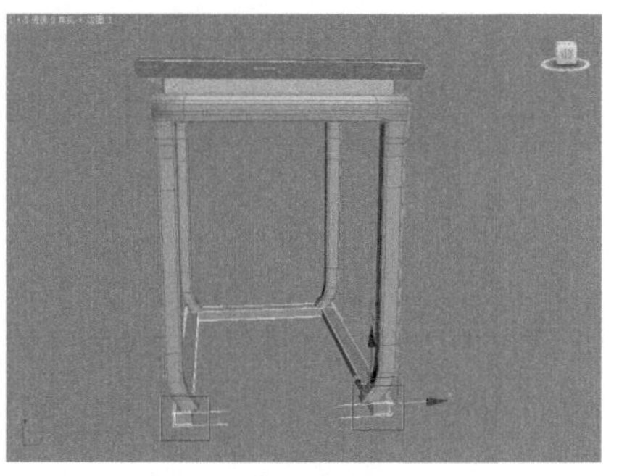

图5-1020

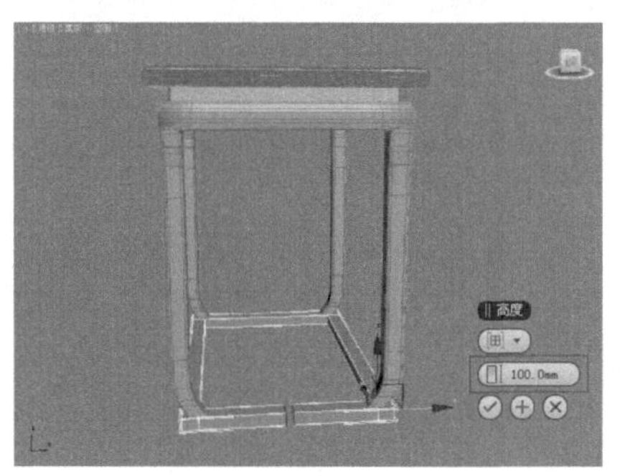

图5-1021

22 保持选择上一步选择的多边形，按Delete键删除，如图5-1022所示。进入【边】级别，单击【目标焊接】按钮，对边进行焊接，如图5-1023所示。

图5-1022

图5-1023

23 选择如图5-1024所示的边，单击【切角】按钮后面的【设置】按钮，设置【边切角量】为1.0mm、【分段】为1，如图5-1025所示。

图5-1024

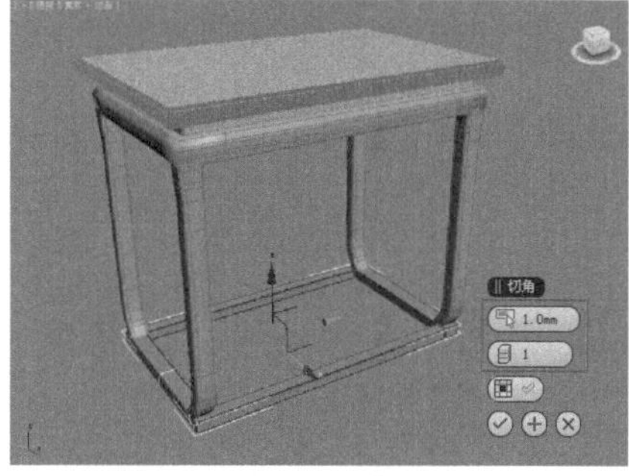

图5-1025

24 选择上一步创建的长方体，再为其加载【网格平滑】修改器，设置【迭代次数】为1，如图5-1026所示。

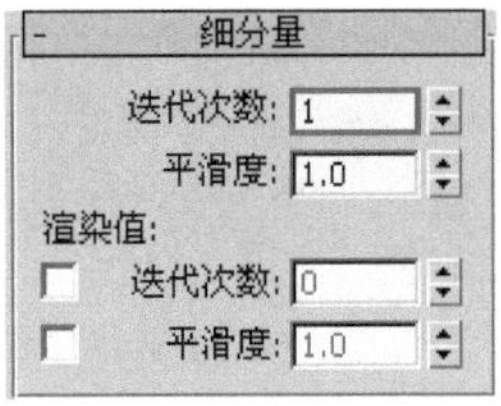

细分量

迭代次数: 1

平滑度: 1.0

渲染值:

迭代次数: 0

平滑度: 1.0

图5-1026

25 利用【长方体】工具在【顶】视图中创建4个长方体，并设置【长度】为25.0mm、【宽度】为30.0mm、【高度】为10.0mm，如图5-1027和图5-1028所示。

图5-1027

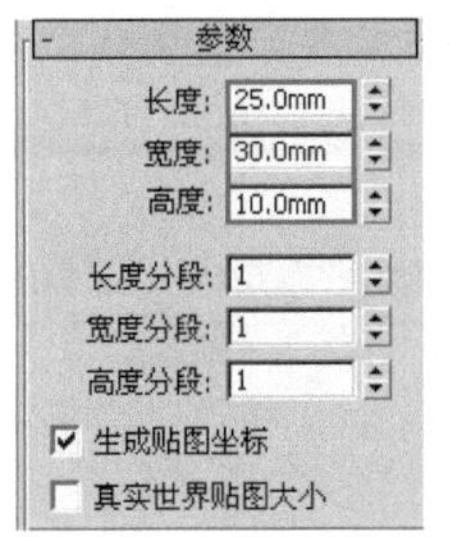

图5-1028

26 利用【线】工具在【前】视图中绘制如图5-1029所示的样条线。

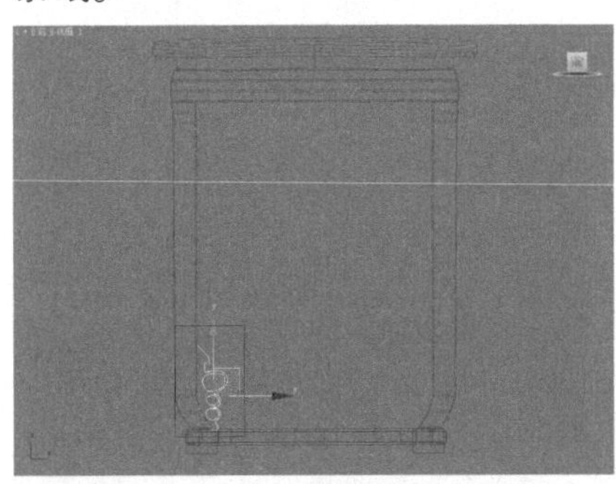

图5-1029

27 选择其中一条样条线，进入【修改】面板，单击【附加】按钮，再单击其他几条样条线，使它们附加在一起，如图5-1030和图5-1031所示。

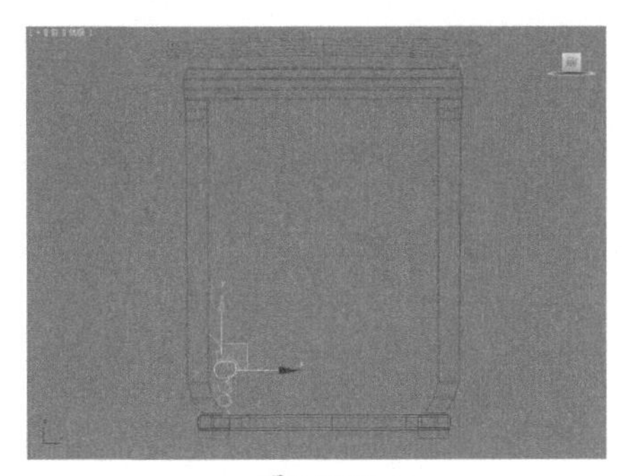

图5-1030

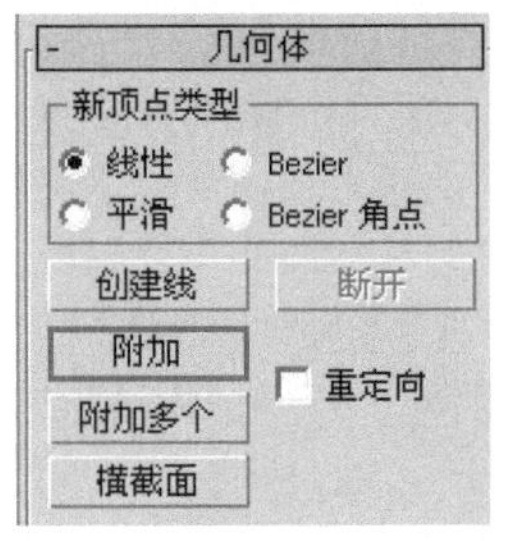

图5-1031

28 保持选择样条线，为其加载【挤出】修改器，设置【数量】为5.0mm，效果如图5-1032所示。再为其加载【编辑多边形】修改器，进入【边】级别，选择如图5-1033所示的边。

图5-1032

图5-1033

29 单击【切角】按钮后面的【设置】按钮，设置【边切角量】为1.0mm、【分段】为10.0mm，如图5-1034所示。

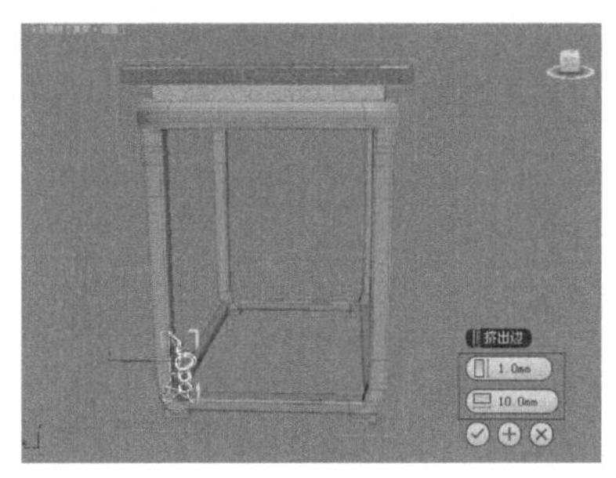

图5-1034

30 按照多边形建模方法，做出其他7个花纹装饰，如图5-1035所示。最终茶几模型效果，如图5-1036所示。

图5-1035

图5-1036

实例082 多边形建模制作中式椅子

01 利用【长方体】工具在【顶】视图中创建一个长方体，并设置【长度】为450.0mm、【宽度】为450.0mm、【高度】为20.0mm，如图5-1037和图5-1038所示。

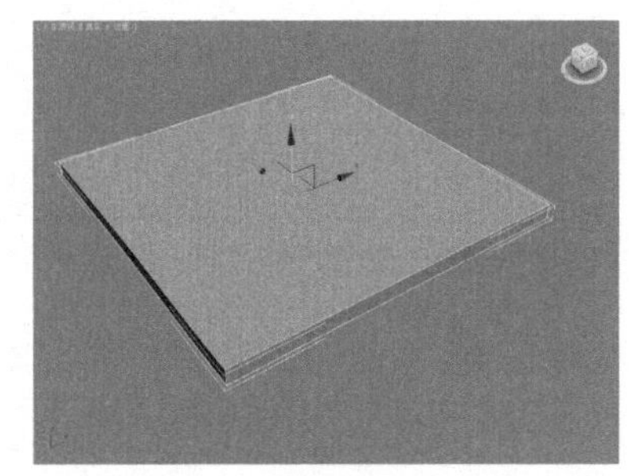

图5-1037

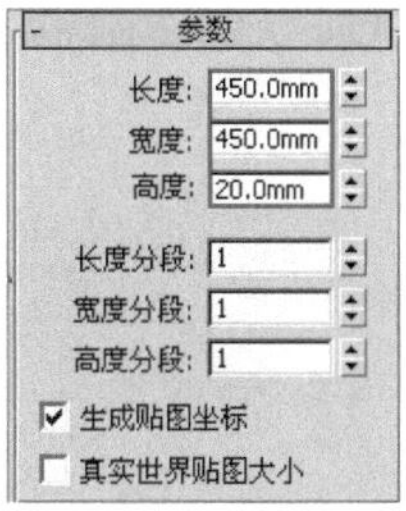

参数
长度: 450.0mm
宽度: 450.0mm
高度: 20.0mm
长度分段: 1
宽度分段: 1
高度分段: 1
生成贴图坐标
真实世界贴图大小

图5-1038

02 为其加载【编辑多边形】修改器，进入【边】级别，选择如图5-1039所示的边，单击【连接】按钮后面的【设置】按钮，设置【分段】为2、【收缩】为70，如图5-1040所示。

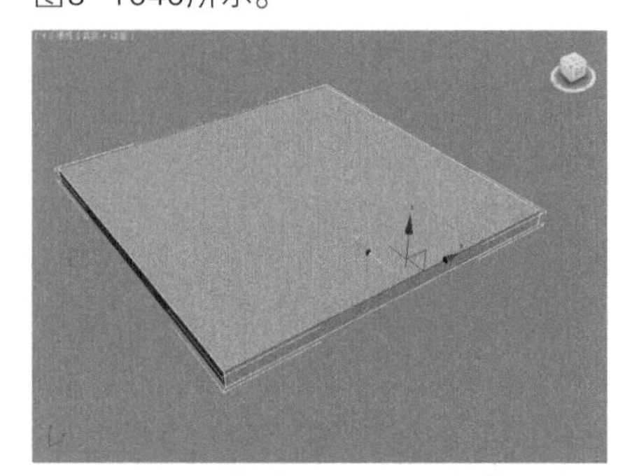

图5-1039

连接边
2
70
0

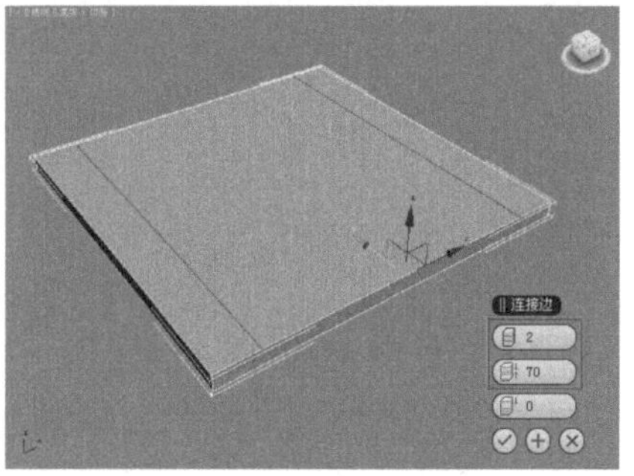

图5-1040

03 选择如图5-1041所示的边，再次单击【连接】按钮后面的【设置】按钮，设置【分段】为2、【收缩】为70，如图5-1042所示。

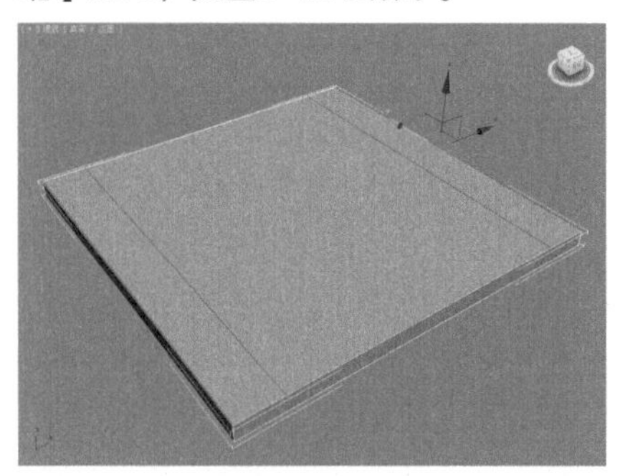

图5-1041

连接边
2
70
0

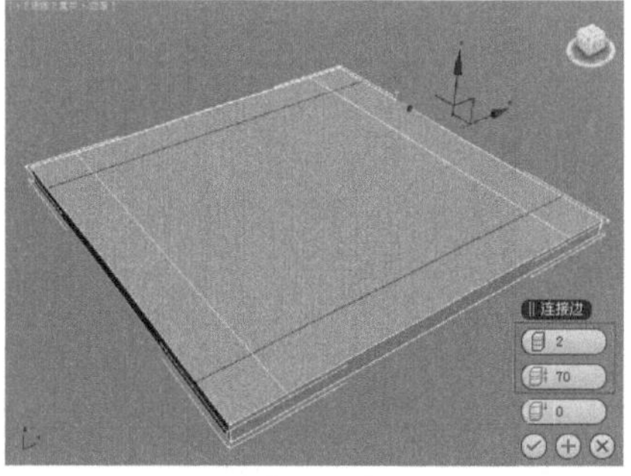

图5-1042

04 选择如图5-1043所示的边，单击【切角】按钮后面的【设置】按钮，设置【边切角量】为4.0mm，如图5-1044所示。

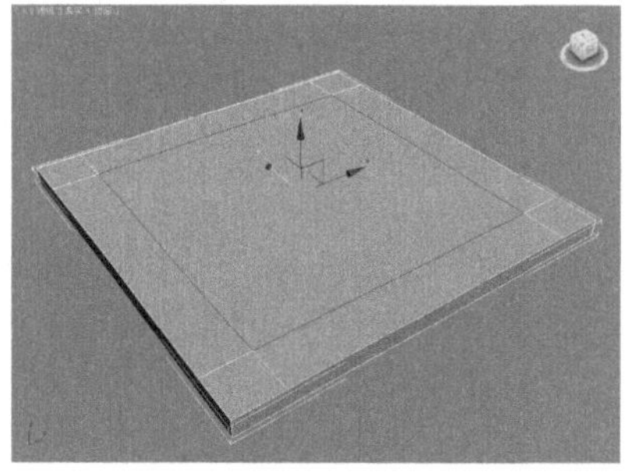

图5-1043

切角
4.0mm
1

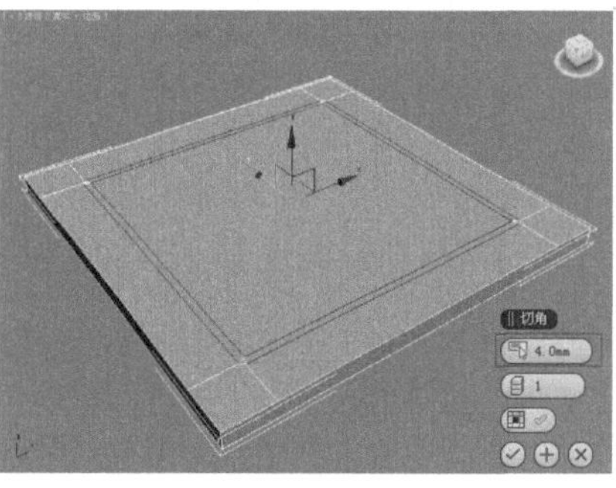

图5-1044

05 进入【多边形】级别，选择如图5-1045所示的多边形，单击【倒角】按钮后面的【设置】按钮，设置【高度】为2.0mm、【轮廓】为-3.0mm，如图5-1046所示。

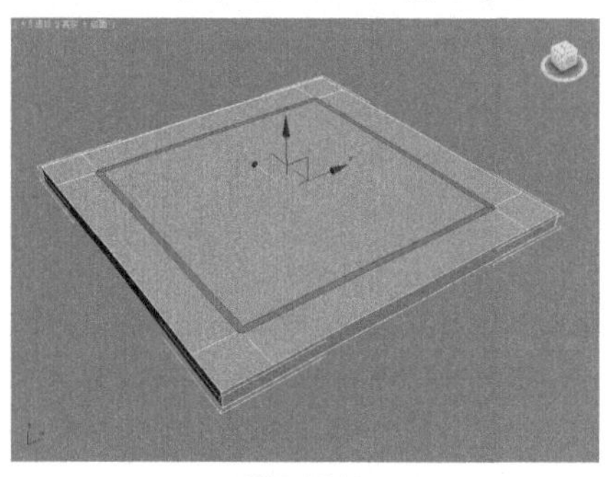

图5-1045

轮廓
2.0mm
-3.0mm

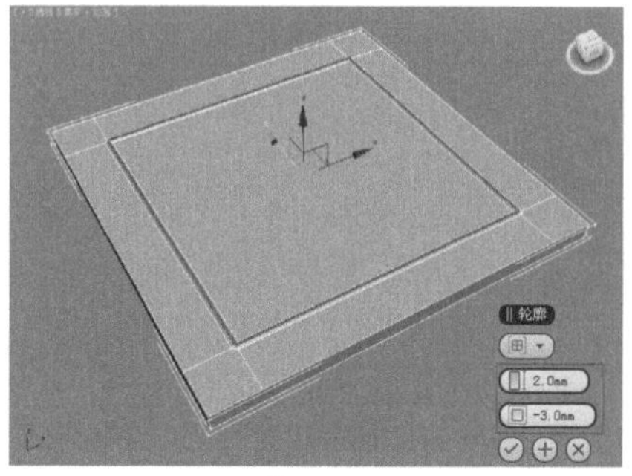

图5-1046

06 进入【边】级别下，选择如图5-1047所示的边，单击【切角】按钮后面的【设置】按钮，设置【边切角量】为1.0mm、【分段】为10，如图5-1048所示。

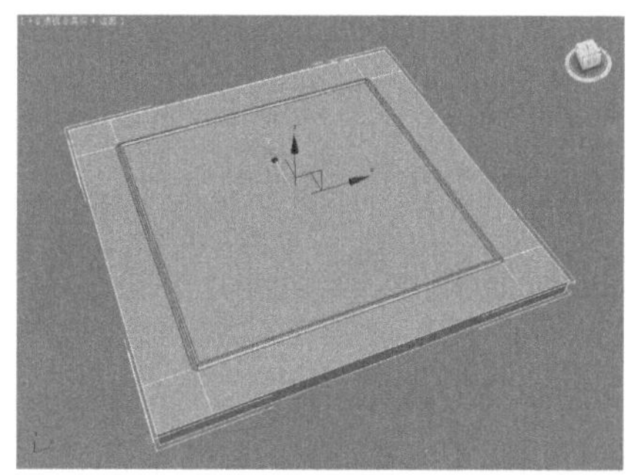

图5-1047

切角
1.0mm
10

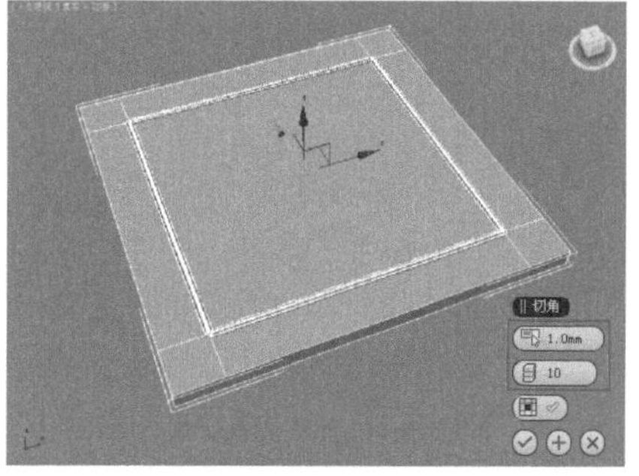

图5-1048

07 再选择如图5-1049所示的边，单击【切角】按钮后面的【设置】按钮，设置【边切角量】为4.0mm、【分段】为10，如图5-1050所示。

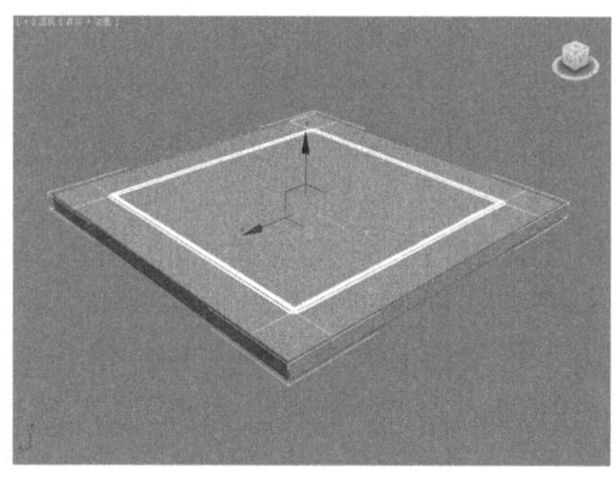

图5-1049

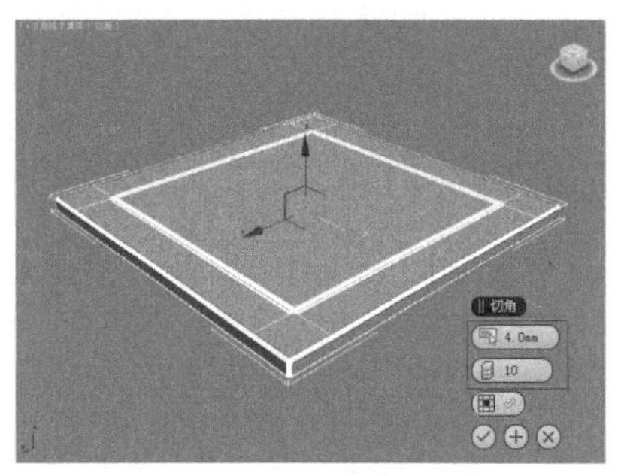

图5-1050

08进入【多边形】级别■，选择如图5-1051所示的多边形，单击【插入】按钮后面的【设置】按钮■，设置【数量】为20.0mm，如图5-1052所示。

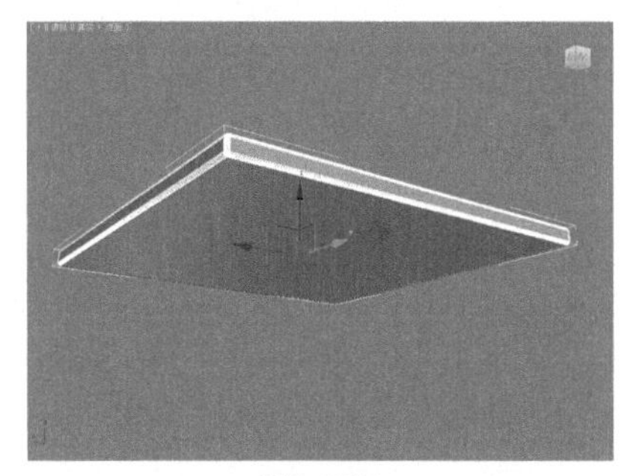

图5-1051

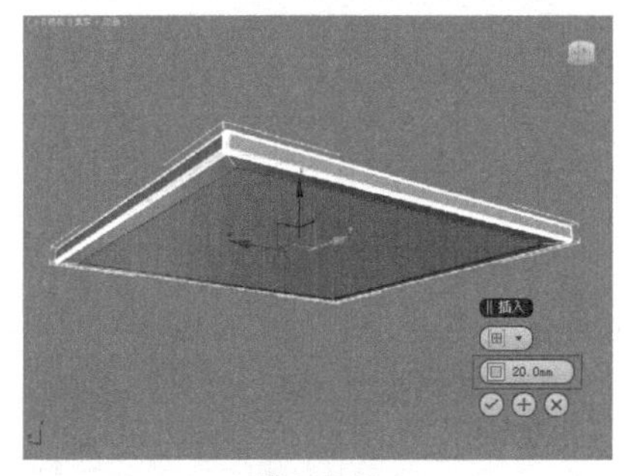

图5-1052

09单击【挤出】按钮后面的【设置】按钮■，设置【高度】为15.0mm，如图5-1053所示。

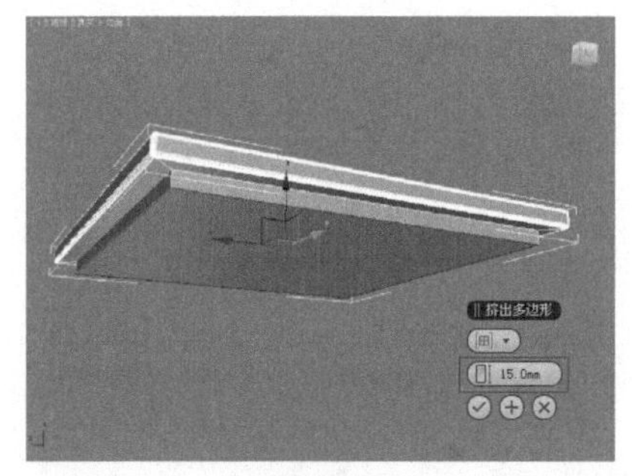

图5-1053

10进入【边】级别◁，选择如图5-1054所示的边，单击【切角】按钮后面的【设置】按钮■，设置【边切角量】为1.0mm、【分段】为10，如图5-1055所示。

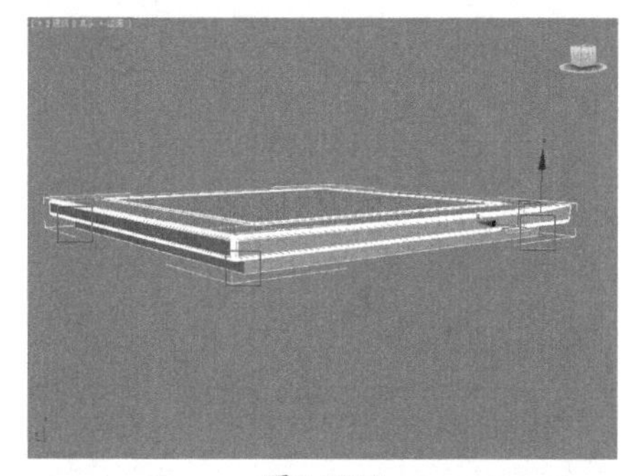

图5-1054

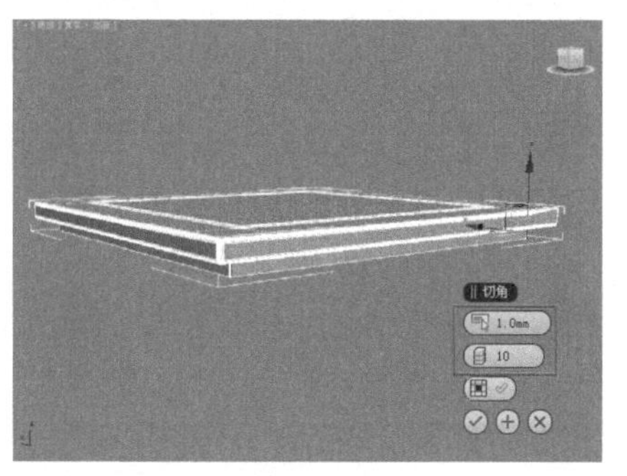

图5-1055

11利用【线】工具在【顶】视图中绘制如图5-1056所示的样条线，并在【渲染】卷展栏下勾选【在渲染中启用】和【在视口中启用】复选框，接着选中【径向】单选按钮，设置【厚度】为20.0mm、【边】为30，如图5-1057所示。

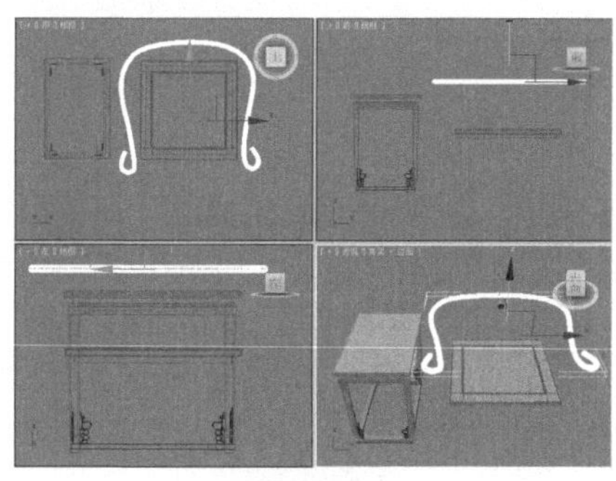

图5-1056

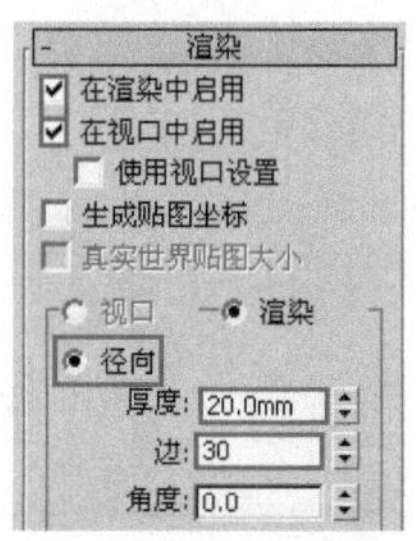

图5-1057

12利用【长方体】工具在【前】视图创建一个长方体，如图5-1058所示。并设置【长度】为250.0mm、【宽度】为80.0mm、【高度】为15.0mm、【长度分段】为3，如图5-1059所示。

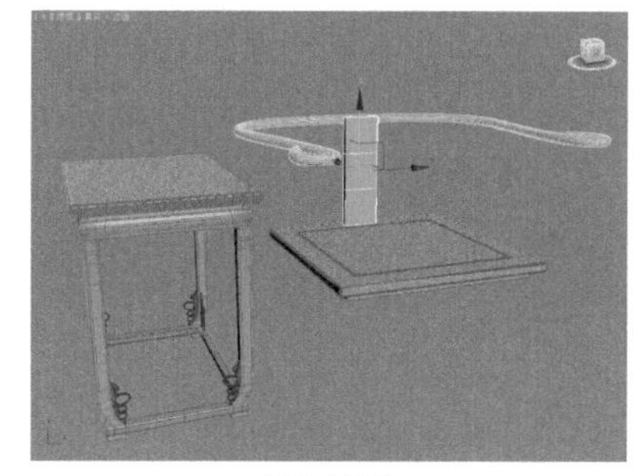

图5-1058

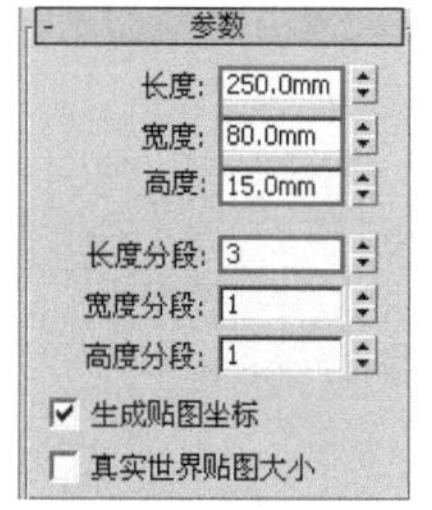

图5-1059

13为其加载编辑【多边形】修改器，进入【多边形】级别■下，选择如图5-1060所示的多边形，单击【插入】按钮后面的【设置】按钮■，选择【按多边形】，设置【数量】为4.0mm，如图5-1061所示。

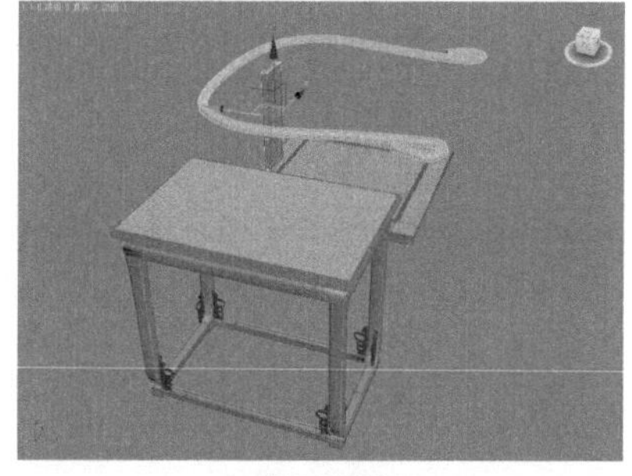

图5-1060

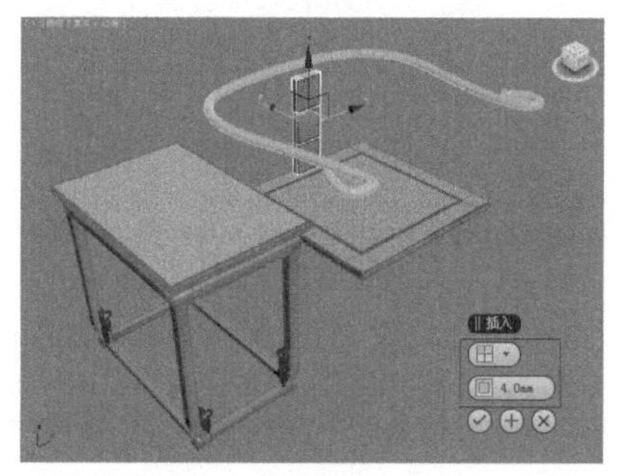

图5-1061

14 单击【挤出】按钮后面的【设置】按钮■，设置【数量】为-4.0mm，如图5-1062所示。

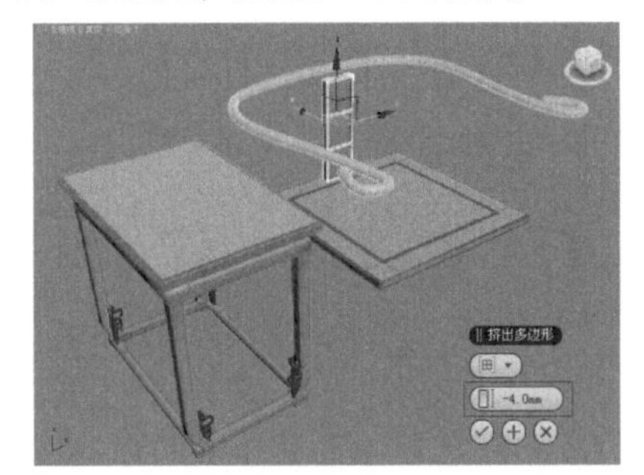

图5-1062

15 进入【边】级别◁，选择如图5-1063所示的边，单击【切角】按钮后面的【设置】按钮■，设置【边切角量】为1.0mm、【分段】为5，如图5-1064所示。

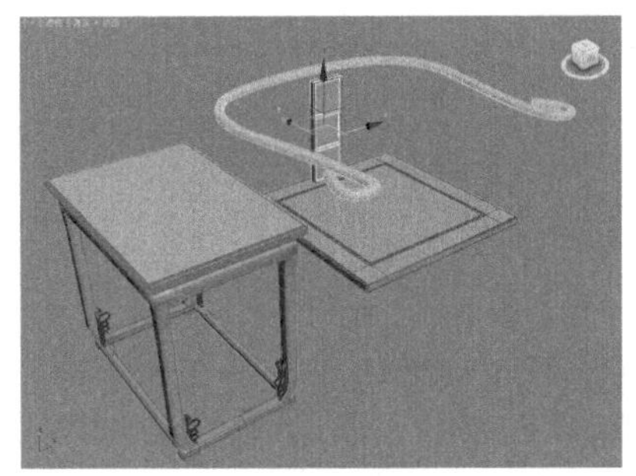
图5-1063

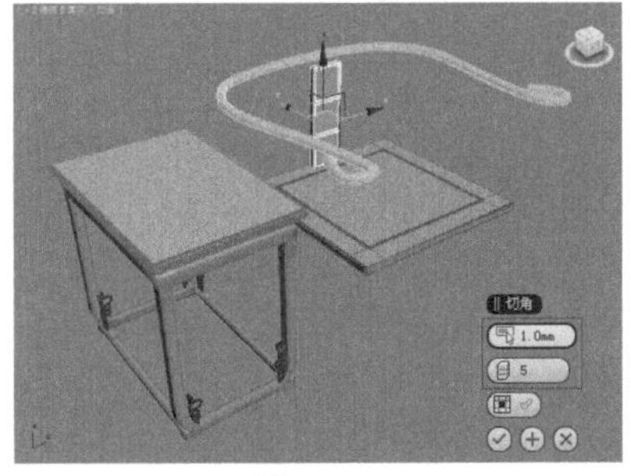

图5-1064

16 选择如图5-1065所示的模型，利用◌（选择并旋转）工具旋转模型至正确的位置，如图5-1066所示。

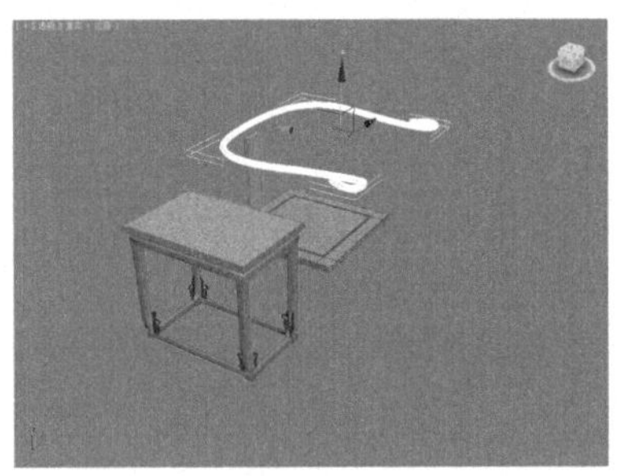
图5-1065

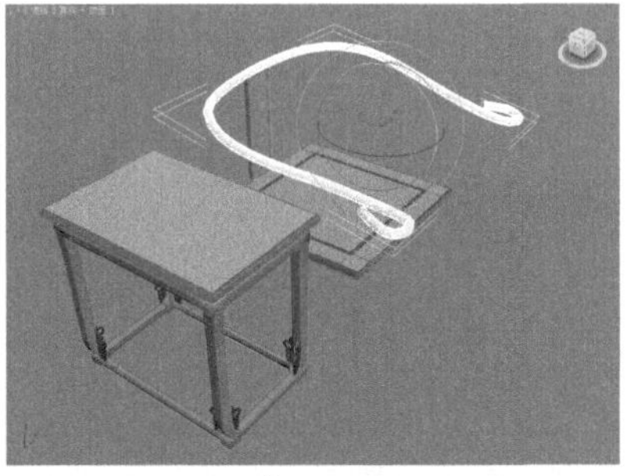
图5-1066

17 选择如图5-1067所示的模型，为其加载【弯曲】修改器。

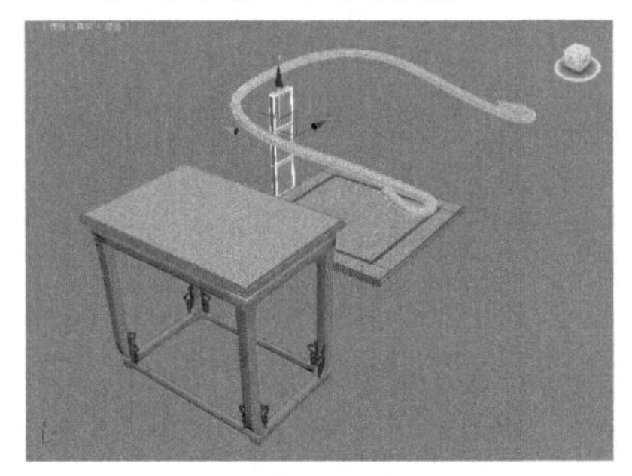
图5-1067

18 设置【角度】为30.0，【方向】为90.0，【弯曲轴】选择Y，如图5-1068和图5-1069所示。

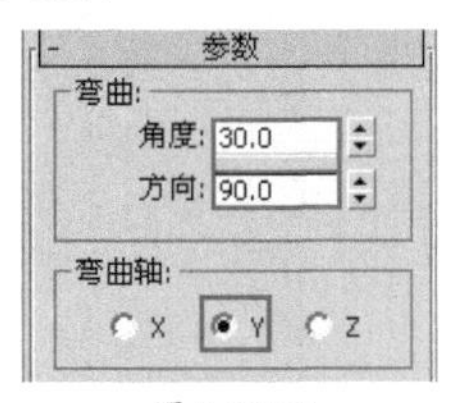

图5-1068

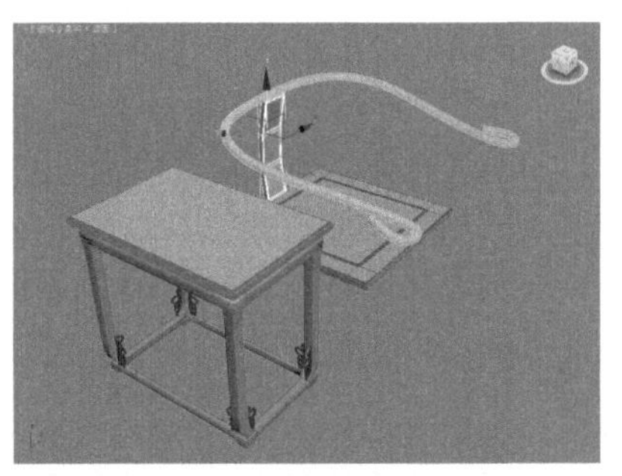
图5-1069

19 选择如图5-1070所示的模型，复制一份，如图5-1071所示。

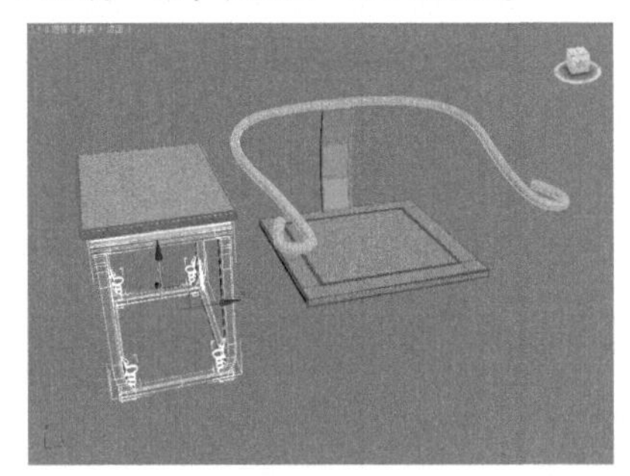
图5-1070

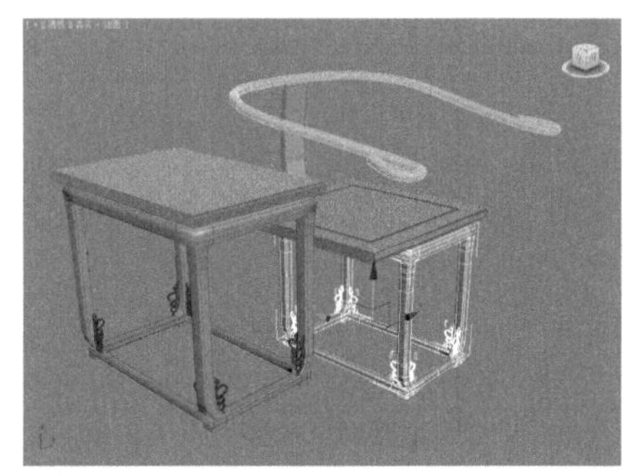
图5-1071

20 保持选择上一步复制的模型，利用◫（选择并均匀缩放）工具缩放模型至正确的形状，如图5-1072所示。

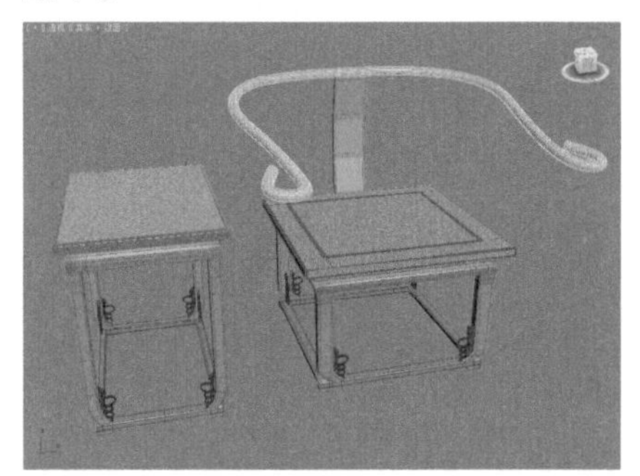
图5-1072

21 利用多边形建模方法做出其他部分模型，如图5-1073所示。

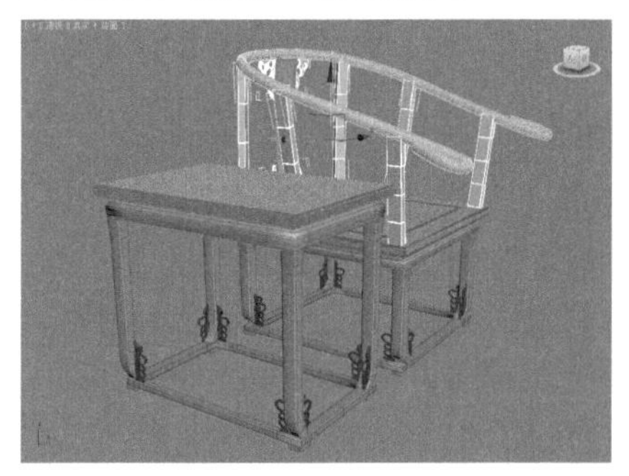
图5-1073

22 最终模型的效果如图5-1074所示。

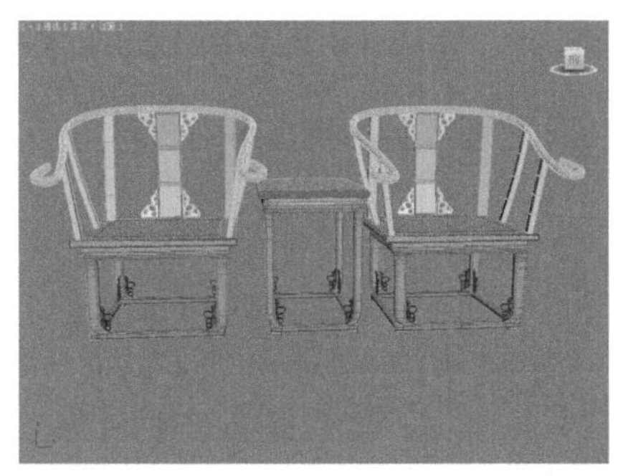
图5-1074

5.4 多边形建模制作美式台灯

文件路径	第5章\多边形建模制作美式台灯
难易指数	★★★★★
技术掌握	多边形建模
 扫码深度学习	

操作思路

本例通过将模型转换为可编辑多边形，并进行编辑操作，制作出美式台灯模型。

案例效果

案例效果如图5-1075所示。

图5-1075

操作步骤

实例083 多边形建模制作美式台灯——灯罩

01 在【顶】视图中创建如图5-1076所示的管状体。设置【半径1】为300.0mm、【半径2】为290.0mm、【高度】为500.0mm，如图5-1077所示。

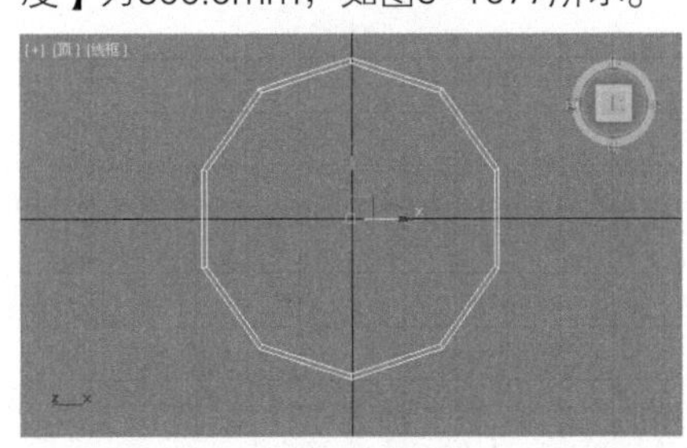

图5-1076

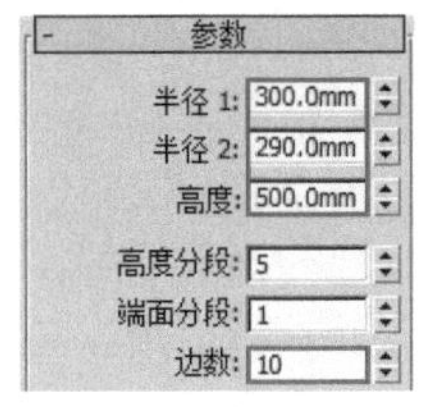

图5-1077

02 选择模型，并将模型转换为可编辑多边形，如图5-1078所示。

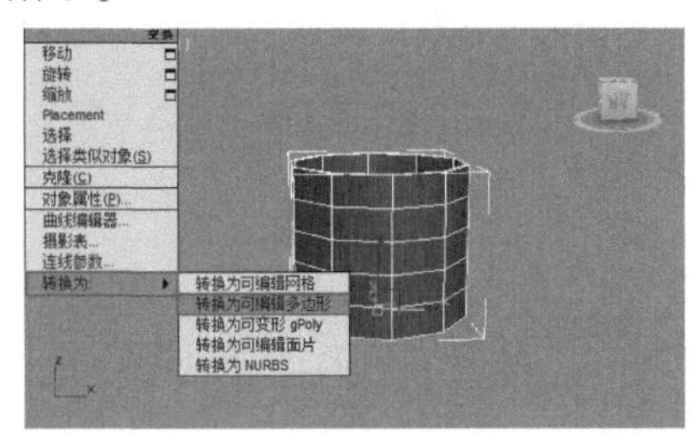

图5-1078

03 为模型加载FFD4x4x4修改器，并选择【控制点】，如图5-1079所示。在【透】视图中选择如图5-1080所示的控制点，并向内进行等比缩放，如图5-1081所示。

图5-1079

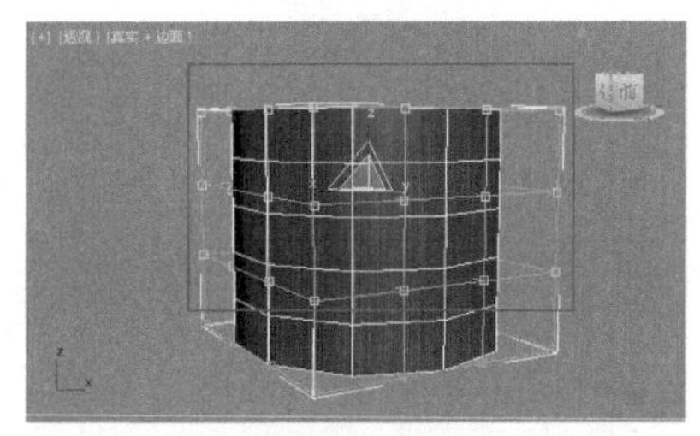

图5-1080

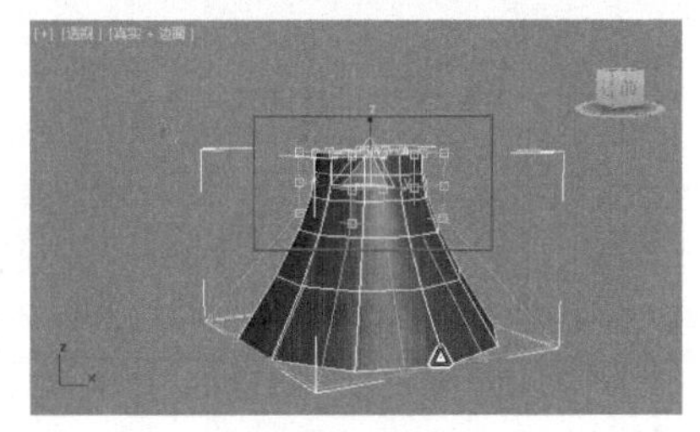

图5-1081

04 在【透】视图中选择如图5-1082所示的控制点，向外进行等比缩放，如图5-1083所示。

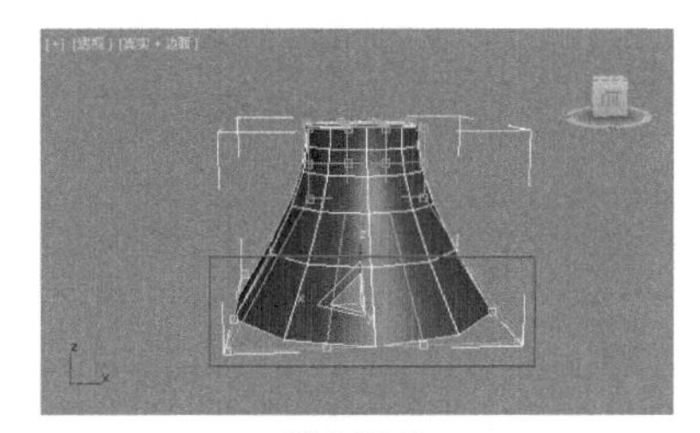

图5-1082

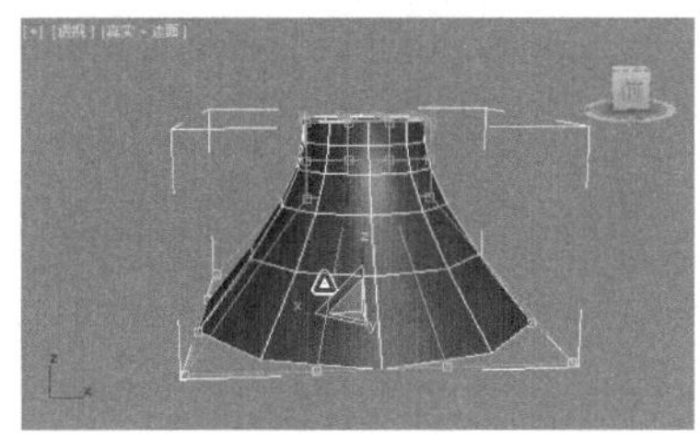

图5-1083

05 为模型加载【编辑多边形】修改器，进入【边】级别，选择如图5-1084所示的边。单击【创建图形】按钮后面的【设置】按钮，并在弹出的【创建图形】对话框中选择【线性】选项，如图5-1085所示。

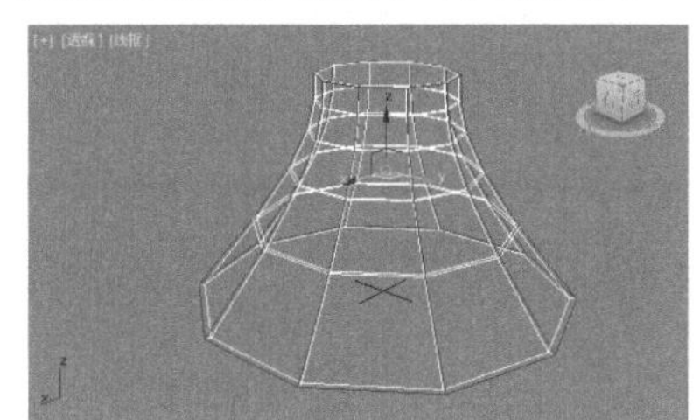

图5-1084

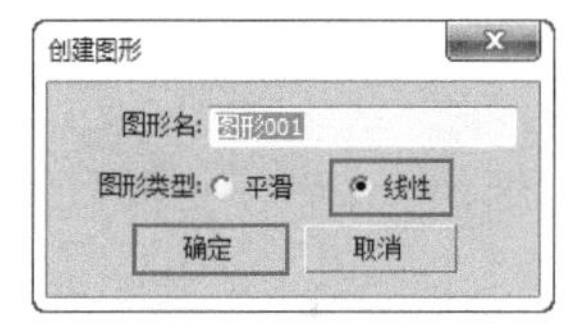

图5-1085

06 选择刚刚创建的图形，如图5-1086所示。在【渲染】卷展栏中勾选【在渲染中启用】和【在视口中启用】复选框，设置【厚度】为3.0mm、【角度】为25.0，如图5-1087所示。效果如图5-1088所示。

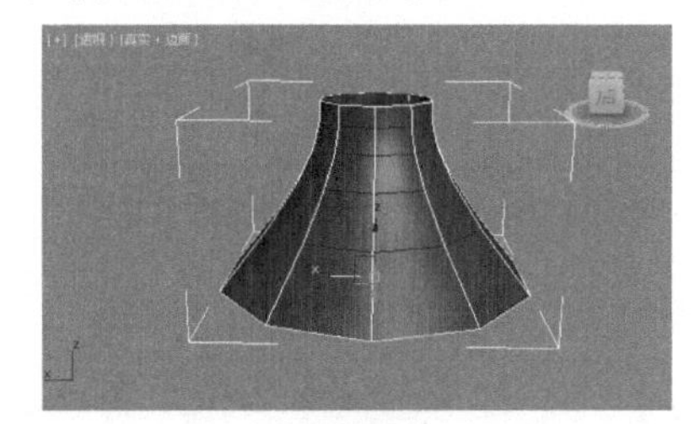

图5-1086

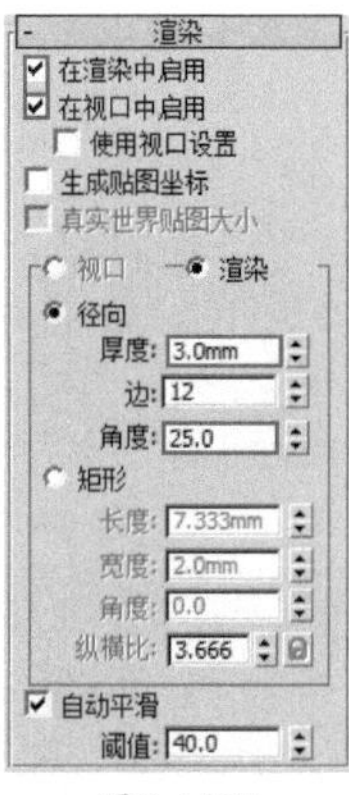

图5-1087

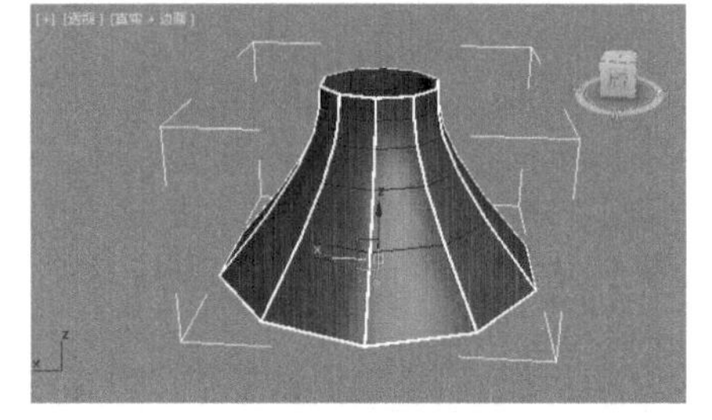

图5-1088

实例084 多边形建模制作美式台灯——灯柱

01 在【顶】视图中创建如图5-1089所示的圆柱体。设置【半径】为20.0mm、【高度】为1000.0mm、【边数】为30，如图5-1090所示。将模型移动到合适的位置，效果如图5-1091所示。

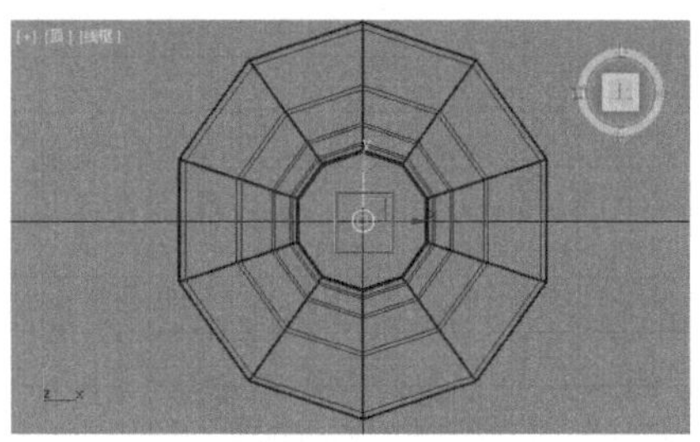

图5-1089

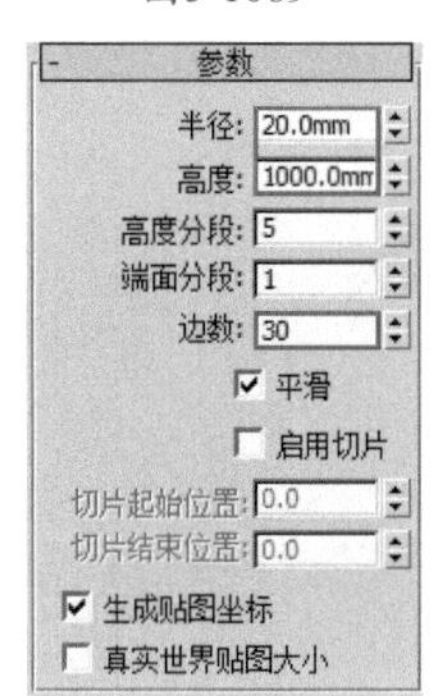

图5-1090

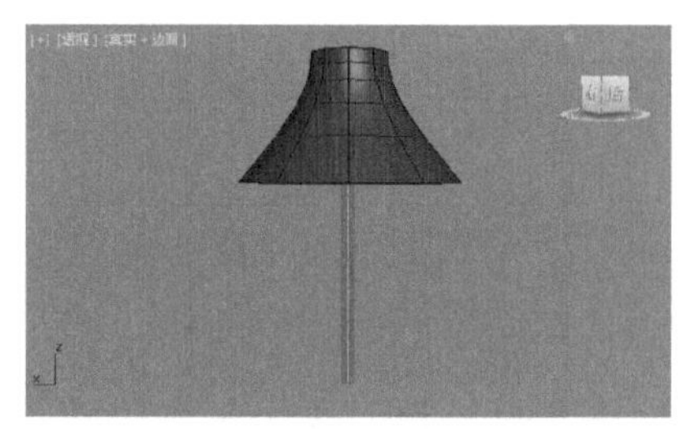

图5-1091

02 在【顶】视图中创建如图5-1092所示的圆锥体。设置【半径1】为45.0mm、【半径2】为20.0mm、【高度】为50.0mm、【边数】为30，如图5-1093所示。将模型移动到合适的位置，如图5-1094所示。

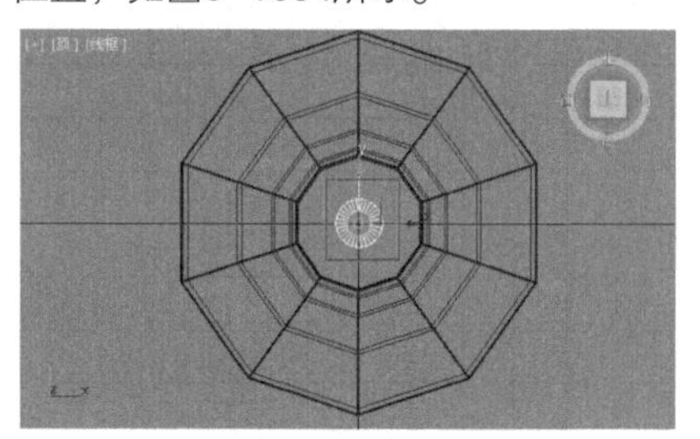

图5-1092

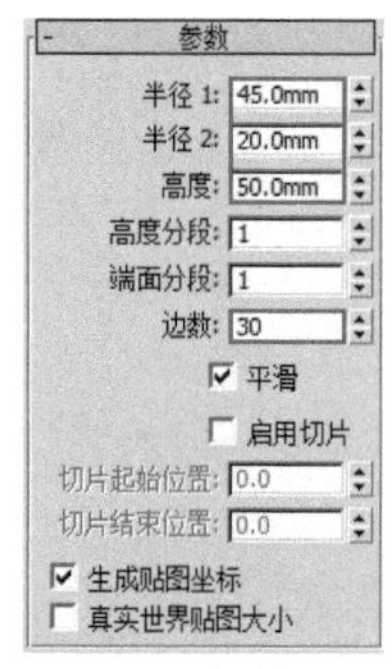

图5-1093

图5-1094

03 在【透】视图中将模型沿X轴向下复制旋转180°，如图5-1095所示。

04 在【顶】视图中创建如图5-1096所示的圆环，设置【半径1】为20.0mm、【半径2】为5.0mm、【分段】为24、【边数】为30，如图5-1097所示。

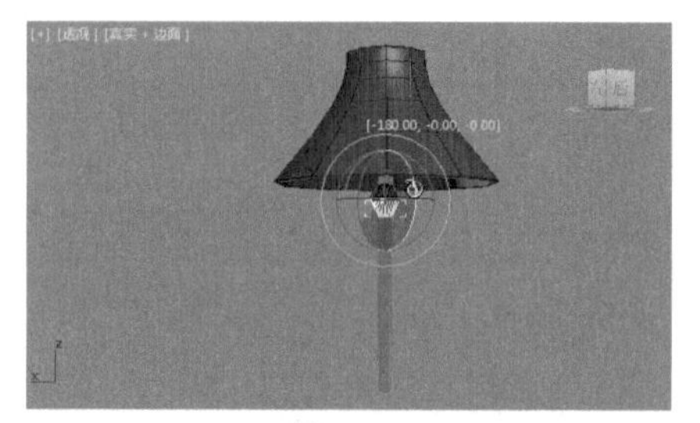

图5-1095

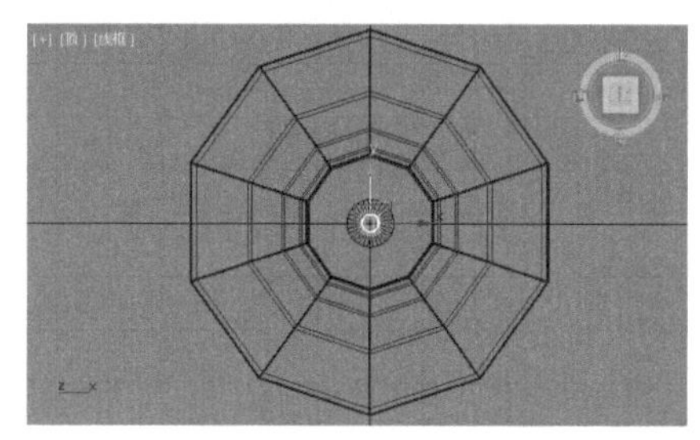

图5-1096

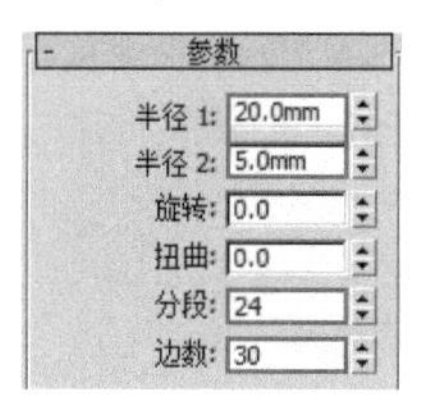

图5-1097

05 在【顶】视图中创建如图5-1098所示的圆柱体。设置【半径1】为45.0mm、【半径2】为20.0mm、【高度】为50.0mm、【边数】为30，如图5-1099所示。将模型移动到合适的位置，如图5-1100所示。

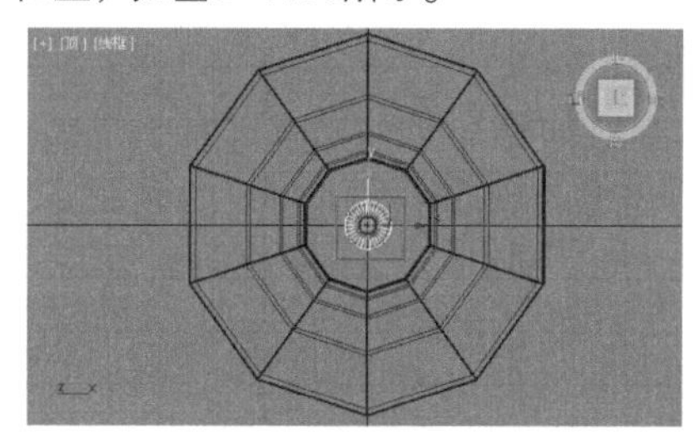

图5-1098

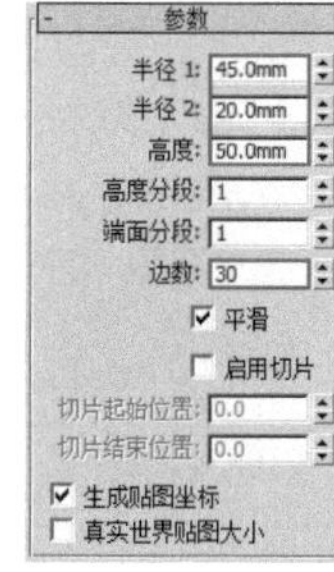

图5-1099

06 在【顶】视图中创建如图5-1101所示的切角圆柱体。设置【半径】为200.0mm、【高度】为

50.0mm、【圆角】为15.0mm，如图5-1102所示。

图5-1100

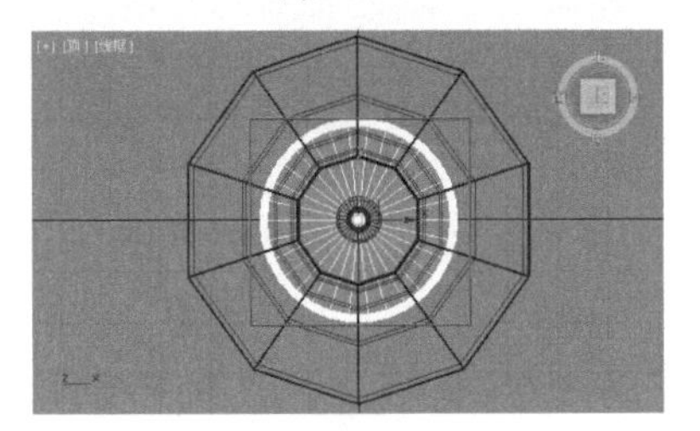
图5-1101

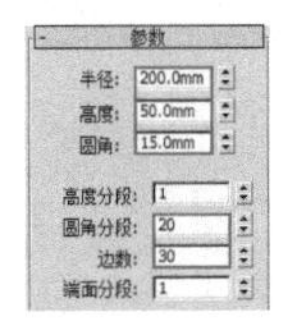

图5-1102

07 将模型移动到合适的位置，此时模型已经创建完成，如图5-1103所示。

图5-1103

5.5 多边形建模制作柜子

文件路径	第5章\多边形建模制作柜子
难易指数	★★★★★
技术掌握	多边形建模

扫码深度学习

操作思路

本例通过将模型转换为可编辑多边形，并进行编辑操作，制作出柜子模型。

案例效果

案例效果如图5-1104所示。

图5-1104

操作步骤

实例085 多边形建模制作柜子——柜体

01 在【顶】视图中创建如图5-1105所示的长方体。设置【长度】为800.0mm、【宽度】为1500.0mm、【高度】为1500.0mm，如图5-1106所示。

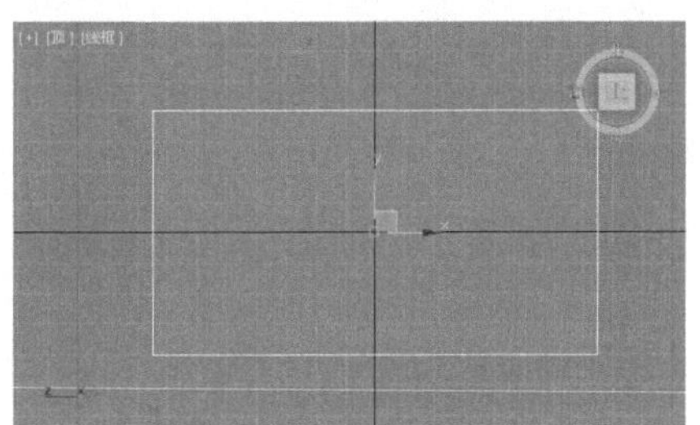
图5-1105

参数
长度: 800.0mm
宽度: 1500.0mm
高度: 1500.0mm
长度分段: 1
宽度分段: 1
高度分段: 1

图5-1106

02 选择模型，并将模型转换为可编辑多边形，如图5-1107所示。

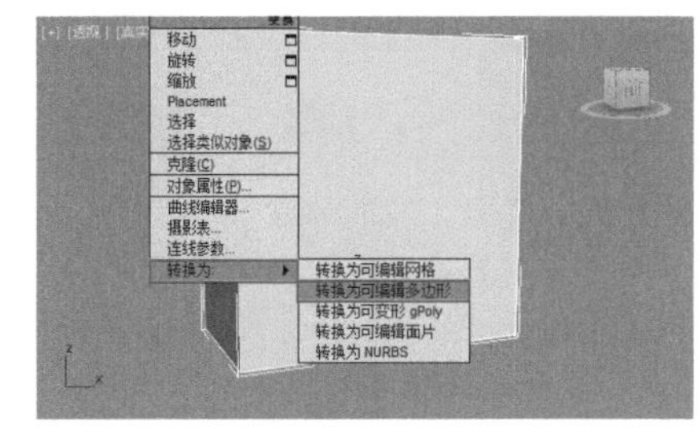

图5-1107

03 进入【边】级别，选择如图5-1108所示的边。单击【连接】后面的【设置】按钮，设置【分段】为2、【收缩】为85，如图5-1109所示。

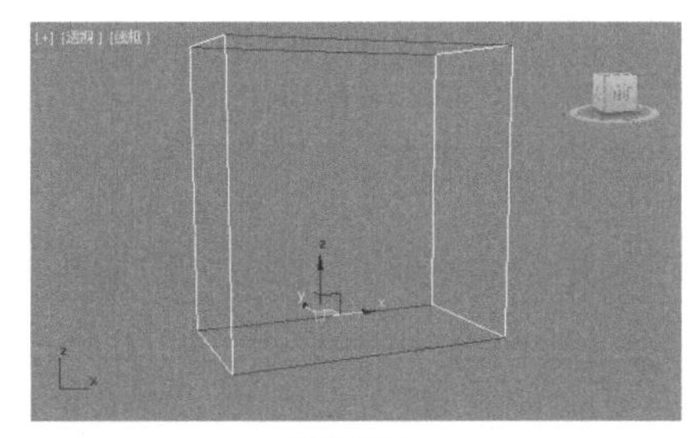
图5-1108

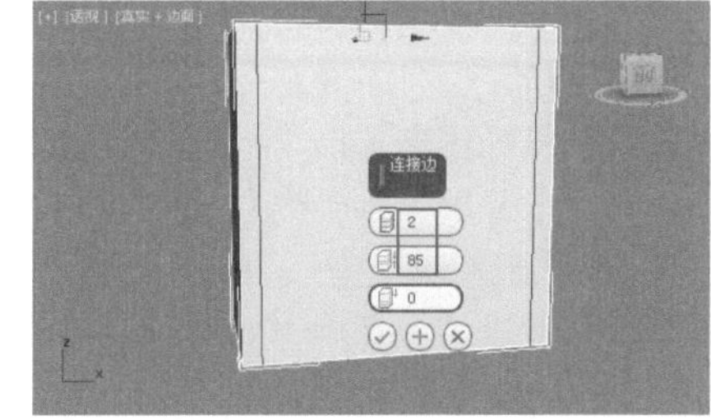

图5-1109

04 选择如图5-1110所示的边。单击【连接】后面的【设置】按钮，设置【分段】为2、【收缩】为85，如图5-1111所示。

05 选择如图5-1112所示的边。单击【连接】后面的【设置】按钮，设置【分段】为3，如图5-1113所示。

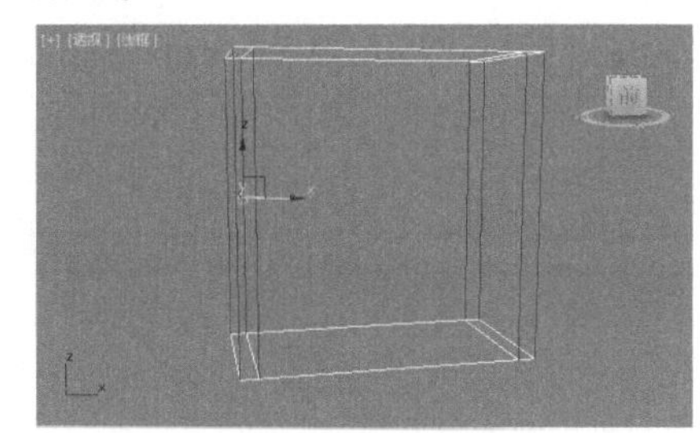
图5-1110

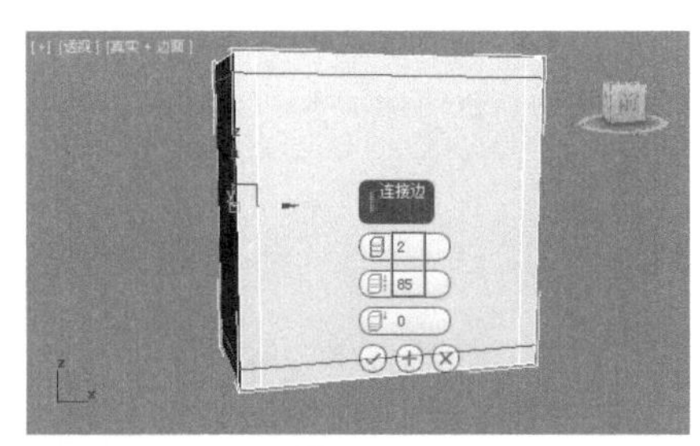

图5-1111

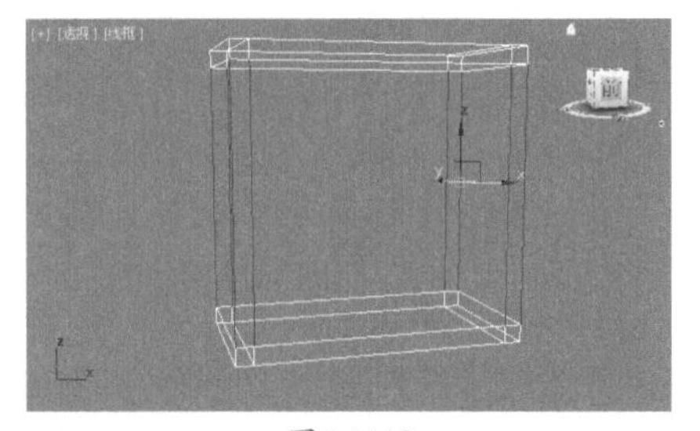
图5-1112

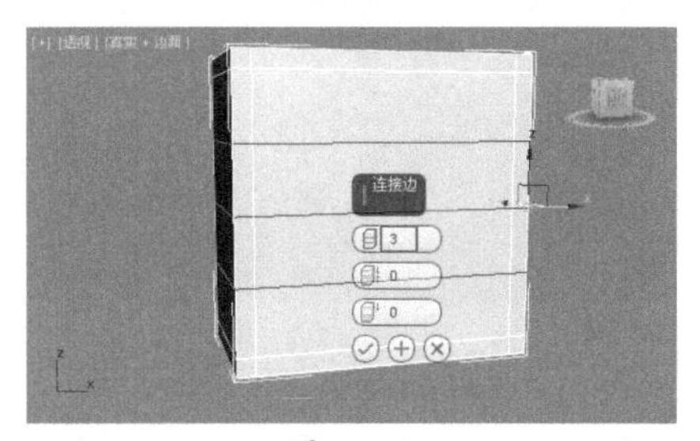

图5-1113

06 选择如图5-1114所示的边。单击【连接】后面的【设置】按钮▣，设置【分段】为1，如图5-1115所示。

图5-1114

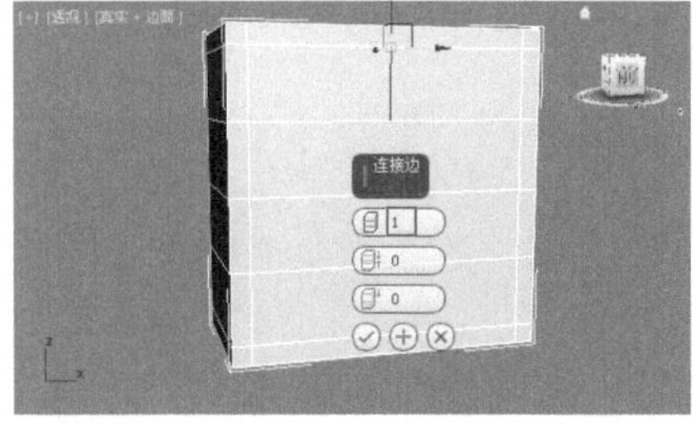

图5-1115

07 进入【多边形】级别▣，选择如图5-1116所示的多边形。单击【倒角】后面的【设置】按钮▣，选择【按多边形】，设置【高度】为5.0mm、【轮廓】为-10.0mm，如图5-1117所示。

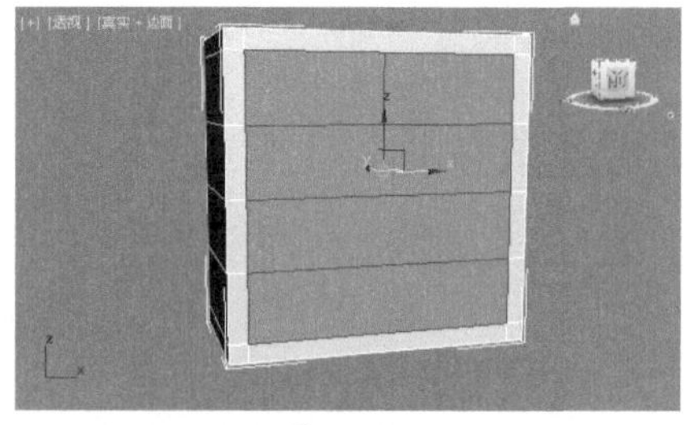
图5-1116

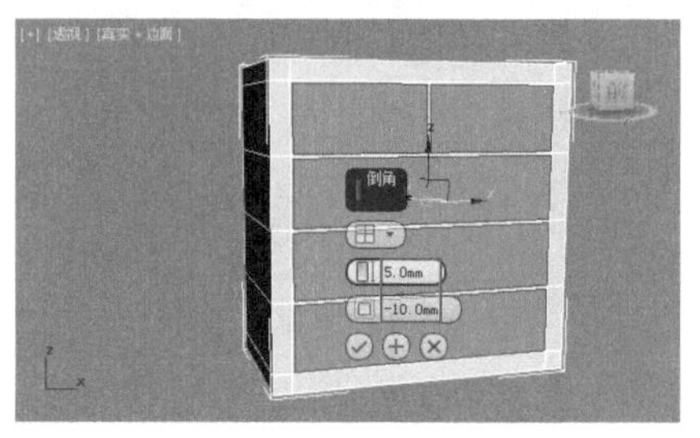

图5-1117

08 单击【挤出】后面的【设置】按钮▣，设置【高度】为-720.0mm，如图5-1118所示。效果如图5-1119所示。

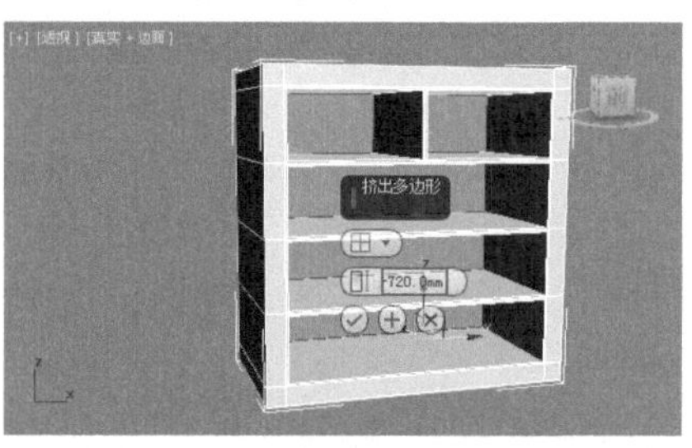

图5-1118

图5-1119

09 进入【边】级别◁，选择如图5-1120所示的边。单击【连接】后面的【设置】按钮▣，设置【分段】为1、【滑块】为-50，如图5-1121所示。

10 进入【多边形】级别▣，选择如图5-1122所示的多边形。单击【挤出】后面的【设置】按钮▣，设置【高度】为600.0mm，如图5-1123所示。

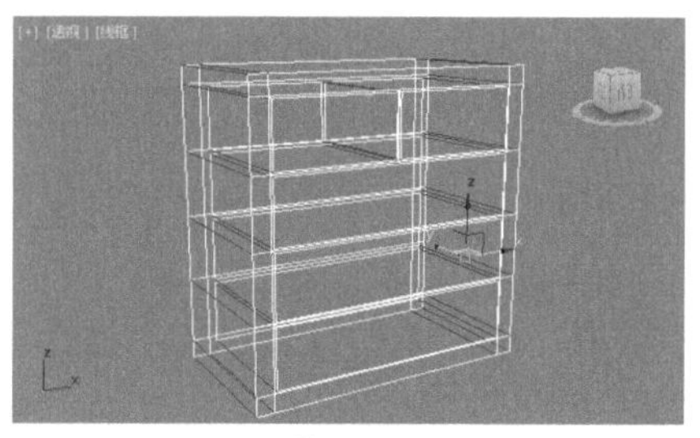
图5-1120

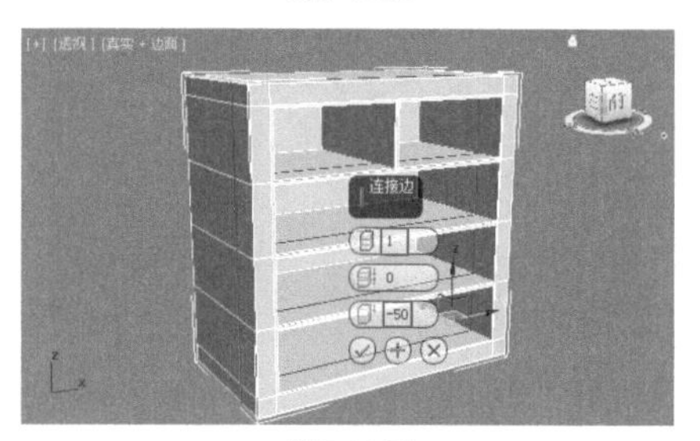

图5-1121

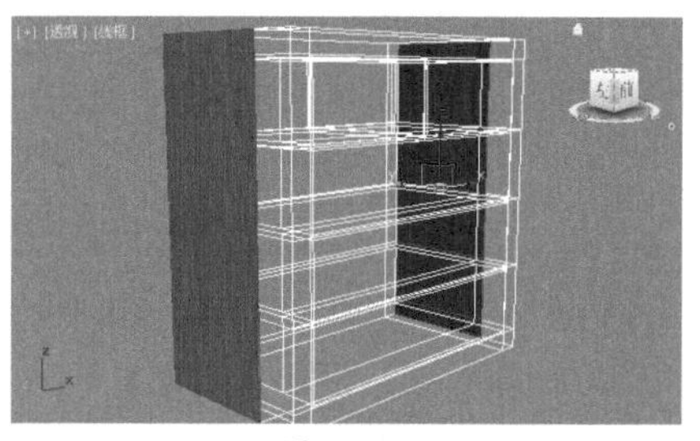
图5-1122

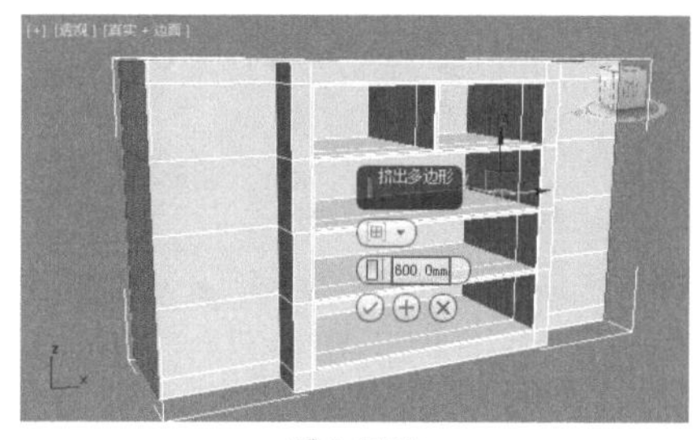

图5-1123

11 进入【边】级别▣，选择如图5-1124所示的边。单击【连接】后面的【设置】按钮▣，设置【分段】为1、【滑块】为70，如图5-1125所示。

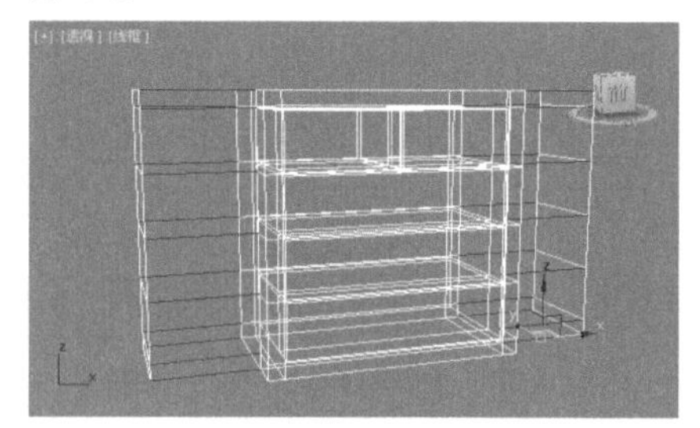
图5-1124

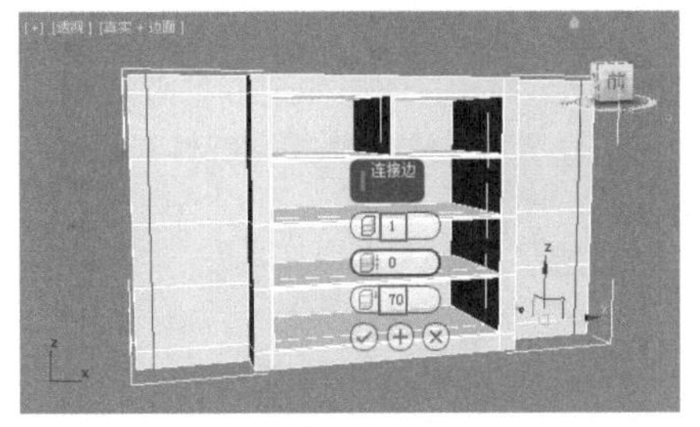

图5-1125

12 进入【多边形】级别■，选择如图5-1126所示的多边形。单击【倒角】后面的【设置】按钮■，选择【按多边形】，设置【高度】为5.0mm，【轮廓】为-10.0mm，如图5-1127所示。

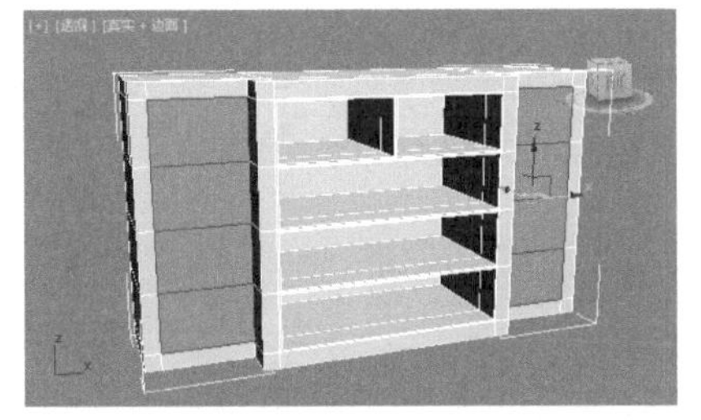
图5-1126

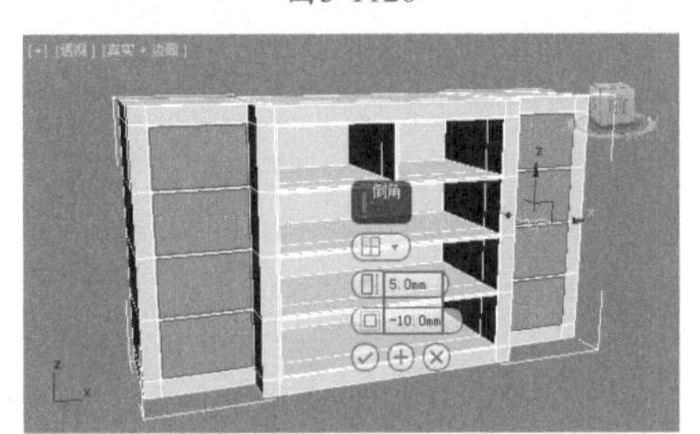

图5-1127

13 单击【挤出】后面的【设置】按钮■，设置【高度】为-500.0mm，如图5-1128所示。

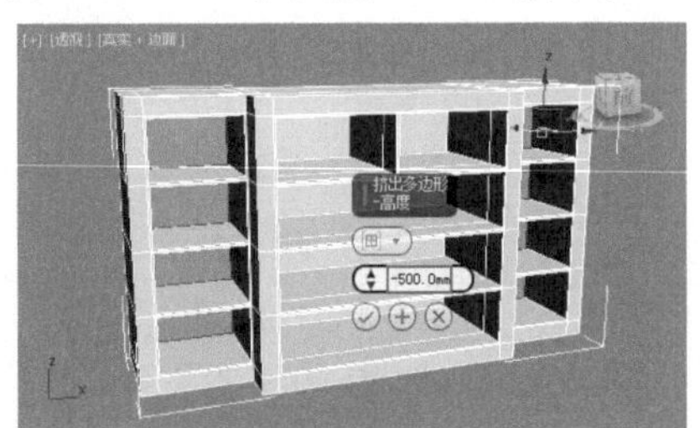

图5-1128

实例086　多边形建模制作柜子——柜腿和抽屉

01 在【前】视图中创建如图5-1129所示的长方体。设置【长度】为500.0mm、【宽度】为100.0mm、【高度】为100.0mm，如图5-1130所示。

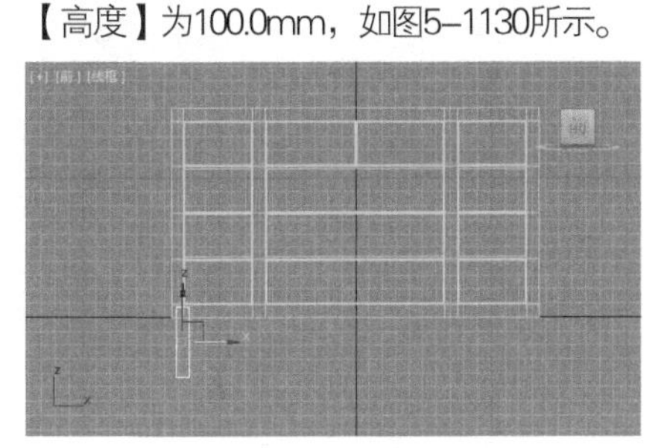
图5-1129

图5-1130

02 将模型转换为可编辑多边形，进入【多边形】级别■，选择如图5-1131所示的多边形。再将其进行等比缩放，如图5-1132所示。

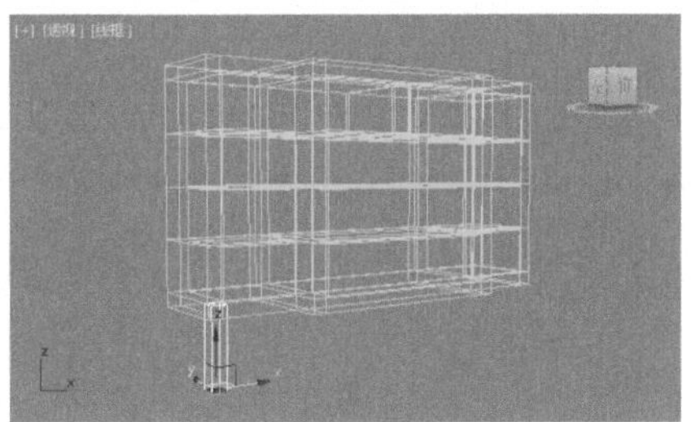
图5-1131

图5-1132

03 按住Shift键，将其拖动复制出7个模型，如图5-1133所示。将其移动到合适的位置，如图5-1134所示。

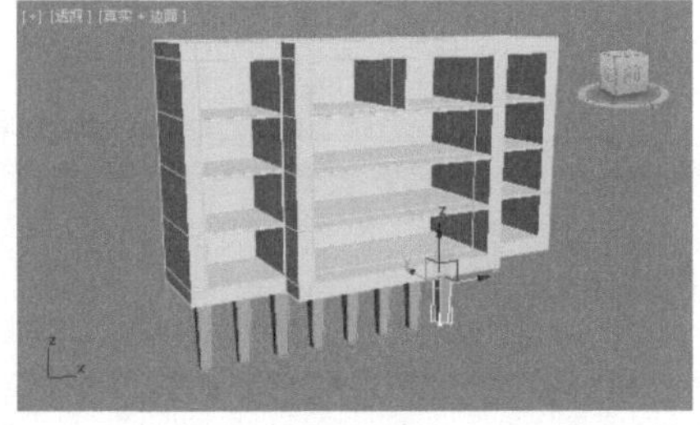
图5-1133

图5-1134

04 在菜单栏中单击■按钮，并单击鼠标右键，在弹出的【栅格和捕捉设置】对话框中勾选【顶点】复选框，如图5-1135所示。在【前】视图中捕捉如图5-1136所示的模型，设置【长度】为309.531mm、【宽度】为639.0mm、【高度】为650.0mm，如图5-1137所示。

图5-1135

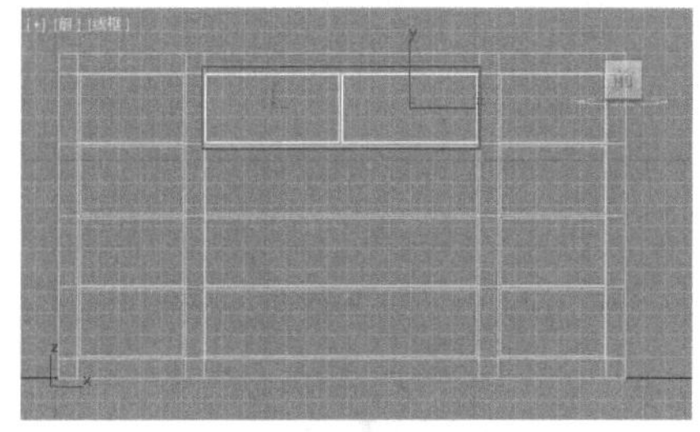
图5-1136

图5-1137

05 在【前】视图中捕捉如图5-1138所示的模型，设置【长度】为309.531mm、【宽度】为490.0mm、【高度】为450.0mm，如图5-1139所示。

06 再次在【前】视图中捕捉如图5-1140所示的模型，设置

【长度】为309.531mm、【宽度】为1300.0mm，【高度】为650.0mm，如图5-1141所示。

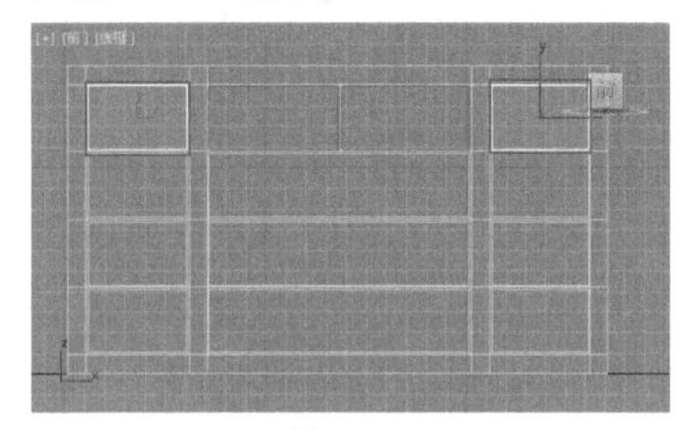
图5-1138

图5-1139

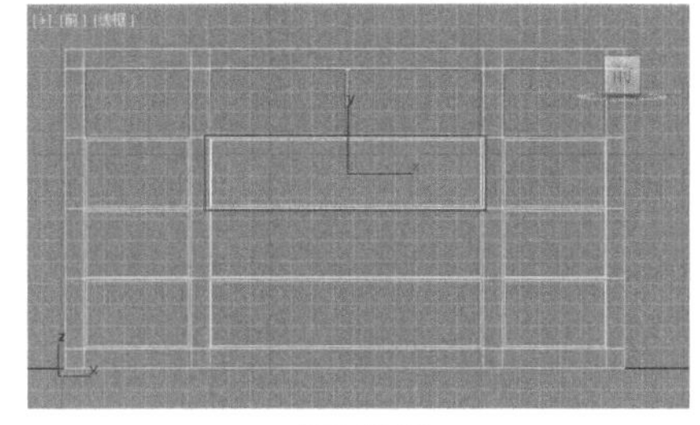
图5-1140

图5-1141

07 此时模型效果如图5-1142所示。选择如图5-1143所示模型，将其转换为可编辑多边形。

08 选择如图5-1144所示模型。进入【多边形】级别■，选择如图5-1145所示多边形。

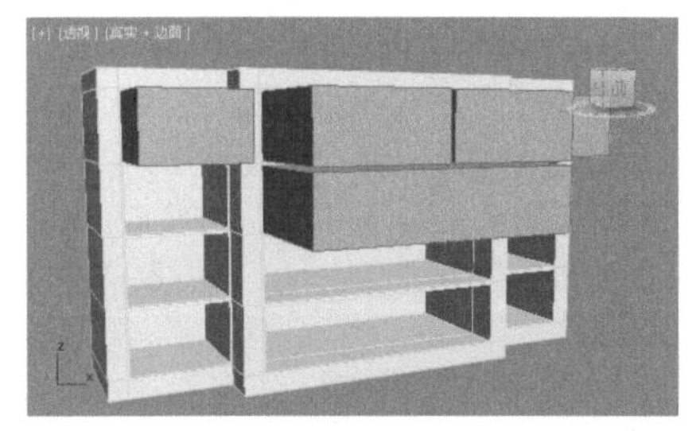
图5-1142

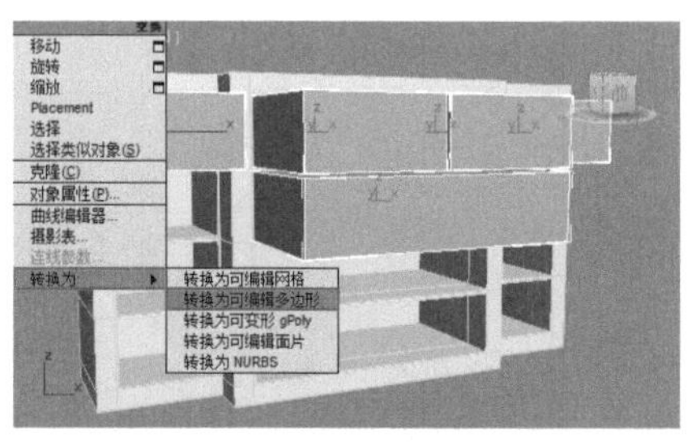

图5-1143

图5-1144

图5-1145

09 单击【插入】后面的【设置】按钮■，设置【数量】为10.0mm，如图5-1146所示。单击【挤出】后面的【设置】按钮■，设置【高度】为-300.0mm，如图5-1147所示。

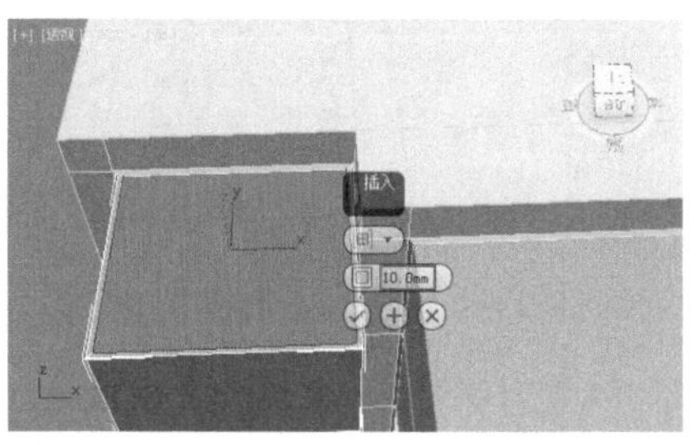

图5-1146

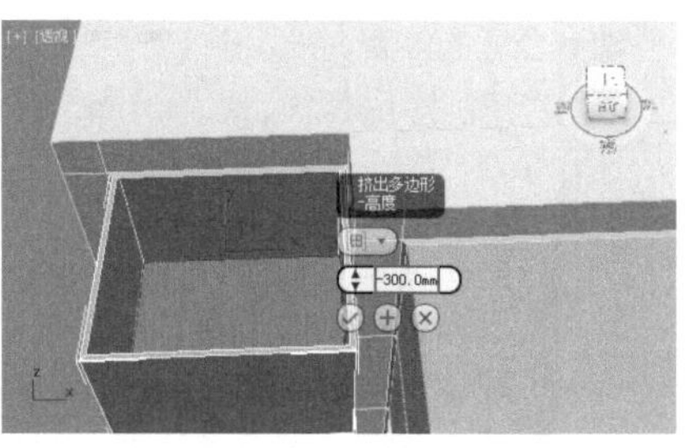

图5-1147

10 对其他模型进行【插入】、【挤出】操作，效果如图5-1148所示。

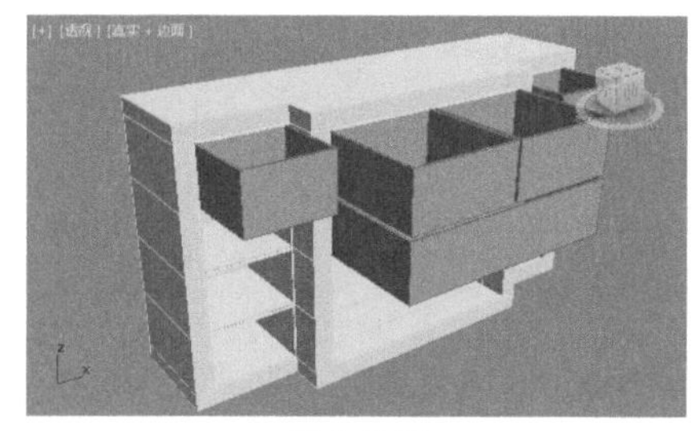
图5-1148

11 在【前】视图中创建球体，设置【半径】为23.0mm，如图5-1149所示。在【顶】视图中创建圆锥体，设置【半径1】为20.0mm、【半径2】为5.0mm、【高度】为100.0mm，如图5-1150所示。此时线框图效果如图5-1151所示。

图5-1149

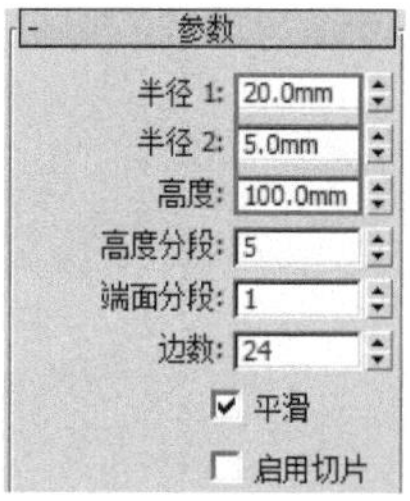

参数
半径 1: 20.0mm
半径 2: 5.0mm
高度: 100.0mm
高度分段: 5
端面分段: 1
边数: 24
平滑
启用切片

图5-1150

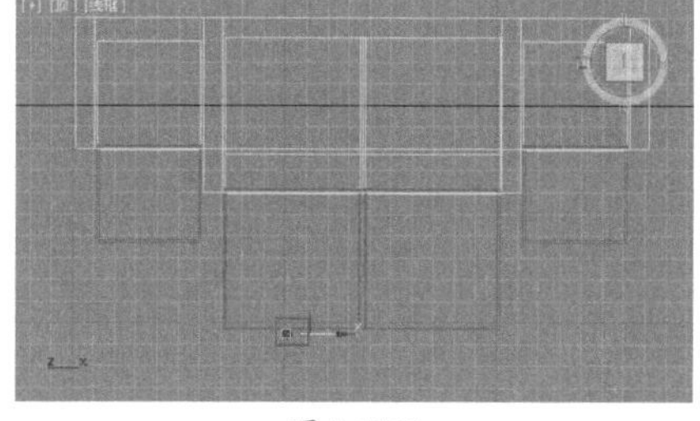
图5-1151

12 将模型移动到合适的位置，如图5-1152所示。

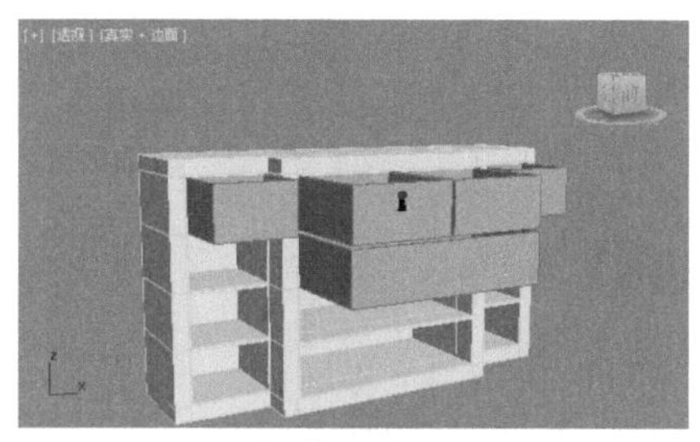
图5-1152

13 选择如图5-1153所示的模型。按住Shift键将其拖动复制出4个模型，如图5-1154所示。

14 将复制模型移动到合适的位置，如图5-1155所示。选择如图5-1156所示的模型，并将其移动到合适位置，如图5-1157所示。

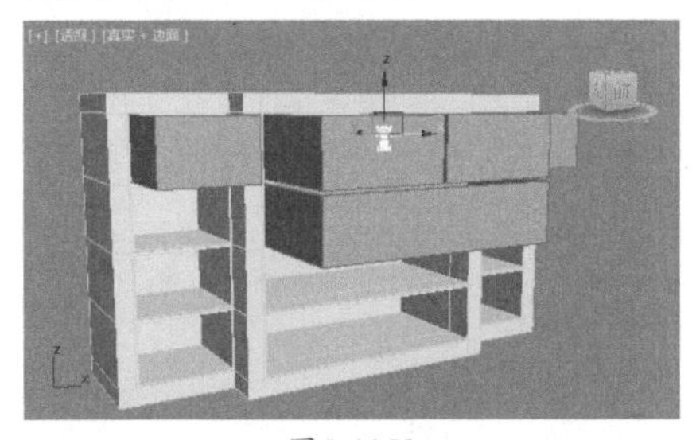
图5-1153

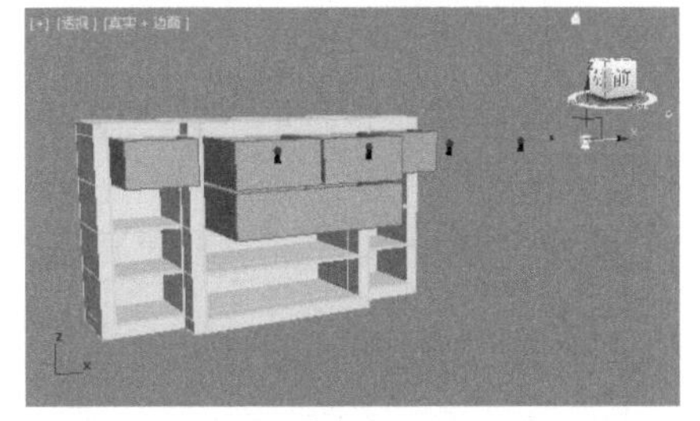
图5-1154

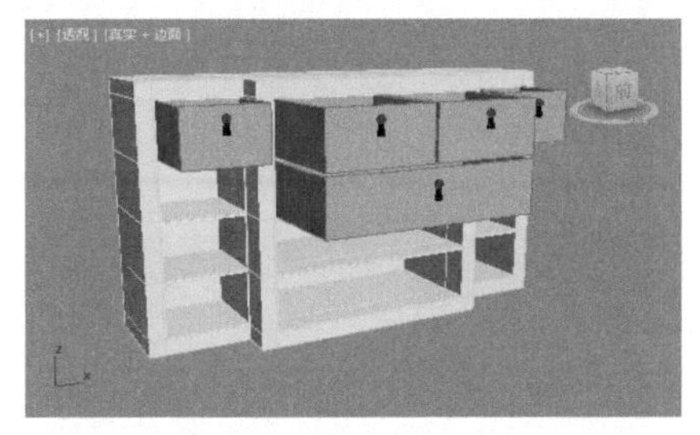
图5-1155

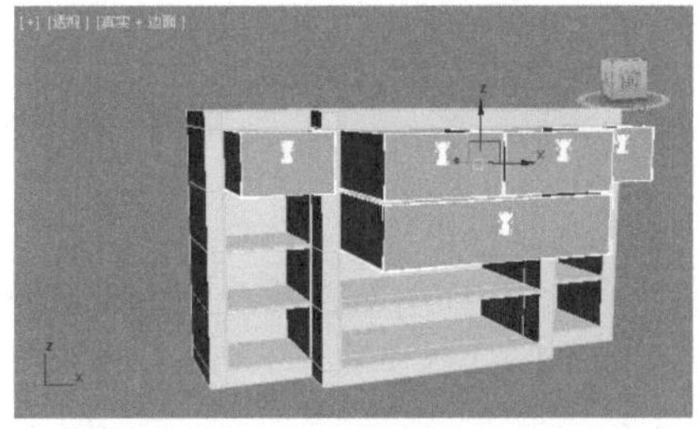
图5-1156

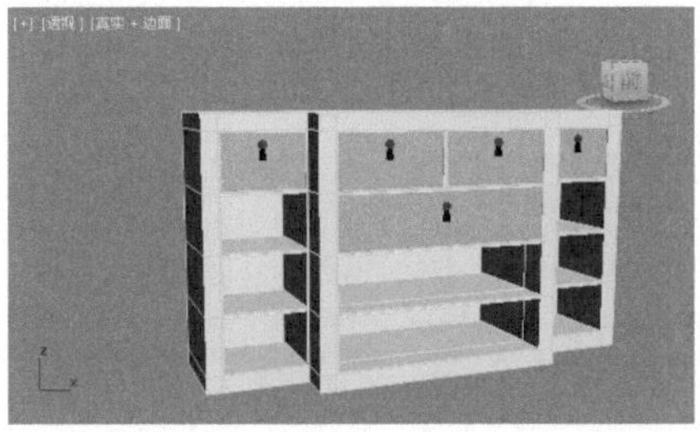
图5-1157

15 继续复制出几个抽屉，将空余的抽屉位置填充好，效果如图5-1158所示。

图5-1158

5.6 多边形建模制作花纹床头柜

文件路径	第5章\多边形建模制作花纹床头柜
难易指数	★★★★★
技术掌握	多边形建模
 扫码深度学习	

操作思路

本例通过将模型转换为可编辑多边形，并进行编辑操作，制作出床头柜模型。

案例效果

案例效果如图5-1159所示。

图5-1159

操作步骤

实例087 多边形建模制作花纹床头柜——柜体

01 在【顶】视图中创建如图5-1160所示的长方体。设置【长度】为500.0mm、【宽度】为1000.0mm、【高度】为1000.0mm，如图5-1161所示。

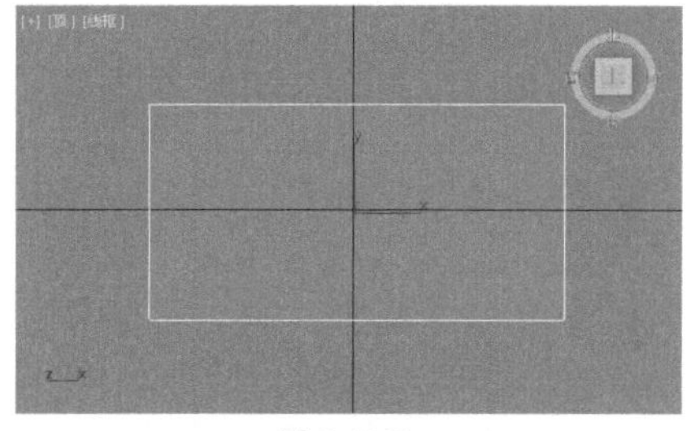
图5-1160

图5-1161

02 选择模型，并将模型转换为可编辑多边形，如图5-1162所示。

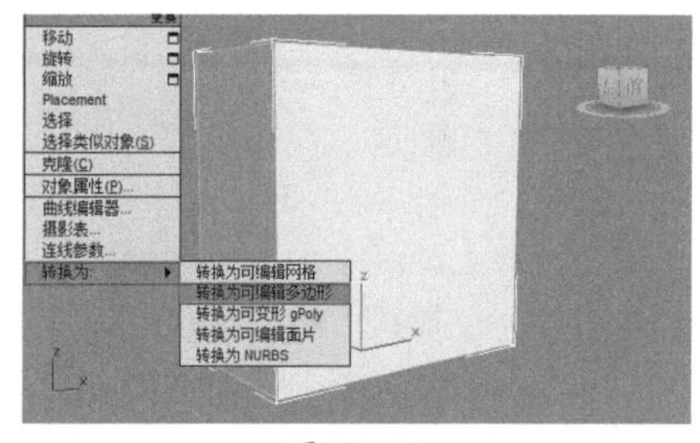
图5-1162

03 进入【多边形】级别■，选择如图5-1163所示的多边形。单击【插入】后面的【设置】按钮■，选择【按多边形】田，设置【数量】为60.0mm，如图5-1164所示。

04 进入【边】级别◁，选择如图5-1165所示的边。单击【连接】后面的【设置】按钮■，设置【分段】为2，如图5-1166所示。

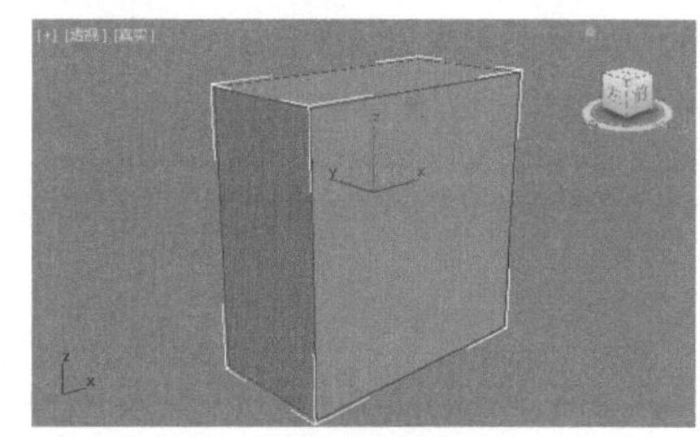
图5-1163

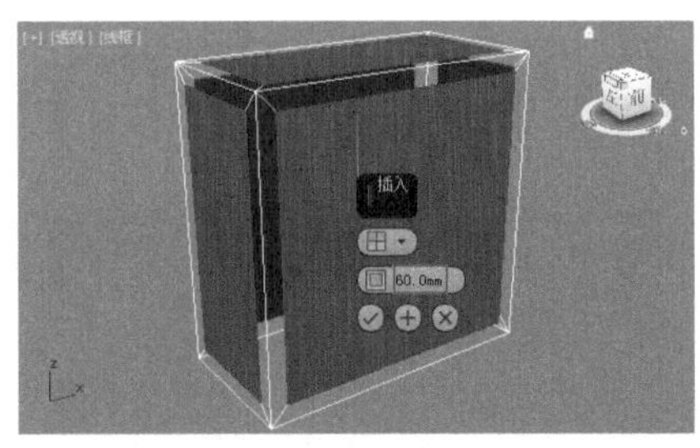

图5-1164

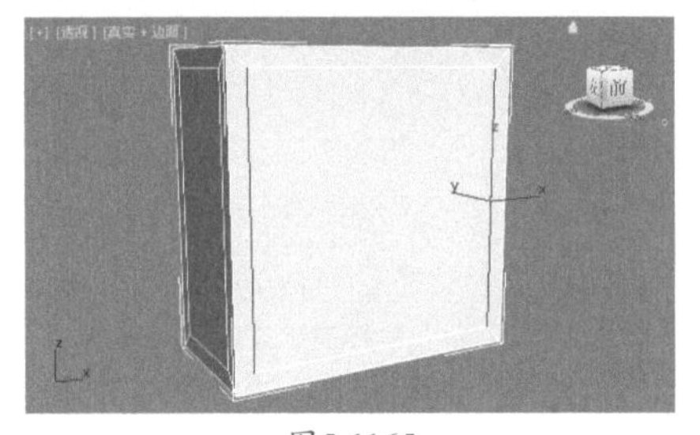
图5-1165

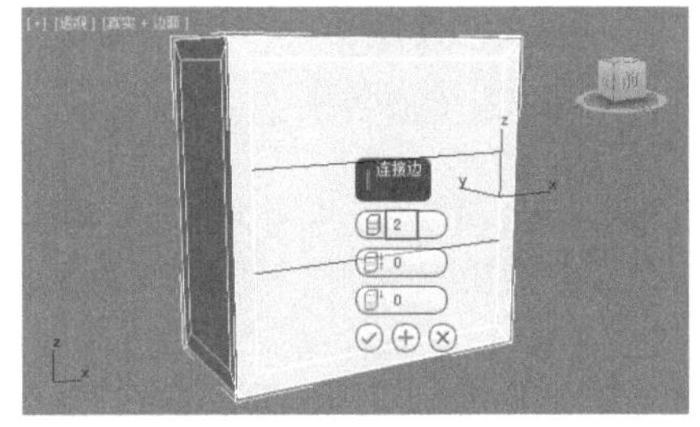

图5-1166

05 选择如图5-1167所示的边。单击【连接】后面的【设置】按钮■，设置【分段】为2、【收缩】为85，如图5-1168所示。

图5-1167

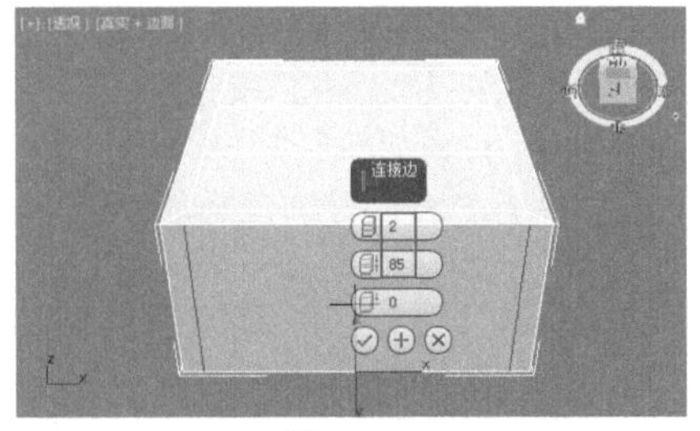

图5-1168

06 进入【边】级别◁，选择如图5-1169所示的边。单击【连接】后面的【设置】按钮■，设置【分段】为2、【收缩】为69，如图5-1170所示。

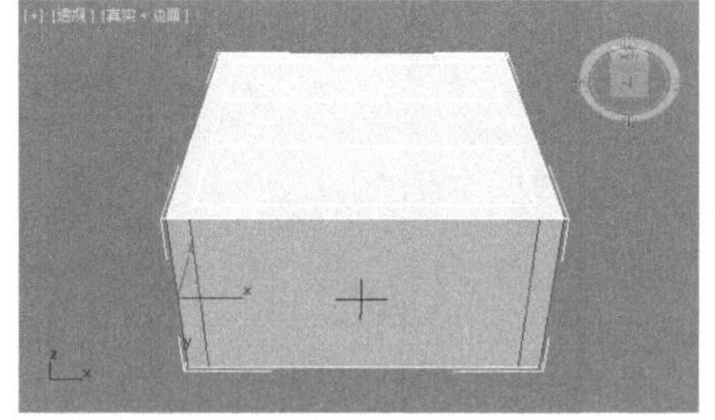
图5-1169

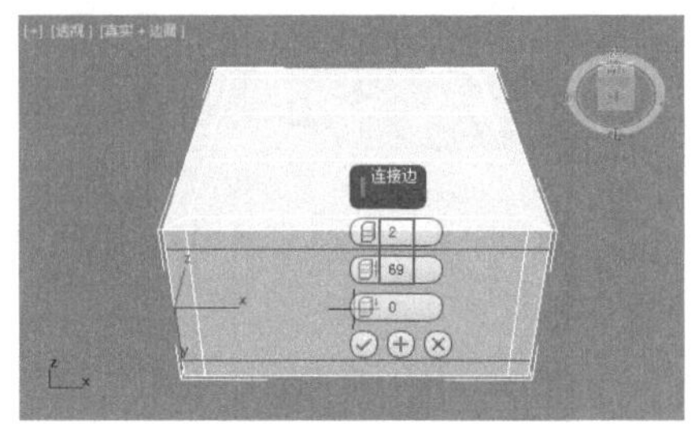

图5-1170

07 选择如图5-1171所示的边。单击【连接】后面的【设置】按钮■，设置【分段】为2、【收缩】为63，如图5-1172所示。

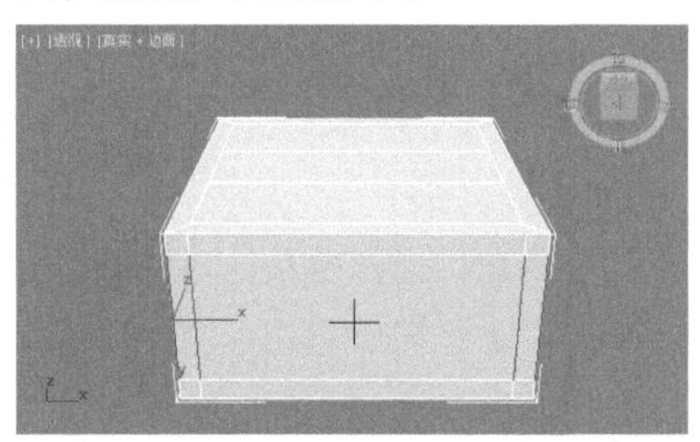
图5-1171

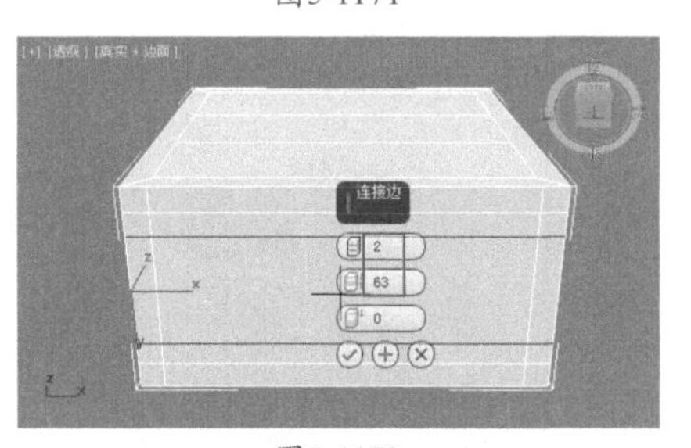

图5-1172

08 进入【多边形】级别■，选择如图5-1173所示的多边形。单击【挤出】后面的【设置】按钮■，设置【高度】为100.0mm，如图5-1174所示。

09 选择如图5-1175所示的多边形。单击【挤出】后面的【设置】按钮■，设置【高度】为50.0mm，如图5-1176所示。

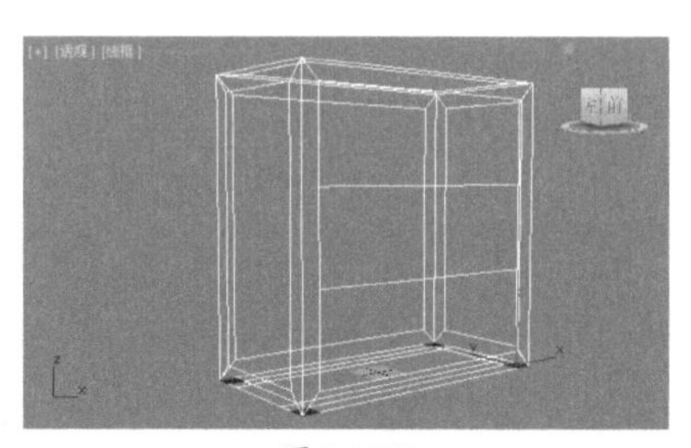
图5-1173

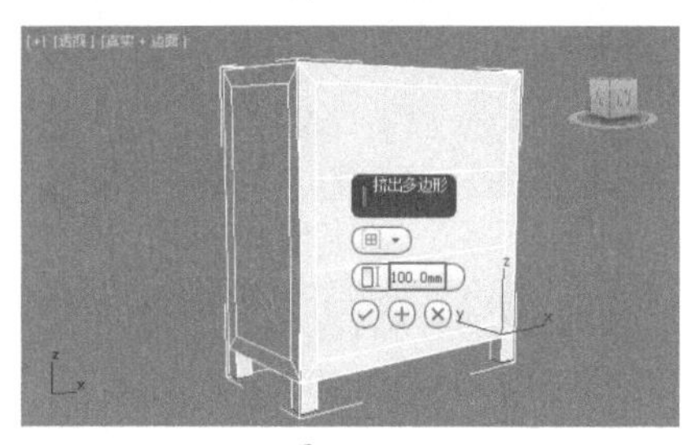

图5-1174

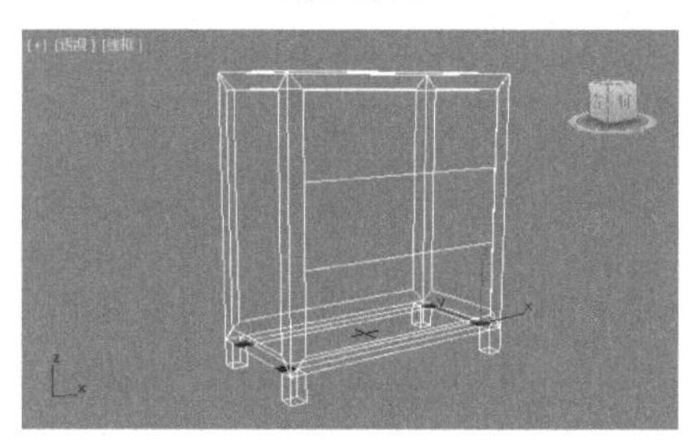
图5-1175

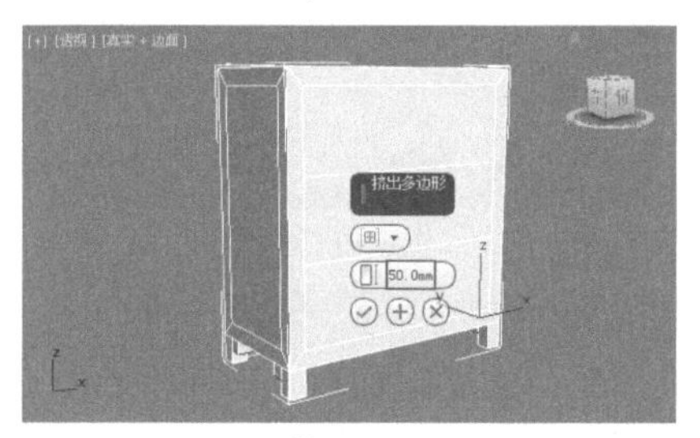

图5-1176

10 选择如图5-1177所示的多边形。单击【插入】后面的【设置】按钮■，选择【按多边形】田，设置【数量】为10.0mm，如图5-1178所示。

11 单击【挤出】后面的【设置】按钮■，设置【高度】为-440.0mm，如图5-1179所示。

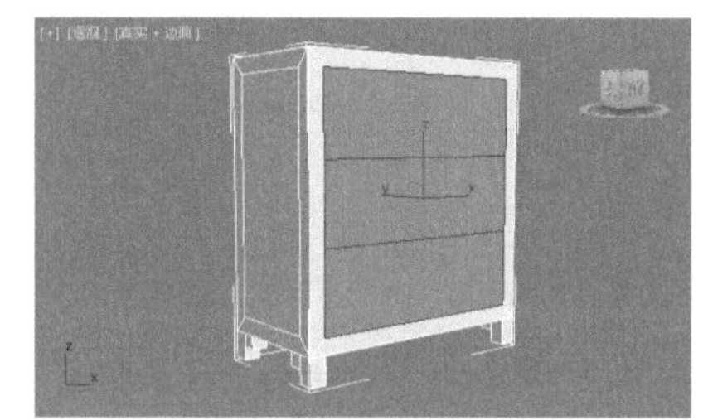
图5-1177

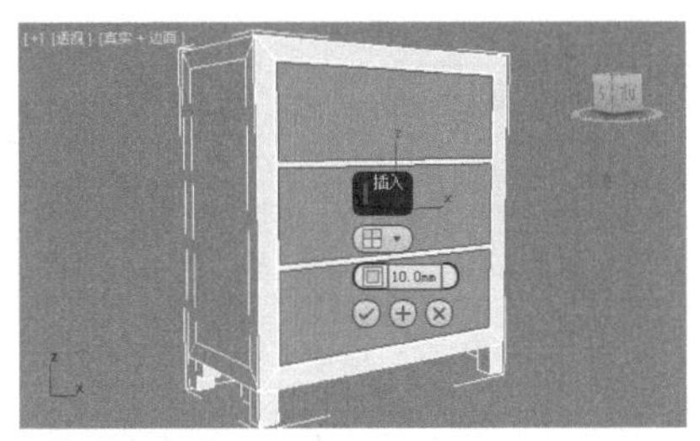

图5-1178

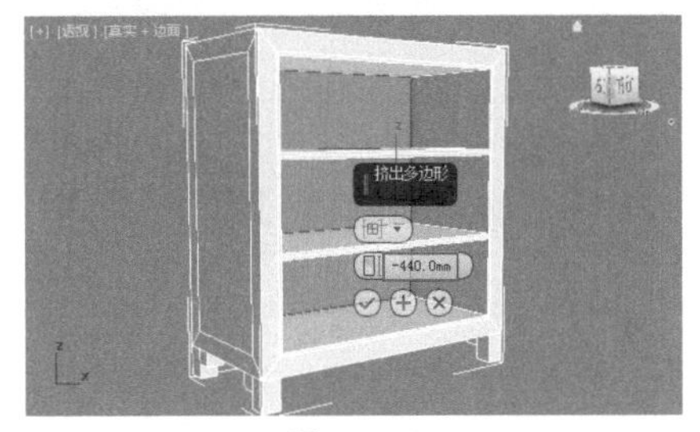

图5-1179

12 选择如图5-1180所示的多边形。单击【挤出】后面的【设置】按钮▣，设置【高度】为-10.0mm，如图5-1181所示。

图5-1180

图5-1181

实例088 多边形建模制作花纹床头柜——抽屉

01 在【前】视图中创建如图5-1182所示的长方体。设置【长度】为273.0mm、【宽度】为860.0mm、【高度】为440.0mm，如图5-1183所示。

02 在【透】视图中将模型转换为可编辑多边形，进入【多边形】级别■，选择如图5-1184所示的多边形。单击【插入】后面的【设置】按钮▣，选择【按多边形】田，设置【高度】为30.0mm，如图5-1185所示。

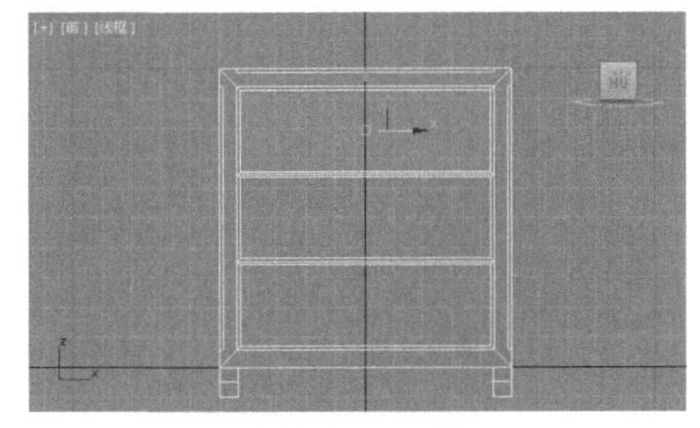
图5-1182

图5-1183

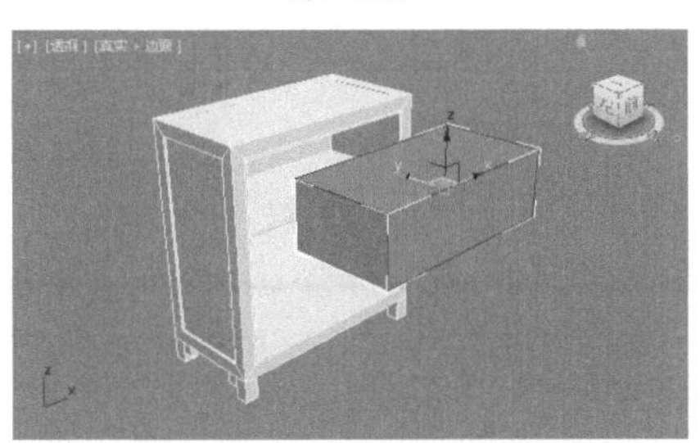
图5-1184

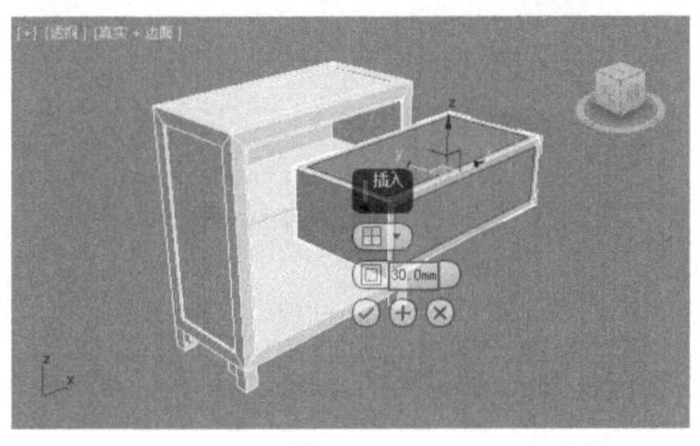

图5-1185

03 选择如图5-1186所示的多边形。单击【挤出】后面的【设置】按钮▣，设置【高度】为-20.0mm，如图5-1187所示。

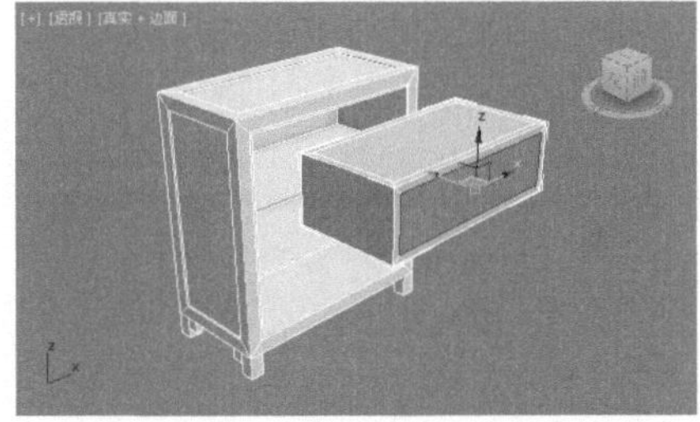
图5-1186

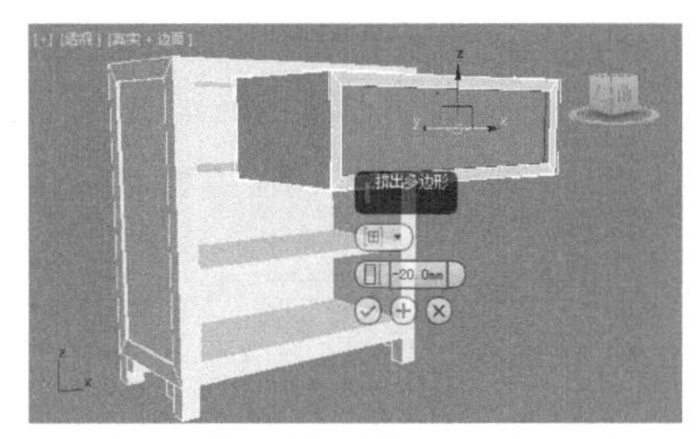

图5-1187

04 选择如图5-1188所示的多边形。单击【挤出】后面的【设置】按钮▣，设置【高度】为-245.0mm，如图5-1189所示。

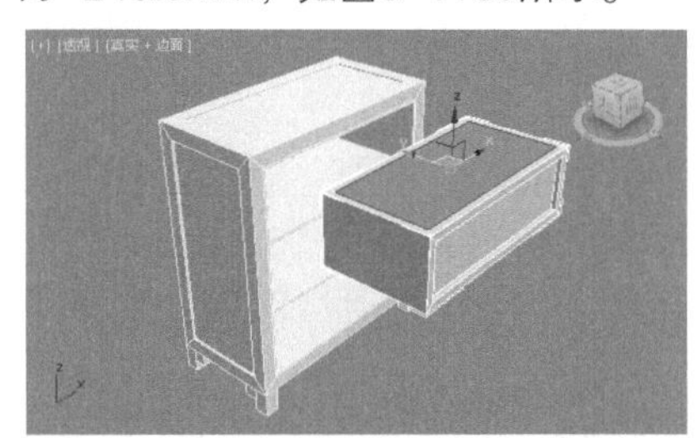
图5-1188

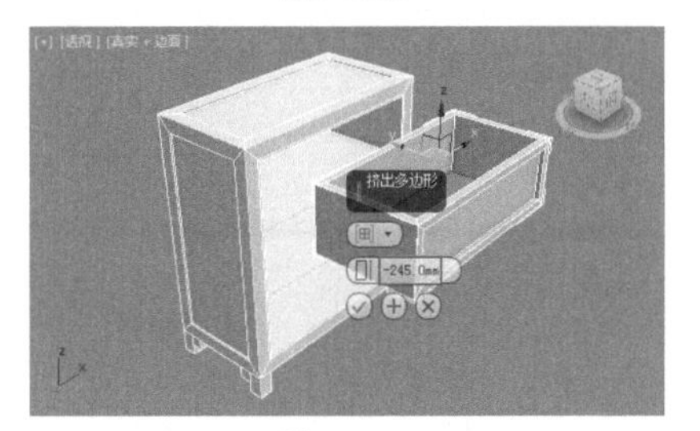

图5-1189

05 在【前】视图中创建如图5-1190所示的管状体。设置【半径1】为106.0mm、【半径2】为87.0mm、【高度】为10.0mm、【边数】为50，如图5-1191所示。

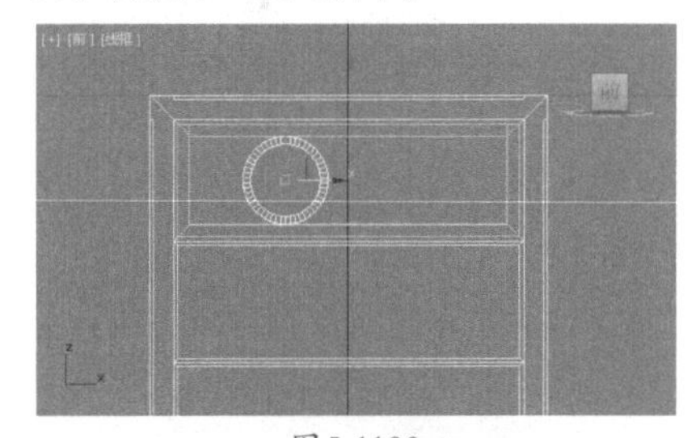
图5-1190

图5-1191

06 接着按住Shift键，沿X轴向右拖动复制，如图5-1192所示。

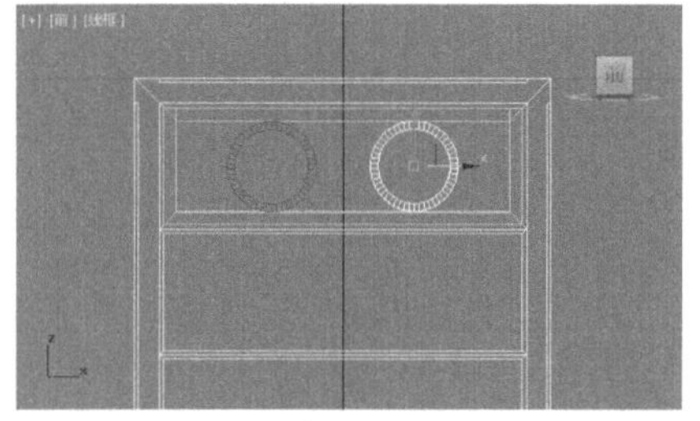

图5-1192

07 再按住Shift键，沿X轴向右拖动复制，如图5-1193所示。勾选【启用切片】复选框，设置【切片起始位置】为145.0，如图5-1194所示。接着将模型适当旋转，移动到合适的位置，如图5-1195所示。

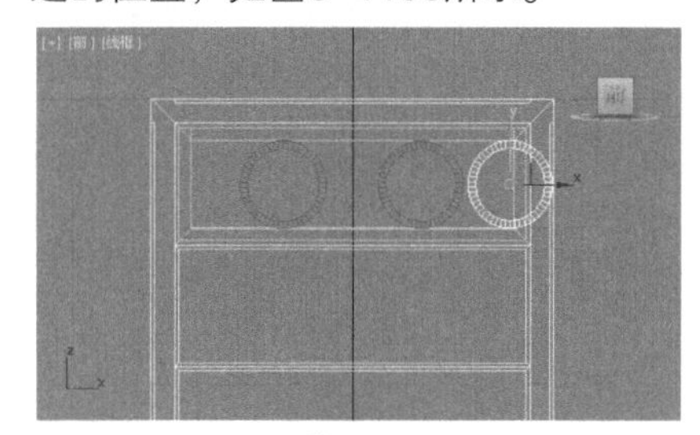

图5-1193

图5-1194

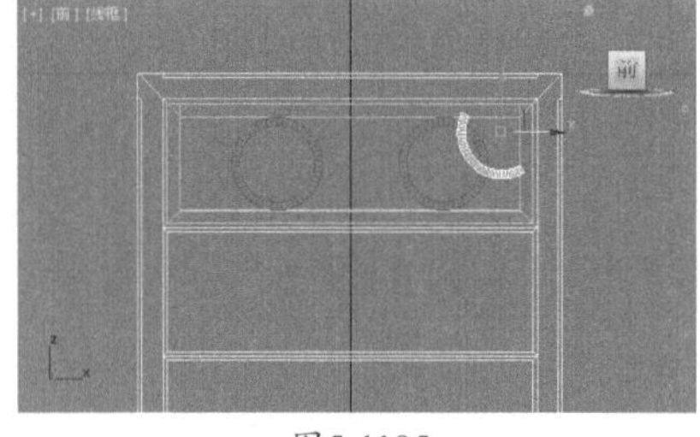

图5-1195

08 在【透】视图中选择如图5-1196所示的模型，单击【镜像】按钮，并在弹出的【镜像:世界 坐标】对话框中选择X轴和【复制】选项，如图5-1197所示。

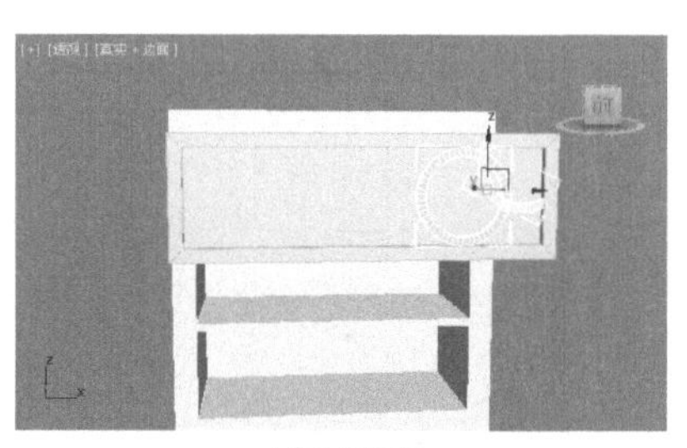

图5-1196

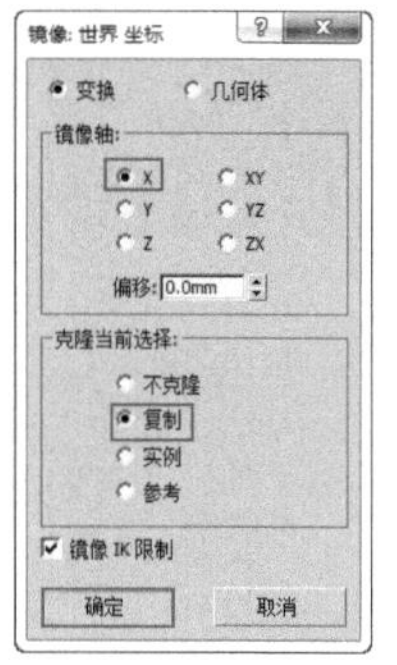

图5-1197

09 效果如图5-1198所示。将模型移动到合适的位置，如图5-1199所示。

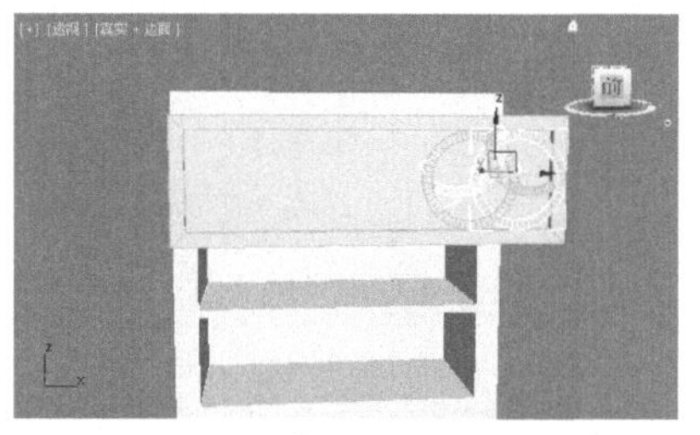

图5-1198

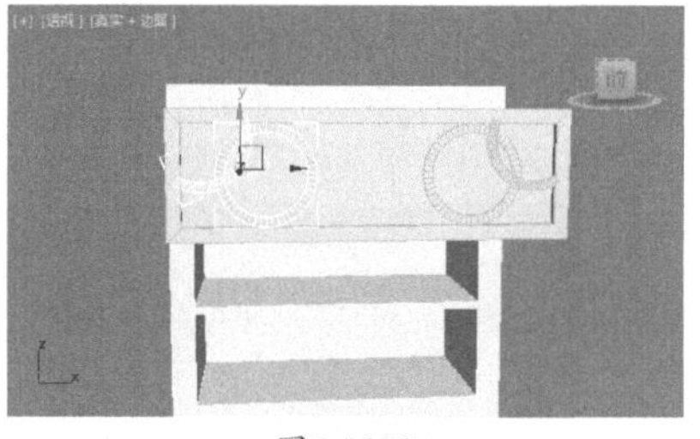

图5-1199

10 同样操作，创建出如图5-1200所示效果。将其移动到合适的位置，如图5-1201所示。

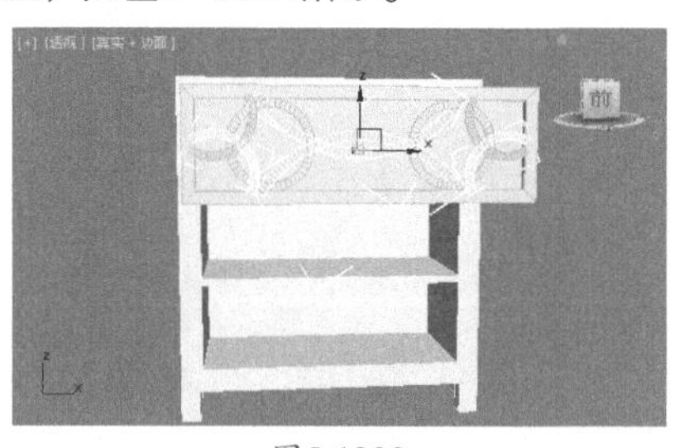

图5-1200

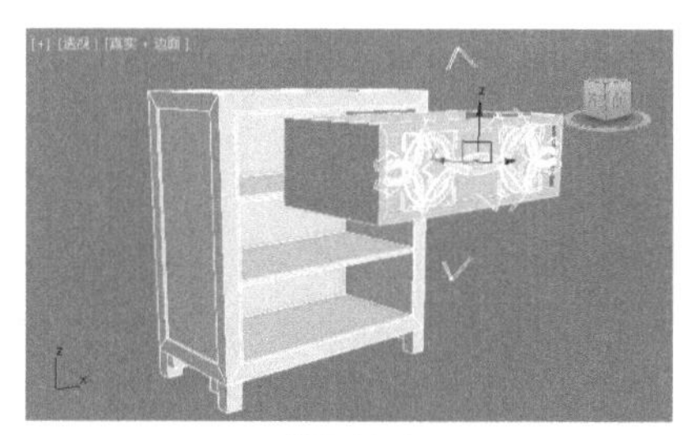

图5-1201

11 选择如图5-1202所示的模型。在菜单栏中执行【组】|【组】命令，将模型成组，如图5-1203所示。

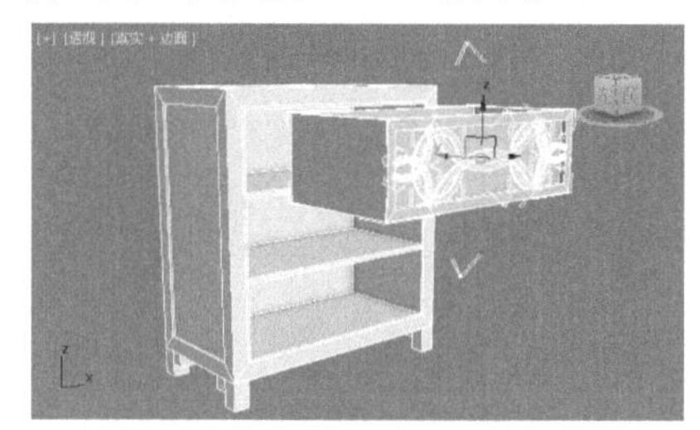

图5-1202

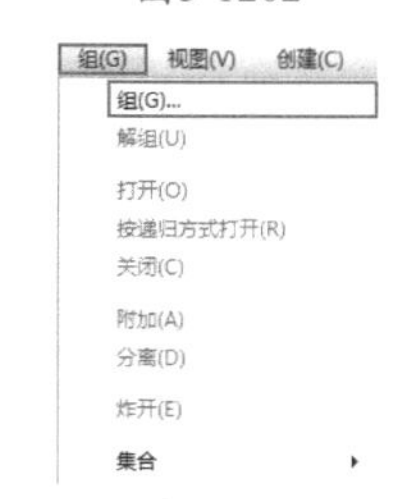

图5-1203

12 在【前】视图中创建如图5-1204所示的圆柱体。设置【半径】为15.0mm、【高度】为50.0mm，如图5-1205所示。

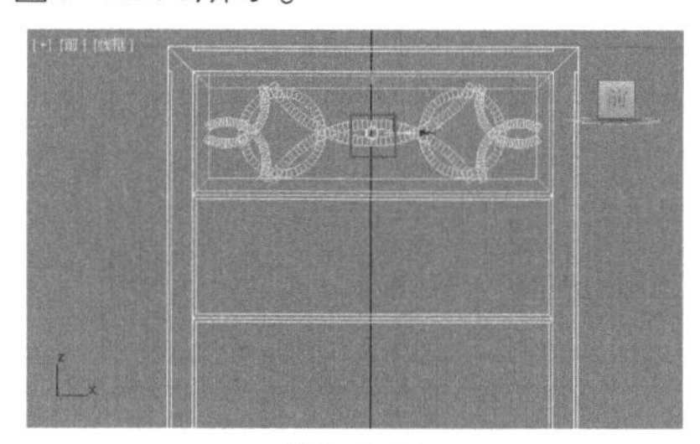

图5-1204

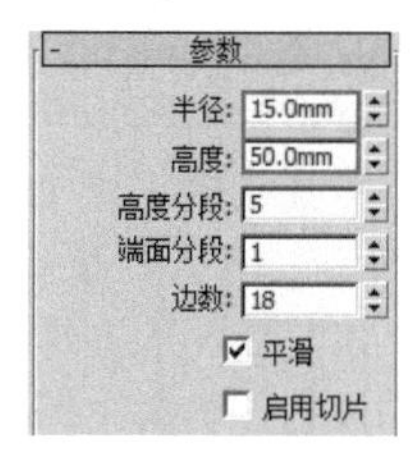

图5-1205

13 在【前】视图中创建如图5-1206所示的切角圆柱体。设置【半径】为30.0mm、【高度】为

10.0mm、【圆角】为3.0mm、【边数】为30，如图5-1207所示。

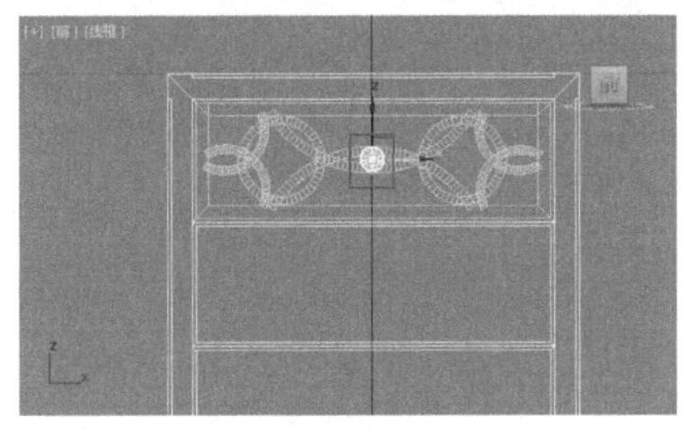

图5-1206

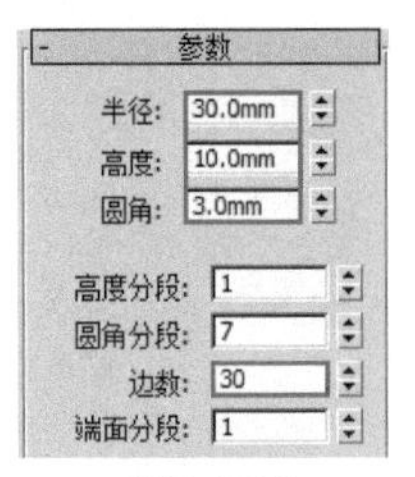

图5-1207

14 在【透】视图中选择如图5-1208所示的模型。将模型移动到合适的位置，如图5-1209所示。

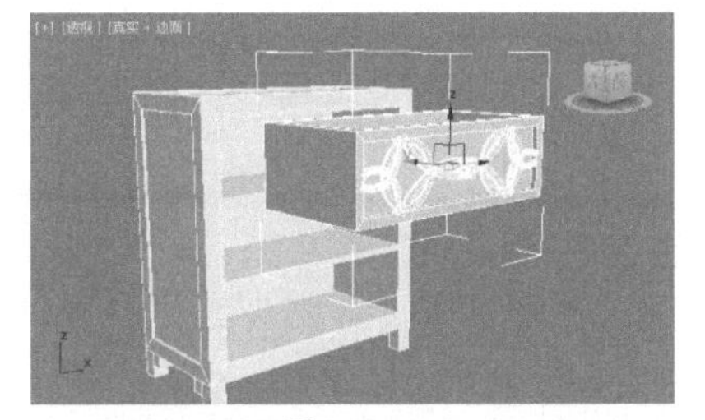

图5-1208

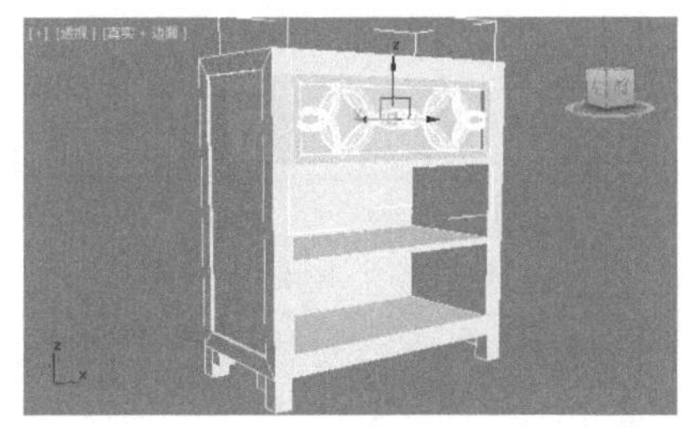

图5-1209

15 将模型沿Z轴向下拖动复制出2个模型，如图5-1210所示。此时模型已经创建完成，效果如图5-1211所示。

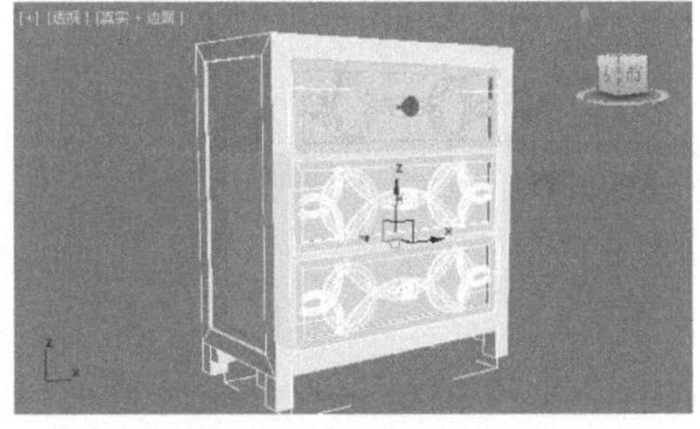

图5-1210

图5-1211

5.7 多边形建模制作凳子

文件路径	第5章\多边形建模制作凳子
难易指数	★★★★★
技术掌握	多边形建模
 扫码深度学习	

操作思路

本例通过将模型转换为可编辑多边形，并进行编辑操作，制作出凳子模型。

案例效果

案例效果如图5-1212所示。

图5-1212

操作步骤

实例089 多边形建模制作凳子——坐垫

01 在【透】视图中创建如图5-1213所示的长方体。设置【长度】为1000.0mm、【宽度】为1000.0mm、【高度】为280.0mm、【长度分段】为3、【宽度分段】为3，如图5-1214所示。

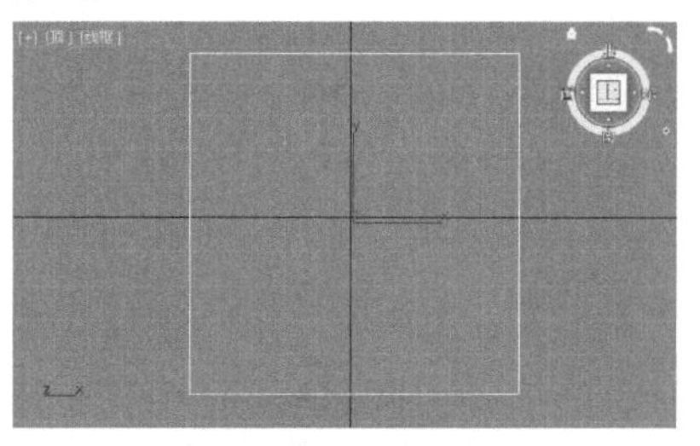

图5-1213

图5-1214

02 选择模型，并将模型转换为可编辑多边形，如图5-1215所示。

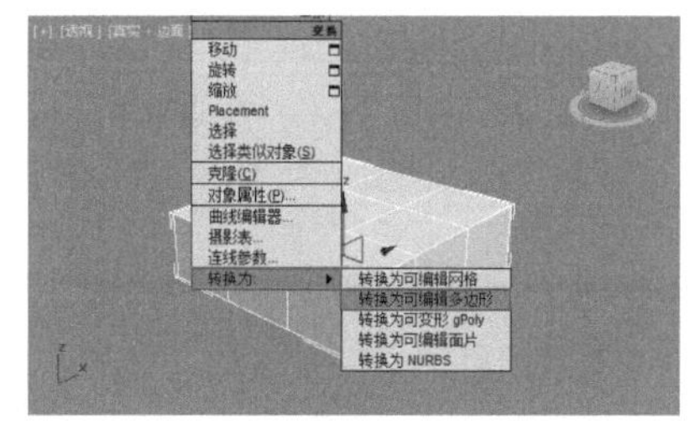

图5-1215

03 进入【顶点】级别，选择如图5-1216所示的顶点。单击【挤出】后面的【设置】按钮，设置【高度】为-30.0mm、【宽度】为70.0mm，如图5-1217所示。

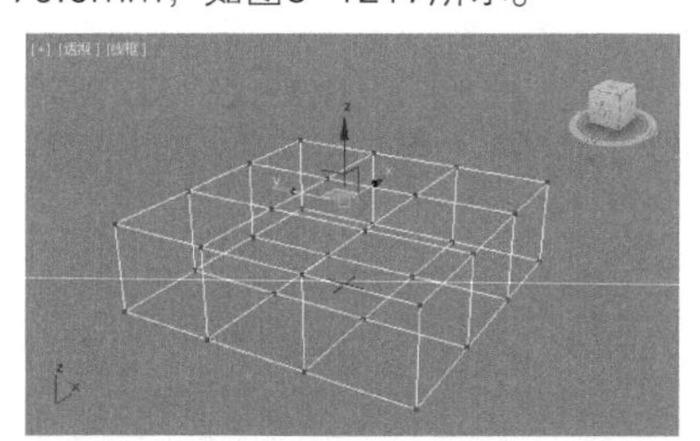

图5-1216

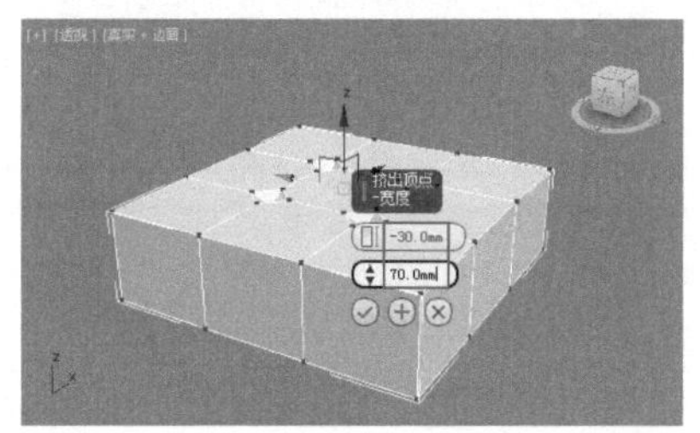

图5-1217

04 单击鼠标右键，在弹出的快捷菜单中执行【转换到边】命令，如图5-1218所示。进入【边】级别◁，选择如图5-1219所示的边。

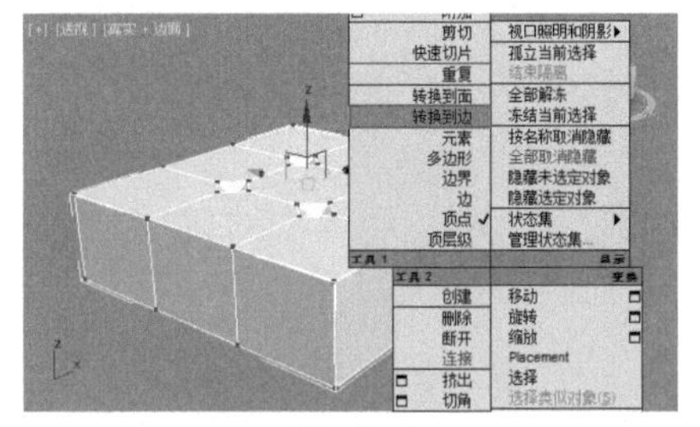

图5-1218

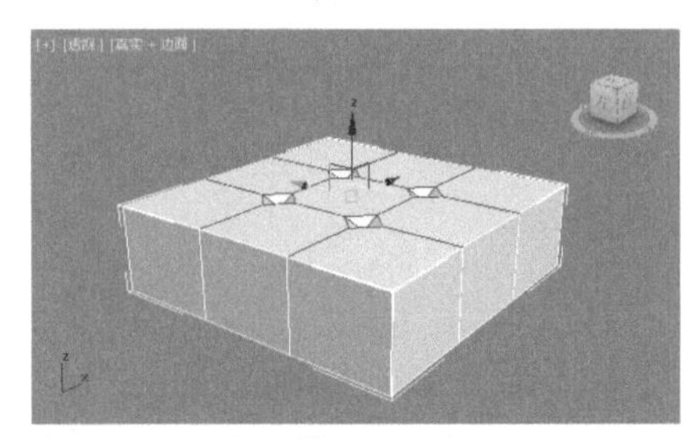

图5-1219

05 单击【挤出】后面的【设置】按钮□，设置【高度】为-10.0mm、【宽度】为3.0mm，如图5-1220所示。接着选择如图5-1221所示的边。

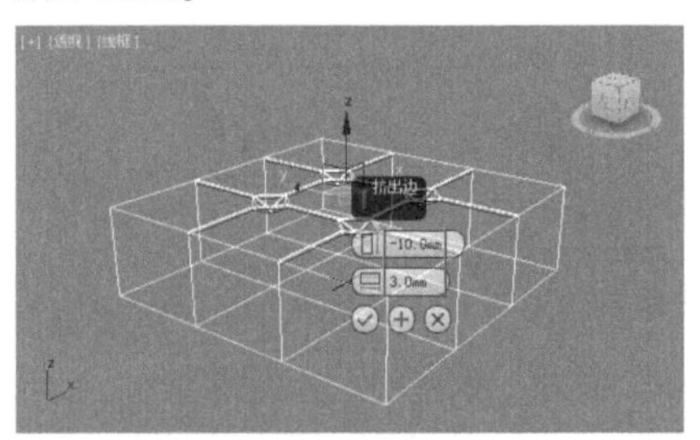

图5-1220

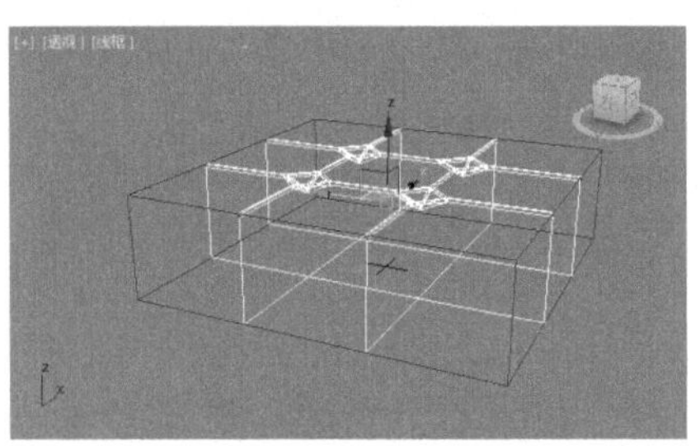

图5-1221

06 单击【切角】后面的【设置】按钮□，设置【边切角量】为3.0mm，如图5-1222所示。效果如图5-1223所示。

07 为模型加载【网格平滑】修改器，并设置【迭代次数】为3，如图5-1224所示。效果如图5-1225所示。

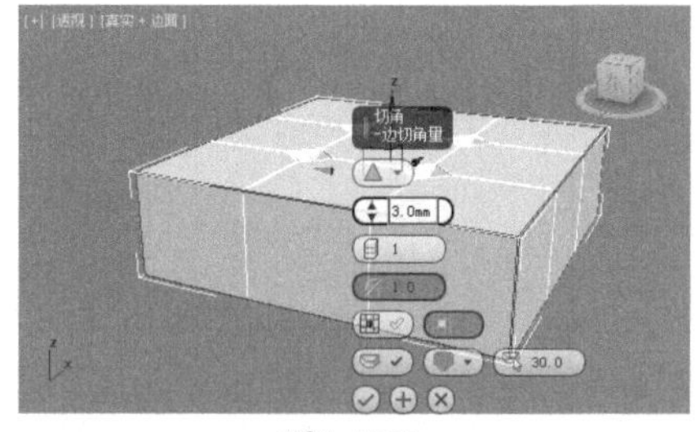

图5-1222

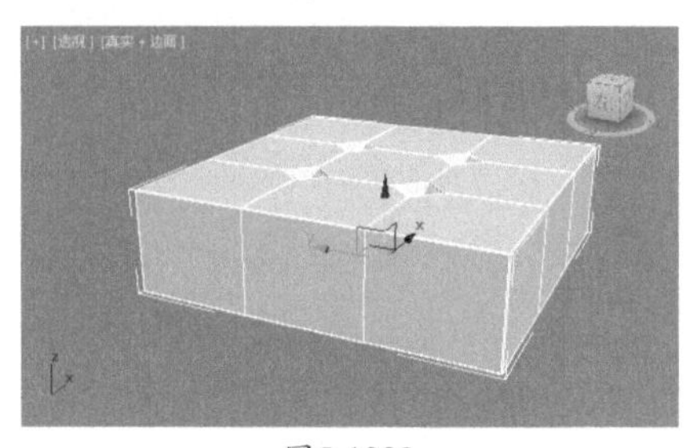

图5-1223

图5-1224

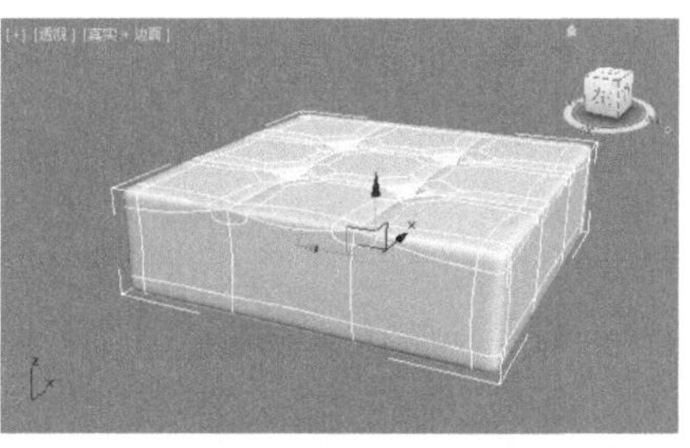

图5-1225

08 进入【顶点】级别⁘，在【前】视图中选择如图5-1226所示顶点。沿X轴向左缩放，如图5-1227所示。

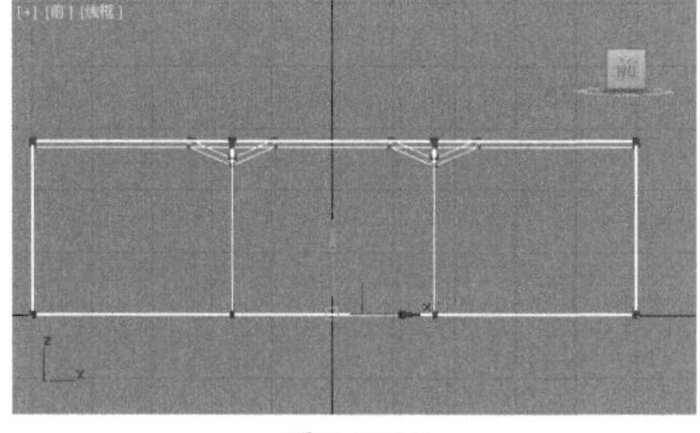

图5-1226

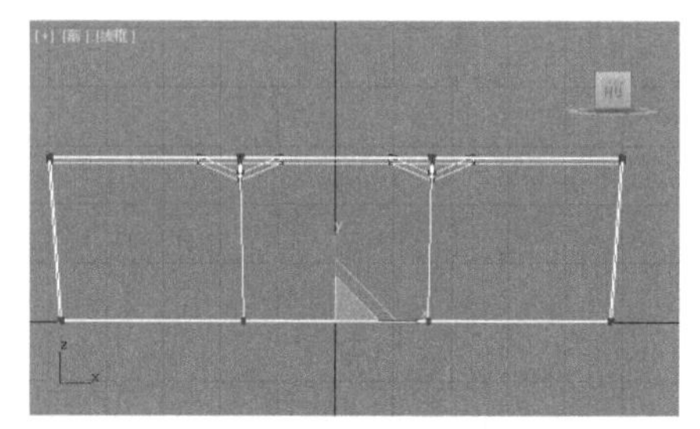

图5-1227

09 进入【多边形】级别■，选择如图5-1228所示的多边形。在【透】视图沿Z轴向上拖动，如图5-1229所示。

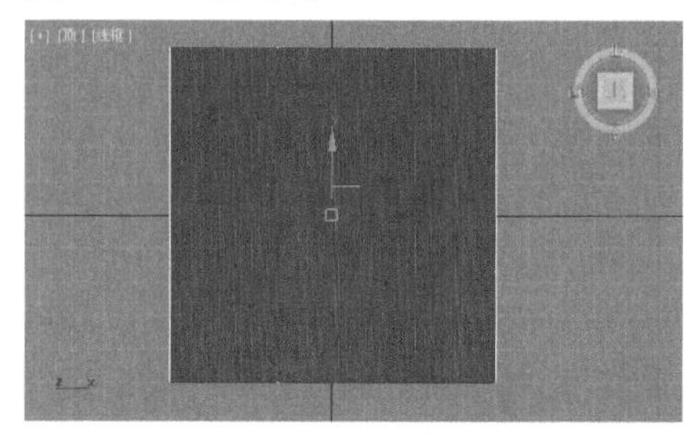

图5-1228

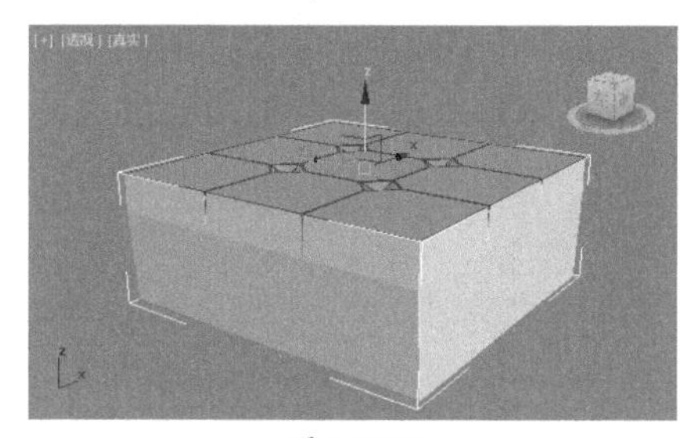

图5-1229

10 此时模型的效果如图5-1230所示。

图5-1230

11 在【顶】视图中创建如图5-1231所示的球体。设置【半径】为50.0mm、【半球】为0.5，如图5-1232所示。

12 将球体移动到合适的位置，如图5-1233所示。接着按住Shift键拖动复制出3个球体，并将其移动到合适的位置，如图5-1234所示。

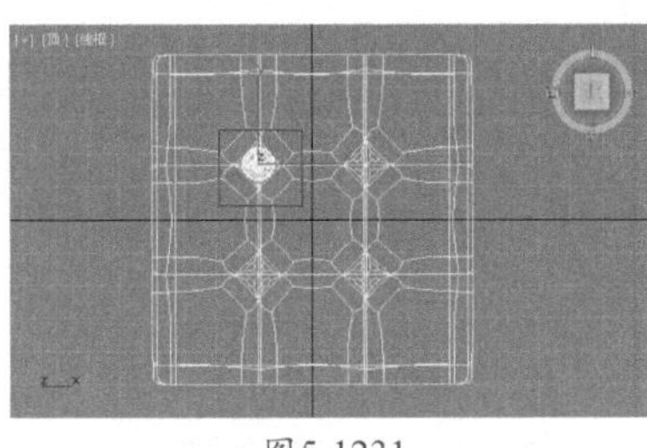

图5-1231

图5-1232

图5-1233

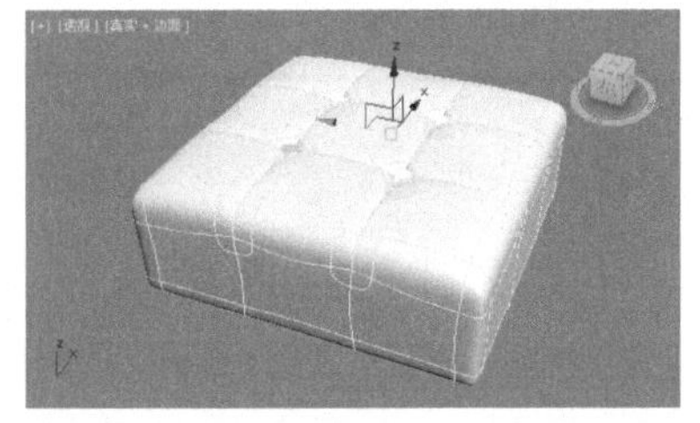

图5-1234

13 在【前】视图中创建如图5-1235所示的球体。设置【半径】为14.0mm、【半球】为0.5，如图5-1236所示。

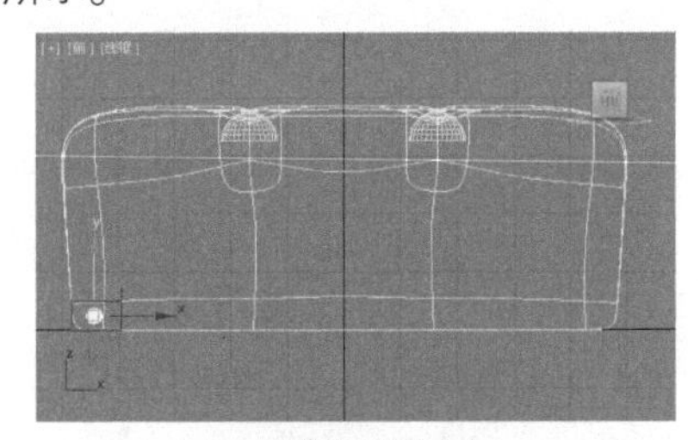

图5-1235

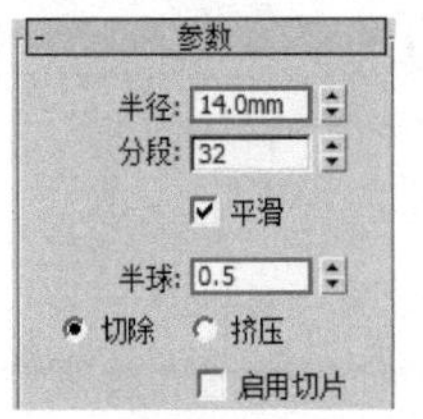

图5-1236

14 接着将球体移动到合适的位置，如图5-1237所示。接着按住Shift键，沿X轴向右拖动复制，并在弹出的窗口中设置【副本数】为15，如图5-1238所示。

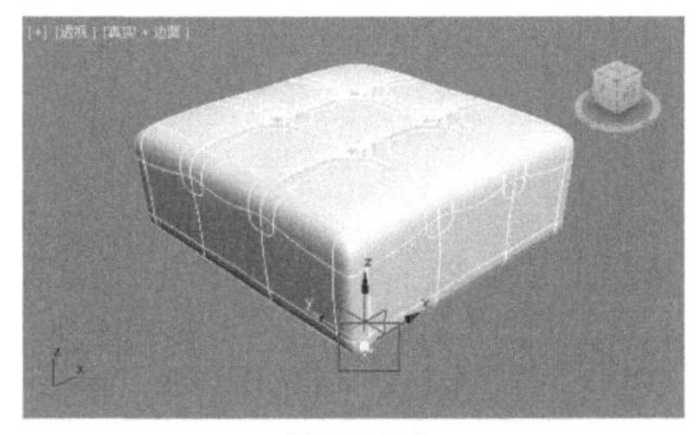

图5-1237

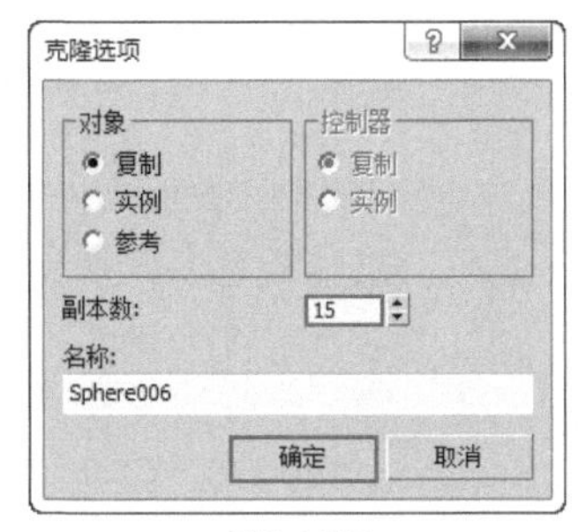

图5-1238

15 此时效果，如图5-1239所示。在【透】视图中选择如图5-1240所示的模型。单击【镜像】按钮，并在弹出的【镜像:世界 坐标】对话框中选择X轴和【复制】选项，如图5-1241所示。

16 将模型沿Z轴向左旋转90°，如图5-1242所示。将其移动到合适的位置，如图5-1243所示。

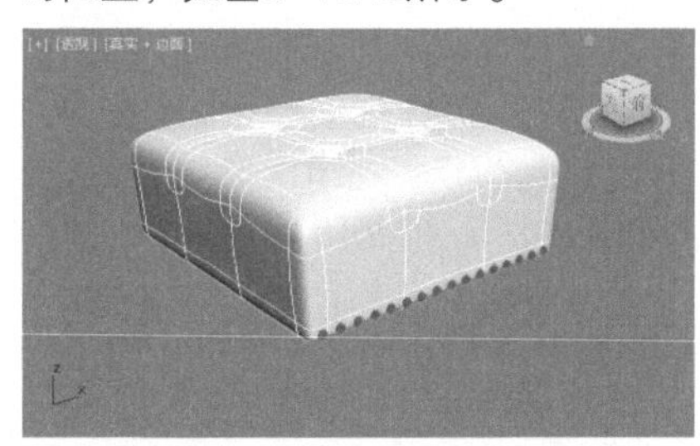

图5-1239

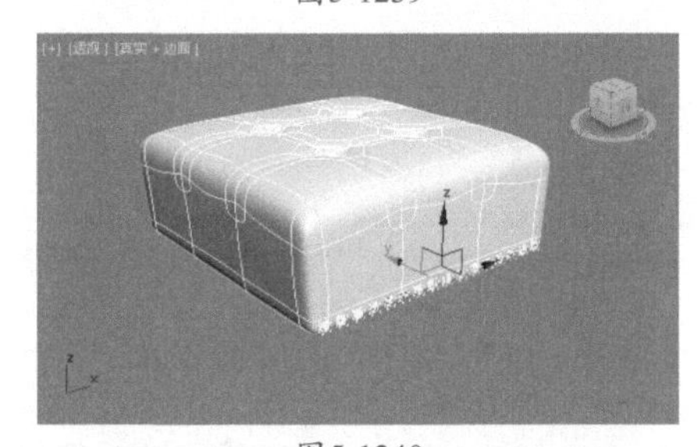

图5-1240

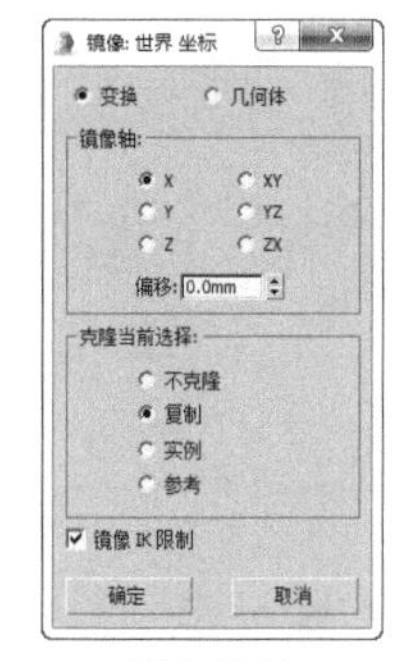

图5-1241

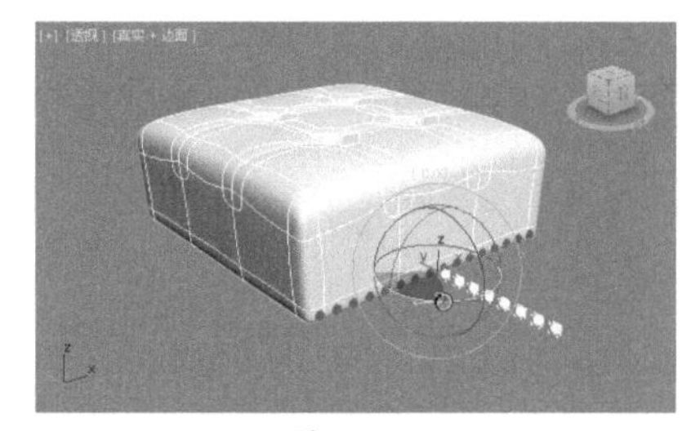

图5-1242

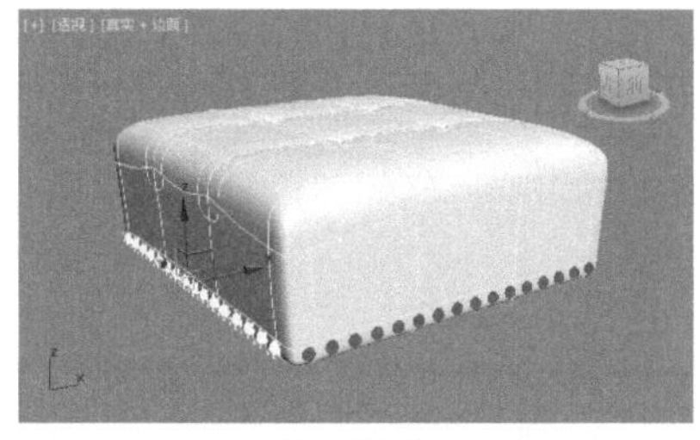

图5-1243

17 在【顶】视图中选择如图5-1244所示的模型。单击【镜像】按钮，在弹出的【镜像:世界 坐标】对话框中选择XY轴和【复制】选项，如图5-1245和图5-1246所示。

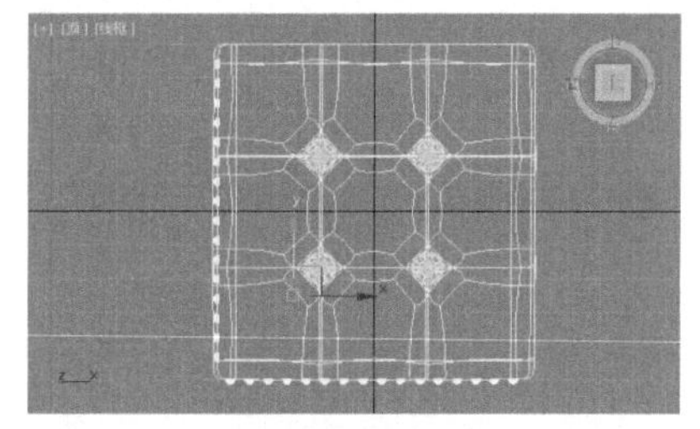

图5-1244

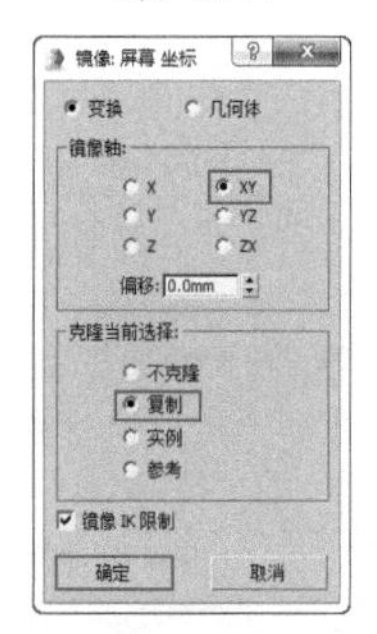

图5-1245

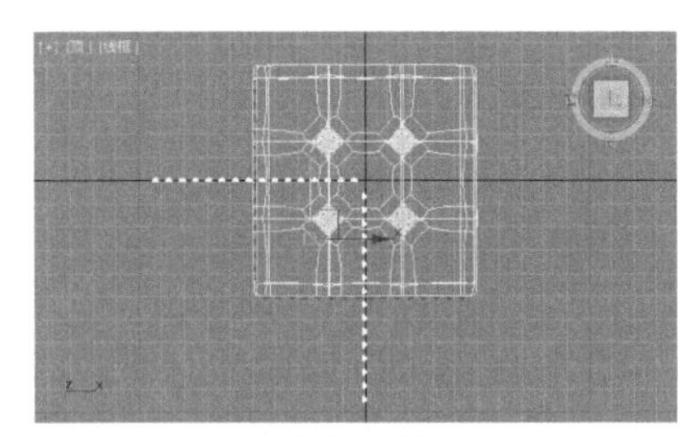
图5-1246

18 接着将模型移动到合适的位置，如图5-1247所示。效果如图5-1248所示。

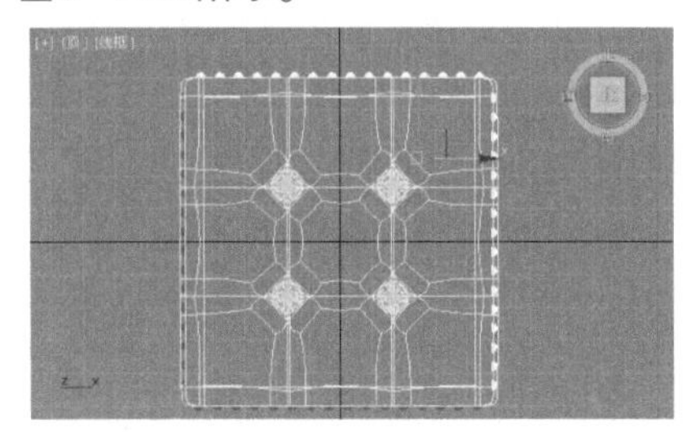
图5-1247

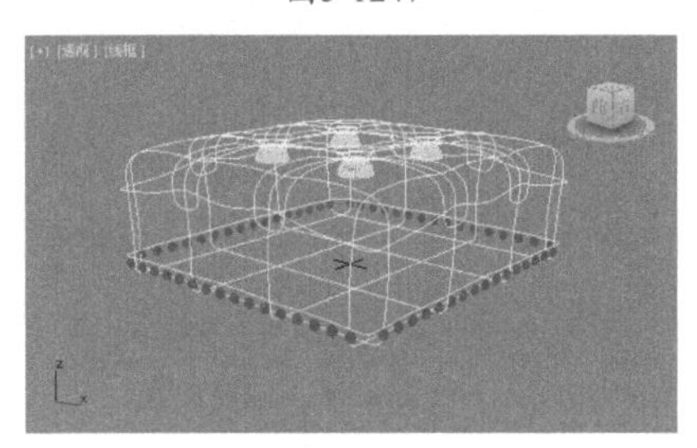
图5-1248

实例090　多边形建模制作凳子——凳子腿

01 在【顶】视图中创建如图5-1249所示的切角长方体。设置【长度】为90.0mm、【宽度】为90.0mm、【高度】为1100.0mm、【圆角】为10.0mm、【圆角分段】为10，如图5-1250所示。效果如图5-1251所示。

02 将模型转换为可编辑多边形，进入【顶点】级别，选择如图5-1252所示顶点。向内进行等比缩放，如图5-1253所示。

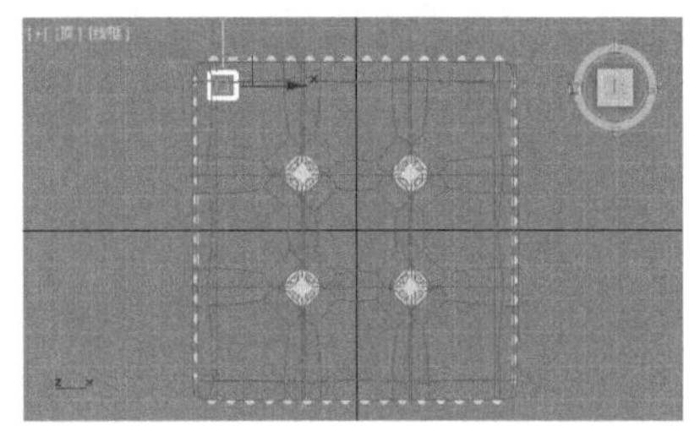
图5-1249

图5-1250

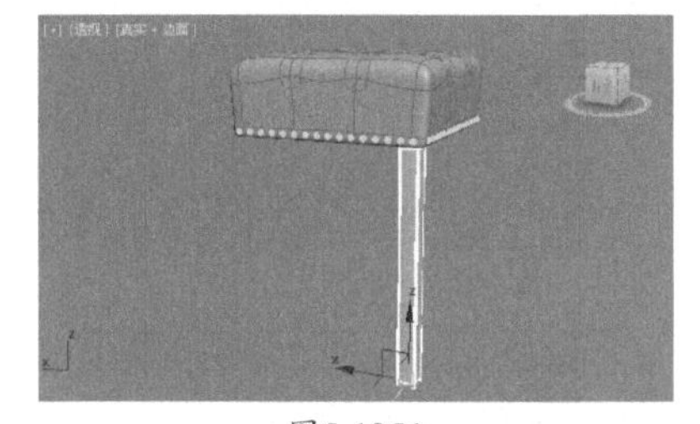
图5-1251

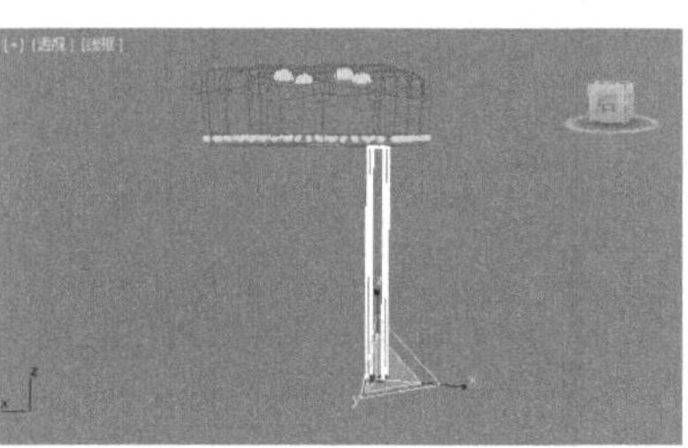
图5-1252

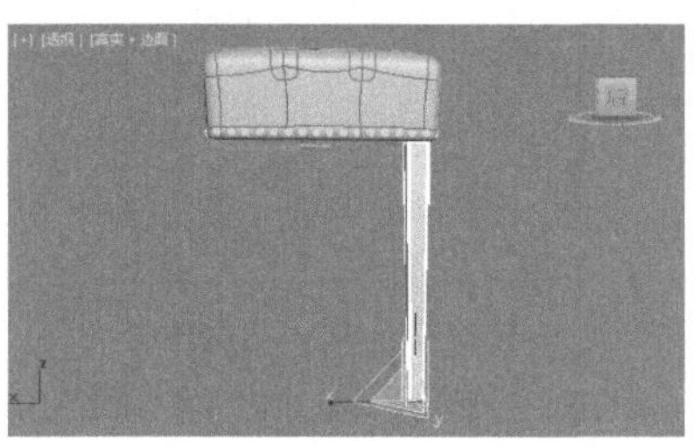
图5-1253

03 取消【顶点】级别，按住Shift键拖动复制出3个模型，如图5-1254所示。将模型移动到合适的位置，如图5-1255所示。

04 在【前】视图中创建如图5-1256所示的切角长方体。设置【长度】为80.0mm、【宽度】为780.0mm、【高度】为50.0mm、【圆角】为15.0mm、【圆角分段】为15，如图5-1257所示。

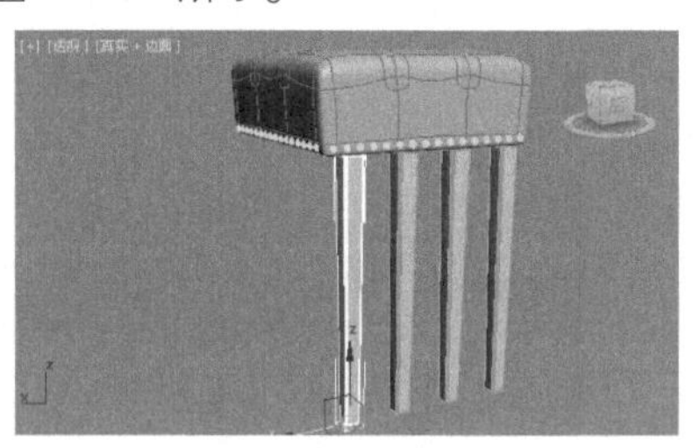
图5-1254

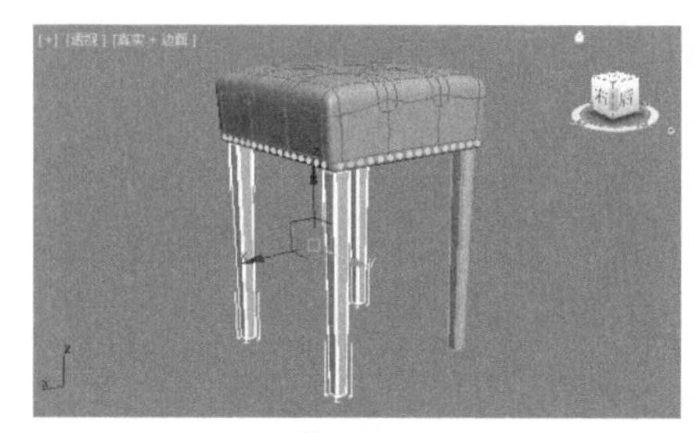
图5-1255

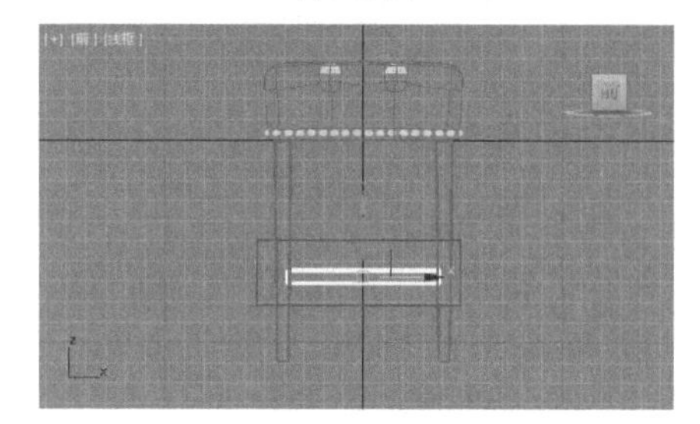
图5-1256

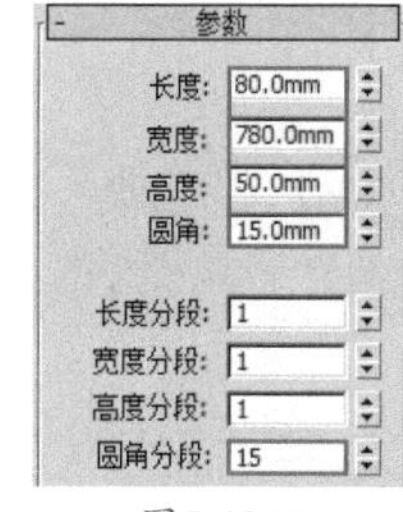

图5-1257

05 按住Shift键，将模型进行等比缩放复制，如图5-1258所示。在【透】视图中选择如图5-1259所示模型。

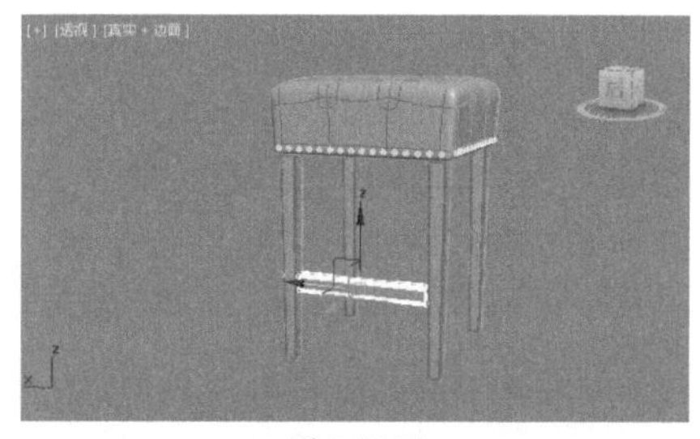
图5-1258

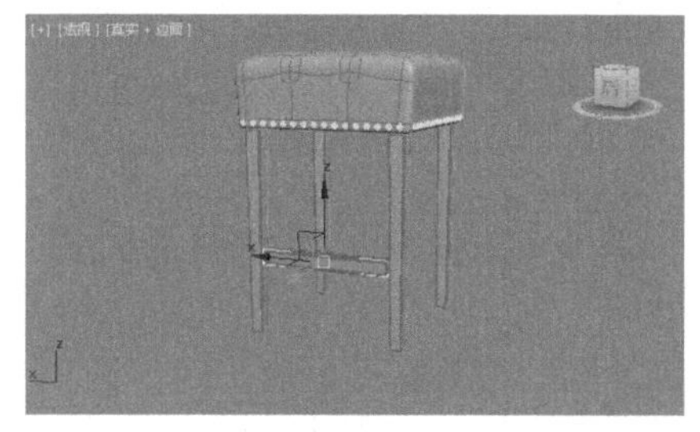
图5-1259

06 按住Shift键，将模型进行等比缩放复制，如图5-1260所示。同样操作，再次复制出两个模型，并将其移动到合适的位置，如图5-1261所示。此时模型已经创建完成。

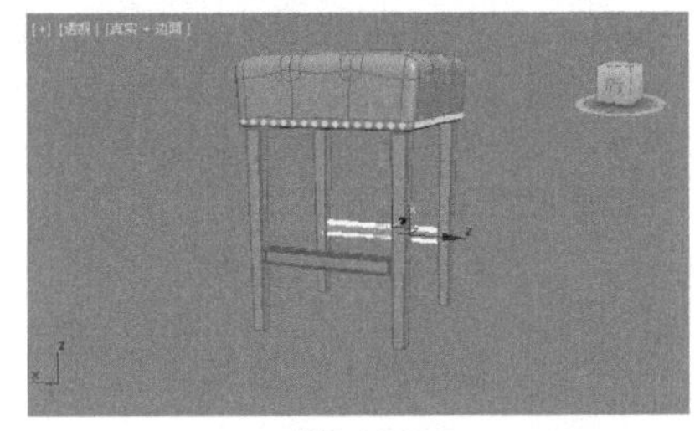
图5-1260

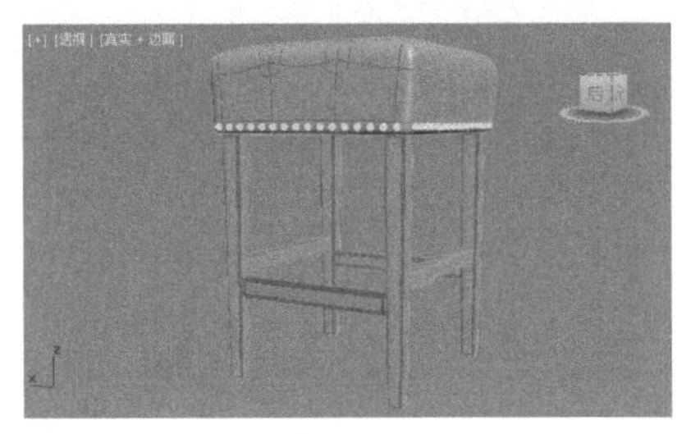
图5-1261

5.8 多边形建模制作椅子

文件路径	第5章\多边形建模制作椅子
难易指数	★★★★★
技术掌握	多边形建模

扫码深度学习

操作思路

本例通过将模型转换为可编辑多边形，并进行编辑操作，制作出椅子模型。

案例效果

案例效果如图5-1262所示。

图5-1262

操作步骤

实例091 多边形建模制作椅子——靠背

01 在【顶】视图中创建如图5-1263所示的长方体。设置【长度】为1000.0mm、【宽度】为1000.0mm、【高度】为200.0mm，如图5-1264所示。

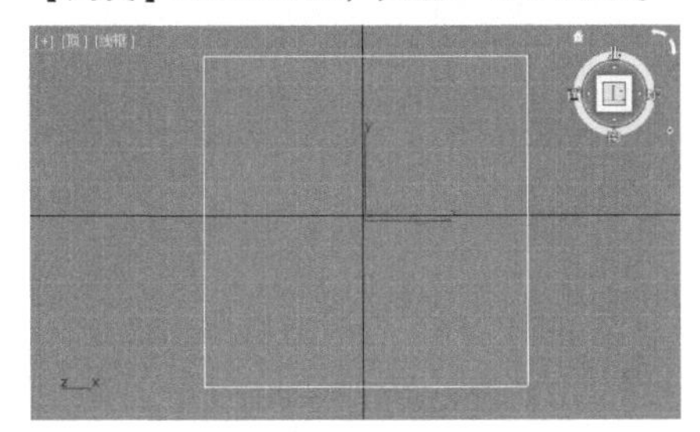
图5-1263

图5-1264

02 选择模型，并将模型转换为可编辑多边形，如图5-1265所示。

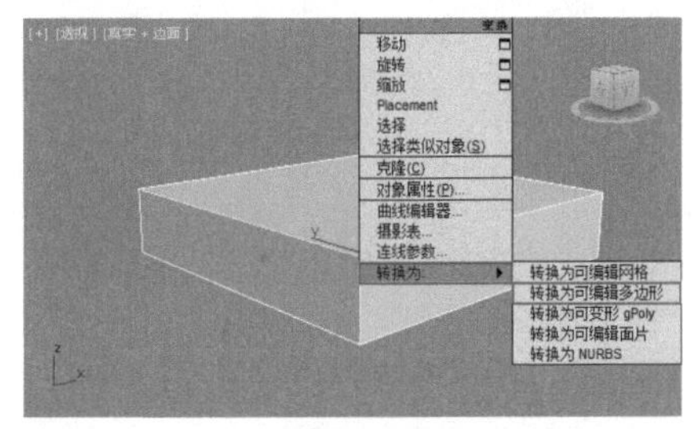
图5-1265

03 进入【边】级别，选择如图5-1266所示的边。单击【切角】后面的【设置】按钮，设置【边切角量】为10.0mm、【连接边分段】为2，如图5-1267所示。

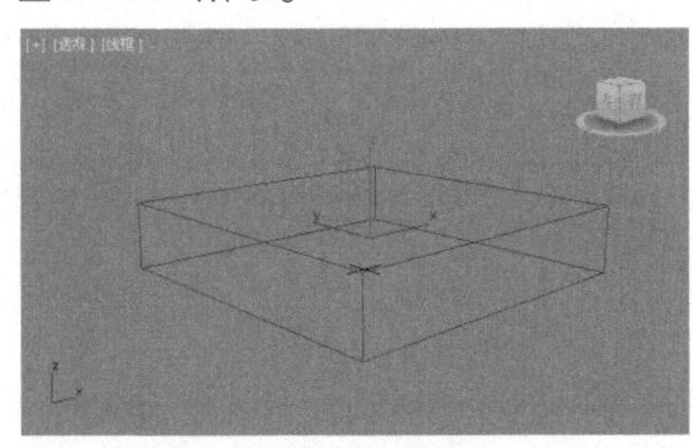
图5-1266

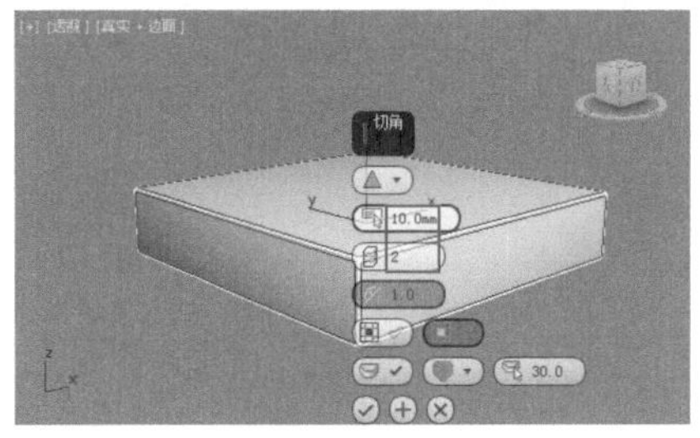
图5-1267

04 接着为模型加载【网格平滑】修改器，设置【迭代次数】为3，如图5-1268所示。效果如图5-1269所示。

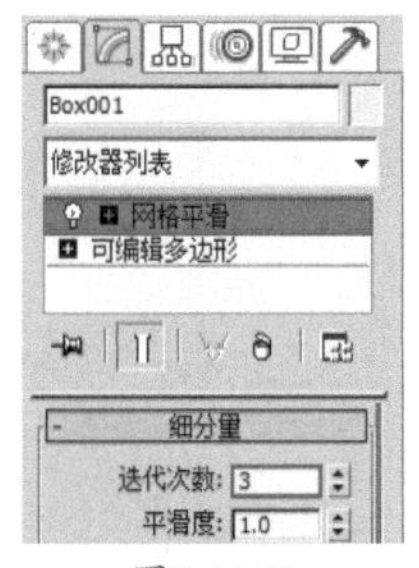

图5-1268

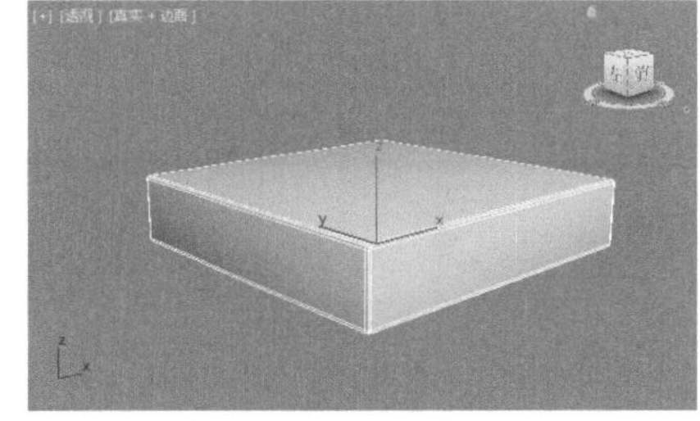
图5-1269

05 进入【多边形】级别，选择如图5-1270所示的多边形。沿Z轴向上拖动，如图5-1271所示。效果如图5-1272所示。

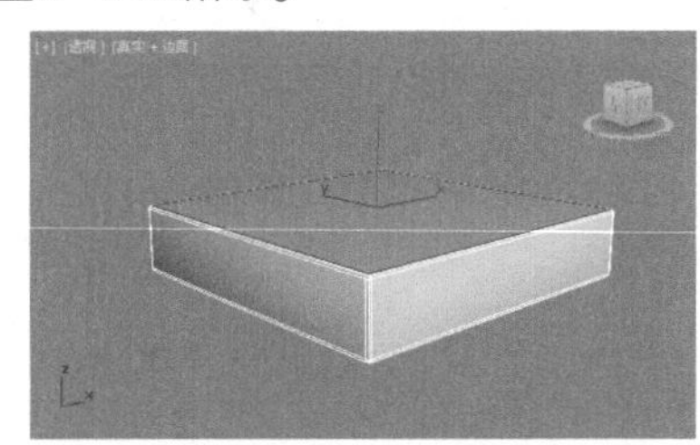
图5-1270

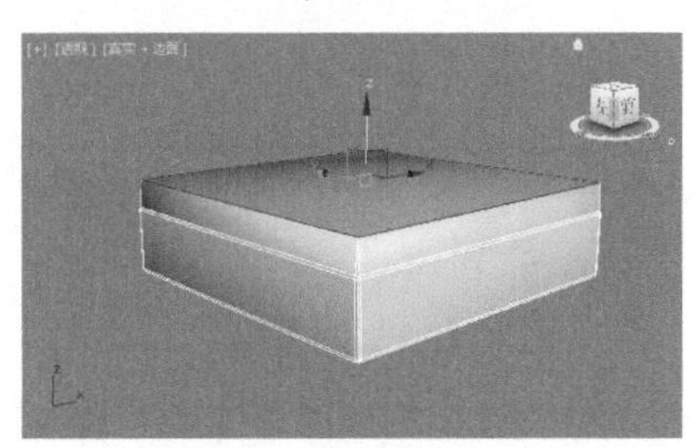
图5-1271

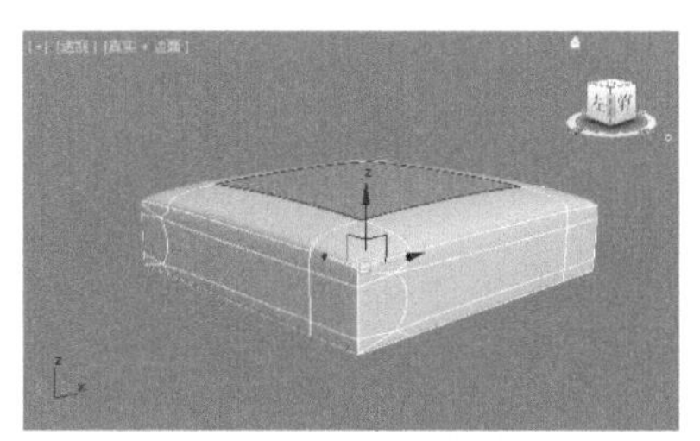

图5-1272

06 在前视图中创建如图5-1273所示的长方体。设置【长度】为1400.0mm、【宽度】1000.0mm、【高度】为150.0mm，如图5-1274所示。

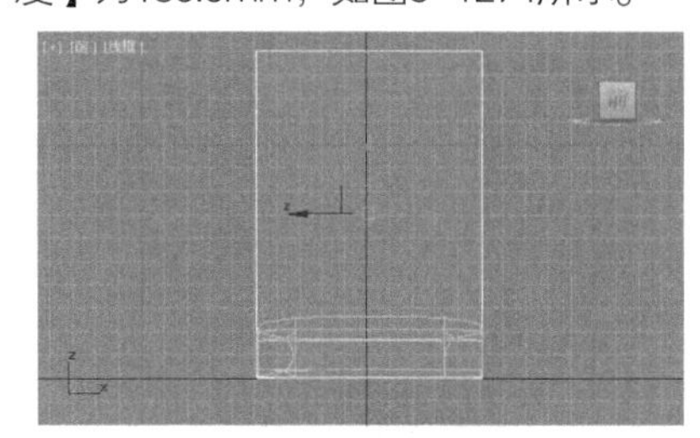

图5-1273

图5-1274

07 将模型转换为可编辑多边形，进入【边】级别，选择如图5-1275所示的边。单击【切角】后面的【设置】按钮，设置【边切角量】为10.0mm、【连接边分段】为2，如图5-1276所示。

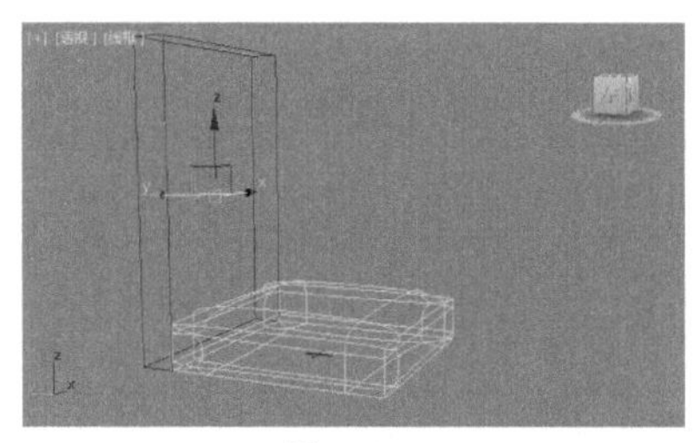

图5-1275

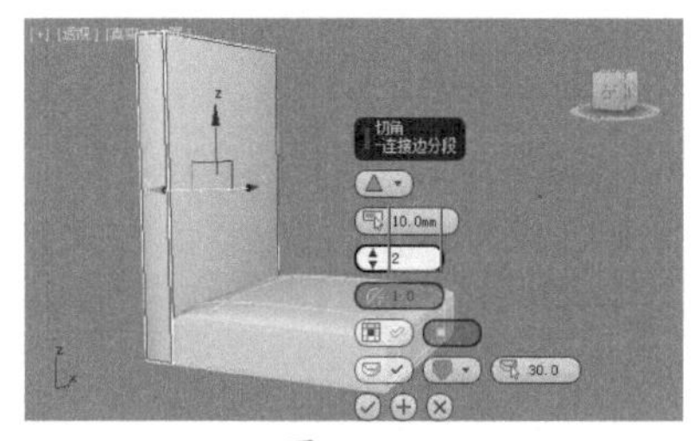

图5-1276

08 选择如图5-1277所示的边。单击【连接】后面的【设置】按钮，设置【分段】为6，如图5-1278所示。

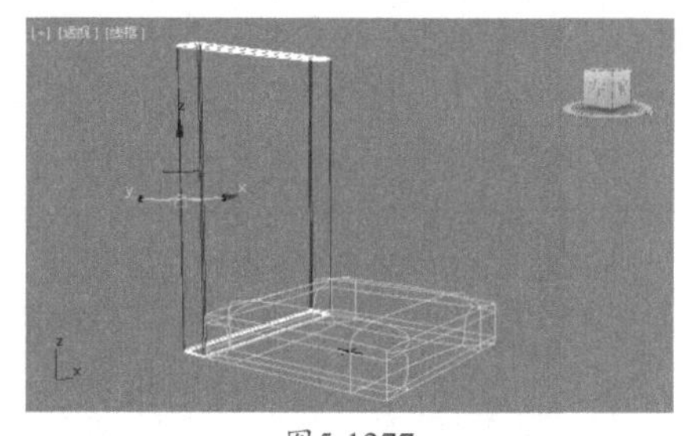

图5-1277

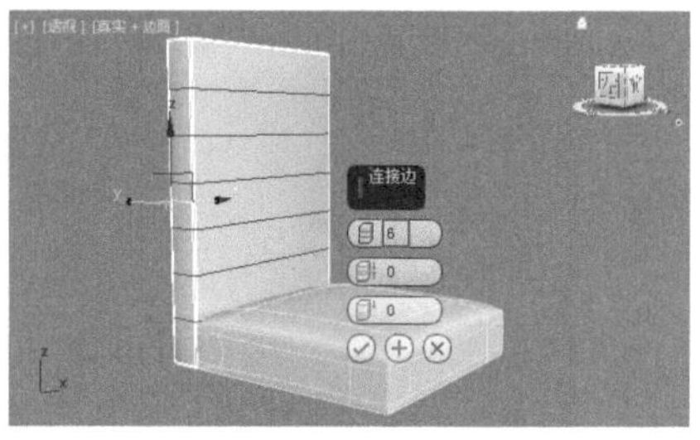

图5-1278

09 选择如图5-1279所示的边。单击【连接】后面的【设置】按钮，设置【分段】为6，如图5-1280所示。

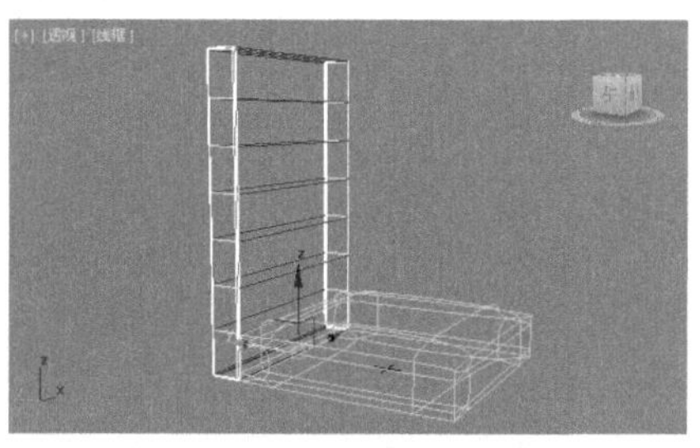

图5-1279

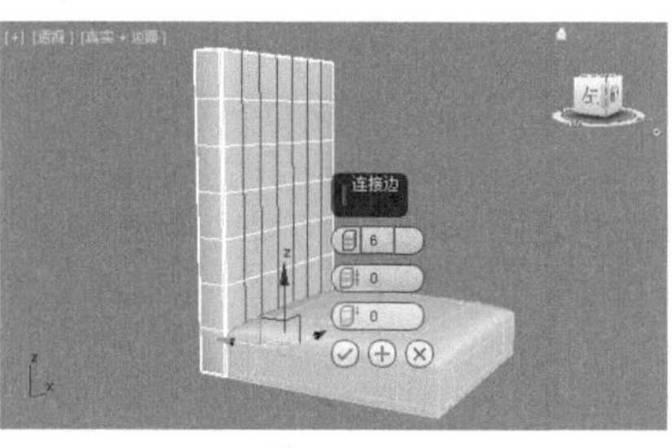

图5-1280

10 进入【多边形】级别，选择如图5-1281所示的多边形。沿Z轴向上拖动，如图5-1282所示。

11 取消【多边形】级别，为模型加载【网格平滑】修改器，设置【迭代次数】为3，如图5-1283所示。效果如图5-1284所示。

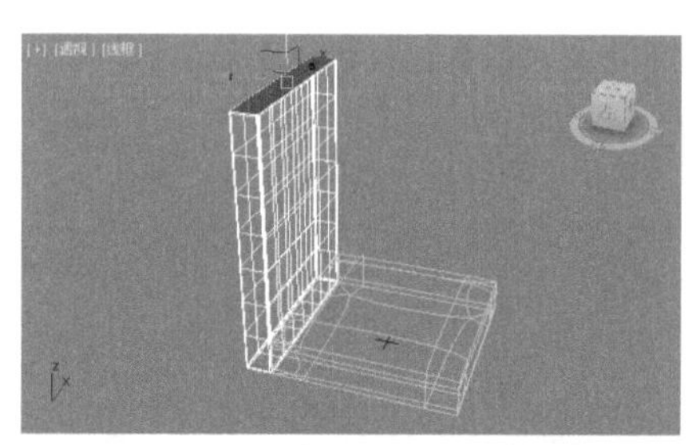

图5-1281

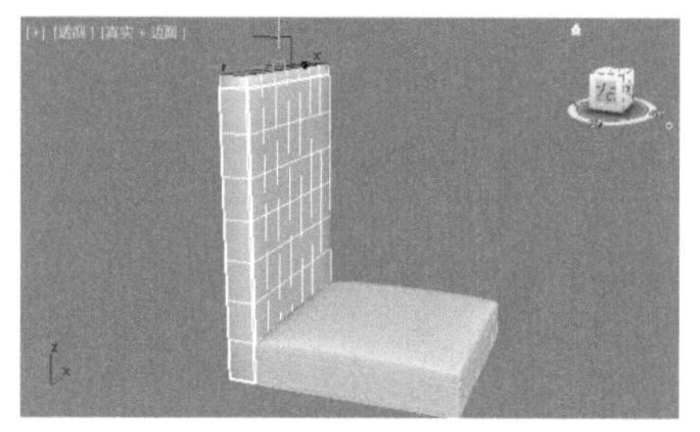

图5-1280

图5-1283

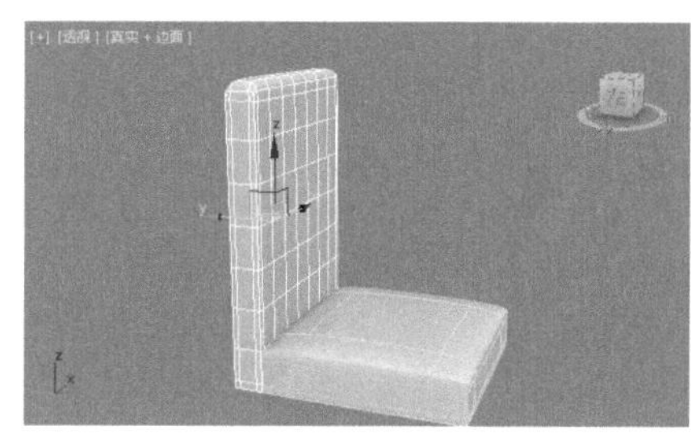

图5-1284

12 为模型加载FFD 4x4x4修改器，选择【控制点】，如图5-1285所示。在【左】视图中选择控制点，并沿Z轴向左旋转，如图5-1286和图5-1287所示。

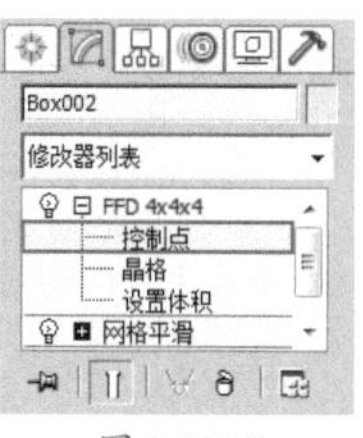

图5-1285

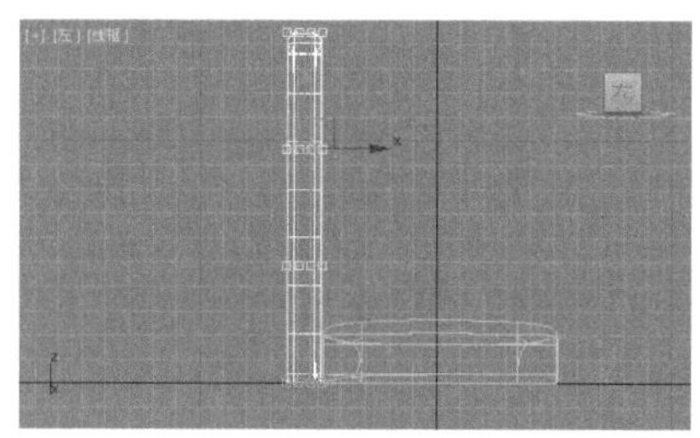

图5-1286

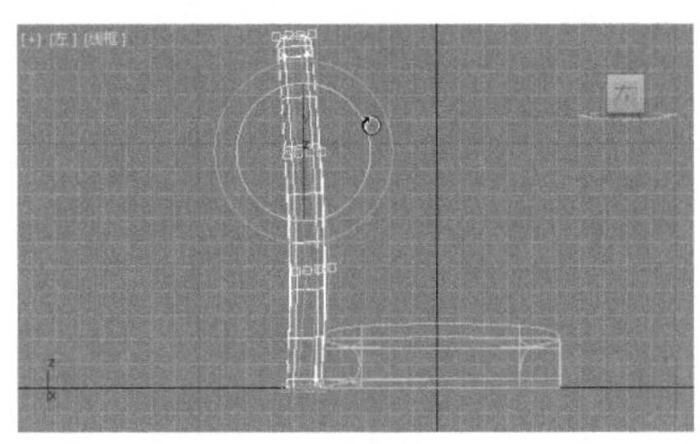
图5-1287

13 选择如图5-1288所示的控制点。沿Z轴向左旋转，如图5-1289和图5-1290所示。

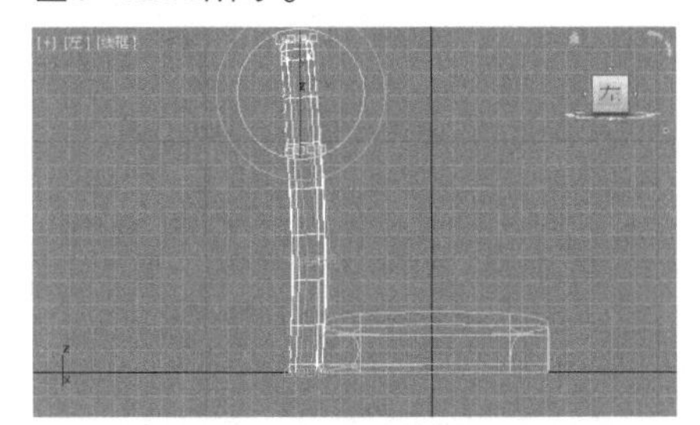
图5-1288

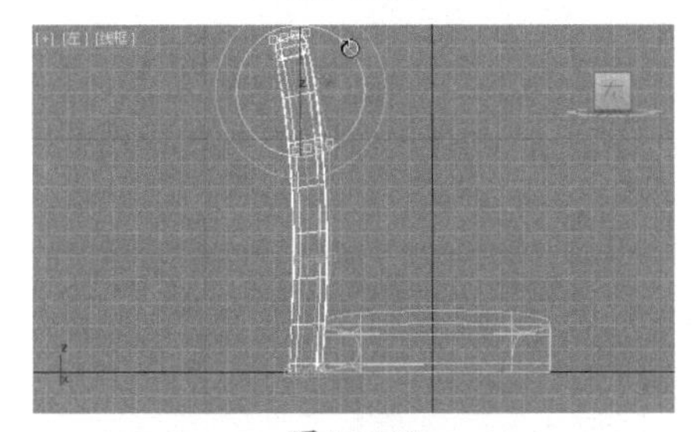
图5-1289

图5-1290

实例092 多边形建模制作椅子——椅子腿

01 在【左】视图中创建如图5-1291所示的长方体。设置【长度】为1000.0mm、【宽度】为100.0mm、【高度】为100.0mm，如图5-1292所示。在【透】视图中将模型转换为可编辑多边形，并进入【边】级别，选择如图5-1293所示的边。

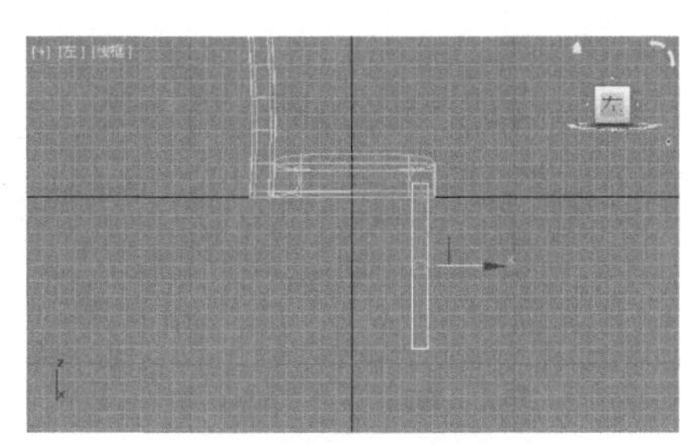
图5-1291

图5-1292

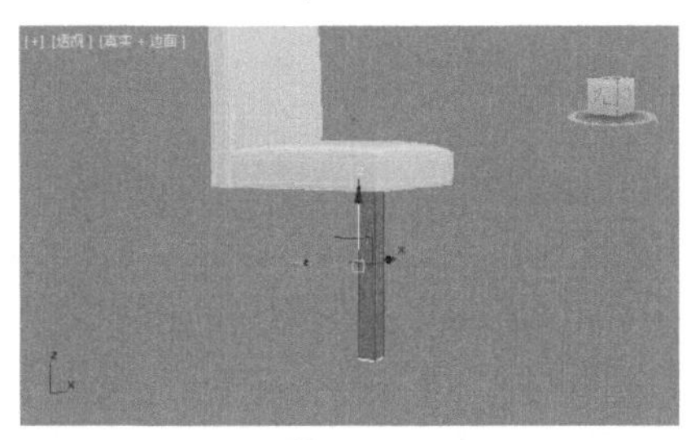
图5-1293

02 单击【连接】后面的【设置】按钮，设置【分段】为1、【滑块】为-60，如图5-1294所示。选择如图5-1295所示的边，沿Y轴向右移动，如图5-1296所示。

03 选择如图5-1297所示的边，沿X轴向左移动，如图5-1298所示。

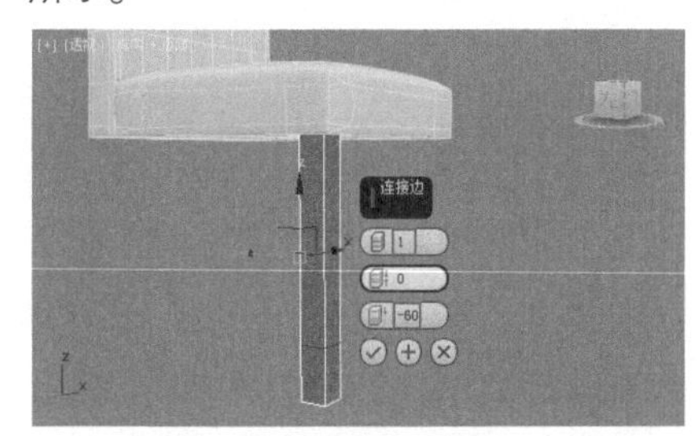

图5-1294

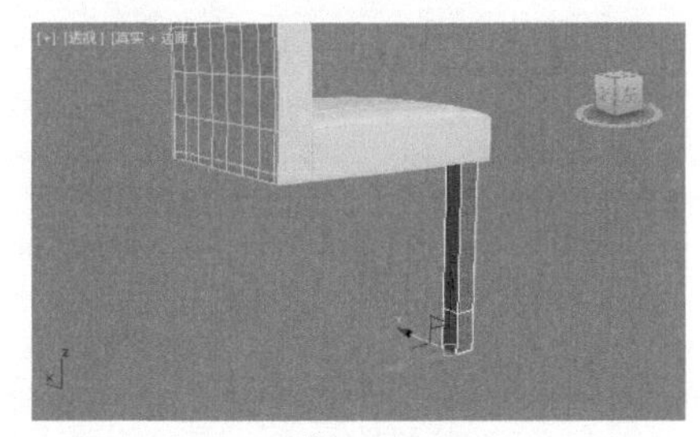
图5-1295

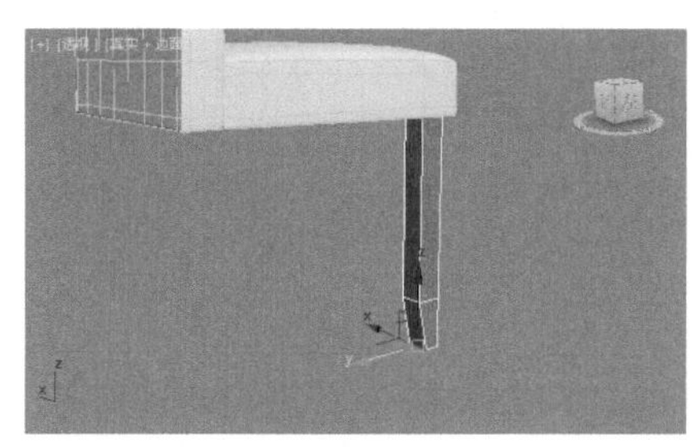
图5-1296

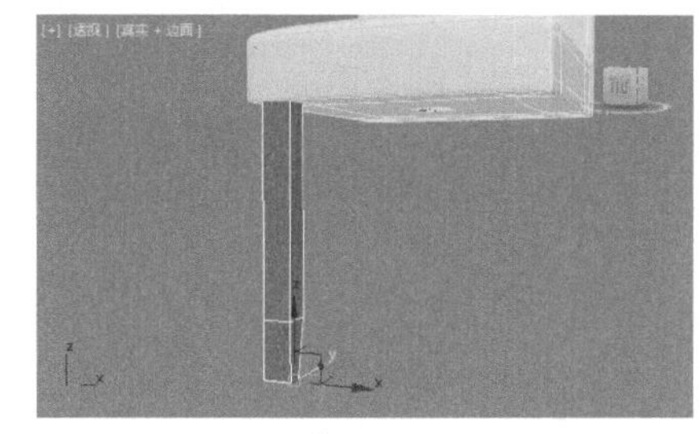
图5-1297

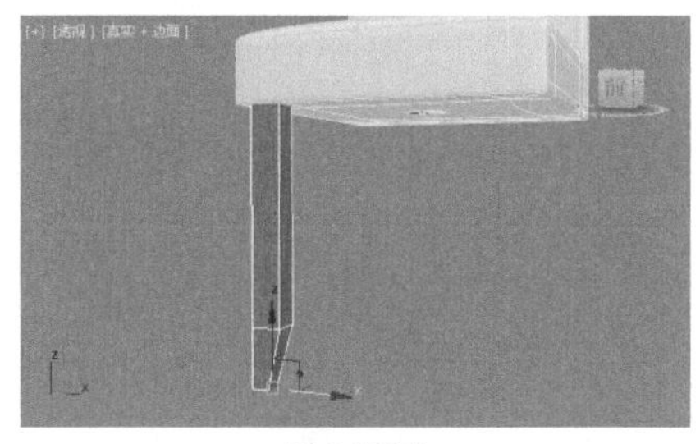
图5-1298

04 选择如图5-1299所示的模型。单击【镜像】按钮，在弹出的【镜像:世界 坐标】对话框中选择X轴和【复制】选项，如图5-1300和图5-1301所示。

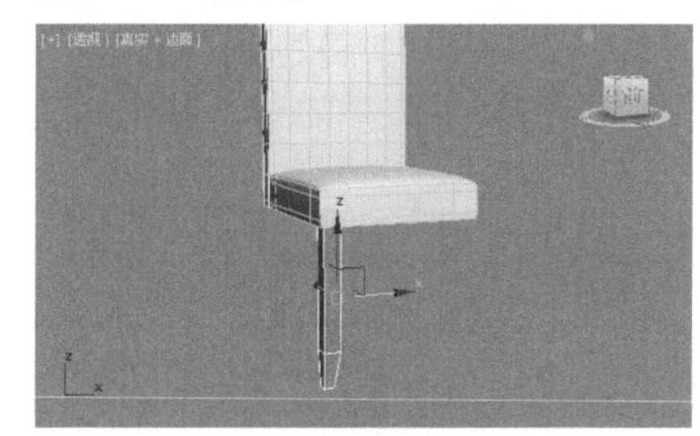
图5-1299

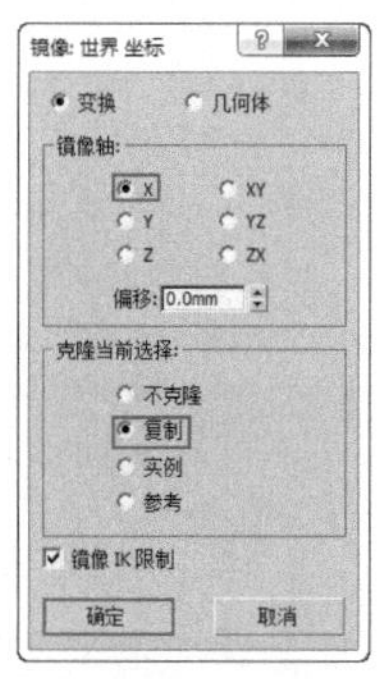

图5-1300

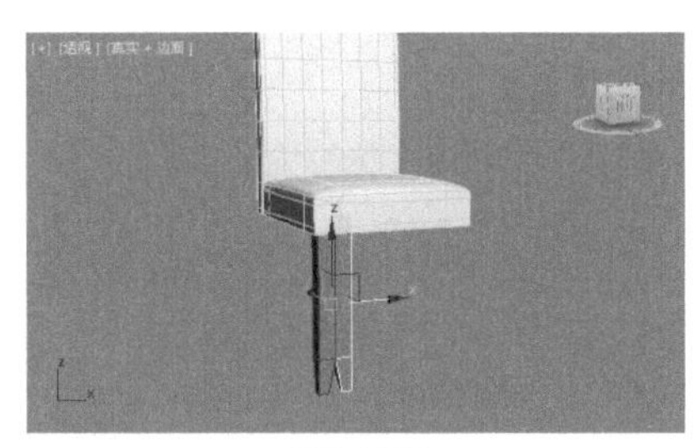
图5-1301

05 将模型移动到合适的位置，如图5-1302所示。

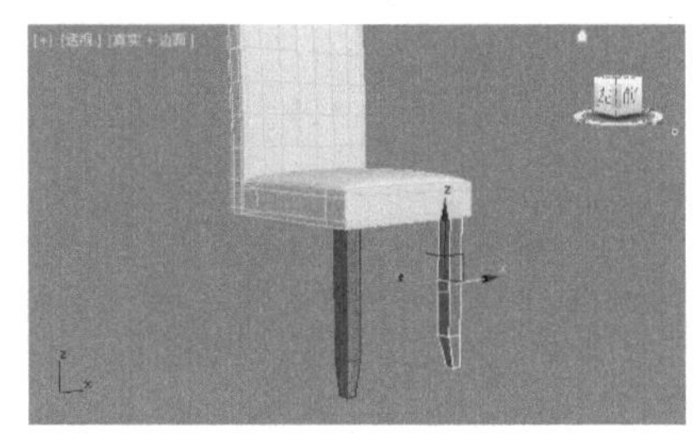
图5-1302

06 在【左】视图中创建如图5-1303所示的长方体。设置【长度】为1000.0mm、【宽度】为100.0mm、【高度】为100.0mm，如图5-1304所示。在【透】视图中将模型转换为可编辑多边形，并进入【边】级别，选择如图5-1305所示的边。

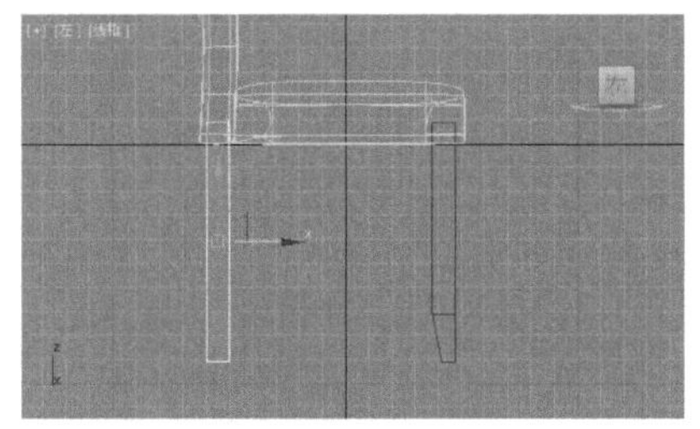
图5-1303

图5-1304

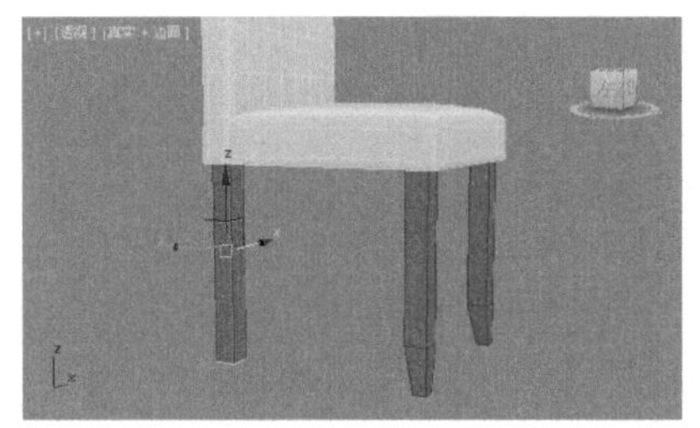
图5-1305

07 单击【连接】后面的【设置】按钮，设置【分段】为6，如图5-1306所示。

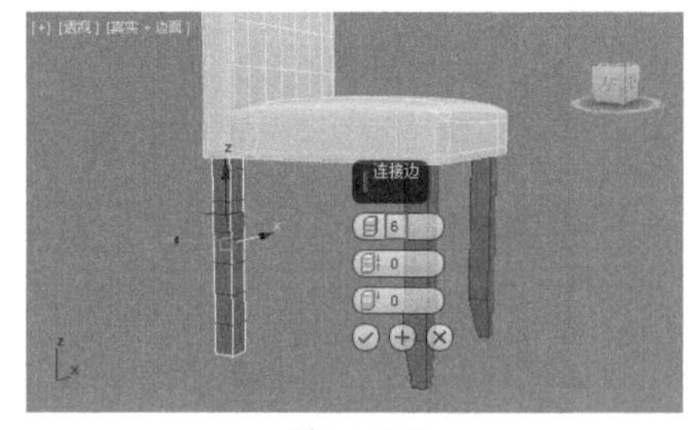

图5-1306

08 为模型加载FFD 4x4x4修改器，选择【控制点】，如图5-1307所示。在【左】视图中选择控制点，并沿Z轴向左旋转，如图5-1308和图5-1309所示。

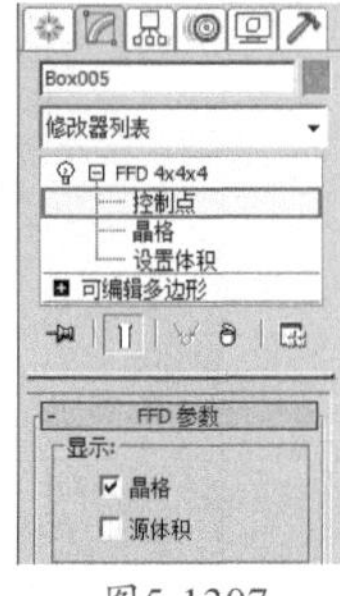

图5-1307

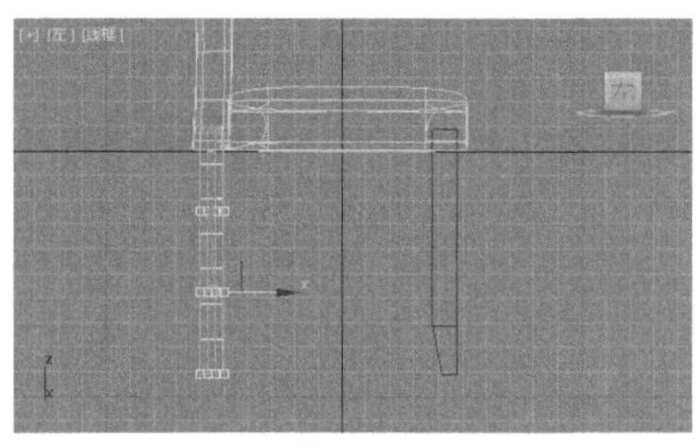
图5-1308

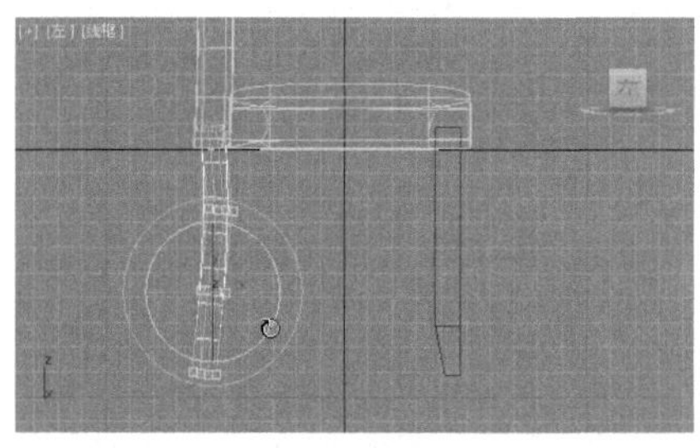
图5-1309

09 选择如图5-1310所示的控制点。沿Z轴向左旋转，如图5-1311所示。

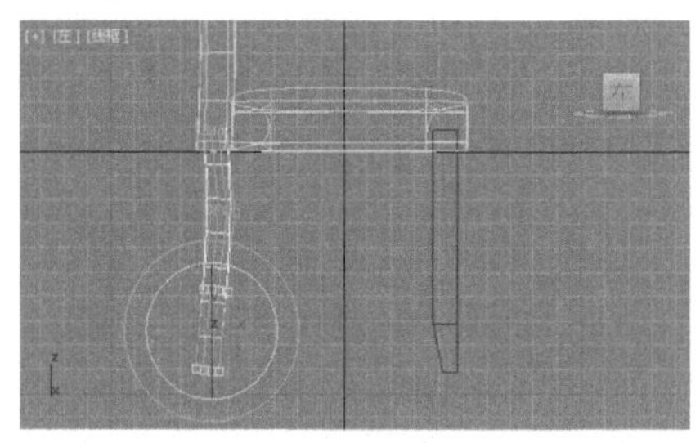
图5-1310

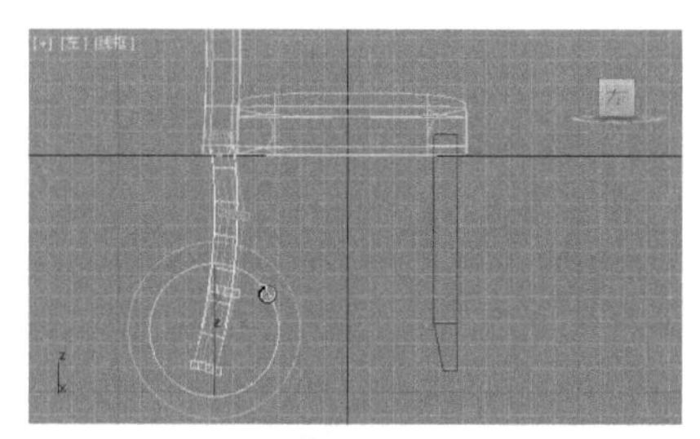
图5-1311

10 为模型加载【编辑多边形】修改器，进入【顶点】级别，选择如图5-1312所示的顶点。沿Y轴向下缩放，如图5-1313所示。

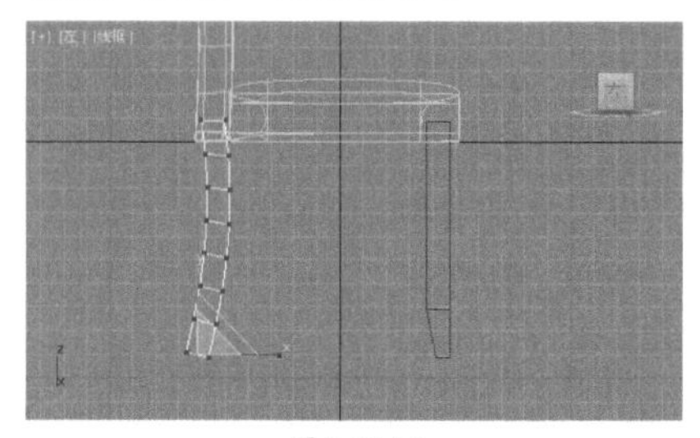
图5-1312

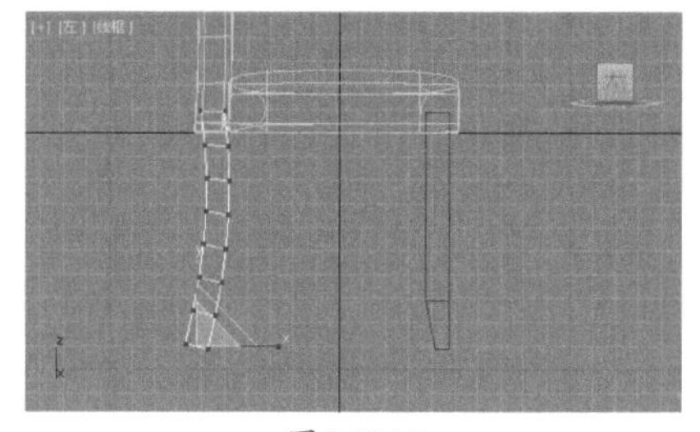
图5-1313

11 取消【顶点】级别，在【透】视图中选择模型，如图5-1314所示。按住Shift键，沿X轴向右拖动复制，如图5-1315所示。

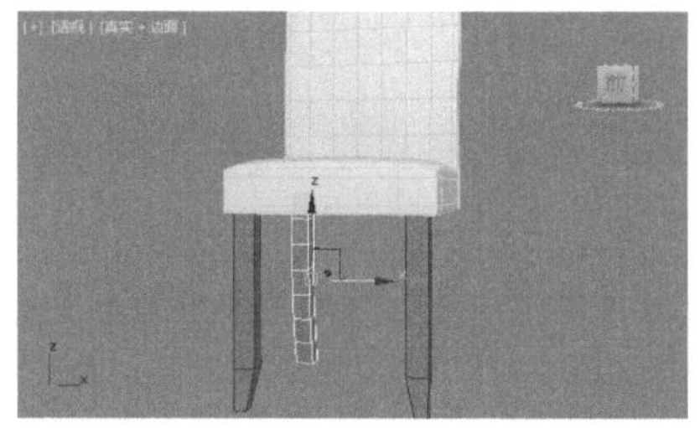
图5-1314

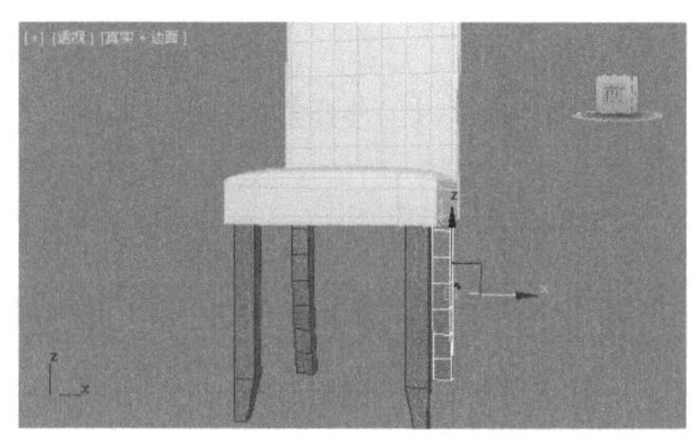
图5-1315

12 此时模型已经创建完成，效果如图5-1316所示。

图5-1316

5.9 多边形建模制作床

文件路径	第5章\多边形建模制作床
难易指数	★★★★★
技术掌握	多边形建模

扫码深度学习

操作思路

本例通过将模型转换为可编辑多边形，并进行编辑操作，制作出床模型。

案例效果

案例效果如图5-1317所示。

图5-1317

操作步骤

实例093 多边形建模制作床——床体

01 在【透】视图中创建如图5-1318所示的长方体。设置【长度】为2000.0mm、【宽度】为1500.0mm、【高度】为150.0mm，如图5-1319所示。

图5-1318

参数	
长度:	2000.0mm
宽度:	1500.0mm
高度:	150.0mm
长度分段:	1
宽度分段:	1
高度分段:	1

图5-1319

02 选择模型，并将模型转换为可编辑多边形，如图5-1320所示。

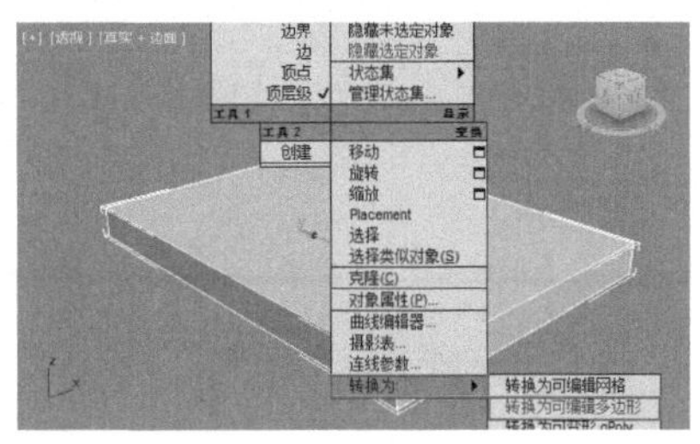

图5-1320

03 进入【边】级别，选择如图5-1321所示的边。单击【连接】后面的【设置】按钮，设置【分段】为1、【滑块】为-98，如图5-1322所示。

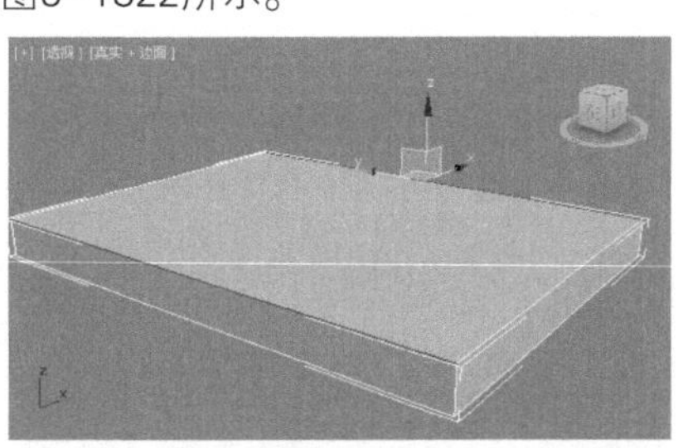

图5-1321

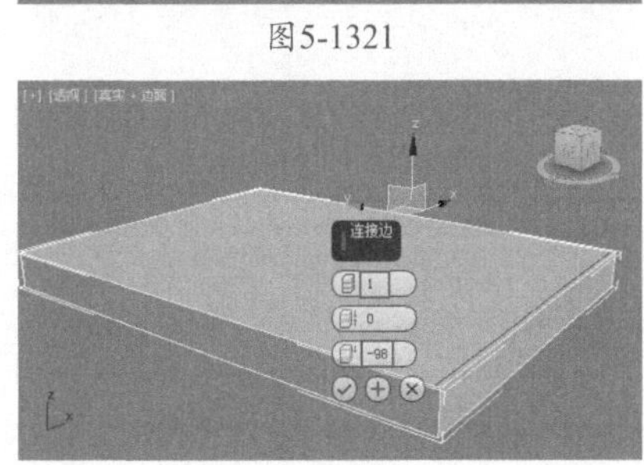

图5-1322

04 选择如图5-1323所示的边。单击【连接】后面的【设置】按钮，设置【分段】为1、【滑块】为-85，如图5-1324所示。

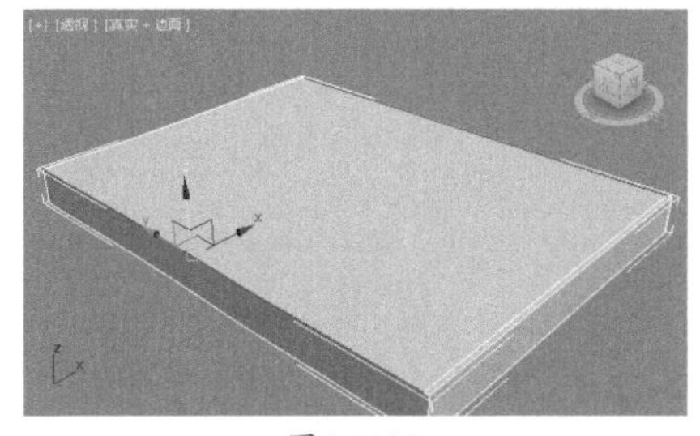

图5-1323

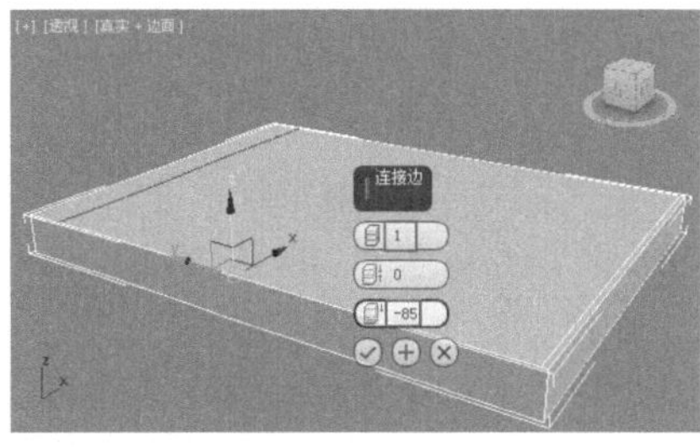

图5-1324

05 选择如图5-1325所示的边。单击【连接】后面的【设置】按钮，设置【分段】为2、【收缩】为97，如图5-1326所示。

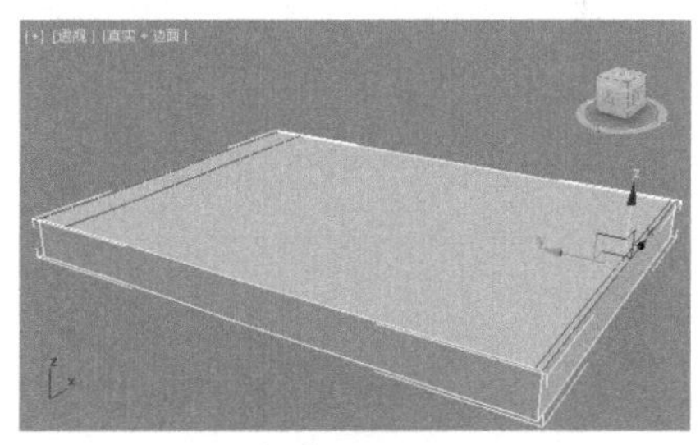

图5-1325

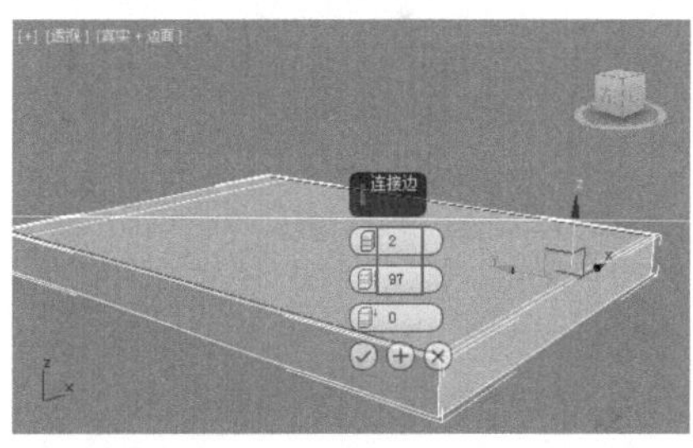

图5-1326

06 进入【多边形】级别，选择如图5-1327所示的多边形。单击【挤出】后面的【设置】按钮，设置【高度】为50.0mm，如图5-1328所示。

07 在【顶】视图中创建如图5-1329所示的切角长方体。设置【长度】为1800.0mm、【宽度】为1450.0mm、【高度】为170.0mm、【圆角】为30.0mm、【长度分段】为2，如图5-1330所示。

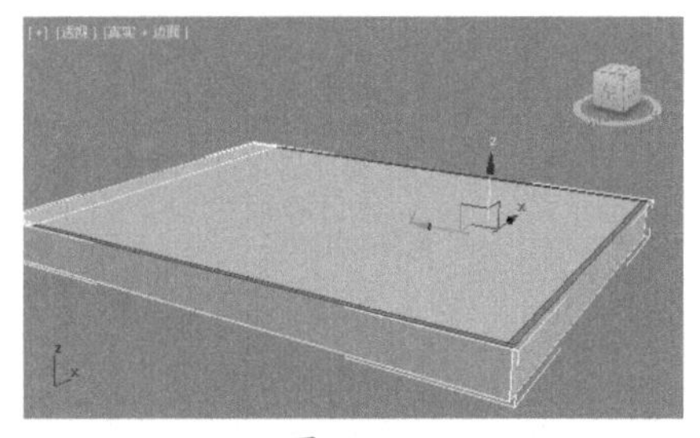
图5-1327

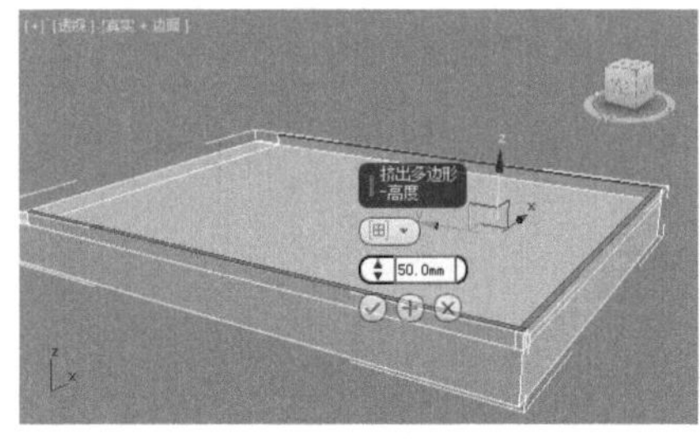
图5-1328

图5-1329

图5-1330

08 将刚创建的模型转换为可编辑多边形，进入【多边形】级别■，选择如图5-1331所示的多边形。接着单击【分离】按钮，在弹出的【分离】对话框中勾选【以克隆对象分离】复选框，最后单击【确定】按钮，如图5-1332所示。

09 取消【多边形】级别，选择刚刚分离的模型，如图5-1333所示。为其加载【壳】修改器，并设置【外部量】为8.0mm，如图5-1334所示。

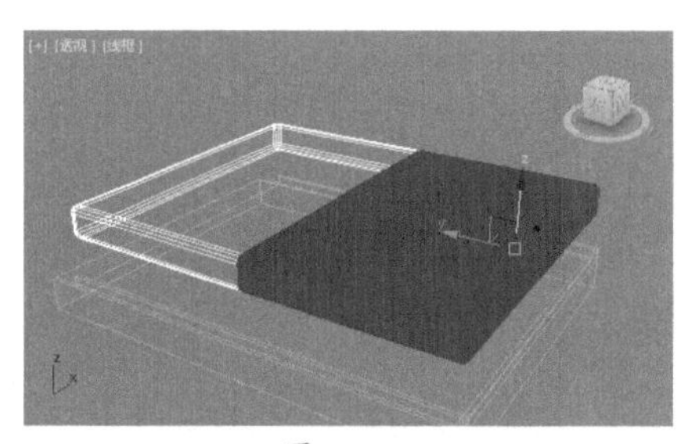
图5-1331

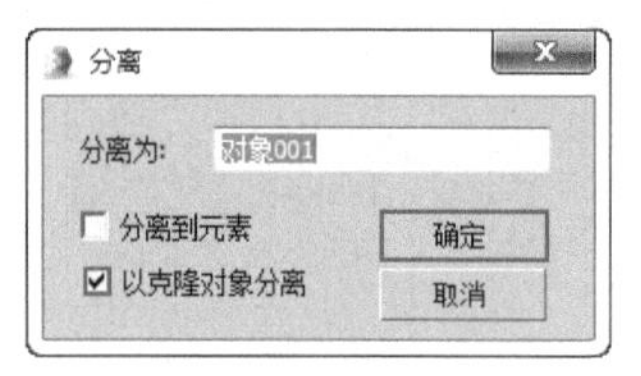

图5-1332

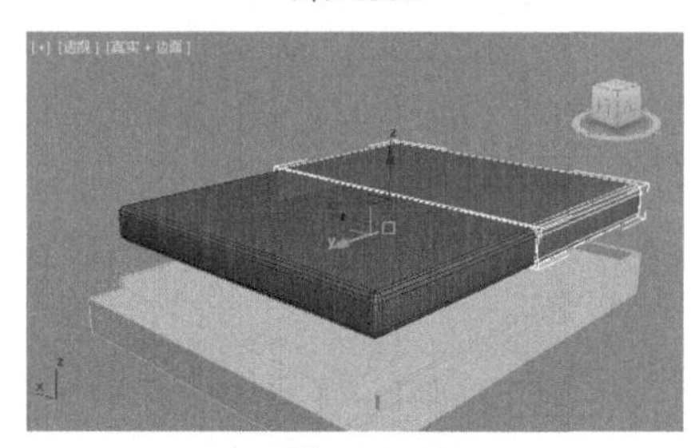
图5-1333

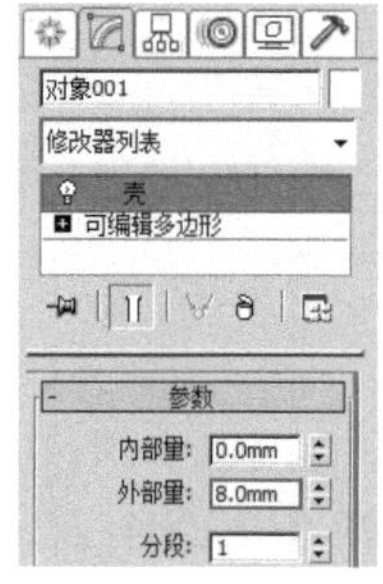

图5-1334

10 接着更换一下模型的颜色，以便于区分，并将模型移动到合适的位置，如图5-1335所示。

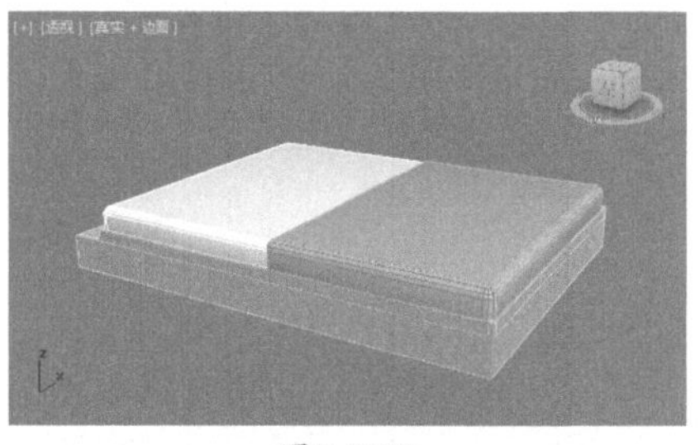
图5-1335

实例094 多边形建模制作床——软包

01 在【顶】视图中创建如图5-1336所示的长方体。设置【长度】为148.5.0mm、【宽度】为1500.0mm、【高度】为900.0mm，如图5-1337所示。

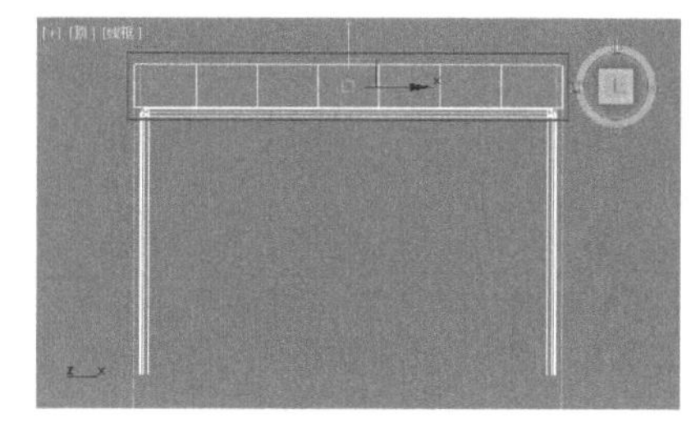
图5-1336

图5-1337

02 将刚创建的模型转换为可编辑多边形，进入【边】级别◁，选择如图5-1338所示的边。单击【连接】后面的【设置】按钮▣，设置【分段】为5、【收缩】为-25、【滑块】为70，如图5-1339所示。

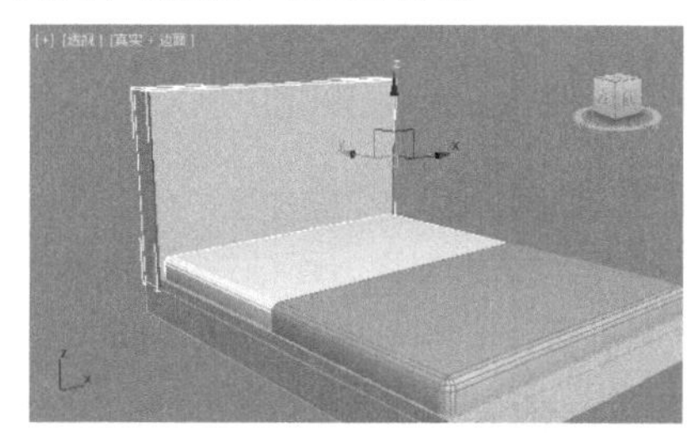
图5-1338

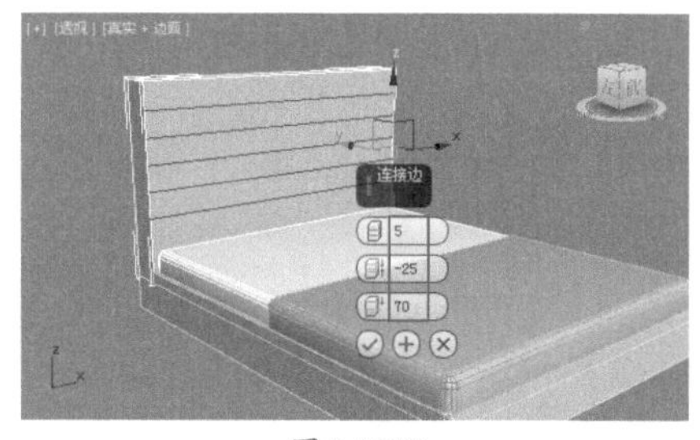

图5-1339

03 选择如图5-1340所示的边。单击【连接】后面的【设置】按钮▣，设置【分段】为13，如图5-1341所示。

04 进入【点】级别⁛，选择如图5-1342所示的点。单击【挤出】后面的【设置】按钮▣，设置【高度】为-30.0mm、【宽度】为30.0mm，如图5-1343所示。

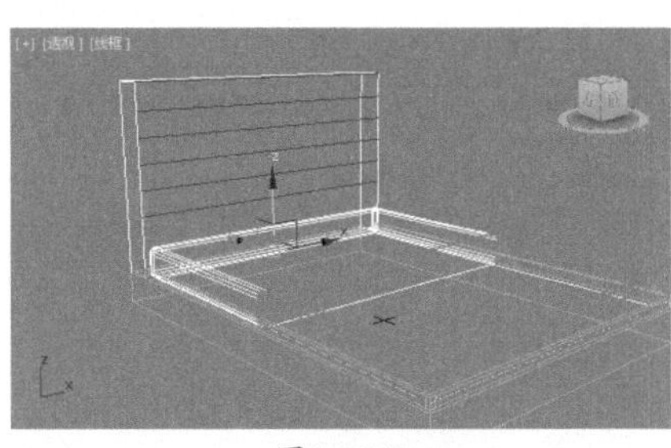

图5-1340

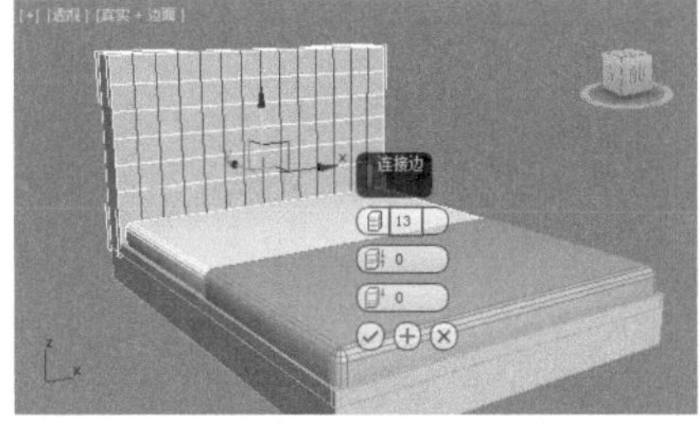

图5-1341

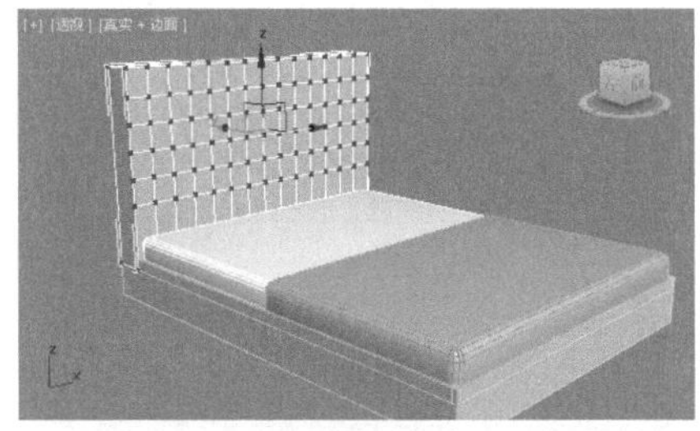

图5-1342

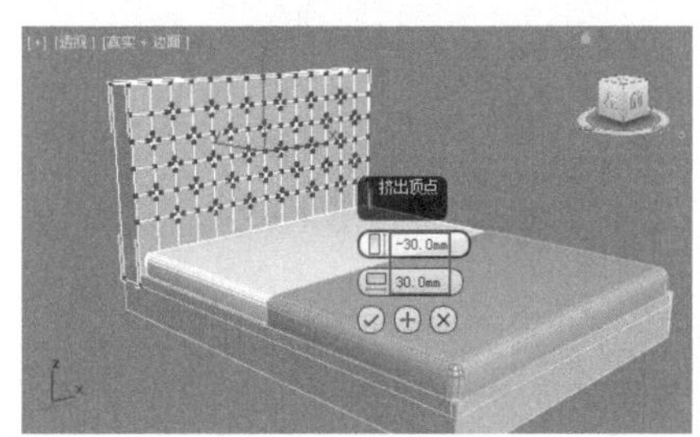

图5-1343

05 单击【切割】按钮，并在【前】视图中切割出如图5-1344所示效果。

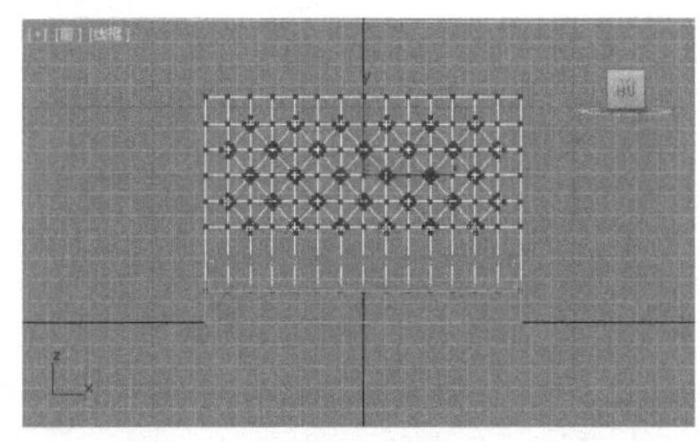

图5-1344

06 进入【边】级别，选择如图5-1345所示的边。单击【挤出】后面的【设置】按钮，设置【高度】为-5.0mm、【宽度】为3.0mm，如图5-1346所示。

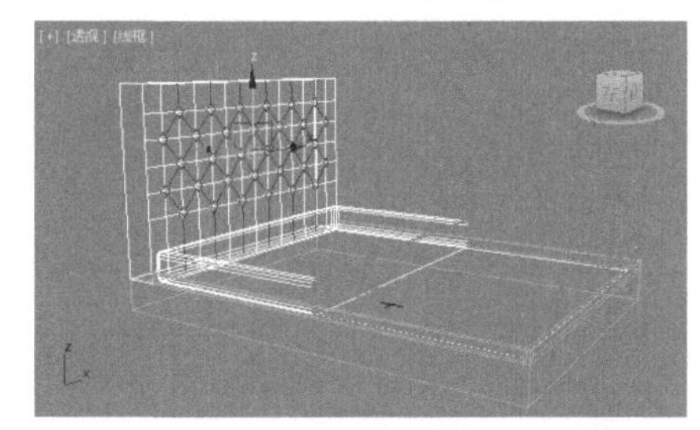

图5-1345

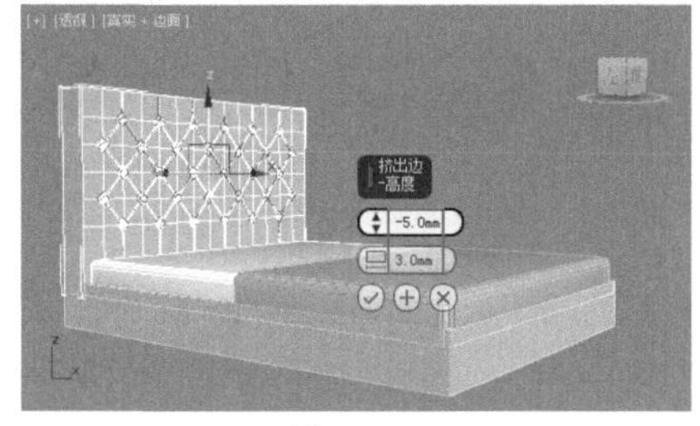

图5-1346

07 进入【边】级别，选择如图5-1347所示的边。单击【切角】后面的【设置】按钮，设置【边切角量】为0.1mm，如图5-1348所示。

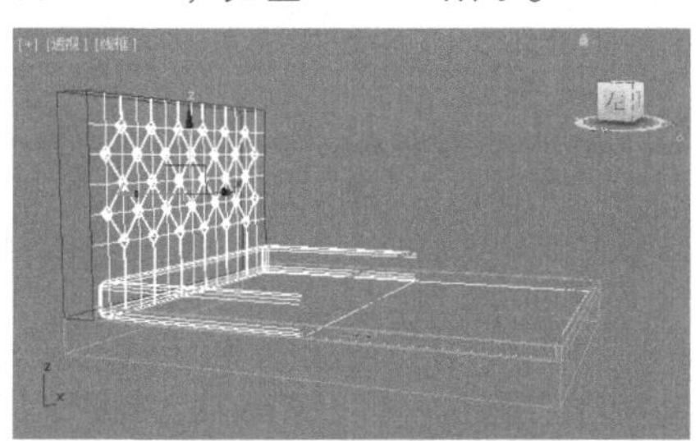

图5-1347

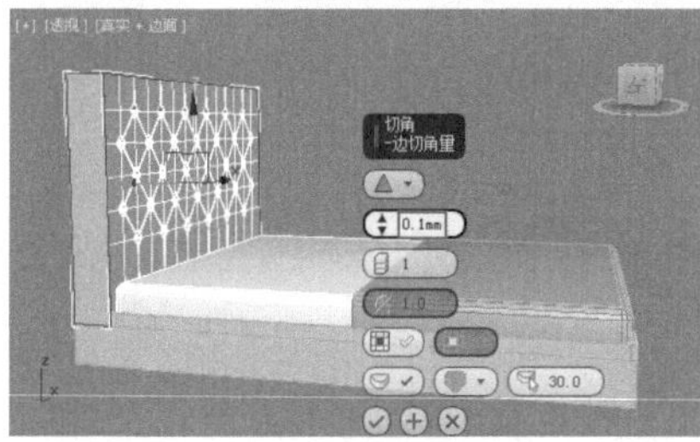

图5-1348

08 取消【边】级别，为模型加载【网格平滑】修改器，并设置【迭代次数】为3，如图5-1349所示。将模型移动到合适的位置，效果如图5-1350所示。

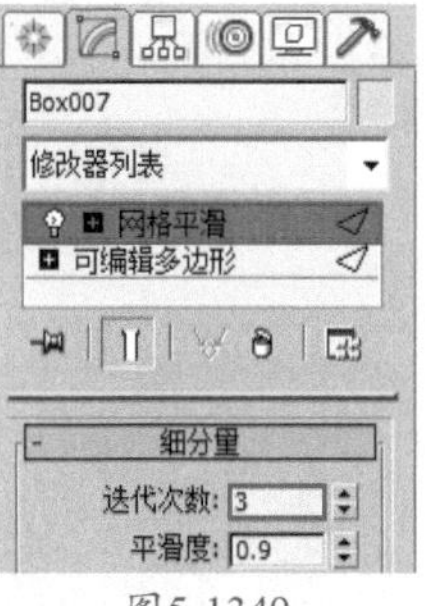

图5-1349

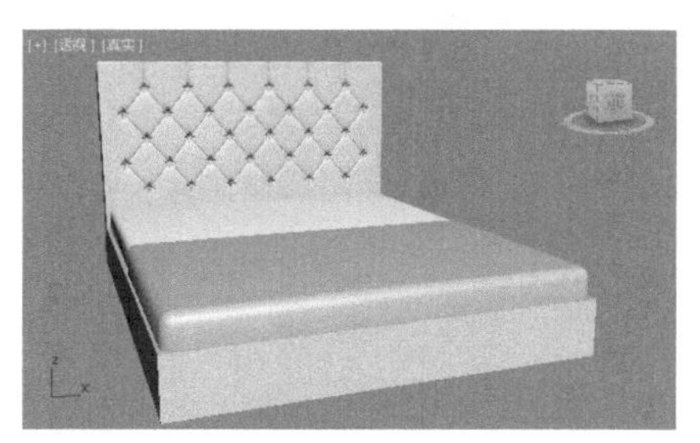

图5-1350

09 在【顶】视图中创建如图5-1351所示的圆锥体。设置【半径1】为20.0mm、【半径2】为50.0mm、【高度】为260.0mm，如图5-1352所示。

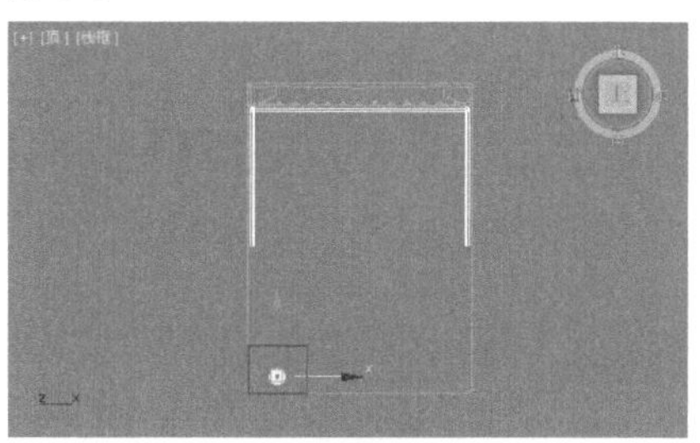

图5-1351

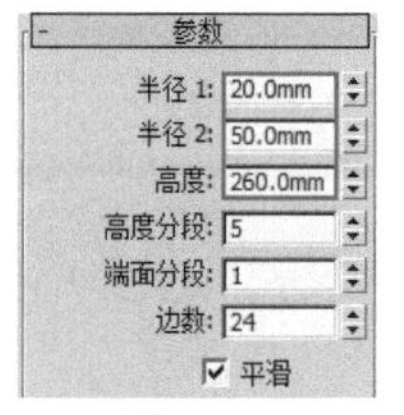

图5-1352

10 选择刚创建的圆锥体，按住Shift键拖动复制出3个圆锥体，如图5-1353所示。将其移动到合适的位置，效果如图5-1354所示。

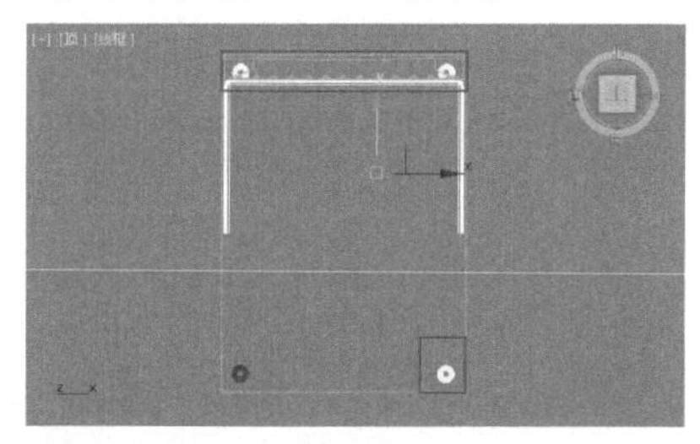

图5-1353

图5-1354

第6章

标准灯光技术

标准灯光是3ds Max最基本的灯光类型。3ds Max主要包括标准灯光和光度学灯光两大类型，其中目标聚光灯、泛光灯、目标平行光、目标灯光是比较常用的灯光类型。

- ◆ 泛光灯、目标聚光灯的使用方法
- ◆ 目标灯光制作室内射灯

/ 佳 / 作 / 欣 / 赏 /

实例095 泛光灯制作灯罩灯光

文件路径	第6章\泛光灯制作灯罩灯光
难易指数	★★★★★
技术掌握	● 泛光 ● VR-灯光

扫码深度学习

操作思路

本例通过创建【泛光】制作灯罩灯光，使用【VR-灯光】制作室内辅助光源。

案例效果

案例效果如图6-1所示。

图6-1

操作步骤

01 打开本书配备的“第6章\泛光灯制作灯罩灯光\01.max”文件，如图6-2所示。

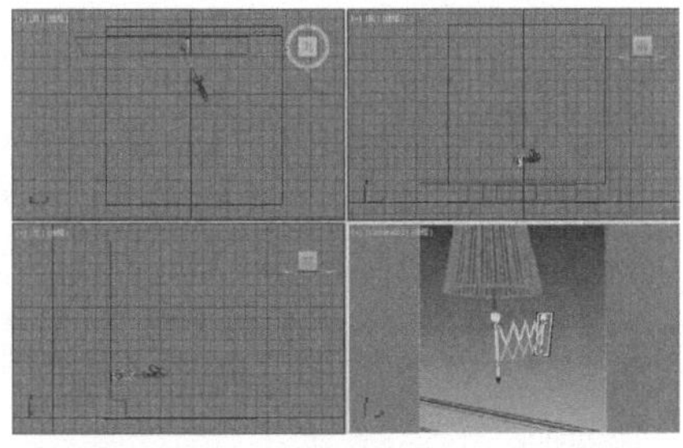

图6-2

02 单击 （创建）| （灯光）| 标准 | 泛光 按钮，如图6-3所示。

图6-3

03 在【前】视图中创建一盏泛光，其具体位置如图6-4所示。

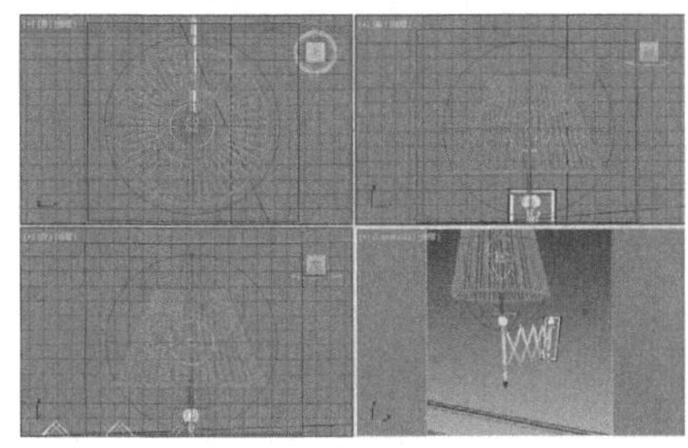

图6-4

04 选择上一步创建的泛光，在【阴影】选项组下勾选【启用】复选框，在下拉菜单中选择【VR-阴影】。在【强度/颜色/衰减】卷展栏下设置【倍增】为50.0，设置【颜色】为橘色。在【衰退】选项组下设置【开始】为1016.0mm，在【远距衰减】选项组下勾选【使用】、【显示】复选框，设置【开始】为15.0mm、【结束】为60.0mm。在【VRay阴影参数】选项组下设置【U大小】、【V大小】和【W大小】均为254.0mm，如图6-5所示。

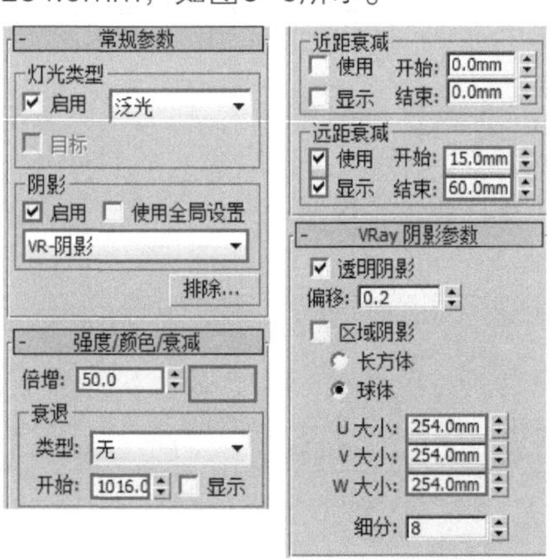

图6-5

05 单击 （创建）| （灯光）| VRay | VR-灯光 按钮，如图6-6所示。在【左】视图中创建VR灯光，具体的位置如图6-7所示。

图6-6

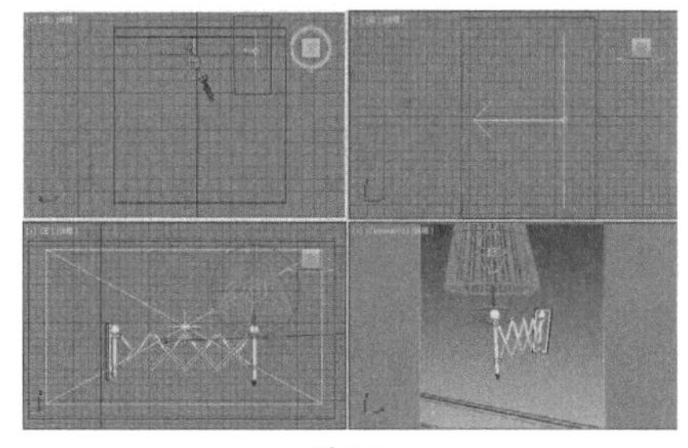

图6-7

06 选择上一步创建的VR灯光，在【常规】选项组下设置【类型】为【平面】，在【强度】选项组下调节【倍增】为3.0，调节【颜色】为蓝色，在【大小】选项组下设置【1/2长】为185.0mm、【1/2宽】为100.0mm。在【选项】选项组下勾选【不可见】复选框，在【采样】选项组下设置【细分】为16、【阴影偏移】为0.508mm，如图6-8所示。

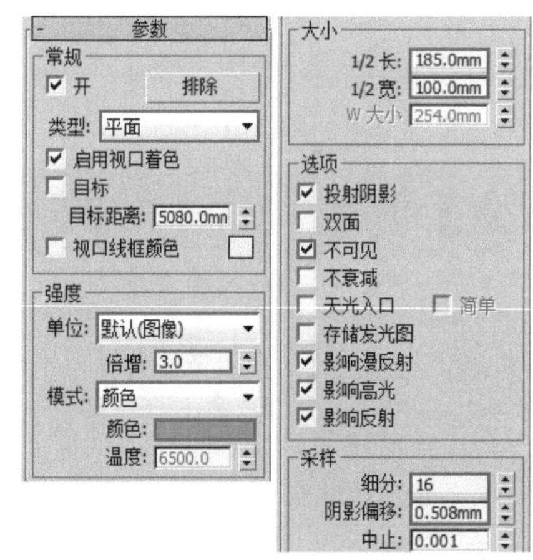

图6-8

07 最终的渲染效果如图6-9所示。

图6-9

实例096 泛光灯制作壁灯

文件路径	第6章\泛光灯制作壁灯
难易指数	★★★★★
技术掌握	● 泛光 ● VR-灯光
 扫码深度学习	

操作思路

本例通过创建【泛光】制作壁灯灯光，使用【VR-灯光】制作室内辅助光源。

案例效果

案例效果如图6-10所示。

图6-10

操作步骤

01 打开本书配备的“第6章\泛光灯制作壁灯\02.max”文件，如图6-11所示。

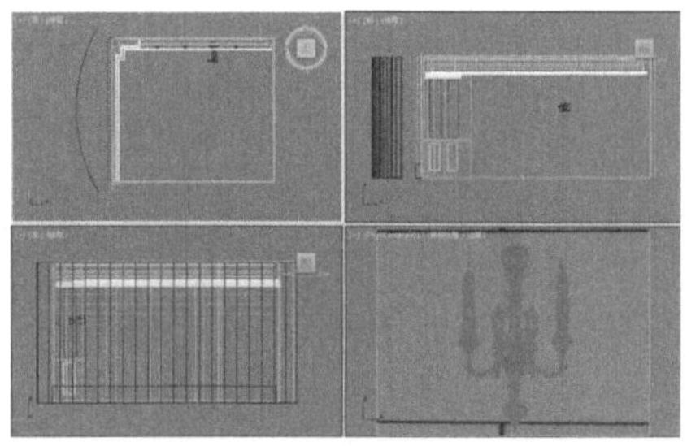

图6-11

02 单击（创建）|（灯光）|标准|泛光按钮，如图6-12所示。

图6-12

03 在【前】视图中创建一盏泛光，如图6-13所示。在【阴影】选项组下勾选【启用】和【使用全局设置】复选框，在下拉菜单中选择【VR-阴影】。【强度/颜色/衰减】卷展栏下设置【倍增】为8.0，设置【颜色】为橘色，在【衰退】选项组下设置【开始】为40.0mm，在【远距衰减】选项组下勾选【使用】、【显示】复选框，设置【结束】为200.0mm。在【VRay阴影参数】选项组下勾选【区域阴影】复选框，设置【U大小】、【V大小】和【W大小】均为30.0mm，【细分】为30，如图6-14所示。

04 选择上一步中的泛光灯，使用【选择并移动】工具向右复制1盏，不需要进行参数的调整。其具体位置如图6-15所示。

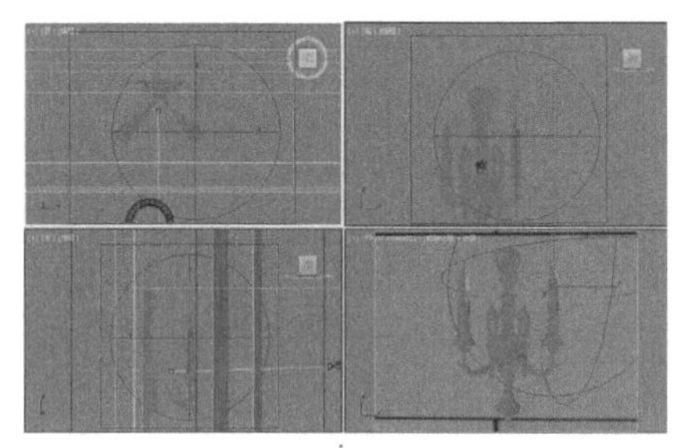

图6-13

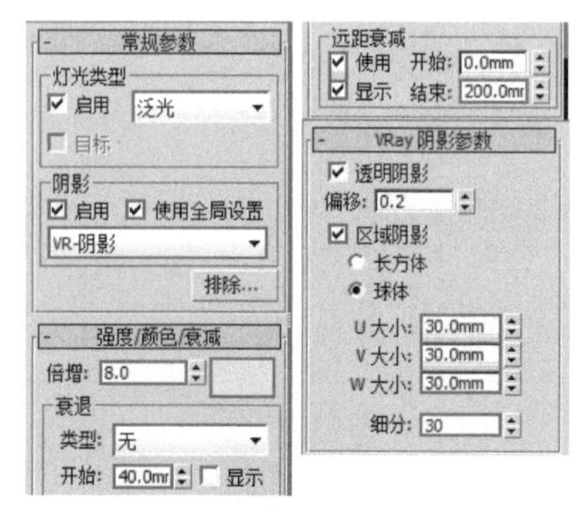

图6-14

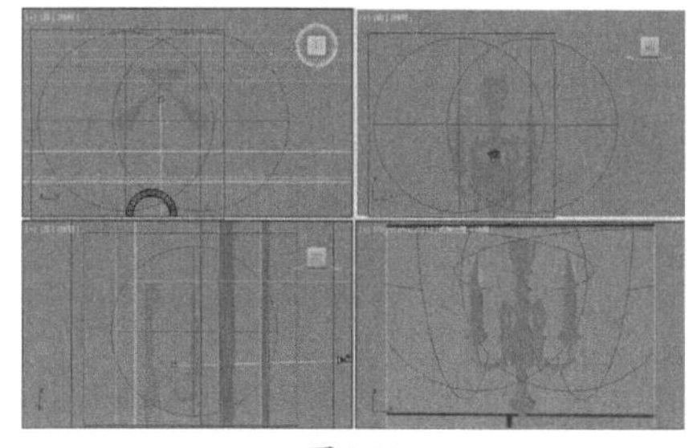

图6-15

> **提示 每类灯光都有多种阴影类型，需要选择更适合的**
>
> 一般在制作室内外效果图时，大部分用户需要安装VRay渲染器，因为可以快速得到非常真实的渲染效果，所以推荐使用【VR-阴影】。特别注意的是，【VR-阴影】与【VR-阴影贴图】是两种不同的类型，不要混淆。并且在设置这些参数之前，首先需要勾选【阴影】下的【启用】复选框，才可以发挥阴影的作用，如图6-16所示。
>
> 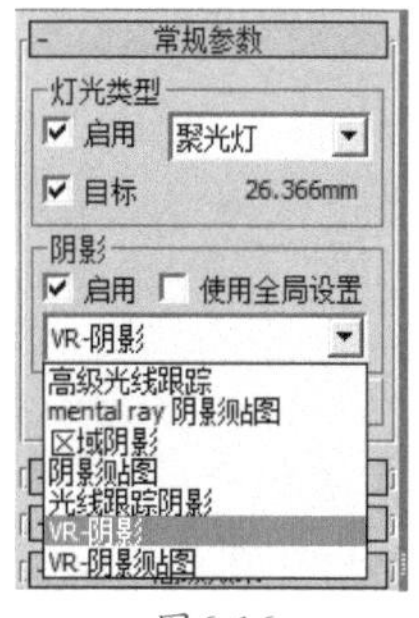
>
>
> 图6-16

05 单击（创建）|（灯光）|VRay|VR-灯光按钮，如图6-17所示。在【左】视图中创建VR灯光，具体的位置如图6-18所示。

图6-17

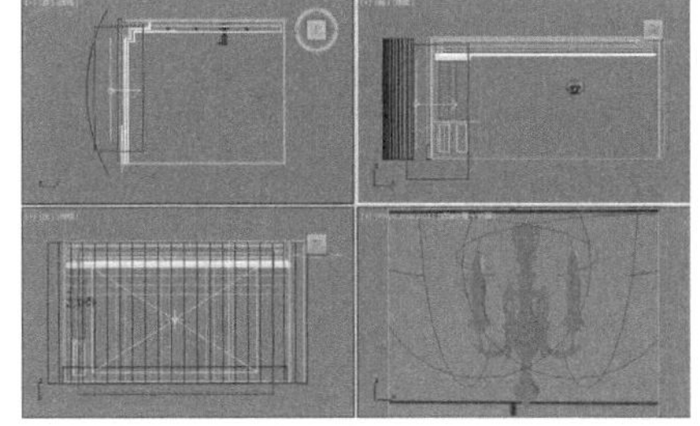

图6-18

06 选择上一步创建的VR灯光，在【常规】选项组下设置【类型】为【平面】，在【强度】选项组下调节【倍增】为6.0，调节【颜色】为淡蓝色，在【大小】选项组下设置【1/2长】为2200.0mm、【1/2宽】为1350.0mm。在【选项】选项组下勾选【不可见】复选框，在【采样】选项组下设置【细分】为30，如图6-19所示。

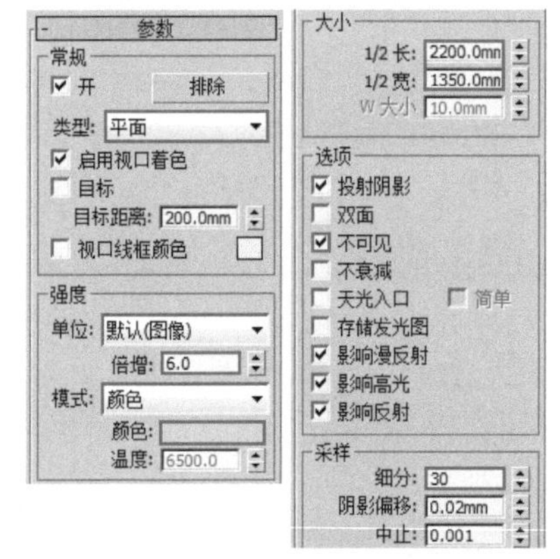

图6-19

07 最终的渲染效果如图6-20所示。

图6-20

实例097　目标聚光灯制作落地灯灯光

文件路径	第6章\目标聚光灯制作落地灯灯光
难易指数	★★★★★
技术掌握	目标聚光灯、泛光、VR-灯光

扫码深度学习

操作思路

本例通过创建【目标聚光灯】制作落地灯灯光向下照射，使用【泛光】制作灯罩灯光，使用【VR-灯光】制作室内辅助光源。

案例效果

案例效果如图6-21所示。

图6-21

操作步骤

01 打开本书配备的“第6章\目标聚光灯制作落地灯灯光\03.max”文件，如图6-22所示。

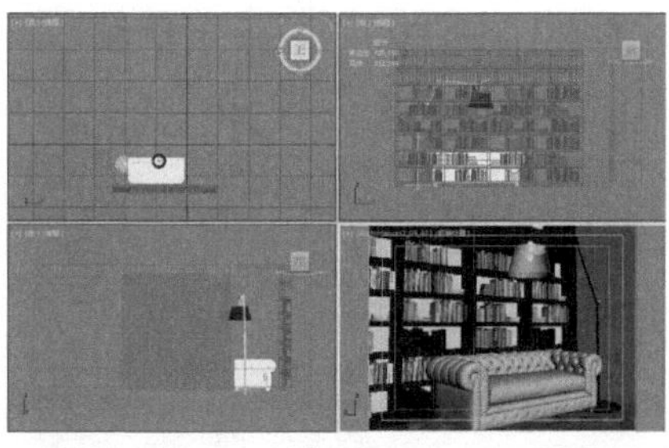

图6-22

02 单击（创建）|（灯光）|标准 | 目标聚光灯 按钮，如图6-23所示。

图6-23

03 在【左】视图中拖曳创建一盏目标聚光灯，其具体位置如图6-24所示。

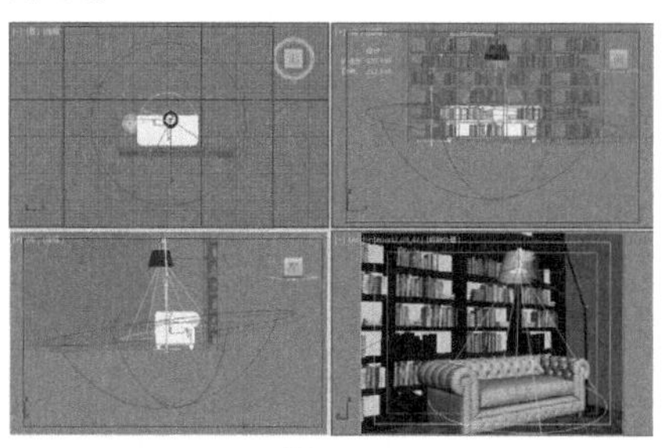

图6-24

04 选择上一步创建的目标聚光灯，在【阴影】选项组下勾选【启用】复选框，选择【VR-阴影】选项；在【强度/颜色/衰减】选项组下设置【倍增】为5，设置【颜色】为橘色；在【远距衰减】选项组下勾选【使用】复选框，分别设置【开始】为0.0mm、【结束】为100.0mm；在【聚光灯参数】选项组下设置【聚光区/光束】为69.6、【衰减区/区域】为123.9，如图6-25所示。

图6-25

05 单击（创建）|（灯光）|标准 | 泛光 按钮，如图6-26所示。在【顶】视图中创建泛光灯，具体的位置如图6-27所示。

图6-26

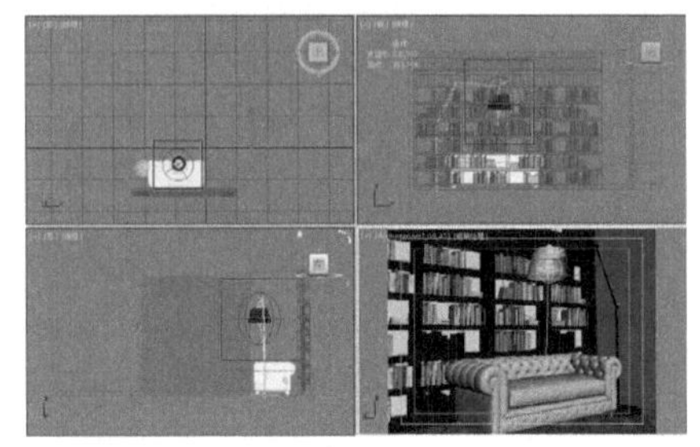

图6-27

06 选择上一步创建的泛光灯，然后在【修改】面板下设置其具体的参数，在【强度/颜色/衰减】选项组下调节【倍增】为4，调节【颜色】为橘色。在【远距衰减】选项组下勾选【使用】、【显示】复选框，设置【开始】为5.0mm、【结束】为20.0mm，如图6-28所示。

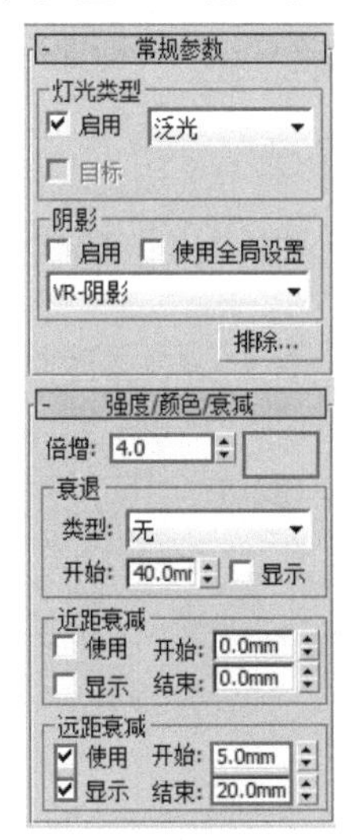

图6-28

07 单击（创建）|（灯光）| VRay | VR-灯光 按钮，如图6-29所示。在【前】视图中创建VR灯光，具体的位置如图6-30所示。

图6-29

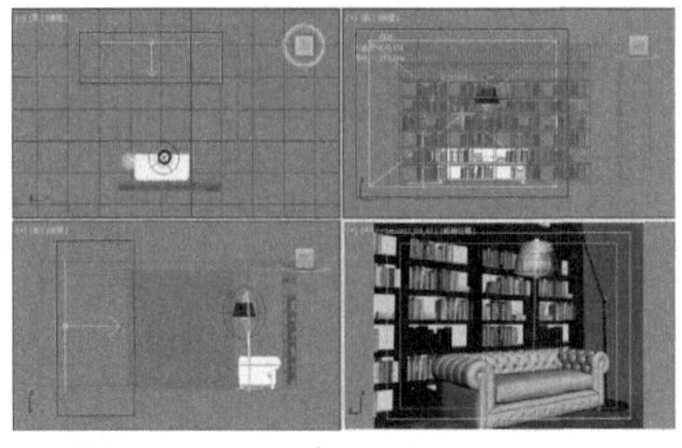

图6-30

08 选择上一步创建的VR灯光，在【常规】选项组下设置【类型】为【平面】；在【强度】选项组下调节【倍增】为3.0，调节【颜色】为蓝色；在【大小】选项组下设置【1/2长】为66.481mm、【1/2宽】为50.669mm；在【选项】选项组下勾选【不可见】复选框，如图6-31所示。

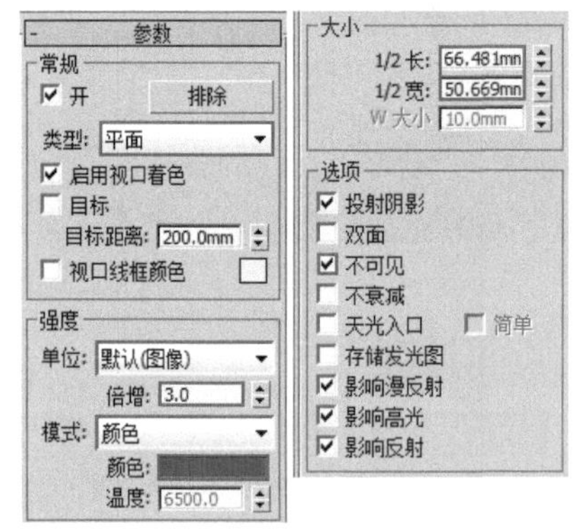

图6-31

09 最终的渲染效果如图6-32所示。

图6-32

实例098 目标平行光制作太阳光

文件路径	第6章\目标平行光制作太阳光
难易指数	★★★★★
技术掌握	● 目标平行灯 ● VR-灯光

扫码深度学习

操作思路

本例通过创建【目标平行光】制作室外日光效果，使用【VR-灯光】制作窗口处窗外向窗内照射的光线。

案例效果

案例效果如图6-33所示。

图6-33

操作步骤

01 打开本书配备的“第6章\目标平行光制作太阳光\04.max”文件，如图6-34所示。

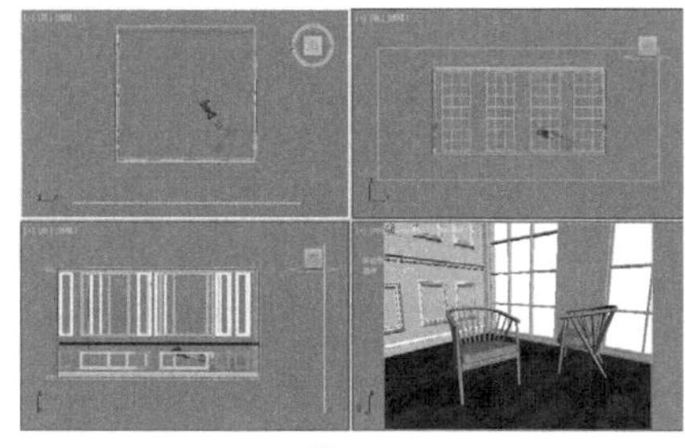

图6-34

02 单击（创建）|（灯光）| 标准 | 目标平行光 按钮，如图6-35所示。

图6-35

03 在【顶】视图中拖曳创建一盏目标平行光，其具体位置如图6-36所示。

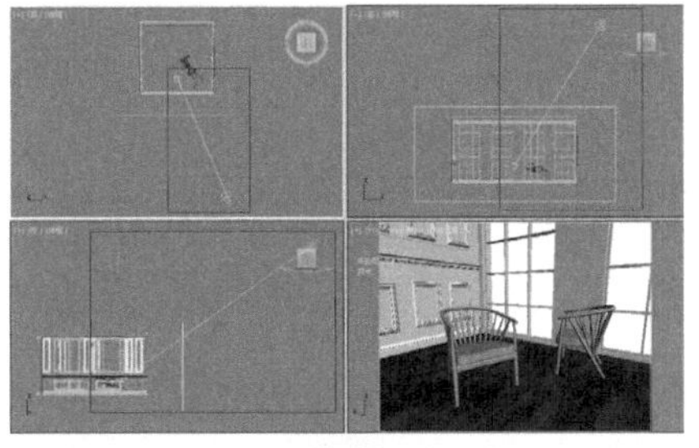

图6-36

04 选择上一步创建的目标平行光，在【阴影】选项组下勾选【启用】复选框，选择【VR-阴影】选项；在【强度/颜色/衰减】选项组下设置【倍增】为1.6；在【平行光参数】选项组下设置【聚光区/光束】为5000.0mm、【衰减区/区域】为5002.0mm，如图6-37所示。

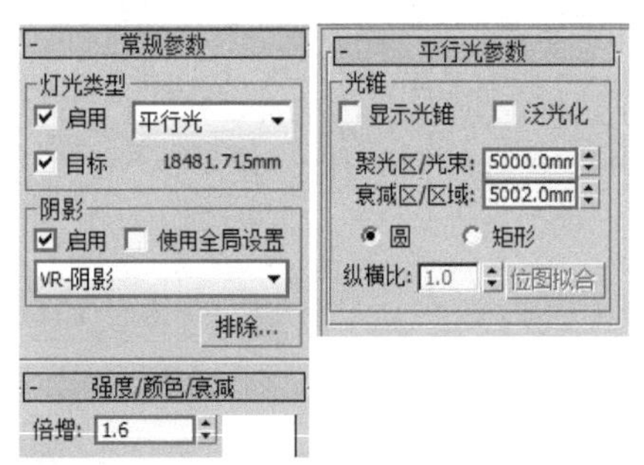

图6-37

05 单击 （创建）|（灯光）| VRay | VR-灯光 按钮，如图6-38所示。在【前】视图中创建VR灯光，具体的位置如图6-39所示。

06 选择上一步创建的VR灯光，在【常规】选项组下设置【类型】为【平面】，在【强度】选项组下调节【倍增】为10.0，在【大小】选项组下设置【1/2长】为745.0mm、【1/2宽】为1950.0mm，勾选【不可见】复选框，在【采样】选项组下设置【细分】为15，如图6-40所示。

图6-38

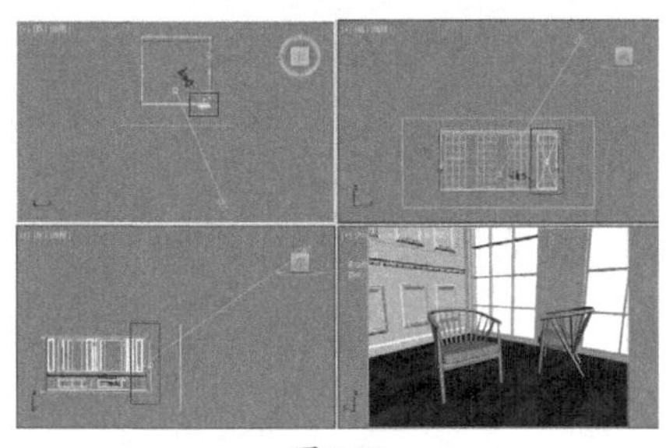

图6-39

图6-40

07 将上一步中创建的VR灯光，使用【选择并移动】工具复制3盏，不需要进行参数的调整。其具体位置如图6-41所示。

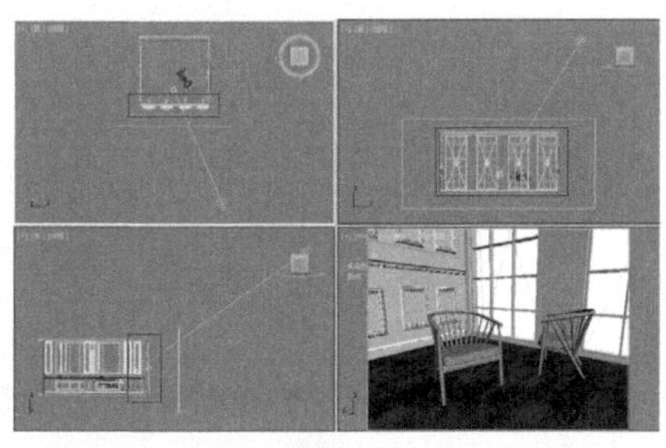

图6-41

08 最终的渲染效果如图6-42所示。

图6-42

实例099 自由灯光制作壁灯效果

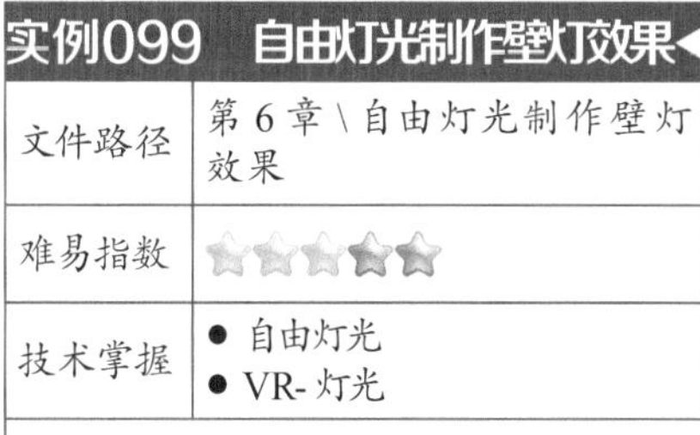

文件路径	第6章\自由灯光制作壁灯效果
难易指数	★★★★★
技术掌握	● 自由灯光 ● VR-灯光

扫码深度学习

操作思路

本例通过创建【自由灯光】制作射灯效果，使用【VR-灯光】制作室内辅助灯光。

案例效果

案例效果如图6-43所示。

图6-43

操作步骤

01 打开本书配备的“第6章\自由灯光制作壁灯效果\05.max”文件，如图6-44所示。

02 单击 （创建）|（灯光）| 光度学 | 自由灯光 按钮，如图6-45所示。

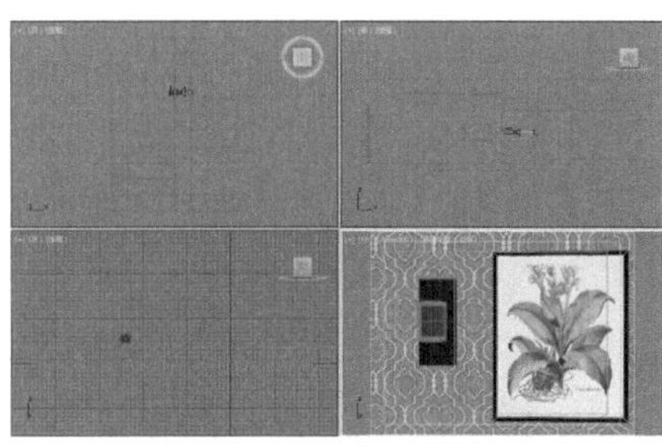

图6-44

图6-45

03 在【顶】视图中创建一盏自由灯光，其具体位置如图6-46所示。

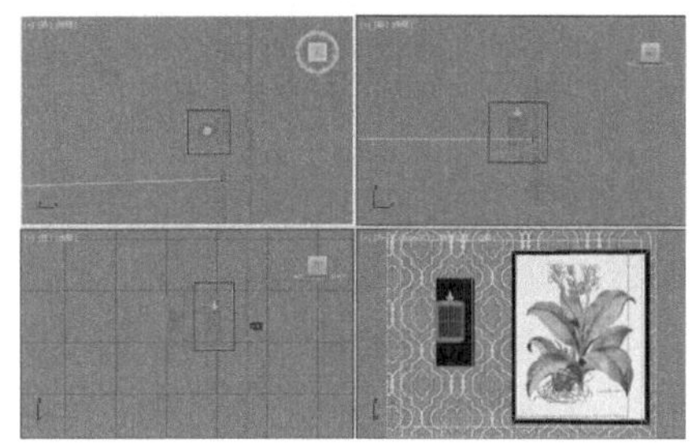

图6-46

04 选择上一步创建的自由灯光，展开【常规参数】卷展栏，在【阴影】选项组下勾选【启用】复选框，并设置【阴影类型】为【VR-阴影】，设置【灯光分布（类型）】为【光度学Web】。展开【分布（光度学Web）】卷展栏，并在通道上加载【壁灯.ies】文件。展开【强度/颜色/衰减】卷展栏，设置【过滤颜色】为橘色、【强度】为lm和2.0。展开【VRay阴影参数】卷展栏，勾选【区域阴影】复选框、设置【U大小】、【V大小】和【W大小】均为50.0mm，【细分】为20，如图6-47所示。

05 将上一步中创建的VR灯光，使用【镜像】工具，沿Y轴复制1盏，如图6-48所示。不需要进行参数的调整，其具体位置如图6-49所示。

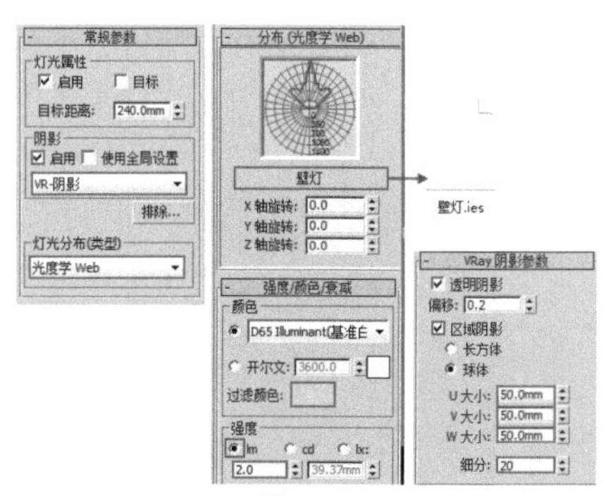

图6-47

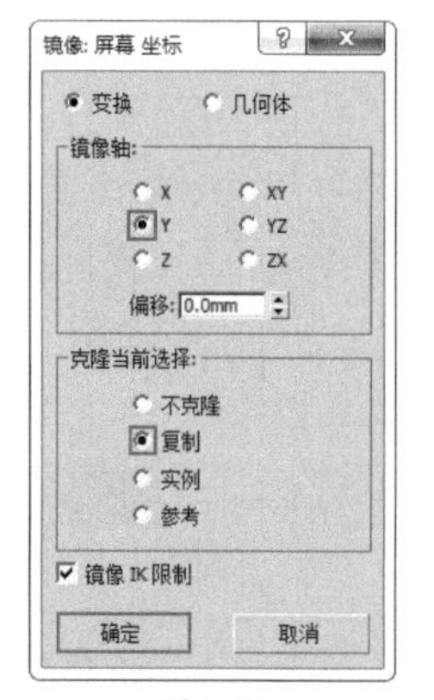

图6-48

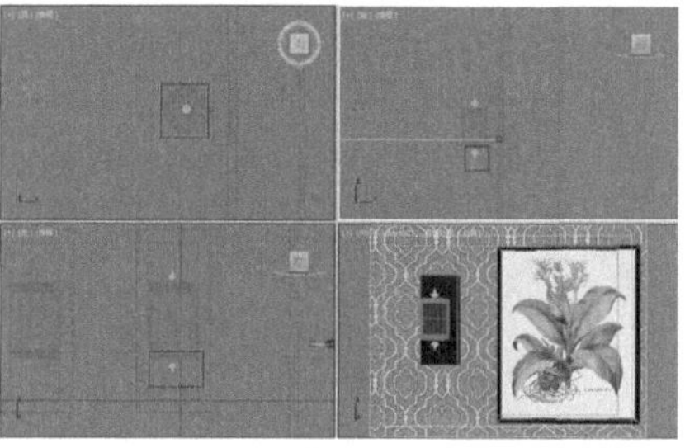

图6-49

06 单击（创建）|（灯光）|VRay|VR-灯光按钮，如图6-50所示。在【左】视图中创建VR灯光，具体的位置如图6-51所示。

图6-50

07 选择上一步创建的VR灯光，在【常规】选项组下设置【类型】为【平面】；在【强度】选项组下设置【倍增】为2.0，调节【颜色】为蓝色；在【大小】选项组下设置【1/2长】为66.619mm、【1/2宽】为30.12mm；勾选【不可见】复选框，如图6-52所示。

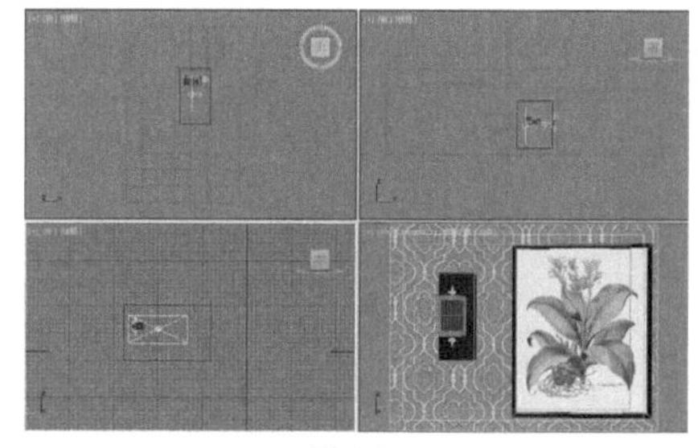

图6-51

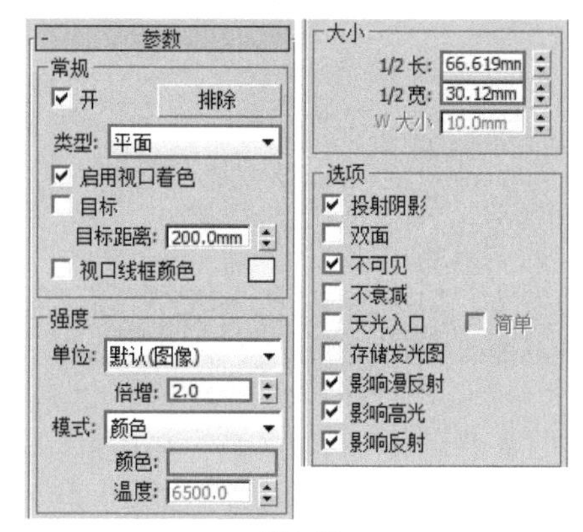

图6-52

08 最终的渲染效果如图6-53所示。

图6-53

实例100 泛光灯制作壁炉

文件路径	第6章\泛光灯制作壁炉
难易指数	★★★★★
技术掌握	● 泛光 ● VR-灯光

扫码深度学习

操作思路

本例通过创建【泛光】制作壁炉火焰效果，使用【VR-灯光】制作室内辅助灯光。

案例效果

案例效果如图6-54所示。

图6-54

操作步骤

01 打开本书配备的“第6章\泛光灯制作壁炉\06.max”文件，如图6-55所示。

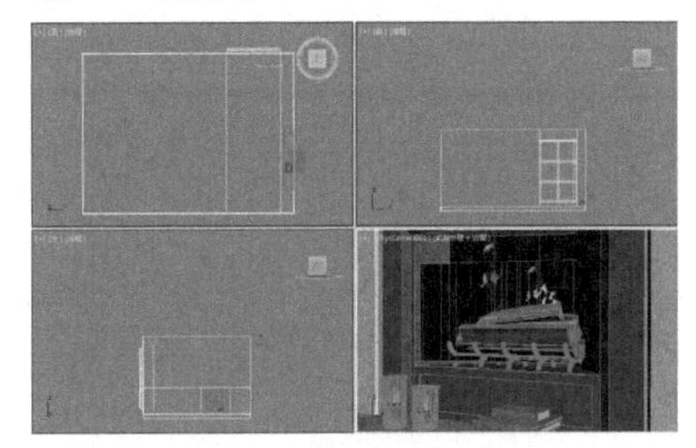

图6-55

02 单击（创建）|（灯光）| 标准 | 泛光 按钮，如图6-56所示。

图6-56

03 在【顶】视图中创建一盏泛光，其具体位置如图6-57所示。

04 选择上一步创建的泛光灯，在【阴影】选项组下勾选【启用】复选框。在【强度/颜色/衰减】卷展栏下设置【倍增】为30.0，设置【颜色】为橘色，在【衰退】选项组下设置【开始】为40.0mm；在【远距衰减】选项组下勾选【使用】、【显示】复选框，设置【开始】为2.0mm、【结束】为8.0mm，如图6-58所示。

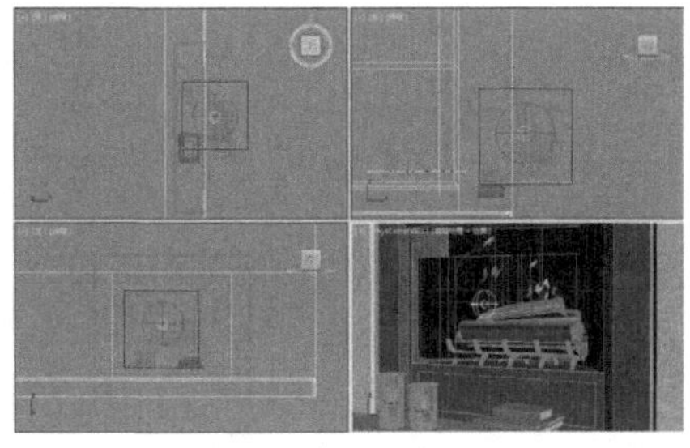

图6-57

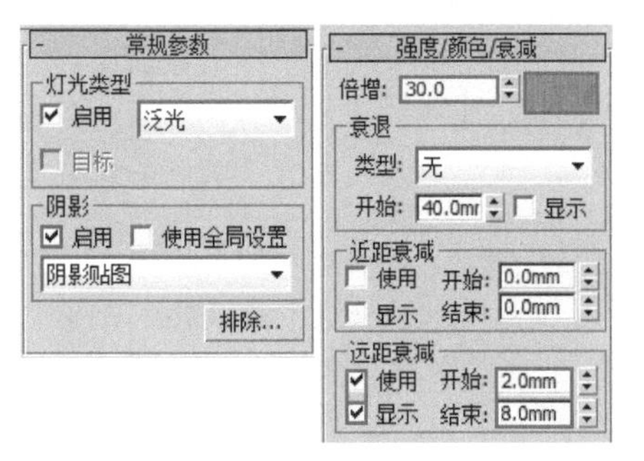

图6-58

05 选择上一步创建的泛光灯，使用【选择并移动】工具复制1盏，不需要进行参数的调整。其具体位置如图6-59所示。

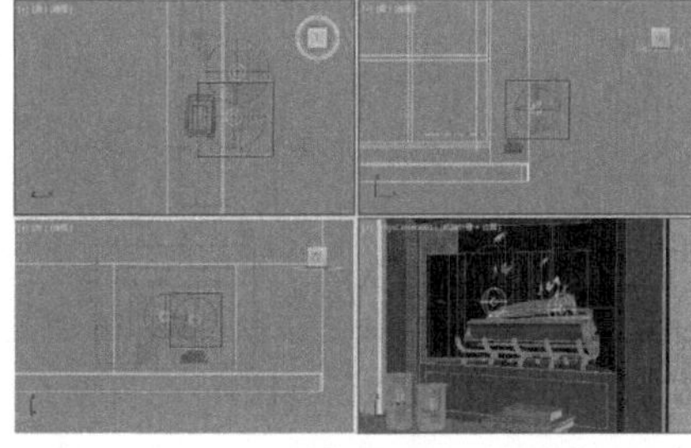

图6-59

06 单击（创建）|（灯光）| VRay | VR-灯光 按钮，如图6-60所示。在【前】视图中创建VR灯光，具体的位置如图6-61所示。

图6-60

07 选择上一步创建的VR灯光，在【常规】选项组下设置【类型】为【平面】，在【强度】选项组下调节【倍增】为5.0，调节【颜色】为淡蓝色；在【大小】选项组下设置【1/2长】为30.0mm、【1/2宽】为50.0mm。在【选项】选项组下勾选【不可见】复选框，在【采样】选项组下设置【细分】为15，如图6-62所示。

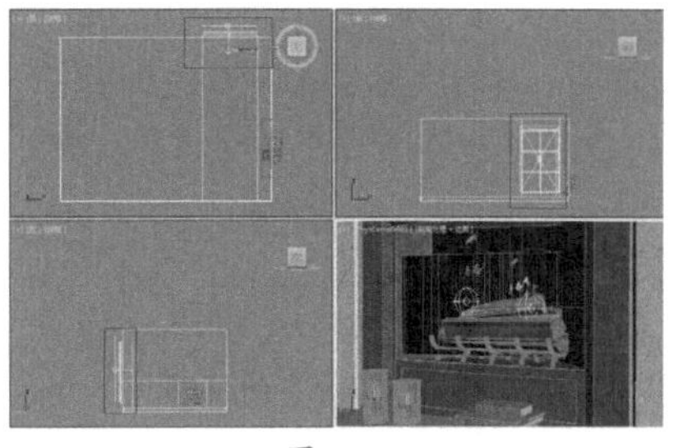

图6-61

图6-62

08 最终的渲染效果如图6-63所示。

图6-63

实例101 目标灯光制作筒灯

文件路径	第6章\目标灯光制作筒灯
难易指数	★★★★★
技术掌握	● 目标灯光 ● VR-灯光

扫码深度学习

操作思路

本例通过创建【目标灯光】制作射灯效果，使用【VR-灯光】制作室内辅助灯光。

案例效果

案例效果如图6-64所示。

图6-64

操作步骤

01 打开本书配备的“第6章\目标灯光制作筒灯\07.max”文件，如图6-65所示。

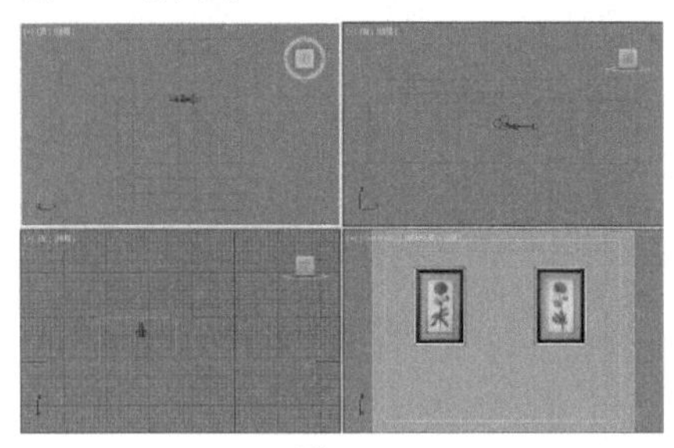

图6-65

02 单击（创建）|（灯光）| 光度学 | 目标灯光 按钮，如图6-66所示。

图6-66

03 在【左】视图中创建一盏目标灯光，其具体位置如图6-67所示。

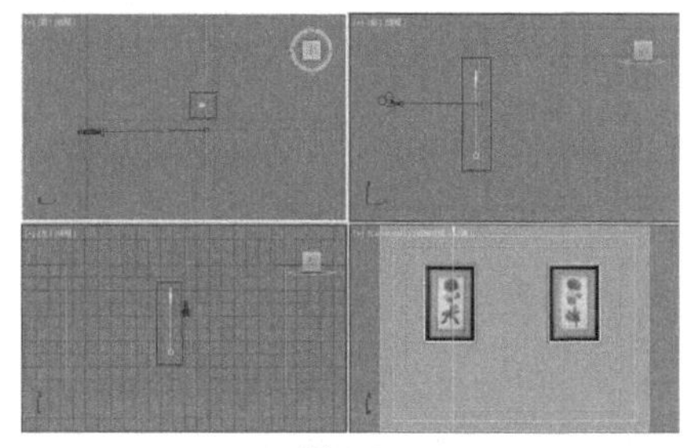

图6-67

04 选择上一步创建的目标灯光，展开【常规参数】卷展栏，在【阴影】选项组下勾选【启用】复选框并设置为【VR–阴影】，设置【灯光分布（类型）】为【光度学Web】。展开【分布（光度学Web）】卷展栏，并在通道上加载【小射灯.ies】文件。展开【强度/颜色/衰减】卷展栏，设置【过滤颜色】为浅橘色、【强度】为cd和40.0。设置【从（图形）发射光线】为【点光源】。展开【VRay阴影参数】卷展栏，勾选【区域阴影】复选框、设置【细分】为15，如图6-68所示。

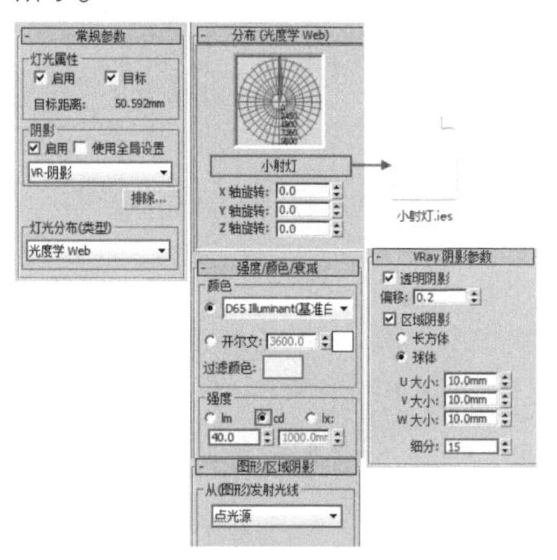

图6-68

05 选择上一步创建的目标灯光，使用【选择并移动】工具复制1盏，不需要进行参数的调整。其具体位置如图6-69所示。

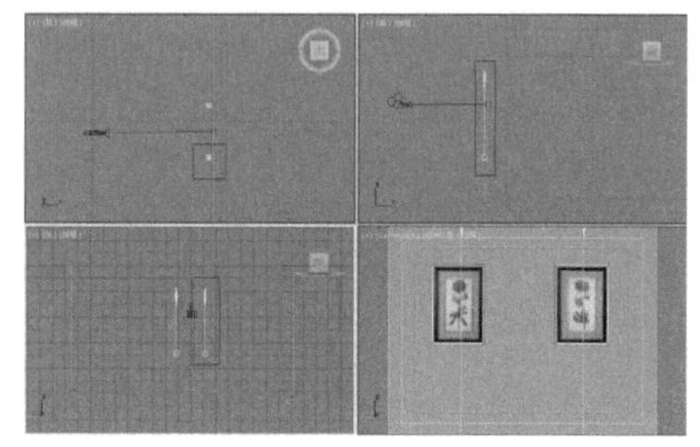

图6-69

06 单击（创建）|（灯光）| VRay | VR-灯光 按钮，如图6-70所示。在【左】视图中创建VR–灯光，具体的位置如图6-71所示。

图6-70

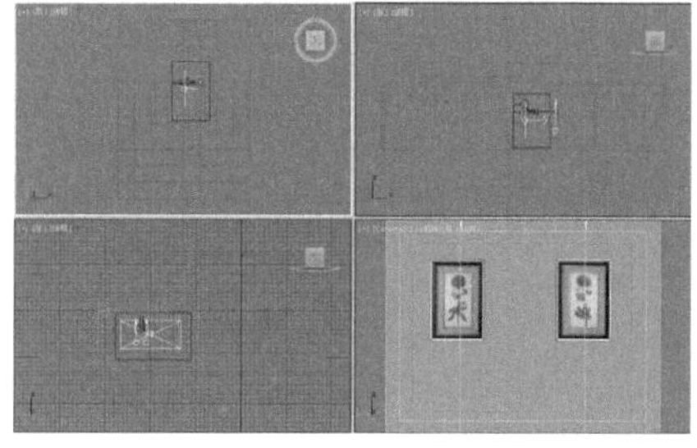

图6-71

07 选择上一步创建的VR灯光，然后在【修改】面板下设置其具体的参数，如图7-101所示。在【常规】选项组下设置【类型】为【平面】，在【强度】选项组下调节【倍增】为2.0，调节【颜色】为蓝色；在【大小】选项组下设置【1/2长】为66.619mm、【1/2宽】为30.12mm；在【选项】选项组下勾选【不可见】复选框，如图6-72所示。

08 最终的渲染效果如图6-73所示。

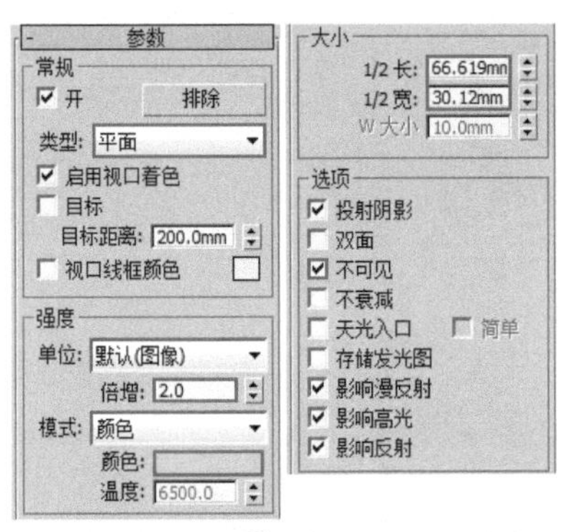

图6-72

图6-73

实例102 目标平行光制作黄昏

文件路径	第 6 章 \ 目标平行光制作黄昏
难易指数	★★★★★
技术掌握	● 目标平行光 ● VR- 灯光

扫码深度学习

操作思路

本例通过创建【目标平行光】制作日光效果，使用【VR-灯光】制作室内辅助灯光。

案例效果

案例效果如图6-74所示。

图6-74

操作步骤

01 打开本书配备的“第6章\目标平行光制作黄昏\08.max”文件，如图6-75所示。

02 单击（创建）|（灯光）|标准|目标平行光按钮，如图6-76所示。

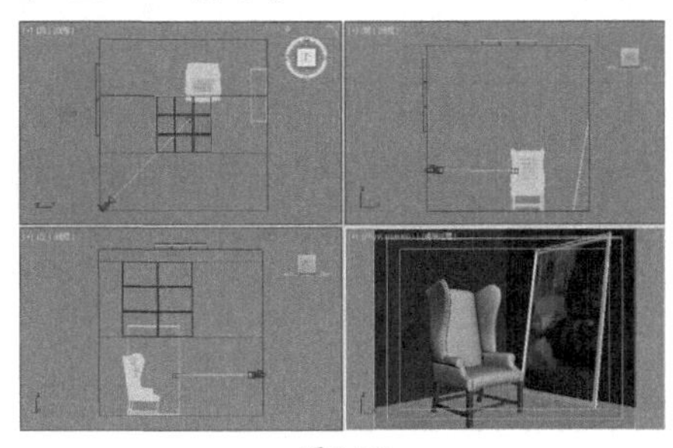

图6-75

图6-76

03 在【顶】视图中拖曳创建一束目标平行光，其具体位置如图6-77所示。

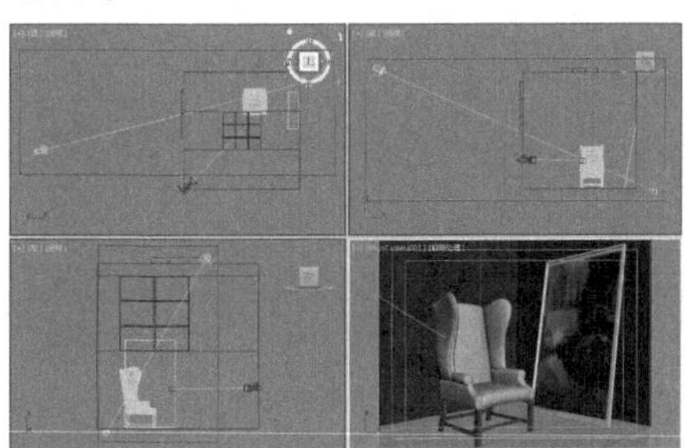

图6-77

04 选择上一步创建的目标平行光，展开【常规参数】卷展栏，在【阴影】选项组下勾选【启用】和【使用全局设置】复选框，并设置为【VR-阴影】；在【强度/颜色/衰减】卷展栏下设置【倍增】为5.0，调节【颜色】为橘色。设置【聚光区/光束】为30.0mm，【衰减区/区域】为100.0mm，选择【矩形】选项。勾选【区域阴影】复选框，设置【U大小】、【V大小】和【W大小】均为50.0mm，【细分】为20，如图6-78所示。

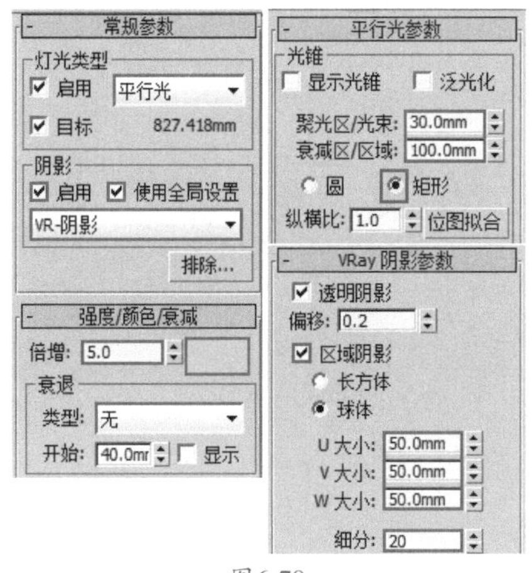

图6-78

05 单击（创建）|（灯光）|VRay|VR-灯光按钮，如图6-79所示。在视图中创建VR灯光，具体的位置如图6-80所示。

图6-79

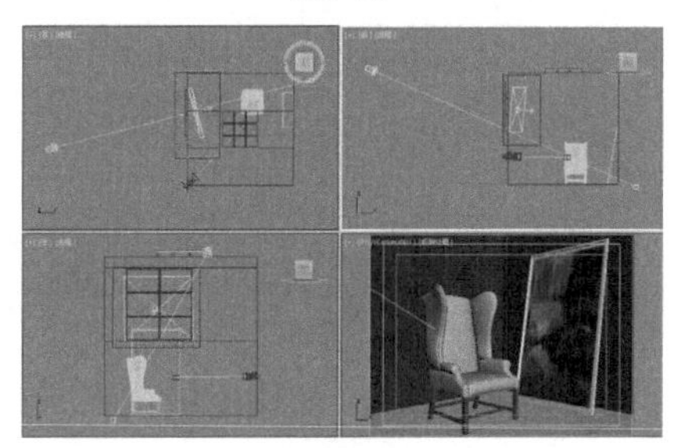

图6-80

06 选择上一步创建的VR灯光，在【常规】选项组下设置【类型】为【平面】，在【强度】选项组下调节【倍增】为25.0，调节【颜色】为橘色。在【大小】选项组下设置【1/2长】为60.0mm、【1/2宽】为70.0mm，勾选【不可见】复选框，取消勾选【影响高光】和【影响反射】复选框，设置【细分】为15，如图6-81所示。

07 最终的渲染效果如图6-82所示。

- 参数
常规
☑ 开　排除
类型：平面
☑ 启用视口着色
☐ 目标
目标距离：200.0mm
☐ 视口线框颜色
强度
单位：默认(图像)
倍增：25.0
模式：颜色
颜色：
温度：6500.0
大小
1/2 长：60.0mm
1/2 宽：70.0mm
W 大小 10.0mm
选项
☑ 投射阴影
☐ 双面
☑ 不可见
☐ 不衰减
☐ 天光入口　☐ 简单
☐ 存储发光图
☑ 影响漫反射
☐ 影响高光
☐ 影响反射
采样
细分：15
阴影偏移：0.02mm
中止：0.001

图6-81

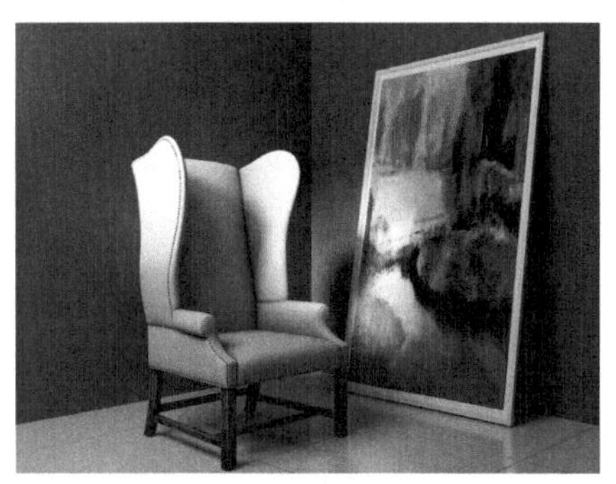

图6-82

实例103　目标平行光制作阴影场景

文件路径	第6章\目标平行光制作阴影场景
难易指数	★★★★★
技术掌握	目标平行光

扫码深度学习

操作思路

本例通过创建【目标平行光】制作日光效果。

案例效果

案例效果如图6-83所示。

图6-83

操作步骤

01 打开本书配备的“第6章\目标平行光制作阴影场景\09.max”文件，如图6-84所示。

02 单击（创建）|（灯光）|标准|目标平行光按钮，如图6-85所示。

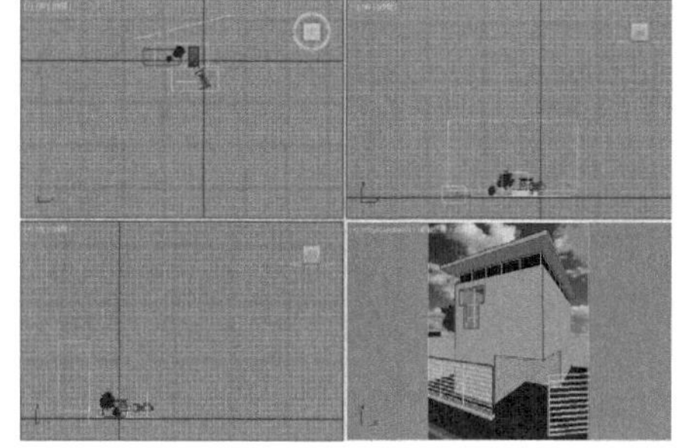

图6-84

标准
- 对象类型
☐ 自动栅格
目标聚光灯　自由聚光灯
目标平行光　自由平行光
泛光　天光
mr Area Omni　mr Area Spot

图6-85

03 在【顶】视图中拖曳创建一束目标平行光，其具体位置如图6-86所示。

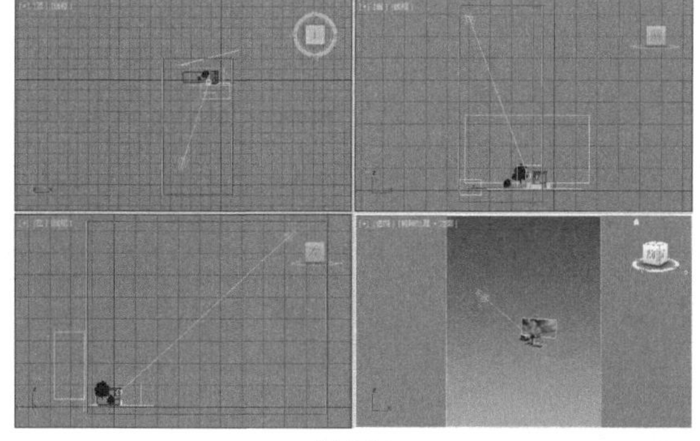

图6-86

04 选择上一步创建的目标平行光，展开【常规参数】卷展栏，在【阴影】选项组下勾选【启用】和【使用全局设置】复选框并设置为【VR-阴影】，在【强度/颜色/衰减】卷展栏下设置【倍增】为6.0。设置【聚光区/光束】为1100.0mm、【衰减区/区域】为39000.0mm。勾选【高级效果】卷展栏下的【贴图】复选框，并在后面的通道加载【阴影贴图.jpg】贴图文件。设置【VRay阴影参数】卷展栏下的【U大小】、【V大小】和【W大小】均为254.0mm，【细分】为20，如图6-87所示。

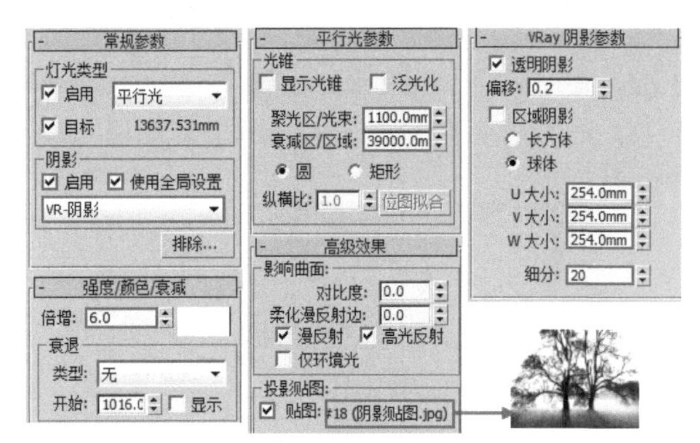

图6-87

05 最终的渲染效果如图6-88所示。

图6-88

实例104 目标灯光制作射灯

文件路径	第6章\目标灯光制作射灯
难易指数	★★★★★
技术掌握	● 目标灯光 ● VR-灯光

扫码深度学习

操作思路

本例通过创建【目标灯光】制作射灯效果，使用【VR-灯光】制作室内辅助灯光和落地灯灯罩灯光。

案例效果

案例效果如图6-89所示。

图6-89

操作步骤

01 打开本书配备的"第6章\目标灯光制作射灯\10.max"文件，如图6-90所示。

02 单击（创建）|（灯光）|光度学|目标灯光按钮，如图6-91所示。

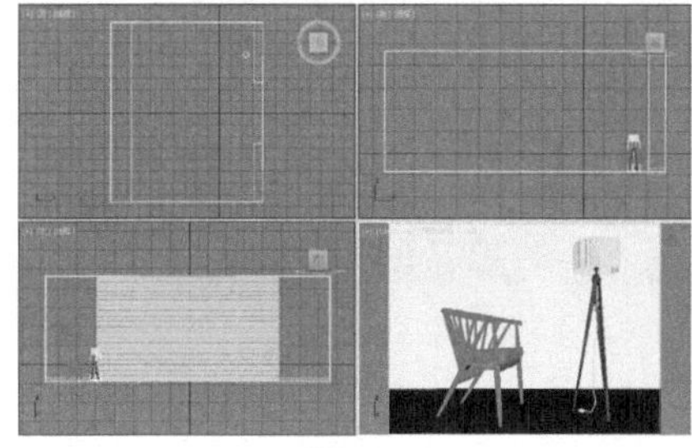

图6-90　　图6-91

03 在【左】视图中从下到上拖曳创建一束目标灯光，其具体位置如图6-92所示。

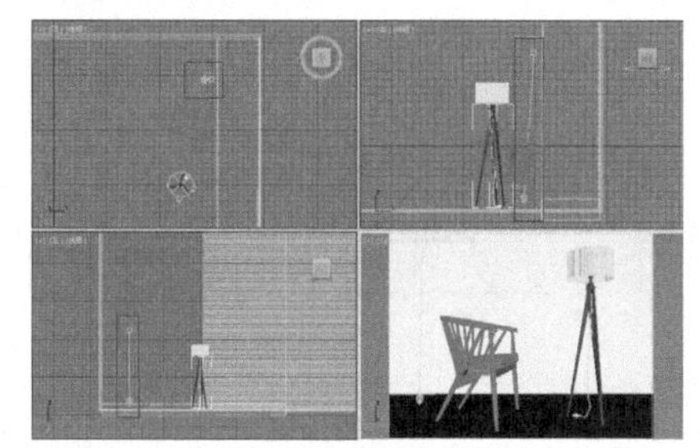

图6-92

04 选择上一步创建的目标灯光，展开【常规参数】卷展栏，在【阴影】选项组下勾选【启用】和【使用全局设置】复选框并设置为【VR-阴影】，设置【灯光分布（类型）】为【光度学Web】。展开【分布（光度学Web）】卷展栏，并在通道上加载【16.ies】文件。展开【强度/颜色/衰减】卷展栏，设置【强度】为cd和2500.0，设置【从（图形）发射光线】为【点光源】。展开【VRay阴影参数】卷展栏，勾选【区域阴影】复选框，设置【U大小】、【V大小】和【W大小】均为50.0mm，如图6-93所示。

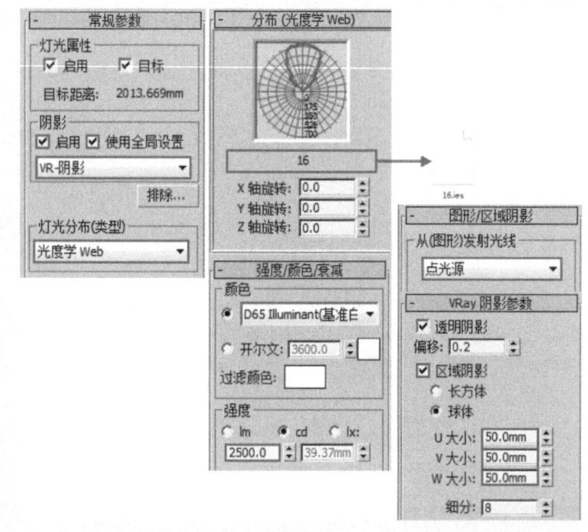

图6-93

05 选择上一步创建的目标灯光，使用【选择并移动】工具复制1盏，不需要进行参数的调整。其具体位置如图6-94所示。

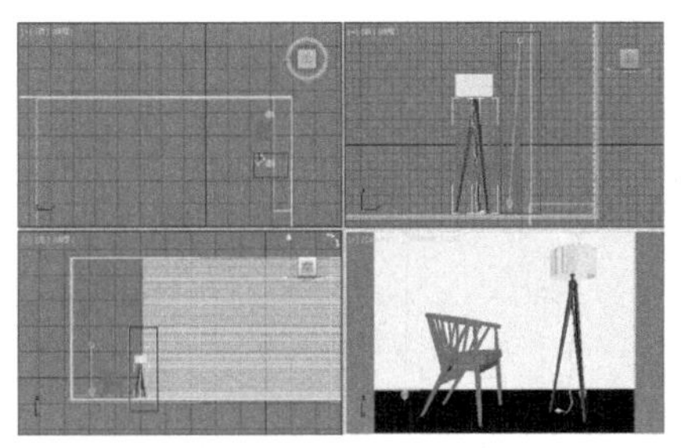

图6-94

06 在【左】视图中由上至下拖动创建一盏目标灯光，其具体位置如图6-95所示。

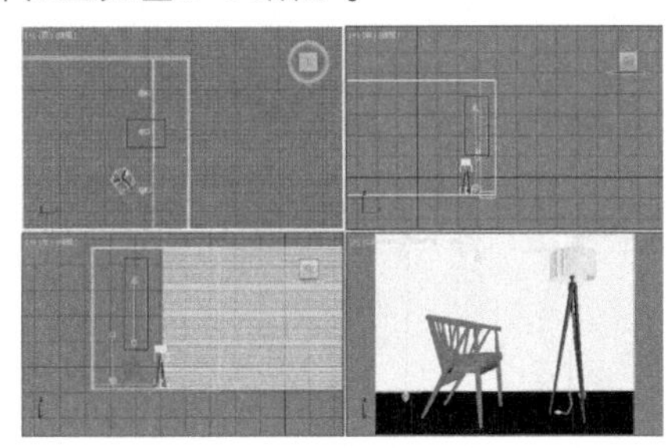

图6-95

07 选择上一步创建的目标灯光，展开【常规参数】卷展栏，在【阴影】选项组下勾选【启用】和【使用全局设置】复选框并设置为【VR-阴影】，设置【灯光分布（类型）】为【光度学Web】。展开【分布（光度学Web）】卷展栏，并在通道上加载【13.IES】文件。展开【强度/颜色/衰减】卷展栏，设置【强度】为cd和2000.0，设置【从（图形）发射光线】为【点光源】。展开【VRay阴影参数】卷展栏，勾选【区域阴影】复选框，设置【U大小】、【V大小】和【W大小】均为50.0mm，如图6-96所示。

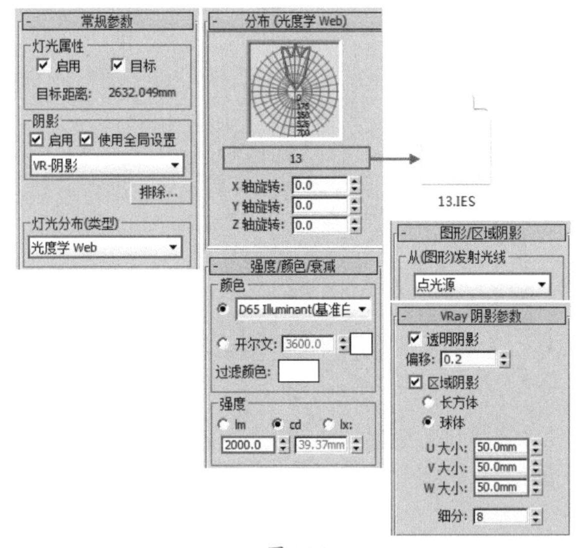

图6-96

08 选择上一步创建的目标灯光，使用【选择并移动】工具复制1盏，其具体位置如图6-97所示。调整展开【强度/颜色/衰减】卷展栏，调整【强度】为40000.0cd，如图6-98所示。

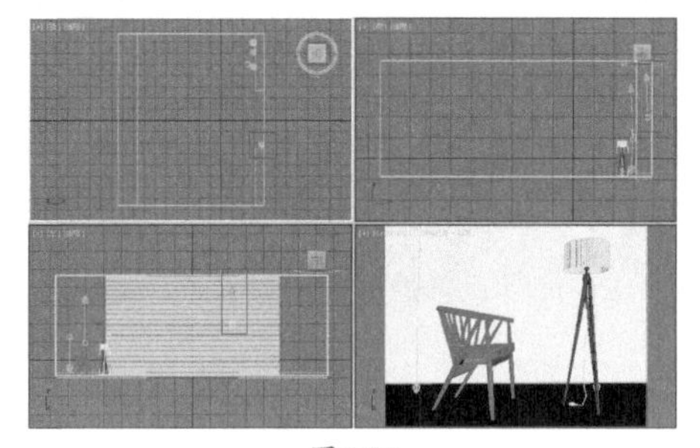

图6-97

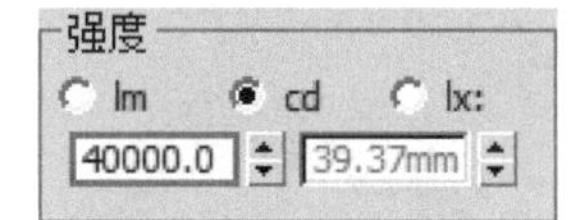

图6-98

09 选择之前创建的目标灯光，使用【选择并移动】工具复制1盏，不需要进行参数的调整。其具体位置如图6-99所示。

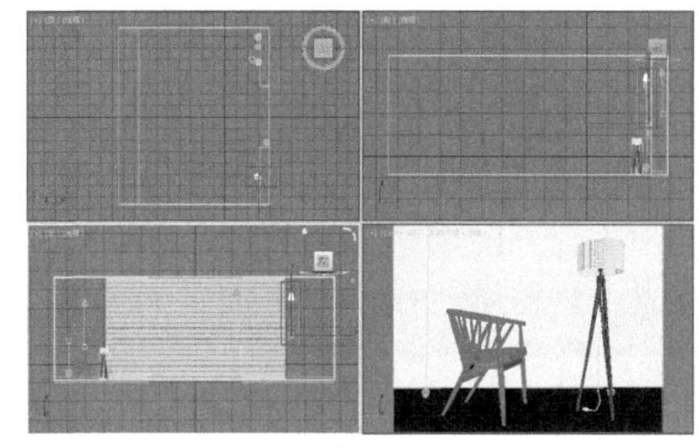

图6-99

10 单击（创建）|（灯光）| VRay | VR-灯光 按钮，如图6-100所示。在【左】视图中创建VR灯光，具体的位置如图6-101所示。

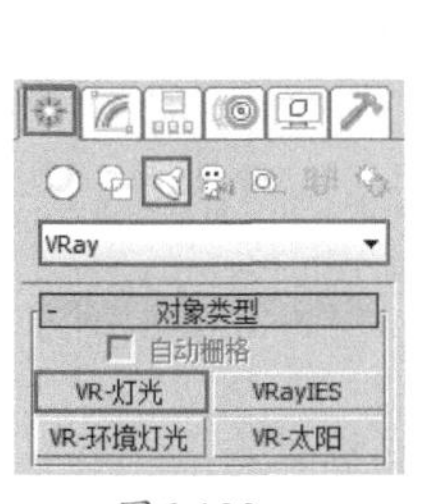

图6-100

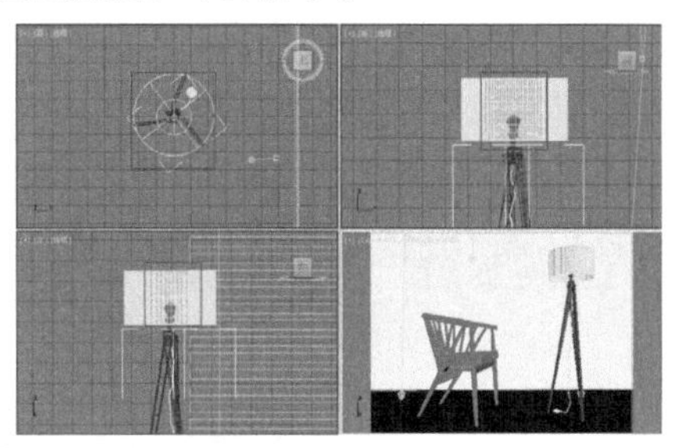

图6-101

11 选择上一步创建的VR灯光，然后在【修改】面板下设置其具体的参数。在【常规】选项组下设置【类型】为【球体】；在【强度】选项组下调节【倍增】为30.0，调节【颜色】为橘色；在【大小】选项组下设置【半径】为100.0mm；在【选项】选项组下勾选【不可见】复选框；在【采样】选项组下设置【细分】为20、【阴影偏移】为0.508mm，如图6-102所示。

图6-102

12在【左】视图中拖动创建一盏VR灯光，其具体位置如图6-103所示。

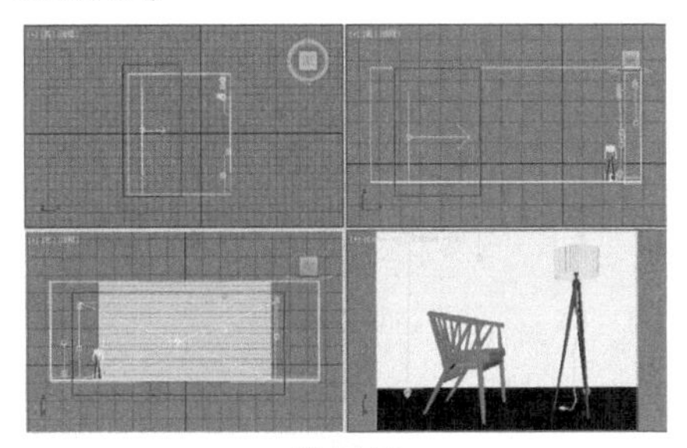
图6-103

13选择上一步创建的VR灯光，在【常规】选项组下设置【类型】为【平面】；在【强度】选项组下调节【倍增】为6.0，调节【颜色】为蓝色；在【大小】选项组下设置【1/2长】为2155.323mm，【1/2宽】为5586.406mm；在【选项】选项组下勾选【不可见】复选框，取消勾选【影响高光】、【影响反射】复选框；在【采样】选项组下设置【细分】为25、【阴影偏移】为0.508mm，如图6-104所示。

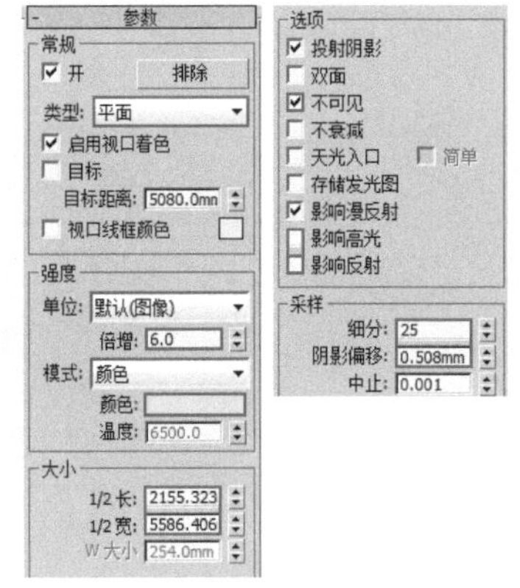

图6-104

14最终的渲染效果如图6-105所示。

图6-105

第7章

VRay灯光技术

本章概述

VRay灯光技术是3ds Max室内效果图制作中最为常用的灯光类型之一，其中【VR-灯光】和【VR-太阳】是两种最重要的灯光类型。【VR-灯光】常用于制作窗口处灯光、顶棚灯带、灯罩灯光等，【VR-太阳】常用于制作日光效果。

本章重点

- 使用【VR-灯光】灯光制作室内的多种灯光
- 使用【VR-太阳】制作太阳光

/ 佳 / 作 / 欣 / 赏 /

实例105 VR灯光制作吊灯

文件路径	第7章\VR灯光制作吊灯
难易指数	★★★★★
技术掌握	VR-灯光

扫码深度学习

操作思路

本例通过创建【VR-灯光】制作室内吊灯和辅助光源。

案例效果

案例效果如图7-1所示。

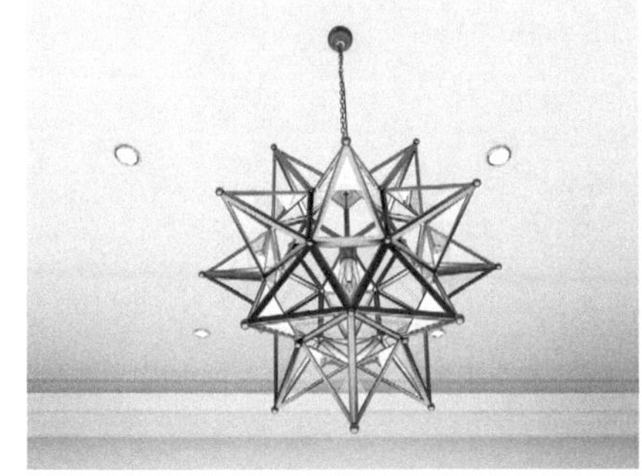

图7-1

操作步骤

01 打开本书配备的“第7章\VR灯光制作吊灯\01.max”文件，如图7-2所示。

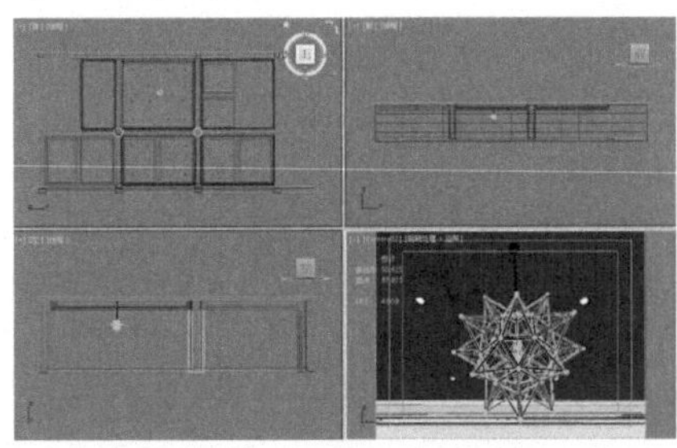

图7-2

02 单击（创建）|（灯光）| VRay | VR-灯光 按钮，如图7-3所示。

图7-3

03 在【顶】视图中创建一束VR灯光，其具体位置如图7-4所示。

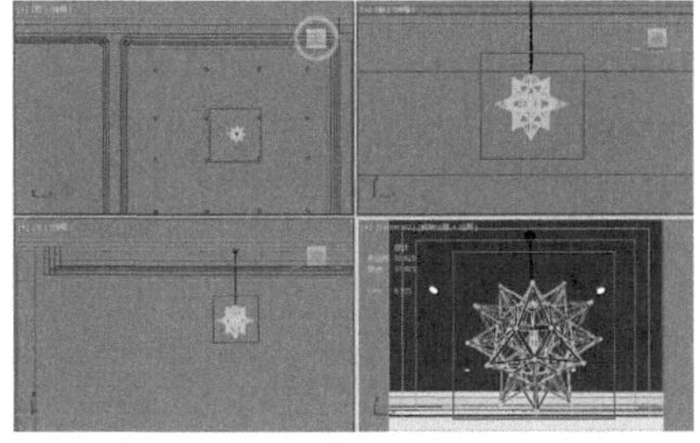

图7-4

04 选择上一步创建的VR灯光，在【常规】选项组下设置【类型】为【球体】；在【强度】选项组下设置【倍增】为15.0，设置【颜色】为白色；在【大小】选项组下设置【半径】为100.0mm；在【选项】选项组下勾选【不可见】复选框；在【采样】选项组下设置【细分】为15，如图7-5所示。

图7-5

05 单击（创建）|（灯光）| VRay | VR-灯光 按钮，如图7-6所示。在【顶】视图中创建一束VR灯光，具体的位置如图7-7所示。

图7-6

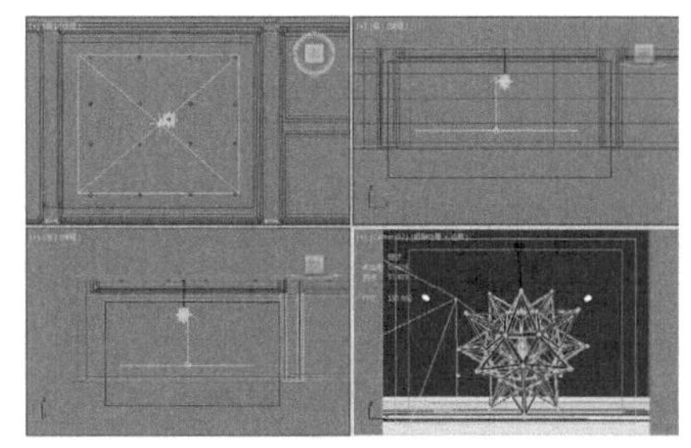

图7-7

06 选择上一步创建的VR灯光，然后在【修改】面板下设置其具体的参数，在【常规】选项组下设置【类型】为【平面】；在【强度】选项组下调整【倍增】为5.0，调整【颜色】为淡黄色；在【大小】选项组下设置【1/2长】为3072.759mm，【1/2宽】为2540.469mm；在【选项】选项组下勾选【不可见】复选框；在【采样】选项组下设置【细分】为15，如图7-8所示。

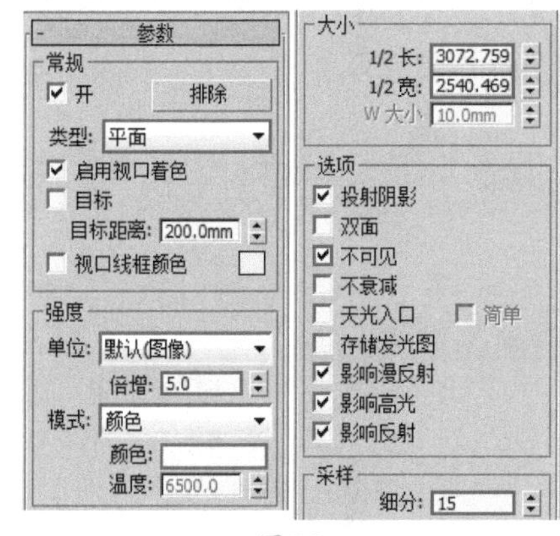

图7-8

07 最终的渲染效果如图7-9所示。

图7-9

实例106 VR灯光制作灯带效果

文件路径	第7章\VR灯光制作灯带效果
难易指数	★★★★★
技术掌握	● VR-灯光 ● 目标灯光

扫码深度学习

操作思路

本例通过创建【VR-灯光】制作室内吊灯和灯带灯光，使用目标灯光制作射灯。

案例效果

案例效果如图7-10所示。

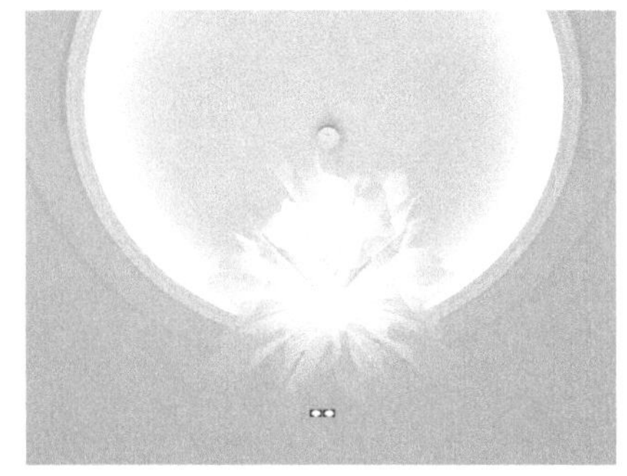

图7-10

操作步骤

01 打开本书配备的“第7章\VR灯光制作灯带效果\02.max”文件，如图7-11所示。

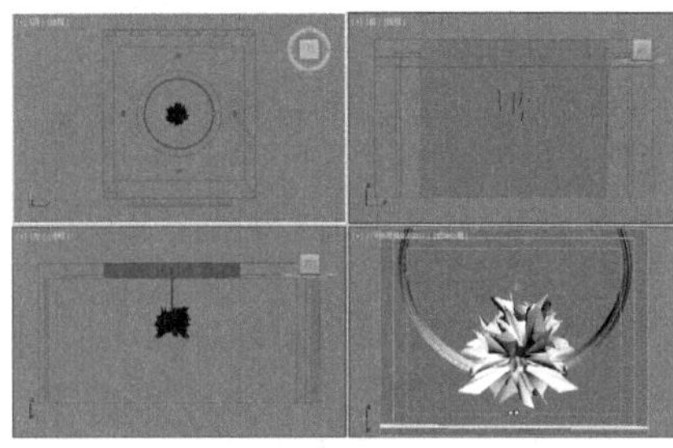

图7-11

02 单击（创建）|（灯光）| VRay | VR-灯光 按钮，如图7-12所示。

图7-12

03 在【前】视图中创建一束VR灯光，其具体位置如图7-13所示。

图7-13

04 选择上一步创建的VR灯光，然后在【修改】面板下设置其具体的参数，如图7-14所示。

- 在【常规】选项组下设置【类型】为【球体】；在【强度】选项组下设置【倍增】为50，设置【颜色】为白色；在【大小】选项组下设置【半径】为100.0mm。
- 在【选项】选项组下勾选【不可见】复选框，在【采样】选项组下设置【细分】为15。

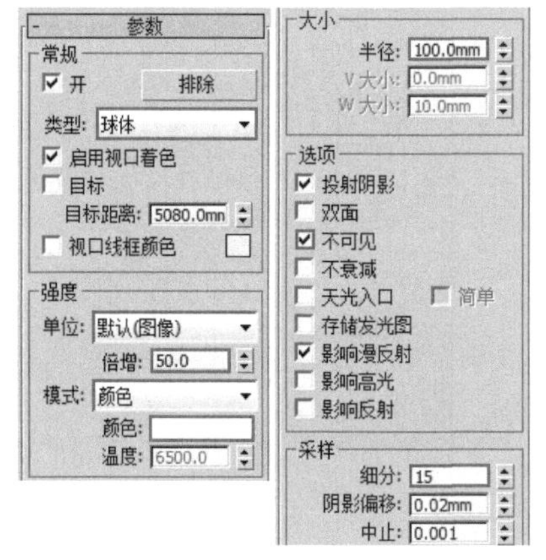

图7-14

05 在【顶】视图中拖曳创建一束VR灯光，其具体位置如图7-15所示。

06 选择上一步创建的VR灯光，然后在【修改】面板下设置其具体的参数，如图7-16所示。

- 在【常规】选项组下设置【类型】为【平面】；在【强度】选项组下设置【倍增】为10.0，设置【颜色】为淡黄色；在【大小】选项组下设置【1/2长】30.0mm，【1/2宽】为200.0mm。
- 在【选项】选项组下勾选【不可见】复选框，在【采样】选项组下设置【细分】为12。

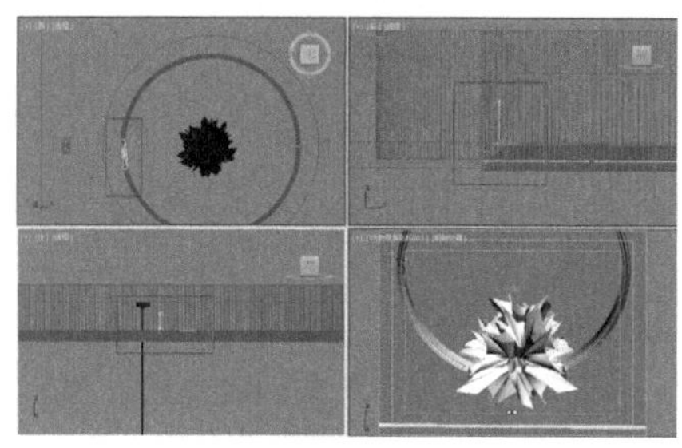

图7-15

图7-16

07 选择上一步创建的VR灯光，激活【角度捕捉切换】按钮和【选择并旋转】按钮，然后按住Shift键进行复制，设置【副本数】为19，如图7-17所示。完成的模型效果如图7-18所示。

08 单击（创建）|（灯光）| 光度学 | 目标灯光 按钮，如图7-19所示。

图7-17

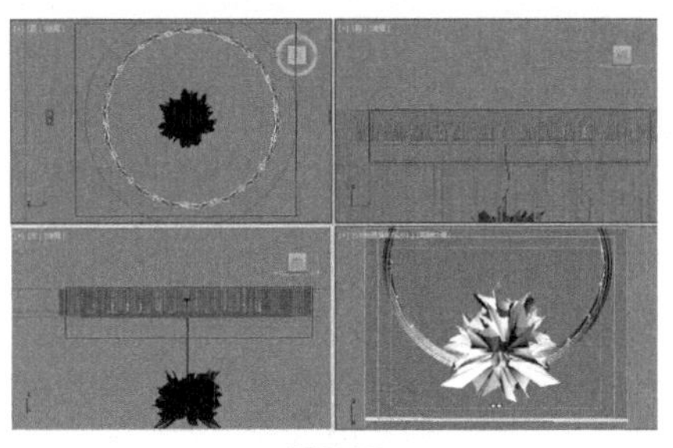

图7-18

图7-19

09 在【前】视图中创建一束目标灯光，其具体位置如图7-20所示。

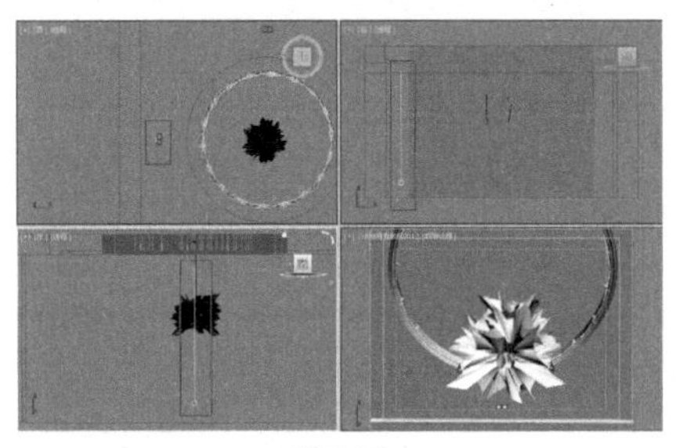

图7-20

10 选择上一步创建的目标灯光，然后在【修改】面板下设置其具体的参数，如图7-21所示。

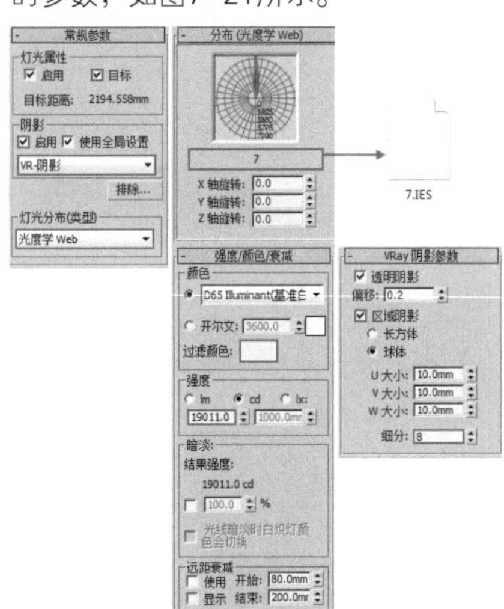

图7-21

➢ 展开【常规参数】卷展栏，在【灯光属性】选项组下勾选【目标】复选框；在【阴影】选项组下勾选【启用】复选框，并设置【阴影类型】为【VR-阴影】；设置【灯光分布（类型）】为【光度学Web】。

➢ 展开【分布（光度学Web）】卷展栏，并在通道上加载【7.IES】文件。

➢ 展开【强度/颜色/衰减】卷展栏，设置【过滤颜色】为淡黄色、【强度】为19011.0cd。

➢ 展开【VRay阴影参数】卷展栏，勾选【区域阴影】复选框，设置【细分】为8。

11 选择创建的目标灯光，使用【选择并移动】工具复制3盏，不需要进行参数的调整。其具体位置如图7-22所示。

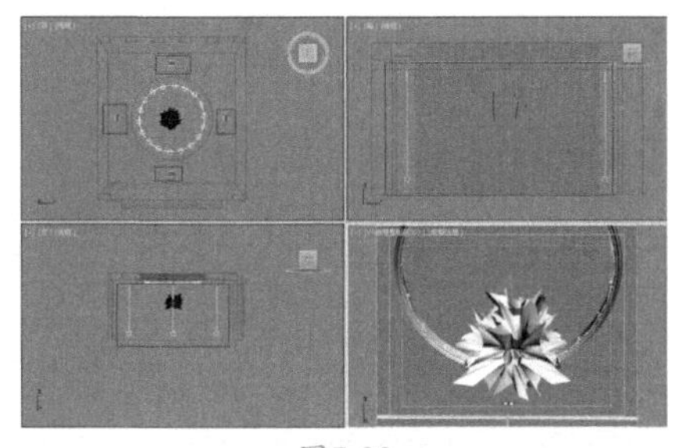

图7-22

12 最终的渲染效果如图7-23所示。

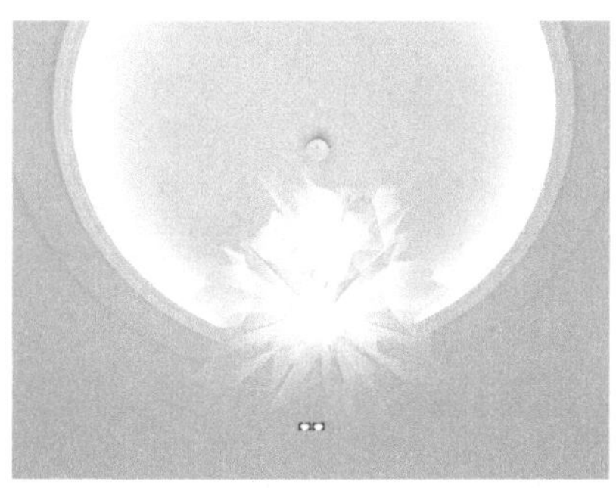

图7-23

实例107 VR灯光制作灯罩灯光

文件路径	第7章\VR灯光制作灯罩灯光
难易指数	★★★★★
技术掌握	● VR-灯光 ● 泛光

扫码深度学习

操作思路

本例通过创建【VR-灯光】制作台灯灯罩灯光，使用【VR-灯光】和【泛光】制作室内辅助光源。

案例效果

案例效果如图7-24所示。

图7-24

操作步骤

01 打开本书配备的“第7章\VR灯光制作灯罩灯光\03.max”文件，如图7-25所示。

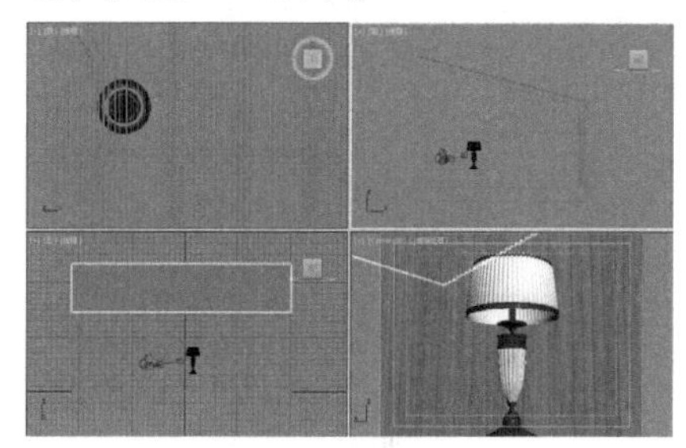

图7-25

02 单击（创建）|（灯光）|VRay|VR-灯光按钮，如图7-26所示。

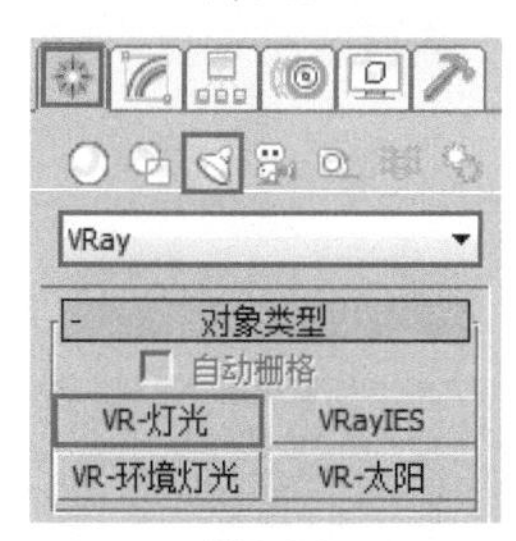

图7-26

03 在【前】视图中拖曳创建一束VR灯光，其具体位置如图7-27所示。

04 选择上一步创建的VR灯光，然后在【修改】面板下设置其具体的参数，如图7-28所示。

- 在【常规】选项组下设置【类型】为【球体】；在【强度】选项组下设置【倍增】为140.0，设置【颜色】为橘色；在【大小】选项组下设置【半径】为3.0mm。
- 在【选项】选项组下勾选【不可见】复选框，在【采样】选项组下设置【细分】为15。

图7-27

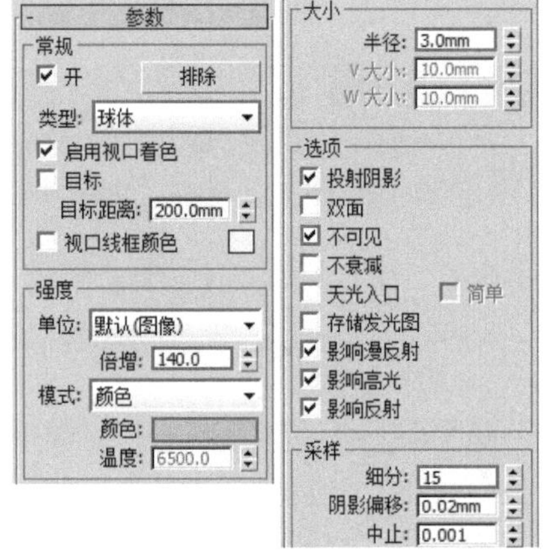

图7-28

05 单击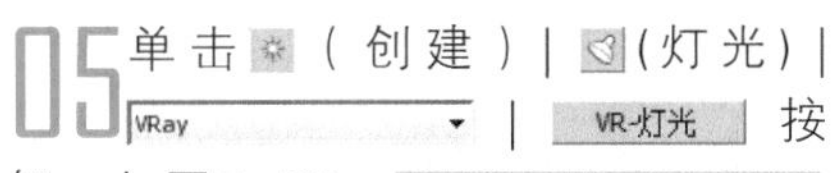按钮，如图7-29所示。在【前】视图中创建VR灯光，具体的位置如图7-30所示。

图7-29

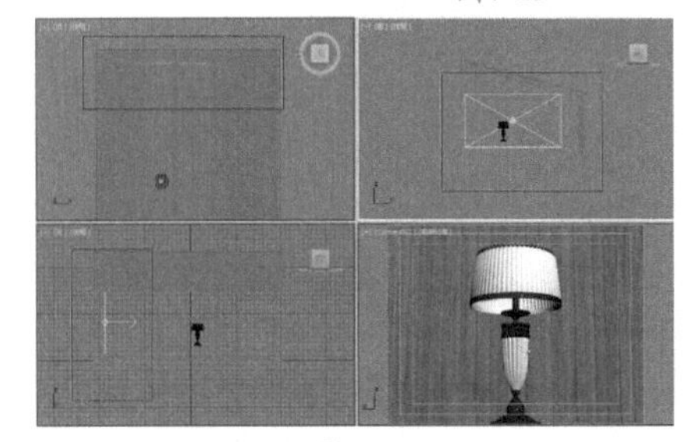

图7-30

06 选择上一步创建的VR灯光，然后在【修改】面板下设置其具体的参数，如图7-31所示。

- 在【常规】选项组下设置【类型】为【平面】；在【强度】选项组下调整【倍增】为3.0，调整【颜色】为蓝色；在【大小】选项组下设置【1/2长】为120.0mm、【1/2宽】为65.0mm。
- 在【选项】选项组下勾选【不可见】复选框，取消勾选【影响反射】复选框；在【采样】选项组下设置【细分】为25。

图7-31

07 单击（创建）|（灯光）| 标准 | 泛光 按钮，如图7-32所示。在【前】视图中创建泛光灯，具体的位置如图7-33所示。

图7-32

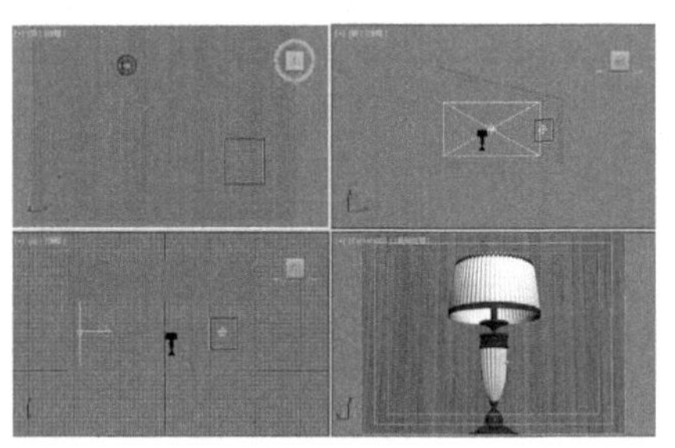

图7-33

08 选择上一步创建的泛光灯，然后在【修改】面板下设置其具体的参数，如图7-34所示。

- 在【灯光类型】选项组下勾选【启用】复选框，灯光类型设置为【泛光】。
- 在【强度/颜色/衰减】卷展栏下设置【倍增】为4.0，设置【颜色】为白色；在【衰退】选项组下设置【类型】为【无】，【开始】为40.0mm；在【远距衰减】选项组下勾选【使用】复选框，设置【开始】为0.0mm、【结束】为112.0mm。

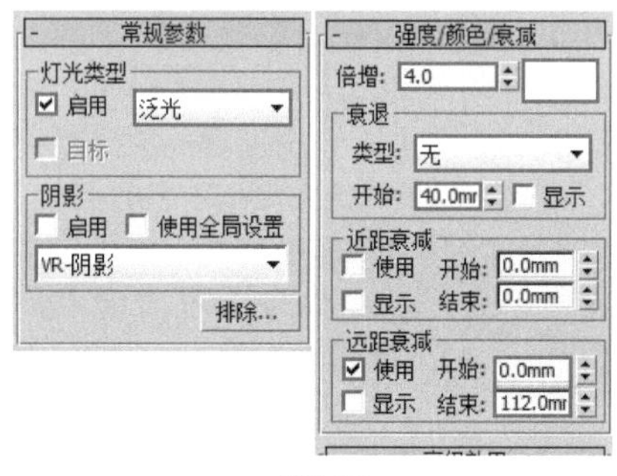

图7-34

09 最终的渲染效果如图7-35所示。

图7-35

实例108　VR灯光制作烛光

文件路径	第7章\VR灯光制作烛光
难易指数	★★★★★
技术掌握	VR-灯光

扫码深度学习

操作思路

本例通过创建【VR-灯光】制作烛光光源和室内辅助光源。

案例效果

案例效果如图7-36所示。

图7-36

操作步骤

01 打开本书配备的“第7章\VR灯光制作烛光\04.max”文件，如图7-37所示。

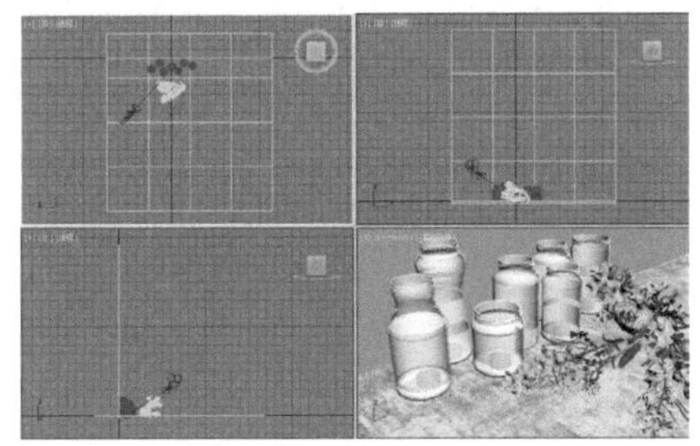

图7-37

02 单击（创建）|（灯光）| VRay | VR-灯光 按钮，如图7-38所示。

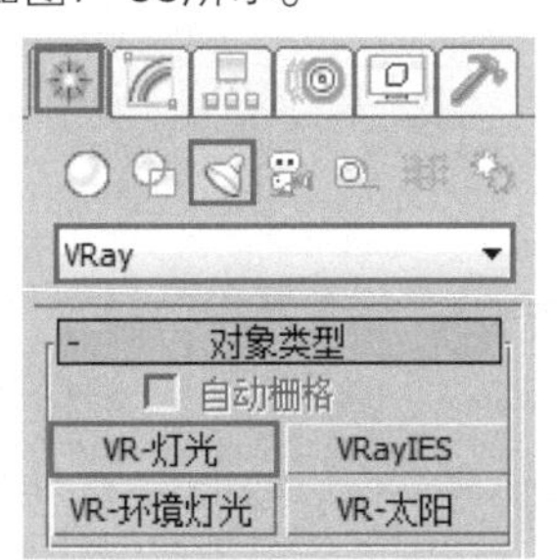

图7-38

03 在【顶】视图中拖曳创建一盏VR灯光，其具体位置如图7-39所示。

04 选择上一步创建的VR灯光，然后在【修改】面板下设置其具体的参数，如图7-40所示。

- 在【常规】选项组下设置【类型】为【网格】；在【强度】选项组下设置【倍增】为300.0、【模式】为【温度】、【颜色】为橘色、【温度】为1800.0。
- 在【采样】选项组下设置【细分】为13。

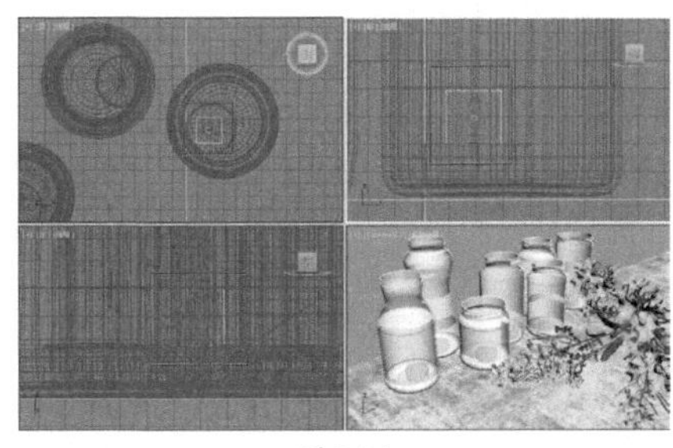

图7-39

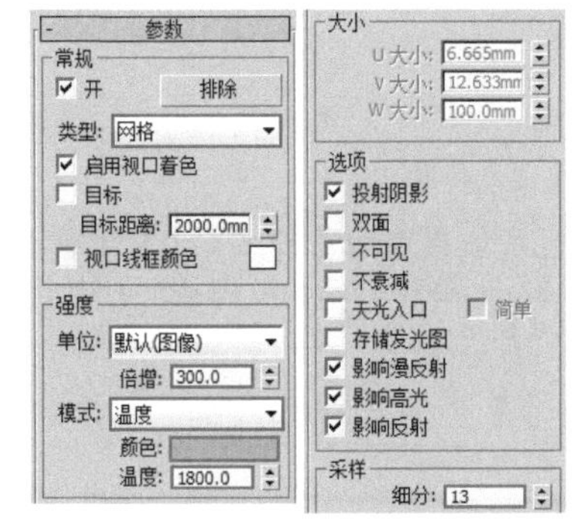

图7-40

05 选择上一步创建完成的VR灯光，在【修改】面板下的【参数】卷展栏找到【网格灯光选项】选项组，单击 拾取网格 按钮，如图7-41所示。选择蜡烛火焰几何体造型，VR灯光就附加在几何体上，效果如图7-42所示。

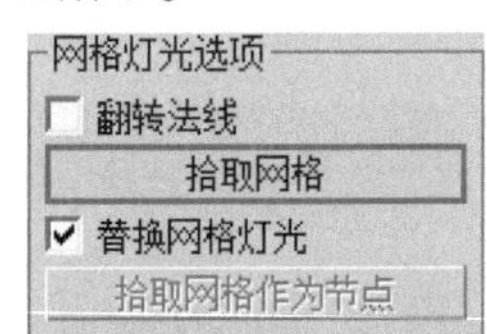

图7-41

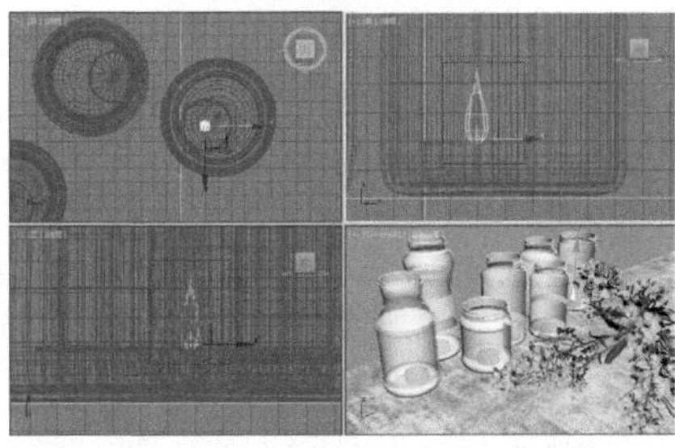

图7-42

06 选择上一步创建好的火焰模型，使用【选择并移动】工具复制6盏，其具体位置如图7-43所示。

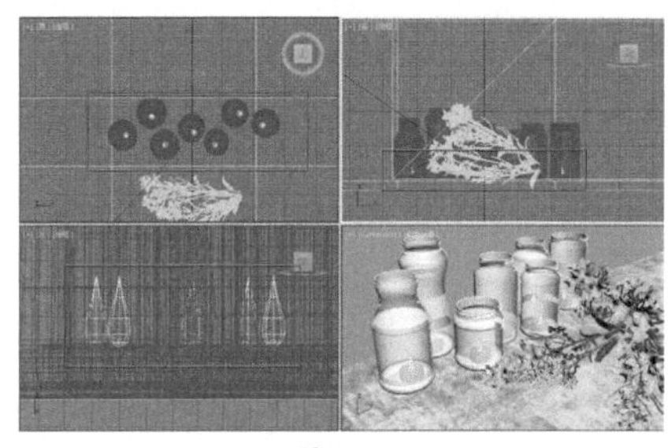

图7-43

07 在【前】视图中创建一盏VR灯光，具体的位置如图7-44所示。

08 选择上一步创建的VR灯光，然后在【修改】面板下设置其具体的参数，如图7-45所示。

- 在【常规】选项组下设置【类型】为【平面】；在【强度】选项组下调整【倍增】为1.0，调整【颜色】为白色；在【大小】选项组下设置【1/2长】为645.626mm、【1/2宽】为611.193mm。
- 在【采样】选项组下设置【细分】为8。

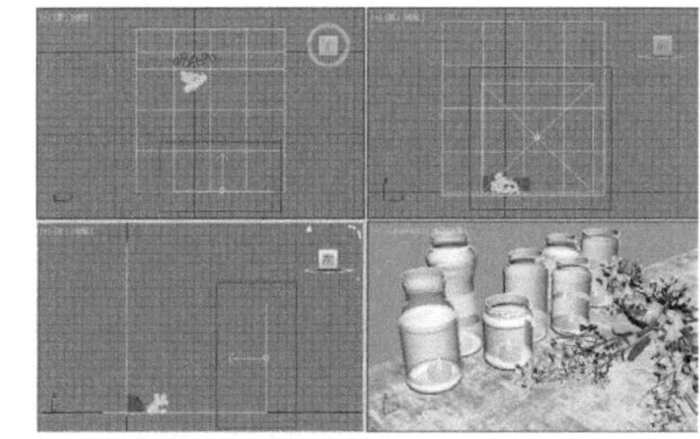

图7-44

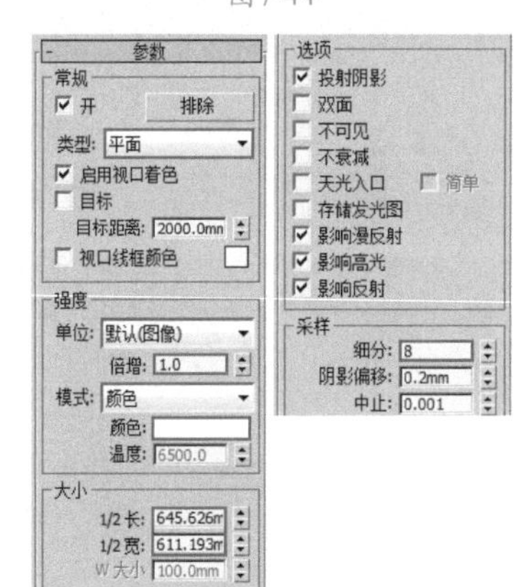

图7-45

09 将上一步中创建的VR灯光，使用【选择并移动】工具复制1盏。其具体位置如图7-46所示。

10 选择复制的VR灯光，然后在【修改】面板下设置其具体的参数，如图7-47所示。将【强度】选项组下的【倍增】设置为5.0。

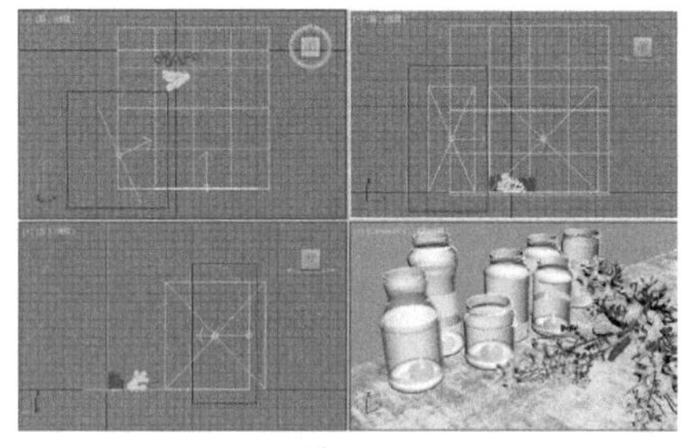

图7-46

图7-47

11 最终的渲染效果如图7-48所示。

图7-48

实例109　VR灯光制作窗口光线

文件路径	第7章\VR灯光制作窗口光线
难易指数	★★★★★
技术掌握	VR-灯光

扫码深度学习

操作思路

本例通过使用【VR灯光】制作窗口光线。

案例效果

案例效果如图7-49所示。

图7-49

操作步骤

01 打开本书配备的“第7章\VR灯光制作窗口光线\05.max”文件，如图7-50所示。

02 单击（修改）|（灯光）| VRay | VR-灯光 按钮，如图7-51所示。

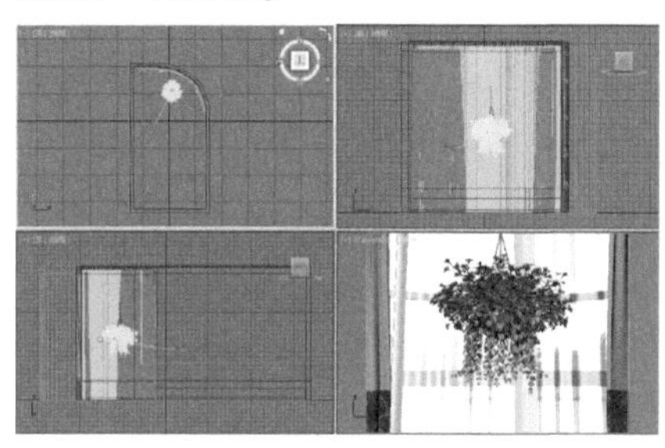

图7-50

图7-51

03 在【顶】视图中拖曳创建一盏VR灯光，其具体位置如图7-52所示。

04 选择上一步创建的VR灯光，然后在【修改】面板下设置其具体的参数，如图7-53所示。

- 在【常规】选项组下设置【类型】为【平面】；在【强度】选项组下设置【倍增】为12.0，设置【颜色】为淡蓝色；在【大小】选项组下设置【1/2长】为1270.0mm、【1/2宽】为1450.0mm。
- 在【选项】选项组下勾选【不可见】复选框，在【采样】选项组下设置【细分】为20。

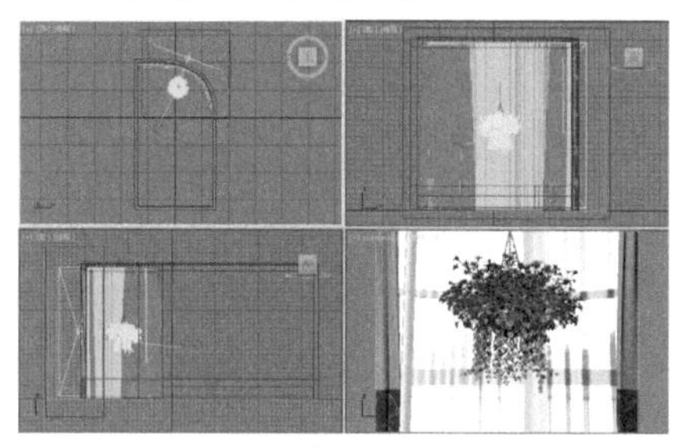

图7-52

图7-53

05 将上一步中创建的VR灯光，使用【选择并移动】工具复制1盏，如图7-54所示。

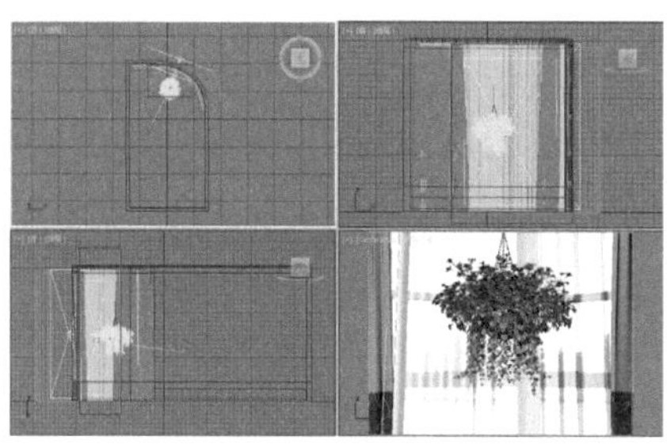

图7-54

06 选择复制成功的VR灯光，在【修改】面板下设置其具体的参数，如图7-55所示。

- 在【常规】选项组下设置【类型】为【平面】；在【强度】选项组下调整【倍增】为2.0，调整【颜色】为淡蓝色；在【大小】选项组下设置【1/2长】为776.244mm、【1/2宽】为1283.815mm。

- 在【选项】选项组下勾选【不可见】复选框，取消勾选【影响反射】复选框；在【采样】选项组下设置【细分】为20。

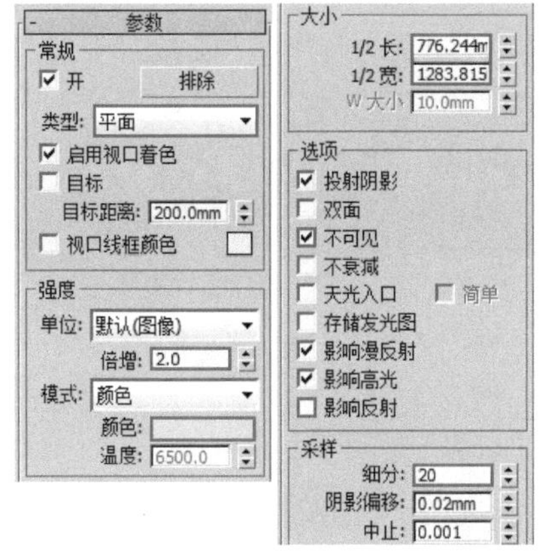

图7-55

07 在【前】视图中创建一盏VR灯光，具体的位置如图7-56所示。

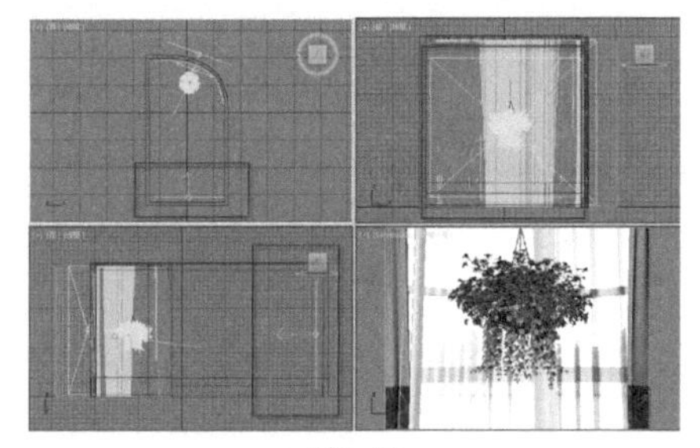

图7-56

08 选择上一步创建的VR灯光，然后在【修改】面板下设置其具体的参数，如图7-57所示。

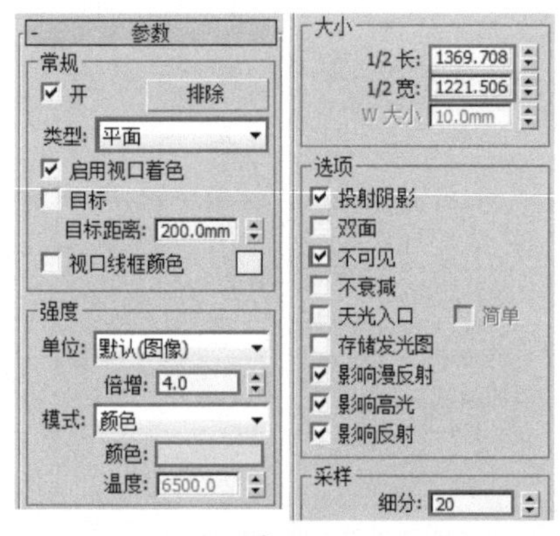

图7-57

- 在【常规】选项组下设置【类型】为【平面】；在【强度】选项组下调整【倍增】为4.0，调整【颜色】为淡蓝色；在【大小】选项组下设置【1/2长】为1369.708mm、【1/2宽】为1221.506mm。

- 在【选项】选项组下勾选【不可见】复选框，在【采样】选项组下设置【细分】为20。

09 最终的渲染效果如图7-58所示。

图7-58

实例110 VR太阳制作黄昏效果

文件路径	第7章\VR太阳制作黄昏效果
难易指数	★★★★★
技术掌握	● VR-太阳 ● VR-灯光

扫码深度学习

操作思路

本例通过使用【VR-太阳】制作黄昏光照，使用【VR-灯光】制作室内辅助光源。

案例效果

案例效果如图7-59所示。

图7-59

操作步骤

01 打开本书配备的“第7章\VR太阳制作黄昏效果\06.max”文件，如图7-60所示。

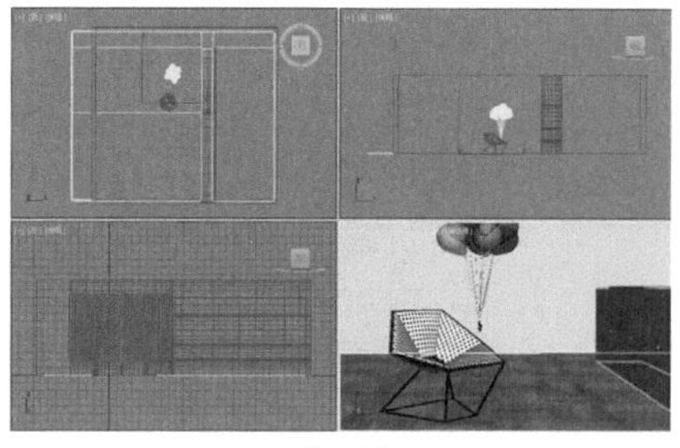

图7-60

02 单击（创建）|（灯光）| VRay | VR-太阳 按钮，如图7-61所示。

图7-61

03 在【前】视图中拖曳创建一束VR太阳灯光，如图7-62所示。在弹出的【VRay太阳】对话框中单击【是】按钮，如图7-63所示。

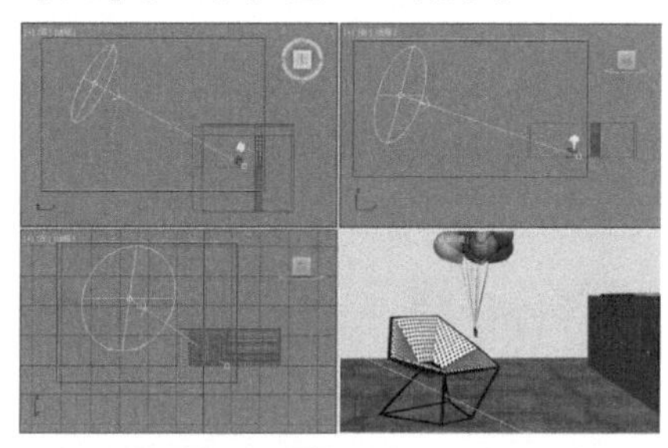

图7-62

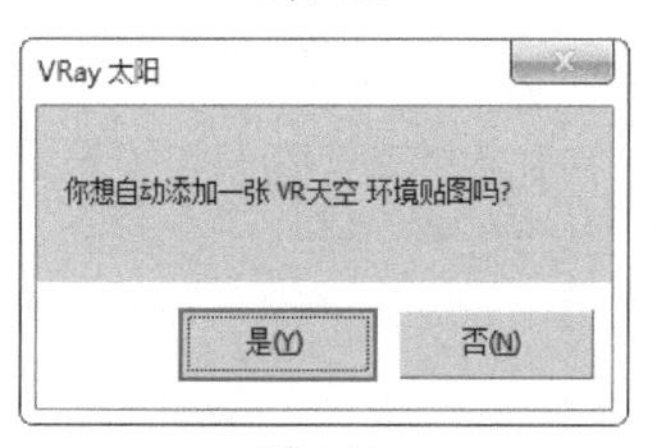

图7-63

04 选择上一步创建的VR太阳灯光，然后在【修改】面板下设置其具体的参数，如图7-64所示。

- 在【VRay太阳参数】下设置【浊

度】为3、【强度倍增】为1.3、【大小倍增】为5.0、【阴影细分】为15。

图7-64

05 单击（创建）|（灯光）| VRay | VR-灯光 按钮，如图7-65所示。在【左】视图中创建VR灯光，具体的位置如图7-66所示。

图7-65

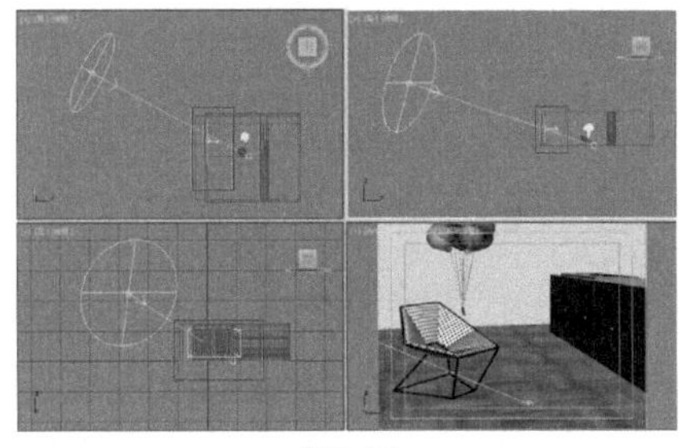

图7-66

06 选择上一步创建的VR灯光，然后在【修改】面板下设置其具体的参数，如图7-67所示。

- 在【常规】选项组下设置【类型】为【平面】；在【强度】选项组下调整【倍增】为40.0，调整【颜色】为橘色；在【大小】选项组下设置【1/2长】为90.0mm、【1/2宽】为45.0mm。
- 在【选项】选项组下勾选【不可见】复选框，在【采样】选项组下设置【细分】为15。

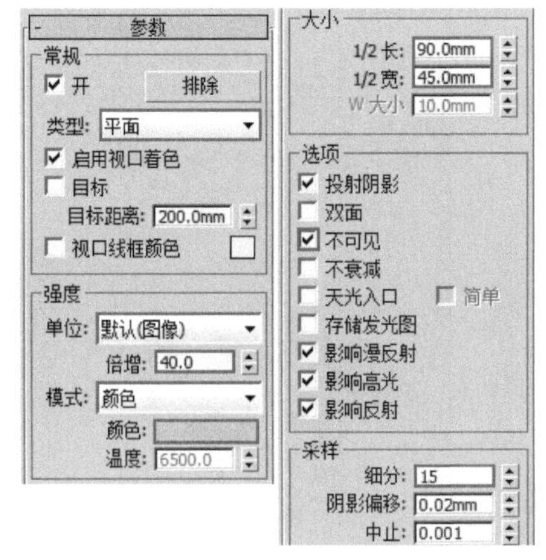

图7-67

07 单击（创建）|（灯光）| VRay | VR-灯光 按钮，如图7-68所示。在【左】视图中创建VR灯光，具体的位置如图7-69所示。

图7-68

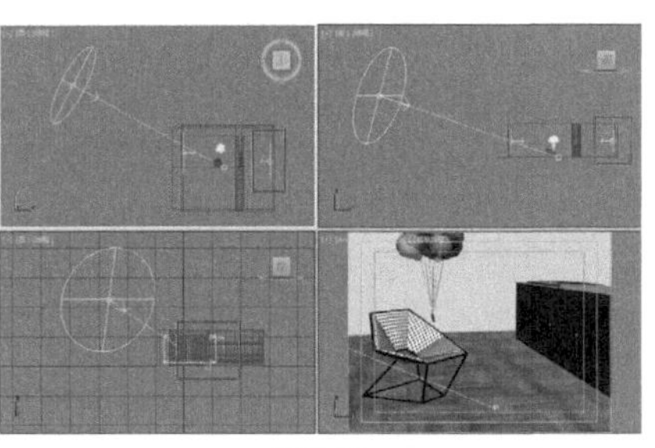

图7-69

08 选择上一步创建的VR灯光，然后在【修改】面板下设置其具体的参数，如图7-70所示。

- 在【常规】选项组下设置【类型】为【平面】；在【强度】选项组下调整【倍增】为50.0，调整【颜色】为蓝灰色；在【大小】选项组下设置【1/2长】为80.0mm、【1/2宽】为40.0mm。
- 在【选项】选项组下勾选【不可见】复选框，在【采样】选项组下设置【细分】为15。

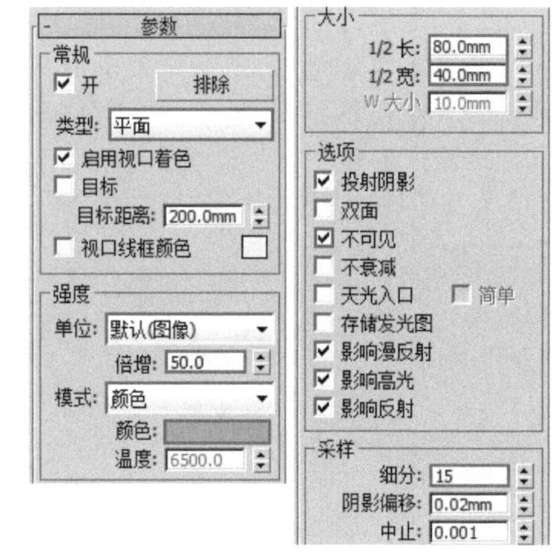

图7-70

09 最终的渲染效果如图7-71所示。

图7-71

实例111 VR太阳制作太阳光

文件路径	第7章\VR太阳制作太阳光
难易指数	★★★★★
技术掌握	● VR-太阳 ● VR-灯光

扫码深度学习

操作思路

本例通过使用【VR-太阳】制作太阳光照，使用【VR-灯光】制作室内辅助光源。

案例效果

案例效果如图7-72所示。

图7-72

操作步骤

01 打开本书配备的“第7章\VR太阳制作太阳光\07.max”文件，如图7-73所示。

图7-73

02 单击（创建）|（灯光）|VRay|VR-太阳按钮，如图7-74所示。

图7-74

03 在【前】视图中创建一盏VR太阳灯光，如图7-75所示。在弹出的【VRay太阳】对话框中单击【是】按钮，如图7-76所示。

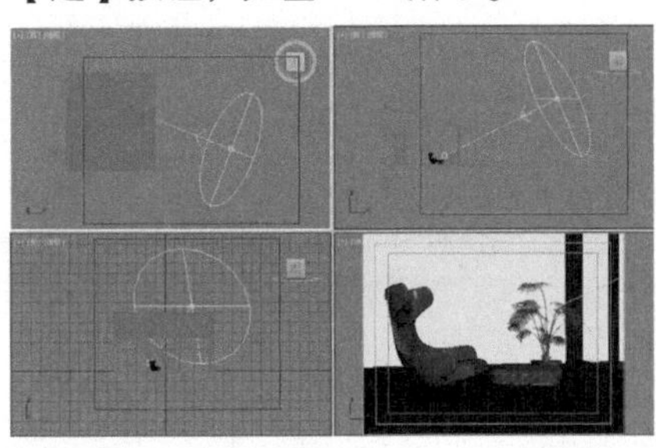

图7-75

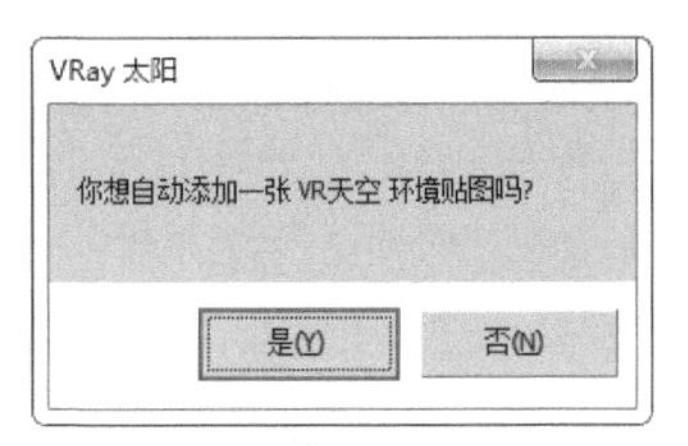

图7-76

04 选择上一步创建的VR太阳灯光，然后在【修改】面板下设置其具体的参数，如图7-77所示。

- 在【VRay太阳参数】下设置【浊度】为3.0、【强度倍增】为0.04、【大小倍增】为10.0、【阴影细分】为20、【光子发射半径】为1270.0。

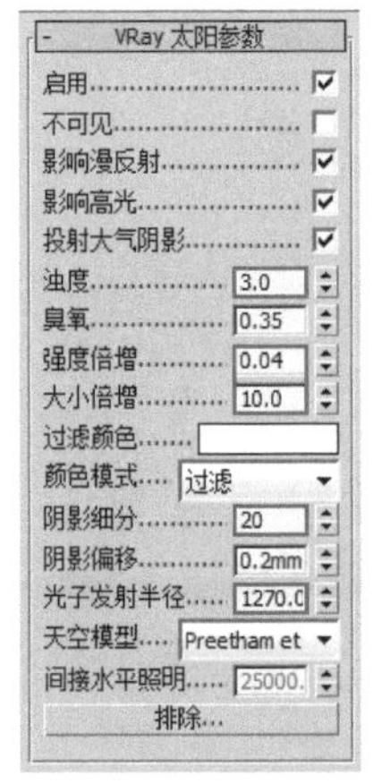

图7-77

05 单击（创建）|（灯光）|VRay|VR-灯光按钮，如图7-78所示。在【左】视图中创建VR灯光，具体的位置如图7-79所示。

图7-78

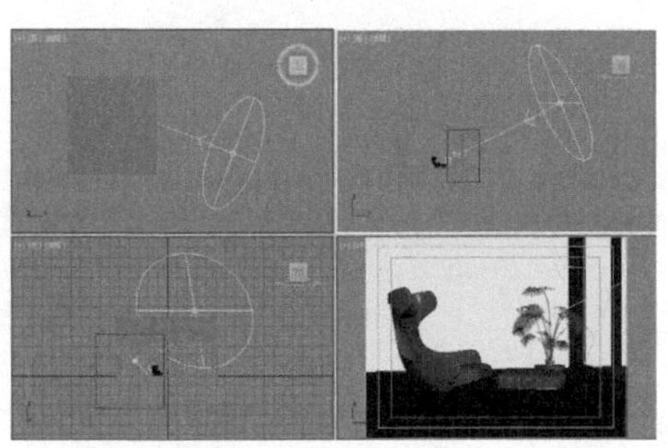

图7-79

06 选择上一步创建的VR灯光，然后在【修改】面板下设置其具体的参数，如图7-80所示。

- 在【常规】选项组下设置【类型】为【平面】；在【强度】选项组下调整【倍增】为0.6，调整【颜色】为白色；在【大小】选项组下设置【1/2长】为1500.0mm、【1/2宽】为1500.0mm。
- 在【选项】选项组下勾选【不可见】复选框，取消勾选【影响反射】复选框；在【采样】选项组下设置【细分】为16。

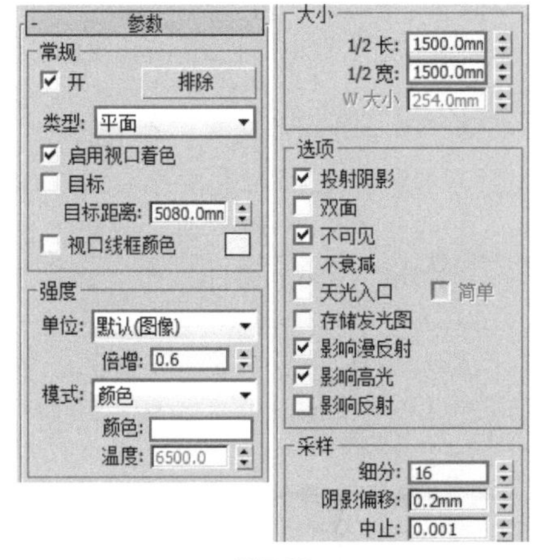

图7-80

07 将上一步中创建的VR灯光，使用【选择并移动】工具向右复制1盏。其具体位置如图7-81所示，此时不需要进行参数的调整。

图7-81

08 单击（创建）|（灯光）|VRay|VR-灯光按钮，如图7-82所示。在【前】视图中创建VR灯光，具体的位置如图7-83所示。

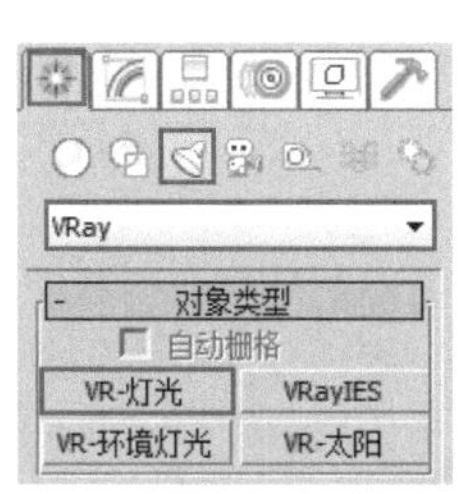

图7-82

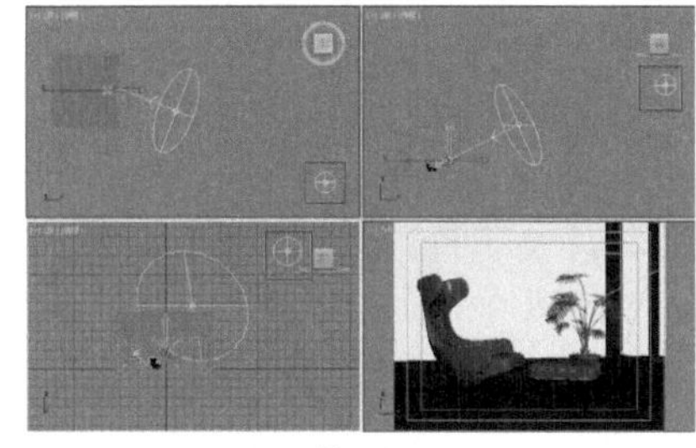

图7-83

- 在【常规】选项组下设置【类型】为【球体】；在【强度】选项组下调整【倍增】为0.4，调整【颜色】为淡黄色；在【大小】选项组下设置【半径】为1500.0mm。
- 在【选项】选项组下勾选【不可见】和【不衰减】复选框，在【采样】选项组下设置【细分】为16，如图7-84所示。

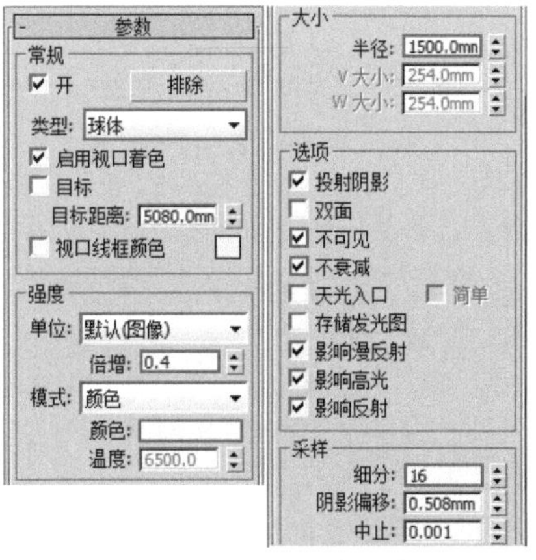

图7-84

09 最终的渲染效果如图7-85所示。

图7-85

实例112　VR太阳制作日光

文件路径	第7章\VR太阳制作日光
难易指数	★★★★★
技术掌握	VR-太阳

扫码深度学习

操作思路

本例通过使用【VR-太阳】制作太阳光照。

案例效果

案例效果如图7-86所示。

图7-86

操作步骤

01 打开本书配备的“第7章\VR太阳制作日光\08.max”文件，如图7-87所示。

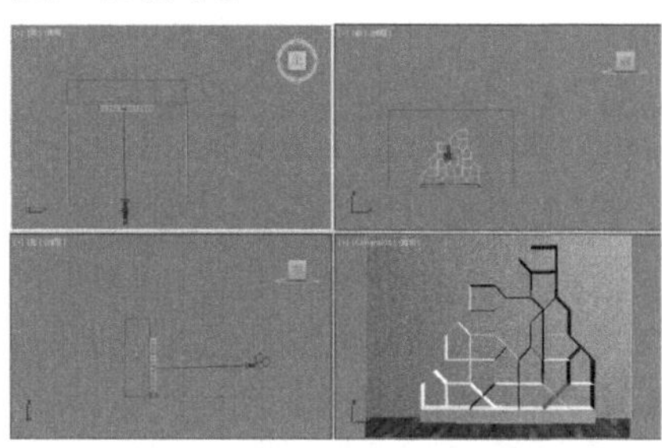

图7-87

02 单击（创建）|（灯光）| VRay | VR-太阳 按钮，如图7-88所示。

图7-88

03 在【前】视图中拖曳创建一盏VR太阳灯光，如图7-89所示。在弹出的【VRay太阳】对话框中单击【是】按钮，如图7-90所示。

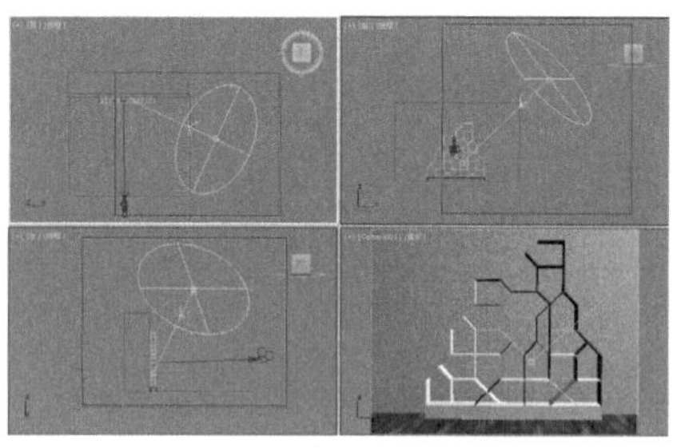

图7-89

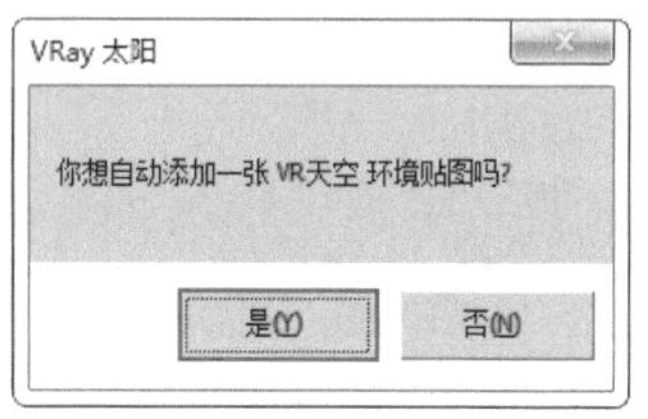

图7-90

04 选择上一步创建的VR太阳灯光，然后在【修改】面板下设置其具体的参数，如图7-91所示。在【VRay太阳参数】下设置【浊度】为3.0、【强度倍增】为0.05、【大小倍增】为10.0、【阴影细分】为50。

图7-91

05 最终的渲染效果如图7-92所示。

图7-92

实例113 VR灯光制作创意灯饰

文件路径	第 7 章 \VR 灯光制作创意灯饰
难易指数	★★★★★
技术掌握	VR- 灯光

扫码深度学习

操作思路

本例通过使用【VR-灯光】制作创意灯饰灯光。

案例效果

案例效果如图7-93所示。

图7-93

操作步骤

01 打开本书配备的“第7章\ VR灯光制作创意灯饰\09.max ”文件，如图7-94所示。

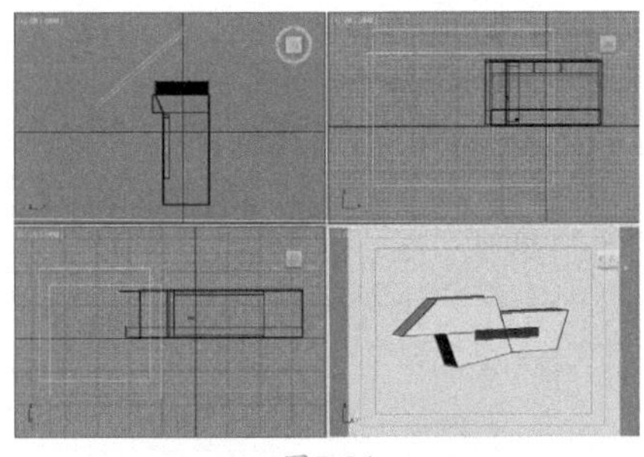

图7-94

02 在场景中创建一盏VR灯光，如图7-95所示。

03 单击【修改】按钮，设置【倍增】为5.0、【颜色】为蓝色、【1/2长】为80.0mm、【1/2宽】为50.0mm，勾选【不可见】复选框，设置【细分】为30，如图7-96所示。

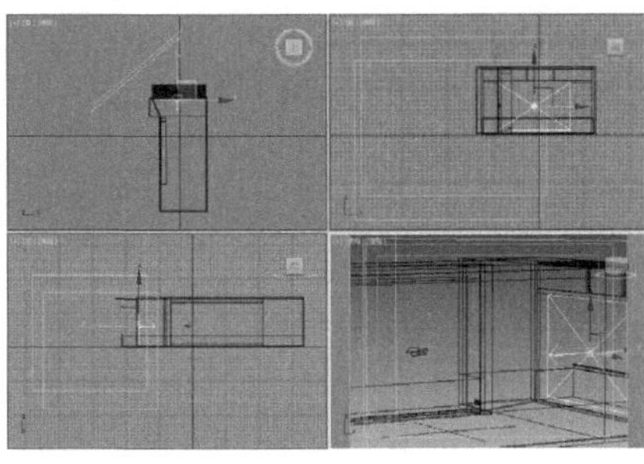

图7-95

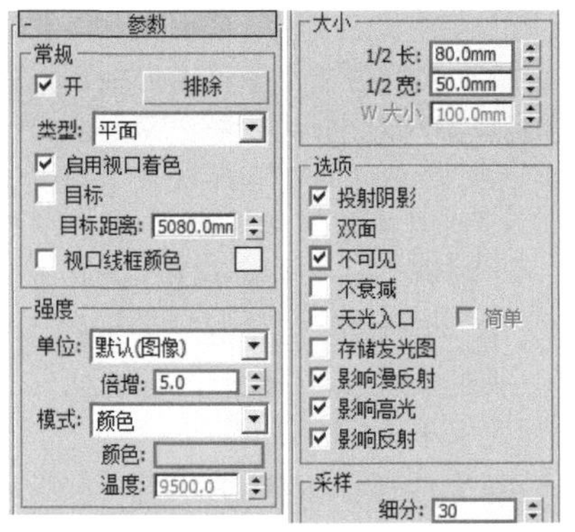

图7-96

04 在创意灯模型的位置创建3盏VR灯光（球体），如图7-97所示。

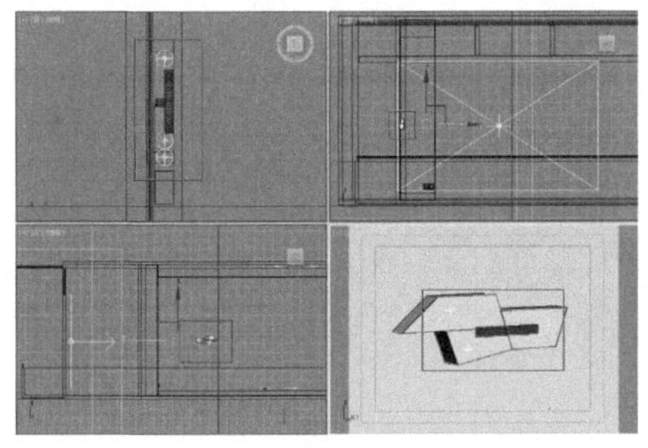

图7-97

05 单击【修改】按钮，设置【类型】为【球体】、【倍增】为100.0、【颜色】为橙色、【半径】为1.2mm，勾选【不可见】复选框，设置【细分】为30，如图7-98所示。

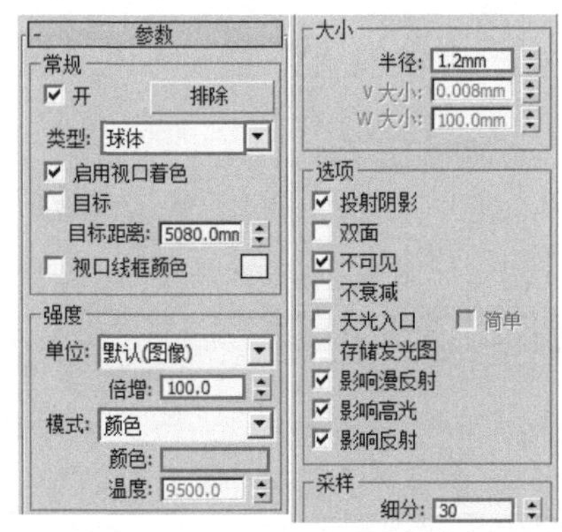

图7-98

06 最终的渲染效果如图7-99所示。

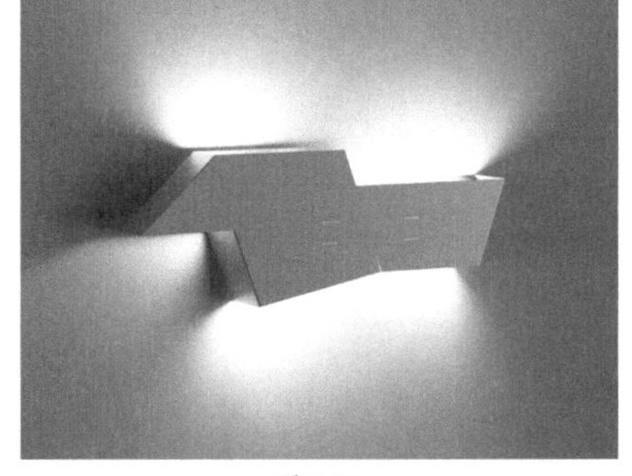

图7-99

实例114 VRayIES灯光制作壁灯

文件路径	第 7 章 \VRayIES 灯光制作壁灯
难易指数	★★★★★
技术掌握	● VR- 灯光 ● VRayIES

扫码深度学习

操作思路

本例通过使用【VR-灯光】制作室外辅助灯光，使用【VRayIES】制作墙体附近的射灯效果。

案例效果

案例效果如图7-100所示。

图7-100

操作步骤

01 打开本书配备的“第7章\VRayIES灯光制作壁灯\10.max ”文件，如图7-101所示。

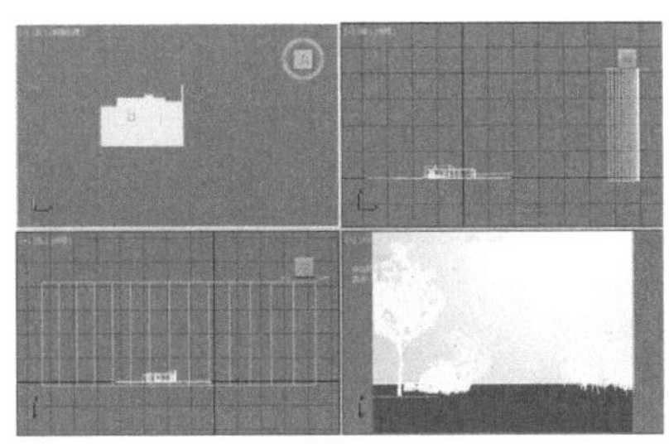

图7-101

02 单击（创建）|（灯光）| VRay | VR-灯光 按钮，如图7-102所示。

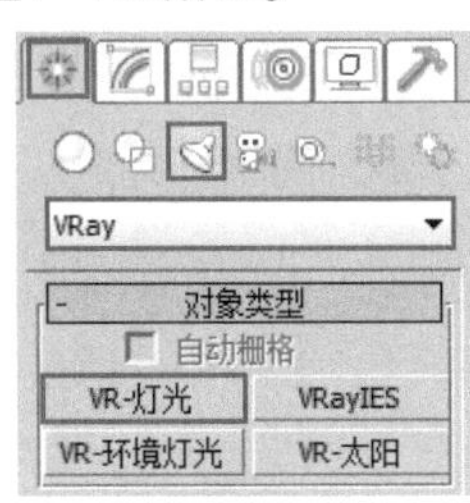

图7-102

03 在【左】视图中创建一盏VR灯光，其具体位置如图7-103所示。

04 选择上一步创建的VR灯光，然后在【修改】面板下设置其具体的参数，如图7-104所示。

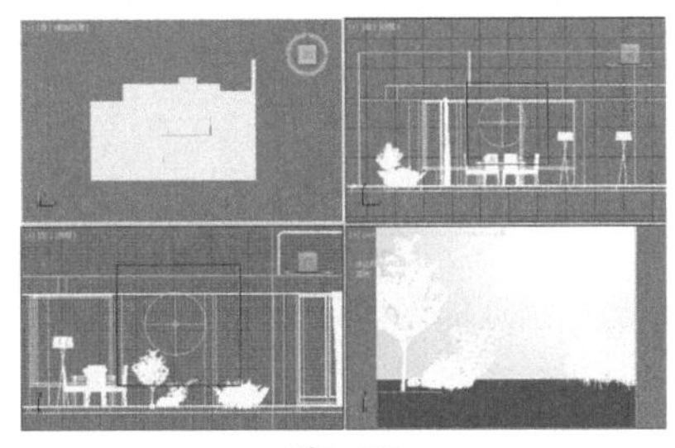

图7-103

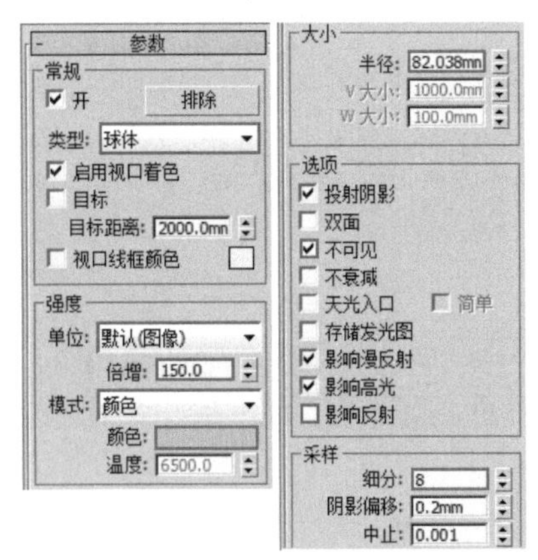

图7-104

- 在【常规】选项组下设置【类型】为【球体】；在【强度】选项组下设置【倍增】为150.0，设置【颜色】为橘色；在【大小】选项组下设置【半径】为82.038mm。
- 在【选项】选项组下勾选【不可见】复选框，取消勾选【影响反射】复选框；在【采样】选项组下设置【细分】为8。

05 单击（创建）|（灯光）| VRay | VR-灯光 按钮，其具体位置如图7-105所示。

06 选择上一步创建成功的VR灯光，然后在【修改】面板下设置其具体的参数，如图7-106所示。

- 在【常规】选项组下设置【类型】为【平面】；在【强度】选项组下调整【倍增】为90.0，调整【颜色】为橘色；在【大小】选项组下设置【1/2长】为39.877mm、【1/2宽】为187.559mm。
- 在【选项】选项组下勾选【不可见】复选框，取消勾选【影响反射】复选框；在【采样】选项组下设置【细分】为8。

图7-105

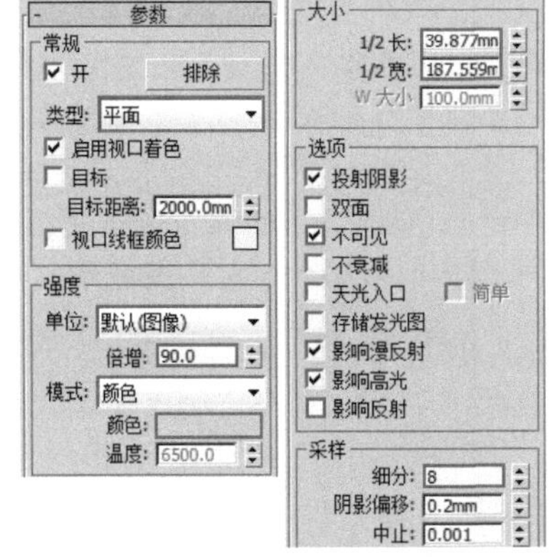

图7-106

07 单击（创建）|（灯光）| VRay | VR-灯光 按钮，如图7-107所示。在【前】视图中创建VR灯光，具体的位置如图7-108所示。

图7-107

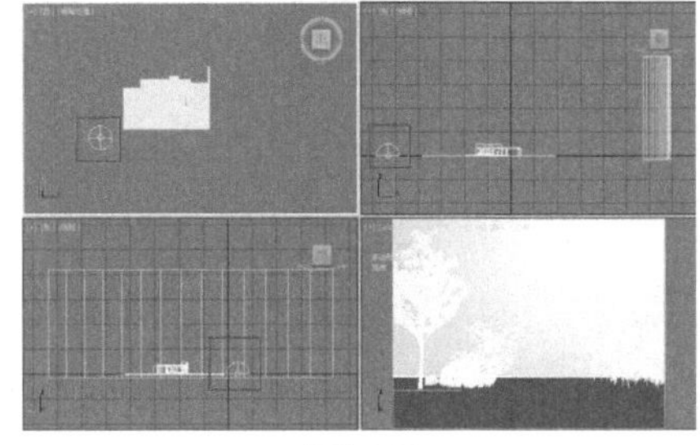

图7-108

08 选择上一步创建的VR灯光，然后在【修改】面板下设置其具体的参数，如图7-109所示。在【常规】选项组下设置【类型】为【穹顶】；在【强度】选项组下调整【倍增】为1.0，调整【颜色】为灰蓝色。

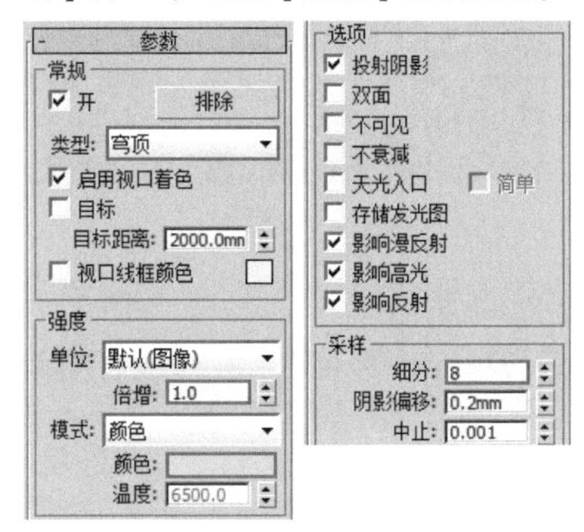

图7-109

09 单击（创建）|（灯光）| VRay | VRayIES 按钮，如图7-110所示。在【前】视图中创建VRayIES，具体的位置如图7-111所示。

图7-110

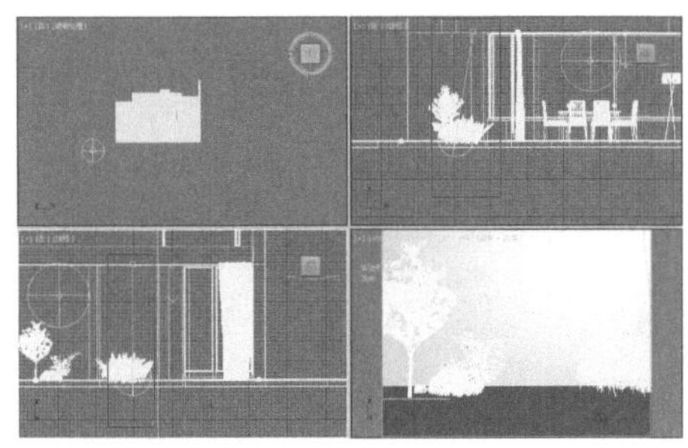

图7-111

10 选择上一步创建的VRayIES，然后在【修改】面板下设置其具体的参数，如图7-112所示。在【VRay IES参数】下【IES文件】中加载【28.ies】文件，设置【图形细分】为16，调整【颜色】为黄色、【功率】为0.3。

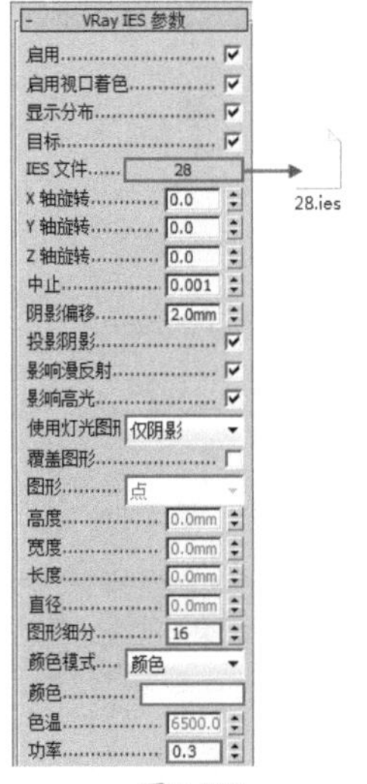

图7-112

11 复制上一步中创建的VRayIES，使用【选择并移动】工具复制1盏。具体位置如图7-113所示，此时不需要进行参数的调整。

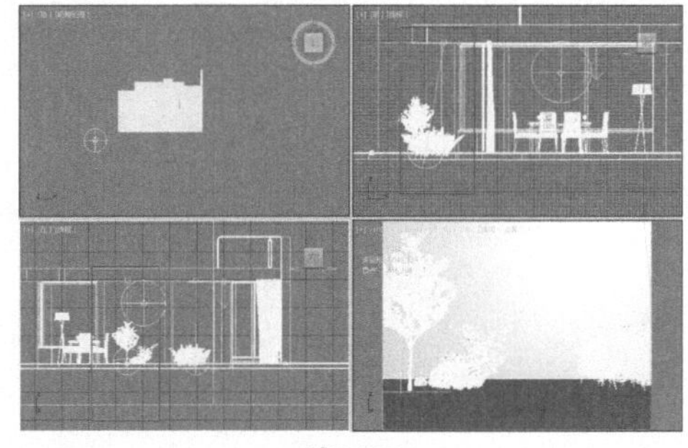

图7-113

12 最终的渲染效果如图7-114所示。

图7-114

第8章

材质与贴图技术

本章概述

材质与贴图是效果图设计中非常重要的环节，通过对材质与贴图的设置，可以使效果图产生更逼真的质感和纹理。本章将对多种材质类型、贴图类型进行详细讲解，其中需特别重点掌握VR材质。

本章重点

- VR材质类型参数的设置
- 掌握多种材质类型和贴图类型的使用方法

/ 佳 / 作 / 欣 / 赏 /

8.1 玻璃、牛奶、陶瓷

文件路径	第8章\玻璃、牛奶、陶瓷	 扫码深度学习
难易指数	★★★★★	
技术掌握	● VRayMtl材质 ● 【VR-快速SSS2】材质 ● 凹凸贴图	

操作思路

本例通过使用VRayMtl材质、【VR-快速SSS2】材质、凹凸贴图制作玻璃、牛奶、陶瓷材质效果。

案例效果

案例效果如图8-1所示。

图8-1

操作步骤

实例115　玻璃材质

01 打开本书配备的“第8章\玻璃、牛奶、陶瓷\01.max”文件，如图8-2所示。

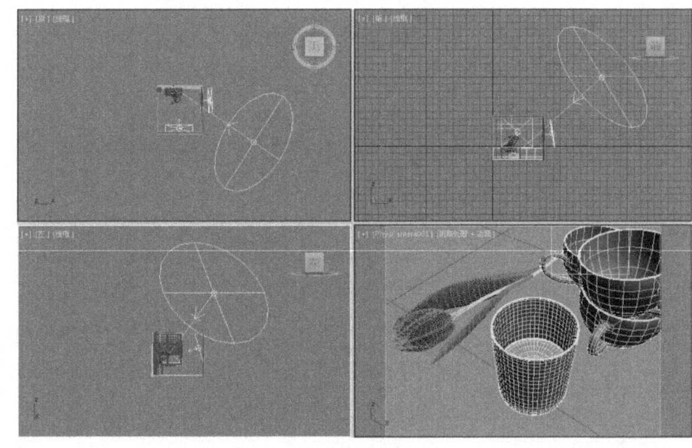

图8-2

02 按M键打开材质编辑器，选择一个空白材质球，单击 Standard 按钮，在弹出的【材质/贴图浏览器】对话框中选择VRayMtl材质，如图8-3所示。

03 将材质命名为【玻璃】，在【反射】选项组下调整【反射】颜色为灰色。单击【高光光泽度】后面的 L 按钮，调整其数值为0.97，单击【高光光泽度】后面的 M 按钮，单击【反射光泽度】后面的 M 按钮，分别加载【basic_plastic_spec_001_genova_scenected.jpg】贴图文件。设置【细分】为15。单击【菲涅耳反射】后的 L 按钮，调整【菲涅耳折射率】为1.45，如图8-4所示。

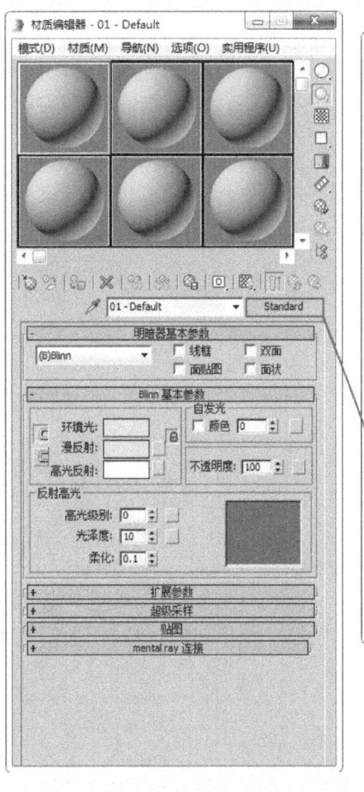

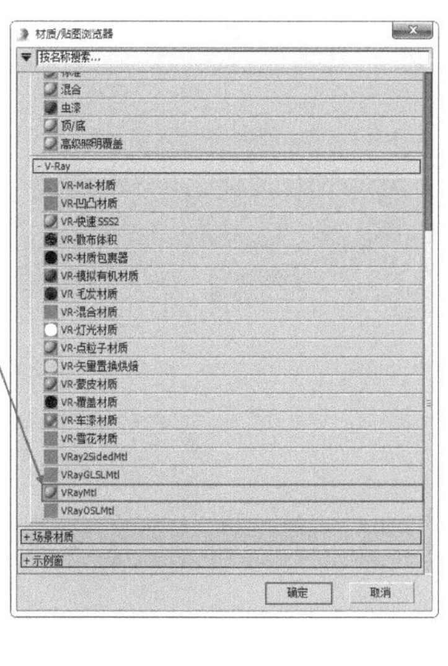

图8-3

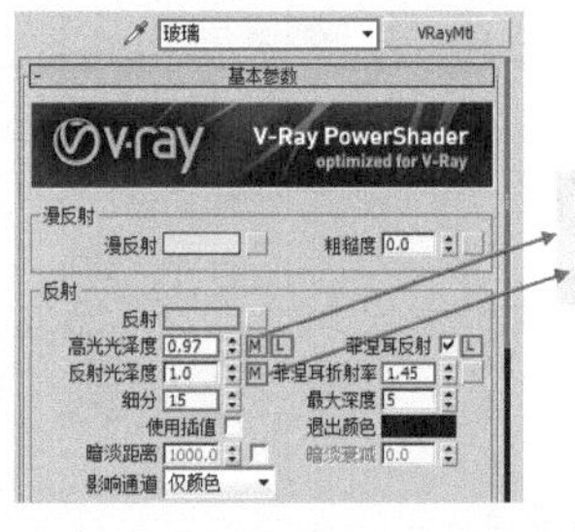

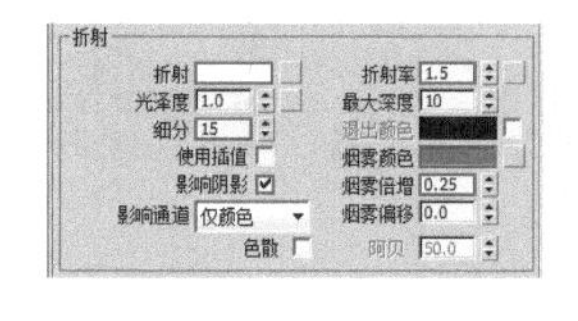

图8-4

04 在【折射】选项组下调整【折射】颜色为白色，设置【细分】为15，勾选【影响阴影】复选框，设置【折射率】为1.5，【烟雾颜色】为深灰色，【烟雾倍增】为0.25，如图8-5所示。

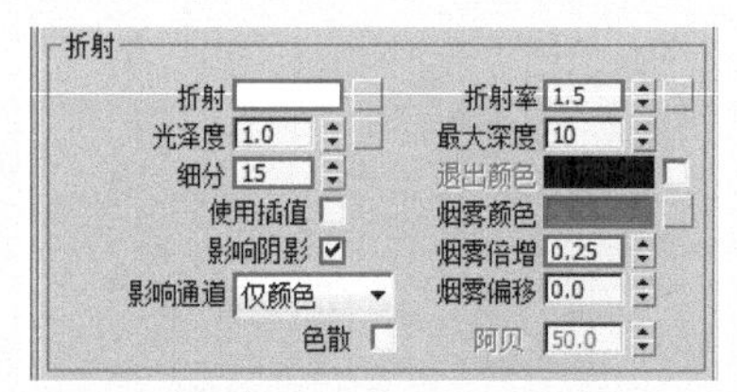

图8-5

05 在【双向反射分布函数】卷展栏下，设置【柔化】为-0.48。在【选项】卷展栏下，设置【中止】为0.005，如图8-6所示。

06 在【贴图】卷展栏下，设置【反射光泽】为34.0，如图8-7所示。

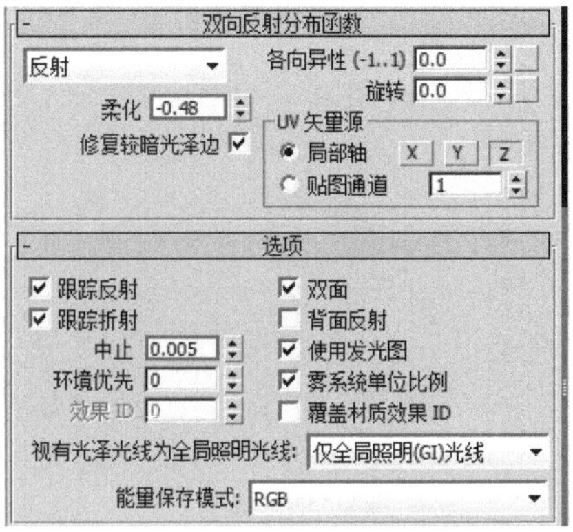

图8-6

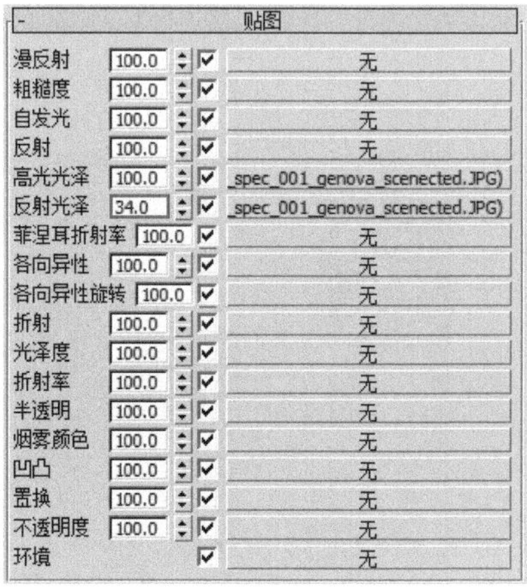

图8-7

07 将调整完成的【玻璃】材质赋予场景中的模型，如图8-8所示。

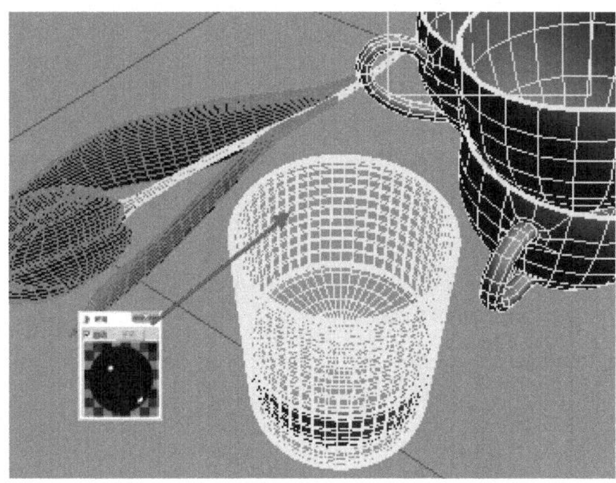

图8-8

提示 切换材质编辑器

3ds Max高版本的默认材质编辑器为Slate材质编辑器。若想使用精简材质编辑器，只需要按M键打开材质编辑器后，执行【模式/精简材质编辑器】命令，如图8-9所示。

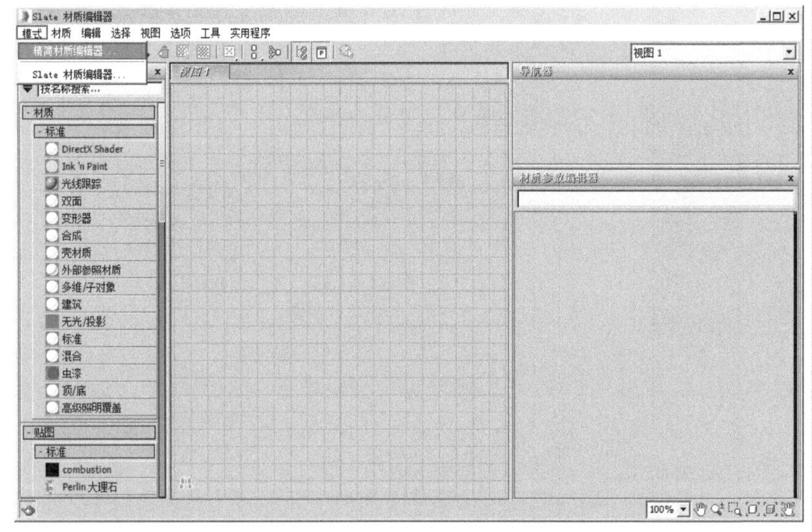

图8-9

切换到精简材质编辑器的效果如图8-10所示。

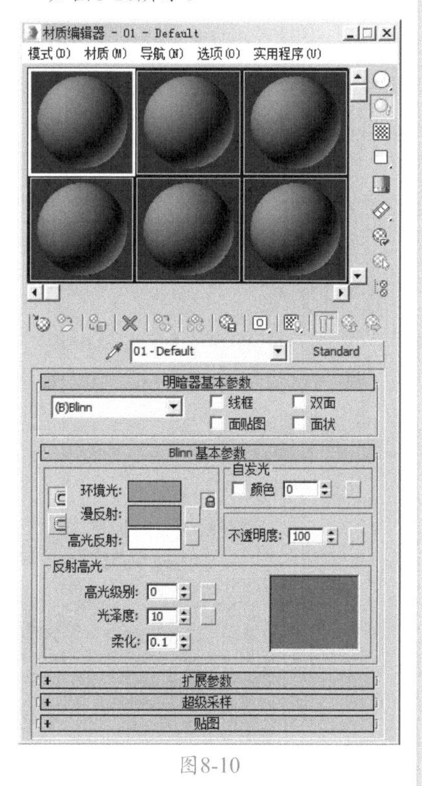

图8-10

实例116 牛奶材质

01 选择一个空白材质球，单击 Standard 按钮，在弹出的【材质/贴图浏览器】对话框中选择【VR-快速SSS2】材质，如图8-11所示。

02 将材质命名为【牛奶】，在【漫反射和子曲面散布层】卷展栏下，调整【全局颜色】为土黄色、【漫反射颜色】为淡黄色、【漫反射量】为0.4、【子曲面颜色】为淡蓝色、【散布颜色】为浅灰色、【散布半径（厘米）】为4.43。在【高光反射层】卷展栏下，更改【高光光泽度】为0.98，勾选【跟踪反射】复选框。在【选项】卷展栏下，设置【单个散布】为【光线跟踪（折射）】，如图8-12所示。

03 将调整完成的【牛奶】材质赋予场景中的模型，如图8-13所示。

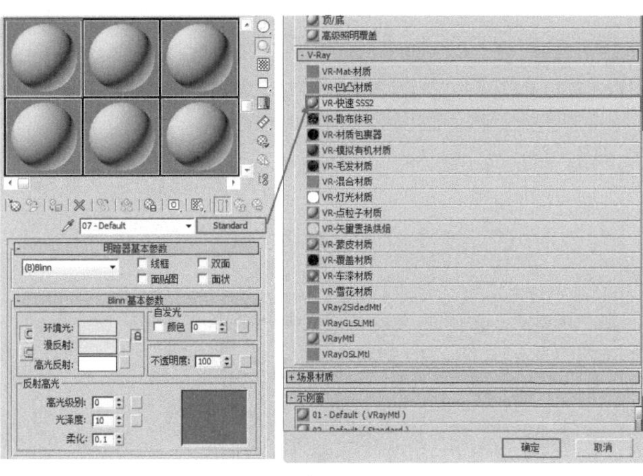

图8-11

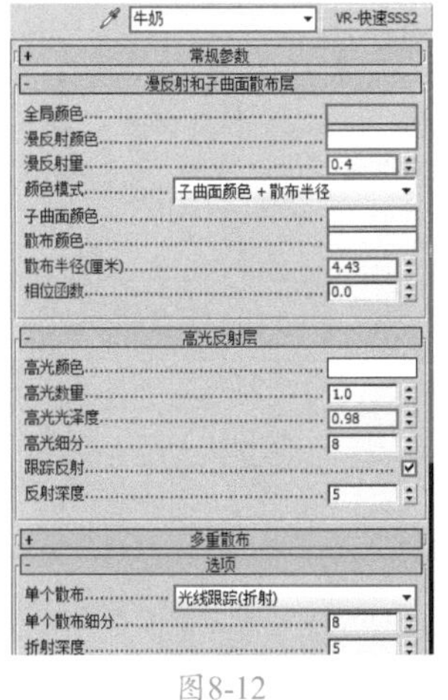

图8-12

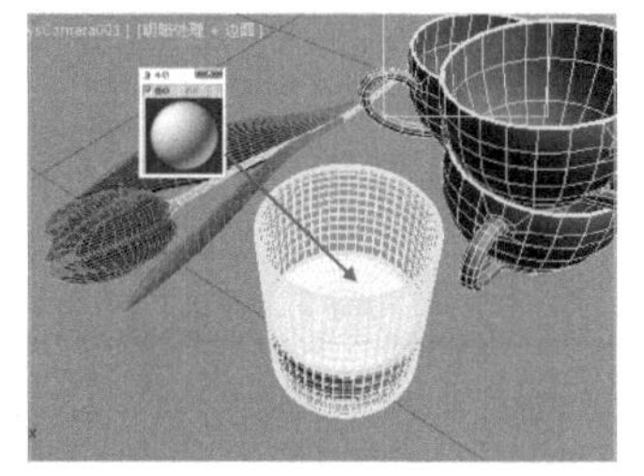

图8-13

实例117　陶瓷材质

01 选择一个空白材质球，单击 Standard 按钮，在弹出的【材质/贴图浏览器】对话框中选择VRayMtl材质，如图8-14所示。

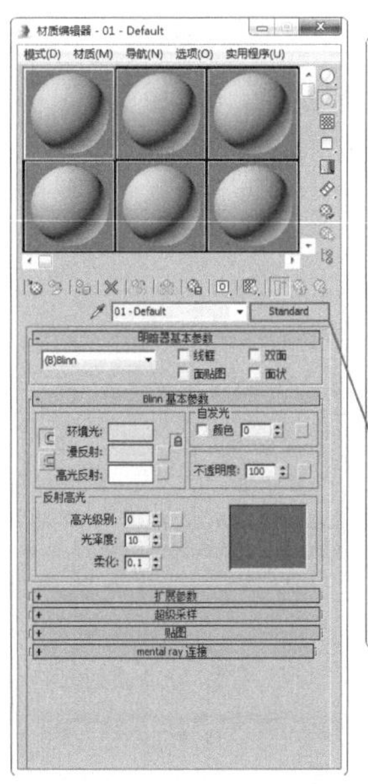

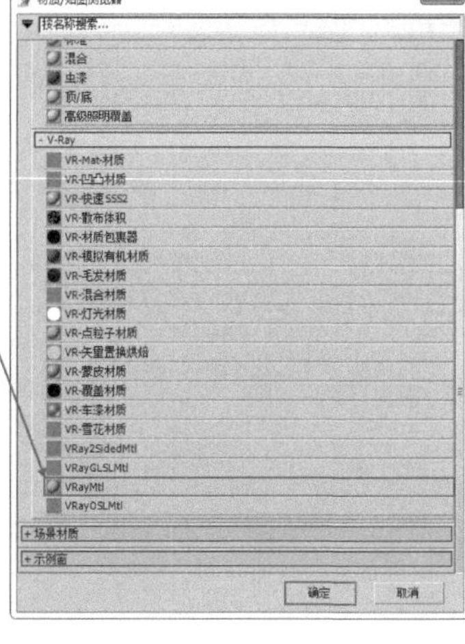

图8-14

02 将材质命名为【陶瓷】，在【漫反射】选项组下调整【漫反射】颜色为白色。在【反射】选项组下调整【反射】颜色为白色、调整【反射光泽度】数值为0.95，设置【细分】为20。在【折射】选项组下勾选【影响阴影】复选框，如图8-15所示。

03 在【选项】卷展栏下调整【中止】数值为0.005，如图8-16所示。

04 展开【贴图】卷展栏，在【凹凸】后面的通道上加载【basic_hard_scratch_spec_002_genova_scenected.jpg】贴图文件，并设置【凹凸】为15.0，如图8-17所示。

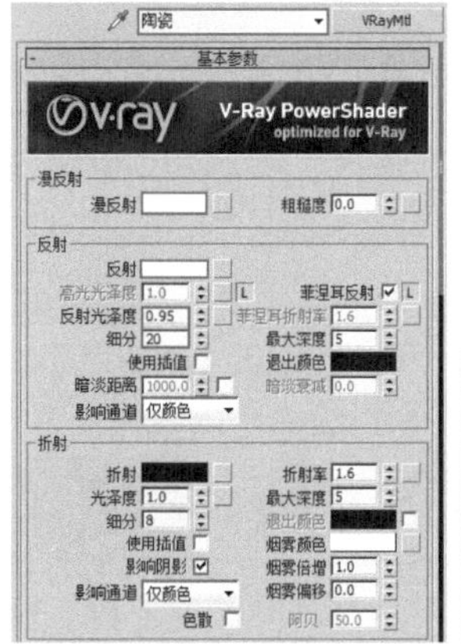

图8-15

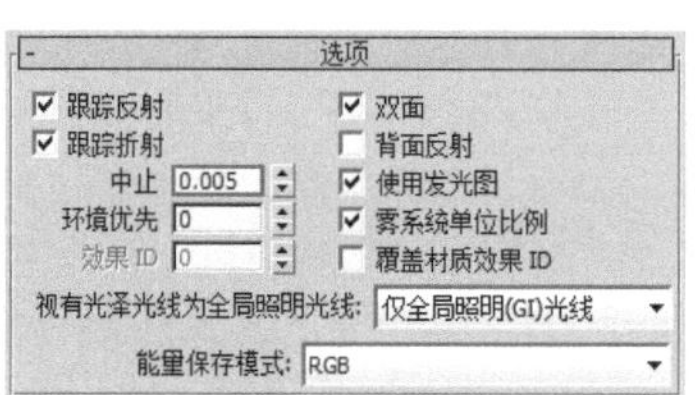

图8-16

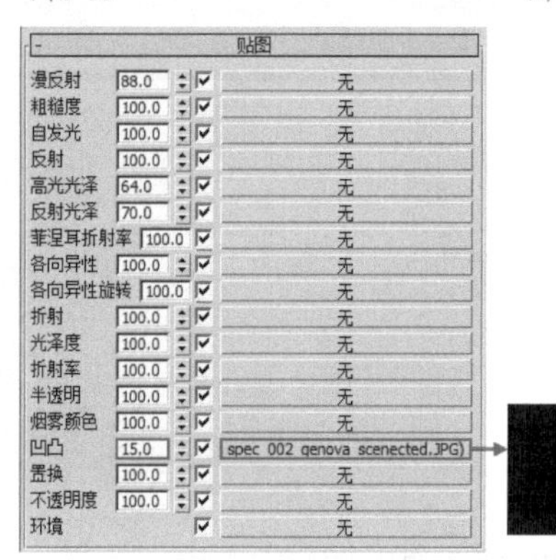

图8-17

05 将调整完成的【陶瓷】材质赋予场景中的模型，如图8-18所示。

图8-18

06 最终渲染效果如图8-19所示。

图8-19

8.2 灯金属、灯罩、灯陶瓷

文件路径	第 8 章 \ 灯金属、灯罩、灯陶瓷
难易指数	★★★★★
技术掌握	● 【VR- 混合材质】材质 ● VRayMtl 材质 ● VRay2SidedMtl 材质 ● 【VR- 污垢】程序贴图 ● 【噪波】程序贴图

扫码深度学习

操作思路

本例通过使用【VR-混合材质】材质、VRayMtl材质、VRay2SidedMtl材质、【VR-污垢】程序贴图、【噪波】程序贴图制作灯金属、灯罩、灯陶瓷材质效果。

案例效果

案例效果如图8-20所示。

图8-20

操作步骤

实例118 灯金属材质

01 打开本书配备的“第8章\灯金属、灯罩、灯陶瓷\02.max”文件，如图8-21所示。

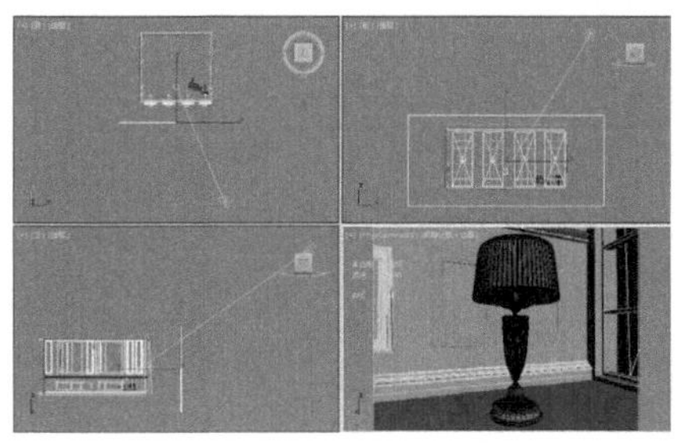

图8-21

02 按M键，打开材质编辑器，选择一个空白材质球，单击Standard按钮，在弹出的【材质/贴图浏览器】对话框中选择【VR-混合材质】材质，选择【丢弃旧材质】选项，单击【确定】按钮，如图8-22所示。

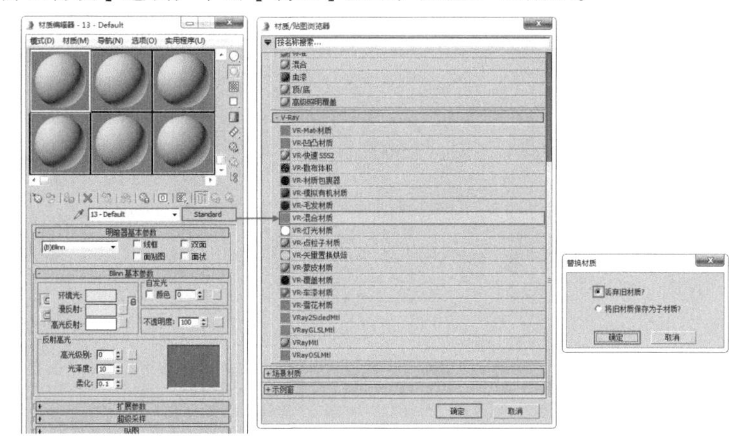

图8-22

03 将材质命名为【灯金属】，在【基本材质】通道上加载VRayMtl材质。单击进入【基本材质】的通道中，命名为metall。在【漫反射】选项组下加载【VR-污垢】程序贴图，设置【半径】为5、【非阻光颜色】为深褐色。在【反射】选项组下加载【VR-污垢】程序贴图，设置【半径】为5.0mm、【阻光颜色】为褐色、【非阻光颜色】为土黄色。调整【反射光泽度】为0.75。单击【菲涅耳反射】后的L按钮，调整【菲涅耳折射率】为15.0，如图8-23所示。

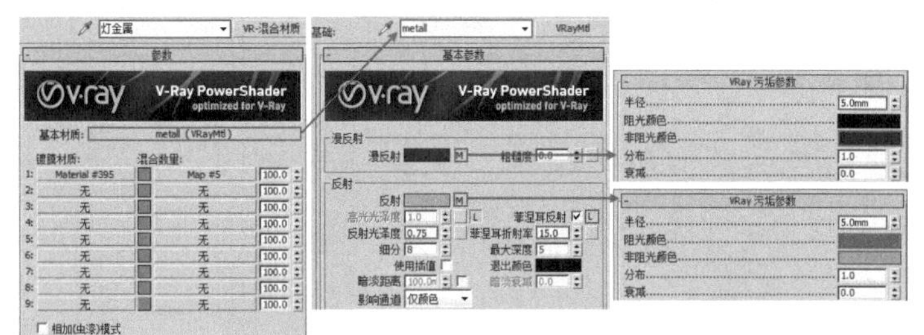

图8-23

04 继续在【基本材质】通道中展开【贴图】卷展栏，在【凹凸】后面的通道上加载【噪波】程序贴图，在【噪波参数】卷展栏下设置【大小】为1.0，并设置【凹凸】为3.0，如图8-24所示。

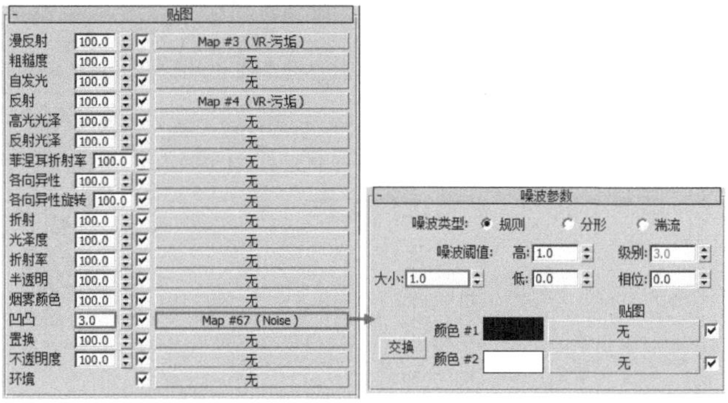

图8-24

05 在【镀膜材质】通道上加载VRayMtl材质，在【漫反射】选项组下加载【VR-污垢】程序贴图，在【VRay污垢参数】卷展栏下设置【半径】为5.0mm、【非阻光颜色】为深褐色。在【反射】选项组下调整【反射】颜色为土黄色，调整【反射光泽度】为0.92，单击【菲涅耳反射】后的L按钮，调整【菲涅耳折射率】为50.0，如图8-25所示。

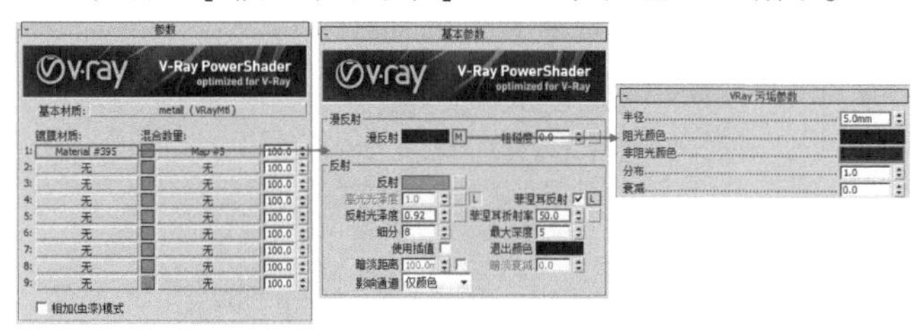

图8-25

06 继续在【镀膜材质】通道上展开【贴图】卷展栏，在【凹凸】后面的通道上加载【噪波】程序贴图，在【噪波参数】卷展栏下设置【大小】为1.0，并设置【凹凸】为3.0，如图8-26所示。

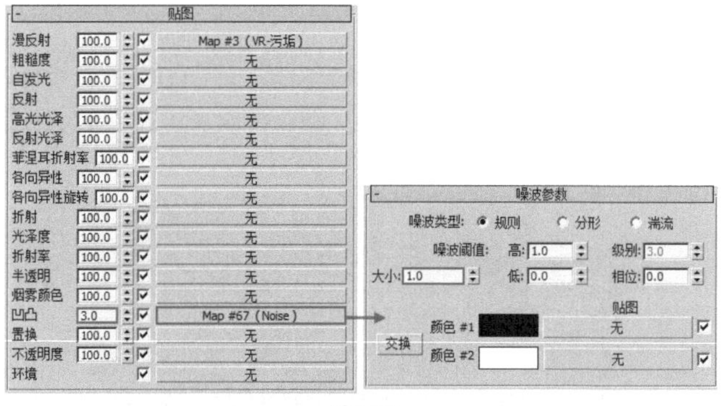

图8-26

07 将调整完成的【灯金属】材质赋予场景中的灯具模型，如图8-27所示。

图8-27

实例119 灯罩材质

01 选择一个空白材质球，单击 Standard 按钮，在弹出的【材质/贴图浏览器】对话框中选择VRay2SidedMtl材质，选择【丢弃旧材质】选项，如图8-28所示。

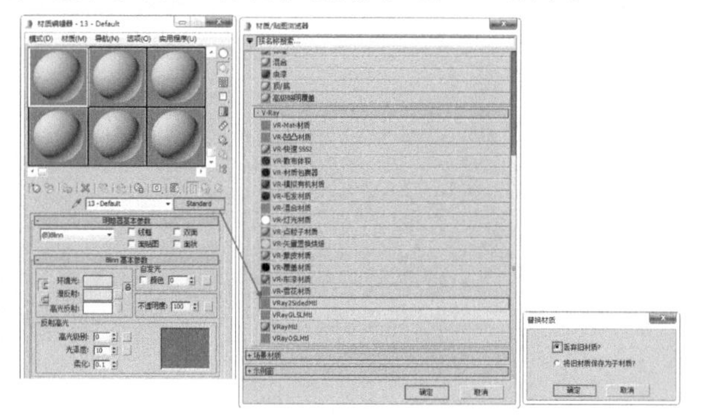

图8-28

02 将材质命名为【灯罩】，在【正面材质】通道上加载VRayMtl材质，单击进入通道中。在【漫反射】选项组下调整【漫反射】颜色为淡黄色。在【反射】选项组下，取消勾选【菲涅耳反射】复选框，如图8-29所示。

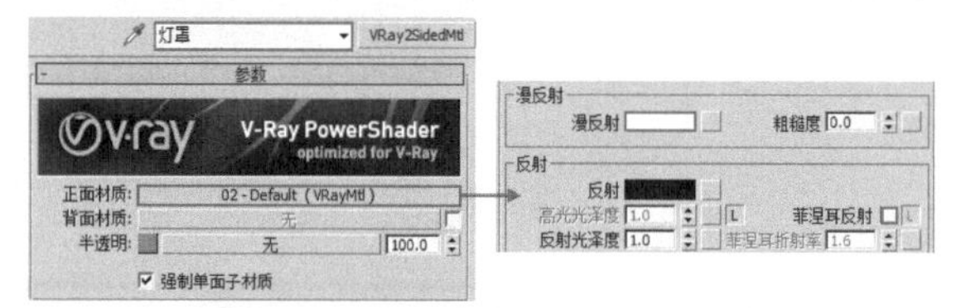

图8-29

03 将调整完成的【灯罩】材质赋予场景中的灯具模型，如图8-30所示。

图8-30

实例120 灯陶瓷材质

01 按M键打开材质编辑器，选择一个空白材质球，单击 Standard 按钮，在弹出的【材质/贴图浏览器】对话框中选择【VR-混合材质】材质，选择【丢弃旧材质】选项，如图8-31所示。

02 将材质命名为【灯陶瓷】，在【基本材质】通道上加载VRayMtl材质。单击进入【基本材质】后面的通道，在【漫反射】选项组下调整【漫反射】颜色为淡灰色，在【反射】选项组下调整【反射】颜色为淡绿色，设置【反射光泽度】为0.61。单击【菲涅耳反射】后的L按钮，调整【菲涅耳折射率】为80.0。在【双向反射分布函数】卷展栏下，取消勾选【修复较暗光泽边】复选框，设置【各向异性（-1，1）】为-0.4。在【选项】卷展栏下设置【中止】为0.01，【能量保存模式】为【单色】，如图8-32所示。

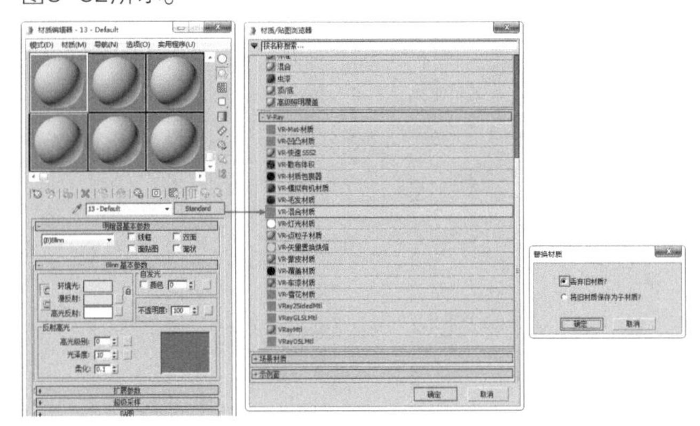

图8-31

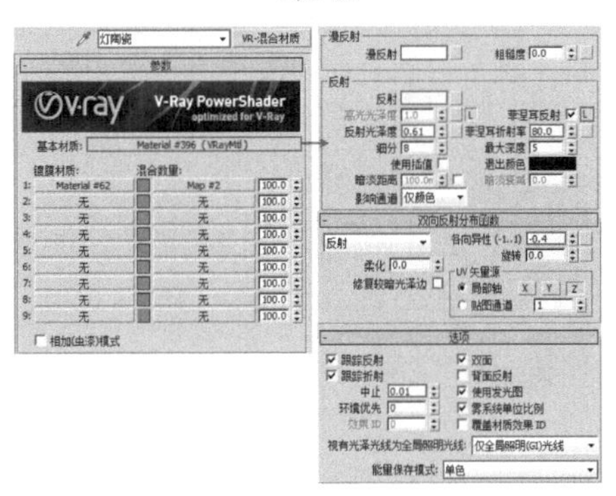

图8-32

03 在【镀膜材质1】通道上加载VRayMtl材质，在【漫反射】选项组下调整【漫反射】颜色为淡紫色，调整【反射光泽度】为0.8，如图8-33所示。

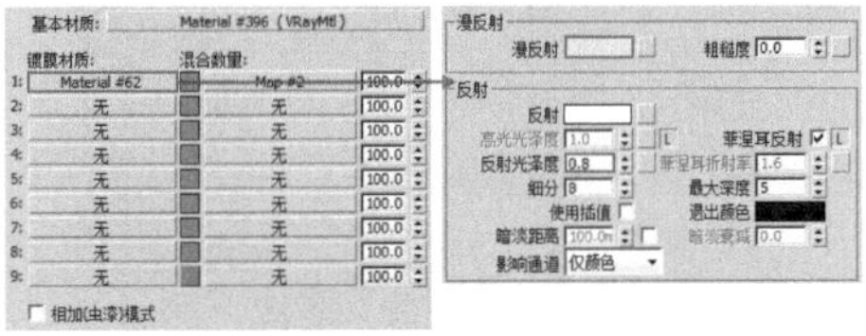

图8-33

04 将调整完成的【灯陶瓷】材质赋予场景中的灯具模型，如图8-34所示。

05 最终渲染效果如图8-35所示。

图8-34

图8-35

8.3 皮革、沙发、窗帘、地毯

文件路径	第8章\皮革、沙发、窗帘、地毯	扫码深度学习
难易指数	★★★★★	
技术掌握	● VRayMtl材质 ●【衰减】程序贴图	

操作思路

本例通过使用VRayMtl材质、【衰减】程序贴图制作皮革、沙发、窗帘、地毯材质效果。

案例效果

案例效果如图8-36所示。

图8-36

操作步骤

实例121 皮革材质

01 打开本书配备的“第8章\皮革、沙发、窗帘、地毯\03.max”文件，如图8-37所示。

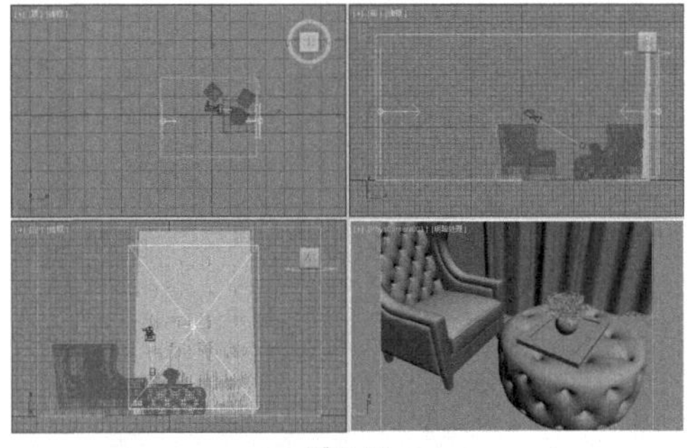

图8-37

02 按M键打开材质编辑器，选择一个空白材质球，单击 Standard 按钮，在弹出的【材质/贴图浏览器】对话框中选择VRayMtl材质，如图8-38所示。

03 将材质命名为【皮革】，在【漫反射】选项组下调整【漫反射】颜色为黑色。单击【反射】后的■按钮，在通道上加载【衰减】程序贴图，展开【衰减参数】卷展栏，调整两个颜色分别为黑色和浅蓝色，设置【衰减类型】为Fresnel，在【模式特定参数】选项组下设置【折射率】为2.1。回到【反射】选项组下，设置【反射光泽度】为0.7、【细分】为30，取消勾选【菲涅耳反射】复选框，如图8-39所示。

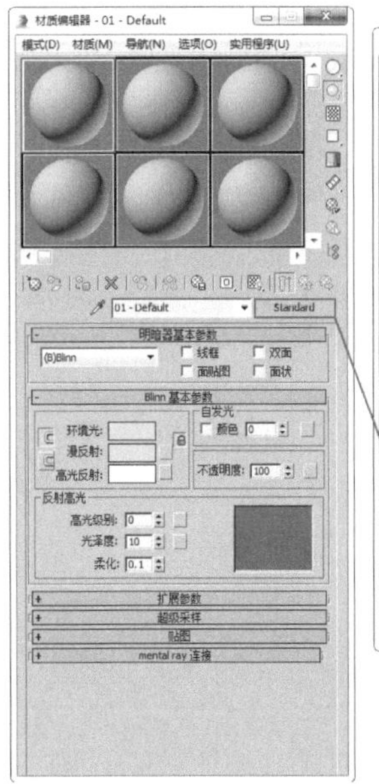
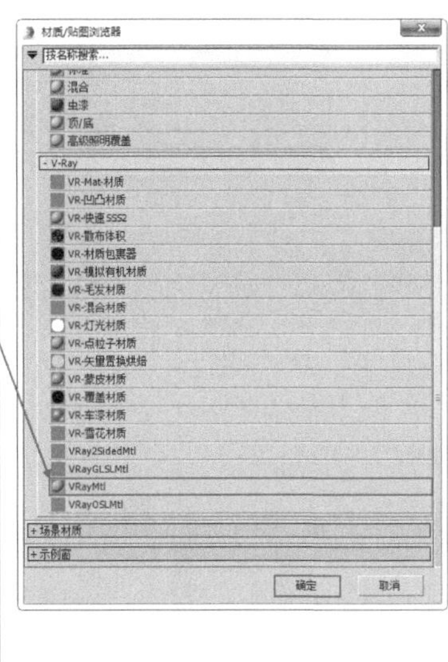

图8-38

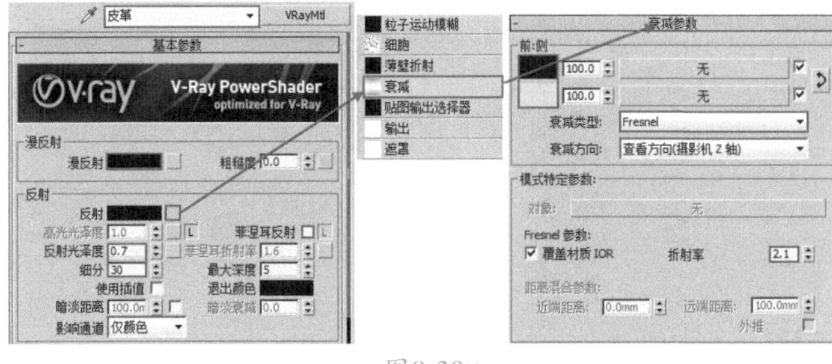

图8-39

04 将调整完成的【皮革】材质赋予场景中的圆茶几模型，如图8-40所示。

图8-40

实例122　单人沙发材质

01 选择一个空白材质球，单击 Standard 按钮，在弹出的【材质/贴图浏览器】对话框中选择VRayMtl材质，如图8-41所示。

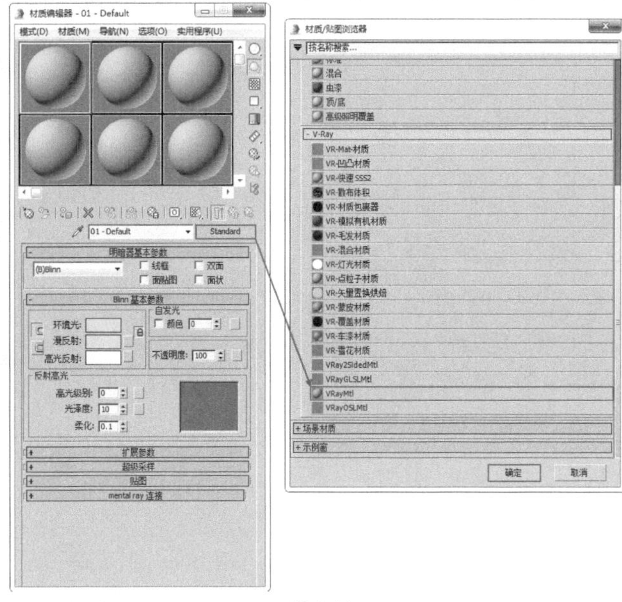

图8-41

02 将材质命名为【沙发】，在【漫反射】选项组下加载【衰减】程序贴图，展开【衰减参数】卷展栏，分别在两个颜色后面的通道上加载【1_4 a .jpg】和【1_4 a 2.jpg】贴图文件，设置【瓷砖】的【U】和【V】均为2.0。展开【混合曲线】卷展栏，并调整曲线样式，如图8-42所示。

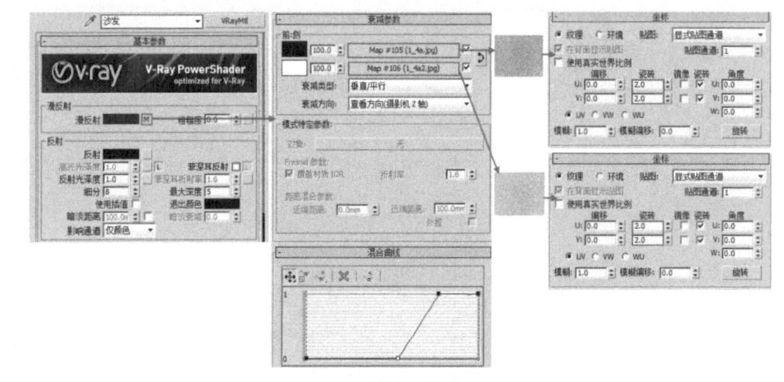

图8-42

03 将调整完成的【沙发】材质赋予场景中的沙发模型，如图8-43所示。

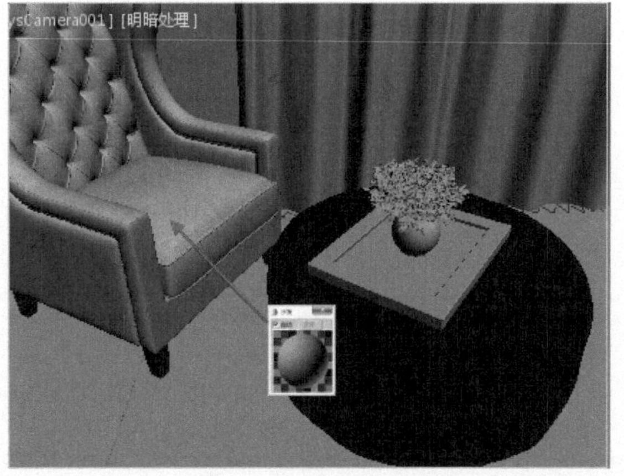

图8-43

实例123 窗帘材质

01 选择一个空白材质球，单击 Standard 按钮，在弹出的【材质/贴图浏览器】对话框中选择VRayMtl材质，如图8-44所示。

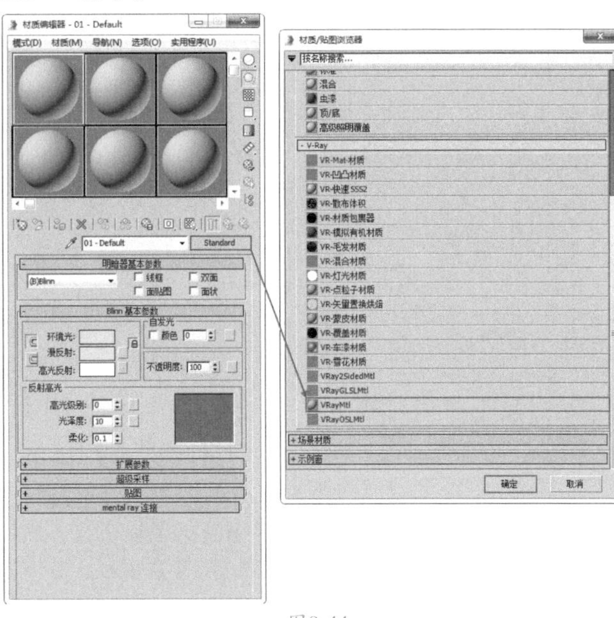

图8-44

02 将材质命名为【窗帘】，在【漫反射】选项组下调整【漫反射】颜色为浅蓝色，在【反射】选项组下取消勾选【菲涅耳反射】复选框。在【折射】选项组下调整【折射】颜色为深灰色，设置【折射率】为1.001、【光泽度】为0.85、【细分】为20，勾选【影响阴影】复选框，如图8-45所示。

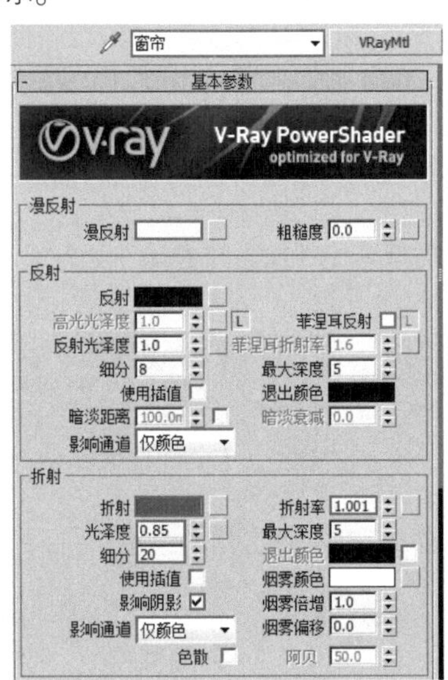

图8-45

03 将调整完成的【窗帘】材质赋予场景中的窗帘模型，如图8-46所示。

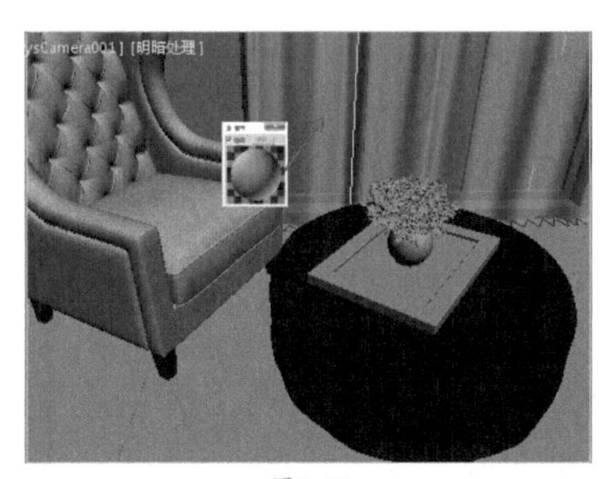

图8-46

实例124 卡通地毯材质

01 选择一个空白材质球，单击 Standard 按钮，在弹出的【材质/贴图浏览器】对话框中选择VRayMtl材质，如图8-47所示。

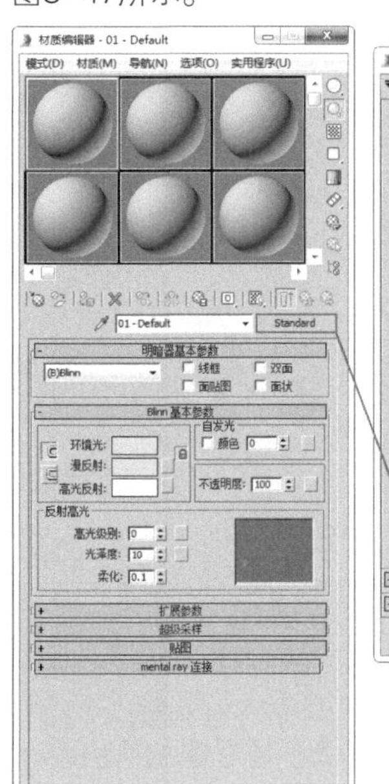

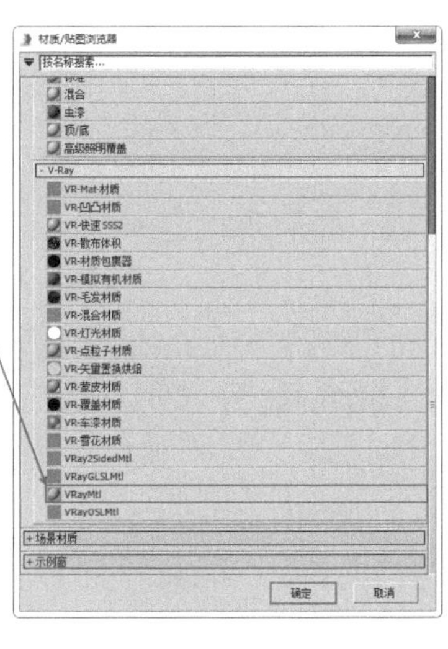

图8-47

02 将材质命名为【地毯】，在【漫反射】选项组下加载【200831315555767500.jpg】贴图文件，设置【瓷砖】的【U】和【V】均为0.32，如图8-48所示。

03 展开【贴图】卷展栏，将【漫反射】后面的贴图拖曳到【凹凸】的贴图通道上，设置方式为【复制】，并设置【凹凸】为-30.0，如图8-49所示。

图8-48

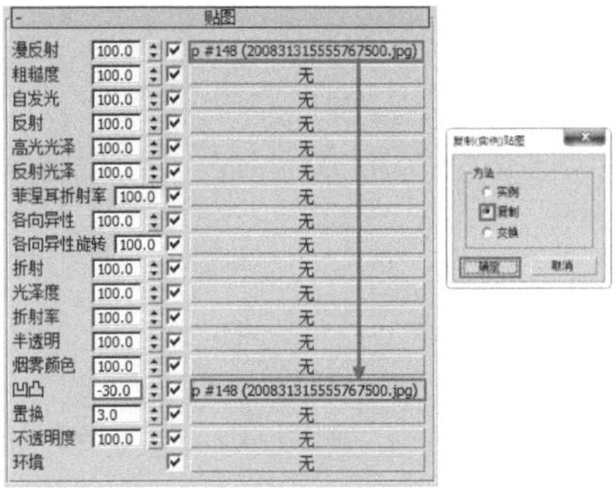

图8-49

04 选择地毯模型，然后为其加载【UVW贴图】修改器，并设置【贴图】方式为【平面】，设置【长度】、【宽度】均为600.0mm，最后设置【对齐】为【Z】，如图8-50所示。

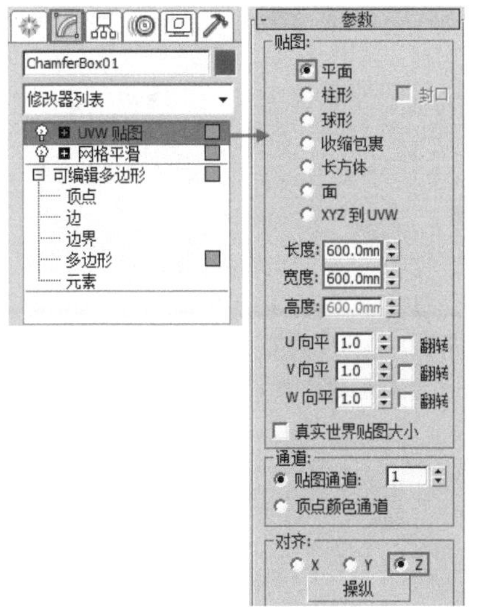

图8-50

05 将调整完成的【地毯】材质赋予场景中的地毯模型，如图8-51所示。

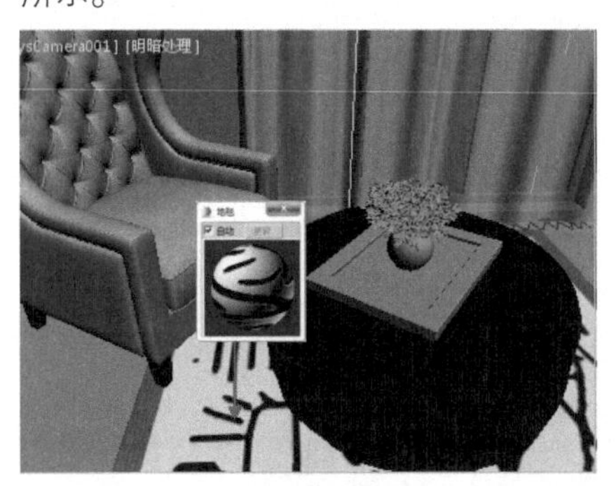

图8-51

06 最终渲染效果如图8-52所示。

图8-52

8.4 花瓶、花朵、树枝

文件路径	第 8 章 \ 花瓶、花朵、树枝	
难易指数	★★★★★	
技术掌握	● VRayMtl 材质 ●【VR- 材质包裹器】材质 ●【衰减】程序贴图	 扫码深度学习

操作思路

本例通过使用VRayMtl材质、【VR-材质包裹器】材质、【衰减】程序贴图制作花瓶、花朵、树枝材质效果。

图8-53

案例效果

案例效果如图8-53所示。

操作步骤

实例125 花瓶材质

01 打开本书配备的“第8章\花瓶、花朵、树枝\04.max”文件，如图8-54所示。

图8-54

02 按M键打开材质编辑器，选择一个空白材质球，单击 Standard 按钮，在弹出的【材质/贴图浏览器】对话框中选择VRayMtl材质，如图8-55所示。

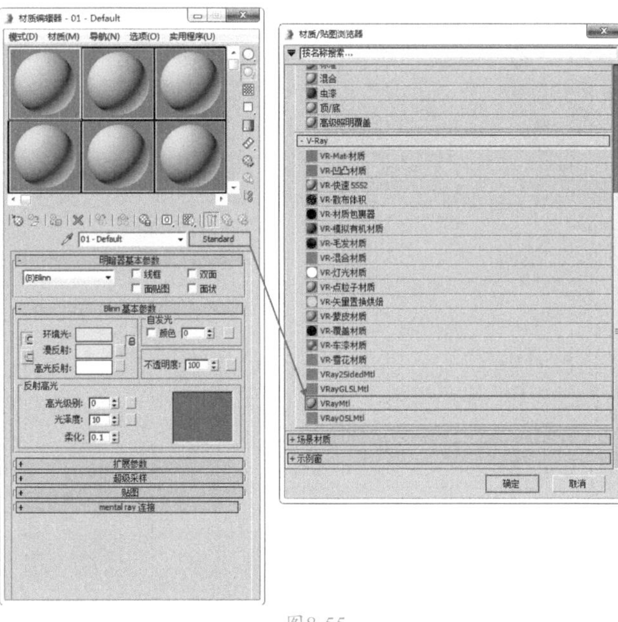

图8-55

03 将材质命名为【花瓶】，在【漫反射】后面的通道上加载【2.jpg】贴图文件。在【反射】选项组下单击【高光光泽度】后面的L按钮，调整其数值为0.9，设置【细分】为20，取消勾选【菲涅耳反射】复选框，如图8-56所示。

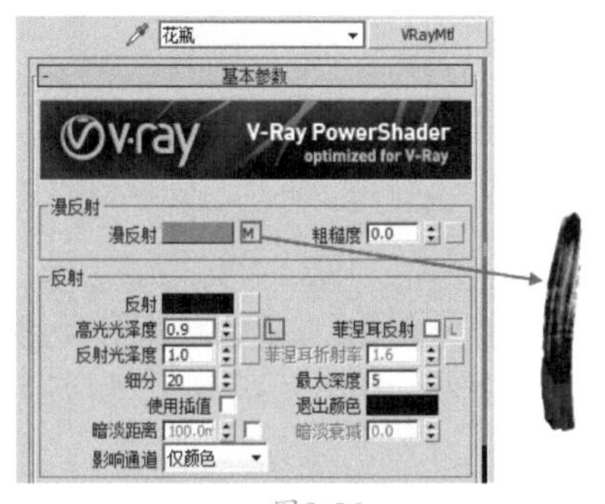

图8-56

04 将调整完成的【花瓶】材质赋予场景中的花瓶模型，如图8-57所示。

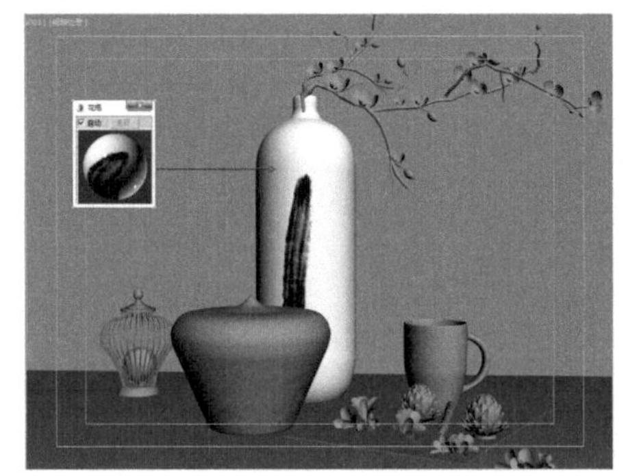

图8-57

实例126 花朵材质

01 选择一个空白材质球，单击 Standard 按钮，在弹出的【材质/贴图浏览器】对话框中选择【VR-材质包裹器】材质，选择【丢弃旧材质】选项，如图8-58所示。

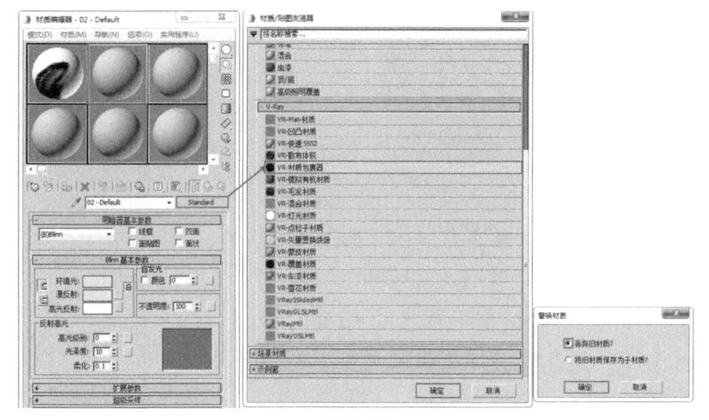

图8-58

02 将材质命名为【花朵】，展开【VR材质包裹器参数】卷展栏，并在【基本材质】通道上加载VRayMtl材质，单击进入【基本材质】的通道中，在【漫反射】选项组下加载【衰减】程序贴图，分别调整两个颜色为红色和粉色，设置【衰减类型】为Fresnel，设置【折射率】为1.6。展开【混合曲线】卷展栏，调整曲线样式。取消勾选【菲涅尔反射】复选框，在【双向反射分布函数】卷展栏下，取消勾选【修复较暗光泽边】复选框。在【选项】卷展栏下设置【中止】为0.01，取消勾选【雾系统单位比例】复选框。返回到【VR材质包裹器参数】卷展栏，将【接收全局照明】调整为2.5，如图8-59所示。

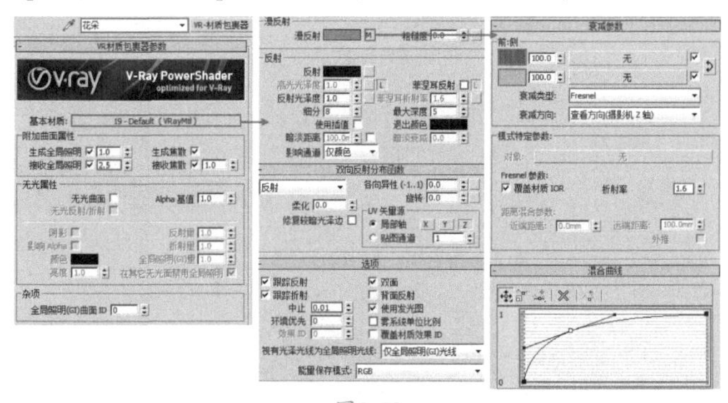

图8-59

03 将调整完成的【花朵】材质赋予场景中的花朵模型，如图8-60所示。

图8-60

实例127 树枝材质

01 选择一个空白材质球，单击 Standard 按钮，在弹出的【材质/贴图浏览器】对话框中选择VRayMtl材质，如图8-61所示。

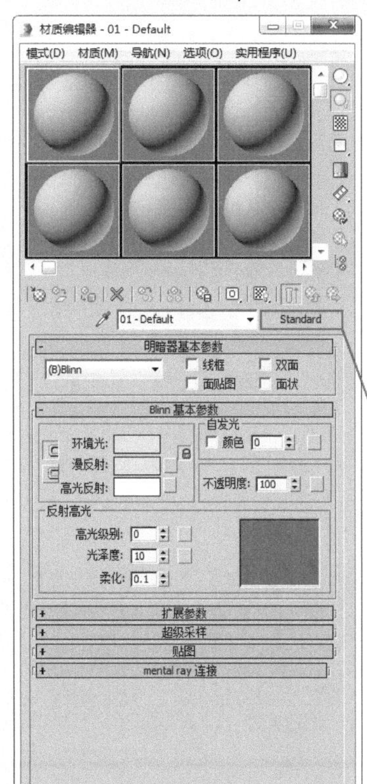

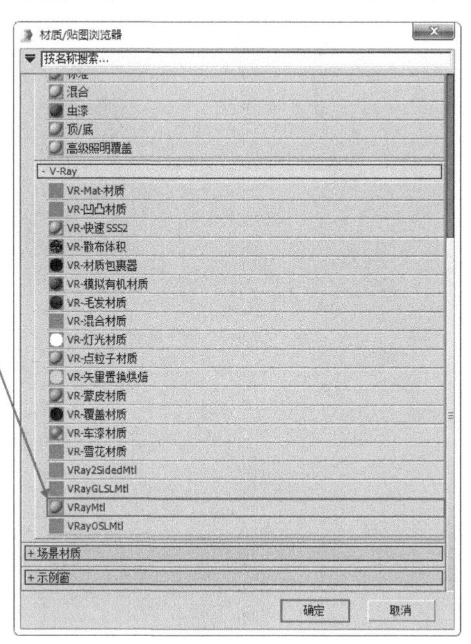

图8-61

02 将材质命名为【树枝】，在【漫反射】选项组下调整【漫反射】颜色为黑色。在【反射】选项组下，单击【高光光泽度】后面的L按钮，调整其数值为0.65，设置【反射光泽度】为0.65，【细分】为15。取消勾选【菲涅耳反射】复选框，如图8-62所示。

图8-62

03 将调整完成的【树枝】材质赋予场景中的树枝模型，如图8-63所示。

04 最终渲染效果如图8-64所示。

图8-63

图8-64

8.5 酒瓶、洋酒、冰块、托盘

文件路径	第8章\酒瓶、洋酒、冰块、托盘
难易指数	★★★★★
技术掌握	● VRayMtl 材质 ● 【噪波】程序贴图 ● 凹凸贴图
扫码深度学习	

操作思路

本例通过使用VRayMtl材质、【噪波】程序贴图、凹凸贴图制作酒瓶、洋酒、冰块、托盘材质效果。

案例效果

案例效果如图8-65所示。

图8-65

操作步骤

实例128 酒瓶材质

01 打开本书配备的“第8章\酒瓶、洋酒、冰块、托盘\05.max”文件，如图8-66所示。

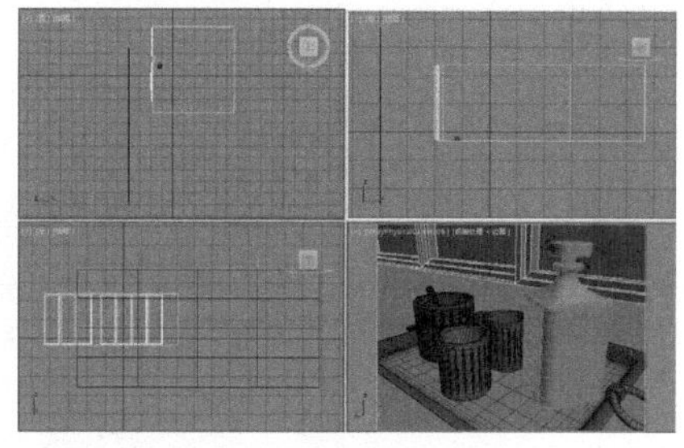

图8-66

02 按M键打开材质编辑器，选择一个空白材质球，单击 Standard 按钮，在弹出的【材质/贴图浏览器】对话框中选择VRayMtl材质，如图8-67所示。

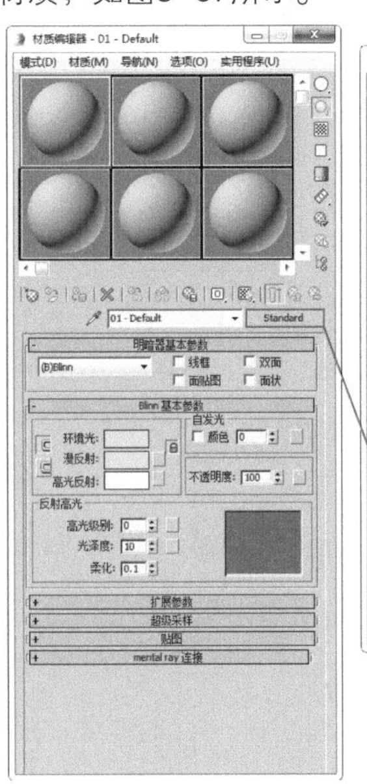

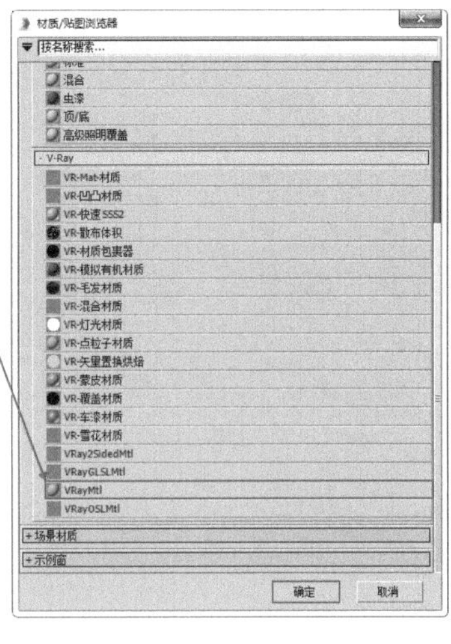

图8-67

03 将材质命名为【酒瓶】，在【漫反射】选项组下调整【漫反射】颜色为白色，在【反射】选项组下调整【反射】颜色为白色，单击【高光光泽度】后面的 L 按钮，调整其数值为0.9，设置【细分】为11。在【折射】选项组下调整【折射】颜色为白色，设置【折射率】为1.66，【细分】为11，勾选【影响阴影】复选框，设置【影响通道】为【颜色+Alpha】，如图8-68所示。

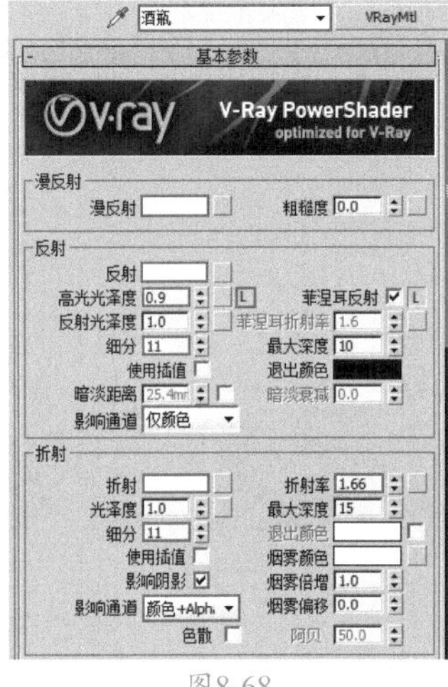

图8-68

04 在【双向反射分布函数】卷展栏下，设置为【多面】，取消勾选【修复较暗光泽边】复选框。在【选项】卷展栏下设置【中止】为0.01，取消勾选【雾系统单位比例】复选框，如图8-69所示。

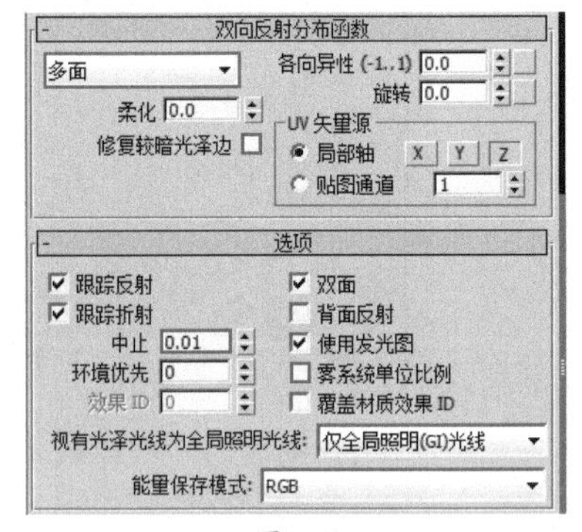

图8-69

05 将调整完成的【酒瓶】材质赋予场景中的酒瓶模型，如图8-70所示。

图8-70

实例129 洋酒材质

01 选择一个空白材质球，单击 Standard 按钮，在弹出的【材质/贴图浏览器】对话框中选择VRayMtl材质，如图8-71所示。

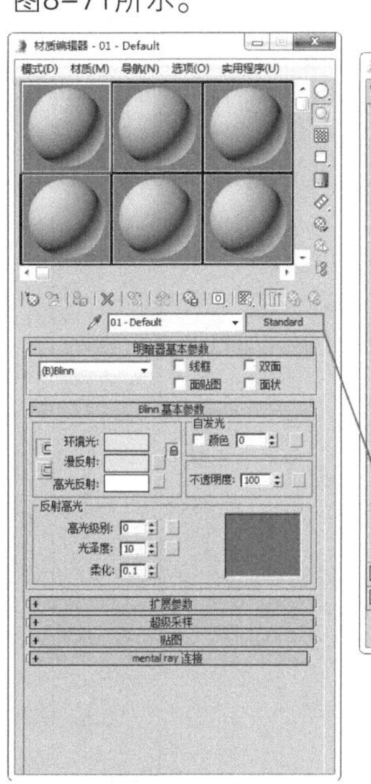

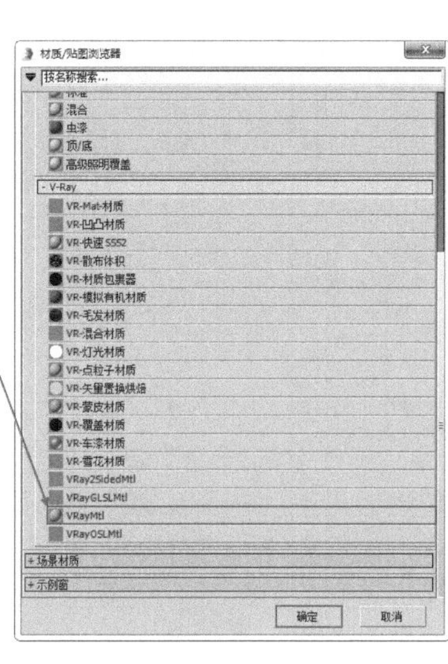

图8-71

02 将材质命名为【洋酒】，在【反射】选项组下取消勾选【菲涅耳反射】复选框。在【折射】选项组下调整【折射】颜色为白色，设置【折射率】为1.33，勾选【影响阴影】复选框，设置【烟雾颜色】为橘色、【烟雾倍增】为0.07、【烟雾偏移】为-0.18，如图8-72所示。

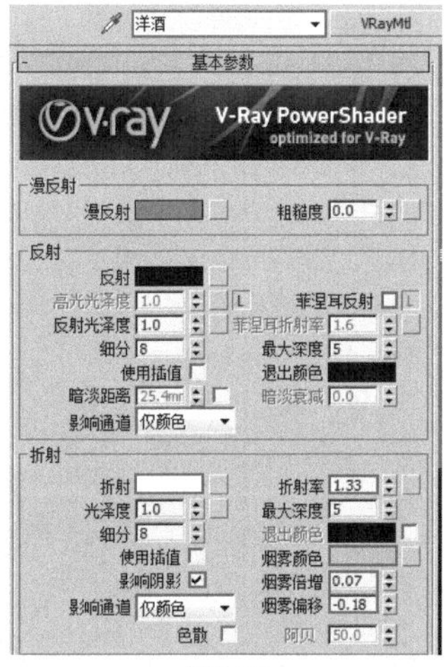

图8-72

03 将调整完成的【洋酒】材质赋予场景中

的模型，如图8-73所示。

图8-73

实例130　冰块材质

01 选择一个空白材质球，单击 Standard 按钮，在弹出的【材质/贴图浏览器】对话框中选择VRayMtl材质，如图8-74所示。

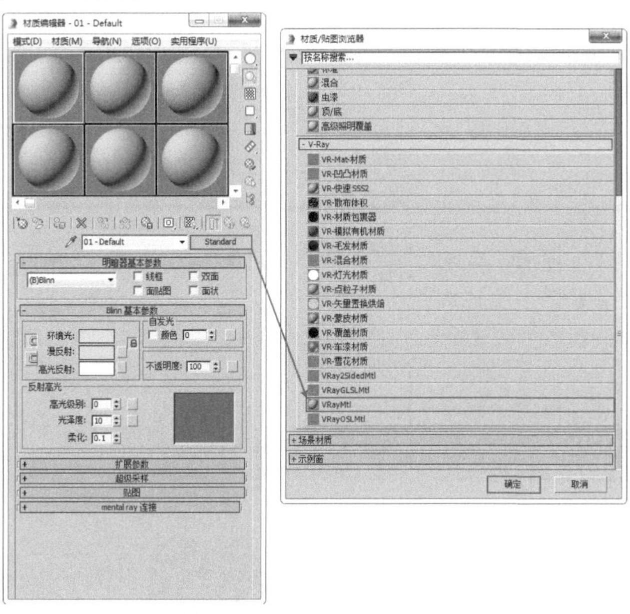

图8-74

02 将材质命名为【冰块】，在【漫反射】选项组下调整【漫反射】颜色为白色。在【反射】选项组下调整【反射】颜色为白色，设置【细分】为24。在【折射】选项组下，加载【噪波】程序贴图，展开【坐标】卷展栏，设置【瓷砖】的【X】、【Y】和【Z】均为0.394。展开【噪波参数】卷展栏，设置【噪波类型】为【分形】、【级别】为10.0、【大小】为50.0，调整【颜色#2】为浅灰色。返回到【折射】选项组下，设置【细分】为50，勾选【影响阴影】复选框，设置【影响通道】为【颜色+Alpha】、【折射率】为1.4、【烟雾倍增】为0.04，如图8-75所示。

03 展开【贴图】卷展栏，在【凹凸】后面的贴图通道上加载【噪波】程序贴图，在【坐标】卷展栏下设置【瓷砖】的【X】、【Y】和【Z】均为0.394，在【噪波参数】卷展栏下，设置【大小】为60.0，并设置【凹凸】为40.0，如图8-76所示。

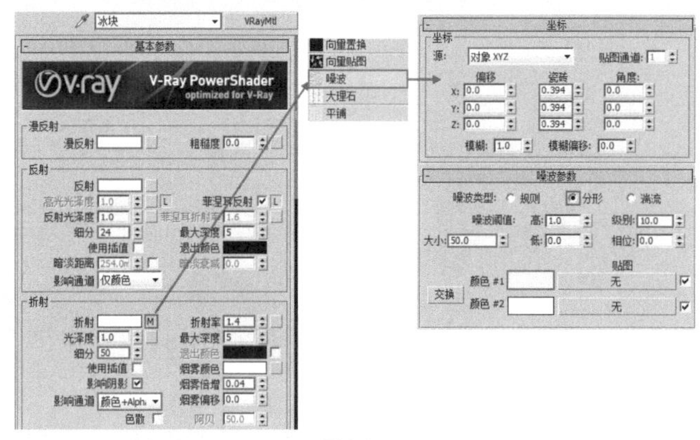

图8-75

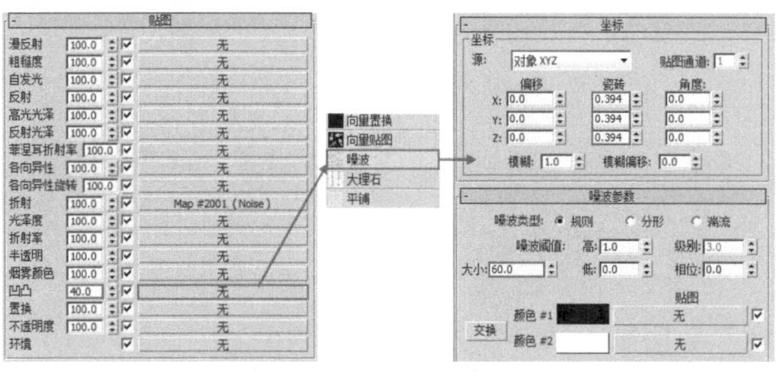

图8-76

04 展开【反射插值】卷展栏，设置【最小速率】为-3，【最大速率】为0。展开【折射插值】卷展栏，设置【最小速率】为-3，【最大速率】为0，如图8-77所示。

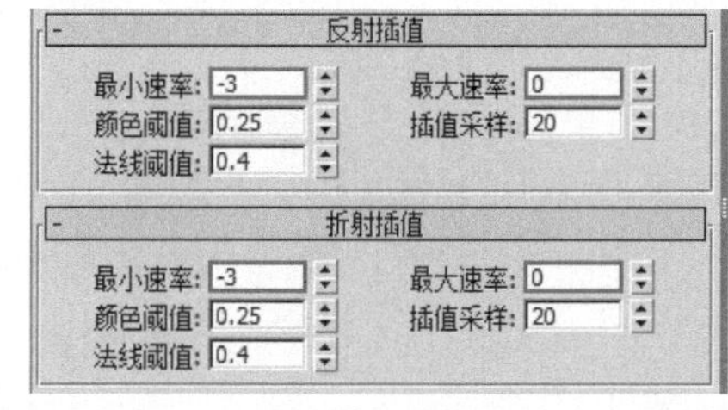

图8-77

05 将调整完成的【冰块】材质赋予场景中的冰块模型，如图8-78所示。

图8-78

实例131 托盘材质

01 选择一个空白材质球，单击 Standard 按钮，在弹出的【材质/贴图浏览器】对话框中选择VRayMtl材质，如图8-79所示。

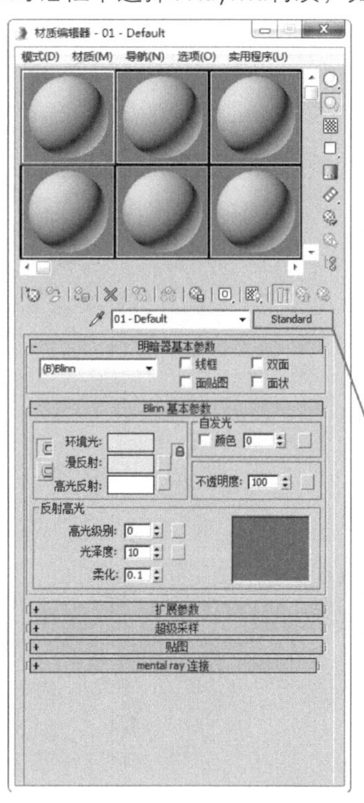

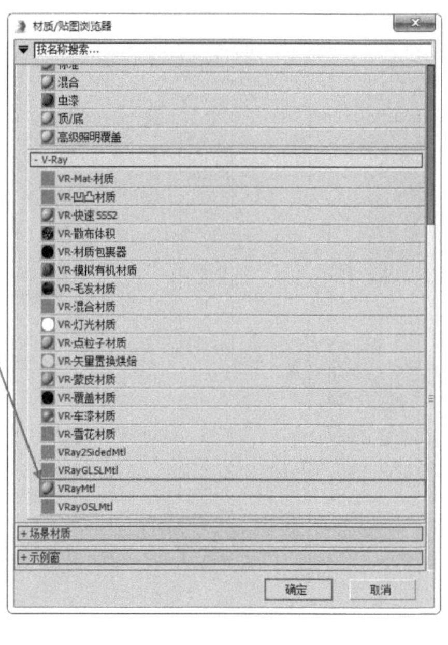

图8-79

02 将材质命名为【金属托盘】，在【漫反射】选项组下调整【漫反射】颜色为棕色，在【反射】选项组下调整【反射】颜色为土黄色，设置【反射光泽度】为0.96、【细分】为12，单击【菲涅尔反射】后面的L按钮，调整【菲涅尔折射率】为20.0，如图8-80所示。

03 在【双向反射分布函数】卷展栏下，设置为【多面】，取消勾选【修复较暗光泽边】复选框。在【选项】卷展栏下设置【中止】为0.01，取消勾选【雾系统单位比例】复选框，如图8-81所示。

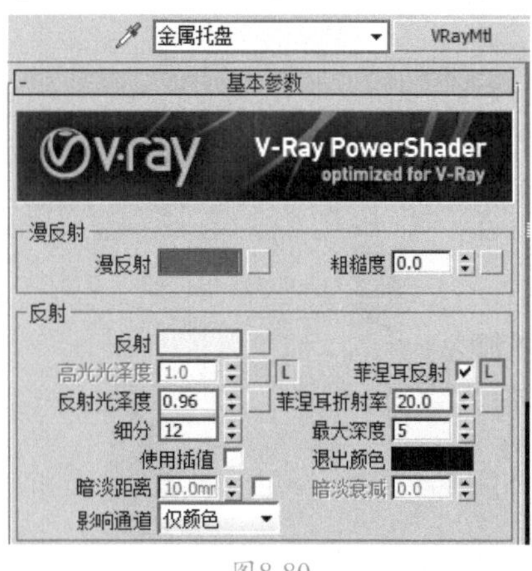

图8-80

双向反射分布函数
多面
各向异性 (-1..1) 0.0
旋转 0.0
柔化 0.0
修复较暗光泽边
UV 矢量源
局部轴 X Y Z
贴图通道 1
选项
跟踪反射
双面
跟踪折射
背面反射
中止 0.01
使用发光图
环境优先 0
雾系统单位比例
效果 ID 0
覆盖材质效果 ID
视有光泽光线为全局照明光线: 仅全局照明(GI)光线
能量保存模式: RGB

图8-81

04 将调整完成的【金属托盘】材质赋予场景中的托盘模型，如图8-82所示。

05 最终渲染效果如图8-83所示。

图8-82

图8-83

8.6 木地板、木纹、背景

文件路径	第 8 章 \ 木地板、木纹、背景
难易指数	★★★★★
技术掌握	● 【VR-材质包裹器】材质 ● VRayMtl 材质 ● 【输出】程序贴图 ● 【凹凸】贴图 ● 【VR-灯光材质】材质

扫码深度学习

操作思路

本例通过使用【VR-材质包裹器】材质、VRayMtl材质、【输出】程序贴图、【凹凸】贴图、【VR-灯光材质】材质制作木地板、木纹、背景材质效果。

案例效果

案例效果如图8-84所示。

图8-84

操作步骤

实例132　木地板材质

01 打开本书配备的“第8章\木地板、木纹、背景\06.max”文件，如图8-85所示。

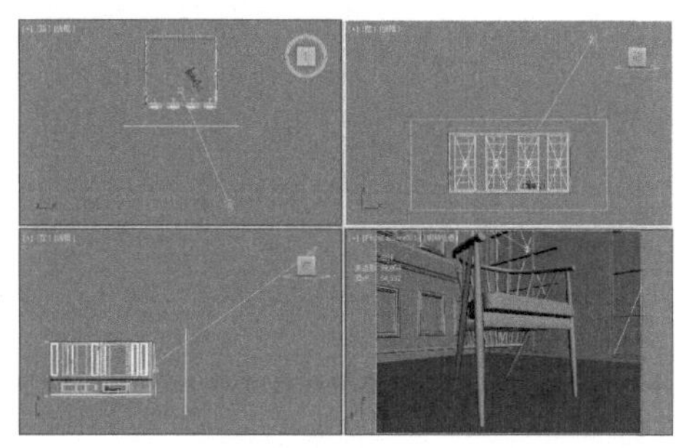

图8-85

02 按M键打开材质编辑器，选择一个空白材质球，单击 Standard 按钮，在弹出的【材质/贴图浏览器】对话框中选择【VR-材质包裹器】材质，选择【丢弃旧材质】选项，如图8-86所示。

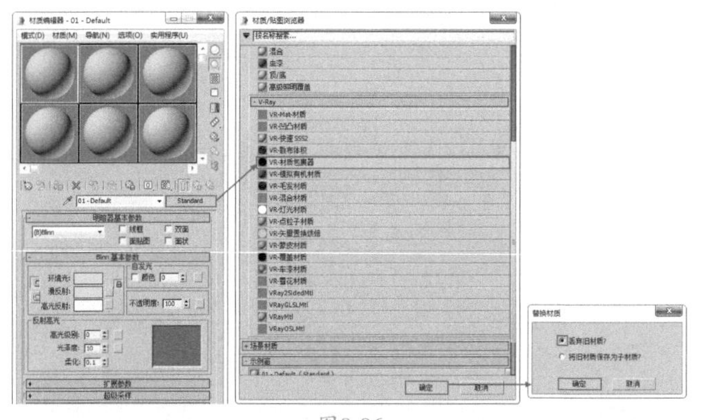

图8-86

03 将材质命名为【木地板】，展开【VR材质包裹器参数】卷展栏，并在【基本材质】通道上加载VRayMtl材质，单击进入【基本材质】通道中，在【漫反射】选项组下加载【3_Diffuse.jpg】贴图文件。单击【高光光泽度】后面的 L 按钮，调整其数值为0.85，设置【反射光泽度】为0.85，设置【细分】为15，取消勾选【菲涅尔反射】复选框。将【附加曲面属性】选项组下的【生成全局照明】为1.2，如图8-87所示。

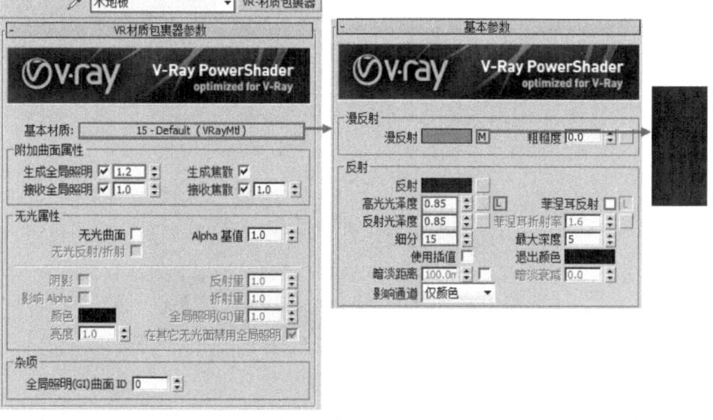
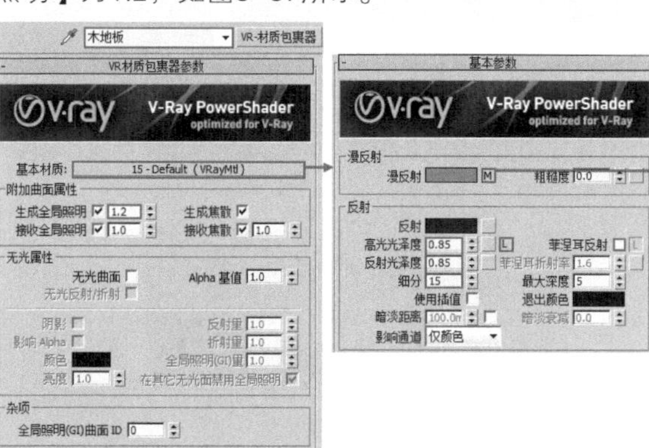

图8-87

04 展开【贴图】卷展栏，将【漫反射】后面的贴图拖曳到【凹凸】的贴图通道上，设置方式为【复制】，并设置【凹凸】为10.0。在【环境】贴图通道上加载【输出】程序贴图，如图8-88所示。

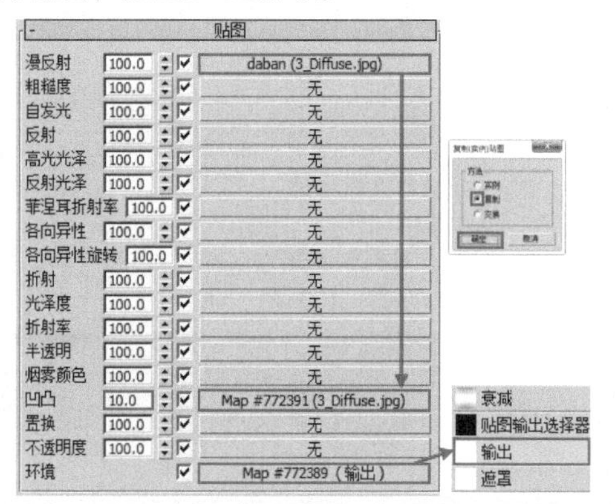

图8-88

05 选择地板模型，然后为其加载【UVW贴图】修改器，并设置【贴图】方式为【长方体】，设置【长度】为1127.997mm、【宽度】为1156.638mm、【高度】为108.178mm，最后设置【对齐】为【Z】，如图8-89所示。

图8-89

06 将调整完成的【木地板】材质赋予场景中的地板模型，如图8-90所示。

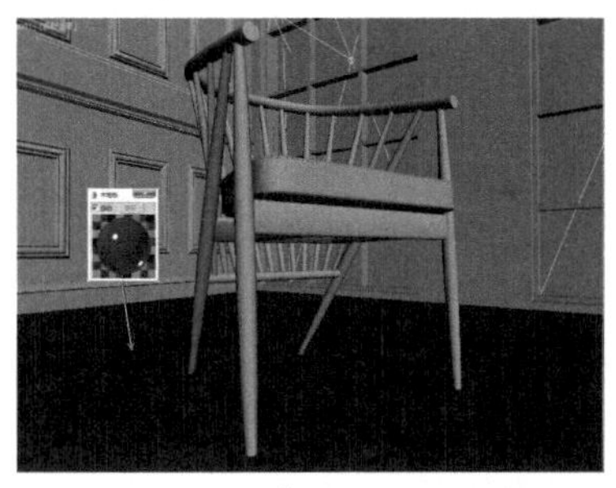

图8-90

实例133　木纹材质

01 选择一个空白材质球，单击 Standard 按钮，在弹出的【材质/贴图浏览器】对话框中选择VRayMtl材质，如图8-91所示。

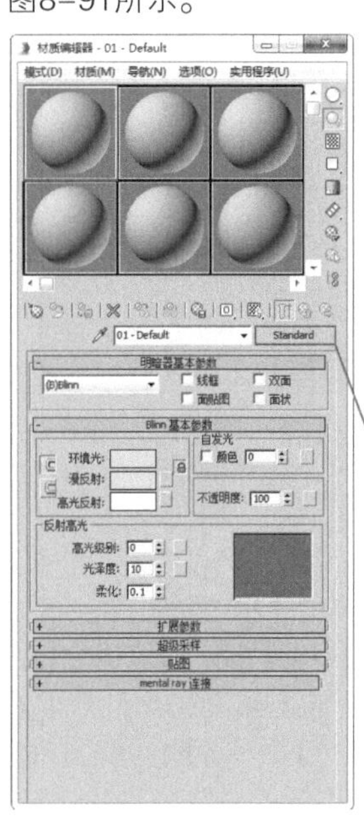

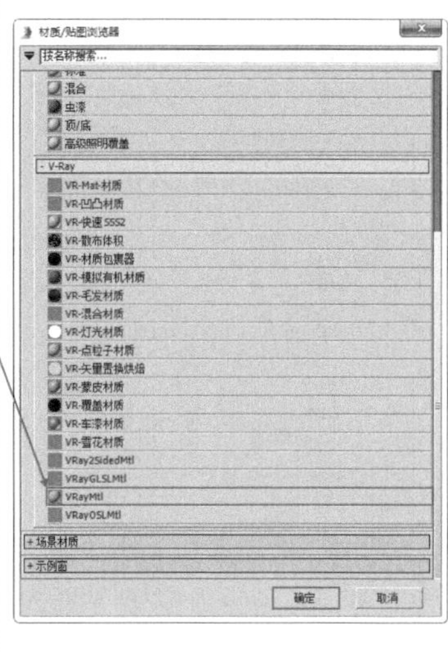

图8-91

02 将材质命名为【木纹】，在【漫反射】选项组下加载【木纹.jpg】贴图文件，设置【反射光泽度】为0.82，【细分】为30，单击【菲涅尔反射】后面的 L 按钮，调整【菲涅尔折射率】为5.0，如图8-92所示。

图8-92

03 展开【贴图】卷展栏，将【漫反射】后面的贴图拖曳到【凹凸】的贴图通道上，设置方式为【复制】，并设置【凹凸】为20.0，如图8-93所示。

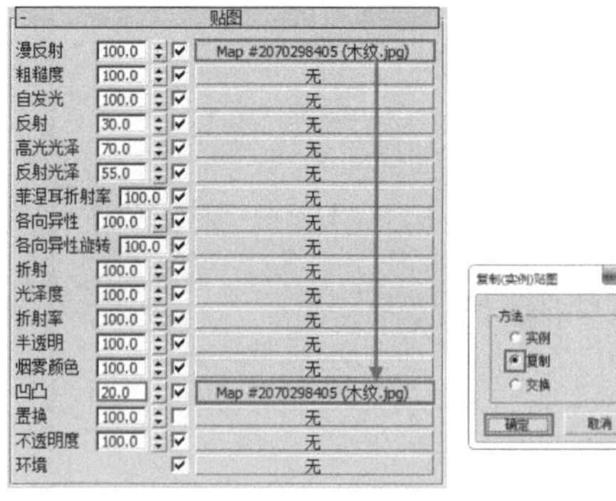

图8-93

04 将调整完成的【木纹】材质赋予场景中的座椅模型，如图8-94所示。

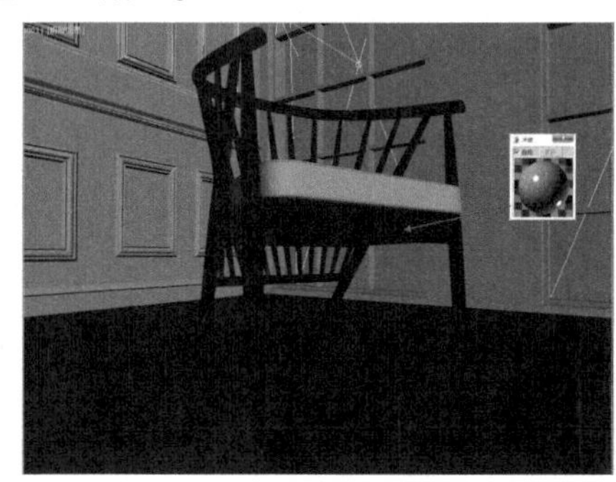

图8-94

实例134　背景材质

01 选择一个空白材质球，单击 Standard 按钮，在弹出的【材质/贴图浏览器】对话框中选择【VR-灯光材质】材质，如图8-95所示。

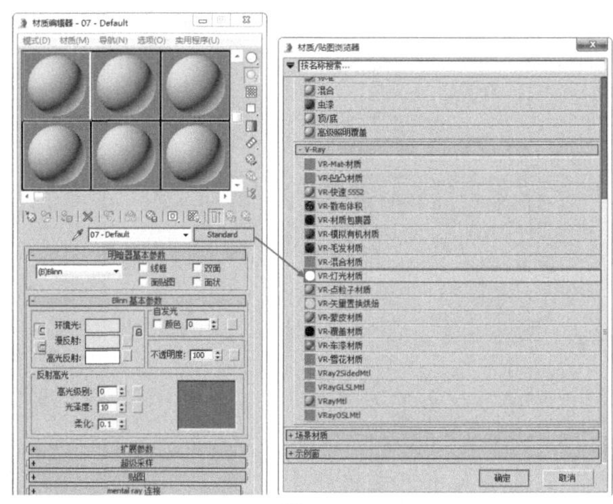

图8-95

02 将材质命名为【背景】，在【颜色】后面的数值框中设置数值为2.5，并在后面的通道上加载【背景.jpg】贴图文件，如图8-96所示。

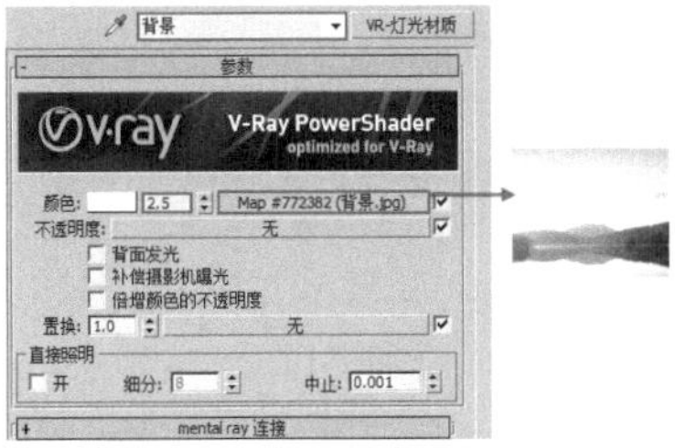

图8-96

03 选择背景模型，然后为其加载【UVW贴图】修改器，并设置【贴图】方式为【长方体】，设置【长度】为4776.826mm、【宽度】为10509.013mm、【高度】为30.03mm，最后设置【对齐】为【Z】，如图8-97所示。

图8-97

04 将调整完成的【背景】材质赋予场景中的模型，如图8-98所示。

05 最终渲染效果如图8-99所示。

图8-98

图8-99

8.7 绒布、地毯、纸张

文件路径	第8章\绒布、地毯、纸张	扫码深度学习
难易指数	★★★★★	
技术掌握	● 【VR-混合材质】材质 ● VRayMtl材质 ● 【颜色校正】程序贴图 ● 【衰减】程序贴图 ● 【细胞】程序贴图 ● 【凹凸】贴图 ● 【置换】贴图	

操作思路

本例通过使用【VR-混合材质】材质、VRayMtl材质、【颜色校正】程序贴图、【衰减】程序贴图、【细胞】程序贴图、【凹凸】贴图、【置换】贴图制作绒布、地毯、纸张材质效果。

案例效果

案例效果如图8-100所示。

图8-100

操作步骤

实例135 绒布材质

01 打开本书配备的“第8章\绒布、地毯、纸张\07.max”文件，如图8-101所示。

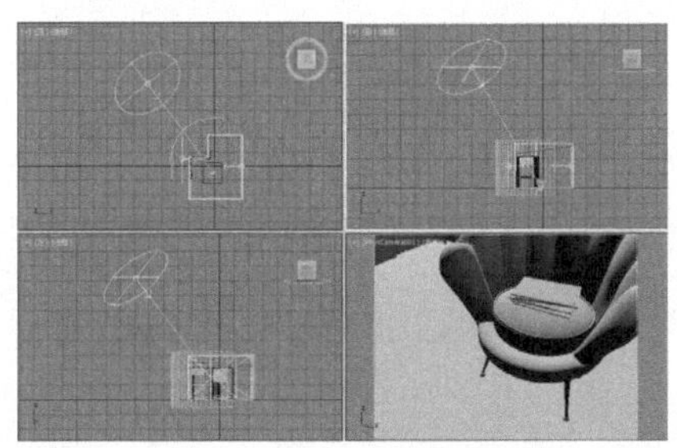

图8-101

02 按M键打开材质编辑器，选择一个空白材质球，单击 Standard 按钮，在弹出的【材质/贴图浏览器】对话框中选择【VR-混合材质】材质，选择【丢弃旧材质】选项，如图8-102所示。

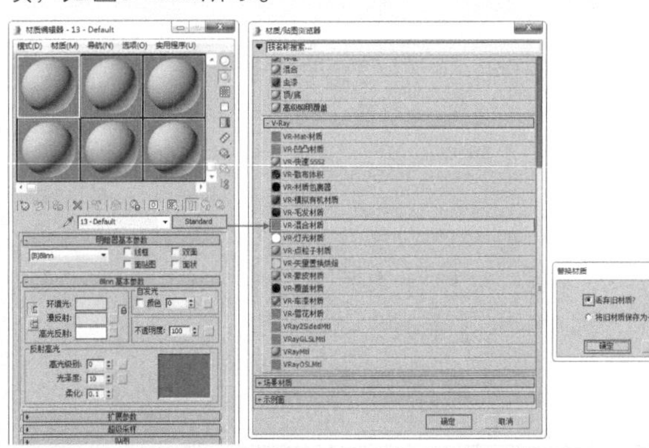

图8-102

03 将材质命名为【绒布】，展开【参数】卷展栏，并在【基本材质】通道上加载VRayMtl材质，单击进入【基本材质】的通道中。在【漫反射】选项组下加载【颜色校正】程序贴图，在【颜色】卷展栏中调整【色调切换】为12.0。在【基本参数】卷展栏【贴图】后面的通道加载【衰减】程序贴图，展开【衰减参数】卷展栏，分别调整两个颜色后面的数值为95.0和85.0，分别在后面的通道上加载【476596-1-29.jpg】贴图文件，设置【瓷砖】的【U】和【V】均为5.0。展开【混合曲线】卷展栏，调整曲线样式，如图8-103所示。

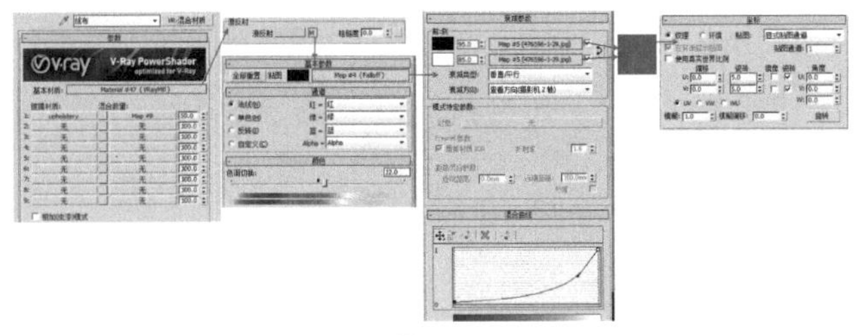

图8-103

04 继续在【基本材质】通道中，展开【选项】卷展栏，设置【中止】为0.005。展开【贴图】卷展栏，在【凹凸】后面的通道上加载【混合】程序贴图，在【混合参数】卷展栏下，【颜色#1】后面的通道加载【细胞】程序贴图，设置【细胞特性】选项组中【大小】为0.01；【颜色#2】后面的通道加载【476596-5-29.jpg】贴图文件，设置【混合量】为55.0，并设置【凹凸】为17.0，如图8-104所示。

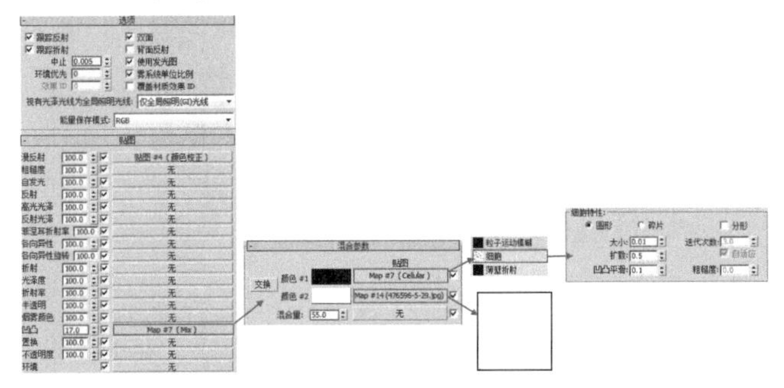

图8-104

05 在【镀膜材质1】通道上加载VRayMtl材质，设置名称为【upholstery】。在【漫反射】选项组下加载【颜色校正】程序贴图，在【颜色】卷展栏中调整【色调切换】为12.0。在【基本参数】卷展栏的【贴图】后面的通道加载【衰减】程序贴图，展开【衰减参数】卷展栏，分别调整两个颜色后面的数值为95.0和55.0，分别在颜色后面的通道上加载【476596-2-29.jpg】贴图文件，设置【瓷砖】的【U】和【V】均为5.0。展开【混合曲线】卷展栏，调整曲线样式，如图8-105所示。

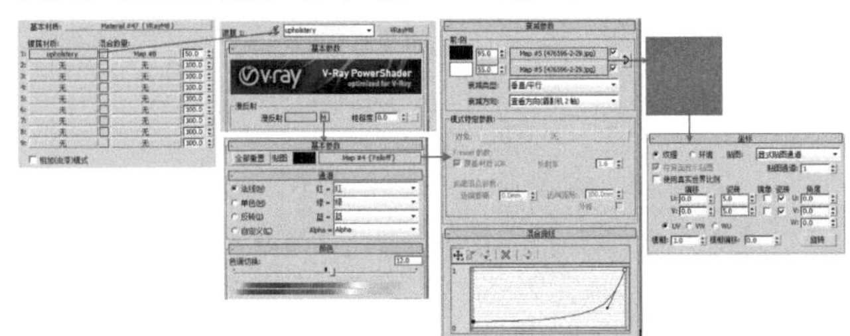

图8-105

06 继续在【镀膜材质1】通道中，展开【选项】卷展栏，设置【中止】为0.005。展开【贴图】卷展栏，在【凹凸】后面的通道上加载【混合】程序贴图，在【混合参数】卷展栏下，【颜色#1】后面的通道加载【细胞】程序贴图，在【细胞特性】选项组中设置【大小】为0.01，在【颜色#2】后面的通道加载【476596-5-29.jpg】贴图文件，设置【混合量】为55.0，并设置【凹凸】为17.0，如图8-106所示。

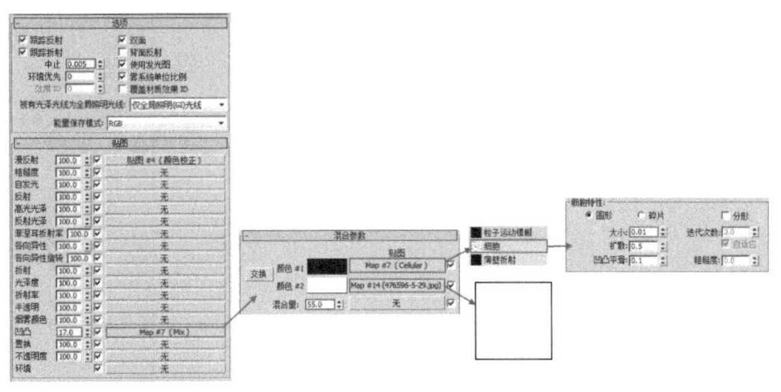

图8-106

07 在【混合数量1】通道上加载【476596-3-29.jpg】贴图文件，设置【瓷砖】的【U】和【V】均为2.0。调整【1】后面的数值为50.0，如图8-107所示。

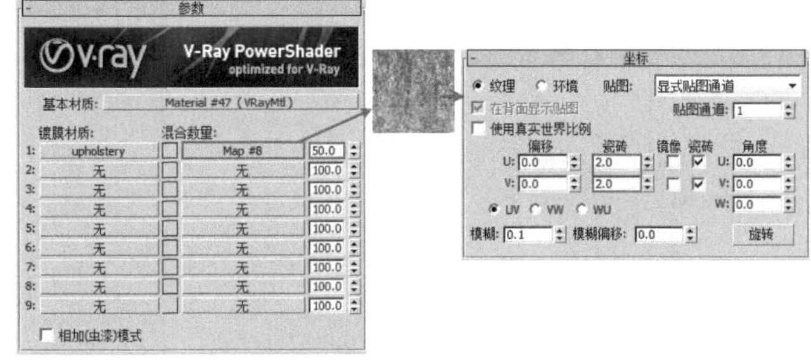

图8-107

08 将调整完成的【绒布】材质赋予场景中的沙发模型，如图8-108所示。

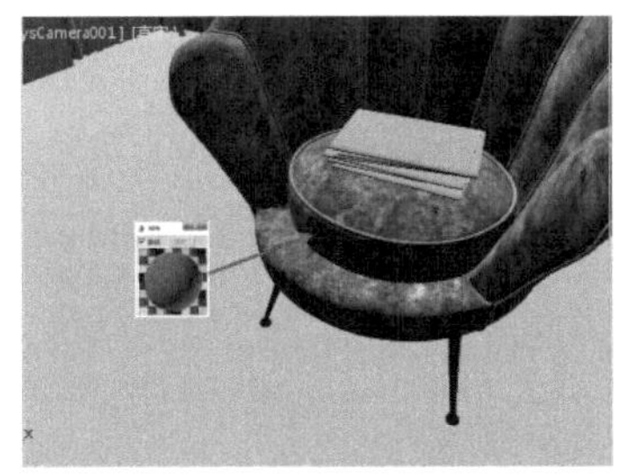

图8-108

实例136　地毯材质

01 选择一个空白材质球，单击 Standard 按钮，在弹出的【材质/贴图浏览器】对话框中选择VRayMtl材质，如图8-109所示。

02 将材质命名为【地毯】，在【漫反射】选项组下加载【地毯.jpg】贴图文件，设置【瓷砖】的【U】和

【V】均为6.0，取消勾选【菲涅耳反射】复选框，如图8-110所示。

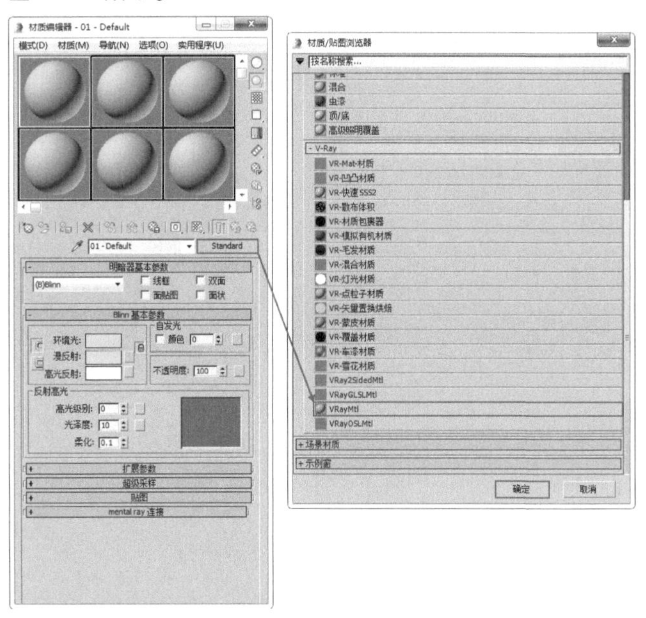

图8-109

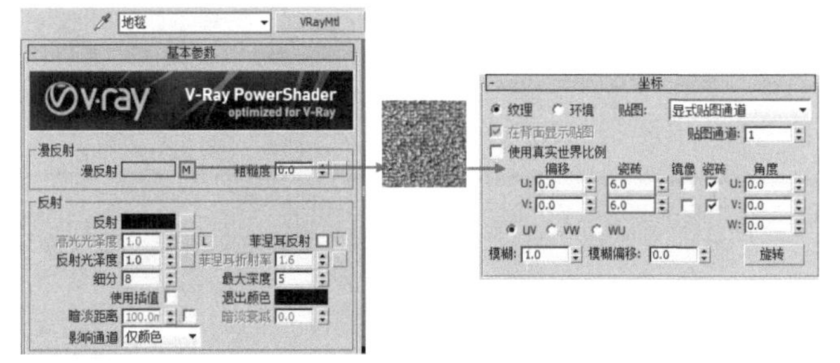

图8-110

03 在【双向反射分布函数】卷展栏下，取消勾选【修复较暗光泽边】复选框。在【选项】卷展栏下，设置【中止】为0.01，取消勾选【雾系统单位比例】复选框，如图8-111所示。

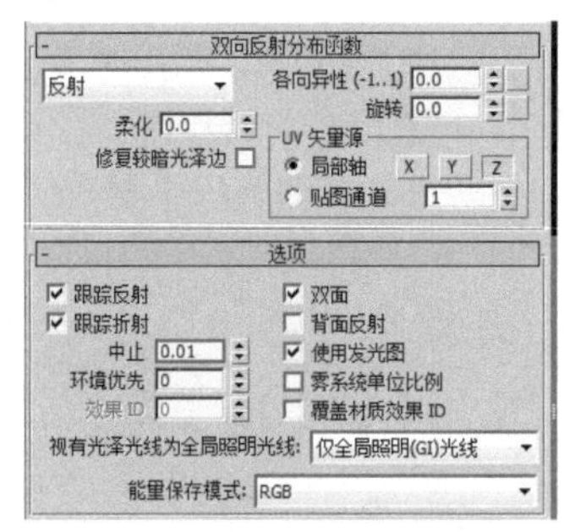

图8-111

04 展开【贴图】卷展栏，将【漫反射】后面的贴图分别拖曳到【凹凸】和【置换】的贴图通道上，设置方式为【复制】，并设置【凹凸】为30.0、【置换】为8.0，如图8-112所示。

05 将调整完成的【地毯】材质赋予场景中的地毯模型，如图8-113所示。

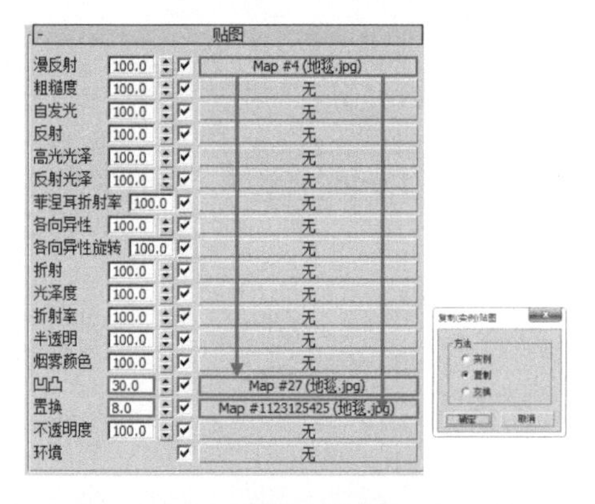

图8-112

图8-113

实例137 纸张材质

01 选择一个空白材质球，单击 Standard 按钮，在弹出的【材质/贴图浏览器】对话框中选择VRayMtl材质，如图8-114所示。

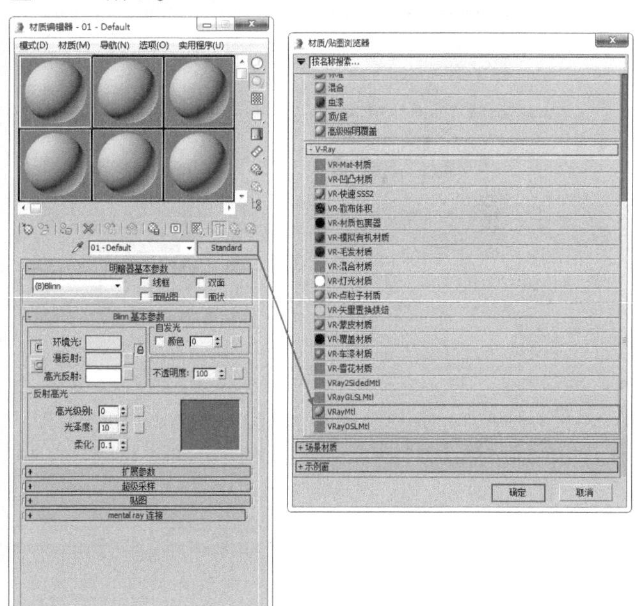

图8-114

02 将材质命名为【纸张】，在【漫反射】选项组下加载【10_front.jpg】贴图文件，设置【角度】的【W】为

90.0，取消勾选【菲涅耳反射】复选框，如图8–115所示。

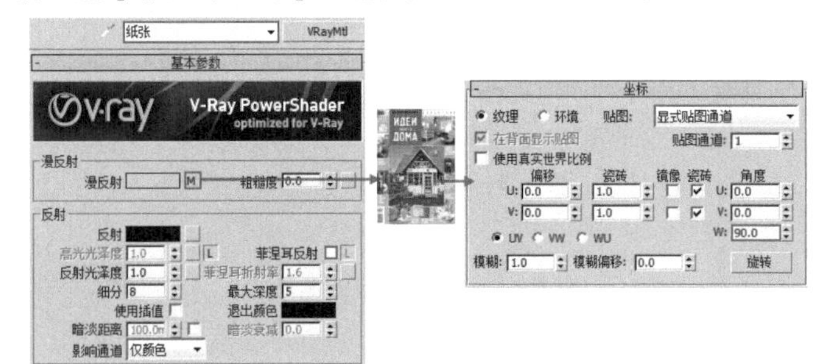

图8-115

03 选择书籍模型，然后为其加载【UVW贴图】修改器，并设置【贴图】方式为【长方体】，设置【长度】为261.348mm、【宽度】为175.996mm和【高度】为243.82mm，如图8–116所示。

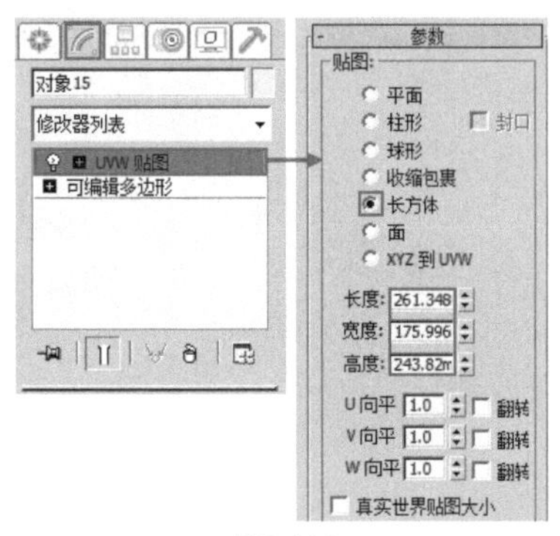

图8-116

04 将调整完成的【纸张】材质赋予场景中的书籍模型，如图8–117所示。

05 最终渲染效果如图8–118所示。

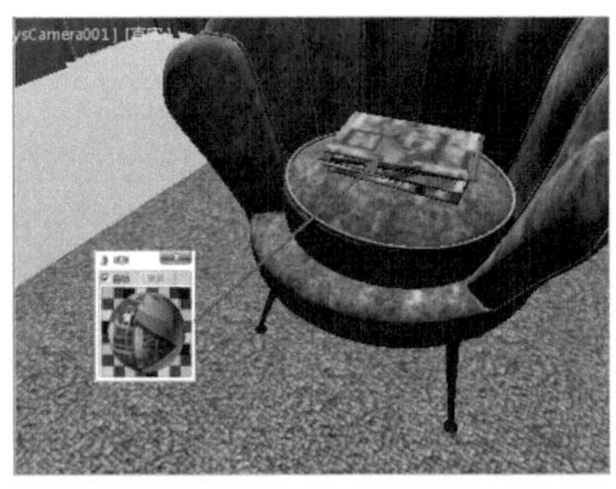

图8-117

图8-118

8.8 乳胶漆、壁纸、镜子、塑料

文件路径	第 8 章 \ 乳胶漆、壁纸、镜子、塑料
难易指数	★★★★★
技术掌握	● VRayMtl 材质 ● 【凹凸】贴图

扫码深度学习

操作思路

本例通过使用VRayMtl材质、【凹凸】贴图制作乳胶漆、壁纸、镜子、塑料材质效果。

案例效果

案例效果如图8-119所示。

图8-119

操作步骤

实例138 乳胶漆材质

01 打开本书配备的“第8章\乳胶漆、壁纸、镜子、塑料\08.max”文件，如图8–120所示。

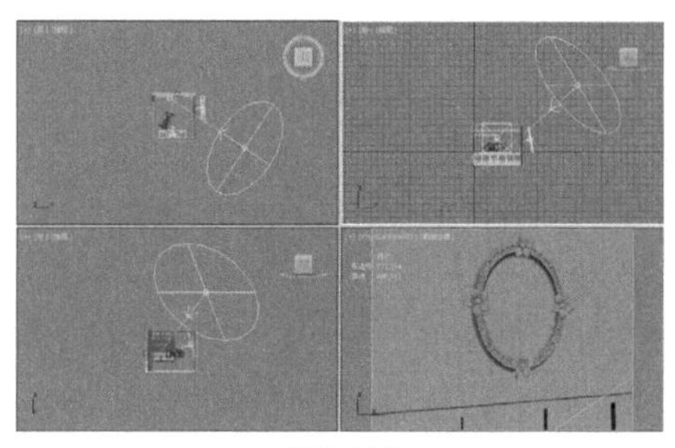

图8-120

02 按M键打开材质编辑器，选择一个空白材质球，单击 Standard 按钮，在弹出的【材质/贴图浏览器】对话框中选择VRayMtl材质，如图8–121所示。

03 将材质命名为【乳胶漆】，在【漫反射】选项组下调整【漫反射】颜色为白色，取消勾选【菲涅耳反射】复选框。在【双向反射分布函数】卷展栏下，取消勾选【修复较暗光泽边】复选框。在【选项】卷展栏下，设置【中止】为0.01，取消勾选【雾系统单位比例】复选框，如图8–122所示。

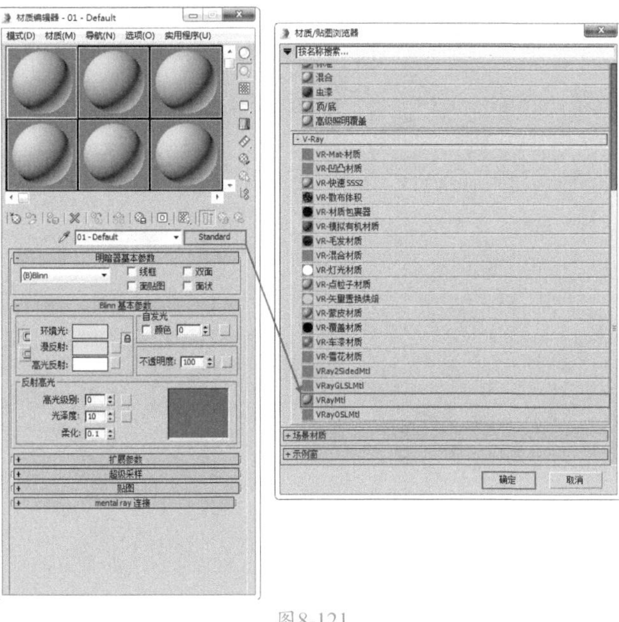

图8-121

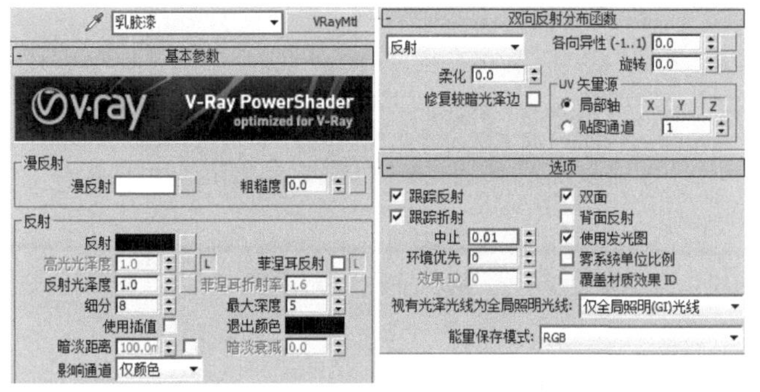

图8-122

04 将调整完成的【乳胶漆】材质赋予场景中的墙体模型，如图8-123所示。

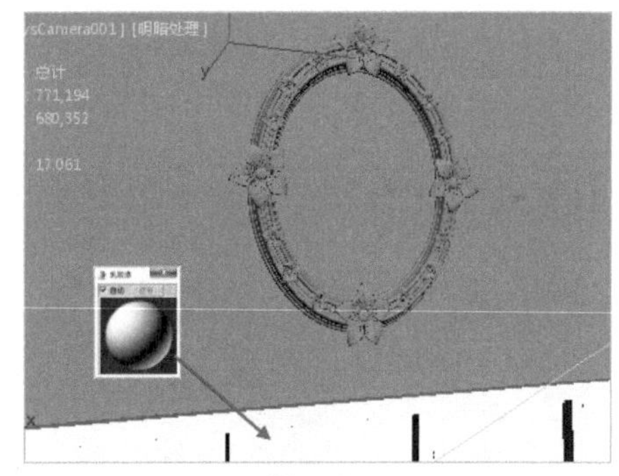

图8-123

实例139　壁纸材质

01 选择一个空白材质球，单击 Standard 按钮，在弹出的【材质/贴图浏览器】对话框中选择VRayMtl材质，如图8-124所示。

02 将材质命名为【壁纸】，在【漫反射】选项组下加载【666.png】贴图文件，设置【瓷砖】的【U】为3.0、【V】为2.0，取消勾选【菲涅耳反射】复选框，如图8-125所示。

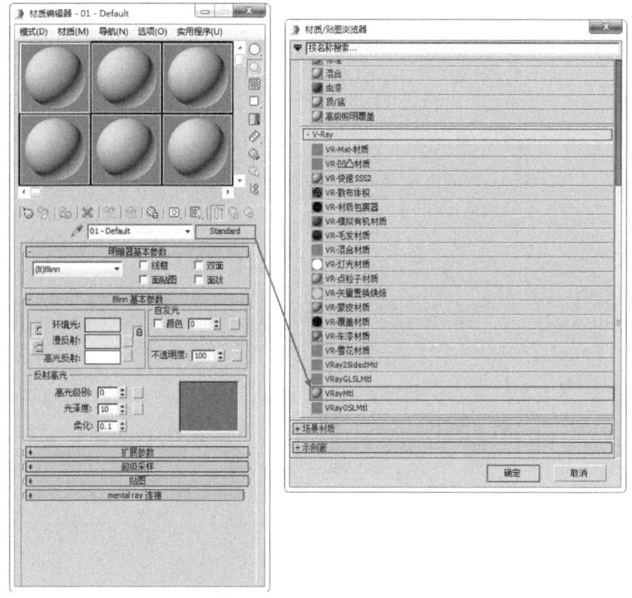

图8-124

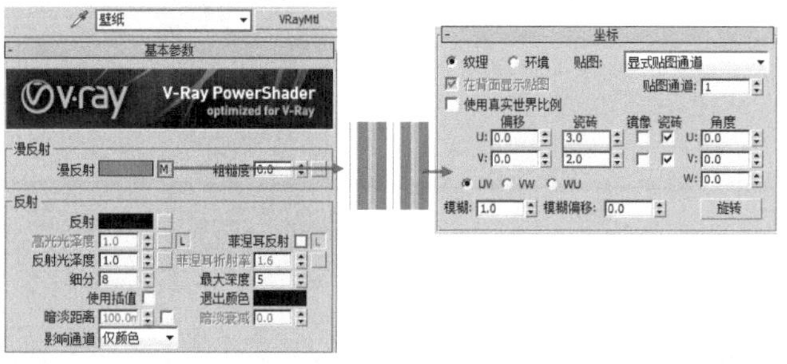

图8-125

03 在【双向反射分布函数】卷展栏下，取消勾选【修复较暗光泽边】复选框。在【选项】卷展栏下，设置【中止】为0.01，取消勾选【雾系统单位比例】复选框，如图8-126所示。

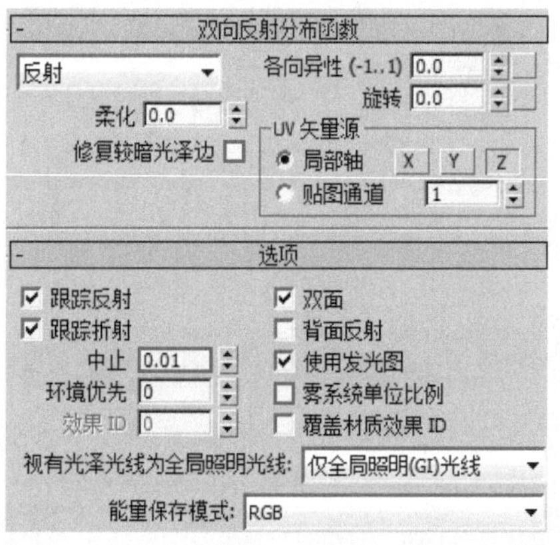

图8-126

04 展开【贴图】卷展栏，将【漫反射】后面的贴图拖曳到【凹凸】的贴图通道上，设置方式为【复制】，并设置【凹凸】为9.0，如图8-127所示。

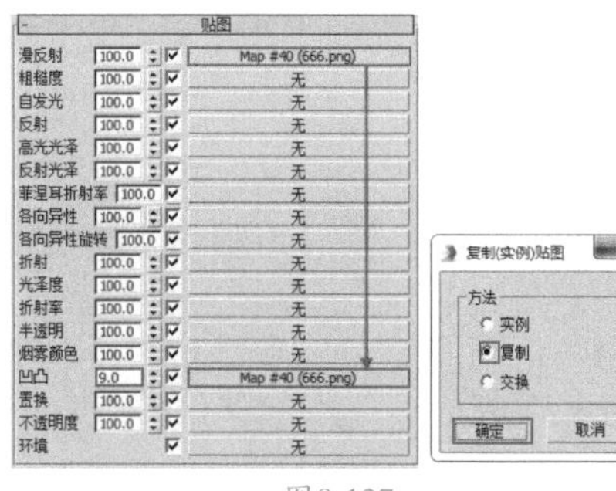

图8-127

05 选择墙面模型，然后为其加载【UVW贴图】修改器，并设置【贴图】方式为【平面】，设置【长度】为4299.238mm、【宽度】为7554.53mm，最后设置【对齐】为【Z】，如图8-128所示。

图8-128

06 将调整完成的【壁纸】材质赋予场景中的墙体模型，如图8-129所示。

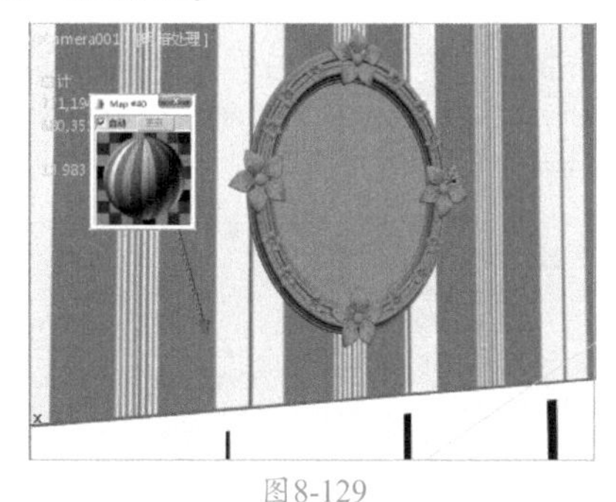

图8-129

实例140 镜子材质

01 选择一个空白材质球，单击 Standard 按钮，在弹出的【材质/贴图浏览器】对话框中选择VRayMtl材质，如图8-130所示。

02 将材质命名为【镜子】，在【漫反射】选项组下调整【漫反射】颜色为黑色，在【反射】选项组下调整【反射】颜色为白色，设置【细分】为20.0，取消勾选【菲涅耳反射】复选框，如图8-131所示。

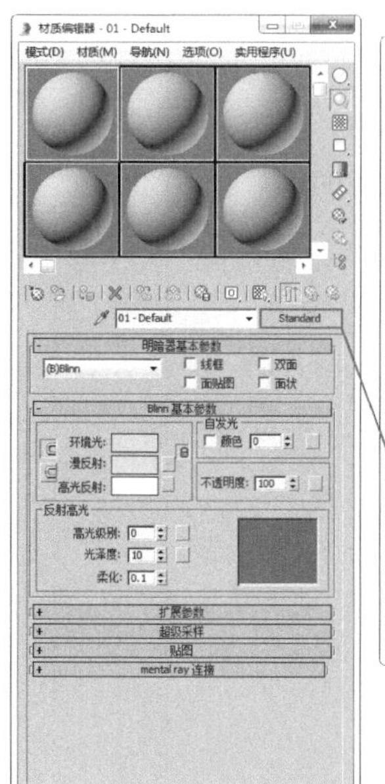

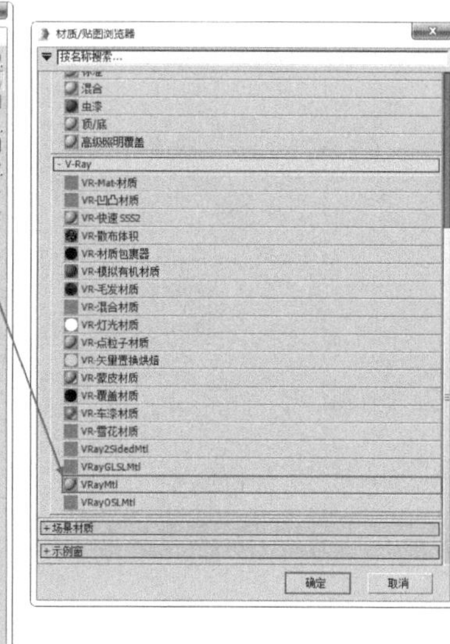

图8-130

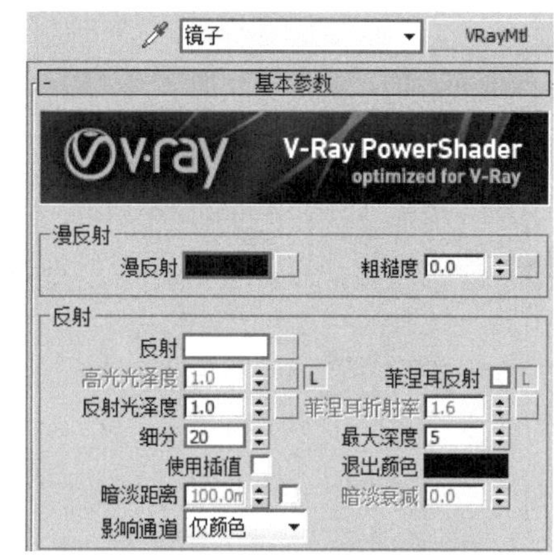

图8-131

03 将调整完成的【镜子】材质赋予场景中的镜面模型，如图8-132所示。

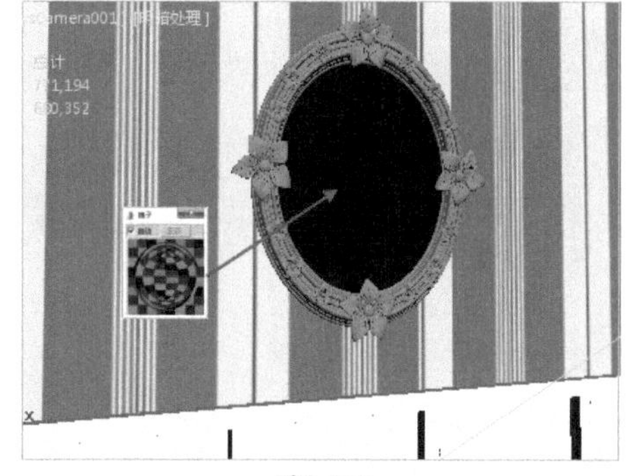

图8-132

实例141 塑料材质

01 选择一个空白材质球，单击 Standard 按钮，在弹出的【材质/贴图浏览器】对话框中选择VRayMtl材质，如

图8-133所示。

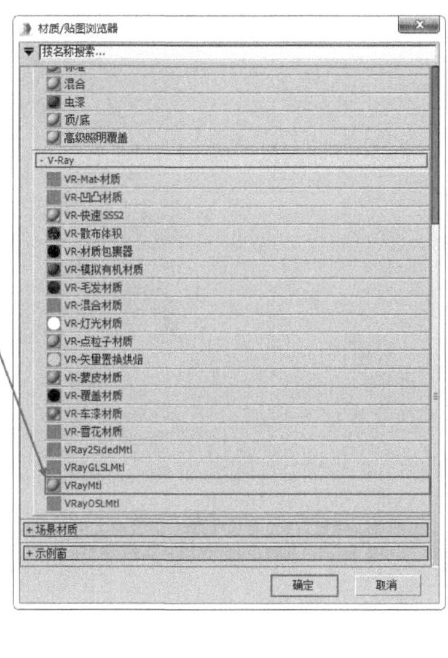

图8-133

02 将材质命名为【塑料】，在【漫反射】选项组下调整【漫反射】颜色为深蓝色，在【反射】选项组下调整【反射】颜色为浅灰色，设置【反射光泽度】为0.75，【细分】为30，如图8-134所示。

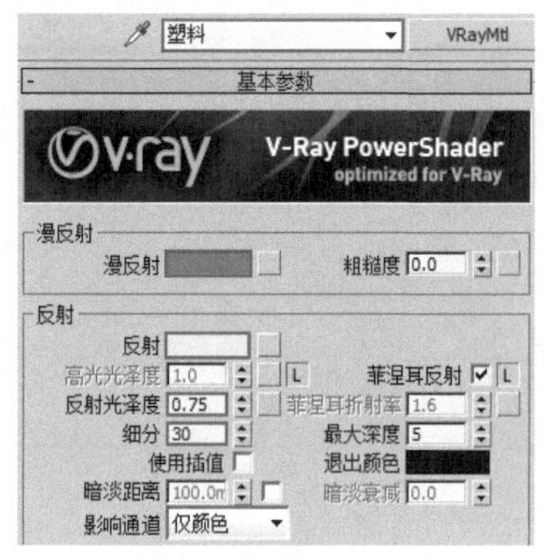

图8-134

03 将调整完成的【塑料】材质赋予场景中的镜子模型，如图8-135所示。

04 最终渲染效果如图8-136所示。

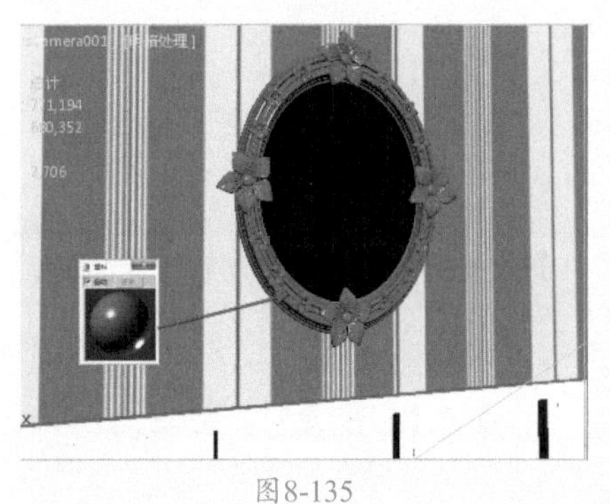

图8-135

图8-136

8.9 不锈钢金属、磨砂金属、拉丝金属

文件路径	第8章\不锈钢金属、磨砂金属、拉丝金属
难易指数	★★★★★
技术掌握	● VRayMtl 材质 ● 【噪波】程序贴图

扫码深度学习

操作思路

本例通过使用VRayMtl材质、【噪波】程序贴图制作不锈钢金属、磨砂金属、拉丝金属材质效果。

案例效果

案例效果如图8-137所示。

图8-137

操作步骤

实例142 不锈钢金属材质

01 打开本书配备的“第8章\不锈钢金属、磨砂金属、拉丝金属\09.max”文件，如图8-138所示。

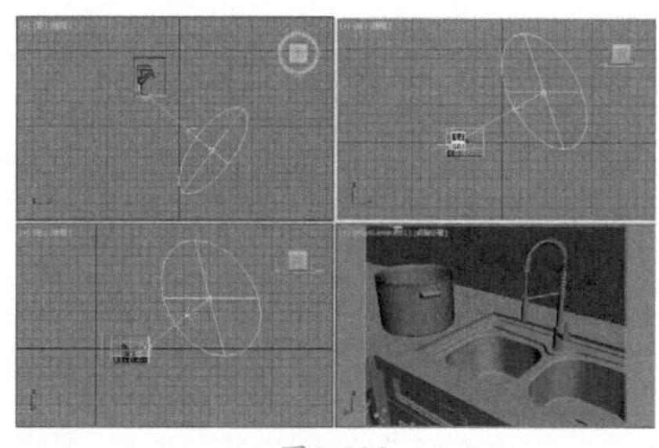

图8-138

02 按M键打开材质编辑器，选择一个空白材质球，单击 Standard 按

钮，在弹出的【材质/贴图浏览器】对话框中选择VRayMtl材质，如图8-139所示。

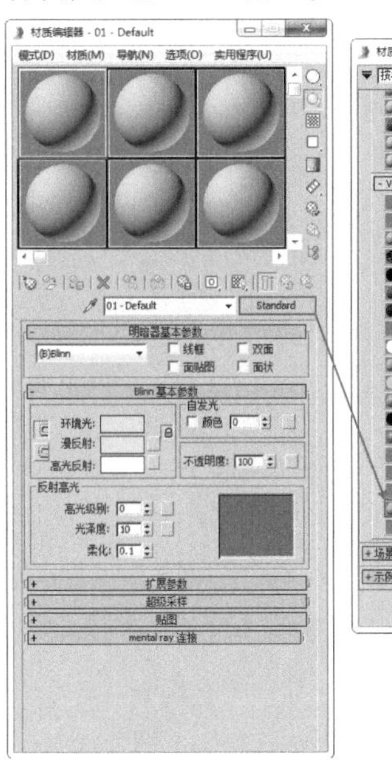

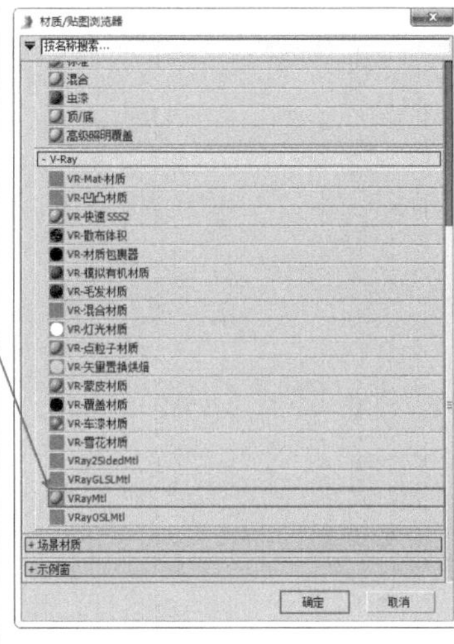

图8-139

03 将材质命名为【不锈钢金属】，在【漫反射】选项组下调整【漫反射】颜色为深灰色，设置【反射光泽度】为0.93，【细分】为20，取消勾选【菲涅耳反射】复选框，如图8-140所示。

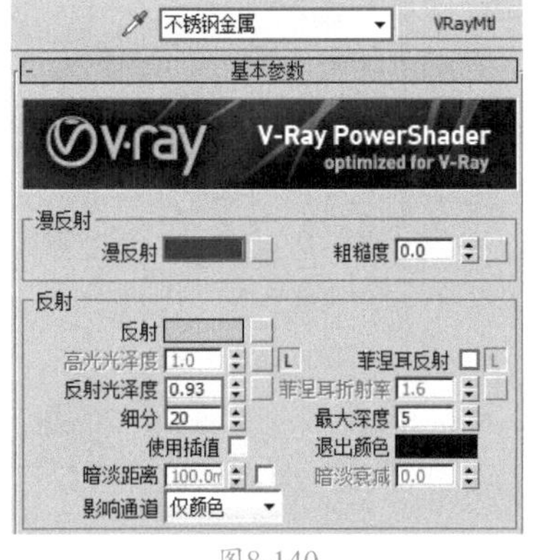

图8-140

04 在【双向反射分布函数】卷展栏下，取消勾选【修复较暗光泽边】复选框，设置【各向异性】为0.4、【旋转】为60.0。在【选项】卷展栏下，设置【中止】为0.01，取消勾选【雾系统单位比例】复选框，如图8-141所示。

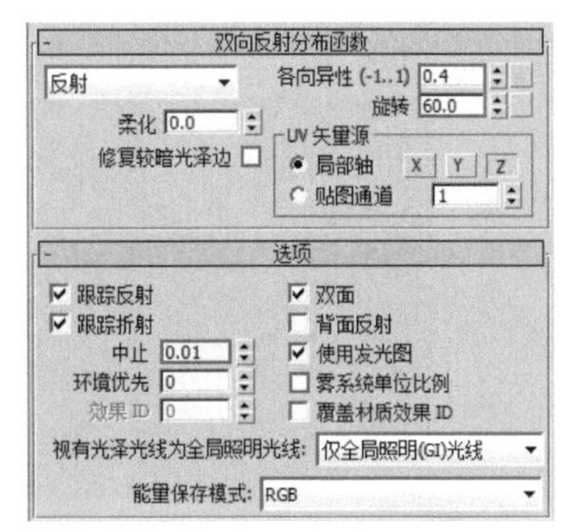

图8-141

05 将调整完成的【不锈钢金属】材质赋予场景中的水槽模型，如图8-142所示。

图8-142

实例143　磨砂金属材质

01 选择一个空白材质球，单击 Standard 按钮，在弹出的【材质/贴图浏览器】对话框中选择VRayMtl材质，如图8-143所示。

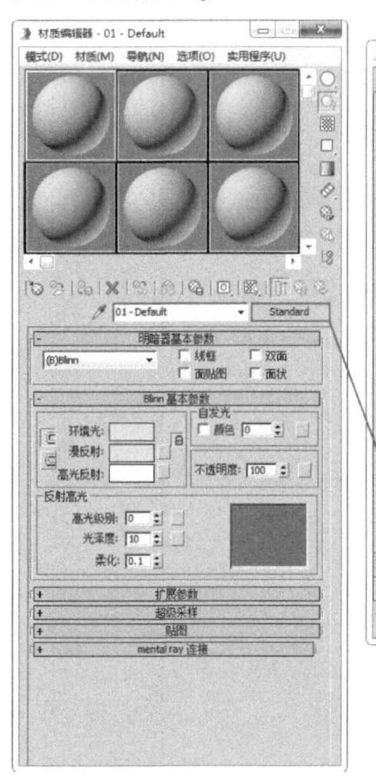

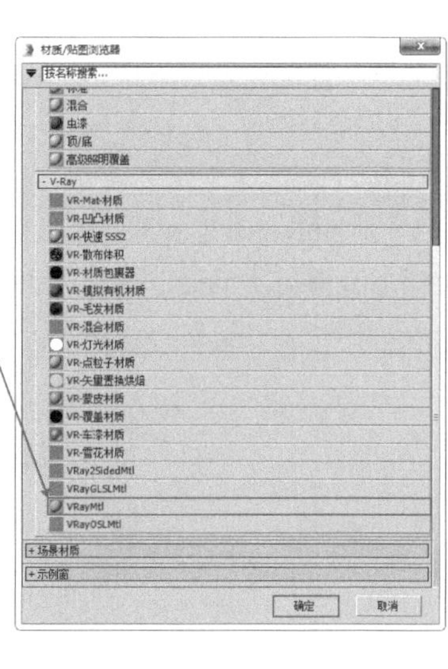

图8-143

02 将材质命名为【磨砂金属】，在【漫反射】选项组下调整【漫反射】颜色为黑色，在【反射】选项组下调整【反射】颜色为灰色，单击【高光光泽度】后面的 L 按钮，调整其数值为0.7，设置【反射光泽度】为0.8、【细分】为20；单击【菲涅耳反射】后的 L 按钮，调整【菲涅耳折射率】为10.0；在【折射】选项组下设置【细分】为50、【折射率】为10.0，如图8-144所示。

03 展开【双向反射分布函数】卷展栏，选择【多面】，取消勾选【修复较暗光泽边】复选框，设置【各向异性】为0.2。在【选项】卷展栏下，设置【中止】为0.01，取消勾选【雾系统单位比例】复选框。展开【反射插值】卷展栏，设置【最小速率】为-3、【最大速率】为0。展开【折射插值】卷展栏，设置【最小速率】为-3、【最大速率】为0，如图8-145所示。

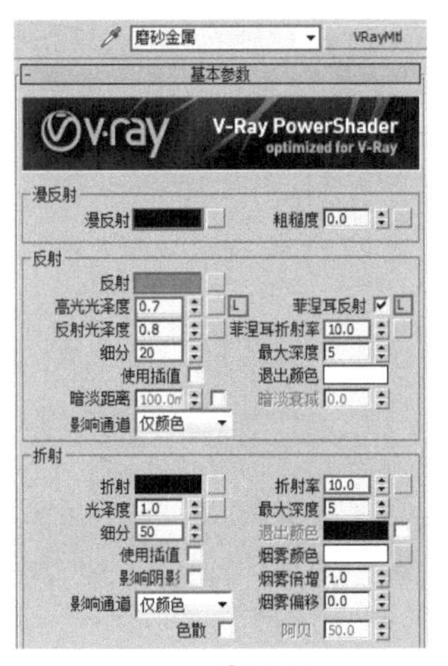

图8-144

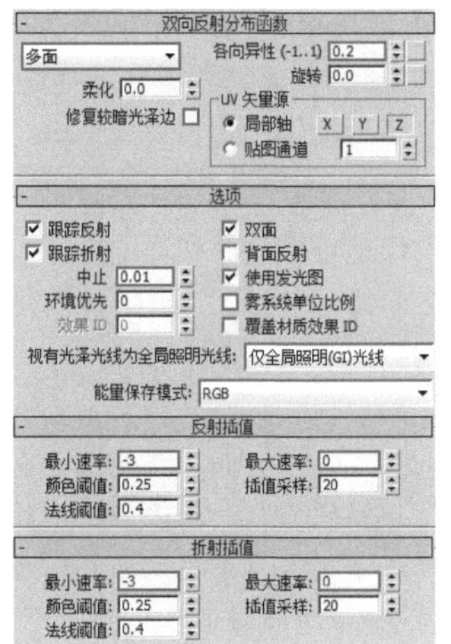

图8-145

04 将调整完成的【磨砂金属】材质赋予场景中水龙头模型，如图8-146所示。

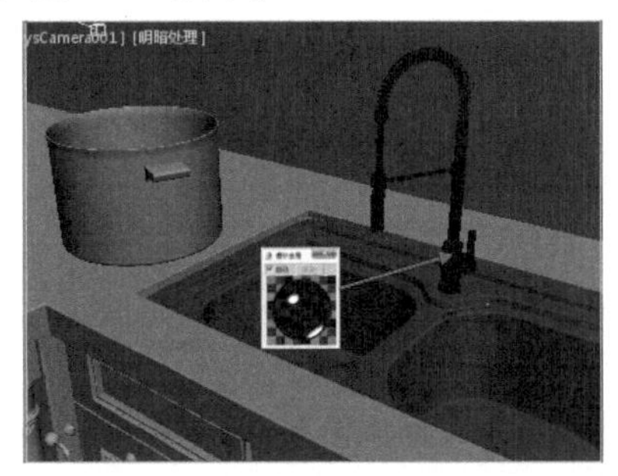

图8-146

实例144 拉丝金属材质

01 选择一个空白材质球，单击 Standard 按钮，在弹出的【材质/贴图浏览器】对话框中选择VRayMtl材质，如图8-147所示。

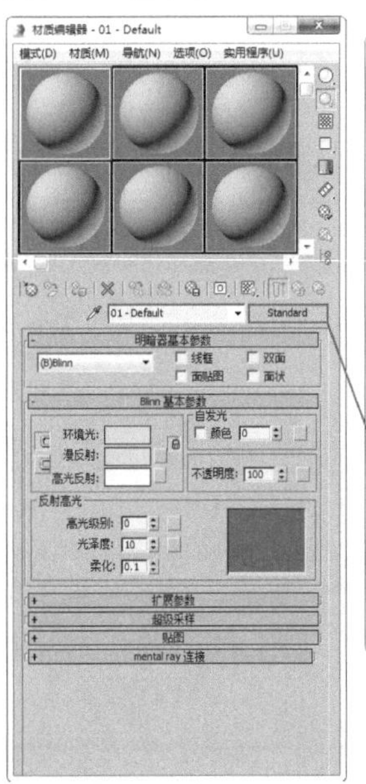

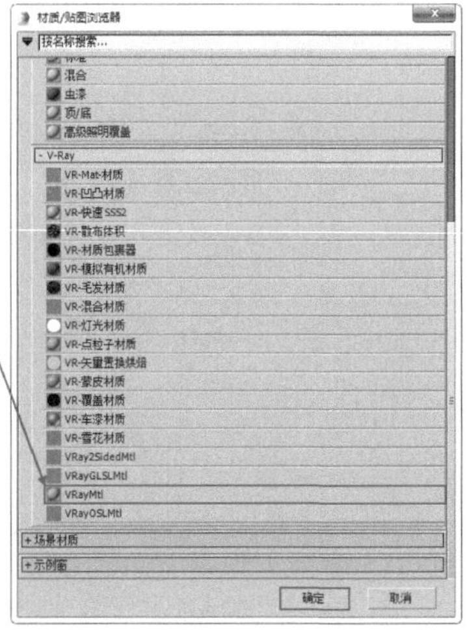

图8-147

02 将材质命名为【拉丝金属】，在【漫反射】选项组下调整【漫反射】颜色为灰色，在【反射】选项组下调整【反射】颜色为灰色，设置【反射光泽度】为0.85、【细分】为20，取消勾选【菲涅耳反射】复选框，如图8-148所示。

03 展开【双向反射分布函数】卷展栏，取消勾选【修复较暗光泽边】复选框。在【选项】卷展栏下，设置【中止】为0.01，取消勾选【雾系统单位比例】复选框，如图8-149所示。

图8-148

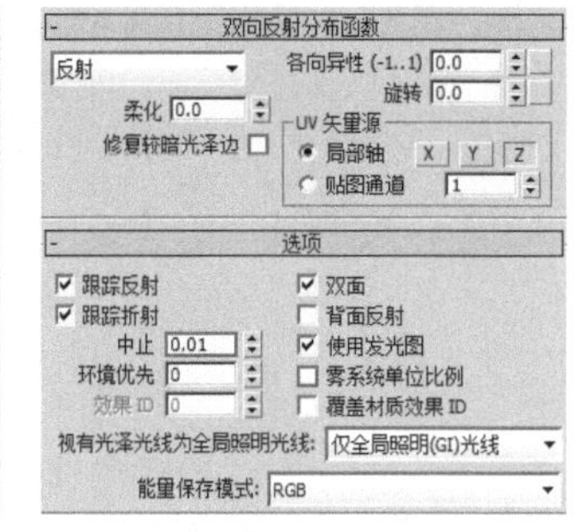

图8-149

04 展开【贴图】卷展栏，在【凹凸】后面的贴图通道上加载【噪波】程序贴图，在【坐标】卷展栏下设置【瓷砖】的【X】为10.0，在【噪波参数】卷展栏下设置【大小】为50.0，并设置【凹凸】为30.0，如图8-150所示。

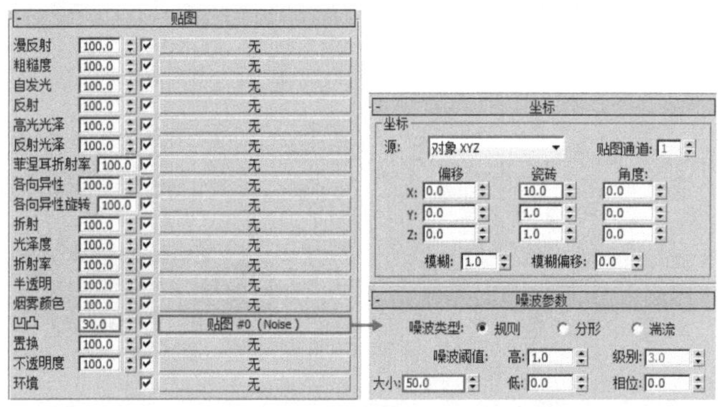

图8-150

05 展开【反射插值】卷展栏，设置【最小速率】为-3，【最大速率】为0。展开【折射插值】卷展栏，设置【最小速率】为-3、【最大速率】为0，如图8-151所示。

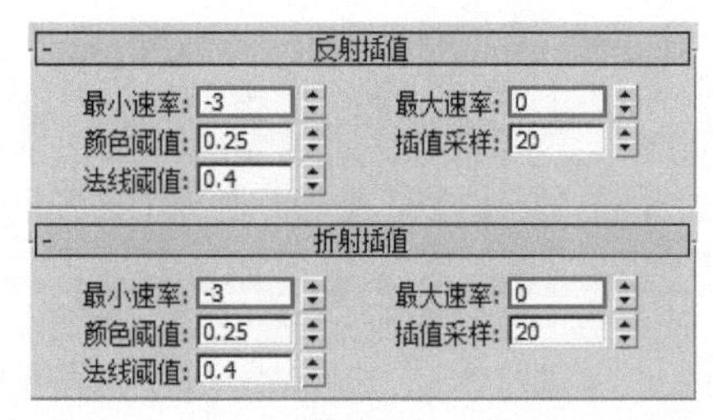

图8-151

06 将调整完成的【拉丝金属】材质赋予场景中的锅模型，如图8-152所示。

图8-152

8.10 沙发、软包、瓷砖

文件路径	第8章\沙发、软包、瓷砖	扫码深度学习
难易指数	★★★★★	
技术掌握	●【多维/子对象】材质 ●【VR-混合材质】材质 ● VRayMtl材质 ●【衰减】程序贴图 ●【细胞】程序贴图 ●【VR-颜色】程序贴图 ●【VR-覆盖材质】材质	

操作思路

本例通过使用【多维/子对象】材质、【VR-混合材质】材质、VRayMtl材质、【衰减】程序贴图、【细胞】程序贴图、【VR-颜色】程序贴图、【VR-覆盖材质】材质制作沙发、软包、瓷砖材质效果。

案例效果

案例效果如图8-153所示。

图8-153

操作步骤

实例145 沙发材质

01 打开本书配备的“第8章\沙发、软包、瓷砖\10.max”文件，如图8-154所示。

02 按M键打开材质编辑器，选择一个空白材质球，单击  按钮，在弹出的【材质/贴图浏览器】对话框中选择【多维/子对象】材质，选择【丢弃旧材质】选项，如图8-155所示。

03 将材质命名为【沙发】，单击【设置数量】按钮，设置【材质数量】为2，分别在通道上加载【VR-混合材质】材质和VRayMtl材质，如图8-156所示。

04 单击进入ID号为1的通道中，为其命名为【沙发布】材质，在【基本材质】通道上加载VRayMtl材质，在【漫反射】选项组下加载【衰减】程序贴图，分别调整两个颜色为灰色和棕色。展开【混合曲线】卷展栏，调整曲线样式，如图8-157所示。

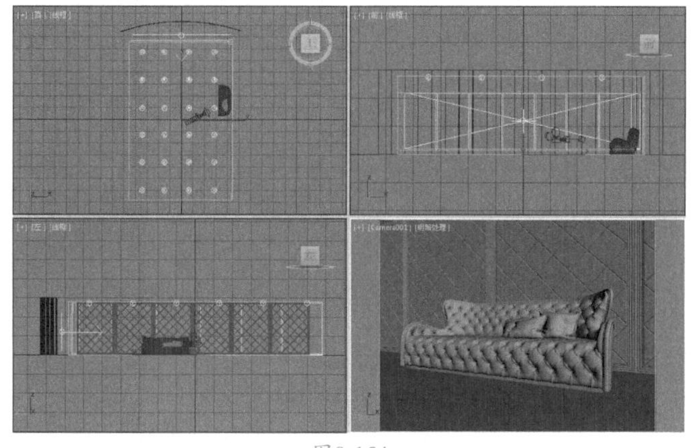

图8-154

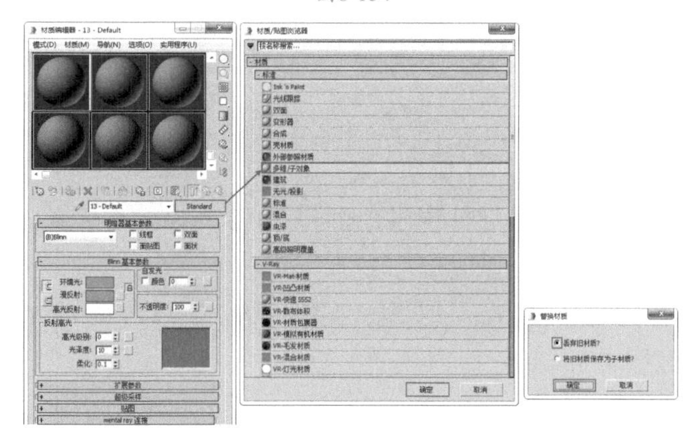

图8-155

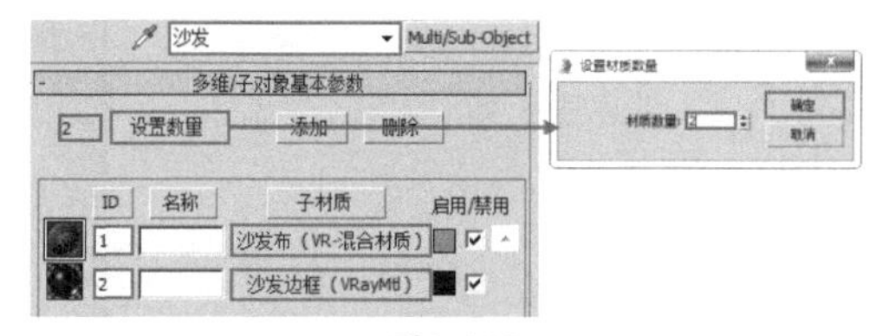

图8-156

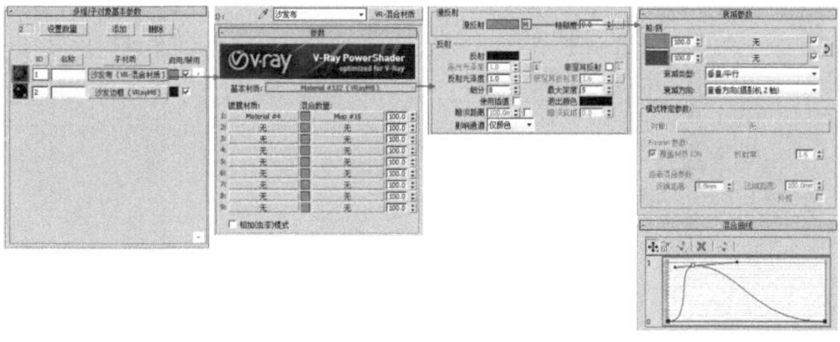

图8-157

05 展开【贴图】卷展栏，在【凹凸】后面的通道上加载【混合】程序贴图，在【混合参数】卷展栏下【颜色#1】后面的通道加载【细胞】程序贴图，设置【瓷砖】的【X】、【Y】和【Z】均为0.1。设置【细胞颜色】为黑色、【分界颜色】为白色。在【细胞特性】选项组中，设置【大小】为0.001。在【颜色#2】后面的通道加载

【mpm_vol.07_p02_fabric_4_bump.jpg】贴图文件，设置【瓷砖】的【U】和【V】均为2.0、【混合量】为50.0，并设置【凹凸】为90.0，如图8-158所示。

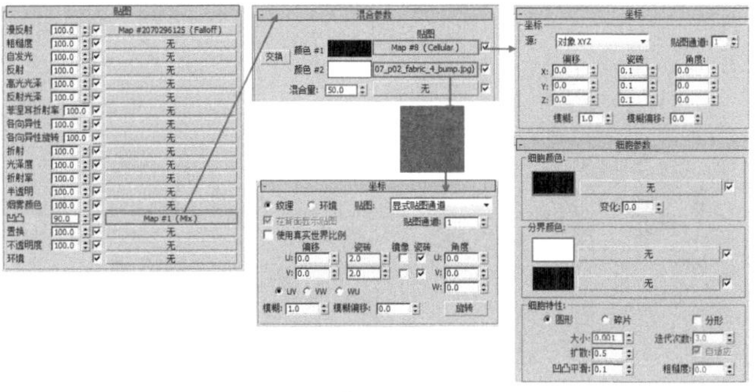

图8-158

06 将【基本材质】后面的贴图拖曳到【镀膜材质1】的贴图通道上，设置方式为【复制】。在【混合数量1】通道上加载【patchy.png】贴图文件，设置【瓷砖】的【U】和【V】均为4.0，如图8-159所示。

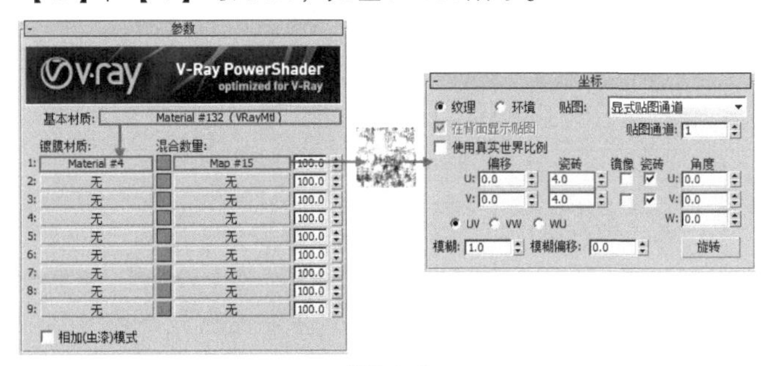

图8-159

07 单击进入ID号为2的通道中，为其命名为【沙发边框】材质，在【漫反射】选项组下加载【VR-颜色】程序贴图，调整【红】、【绿】和【蓝】均为0.002，【颜色】为黑色。在【反射】选项组下，加载【VR-颜色】程序贴图，调整【红】为0.114、【绿】和【蓝】均为0.129，【颜色】为黑色。设置【反射光泽度】为0.8、【细分】为32。单击【菲涅耳反射】后的L按钮，调整【菲涅耳折射率】为20.0。在【双向反射分布函数】卷展栏下，设置为【沃德】，取消勾选【修复较暗光泽边】复选框，如图8-160所示。

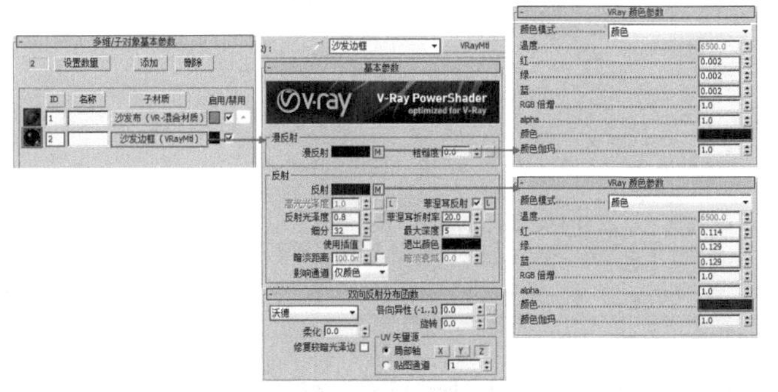

图8-160

08 单击选中沙发模型，在修改器列表中选中【可编辑多边形】中的【元素】选项，将模型中的元素进行【材质ID】的设置，如图8-161所示。

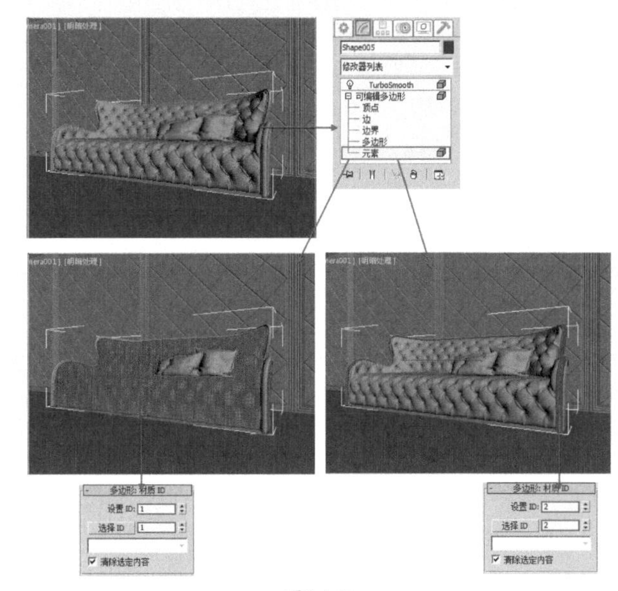

图8-161

09 将调整完成的【沙发】材质赋予场景中的沙发模型，如图8-162所示。

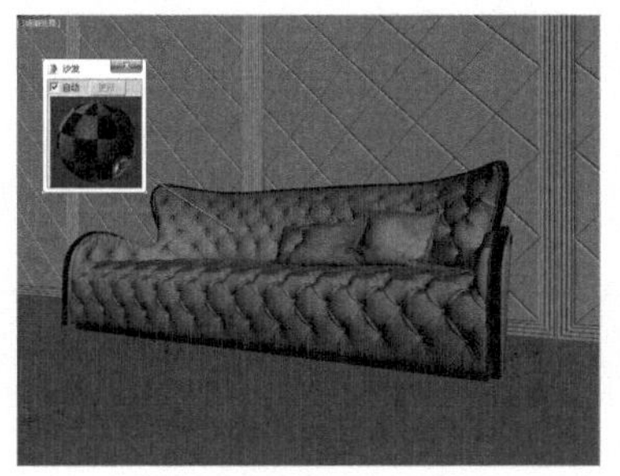

图8-162

实例146 软包材质

01 选择一个空白材质球，单击 Standard 按钮，在弹出的【材质/贴图浏览器】对话框中选择【VR-覆盖材质】材质，选择【丢弃旧材质】选项，如图8-163所示。

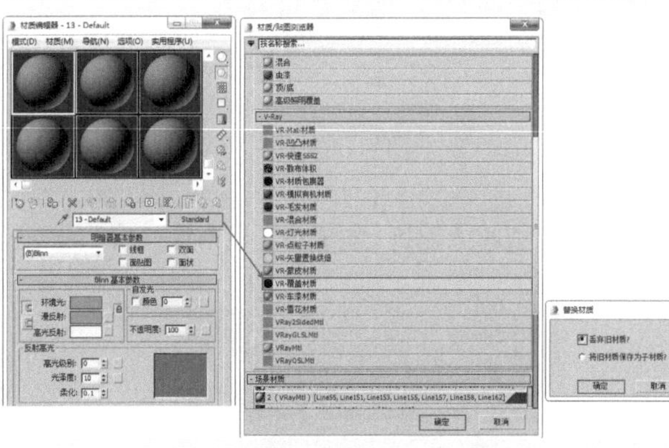

图8-163

02 将材质命名为【软包】，展开【参数】卷展栏，并在【基本材质】通道上加载VRayMtl材质，单击进入【基本材质】的通道中。在【漫反射】选项组下加载

【KGFA030605aa.jpg】贴图文件。单击【高光光泽度】后面的L按钮，调整其数值为0.55，设置【反射光泽度】为0.6、【细分】为20；单击【菲涅耳反射】后的L按钮，调整【菲涅耳折射率】为3.5，如图8-164所示。

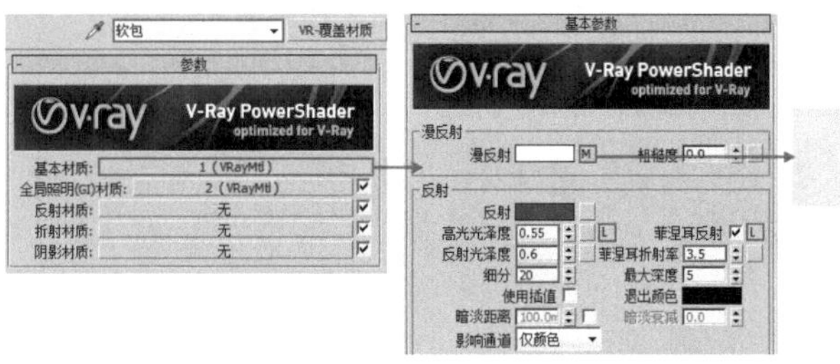

图8-164

03 展开【贴图】卷展栏，在【凹凸】后面的贴图通道上加载【ArchInteriors_12_02_leather_bump.jpg】贴图文件，在【坐标】卷展栏下设置【瓷砖】的【U】和【V】均为2.5、【模糊】为0.6，并设置【凹凸】为40.0，如图8-165所示。

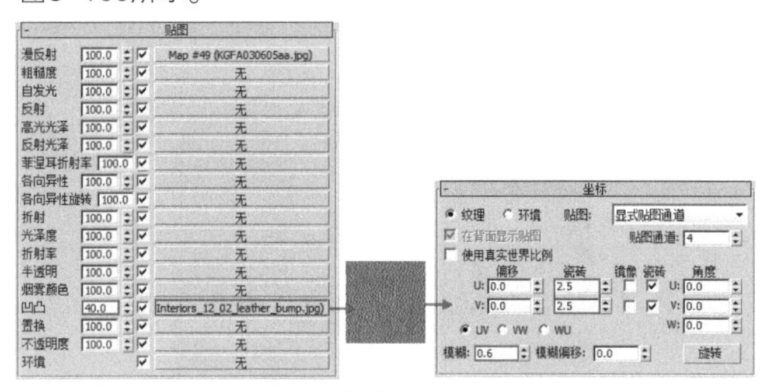

图8-165

04 继续展开【参数】卷展栏，在【全局照明（GI）材质】通道上加载VRayMtl材质，单击进入通道。在【漫反射】选项组下加载【KGFA030605aa.jpg】贴图文件，在【反射】选项组下加载【衰减】程序贴图，设置【衰减类型】为Fresnel，如图8-166所示。

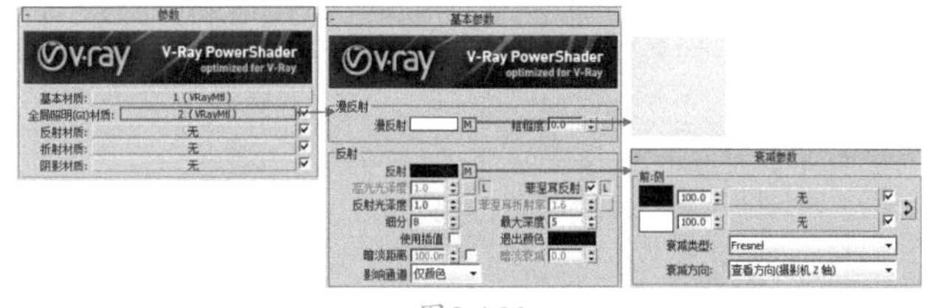

图8-166

05 将调整完成的【软包】材质赋予场景中的墙面模型，如图8-167所示。

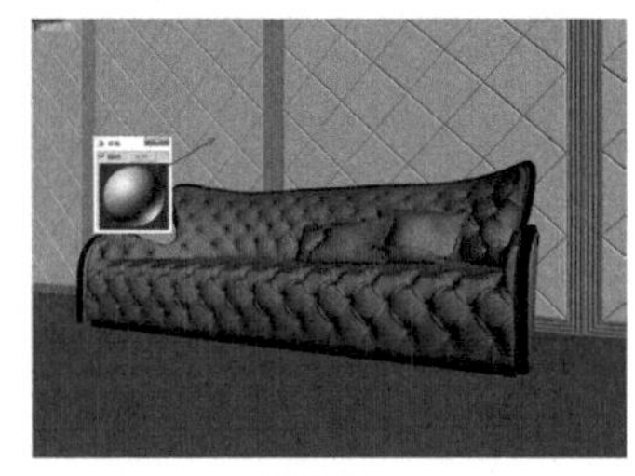

图8-167

实例147 瓷砖材质

01 选择一个空白材质球，单击 Standard 按钮，在弹出的【材质/贴图浏览器】对话框中选择VRayMtl材质，如图8-168所示。

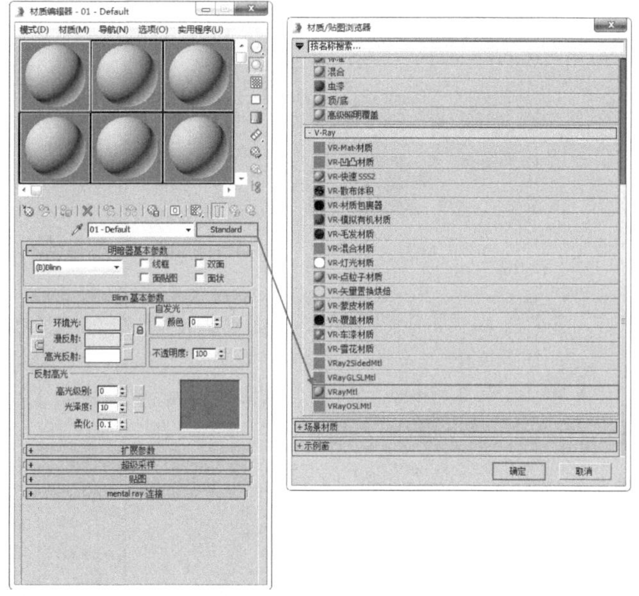

图8-168

02 将材质命名为【瓷砖】，在【漫反射】选项组下加载【平铺】程序贴图，在【平铺设置】选项栏中【纹理】后面的贴图通道加载【z2.jpg】贴图文件，设置【水平数】为12.0、【垂直数】为17.0。设置【砖缝设置】选项组下的【水平间距】为0.01、【垂直间距】为0.01。设置【杂项】选项组下的【随机种子】为14390。设置【反射光泽度】为0.95、【细分】为20，取消勾选【菲涅耳反射】复选框，如图8-169所示。

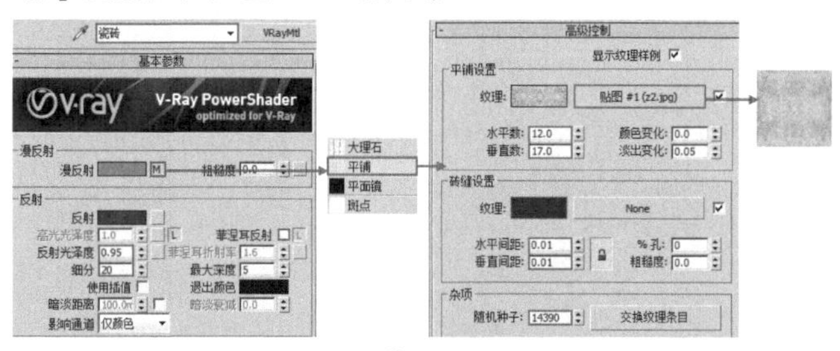

图8-169

03 选择地面模型，然后为其加载【UVW贴图】修改器，并设置【贴图】方式为【平面】，设置【长度】为1736.672mm、【宽度】为345.308mm，最后设置【对齐】为【Z】，如图8-170所示。

04 将调整完成的【瓷砖】材质赋予场景中的地面模型，如图8-171所示。

05 最终渲染效果如图8-172所示。

图8-170

图8-171

图8-172

8.11 金、蜡烛、火焰

文件路径	第8章\金、蜡烛、火焰
难易指数	★★★★★
技术掌握	● VRayMtl 材质 ●【衰减】程序贴图 ●【多维/子对象】材质 ●【虫漆】材质 ●【噪波】程序贴图 ● 标准材质
扫码深度学习	

操作思路

本例通过使用VRayMtl材质、【衰减】程序贴图、【多维/子对象】材质、【虫漆】材质、【噪波】程序贴图、标准材质制作金、蜡烛、火焰材质效果。

案例效果

案例效果如图8-173所示。

图8-173

操作步骤

实例148 金材质

01 打开本书配备的“第8章\金、蜡烛、火焰\11.max”文件，如图8-174所示。

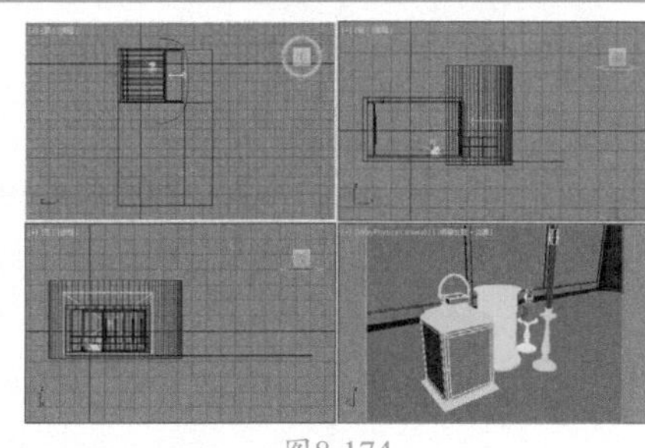

图8-174

02 按M键打开材质编辑器，选择一个空白材质球，单击 Standard 按钮，在弹出的【材质/贴图浏览器】对话框中选择VRayMtl材质，如图8-175所示。

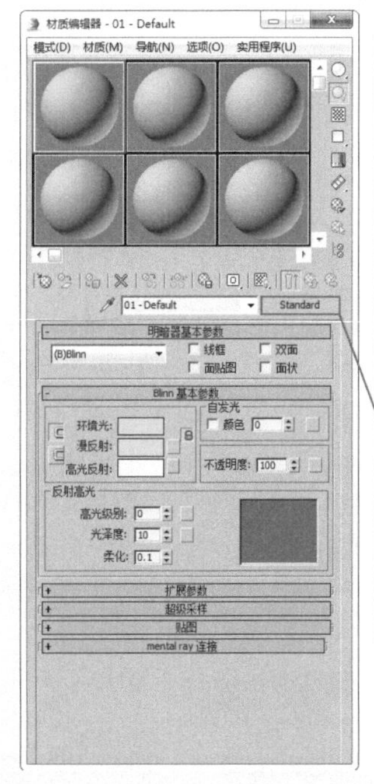

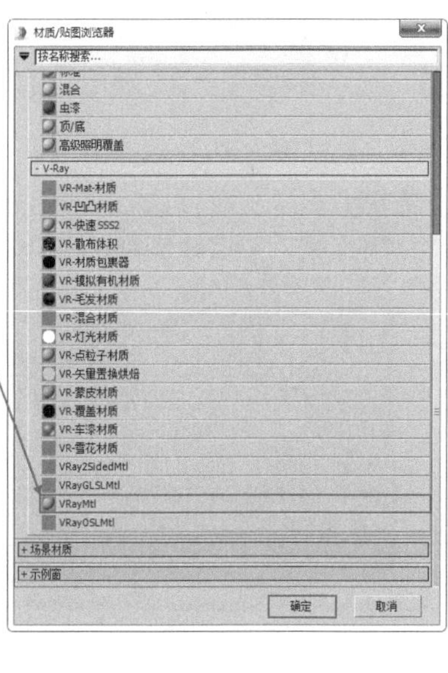

图8-175

03 将材质命名为【金】，在【漫反射】选项组下调整【漫反射】颜色为黑色。在【反射】选项组下加载【衰减】程序贴图，展开【衰减参数】卷展栏，分别调整两个颜色为土黄色和黄褐色，设置【衰减类型】为Fresnel。单击【高光光泽度】后面的L按钮，调整其数值为0.8，设置【反射光泽度】为0.95、【细分】为25。取消勾选【菲涅耳反射】复选框，调整【最大深度】为8。在【折射】选项组下设置【细分】为1、【折射率】为1.0，如图8-176所示。

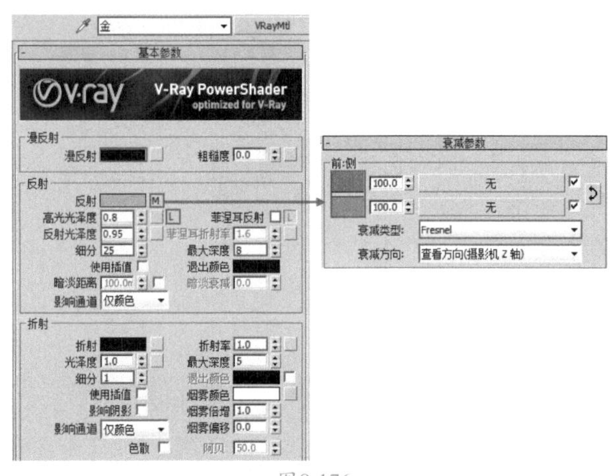

图8-176

04 展开【反射插值】卷展栏，设置【最小速率】为-3、【最大速率】为0。展开【折射插值】卷展栏，设置【最小速率】为-3、【最大速率】为0，如图8-177所示。

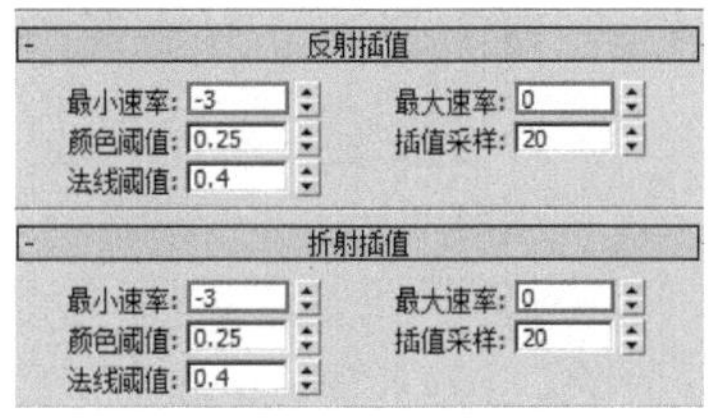

图8-177

05 将调整完成的【金】材质赋予场景中的烛台模型，如图8-178所示。

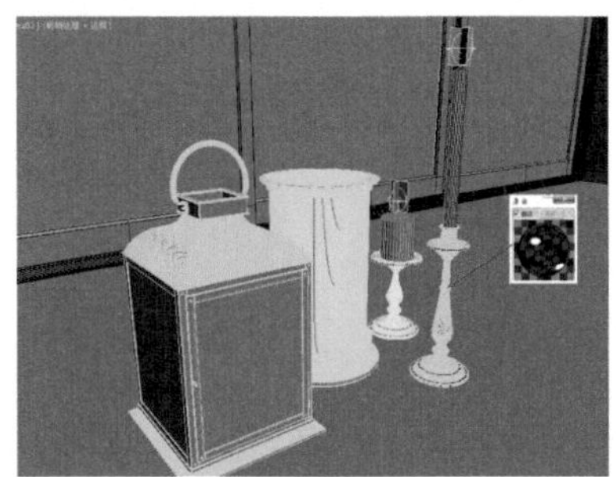

图8-178

实例149 蜡烛材质

01 按M键打开材质编辑器，选择一个空白材质球，单击 Standard 按钮，在弹出的【材质/贴图浏览器】对话框中选择【多维/子对象】材质，选择【丢弃旧材质】选项，如图8-179所示。

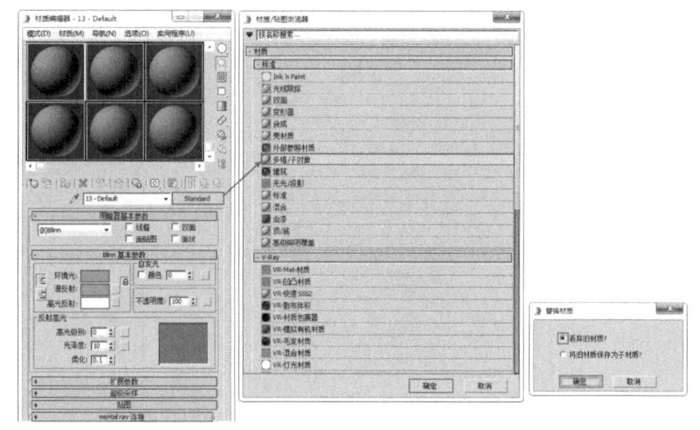

图8-179

02 将材质命名为【蜡烛】，单击【设置数量】按钮，设置【材质数量】为2，分别在通道上加载【虫漆】材质和VRayMtl材质，如图8-180所示。

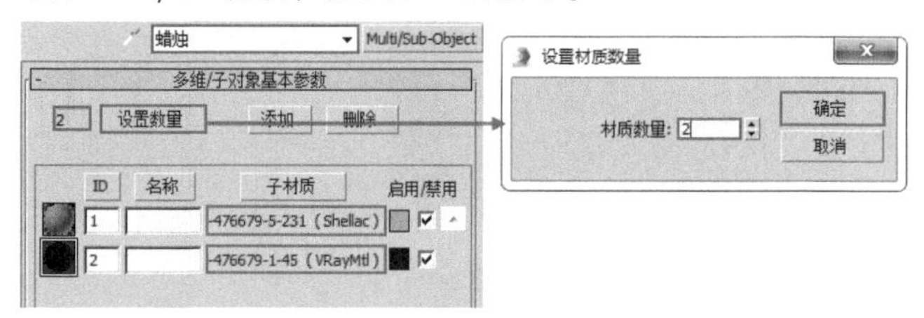

图8-180

03 单击进入ID号为1的通道，加载【虫漆】材质，设置【虫漆颜色混合】为100.0。在【基础材质】通道上加载VRayMtl材质，在【漫反射】选项组下，调整【漫反射】颜色为土黄色。设置【反射光泽度】为0.65、【细分】为16。在【折射】选项组下调整【折射】颜色为褐色，【光泽度】为0.3，【细分】为16，勾选【影响阴影】复选框，设置【折射率】为1.0、【烟雾颜色】为黄色。在【半透明】选项组下设置【类型】为【硬（蜡）模型】、【厚度】为1.181mm。展开【反射插值】卷展栏，设置【最小速率】为-3、【最大速率】为0。展开【折射插值】卷展栏，设置【最小速率】为-3、【最大速率】为0。

04 在【虫漆材质】通道上加载VRayMtl材质，在【漫反射】选项组下调整【漫反射】颜色为黑色。单击【高光光泽度】后面的L按钮，调整【反射光泽度】为0.75、【细分】为16，取消勾选【菲涅耳反射】复选框。展开【贴图】卷展栏，在【凹凸】后面的贴图通道上加载【噪波】程序贴图，设置【大小】为0.04、【凹凸】为8.0，如图8-181所示。

05 单击进入ID号为2的通道，加载VRayMtl材质，在【漫反射】选项组下调整【漫反射】颜色为黑色，取消勾选【菲涅耳反射】复选框，如图8-182所示。

06 将调整完成的【蜡烛】材质赋予场景中的蜡烛模型，如图8-183所示。

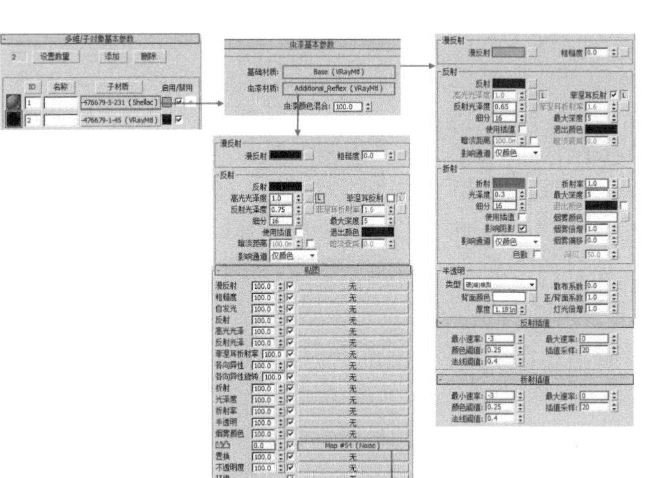

图8-181

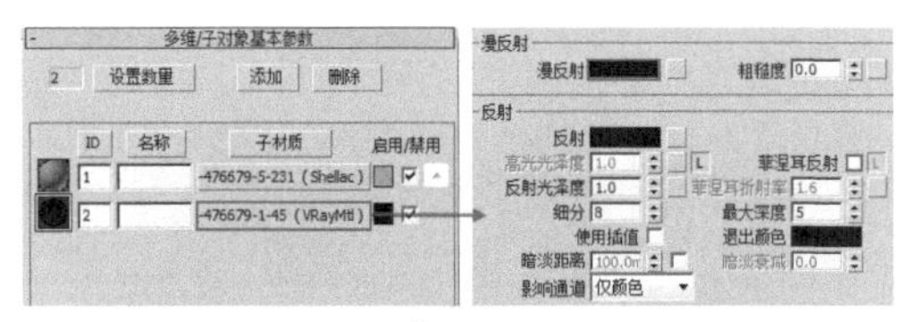

图8-182

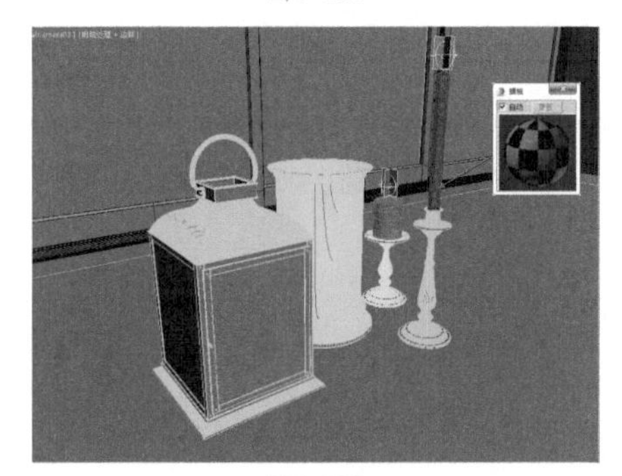

图8-183

实例150　火焰材质

01 选择一个空白材质球，将材质命名为【火焰】，勾选【漫反射颜色】复选框，在其后面的通道加载【476679-1-42.jpg】贴图文件，勾选【自发光】复选框，在其后面的通道加载【476679-1-42.jpg】贴图文件。勾选【不透明度】复选框，在其后面的通道加载【476679-2-42.jpg】贴图文件，如图8-184所示。

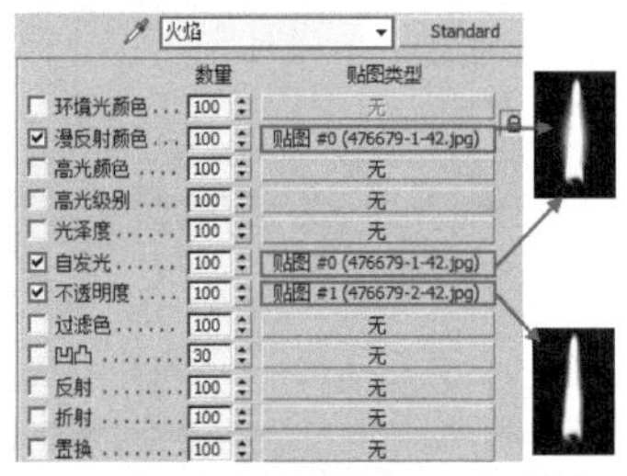

图8-184

02 将调整完成的【火焰】材质赋予场景中的模型，如图8-185所示。

03 最终渲染效果如图8-186所示。

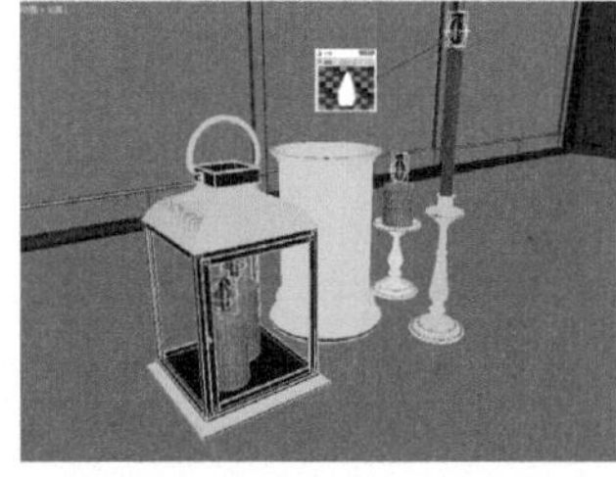

图8-185

图8-186

8.12 水果、面包、布纹、木板

文件路径	第8章\水果、面包、布纹、木板	扫码深度学习
难易指数	★★★★★	
技术掌握	● 【VR-快速SSS2】材质 ● 【颜色校正】贴图 ● VRayMtl材质 ● 【合成】程序贴图	

操作思路

本例通过使用【VR-快速SSS2】材质、【颜色校正】贴图、VRayMtl材质、【合成】程序贴图制作水果、面包、布纹、木板效果。

案例效果

案例效果如图8-187所示。

图8-187

操作步骤

实例151　水果材质

01 打开本书配备的“第8章\水果、面包、布纹、木板\12.max”文件，如图8-188所示。

02 按M键打开材质编辑器，选择一个空白材质球，单击 Standard 按钮，在弹出的【材质/贴图浏览器】对话框中选择【VR-快速SSS2】材质，如图8-189所示。

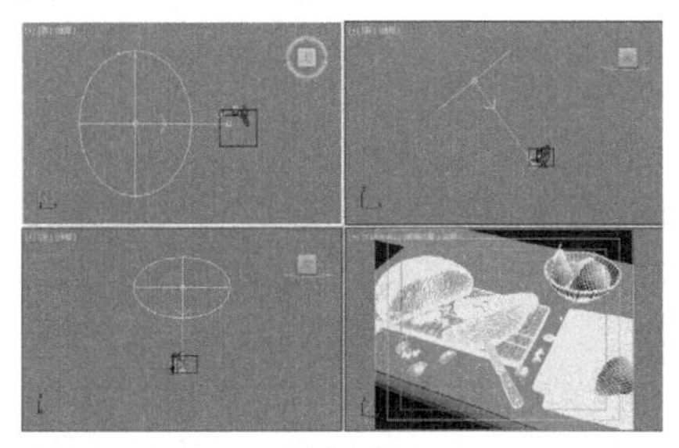

图8-188

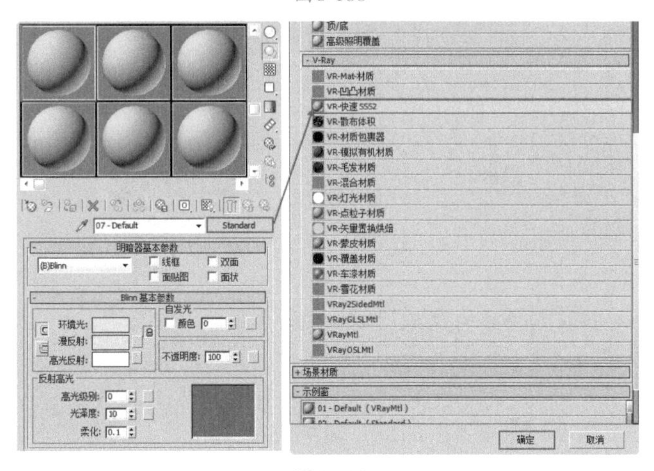

图8-189

03 将材质命名为【水果】，在【常规参数】卷展栏下调整【折射率】为1.6，在【漫反射和子曲面散布层】卷展栏下，设置【漫反射量】为0.6、【散布半径（厘米）】为2.0。在【选项】卷展栏下勾选【散布全局照明（GI）】复选框，如图8-190所示。

图8-190

04 展开【贴图】卷展栏，在【全局颜色】后的通道加载【pear_sss_001_genova_scenected.jpg】贴图文件，调整【模糊】为0.5。

05 在【漫反射颜色】后的通道加载【颜色校正】贴图，在【贴图】后的通道加载【pear_dif_001_genova_scenected0.jpg】贴图文件，勾选【使用真实世界比例】复选框，设置【偏移】的【高度】为10.0mm、【大小】的宽度和高度均为10.0mm、【模糊】为0.5，并调整【饱和度】为-60。

06 在【高光颜色】后的通道加载【pear_spec_001_genova_scenected.jpg】贴图文件。在【sss颜色】后的通道加载【pear_sss_001_genova_scenected.jpg】贴图文件，调整【模糊】为0.5。

07 在【散布颜色】后的通道加载【颜色校正】贴图，在【贴图】后的通道加载【pear_sss_001_genova_scenected.jpg】贴图文件，设置【模糊】为0.5，并调整【饱和度】为-67.442，如图8-191所示。

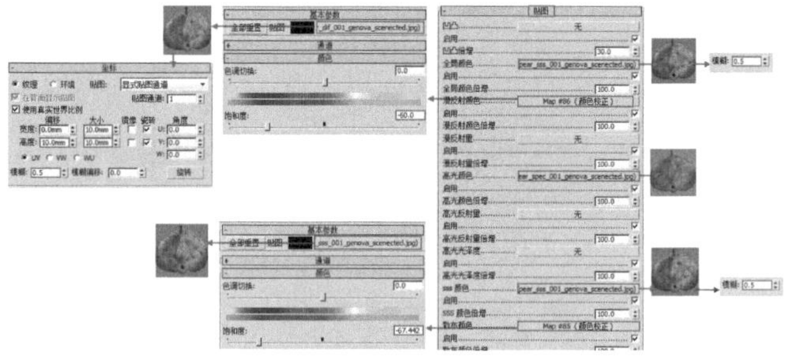

图8-191

08 将调整完成的【水果】材质赋予场景中的模型，如图8-192所示。

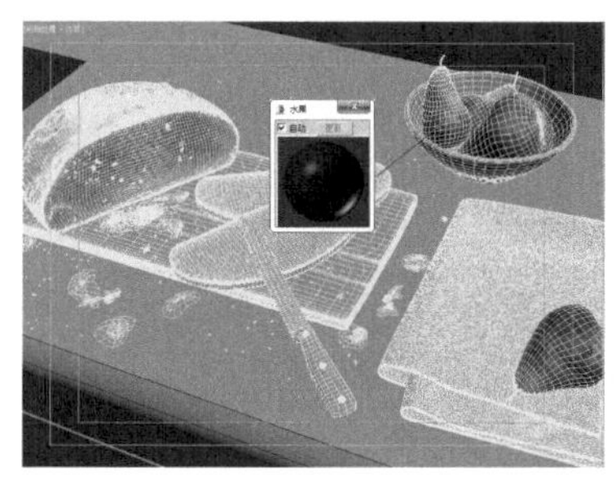

图8-192

实例152　面包材质

01 选择一个空白材质球，单击 Standard 按钮，在弹出的【材质/贴图浏览器】对话框中选择【VR-快速SSS2】材质，如图8-193所示。

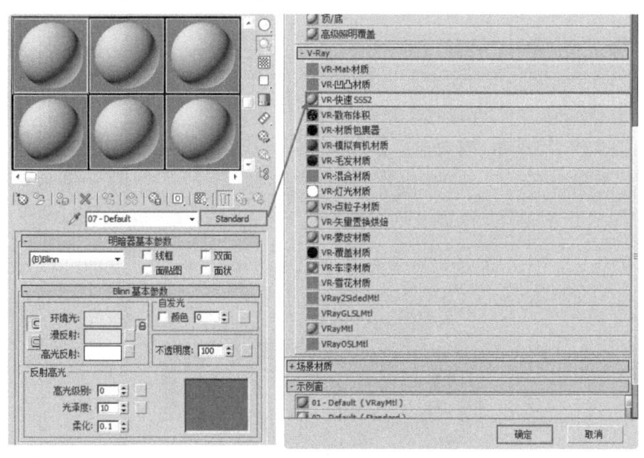

图8-193

02 将材质命名为【面包】，在【常规参数】卷展栏下设置【比例】为3.0。在【漫反射和子曲面散布层】卷展栏下设置【漫反射量】为0.22、【散布半径（厘米）】

为2.0、【相位函数】为-0.32。在【高光反射层】卷展栏下，设置【高光光泽度】为0.28，如图8-194所示。

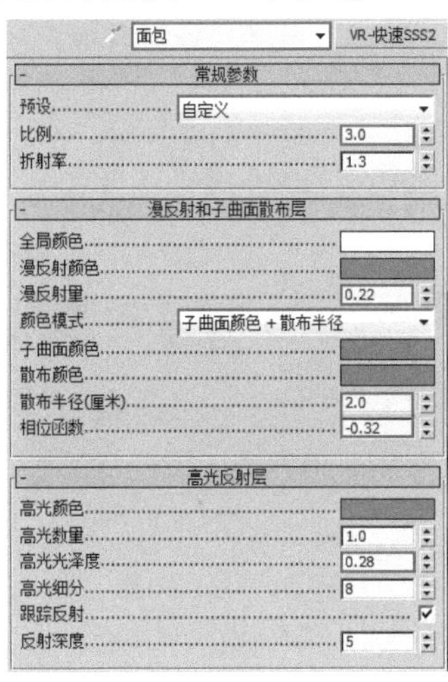

图8-194

03 展开【贴图】卷展栏下，在【凹凸】后的通道加载【VR-法线贴图】程序贴图，在【法线贴图】后的通道上加载【breadbody_normal_001_genova_scenected.jpg】贴图文件。

04 在【全局颜色】后的通道加载【breadbody_sss_001_genova_scenected.jpg】贴图文件，设置【模糊】为0.4。在【漫反射颜色】后的通道加载【breadbody_dif_001_genova_scenected.jpg】贴图文件，设置【模糊】为0.01。

05 在【高光颜色】后的通道加载【颜色校正】贴图，在【贴图】后的通道加载【breadbody_dif_001_genova_scenected.jpg】贴图文件，设置【模糊】为0.01，调整【饱和度】为-100.0，设置【高光颜色倍增】为53.0。

06 将【高光颜色】后面的贴图拖曳到【高光光泽度】贴图通道上，设置方式为【复制】，并设置【高光光泽度倍增】为20.0。分别在【sss颜色】和【散布颜色】后的通道加载【breadbody_sss_001_genova_scenected.jpg】贴图文件，设置【模糊】为0.4，如图8-195所示。

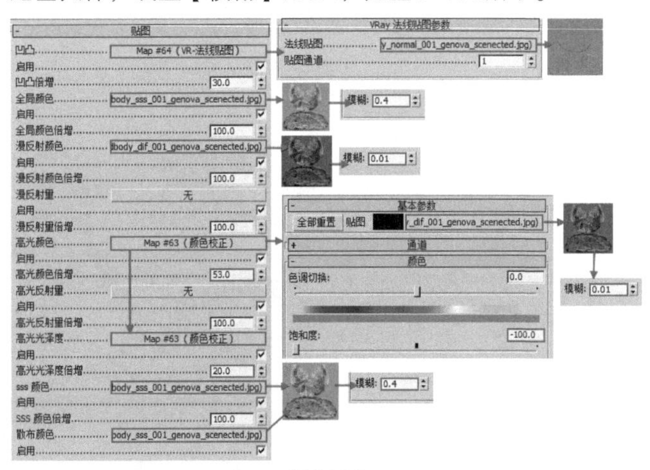

图8-195

07 将调整完成的【面包】材质赋予场景中的模型，如图8-196所示。

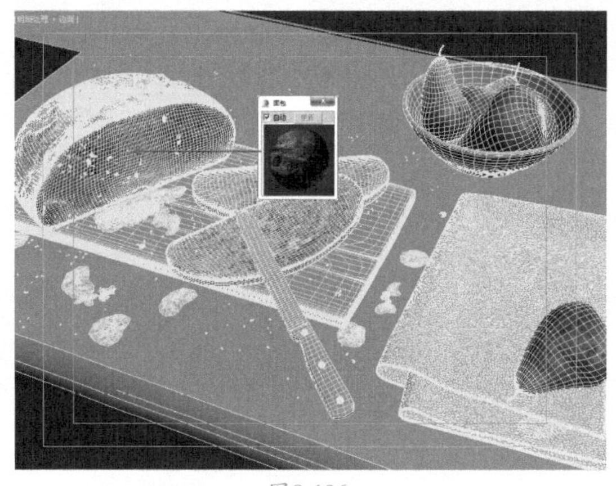

图8-196

实例153 布纹材质

01 选择一个空白材质球，单击 Standard 按钮，在弹出的【材质/贴图浏览器】对话框中选择VRayMtl材质，如图8-197所示。

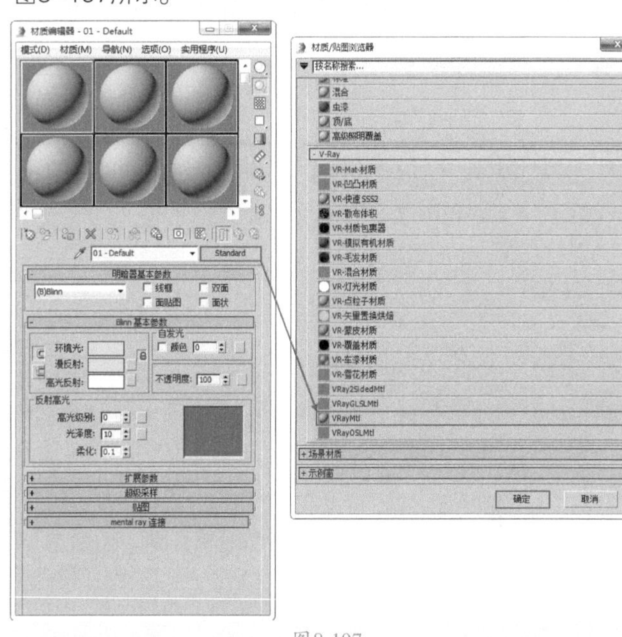

图8-197

02 将材质命名为【布纹】，在【漫反射】选项组下加载【合成】程序贴图，单击左边的按钮，在贴图后的通道加载【fabric_dif_001_genova_scenected.jpg】贴图文件，勾选【使用真实世界比例】复选框，设置【偏移】的【宽度】为-3.333mm、【高度】为6.667mm、【大小】的【宽度】和【高度】均为3.333mm。将【合成层】卷展栏中的选项改为【添加】。继续返回到【选项】卷展栏，设置【中止】为0.005，如图8-198所示。

03 将调整完成的【布纹】材质赋予场景中的模型，如图8-199所示。

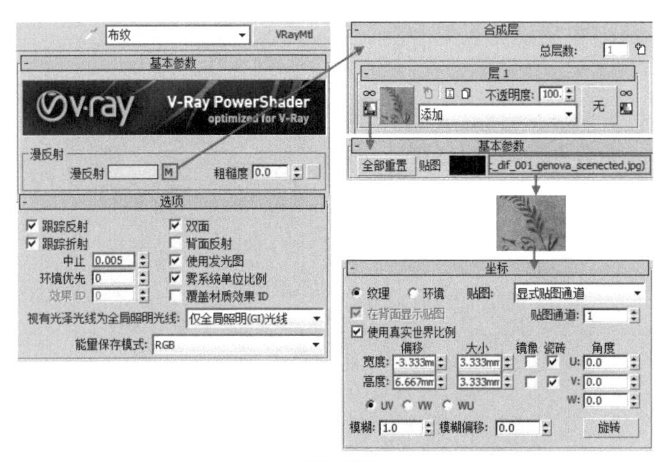

图8-198

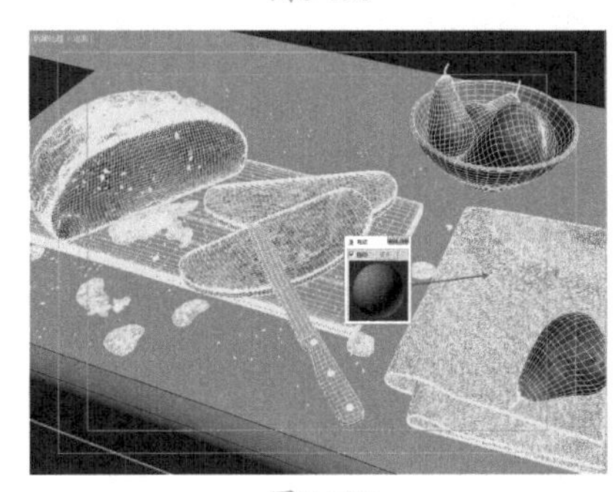

图8-199

实例154　木板材质

01 选择一个空白材质球，单击 Standard 按钮，在弹出的【材质/贴图浏览器】对话框中选择VRayMtl材质，如图8-200所示。

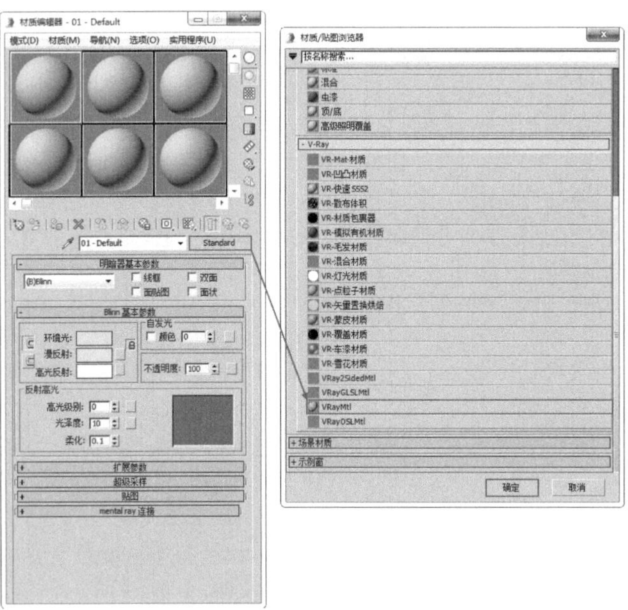

图8-200

02 将材质命名为【木板】，在【漫反射】选项组下加载【合成】程序贴图，单击左边的▣按钮，在贴图后的通道加载【woodboard3_dif_001_genova_scenected.jpg】贴图文件，将选项改为【添加】。在【反射】选项组下加载【VR-颜色】程序贴图，调整【红】、【绿】、【蓝】均为1.0，调整【颜色】为白色。单击【高光光泽度】后面的L按钮，调整其数值为0.94，设置【反射光泽度】为0.9、【细分】为64。单击【菲涅耳反射】后的L按钮，如图8-201所示。

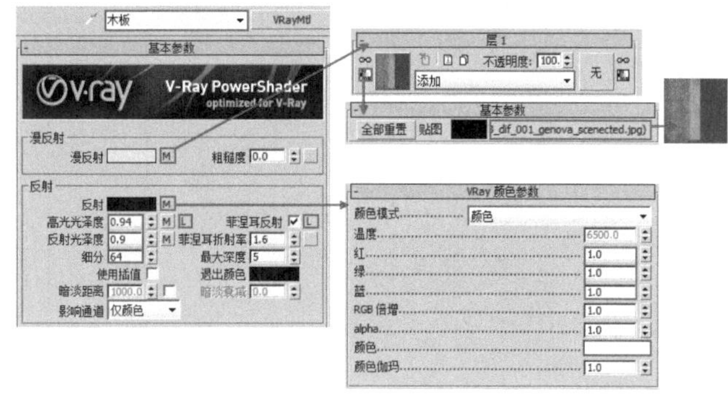

图8-201

03 展开【贴图】卷展栏，设置【反射】为70.0，分别在【高光光泽】和【反射光泽】后的通道加载【woodboard2_bump_001_genova_scenected.jpg】贴图文件，并设置【高光光泽】为74.0、【反射光泽】为30.0。在【凹凸】后面的通道加载【woodboard2_bump_001_genova_scenected.jpg】贴图文件，设置【模糊】为0.5，并设置【凹凸】为12.0，如图8-202所示。

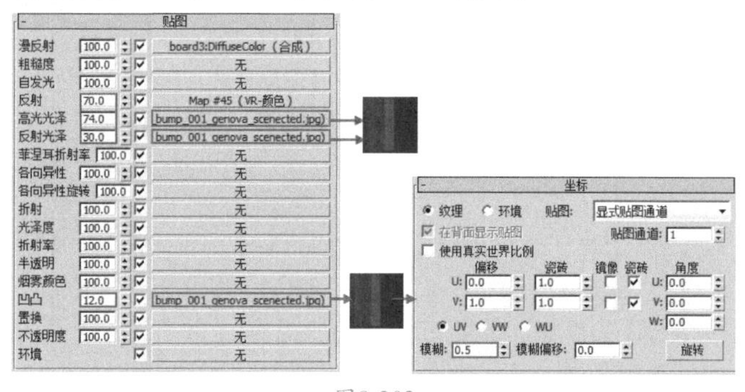

图8-202

04 将调整完成的【木板】材质赋予场景中的模型，如图8-203所示。

05 最终渲染效果如图8-204所示。

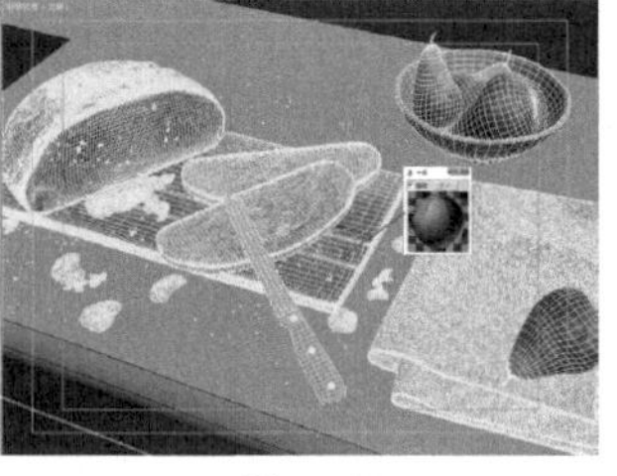

图8-203

图8-204

第9章

摄影机和环境

3ds Max中的摄影机功能很多，主要用于固定视角，以便在进行渲染时可以快速切换摄影机视角。摄影机还可以制作景深效果、运动模糊效果、调整渲染亮度等。

- ◆ 创建摄影机
- ◆ 使用多种摄影机类型
- ◆ 使用摄影机制作不同特效

/ 佳 / 作 / 欣 / 赏 /

实例155 创建摄影机角度

文件路径	第 9 章 \ 创建摄影机角度
难易指数	★★★★★
技术掌握	目标摄影机

扫码深度学习

操作思路

本例通过在场景中创建【目标摄影机】固定摄影机角度。

案例效果

案例效果如图9-1所示。

图9-1

操作步骤

01 打开本书配备的“第9章\创建摄影机角度\01.max”文件，如图9-2所示。

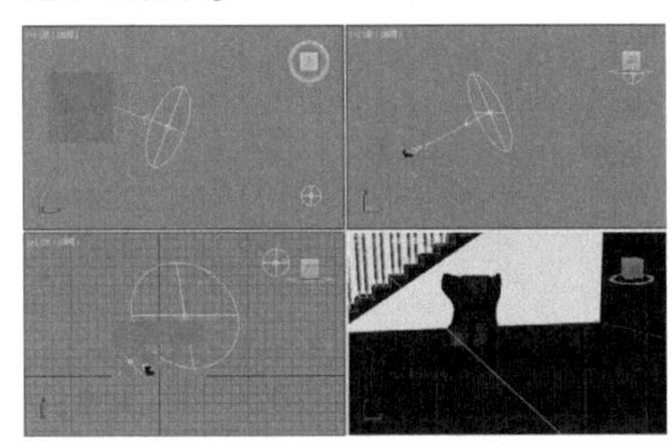

图9-2

02 单击（创建）|（摄影机）| 标准 | 目标 按钮，如图9-3所示。

图9-3

03 在【顶】视图中拖曳创建目标摄影机，其具体位置如图9-4所示。

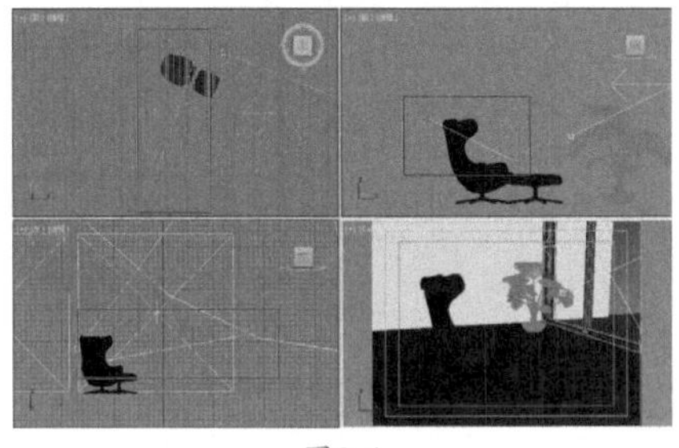

图9-4

04 选择上一步创建的目标摄影机，在【修改】面板下展开【景深参数】卷展栏，在【采样】选项组下设置【采样半径】为25.4mm。展开【参数】卷展栏的最下方，设置【目标距离】为3583.308mm，如图9-5所示。

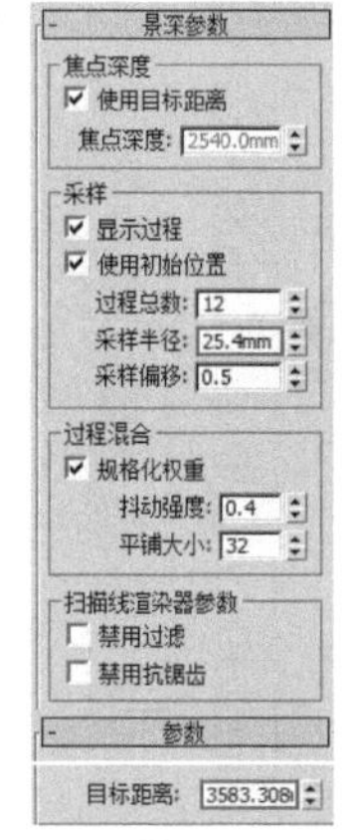

图9-5

05 最终的渲染效果如图9-6所示。

图9-6

实例156 景深模糊效果

文件路径	第 9 章 \ 景深模糊效果
难易指数	★★★★★
技术掌握	● 物理摄影机 ● 渲染设置

扫码深度学习

操作思路

本例通过在场景中创建【物理摄影机】，并设置渲染参数，使其产生景深模糊效果。

案例效果

案例效果如图9-7所示。

图9-7

操作步骤

01 打开本书配备的“第9章\景深模糊效果\02.max”文件，如图9-8所示。

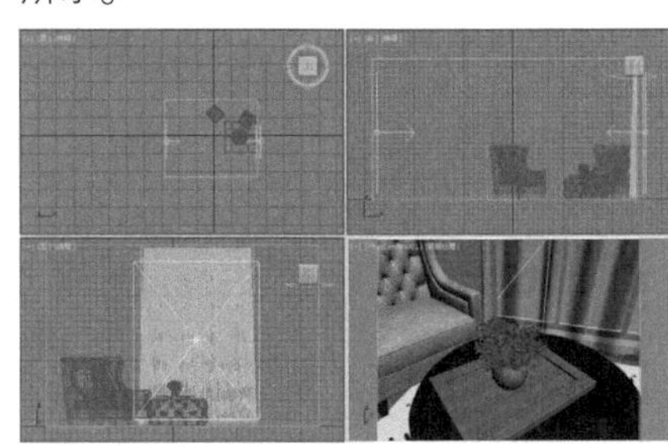

图9-8

02 单击（创建）|（摄影机）| 标准 | 物理 按钮，如图9-9所示。

03 在【顶】视图中拖曳创建物理摄影机，需特别注意摄影机的目标点应该在植物上，其具体位置如

图9-10所示。

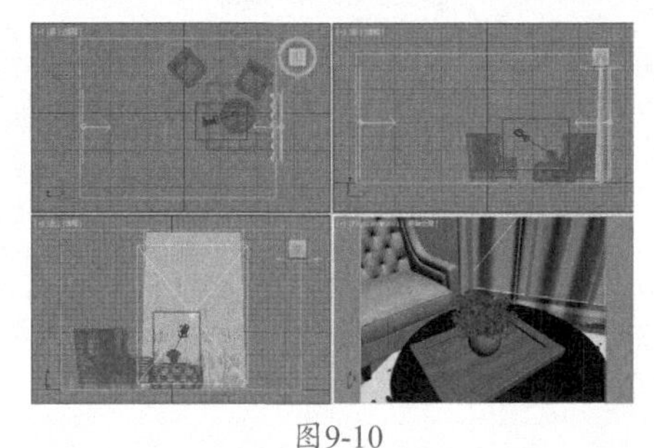

图9-9　　　　图9-10

04 选择上一步创建的物理摄影机，在【修改】面板下展开【基本】卷展栏，修改【目标距离】为696.28mm。在【物理摄影机】卷展栏下勾选【指定视野】复选框，修改数值为61.928度，如图9-11所示。

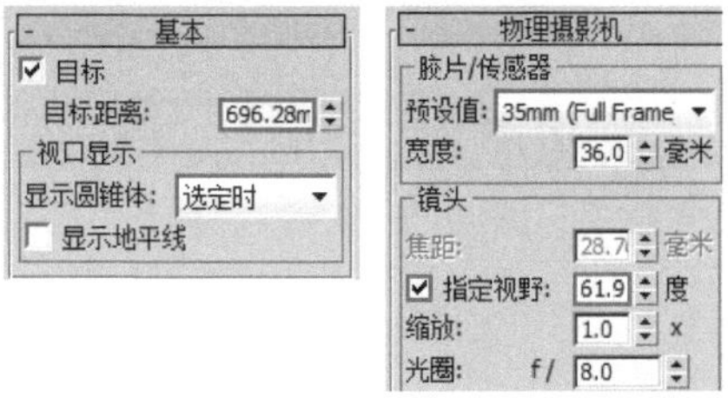

图9-11

05 单击工具栏中的按钮，弹出【渲染设置】面板，选择V-Ray选项卡，展开【摄影机】卷展栏，勾选【景深】、【从摄影机获得焦点距离】复选框，设置【光圈】为20.0mm，如图9-12所示。

06 最终的渲染效果如图9-13所示。

图9-12

图9-13

实例157　镜头变形

文件路径	第9章\镜头变形
难易指数	★★★★★
技术掌握	VR-物理摄影机

扫码深度学习

操作思路

本例通过在场景中创建VR物理摄影机，并设置参数，使其产生镜头变形效果。

案例效果

案例效果如图9-14所示。

图9-14

操作步骤

01 打开本书配备的“第9章\镜头变形\03.max”文件，如图9-15所示。

02 单击（创建）|（摄影机）| VRay | VR-物理摄影机 按钮，如图9-16所示。

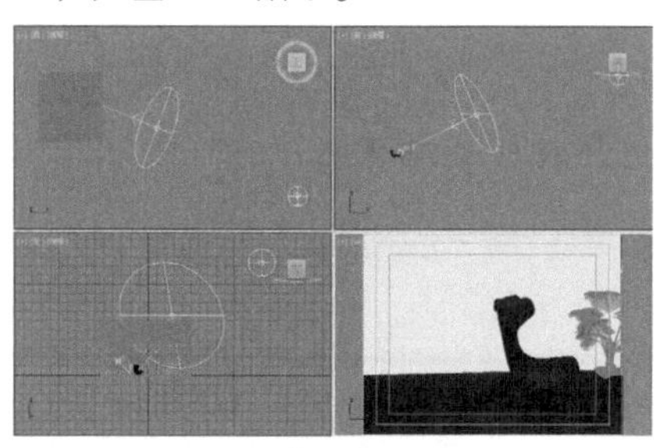

图9-15

图9-16

03 在【顶】视图中拖曳创建VR物理摄影机，其具体位置如图9-17所示。

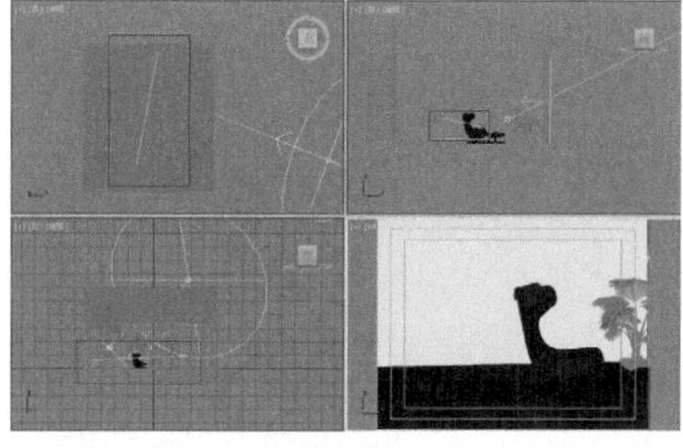

图9-17

04 选择上一步创建的VR物理摄影机，在【修改】面板下展开【基本参数】卷展栏，设置【胶片规格

（mm）】为35.0、【焦距（mm）】为55、【光圈数】为4.0、【垂直倾斜】为-0.039。取消勾选【光晕】后的复选框，选择【白平衡】为【自定义】，设置【快门速度】为20.0、【胶片速度（ISO）】为200.0。设置【失真】卷展栏下的【失真数量】为0.0。设置【其他】卷展栏下的【远端环境范围】为25400.0mm，如图9-18所示。

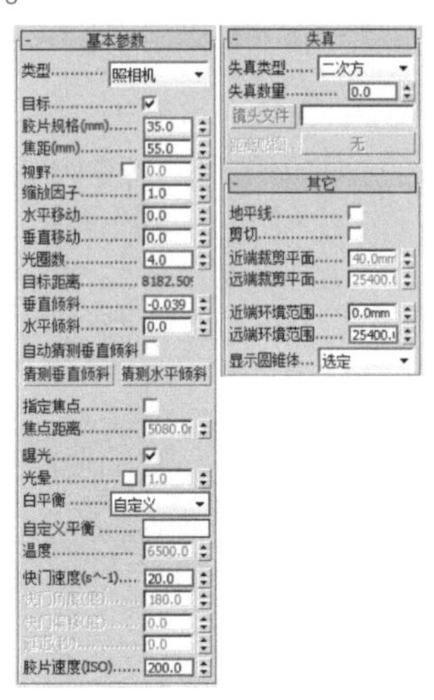

图9-18

05 当失真数量为0时，其渲染的效果如图9-19所示。

图9-19

06 选择上一步创建的VR物理摄影机，在【修改】面板中的【失真】卷展栏下设置【失真数量】为9.6，如图9-20所示。

07 当失真数量为9.6时，其渲染效果如图9-21所示。

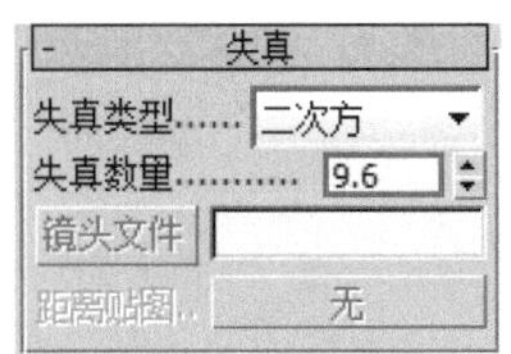

图9-20

图9-21

实例158 设置环境背景

文件路径	第9章\设置环境背景
难易指数	★★★★★
技术掌握	【环境和效果】对话框

扫码深度学习

操作思路

本例通过在【环境和效果】对话框中添加贴图，并设置贴图亮度，制作环境背景。

案例效果

案例效果如图9-22所示。

图9-22

操作步骤

01 打开本书配备的“第9章\设置环境背景\04.max”文件，如图9-23所示。

02 按8键，打开【环境和效果】对话框，然后单击【环境贴图】的通道，并添加位图【G17b.jpg】，如图9-24所示。

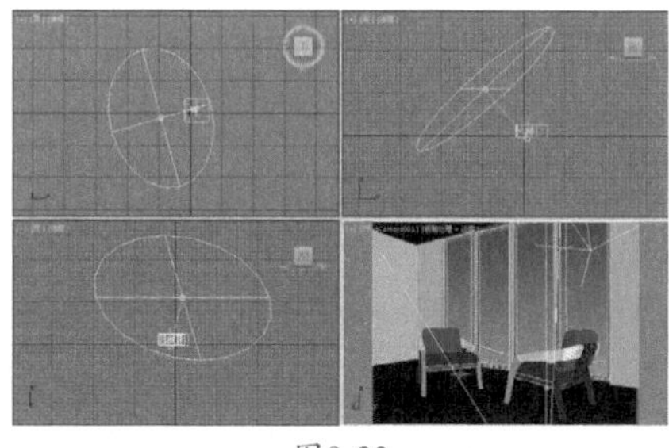

图9-23

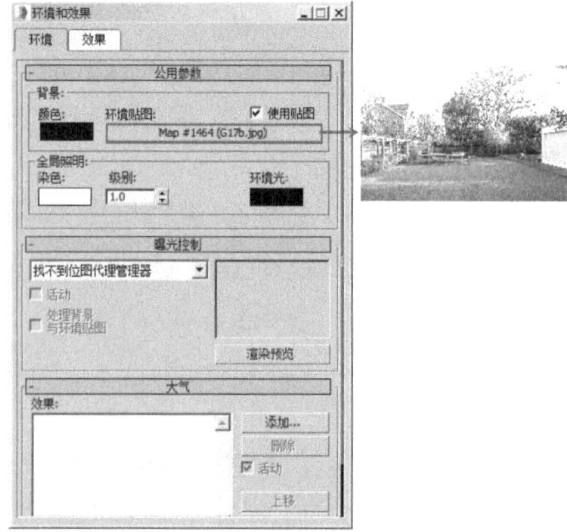

图9-24

03 按住【环境贴图】的通道并拖动到材质编辑器的材质球上，释放鼠标左键，并选择【实例】选项，如图9-25所示。

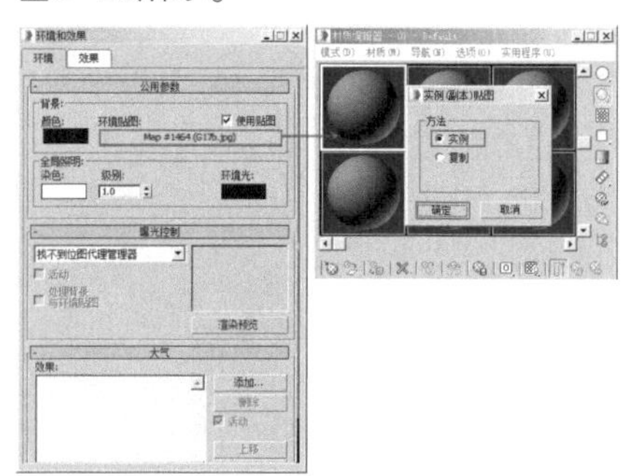

图9-25

04 设置【输出】卷展栏中的【输出量】为2.0，如图9-26所示。

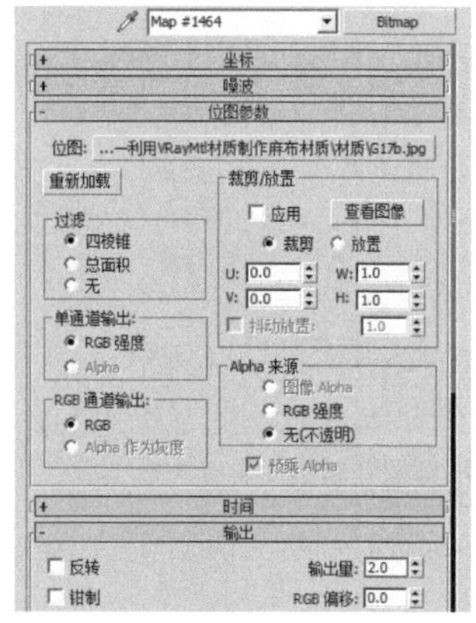

图9-26

05 最终的渲染效果如图9-27所示。

图9-27

实例159 摄影机控制场景光晕

文件路径	第 9 章 \ 摄影机控制场景光晕
难易指数	★★★★★
技术掌握	VR- 物理摄影机

扫码深度学习

操作思路

本例通过在场景中创建VR-物理摄影机，并设置参数，使其产生光晕效果。

案例效果

案例效果如图9-28所示。

图9-28

操作步骤

01 打开本书配备的“第9章\摄影机控制场景光晕\05.max”文件，如图9-29所示。

图9-29

02 单击（创建）|（摄影机）|VRay | VR-物理摄影机 按钮，如图9-30所示。

图9-30

03 在【顶】视图中拖曳创建VR-物理摄影机，其具体位置如图9-31所示。

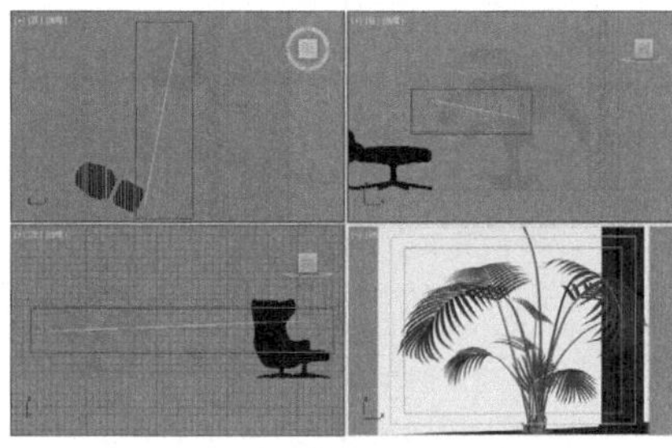

图9-31

04 选择上一步创建的VR物理摄影机，在【修改】面板下展开【基本参数】卷展栏，设置【胶片规格（mm）】为35.0、【焦距（mm）】为55.0、【光圈数】为5.0、【垂直倾斜】为-0.039，取消勾选【光晕】后的复选框，设置【白平衡】为【自定义】、【快门速度】为20.0、【胶片速度】为200.0。在【其他】卷展栏下设置【远端环境范围】为25400.0mm，如图9-32所示。

图9-32

05 当关闭光晕时，其渲染的效果如图9-33所示。

图9-33

06 选择上一步创建的VR物理摄影机，勾选【光晕】后的复选框并设置数值为4，如图9-34所示。

图9-34

07 当光晕为4时，其渲染的效果如图9-35所示。

图9-35

实例160 摄影机控制场景亮度

文件路径	第 9 章 \ 摄影机控制场景亮度
难易指数	★★★★★
技术掌握	VR- 物理摄影机

扫码深度学习

操作思路

本例通过在场景中创建VR物理摄影机，并设置参数，使其产生亮度效果。

案例效果

案例效果如图9-36所示。

图9-36

操作步骤

01 打开本书配备的“第9章\摄影机控制场景亮度\06.max”文件，如图9-37所示。

图9-37

02 单击（创建）|（摄影机）| VRay | VR-物理摄影机 按钮，如图9-38所示。

图9-38

03 在【顶】视图中拖曳创建VR物理摄影机，其具体位置如图9-39所示。

04 选择上一步创建的VR物理摄影机，在【修改】面板下展开【基本参数】卷展栏，设置【胶片规格（mm）】为35.0、【焦距（mm）】为55.0、【光圈数】为5.0，【垂直倾斜】为-0.039，取消勾选【光晕】后的复选框，设置【白平衡】为【自定义】、【快门速度】为20.0、【胶片速度】为200.0。在【其他】卷展栏下设置【远端环境范围】为25400.0mm，如图9-40所示。

图9-38

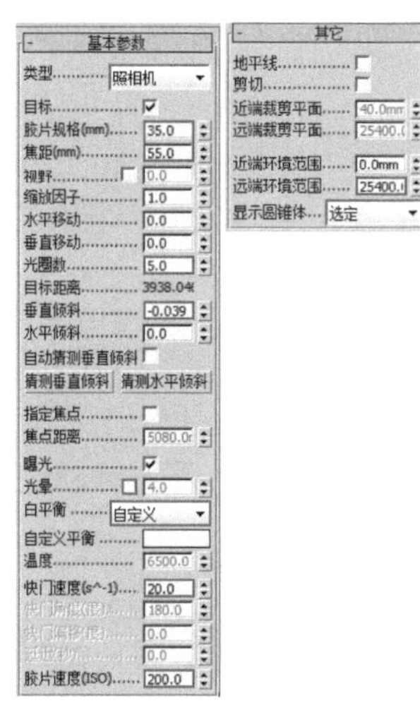

图9-40

05 当光圈数为5时，其渲染的效果如图9-41所示。

图9-41

06 选择上一步创建的VR物理摄影机，设置【光圈数】为7，如图9-42所示。

07 当光圈数为7时，其渲染的效果如图9-43所示。

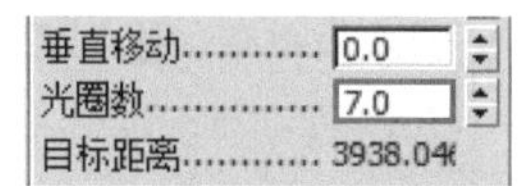

图9-42

图9-43

实例161 校正摄影机角度

文件路径	第9章\校正摄影机角度
难易指数	★★★★★
技术掌握	目标摄影机

扫码深度学习

操作思路

本例通过在场景中创建目标摄影机，并应用【应用摄影机校正修改器】校正角度。

案例效果

案例效果如图9-44所示。

图9-44

操作步骤

01 打开本书配备的“第9章\校正摄影机角度\07.max”文件，如图9-45所示。

02 单击 （创建）| （摄影机）| 标准 | 目标 按钮，如图9-46所示。

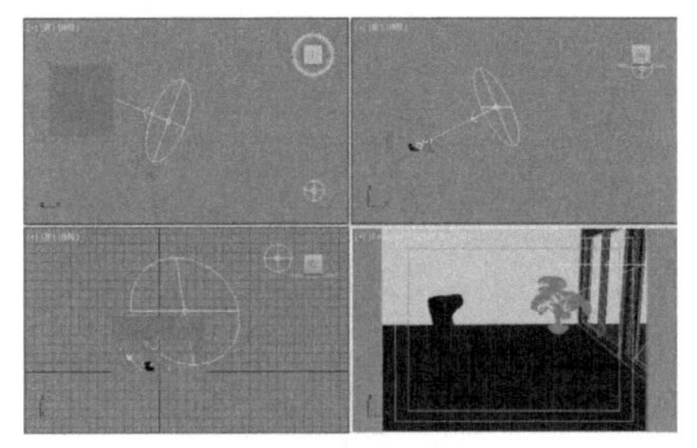
图9-45

图9-46

03 在【顶】视图中拖曳创建目标摄影机，其具体位置如图9-47所示。

04 可以看到此时的摄影机角度是倾斜的，如图9-48所示。

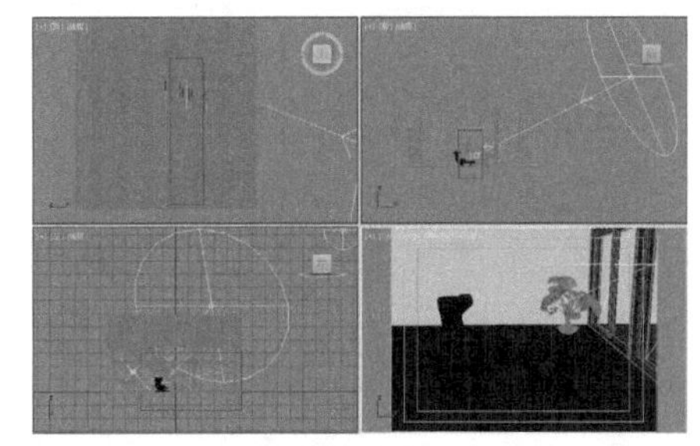
图9-47

图9-48

05 未校正摄影机角度时，其渲染的效果如图9-49所示。

06 选择上一步创建的目标摄影机，然后单击右键，并在弹出的菜单中执行【应用摄影机校正修改器】命令，如图9-50所示。

图9-49

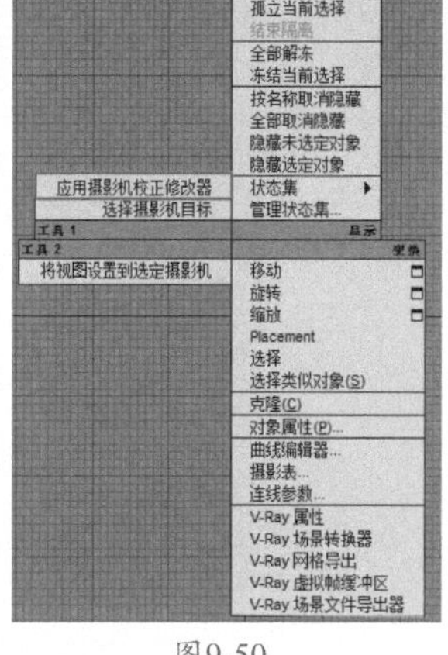

图9-50

07 此时的摄影机角度变得非常笔直，如图9-51所示。

08 校正摄影机角度，其渲染的效果如图9-52所示。

图9-51

图9-52

实例162　运动模糊

文件路径	第9章\运动模糊
难易指数	★★★★★
技术掌握	● 物理摄影机 ● 渲染设置

扫码深度学习

操作思路

本例通过在场景中创建物理摄影机，并修改渲染设置参数，制作运动模糊效果。注意，若要制作运动模糊效果，需提前设置好运动的动画。

案例效果

案例效果如图9-53所示。

图9-53

图9-53（续）

操作步骤

01 打开本书配备的“第9章\运动模糊\08.max”文件，如图9-54所示。

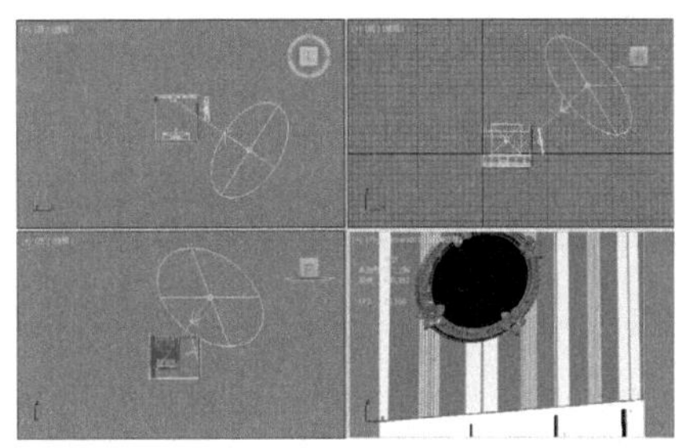

图9-54

02 单击（创建）|（摄影机）| 标准 | 物理 按钮，如图9-55所示。

图9-55

03 在【顶】视图中拖曳创建物理摄影机，其具体位置如图9-56所示。

04 选择上一步创建的物理摄影机，在【修改】面板下展开【基本】卷展栏，修改【目标距离】为4340.139mm，在【物理摄影机】卷展栏下勾选【指定视野】复选框，修改数值为48.714，如图9-57所示。

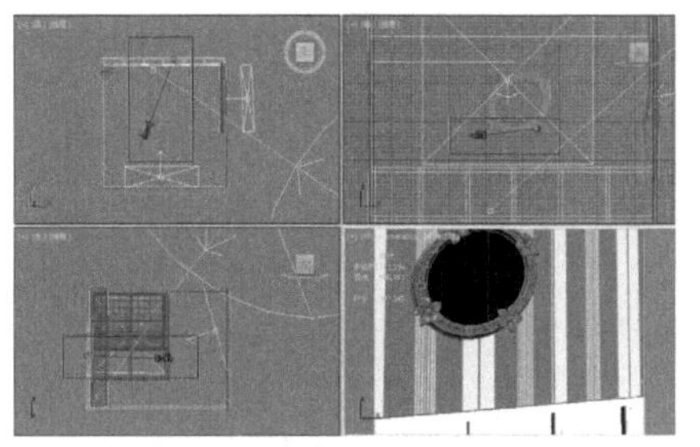

图9-56

05 单击工具栏中的按钮，弹出【渲染设置】面板，选择V-Ray选项卡，展开【摄影机】卷展栏，勾选【运动模糊】、【摄影机运动模糊】复选框，设置【持续时间（帧数）】为2.0，如图9-57所示。

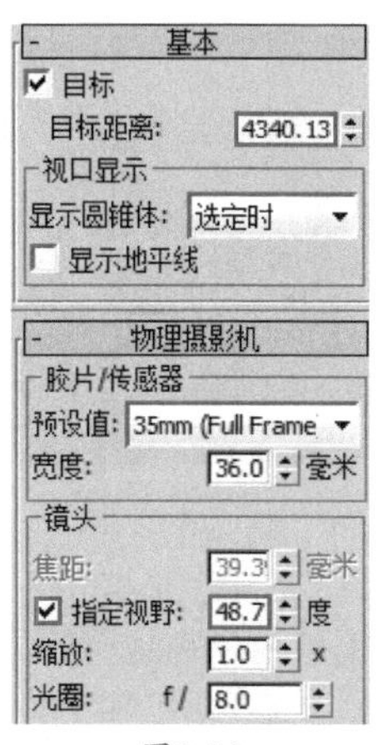

图9-56

图9-57

06 最终的渲染效果如图9-58所示。

图9-58

第10章

Photoshop后期处理

本章概述

3ds Max是一款三维软件，在进行模型建立、灯光创建、材质设置、渲染等过程后，最终会得出视频或图像，而在进行室内外效果图制作时，最终则以图像呈现。虽然3ds Max的功能非常强大，但是其后期处理方面是相对较弱的，因此在渲染完成后，需要将图形导入到Photoshop等后期处理软件中进行图形的修饰、修缮、调色、合成、特效等一系列操作，使得作品更具光彩、更有氛围、更具气质。

本章重点

- Photoshop的调色技巧
- Photoshop的合成技巧

/ 佳 / 作 / 欣 / 赏 /

实例163　打造气氛感冷调

文件路径	第 10 章 \ 打造气氛感冷调	
难易指数	★★★★★	
技术掌握	● 照片滤镜 ● 曲线	扫码深度学习

操作思路

本案例主要通过使用照片滤镜以及曲线对画面颜色进行调整。

案例效果

案例效果如图10-1所示。

图10-1

操作步骤

01 执行【文件】|【打开】命令，打开素材“1.jpg”，如图10-2所示。

图10-2

02 调整图片色调。执行【图层】|【新建调整图层】|【照片滤镜】命令，在弹出的【新建图层】对话框中单击【确定】按钮，得到调整图层。接着在【属性】面板中设置【滤镜】为【冷却滤镜】、【颜色】为蓝色、【浓度】为19%，勾选【保留明度】复选框，如图10-3所示。此时画面效果如图10-4所示。

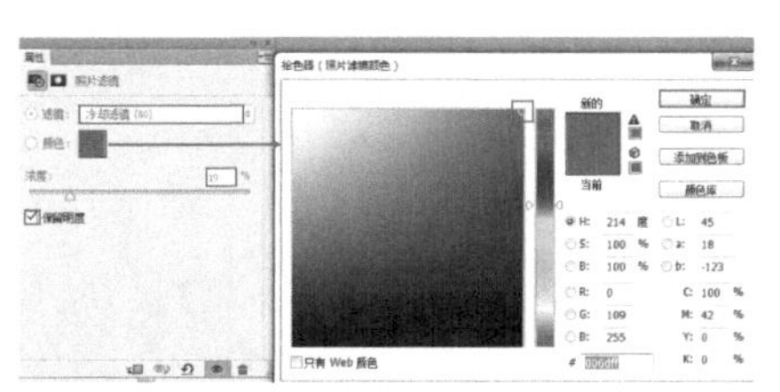

图10-3

图10-4

03 此时画面偏暗，接下来增强画面亮度。执行【图层】|【新建调整图层】|【曲线】命令，在弹出的【新建图层】对话框中单击【确定】按钮，得到调整图层。接着在【属性】面板中的曲线上单击创建一个控制点，然后按住鼠标左键并向左上拖动控制点，使画面变亮，如图10-5所示。最终画面效果如图10-6所示。

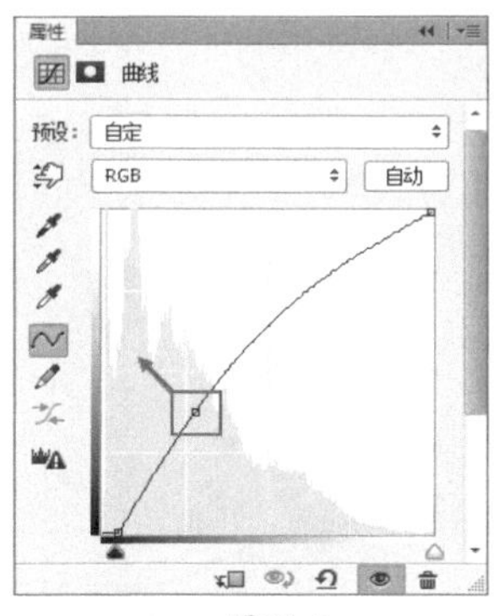

图10-5

图10-6

实例164　点亮射灯

文件路径	第 10 章 \ 点亮射灯	
难易指数	★★★★★	
技术掌握	● 色相 / 饱和度 ● 画笔	扫码深度学习

操作思路

本案例主要通过色相/饱和度、画笔等功能将画面中的射灯变为点亮的效果。

案例效果

案例效果如图10-7所示。

图10-7

操作步骤

01 执行【文件】【打开】命令，打开素材“1.jpg”，如图10-8所示。

图10-8

02 接下来制作射灯的点亮效果。执行【图层】|【新建调整图层】|【色相/饱和度】命令，在弹出的【新建图层】对话框中单击【确定】按钮，得到调整图层。接着在【属性】面板中设置【通道】为【全图】、【明度】为+100，如图10-9所示。此时画面变为白色，如图10-10所示。

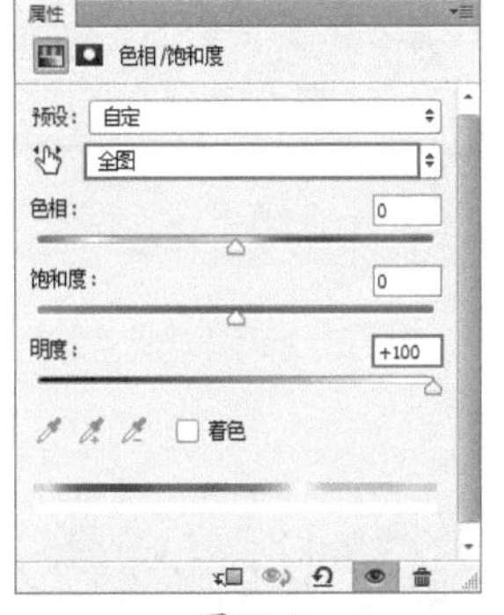

图10-9

图10-10

03 在【图层】面板中单击【色相/饱和度】调整图层的【图层蒙版】，设置前景色为黑色，使用填充前景色快捷键Alt+Delete进行快速填充，隐藏调色效果。接着设置前景色为白色，单击工具箱中画笔工具，在画笔预设选取器中选择一种硬边圆画笔，设置【大小】为10像素，如图10-11所示。然后在该调整图层蒙版中使用画笔涂抹射灯区域，使射灯受到该调整图层影响。此时画面中的射灯变亮，效果如图10-12所示。

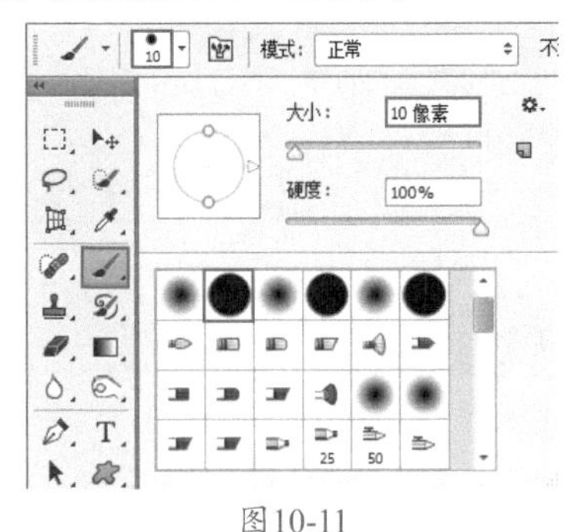

图10-11

图10-12

04 制作射灯的光影效果。新建图层，设置前景色为白色，单击工具箱中画笔工具，在画笔预设选取器中选择一种柔边圆画笔，设置【大小】为40像素，在射灯上方单击鼠标左键，呈现光晕效果，如图10-13所示。接下来调整光晕形状，在【图层】面板中选中该图层，接着使用自由变换快捷键Ctrl+T调出定界框，将鼠标放在定界框上方控制点处，按住鼠标左键并向下拖动，如图10-14所示。调整完成后按Enter键完成操作。

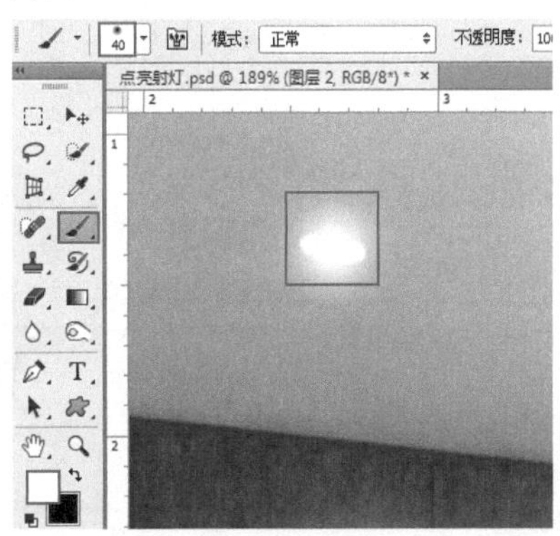

图10-13

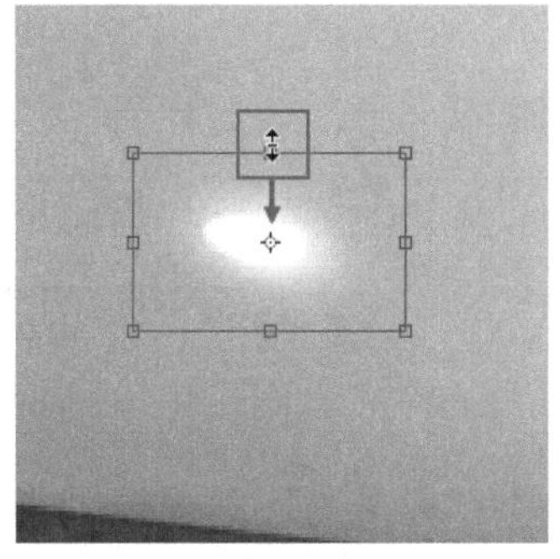

图10-14

05 在【图层】面板中选中光影图层，使用复制图层快捷键Ctrl+J复制出一个相同的图层。然后按住鼠标左键将其拖动到右侧射灯上方，如图10-15所示。此时右侧射灯的光影偏大，继续使用自由变换快捷键Ctrl+T调出定界框，按住鼠标左键并拖动，将其缩放到合适大小，此时右侧射灯效果更加自然，如图10-16所示。

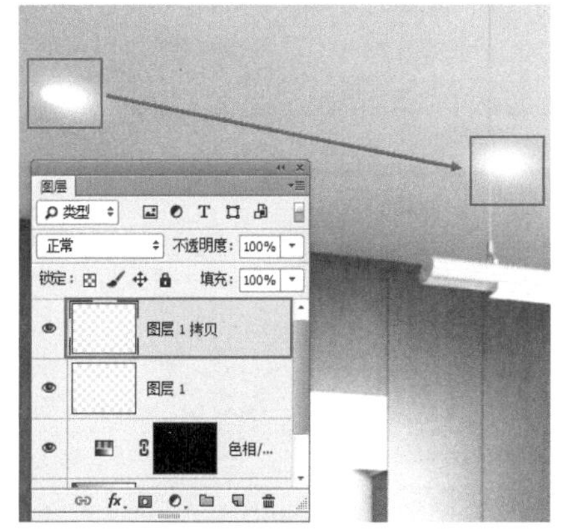

图10-15

图10-16

06 同样的方法继续复制光影图层并移动到其他射灯上方，调整合适的大小，如图10-17所示。画面最终效果如图10-18所示。

图10-17

图10-18

实例165 更换墙面的装饰画

文件路径	第10章\更换墙面的装饰画
难易指数	★★★★★
技术掌握	● 图层蒙版 ● 曲线 ● 照片滤镜

扫码深度学习

操作思路

本案例主要使用图层蒙版、曲线、照片滤镜等功能为墙面添加装饰画。

案例效果

案例效果如图10-19所示。

图10-19

图10-19（续）

操作步骤

01 执行【文件】|【打开】命令，打开素材“1.jpg”，如图10-20所示。

图10-20

02 执行【文件】|【置入】命令，在弹出的对话框中选择“2.jpg”，单击【置入】按钮。接着将置入的素材摆放在画面中装饰画上方，将光标放在素材一角，按住Shift键的同时按住鼠标左键拖动，等比例缩放该素材，如图10-21所示。调整完成后，按Enter键完成置入。在【图层】面板中右键单击该图层，在弹出的快捷菜单中执行【栅格化图层】命令，如图10-22所示。

图10-21

图10-22

03 制作装饰画的透视效果。单击工具箱中的钢笔工具，在选项栏中设置【绘制模式】为【路径】，在画面中绘制倾斜的路径，如图10-23所示。路径绘制完成后，按Ctrl+Enter快捷键，快速将路径转换为选区，如图10-24所示。

图10-23

图10-24

04 接着在【图层】面板中选中素材【2】图层，在保持当前选区的状态下单击【图层】面板底部的【添加图层蒙版】按钮，以当前选区为该图层添加图层蒙版。此时选区以内的部分为显示状态，选区以外的部分被隐藏，如图10-25所示。画面效果如

图10-26所示。

图10-25　　图10-26

05 在装饰画上方制作局部光束。执行【图层】|【新建调整图层】|【曲线】命令，在弹出的【新建图层】对话框中单击【确定】按钮，得到调整图层。接着在【属性】面板中的曲线上单击创建一个控制点，然后按住鼠标左键并向左上拖动控制点，使画面变亮。单击【属性】面板下方的【创建剪贴蒙版】按钮，如图10-27所示。此时装饰画整体变亮，效果如图10-28所示。

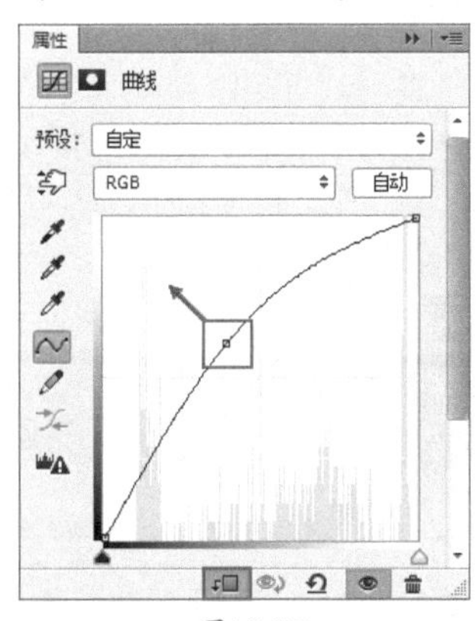

图10-27　　图10-28

06 在【图层】面板中单击该调整图层的图层蒙版，设置前景色为黑色，使用填充前景色快捷键Alt+Delete进行快速填充，隐藏调色效果。单击工具箱中的钢笔工具，在选项栏中设置【绘制模式】为【路径】，然后在装饰画上方沿光束方向绘制路径，如图10-29所示。路径绘制完成后，在滤镜上方单击鼠标右键，在快捷菜单中执行【建立选区】命令，如图10-30所示。

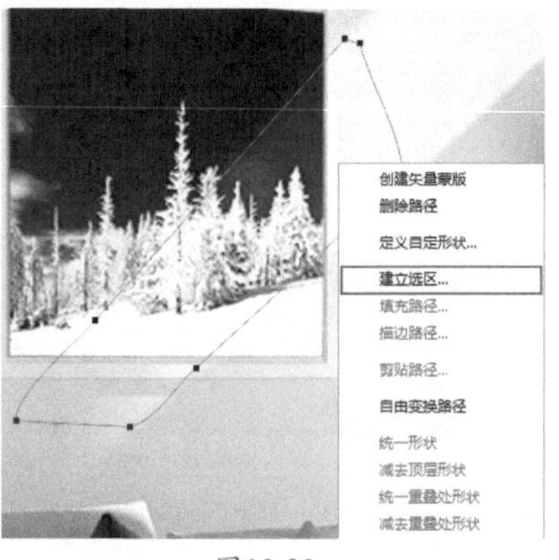

图10-29　　图10-30

07 在弹出的【建立选区】对话框中设置【羽化半径】为3像素，设置完成后单击【确定】按钮，如图10-31所示。此时选区较为柔和，效果如图10-32所示。

图10-31

图10-32

08 将前景色设置为白色，选择调整图层的蒙版，使用前景色填充快捷键Alt+Delete进行填充，使这部分显示出调色效果。调整完成后，按快捷键Ctrl+D取消选区，此时画面效果如图10-33所示。

图10-33

09 接下来调整装饰画颜色。执行【图层】|【新建调整图层】|【照片滤镜】命令，在弹出的【新建图层】对话框中单击【确定】按钮，得到调整图层。在【属性】面板中设置【滤镜】为【加温滤镜】、【颜色】为豆沙色、【浓度】为50%。单击【属性】面板底部的【创建剪贴蒙版】按钮，如图10-34所示。此时画面效果如图10-35所示。

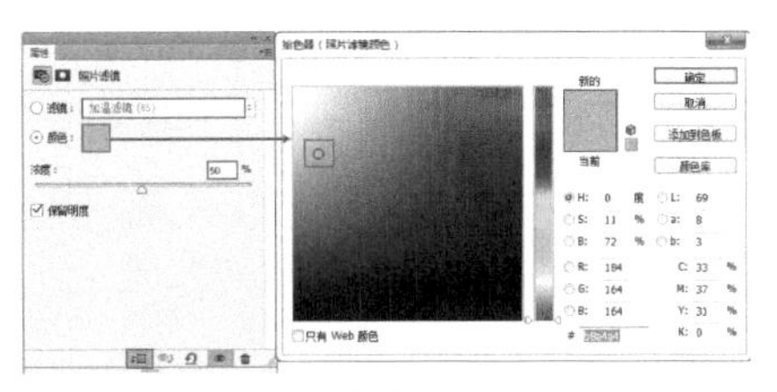
图10-34

图10-35

10 执行【文件】|【置入】命令，置入素材“3.jpg”，摆放在左侧相框上方，按Enter键完成置入，并将其栅格化，如图10-36所示。与右侧装饰画同样的方法制作图片透视感效果，如图10-37所示。

图10-36

图10-37

11 选中“照片滤镜”调整图层，使用复制图层快捷键Ctrl+J复制出一个相同的图层，然后按住鼠标左键将复制的图层拖动到【图层】面板最上方，如图10-38所示。在【图层】面板中右键单击该调整图层，在弹出的快捷菜单中执行【创建剪贴蒙版】命令，如图10-39所示。此时效果如图10-40所示。

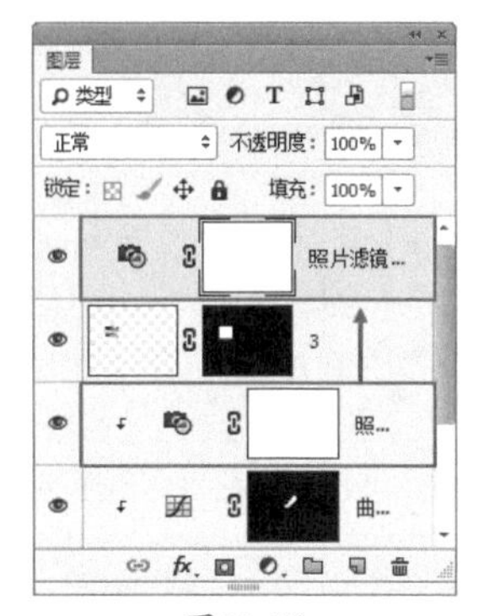
图10-38

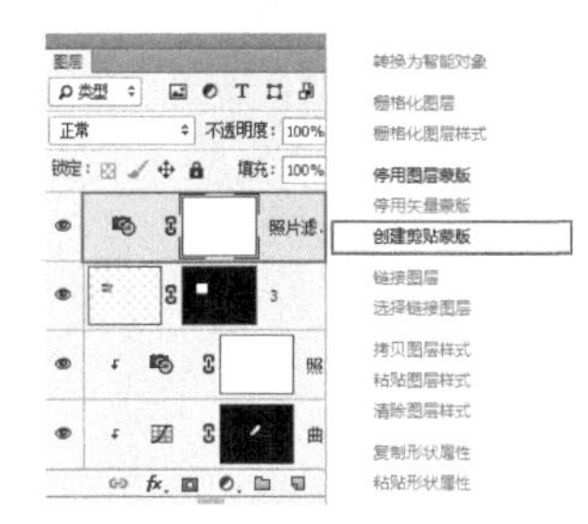
图10-39

图10-40

12 画面最终效果如图10-41所示。

图10-41

实例166 还原夜景效果图的暗部细节

文件路径	第10章\还原夜景效果图的暗部细节
难易指数	★★★★★
技术掌握	阴影/高光

扫码深度学习

操作思路

本案例主要使用【阴影/高光】命令单独使画面偏暗的区域变亮一些。

案例效果

案例效果如图10-42所示。

图10-42

操作步骤

01 执行【文件】|【打开】命令，打开素材“1.jpg”，如图10-43所示。

图10-43

02 还原暗部细节。执行【图像】|【调整】|【阴影/高光】命令，在弹出的【阴影/高光】对话框中设置【阴影】的【数量】为45%，设置完成后单击【确定】按钮，如图10-44所示。此时画面效果如图10-45所示。

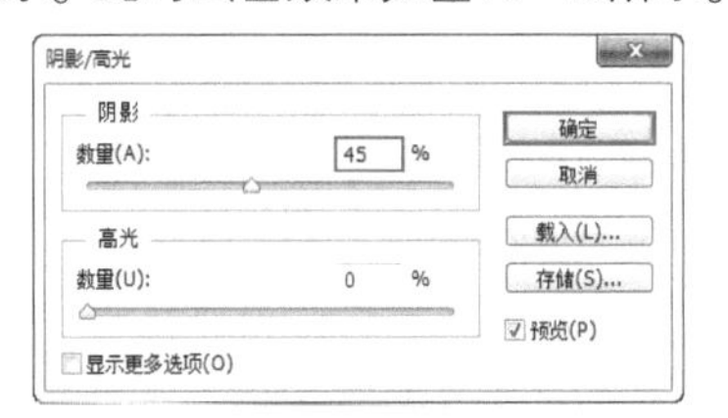

图10-44

图10-45

03 增强画面饱和度。执行【图层】|【新建调整图层】|【自然饱和度】命令，在弹出的【新建图层】对话框中单击【确定】按钮，得到调整图层。接着在【属性】面板中设置【自然饱和度】为+100，如图10-46所示。此时夜景色调更为浓郁，画面最终效果如图10-47所示。

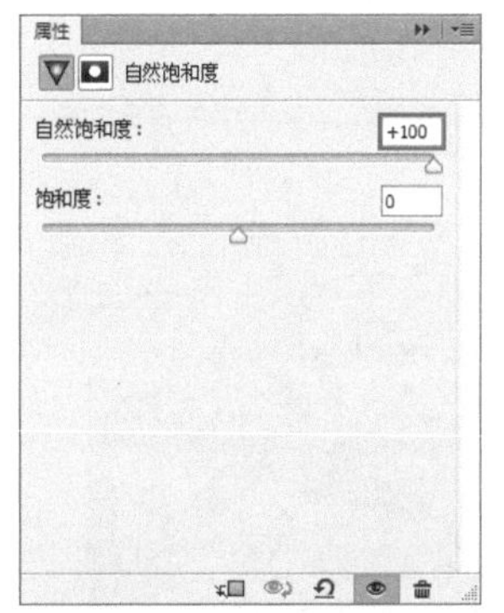

图10-46

图10-47

实例167 快速制作不同颜色的效果图

文件路径	第10章\快速制作不同颜色的效果图
难易指数	★★★★★
技术掌握	色相/饱和度

扫码深度学习

操作思路

本案例主要使用【色相/饱和度】命令调整图层，对画面局部颜色进行调整，制作出不同主题颜色的设计方案。

案例效果

案例效果如图10-48所示。

图10-48

操作步骤

01 执行【文件】|【打开】命令，打开素材“1.jpg”，如图10-49所示。

图10-49

02 首先制作绿色效果图。执行【图层】|【新建调整图层】|【色相/饱和度】命令，在弹出的【新建图层】对话框中单击【确定】按钮，得到调整图层。接着在【属性】面板中设置【通道】为【黄色】、【色相】为+40、【饱和度】为20，如图10-50所示。此时画面效果如图10-51所示。

图10-50

图10-51

03 接着在【图层】面板中单击【色相/饱和度】调整图层的图层蒙版，在工具箱底部设置前景色为黑色，然后单击工具箱中画笔工具，在画笔预设选取器中选择一种柔边圆画笔，设置画笔【大小】为200像素，然后在该调整图层蒙版中使用画笔涂抹墙壁、地面等区域，使墙壁和地面区域不受该调整图层影响，如图10-52所示。蒙版效果如图10-53所示。此时画面效果如图10-54所示。

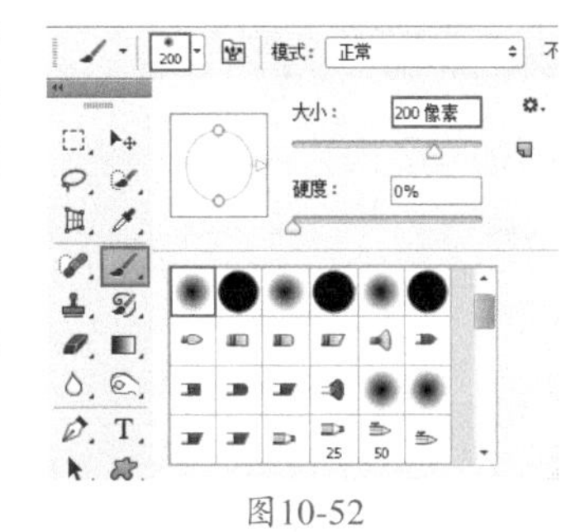

图10-52

图10-53　　图10-54

04接下来制作橘色效果图。首先隐藏绿色效果图调整图层，然后执行【图层】|【新建调整图层】|【色相/饱和度】命令，在弹出的【新建图层】对话框中单击【确定】按钮，得到调整图层。接着在【属性】面板中设置【通道】为【全图】、【色相】为-21、【饱和度】为+18，如图10-55所示。画面效果如图10-56所示。

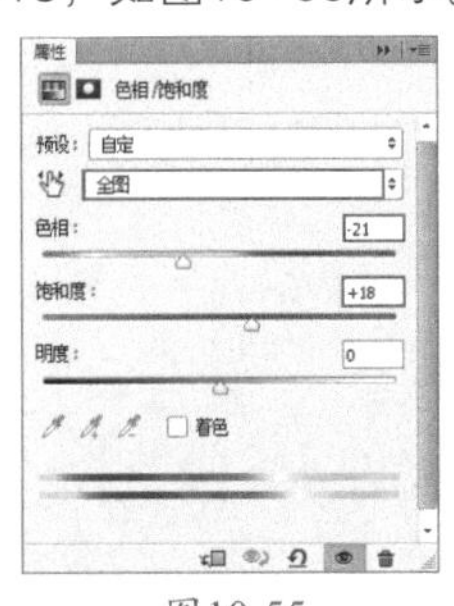

图10-55　　图10-56

05复制绿色效果图的图层蒙版，按住Alt键的同时按住鼠标左键，将绿色效果图的图层蒙版拖动到橘色调整图层的图层蒙版上方，如图10-57所示。释放鼠标左键后，蒙版复制到橘色调整图层中，效果如图10-58所示。此时画面效果如图10-59所示。

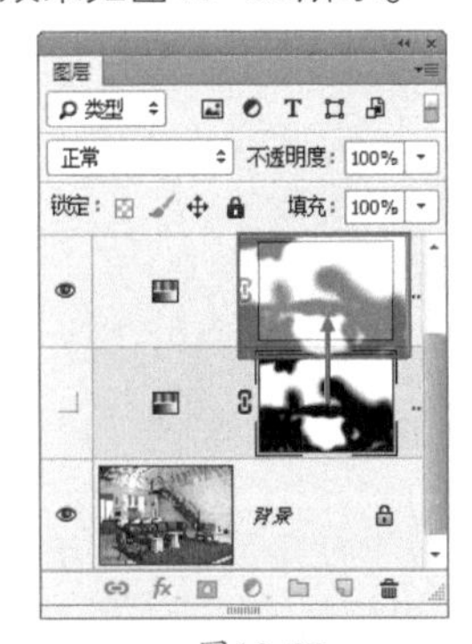

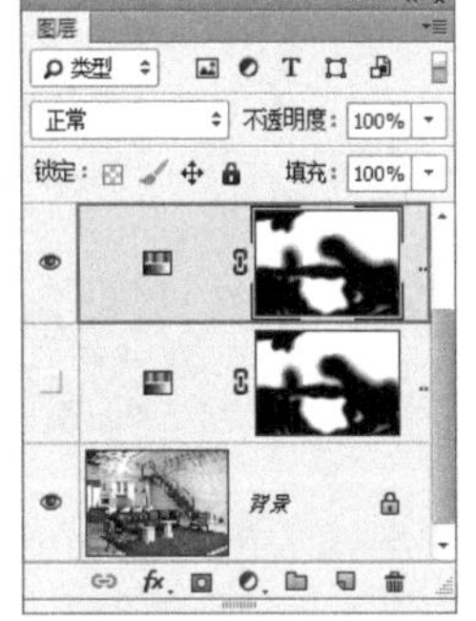

图10-57　　图10-58

图10-59

实例168　添加灯带

文件路径	第10章\添加灯带
难易指数	★★★★★
技术掌握	● 渐变 ● 高斯模糊

扫码深度学习

操作思路

本案例主要使用渐变工具配合自由变换和高斯模糊滤镜制作半透明的白色灯带效果。

案例效果

案例效果如图10-60所示。

图10-60

操作步骤

01执行【文件】|【打开】命令，打开素材“1.jpg”，如图10-61所示。

图10-61

02接下来制作左侧灯带效果。新建图层，单击工具箱中的矩形选框工具，在画面中绘制一个细长的矩形选区，如图10-62所示。接着单击工具箱中的渐变工具，在选项栏中打开渐变编辑器，编辑一种白色到透明的渐变，接着单击渐变编辑器中的【确定】按钮，如图10-63所示。单击选项栏中的【线性渐变】按钮，然后在选区中按住鼠标左键从右向左进行拖动，填充渐变。释放鼠标后渐变效果如图10-64所示。

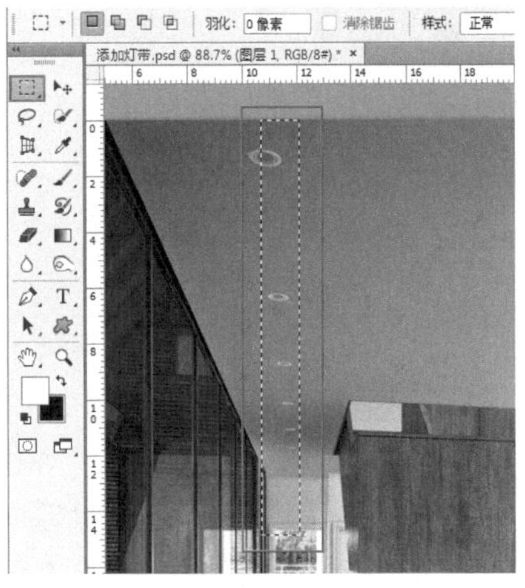

图10-62

图10-63

图10-64

03 在【图层】面板中选中该图层，按自由变换快捷键Ctrl+T。此时对象进入自由变换状态，将光标定位到定界框以外，当光标变为带有弧度的双箭头时，按住鼠标左键并拖动，进行旋转并适当调整位置，如图10-65所示。然后在对象上单击鼠标右键，在快捷菜单中执行【扭曲】命令。将光标定位到定界框下方的控制点上，调整界定框的形态，如图10-66所示。调整完成后按Enter键完成操作。

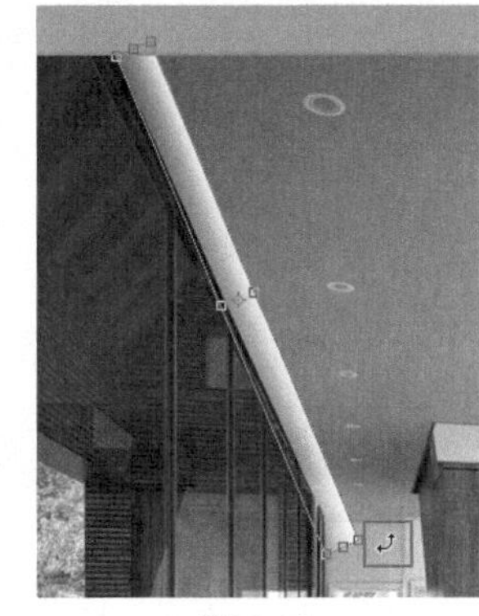

图10-65

图10-66

04 制作灯带的发光效果。在【图层】面板中选中灯带图层，使用复制图层快捷键Ctrl+J复制出一个相同的图层。然后执行【滤镜】|【模糊】|【高斯模糊】命令，在弹出的【高斯模糊】对话框中设置【半径】为8.0像素，设置完成后单击【确定】按钮，如图10-67所示。此时效果如图10-68所示。

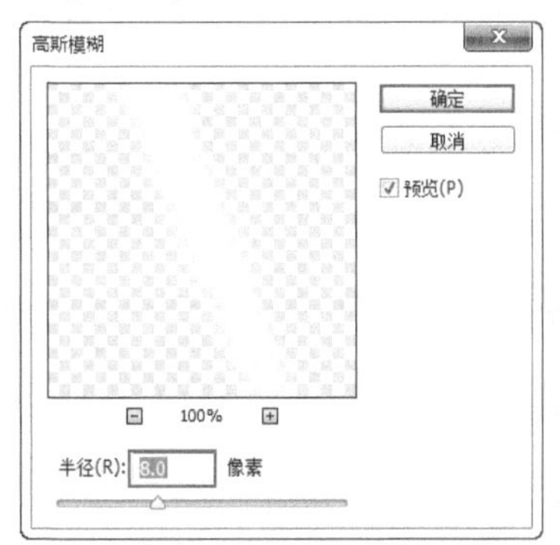

图10-67

图10-68

05 使用同样的方法，制作右侧发光灯带，如图10-69所示。画面最终效果如图10-70所示。

图10-69

图10-70

实例169 调整偏暗的客厅效果图

文件路径	第10章\调整偏暗的客厅效果图
难易指数	★★★★★
技术掌握	亮度/对比度

扫码深度学习

操作思路

本案例主要使用【亮度/对比度】命令将偏暗的画面提亮为正常的明度。

案例效果

案例效果如图10-71所示。

图10-71

操作步骤

01 执行【文件】|【打开】命令，打开素材“1.jpg”，如图10-72所示。接下来提升画面整体亮度。执行【图层】|【新建调整图层】|【亮度/对比度】命令，在弹出的【新建图层】对话框中单击【确定】按钮，得到调整图层。接着在【属性】面板中设置【亮度】为86、【对比度】为55，如图10-73所示。

图10-72

图10-73

02 此时画面效果如图10-74所示。接下来在【图层】面板中单击该调整图层的图层蒙版，设置前景色为灰色，单击工具箱中的画笔工具，在画笔预设选取器中选择一种柔边圆画笔，如图10-75所示。

03 然后在画面中使用画笔涂抹画面右侧的绿植区域，使该区域不受该调整图层影响，如图10-76所示。案例最终效果如图10-77所示。

图10-74

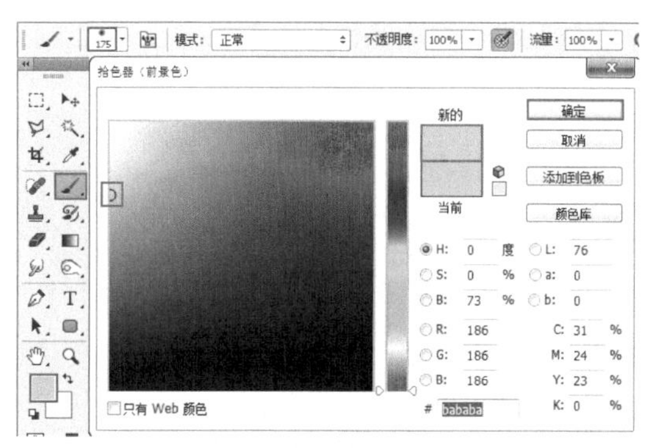

图10-75

图10-76

图10-77

实例170 夜景变白天

文件路径	第10章\夜景变白天
难易指数	★★★★★
技术掌握	● 钢笔工具 ● 曲线

扫码深度学习

操作思路

本案例主要使用钢笔工具对窗外部分进行抠图和去除，并使用“曲线”对室内环境进行提亮。

案例效果

案例效果如图10-78所示。

图10-78

操作步骤

01 执行【文件】|【打开】命令，打开素材“1.jpg”，如图10-79所示。

图10-79

02 接下来置入风景素材，更改窗外景色。执行【文件】|【置入】命令，在弹出的对话框中选择“2.jpg”，单击【置入】按钮。接着将置入的素材摆放在画面中合适位置，将光标放在素材一角处按住Shift键的同时按住鼠标左键拖动，等比例缩放该素材，如图10-80所示。调整完成后按Enter键完成置入。在【图层】面板中右键单击该图层，在弹出的快捷菜单中执行【栅格化图层】命令，如图10-81所示。

图10-80

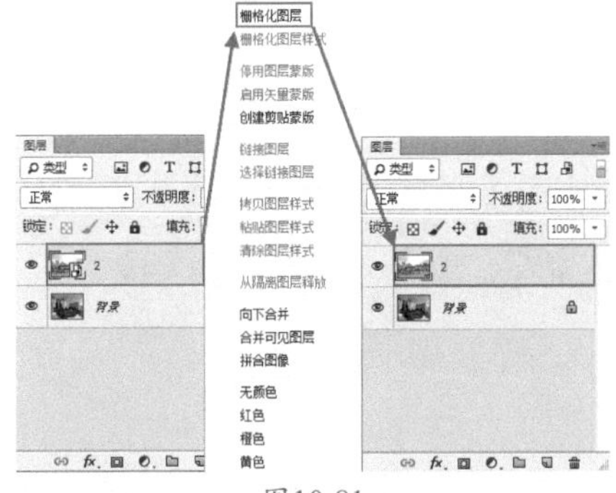

图10-81

03 在【图层】面板中选中背景图层，使用复制图层快捷键Ctrl+J复制出一个相同的图层。接着将光标定位在该图层上，按住鼠标左键并拖动至素材“2.jpg”图层上方，如图10-82所示。此时画面效果如图10-83所示。

图10-82

图10-83

04 在【图层】面板中选中背景拷贝图层，单击工具箱中的钢笔工具，在选项栏中设置【绘制模式】为【路径】，接着沿窗户的外轮廓绘制路径，如图10-84所示。路径绘制完成后，按快捷键Ctrl+Enter，快速将路径转换为选区。然后按Delete键删除选区中的部分，如图10-85所示。操作完成后按快捷键Ctrl+D取消当前选区，以便进行接下来的操作。

05 使用同样的方法，将其他位置的窗户进行抠除。效果如图10-86~图10-88所示。

图10-84

图10-85

图10-86

图10-87

图10-88

06 增强画面整体的对比度。执行【图层】|【新建调整图层】|【曲线】命令，在弹出的【新建图层】对话框中单击【确定】按钮，得到调整图层。在【属性】面板中单击曲线，添加多个控制点并调整曲线形态，增强画面对比度，如图10-89所示。此时画面效果如图10-90所示。

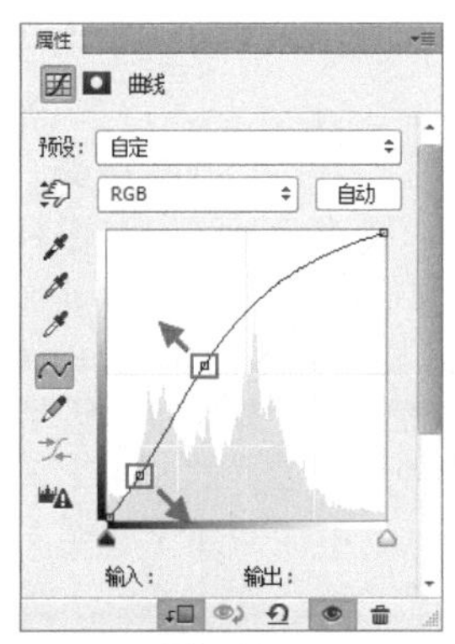

图10-89

图10-90

07 在【图层】面板中选中该调整图层，并将光标定位在该图层上，单击鼠标右键，选择【创建剪贴蒙版】命令，如图10-91所示。此时画面效果如图10-92所示。

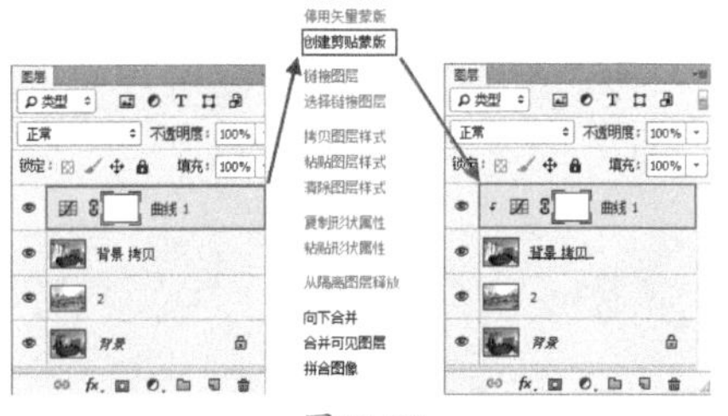

图10-91

图10-92

08 在【图层】面板中单击该调整图层的图层蒙版，设置前景色为黑色，单击工具箱中的画笔工具，在画笔预设选取器中选择一种柔边圆画笔，并在选项栏中设置【不透明度】为20%。设置完成后，在画面中合适位置进行涂抹，使其不受该调整图层影响。蒙版涂抹效果如图10-93所示。此时画面效果如图10-94所示。

09 接下来提升画面整体的亮度。再次执行【图层】|【新建调整图层】|【曲线】命令，在弹出的【新建图层】对话框中单击【确定】按钮，得到调整图层。在【属性】面板中单击曲线，创建一个控制点，然后按住鼠标左键并向左上拖动控制点，使画面变亮，如图10-95所示。此时画面效果如图10-96所示。

图10-93

图10-94

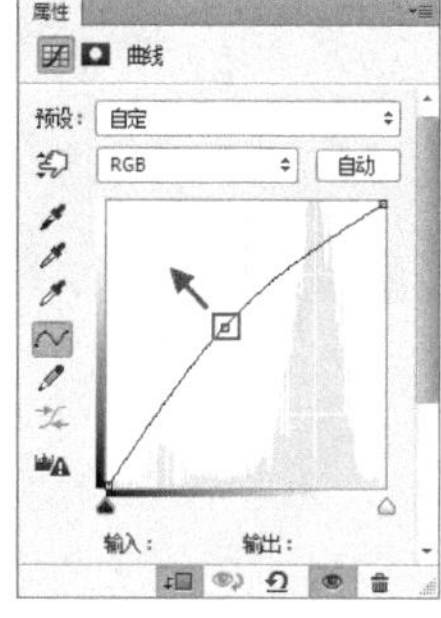

图10-95

图10-96

10 在"图层"面板中单击该调整图层的图层蒙版，设置前景色为黑色，单击工具箱中的画笔工具，在画笔预设选取器中选择一种柔边圆画笔，并在选项栏中设置【不透明度】为20%。设置完成后，在画面中合适位置进行涂抹，使其不受该调整图层影响。蒙版涂抹效果如图10-97所示。案例最终效果如图10-98所示。

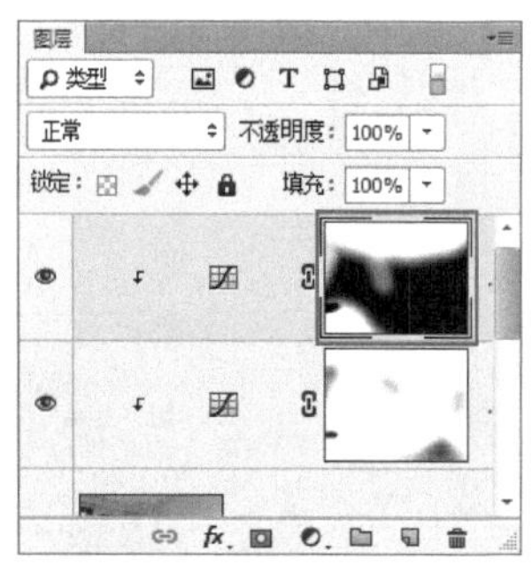

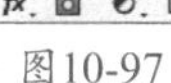

图10-97

图10-98

实例171 在场景中添加植物元素

文件路径	第10章\在场景中添加植物元素
难易指数	★★★★★
技术掌握	混合模式

扫码深度学习

操作思路

本案例主要使用了【混合模式】将带有白色背景的植物融合到当前画面中。

案例效果

案例效果如图10-99所示。

图10-99

操作步骤

01 执行【文件】|【打开】命令，打开素材“1.jpg”，如图10-100所示。

02 执行【文件】|【置入】命令，在弹出的对话框中选择“2.jpg”，单击【置入】按钮。接着将置入的素材摆放在画面右侧位置，将光标放在素材一角处，按住Shift键的同时按住鼠标左键拖动，等比例缩放该素材，如图10-101所示。调整完成后按Enter键完成置入。在【图层】面板中右键单击该图层，在弹出的快捷菜单中执行“栅格化图层”命令，如图10-102所示。

图10-100

图10-101

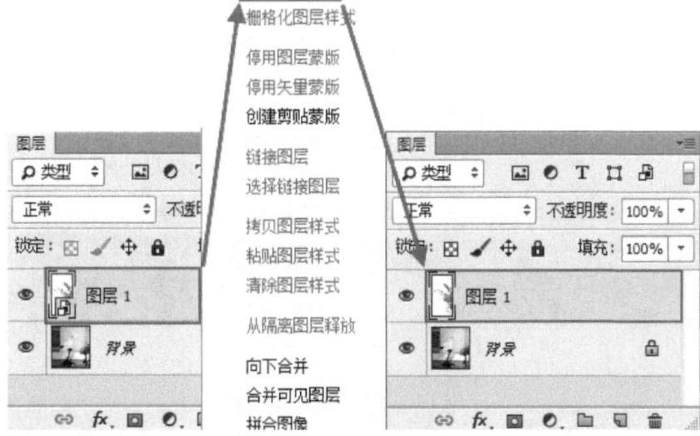

图10-102

03 在【图层】面板中选中该图层，设置【混合模式】为【正片叠底】，如图10-103所示。案例最终效果如图10-104所示。

图10-103

图10-104

实例172　增强建筑效果图颜色感

文件路径	第10章\增强建筑效果图颜色感
难易指数	★★★★★
技术掌握	● 曲线 ● 自然饱和度

扫码深度学习

操作思路

本案例主要使用【曲线】、【自然饱和度】命令增强画面的颜色感，使外景的建筑效果图更加吸引人。

案例效果

案例效果如图10-105所示。

图10-105

操作步骤

01 执行【文件】|【打开】命令，打开素材“1.jpg”，如图10-106所示。

图10-106

02 调整天空部分亮度。执行【图层】|【新建调整图层】|【曲线】命令，在弹出的【新建图层】对话框中单击【确定】按钮，得到调整图层。接着在【属性】面板中单击曲线，创建多个控制点，然后按住鼠标左键并向右下拖动控制点，使画面变暗，如图10-107所示。此时画面效果如图10-108所示。

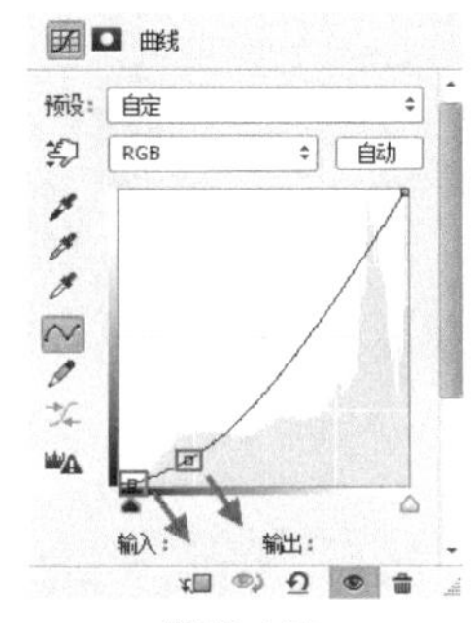

图10-107

图10-108

03 在【图层】面板中单击该调整图层的图层蒙版，设置前景色为黑色，单击工具箱中画笔工具，在画笔预设选取器中选择一种柔边圆画笔，并在选项栏中设置【不透明度】为20%。设置完成后，在画面中下半部分进行涂抹，使该区域不受该调整图层影响，如图10-109所示。此时画面效果如图10-110所示。

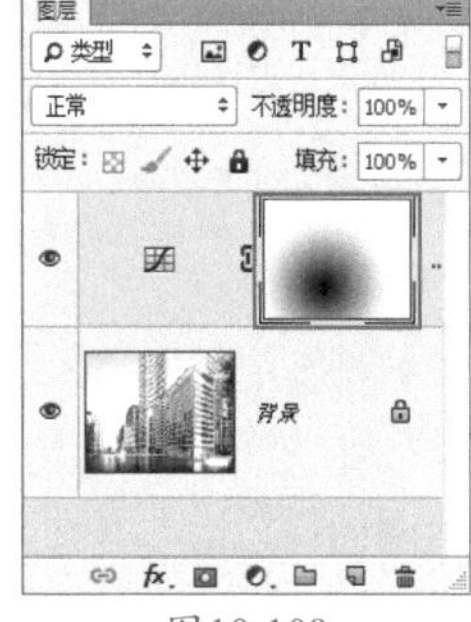

图10-109

图10-110

04 接下来增强画面饱和度。执行【图层】|【新建调整图层】|【自然饱和度】命令，在弹出的【新建图层】对话框中单击【确定】按钮，得到调整图层。接着在【属性】面板中设置【自然饱和度】为+100、【饱和度】为+100，如图10-111所示。此时画面效果如图10-112所示。

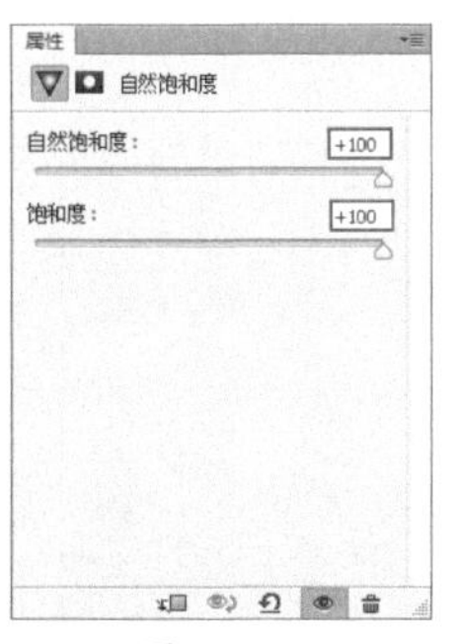

图10-111

图10-112

05 在【图层】面板中单击【自然饱和度】调整图层的图层蒙版，设置前景色为黑色，单击工具箱中的画笔工具，在画笔预设选取器中选择一种柔边圆画笔，设置完成后在画面下半部分进行涂抹，使该区域不受该调整图层影响，如图10-113所示。案例最终效果如图10-114所示。

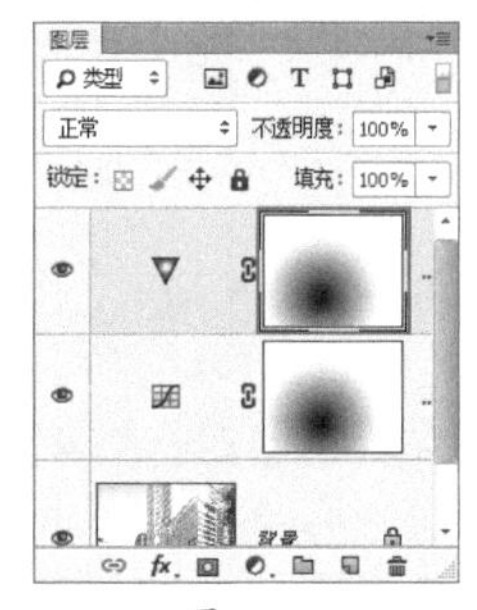

图10-113

图10-114

实例173 增强效果图视觉感

文件路径	第10章\增强效果图视觉感	扫码深度学习
难易指数	★★★★★	
技术掌握	● 曲线 ● 智能锐化 ● 自然饱和度	

操作思路

本案例主要使用【曲线】、【智能锐化】命令使图像细节更明显，颜色感更突出。

案例效果

案例效果如图10-115所示。

图10-115

操作步骤

01 执行【文件】|【打开】命令，打开素材“1.jpg”，如图10–116所示。

图10-116

02 增强画面对比度。执行【图层】|【新建调整图层】|【曲线】命令，在弹出的【新建图层】对话框中单击【确定】按钮，得到调整图层。接着在【属性】面板中单击曲线，创建多个控制点，然后调整曲线形状为S型，如图10–117所示。此时画面效果如图10–118所示。

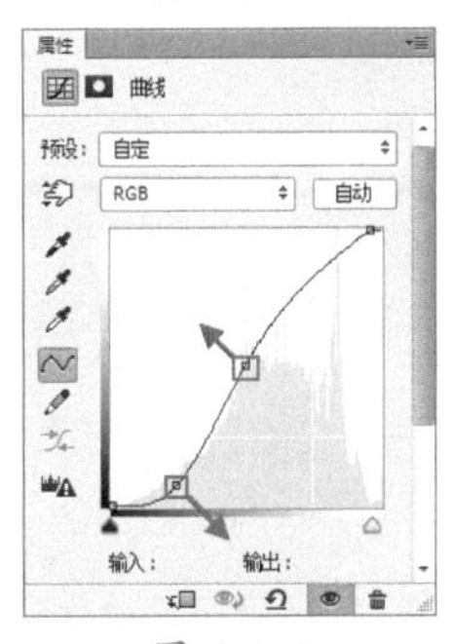

图10-117　图10-118

03 增强画面清晰度。使用盖印画面效果快捷键Ctrl+Alt+Shift+E盖印当前画面效果。执行【滤镜】|【锐化】|【智能锐化】命令，在弹出来的【智能锐化】对话框中设置【数量】为60%、【半径】为2.0像素、【减少杂色】为10%、【移去】为【镜头模糊】。设置完成后单击【确定】按钮完成此操作，如图10–119所示。案例最终效果如图10–120所示。

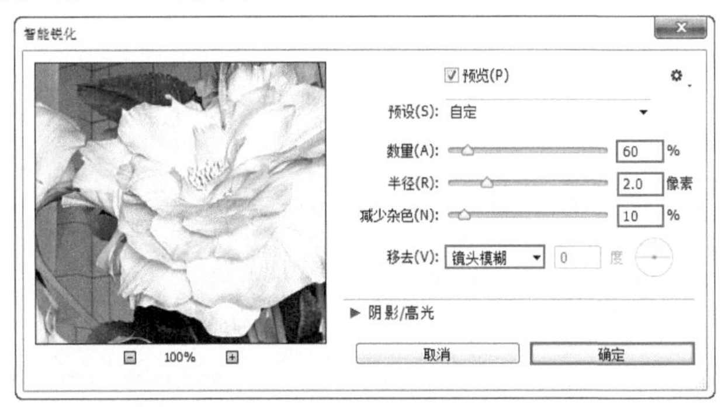

图10-119

图10-120

实例174　制作清晰的建筑效果图

文件路径	第10章\制作清晰的建筑效果图
难易指数	★★★★★
技术掌握	● 智能锐化 ● 自然饱和度

扫码深度学习

操作思路

本案例主要使用【智能锐化】、【自然饱和度】命令锐化图像并增强其颜色感。

案例效果

案例效果如图10-121所示。

图10-121

操作步骤

01 执行【文件】|【打开】命令，打开素材“1.jpg”，如图10–122所示。

图10-122

02增强画面细节感。执行【滤镜】|【锐化】|【智能锐化】命令，在弹出来的【智能锐化】对话框中设置【数量】为100%、【半径】为1.7像素、【减少杂色】为10%、【移去】为【镜头模糊】，设置完成后单击【确定】按钮完成此操作，如图10-123所示。此时画面效果如图10-124所示。

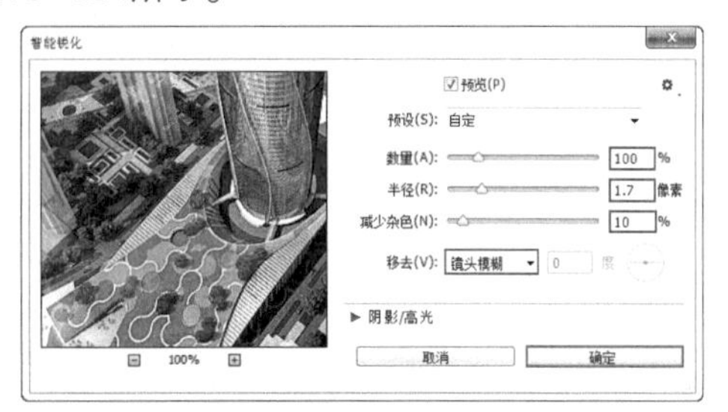

图10-123

图10-124

03增强画面整体饱和度。执行【图层】|【新建调整图层】|【自然饱和度】命令，在弹出的“新建图层”对话框中单击【确定】按钮，得到调整图层。接着在【属性】面板中设置“自然饱和度”为+70，如图10-125所示。案例最终效果如图10-126所示。

图10-125

图10-126

第11章

明亮客厅日景表现

客厅是室内设计中最重要的空间之一，明亮客厅日景表现重点在于模拟明亮清爽的感觉，这主要由灯光和材质来决定。本例将重点使用标准材质、VRayMtl材质、【混合】材质、【衰减】程序贴图制作客厅的多种材质质感，使用VR灯光模拟客厅日景表现。

本章重点

- 使用VRayMtl材质、【混合】材质、【衰减】程序贴图
- 使用VR灯光制作日景效果

/ 佳 / 作 / 欣 / 赏 /

文件路径	第11章\明亮客厅日景表现
难易指数	☆☆☆☆☆
技术掌握	● 标准材质 ● VRayMtl 材质 ● 【混合】材质 ● 【衰减】程序贴图 ● VR- 灯光
扫码深度学习	

操作思路

本例主要使用标准材质、VRayMtl材质、【混合】材质、【衰减】程序贴图制作客厅的多种材质质感，使用VR灯光模拟客厅日景表现。

案例效果

案例效果如图11-1所示。

图11-1

实例175 乳胶漆材质

操作步骤

01 打开本书配备的“第11章\11.max”文件，如图11-2示。

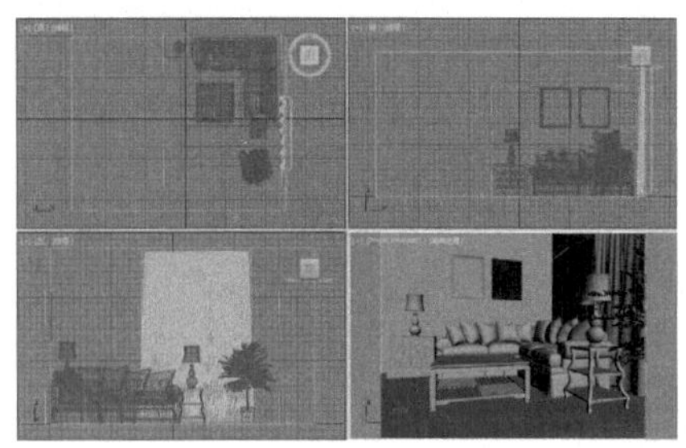

图11-2

02 按M键，打开材质编辑器，选择一个空白材质球，将材质命名为【乳胶漆】，展开【Blinn基本参数】卷展栏，将【环境光】、【漫反射】的颜色均调节为灰白色，如图11-3所示。

03 将调节完成的【乳胶漆】材质赋予场景中墙体模型，如图11-4所示。

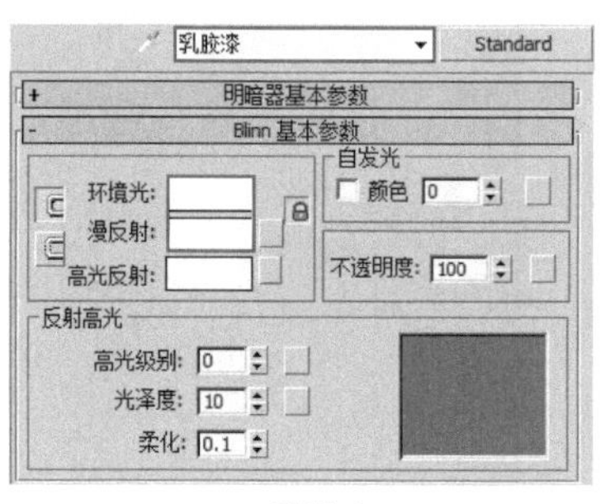

图11-3

图11-4

实例176 透光窗帘材质

操作步骤

01 选择一个空白材质球，单击 Standard 按钮，在弹出的【材质/贴图浏览器】对话框中选择VRayMtl材质，如图11-5所示。

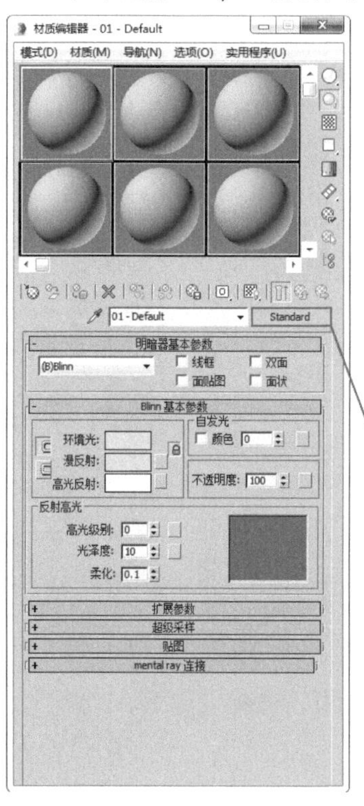

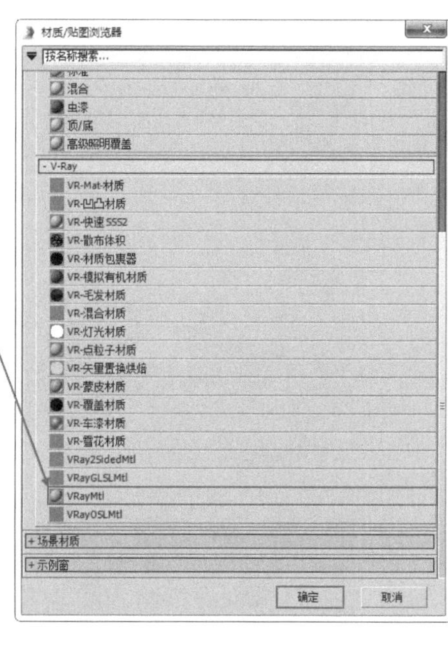

图11-5

02 将材质命名为【透光窗帘】，在【漫反射】选项组下调节颜色为淡蓝色。在【反射】选项组下取消勾选【菲涅耳反射】复选框。在【折射】选项组下设置【光泽度】为0.85，勾选【影响阴影】复选框，设置【折射率】为1.001，如图11-6所示。

03 将调节完成的【透光窗帘】材质赋予场景中的窗帘模型，如图11-7所示。

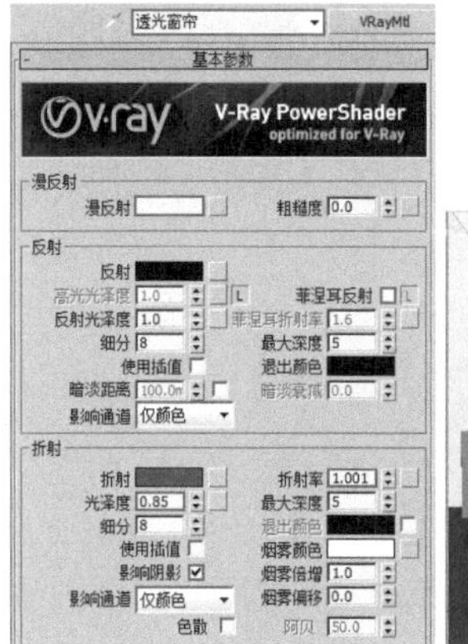

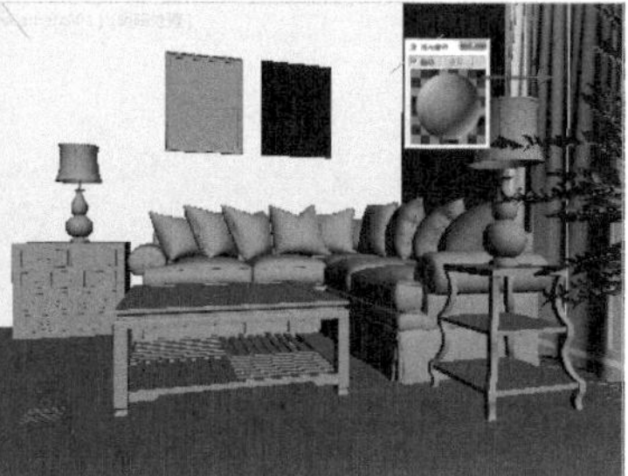

图11-6　　图11-7

实例177　木地板材质

操作步骤

01 选择一个空白材质球，单击 Standard 按钮，在弹出的【材质/贴图浏览器】对话框中选择VRayMtl材质，如图11-8所示。

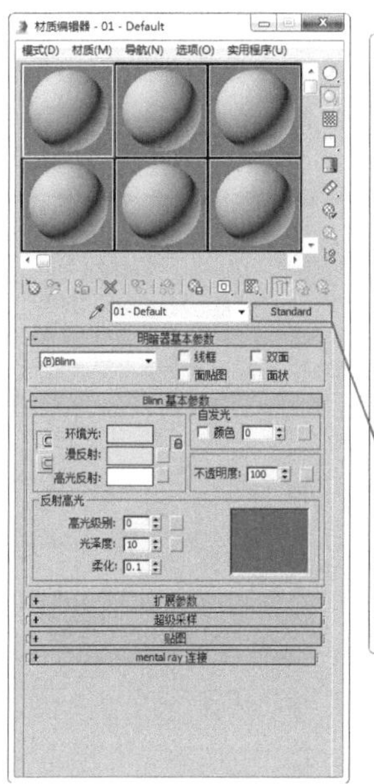

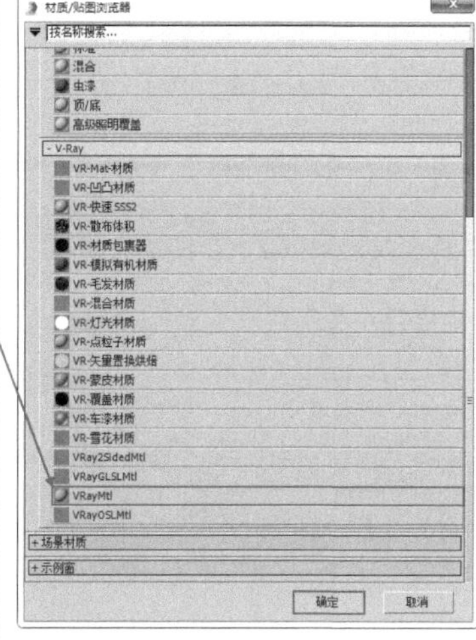

图11-8

02 将材质命名为【木地板】，在【漫反射】选项组下加载【地板.jpg】贴图文件，设置【裁剪/放置】下的【U】为0.209和【W】为0.578，设置【反射光泽度】为0.7、【细分】为15，取消勾选【菲涅耳反射】复选框，如图11-9所示。

03 展开【贴图】卷展栏，将【漫反射】后面的贴图拖曳到【凹凸】贴图通道上，设置方式为【复制】，并设置【凹凸】为90.0，在【环境】后面的通道上加载【输出】程序贴图，如图11-10所示。

04 选择木地板模型，然后为其加载【UVW贴图】修改器，并设置【贴图】方式为【平面】，设置【长度】为301.983mm、【宽度】为376.834mm，最后设置【对齐】为【Z】，如图11-11所示。

05 将调节完成的【木地板】材质赋予场景中的地板模型，如图11-12所示。

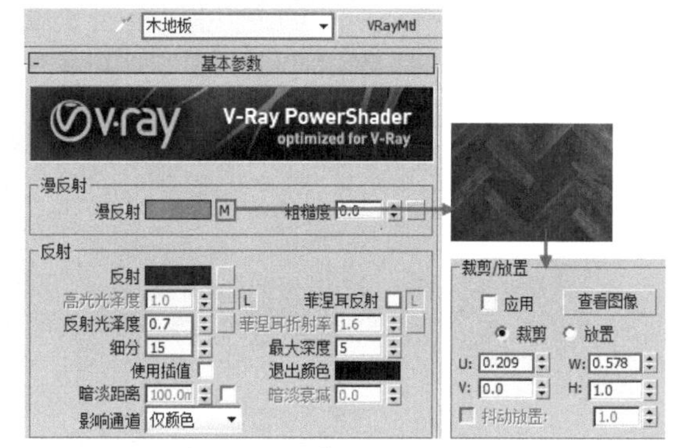

图11-9

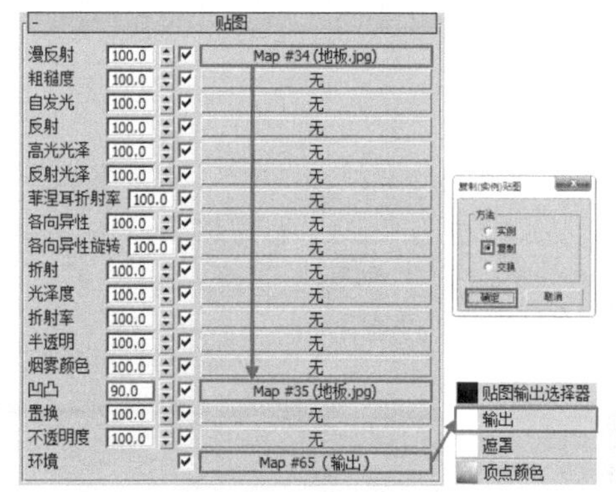

图11-10

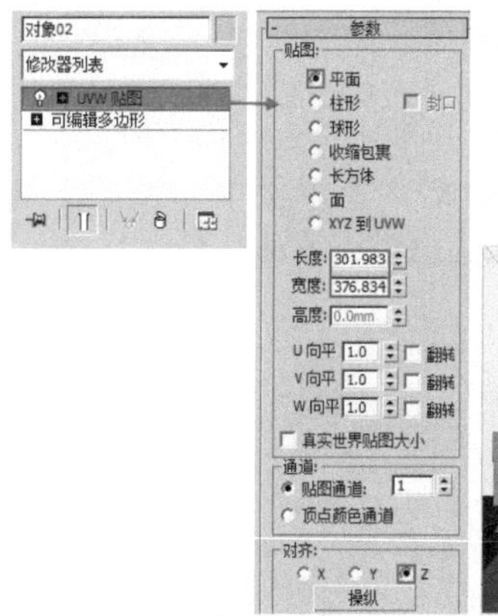

图11-11　　图11-12

实例178　地毯材质

操作步骤

01 选择一个空白材质球，单击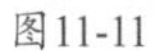按钮，在弹出的【材质/贴图浏览器】对话框中选择VRayMtl材质，如图11-13所示。

02 将材质命名为【地毯】，在【漫反射】选项组下加载【L13580512.jpg】贴图文件，设置【偏移】的【V】

为0.8、【瓷砖】的【U】和【V】均为0.4，如图11-14所示。

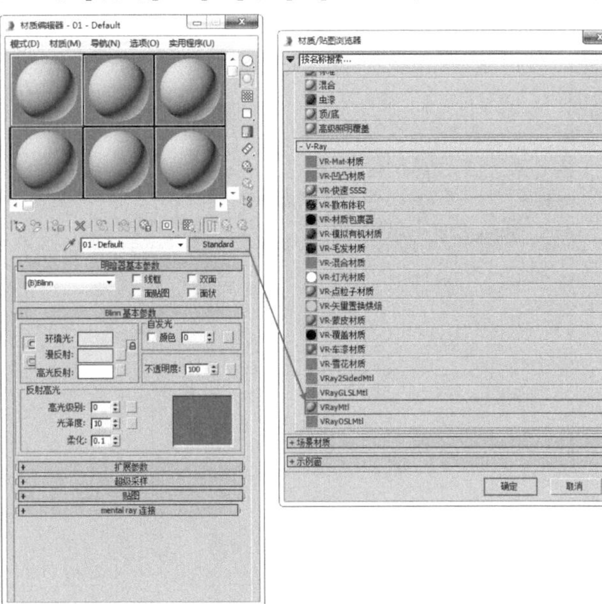

图11-13

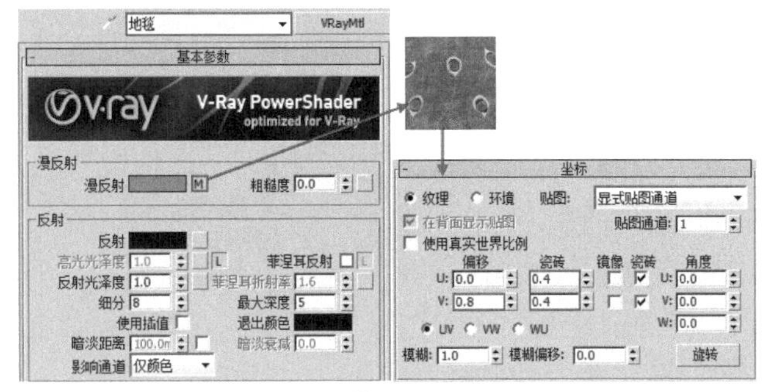

图11-14

03 选择地毯模型，然后为其加载【UVW贴图】修改器，并设置【贴图】方式为【平面】，设置【长度】、【宽度】为800mm，最后设置【对齐】为【Z】，如图11-15所示。

04 将调节完成的【地毯】材质赋予场景中的地毯模型，如图11-16所示。

图11-15

图11-16

实例179　沙发材质

01 选择一个空白材质球，单击 Standard 按钮，在弹出的【材质/贴图浏览器】对话框中选择【混合】材质，选择【丢弃旧材质】选项，如图11-17所示。

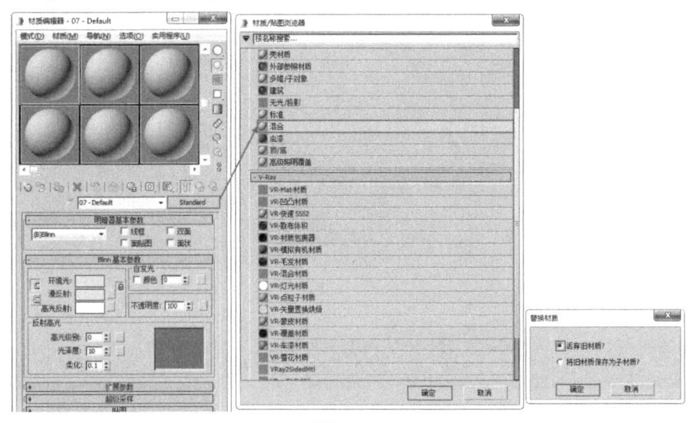

图11-17

02 将材质命名为【沙发】，在【材质1】后面的通道加载VRayMtl材质，在【漫反射】选项组下加载【衰减】程序贴图，分别在颜色后面的通道上加载【43806 副本2daaadaaaaacaa1.jpg】和【43801 副本ba1a.jpg】贴图文件，并设置【瓷砖】的【U】和【V】均为1.5。设置【衰减类型】为【Fresnel】，展开【混合曲线】卷展栏，调节曲线样式。在【反射】选项组下取消勾选【菲涅耳反射】复选框，如图11-18所示。

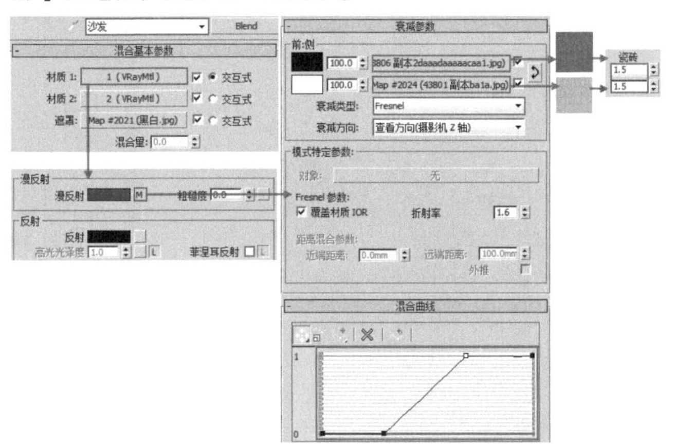

图11-18

03 回到【混合基本参数】卷展栏，在【材质2】后面的通道加载VRayMtl材质，在【漫反射】选项组下加载【衰减】程序贴图，分别在颜色后面的通道上加载【43801 副本ba1.jpg】和【43801 副本ba12.jpg】贴图文件，并设置【瓷砖】的【U】和【V】均为1.5。展开【混合曲线】卷展栏，调节曲线样式。在【反射】选项组下取消勾选【菲涅耳反射】复选框，如图11-19所示。

04 回到【混合基本参数】卷展栏，在【遮罩】后面的通道加载【黑白.jpg】贴图文件，并设置【瓷砖】的【U】和【V】均为1.2，如图11-20所示。

05选择沙发模型，然后为其加载【UVW贴图】修改器，并设置【贴图】方式为【长方体】，设置【长度】、【宽度】和【高度】均为800.0mm，最后设置【对齐】为【Z】，如图11-21所示。

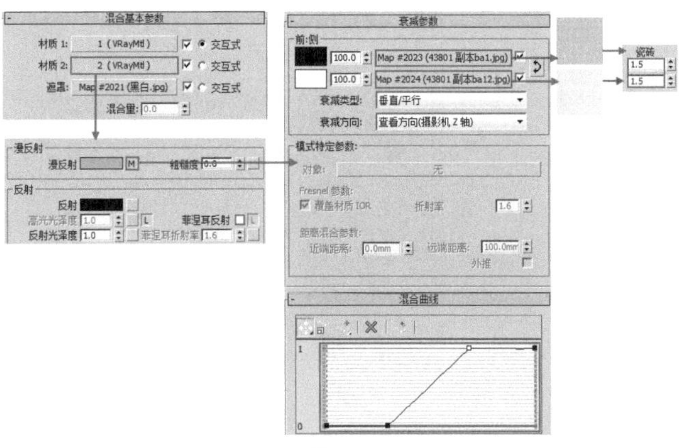

图11-19

图11-20　　图11-21

06将调节完成的【沙发】材质赋予场景中的沙发模型，如图11-22所示。

图11-22

实例180　茶几材质

操作步骤

01选择一个空白材质球，单击 Standard 按钮，在弹出的【材质/贴图浏览器】对话框中选择VRayMtl材质，如图11-23所示。

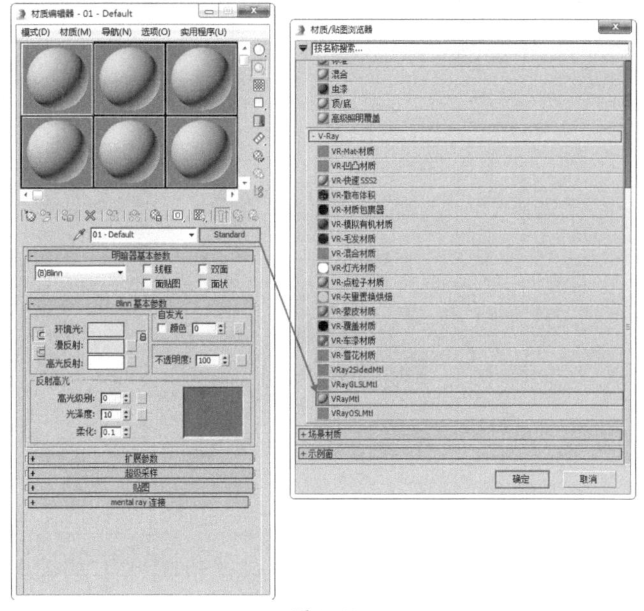

图11-23

02将材质命名为【茶几】，在【漫反射】选项组下加载【yNfgaNj013a1.jpg】贴图文件，设置【角度】的【W】为90。在【反射】选项组下加载【衰减】程序贴图，设置【衰减类型】为Fresnel，并调整【折射率】为2.0。单击【高光光泽度】后面的L按钮，调整其数值为0.75，设置【反射光泽度】为0.8、【细分】为50，取消勾选【菲涅耳反射】复选框，如图11-24所示。

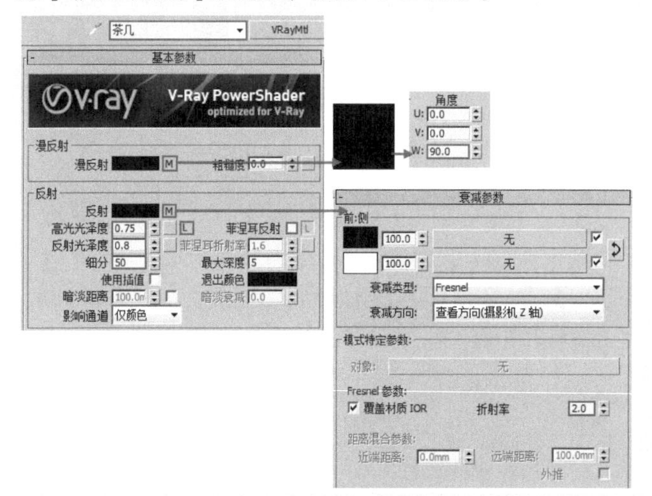

图11-24

03选择茶几模型，然后为其加载【UVW贴图】修改器，并设置【贴图】方式为【长方体】，设置【长度】、【宽度】和【高度】均为800.0mm，最后设置【对齐】为【Z】，如图11-25所示。

04将调节完成的【茶几】材质赋予场景中的茶几模型，如图11-26所示。

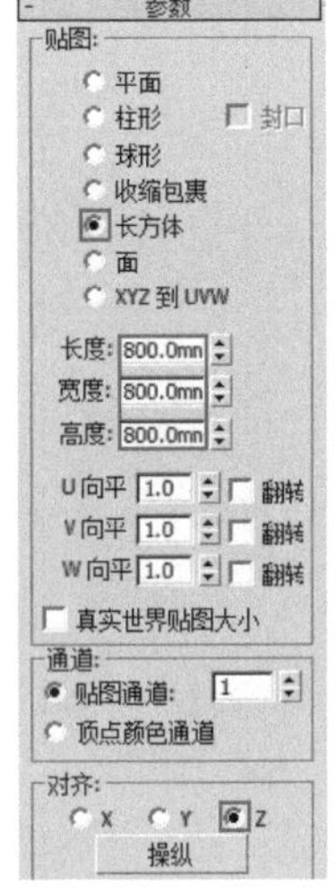

图11-25

图11-26

实例181　VR灯光制作窗口光线

操作步骤

01 单击（创建）|（灯光）|VRay|VR-灯光按钮，如图11-27所示。在【左】视图中创建 VR灯光，具体的位置如图11-28所示。

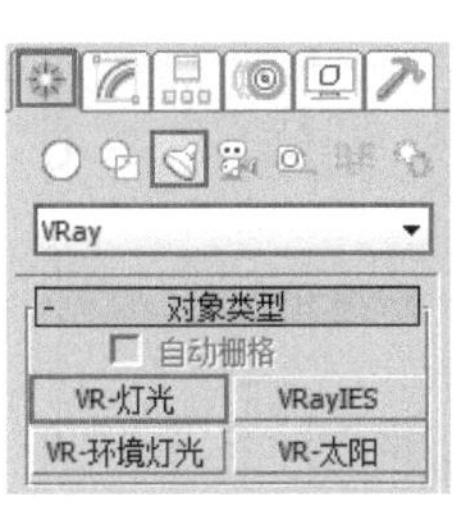

图11-27

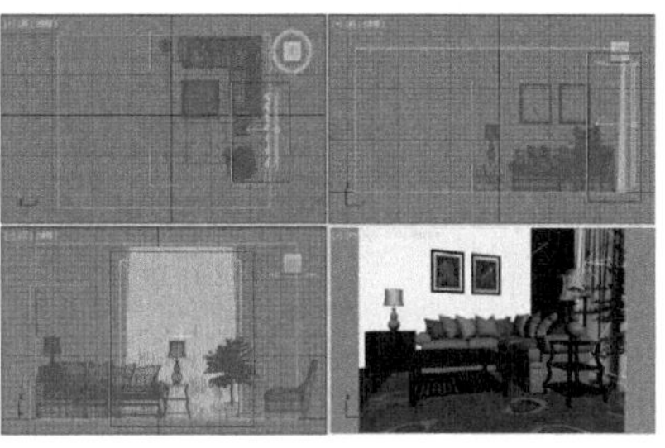

图11-28

02 选择上一步创建的VR灯光，然后在【常规】选项组下设置【类型】为【平面】，在【强度】选项组下调节【倍增】为40.0，调节【颜色】为紫色，在【大小】选项组下设置【1/2长】为1200.0mm、【1/2宽】为980.0mm。在【采样】选项组下设置【细分】为15，如图11-29所示。

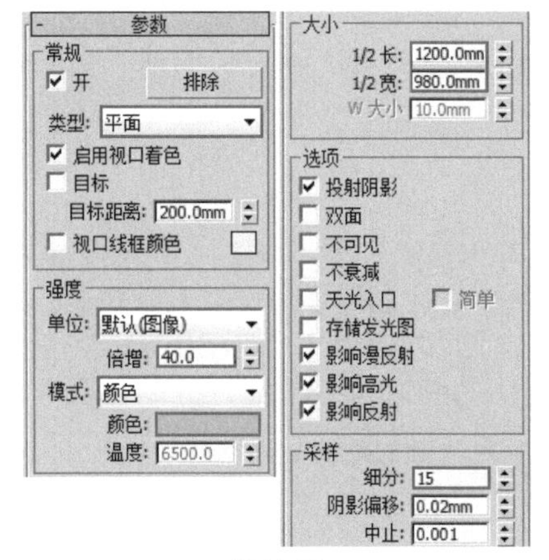

图11-29

实例182　VR灯光制作辅助灯光

操作步骤

01 单击（创建）|（灯光）|VRay|VR-灯光按钮，如图11-30所示。在【左】视图中创建VR灯光，具体的位置如图11-31所示。

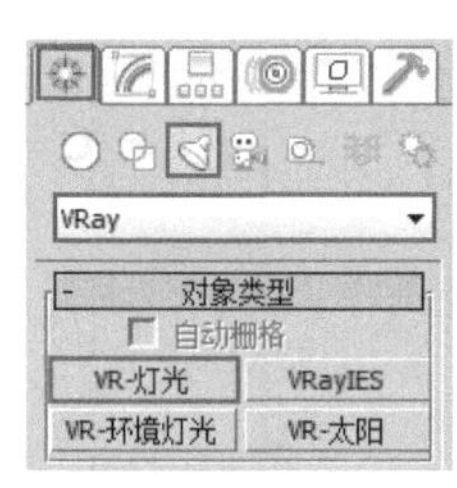

图11-30

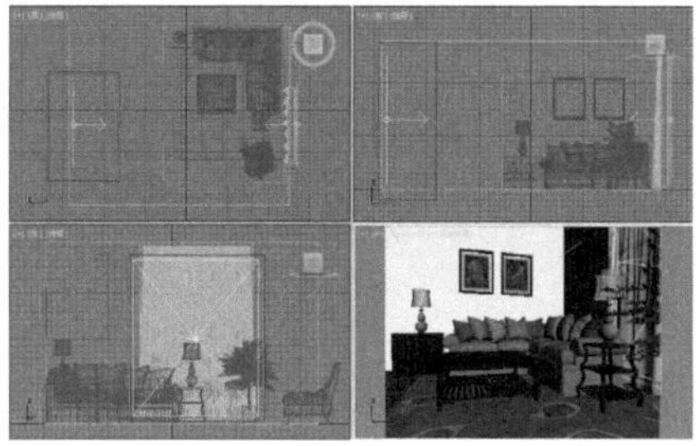

图11-31

02 选择上一步创建的VR灯光，然后在【常规】选项组下设置【类型】为【平面】，在【强度】选项组下调节【倍增】为1.0，调节【颜色】为白色，在【大小】选项组下设置【1/2长】为1200.0mm、【1/2宽】为980.0mm。勾选【不可见】复选框，在【采样】选项组下设置【细分】为15，如图11-32所示。

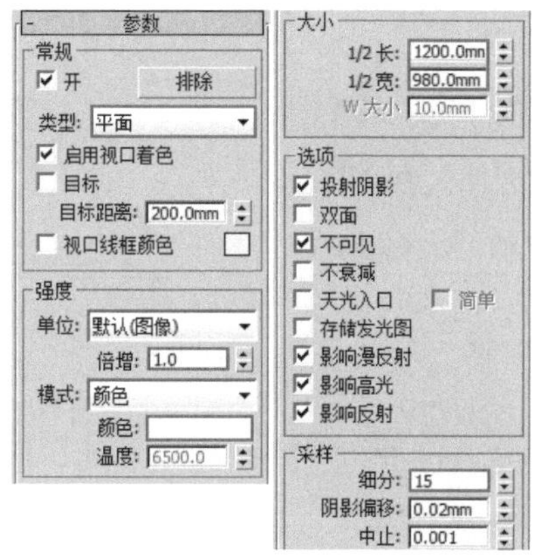

图11-32

实例183　设置摄影机

操作步骤

01 单击（创建）|（摄影机）|标准|物理按钮，如图11-33所示。在【顶】视图中创建摄影机，具体的位置如图11-34所示。

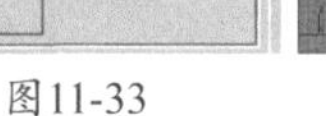

图11-33

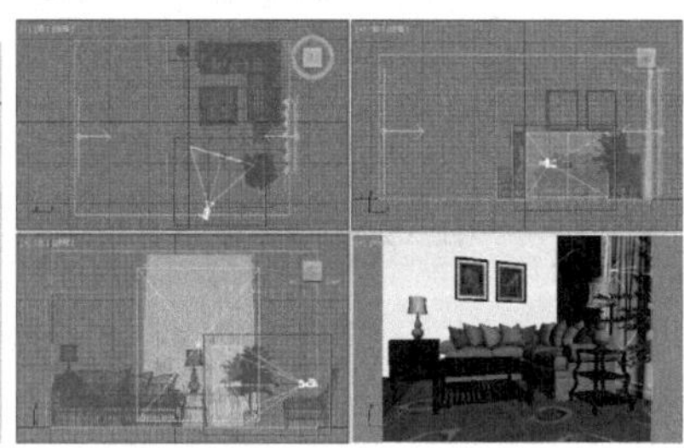

图11-34

02 选择上一步创建的物理摄影机，在【修改】面板下展开【基本】卷展栏，修改【目标距离】为1289.657mm，在【物理摄影机】卷展栏下勾选【指定视野】前的复选框，修改数值为65.503，如图11-35所示。

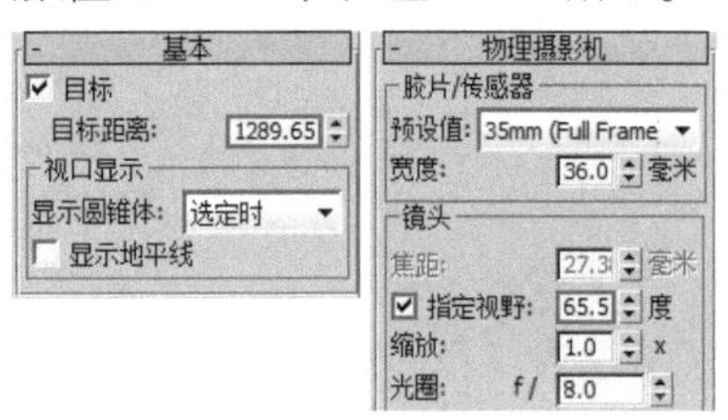

图11-35

实例184 设置成图渲染参数

操作步骤

01 按F10键，在打开的【渲染设置：V-Ray Adv 3.00.08】对话框中重新设置渲染参数，选择【渲染器】为V-Ray Adv 3.00.08、选择【公用】选项卡，在【输出大小】选项组下设置【宽度】为1000、【高度】为750，如图11-36所示。

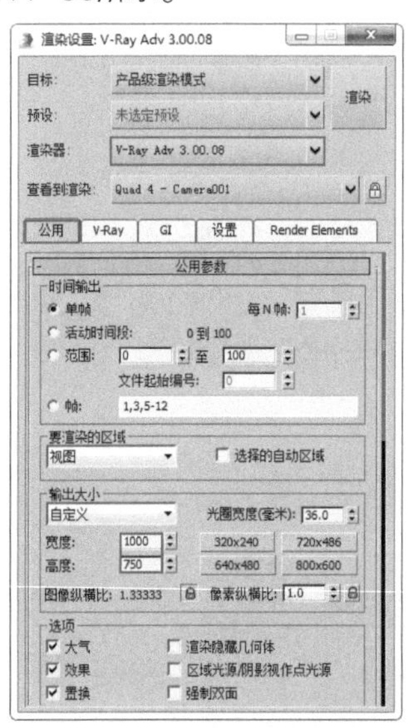

图11-36

02 选择V-Ray选项卡，展开【帧缓冲区】卷展栏，取消勾选【启用内置帧缓冲区】复选框。展开【全局开关】卷展栏，选择【专家模式】，取消勾选【概率灯光】、【过滤GI】和【最大光线强度】复选框。展开【图像采样器（抗锯齿）】卷展栏，设置【最小着色率】为1，选择【过滤器】为【Mitchell-Netravali】。展开【全局确定性蒙特卡洛】卷展栏，勾选【时间独立】复选框。展开【环境】卷展栏，勾选【全局照明（GI）环境】复选框，将【颜色】调节为淡蓝色。展开【颜色贴图】卷展栏，选择【专家模式】，设置【类型】为【指数】、【伽玛】为1.0，设置【暗度倍增】为0.9，【明度倍增】为1.1，勾选【子像素贴图】、【钳制输出】复选框，选择【模式】为【颜色贴图和伽玛】，如图11-37所示。

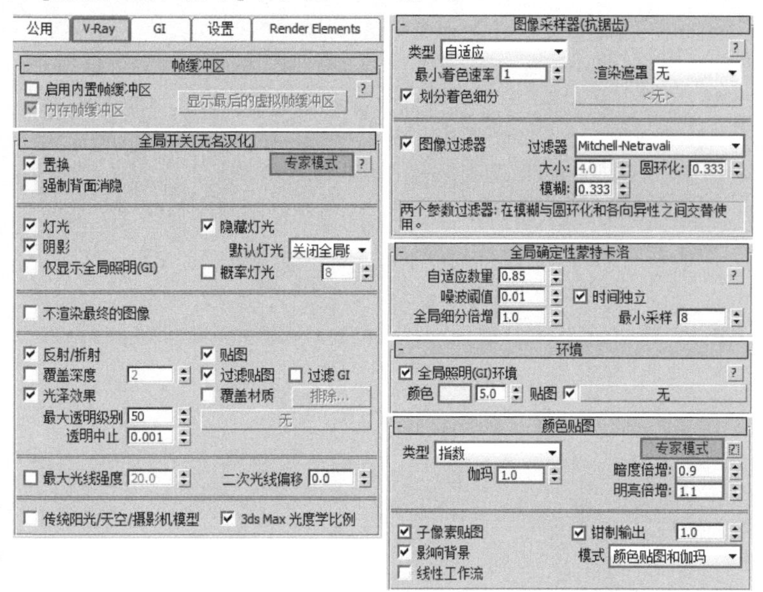

图11-37

03 选择GI选项卡，展开【全局照明[无名汉化]】卷展栏，勾选【启用全局照明（GI）】复选框，选择【专家模式】，设置【二次引擎】为【灯光缓存】。展开【发光图】卷展栏，选择【专家模式】，设置【当前预设】为【低】，勾选【显示直接光】复选框，选择【显示新采样为亮度】。展开【灯光缓存】卷展栏，选择【专家模式】，取消勾选【存储直接光】、【折回】复选框，设置【插值采样】为10，如图11-38所示。

04 最终的渲染效果如图11-39所示。

图11-38　图11-39

第12章

美式风格厨房设计

本章概述

厨房是用于烹饪的房间，是将橱柜、厨具和各种厨用家电按其形状、尺寸及使用要求进行合理布局，巧妙搭配，实现厨房用具一体化。厨房的风格很多，通常需与客厅风格相匹配。本例将以美式风格为例进行讲解。本例主要以VRayMtl材质制作美式风格厨房的多种材质质感，并使用目标灯光模拟射灯，使用VR灯光模拟吊灯、辅助光源等。

本章重点

- 使用VRayMtl材质
- 使用目标灯光、VR灯光

/ 佳 / 作 / 欣 / 赏 /

文件路径	第 12 章 \ 美式风格厨房设计
难易指数	★★★★★
技术掌握	● VRayMtl 材质 ● 目标灯光 ● VR- 灯光

扫码深度学习

操作思路

本例主要使用VRayMtl材质制作美式风格厨房的多种材质质感，使用目标灯光模拟射灯，使用VR灯光模拟吊灯、辅助光源等。

案例效果

案例效果如图12-1所示。

图12-1

操作步骤

实例185 木地板材质

01 打开本书配备的“第12章\12.max”文件，如图12-2所示。

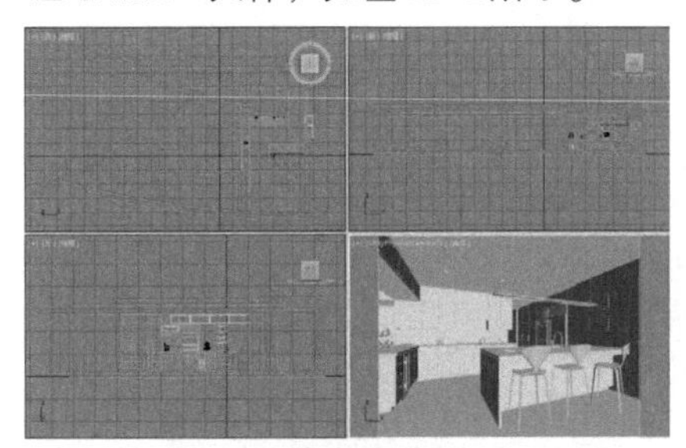

图12-2

02 按M键，打开材质编辑器，选择一个空白材质球，单击 Standard 按钮，在弹出的【材质/贴图浏览器】对话框中选择VRayMtl材质，如图12-3所示。

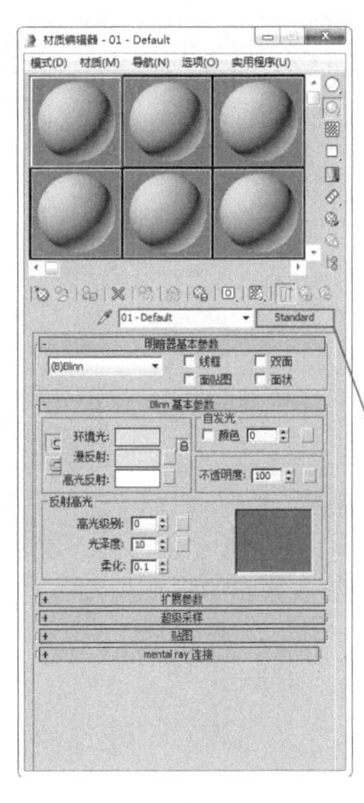

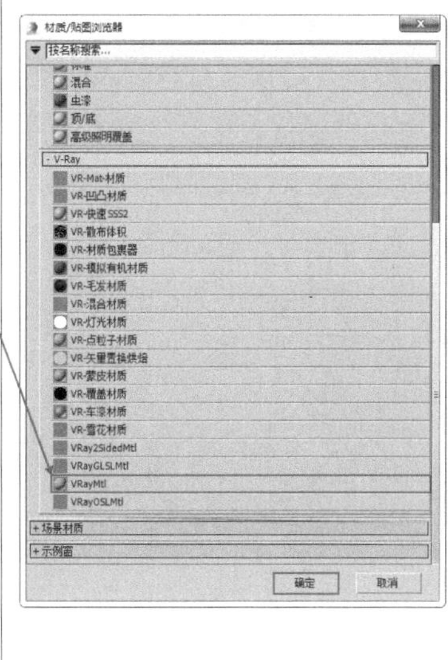

图12-3

03 将材质命名为【木地板】，在【漫反射】选项组下加载【木地板.jpg】贴图文件，并设置【瓷砖】的【U】为3.0和【V】为2.0、【模糊】为0.7。在【反射】选项组下调整【反射】颜色为深灰色，设置【反射光泽度】为0.87、【细分】为20，取消勾选【菲涅耳反射】复选框，设置【最大深度】为7。在【折射】选项组下设置【折射率】为1.8，如图12–4所示。

04 展开【贴图】卷展栏，将【漫反射】后面的贴图拖曳到【凹凸】的贴图通道上，设置方式为【复制】，并设置【凹凸】为5.0，如图12–5所示。

图12-4 图12-5

05 将调节完成的【木地板】材质赋予场景中的地板模型，如图12–6所示。

图12-6

实例186 木纹材质

01 选择一个空白材质球，单击 Standard 按钮，在弹出的【材质/贴图浏览器】对话框中选择VRayMtl材质，如图12-7所示。

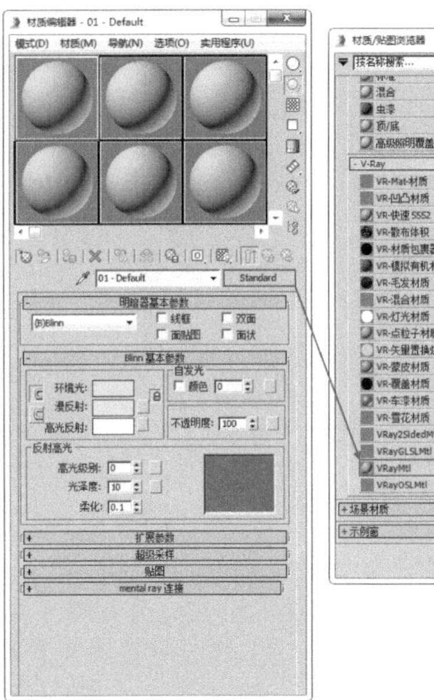
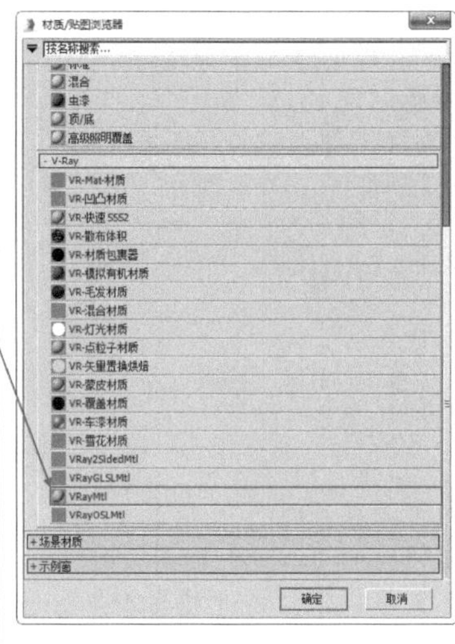

图12-7

02 将材质命名为【木纹】，在【漫反射】选项组下加载【ArchInteriors_12_01_mian_wood.jpg】贴图文件，设置【模糊】为0.9。在【反射】选项组下调节【反射】颜色为深灰色，单击【高光光泽度】后面的L按钮，调整其数值为0.8，设置【反射光泽度】为0.85、【细分】为20，取消勾选【菲涅耳反射】复选框。展开【贴图】卷展栏，将【漫反射】后面的贴图拖曳到【凹凸】的贴图通道上，设置方式为【复制】，并设置【凹凸】为3.0，如图12-8所示。

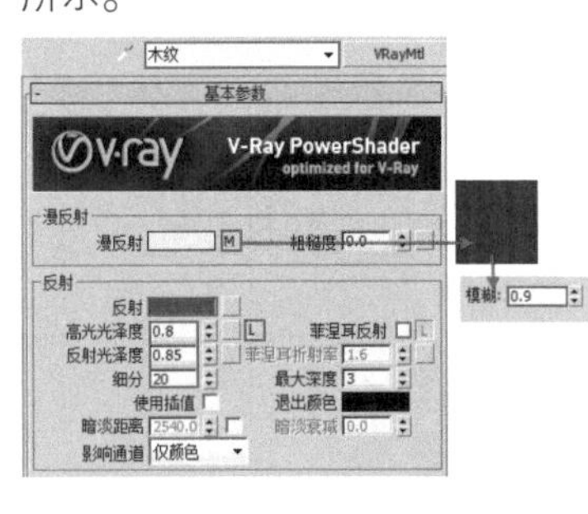

贴图			
漫反射	100.0	✓	chInteriors_12_01_mian_wood.jpg
粗糙度	100.0	✓	无
自发光	100.0	✓	无
反射	100.0	✓	无
高光光泽	100.0	✓	无
反射光泽	100.0	✓	无
菲涅耳折射率	100.0	✓	无
各向异性	100.0	✓	无
各向异性旋转	100.0	✓	无
折射	100.0	✓	无
光泽度	100.0	✓	无
折射率	100.0	✓	无
半透明	100.0	✓	无
烟雾颜色	100.0	✓	无
凹凸	3.0	✓	chInteriors_12_01_mian_wood.jpg
置换	100.0	✓	无
不透明度	100.0	✓	无
环境		✓	无

图12-8

03 将调节完成的【木纹】材质赋予场景中的柜子模型，如图12-9所示。

图12-9

实例187 大理石台面材质

01 选择一个空白材质球，单击 Standard 按钮，在弹出的【材质/贴图浏览器】对话框中选择VRayMtl材质，如图12-10所示。

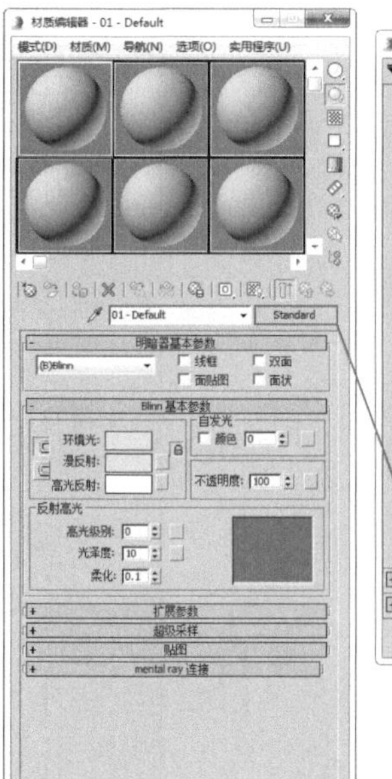
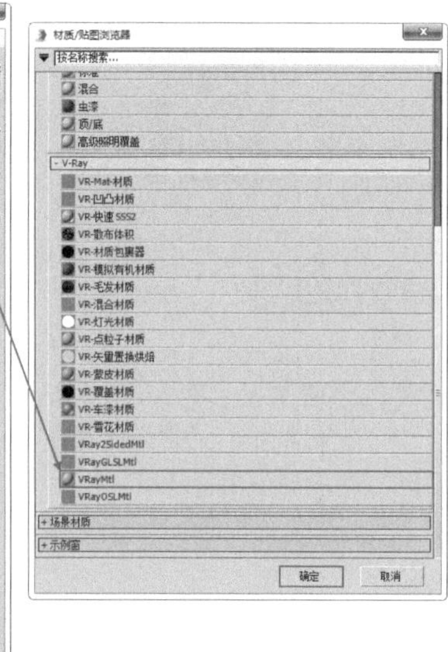

图12-10

02 将材质命名为【大理石台面】，在【漫反射】选项组下加载【ArchInteriors_12_01_top.jpg】贴图文件，并设置【模糊】为0.8。单击【高光光泽度】后面的L按钮，并调整数值为0.67，设置【反射光泽度】为0.96、【细分】为20。取消勾选【菲涅耳反射】复选框，如图12-11所示。

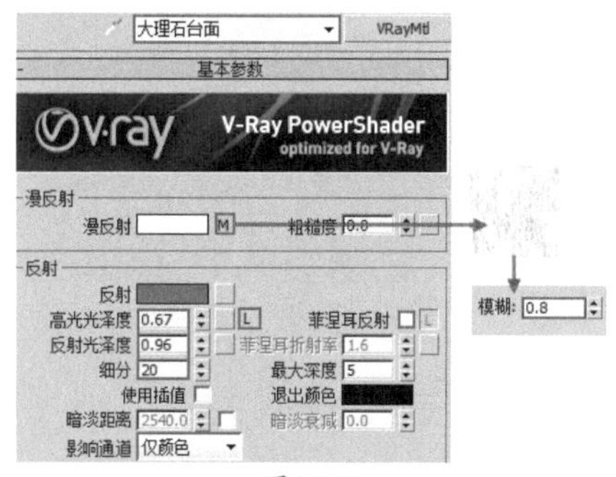

图12-11

03 将调节完成的【大理石台面】材质赋予场景中的台面模型，如图12-12所示。

图12-12

实例188 金属炉灶材质

01 选择一个空白材质球，单击Standard按钮，在弹出的【材质/贴图浏览器】对话框中选择VRayMtl材质，如图12-13所示。

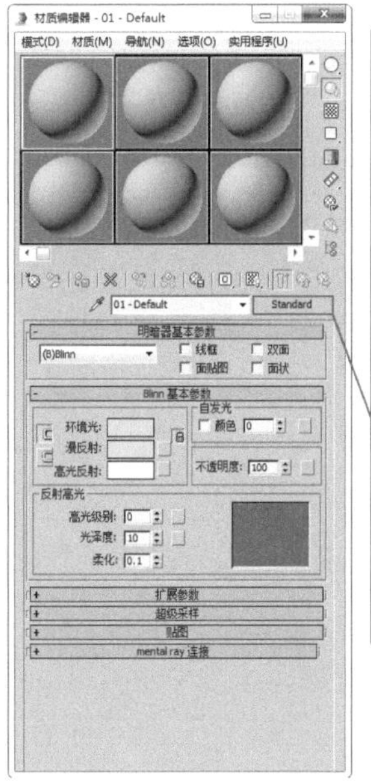
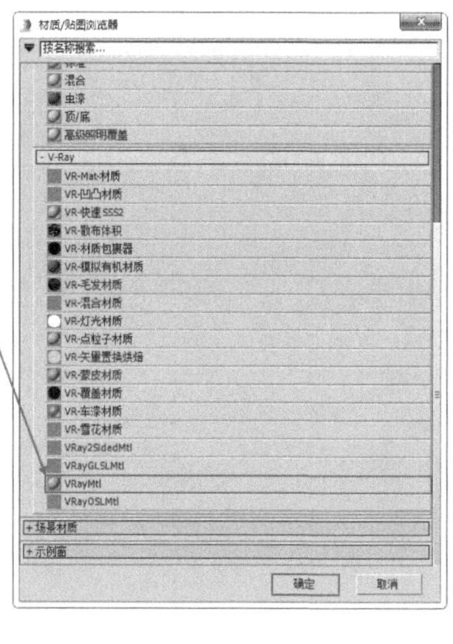

图12-13

02 将材质命名为【金属炉灶】，设置【反射光泽度】为0.86、【细分】为20，取消勾选【菲涅耳反射】复选框。展开【双向反射分布函数】卷展栏，设置【旋转】为90.0。展开【反射插值】卷展栏，设置【最小速率】为-3、【最大速率】为0。展开【折射插值】卷展栏，设置【最小速率】为-3、【最大速率】为0，如图12-14所示。

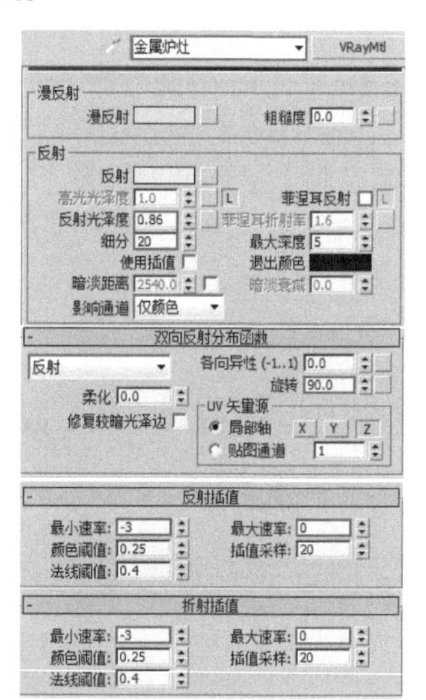

图12-14

03 将调节完成的【金属炉灶】材质赋予场景中的金属炉灶模型，如图12-15所示。

图12-15

实例189 金属水池材质

01 选择一个空白材质球，单击Standard按钮，在弹出的【材质/贴图浏览器】对话框中选择VRayMtl材质，如图12-16所示。

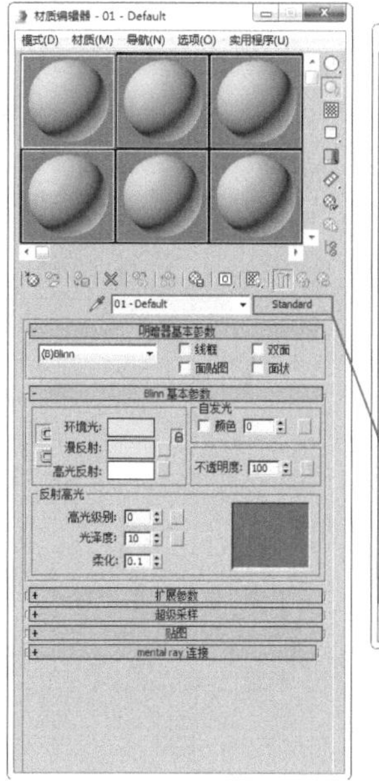
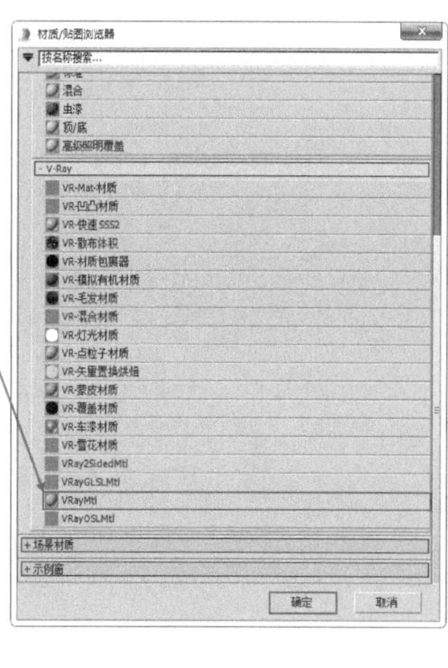

图12-16

02 将材质命名为【金属水池】，在【反射】选项组下调节【反射】颜色为灰白色。单击【高光光泽度】后面的L按钮，并调整数值为0.76，设置【反射光泽度】为0.94，【细分】为20。取消勾选【菲涅耳反射】复选框，如图12-17所示。

03 将调节完成的【金属水池】材质赋予场景中的水池模型，如图12-18所示。

图12-17

图12-18

实例190 装饰画玻璃材质

01 选择一个空白材质球，单击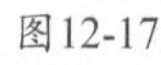按钮，在弹出的【材质/贴图浏览器】对话框中选择VRayMtl材质，如图12-19所示。

02 将材质命名为【装饰画玻璃】，在【漫反射】选项组下调整【漫反射】颜色为黑色，在【反射】选项组下调整颜色为白色，在【折射】选项组下调整【折射】颜色为白色。勾选【影响阴影】复选框，设置【影响通道】为【颜色+Alpha】，【折射率】为1.2。展开【选项】卷展栏，设置【中止】为0.01，勾选【背面反射】复选框，取消勾选【雾系统单位比例】复选框。展开【反射插值】卷展栏，设置【最小速率】为-3、【最大速率】为0。展开【折射插值】卷展栏，设置【最小速率】为-3、【最大速率】为0，如图12-20所示。

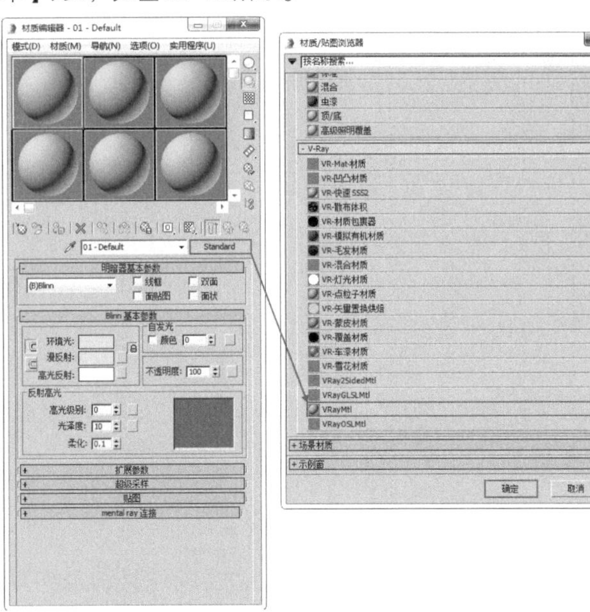

图12-19

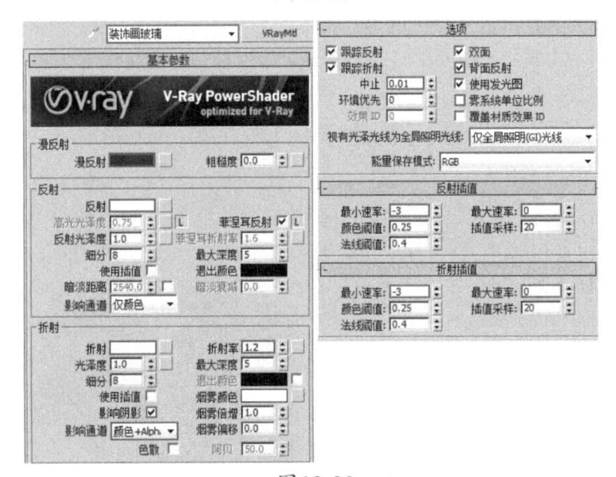

图12-20

03 将调节完成的【装饰画玻璃】材质赋予场景中的模型，如图12-21所示。

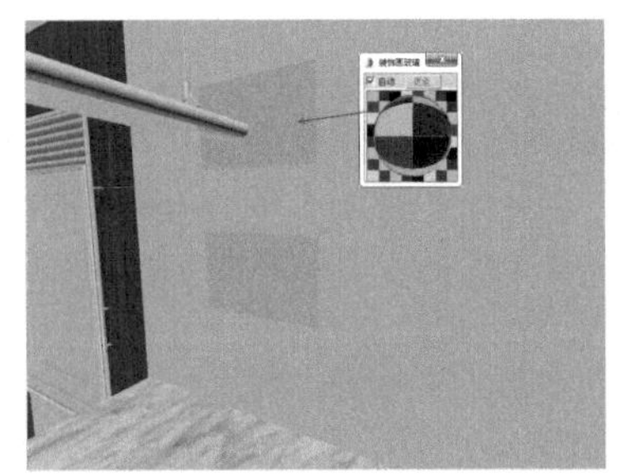

图12-21

实例191 水果材质

01 选择一个空白材质球，单击 Standard 按钮，在弹出的【材质/贴图浏览器】对话框中选择VRayMtl材质，如图12-22所示。

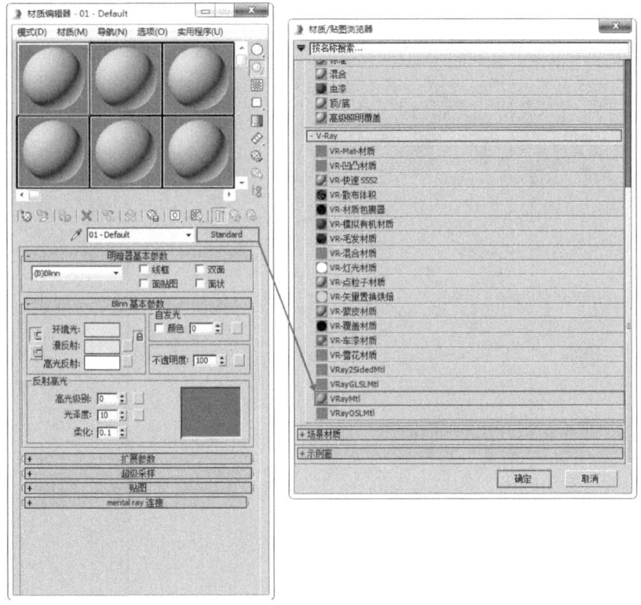

图12-22

02 将材质命名为【水果】，在【漫反射】选项组下加载【Banana_02_DIFF.png】贴图文件，设置【反射光泽度】数值为0.62、【细分】为20，取消勾选【菲涅耳反射】复选框。展开【贴图】卷展栏，将【漫反射】后面的贴图拖曳到【凹凸】的贴图通道上，设置方式为【复制】，如图12-23所示。

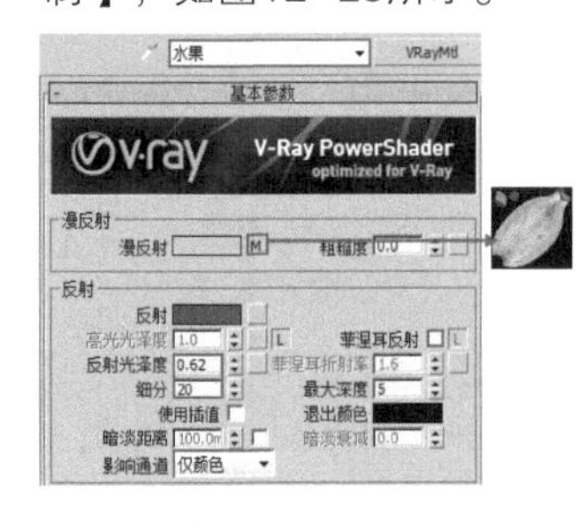

图12-23

03 将调节完成的【水果】材质赋予场景中的水果模型，如图12-24所示。

图12-24

实例192　目标灯光制作棚顶射灯

01 单击（创建）|（灯光）| 光度学 | 目标灯光 按钮，如图12-25所示。在【左】视图中创建目标灯光，具体的位置如图12-26所示。

图12-25

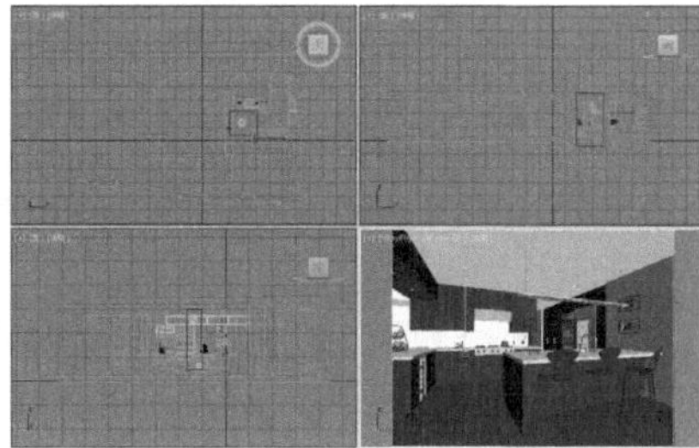

图12-26

02 选择上一步创建的目标灯光，展开【常规参数】卷展栏，在【阴影】选项组下勾选【启用】复选框并设置为【VR-阴影】，设置【灯光分布（类型）】为【光度学Web】。展开【分布（光度学Web）】卷展栏，并在通道上加载【筒灯1.IES】文件。展开【强度/颜色/衰减】卷展栏，调节【开尔文】后面的颜色为淡黄色，设置【强度】为lm和870.0。展开【VRay阴影参数】卷展栏，勾选【区域阴影】复选框，设置【U大小】、【V大小】和【W大小】均为50.0mm，设置【细分】为20，如图12-27所示。

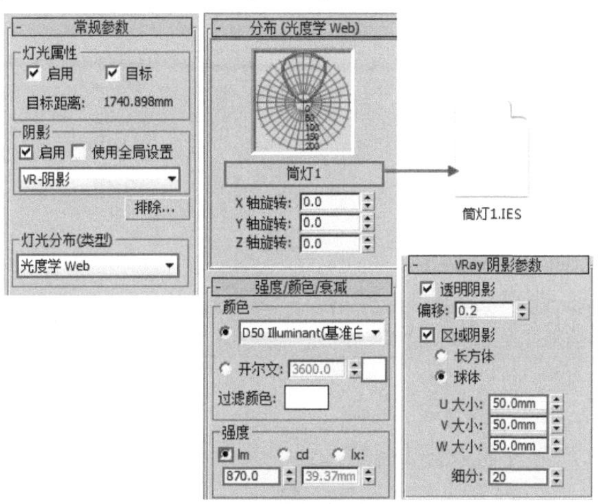

图12-27

03 选择上一步创建的目标灯光，使用【选择并移动】工具复制16盏，不需要进行参数的调整。其具体位置如图12-28所示。

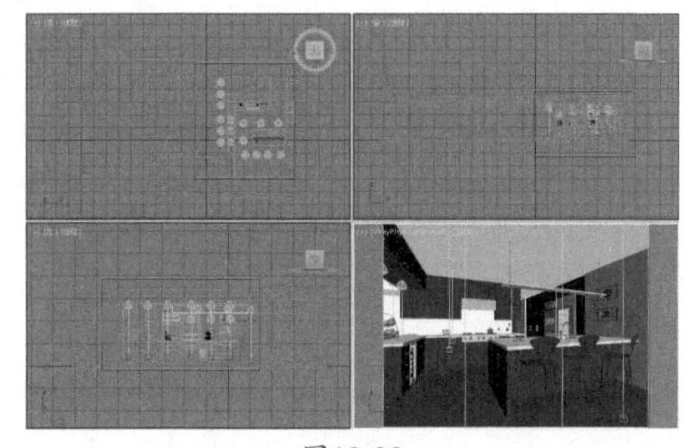

图12-28

实例193　目标灯光制作炉灶射灯

01 单击（创建）|（灯光）| 光度学 | 目标灯光 按钮，如图12-29所示。在【左】视图中创建目标灯光，具体的位置如图12-30所示。

图12-29

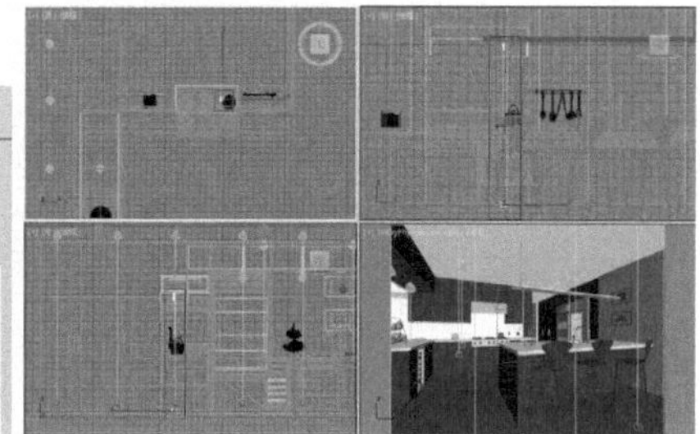

图12-30

02 选择上一步创建的目标灯光，展开【常规参数】卷展栏，在【阴影】选项组下勾选【启用】复选框并设置为【VR-阴影】，设置【灯光分布（类型）】为【光度学Web】。展开【分布（光度学Web）】卷展栏，并在通道上加载【筒灯2.ies】文件。展开【强度/颜色/衰减】卷展栏，调节【开尔文】后面的颜色为淡黄色，设置【强度】为lm和800.0。展开【VRay阴影参数】卷展栏，勾选【区域阴影】复选框，设置【U大小】、【V大小】和【W大小】均为40.0mm，设置【细分】为20，如图12-31所示。

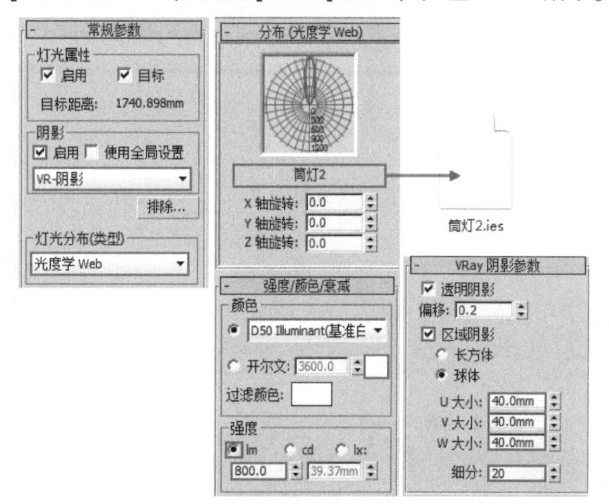

图12-31

03 选择上一步创建的目标灯光，使用【选择并移动】工具复制1盏，不需要进行参数的调整。其具体位置如图12-32所示。

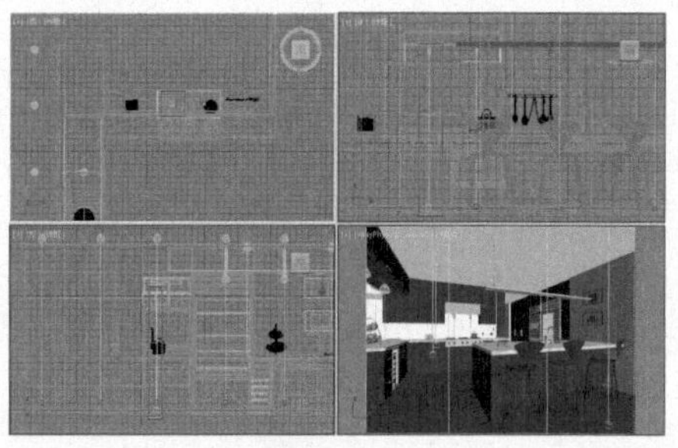

图12-32

实例194 VR灯光制作餐桌吊灯灯光

01 单击（创建）|（灯光）|VRay|VR-灯光按钮，如图12-33所示。在【顶】视图中创建 VR灯光，具体的位置如图12-34所示。

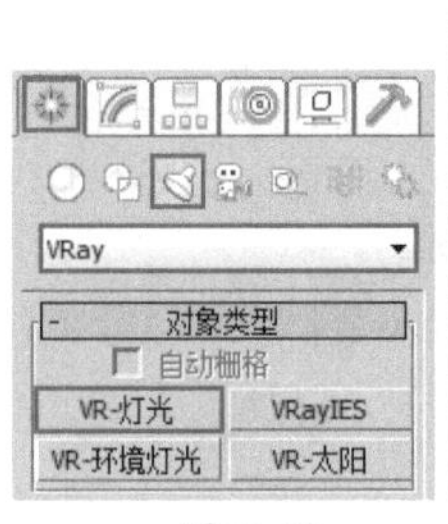

图12-33

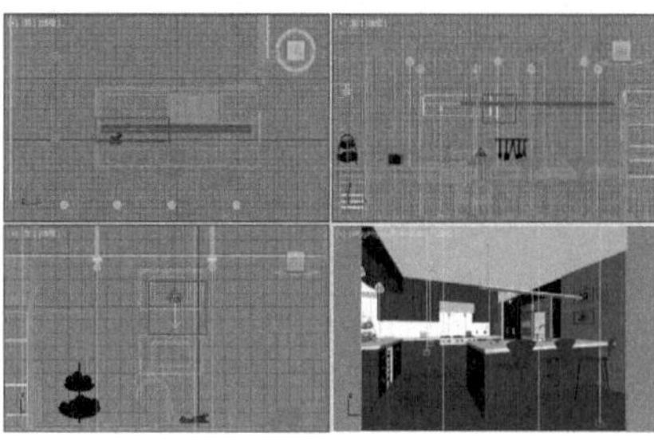

图12-34

02 选择上一步创建的VR灯光，然后在【常规】选项组下设置【类型】为【平面】，在【强度】选项组下调节【倍增】为40.0，调节【颜色】为淡黄色，在【大小】选项组下设置【1/2长】为430.0mm、【1/2宽】为30.0mm。勾选【不可见】复选框，在【采样】选项组下设置【细分】为20，如图12-35所示。

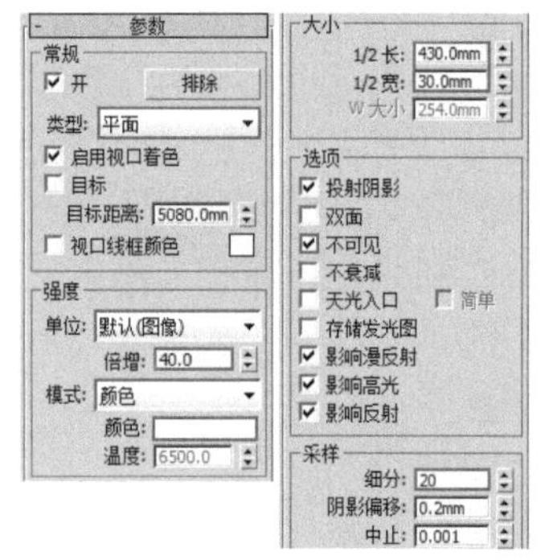

图12-35

03 选择上一步创建的VR灯光，使用【选择并移动】工具复制1盏，不需要进行参数的调整。其具体位置如图12-36所示。

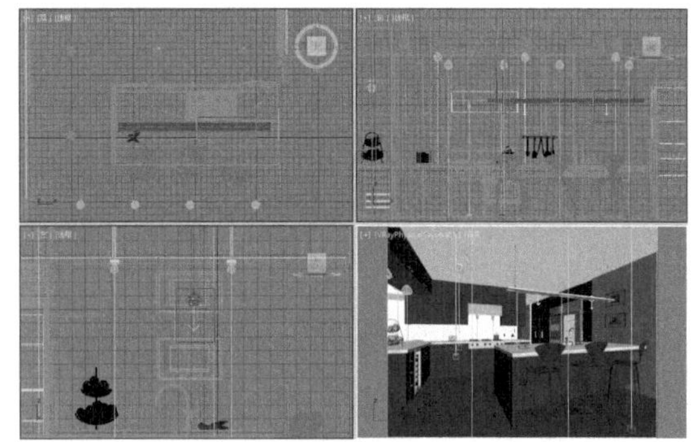

图12-36

实例195 VR灯光制作烤箱效果

01 单击（创建）|灯光|VRay|VR-灯光按钮，如图12-37所示。在【顶】视图中创建 VR灯光，具体的位置如图12-38所示。

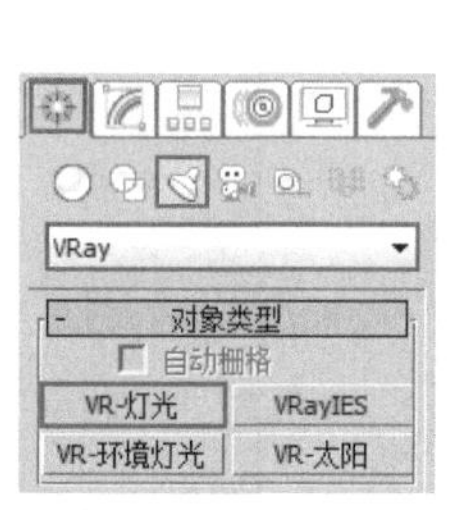

图12-37

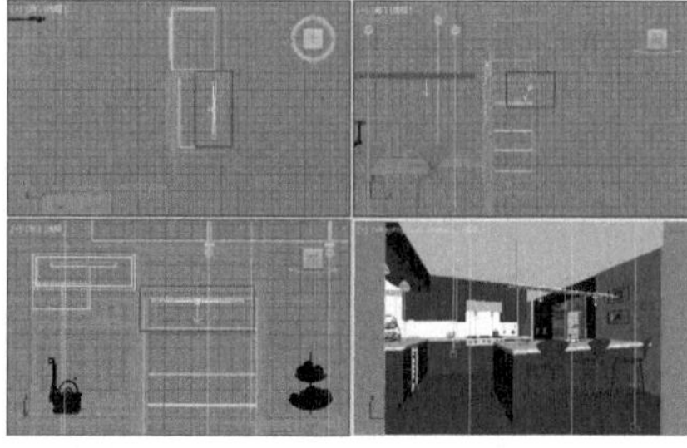

图12-38

02 选择上一步创建的VR灯光，然后在【常规】选项组下设置【类型】为【平面】，在【强度】选项组下设置【单位】为【辐射率（W）】，调节【倍增】为6.0，调节【颜色】为橘色，在【大小】选项组下设置【1/2长】为20.0mm、【1/2宽】为340.0mm。勾选【不可见】复选框，在【采样】选项组下设置【细分】为20、【阴影偏移】为0.508mm，如图12-39所示。

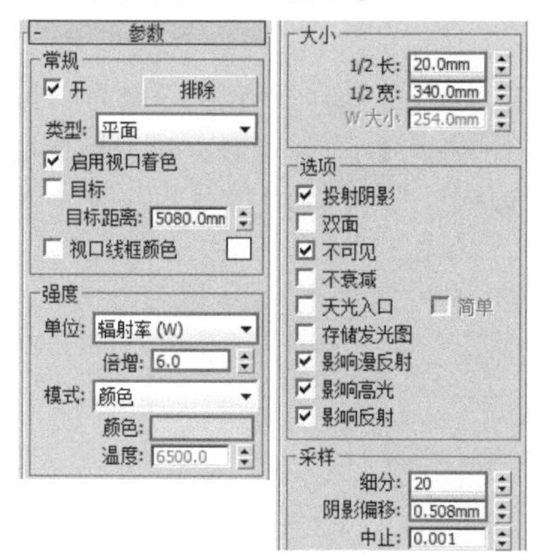

图12-39

实例196 VR灯光制作辅助灯光

01 单击（创建）|（灯光）|VRay|VR-灯光按钮，如图12-40所示。在【顶】视图中创建 VR灯光，具体的位置如图12-41所示。

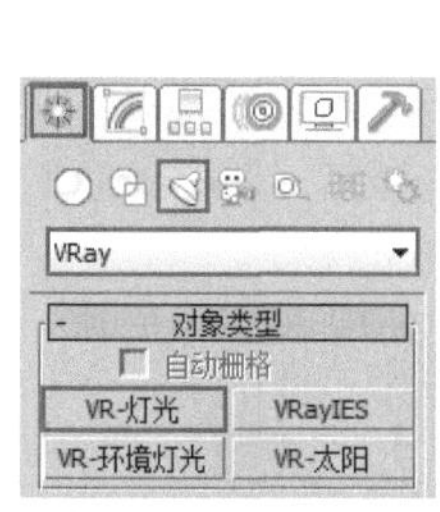

图12-40

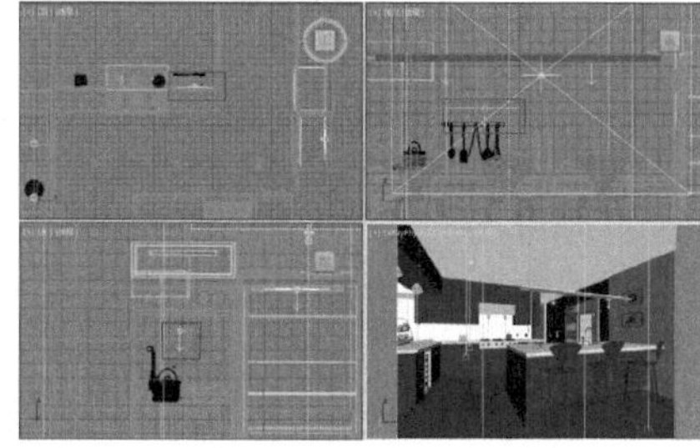

图12-41

02 选择上一步创建的VR灯光，然后在【常规】选项组下设置【类型】为【平面】，在【强度】选项组下调节【倍增】为20.0，调节【颜色】为淡黄色，在【大小】选项组下设置【1/2长】为300.0mm、【1/2宽】为15.0mm。勾选【不可见】复选框，在【采样】选项组下设置【细分】为20、【阴影偏移】为0.508mm，如图12-42所示。

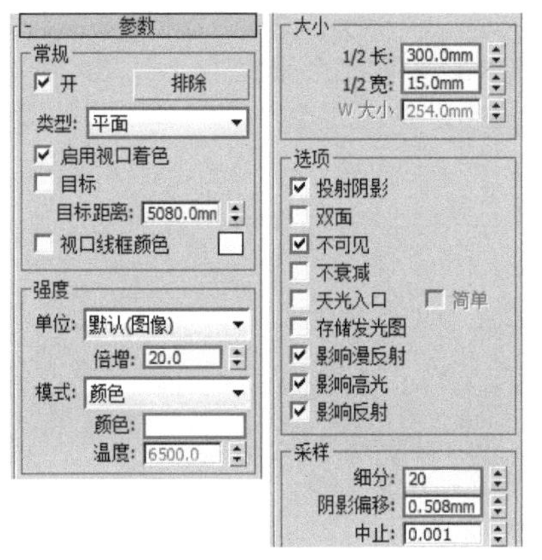

图12-42

03 选择上一步创建的VR灯光，使用【选择并移动】工具复制2盏，不需要进行参数的调整。其具体位置如图12-43所示。

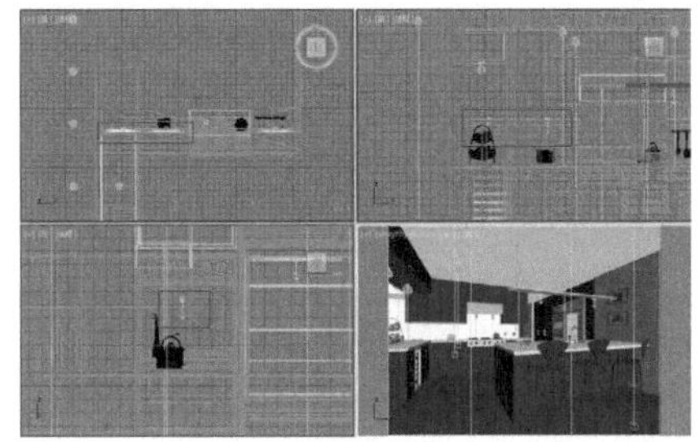
图12-43

04 单击（创建）|（灯光）|VRay|VR-灯光按钮，如图12-44所示。在【前】视图中创建VR灯光，具体的位置如图12-45所示。

图12-44

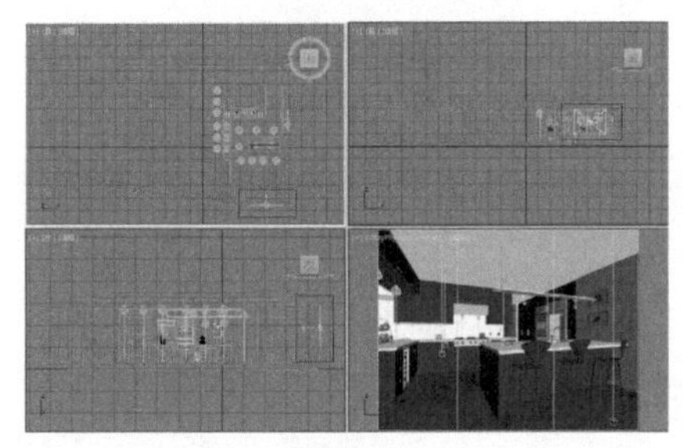
图12-45

05 选择上一步创建的VR灯光，然后在【常规】选项组下设置【类型】为【平面】，在【强度】选项组下调节【倍增】为5.0，在【大小】选项组下设置【1/2长】为1300.0mm、【1/2宽】为1000.0mm。勾选【不可见】复选框，在【采样】选项组下设置【细分】为30，如图12-46所示。

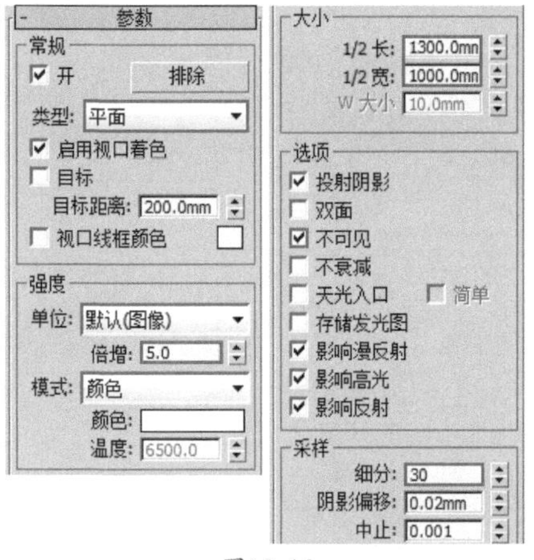

图12-46

实例197 设置摄影机

01 单击（创建）|（摄摄影机）|VRay|VR-物理摄影机按钮，如图12-47所示。在【顶】视图中创建摄影机，具体的位置如图12-48所示。

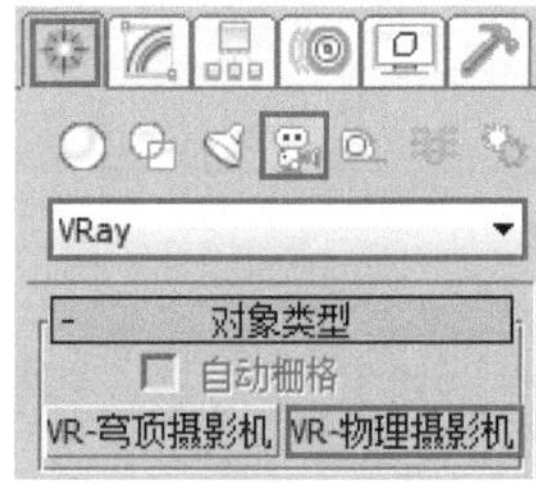

图12-47

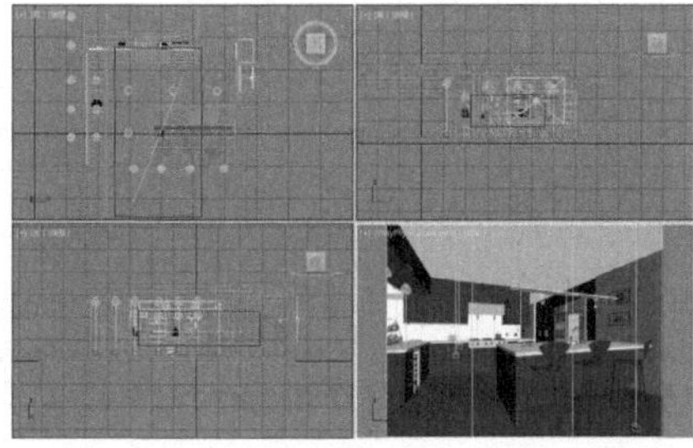
图12-48

02 选择上一步创建的VR物理摄影机，在【修改】面板下展开【基本参数】卷展栏，设置【胶片规格（mm）】为914.4、【焦距（mm）】为448.807、【光圈数】为3.0，取消勾选【光晕】后的复选框，选择【白平衡】为【自定义】，选择【自定义平衡】为白色，设置【快门速度】为15.0、【胶片速度（ISO）】为200.0。设置【失真】卷展栏下的【失真数量】为0。设置【其他】卷展栏下【远端环境范围】为25400.0mm，如图12-49所示。

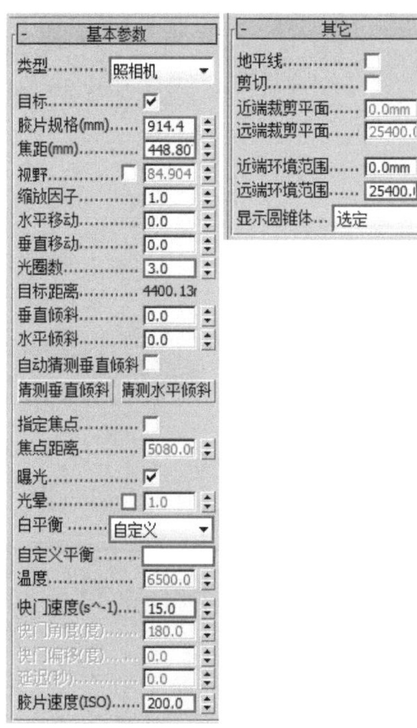

图12-49

实例198 设置成图渲染参数

01 按F10键，在打开的【渲染设置：V-Ray Adv 3.00.08】对话框中重新设置渲染参数，选择【渲染器】为V-Ray Adv 3.00.08，选择【公用】选项卡，在【输出大小】选项组下设置【宽度】为1200、【高度】为900，如图12-50所示。

02 选择V-Ray选项卡，展开【帧缓冲区】卷展栏，取消勾选【启用内置帧缓冲区】复选框。展开【全局开关[无名汉化]】卷展栏，选择【专家模式】，取消勾选【概率灯光】、【最大光线强度】复选框，勾选【过滤GI】复选框。展开【图像采样器（抗锯齿）】卷展栏，设置【类型】为【自适应细分】，选择【过滤器】

为【Mitchell-Netravali】。展开【全局确定性蒙特卡洛】卷展栏，设置【最小采样】为20。展开【颜色贴图】卷展栏，选择【专家模式】，设置【类型】为【指数】，勾选【子像素贴图】、【钳制输出】复选框，如图12-51所示。

图12-50

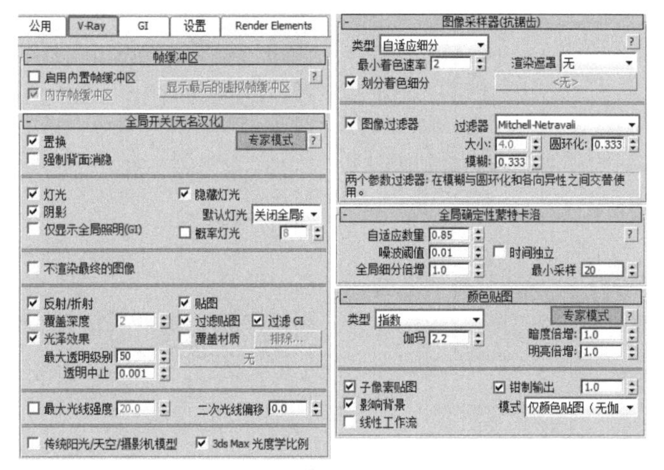

图12-51

03 选择GI选项卡，展开【全局照明】卷展栏，勾选【启用全局照明（GI）】复选框，选择【专家模式】，设置【二次引擎】为【灯光缓存】。展开【发光图】卷展栏，选择【专家模式】，设置【当前预设】为【低】，勾选【显示直接光】复选框，如图12-52所示。

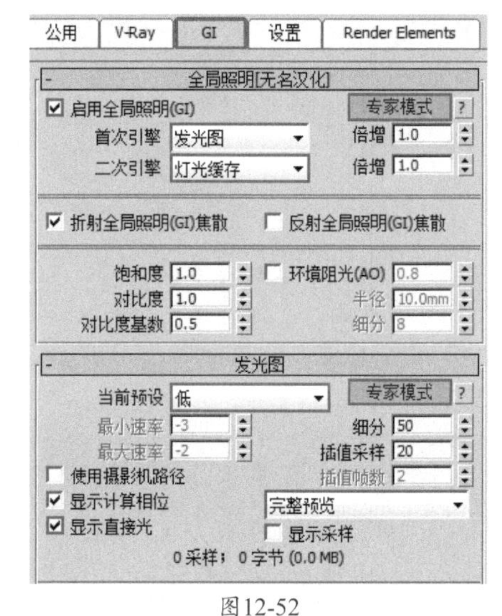

图12-52

04 最终的渲染效果如图12-53所示。

图12-53

第13章

现代风格休闲室一角

休闲室是一间用于招待客人喝茶聊天的安静空间，是身心放松、享受生活、提升生活品质的表现。本例将以现代风格为例进行讲解。本例主要使用标准材质、VRayMtl材质制作现代风格休闲室的多种材质质感，使用目标平行光模拟日光光照，使用VR灯光模拟辅助灯光。

- 使用VRayMtl材质
- 使用目标平行光、VR灯光

/ 佳 / 作 / 欣 / 赏 /

文件路径	第13章\现代风格休闲室一角
难易指数	☆☆☆☆☆
技术掌握	● 标准材质 ● VRayMtl材质 ● 目标平行光 ● VR-灯光
扫码深度学习	

操作思路

本例主要使用标准材质、VRayMtl材质制作现代风格休闲室的多种材质质感，使用目标平行光模拟日光光照，使用VR灯光模拟辅助灯光。

案例效果

案例效果如图13-1所示。

图13-1

操作步骤

实例199 砖墙材质

01 打开本书配备的“第13章\13.max”文件，如图13-2所示。

02 按M键打开材质编辑器，选择一个空白材质球，将材质命名为【砖墙】，展开【Blinn基本参数】卷展栏，在【漫反射】后面加载【砖墙.jpg】贴图文件。在【输出】卷展栏下，勾选【启用颜色贴图】复选框，单击【移动】按钮，调整下方的数值为1.0和0.49，如图13-3所示。

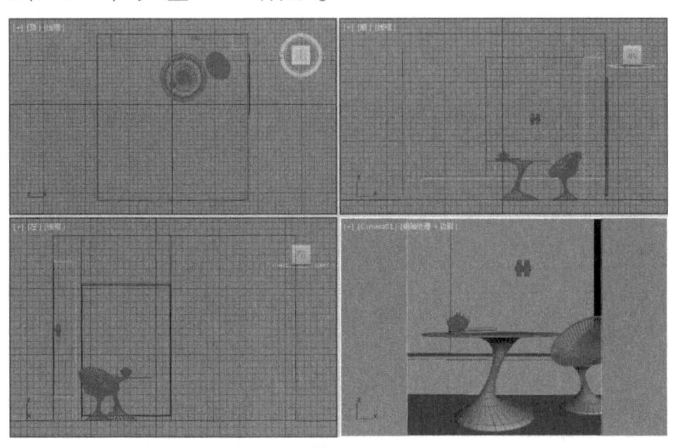

图13-2

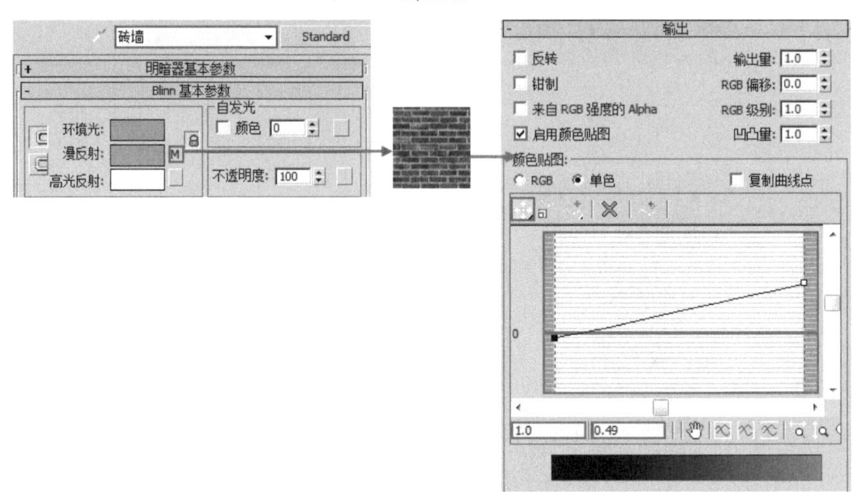

图13-3

03 展开【贴图】卷展栏，在【凹凸】后面加载【砖墙.jpg】贴图文件，在【输出】卷展栏下，勾选【启用颜色贴图】复选框，单击【移动】按钮，调整下方的数值为0.0和-0.011，如图13-4所示。

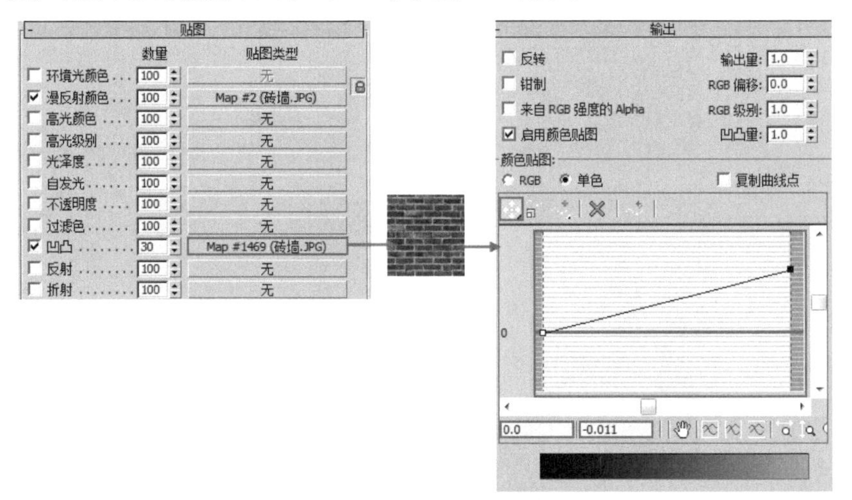

图13-4

04 选择墙体模型，然后为其加载【UVW贴图】修改器，并设置【贴图】方式为【长方体】，设置【长度】为840.84mm、【宽度】为987.987mm、【高度】为1282.281mm，最后设置【对齐】为【Z】，如图13-5所示。

05 将调节完成的【砖墙】材质赋予场景中的墙体模型，如图13-6所示。

图13-5

图13-6

实例200　石材材质

01 选择一个空白材质球，单击 Standard 按钮，在弹出的【材质/贴图浏览器】对话框中选择VRayMtl材质，如图13-7所示。

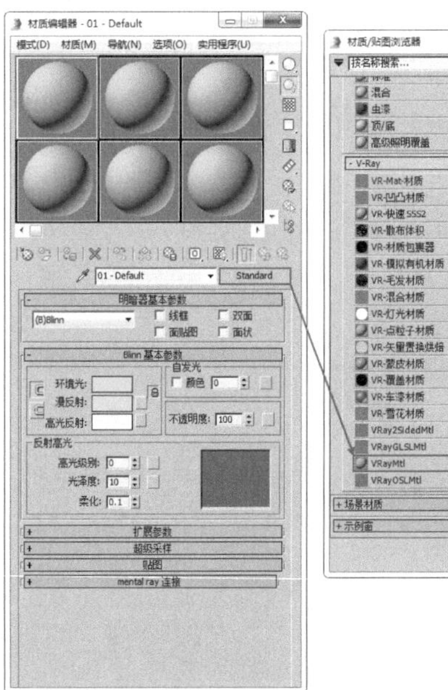

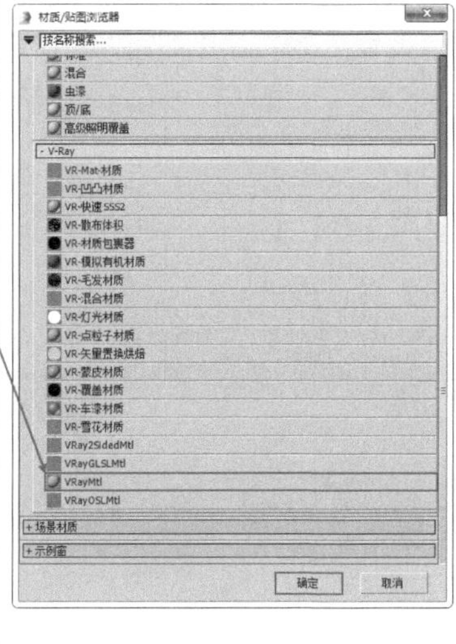

图13-7

02 将材质命名为【石材】，在【漫反射】选项组下加载【平铺】程序贴图，选择【预设类型】为【1/2连续砌合】，在【高级控制】卷展栏下【纹理】后面的通道上加载【Textures4ever_Vol2_Square_55.jpg】贴图文件，设置【水平数】为8.0、【垂直数】为13.0。设置【水平间距】和【垂直间距】为0.03、【随机种子】为42260。设置【反射光泽度】为0.65、【细分】为15，取消勾选【菲涅耳反射】复选框，如图13-8所示。

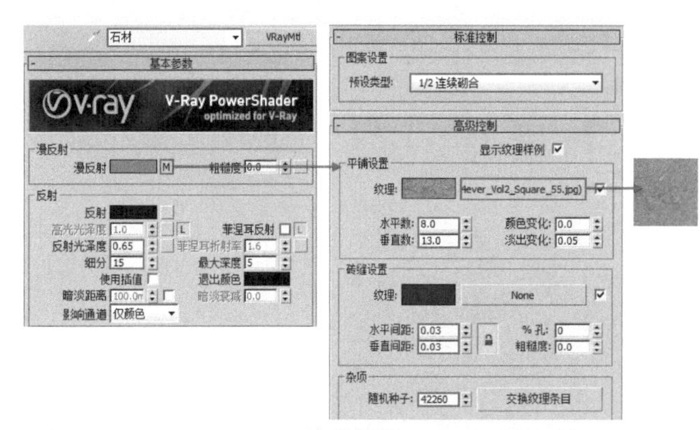

图13-8

03 展开【贴图】卷展栏，在【凹凸】后面的通道上加载【平铺】程序贴图，选择【预设类型】为【1/2连续砌合】，在【高级控制】卷展栏下，调节【纹理】后面的颜色为白色，设置【水平数】为8.0、【垂直数】为13.0。设置【水平间距】和【垂直间距】均为0.03、【随机种子】为42260，如图13-9所示。

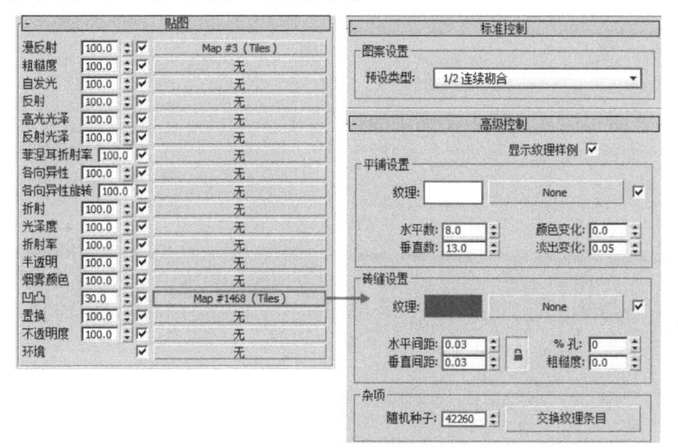

图13-9

04 选择墙体模型，然后为其加载【UVW贴图】修改器，并设置【贴图】方式为【平面】，设置【长度】为2002mm、【宽度】为1692.415mm，最后设置【对齐】为【Z】，如图13-10所示。

05 将调节完成的【石材】材质赋予场景中的墙体模型，如图13-11所示。

图13-10

图13-11

实例201　塑料材质

01 选择一个空白材质球，单击 Standard 按钮，在弹出的【材质/贴图浏览器】对话框中选择VRayMtl材质，如图13-12所示。

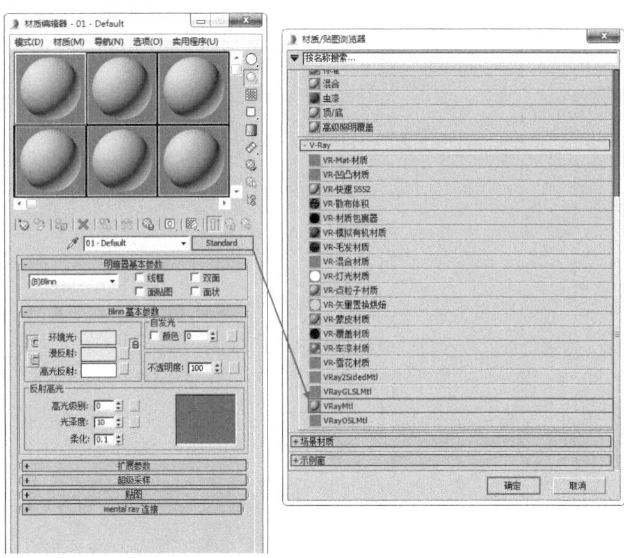

图13-12

02 将材质命名为【塑料】，在【漫反射】选项组下调节【漫反射】颜色为黑色，在【反射】选项组下加载【衰减】程序贴图，设置【衰减类型】为Fresnel，并调整【折射率】为2.0。单击【高光光泽度】后面的L按钮，调整其数值为0.85，取消勾选【菲涅耳反射】复选框，如图13-13所示。

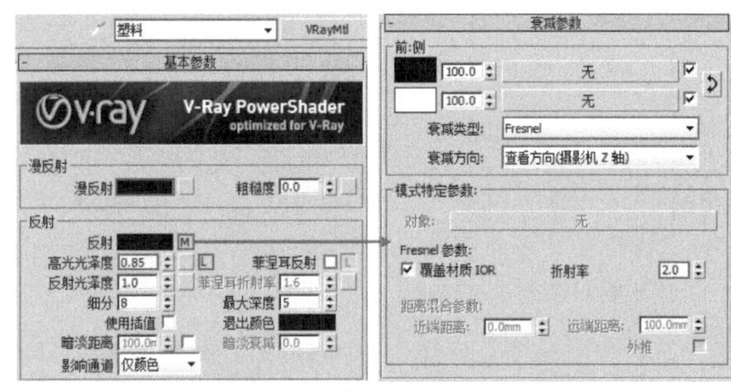

图13-13

03 将调节完成的【塑料】材质赋予场景中的桌椅模型，如图13-14所示。

图13-14

实例202　木地板材质

01 选择一个空白材质球，单击 Standard 按钮，在弹出的【材质/贴图浏览器】对话框中选择VRayMtl材质，如图13-15所示。

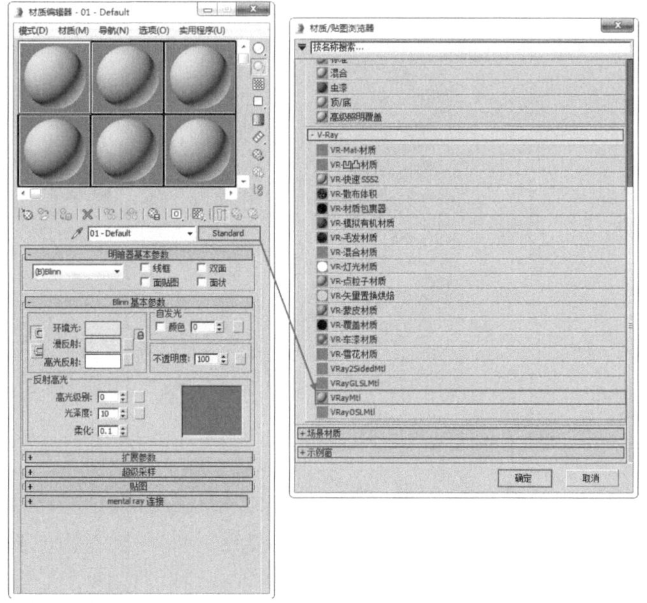

图13-15

02 将材质命名为【木地板】，在【漫反射】选项组下加载【061.jpg】贴图文件，勾选【启用颜色贴图】复选框，单击【移动】按钮，调整下方的数值为1.0和0.74。单击【高光光泽度】后面的L按钮，调整其数值为0.8，设置【反射光泽度】为0.85，【细分】为15，取消勾选【菲涅耳反射】复选框，如图13-16所示。

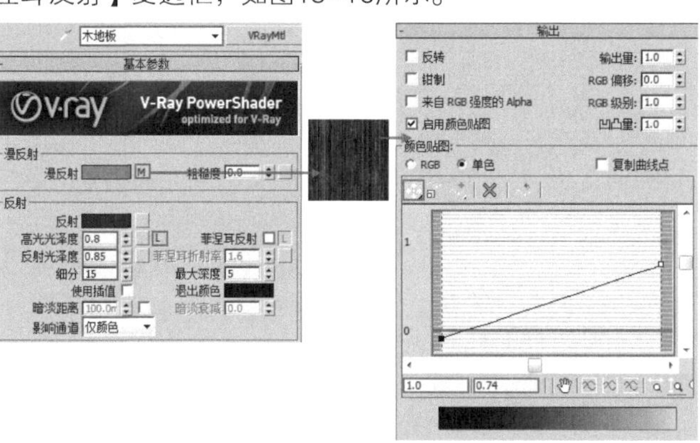

图13-16

03 选择地板模型，然后为其加载【UVW贴图】修改器，并设置【贴图】方式为【平面】，设置【长度】为2372.778mm、【宽度】为1443.723mm，最后设置【对齐】为【Z】，如图13-17所示。

04 将调节完成的【木地板】材质赋予场景中的地板模型，如图13-18所示。

图13-17

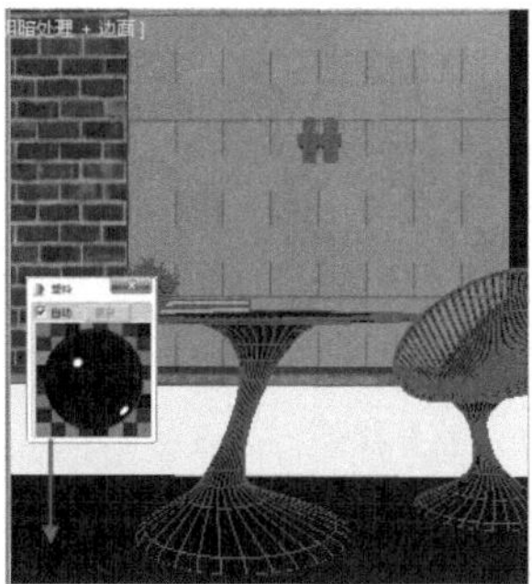

图13-18

实例203 目标平行光制作太阳光

01 单击（创建）|（灯光）|标准|目标平行光按钮，如图13-19所示。在【顶】视图中创建目标平行光，具体的位置如图13-20所示。

图13-19

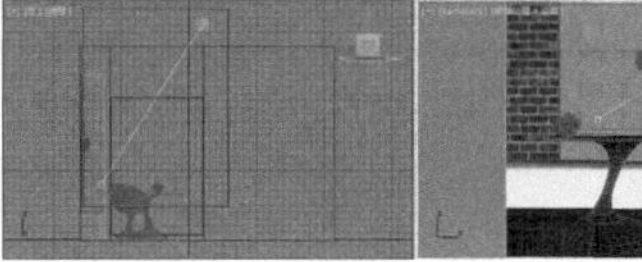

图13-20

02 选择上一步创建的目标平行光，在【阴影】选项组下勾选【启用】复选框，选择【VR-阴影】。在【强度/颜色/衰减】选项组下设置【倍增】为50.0，勾选【远距衰减】中的【使用】复选框，设置【结束】为6200.0mm，在【平行光参数】卷展栏下设置【聚光区/光束】为1060.0mm、【衰减区/区域】为1660.0mm。展开【VRay阴影参数】卷展栏，勾选【区域阴影】复选框，设置【U大小】、【V大小】和【W大小】均为100.0mm、【细分】为20，如图13-21所示。

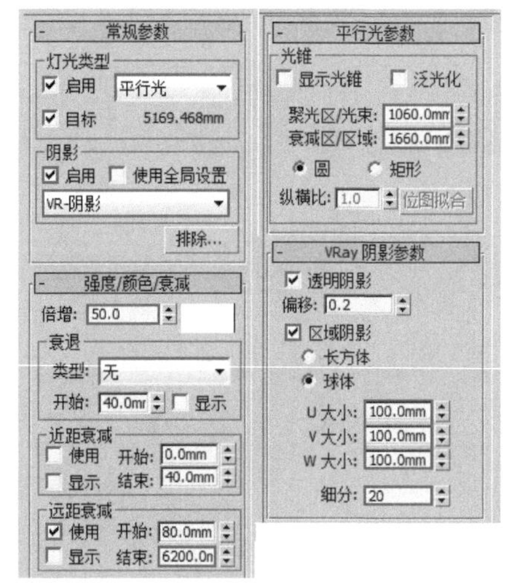

图13-21

实例204 VR灯光制作辅助灯光

01 单击（创建）|（灯光）|VRay|VR-灯光按钮，如图13-22所示。在【左】视图中创建VR灯光，具体的位置如图13-23所示。

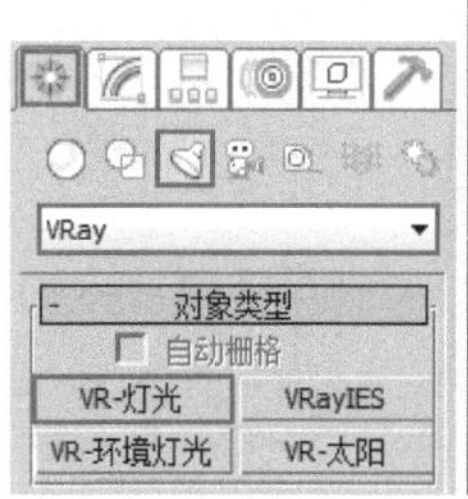

图13-22

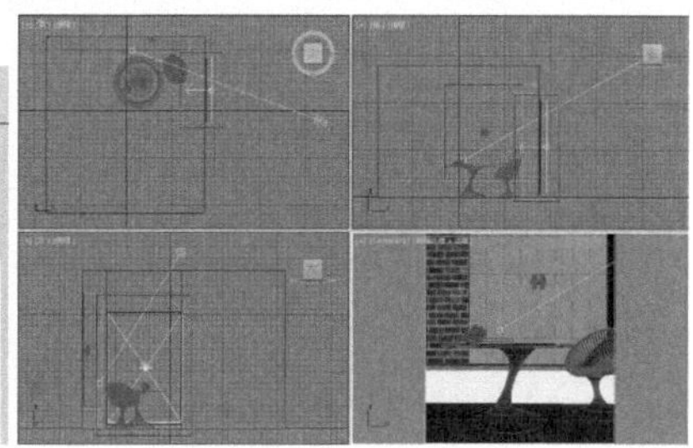

图13-23

02 选择上一步创建的VR灯光，然后在【常规】选项组下设置【类型】为【平面】，在【强度】选项组下调节【倍增】为10.0，调节【颜色】为浅橘色，在【大小】选项组下设置【1/2长】为970.0mm、【1/2宽】为680.0mm。勾选【不可见】复选框，在【采样】选项组下设置【细分】为20，如图13-24所示。

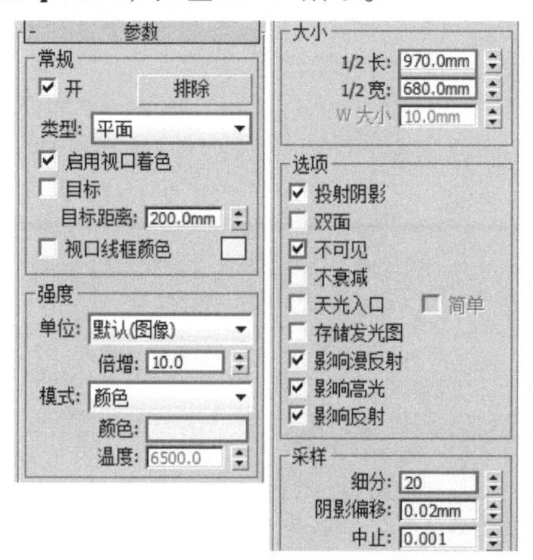

图13-24

03 单击（创建）|（灯光）|VRay|VR-灯光按钮，如图13-25所示。在【左】视图中创建VR灯光，具体的位置如图13-26所示。

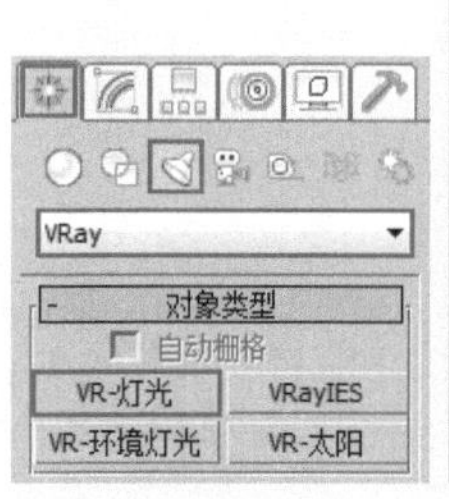

图13-25

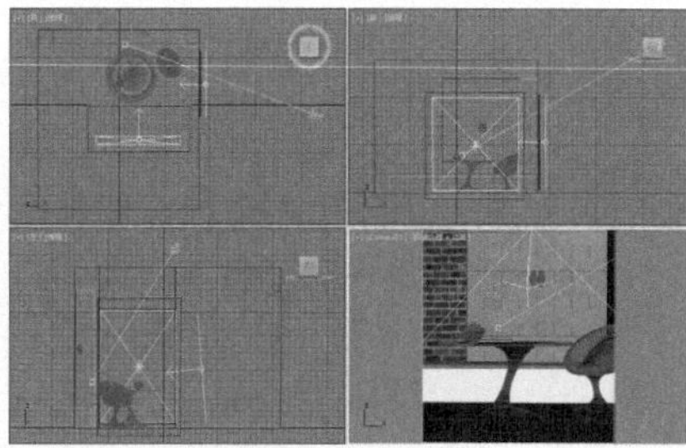

图13-26

04 选择上一步创建的VR灯光，然后在【常规】选项组下设置【类型】为【平面】，在【强度】选项组下调节【倍增】为3.0，调节【颜色】为淡蓝色，在【大小】选项组下设置【1/2长】为970.0mm、【1/2宽】为920.0mm。

勾选【不可见】复选框，在【采样】选项组下设置【细分】为15，如图13-27所示。

图13-27

实例205 设置摄影机

01 单击（创建）|（摄影机）|标准 | 目标 按钮，如图13-28所示。在【顶】视图中创建摄影机，具体的位置如图13-29所示。

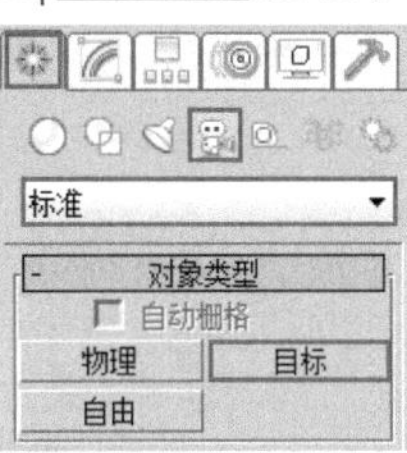

图13-28

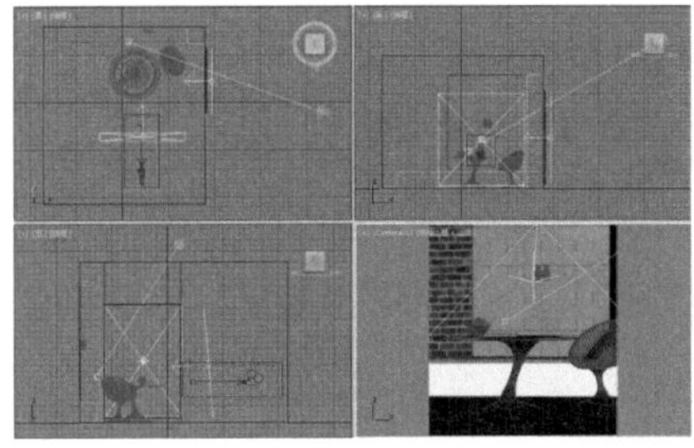

图13-29

02 选择上一步创建的目标摄影机，展开【参数】卷展栏，设置【镜头】为47.993mm，【视野】为41.118度，在最下方设置【目标距离】为1053.005mm，如图13-30所示。

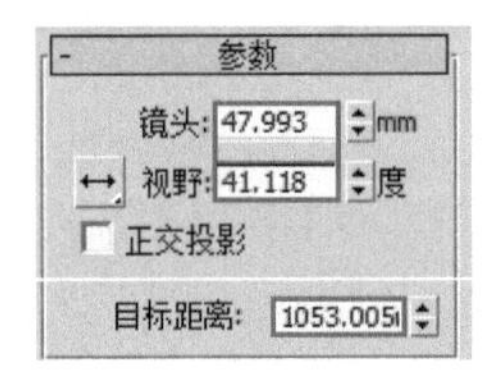

图13-30

实例206 设置成图渲染参数

01 按F10键，在打开的【渲染设置V-Ray Adv 3.00.08】对话框中重新设置渲染参数，选择【渲染器】为【V-Ray Adv 3.00.08】，选择【公用】选项卡，在【输出大小】选项组下设置【宽度】为1000、【高度】为1089，如图13-31所示。

图13-31

02 选择V-Ray选项卡，展开【帧缓冲区】卷展栏，取消勾选【启用内置帧缓冲区】复选框。展开【全局开关[无名汉化]】卷展栏，选择【专家模式】，取消勾选【概率灯光】、【过滤GI】、【最大光线强度】复选框。展开【图像采样器（抗锯齿）】卷展栏，设置【最小着色速率】为1，选择【过滤器】为【Mitchell-Netravali】。展开【全局确定性蒙特卡洛】卷展栏，设置【噪波阈值】为0.008，勾选【时间独立】复选框，设置【最小采样】为10。展开【环境】卷展栏，勾选【全局照明（GI）环境】复选框，将【颜色】调节为蓝灰色。展开【颜色贴图】卷展栏，选择【专家模式】，设置【类型】为【指数】，【伽玛】为1.0，勾选【子像素贴图】、【钳制输出】复选框，取消勾选【影响背景】复选框，选择【模式】为【颜色贴图和伽玛】，如图13-32所示。

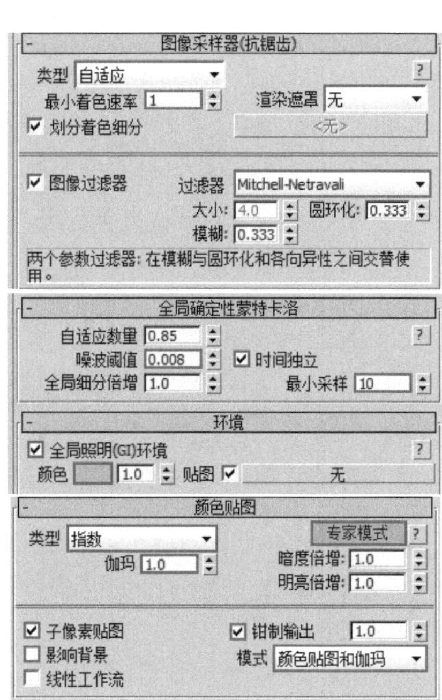

图13-32

03 选择GI选项卡，展开【全局照明】卷展栏，勾选【启用全局照明（GI）】复选框，选择【专家模式】，设置【二次引擎】为【灯光缓存】。展开【发光图】卷展栏，选择【专家模式】，设置【当前预设】为【非常低】，设置【插值采样】为30，勾选【显示直接光】复选框，选择【显示新采样为亮度】。展开【灯光缓存】卷展栏，选择【专家模式】，取消勾选【存储直接光】复选框，设置【插值采样】为10，如图13-33所示。

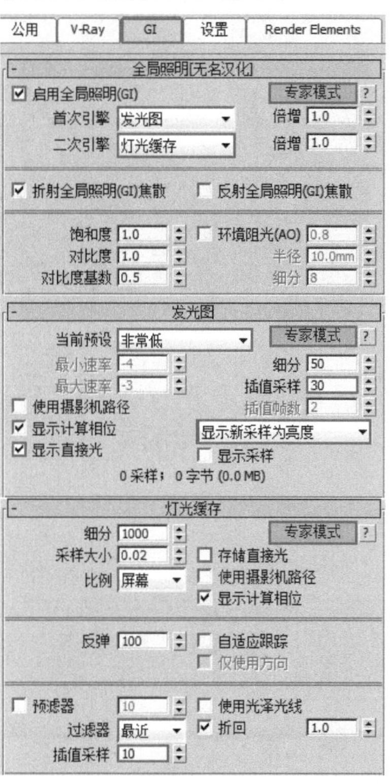

图13-33

04 最终的渲染效果如图13-34所示。

图13-34

第14章

别墅客厅设计

本章概述

别墅是一种高档的改善型住宅，主要分为5种类型，分别是独栋别墅、联排别墅、双拼别墅、叠加式别墅、空中别墅。通常提到别墅，给人的第一感觉是空间大、举架高，大气、高端、豪华。本例主要以VRayMtl材质、【VR-颜色】程序贴图、【衰减】程序贴图、【平铺】程序贴图、【混合】材质、【VR-灯光材质】材质制作别墅客厅的多种材质质感，使用VR太阳模拟日光效果，使用VR灯光模拟辅助灯光。

本章重点

- ◆ 使用VRayMtl材质、【衰减】程序贴图、【混合】材质、【VR-灯光材质】材质
- ◆ 使用VR太阳光、VR灯光

/ 佳 / 作 / 欣 / 赏 /

文件路径	第14章\别墅客厅设计	扫码深度学习
难易指数	★★★★★	
技术掌握	● VRayMtl材质 ●【VR-颜色】程序贴图 ●【衰减】程序贴图 ●【平铺】程序贴图 ●【混合】材质 ●【VR-灯光材质】材质 ● VR-太阳 ● VR-灯光	

操作思路

本例主要使用VRayMtl材质、【VR-颜色】程序贴图、【衰减】程序贴图、【平铺】程序贴图、【混合】材质、【VR-灯光材质】材质制作别墅客厅的多种材质质感，使用VR太阳模拟日光效果，使用VR灯光模拟辅助灯光。

案例效果

案例效果如图14-1所示。

图14-1

操作步骤

实例207 乳胶漆材质

01 打开本书配备的"第14章\14.max"文件，如图14-2所示。

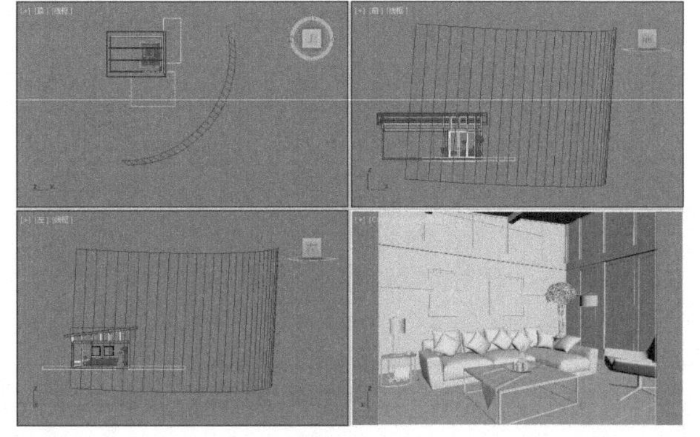

图14-2

02 按M键打开材质编辑器，选择一个空白材质球，单击 Standard 按钮，在弹出的【材质/贴图浏览器】对话框中选择VRayMtl材质，如图14-3所示。

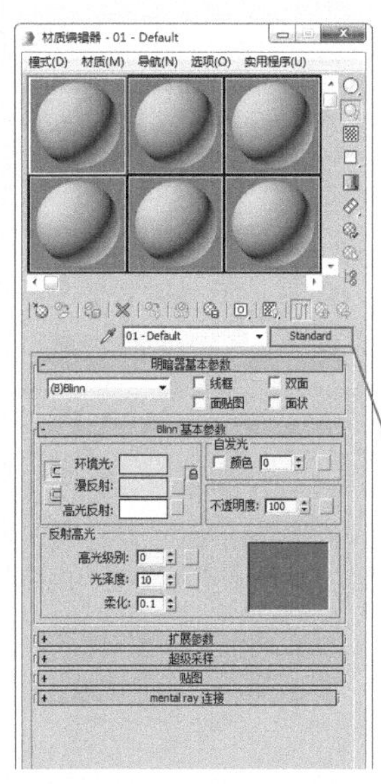

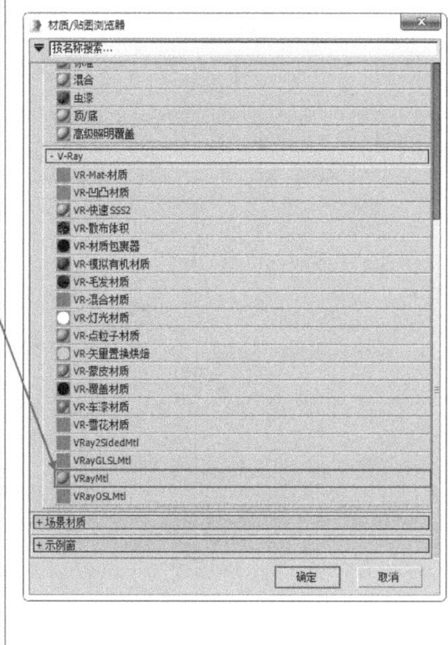

图14-3

03 将材质命名为【乳胶漆】，在【漫反射】后面的通道上加载【VR-颜色】程序贴图。展开【VRay颜色参数】卷展栏，设置【红】为0.899、【绿】为0.875、【蓝】为0.82，选择【伽玛校正】卷展栏下的【伽玛校正】为【指定】。取消勾选【菲涅尔反射】复选框，如图14-4所示。

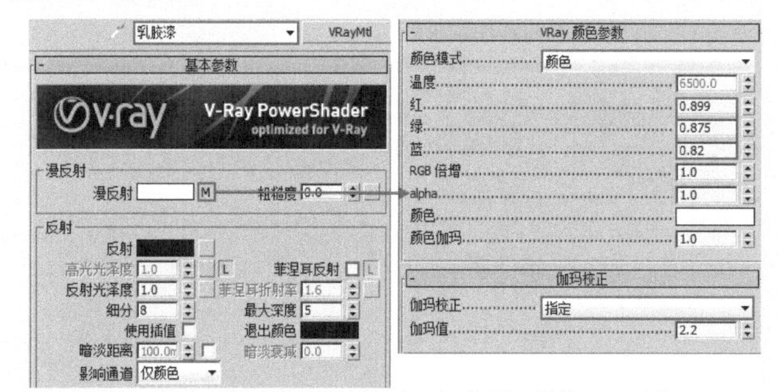

图14-4

04 将调节完成的【乳胶漆】材质赋予场景中的墙体模型，如图14-5所示。

图14-5

实例208 沙发材质

01 选择一个空白材质球，单击 Standard 按钮，在弹出的【材质/贴图浏览器】对话框中选择VRayMtl材质，如

图14-6所示。

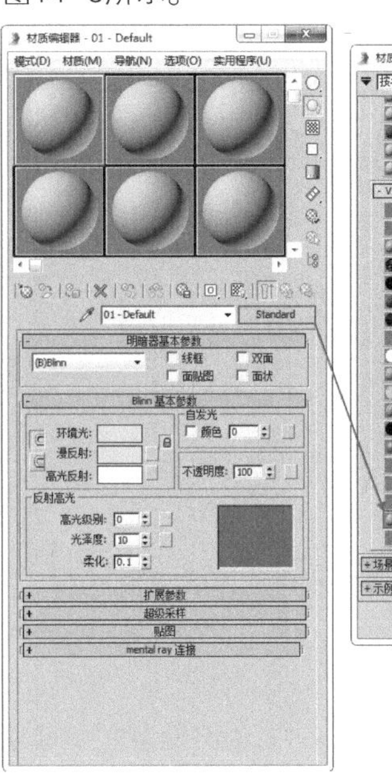

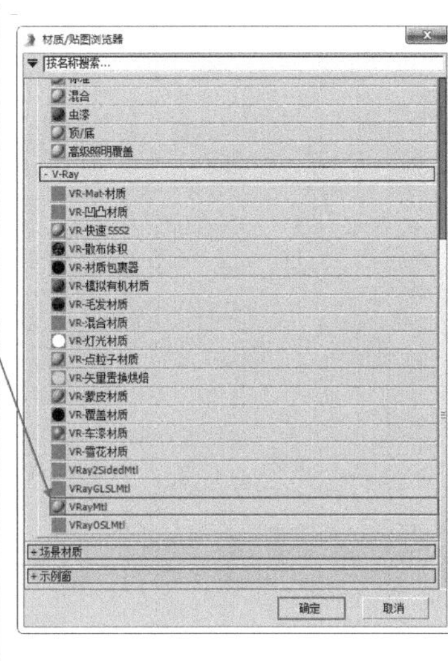

图14-6

02 将材质命名为【沙发】，在【漫反射】选项组下加载【衰减】程序贴图，分别在两个颜色后面的通道加载【43806 副本2daaadaa1.jpg】和【43806 副本2daaadaa2.jpg】贴图文件，展开【混合曲线】卷展栏，调节曲线样式。取消勾选【菲涅尔反射】复选框，如图14-7所示。

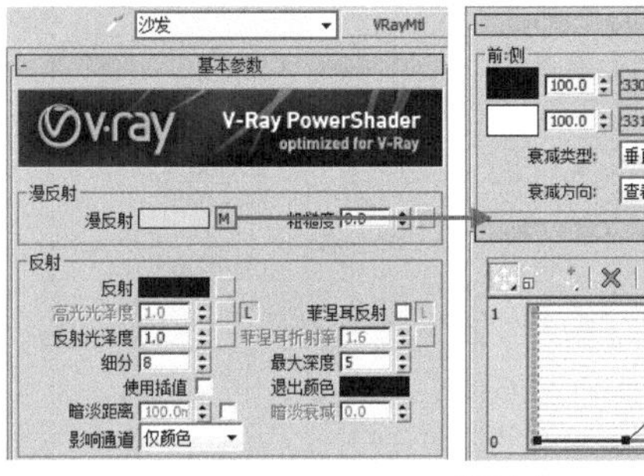

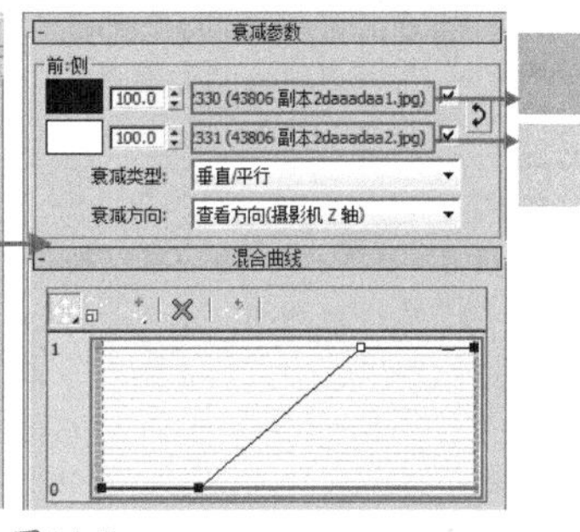

图14-7

03 选择沙发模型，然后为其加载【UVW贴图】修改器，并设置【贴图】方式为【长方体】，设置【长度】、【宽度】和【高度】均为600.0mm，最后设置【对齐】为【Z】，如图14-8所示。

图14-8

04 将调节完成的【沙发】材质赋予场景中的沙发模型，如图14-9所示。

图14-9

实例209 木地板材质

01 选择一个空白材质球，单击 Standard 按钮，在弹出的【材质/贴图浏览器】对话框中选择VRayMtl材质，如图14-10所示。

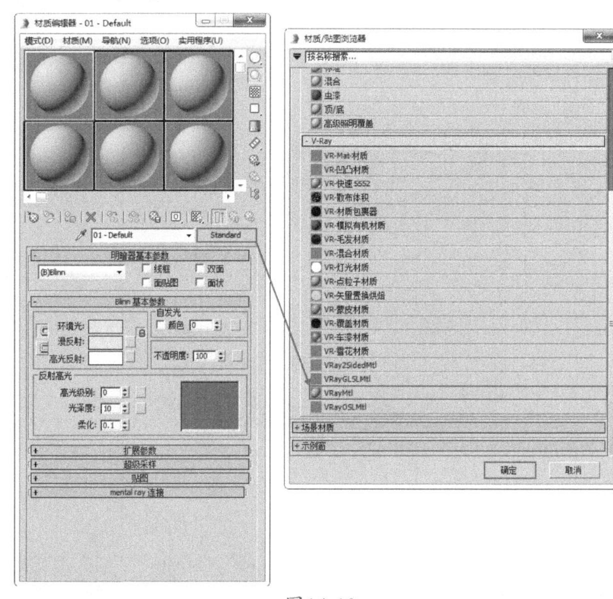

图14-10

02 将材质命名为【木地板】，在【漫反射】选项组下加载【平铺】程序贴图，选择【预设类型】为【自定义平铺】，在【高级控制】卷展栏下【纹理】后面的通道上加载【木纹地板.jpg】贴图文件，设置【水平数】为3.0、【垂直数】为8.0、【颜色变化】为0.1、【淡出变化】为0.7，在【杂项】选项组下设置【随机种子】为13452，在【堆垛布局】选项组下设置【线性移动】和【随机移动】均为0.2。单击【高光光泽度】后面的L按钮，调整其数值为0.85，设置【反射光泽度】为0.86，【细分】为10，取消勾选【菲涅耳反射】复选框。在【折射】选项组下设置【折射率】为2.0，如图14-11所示。

03 展开【贴图】卷展栏，将【漫反射】后面的贴图拖曳到【凹凸】的贴图通道上，设置方式为【复制】，并设置【凹凸】为80.0。展开【反射插值】卷展栏，设置【最小速率】为-3、【最大速率】为0。展开【折射插值】卷展栏，设置【最小速率】为-3、【最大速率】为0，如图14-12所示。

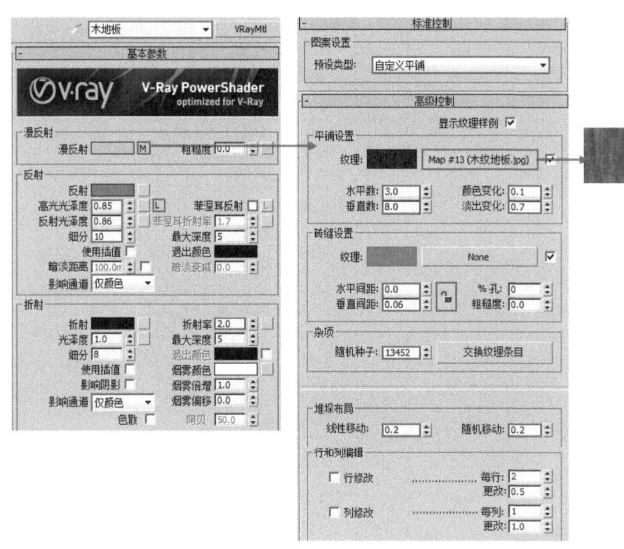

图14-11

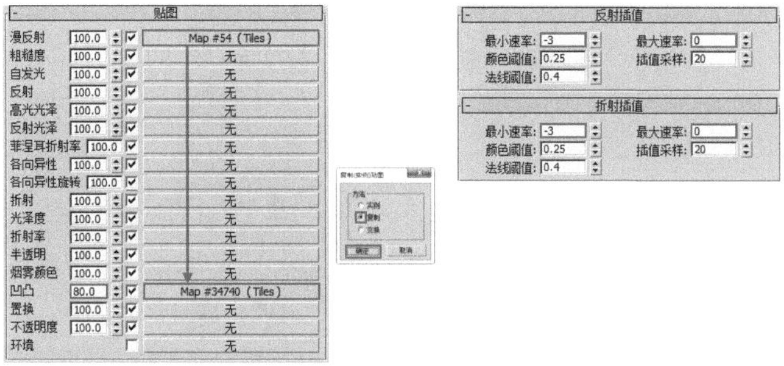

图14-12

04将调节完成的【木地板】材质赋予场景中的地板模型，如图14-13所示。

图14-13

实例210　地毯材质

01选择一个空白材质球，单击 Standard 按钮，在弹出的【材质/贴图浏览器】对话框中选择【混合】材质，选择【丢弃旧材质】选项，如图14-14所示。

02将材质命名为【地毯】，在【材质1】后面的通道加载VRayMtl材质，在【漫反射】选项组下加载【衰减】程序贴图，在黑色后面的通道上加载【43806 副本.jpg】贴图文件，并在【输出】卷展栏下勾选【启用颜色贴图】复选框，单击【移动】按钮，调整下方的数值为0.875。在白色后面的通道上加载【43806 副本.jpg】贴图文件，并在【输出】卷展栏下，勾选【启用颜色贴图】复选框，单击【移动】按钮，调整下方的数值为0.732。返回到【衰减参数】卷展栏，在【输出】卷展栏下勾选【启用颜色贴图】复选框，单击【移动】按钮，调整下方的数值为0.837。返回到【基本参数】卷展栏，在【反射】选项组下取消勾选【菲涅耳反射】复选框，如图14-15所示。

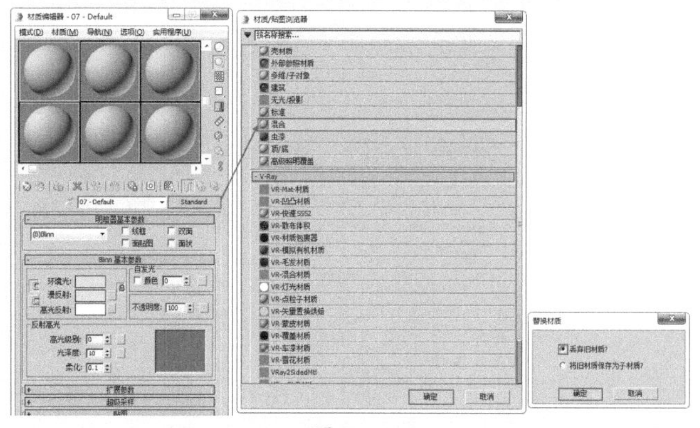

图14-14

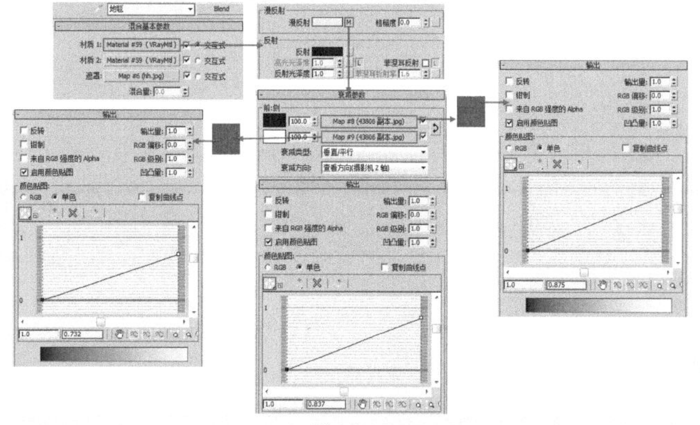

图14-15

03展开【贴图】卷展栏，在【凹凸】后面的贴图通道上加载【Arch30_towelbump5.jpg】贴图文件，在【坐标】卷展栏下设置【瓷砖】的【U】和【V】均为1.5、【角度】的【W】为45，并设置【凹凸】为44.0，如图14-16所示。

04返回到【混合基本参数】卷展栏，在【材质2】后面的通道加载VRayMtl材质，在【漫反射】选项组下加载【衰减】程序贴图，在黑色后面的通道上加载【43806 副本.jpg】贴图文件，并在【输出】卷展栏下勾选【启用颜色贴图】复选框，单击【移动】按钮，调整下方的数值为0.597。在白色后面的通道上加载【43806 副本.jpg】贴图文件，并在【输出】卷展栏下勾选【启用颜色贴图】复选框，单击【移动】按钮，调整下方的数值为0.453。返回到【衰减参数】卷展栏，在【输出】卷展栏下勾选【启用颜色贴图】复选框，单击【移动】按钮，调整下方的数值为0.607。返回到【基本参数】卷展栏，在【反射】选项组下取消勾选【菲涅耳反射】复选框，如图14-17所示。

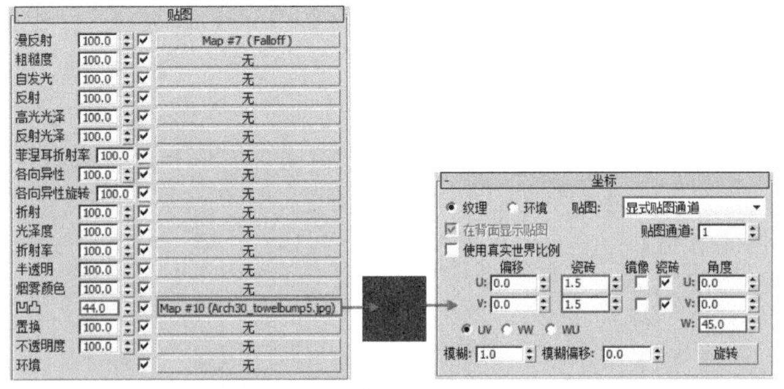

图14-16

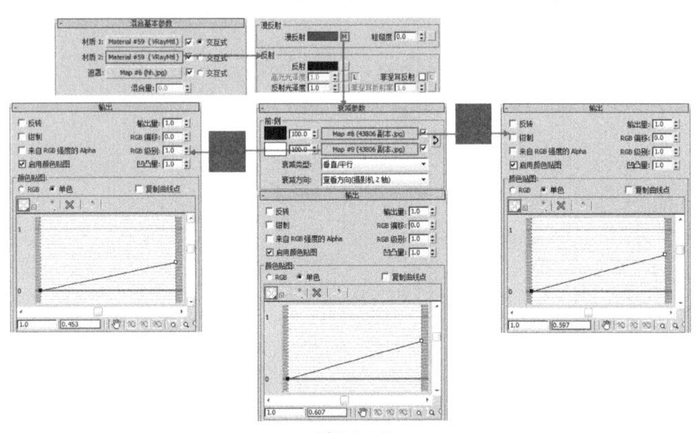

图14-17

05 展开【贴图】卷展栏，在【凹凸】后面的贴图通道上加载【Arch30_towelbump5.jpg】贴图文件，在【坐标】卷展栏下设置【瓷砖】的【U】和【V】均为1.5、【角度】的【W】为45.0，并设置【凹凸】为20.0，如图14-18所示。

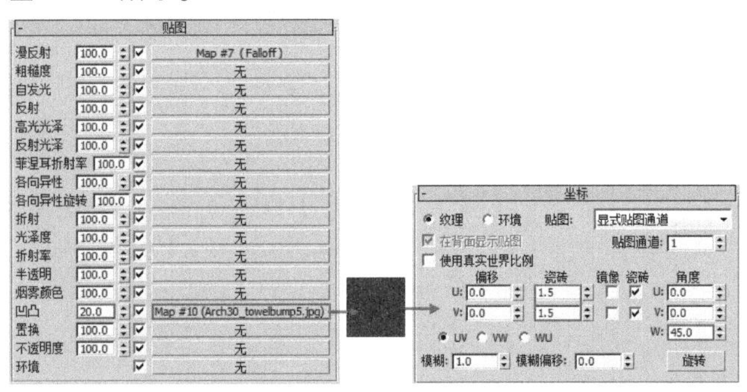

图14-18

06 回到【混合基本参数】卷展栏，在【遮罩】后面的通道加载【hh.jpg】贴图文件，并设置【瓷砖】的【U】为0.8、【V】为0.6，如图14-19所示。

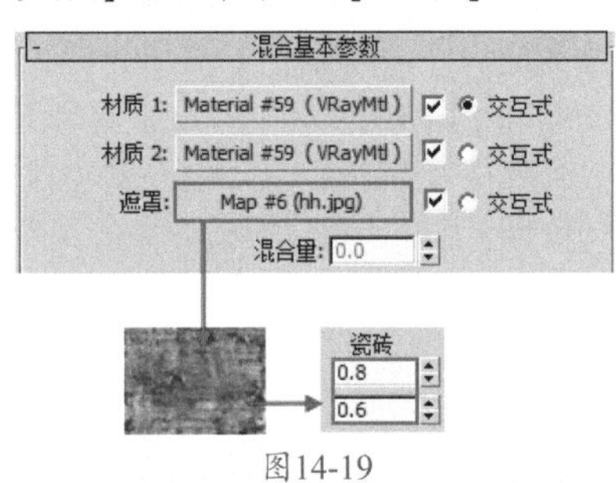

图14-19

07 选择地毯模型，然后为其加载【UVW贴图】修改器，并设置【贴图】方式为【长方体】，设置【长度】、【宽度】和【高度】均为600.0mm，最后设置【对齐】为【Z】，如图14-20所示。

图14-20

08 将调节完成的【地毯】材质赋予场景中的地毯模型，如图14-21所示。

图14-21

实例211 挂画材质

01 选择一个空白材质球，单击 Standard 按钮，在弹出的【材质/贴图浏览器】对话框中选择VRayMtl材质，如图14-22所示。

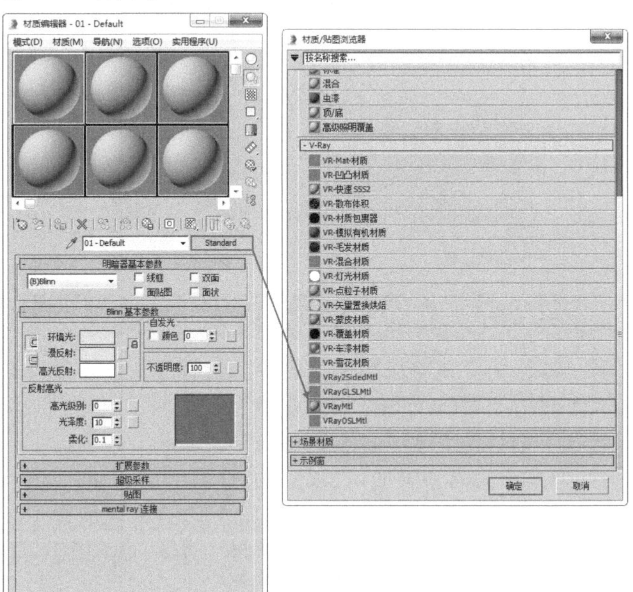

图14-22

02 将材质命名为【挂画】，在【漫反射】选项组下加载【雪景.jpg】贴图文件，取消勾选【菲涅耳反射】复选框，如图14-23所示。

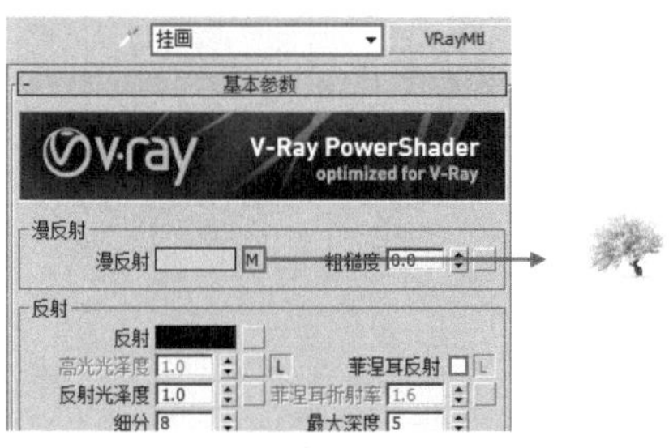

图14-23

03 将调节完成的【挂画】材质赋予场景中的挂画模型，如图14-24所示。

图14-24

实例212 窗外背景材质

01 选择一个空白材质球，单击 Standard 按钮，在弹出的【材质/贴图浏览器】对话框中选择【VR-灯光材质】材质，如图14-25所示。

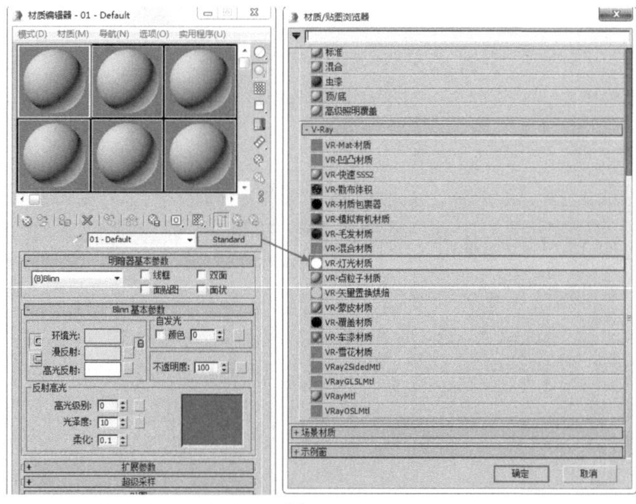

图14-25

02 将材质命名为【窗外背景】，在【颜色】后面的通道上加载【外景.tif】贴图文件，并设置数值为5.0，如图14-26所示。

03 将调节完成的【窗外背景】材质赋予场景中的窗户模型，如图14-27所示。

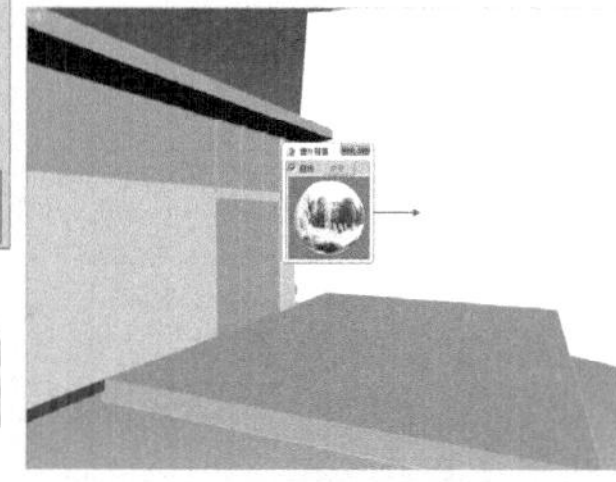

图14-26　图14-27

实例213 VR太阳制作太阳光

01 单击（创建）|（灯光）| VRay | VR-太阳 按钮，如图14-28所示。

02 在【左】视图中拖曳创建一盏VR太阳灯光，如图14-29所示。并在弹出的【VRay太阳】对话框中单击【是】按钮，如图14-30所示。

03 选择上一步创建的VR太阳灯光，在【VRay太阳参数】卷展栏设置【臭氧】为1.0、【强度倍增】为0.09、【大小倍增】为2.0、【阴影细分】为10、【光子发射半径】为500.0mm，如图14-31所示。

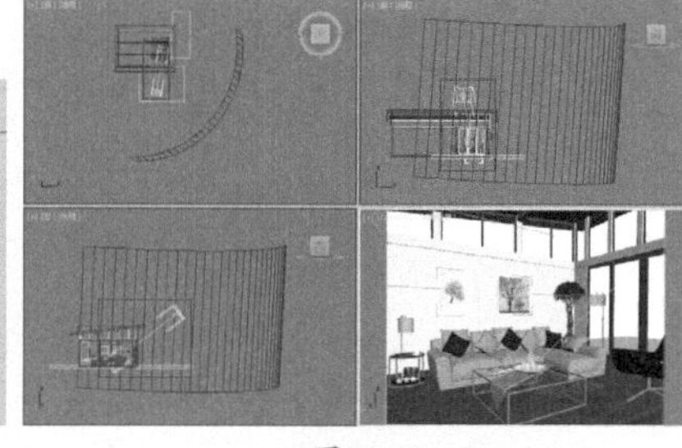

图14-28　图14-29

图14-30　图14-31

实例214 VR灯光制作辅助灯光

01 单击（创建）|（灯光）| VRay | VR-灯光 按钮，如图14-32所示。在【前】视图中创建VR灯光，具体的位置如图14-33所示。

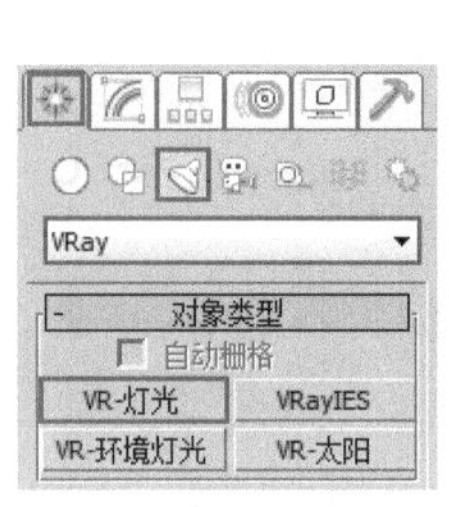

图14-32

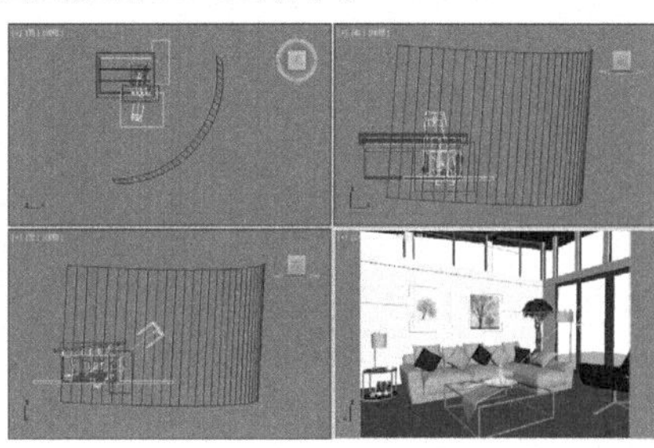

图14-33

02 选择上一步创建的VR灯光，然后在【常规】选项组下设置【类型】为【平面】，在【强度】选项组下调节【倍增】为4.0，调节【颜色】为淡蓝色，在【大小】选项组下设置【1/2长】为230.0mm、【1/2宽】为160.0mm。勾选【不可见】复选框，在【采样】选项组下设置【细分】为20，如图14-34所示。

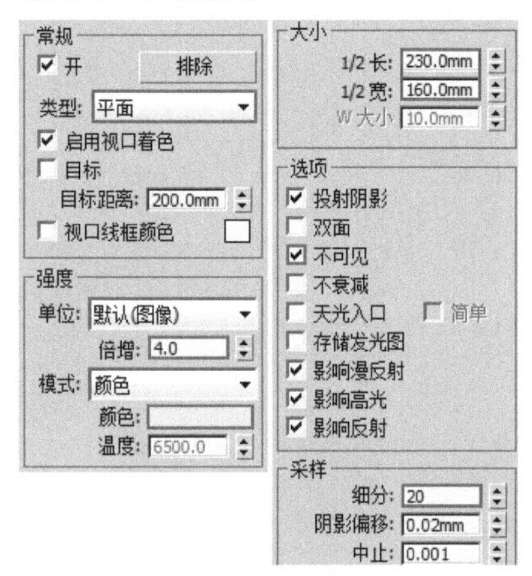

图14-34

03 单击（创建）|（灯光）| VRay | VR-灯光 按钮，如图14-35所示。在【左】视图中创建VR灯光，具体的位置如图14-36所示。

图14-35

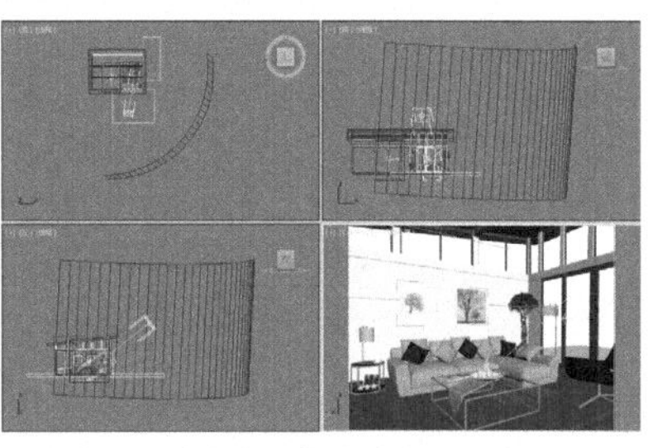

图14-36

04 选择上一步创建的VR灯光，然后在【常规】选项组下设置【类型】为【平面】，在【强度】选项组下调节【倍增】为4.0，调节【颜色】为白色，在【大小】选项组下设置【1/2长】为230.0mm、【1/2宽】为160.0mm。勾选【不可见】复选框，在【采样】选项组下设置【细分】为20，如图14-37所示。

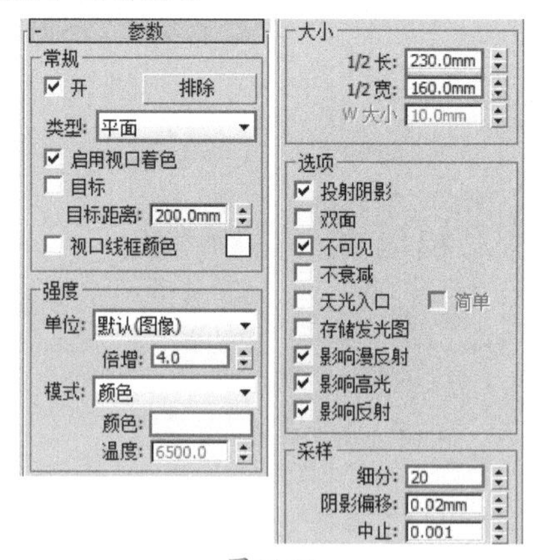

图14-37

实例215 设置摄影机

01 单击（创建）|（摄影机）| 标准 | 目标 按钮，如图14-38所示。在【顶】视图中创建摄影机，具体的位置如图14-39所示。

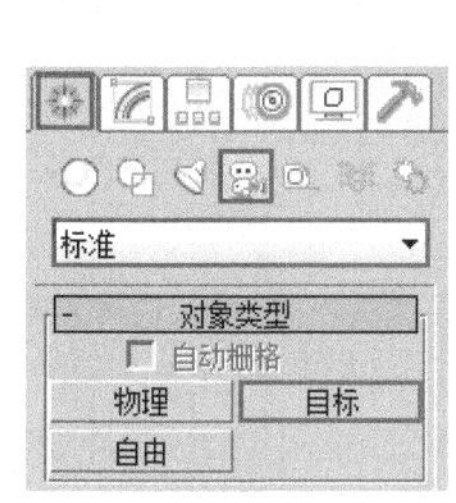

图14-38

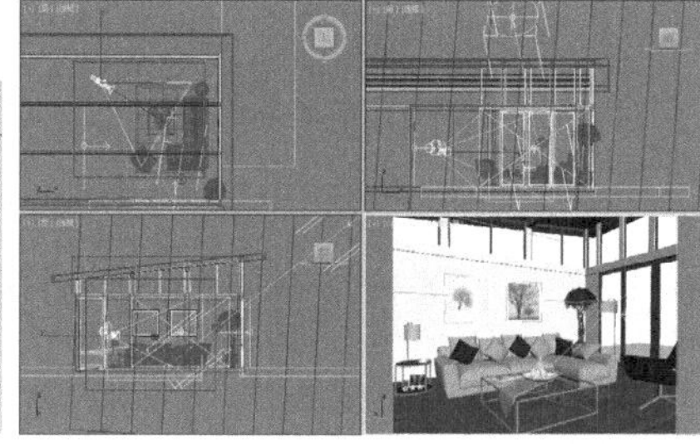

图14-39

02 选择上一步创建的目标摄影机，展开【镜头】卷展栏，设置【镜头】为29.047mm，【视野】为63.573度，在最下方设置【目标距离】为1.0mm，如图14-40所示。

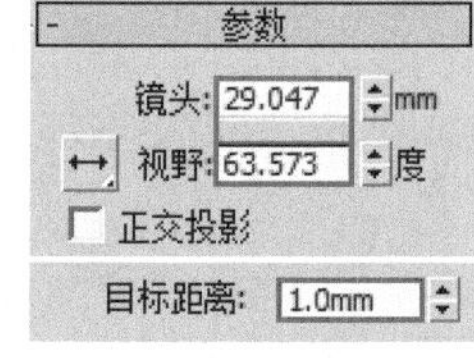

图14-40

实例216 设置成图渲染参数

01 按F10键，在打开的【渲染设置：V-Ray Adv 3.00.08】对话框中重新设置渲染参数，选择【渲染器】为【V-Ray Adv 3.00.08】，选择【公用】选项卡，在【输出大小】选项组下设置【宽度】为1500、【高度】为1125，如图14-41所示。

02 选择V-Ray选项卡，展开【帧缓冲区】卷展栏，取消勾选【启用内置帧缓冲区】复选框。展开【全局开关[无名汉化]】卷展栏，选择【专家模式】，取消勾选【概率灯光】、【最大光线强度】复选框。展开【图像采样器（抗锯齿）】卷展栏，设置【最小着色速率】为1，选择【过滤器】为【Catmull-Rom】。展开【全局确定性蒙特卡洛】卷展栏，勾选【时间独立】复选框。展开【环境】

卷展栏，勾选【全局照明（GI）环境】复选框。展开【颜色贴图】卷展栏，选择【专家模式】，设置【类型】为【指数】，【伽玛】为1.0，勾选【子像素贴图】复选框，勾选【钳制输出】复选框，选择【模式】为【颜色贴图和伽玛】，如图14-42所示。

图14-41

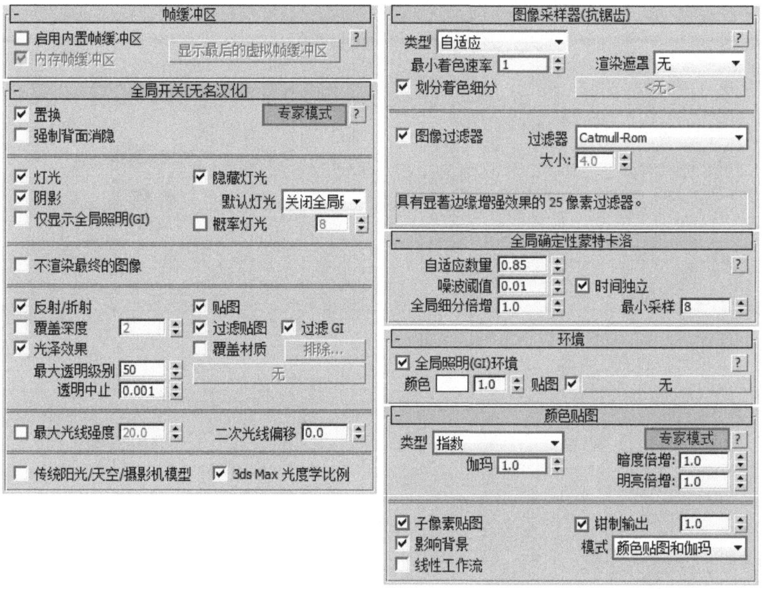

图14-42

03

选择GI选项卡，展开【全局照明】卷展栏，勾选【启用全局照明（GI）】复选框，选择【专家模式】，设置【二次引擎】为【灯光缓存】。展开【发光图】卷展栏，选择【专家模式】，设置【当前预设】为【低】，勾选【显示直接光】复选框，选择【显示新采样为亮度】。展开【灯光缓存】卷展栏，选择【专家模式】，取消勾选【显示计算相位】、【折回】复选框，设置【插值采样】为10，如图14-43所示。

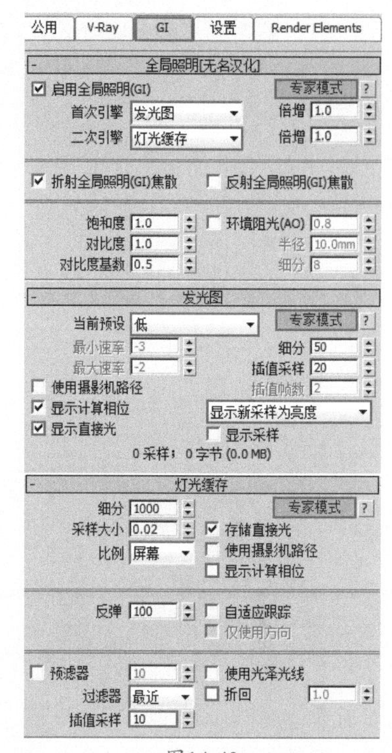

图14-43

04

最终的渲染效果如图14-44所示。

图14-44

第15章

夜晚卧室表现

卧室是提供人休息、睡眠的房间，在室内效果图制作时，除了白天的效果外，很多时候也需要制作夜晚的空间效果。制作夜晚的空间效果时，灯光的设置相对复杂一些，需要设置合理的室外光线效果和室内效果，此时注意室外和室内的冷、暖颜色对比。本例主要以【VR-灯光材质】材质、VRayMtl材质、【衰减】程序贴图、【VR-混合材质】材质制作卧室的多种材质质感，使用VR灯光模拟室外夜晚效果、台灯效果等，使用目标灯光模拟射灯灯光。

- ◆ 使用【VR-灯光材质】材质、VRayMtl材质
- ◆ 使用VR灯光

/ 佳 / 作 / 欣 / 赏 /

文件路径	第 15 章 \ 夜晚卧室表现
难易指数	★★★★★
技术掌握	●【VR- 灯光材质】材质 ● VRayMtl 材质 ●【衰减】程序贴图 ●【VR- 混合材质】材质 ● VR- 灯光 ● 目标灯光

扫码深度学习

操作思路

本例主要使用【VR-灯光材质】材质、VRayMtl材质、【衰减】程序贴图、【VR-混合材质】材质制作卧室的多种材质质感，使用VR灯光模拟室外夜晚效果、台灯效果等，使用目标灯光模拟射灯灯光。

案例效果

案例效果如图15-1所示。

图15-1

操作步骤

实例217 窗外背景材质

01 打开本书配备的“第15章\15.max”文件，如图15-2所示。

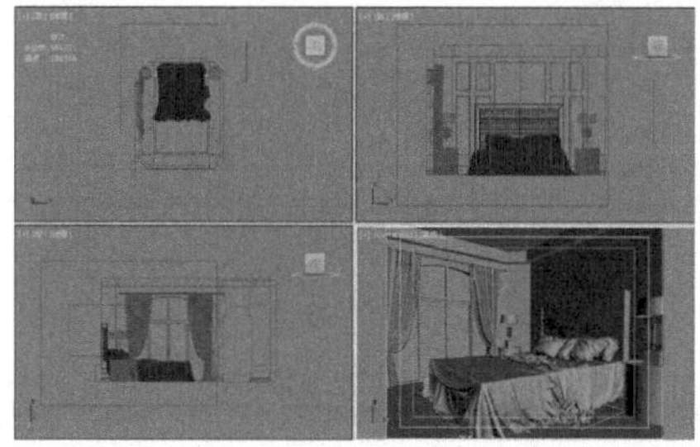

图15-2

02 按M键打开材质编辑器，选择一个空白材质球，单击 Standard 按钮，在弹出的【材质/贴图浏览器】对话框中选择【VR-灯光材质】材质，如图15-3所示。

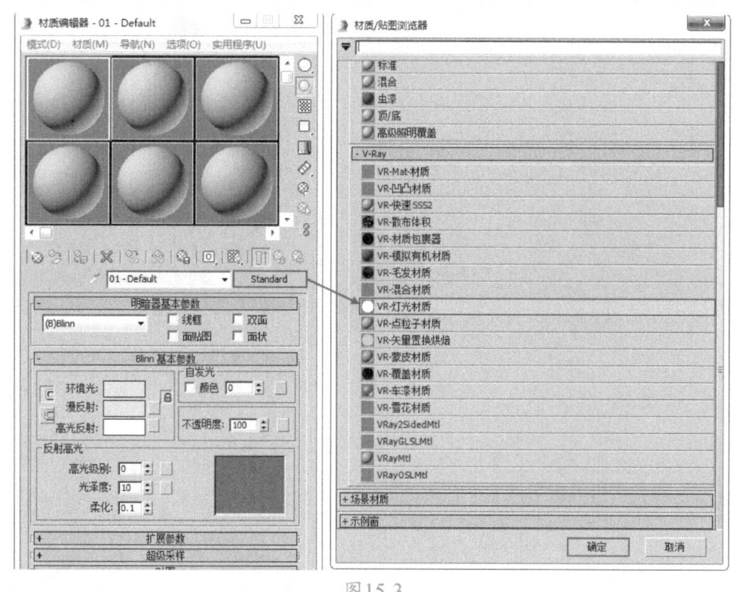

图15-3

03 将材质命名为【窗外背景】，在【颜色】后面的通道上加载【naturewe82.jpg】贴图文件，并设置数值为0.8，如图15-4所示。

04 选择窗户模型，然后为其加载【UVW贴图】修改器，并设置【贴图】方式为【长方体】，设置【长度】和【宽度】均为7000.0mm、【高度】为6006.0mm，最后设置【对齐】为【Z】，如图15-5所示。

图15-4

图15-5

05 将调节完成的【窗外背景】材质赋予场景中的窗户模型，如图15-6所示。

图15-6

实例218 窗帘材质

01 选择一个空白材质球，单击 Standard 按钮，在弹出的【材质/贴图浏览器】对话框中选择VRayMtl材质，如图15-7所示。

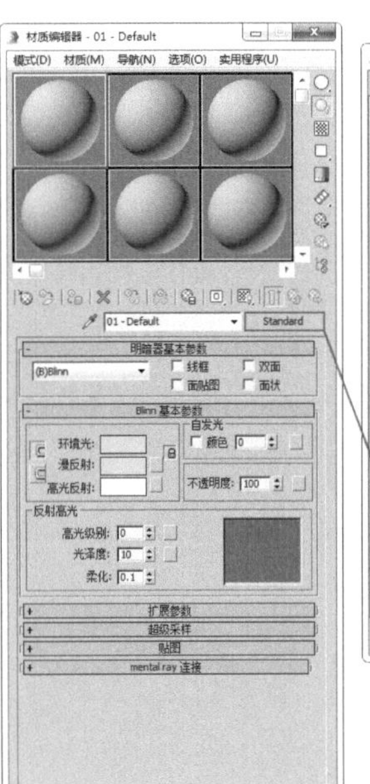
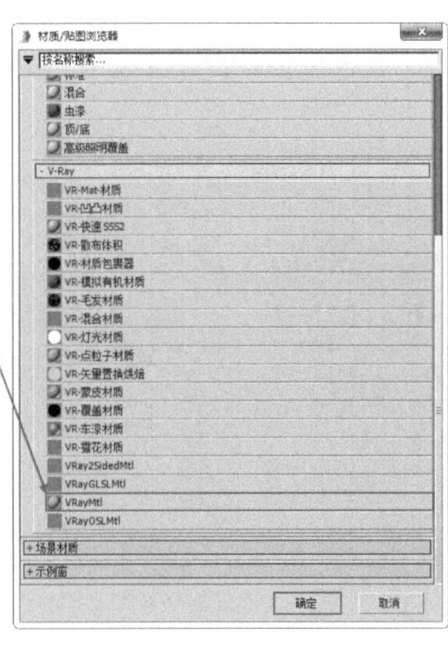

图15-7

02 将材质命名为【窗帘】，在【漫反射】选项组下加载【衰减】程序贴图，在黑色后面的通道上加载【2alpaca-15a.jpg】贴图文件，在白色后面的通道上加载【2alpaca-15awa.jpg】贴图文件。展开【混合曲线】卷展栏，调节曲线样式。在【反射】选项组下取消勾选【菲涅耳反射】复选框，如图15-8所示。

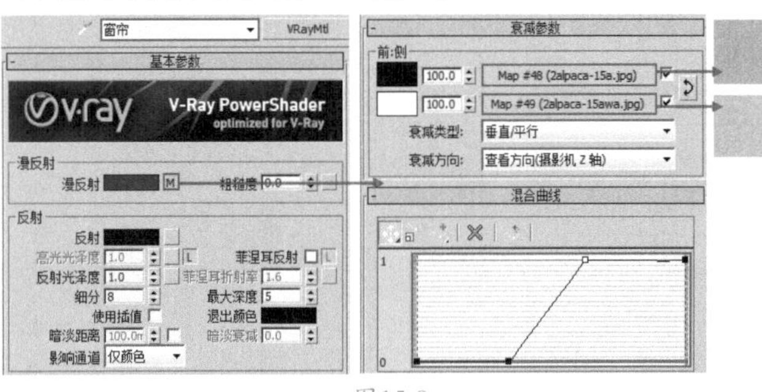

图15-8

03 选择窗帘模型，然后为其加载【UVW贴图】修改器，并设置【贴图】方式为【长方体】，设置【长度】、【宽度】和【高度】均为600.0mm，最后设置【对齐】为【Z】，如图15-9所示。

04 将调节完成的【窗帘】材质赋予场景中的窗帘模型，如图15-10所示。

图15-9

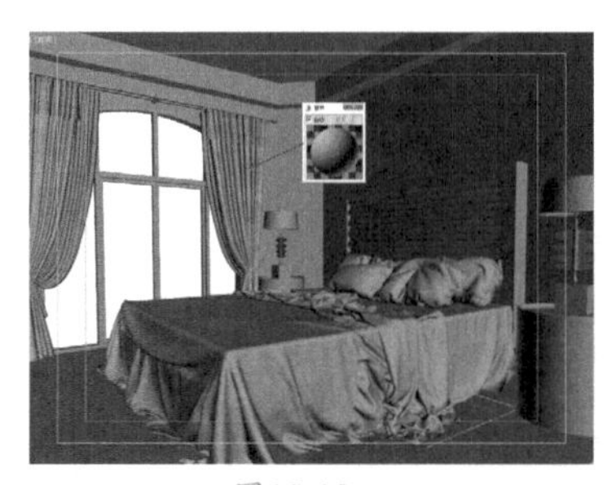

图15-10

实例219　床头材质

01 选择一个空白材质球，单击 Standard 按钮，在弹出的【材质/贴图浏览器】对话框中选择VRayMtl材质，如图15-11所示。

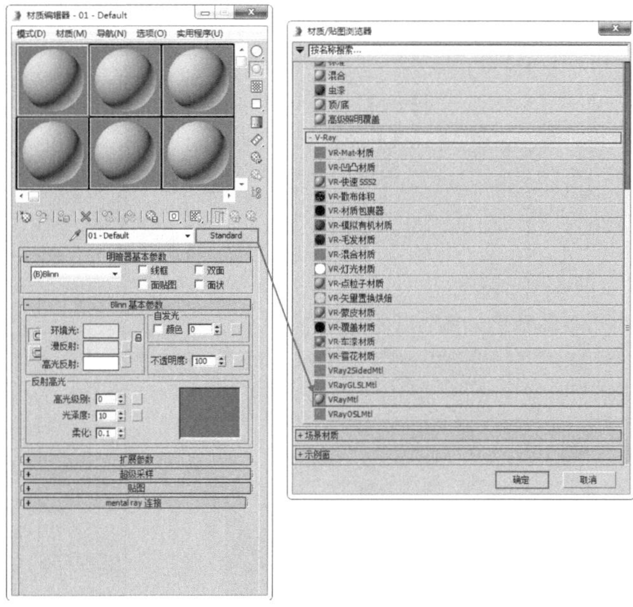

图15-11

02 将材质命名为【床头】，在【漫反射】选项组下调整【漫反射】颜色为棕色，设置【反射光泽度】为0.85。单击【菲涅耳反射】后面的L按钮，调整【菲涅耳折射率】为2，如图15-12所示。

03 将调节完成的【床头】材质赋予场景中的床头模型，如图15-13所示。

图15-12

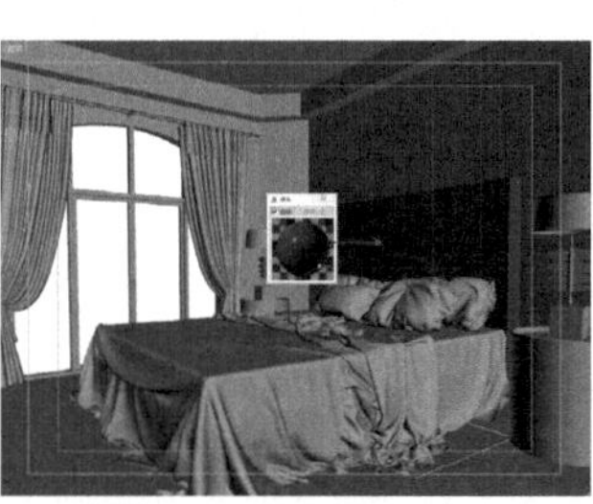

图15-13

实例220　床单材质

01 选择一个空白材质球，单击 Standard 按钮，在弹出的【材质/贴图浏览器】对话框中选择【VR-混合材质】材质，选择【丢弃旧材质】选项，如图15-14所示。

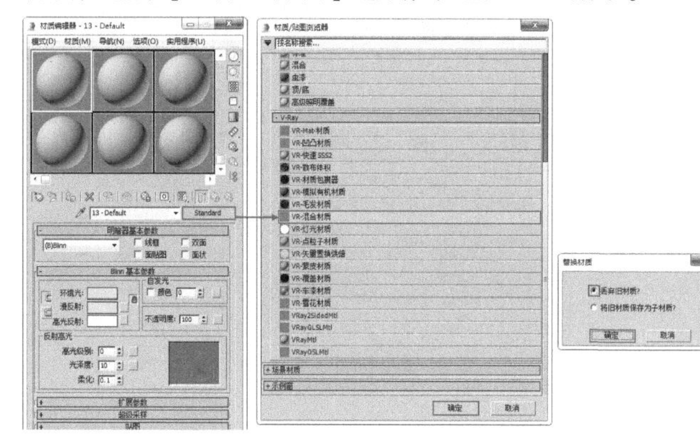

图15-14

02 将材质命名为【床单】，在【基本材质】通道上加载VRayMtl材质。单击进入【基本材质】的通道中，在【漫反射】选项组下加载【衰减】程序贴图，将第二个颜色调节为黑色。取消勾选【菲涅耳反射】复选框，如图15-15所示。

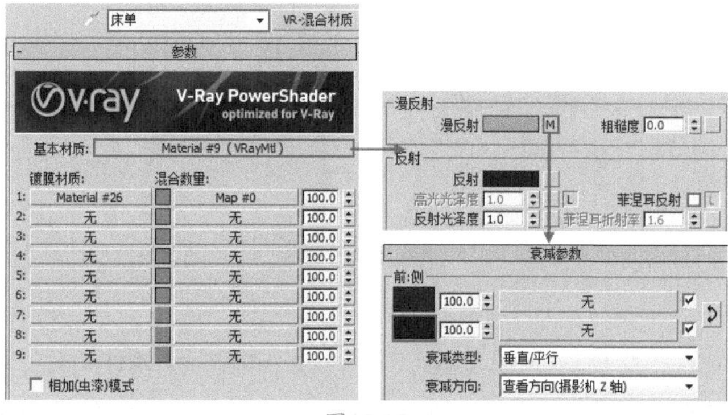

图15-15

03 展开【贴图】卷展栏，在【凹凸】通道上加载【501603-1-7.jpg】贴图文件，并设置【瓷砖】的【U】、【V】均为3.0，如图15-16所示。

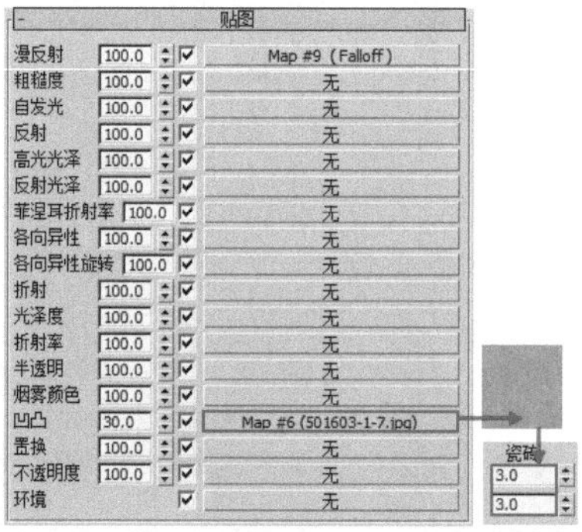

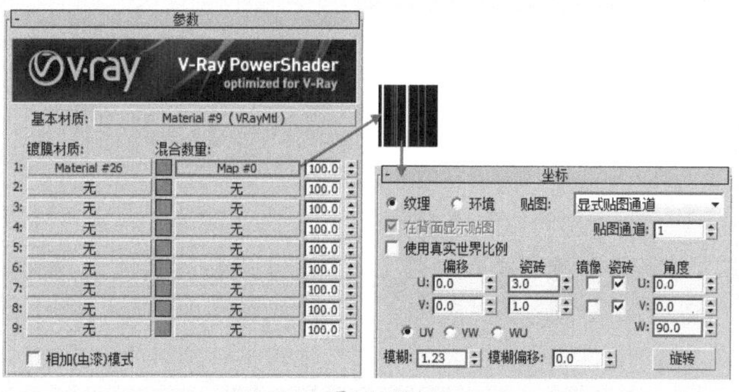

图15-16

04 在【镀膜材质1】通道上加载VRayMtl材质，在【漫反射】选项组下加载【衰减】程序贴图，将第二个颜色调节为黑色，如图15-17所示。

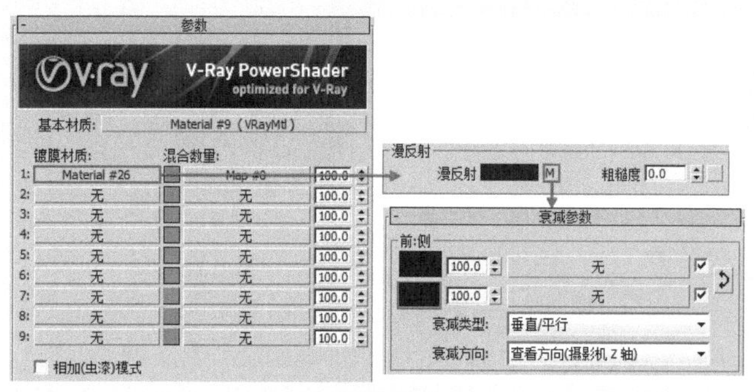

图15-17

05 继续在【镀膜材质1】通道上展开【贴图】卷展栏，在【凹凸】通道上加载【501603-1-7.jpg】贴图文件，并设置【瓷砖】的【U】、【V】均为3.0，如图15-18所示。

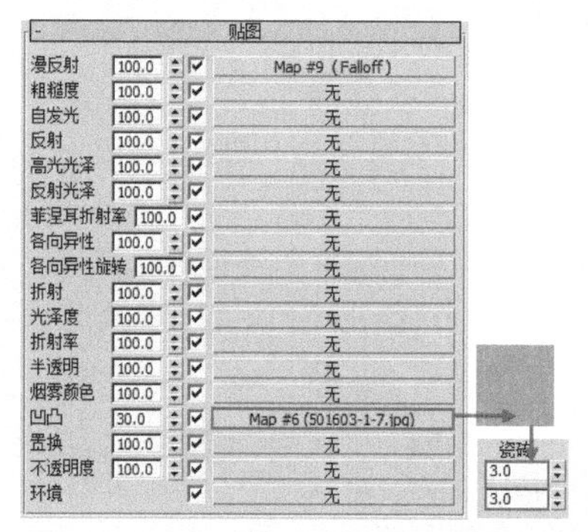

图15-18

06 在【混合数量1】通道上加载【501603-2-7.jpg】程序贴图，设置【瓷砖】的【U】为3.0、【角度】的【W】为90.0、【模糊】为1.23，如图15-19所示。

图15-19

07 将调节完成的【床单】材质赋予场景中的床单模型，如图15-20所示。

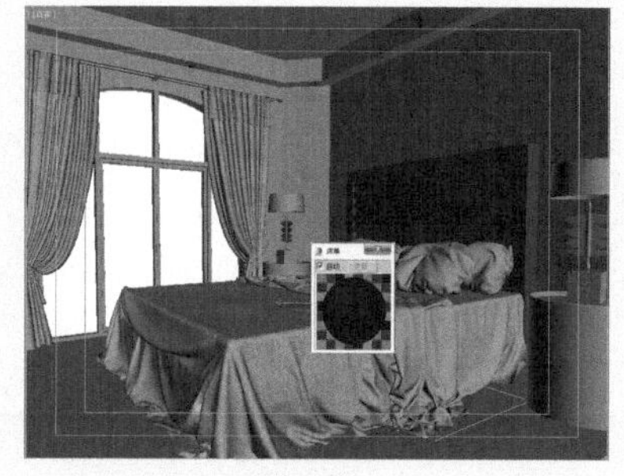

图15-20

实例221 被子材质

01 选择一个空白材质球，单击 Standard 按钮，在弹出的【材质/贴图浏览器】对话框中选择【VR-混合材质】材质，选择【丢弃旧材质】选项，如图15-21所示。

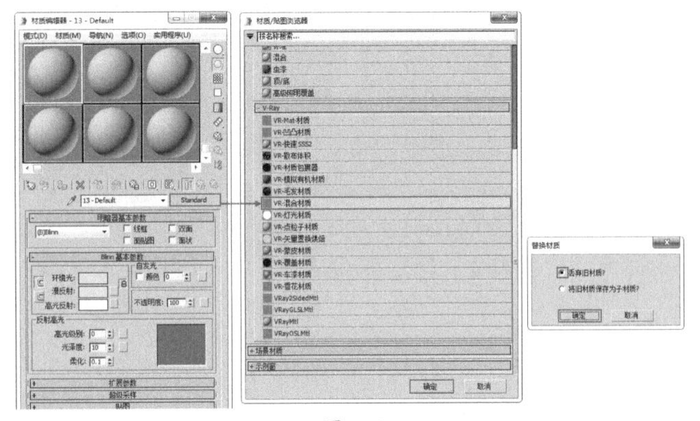

图15-21

02 将材质命名为【被子】，在【基本材质】通道上加载VRayMtl材质。单击进入【基本材质】的通道中，在【漫反射】选项组下调整【漫反射】颜色为黑色。展开【贴图】卷展栏，在【凹凸】通道上加载【501603-1-7.jpg】贴图文件，如图15-22所示。

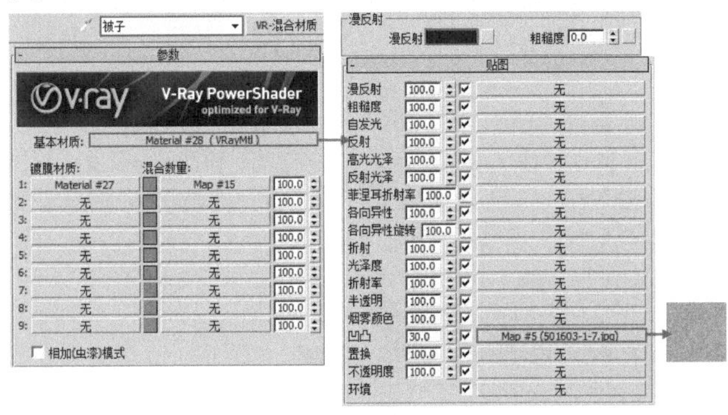

图15-22

03 在【镀膜材质1】通道上加载VRayMtl材质，在【漫反射】选项组下调整【漫反射】颜色为黑色，取消勾选【菲涅耳反射】复选框，展开【贴图】卷展栏，在【凹凸】通道上加载【501603-1-7.jpg】贴图文件，并设置【瓷砖】的【U】、【V】均为3.0，如图15-23所示。

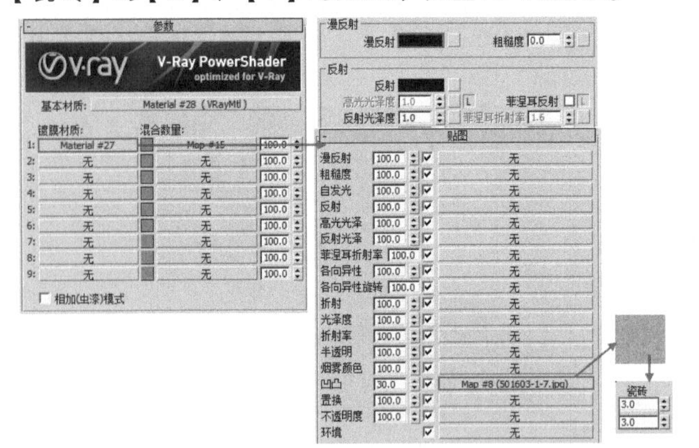

图15-23

04 在【混合数量1】通道上加载【501603-3-7.jpg】程序贴图，设置【瓷砖】的【U】为2.0、【V】为1.3，如图15-24所示。

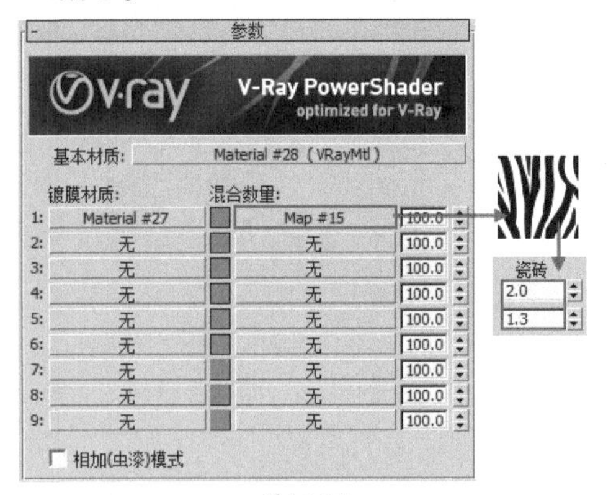

图15-24

05 将调节完成的【被子】材质赋予场景中的被子模型，如图15-25所示。

图15-25

实例222 地毯材质

01 选择一个空白材质球，单击 Standard 按钮，在弹出的【材质/贴图浏览器】对话框中选择VRayMtl材质，如图15-26所示。

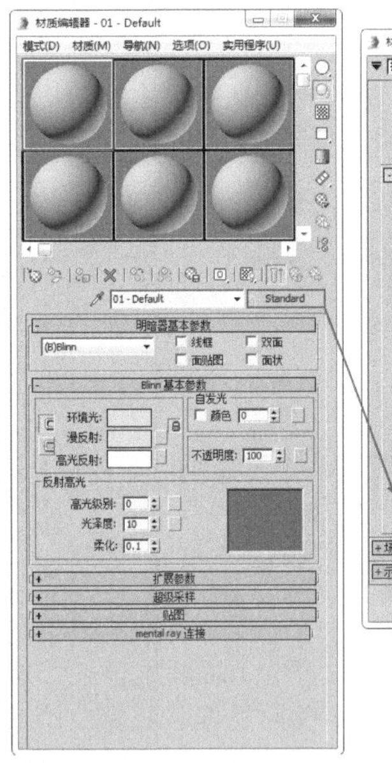

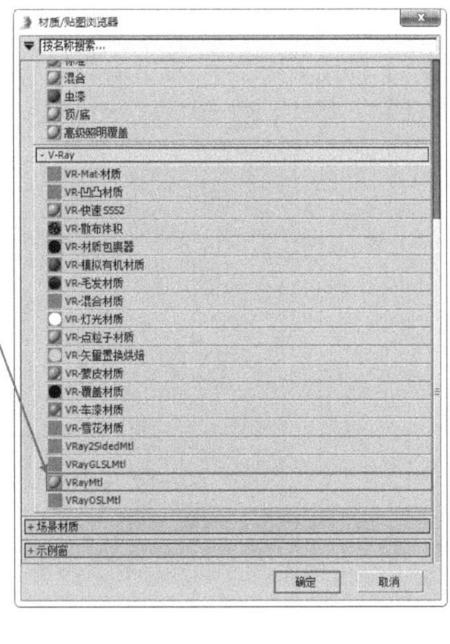

图15-26

02将材质命名为【地毯】，在【漫反射】选项组下加载【43812 副本1.jpg】贴图文件，在【反射】选项组下加载【衰减】程序贴图，将第二个颜色调节为蓝色，设置【衰减类型】为Fresnel，如图15-27所示。

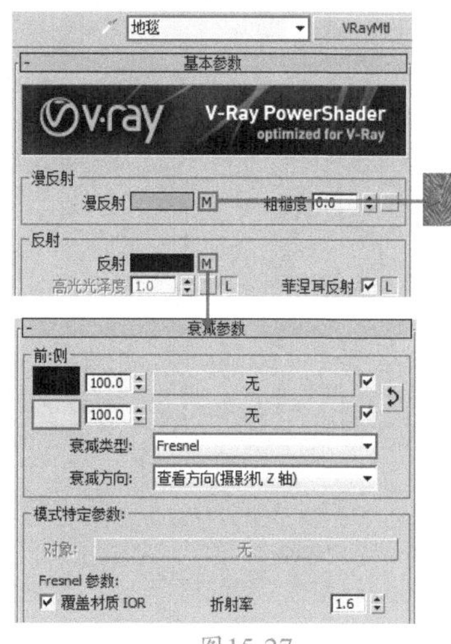

图15-27

03将调节完成的【地毯】材质赋予场景中的地毯模型，如图15-28所示。

图15-28

实例223 灯罩材质

01选择一个空白材质球，单击 Standard 按钮，在弹出的【材质/贴图浏览器】对话框中选择VRayMtl材质，如图15-29所示。

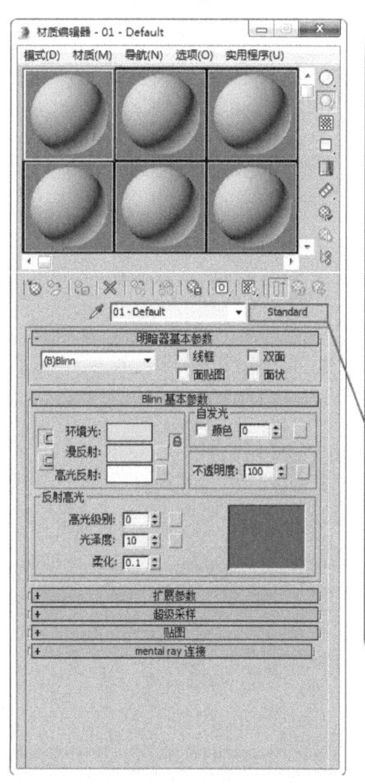
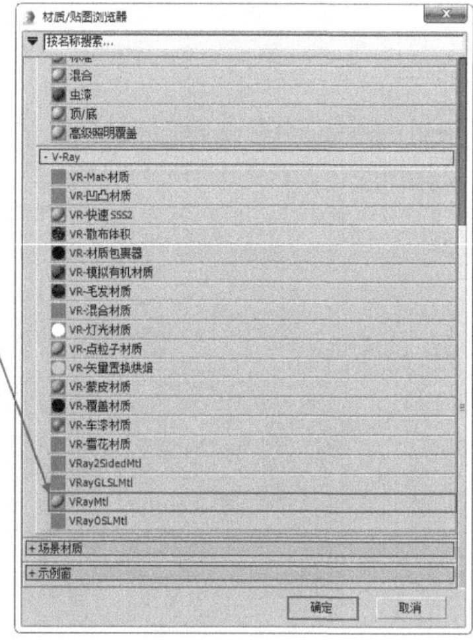
图15-29

02将材质命名为【灯罩】，在【漫反射】选项组下加载【Archmodels59_ cloth_026l.jpg】贴图文件，取消【菲涅耳反射】复选框。在【反射】选项组下加载【衰减】程序贴图，将第二个颜色调节为黑色。设置【光泽度】为0.75，勾选【影响阴影】复选框，如图15-30所示。

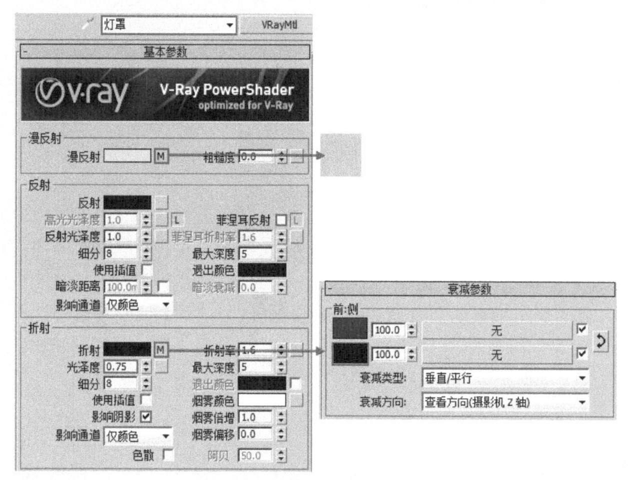

图15-30

03选择灯罩模型，然后为其加载【UVW贴图】修改器，并设置【贴图】方式为【长方体】，设置【长度】、【宽度】和【高度】均为300.0mm，最后设置【对齐】为【Z】，如图15-31所示。

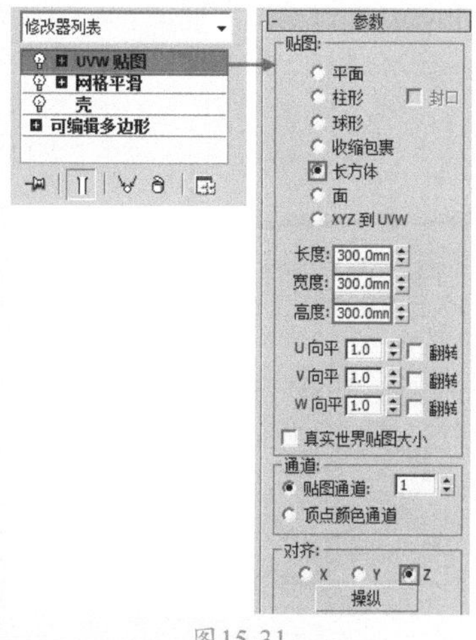

图15-31

04将调节完成的【灯罩】材质赋予场景中的灯罩模型，如图15-32所示。

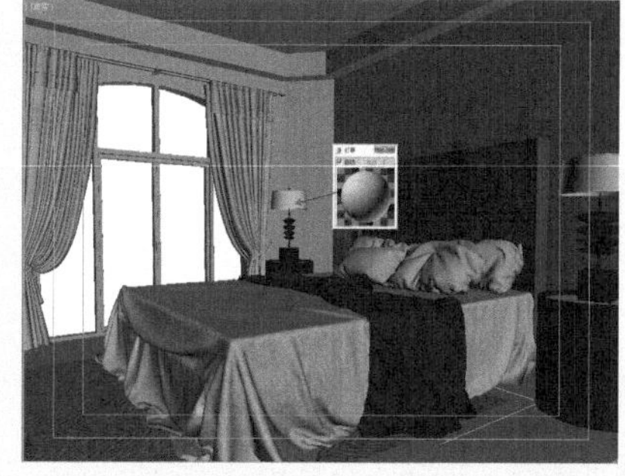
图15-32

实例224 VR灯光制作灯罩灯光

01单击（创建）（灯光）VRay VR-灯光按钮，如图15-33所示。在【顶】视图中创建VR灯光，具体的位置如图15-34所示。

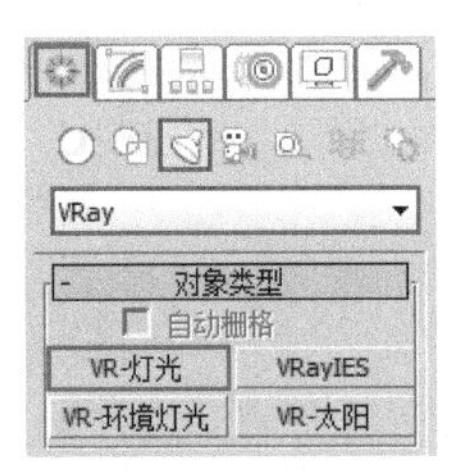

图15-33

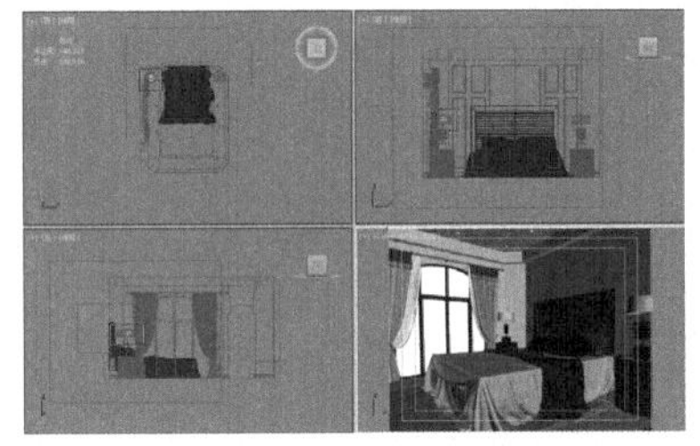

图15-34

02 选择上一步创建的VR灯光，在【常规】选项组下设置【类型】为【球体】，在【强度】选项组下设置【倍增】为50.0，设置【颜色】为橘色，在【大小】选项组下设置【半径】为60.0mm。在【选项】选项组下勾选【不可见】复选框，在【采样】选项组下设置【细分】为16，如图15-35所示。

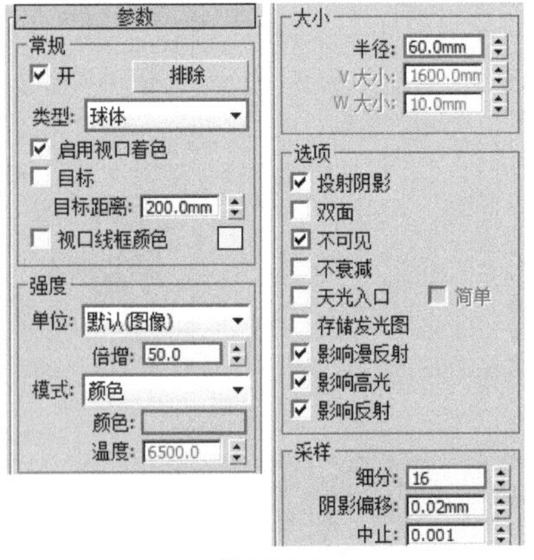

图15-35

03 单击（创建）|（灯光）| VRay | VR-灯光 按钮，如图15-36所示。在【前】视图中创建VR灯光，具体的位置如图15-37所示。

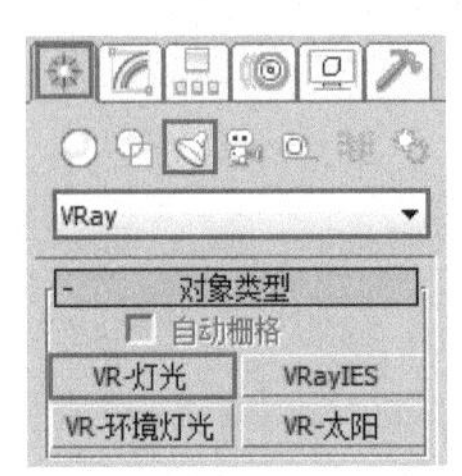

图15-36

04 选择上一步创建的VR灯光，使用【选择并移动】工具复制1盏，其具体位置如图15-38所示。

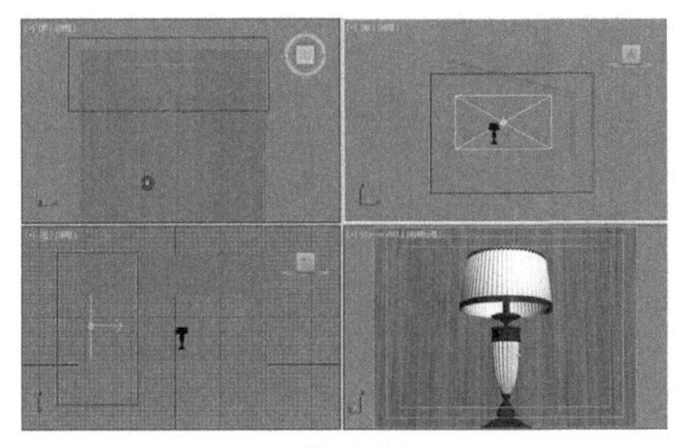

图15-37

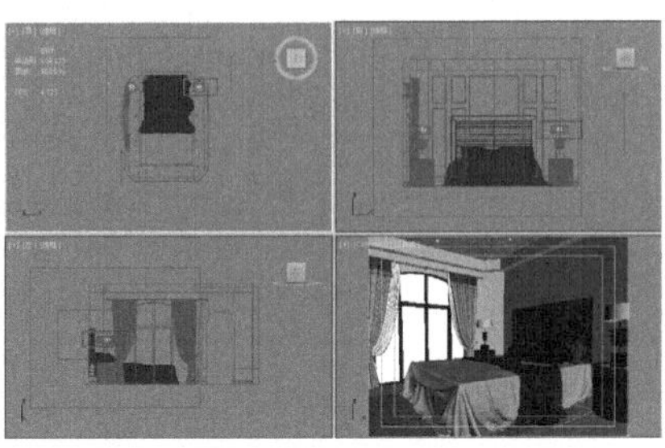

图15-38

实例225 目标灯光制作射灯

01 单击（创建）|（灯光）| 光度学 | 目标灯光 按钮，如图15-39所示。在【左】视图中创建目标灯光，具体的位置如图15-40所示。

图15-39

图15-40

02 选择上一步创建的目标灯光，展开【常规参数】卷展栏，在【阴影】选项组下勾选【启用】复选框并设置为【VR-阴影】，设置【灯光分布（类型）】为【光度学Web】。展开【分布（光度学Web）】卷展栏，并在通道上加载【射灯.ies】文件。展开【强度/颜色/衰减】卷展栏，设置【过滤颜色】为橙色，设置【强度】为cd和120000.0。展开【VRay阴影参数】卷展栏，勾选【区域阴影】复选框，如图15-41所示。

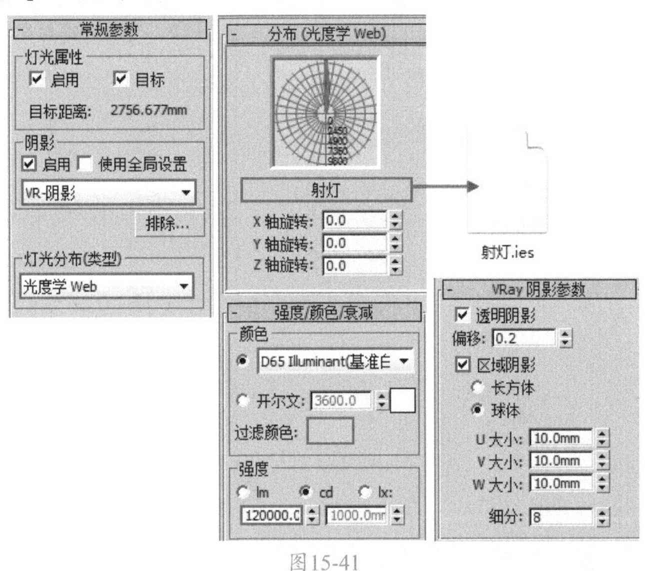

图15-41

03 选择上一步创建的目标灯光，使用【选择并移动】工具复制11盏，不需要进行参数的调整。其具体位置如图15-42所示。

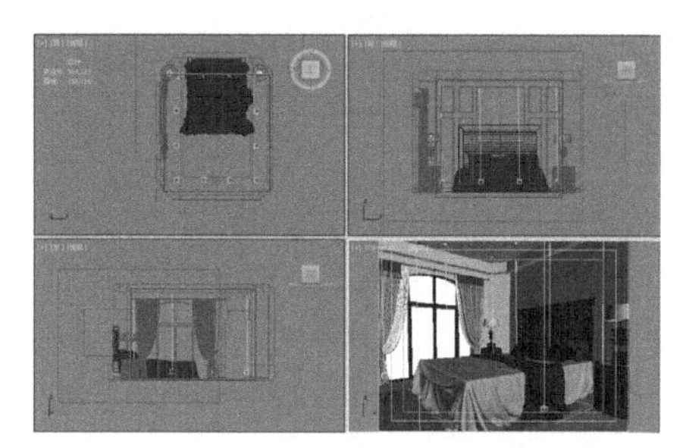

图15-42

实例226　VR灯光制作辅助灯光

01 单击（创建）|（灯光）| VRay | VR-灯光 按钮，如图15-43所示。在【前】视图中创建 VR灯光，具体的位置如图15-44所示。

图15-43

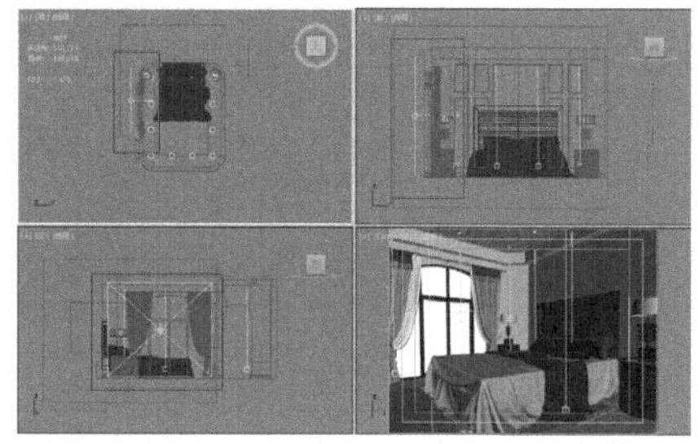

图15-44

02 选择上一步创建的VR灯光，然后在【常规】选项组下设置【类型】为【平面】，在【强度】选项组下调节【倍增】为20.0，调节【颜色】为深蓝色，在【大小】选项组下设置【1/2长】为1800.0mm、【1/2宽】为1600.0mm。勾选【不可见】复选框，在【采样】选项组下设置【细分】为16，如图15-45所示。

图15-45

03 单击（创建）|（灯光）| VRay | VR-灯光 按钮，如图15-46所示。在【左】视图中创建 VR灯光，具体的位置如图15-47所示。

图15-46

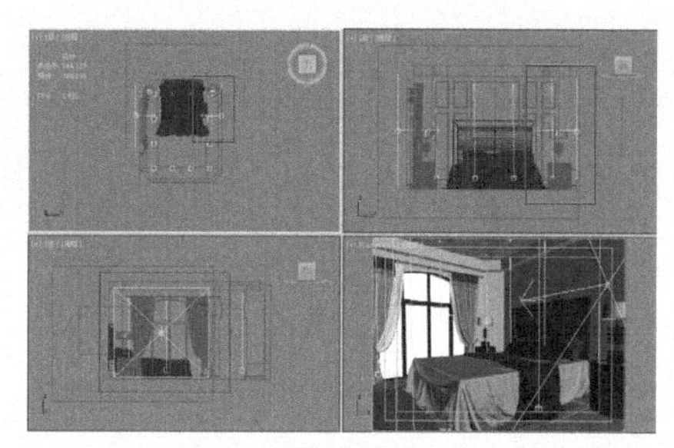

图15-47

04 选择上一步创建的VR灯光，然后在【常规】选项组下设置【类型】为【平面】，在【强度】选项组下调节【倍增】为3.0，调节【颜色】为蓝灰色，在【大小】选项组下设置【1/2长】为1800.0mm，【1/2宽】为1600.0mm。勾选【不可见】复选框，在【采样】选项组下设置【细分】为16，如图15-48所示。

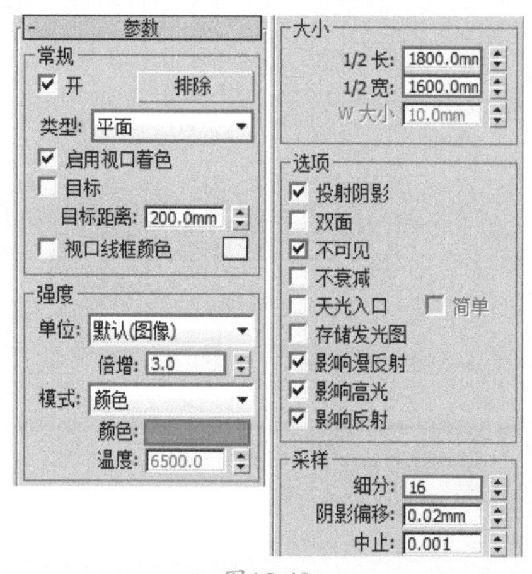

图15-48

实例227　设置摄影机

01 单击（创建）|（摄影机）| 标准 | 目标 按钮，如图15-49所示。在【顶】视图中创建摄影机，具体的位置如图15-50所示。

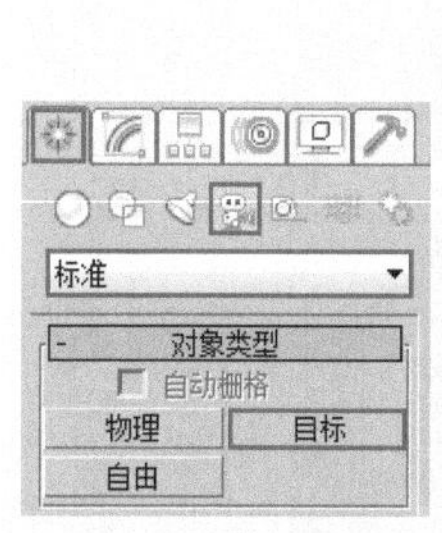

图15-49

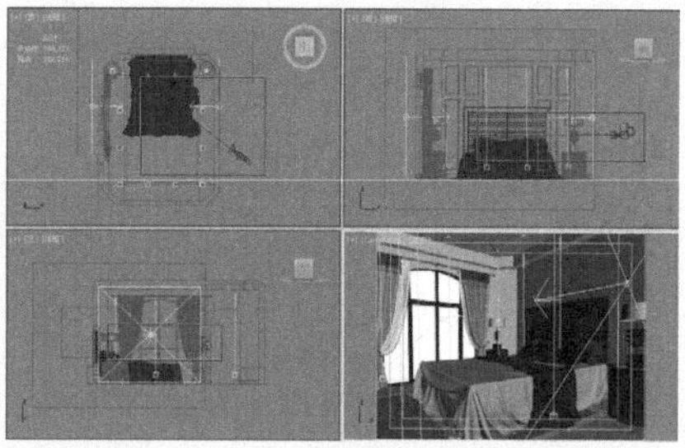

图15-50

02 选择上一步创建的目标摄影机，展开【参数】卷展栏，设置【镜头】为27.52mm，【视野】为66.375度，在最下方设置【目标距离】为4476.266mm，如图15-51所示。

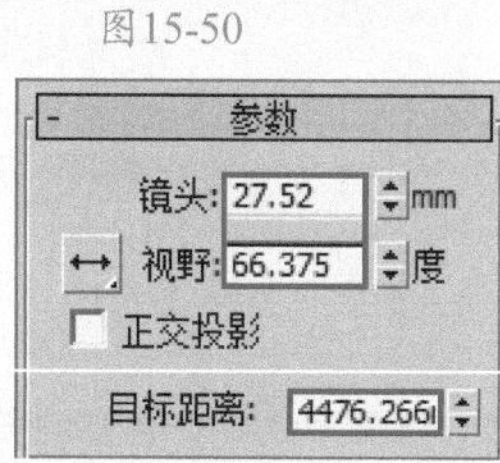

图15-51

03 选择上一步创建的目标摄影机，然后单击右键，在弹出的快捷菜单中执行【应用摄影机校正修改器】命令。在【修改】面板下选择【摄影机校正】，展开【2点透视校正】卷展栏，设置【数量】为-1.39，如图15-52所示。

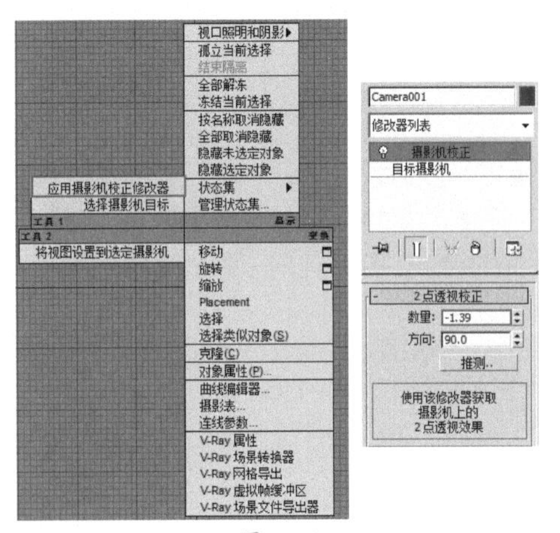

图15-52

实例228 设置成图渲染参数

01 按F10键，在打开的【渲染设置：V-Ray Adv 3.00.08】对话框中重新设置渲染参数，选择【渲染器】为【V-Ray Adv 3.00.08】，选择【公用】选项卡，在【输出大小】选项组下设置【宽度】为1000、【高度】为750，如图15-53所示。

图15-53

02 选择V-Ray选项卡，展开【帧缓冲区】卷展栏，取消勾选【启用内置帧缓冲区】复选框。展开【全局开关[无名汉化]】卷展栏，选择【专家模式】，取消勾选【置换】、【概率灯光】、【过滤GI】、【最大光线强度】复选框。展开【图像采样器（抗锯齿）】卷展栏，设置【最小着色速率】为1，选择【过滤器】为【Catmull-Rom】。展开【全局确定性蒙特卡洛】卷展栏，勾选【时间独立】复选框。展开【颜色贴图】卷展栏，选择【专家模式】，设置【类型】为【指数】，【伽玛】为1.0，勾选【子像素贴图】复选框，勾选【钳制输出】复选框，选择【模式】为【颜色贴图和伽玛】，如图15-54所示。

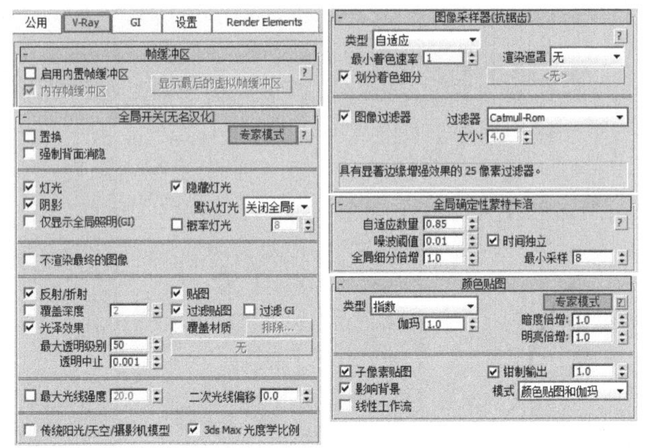

图15-54

03 选择GI选项卡，展开【全局照明[无名汉化]】卷展栏，勾选【启用全局照明（GI）】复选框，选择【专家模式】，设置【二次引擎】为【灯光缓存】。展开【发光图】卷展栏，选择【专家模式】，设置【当前预设】为【低】，勾选【显示直接光】复选框，选择【显示新采样为亮度】。展开【灯光缓存】卷展栏，选择【专家模式】，设置【插值采样】为10，取消勾选【折回】复选框，如图15-55所示。

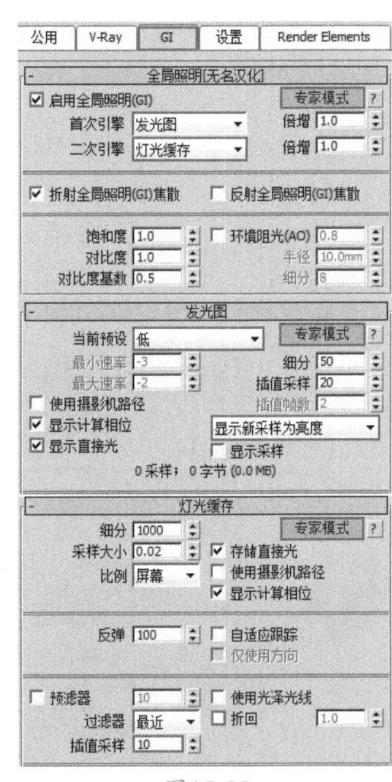

图15-55

04 最终的渲染效果如图15-56所示。

图15-56